FRANZIS LEXIKON

FRANZIS LEXIKON

Siegfried B. Rentzsch

Begriffe der Elektronik

4018 Fachwörter
kurz und bündig erklärt

Mit 570 Abbildungen

3., neu bearbeitete und erweiterte Auflage

FRANZIS

CIP-Titelaufnahme der Deutschen Bibliothek

Begriffe der Elektronik: 4018 Fachwörter kurz und bündig erklärt / Siegfried B. Rentzsch (Hrsg.). [Unter Mitarb. v. Ferdinand Jakobs ...]. – 3., neubearb. u. erw. Aufl. – München: Franzis, 1989.
(Franzis-Lexikon)
ISBN 3-7723-6553-1
NE: Rentzsch, Siegfried B. [Hrsg.]

Neu bearbeitet von Henning Kriebel

Satz: Franzis-Druck GmbH, Karlstraße 35, 8000 München 2
Druck: Ebner Ulm
Printed in Germany · Imprimé en Allemagne

ISBN 3-7723-6553-1

Vorwort

Elektronik – noch vor 30 Jahren kannte fast niemand diesen Begriff – ist heutzutage die lebendigste und am meisten unser Leben beeinflussende Technik. Ohne sie gäbe es weder Fernsehgerät, noch Computer, weder Kraftwerk, noch Umweltschutz.

Elektronik hat sich zum Helfer in allen Lebensbereichen entwikkelt. Elektronik ermöglichte die Fahrt zum Mond und in Tiefen der Tiefsee. Schon Kinder erahnen den Wert oder Unwert elektronischer Geräte. Dieses außerordentlich breite Spektrum elektronischer Anwendung drückt sich naturgemäß auch in einem zwangsläufig großen Schatz von Fachwörtern aus – gefördert selbstverständlich durch die Innovationsfreudigkeit dieser Technik. Daß eine Vielzahl der Ausdrücke aus dem Englischen oder besser dem Amerikanischen kommt, ist unübersehbar. Das hat natürlich seine Gründe in der führenden Rolle der USA auf diesem Gebiet.

Elektronik verständlich zu machen, ist nicht ganz einfach. Erheblich dazu beitragen kann immer ein Fachwörterbuch.

Bei diesem Titel habe ich mich bemüht, nicht nur ein Fachlexikon für Fachleute herauszubringen, sondern auch dem Einsteiger die Definitionen an die Hand zu geben, die er zunächst braucht und die auch er versteht.

Darüberhinaus wurden auch die Randgebiete und zum großen Teil auch die Anwendungen der Elektronik berücksichtigt, dies vor allem deswegen, weil ein Fachwörterbuch nicht nur von Elektronikern, sondern vor allem auch von mit der Elektronik konfrontierten Nichtfachleuten benutzt werden dürfte.

Da sich dabei sicher das eine oder andere noch verbessern läßt, würde ich mich über Anregungen und Wünsche für künftige Auflagen sehr freuen.

Siegfried B. Rentzsch

Wichtiger Hinweis

Die in diesem Buch wiedergegebenen Schaltungen und Verfahren werden ohne Rücksicht auf die Patentlage mitgeteilt. Sie sind ausschließlich für Amateur- und Lehrzwecke bestimmt und dürfen nicht gewerblich genutzt werden*).
Alle Schaltungen und technischen Angaben in diesem Buch wurden vom Autor mit größter Sorgfalt erarbeitet bzw. zusammengestellt und unter Einschaltung wirksamer Kontrollmaßnahmen reproduziert. Trotzdem sind Fehler nicht ganz auszuschließen. Der Verlag und der Autor sehen sich deshalb gezwungen, darauf hinzuweisen, daß sie weder eine Garantie noch die juristische Verantwortung oder irgendeine Haftung für Folgen, die auf fehlerhafte Angaben zurückgehen, übernehmen können. Für die Mitteilung eventueller Fehler sind Autor und Verlag jederzeit dankbar.

*) Bei gewerblicher Nutzung ist vorher die Genehmigung des möglichen Lizenzinhabers einzuholen.

A

A Abk. für → *Ampère*.

Abfallzeit → *Anstiegszeit*.

Ablaufsteuerung Meist prozeßkontrollierte → *Steuerung*, bei der die → *Führungsgrößen* von einem Programmgeber in Abhängigkeit von der Ausführung vorher erteilter Befehle eingegeben werden (→ *Programmsteuerung*).

Ablenkkoeffizient ist ein Empfindlichkeitsmaß für → *Oszilloskope* und gibt an, welche Spannung oder welcher Strom erforderlich ist, um den Strahl um 1 cm abzulenken.

Abriebfestigkeit Diese Eigenschaft der magnetisierbaren Schicht von Ton- und Magnetbändern soll allzu große Verschmutzung der Führungselemente für den Bandlauf sowie der Ton- und Videoköpfe verhindern (→ *Reinigungsband*).

Abschirmung der Farbbildröhre Damit die → *Konvergenz* nicht durch wechselnde äußere Einflüsse, z. B. Magnetfelder von Lautsprechern oder Spielzeug und auch das erdmagnetische Feld, gestört wird, ist die → *Farbbildröhre* durch eine um den Konus gelegte Eisenblechkappe abgeschirmt. Ferner sind die drei Elektronenstrahlsysteme im Hals der Bildröhre durch Bleche gegeneinander abgeschirmt, damit die Magnete für die statische Konvergenzkorrektur nur auf das zugehörige System einwirken.

absolute Temperatur Vom absoluten Nullpunkt – 273,15 °C abgeleitete in K (Kelvin) angegebene Größe.

AB-Stereofonie Übertragung mit Hilfe von zwei im Ohrabstand aufgestellten Mikrofonen (→ *MS-Stereofonie*).

Abstimmanzeige Vorrichtung zur optischen Erkennung der optimalen Abstimmung eines Empfängers.

abtasten heißt in der Datenverarbeitung das Verwandeln von in → *Datenträgern* enthaltenen → *Informationen* in elektrische Impulse. Das können Lochungen, Markierungen und Schriften sein.

Abtaster → *Tonabnehmer*.

Abtastnadel Für Stereo-Platten mit einem von den Langspielplatten etwas abweichenden Rillenquerschnitt müßten besonders geformte Nadeln Verwendung finden; man hat jedoch eine Kompromißlösung vorgezogen und der Abspielnadel eine Form gegeben, die sowohl zur Abtastung von Monorillen als von Stereo-Rillen verwendbar ist.

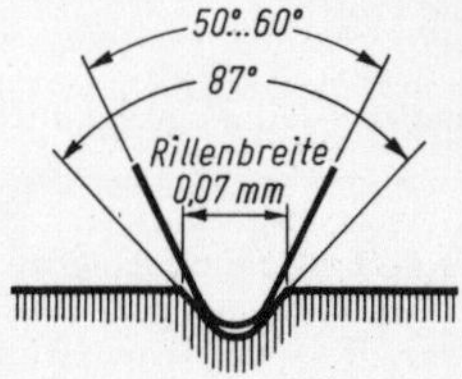

Abtastnadel: Form der Rille und Abtastnadel

Abtasttheorem ist ein Begriff aus dem Gebiet der → *Signalverarbeitung* und sorgt dafür, daß eine digitale Übertragung eines Signals stets eine größere Bandbreite beansprucht als das analoge Signal; die digitale Übertragung ist aber weniger störanfällig. D. h., soll ein Sprachsignal (z. B. Telefon) mit 3 kHz Bandbreite digital gespeichert werden, so muß es mit mindestens 6 kHz, also etwa alle 0,16 ms abgetastet werden, und der jeweilige Momentanwert wird im → *Speicher* abgelegt. Das Auslesen aus dem Speicher muß mit der gleichen Abtastfrequenz erfolgen, damit nach einem Digital-Analog-Wandler wieder verständliche Sprache erscheint.

abwärtskompatibel ist ein Computer oder Prozessor zu einem anderen, weniger leistungsfähigen, wenn er den Befehlssatz des kleinen Bruders vollständig enthält.

AC (Alternating Current) englische Bezeichnung für Wechselstrom.

ACIA, Abk. für **A**synchronous **C**ommunications **I**nterface **A**dapter, ist eine asynchron arbeitende Schnittstellenschaltung zwischen einem Computer und einem Übertragungskanal.

Adapter Steckverbinder oder eine Anpassungsschaltung um nicht zueinander passende Stecker und Buchsen oder Geräte und Baugruppen miteinander zu verbinden.

AD-Wandler → *Analog-Digital-Umsetzer.*

additive Farbmischung Aufgrund der Dreifarbentheorie läßt sich durch Mischen von drei geeigneten Grundfarben fast jede in der Natur vorkommende Farbe erzeugen. Beim Farbfernsehen nutzt man die a. F. aus, d. h. aus den drei gewählten Grundfarben Rot, Grün und Blau ergibt sich bei gleicher Intensität die Mischfarbe Weiß.

Admittanz-Matrix y-Matrix.

Adresse Bit-Kombination zum Anwählen einer bestimmten Speicherzelle. Sie wird normalerweise vom Mikroprozessor auf den → *Adressenbus* gegeben, an den alle Speicherbausteine angeschlossen sind. Die meisten 8-Bit-Prozessoren besitzen 16 Adreßleitungen.

Adressenbus Gruppe von Leitungen, über die im Speicher in eine Speicherzelle geschrieben oder aus einer solchen gelesen wird.

Adressenregister im Rechner gibt an, woher eine → *Information* zu nehmen und wohin sie zu übertragen ist.

Adressiermaschinen gibt es mit Adreßauswahl nach einzugebendem Programm (numerisch gesteuert, z. B. durch Lochstreifen).

Adressierungsarten Unterschiedliche Möglichkeiten im Befehlssatz eines → *Mikrocomputers*, um auf → *Register* und → *Speicher* zuzugreifen.

Adressierung, verschachtelte (→ *interleaving*) gestattet bei → *Mehrrechnersystemen* eine Verminderung von Zugriffskonflikten und erleichtert den Zugriff.

Adreßteil eines → *Befehlswortes* sagt, woher eine → *Information* zu nehmen und wohin sie zu bringen ist.

Adsorption Anlagern von Fremdatomen an eine Oberfläche oder in eine Oberflächenschicht.

AD-Technik → *POB-Verfahren.*

AD-Transistor Bezeichnung für einen in AD-Technik (→ *POB-Verfahren*) hergestellten Transistor.

ADU = A/D-Umsetzer = → *Analog-Digital-Umsetzer.*

ADV = automatische Daten-Verarbeitung → *EDV-Anlagen.*

AFC (= automatic frequency control) = automatische Frequenznachstimmung, die in Rundfunk- und Fernsehgeräten dazu dient, die Eingangsabstimmstufen mittels einer aus dem Empfangssignal abgeleiteten Gleichspannung so nachzustimmen, daß die Empfangsfrequenz genau eingehalten wird.

Affirmation ist eine Geradeausschaltung, die nur zur Verstärkung schwacher Impulse dient.

AFT (= automatic fine tuning) → *AFC.*

AGC (= automatic gain control) = automatische Verstärkungsregelung, die vor allem in AM-Empfängern dafür sorgt, daß bei schwächer einfallenden Sendern die ZF-Verstärkung herauf-, bei stärkeren herabgeregelt wird.

AIEE = American Institute of Electrical Engineers (Amerikanisches Elektroingenieur-Institut).

Aiken-Code ähnlich dem → *BCD-Code*, aber mit den Wertigkeiten: 2 4 2 1. Weil sich die Zahlen 4 und 5, 3 und 6 usw. entgegengesetzt entsprechen, nennt man ihn auch Reflex-Code.

Zi	D	C	B	A
0	L	L	L	L
1	L	L	L	H
2	L	L	H	L
3	L	L	H	H
4	L	H	L	L
5	H	L	H	H
6	H	H	L	L
7	H	H	L	H
8	H	H	H	L
9	H	H	H	H

L = tiefer Pegel
H = hoher Pegel

Airbrasive-Verfahren ist ein dem Sandstrahlen ähnliches Verfahren zum Schneiden von Glas, Porzellan, Keramik, Germanium, Silizium usw. Aluminiumoxid wird mit 7 bar durch sehr feine Düsen gepreßt und erzielt Löcher bzw. Schnittbreiten von 0,2 mm.

Akkumulator 1. auch kurz Akku genannt, ist ein galvanisches Element, das die über ein Ladegerät zugeführte elektrische Energie als chemische Energie speichert und wieder als elektrische Energie an einen Verbraucher abgibt. Aufladung und Entladung können solange wiederholt werden, bis die Elektroden unbrauchbar geworden sind. Es gibt je nach Elektrodenmaterial Blei-, Nickel-Eisen- und Nickel-Cadmium-Akkus. Wegen seiner hohen Energiedichte und niedrigem Preis wird der Bleiakku hauptsächlich in Kraftfahrzeugen eingesetzt (auch als unterbrechungsfreie und Notstromversorgung). Die gegen mechanische Beanspruchung und elektrische Überlastung sehr widerstandsfähigen Nickelakkus werden in gasdichter Ausführung in tragbaren Geräten verwendet.

2. Akkumulator heißen addierende Speicher in der → *Zentraleinheit* von →

Einadreß-Maschinen. Mit ihnen kann auch subtrahiert werden.

Aktenbeförderung, elektronisch gesteuert Die Akten werden in einen Deckel mit 3 Metallschiebern getan, die 512 verschiedene Adressen einzustellen gestatten. Die Anlage befördert sie dann darin sicher und auf dem kürzesten Wege zur adressierten Stelle.

aktive Bauelemente → *aktive elektronische Bauelemente.*

aktive Benutzerstation bedeutet, daß sie die → *EDVA* aufgefordert hat, eine Aufgabe zu übernehmen.

aktive elektronische Bauelemente Steuerbare elektronische Bauelemente, deren Ausgangsgröße durch Veränderung ihrer Eingangsgröße (Spannung, Strom) variiert werden kann, z. B. Elektronenröhren, Feldplatten, Fotodioden, Thyristoren, Transistoren u. a. m.

aktive Filter Filter, die mit aktiven elektronischen Bauelementen aufgebaut sind und erst dadurch auf Grund möglicher Gegenkopplungen die Filtereigenschaft erhalten. Das hauptsächliche Anwendungsgebiet liegt im NF-Bereich, da hierbei die bei passiven Filtern erforderlichen großen Spulenwerte durch kleiner bauende Kondensatoren ersetzt werden können. Außerdem läßt sich der → *Filtertyp* durch einfaches Ändern der Stufenverstärkung leicht variieren.

aktive Geber → *Geber,* → *Meßgrößenumformer.*

aktive Meßgrößenaufnehmer Meßgrößenaufnehmer, bei dem die zu messende Größe ohne Zuführung elektrischer Energie von außen eine elektrische Spannung, einen Strom oder eine Ladung erzeugt, z. B. Thermoelement, piezoelektrischer Aufnehmer, elektrodynamische Aufnehmer.

aktiver Lautsprecher enthält einen eigenen Leistungsverstärker und kann somit direkt an einen Vorverstärker angeschlossen werden.

aktives Glied Übertragungsglied, das aus → *aktiven Bauelementen* aufgebaut ist. Die am Ausgang zur Verfügung stehende Energie rührt nicht vom Eingangssignal her, sondern wird nur durch dieses gesteuert.

Aktivierungsenergie (für Elektronen) Arbeit, die nötig ist, um einen Ladungsträger aus einem Zustand niedriger Energie in einen Zustand höherer Energie zu überführen, um also seinen Arbeitsinhalt zu erhöhen. Ein spezieller Fall ist die Ablösearbeit. Anderer Ausdruck: Anregungsenergie.

Aktorik ist die Signalverarbeitung und -speicherung sowie Signalumsetzung innerhalb eines → *Sensorsystems.*

Aktuatoren So bezeichnet man im Gegensatz zum → *Sensor* Baugruppen und Bauelemente, die – z. B. vom → *Mikrocomputer* gesteuert – Vorgänge in der nichtelektrischen Außenwelt beeinflussen. Typische Beispiele hierfür sind: die elektrisch ansteuerbaren Ventile einer modernen Heizung, ein vom Mikrocomputer gesteuertes Einspritzventil in einem Kraftfahrzeugmotor oder auch der Motor im Greifarm eines Roboters.

Akustikkoppler verwendet man zusammen mit → *Modems*, um eine Datenübertragung über eine Fernsprechleitung zu ermöglichen, ohne einen Eingriff in den Telefonapparat vornehmen zu müssen. Der Telefonhörer wird in den A. akustisch dicht eingelegt. Im Koppler selbst befinden sich ein Mikrofon und ein kleiner Lautsprecher, so daß auch eine Duplexverbindung möglich ist, d. h. gleichzeitig senden und empfangen. Da bei der akustischen Ankopplung sehr große Phasenschwankungen des Signals auftreten können, liegen die erzielbaren → *Übertragungsgeschwindigkeiten* nicht so hoch; man verwendet maximal 300 Baud, wenn auch Versuche mit 1200 Baud schon erfolgreich waren.

akustischer Kurzschluß Bei einem frei aufgestellten Lautsprecher heben sich die nach vorne und nach hinten abgestrahlten Schallwellen gegenseitig auf (*Abb.*). Daher Verwendung einer → *Schallwand*, die den akustischen Kurzschluß verhindert.

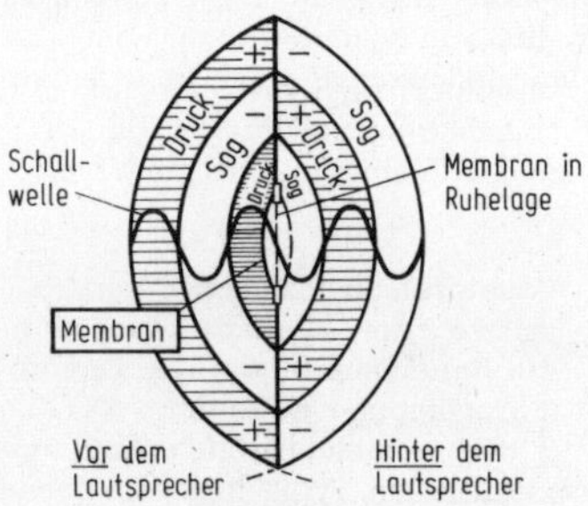

akustische Rückkopplung Rückwirkung des Lautsprechers z. B. auf ein Mikrofon oder ein Tonabnehmersystem über die Luft oder durch Körperschall. Beim Überschreiten eines gewissen Maßes tritt Selbsterregung auf, die sich durch Heulen, Pfeifen bzw. tieffrequentes Poltern äußert.

akustische Schalter dienten zuerst meist zum Einschalten von Tonbandgeräten, sobald das betreffende Mikrofon besprochen wurde und anschließendem Ausschalten. Auch Garagentoröffnen auf Hupsignal hat man damit bewerkstelligt. Am häufigsten dienen Ultraschall-Sender zur Fernbedienung von Fernsehgeräten. Für jede Funktion benutzt man eine andere Frequenz.

akustische Schranken dienen zum Zählen, Steuern usw. Sie haben gegenüber optischen den Vorteil, daß auch durchsichtige Gegenstände gezählt werden und Sender sowie Empfänger nicht durch Staub o. ä. gestört werden.

AKUT Abk. für „**A**rbeits**k**reis **U**nterrichts**t**echnik" im ZVEI.

Akzeptor Kurzbezeichnung sowohl für → *Akzeptor-Atom* wie für → *Akzeptor-Ion*.

Akzeptor-Atom sind solche dem → *Halbleitermaterial* (meist → *Germanium* oder → *Silizium*) eingelagerte Fremdatome, z. B. → *Aluminium*, → *Indium* oder → *Gallium*, die auf der äußeren Schale ein Elektron weniger haben als das Grundmaterial. Sie erzeugen dadurch in diesem Fehlstellen (= → *Löcher*), die als positive bewegliche Ladungen wirken.

Akzeptoren-Dichte Zahl der → *Akzeptor-Atome* (genauer der → *Akzeptor-Ionen*) in der Raumeinheit (z. B. je cm^3).

Akzeptor-Ion → *Akzeptor-Atom*, das durch Aufnahme eines → *Elektrons* zu einem negativen → *Ion* geworden ist. Anderer Ausdruck hierfür: dissoziiertes Akzeptor-Atom, oder ionisiertes Akzeptor-Atom.

Alarmanlagen gegen Einbruch oder Überfall arbeiten mit eigener Stromquelle und vielfach mit Ruhestrom. Sie sollen die Übeltäter durch Lärm, z. B. Tonbandansage, verunsichern und Hilfe herbeirufen. Die Auslösung erfolgt unsichtbar, z. B. durch Infrarotlichtschranken, Ultraschall o. ä. – Für die Alarmierung von Grubenwehren hat die Bundespost im 8-m-Band die Frequenz 32,55 MHz freigegeben, auf der mit (Zweiton-) Selektivruf die Wehr alarmiert werden kann.

Alcatron kam um 1960 als eine der Vorläufertypen des → *Feldeffekt-Transistors* heraus. Der steuerbare Querschnitt ergibt sich hier zwischen einer Sperrschicht, die von einer Gleichspannung bewirkt wird, und einer steuerbaren Sperrschicht, zu der ein am Boden einer ringförmigen Rinne angeordneter Indiumbelag gehört.

algebraische Notation Hierunter versteht man eine Eingabeart für mathematische Probleme, bei der man Zahlen, Variable, Operatoren so eingibt, wie man sie auch in der algebraischen Formel schreiben würde.

ALGOL (aus: **alg**orithmic **o**rientated **l**anguage) ist eine problemorientierte Programmiersprache für numerische, insbesondere technisch-wissenschaftliche Rechnungen und wird über einen → *Compiler* beliebigen → *EDV-Anlage* eingegeben.

Algorithmus ist eine Abwandlung des Namens Al-Chwarismi, ein persischer Mathematiker aus dem 10. Jahrhundert n. Chr., von dem sich auch der Ausdruck Algebra herleitet. A. steht heute für Rechenregeln zur Vereinfachung von Rechenoperationen. Auch der Name → *ALGOL* stammt daher.

Als algorithmische Musik bezeichnete der französische Rundfunk mathematisch errechnete Tonfolgen, also auch auf → *EDVA* berechnete.

Allpaß Filter, bei dem die Ausgangsspannung bei jeder Frequenz gleich der Eingangsspannung ist. Die Phasendifferenz zwischen beiden ist jedoch frequenzabhängig und läßt sich durch Variation von Bauteilewerten (Widerständen und Kondensatoren) verändern. Ein A. wird meist aktiv, also mit Transistoren oder Operationsvertärkern ausgeführt.

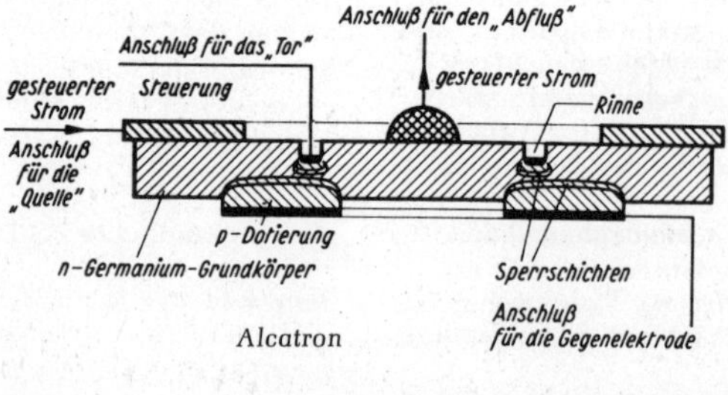

Alcatron

Alpha α Formelzeichen für den → *Stromverstärkungsfaktor* eines Transistors in → *Basisschaltung.*

Alpha-Grenzfrequenz $f\alpha$ Signalfrequenz, bei der der → *Stromverstärkungsfaktor* eines Transistors in → *Basisschaltung* auf das $\frac{1}{\sqrt{2}} \approx 0{,}707$fache des für tiefe Signalfrequenzen geltenden Wertes abgesunken ist.

alphanumerische Anzeige erfolgt in Ziffern, Buchstaben und → *Sonderzeichen.* Sie ist gegenüber der → *Analog-Anzeige* auf größere Entfernung ablesbar, kann beliebig genau gemacht werden und schließt Ablesefehler so gut wie aus. Weit verbreitet sind → *Sieben-*, seltener → *Vierzehn-Segment-Anzeigen,* ferner → *5 x 7-Punkt-Anzeigen.* Es gibt weiter → *Flutlicht-* und → *Projektions-Anzeigen.* Jetzt werden → *LED-* und → *LEF-Anzeigen,* → *Flüssig(keits)-Kristall-* und piezokeramische Anzeigeflächen verwendet, die ähnlich wirken.

alphanumerischer Code enthält neben Ziffern und Buchstaben meist auch → *Sonderzeichen.*

α-Teilchen Kerne des normalen $^{4}_{2}$ Heliums. Sie sind mit zwei → *Elementarladungen* positiv geladen.

Alphechon heißt eine → *Speicherröhre,* die Daten etwa zwei Minuten lang speichern kann und bei der die Information durch das Lesen nicht gelöscht wird. Sie dient vorwiegend zur Projektion der Informationen auf Bildschirme und entlastet den Datenspeicher.

AlSb = → *Aluminiumantimonid.*

ALU [= arithmetic logic unit] = logische Rechen-Einheit. So heißen hochintegrierte bipolare Bausteine mit eingebauten → *Flipflops* zur kurzzeitigen Zwischenspeicherung des Ergebnisses (→ *Latch*). Der Zusammenbau zu einer Einheit erhöht die Verarbeitungsgeschwindigkeit gegenüber getrenntem Aufbau.

Aluminium Al Dreiwertiges Element, Schmelzpunkt 659°C, Dichte 2,7 g/cm³, Ordnungszahl 13 (Gruppe III b des periodischen Systems), Atomgewicht 26,98. Es dient zum → *dotieren,* vorzugsweise für Silizium-N-Grundmaterial, um eine → *P-Zone* in diesem Material zu erreichen.

Aluminium-Antimonid AlSb ist eine → *intermetallische Verbindung* bzw. ein Halbleiter, enthält → *Aluminium* (III. Gruppe) und → *Antimon* (V. Gruppe) zu gleichen Teilen.

Aluminium-Galvanisierung auf allen leitfähigen Unterlagen bis zu Graphit, Kohle und Halbleitern ist nach einem neuen Verfahren möglich. Der Überzug ist feinkörnig und dehnbar sowie anodisierbar und kann dann auch gefärbt werden.

Aluminiumoxid Al_2O_3 ist Tonerde und Grundstoff von keramischen Massen.

A_L-Wert Angabe über die Selbstinduktivität einer → *Spule* pro Windungsquadrat.

$$L = A_L \cdot n^2$$

Der A_L-Wert wird im allgemeinen mit nH/n^2 angegeben.

AM 1. Abk. für → *Amplitudenmodulation.*
2. Abk. für → *Arbeitsspeicher-Modul.*

Amateurfunk ist der Funkverkehr im KW- oder UKW-Bereich, der nicht öffentlichen oder kommerziellen Zwekken dient, sondern von Funkamateuren in ihrer Freizeit ausgeübt wird. Die bestehenden internationalen Vereinbarungen sichern, daß der A. einerseits öffentliche Funkdienste nicht behindert, andererseits selbst durch diese möglichst wenig beeinträchtigt wird. A. darf nur auf bestimmten → *Amateurfunkbändern* durchgeführt werden. Das Betreiben einer Amateurfunkanlage ist genehmigungspflichtig, auch muß eine Amateurfunklizenz erworben werden, als Nachweis fachlicher und betriebstechnischer Kenntnisse.

Amateurfunkbänder sind international für die Ausübung des → *Amateurfunks* zugewiesene → *Frequenzbereiche.*

Amateurfunkempfänger ist ein im → *Amateurfunk* verwendeter Empfänger.

Amateurfunksender im → *Amateurfunk* verwendeter mehrstufiger Sender.

AMI (= alternate mark inversion) ist ein pseudoternärer Code für die Übertragung von Datensignalen über längere Leitungen. H-Signale werden abwechselnd durch einen positiven und einen negativen Spannungsimpuls dargestellt, L-Signale durch keine Spannung.

Ammoniak-Batterien mit Lagerfähigkeit (inaktiv) von zehn Jahren wurden für die Raumfahrt entwickelt. Die Lebensdauer (nach Aktivierung) kann ≧ 100 Stunden sein.

amorph bedeutet ungeordnete Materie im Gegensatz zu kristallisierter mit regelmäßiger Anordnung der Atome.

Ampère A Maßeinheit der elektrischen → *Stromstärke.*

Ampèremeter Meßgerät zum Messen von Strömen.

Ampex-Aufzeichnungs-Verfahren (Video-Magnetband-Aufzeichnung). Der amerikanischen Firma Ampex Corp.

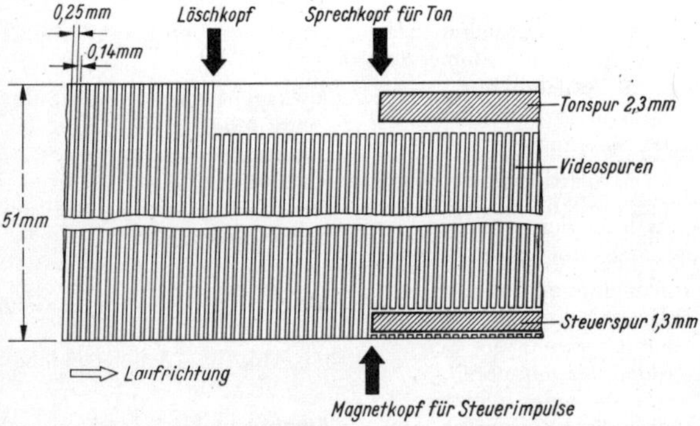

Ampex-Aufzeichnungs-Verfahren

gelang es als erste, das elektrische (Video-)Fernsehsignal direkt auf Magnetband aufzuzeichnen.

Gegenüber der magnetischen Aufzeichnung von Sprache oder Musik auf → *Tonband* ergeben sich aber erhebliche Schwierigkeiten. Das Fernseh-Video-Signal umfaßt einen Frequenzbereich von ca. 5 MHz. Um diesen breiten Bereich magnetisch aufzeichnen zu können, müßte das Band mit einer Geschwindigkeit von etwa 40 m/s (= 140 km/h) laufen.

Dies wurde folgend gelöst: Vier Magnetköpfe rotieren quer zur Bewegungsrichtung des Bandes, so daß sich eine relative Geschwindigkeit zwischen Kopf und Band von etwa 40 m/s ergibt; die tatsächliche Bewegung des Bandes beträgt aber nur rund 38 cm/s. Das Ampex-Magnetband ist im Gegensatz zum 6,25 mm breiten Tonband 51 mm breit. Die einzelnen Video-Magnetspuren sind nur 0,25 mm breit. Außer dem Fernseh-Bildsignal werden auf diesem Band – in normaler Art, parallel zum Rand des Bandes – eine 2,3 mm breite Tonspur und eine 1,3 mm breite Spur mit Synchronimpulsen, als Hilfsmittel zum Schneiden, magnetisch aufgezeichnet.

Amplifier (engl.) → *Verstärker*

Amplitude S Auslenkung einer Schwingung von ihrer Nullage. Bei periodischen Schwingungen wird die Amplitude als Scheitelwert $\hat{S}$ angegeben. Ihr Momentanwert ist zeitabhängig und wird durch den zeitlichen Verlauf einer Sinus- oder Kosinusschwingung angegeben:

$$S(t) = \hat{S} \sin \cdot \omega t$$

ω ist die Kreisfrequenz der Schwingung.

Die Amplitude einer elektrischen Welle ist eines ihrer Kennzeichen neben der → *Frequenz* und der → *Polarisation.* Sie ist ein Maß für die Größe der → *Wechselspannung.*

Amplitudenbegrenzer Schaltung, deren Übertragungseigenschaft amplitudenabhängig ist. Signale kleiner Amplitude werden unverändert durchgelassen; bei Überschreitung eines definierten Grenzwertes wird die Amplitude des Ausgangssignals auf diesen Grenzwert begrenzt. Amplitudenbegrenzer werden vor allem bei der → *FM-Demodulation* vor dem Ratio-Detektor und in der → *Digitaltechnik* bei Pegelkonvertern eingesetzt.

Amplitudendiskriminator Schaltung, die nur dann ein von Null verschiedenes Ausgangssignal abgibt, wenn die Eingangsspannung einen definierten Amplitudenwert (→ *Schwellwert*) überschreitet.

Amplitudenfenster → *Amplitudenfilter*

Amplitudenfilter Aus → *Amplitudendiskriminatoren* aufgebautes Netzwerk, das nur dann ein von Null verschiedenes Ausgangssignal abgibt, wenn sich die Amplitude des Eingangssignals in einem Bereich aufhält, der durch die Angabe eines definierten unteren und oberen Amplitudengrenzwertes bestimmt ist.

Amplitudengang A (ω) Mathematisch gesehen ist er der Betrag des → *Frequenzgangs F (jω).* Der Amplitudengang wird grafisch meist im doppelt logarithmischen Maßstab abgebildet, wobei der Betrag auf der logarithmisch geteilten → *Ordinate* und die Frequenz auf der logarithmische geteilten → *Abszisse* aufgetragen werden. Vielfach wird der Betrag nicht absolut sondern in → *Dezibel (dB)* angegeben. Durch eine geeignete → *Nor-*

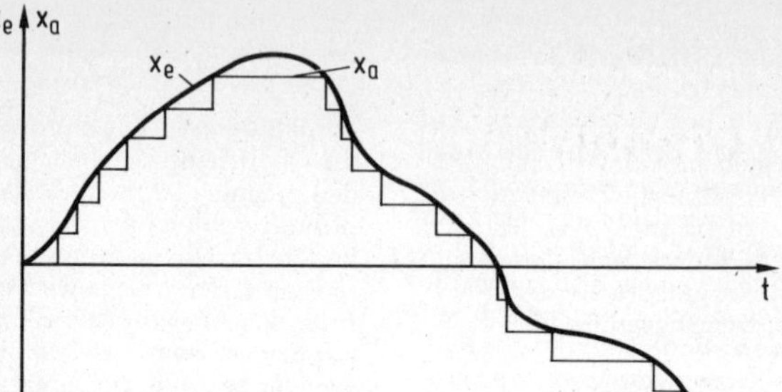

Amplitudenrasterung

mierung wird der Amplitudengang hierzu dimensionslos gemacht. Bei der grafischen Darstellung von Filterkurven wird die Frequenzachse häufig normiert dargestellt, wobei die Frequenz f auf eine Frequenz f_0 bezogen wird. f_0 ist meist die → *Grenzfrequenz* oder bei Bandfiltern die → *Resonanzfrequenz.* Bei letzteren wird auf der Frequenzachse auch oft die normierte Abweichung $\Delta f/f_0$ dargestellt, wobei Δf die Differenz zwischen der Frequenz f und der Resonanzfrequenz f_0 ist.

Amplitudenmodulation (AM) Die Amplitude S einer hochfrequenten Trägerschwingung der Frequenz O_0 wird mit einer niederfrequenten Schwingung moduliert. Mit der Trägerschwingung $u(t) = S \sin O_0 t$ und einer niederfrequenten Schwingung $s_1(t) = s \sin \omega_1 t$ ergibt sich die Zeitfunktion S(t) der amplitudenmodulierten Trägerschwingung zu

$$S(t) = S[\sin O_0 t + \frac{m}{2} \cos (O_0 - \omega_1) t - \frac{m}{2} \cos (O_0 + \omega_1) t]$$

m ist der sogenannte Modulationsgrad, der durch das Verhältnis $m = s/S$ definiert ist.

Amplitudenrasterung Bedeutet bei → *Mehrpunktverhalten* eines Übertragungsgliedes die Erzeugung eines stufenförmigen Ausgangssignals x_a in Abhängigkeit von einem stetigen Eingangssignal x_e.

Amplitudensieb Diese Schaltung „siebt" die Synchronimpulse (→ *Synchronisierung*) aus dem → *BAS-Signal* aus und führt sie den *Zeilen-* (→ *Zeilenablenkung*) und Bildablenkstufen (→ *Bildablenkung*) zu. Der technisch korrektere Ausdruck *Impulstrennstufe* deutet an, daß die Impulse (die den Gleichlauf zwischen Sender und Empfänger herstellen) hier vom Bildinhalt getrennt werden.

In modernen Schaltungen wird das Amplitudensieb oft mit einer Störaustastung in einer Stufe kombiniert.

AM-Unterdrückung In UKW-Geräten werden Amplitudenschwankungen der frequenzmodulierten Sender im → *Zwischenfrequenzverstärker* durch Amplitudenbegrenzung unterdrückt. So beeinflussen die von der Antenne aufgenommenen Störungen, die im Gerät als Amplitudenmodulation auftreten, wie z. B. Zündfunken, den Empfang nicht mehr hörbar. UKW-Empfang ist daher weitgehend störungsfrei.

analog Allgemeiner Begriff, mit dem man die Verhältnisgleichheit zweier Größen kennzeichnet. Bei Analogschaltungen ändert sich daher die Ausgangsgröße entsprechend der Änderung der Eingangsgröße.

Analoganzeige erfolgt fast stets auf Skalen und meist durch Zeiger in Form einer Strecke oder eines Winkels, seltener durch Flüssigkeitssäulen. Ablesefehler und Ungenauigkeiten sind leicht möglich.

Analogbereich Bereich eines → *aktiven elektronischen Bauelements* oder damit aufgebauten Netzwerkes (z. B. Verstärker), in dem die Ausgangsspannung verhältnisgleich zur Eingangsspannung ist.

Analog-Digital-Umsetzer ADU Anordnung, mit der eine analoge physikalische Größe z. B. eine Amplitude in eine digitale Darstellung umgesetzt wird. Jeder beliebigen Amplitude der analogen Eingangsgröße ist ein Codewort zur Darstellung ihres Zahlenwertes zugeordnet. Komplette ADU werden als → *LSI*-Bausteine angeboten.

analoge Größe Meßgröße, bei der die Wiedergabe oder Abbildung der darzustellenden Größe eine stetige, meist lineare Funktion des Zahlenwertes dieser Größe ist.

analoge Meßtechnik Aufzeichnungen oder Registrierungen der Meßgrößen mit analogen Meßinstrumenten. Die Darstellung des Meßwertes erfolgt kontinuierlich und größentreu.

analoger Meßgrößenaufnehmer Meßgrößenaufnehmer, dessen Ausgangssignal eine der zu messenden Größe proportionale → *analoge Größe* ist, wie z. B. Spannung, Strom, Ladung.

analoge Schaltungen (auch „lineare" genannt) sind solche, die die Signale dem Wert und möglichst genau dem Verlauf nach verstärken, nachbilden usw. Gegensatz: → *digitale Schaltungen*.

analoge Stellglieder In der Regelungstechnik aktive Bauelemente oder → *Vierpole*, deren Ausgangsgröße stetig und proportional der Eingangsgröße folgt (auch pneumatische Stellglieder).

analoges Verhalten Die Ausgangsgröße folgt kontinuierlich und proportional der Eingangsgröße.

Analog-Multiplizierer/Dividierer, mit denen man auch quadrieren kann, sind als Bausteine fertig käuflich.

Analogrechner bilden, wie der Name sagt, das zu lösende Problem durch analoge (~ entsprechende) physikalische Größen nach, z. B. durch Längen, Widerstände u. a. Sie erfassen das Problem als Ganzes, und an ihrem Ausgang kann das Ergebnis (an Skalen, Kurvenschreibern, Elektronenstrahlröhren usw.) abgelesen werden. Der einfachste Analogrechner ist der Rechenschieber, der Zahlenwerte in Strecken umwandelt, dann aber das Ergebnis sofort anzeigt. Analogrechner sind je nach Verwendungszweck zusammengesetzt aus Summierern, → *Integratoren*, Multiplizierern, Differenzierern usw. und werden meist durch Potentiometer eingestellt. Sie geben einen Überblick über den Ablauf komplizierter Vorgänge und ermöglichen so, die beste Verfahrensweise rasch auszuprobieren. Sie sind also Stetigrechner mit kontinuierlichen Vergleichswerten und arbeiten dynamisch, im Gegensatz zu (digitalen) → *Ziffernrechnern*, die man in diesem Sinne als statisch bezeichnen kann. Dabei eignen sich Analogrechner besonders für wissenschaftliche und technische Probleme, z. B. für Schwingungsforschung, Regelungs- und Stabilitätsprobleme und zur Optimierung von Verfahren. Sie arbeiten mit Transistoren, Dioden und IC und daraus aufgebauten → *Rechenverstärkern*. Das Programmieren, das beim Digitalrechner meist langwierig ist, erfolgt hier mit Verbindungsschnüren auf Buchsenfeldern, die bei großen Rechnern leicht unübersichtlich werden.

Bei Genauigkeitsforderungen bis ~ 10^{-3} arbeiten Analogrechner billiger, darüber steigen die Kosten steil an. Dann werden Digitalrechner vorteilhafter.

Besondere Anwendung finden Analogrechner als Flugsimulatoren (Linktrainer).

Analogtechnik Sammelbegriff für die gesamte elektronische Schaltungstechnik, die *analoges Verhalten* aufweist. Auch die Magnetbandtechnik ist analog, soweit mit den üblichen Sprechköpfen Musik und Sprache aufgezeichnet werden. Sobald aber Daten in Form von → *bits* auf Band gespeichert werden, handelt es sich um → *Digitaltechnik*.

Analog-Transistor, ein den Eigenschaften der Elektronenröhre nahekommendes transistorähnliches Bauelement mit mehreren konzentrisch angeordneten Schichten; in der Mitte befindet sich eine N-leitende Elektronenquelle, umgeben von einer elektrisch-neutralen L-Schicht, auf die eine als Steuerelement wirkende P-Schicht folgt; eine weitere I-Schicht ist von einer N-leitenden Abfluß-Schicht umgeben. Eine Ausführungsform wird → *Spacistor* genannt.

Analysen-Geräte sind z. B. Gas-Chromatografen, Spektrometer und auch Sedimentometer mit elektronischen Anzeige- und Aufzeichnungsgeräten. Dabei können zur Ergänzung → *Rasterelektronenmikroskop*-Aufnahmen benutzt werden.

Analytiker müssen vor dem → *Programmierer* jedes umfangreichere Problem durchdenken und evtl. so (um-)organisieren, daß der bestmögliche Ablauf und die schnellste Verarbeitungsmöglichkeit auf der → *EDV-Anlage* erzielt werden.

Anästhesie, elektronische, erfolgt durch Anlegen einer 25-V-Wechselspannung mit 700 Hz durch ein Elektrodenpaar oberhalb der Ohren. Der durch das Gehirn fließende Strom blockiert die schmerzübertragenden Nerven. Einige Sekunden nach Ausschalten erlischt die Wirkung und hinterläßt keinerlei Nachwirkungen.

AND → *UND-Verknüpfung*.

Anemometer sind Windmesser, die bis vor kurzem ausschließlich mit Flügelrädern u. ä., z. T. mit elektronischer Anzeige, arbeiteten. Neuerdings finden auch → *Thermistoren* in Brückenschaltungen Verwendung.

Anfangsempfindlichkeit Bei Meßgeräten, deren → *Empfindlichkeit* längs der Skala nicht konstant ist, wird zwischen der Anfangsempfindlichkeit und der Endempfindlichkeit unterschieden.

Angström Å Nichtmetrische Längeneinheit vorwiegend für Wellenlängen des → *Lichtes* und der Ultraviolett- und Infrarotstrahlung, außerdem auch für → *Atomabstände*. Å, ist definiert aufgrund der Wellenlänge der roten Cadmiumlinie. Diese Wellenlänge beträgt etwa 6500 Å. Innerhalb der Meßgenauigkeit gilt 1 A = 10^{-10} m.

Anheiz-Zeitkonstante Erwärmungs-Zeitkonstante (thermische Zeitkonstante) für den Temperatur-Anstieg bei → *Heißleitern*. Heißt auch Aufheiz-Zeitkonstante.

Anisotropie An-isotrope Stoffe haben in verschiedenen Richtungen unterschiedliche Eigenschaften, z. B. Brechungsindex, Leitfähigkeit, Elastizität usw. Z. B. sind die Rechteckferrite (→ *Ringkerne*) magnetisch anisotrop. Gegensatz: → *isotrop*.

Anlaß-Heißleiter sind → *Halbleiter*, haben beim Einschalten hohen Widerstand und verhindern hohe Einschalt-Stromstöße. Mit der Erwärmung erreichen sie den gewünschten geringeren Widerstandswert. Sie können so bei Relais auch eine Anzugs- oder Abfallverzögerung bewirken.

Anlaufstrom heißt der in einer beheizten Röhrendiode fließende geringe Strom, bevor eine Spannung angelegt wird. Er entsteht durch den Austritt von Elektronen aus der geheizten → *Katode*.

Anlaufwert A Kehrwert der größten Änderungsgeschwindigkeit der → *Ausgangsgröße* einer → *Strecke*, wenn sich die → *Stellgröße* oder eine → *Störgröße* um den vollen → *Stell-* bzw. → *Störbereich* ändert.

$$A = \frac{1}{\left(\frac{dx_a}{dt}\right)_{max}}$$

Anlaufzeit T_A Produkt aus dem → *Anlaufwert* und einer verabredeten Werteänderung Δx der → *Ausgangsgröße* einer → *Strecke*.

$$T_A = A \cdot \Delta x$$

Annäherungs-Schalter sollen bei Annäherung bzw. Entfernung eines Objektes schalten. Je nach dessen Art (Metall, Nichtmetall, Person usw.) benutzt man entweder induktive Vorrichtungen, bei denen z. B. Schwingungen aussetzen und dadurch einen Schaltvorgang auslösen (meist metallische Auslösung) oder kapazitive, bei denen durch Annäherung (z. B. von Personen) ein Oszillator verstimmt wird. Industriell fertigt man Geräte verschiedenster Art für alle möglichen Fertigungs- und Überwachungsvorgänge, die auf Entfernungen bis 25 mm (induktiv) und bis 250 mm (kapazitiv) ansprechen.

Anode In Verstärker- und Bildröhren ist die Anode diejenige Elektrode, die die Aufgabe hat, die Elektronen von der Umgebung der emittierenden Katode wegzuholen und in Richtung auf sich selbst zu beschleunigen. Die Anode muß daher ein positives Potential erhalten.

In der → *Bildröhre* hat die Anode die Form eines Zylinders oder eine andere Form, die den beschleunigten Elektronen den Durchtritt zu der hinter der Anode liegenden Leuchtschicht gestattet. Außer dieser Anode gibt es in Bildröhren noch eine weitere Anode, die sich von der ersten hinsichtlich Lage, Form und Potential unterscheidet. Den wichtigsten Teil dieser Anode bildet der leitende Belag im Innern des Röhrenkolbens.

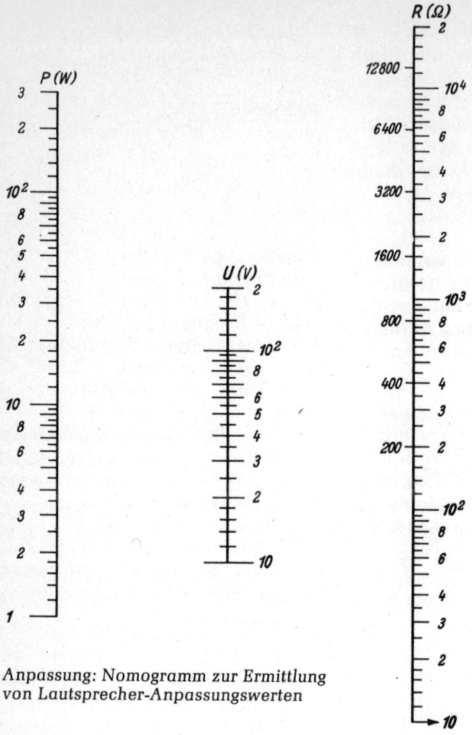

Anpassung: Nomogramm zur Ermittlung von Lautsprecher-Anpassungswerten

Anodenanschluß heißt der mit der positiven Spannung verbundene Pol, nicht nur bei Röhren, sondern auch bei Halbleiterelementen.

Anpaßglied Netzwerk zwischen Quelle und Verbraucher, das den → *Abschlußwiderstand* an den → *Innenwiderstand* der Quelle anpaßt. → *Anpassung*, → *Widerstandsübertrager*.

Anpassung Abschluß eines Netzwerkes mit einem Lastwiderstand, der gleich dem → *Innenwiderstand* des Netzwerks ist. Bei Leitungen versteht man darunter den Abschluß der Leitung mit ihrem Wellenwiderstand. Bei Anpassung wird im Abschlußwiderstand die maximale Leistung umgesetzt. Beim Fernsehempfang ist die Anpassung zwischen Antenne, Kabel und Empfänger von Bedeutung! Dies erfolgt mit Hilfe von Antennentransformatoren oder Anpassungsgliedern.

Bei Verstärker und Lautsprecher heißt *Anpassung* aufeinander abgestimmte Bemessung des Widerstandsverhältnisses zwischen Tonfrequenzquelle und Verbraucher. Man unterscheidet zwei Hauptarten der Anpassung: die Leistungs- und die Spannungsanpassung. Das Nomogramm *(Abb.)* gestattet eine einfache Ermittlung der Anpassungswerte. An einen 25-W-Verstärker mit 200 Ω Ausgang sollen z. B. mehrere 3-W-Lautsprecher angeschlossen werden. Ihre Anpassungswerte sind mit 1600, 3200 und 6400 Ω angegeben. Es ergeben sich die Fragen, welcher Anschluß zu wählen ist und wieviel Lautsprecher betrieben werden können. Der Punkt 25 W auf der *P*-Skala wird mit dem Punkt 200 Ω auf der *R*-Skala verbunden. Die *U*-Skala wird durch die Verbindungslinie bei 70 V geschnitten. Bei dem 1600-Ω-Anschluß *(R)* ergibt sich bei 70 V *(U)* eine Leistung von rund 2,5 W *(P)* je Lautsprecher. Bei der Verstärkerleistung von 25 W lassen sich 25 : 2,5 = 10 Lautsprecher anschließen. Auf ähnliche Weise läßt sich die erforderliche Verstärkerleistung errechnen bzw. aus dem Nomogramm ablesen.

Moderne Verstärker haben einen 100-V-Ausgang (laut Normungsvorschriften). Das erleichtert das Auffinden der richtigen Anpassung der Lautsprecher an den Verstärkerausgang.

Anpassungsübertrager → *Widerstandsübertrager.*

Anregelzeit In der Regelungstechnik die Zeitspanne, die beginnt, wenn der Wert der → *Regelgröße* nach einem Sprung der → *Stör-* oder → *Führungsgröße* den Toleranzbereich verläßt, und die endet, wenn der Wert der Regelgröße wieder in diesen Toleranzbereich eintritt. Dagegen aber: → *Ausregelzeit.*

Anreicherungsschicht im Halbleiter → *Raumladungszone* mit negativer Ladung an einem Metall-Halbleiter-Kontakt oder an einer Halbleiter-Oberfläche. In dieser Raumladungszone ist die → *Elektronendichte* größer als im Inneren des Halbleiters. Die Ausbildung dieser Schicht hängt für einen Metall-Halbleiter-Kontakt von der Austrittsarbeit der Elektronen aus dem Metall und aus dem Halbleiter an der Grenze Metall-Halbleiter ab. Durch die Anreicherung mit Elektronen wird der Widerstand in der Randzone des Halbleiters herabgesetzt.

Diese Leitfähigkeitserhöhung ist am Metall-Halbleiter-Kontakt *(Abb. 1)* meistens belanglos, kann aber an Halbleiteroberflächen einen Nebenkanal zu einer → *Sperrschicht* zur Folge haben, der die Sperrschicht über-

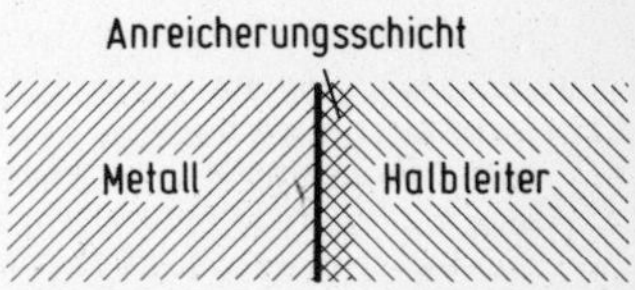

Anreicherungsschicht im Halbleiter: 1) an der Grenzfläche zwischen dem Halbleiter und einem damit verbundenen Metallstück

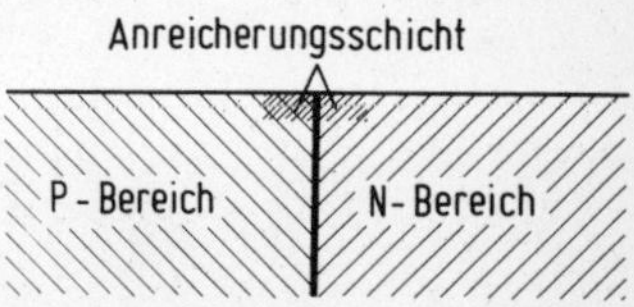

2) an der Oberfläche dort, wo ein PN-Übergang endet. Der PN-Übergang wird durch diese Anreicherungsschicht überbrückt

brückt, und so den → *Sperrwiderstand* herabsetzen *(Abb. 2)*. Der Nebenkanal wird vielfach → *Channel* genannt. In diesem Sinn spricht man von Channelbildung.

Anreicherungstyp heißt der selbstsperrende → *MOS-FET*, der ohne eine

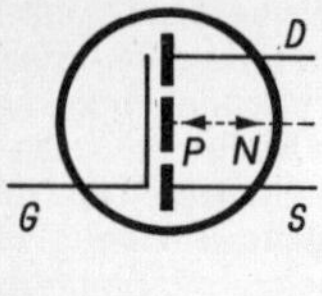

Gate-Source-Spannung von bestimmter Höhe, die zwischen → *Source*- und → *Drain*-Spannung liegt und → *Schwellenspannung* heißt, keinen Strom fließen läßt. Er kann als P- und N-Kanal-Typ geliefert werden, findet aber vorzugsweise in integrierten MOS-Schaltungen Verwendung.

Anrufbeantworter sind abgewandelte Diktiergeräte, die (nach Typenzulassung durch die Bundespost) an das Fernsprechgerät angeschlossen werden und bei nicht besetztem Telefon beim Anruf zuerst mit aufgesprochenem Text den Anrufer zu einer Durchsage von begrenzter Länge auffordern, diese speichern und quittieren. Die gespeicherten Durchsagen können später abgehört werden.

Anschnittsteuerung → *Phasenanschnittsteuerung.*

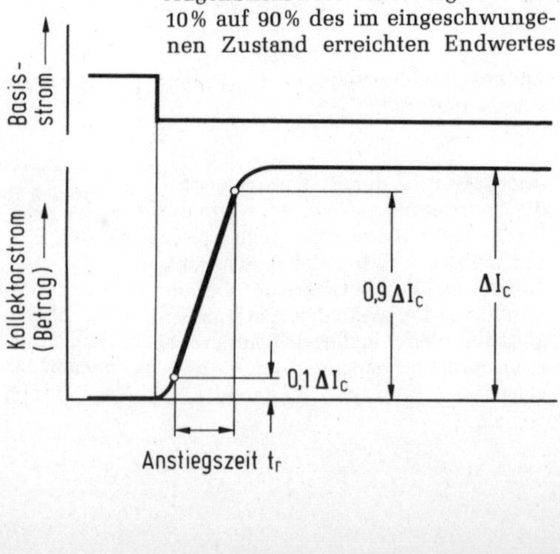

Anstiegszeit: Oben der zeitliche Verlauf z. B. des Basisstromes eines als Schalter benutzten Transistors in Emitterschaltung. Darunter der hierzu gehörende Verlauf des Kollektorstromes

ANSI, engl. Abk. für American National Standards Institute, ist das amerikanische Institut für Normung.

Ansprechschwelle Kleinste für die Auslösung (→ *Triggerung*) eines Vorgangs oder Signals ausreichende Amplitude des Steuersignals.

Ansprechwert Kleinste Änderung der Eingangsgröße, die noch eine eindeutig erkennbare Änderung der Ausgangsgröße reproduzierbar bewirkt.

Anstiegsantwort Zeitlicher Verlauf des Ausgangssignals eines Netzwerks

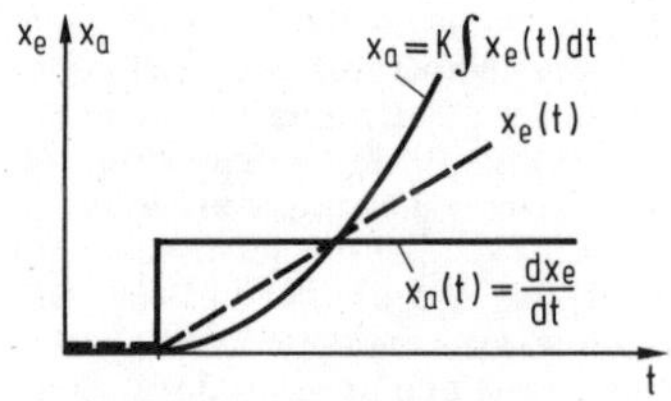

bei eingangsseitiger Erregung durch eine Anstiegsfunktion gegebener Änderungsgeschwindigkeit.

Anstiegszeit t_r Zeitraum, in dem der Augenblickswert eines Signals von 10% auf 90% des im eingeschwungenen Zustand erreichten Endwertes ansteigt (→ *Kenngrößen von Impulsen*). Beim Transistor ist dies die Zeit, die der Kollektorstrom bei sprunghaftem Ändern des Basisstromes benötigt, um vom 0,1fachen bis zum 0,9fachen Betrag des gesamten Sprunges anzusteigen.

Die Abb. zeigt oben den zeitlichen Verlauf z. B. des Basisstromes eines als Schalter benutzten Transistors in Emitterschaltung. Darunter der hierzu gehörende Verlauf des Kollektorstromes.

Die Abfallzeit ist sinngemäß der Zeitraum, in dem der Augenblickswert eines Signals von 90% auf 10% des im eingeschwungenen Zustand erreichten Endwertes abfällt.

Antenne Wandler, der die auf einer Leitung geführte hochfrequente Energie und Strahlungsenergie (Senderantenne) oder umgekehrt (Empfangsantenne) umwandelt. In der Funktechnik werden Antennengewinn oder -verluste meist auf den → *Dipol* bezogen. Der Antennentyp wird durch die Richtcharakteristik, den Strahlungswiderstand, den → *Antennengewinn*, die → *Polarisation* und die → *Bandbreite* bestimmt.

Antennencharakteristik Um die wichtigsten Eigenschaften einer Antenne zu charakterisieren, werden die Meßwerte in Form von Diagrammen darge-

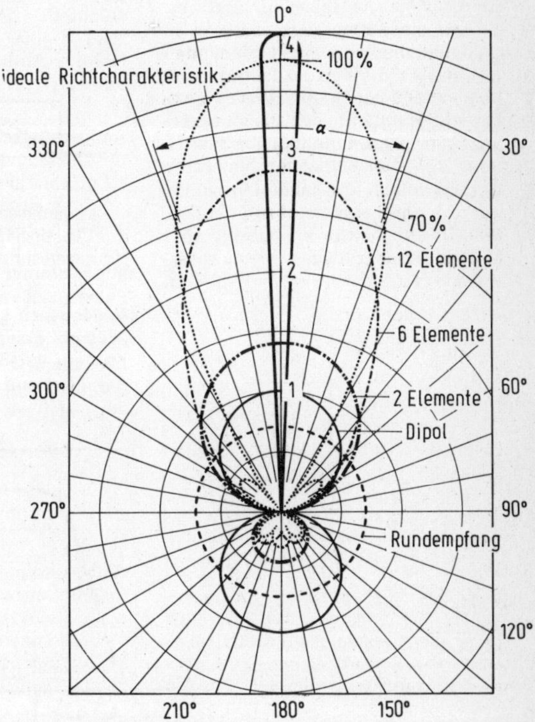

Antennencharakteristik: Die Antennencharakteristik ist aus den Richtungsdiagrammen zu ersehen. Je höher die Zahl der Elemente der Antenne, desto länger und schmaler wird die sogenannte Richtkeule

stellt. Daraus lassen sich der → *Antennengewinn*, die Richtwirkung und das (→ *Vor/Rück-Verhältnis*) entnehmen. Die bei den einzelnen Bauformen sich ergebende Richtkennlinie zeigt die Form einer Keule, man spricht daher auch von der Richtkeule. In der Praxis sehen die Kennlinien nicht so glatt aus wie das Bild zeigt, sondern sie enthalten verschiedene Zipfel. Die Antennencharakteristik ist aus den Richtungsdiagrammen zu ersehen. Je höher die Zahl der Elemente der Antenne, desto länger und schmaler wird die sogenannte Richtkeule.

Antennengewinn Als Maß für die Empfindlichkeit einer Antenne wird ihr Gewinn angegeben. Er sagt aus, wieviel mehr Empfangsspannung eine Antenne mit mehreren Elementen abgibt als ein einfacher Faltdipol. Im allgemeinen wird jedoch von den Antennenherstellern der Leistungsgewinn im logarithmischen Verhältnismaß → *dB* (Dezibel) angegeben. Infolge der größeren dB-Zahl im Vergleich zum Spannungsgewinn kann der Laie jedoch eine falsche Vorstellung vom Nutzen einer größeren Antenne erhalten. Der Gewinn einer Antenne

dB	-fach	dB	-fach
0	1	5	1,78
1	1,12	6	2,0
1,5	1,19	8	2,52
2	1,26	10	3,16
3	1,41	12	4,0
4	1,59	16	6,3

wächst nicht proportional mit der Anzahl der Elemente. Grob geschätzt muß die Elementezahl mindestens vervierfacht werden, um die Antennenspannung zu verdoppeln. Die *Tabelle* gibt für einige dB-Werte das entsprechende Spannungsverhältnis an.

Antiblockier-Systeme → *Blockierschutz-Anlagen.*

Antigravitron ist eine Vorrichtung, die einen Gegenstand aus magnetischem Material mittels Magnetismus in der Schwebe hält, wobei Lichtstrahlen und Fotozellen den Magnetismus steuern.

Antimon Sb Fünfwertiges Element, Metall, Atomgewicht 121,76, Schmelzpunkt 630 °C, Dichte 6,69 g/cm^3. Antimon dient als Dotierungsmaterial zum Gewinnen von P-Zonen und als Bestandteil → *intermetallischer Verbindungen* wie Aluminium-Antimonid, Gallium-Antimonid und Indium-Antimonid.

Antiparallelschaltung Schaltung, bei der Dioden oder Thyristoren zwar parallel, aber in entgegengesetzter Flußrichtung geschaltet sind. Die Antiparallelschaltung findet man bei Dioden häufig zur Begrenzung einer Wechselspannung, bei Thyristoren oft in Phasenanschnittschaltungen zur Steuerung von Wechselströmen. Die eine Diode bzw. der eine Thyristor übernimmt hierbei die Stromleitung der positiven, die bzw. der andere die der negativen Halbwelle.

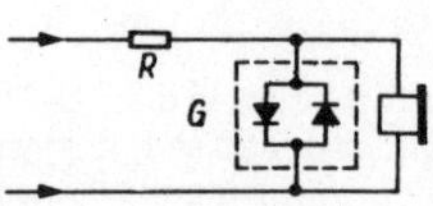

Anti-Skating Beim Abspielen einer Schallplatte wirkt eine zur Plattenmitte hin gerichtete Kraft (skating) auf das Tonabnehmersystem. Dies führt zu Verzerrungen. Gute Schallplattenspieler haben daher eine einstellbare

Anti-Skating-Kompensationseinrichtung.

Antivalenz = Gegenwertigkeit → *ODER-Verknüpfung.*

Anwärmzeit Zeitdauer vom Einschalten eines Gerätes bis zu dem Zeitpunkt, von dem ab es festgelegte Fehler- oder Einflußgrenzen einhält.

Anwendungs-Programme gehören zur → *Software* und werden z. T. von den Herstellern geliefert (z. B. Lagerkontrolle, Lohnabrechnung u. ä.).

Anzeigebereich Bereich der Meßwerte, die an einem Meßinstrument abgelesen werden können.

Anzeigefehler Prozentuale Fehlangabe eines anzeigenden Instruments.

Anzeige-Vorrichtungen, „Anzeigen" waren ursprünglich Zeigerinstrumente, → *Glimmröhren,* magische Augen u. a., jetzt immer mehr → *alphanumerische Anzeigen.*

anzugsverzögerte Relais mit durch Potentiometer (auch fern-)einstellbarer Verzögerung bis zu 30 s und mehr werden geliefert.

Anzugszeit Zeitraum, der vergeht, bis ein Relaiskontakt nach dem Einschalten des Erregerstromes geschlossen ist. Je nach Relais 20...1 ms.

aperiodisch System, in dem die Dämpfung verhindert, daß sich die Periodizität einer Schwingung ausbildet (schwingungsfähiges System in Ruhelage). Die Grenze zwischen periodischem und aperiodischem Schwingungsverlauf ist durch die kritische Dämpfung gegeben. Sie ergibt sich beispielsweise bei mechanischen Systemen aus:

$$\frac{\text{Direktionskraft}}{\text{Trägheitsmoment}},$$

bei elektrischen Systemen aus: $1\sqrt{LC}$.
Als aperiodisch bezeichnet man auch einen Verstärker, dessen Verstärkungsgrad sich innerhalb des betrachteten Frequenzbereiches nicht ändert.

aperiodischer Grenzfall Grenzfall, bei dem die → *Sprungantwort* eines Netzwerks ihren Endwert noch gerade ohne Überschwingen erreicht.

aperiodischer Verlauf Verlauf der → *Sprungantwort* eines Netzwerks ist schwingungsfrei (kein Überschwingen).

Apogäum Erdfernster Punkt einer elliptischen Satellitenbahn.

Apotheken-Rationalisierung Um das Lager komplett zu halten, muß es laufend rechtzeitig ergänzt werden. Das geschah bisher telefonisch nach Notizen. Die modernsten Apotheken haben bei jedem Artikel ein Lochkärtchen (Fahrkartengröße), die gesammelt und bei Anruf des Großhändlers durch einen → *Lochkartenleser* gegeben werden (0,5 sec/Karte).

Applikation Anwendungsbeispiel (Schaltungsbeispiel) für ein (aktives) elektronisches Bauelement.

APT → *Programmiersprache* für numerisch gesteuerte Arbeitsmaschinen; vor allem für schwierige geometrische Probleme auf mehrachsig gesteuerten Werkzeugmaschinen.

APT-System (= **A**utomatic **P**icture **T**ransmission = Automatische Bildübertragung) heißt das System zum automatischen Empfang der Wettersatellitenbilder.

Äquipotentialflächen Flächen gleichen Potentials im → *elektrischen Feld*. Z. B. gleiches Potential auf einer im Abstand r_0 gedachten Kugelfläche um eine → *Elementarladung*.

Äquivalenz = Gleichwertigkeit, Symbol ≡. Hier erscheint am Ausgang das entsprechende Signal, wenn an beiden Eingängen entweder H oder L stehen.

AR Abk. für → *Adressenregister*.

Arbeit Physikalische Größe. Die gebräuchlichste internationale Einheit der Arbeit ist 1 Joule = 1 J. Sie ist die Arbeit, die geleistet werden muß, um bei einer Kraft von 1 N (Newton) einen Körper um 1 m zu verschieben.
1 J = 1 Nm = 1 Ws

Arbeitsanweisungen sagen der → *EDVA*, was sie mit den eingegebenen → *Daten* tun soll.

Arbeitsbereich Bereich einer Schaltung mit aktiven Bauelementen, innerhalb dessen das Ausgangssignal proportional dem Eingangssignal ist. → *Analogbereich*.

Arbeitsbetrieb eines aktiven Bauelements im → *Arbeitsbereich*.

Arbeitsgeschwindigkeit Angabe darüber, wieviele Daten, Lochkarten, Meßwerte usw. je Zeiteinheit von einer Anlage verarbeitet werden können. Vergl. auch → *Telegrafiegeschwindigkeit*.

Arbeitskennlinie Zusammenhang zwischen Anodenstrom I_a und Gittervorspannung U_g einer → *Elektronenröhre* mit Arbeitswiderstand. Die Arbeitskennlinie kann mit Hilfe der → *Widerstandsgeraden* dem → *Ausgangskennlinienfeld* entnommen und im → *Steuerkennlinienfeld* eingetragen werden.

Arbeitskontakt Kontakt eines Relais, der in Ruhestellung offen ist und bei Betätigung schließt; heißt daher neuerdings Schließer. Vergl. → *Ruhekontakt*.

Arbeitspunkt Punkt (AP) im → *Ausgangskennlinienfeld* eines → *aktiven Bauelements*, an dem sich die → *Widerstandsgerade* und die zu einer eingestellten Steuerspannung (Steuerstrom) gehörige Ausgangskennlinie schneiden. Bei der Dimensionierung einer Schaltung werden Lastwiderstand und Arbeitspunkt im allgemeinen vorgegeben und dann aus dem Kennlinienfeld die erforderliche Steuerspannung (Steuerstrom) entnommen. Beispiel: Ein Transistor mit dem angegebenen Kennlinienfeld wird in → *Emitterschaltung* betrieben, der Lastwiderstand R_L ist 1 kΩ und befindet sich im Kollektorkreis. Die Betriebsspannung beträgt 22 V. Nachdem die Widerstandsgerade eingezeichnet ist, wird der Arbeitpunkt (AP) bei U_{CE} = 10 V und I_C = 12 mA festgelegt. Er liegt auf der Ausgangskennlinie für I_B = 0,15 mA. Aus der Eingangskennlinie kann die dazugehörige Basis-Emitter-Spannung U_{BE} = 0,75 V abgelesen werden.

Arbeitspunkteinstellung durch Wahl einer geeigneten Vorspannung ist sowohl bei → *Röhren* als auch bei → *Transistoren* erforderlich, um eine verzerrungsfreie Verarbeitung der Signale zu erzielen.

Arbeitspunkt-Stabilisierung Stabilisieren des Kollektor-Gleichstromes, insbesondere gegen die Einflüsse von Temperaturschwankungen und von Exemplarstreuungen.

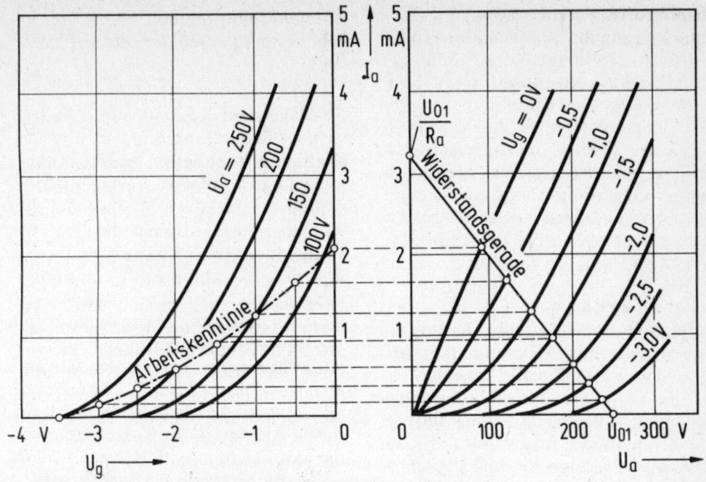

Arbeitskennlinie: Widerstandsgerade und Arbeitskennlinie (R_a = 80 kΩ; U_{01} = 250 V)

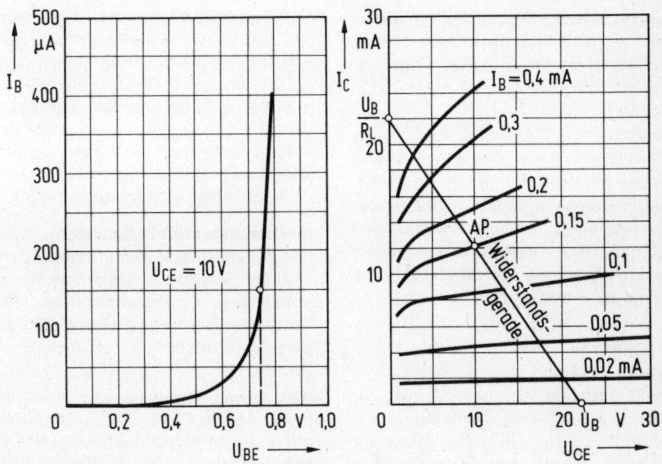

Arbeitspunkt

Arbeitspunkt-Verschiebung Im Zusammenhang mit Transistoren: Änderung des Kollektor- oder Emitter-Gleichstroms gegenüber dem Sollwert. Solche Verschiebungen ergeben sich unerwünscht bei Temperatur- oder Speisespannungsschwankungen, bei Übersteuerungen, aufgrund von Exemplarstreuungen oder Alterungen. Durch → *Arbeitspunkt-Stabilisierung* kann die Arbeitspunkt-Verschiebung klein gehalten werden.

Arbeitsspeicher ist ein Teil der → *Zentraleinheit*. Er übernimmt die jeweils zu bearbeitenden → *Daten* und die zugehörigen → *Befehle* und veranlaßt ihre Bearbeitung, z. B. durch das → *Rechenwerk*. Zu diesem Zweck enthält er sehr schnelle → *Speicher* zur Zwischenspeicherung. Er enthält außerdem → *Register*, in denen in Verarbeitung befindliche Daten und Befehle zwischengespeichert werden. Die → *Speicherkapazität* kann je nach Größe der Anlage von $2 \cdot 10^4$ bis zu 10^6 Zeichen und mehr betragen.

Arbeitsspeicher-Modul AM ist ein in sich abgeschlossener Arbeitsspeicher. Meist sind mehrere AM vorhanden, auf die gleichzeitig zugegriffen werden kann.

ARC (= **a**utomatic **r**eception **c**ontrol) = automatische Empfangssteuerung speziell bei UKW-Empfang im Auto, die je nach Empfangsfeldstärke automatisch zwischen Stereo- und Monowiedergabe umschaltet, um eine störungsfreie Wiedergabe zu erreichen.

A-Register = → *Akkumulator*.

ARI-System Das Autofahrer-Rundfunk-Informations-System dient zur Kennzeichnung von UKW-Rundfunksendern, die Meldungen über die Verkehrslage ausstrahlen. Dazu dient ein dem Sendesignal aufmodulierter 57-kHz-Hilfsträger, der die Informationen für die → *Senderkennung*, → *Bereichskennung* und → *Durchsagekennung* enthält.

Arithmetik-Prozessor Zumeist übernimmt der → *Mikroprozessor* in einem Computer praktisch alle anfallenden Aufgaben, wie Abfrage der Tastatur, Übersetzung des Programms in den internen Maschinencode, Durchführung aller nötigen Berechnungen und Ansteuerung der Ausgabegruppen. Die Arbeitsgeschwindigkeit von rechenintensiven Programmen läßt sich aber deutlich erhöhen, wenn man rein arithmetische Aufgaben einem besonderen Arithmetik-Prozessor überläßt, der mit eigenem → *ROM* und → *RAM* versehen ist und die eigentliche → *CPU* des Computers von Rechenproblemen entlastet.

arithmetischer Mittelwert → *arithmetisches Mittel*.

arithmetisches Mittel $\overline{X}$ Sind für einen Meßpunkt unter gleichen Bedingungen n unabhängige Meßwerte X_i ermittelt worden, so gilt im allgemeinen das arithmetische Mittel $\overline{X}$ als Ergebnis

$$\overline{X} = \frac{1}{n} \sum_{i=1}^{n} X_i$$

Armbanduhren, elektronische waren bereits Ende der 50er Jahre im Gespräch. Voraussetzung waren leistungsfähige Knopfbatterien und Transistoren. Seit Anfang der 60er Jahre sind solche Uhren lieferbar. Als Zeitnormal verwenden sie Stimmgabeln oder → *Quarze*. 1970 kam eine Armbanduhr mit → *Digitalanzeige* mittels → *Leuchtdioden* heraus. Jetzt gibt es sie auch mit → *LCD*-Anzeige zu Billigstpreisen.

ARP = **A**utomatischer **R**elativ- → *Plotter.*

Array ~ Anordnung, Aufstellung.

Arsen As Fünfwertiges Element, Ordnungszahl 33, Atomgewicht 74,91, Schmelzpunkt 814 °C. Arsen verwendet man als → *Donator*-Zusatz für vierwertige Halbleiter-Grundmaterialien und außerdem in der intermetallischen Halbleiter-Verbindung → *Gallium–Arsenid.*

ASA-Schrift (Abk. für **A**merican **S**tandards **A**ssociation ~ Amerik. Normen-Ausschuß) ist für optische → *Belegleser* konstruiert und enthält 60 → *Zeichen* (Ziffern, Buchstaben, Sonderzeichen).

ASCII ist die Abkürzung von „American Standard Code for Information Interchange". Dabei handelt es sich um einen dualen Code für Buchstaben, Ziffern, Satzzeichen und nichtdruckende Steuerzeichen. Da ASCII ein in den USA entwickelter Standard ist, enthält der Code nicht die in Deutschland gebrauchten Sonderzeichen. Die entsprechende deutsche Norm DIN 66003 ersetzt deshalb bestimmte ASCII-Zeichen durch nationale Sonderzeichen.

ASLT = **a**dvanced **s**olid **l**ogic **t**echnology ~ ultraschnelle → *integrierte Schaltungen,* Schaltzeiten ~ 1,8 ns, für ultraschnelle → *EDVA.*

Assembler übersetzen → *Programmiersprachen maschinenorientierte* in die eigentliche → *Maschinensprache.*

Assoziativ-Gesetz:

$$x + y + z = (x + y) + z = x + (y + z)$$

$$x \cdot y \cdot z = (x \cdot y) \cdot z = x \cdot (y \cdot z)$$

Assoziativ-Speicher (~ Verknüpfungs-Sp.) vergleicht ein anliegendes → *Wort* mit den in ihm gespeicherten und gibt an, mit welchem Übereinstimmung besteht. Dadurch kann schnell eine gesuchte Information gefunden werden, ohne daß deren → *Adresse* bekannt ist.

astabile Multivibratoren sind Impulserzeuger (→ *Impulsformer*), die mit einer festen Impulsfrequenz, seltener mit veränderlicher, laufen. Die Impulsfrequenz wird durch Kondensatoren und Widerstände bestimmt.

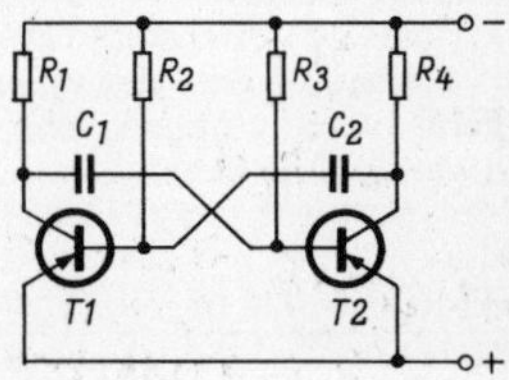

Astabiler Multivibrator mit Transistoren

Asterismus heißt die Eigenschaft bestimmter (z. T. verunreinigter) Kristalle, im auffallenden Licht helle Streifen zu zeigen. Der durch eingelagerte Fremdkristalle hervorgerufene Effekt tritt z. T. auch im → *Laue-Diagramm* auf.

Astigmatismus Abbildungsfehler bei Oszilloskopenröhren. Durch Potentialunterschiede zwischen Beschleunigungselektrode und dem nachfolgenden Ablenkplattenpaar erscheint der Leuchtfleck nicht rund sondern oval.

asynchrone Arbeitsweise Ungleichheit der zeitlichen Abstände zwischen den Schritten eines digitalen Rechen- oder Steuerungsablaufs. Der Datenfluß wird nicht durch eine zentrale Takteinheit gesteuert.

Asynchron-Rechenanlagen besitzen keinen → *Taktgeber*. Sie führen die Befehle nacheinander aus, je nach der dafür benötigten Zeit.

Atom Kleinstes Teilchen eines chemischen Elementes, bestehend aus einem Kern mit positiver Ladung und diesen Kern umfliegenden Elektronen, deren negative Gesamtladung denselben Betrag hat wie die positive Kernladung.

Den Elektronen des Atoms sind verschiedene Abstände zugeordnet. Diese Abstände kennzeichnet man als Atomschalen. Insgesamt sind bis sieben Schalen möglich. Für jede Schale eines Atoms gibt es erlaubte Elektronenzustände. Die Zahl der erlaubten Zustände ist die größtmögliche Zahl von Elektronen je Schale.

Schalen-Bezeichng.	K	L	M	N	O	P	Q
Anzahl der erlaubten Zustände	2	8	18	32	50	72	98

(→ *Quantenzahlen des Elektrons im Atom*).

Atom-Abstand Abstand der Ruhe-Mittelpunkte einander in einem Kristallgitter benachbarter → *Atomkerne*. Im Germanium-Kristallgitter beträgt der Atom-Abstand 2,44 Å.

Atom-Durchmesser Die Atom-Durchmesser betragen etwa 1...100 Å.

Atom-Gitter Regelmäßige Anordnung der → *Atomrümpfe* in einem festen, aus diesen Atomen bestehenden Körper. Die Atomrümpfe sind ähnlich den Knotenpunkten eines regelmäßigen räumlichen Gitters angeordnet.

Atom-Kern Atomrest, der übrig bleiben würde, wenn es möglich wäre, alle Elektronen eines Atoms zu entfernen. Der einfachste Atom-Kern ist der des Wasserstoff-Atoms. Er besteht aus einem → *Proton*. Alle anderen Atom-Kerne setzen sich aus Protonen und → *Neutronen* zusammen.

Atom-Rumpf Atom ohne die Elektronen der nicht abgeschlossenen Elektronenschalen. Der Atomrumpf ist ein aus dem → *Atom-Kern* und den Rumpf-Elektronen bestehendes → *Ion*.

Atomuhren benutzen die Schwingungen von Atomen oder Molekülen als → *Frequenznormal*. Dabei nutzt man den physikalischen Effekt aus, daß sich die Elektronen in der Hülle eines Atoms in verschiedenen Energiezuständen befinden können und ein Elektron beim Übergang von einem solchen Zustand in einen anderen eine elektromagnetische Strahlung einer ganz typischen Frequenz abgibt.

Zu den hierfür geeigneten Elementen gehört das Caesium 133, das eine Frequenz von 9,19263177 GHz liefert. Diese in einem sogenannten Primärnormal erzeugte Frequenz steuert eine Zeitskala an (Ziffernblatt, Anzeige). Die Abweichungen betragen nur $10^{-10}...10^{-13}$. In der Bundesrepublik steht eine A. bei der Physikalisch-technischen Bundesanstalt in Braunschweig. Ihre Signale werden über den Langwellensender DCF 77 ausgestrahlt und damit die meisten „öffentlichen" Uhren gesteuert.

Ein Empfang des DCF-77-Senders ist allgemein erlaubt; zur Zeitanzeige ist allerdings außer einem geeigneten Empfänger auch eine geeignete Decodierung erforderlich.

ATT-Dioden (**A**valanche **T**ransit **T**ime) besitzen einen → *Lawinen-* und → *Laufzeit-Effekt*, können daher als negativer Widerstand geschaltet und im Zentimeterbereich als Schwingungserzeuger benutzt werden.

Audio Bezeichnung für den Hörbereich von etwa 20...20 000 Hz und die für diesen Frequenzbereich benutzten Geräte.

Audiometer ist ein Gerät zur Messung der Hörfähigkeit.

Audiovision Vermittlung von Informationen in Bild und Ton.

Auffang-Flipflops haben einen Taktimpulseingang mit zwei UND-Gliedern und können durch synchronisierende Taktimpulssignale und anschließende Speicherung die bei Kettenoperationen auftretenden Laufzeitunterschiede auffangen. Häufig werden sie nur als getaktete FFs bezeichnet.

Aufgabenbereich x_{Ah} Bereich, innerhalb dessen die → *Aufgabengröße* liegen kann, ohne Funktionsstörungen zu verursachen.

Aufgabengröße x_A Kennzeichnung der → *Größe*, die bei einer → *Steuerung* oder → *Regelung* beeinflußt werden soll.

aufgewachsene Schichten sind bei → *Planar-Transistoren* und bei → *Integrierten Schaltungen* ~ 10...30 µm stark.

Aufheizzeit Gelegentlich benutzte Bezeichnung für die → *Verzögerungszeit* von → *Heißleitern*. Diese Zeit hängt von der Speisespannung ab. Sie ist ungefähr umgekehrt proportional dem Quadrat der Speisespannung.

Aufladungen von Papier-, Kunststoff-, Gummi- usw. -Bahnen beseitigt man durch Anlegen schneller Wechsel- oder Rechteckspannungen mittlerer Frequenz.

Auflichtreflexionsverfahren In der industriellen Automatisierung werden Informationen direkt am Ort des Prozesses gewonnen. Das Objekt wird von einer geeigneten Lichtquelle beleuchtet und das Licht über ein optisches System und einem geeigneten Sensor (→ *Foto-Array*, → *CCD-Kamera*) abgetastet und von einer Elektronik ausgewertet. Somit ist eine direkte Rückkopplung auf den Prozeß gegeben.

Auflösung ist ein wichtiger Maßstab für die Qualität eines Fernsehbildes bei der Wiedergabe der Einzelheiten, z. B. feiner senkrechter Linien. Die maximal mögliche Auflösung eines Bildes in Bildpunkte ergibt sich aus der festgelegten Norm (→ *CCIR-Norm*). In der Praxis liegt sie mehr oder weniger unter diesem Wert, bedingt durch lange Übertragungswege (Eurovision) oder provisorische Verbindungen bei Außenübertragungen. Auch Fehler im Empfänger, im Zwischenfrequenz- oder Video-Verstärker, können die Auflösung verschlechtern. Zum Prüfen der Auflösung dient das täglich zu bestimmten Zeiten bzw. vor dem Programm ausgestrahlte → *Testbild*.

Aufnahmeröhre Der wichtigste Teil einer → *Fernsehkamera* ist die Aufnahmeröhre, die das optische Bild in ein elektrisches Signal umwandelt, das später drahtlos übertragen werden kann. Das durch ein Objektiv aufgenommene Bild erzeugt in der Aufnahmeröhre ein elektrisches Ladungsbild, das von einem Elektronenstrahl abgetastet wird (→ *Abtasten*). Die hier-

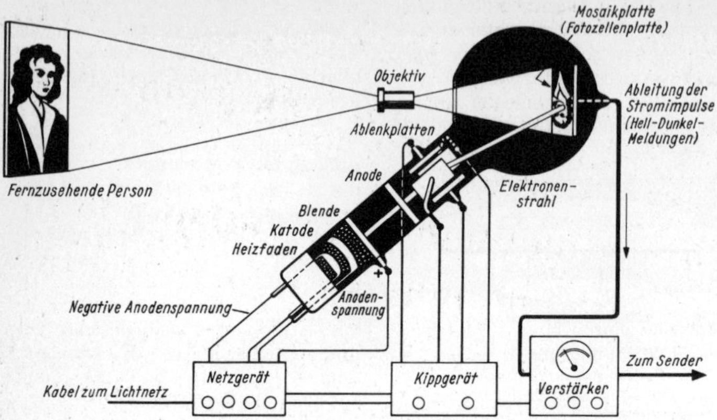

Aufnahmeröhre: In der Aufnahmeröhre wird das elektrische Ladungsbild von einem Elektronenstrahl abgetastet. Die gewonnene Impulsfolge entspricht den Helligkeitswerten

bei gewonnene Impulsfolge entspricht Punkt für Punkt und Zeile für Zeile den Helligkeitswerten des aufgenommenen Bildes.

Für das Umwandeln des optischen Bildes wurden verschiedene Verfahren entwickelt. Die bekanntesten Aufnahmeröhren sind das → *Superikonoskop*, das → *Orthikon*, das → *Plumbicon* und das → *Vidikon*.

In der Videotechnik verwendet man vorzugsweise → *Saticon*- und → *Newvicon-Röhren*.

Auftrittswahrscheinlichkeit Wahrscheinlichkeit mit der in der Nachrichtentechnik die Häufigkeit eines Zeichens oder eines Codewortes angegeben wird. So sind z. B. beim Morsecode den Buchstaben mit der größten Auftrittswahrscheinlichkeit kurze Zeichen und den Buchstaben kleiner Auftrittswahrscheinlichkeit längere Zeichen zugeordnet. Ein nach der Auftrittswahrscheinlichkeit angelegter Code ermöglicht einen optimalen Datenfluß.

aufwärtskompatibel Wenn der zur Verfügung stehende Befehlssatz eines Prozessors oder Computers eine Teilmenge desjenigen einer komfortableren Version ist, so ist der kleine Bruder zum größeren „aufwärtskompatibel".

Aufzeichnungsdichte bei magnetisierbaren → *Datenträgern* (z. B. Magnetkarten, -bändern, -platten) die Anzahl von Informationseinheiten pro Länge.

Augend ist die Zahl, zu der etwas hinzugezählt werden soll.

Ausblend-Effekt Wirkung der durch → *Einduffusion* der → *Basisdotierung* erfolgten Abnahme des Dotierungsgrades von der Emitterzone nach der Basiszone auf die vom Emitter her injizierten Ladungsträger. Aufgrund der abnehmenden Dotierung der Basiszone streuen die Bahnen dieser Ladungsträger zwischen → *Emitter-* und → *Kollektor-Sperrschicht* weit weniger (*Abb. 1*) als in einem homogen dotierten Basisraum (*Abb. 2*).

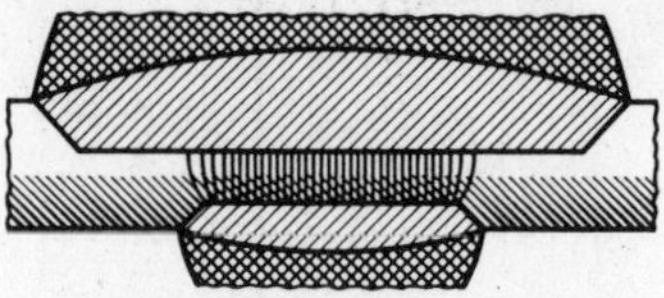

Ausblend-Effekt: 1) Schnitt durch ein Transistorsystem mit nach dem Kollektor hin abnehmender Basis-Dotierung. Das sich in der Basiszone ausbildende Strömungsfeld wird hier eng zusammengehalten. Die Randströmung ist gering. Die Längen der Ladungsträgerwege unterscheiden sich nur wenig voneinander

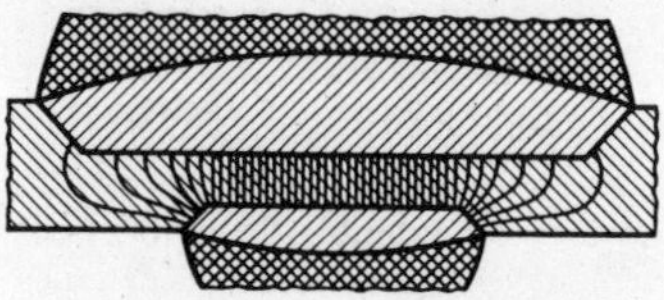

2) Schnitt durch ein Transistorsystem mit homogen dotierter Basis. Das Strömungsfeld zwischen Emitter (unten) und Kollektor (oben) streut erheblich über den Rand der Emittergrenzfläche hinaus. Für die Randströmung ergeben sich auf diese Weise übermäßig lange Ladungsträgerwege

Ausblenden der Randströmung Wirkung des → *Ausblend-Effektes*, d. h. ein Beschränken der Ladungsträger-Injektion in den Basisraum auf die vorderste Front der einlegierten Emitterzone und ein Beschränken des → *Löcherstroms* im Basisraum auf kurze Wege.

Ausbreitungsgeschwindigkeit Geschwindigkeit, mit der sich eine elektromagnetische Welle (auch eine Schallwelle) ausbreitet. Für eine elektromagnetische Welle ist sie in Luft gleich der Lichtgeschwindigkeit $c \approx 3 \cdot 10^8$ m/s.

Ausbreitungskonstante → *Fortpflanzungsmaß*.

Ausbreitungs-Widerstand Widerstand für ein Strömungsfeld mit voneinander stark verschiedenen Werten des Eintritts- und Austrittsquerschnittes, beispielsweise zwischen einem Punktkontakt auf einem Halbleiter und einer größeren, auf dem Halbleiter aufgelöteten Metallfläche.

Ausdehnungs-Koeffizient Eine aus der Wärmelehre stammende Größe, die eine Angabe darüber macht, in wieweit sich das Volumen von Körpern bei Erwärmung oder Abkühlung erhöht oder erniedrigt. Gewisse Stoffe (z. B. Wasser) zeigen in bestimmten Temperatur-Bereichen bei Temperaturerhöhung eine Volumenverringerung (negativer Ausdehnungskoeffizient). Unterschieden wird noch zwischen kubischem und bicarem Ausdehnungskoeffizient.

Ausdiffusion Diffusion eindotierter → *Fremdatome* aus einem Halbleiter heraus in den Außenraum oder in einen nicht bzw. wenig mit Fremdatomen dieser Art dotierten Abschnitt des Halbleiters. Die Ausdiffusion wird bewirkt durch Erhitzen des Halbleiters. Mit Ausdiffusion erreicht man z. B. in einem sowohl mit → *Donatoren* als auch mit → *Akzeptoren* dotierten → *n-Germanium* (in der Überzahl mit Donatoren dotiert) eine → *p-Zone*: Bei Erhitzen auf etwa 700 °C werden bei gleichen Dotierungsgraden etwa 180 mal soviel Antimon-Atome (Donatoren) ausdiffundiert wie Indium-Atome (Akzeptoren).

Ausgabegeräte machen die Ergebnisse der → *EDV-Anlage* verwertbar durch → *Drucker*, → *Lochkarten-* oder → *Lochstreifen-Stanzer* oder → *Bildschirmgeräte* usw. Alle arbeiten vieltausendmal langsamer als der Rechner. Seine Ergebnisse müssen daher immer zwischengespeichert werden (→ *Off-line-*, → *On-line-Betrieb*).

Ausgabe-Puffer übernehmen die Ergebnisse des → *Rechenwerks* und geben sie weiter an die → *Ausgabegeräte*.

Ausgangs-Fächerung = Möglichkeit zum direkten Anschluß von mehreren Folgeschaltungen (Belastungsfähigkeit).

Ausgangs-Grenzfrequenz Frequenz, für die der Betrag des zur Kapazität c_{Cb} zwischen Kollektor-Elektrode C und innerem Basispunkt b gehörenden kapazitiven Widerstandes gleich dem Kehrwert der inneren → *Kurzschlußsteilheit* S_i wird. Die Ausgangs-Grenzfrequenz f_{out} ist damit gleich dem Kehrwert der mit $2 \cdot \pi$ vervielfachten → *Ausgangs-Zeitkonstante* τ_{out} des Transistors:

$$f_{out} = \frac{1}{2 \cdot \pi \cdot \tau_{out}} = \frac{S_i}{2 \cdot \pi \cdot c_{Cb}}$$

Ausgangsgröße X_a → *Größe* (→ *Signal*), die am Ausgang eines → *Übertragungsgliedes anliegt.*

Ausgangskapazität Summe aller Kapazitäten einer Verstärkerröhre zwischen Anode und den übrigen Elektroden (außer Steuergitter) sowie der kalten Katode.

Ausgangskennlinie Zusammenhang zwischen Ausgangsstrom und Ausgangsspannung eines → *aktiven Bauelements* für eine konstante Steuerspannung bzw. einen konstanten Steuerstrom.

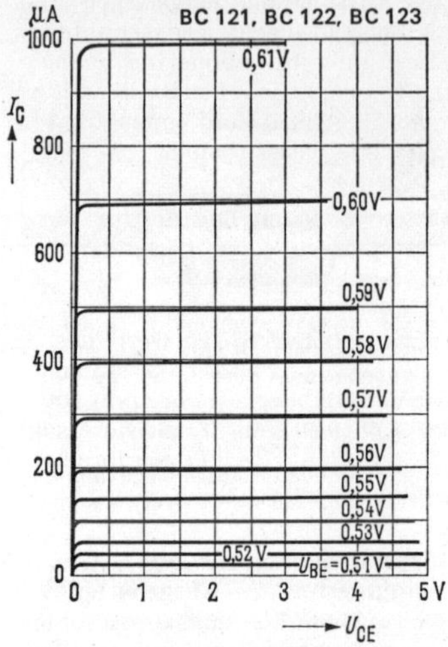

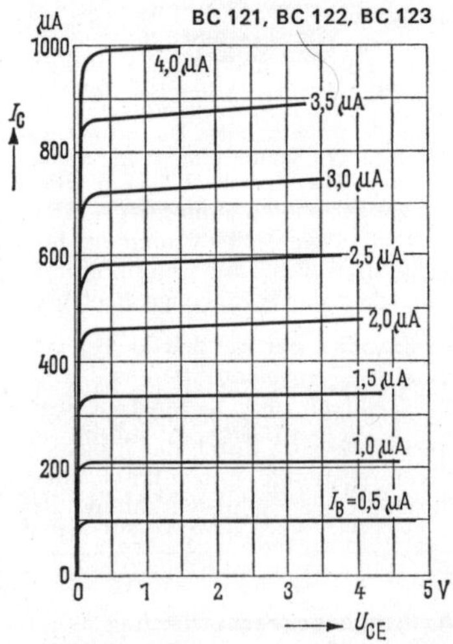

Ausgangskennlinie

Ausgangskennlinienfeld Kennlinienfeld, in dem die → *Ausgangskennlinien* eines → *aktiven Bauelements* für mehrere konstante Steuerspannungen oder Steuerströme aufgetragen sind. Als Beispiel die Ausgangskennlinien eines Transistors einmal in Abhängigkeit von verschiedenen Basis-Emitter-Spannungen U_{BE} und einmal für verschiedene Basisströme I_B.

Ausgangsleistung Leistung, die ein → *Verstärker* an einen Lastwiderstand abgeben kann.

Ausgangsleitwert Kehrwert des → *Ausgangswiderstands*. Vor allem in der Vierpoltheorie (→ *Vierpol*) sowie bei Röhren- und Transistorersatzschaltbildern (→ *Transistorersatzschaltung*) gebräuchlich.

Ausgangsoffsetspannung Gleichspannungsrest am Ausgang eines → *Rechenverstärkers* mit kurzgeschlossenem Eingang. Die Ausgangsoffsetspannung ist verstärkungsabhängig und gleich dem Produkt aus der eingestellten Stufenverstärkung v und der → *Eingangsoffsetspannung* des Rechenverstärkers U_{IOff}.

$$U_{AOff} = v \cdot U_{IOff}$$

Ausgangsoffsetspannungsdrift Drift der → *Ausgangsoffsetspannung* hervorgerufen durch die Temperaturabhängigkeit der → *Eingangsoffsetspannung*.

Ausgangssignal Signal am Ausgang eines Übertragungsgliedes oder Netzwerkes. Es wird durch das Eingangssignal gesteuert und nimmt einen durch Übertragungsverhalten des Netzwerks vorgeschriebenen Wert an.

Ausgangsübertrager Übertrager zur → *Anpassung* eines gegebenen Abschlußwiderstand an die Endröhre eines Verstärkers (→ *Widerstandsübertrager*).

Ausgangswiderstand Ausgangsseitiger → *Innenwiderstand* eines Netzwerks. Der Ausgangswiderstand → *bipolarer Transistoren* beträgt bei → *Basisschaltung* 0,5...2 MΩ, bei → *Emitterschaltung* 0,5...2 kΩ und bei → *Kollektorschaltung* 100...1000 kΩ.

Ausgangs-Zeitkonstante (des Transistors) τ_{out} → *Kollektor-Zeitkonstante*.

Ausgleichstrom Auf Grund eines → *Ausgleichsvorgangs* fließender Strom.

Ausgleichsvorgang ist in einem Gleich- oder Wechselspannungssystem, das außer ohmschen Widerständen auch Energiespeicher (Induktivität, Kapazität) besitzt, der Vorgang, der dann beginnt, wenn das System durch Schaltmaßnahmen oder Störgrößenaufschaltung aus seinem Beharrungszustand gebracht wird und der dann beendet ist, wenn das System einen neuen stationären Zustand erreicht hat.

Ausgleichswert Q Kehrwert des → *Übertragungsbeiwerts* K_S einer → *Regelstrecke*.

$$Q = \frac{1}{K_S} = \frac{\Delta y}{\Delta x}$$

Ausgleichszeit T_G Bei → *Übergangsfunktionen* höherer Ordnung das Zeitintervall, das bei der → *Sprungantwort*

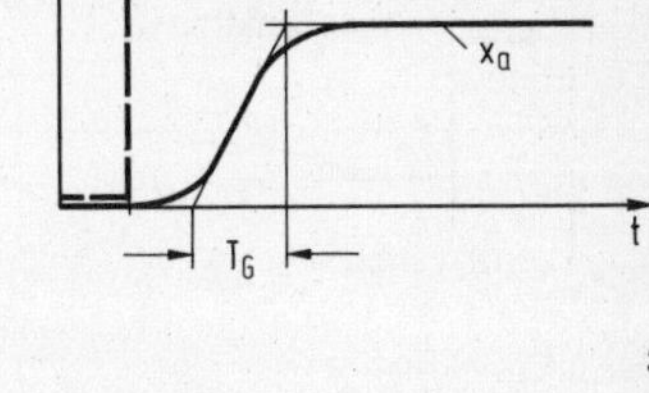

durch die Schnittpunkte der Wendetangente mit der → *Abszisse* und dem Wert des neuen → *Beharrungszustandes* begrenzt wird (*Abb.*).

Auskunftgeber elektronische, die sekundenschnell Auskunft über Hunderte von Zugverbindungen geben können, werden auf großen Bahnhöfen eingesetzt.

Auskunfts-Systeme auf EDV-Basis arbeiten mit einem zentralen → *Großraumspeicher*, der alle nur denkbaren Auskünfte enthält. Z. B. kann ein Arzt die festgestellten Symptome an eine Zentral-EDVA geben und bekommt von ihr die bekannten möglichen Diagnosen übermittelt. Auch können z. B. auf Bahnhöfen Auskünfte über Zugverbindungen gegeben werden u. ä.

Auslenkung (Rillenauslenkung) Abweichung vom Rillenverlauf im unmodulierten Zustand bei Schallplatten.

Auslösesignal → *Signal*, das den Vorgang des → *Steuerns* auslöst.

Ausräumfaktor Verhältnis des Betrages des → *Basisstromes*, der beim Sperren eines als Schalter benutzten → *Transistors* in → *Emitterschaltung* tatsächlich fließt, zu dem als Bezugswert angegebenen Basisstrombetrag.

Ausräumstrom → *Basisstrom*, der beim Sperren eines in → *Emitterschaltung*

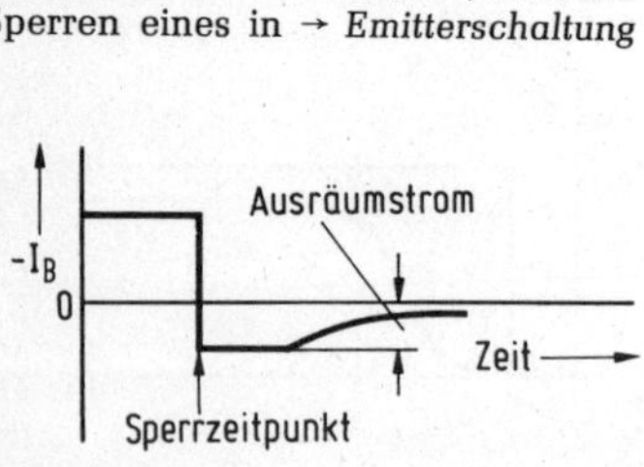

als Schalter benutzten Transistors fließt. Mit diesem Basisstrom wird die → *Raumladung* des Basisraumes „ausgeräumt". Der Basisstrom hat gegenüber dem Durchlaßzustand entgegengesetztes Vorzeichen.

Ausregelzeit In der Regelungstechnik die Zeitspanne, die beginnt, wenn der Wert der → *Regelgröße* nach einem Sprung der → *Stör-* oder → *Führungsgröße* den Toleranzbereich verläßt, und die endet, wenn der Wert der Regelgröße in diesen Toleranzbereich zum dauernden Verbleib eintritt. Aber: → *Anregelzeit*.

Aussagewahrscheinlichkeit → *statistische Sicherheit;* wird durch die Normalverteilung ermittelt.

Ausschaltfaktor Verhältnis des Produktes aus dem → *Gleichstrom-Verstärkungsfaktor* B_N und dem Betrag

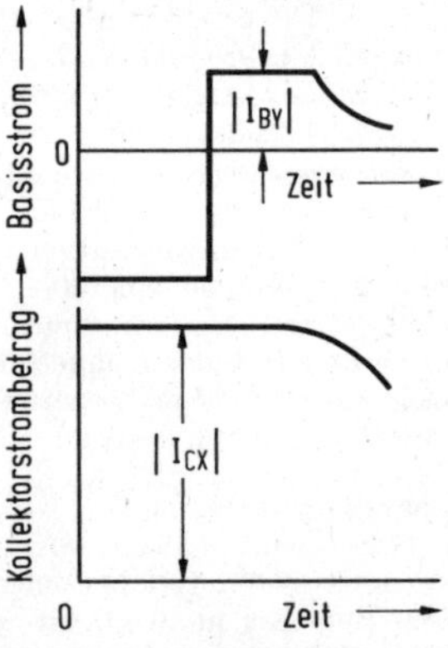

des Basis- → *Ausräumstromes* I_{BY} zu dem Betrag des abgeschalteten → *Kollektorstromes* I_{CX}. Der Gleichstrom-Verstärkungsfaktor gehört zu I_{CX} für $U_{CB} \approx 0$. Die Abb. zeigt den zeitlichen

Verlauf des Basisstromes bei einem PNP-Transistor und des Kollektorstrom-Betrages beim Umschalten von Durchlaß auf Sperrung zum Erklären der Größen I_{CX} und I_{BY}.

Ausschalttor Verknüpfungsglied, das durch ein Steuersignal den Signalfluß eines anderen Signals unterbrechen kann.

Ausschaltzeit Zeitspanne zwischen dem Abschalten der Steuerspannung bzw. des Steuerstromes eines elektronischen oder elektromechanischen Schalters und dem Abfall des Ausgangssignals auf 10% seines Endwertes. Die Abschaltzeit ist die Summe aus → *Speicherzeit* und → *Abfallzeit.*

Außeninterpolator Zentralrechner zur gleichzeitigen Steuerung mehrerer numerisch gesteuerter Werkzeugmaschinen.

Außen-Niveau Elektronen-Energieniveau unmittelbar außerhalb der Oberfläche.

Aussetzbetrieb Verfahren zur Steuerung eines → *Thyristors,* das den Thyristor bei Wechselstrombetrieb exakt in den Nulldurchgängen ein- bzw. ausschaltet und den Leistungsdurchgang durch verschieden lange Schaltpausen zwischen den Steuerimpulsen bestimmt. Vergl. dagegen → *Phasenanschnittsteuerung.*

Aussteuerbereich Bereich der Verstärkerkennlinie in dem die Ausgangsspannung der Eingangsspannung proportional folgt (→ *Aussteuerungsgrenze*).

Aussteuerung Angabe des Verhältnisses der Momentanamplitude zur maximal zulässigen Amplitude (→ *Aussteuerungsgrenze*) des Ausgangssignals eines → *Verstärkers.* Im allgemeinen wird die maximal zulässige Amplitude des Ausgangssignals auf 0 dB (→ *dB*) festgelegt und die darunter (darüber) liegenden Werte mit negativen (positiven) dB-Werten bezeichnet.

Aussteuerungsdrift Durch den Grad der Aussteuerung eines → *Transistors* bedingte Änderung der Transistor-Eigenschaften: Eine Aussteuerungsdrift ergibt sich z. B. durch die von der tatsächlich auftretenden → *Transistor-Verlustleistung* und daher von dem Grad der Aussteuerung beeinflußte → *Sperrschichttemperatur.*

Aussteuerungsgrenze Grenze des linearen Bereichs der → *Verstärkungskennlinie* eines → *Verstärkers.* Bei der Überschreitung der Aussteuerungsgrenze weist das Ausgangssignal nichtlineare Verzerrungen auf, weil die Signalamplituden vor allem in den letzten Stufen eines Verstärkers so groß geworden sind, daß sich die aktiven Bauelemente im → *Sättigungsbereich* befinden.

Austastsignal Der Elektronenstrahl, der im Fernseh-Empfänger das Bild zeichnet (bzw. in der Aufnahmeröhre das Bild abtastet), muß vom Ende jeder Zeile an den Anfang der nächsten und vom Ende eines → *Halbbildes* an den Anfang des nächsten Halbbildes zurückgeführt werden. Während dieser Rückläufe muß der Strahl dunkel gesteuert werden, so daß er auf der Bildröhre keine Lichtspur zeichnet (bzw. in der Aufnahmeröhre keine Helligkeitswerte abtastet), da sonst störende Linien ins Bild kämen. Für die Zeit dieser Rückläufe wird der Elektronenstrahl durch entsprechende Beeinflussung des elektrischen Potentials am → *Wehneltzylinder* bzw. der → *Katode* unterdrückt. Dieses Potential entspricht dem Helligkeitswert schwarz. Der Taktgeber (→ *Impulszentrale*) im Sender moduliert zu diesem Zweck am Ende jeder Zeile für die Zeit des Zeilenrücklaufs und am Ende jedes Halbbildes für die Dauer des Bildrücklaufs das Signal auf die Höhe des Schwarzpegels. Er erzeugt somit den Horizontal-Austastimpuls und den Vertikal-Austastimpuls. In dieser gleichen Zeit, in der kein Bild geschrieben wird, übermittelt der Taktgeber des Senders zusätzlich die → *Synchronsignale*.

Austrittsarbeit W_0 Arbeit, die geleistet werden muß, damit ein → *Elektron* einen elektrischen Leiter (→ *Katode*) verläßt.

$W_0 = e \cdot \varphi_0$

e = → *Elementarladung*

φ_0 = → *Austrittsspannung*

Die Austrittsarbeit beträgt z. B. für Kupfer $7{,}18 \cdot 10^{-19}$ Ws, für Wolfram $7{,}25 \cdot 10^{-19}$ Ws.

Austrittsgeschwindigkeit Die für den Austritt eines → *Elektrons* aus einem Festkörper gerade ausreichende Geschwindigkeit. Z. B. für Kupfer und Wolfram 1260 km/s.

Austrittsspannung φ_0 Potentialgefälle, das erforderlich ist, um ein → *Elektron* aus einem elektrischen Leiter zu befreien. Sie beträgt z. B. für Kupfer 4,48 V und Wolfram 4,53 V.

Auswahlschaltung → *Multiplexer.*

AUTOCODER ist eine maschinenorientierte → *Programmiersprache*, eine Symbolsprache, die mit einfachen Zeichen auskommt und durch den zugehörigen → *Assembler* in die eigentliche → *Maschinensprache* umgewandelt wird.

Autoelektronik entwickelte sich langsam seit dem Aufkommen leistungsfähiger → *Halbleiter-Bauelemente*. Am meisten Verwendung finden z. Z. Blinkschalter und (z. T. intermittierende) Scheibenwischer-Regler. Auch Zündregler und → *Antiblockier-Systeme* sowie → *Auto-Radar* (gegen Auffahren) und vollautomatische Zündung nach Kraftstoffeinspritzung, Verteilersteuerung, Temperaturregelung, Drehzahlbegrenzung und Spannungsregler können im Auto eingesetzt werden.

Bei Autos mit Abgas-Katalysator muß die gesamte Motorsteuerung elektronisch erfolgen. Für den Autofahrer gibt es seit einigen Jahren → *Bordcomputer.*

Automatisierung wird heute (gezwungenermaßen) überall angewandt. Während aber Transferstraßen u. ä. Automaten nur schwer veränderbar sind, besteht die Elektonik aus vielen Einzelelementen, kann daher Änderungen leicht angepaßt werden (z. B. auch durch Auswechseln der Steuerstreifen) und kann sogar in begrenztem Umfang selbst Entscheidungen treffen (→ *Prozeßrechner*). Daß sie z. B. zur Kontenführung in Banken usw. benutzt wird, ist schon fast selbstverständlich, ebenso zur Aufzeichnung von Betriebsdaten beim (Luft-)Verkehr usw.

AUTOPOL, AUTOPROMPT sind Systeme zur automatischen Programmierung von Drehbänken (**auto**matic **pro**gramming **o**f **l**athes).

Autoradar wurde und wird in Amerika entwickelt: eine hohe Frequenz (z. B. 16140 MHz) wird ausgestrahlt und, falls durch ein Hindernis zurückgestrahlt, wieder empfangen und in ein Tonsignal umgewandelt. Höhe und Stärke des Signals zeigen Annäherungsgeschwindigkeit und Nähe des Hindernisses an. Man will damit hauptsächlich Auffahren auf nicht sichtbare Hindernisse (bei Nebel oder Dunkelheit) verhindern.

Autospot ist eine → *Programmiersprache* für numerisch gesteuerte (→ *numerische Steuerung*) für Werkzeugmaschinen.

Auto-Stop Automatische Abschaltung von Spulen- oder Cassetten-Tonbandgeräten am Bandende.

Autoreverse Automatische Umschaltung in Cassettenrecordern auf die andere Spur am Bandende und entsprechendem Rücklauf, ohne daß die Cassette gedreht werden muß.

Aux/Auxiliary Hochpegeliger Reserveeingang zum Anschluß von Tunern, Tonbandgeräten, Cassettenrecordern und CD-Playern.

Avalanche-Diode Referenzdiode, die man auch → *Zenerdiode* nennt, mit einer → *Durchbruchspannung*, die etwa 6 V übersteigt. Bei Durchbruchspannungen über ungefähr 6 V beruht der Sperrstrom-Steilanstieg vorwiegend auf dem → *Avalanche-Effekt*. Daraus folgt die Bezeichnung Avalanche-Diode. Avalanche ist das englische Wort für Lawine.

Avalanche-Effekt deutsch: Lawinen-Durchbruch. In Halbleiter-Dioden werden bekanntlich bei Überschreiten einer kritischen → *Sperrspannung* (der → *Zener-Spannung*) → *Valenzelektronen* aus ihrem Verband herausgerissen. Dadurch steigt der vorher winzige Sperrstrom (µA) sprungartig an. Diesen Effekt hat man zur Schaffung von → *Z-Dioden* ausgenutzt, mit denen man kleine Spannungen stabilisieren kann. Etwa ab 7 V Durchbruchspannung wird aber die Geschwindigkeit der Ladungsträger so groß, daß sie Valenzelektronen aus ihrer Bindung herausschlagen, wodurch sich der Sperrstrom noch mehr erhöht. Dieser Avalanche-Effekt hat einen positiven → *Temperatur-Koeffizienten*, d. h. bei höherer Temperatur wird er später wirksam. Z-Dioden sind bis etwa 100 V listenmäßig erhältlich.

AV-Buchse dient am Fernsehempfänger zum video- bzw. audiomäßigen Anschluß von Videorecordern, Satellitenempfängern oder Hi-Fi-Anlagen.

Avalanche-Fotodioden nützen den → *Avalanche-Effekt* aus, um den Fotostrom bis zu 200fach zu vergrößern.

Avogadro-Zahl Zahl der Moleküle, die in einem Kubikzentimeter Gas unter Normalbedingungen enthalten sind. Diese Zahl ergibt sich, wenn man die → *Loschmidt-Zahl* durch das → *Molvolumen*, d. h. durch 22 414 cm^3 dividiert. Sie beträgt $2{,}69 \cdot 10^{19}$ Moleküle/cm^3 (für 0 °C und 760 Torr).

B

B Abk. für → *Basis.*

Back-up bedeutet soviel wie „Rückenstütze". Man versteht darunter Bereitschafts- oder Reservesätze für Großanlagen, so daß bei Defekten kein Arbeitsausfall verursacht wird.

Backward-Diode Diode aus hochdotiertem Halbleitermaterial mit einer Kennlinie nach *Abb. 1* bzw. *Abb. 2*, das sich von *Abb. 1* nur bezüglich der Zahlenwertbereiche für Spannung und Strom unterscheidet. Die Bezeichnung »Backward-Diode« bedeutet »Rückwärts-Diode«, was darauf hinweist, daß diese Diode in Rückwärtsrichtung verwendet wird: Man nutzt aus, daß der Steilanstieg des → *Sperrstroms* schon im Nullpunkt der → *Diodenspannung* einsetzt. Indem man bei der Backward-Diode für den Durchlaßbetrieb im Gegensatz zur normalen Diode den »Sperrbereich« (III. Quadrant) ausnutzt, gewinnt man den Vorteil des besonders kleinen Wertes der hierfür geltenden → »*Schleusenspannung*«. Als Sperrbereich kommt hierbei für die Backward-Diode nur der tatsächliche Schleusenspannungsbereich (I. Quadrant) zur Geltung. Backward-Dioden eignen sich daher als Ventile nur für Wechselspannungen mit Werten bis zu wenigen Zehntel Volt, aber z. B. auch zum Schutz von Meßwerkspulen, an denen nur Spannungen bis zu einigen Zehntel Volt zulässig sind. Ein besonderer Vorteil der Backward-Diode ist für deren Verwendung als Ventil der geringe Temperatureinfluß auf den Kennlinien-Verlauf im dritten Quadranten. Man beachte: Für die *Abb. 1* und *2* gelten die üblichen Dioden-Zählrichtungen *(Abb. 3)*. In Schaltplänen aber wird die Backward-Diode –

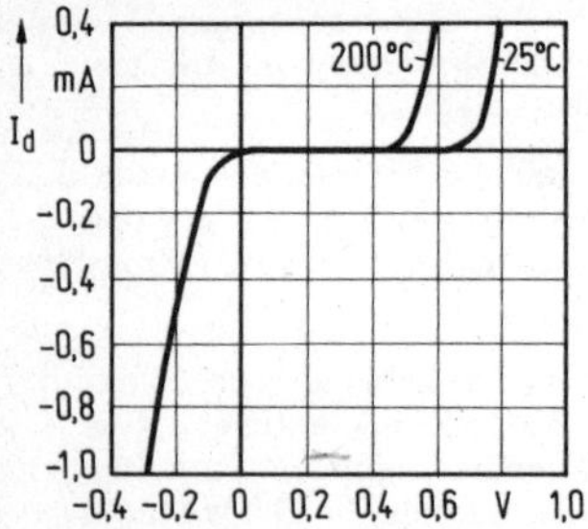

Abb. 1

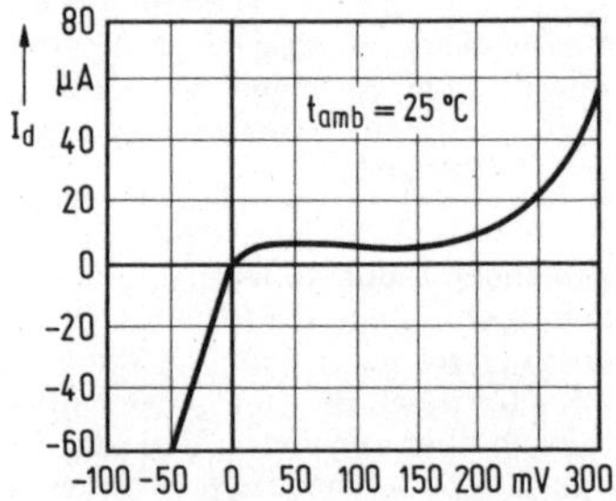

Abb. 2

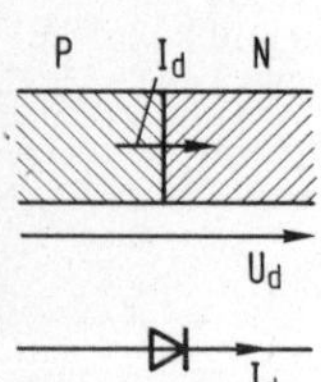

Abb. 3

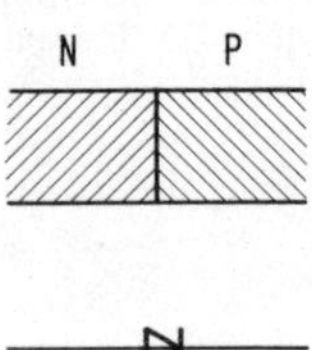

Abb. 4

entsprechend der dabei ausgenutzten Ventilwirkung – mitunter wie in *Abb.* 4 dargestellt.

Die Dotierungsgrade in der Backward-Diode entsprechen ungefähr denen in der → *Tunnel-Diode.* Daher ähnelt der Zusammenhang zwischen Ventilstrom und Ventilspannung der Backward-Diode (allerdings nur für tiefe Temperatur ihrer Sperrschicht) dem der Tunnel-Diode.

Badewannenkurve Die B. ergibt sich beim Auftragen der Ausfallwahrscheinlichkeit eines Bauelementes oder Gerätes gegen die Zeit. Ihr Wert ist am Anfang infolge von Frühausfällen durch Fertigungsmängel hoch, flacht dann ab und steigt zuletzt wieder an (Spätausfälle). Der Begriff B. stammt aus der Zuverlässigkeitstheorie.

Bahnwiderstand ist der in → *Fluß-* und → *Sperrichtung* unveränderte Widerstandsanteil eines Halbleitersystems mit → *Sperrschicht.*

Balance-Regler Einknopf-Regeleinrichtung zum Ausgleichen der Lautstärken durch die Wiedergabelautsprecher bei → *Stereofonie.*

Ballaströhre Wenn der Zeilenablenkteil (→ *Zeilenablenkung*) auch zur Erzeugung der Hochspannung der Farbbildröhre benutzt wird, verwendet man bei einigen Schaltungen eine Triode als Ballaströhre (siehe *Abb.*). Da sie dem Hochspannungsgenerator parallelgeschaltet ist, wird sie auch *Shunt-Röhre* genannt. Diese Röhre stabilisiert die Hochspannung, indem sie Belastungsschwankungen auffängt. Ist der gesamte Strahlstrom der Bildröhre klein, so fließt durch die Ballaströhre ein großer Strom und umgekehrt. Wäre die Hochspannung nicht stabilisiert, so würden Strahlstromschwankungen zu *Konvergenzfehlern* (→ *Konvergenz*) führen.

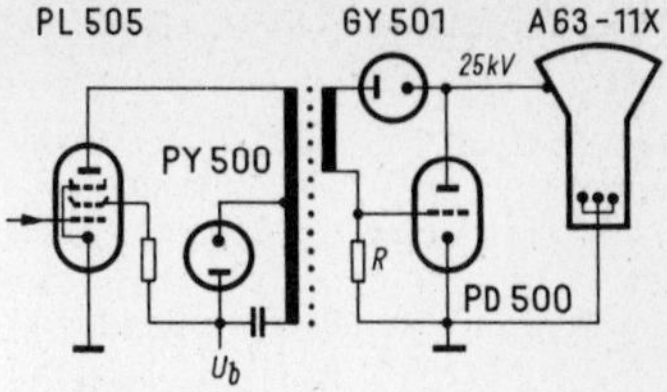

Ballaströhre: Prinzipschaltung einer Zeilen-Endstufe mit Hochspannungserzeugung für die Farbbildröhre. Die Ballast-Triode PD 500 stabilisiert die Hochspannung

Die Mehrzahl der Farbfernsehempfänger besitzt jedoch Schaltungen mit getrennter Hochspannungserzeugung, so daß keine Rückwirkungen auf die Ablenkung entstehen können.

Die B. wird heute durch Halbleiter-Regelschaltungen ersetzt.

Ballempfänger Ein Spezialempfänger, der Sendungen eines bestimmten Senders zu dem Zweck aufnimmt, diese als Modulation an einen anderen Sender zum neuerlichen Ausstrahlen weiterzugeben. Ballempfänger sind stets hochqualifizierte und empfindliche Geräte.

Ballistisches Galvanometer → *Galvanometer* zur Messung sehr kleiner Elektrizitätsmengen, bei dem der z. B. beim Laden oder Entladen eines Kondensators auftretende Stromstoß am Galvanometer einen der zu messenden Elektrizitätsmenge proportionalen Ausschlag hervorruft. Bei diesem Verfahren wird davon ausgegangen, daß die zeitliche Dauer des Stromstoßes kleiner ist als die Schwingungsdauer des Galvanometers.

Band, verbotenes → *Bandabstand.*

Bandabstand Unterschied der → *potentiellen Energie* der Elektronen zwischen der oberen Grenze eines Bandes und der unteren Grenze des energiemäßig darüberliegenden Bandes im → *Bänder-Modell*, meistens die Breite des verbotenen Bandes, das zwischen der oberen Valenzbandkante und der unteren Leitungsbandkante liegt. Formelzeichen $\Delta E = q \cdot \Delta U$

Bandblock heißt eine zusammenhängende Gruppe von → *Informationen* auf einem → *Magnetband.*

Bandbreite Frequenzbereich, innerhalb dessen die Ausgangsamplitude eines → *Netzwerks* bei konstanter Amplitude des Eingangssignals um nicht mehr als 3 dB gegenüber der Amplitude bei Bezugsfrequenz abfällt. In der NF-Technik wird meist 1000 Hz als Bezugsfrequenz gewählt. In der HF-Technik wird die Bandbreite auf die Frequenz der Trägerschwingung, in der Filtertechnik auf die → *Resonanzfrequenz* bezogen.

Bänder-Modell Bildliche Darstellung der Elektronen-Energie-Bereiche in Form waagerechter Streifen, wobei die Energie der Elektronen senkrecht nach oben und die Entfernung waagerecht nach rechts aufgetragen wird. Das Bändermodell erstreckt sich für Halbleiter vom unteren Ende des Leitungsbandes über das dazwischenliegende verbotene Band bis zum oberen Ende des Valenzbandes. Zum Bändermodell gehört außerdem das → *Fermi-*

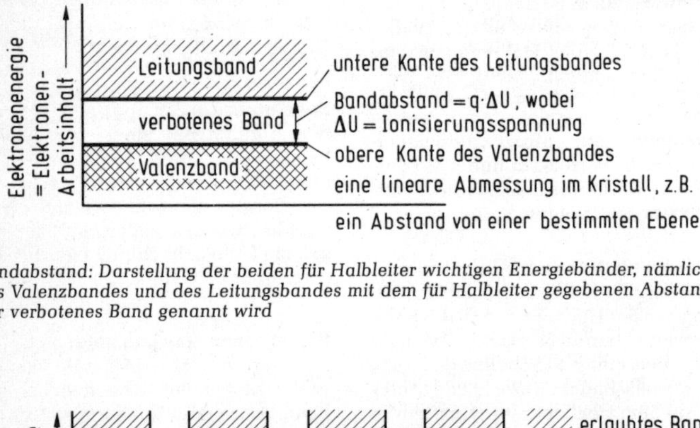

Bandabstand: Darstellung der beiden für Halbleiter wichtigen Energiebänder, nämlich des Valenzbandes und des Leitungsbandes mit dem für Halbleiter gegebenen Abstand, der verbotenes Band genannt wird

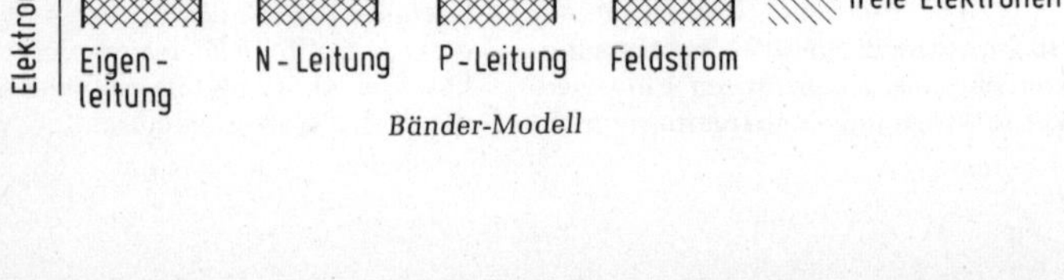

Bänder-Modell

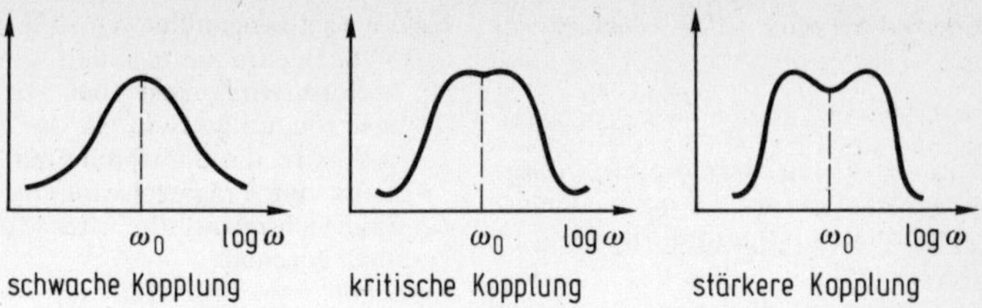

Bandfilter

Niveau, das meistens als strichpunktierte Linie eingetragen wird. Während der Entfernungsmaßstab oft belanglos ist, spielt er z. B. da eine Rolle, wo im Halbleiter eine elektrische Feldstärke herrscht. Die → *potentielle Energie* der Elektronen nimmt vom positiven Pol zum negativen Pol zu (*Abb.*).

Bandfilter Filter aus meist zwei oder mehreren lose miteinander gekoppelten Parallelschwingkreisen, die auf die gleiche → *Resonanzfrequenz* abgestimmt sind. Meist werden Zweikreisbandfilter verwendet, deren Primärseite mit einem eingeprägtem Strom angesteuert wird. Man findet sie deshalb meist als Koppelnetzwerke zwischen den einzelnen Stufen eines → *Selektivverstärkers;* z. B. in Eingangskreisen und ZF-Verstärkern von Empfängerschaltungen. Außer zum Ausfiltern eines gewissen Frequenzbereichs werden sie auch zum Erzeugen einer frequenzproportionalen → *Phasendrehung* (im Durchlaßbereich) zwischen Eingangs- und Ausgangssignal benutzt (→ *Ratiodetektor*). Für verschiedene Kopplungsgrade ergeben sich die abgebildeten Filterkurven.

Bandgeschwindigkeit Geschwindigkeit mit der das Band am Ton- oder Video-Aufnahme-/Wiedergabekopf vorbeigeführt wird. Bei Aufzeichnungen auf Tonband sind folgende Bandgeschwindigkeiten international genormt: 30 ips (inch per second) = 76,2 cm/s, 15 ips = 38,1 cm/s, 7,5 ips = 19,05 cm/s, 3,75 ips = 9,5 cm/s, 1,875 ips = 4,76 cm/s. Im Sprachgebrauch werden die Werte abgerundet auf 76, 38, 18, 9,5 und 4,75 cm/s. Die B. der Compact-Cassette beträgt 4,76 cm/s.

Eine Normung bei Heim-Videorecordern gibt es nicht. Jedoch beträgt die absolute B. bei dem am weitesten verbreiteten → VHS-Standard 2,3 cm/s.

Bandmarken bezeichnen Anfang und Ende des benutzbaren Teils eines → *Magnetbandes.*

Bandpaß Siebschaltung, die ein begrenztes Frequenzband durchläßt, alle Frequenzen ober- und unterhalb aber sperrt. Eine → *Bandsperre* hat die genau entgegengesetzte Funktion.

Bandrauschen Rauschen vom Magnetband als Folge ungleichmäßiger Verteilung magnetisierbarer Partikel. Durch Spezialbehandlung und Auswahl der magnetisierbaren Teilchen bei der Herstellung ist es möglich, das Bandrauschen wesentlich zu verringern (→ *LH-Bänder*). In Cassettenrecordern wird das Rauschen durch Rauschunterdrükkungssysteme wie → *Dolby* oder früher auch → *High-com* erheblich vermindert.

Bandsperre Siebschaltung, die im Gegensatz zum → *Bandpaß* ein bestimmtes Frequenzband unterdrückt.

Bar Einheit des Druckes, Teilwerte: das → *Millibar* (mbar) und das Mikrobar (µbar). Die Einheit bar wurde durch die Einheit → *Pascal* ersetzt.

Bariumtitanat $BaTiO_3$ ist ein keramisches Material mit hoher → *Dielektrizitätskonstante* (bis 10^4) mit piezoelektrischen Eigenschaften (→ *piezoelektrischer Effekt*), aber auch hohem → *Verlustwinkel*. Es wird durch geeignete Dotierung (→ *dotieren*) halbleitend gemacht. In Form einer polykristallinen (vielkristallinen) Keramik hat es eine nichtlineare, steil ansteigende Temperaturkennlinie. Aus Ba Ti O_3-Keramik gefertigte → *PTC-Widerstände* werden zum Überlastungsschutz angewandt, als automatisch arbeitende Betriebszeit-Begrenzer kleinerer Elektromotoren oder – in entsprechenden Schaltungen – als Erzeuger niederfrequenter Kippschwingungen verwendet.

Barkhausen-Formel Verknüpfung der drei für eine Verstärkerröhre charakteristischen Kenngrößen: → *Steilheit S*, → *Durchgriff D* und → *Innenwiderstand R_i*.

$$S \cdot D \cdot R_i = 1$$

Sind also zwei der Größen bekannt, so ist auch die dritte definiert.

Barometer Zur Messung des Luftdrucks eignen sich vorwiegend → *Dehnungsmeßstreifen* (Silizium-Drucksensoren. Damit können auch Höhenmesser gebaut werden.

barrier = → *Sperrschicht*.

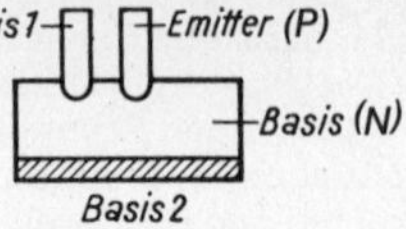

Bar-Technik Ausführungsform des → *Unijunction-Transistors*.

Basex ist eine speziell für Prozeßrechner und für Echtzeitaufgaben entwikkelte Variante von → *Basic*.

Basic ist die Abkürzung von „Beginner's All-Purpose Symbolic Instruction Code" und eine einfach erlernbare Programmiersprache. Basic arbeitet mit Zeilennummern, die man am besten so staffelt, daß man nachträglich auch noch zusätzliche Zeilen einbauen kann. Im Gegensatz z. B. zu → *Pascal* gibt es bei Basic keine „lokalen" Variablen in Unterprogrammen, sondern alle Variablen sind im gesamten Programm gültig. Dies erschwert den Aufbau sauber strukturierter Programme in Basic.

Basic-Interpreter → *Interpreter*.

Basis

1. Bei Transistoren die zwischen → *Kollektor* und → *Emitter* liegende

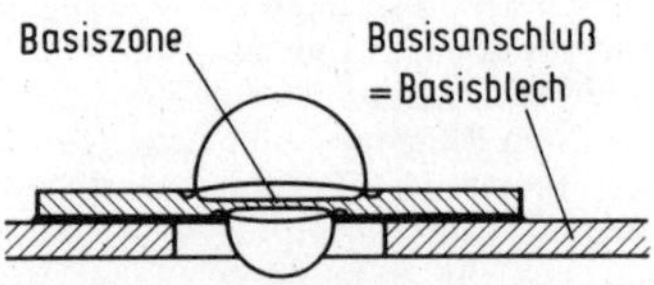

Basis: Das Bild zeigt einen Schnitt durch ein Transistorsystem mit Kollektorpille (oben) und Emitterpille (unten). Die Basiszone ist hier die Zone des Germaniumplättchens zwischen den beiden einlegierten Bereichen

Zone entgegengesetzter Leitfähigkeit. Die Potentialdifferenz zwischen Basis und Emitter bestimmt die Größe des Kollektorstroms. Das Bild zeigt einen Schnitt durch ein Transistorsystem mit Kollektorpille (oben) und Emitterpille (unten). Die Basiszone ist hier die Zone des Germaniumplättchens zwischen den beiden einlegierten Bereichen.

2. Entfernung der beiden Wiedergabelautsprecher (bzw. der beiden Lautsprechergruppen) voneinander bei → *Stereofonie*.

Basisadresse bezeichnet einen ganzen Abschnitt im → *Arbeitsspeicher*, vergleichbar einem Straßennamen, zu dem dann zusätzlich die Hausnummer anzugeben ist.

Basis-Bahnwiderstand r_{Bb} heißt der Widerstand zwischen Basisanschluß und Emittersperrschicht. Er soll möglichst klein sein.

Basisband Im → *Spektralbereich* das Frequenzband, mit dem ein hochfrequenter Träger moduliert wird.

Basisbreite Dicke der Basiszone d. h. Abstand zwischen der → *Emitterzone* und der → *Kollektorzone*. Die Basisbreite darf nicht mit der → *Basisweite* verwechselt werden.

Basis-Dotierung Die Basis-Zone ist entgegengesetzt dotiert wie die → *Emitter-* und → *Kollektor-*Zone. Es gibt die homogene Dotierung sowie die von der Emitterseite nach der Kollektorseite abnehmende Dotierung, wobei der kollektorseitige Abschnitt der Basiszone entweder undotiert bleibt oder nur sehr schwach dotiert wird.

Beispiel für den Verlauf der → *Donatorendichte* innerhalb der Basiszone eines → *PNP-Transistors* bei eindiffundierter Basis-Dotierung. Man beachte den logarithmischen Maßstab für die Donatorendichte.

Beispiel für eine von der Emitterseite nach der Kollektorseite abnehmende Basisdotierung. Eine solche Dotierung wird durch Eindiffusion der Donatoren in das Halbleiterplättchen erreicht.

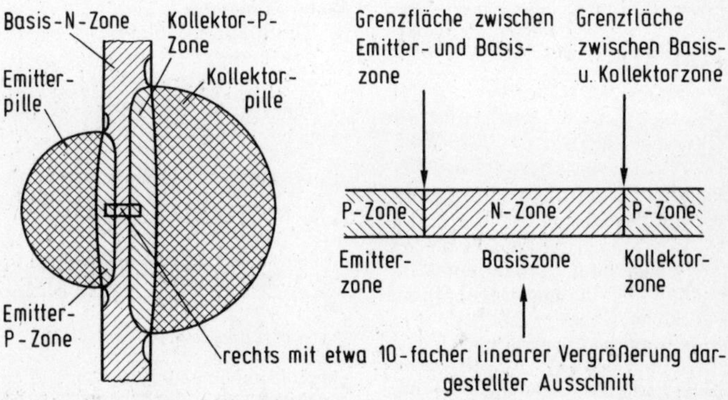

Basisbreite: Die Abbildung zeigt einen Schnitt durch ein Stück eines Transistorsystems. Links ist die Lage des rechts dargestellten Schnittes im Transistorsystem eingetragen

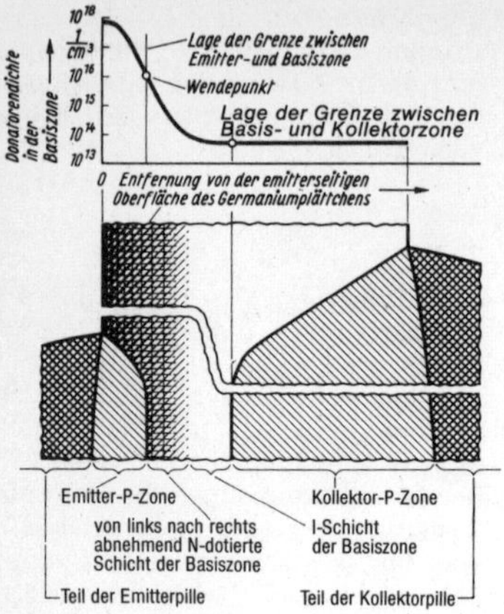

Basis-Dotierung

Basis-Emitter-Spannung U_{BE} Spannung der Basis gegen den Emitter.
a) Gleichspannung
b) Signalspannung
c) Gesamtspannung

Basis-Emitter-Spannung U_{BE}: In der Abbildung an einem PNP-Transistor. Der Pfeil bzw. der Doppelindex gibt die Zählrichtung: Meßpunkt gegen Bezugspunkt an

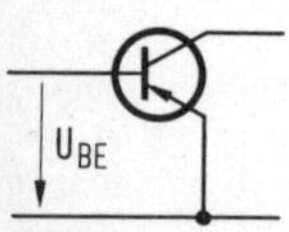

Basisladung Die Basis-Ladung ist gegeben mit der Gesamtheit der in den Basisraum injizierten und in diesem Raum gleichzeitig vorhandenen beweglichen → *Ladungsträger* (beim PNP-Transistor der → *Löcher*), d. h. Raumladung des Basisraumes.

Basis-Schaltung Transistor-Betriebsschaltung (Grundschaltung), in der der Anschluß der → *Basis* dem Eingangs- und Ausgangskreis gemeinsam angehört. Sie ergibt eine 10^2 bis 10^3fache Spannungs- und Leistungsverstärkung, aber keine Stromverstärkung. Eingangswiderstand 10 ... 40 Ω, Ausgangswiderstand 100 ... 300 kΩ. Dabei ordnet man den Emitter-Anschluß dem Signal-Eingang und den Kollektor-Anschluß dem Signal-Ausgang zu.

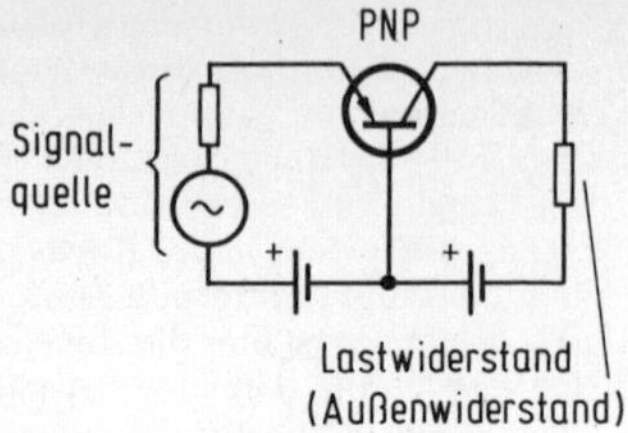

Basis-Schaltung: Die Abbildung zeigt eine PNP-Transistorstufe in Basisschaltung. Für das Signal sind die beiden Gleichstromquellen als widerstandsfrei zu betrachten. Die Basis ist also für das Signal sowohl mit der Signalquelle wie auch mit dem Lastwiderstand (Abschlußwiderstand) unmittelbar verbunden

Basisschicht → *Basiszone.*

Basis-Spannung
1. Die Spannung der Basis gegen einen anderen Transistor-Anschluß oder auch gegen Masse. Meistens handelt es sich hierbei um die → *Basis-Emitter-Spannung.*

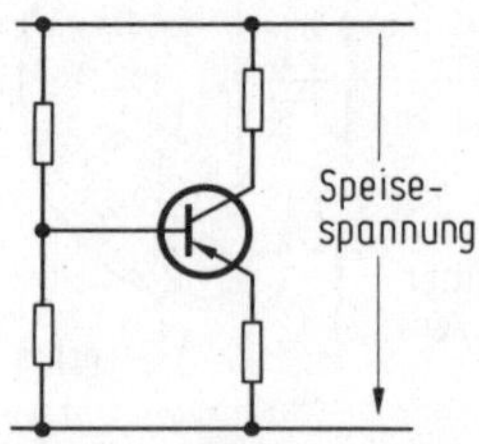

Basis-Spannungsteiler: 1) angeschlossen direkt an die Speisespannung

2. Die → *Basis-Vorspannung*, also die Gleichspannung der Basis gegen den Emitter.

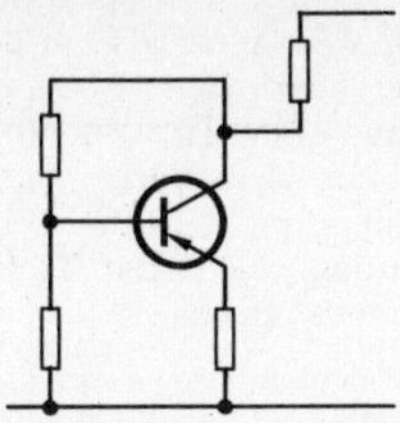

2) Anschluß des einen Spannungsteiler-Endes (statt an den kollektorseitigen Pol der Speisespannung) an den Kollektor selbst

Basis-Spannungsteiler Spannungsteiler, an dem die für die Basis benötigte Gleichspannung abgegriffen wird. Er ist meist zur Stabilisierung → *bipolarer Transistoren* erforderlich. Der Basis-Spannungsteiler liegt entweder direkt an der Speisespannung *(Abb. 1)* oder direkt am Kollektor *(Abb. 2)*. Bei Vorhandensein eines Emitterwiderstandes wird an dem Basis-Spannungsteiler gegen den emitterseitigen Pol der Speisespannung eine Spannung abgegriffen, deren Wert gleich der Summe aus den Werten der Spannung am Emitterwiderstand und der Basis-Vorspannung ist.

Basisstrom Strom, der über den Basisanschluß fließt. Die dafür festgelegte Zählrichtung weist zur Basis hin. Es handelt sich hierbei um den Basis-Gleichstrom, dessen Zahlenwert aufgrund der so gewählten Zählrichtung für den PNP-Transistor im allgemeinen negativ ist, und um den Basis-Signalstrom. Formelzeichen für den Basis-Gleichstrom I_B; Formelzeichen für den Basis-Signalstrom i_B.

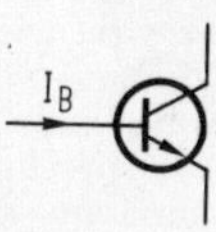

Basisstrom: Der Basisstrom und die für ihn übliche Zählrichtung. Hiermit ergeben sich für den Basis-Gleichstrom des PNP-Transistors negative Zahlenwerte

Basis-Vorspannung Gleichspannung der Basis gegen den Emitter. Beim PNP-Transistor ist der Zahlenwert der Spannung negativ, wenn ein Kollektorstrom fließen soll, und Null oder positiv, wenn kein Kollektorstrom fließen soll.

Basis-Vorwiderstand Widerstand, der gelegentlich anstelle eines → *Basis-Spannungsteilers* verwendet wird. Den Basis-Vorwiderstand legt man zwischen den kollektorseitigen Pol der Speisespannung und den Basisanschluß. Wegen des gegen den Eingangswiderstand des Transistors hohen Wert des Basis-Vorwiderstandes bleibt der über den Basis-Vorwiderstand fließende Basis-Gleichstrom auch bei Temperaturänderungen nahezu konstant, woraus eine gewisse Stabilisierung des Kollektor-Gleichstromes gegenüber Temperaturschwankungen folgt.

Basisweite Im Prinzip ist das die tatsächliche Dicke der Schicht zwischen Ende der → *Emitter-Sperrschicht* und Anfang der → *Kollektor-Sperrschicht*. Meistens meint man mit der Basisweite die effektive Basisweite, in der der Einfluß der Randströmung berücksichtigt ist. Die tatsächliche Basisweite ändert sich ebenso wie die effektive Basisweite unter dem Einfluß der Kollektor-Basis-Spannung.

Basisweite, effektive Basisweite, die bei eindimensionaler Betrachtung des Transistors in Rechnung gesetzt werden muß. Die effektive Basisweite ist größer als der tatsächliche Abstand

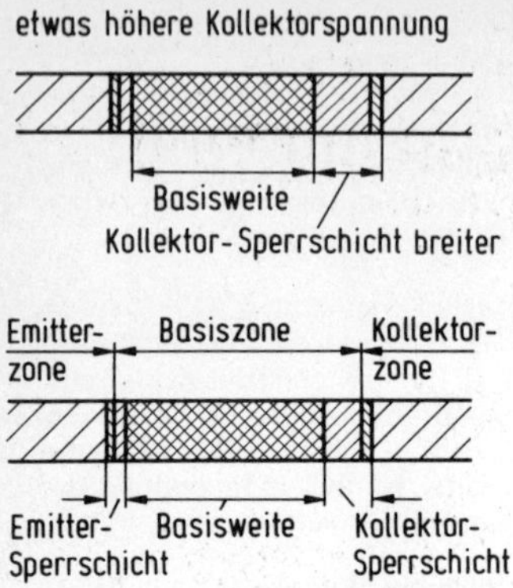

Basisweite: Die beiden Abbildungen veranschaulichen den Begriff der Basisweite

zwischen den einander gegenüberliegenden Grenzflächen der → *Emitter-* und → *Kollektor-Sperrschicht.* In der effektiven Basisweite ist nämlich die Erhöhung der Ladung im Basisraum berücksichtigt, wie sie von der Randströmung herrührt. In der Randströmung sind die Ladungsträger-Wege länger als in dem homogenen Innenteil des Basisraumes. Längere Ladungsträgerwege aber bedingen entsprechend längere Laufzeiten und deshalb, bezogen auf einen gleichen Stromanteil, mehr gleichzeitig im Basisraum vorhandene Ladungsträger.

Basiszone Bereich zwischen Emitterzone und Kollektorzone des → *Flächentransistors.* Der Leitfähigkeitstyp ist dem der Emitter- und Kollektorzone entgegengesetzt. Die Basiszone wird betrieblich durch die dort stattfindende Injektion von → *Minoritätsträgern* und den Transport dieser Träger gekennzeichnet.

Baßanhebung Schalttechnische Anordnung zur Anhebung der tiefen Tonfrequenzen (Bässe). Ein Grund für die Anwendung der Baßanhebung ist u. a. bedingt durch die Eigentümlichkeiten des menschlichen Ohres. Eine musikalische Darbietung ist im Original viel lauter als bei der Lautsprecherwiedergabe (→ *Lautsprecher*) in kleinen Räumen. Je mehr die ursprüngliche Lautstärke vermindert wird, um so mehr treten in der Hörempfindung die tiefen Töne gegen die höheren zurück.

BAS-Signal Ein Signalgemisch, das den Fernseh-Bildsender moduliert. Es besteht aus dem **B**ildsignal, den **A**ustast- und den **S**ynchron-Impulsen (→ *Impulszentrale*). Das Signal einer Zeile eines Fernsehers besteht aus dem Bildinhalt und dem Gleichlauf- oder Synchronisierzeichen am Ende einer Zeile. Bei einer Zeilenfrequenz von 15 625 Hz steht für eine Zeile eine Zeitdauer von 64 µs zur Verfügung. Davon werden 11,5 µs für das Austast- oder Synchronisierzeichen in Anspruch genommen. Den Bildinhalt bezeichnet man abgekürzt mit B, das Austastsignal, d. h. den Schwarzpegel, mit A und das Synchronisierzeichen mit S. Das gesamte elektrische Fernsehsignal wird deshalb abgekürzt BAS-Signal genannt.

Baß-Reflex-Gehäuse (Baß-Reflex-Box) werden zur Verbesserung der Tiefenabstrahlung verwendet. Das Gehäuse ist mit einer Öffnung versehen, die den Gehäuse-Resonanz-Verhältnissen entspricht; die Luftschicht in der Öffnung wirkt wie eine Membran. Beste Wirkung, wenn das Gehäuse die gleiche Resonanz hat wie der (Tiefton-)Lautsprecher. Bei geeigneter Dimensionierung kann mit relativ kleinen Reflex-Gehäusen eine gleiche Baßwiedergabe erreicht werden wie mit großen geschlossenen Gehäusen. Werte für die Öffnung bei ge-

gebenem Rauminhalt des Gehäuses lassen sich aus der grafischen Darstellung ablesen.

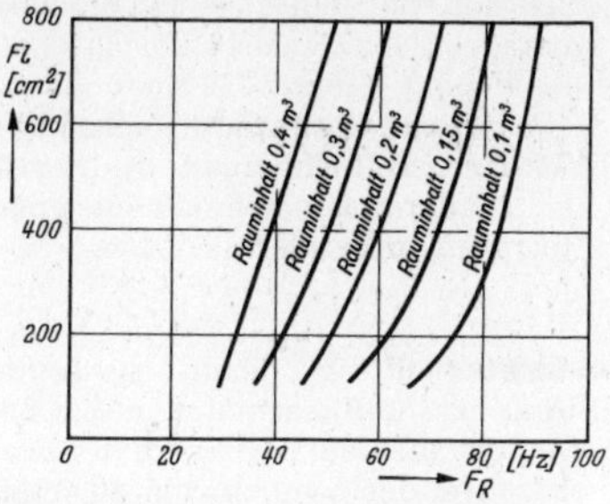

Baß-Reflex-Gehäuse (Baß-Reflex-Box): Fl = Fläche der Kastenöffnung (in cm^2), F_R = Resonanzfrequenz des Membransystems (in Hz)

batch processing = → *Stapelverarbeitung* (auch: batch mode).

Batterie-Omnibusse für Stadtverkehr interessieren besonders, weil sie keine Luftverschmutzer sind. Hier laufen umfangreiche Versuchsarbeiten.

Baud bd bedeutet bit/s und ist die Einheit der → *Übertragungsgeschwindigkeit*

Baudot-Code Wie → *ASCII* dient auch der Baudot-Code zur binären Zeichendarstellung. Da er aber nur mit 5 Bits (ASCII: 7) arbeitet, kann er nur 2^5 = 32 verschiedene Zeichen darstellen. Damit er für alle Buchstaben reicht, hat man zwei Zeichen des Zeichensatzes als Umschaltanweisung definiert, um zwischen zwei Zeichenebenen, nämlich Buchstaben und Ziffern/Satzzeichen wechseln zu können. Auch ist gemischte Groß- und Kleinschreibung nicht möglich. Die Bedeutung des Baudot-Codes in der Mikrocomputertechnik ist heute relativ gering.

Bauglied Gerät, das im → *Wirkungsweg* einer Steuerung oder Regelung eine definierte Funktion erfüllt.

BBD (= **b**ucket **b**rigade **d**evice) = → *Eimerkettenschaltung.*

BCD-Code (= **b**inär **c**odiert **d**ezimal) gibt den letzten vier Stellen die Wertigkeiten: 8 – 4 – 2 – 1. Für Zahlen über 15 werden links vorgesetzt: 80 – 40 – 20 – 10, dann evtl. weiter 100 usw. Alle Werte von 0 ... 9 heißen echte, alle darüber liegenden heißen unechte oder Pseudo-Tetraden (→ *Binär-Code*).

bd Abk. für → *Baud.*

Beam-lead-Technik Herstellung von → *Chips* mit Kontaktanschlüssen nach den Seiten.

Beat-Elektronik heißen die speziell für Beatkapellen entwickelten Verstärker- und Klangbeeinflussungs-Anlagen einschließlich Hall- und Nachhall-Einrichtungen.

Bedampfungsmasken wurden für die → *Mesa-Transistoren* noch auf Präzisions-Stanzvorrichtungen hergestellt. Bei der inzwischen weiterentwickelten Miniaturisierung (z. B. 2100 Transistoren auf einer MOS-Schaltung von 4,4 x 4,6 mm) ist das nur noch durch fotografische Verkleinerung in mehreren Stufen möglich, wobei man von etwa 400fachen Vergrößerungen ausgeht. Diese werden meist durch numerisch gesteuerte Zeichenanlagen (→ *XY-Schreiber*) ausgeschnitten.

Bedienungs-Blattschreiber ist ein ergänzter → *Fernschreiber*, der speziell zur Eingabe in → *EDVA* konstruiert ist und nicht nur eine bessere Steuerung der Anlage ermöglicht, sondern auch Anweisungen und Fehlermeldungen an den → *Operateur* herausgibt.

Befehle sind Anweisungen, was mit welchen → *Daten* geschehen soll. Man kennt Rechenbefehle, Steuer- und Übertragungsbefehle und solche an die → *Peripherie*. Gewöhnlich bestehen sie aus → *Adresse* und → *Operationsteil*.

Befehlsliste enthält alle Befehle, die ein Rechner versteht und ausführen kann.

Befehlsregister, Befehls-Zählregister BZR sind Kurzzeitspeicher und bilden einen Teil des → *Steuerwerks*. Sie bestehen aus → *Operationsregister* und → *Adressenregister*. In ihnen ist stets die Adresse des nächsten → *Befehlswortes* abholbereit.

Befehlsvorrat Je nach Größe des Rechners verfügt er über einen kleineren oder größeren Vorrat an → *Befehlen*, die von ihm verstanden werden und die er ausführen kann.

Befehlswörter sind die aus der → *Programmiersprache* in die → *Maschinensprache* übersetzten Anweisungen an den Rechner, auch interne Maschinenbefehle genannt.

Begrenzer → *Amplitudenbegrenzer*.

Begrenzer-Dioden → *Z-Dioden*.

Beharrungsverhalten Beschreibung des Zusammenhangs zwischen den Eingangssignalen eines Systems zur Aufrechterhaltung des → *Beharrungszustandes*.

Beharrungszustand Der Zustand eines Systems, den man bei Beibehaltung aller Eingangssignale und nach Abschluß aller Einschwingvorgänge erhält und beliebig lange beibehalten kann.

Bel b ist der Logarithmus des Verhältnisses zweier Leistungen. Da dieses Maß sehr groß ist, rechnet man praktisch mit dem zehnten Teil, dem → *Dezibel*.

Belastbarkeit Maximal zulässiger Strom bzw. Leistung mit dem/der ein Bauelement oder Gerät betrieben werden darf ohne Schaden zu nehmen.

Belastung Verbraucher als Abschluß einer Leitung oder eines Geräts. Die Belastung kann ohmsch, kapazitiv oder induktiv sein.

Belastungskennlinie Kennlinie von Spannungsquellen, die die Ausgangsspannung in Abhängigkeit vom entnommenen Strom angibt.

Belastungswiderstand Widerstand, der zu Meßzwecken an einen → *Vierpol* angeschlossen wird, um diesen zu belasten; z. B. zur Ermittlung des Ausgangswiderstands. Oft wird auch der Eingangswiderstand eines Meßgeräts, das zu Meßzwecken an ein Netzwerk angeschlossen ist, als Belastungswiderstand bezeichnet.

Belegleser finden zumeist in Buchungsmaschinen Verwendung. Brauchbar sind sie z. T. bisher nur bei Verwendung maschinenlesbarer Schriften (→ *Schriften, maschinenlesbar*). Es gibt aber auch komplizierte Geräte, die hand- und maschinengeschriebene Informationen in Digitalwerte umsetzen, und zwar 200 000 Zeichen pro Stunde.

Beleuchtungsmesser bestehen zumeist aus einem → *Fotohalbleiter* in geeigneter Schaltung mit einer Anzeigevorrichtung, meist einem Meßinstrument mit entsprechender Spezialskala.

Beleuchtungsstärke lx 1 Lux ist gleich der Beleuchtungsstärke, die auf einer Fläche herrscht, wenn auf 1 m^2 der Fläche gleichmäßig verteilt der → *Lichtstrom* 1 lm fällt.

Beleuchtungsstärke-Empfindlichkeit Verhältnis des Fotostromes zu der Beleuchtungsstärke der lichtempfindlichen Fläche eines fotoelektronischen Bauelementes. Die Einheit ist demgemäß $\frac{A}{lx}$, nämlich Ampere je Lux.

Foto-elektronisches Bauelement	Beleuchtungs-stärke-Empfindlichkeit in $\frac{A}{lx}$
Foto-Widerstand (je n. Speisespannung)	10^{-5} ... 10^{-2}
Foto-Diode	$3 \cdot 10^{-5}$
Foto-Element	10^{-7} ... 10^{-6}
Foto-Transistor	$(0{,}3 ... 1) \cdot 10^{-6}$

Belichtungsmesser sind → *Beleuchtungsmesser* oder Lichtmesser mit entsprechender Spezialskala.

Benutzer-Programme bilden einen Teil der → *Software* oder werden vom Benutzer erst aufgestellt.

Benzineinspritzung, elektronische läßt nicht einfach eine der Drosselklappenstellung entsprechende Gemischmenge in jeden Zylinder eintreten, sondern vor jedem befindet sich ein Magnetventil, das durch eine Elektronik für die genau richtige Zeitspanne geöffnet wird.

Beobachtungs-Oszilloskop Oszilloskop, das zum Beobachten, jedoch nicht zum Messen, mit festgelegten Fehlergrenzen geeignet ist.

Bereich Die Frequenzen, die zum Übertragen von Rundfunk- und Fernsehsendungen benutzt werden, sind in Bereiche eingeteilt.

Band nennt man die Gesamtheit der Frequenzen, die ein Sender zusätzlich neben seiner Trägerfrequenz ausstrahlt; da diese Frequenzen seitlich neben der Trägerfrequenz liegen, werden sie im besonderen → *Seitenband* genannt.

Bereichskennung Beim ARI-System mit Hilfe von auf einen 53-kHz-Hilfsträger aufmodulierten Kennsignalen die Kenntlichmachung des Verkehrsfunksenders. Jede öffentlich-rechtliche Rundfunkanstalt hat mindestens ein Bereichskennungssignal.

Berichtigung X_B → *Korrektion.*

berührungslose Schalter Im allgemeinen elektronische Schalter, deren Steuerung kontaktlos erfolgt z. B. mit Hilfe von → *Feldplatten* oder → *Lichtschranken.*

Berylliumoxid BeO hat zwei besondere Eigenschaften: hohe Wärmeleitfähigkeit (< 0,50 cal/cm · s · grad) und gleichzeitig hohe Isolierfähigkeit. Es dient bei Halbleiterelementen zur Übertragung der Verlustwärme auf die Kühlfläche.

Beschleunigungsaufnehmer dienen in Verbindung mit entsprechenden

Meßschaltungen zum Ausmessen von Beschleunigungen, Stößen oder Schwingungen von 0,001 g bis 10 000 g und arbeiten teils mit Gleich- und teils mit Trägerfrequenzspannung. Die Meßspannungen werden teils induktiv, teils piezoelektrisch, z. T. aber auch mit Widerstandsdrähten oder mit → *Dehnungsmeßstreifen* gewonnen und dienen den verschiedensten Untersuchungen.

Beschreibungsfunktion Funktion, die bei → *nichtlinearen Übertragungsgliedern* den Zusammenhang zwischen dem sinusförmigen → *Eingangssignal* x_e und der Grundwelle des → *Ausgangssignals* x_a beschreibt. Sie entspricht also dem → *Frequenzgang* bei → *linearen Übertragungsgliedern* und kann unter ausschließlicher Berücksichtigung der Grundwelle des Ausgangssignals bestimmt werden. Da die Amplitude des Ausgangssignals nichtlinearer Glieder meist auch von der Amplitude des Eingangssignals nichtlinear abhängig ist, können die Werte der Beschreibungsfunktion als → *Amplitudengang* und → *Phasengang* in der Form von Kurvenscharen mit der Amplitude des Eingangssignals als Parameter dargestellt werden.

Besetzungsdichte der Elektronen Auf die Raumeinheit bezogene Anzahl B_e der Elektronen eines → *Energie-Niveaus* im → *Leitungsband*, gegeben als Produkt aus der → *Zustandsdichte* und der → *Besetzungs-Wahrscheinlichkeit*.

Besetzungsdichte der Löcher Auf die Raumeinheit bezogene Anzahl B_l der Löcher (→ *Loch*) eines → *Energie-Niveaus* im → *Valenzband*, gegeben als Produkt aus der → *Zustandsdichte* und aus der um die → *Besetzungs-Wahrscheinlichkeit* der Elektronen verminderten Zahl 1.

Besetzungs-Wahrscheinlichkeit Wahrscheinlichkeit, mit der die möglichen → *Energie-Niveaus* von freien Elektronen besetzt sind (→ *Fermi-Verteilung*). Für den Wert Null der absoluten Temperatur ist die Besetzungs-Wahrscheinlichkeit f unterhalb des Fermi-Niveaus gleich 1 und oberhalb des Fermi-Niveaus gleich 0. Mit steigender Temperatur ergeben sich in wachsendem Maße Zwischenwerte zwischen 0 und 1.

BET Abk. für **b**alanced **e**mitter **t**echnology (~ ausgeglichene Emitter-Aus-

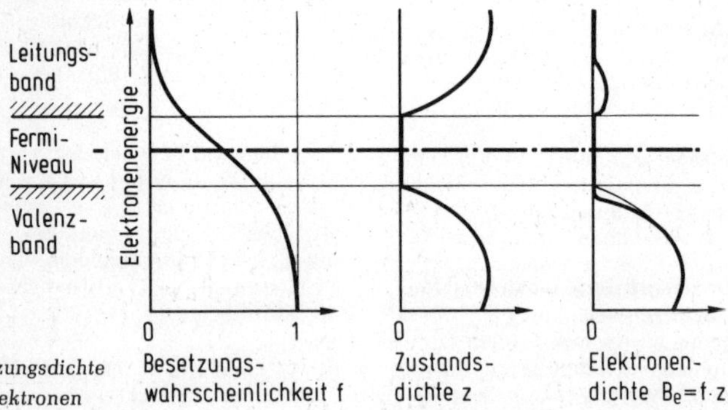

Besetzungsdichte der Elektronen

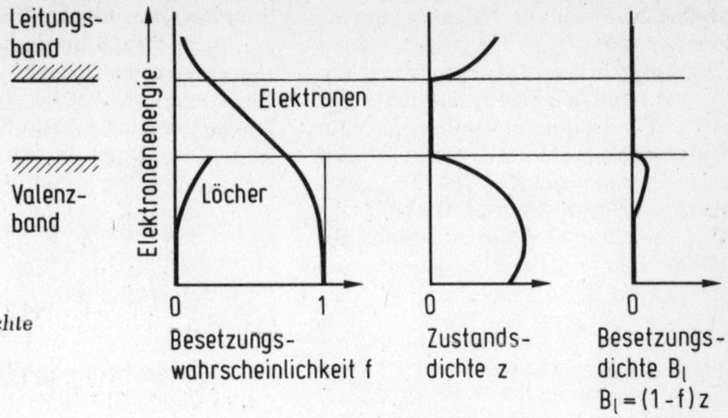

Besetzungsdichte der Löcher

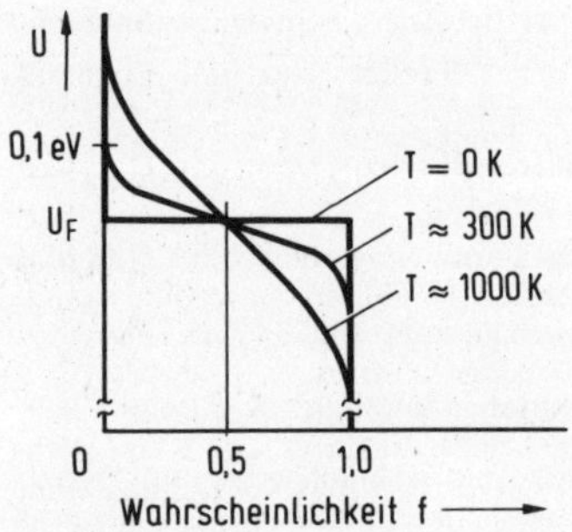

Besetzungs-Wahrscheinlichkeit: in der Abbildung als Funktion der Energie aufgetragen für drei verschiedene Werte der absoluten Temperatur. Der waagrechte Teil des Linienzuges für T = 0 fällt mit dem Fermi-Niveau zusammen

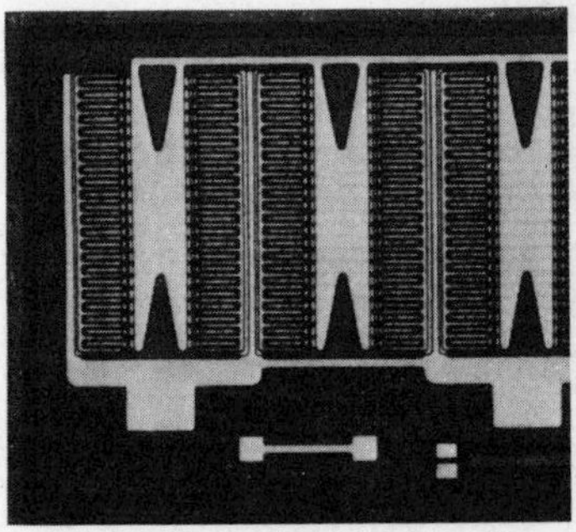

BET: Vergrößerte Geometrie eines balanced emitter transistors (BET) vom Typ MM 1559 (Werkbild Motorola)

führungsart) bezeichnet Hochleistungs-HF-Transistoren besonderer Bauart. Sie haben eine Vielzahl von kammartig angeordneten Emittern, denen sämtlich je ein kleiner (Nickel-Chrom-)Widerstand vorgeschaltet ist, um einen Durchbruch zu verhindern. Die Leistung wird damit auf die vielen Emitter gleichmäßig verteilt.

Beta β Formelzeichen für den → *Stromverstärkungsfaktor* (Kurzschluß-Stromverstärkung) des Transistors in → *Emitterschaltung*, d. h. für diese Schaltung das komplexe Verhältnis des Signalstromes bei kurzgeschlossenem Ausgang zum zugehörigen Signalstrom im Eingang.

Beta-Eins-Frequenz Signalfrequenz, bei der der Betrag der → *Kurzschluß-Stromverstärkung* für → *Emitterschaltung* auf den Wert 1 abgefallen ist. Die Beta-Eins-Frequenz eignet sich zum Charakterisieren von Transistoren besser als die → *Alpha-Grenzfrequenz*, da sie im Gegensatz zu letzterer nicht vom Phasenwinkel der → *Steilheit* abhängt.

Beta-Grenzfrequenz f_β Signalfrequenz, bei der die → *Kurzschluß-Stromverstärkung* der → *Emitterschaltung* auf das 0,707fache des für tiefe Signalfrequenzen geltenden Wertes abgefallen ist.

Betamax → *Videorecorder.*

Betragsregelfläche A In der Regelungstechnik die Summe aller Flächen, die von dem Kurvenverlauf der → *Regelgröße* x nach einem Sprung der → *Führungsgröße* w oder der → *Störgröße* z und dem neuen Endwert der Regelgröße x eingeschlossen werden. Für ein gutes Regelverhalten muß die Betragsregelfläche minimal sein.

Betrieb, inverser Betriebsfall mit umgekehrter Polung der → *Kollektor-Emitter-Spannung* und → *Basis-Emitterspannung.* Dieser Betriebsfall kommt z. B. für die Impulstechnik in Frage.

Betriebsart *(eines Oszilloskopen)* Bei Oszilloskopen mit mehrkanaligen Verstärkern die Möglichkeit zu wählen, ob jeder Kanal einzeln oder mit anderen kombiniert, alternierend oder gechopped dargestellt werden soll.

Betriebsbedingung Zu den Betriebsbedingungen einer Gesamtschaltung gehören der Wert der Speisespannung, die Umgebungstemperatur und das steuernde Signal. Die Betriebsbedingungen eines Transistors erstrekken sich außerdem auf die Schaltung, in der er benutzt wird, und – bei Verwendung als Verstärker – auf den Wert des Kollektor-Gleichstromes bzw. – bei Verwendung als Schalter – auf die Überladung des Basisraumes im durchgeschalteten Zustand.

Betriebsbereiche des Transistors Es kommen vier Betriebsbereiche in Frage:

Betriebsbereich	Emitter-Diode	Kollektor-Diode
Sperrbereich	Sperrung	Sperrung
aktiver Bereich normal	Durchlaß	Sperrung
aktiver Bereich invers	Sperrung	Durchlaß
Sättigungsbereich	Durchlaß	Durchlaß

Betriebsdämpfung a_B Begriff der Nachrichtentechnik zur Kennzeichnung der Leistungsübertragung eines → *Vierpols.* Die Betriebsdämpfung ist definiert durch die Leistung P_1, die ein Generator an einen Vierpol A abgibt, dessen Widerstand gleich dem Innenwiderstand R_1 des Generators ist, und der Leistung P_2, die der wirkliche Verbraucher R_2 über den Vierpol aufnimmt.

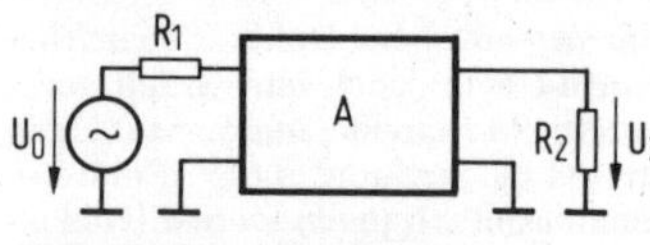

Die Einheit der Betriebsdämpfung a_B ist Neper und es gilt:

$$\frac{a_B}{\text{Neper}} = \frac{1}{2} \cdot \ln \frac{P_1}{P_2} = \ln \frac{U_0}{U_2} + \frac{1}{2} \cdot \ln \frac{R_2}{R_1}$$

Betriebserde Im Gegensatz zur Schutzerde stellt die Betriebserde (Common) das gemeinsame Bezugspotential für alle Daten- und Steuerleitungen innerhalb eines Computersystems dar. Sie ist gleichbedeutend mit Masse. Um Masse- und Brummschleifen zu vermeiden, ist es wichtig, daß im gesamten System die B. nur an einem einzigen Punkt mit der Schutzerde verbunden ist, natürlich im Computer selbst.

Betriebsmeßgerät → *Meßinstrument* mit einer → *Klassenzahl* von 1, 1,5, 2,5 oder 5.

Betriebsparameter Charakterisierung eines → *Vierpols* durch seinen → *Eingangswiderstand*, → *Ausgangswiderstand* und → *Betriebsübertragungsfunktion*.

Betriebssystem ist die Bezeichnung für diejenigen Teile der → *Software*, die unabhängig von der momentanen Verwendung des Computers immer im Speicher vorhanden sein müssen, damit der Benutzer überhaupt mit dem Gerät „sprechen" kann. Das B. ist in vielen Fällen im → *ROM* fest gespeichert. In anderen Fällen enthält das ROM ein kleines Hilfsprogramm, um beim Einschalten des Computers das Betriebssystem automatisch von einer Diskette ins → *RAM* zu laden.

Betriebstemperatur Temperatur, die für den beabsichtigten Betriebsfall vorausgesetzt oder tatsächlich gegeben ist. Mit dieser Temperatur kann die der Umgebung, die des Gerätes oder die des Bauelemente-Gehäuses oder die einer Sperrschicht gemeint sein. Welche der genannten Temperaturen in Frage kommt, wird im Einzelfall angegeben.

Betriebstemperatur-Bereich Für den Betriebsfall in Frage kommender Sperrschicht- bzw. Oberflächen- oder Umgebungstemperatur-Bereich, also z. B. Temperaturbereich in dem sich eine Arbeitspunkt-Stabilisierung in ausreichendem Maß auswirkt.

Betriebsübertragungsfunktion F Kenngröße eines → *Vierpols*, die das Verhältnis der Leistung bestimmt. Sie ist definiert als

$$F = \frac{1}{2} \sqrt{\frac{P_1}{P_2}} = \frac{U_1}{2\,U_2} \sqrt{\frac{Z_2}{Z_1}} = e^g$$

mit g = → *Übertragungsmaß*.

Betriebsübertragungsmaß → *Übertragungsmaß*.

Betriebswinkelmaß → *Phasenmaß*.

Beweglichkeit b Verhältnis der → *Driftgeschwindigkeit* v von → *Leitungselektronen* zur elektrischen Feldstärke E

$$b = \frac{v}{E}$$

Beweglichkeit der Ladungsträger Geschwindigkeit (z. B. in cm/s) der Drift der Ladungsträger innerhalb eines Atomgitters für eine Feldstärke von $1\,\frac{V}{cm}$. Maß für die Beweglichkeit: $\frac{cm/s}{V/cm} = \frac{cm^2}{Vs}$. Als Ladungsträger kommen in Halbleitern Elektronen und Löcher in Betracht. Die Elektronenbeweglichkeit ist im allgemeinen höher als die Löcherbeweglichkeit.

Bei reinem Germanium

Elektronenbeweglichkeit	etwa 3900 $\frac{cm^2}{Vs}$
Löcherbeweglichkeit	etwa 1900 $\frac{cm^2}{Vs}$

Bewegungsdaten sind Versuchsergebnisse, Geschäftsvorfälle u. v. a., die in einer → *EDVA* verarbeitet werden sollen.

Bewertungsfunktion Bewertung des zeitlichen Verlaufs des Ausgangssignals eines Netzwerks bei Erregung durch einen → *Einheitsstoß*.

Bezugsband Tonband nach DIN 45513 für Meßzwecke. Ein Bezugsband ist in vier Abschnitte aufgeteilt: 1. Pegelton, 2. Aufzeichnung zum Einstellen des Spaltes, 3. Frequenzgang, 4. Leerteil. Letzteres wird für Messungen an Aufsprechverstärkern, an Sprech- und Löschköpfen und zum Vergleich mit Eigenschaften anderer Tonbänder (Normalband) verwendet.

Bezugsfrequenz Frequenz für die eine Eigenschaft (ein Wert einer physikalischen Größe) gilt.

Bezugstemperatur Temperatur, auf die sich bestimmte Werte (z. B. Kennwerte) beziehen. Übliche Bezugstemperaturen für Halbleiter-Bauelemente sind: 25 °C seltener 20 °C. Spezielle Bezugstemperaturen sind: für die höchstzulässigen → *Verlustleistungen* die Umgebungstemperatur (in der Regel 45 °C) und für das → *Widerstandsrauschen* die Rauschbezugstemperatur 290 K = 17 °C.

BFO (= **b**eat **f**requency **o**scillator) = Überlagerungsoszillator. Der B. dient speziell in Kurzwellenempfängern als zusätzlicher Oszillator beim Empfang von unmodulierten Telegrafieempfängern und → *Einseitenband-Sendern*.

Biax-Speicher haben würfelförmige Speicherelemente aus → *Rechteckferrit* mit zwei zueinander senkrechten Bohrungen, deren eine den Abfragedraht, der andere drei Drähte aufnimmt (Lese-, Treiber- und Inhibitdraht). Die Würfel bilden unter gegenseitiger Berührung einen Block. Die einmal eingeschriebene → *Information* wird durch Lesen nicht gelöscht.

Bicore-Speicher haben zwei Magnetschichten übereinander, deren unterste als → *Speicher* dient, die obere zum Lesen. Dabei wird die → *Information* durch Lesen nicht zerstört, braucht also nicht neu eingespeichert zu werden.

Bidirektional-Transistor Transistor, der im wesentlichen die gleichen Eigenschaften hat, wenn die normalerweise mit Emitter und Kollektor bezeichneten Anschlüsse vertauscht werden. Im Gegensatz zum → *Bilateral-Transistor* wird der Bidirektional-Transistor mit Kollektor-Emitter-Speise-Gleichspannung betrieben.

Bifilare Wicklung Wicklung aus zwei gleichen, parallelen und eng nebeneinander gewickelten Drähten.

Bifilarwiderstand Widerstand, der aus einer Drahtschleife bifilar gewickelt ist. Der ihn durchfließende Strom I erzeugt zwei gleiche, aber entgegengerichtete Magnetfelder, die sich aufheben. Dadurch besitzt der Bifilarwiderstand eine geringe Eigeninduktivität.

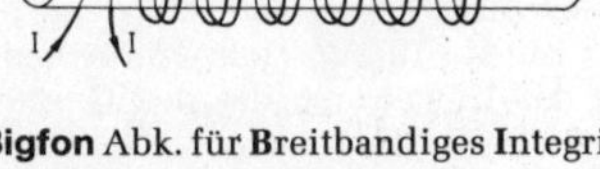

Bigfon Abk. für **B**reitbandiges **I**ntegriertes **G**lasfaser-**O**rts**n**etz, ein Fernmeldenetz der Deutschen Bundespost zur gleichzeitigen Übertragung mehrerer Fernmeldedienste (Telefon-, Daten-

und Textverkehr) sowie Fernseh-, Stereo-Rundfunkprogramme und Bildfernsprechen (Bildtelefon) über → *Lichtwellenleiter.*

Bilateral-Transistor Symmetrisch, d. h. ohne Unterschied zwischen Kollektor und Emitter, aufgebauter Transistor, der ohne Kollektor-Emitter-Speise-Gleichspannung betrieben wird. Er dient als ein mit Basis-Gleichstrom zu betätigender Wechselstromschalter. *Abb. 1* zeigt das Prinzip: Der Transistor liegt als Schalter in der oberen Verbindungsleitung zwischen den zwei Transformatoren. Es handelt sich hier um einen PNP-Transistor. Dessen Basis ist über einen Vorwiderstand mit einem Schalter verbunden, mit dem die Basis an eine gegen die zwei anderen (als Emitter eingetragenen) Transistor-Elektroden positive oder negative Gleichspannung gelegt werden kann. Mit der eingezeichneten Schalterstellung ist der Transistor in beiden Richtungen gesperrt. Mit der anderen Schalterstellung wird der Weg über den Transistor in beiden Richtungen freigegeben und so der Wechselstromkreis zwischen beiden Transformatoren geschlossen. *Abb. 2* veranschaulicht die Verwendung von Bilateral-Transistoren in einem Wechselstrom-Kreuzschienen-Verteiler, in dem z. B. von 10 Eingängen beliebig viele auf wenigstens einen der drei Ausgänge a, b und c durchgeschaltet werden können.

Bildablenkung Damit der punktförmige Elektronenstrahl auf der → *Bildröhre* ein vollständiges Bild „schreiben"

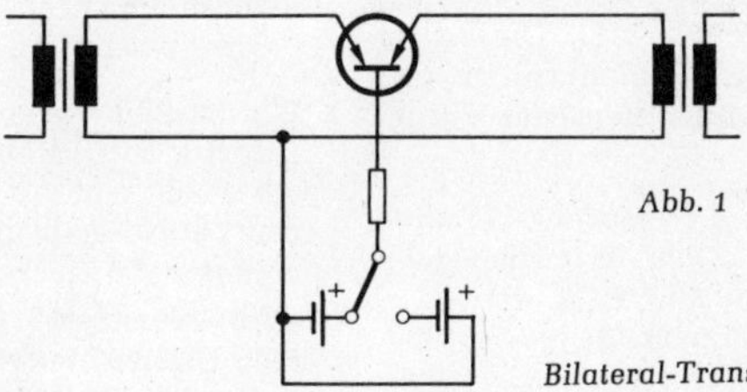

Abb. 1

Bilateral-Transistor

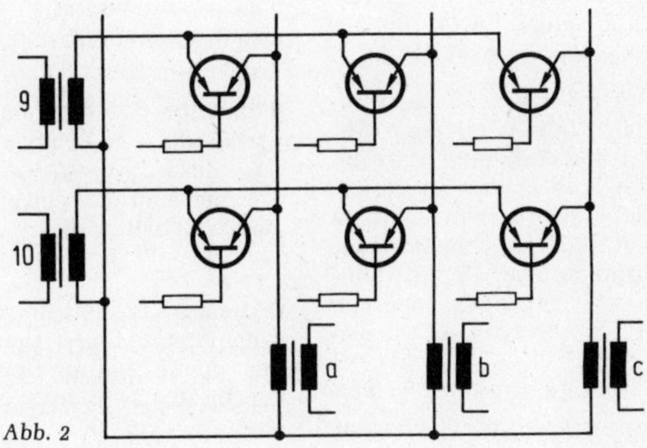

Abb. 2

kann, muß er in zwei Richtungen abgelenkt werden. Der Elektronenstrahl wird mit Hilfe der Magnetfelder der Ablenkspulen beeinflußt. Diese Magnetfelder wiederum werden von Strömen gesteuert, die in der → *Zeilenablenkung* – für die horizontale Ablenkung – und in den Bildablenkstufen – für die vertikale Ablenkung – erzeugt werden.

Die Bildablenkstufen müssen dafür sorgen, daß der Elektronenstrahl gleichmäßig auf dem Bildschirm von oben nach unten geführt wird. Vom unteren Rand dagegen muß der Strahl sehr schnell wieder nach oben an den Anfang gelenkt werden. Die Spannung bzw. der Strom, der diese Bewegungen steuert, kann also nicht sinusförmig sein (ähnlich einer Wellenbewegung), sie weist die Form eines Sägezahns auf (→ *Sägezahnspannung*).

Die Spannung steigt gleichmäßig an, kippt dann um und fällt sehr schnell auf den Anfangswert ab. Dieses Umkippen gab den Ablenkstufen auch den Namen Kippstufen oder → *Kippgeräte*.

Beim → *Zeilensprung-Verfahren* werden zwei Halbbilder nacheinander wiedergegeben, und zwar werden sie Zeile für Zeile ineinander geschrieben. Der Elektronenstrahl muß in der Sekunde 50mal von oben nach unten geführt werden; die Frequenz für die Bildablenkung beträgt demnach 50 Hz.

Da der Elektronenstrahl in der Bildröhre völlig synchron mit dem Abtaststrahl in der Aufnahmeröhre im Studio laufen muß, ist es erforderlich, diesen Gleichlauf zu erzwingen. Dazu dienen die Vertikal- (und die Horizontal-) Synchronimpulse, die vom Sender mit dem Bildsignal zusammen (→ *BAS-* oder → *FBAS-Signal*) ausgestrahlt werden.

Die Synchronimpulse werden von der → *Impulstrennstufe* aus dem Signal rückgewonnen und leiten den Kippvorgang des Sägezahn-Oszillators ein; die Synchronimpulse bestimmen also den Zeitpunkt des Rücklaufs des Elektronenstrahls. Während dieser Zeit wird der Strahl dunkel gesteuert (→ *Austastsignal*).

Bildfrequenz Das europäische Fernsehen überträgt 25 Vollbilder in der Sekunde. Da nach dem → *Zeilensprung-Verfahren* gearbeitet wird, entstehen in jeder Sekunde 50 Halbbilder. Der Elektronenstrahl in der Bildröhre muß also in der Sekunde 50 Schwingungen in vertikaler Richtung ausführen, d. h. die Frequenz beträgt 50 Hz. Hierfür hat sich die – nicht ganz exakte – Bezeichnung Bildfrequenz eingeführt; oft wird sie auch als Vertikal-Frequenz bezeichnet. Der Ausdruck Rasterfrequenz, der zu Beginn des Fernsehens geprägt wurde, hat sich nicht durchsetzen können.

Bild-im-Bild Wiedergabe eines verkleinerten zweiten Bildes gleichzeitig mit der Wiedergabe des Normalbildes in einem Fernsehempfänger. B. ist nur in → *digitalen Fernsehgeräten* möglich. Erforderlich ist ein kompletter zweiter Empfangsteil (Tuner, ZF-Verstärker). Die Bildgröße und der Abbildungsort des Tochterbildes können wählbar gemacht werden.

Bildmenge Zeichen eines Zeichenvorrats die den Zeichen eines anderen Zeichenvorrats eindeutig zugeordnet sind, d. h. den gleichen Informationsgehalt besitzen.

Bildmischpult Im Regieraum des Fernsehstudios befindet sich u. a. außer dem vom Rundfunk bekannten Tonmischpult ein Bildmischpult. In ihm laufen die verschiedenen Bildsignale

Bildmischpult: Prinzip eines Bildmischpultes mit zwei Kameras und drei Kontrollbildröhren

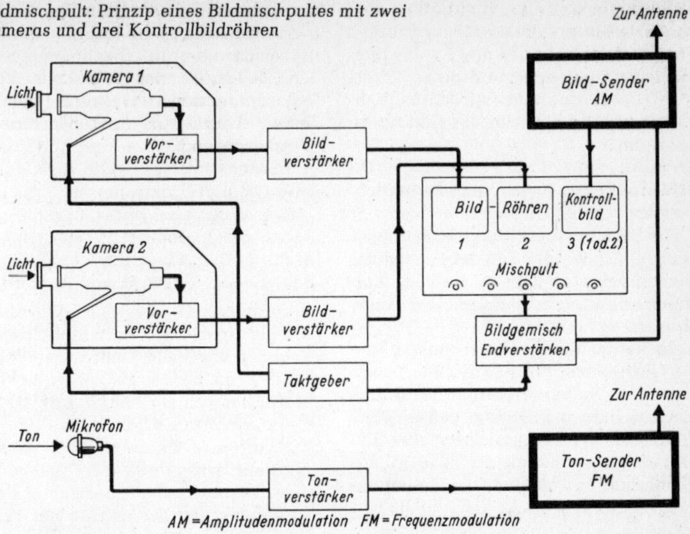

der gleichzeitig arbeitenden Aufnahmekameras, der Filmabtaster und der Diabildgeber zusammen. Der Bildingenieur steuert und überblendet die Signale nach den Regieanweisungen und schaltet das ausgewählte Bild zum Sender durch. Zur Sichtkontrolle sind in das Bildmischpult mehrere Bildröhren eingebaut, auf denen die Bilder der angeschlossenen Signalquellen zu sehen sind. Eine weitere Bildröhre zeigt das zum Sender durchgeschaltete Bild.

Bildplatte Informationsträger zur Speicherung von Video- und Tonsignalen. VLP, die Abk. für Video Long Play = Videoplatte, ist ältere Bezeichnung für die LV-(Laservision) Platte. Die Information ist als codiertes Signal in Form von winzigen Vertiefungen (pits) von unterschiedlicher Länge und Abstand auf einem Kunststoffträger aufgebracht. Die Abtastung erfolgt berührungslos mit einem Laserstrahl. Der besondere Vorteil dabei ist, daß weder die Platte noch das optische System einem Verschleiß unterliegen. Die Informationsspur der B. hat die Form einer Spirale. Das Programm beginnt innen auf der Platte und endet am Außenrand. Es gibt zwei Arten von Laservision-Platten (CAV = konstante Winkelgeschwindigkeit) werden mit einer konstanten Geschwindigkeit von 1500 U/min angetrieben. Sie haben eine Spieldauer von max. 36 min pro Seite und ermöglichen spezielle Effekte, wie Standbild, Zeitlupe, Vor- und Rückwärtswiedergabe sowie Zeitraffer. Sie besitzen eine Nummer für jedes Einzelbild, das anwählbar ist. Die Longplay-Platten (CLV = konstante Lineargeschwindigkeit) werden mit einer am Außenrand abnehmenden Umdrehungsgeschwindigkeit angetrieben. Die Bildplatte selbst steuert die Geschwindigkeit. Diese

Bildplatten eignen sich nur für normale Vorwärtswiedergabe (ohne Effekte), haben aber eine gesteigerte Abspielzeit von max. einer Stunde pro Seite. Statt der Bildnummer wird hier die abgelaufene Spielzeit in das Bild eingeblendet.

Bildpunkt Das Fernsehbild kann nicht auf einmal als Ganzes übertragen, es muß in einzelne Punkte zerlegt werden. Diese werden bei der Aufnahme zeilenweise abgetastet und zeitlich nacheinander zum Empfänger übertragen.

In Deutschland hat man sich auf die → *CCIR-Norm* mit 625 Zeilen festgelegt. Das Seitenverhältnis des Bildes ist 3 : 4. Setzt man voraus, daß ein Bildpunkt in der Waagerechten dieselbe Ausdehnung haben soll wie in der Senkrechten (nämlich die Zeilendicke), so liegen in einer Zeile $\frac{625 \cdot 4}{3}$ Punkte nebeneinander. Die Gesamtzahl der Punkte eines Bildes errechnet sich damit zu

$$\frac{625 \cdot 625 \cdot 4}{3} = \text{etwa } 520\,800.$$

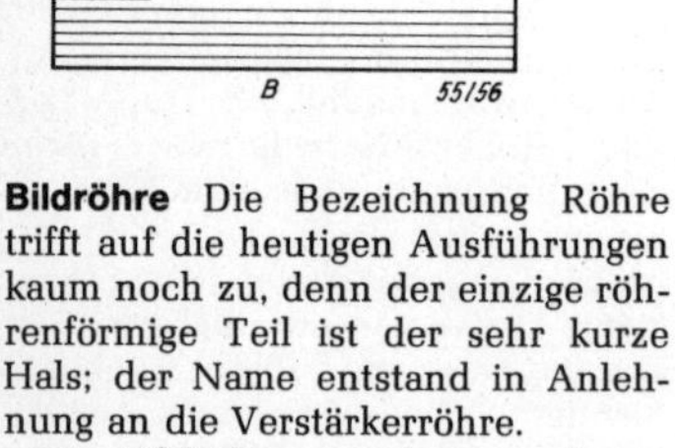

Bildröhre Die Bezeichnung Röhre trifft auf die heutigen Ausführungen kaum noch zu, denn der einzige röhrenförmige Teil ist der sehr kurze Hals; der Name entstand in Anlehnung an die Verstärkerröhre.

Die Bildröhre wurde aus der → *Braunschen Röhre* entwickelt, die nach ihrem Erfinder, dem Deutschen Ferdinand Braun (1850 bis 1918), benannt ist.

Noch heute weist die Bildröhre die entscheidenden Merkmale der Braunschen Röhre auf: den evakuierten Glaskörper in Kolbenform und im Innern eine elektrisch geheizte Katode. Diese sendet Elektronen aus, die auf ihrem Weg zum Bildschirm in der Röhre durch elektrische oder magnetische Felder von ihrer geradlinigen Bahn nach Wunsch abgelenkt werden können.

Damit möglichst viele Elektronen aus der Katode austreten, werden sie durch das positive Potential der sogenannten ersten Anode, jetzt meist Gitter 2 genannt, „abgesaugt" und beschleunigt. Diese Elektrode ist mit

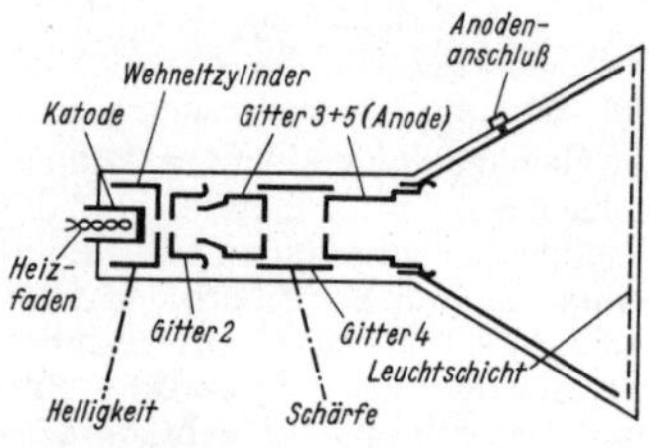

Bildröhre: Prinzipdarstellung mit ihren wichtigsten Einzelheiten. Die Ablenkspulen sind hier nicht gezeigt. Die Helligkeit wird durch eine Spannungsänderung am Wehneltzylinder beeinflußt, und die Schärfe kann durch das Potential am Gitter 4 eingestellt werden

dem Schirmgitter einer Verstärkerröhre zu vergleichen.

Die auf den Schirm der Bildröhre auftreffenden Elektronen regen die dort aufgebrachte Fluoreszenzschicht (→ *Fluoreszenz-* oder → *Leuchtschicht*) zum Leuchten an. Zum Ableiten der Elektronen und der von ihnen ausgelösten Sekundärelektronen dient ein

Graphitbelag, der das ganze Kolbeninnere bis auf den Hals bedeckt. Dieser Belag ist mit der im Hals liegenden röhrenförmigen Hauptanode verbunden, die an einer Hochspannung von 14000 bis 25000 V liegt.

Zu den genannten Elektroden kommt noch der → *Wehneltzylinder* hinzu, der für die Bildröhre etwa die Funktion des Steuergitters bei den Verstärkerröhren übernimmt. In den meisten Schaltungen wird am Wehneltzylinder (Gitter 1) die Grundhelligkeit der Bildröhre eingestellt, während das Signal, das die einzelnen Helligkeitswerte des Bildinhalts enthält, die Katode steuert.

Um die aus der Katode austretenden negativen Ionen, die der Leuchtschicht schädlich werden können, vom Bildschirm abzuhalten, wurde am Röhrenhals anfangs eine → *Ionenfalle* befestigt. Die modernen Bildröhren sind fast alle mit einem aluminisierten Bildschirm versehen, so daß die Ionenfalle nicht mehr erforderlich ist.

Die von der Katode emittierten Elektronen werden durch die sehr hohe Anodenspannung (bis max. 25 kV) beschleunigt. Ihre Endgeschwindigkeit beträgt bis zu 60000 km/s. Als Träger gleicher Ladungen streben die Elektronen auseinander, während man für eine gute Auflösung einen möglichst punktförmigen Strahl erzielen möchte. Zum scharfen Bündeln des Strahles ist daher eine weitere Einrichtung erforderlich, die die → *Fokussierung* übernimmt.

Damit der Elektronenstrahl die ganze Schirmfläche in zeitlich genau definiertem Ablauf überstreicht, wird er in waagerechter und senkrechter Richtung abgelenkt. Dazu können elektrische oder magnetische Felder benutzt werden. Bei Fernsehbildröhren wird nur die magnetische Strahlablenkung verwendet. Auf dem Hals der Bildröhre sitzt für jede Ablenkrichtung ein Spulenpaar, dessen Hälften sich gegenüberstehen. Die Achsen der beiden Spulenpaare liegen rechtwinklig zueinander. Der Elektronenstrahl durchläuft also zwei zueinander senkrecht stehende Magnetfelder. Die Ströme, die die wechselnden Magnetfelder dieser Spulen erzeugen, liefern die Zeilen- bzw. Bildablenk-Endstufen.

Die Bildröhren werden mit einem rechteckigen Bildschirm im verschiedenen Größen gefertigt. Als Größenmaß wird stets die Diagonale des Schirms angegeben.

Die Lebensdauer einer Bildröhre ist begrenzt durch Alterungserscheinungen der Katode und der Leuchtschicht. Die Katode läßt in ihrer Emissionsfähigkeit im Laufe der Zeit nach, ebenso sinkt der Wirkungsgrad der Leuchtschicht. Die Helligkeit der Bildröhre geht also allmählich zurück. Man rechnet heute mit einer Lebensdauer von rund 3000 Stunden, die aber meist erheblich überschritten wird. Eine ständig zu stark eingestellte Helligkeit kann die Alterung sehr beschleunigen. (→ *Farbbildröhre.*)

Bildschärfe Bei der Elektronenstrahlröhre die Bündelung des Elektronenstrahls, so daß auf dem Bildschirm ein kreisrunder Leuchtfleck mit möglichst kleinem Durchmesser abgebildet wird.

Bildschirm Fläche einer Oszilloskopen- oder Fernsehröhre, die auf der Innenseite die → *Leuchtschicht* trägt, auf die der Elektronenstrahl das Bild zeichnet. Das Glas ist zum Abschwächen von Reflexionen meist grau eingefärbt.

Bildschirm-Editor → *Editor*, der die Textbearbeitung bildschirmorientiert gestattet, der also das Eingeben von Zeichen und Korrekturen einfach durch Bewegen des Cursors an die entsprechende Bildschirmstelle ermöglicht.

Bildschirm-Geräte benutzte man zuerst bei Radargeräten und bei der Bahnverfolgung von Flugkörpern (Satelliten) zur anschaulichen Darstellung. Sie haben stets einen großen Bildschirm und benutzen bei → *EDVA* entweder Speicher-Elektronenröhren (→ *Alphechon*) oder Speicher, aus denen das Bild dauernd erneut eingegeben wird. Dabei werden die Zeichen auf verschiedene Weise erzeugt. Die alten Zeichen werden meist laufend nach oben verschoben und unten neue geschrieben (→ *Shift*). Entweder durch Tastatur, durch → *Lichtgriffel* oder → *Rollkugel* u. ä. kann das Bild von außen erzeugt oder beeinflußt werden usw. → *Vektor-Sichtgeräte*, → *Buchstaben-Generatoren.*

Bildschirmtext Verfahren zum Übertragen von grafischen Darstellungen und Informationen von zentralen Computern auf den Fernsehbildschirm via Telefonleitung und mittels Spezialdecoder.

In der Bundesrepublik Deutschland seit 1984 eingeführt.

Bildsensoren dienen vorwiegend zur Erfassung optischer und bewegter Vorgänge, die sich durch optische Veränderungen darstellen lassen. In der Fertigungskontrolle von Produktionsabläufen, wo permanent die Qualität überwacht werden muß (Toleranzen, Vollständigkeit, Oberflächengüte usw.), ersetzen sie in zunehmendem Maße die optische Sichtkontrolle durch einen Kontrolleur. Vorteile sind die höhere Zuverlässigkeit und meist auch die höhere Bearbeitungsgeschwindigkeit. Man verwendet als Sensoren heutzutage fast ausschließlich → *CCD-Kameras.*

Bildsignale Impulse, die den Helligkeitswerten der einzelnen Bildpunkte entsprechen. Sie stellen den Bildinhalt dar.

Bildstillstand Zustand, bei dem die Zeitablenkung eines Oszilloskopen von dem zu beobachtenden oder davon abgeleiteten Signal so beeinflußt wird, daß das Bild stillsteht.

Bildträger Die hochfrequente Welle, der das → *BAS-Signal* aufmoduliert wird und die es vom Sender drahtlos bis zur Empfangsantenne überträgt.

Bild-Umsetzer-(Speicher-)röhren speichern ein Bild über längere Zeit auf einem inneren Schirm, der bis zu 15 min abgetastet werden kann und ein stehendes Bild liefert.

Bildungs-Elektron Zur Gitter-Bindung dienendes → *Valenz-Elektron.*

Bildverschiebung Einrichtung eines Elektronenstrahloszilloskopen zur vertikalen und horizontalen Lageänderung des Schirmbildes.

Bildwandler-Röhren verwandeln infrarote in sichtbare (gelbgrüne) Bilder, machen sie also dem Auge sichtbar. Die großflächige Katode besteht aus Zäsium, das durch die Infrarotstrahlen zur Aussendung von Elektronen entsprechend der Bestrahlung angeregt wird. Im Innern herrschen Hochvakuum und elektrische Felder, die die Elektronen wie eine Linsenoptik auf den Bildschirm lenken. Sie werden auch mit Vergrößerung und Verkleinerung bis 1 : 4 geliefert.

Bildwiederholungs-Speicher können bis zu 1000 Zeichen stehend auf einem Bildschirm sichtbar machen. Evtl. werden dafür auch → *Trommel-* oder → *Magnetplattenspeicher* eingesetzt.

Bimetall-Meßwerk Bei diesem Meßwerk wird die Verformung eines Bimetallstreifens bei Erwärmung auf einen Zeiger übertragen, wobei der Bi-

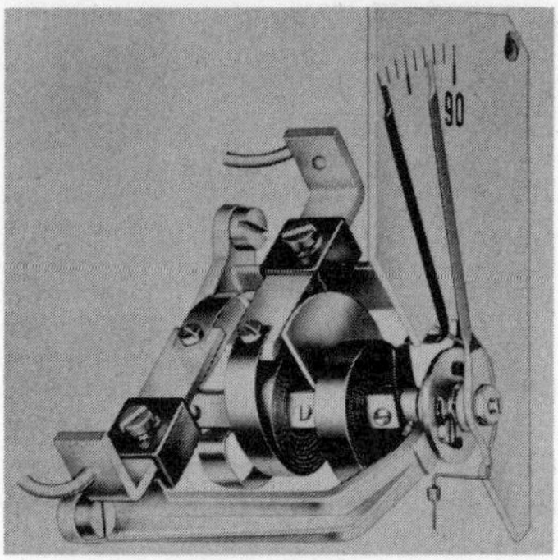

metallstreifen direkt vom Strom durchflossen oder mittels einer Heizwicklung erwärmt wird. Der Einfluß der Umgebungstemperatur wird dabei durch einen zweiten Streifen, der nicht vom Meßstrom erwärmt wird, kompensiert.

Die Einstellzeit eines solchen Meßwerks beträgt mehrere Minuten; kurz dauernde Stromspitzen bewirken keine Anzeige, da sie nur unwesentlich zur Erwärmung beitragen, Dauerbelastungen dagegen führen zur Anzeige.

Bimetall-Meßwerke werden nur für Sonderzwecke, z. B. als Maximumstrommesser oder, in Verbindung mit einem Widerstandsgeber, zur Temperaturkontrolle, angewendet.

Bimetallrelais Relais, dessen Kontakt durch das Verbiegen eines beheizten Bimetallstreifens geschlossen wird.

Bimetallschalter bestehen aus zwei flächenhaft miteinander verbundenen Metallschichten mit verschiedenem Wärme-Ausdehnungskoeffizienten. Bei Erwärmung (Stromdurchfluß) verbiegen sie sich und schalten ein oder aus.

BIMOS Halbleitertechnologie, bei der **bi**polare und **MOS**-Halbleiter auf einem Chip gemeinsam integriert sind.

binär = aus zwei Einheiten (0 und 1) bestehendes Zahlensystem, andere Bezeichnung für → *Dualsystem.*

Binär-Code verwendet zur Darstellung der zu codierenden Begriffe nur zwei verschiedene Zeichen, z. B. die Binärziffern Null und Eins.

In Datenverarbeitungsanlagen können Dezimalzahlen nur in binärer Darstellung verarbeitet werden und müssen erst in Binärzahlen umgewandelt werden (→ *Dualsystem*).

Binärzahl Zahl eines Zahlensystems, das aus nur zwei Einheiten besteht: z. B. 0 und 1.

Bindungs-Energie Arbeit, die aufgewandt werden muß, um eine Bindung aufzubrechen. So ist z. B. die Bindungs-Energie, mit der ein → *Valenz-Elektron* an ein → *Atom* gebunden ist, gleich der → *Ionisierungsarbeit.*

Binistor Transistorähnliche PNPN-Flächen-Tetrode. Im Gegensatz zu normalen Vierschichtdioden, die in allerkürzester Zeit aus einem hochoh-

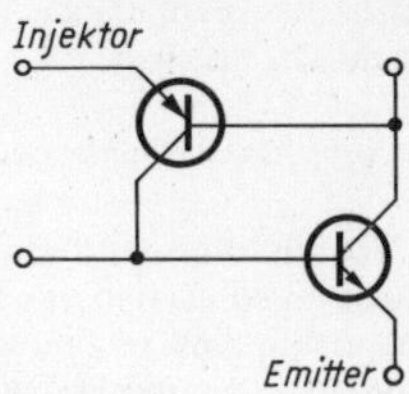

Binistor:
1) Grundschaltung aus der der Binistor hervorgegangen ist

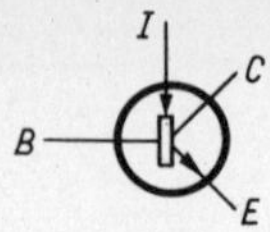

2) Symbol für einen Binistor

migen Zustand in einen niederohmigen umschalten können, erfolgt die Umschaltung beim Binistor nicht durch den Nutzstromkreis, sondern durch einen zusätzlichen Steuerstromkreis über den Injektor. *Abb. 1* gibt die Grundschaltung an, aus der der Binistor hervorgegangen ist, sein Symbol zeigt *Abb. 2.*

Bionik = Erforschung biologischer Prozesse auf der Grundlage elektronischer Verfahren bzw. die Nachbildung in der Natur vorhandener Einrichtungen mit elektronischen Mitteln, z. B. der Infrarot-Ortungsgeräte von Schlangen, der Orientierung von in undurchsichtigem Wasser lebenden Tieren mittels eines um sie herum erzeugten elektrischen Feldes, der → *Sonargeräte* der Tümmler usw.

BIOS **B**asic **I**nput/**O**utput **S**ystem. Hardware-abhängiger Teil eines → *Betriebssystems,* in dem u. a. alle Systemadressen stehen müssen.

Biosensoren Sensoren, die auf biologischen Vorgängen beruhen.

bipolar → *bipolare Transistoren.*

bipolare Transistoren sind entweder → *NPN-* oder → *PNP-Typen* und benutzen beide Arten von → *Ladungsträgern,* → *Elektronen* und → *Löcher.* Bei ihnen fließt ein → *Steuerstrom* zur → *Basis,* mit dem die steuernde Quelle belastet wird. Der Eingang ist daher niederohmig, im Gegensatz zu Elektronenröhren und → *Feldeffekt-Transistoren* (→ *FET,* → *MOSFET*).

Biquinär-Code heißt der im Bild dargestellte Zahlencode (schwarz = L). Bild → *Quibinär-Code.*

bistabile Multivibratoren, Kippstufen auch Bivibrator genannt (→ *Flipflop*). Bistabil = mit zwei stabilen Zuständen.

Biswitch andere Bezeichnung für → *Diac.* Fünfschichtdiode mit gleichen Eigenschaften in beiden Stromrichtungen. Ersetzt zwei antiparallel geschaltete Vierschichtdioden.

Bit ist die kleinstmöglichste Informationseinheit und stellt genau eine Ja-Nein-Entscheidung dar. Es kann die Zahlenwerte 1 (für „wahr“ bzw. „ja“) und 0 (für „unwahr“ bzw. „nein“) annehmen. Eine Gruppe von acht Bits bezeichnet man als → *Byte.*

Bite (aus **B**uilt **I**n **T**est **E**quipment, ~ Einbau-Prüfeinrichtung) ist ein kleines Leuchtsignal, das sich bei einem Fehler einschaltet und bis zur Rückstellung leuchtet. (→ *Byte*).

Bitleitungen heißen die Speicherdrähte im → *Magnetdrahtspeicher.*

bitparallel heißt die gleichzeitige Übertragung eines ganzen Wortes, z. B. mit 12 Bit. Sie ist ebensovielmal schneller als → *bitserielle* Übertragung.

Bitposition heißt die Stellung eines → *Bit* in einem → *Byte* oder einem → *Codewort,* und zwar von hinten mit 1 beginnend bis 6 bzw. 8 vorn (→ *6-bit-Code*).

bitseriell heißt die Informationsübertragung Bit für Bit, auch Serienübertragung genannt.

Bitwertigkeit heißt der Stellenwert im → *Dualsystem.*

Bivibrator = → *Flipflop.*

BK-Netz → *Breitbandkabelnetz.*

black box (schwarzer Kasten) nannte man scherzhaft die heutigen → *integrierten Schaltungen* und andere fertig zusammengebaute Schaltungsteile, deren Innenschaltung nicht mehr ersichtlich ist und die als Ganzes ausgewechselt werden müssen, im Gegensatz zu den früher üblichen Einzelteilen.

Blattschreiber → *Drucker,* → *Fernschreiber.*

Blau-Schiebemagnet Ein Dauermagnet zum Justieren der → *statischen Konvergenz.* Vielfach wird er auch als Blau-Lateral-Magnet bezeichnet (lateral, lateinisch seitlich). Die drei Konvergenzmagnete ermöglichen nur eine radiale Verschiebung der drei Elektronenstrahlen. Wenn nun der Blaustrahl nicht genau symmetrisch zwischen dem Grün- und dem Rotstrahl liegt, läßt er sich mit Hilfe des Blau-Schiebemagneten seitlich, also tangential, justieren.

Blauschriftröhren sind Oszilloskopenröhren mit üblicher Strahlablenkung, deren Strahlspur nicht aufleuchtet, aber beliebig lange gespeichert bleibt und bei Beleuchtung mit weißem Licht blau auf weißem Grund erscheint, weil die Schreibspuren das auffallende Licht weniger reflektieren als unbeschriebene Stellen. Das Bild kann durch Erwärmung gelöscht werden. Hierzu ist hinter dem Schirm eine Heizschicht angebracht. Das Bild kann mit beliebigen Strahlsteuerungen geschrieben werden.

Bleikammern in Größen je nach dem zu messenden Präparat verwendet man, wenn man die überall vorhandene natürliche Strahlung bei der Messung ausschalten will.

Bleisalzlaser Halbleiter-Laser, in denen als Basismaterial II-IV-Halbleiterverbindungen, wie Bleisulfid (PbS), Bleiselenid (PbSe) oder Bleitellurid (PbTe), oder Mischverbindungen verwendet werden. B. strahlen im Infrarotbereich zwischen 3 μm und 30 μm und werden in der Infrarotspektroskopie eingesetzt. Sie können nur bei sehr niedrigen Temperaturen (77 K) betrieben werden.

Bleisulfid-Fotowiderstand Fotowiderstand, dessen lichtempfindliches Element aus einer etwa 1 μm dicken Blei-

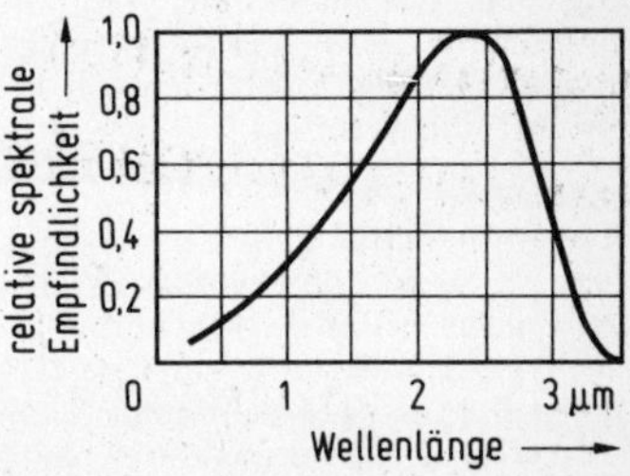

sulfid-Schicht (PbS) besteht. Das Maximum der spektralen Empfindlichkeit liegt bei einer Wellenlänge von etwa 2,4 μm.

Blinden-Lesemaschinen wollte man in der Weise herstellen, daß jedem geschwärzten Punkt in einem Buchstabenfeld ein bestimmter Ton entspricht, jedem Buchstaben also ein ganz bestimmter „Akkord", richtig eine charakteristische Tonmischung, entspricht. Man scheint damit über Versuche nicht hinausgekommen zu sein. In Amerika wurde das „Optacon" konstruiert, das 2 kg wiegt. Es enthält 144 Fototransistoren, von denen jeder eine Metallnadel in Bewegung setzen kann, die ihrerseits in einer Mulde von 12 mm x 25 mm angebracht sind. In sie legt der Blinde seinen Tastfinger und erfühlt das aufgenommene Schriftbild. Geübte sollen 90 Worte in der Minute lesen können. Der große Vorteil ist, daß der Umweg über die Blindenschrift erspart wird und fast jedes Druckbild gelesen werden kann.

Blindenschrift-Übertragung oder Braille-Schrift wurde mittels entsprechender Programmierung durch eine → *EDVA* durchgeführt. Dabei werden mit 6 Punkten in 63 Kombinationen alle Buchstaben, Zahlen und 183 Kürzel dargestellt. Die Herstellung von Blindenbüchern wird durch einmalige Programmierung außerordentlich erleichtert und verbilligt.

Blinden-Sehhilfen sind auf verschiedene Art konstruiert worden. Vielen gemeinsam ist, daß das Bild hörbar gemacht wird. Meist verwendet man Ultraschall oder doch sehr hohe Töne (~ 10 kHz). Diese werden durch einen Handsender nach Art einer Stablampe in Impulsen nach vorn ausgestrahlt und das Echo empfangen. Eine Ultraschall-„Brille" wiederum enthält im Mittelteil über der Nase Strahler und Empfänger, den eigentlichen Sender aber in einem kleinen Taschengerät (~ 30 mm x 80 mm x 100 mm). Der Träger „hört" Hindernisse, die er „anblickt", bis zu einer Entfernung von 6 m. Ein sehr kompliziertes Gerät mit ca. 100 mm x 100 mm x 300 mm Außenmaßen und einem Kopfhörer als Empfangsgerät tastet mit Hörschall zeilenförmig (wie beim Fernsehen) das Bildfeld ab, und zwar jede Zeile mit einer anderen Frequenz. Aus der Tonhöhe ergibt sich so die Höhe, aus der Lautstärke dann die Helligkeit. Dieses Hörbild, das fotoelektrisch erzeugt wird, soll durch Verwendung verschiedener Objektive sowohl zum Lesen als auch zur Orientierung im Raum verwendbar sein. In einem anderen Fall wurden die aufgenommenen Lichtfrequenzen in fühlbare Vibrationen zwischen 4 und 400 Hz umgewandelt. Der Blinde hat das stablampenförmige Gerät in der Hand und „fühlt" die Helligkeitsunterschiede der Stellen, auf die es gerichtet ist. Es soll möglich sein, der Straße zu folgen, Treppen zu steigen usw., ja sogar eine Wäscheleine wahrzunehmen.

Ganz neu sind Versuche mit Fernsehkameras. Das aufgenommene Bild wird in 400 (20 x 20) Punkte zerlegt und diese als Vibrationen auf den Rücken (in einem besonderen Stuhl) oder auf die Bauchdecke (tragbar) übertragen (→ *Fonator*).

Blindleistung P_B In Wechselstromsystemen mit Induktivitäten und Kapazitäten werden Strom und Spannung um den Winkel in ihrer Phase verschoben. Die Blindleistung ist dann definiert als $P_B = U_{eff} \cdot I_{eff} \cdot \sin \varphi$.

Blindwiderstand Imaginärer Widerstand einer beliebigen Schaltung aus reinen Selbstinduktionen oder Kapazitäten. Er heißt auch Reaktanz.

Blinkschaltungen mit Glimmlampen werden gewöhnlich mit einem → *astabilen Multivibrator* aufgebaut, aber auch mit Niedervolt-Glühlampen ist das möglich. Im Handel sind auch Blinkglimmlampen, deren eingebaute

Kippschaltung von außen zwischen 30 und 200 Pulsen/min verstellt werden kann.

Blitzgeräte, elektronische, arbeiten durchweg mit gasgefüllten Kaltkatodenröhren, sog. → *Blitzröhren*, deren Gas durch einen Hochspannungsimpuls ionisiert wird. Dann entlädt sich über sie ein großer Kondensator (≧ 500 µF), der mit hoher Spannung (≧ 500 V) aufgeladen ist. Die Spannung wird aus Batterien entnommen. Sie wurde früher durch → *Zerhacker*, jetzt nur durch → *Transistor-Wechselrichter* umgespannt. Da bei der Zündung Ströme bis 100 A auftreten, würde ein Schalter verbrennen. Daher legt man die Spannung direkt an die Blitzröhre, und diese wird durch eine Zündelektrode synchron mit dem Kameraverschluß gezündet. Um immer erneute Blendeneinstellung an der Kamera zu ersparen, baut man vielfach die automatische → *Lichtmengenregelung* ein. Moderne Geräte sind zusätzlich mit Schnellade-Einrichtungen versehen. In letzter Zeit benutzt man auch → *Thyristoren* (abschaltbare) zum Ein- und Ausschalten.

Blitzröhren sind gasgefüllte (Xenon-) *Kaltkatodenröhren* (Dioden), über die sich ein geladener Kondensator innerhalb etwa 1 Millisekunde entlädt. Üblich sind ~ 500 µF und ~ 500 V. Diesen starken Stromstoß schaltet man nicht direkt. Die Spannung von C1 liegt vielmehr unmittelbar an der Röhre. Zur Zündung wird ein Hochspannungsimpuls auf die Zündelektrode Z gegeben. Der dann entstehende Lichtblitz hat eine Farbtemperatur von 5500°K (~ Sonnenlicht). → *Lichtmengenregelung, automatische.*

Für Hochgeschwindigkeits- → *Stroboskope* gibt es Spezialtypen, die bis zu 1 Million Lichtblitze je Sekunde erzeugen können.

Blitzschutz Bei allen Antennen, die im Freien angebracht und mehr als zwei Meter von der Hauswand entfernt sind, oder bei Antennen oberhalb der Dachrinne ist ein vorschriftsmäßiger Blitzschutz unerläßlich. Die für das Errichten von Antennenanlagen gültigen Vorschriften sind in der VDE-Vorschrift 0855 festgelegt.

Block

1. Element eines → *Signalflußplans*, das den wirkungsmäßigen Zusammenhang zwischen Eingangs- und Ausgangssignal eines Übertragungsgliedes angibt. Das Übertragungsverhalten kann in den Block als Kennlinie, als mathematische Gleichung oder Symbol eingetragen sein.

2. Die Aufzeichnung auf → *Magnetband* geschieht in Blöcken, die durch entsprechende Zwischenräume (→ *gaps*) getrennt sind, um leicht gefunden zu werden.

Blockdruckwerk trägt auf einer schmalen Walze jeweils 8 gleiche Zeichen nebeneinander und druckt 60 numerische Zeichen/s oder 50 alphanumerische Zeichen/s. Dabei wird nur die Typenwalze gedreht und jeweils soweit seitwärts bewegt, daß eines der acht gleichen Zeichen richtig steht, dann schlägt ein Hammer zu.

Blockierschutz-Anlagen an Kfz-Bremsen sind entwickelt und werden immer mehr eingebaut. Weil die Bremswirkung abfällt und der Wagen zum Schleudern neigt, sobald das Rad nicht mehr rollt, sondern rutscht, wird an jedem ein → *Sensor* angebracht, der eine bevorstehende Blockierung einem Steuergerät meldet. Dieses bewirkt eine leichte Lockerung der Bremsen, die wieder einsetzende Beschleunigung läßt die Bremsen erneut anziehen usw. Während sich dieses Spiel 10 bis 20 mal in der Sekunde wiederholt, wird die höchstmögliche Bremswirkung erzielt ohne alle Nachteile des Blockierens. Die Erhöhung der Bremswirkung beträgt bis zu 20 %. Für diesen Zweck wurden spezielle MOS-Großschaltungen entwickelt, die die sonst sehr kostspielige Elektronik stark vereinfachen.

Blockierspannung → *Dreischicht-Schaltdiode.*

Blockschaltbild Schematische Darstellung einer Schaltung zur Verdeutlichung des Zusammenwirkens einzelner Funktionsgruppen und Übertragungsglieder.

Blockschaltung → *Blocksymbol.*

Blocksymbol In der Analog- und Digitaltechnik gebräuchliche Schaltsymbole, die die Funktionsweise einer Schaltung oder eines Schaltungsteiles beschreiben. In der Regelungstechnik

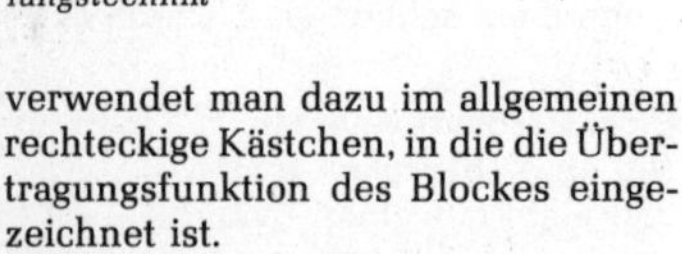

Blocksymbol: a) Verstärker, b) NAND-Verknüpfung, c) Integrierglied in der Regelungstechnik

verwendet man dazu im allgemeinen rechteckige Kästchen, in die die Übertragungsfunktion des Blockes eingezeichnet ist.

BNC (= **b**ayonet **n**ut **c**onnector) ist ein HF-Koaxial-Steckverbindungssystem.

BNR-Diode Golddraht-Diode mit negativen Werten des → *differentiellen Widerstandes* innerhalb eines Kennlinien-Bereiches.

Bode-Diagramm Grafische Darstellung des → *Frequenzgangs* einer Übertragungsfunktion, bei der der → *Amplitudengang* und der → *Phasengang* gemeinsam in Abhängigkeit von dem logarithmisch geteilten Wert der Frequenz oder der normierten Frequenz aufgetragen werden.

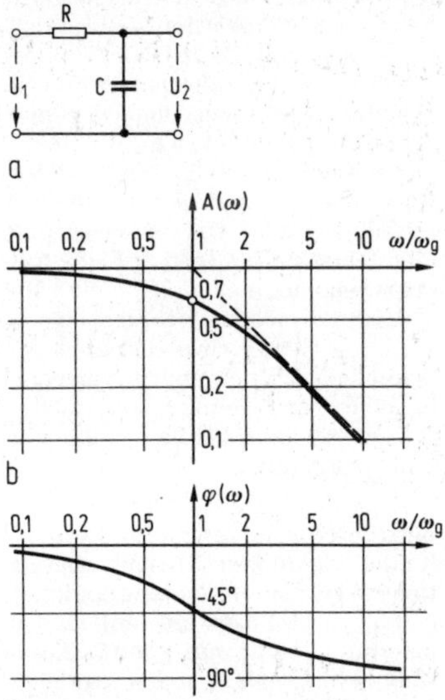

Bode-Diagramm: Frequenzgang des in a) gezeigten RC-Tiefpasses dargestellt im Bode-Diagramm mit normierter Frequenzachse; b) Amplitudengang, c) Phasengang

Bogenentladung Entladung zwischen zwei Elektroden unter Ausbildung eines → *Lichtbogens.* Bogenentladung entsteht, wenn die Spannung zwischen zwei Elektroden einen bestimmten Wert überschreitet oder beim Öffnen eines Stromkreises mit ausreichend großer Spannung zwischen den Kontakten des Schalters.

Bohren mit Laserstrahlen Wird der kohärente Laserstrahl (→ *kohärente Strahlen*) mit einer geeigneten Optik auf einen Punkt konzentriert, so ergibt sich eine außerordentliche Energiedichte. Z. B. wurde in eine 1,5 mm dikke Stahlplatte innerhalb 200 µs ein Loch mit 50 µm ∅ gebohrt. Die Leistungsdichte beträgt dabei bis zu 10^9 W/cm^2. Auch Diamanten kann man in dieser Art durchbohren.

Gefährlich werden Laserstrahlen nur, wenn sie das Auge treffen. Richtet man einen Laser-Bohrstrahl auf die Haut, so entsteht eine winzige Verbrennung, die nicht einmal schmerzt (→ *Hochleistungs-Laser*).

Bolometer dienen zur Messung von Wärme- (Infrarot-)Strahlen. Sie benutzen (in Brückenschaltungen) Metalle mit stark wärmeabhängigem Widerstand (→ *Heiß-*, → *Kaltleiter*).

Boltzmann-Faktor in der Halbleitertechnik: Anteil der → *Majoritätsträger*, deren thermische Energie genügt, um die Spannungsstufe (Potentialschwelle) eines → *PN-Überganges* zu passieren.

$$\text{Boltzmann-Faktor} = \exp \frac{-q \cdot U_D}{k \cdot T}$$

q Elementarladung
U_D Diffusionsspannung
k Boltzmann-Konstante
T absolute Temperatur in K am PN-Übergang

Boltzmann-Konstante k Auf die → *absolute Temperatur* bezogene Gaskonstante

$$k = 1{,}38 \cdot 10^{-23} \frac{\text{Ws}}{\text{K}}$$

Boltzmann-Spannung → *Temperaturspannung.*

Bond(ing), engl. Bezeichnung für eine Verbindung (Anschlußdraht oder -band) mit einem Teil eines Halbleiterelementes oder einer integrierten Schaltung, die durch Schweißen, Hartlöten oder durch Aufpressen unter Wärmeeinwirkung hergestellt wird.

Boolesche Algebra ist ein vom Engländer Boole im 19. Jahrhundert für die Philosophie entwickeltes logisches Denksystem. Es findet heute in Form der → *Schalt-Algebra* allgemeine Verwendung beim elektronischen Rechnen und bei Steuerungsaufgaben.

Booster Vorwiegend in Kraftfahrzeugen dem Autoradio nachgeschalteter Leistungsverstärker für eine höhrere Wiedergabelautstärke. Dazu gehören auch leistungsstärkere Lautsprecher. Meist ist es erst mit Boostern möglich, Hi-Fi-Qualität im Auto zu erreichen.

Booster-Diode to boost (engl.) heißt „anheben". Die Booster-Diode ist das wichtigste Element in der Schaltanordnung zum Erhöhen der Anodenspannung der Zeilenablenk-Endröhre.

Boots-Elektronik umfaßt → *Echolot*, Funksprechgeräte, Funkpeilgeräte, → *Radargeräte.*

Bootstrap-Generator → *Sägezahngenerator*, mit dem exakt lineare Sägezahnspannungen erzeugt werden können.

Bootstrap-Schaltung Vor allem bei Transistoreingangsstufen angewendete Schaltungstechnik zur Erhöhung

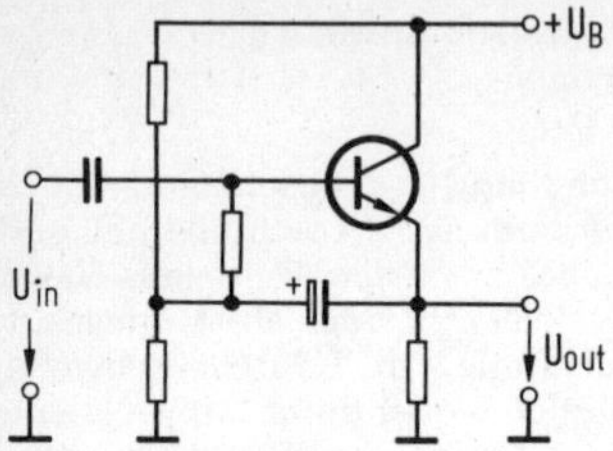

Bootstrap-Schaltung

des Eingangswiderstands. Es lassen sich Eingangswiderstände erzielen, die weit über 1 MΩ liegen.

BORAM (= **b**lock **o**riented **r**andom **a**ccess **m**emory) = blockorientierter Schreib-/Lese-Speicher, in den dessen Inhalt blockweise adressiert wird.

Bor B Dreiwertiges Element, Schmelzpunkt 2300 °C, Ordnungszahl 5 (Gruppe III a des periodischen Systems), Atomgewicht 10,82, verwendet als → *Akzeptor*-Dotierung insbesondere von Silizium.

Bordcomputer

1. Computer auf Flugzeugen oder Schiffen, die in erster Linie Navigationsaufgaben erfüllen.
2. Kleincomputersysteme für Kraftfahrzeuge, die aus den Größen Zeit, Wegstrecke und Kraftstoffmenge Angaben über Durchschnittsgeschwindigkeit, durchschnittlichen Kraftstoffverbrauch, voraussichtliche Ankunftszeit usw. errechnen. Komfortablere Ausführungen übernehmen auch Überwachungsfunktionen (Bremsenzustand, Reifenprofiltiefe, Beleuchtung) und zeigen den Zustand dem Fahrer an.

bpi = **b**it **p**er **i**nch = bit je Zoll (→ *Speicherdichte*).

Branch Unter einem Branch-Befehl versteht man in der Assembler- bzw. Maschinensprachen-Programmierung einen Verzweigungsbefehl, d. h. einen Sprungbefehl, der von einer bestimmten Bedingung abhängig ist. Diese wird dabei durch den Zustand irgendeines → *Flags* im → *Statusregister* der → *CPU* definiert.

Braunsche Röhre Sie ist der Ausgangspunkt für die Entwicklung zur Bildröhre der heutigen Fernsehempfänger. Erfinder war der Deutsche Ferdinand Braun, der von 1850 bis 1918 lebte (→ *Bildröhre*).

Breitbanddrossel Drosselspule, mit der eine Signalübertragung in einem möglichst großen Frequenzbereich verhindert werden soll.

Breitbandkabelnetz Netz für die Übertragung breitbandiger Informationsdienste, wie Fernseh- und Hörfunkprogrammen, zu → *Gemeinschaftsantennenanlagen* und → *Großgemeinschaftsantennenanlagen* mit einer Frequenzbandbreite von fast 500 MHz. Das Netz ist auch für Dialogdienste geeignet.

Breitband-Lautsprecher sind Kombinations-Systeme, bei denen ein Hochton-Lautsprecher zentrisch im Hauptlautsprecher angeordnet ist.

Breitbandspannungsmesser Spannungsmeßgerät mit einer Bandbreite von einigen Hz bis herauf zu 1 MHz. Es enthält meist einen → *Spitzenwertgleichrichter*, dem ein entsprechendes

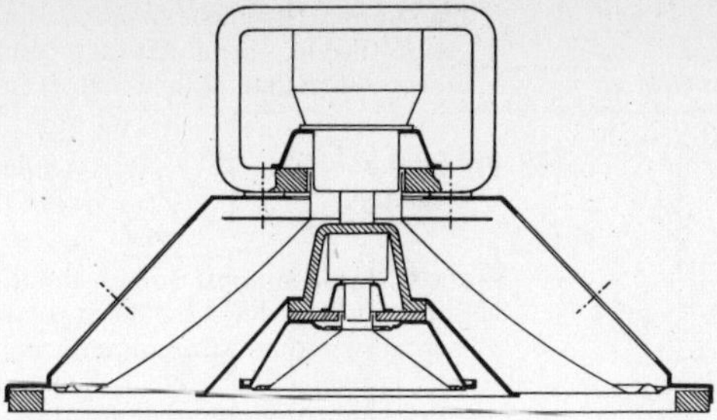

Breitband-Lautsprecher: Systemaufbau eines Kombinationslautsprechers (Isophon)

→ *Transistor*- oder → *Röhrenvoltmeter* nachgeschaltet ist. Für Spannungsmessungen bei Frequenzgemischen werden in der Eingangsstufe auch → *Thermoumformer* verwendet, die über einen Breitbandverstärker angesteuert werden.

Breitbandverkabelung Verkabelung zum Empfang und Verteilen von ortsmöglichen Programmen, auch über → *Fernmeldesatelliten* oder → *Rundfunksatelliten*. Dafür steht ein Frequenzbereich von 40 bis 470 MHz zur Verfügung, also die → *Fernsehbereiche* I und III, der UKW-Hörfunkbereich sowie alle nicht benutzten Frequenzen als → *Sonderkanäle*. UHF-Frequenzen sind wegen der höheren Übertragungsdämpfung dafür nicht geeignet. Eine B. mittels → *Lichtwellenleiter* im Rahmen von → *Bigfon* ist erprobt.

Breitbandverstärker Verstärker mit großer → *Bandbreite*. Anwendung in der Impulstechnik, um eine möglichst kleine → *Anstiegszeit* der zu verstärkenden Impulse zu erreichen, oder in der HF-Technik z. B. bei Antennenverstärkern. Man erreicht im Extremfall eine Bandbreite von 1 kHz...150 MHz.

Bremssysteme → *Blockierschutz-Anlagen*.

Brennfleck Allgemein die Auftreffstelle eines Elektronenstrahls auf eine Anode oder einen Fluoreszenzschirm. Bei der → *Bogenentladung* die gebündelte Auftreffstelle des Lichtbogens. Es werden dort Stromdichten von 100...10000 A/cm^2 erreicht.

Brennstoffzelle Die B. ist eine auf chemischer Reaktion beruhende Energiequelle zur direkten Erzeugung von elektrischer Energie. Sie arbeitet beispielsweise mit Wasserstoff und Sauerstoff. Im Gegensatz zur ungebremsten Knallgasreaktion beim Zusammenbringen von Wasserstoff und Sauerstoff geschieht der Elektronenaustausch in der Brennstoffzelle über einen äußeren Stromkreis, an den ein Verbraucher angeschlossen ist. Ein großer Teil der chemischen Bindungsenergie steht auf diese Weise als elektrische Energie zur Verfügung.

Man kann die B. auch als Sensor zur Feststellung von Luftsauerstoff benutzen. Dann besteht sie aus einem großflächigen, elektronenleitenden Material. In Gegenwart von Sauerstoff findet eine Reaktion mit der aktiven Oberflä-

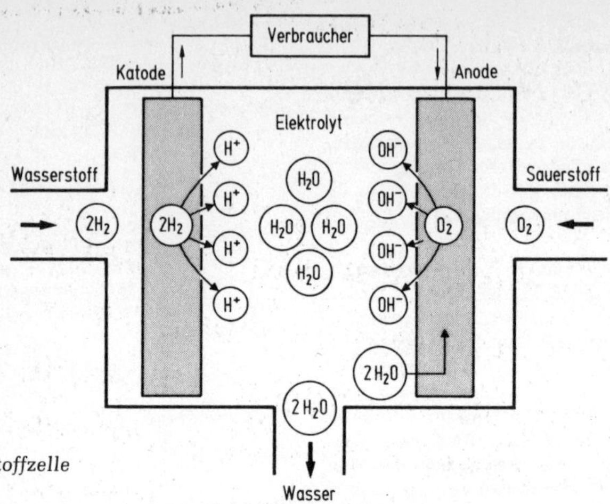

Brennstoffzelle

che dieses Materials statt. Auch hierbei wird Energie frei, die zur Auswertung dient.

Briefsortier-Anlagen sind notwendig, weil sowohl Ein- wie Auslauf im Postamt innerhalb weniger Stunden bewältigt werden müssen. Modelle wurden von mehreren Firmen entwikkelt. Bis auf Portokontrolle und Aufbringen eines codierten Sortierzeichens (Strichmuster mit UV- oder magnetischer Farbe) durch Menschen erledigt die Anlage alles automatisch, d. h. sie stellt die Sendungen richtig auf und sortiert ankommende nach Zustellern bzw. abgehende nach Leitwegen. Nur ausgefallene Formate müssen gesondert behandelt werden.

Brückenfilter Filternetzwerk zur Erzeugung frequenzabhängiger Dämpfungswerte. Es wird im allgemeinen zur Dämpfungsentzerrung von Leitungen benutzt.

Brückengleichrichter Aus vier Diodenstrecken aufgebauter Gleichrichter, der sowohl die positive als auch die negative Halbwelle einer Wechselspannung gleichrichtet.

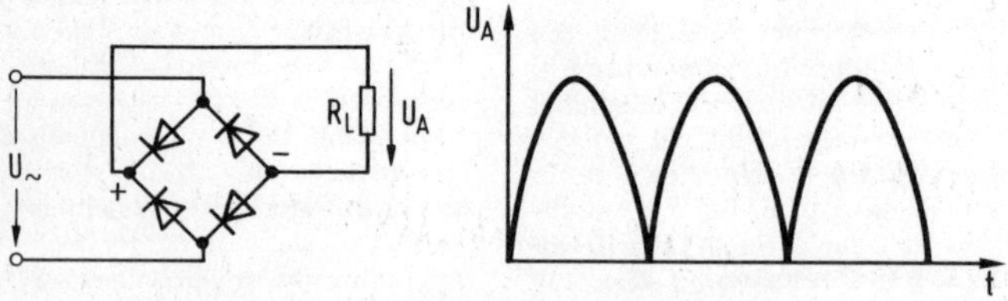

Brückengleichrichter: Verlauf der Ausgangsspannung

Brückenschaltungen, deren Prinzip das Bild zeigt, sind abgeglichen, wenn
$R_1 : R_N = R_2 : R_x$
ist. Durch R_M fließt dann kein Strom. Ändert sich einer der vier äußeren Widerstände, so tritt in R_M ein Querstrom auf. Diese Erscheinung wird in Meß- und in Regelschaltungen unzählige Male angewandt.

Brummspannung Vom Netz herrührende Störspannung, die auf Grund fehlender oder schlechter Abschirmung von Leitungen induktiv oder kapazitiv in einen Meßkreis eingekoppelt wird. Sie kann bei netzbetriebenen Geräten aber auch auf eine mangelhafte Siebung der aus dem Netz entnommenen Versorgungsspannung zurückzuführen sein.

BSI = British Standards Institution (= Britischer Normen-Ausschuß).

Btx Abk. für → *Bildschirmtext.*

Buchstaben-Generatoren für → *Bildschirm-Datensichtgeräte* arbeiten meist nach einer 7 x 9 -Punktmatrix. Die für jeden Buchstaben benötigten Punkte sind in einem Lesespeicher (→ *ROM*) gespeichert.

Buchungsanlagen sind dem speziellen Zweck angepaßte → *EDV-Anlagen* (→ *Postscheckdienst,* → *Magnet-Kontenkarten*).

Buchungs-Terminals sind Ein- und Ausgabestationen z. B. für → *Platzbuchung.* Es sind → *Fernschreiber,* → *Bildschirmgeräte* mit Eingabe-Tastatur oder Spezialkonstruktionen, z. B. mit Leuchtdioden-Anzeige.

Bulkstrom = Massestrom (Gegensatz: Oberflächenstrom).

Bündelfluß Φ Der von einer Windung einer Spule eingeschlossene Fluß.

Buried layer (engl.) = eingebettete Schicht. Dient zur Verminderung des → *Kollektorbahnwiderstandes* von → *Planar-Transistoren.* In die Kollektorzone wird eine Schicht hoher Leitfähigkeit parallel zur → *Kollektorsperrschicht* eingebracht, die den Widerstand zwischen den Sperrschichten und dem Kollektoranschluß stark herabsetzt (→ *Epitaxie*).

buried wiring = vergrabene Verdrahtung wird bei → *Dickschicht-Schaltungen* angewandt, indem man einen Teil der Verbindungen in das Innere des → *Substrats* verlegt.

Burn-In Verfahren zur künstlichen Alterung von Bauteilen und Geräten, bei dem durch einen Testbetrieb bei erhöhter Temperatur Teile mit Schwachstellen frühzeitig ausfallen.

Burrus-Diode Leuchtdiode mit sehr hoher Strahlungsdichte, speziell zum Einsatz in der → *Lichtwellenleiter-Technik.*

Burst Aus dem Englischen übernommene Bezeichnung für den Farbsynchronimpuls (burst = Impuls, Stoß). Diese dritte Synchroninformation – zusätzlich zum → *Synchronsignal* für den Bildwechsel und zum Synchronimpuls am Ende jeder Zeile wie beim Schwarzweiß-Fernsehen – wird auf der hinteren → *Schwarzschulter* untergebracht. Der Burst besteht aus zehn Perioden der Farbträgerfrequenz von 4,43361875 MHz. Die Phase dieser Schwingung wird bei jeder Zeit um 90° gegenüber der vorigen gedreht. Dieser alternierende Burst ist ein wesentliches Kennzeichen des → *Pal-Farbfernsehsystems.* Bei diesem Sy-

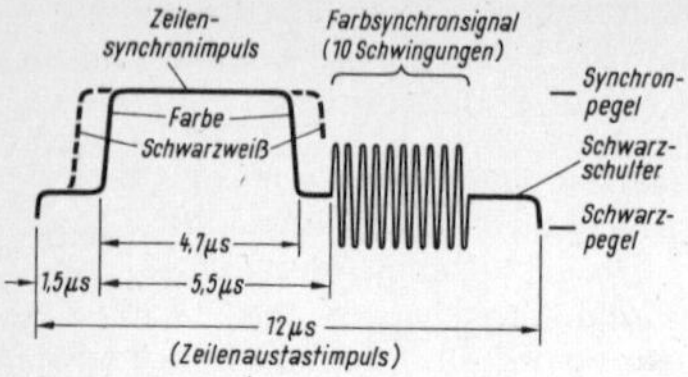

Burst: auch Farbsynchronsignal genannt, ist auf der hinteren Schwarzschulter des Zeilensynchronimpulses untergebracht. Er besteht aus zehn Schwingungen der Farbträgerfrequenz von 4,43 MHz

stem werden Phasenfehler in der Übertragungskette, die zu Farbverfälschungen führen, kompensiert, was man als beträchtliche technische Verbesserung gegenüber dem in Amerika eingeführten → *NTSC-Farbfernsehsystems* bezeichnen kann.

Burstverstärker In ihm wird der Farbsynchronimpuls aus dem Signalgemisch gewonnen. Damit er von allen anderen Signalen unbeeinflußt bleibt, wird der Burstverstärker nur während der Zeit des Zeilenrücklaufs geöffnet. Man nennt dies auch die Burstauftastung. Ein aus der Zeilenendstufe abgeleiteter Rückschlagimpuls öffnet den Burstverstärker nur für diese Zeit, d. h. er hebt eine ständig anliegende Sperrspannung auf.

Die Ausgangsspannung des Burstverstärkers steuert den → *Farbträgeroszillator*, den → *Pal-Schalter* und den → *Farbabschalter*.

Bus Auf einer Gruppe von Leitungen werden Informationen parallel übertragen. Beim → *Mikrocomputer* gibt es drei Bus-Arten: den Adressenbus, der bei 8-Bit-Computern meist 16 Leitungen umfaßt und auf dem daher 2^{16} = 65536 unterschiedliche Adressen übertragen werden können; den Datenbus, der bei 8-Bit-Computern acht Leitungen, bei 16-Bit-Computern 16 Leitungen umfaßt und auf dem Daten von und zum Mikroprozessor transferiert werden; und schließlich der Steuerbus, über den die → *CPU* z. B. den Speichern mitteilt, ob gelesen oder geschrieben werden soll. Zum Steuerbus gehören auch die Interrupt- und Taktleitungen. Der IEC-Bus ist ein ganz anderer Bus, der der Verbindung des Cumputers mit Peripheriegeräten (Drucker, Floppy Disk, Meßgeräten, usw.) dient.

Büschelentladung Überschlag längs der Oberfläche von Isolierstoffen, die sich zwischen zwei Elektroden mit hohem Potentialunterschied befinden. Die Büschelentladung kann durch Schmutzablagerungen oder Feuchtigkeit auf dem Isolierstoff hervorgerufen werden.

Byte (Mehrzahl Bytes) heißt eine Gruppe von 8 → *Bits* (L oder H). Ein *Byte* enthält entweder 2 Ziffern (mit je 4 Bits), einen Buchstaben oder ein → *Sonderzeichen*. Insgesamt 256 Zeichen wären mit einem *Byte* darstellbar. Häufig rechnet man auch 9 Bits (1 *Prüfbit* dabei) als *Byte* (→ *Bite*, → *Vierbit-Code*).

BZR Abk. für → *Befehlszählregister*.

C, c Symbol für → *Kollektor*.

CAD (= **c**omputer **a**ided **d**esign) = rechnergestützter Entwurf, z. B. von integrierten Schaltungen, Elektronikschaltungen u.ä. CAD wird in zunehmendem Maße aber auch für eine Vielzahl von Konstruktionsarbeiten angewendet, so etwa im Maschinenbau, Automobilbau, Bauwesen u. v. m. In Verbindung mit anderen computergestützten Arbeits- und Produktionsmethoden (→ *CAE*, → *CAM*, →*CAP*, → *CAQ*, → *CAT*) führt es schließlich zu → *CIM*.

Cadmiumsulfid → *Cds*.

Cadmiumsulfid-Fotowiderstand Halbleiter-Bauelement mit dünner Cadmiumsulfidschicht auf einer nichtleitenden Unterlage und zwei elektrisch leitenden Anschlußstellen an diese Schicht. Bei Beleuchtung der Schicht werden Ladungsträger frei, womit die Leitfähigkeit zunimmt. Die Widerstandsänderung für Beleuchtungsstärken zwischen 1 lx und 10^3 lx ist größer als 10^3 : 1. Man stellt normalempfindliche und rotempfindliche CdS-Fotowiderstände her.

CAE (= **c**omputer **a**ided **e**ngineering) = computergestützte Ingenieurtechnik. Sie umfaßt den gesamten Produktentstehungsprozeß und ist im allgemeinen mit → *CAD* und → *CAM* verknüpft, jedoch sind auch CAE-Inseln möglich. CAE umfaßt auch die Simulation von Produktentstehungsprozessen und deren Austesten auf ihre Realisierungsmöglichkeiten.

CAM

1. (= **c**ontent **a**dressable **m**emory) → *Assoziativspeicher*.

2. (= **c**omputer **a**ided **m**anufacturing) = rechnergestützte Produktion bezeichnet die direkte Steuerung von Werkzeugmaschinen durch einen Computer. Dem CAM vorangestellt ist → *CAD*. Auch eine Kopplung von CAD und CAM (CAD/CAM) ist üblich.

CAMAC (aus: **c**omputer **a**pplication to **m**easurement **a**nd **c**ontrol) ~ Rech-

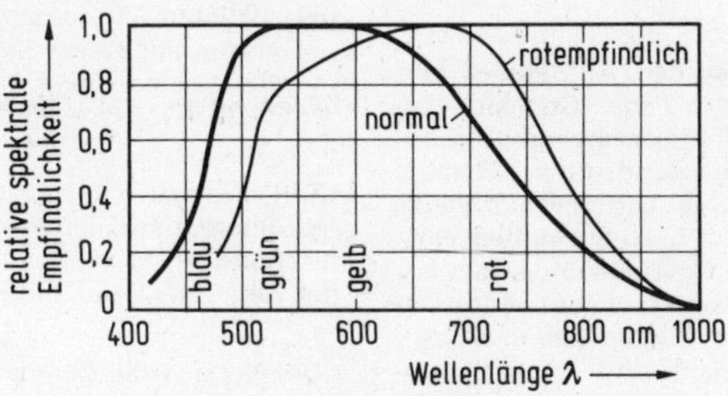

Cadmiumsulfid-Fotowiderstand

ner-Anwendung auf Messungen und Verfahrensleitung. Das System dient der Automatisierung der verschiedensten Prozesse.

CAP

1. (= **c**omputer **a**ided **p**lanning) = computergestützte Planung bedeutet Planung im Entwicklungs- und Fertigungsbereich mit Hilfe eines Computers.

2. (= **c**omputer **a**ided **p**ublication) = computergestützte Publikation bezeichnet die Verwendung des Computers beim Erstellen von Druckvorlagen für Dokumentationen und Publikationen (→ *Desktop Publishing*).

Capistor heißt eine → *Kapazitätsdiode*, die mit einer Spannungsänderung von 1 auf 10 V eine Kapazitätsänderung von 14,4 : 1 erzielen läßt und dabei einen Sperrstrom von nur 1,0 µA besitzt.

Capstan Tonwelle beim Tonbandgerät. Das Tonband wird von einer Gummiandruckrolle an den C. gedrückt, der mit seiner Umlaufgeschwindigkeit die → *Bandgeschwindigkeit* bestimmt.

CAQ (= **c**omputer **a**ided **q**uality) = rechnergestützte Qualitätskontrolle.

Cassegrainspiegel → *Parabolantenne*.

Cassettenrecorder Aufnahme- und Wiedergabegerät für Compact-Cassetten. Die Bandgeschwindigkeit beträgt 4,75 cm/s. Bandsorten → *Tonbänder*. Heutzutage sind Frequenzgänge bis 18 000 Hz in Hi-Fi-Geräten möglich. Auch Programme und Daten lassen sich preiswert auf Tonbandcassetten speichern. Hierzu eignen sich sowohl handelsübliche Audio-Cassettenrecorder als auch spezielle Datenrecorder (→ *DCR*).

CAT (= **c**omputer **a**ided **t**esting) = computergestütztes Prüfen.

CAV → *Bildplatte*.

CB-Funk (CB engl. = Citizen Band = Bürgerband). In der Bundesrepublik Deutschland für jedermann zugelassener Funkdienst im 27-MHz-Bereich. Insgesamt stehen 40 verschiedene Kanäle zur Verfügung. Im Gegensatz zum → *Amateurfunk* sind keine technischen Vorkenntnisse erforderlich.

CC (= **c**omputer **c**ontrolled) = rechnergesteuert.

CCD-Bildsensoren sind Halbleitersensoren, bestehend aus MOS-Kondensatoren oder MOS-Fotodioden, die auf einem Silizium-Substrat (charged-coupled-devices) aufgebracht sind. Sie sind entweder zeilenförmig oder matrixförmig ladungsgekoppelt angeordnet. Es gibt eindimensionale C., bei denen ein paar 100 Fotoelemente in Reihe geschaltet sind, und zweidimensionale C., die z. B. für CCIR-Fernsehnorm aus 576 x 384 Bildpunkten bestehen (CCD-Kamera). Die Größe der Bildpunkte beträgt einige μm^2; für einen C. ergibt sich somit eine Bildgröße von z. B. 6624 x 8823 μm^2. Die spektrale Empfindlichkeit ist recht groß und reicht von 400...1000 nm.

CCD-Kamera → *CCD-Bildsensoren*.

CCIR Abkürzung für „Comité Consultatif International des Radio-Communications" = Internationaler beratender Rundfunk-Ausschuß.

CCIR-Norm Vom *Comité Consultatif International des Radio Communications* wurden im Juli 1950 in Genf Normen beschlossen, die die allgemeinen Daten für das Fernsehen festlegten. Zeilenzahl, Kanalbreite, Trägerfrequenzen und ihre Abstände, Synchronsignale und ihre Formen und zeitliche Länge und andere Einzelheiten wurden einheitlich geregelt. Diesen Festlegungen gingen gemeinschaftliche Beratungen vieler Sachverständiger aus Belgien, Holland, Italien, Schweden, der Schweiz und der Bundesrepublik voraus. Die CCIR-Norm bestimmt das 625-Zeilen-Bild als Standard. Da sie im wesentlichen die Vorschläge des Ausschuß-Vorsitzers Gerber enthält, ist sie auch unter dem Namen *Gerber-Norm* bekannt geworden. In England und Frankreich arbeiteten zu dieser Zeit bereits Sender nach anderen Normen, so daß diese Länder die CCIR-Norm nicht übernommen haben.

CCITT (= **C**ommité **C**onsultatif **I**nternationale **T**elegrafique et **T**elefonique) ist das Internationale Normengremium für das Fernmeldewesen.

CC-System = → *Koinzidenz-Prinzip.*

cd = Candela = 1 NK (neue Kerze, genormte Lichtstärke-Einheit).

CD → *Compact Disk.*

CDI (= **c**ollector **d**iffusion **i**solation) ist ein neuartiges Verfahren, das mit vergrabenen N^+-Schichten (→ *buried layer*) arbeitet und mit dem → *bipolare* und → *digitale* Funktionen auf einem → *Chip* erzeugt werden, noch dazu mit geringerem Aufwand und Raumbedarf gegenüber der bipolaren Technik. Dazu kommen geringe Speisespannung, hohe Geschwindigkeit, Vielseitigkeit und Zuverlässigkeit. Hier ist die Packungsdichte der → *MOS*-Schaltungen mit der Schnelligkeit der bipolaren vereinigt. Dabei wurde eine Spannungsfestigkeit von 8,5 V erzielt.

CdS Kurzzeichen für Cadmiumsulfid, ein → *Halbleiter*, der z. T. als → *Fotohalbleiter* Verwendung findet. CdS erfaßt den sichtbaren Teil des Lichts von grün (500 nm) bis dunkelrot (800 nm).

CdSe = Kadmiumselenid ist ebenfalls ein → *Fotohalbleiter.*

CDT (= **c**harge **t**ransfer **d**evice) Aus dem Amerikanischen stammender Oberbegriff für Ladungsverschiebeschaltungen, in denen wie bei einem → *Schieberegister* elektrische Ladungen von einem Speicherelement zum nächsten weitergeschoben werden. Im Gegensatz zu diesen sind CDTs leichter integrierbar und beanspruchen weniger Fläche. Auch eignen sie sich nicht nur zum Verzögern digitaler, sondern auch analoger Signale. Unterschieden wird zwischen mit MOS-Transistoren aufgebauten → *Eimerkettenschaltungen* (→ *BBD*) und mit MOS-Kondensatoren ausgeführten ladungsgekoppelten Schaltungen (→ *CCD*).

CECC (= → *CENELEC* **E**lectronic **C**omponents **C**ommittee) ist der CENELEC-Ausschuß für elektronische Bauelemente.

CENELEC (= **C**omité **E**uropéen de **N**ormalisation **El**ectrotechniques) = europäisches Komitee für elektrotechnische Normung.

Centronics-Schnittstelle Parallel-S., eingeführt von dem Druckerhersteller Centronics, jedoch keine offizielle Norm. Sie umfaßt sieben oder acht Leitungen für die Bits eines → *ASCII*-Zeichens und zwei weitere Leitungen.

Ceracap ist ein keramischer Kondensator mit spannungsabhängiger Kapazität, der → *Hysterese* zeigt. Die → *Hysteresisschleife* kann mit der von magnetischen Werkstoffen verwechselt werden. Geliefert werden Kapazitätswerte von 47 pF ... 22 nF für Scheitel-Wechselspannungen zwischen 4 V und 18 V.

CERDIP (= **cer**amic **d**ual-**i**n-line **p**ackage) bezeichnet ein keramisches IC-Gehäuse mit zwei Reihen von Anschlußstiften (→ *Dual-in-line*).

Cermet heißen **Ker**amik-**Met**all-Gemische. Man benutzt sie einerseits als Trägerplatten, z. B. für → *Dickschicht-Schaltungen*, andererseits als Widerstandsschicht, z. B. bei Trimmpotentiometern.

Chalkogenide [chalkos (griech.) = Kupfer] sind neue Glassorten, die nicht Silikate, sondern Metall-Sulfide, -Telluride oder -Selenide als Grundstoffe benutzen. Ihre Durchlässigkeit reicht viel weiter ins Infrarotgebiet (~ 25 µm) und kann durch Änderung der Beimischungen weitgehend beeinflußt werden. Man verwendet sie vorläufig in Fernsehkamera-Röhren. In Halbleiterschaltern nach Art der → *Thyristoren* sollen sie 100mal kürzere Schaltzeiten ermöglichen. Auch ihre Widerstandsfähigkeit gegen Röntgenstrahlen wird hervorgehoben.

Channel

1. Der bei einer Sperrschicht auftretende Nebenkanal, d. h. eine leitende Schicht, dargestellt durch eine → *Anreicherungsschicht* an der Halbleiter-Oberfläche.
2. Kanal eines → *Feldeffekt-Transistors*.

Channelstopper Amerikanische Bezeichnung für einen speziellen Silizium-PNP-Transistor, der bei ungünstigen Temperaturverhältnissen und bei höheren Spannungen verwendet wird.

Charactron ist eine Elektronenstrahlröhre, mit der annähernd eine Million Zeichen je Minute sichtbar gemacht werden können. Ein Elektronenstrahl wird durch zwei Ablenkplattenpaare auf ein Feld von z. B. 8 x 8 = 64 Schablonenöffnungen (Buchstaben, Zahlen, Zeichen) gelenkt und dahinter durch ein zweites Ablenksystem in Zeilenform o. ä. auf einem Leuchtschirm in wählbarer Größe sichtbar gemacht. Durch verschieden eingefärbte Schirmzonen können sogar verschiedene Texte unterschieden werden. Soll der Text festgehalten werden, benutzt man dazu die → *Xerografie*.

Charge storage diode = → *Snap-off-Diode*.

Chip aus dem Englischen übernommene Bezeichnung für Trägerplatte eines Halbleiterbauteils oder einer → *integrierten Schaltung*.

Chip-Transistoren → *flip-chip*.

Cholesterische Flüssig-Kristalle ändern die Farbe bei Temperaturänderung (→ *Flüssig-Kristalle*).

Chopper nennt man speziell für Meßzwecke entwickelte Präzisions- → *Zerhacker*. Mechanische Ausführungen laufen z. T. in einem → *Mu-Metall*-Gehäuse und in Schutzgas-Atmosphäre und haben einen Frequenzbereich von 20 ... 200 Hz. Eine elektronische Ausführung ist der → *Raysistor,* bei dem ein Fotowiderstand durch Wechsellicht beeinflußt wird, oder auch ein Elektromagnet, zwischen dessen Polen sich zwei vom Meßstrom durchflossene → *Feldplatten* befinden. Aber auch mit → *Sperrschicht-FET* baut man hochwertige Chopper.

Chopper-Stabilisierung Um der → *Drift* entgegenzuwirken, zweigt man am Verstärkereingang des → *Rechenverstärkers* eine Spannung ab, zerhackt, verstärkt und richtet sie wieder gleich und führt sie dem invertierenden (→ *Inverter*) Eingang wieder zu. Richtig dimensioniert kann so die Drift fast völlig ausgeglichen werden.

Chopper-Transistor Fotoelektrisch arbeitender → *Planar-Transistor* mit zwei Emittern. Er wird nicht elektrisch, sondern optisch an der Basis angesteuert. Dadurch ergibt sich eine elektrische Isolierung zwischen Steuer- und Signalstrecke.

Choppfrequenz Frequenz, mit der die einzelnen → *Y-Verstärker* bei einem → *Mehrfach-Oszilloskopen* in der → *Betriebsart* „gechopped" auf den Hauptverstärker geschaltet werden.

Chromdioxidband → *Tonbänder.*

Chrominanzsignal Andere Bezeichnung für das → *Farbartsignal,* das die Farbinformationen enthält. Mitunter ist auch die Kurzbezeichnung Chromasignal gebräuchlich.

Chrominanzverstärker → *Farbartsignalverstärker.*

CIM (= computer integrated manufacturing) = computergestützte Produktion. Sie schließt sämtliche Schritte von Konstruktion (→ *CAD, CAE*), Planung (CAP), Produktherstellung (CAM) bis zur Qualitätskontrolle (CAQ, CAT) ein und erfordert eine zentrale Datenbank. Dennoch kann CIM nicht als Komplettlösung realisiert werden, sondern erfordert den Aufbau in Einzelschritten.

Cinch-Buchse/-Stecker Einpolige konzentrische Steckverbindung für Hi-Fi-Anwendungen.

Cinch

Clamping → *Klammerschaltungen.*

Clock-Puls = Synchronisier-Impuls.

„closed-loop"-Betrieb geschlossene Schleife, Gegens.: → *open loop* liegt vor, wenn eine → *Prozeßsteuerung* von sich aus, auf Grund der vorliegenden Daten, Entscheidungen über den weiteren Verlauf der Bearbeitung trifft.

CLV → *Bildplatte.*

CMC 7 → *Schriften maschinenlesbare.*

CMOS IC-Technologie, bei der die Lastwiderstände der Einzeltransistoren durch den jeweils komplementären Transistor ersetzt werden. Vorteile der C.-Bauteile sind hohe Störunempfindlichkeit, geringer Leistungsbedarf und große Temperaturstabilität.

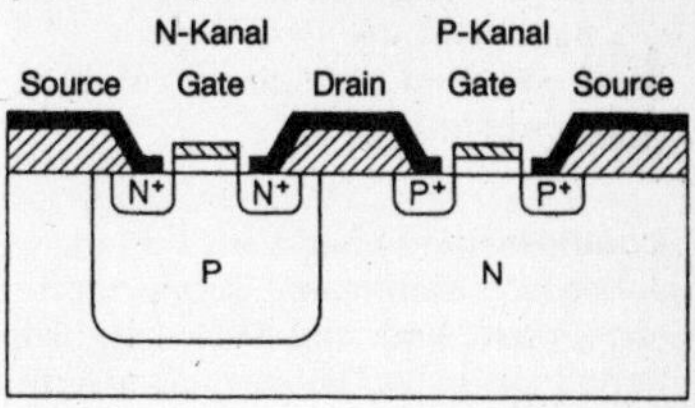

CMOS

CMRR (common-mode-rejection-ratio) → *Gleichtaktunterdrückung.*

CNC = computer numerical control = Rechnersteuerung bei Werkzeugmaschinen. Bei dieser rechnerintegrierten Steuerung sind die unveränderlichen NC-Funktionen fest verdrahtet, während alle veränderlichen Funktionen als Funktionsprogrammpakete dem umschreibbaren Kernspeicher des Rechners zugewiesen werden.

COBOL aus common business orientated language = allgemeine geschäftsorientierte Sprache: Programmiersprache für wirtschaftliche und geschäftliche Berechnungen. Sie wird durch einen → *Compiler* in die → *Maschinensprache* übersetzt.

Code ist ein vereinbarter Schlüssel für die Umsetzung einer in gegebener Form vorliegenden Nachricht in eine andere Form unter Erhaltung ihres Informationsgehalts, als auch vereinbarte Zeichenzusammenstellungen, mit denen man Nachrichten übermitteln oder in Rechenanlagen rechnen kann. Statt Punkt und Strich bzw. 0 und 1 verwenden Rechner L und H. Die bekanntesten Codes sind: → *Aiken-*, → *BCD-*, → *Binär-*, → *Biquinär-Code*, → *direkte Codierung*, → *Drei-Exzeß-*, → *EBCD-* → *Eins aus Zehn-*, → *Gray-*, → *Quibinär-*, → *Reflex-*, → *Stibitz-*, → *Zähl-Code* u. v. a.

Codec (= Coder/Decodierter) Wichtiges Bauteil in der Fernsprechtechnik, das Coder und Decodierer auf einem Chip enthält.

Codeleser erkennen Zeichen, die an äußerlich ähnlichen Gegenständen angebracht sind, und zählen und sortieren sie usw. Die vorbeigeführten Dinge werden beleuchtet, und → *Fototransistoren*, in einem Lesekopf angebracht, lösen die gewünschte Wirkung aus.

Coder Eine Einrichtung beim Sender, in der aus den drei Farbinformationen der → *Farbfernsehkamera* das → *FBAS-Signal* gebildet wird. In dieser Bezeichnung *FBAS* bedeutet F das → *Farbartsignal;* das → *BAS-Signal* entspricht dem beim Schwarzweißfernsehen. Die Ausgangsspannung des Coders enthält das Gesamtsignal einschl. des → *Leuchtdichtesignals* mit dem der Bildsender moduliert wird.

Codewort heißt eine Einheit im Code, also z. B. 6 → *bits* im → *6-bit-Code.*

Codierplätze wo maschinenlesbare Zeichen aufgebracht werden, sind bei → *Buchungs-* und Sortieranlagen (z. B. Postscheckdienst) erforderlich, um die Belege maschinengerecht zu machen.

Codierröhre Elektronenstrahlröhre zur hochfrequenten → *Codierung* breitbandiger Analogsignale. Die Beschleunigungsspannung wird hierbei durch das Analogsignal so beeinflußt, daß der Elektronenstrahl entsprechend angeordnete Code-Löcher überstreicht.

Codierschaltungen wandeln die Impulse einer Zähldekade in den gewählten → *Code* um und steuern (meist) eine mechanische oder Leucht- → *Ziffernanzeige.*

Codierscheibe Transparente Scheibe, bei der auf konzentrischen Kreisen entsprechend einem digitalen Code Dunkelmarken aufgebracht sind. Die gebräuchlichsten Codes sind der → *Gray-Code* und der → *Binärcode.*

Durch elektro-optische Abtastung (→ *abtasten*) werden die einzelnen Spuren in elektrische Signale umgewandelt.

Codierung Vorgang, bei dem eine Nachricht in einen → *Code* umgesetzt wird, um sie maschinenlesbar und verarbeitbar zu machen.

Colidar Abk. von Coherent light detection and ranging – Lichtradar zur genauen Entfernungsmessung (z. B. 10 km ± 5 m).

Color Graphics Adapter → *Farbgrafikkarte*.

Color Killer Aus dem Englischen kommende Bezeichnung für den → *Farbabschalter*, die man mit Farbtöter übersetzen kann.

Common-mode-rejection ratio (CMRR) → *Gleichtaktunterdrückung*.

Compact-Cassette (CC) Von Philips entwickeltes, leicht zu handhabendes Tonbandsystem, bei dem das Band in einer Cassette integriert ist. Die Spieldauer beträgt bis zu 60 min in jeder der beiden Laufrichtungen. Es gibt CC mit Eisen-, Chromdioxid-, Eisenchrom- und sogenannten Metallbändern. Mit den drei letztgenannten ist die → *Hi-Fi*-Norm leicht zu erreichen.

CC werden in zunehmendem Maße auch zur Datenspeicherung bei → *Homecomputern* eingesetzt.

Compact Disk Abk. CD, ist die Schallplatte der Zukunft, in Perfektion. Sie ist eine aus dem Kunststoff Polycarbonat (ähnlich Plexiglas) hergestellte Scheibe mit 12 cm Durchmesser, in die die Musikinformation gespeichert ist, jedoch nicht wie bei der konventionellen (schwarzen) Schallplatte in kontinuierlichen Rillenzügen, sondern in digitaler Form mit „Ja"- und „Nein"-Informationen, dem sog. Pulse Code.

Zur Herstellung wird mit einem Laserstrahl die Foto-Resist-Schicht einer Glasplatte in einer Spirale von innen nach außen belichtet. Entwickelt bleiben die unbelichteten Stellen stehen. Galvanisch wird dann eine Negativkopie erstellt und versilbert. Von Zwischenkopien werden die Preßmatrizen hergestellt, in einem Spritz-Preß-Verfahren dann die CD-Platten, die Informationsseiten verspiegelt und mit einer Schutzschicht versehen. Auf diese wird das Plattenlabel gedruckt.

Die Auslesung der Information erfolgt mittels Laserstrahl durch die unterhalb der Informationsebene liegende, etwa 1,2 mm dicke Transparentschicht hindurch. Stellen ohne Vertiefungen reflektieren den Laserstrahl voll, während Stellen mit Prägungen den Lichtstrahl durch Phasenauslöschung-Interferenz fast nicht reflektieren. Aus dieser Hell-/Dunkel-Information lassen sich die Ja-/Nein-Informationen wieder zurückgewinnen.

Die Platte läuft mit konstanter Rillengeschwindigkeit von entweder 1,2 m/s oder 1,4 m/s und deshalb mit variabler Drehzahl von 200 bis 500 U/min. Der Frequenzgang liegt zwischen 5 und 20000 Hz bei ± 0,5 dB. Der Signal-/Rausch-Abstand beträgt (theoretisch) 96 dB, die Kanaltrennung mind. 90 dB, die Verzerrungen weit unter 0,1 %, der Spurabstand ist 1,6 µm. Die maximale Spielzeit ist 74 min. Die Informationsdichte – für spätere Anwendungen in der Datenverarbeitungstechnik (Mikrocomputer) wichtig – beträgt 810 $KBit/mm^2$.

Compiler sind Programmübersetzer für → *problemorientierte Programmiersprachen* in die jeweilige → *Maschinensprache*.

Von einem → *Interpreter* unterscheidet sich der Compiler dadurch, daß der Übersetzungsvorgang vor dem Start des Programms einmalig und komplett stattfindet, so daß der Compiler selbst während des Programmlaufs nicht im Speicher zu stehen braucht.

Compliance Wertbegriff für die Nachgiebigkeit der Nadel bzw. für die Weichheit der Nadellagerung von Tonabnehmersystemen. Die optimale Auflagekraft wird von der C. beeinflußt.

Computer = Rechner, engl. Bezeichnung für → *EDV-Anlage.*

Computerdioden → *Schaltdioden.*

Controller Spezieller IC für Steuerungsaufgaben, in Computern etwa zum Steuern von Floppy Disks oder Festplatten. Man versteht unter C. aber auch die komplette Schaltung für solche Zwecke.

conversationale mode = → *Dialogbetrieb.*

COP (**C**ontrol **O**ptimization **P**rogramm) = Optimierungsprogramm.

Coplanox ist eine MOS-Technik mit Oxidisolation zwischen den Transistoren. Das ergibt eine viermal dichtere Packung und damit wesentliche Vorteile.

Coprozessor ist ein → *Prozessor*, der in einem Computersystem nicht die eigentliche → *Zentraleinheit* darstellt, sondern zur Erledigung bestimmter Teilaufgaben dient. Er befreit also die CPU von zeitintensiven Aufgaben und trägt wesentlich zur Geschwindigkeitserhöhung des gesamten Computersystems bei.

Cordwood-Technik (= Strippenwald, d. h. mit vielen Leitungen) war eine Vorläufertechnik der → *Dickschicht-*, → *Dünnschicht-* und → *integrierten Schaltungen.*

Corotron heißt eine gasgefüllte (Wasserstoff-)Glimmstabilisatorröhre, in der eine Corona-Entladung stattfindet. Sie ist zwischen 400 V und 3400 V verwendbar.

COS/MOS-Technik (= **co**mplementary-**s**ymmetry, deutsch: komplementärsymmetrische → *MOS*-Technik) ist eine Weiterbildung der MOS-Technik und bietet hohe Zuverlässigkeit bei sehr niederem Leistungsverbrauch, einfachem Systemaufbau und unkritischer Ansteuerung.

Coulombsches Gesetz Von Coulomb experimentell entdecktes Gesetz, das die Kraft angibt, die zwischen zwei punktförmigen Ladungen Q_1 und Q_2 im Abstand a ausgeübt wird. Für die Kraft gilt:

$$F = \frac{Q_1\,Q_2}{4\,\pi\,\varepsilon\,a^2}$$

ε = Dielektrizitätskonstante

covalente Bindung → *Valenzbindung* zwischen → *Atomen*, d. h. Bindung mittels der → *Valenz-Elektronen.*

CPC (= **c**omputer **p**rocess **c**ontrol) = → *Prozeßrechner.*

CP/M ist ein standardisiertes Betriebssystem für Mikrocomputer mit den CPU-Typen 8080, 8085 und Z80. D. h., alle Programme, die für CP/M-Computer angeboten werden, laufen prinzipiell auf allen Computertypen, die über das Betriebssystem CP/M verfügen. Dieses Hilfsprogramm paßt alle system-spezifischen Dinge einer einheitlichen Software - Schnittstelle an.

CPU (= **c**entral **p**rocessing **u**nit) = Zentrale Rechen- und Kontrolleinheit (→ *Zentraleinheit*).

Man versteht darunter auch einen → *Mikroprozessor*, das Herz eines → *Mikrocomputers*.

CRAM (= **c**ard **r**andom **a**ccess **m**emory) engl. Abk. für → *Magnetkarten-Speicher*.

CRC Abkürzung von „Cyclic Redundancy Check"; ist ein Mittel zur Fehlererkennung bei Datenaufzeichnungen.

CRLF Abkürzung von „Carriage Return/Line Feed"; also Wagenrücklauf/Zeilenvorschub.

Crowe-Zelle ist eine Ausführungsform des → *Cryotron*-Flipflops.

CRT (= **c**athode **r**ay-**t**ube) amerikanische Bezeichnung für Katodenstrahlröhre, die alle Bildröhrentypen, wie Fernsehbildröhren, Monitorröhren usw., einschließt.

Cryogene Supraleitfähige Teile (nahe dem absoluten Nullpunkt arbeitend).

Cryosar sind Tiefsttemperatur-Dioden, die erst bei einer bestimmten tiefen Temperatur *und* Feldstärke leitend werden (ähnlich dem → *Avalanche-Effekt*).

Cryosar-Elemente sind → *Cryotron-Flipflops*.

Cryosistor ist ein Halbleiter-Schaltelement, das bei 4,2 °K arbeitet.

Cryostaten sind Tiefsttemperaturgefäße für 1 K bis 4,2 K. Ein innerer Behälter ist mit flüssigem Helium gefüllt und völlig umgeben von einem zweiten mit flüssigem Stickstoff.

Cryotron heißen in der Nähe des absoluten Nullpunkts arbeitende supraleitende Schaltelemente, aus denen man Großspeicher aufbauen wollte. Wegen der Kosten wurden sie bislang nicht angewandt.

Cryotron-Flipflops und -Speicher benutzen die Supraleitfähigkeit von Niobium, Blei und Zinn in der Nähe des absoluten Nullpunkts (−264°...269 °C). Dabei wird jeweils ein Zweig durch ein Magnetfeld auf Normal-Leitfähigkeit umgeschaltet. Wegen des hohen Aufwands für die Kühlung sind sie selten.

CTD (= **ch**arge **t**ransfer **d**evice) Aus dem Amerikanischen stammender Oberbegriff für Ladungsverschiebeschaltungen, in denen wie bei einem → Schieberegister elektrische Ladungen von einem Speicherelement zum nächsten weitergeschoben werden. Im Gegensatz zu diesen sind CTDs leichter integrierbar und beanspruchen weniger Fläche. Auch eignen sie sich nicht nur zum Verzögern digitaler, sondern auch analoger Signale. Unterschieden wird zwischen mit MOS-Transistoren aufgebauten → Eimerkettenschaltungen (→ BBD) und mit MOS-Kondensatoren ausgeführten ladungsgekoppelten Schaltungen (→ CCD).

CTμL = **C**omplementär-**T**ransistor-**Mi**krologik.

Cube-Technik Ausführungsform des → *Unijunction-Transistors*.

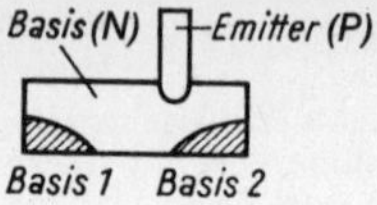

Cube-Technik: Aufbau eines Unijunktion-Transistors in Cube-Technik

Cue und Review Erlaubt bei Cassettenrecordern und Videorecordern ohne Betätigen der Stopptaste direkt den schnellen Vor- oder Rücklauf einzuschalten. Nach Loslassen einer dieser Tasten geht der Recorder auf Wiedergabe zurück.

Cuprit Cu_2O ist ein Halbleiter. Anwendung zur Gleichrichtung, hauptsächlich für Meßzwecke.

Curie-Temperatur Temperatur, bei der die Magnetisierung ferromagnetischer Werkstoffe verschwindet. Sie liegt bei Eisen etwa bei 780 °C und bei Nickel etwa bei 380 °C.

Curristor = → *Feldeffekt-Diode.*

Cursor ist eine Markierung der aktuellen Schreibposition auf Bildschirmen oder anderen Formen von Anzeigen. Diese Markierung kann z. B. eine blinkende oder stehende Unterstreichung oder ein blinkendes Quadrat sein, in dem das vorhandene Zeichen abwechselnd weiß auf schwarzem Grund und schwarz auf weißem Grund erscheint.

cut-off-Frequenz Anderer Ausdruck für → *Alpha-* bzw. → *Beta-Grenzfrequenz.*

cutt-off-Spannung heißt die Gitterspannung, bei der praktisch kein Anodenstrom mehr fließt.

CW-Laser bezeichnet einen → *Gaslaser* mit Dauerstrahl.

cyclical access = zyklischer Zugriff findet sich bei → *Magnetplatten-*, → *Magnettrommel-* und bei → *Laufzeit-Speichern.*

CZ-13-Schrift = → *OCR-A.*

Czochralski-Ziehverfahren ist das Verfahren zum Ziehen der → *Einkristalle.*

D

DAC eng. = **D**igital-**A**nalog-**C**onverter (→ *Digital-Analog-Umsetzer*).

Dachschräge Verzerrung eines Rechteckimpulses durch einen Anstieg oder Abfall des Impulsdaches. Sie wird als Verhältnis vom Dachabfall zur Rechteckhöhe angegeben (→ *Kenngrößen von Impulsen*).

Dämmen Isolieren gegen Schall.

Dämmerungsschalter enthalten einen → *Fotowiderstand*, → *Fotozelle* o. ä. und schalten bei Überschreiten einer bestimmten Lichtstärke aus, bei Unterschreiten ein. Sie werden gegen Ansprechen auf kurzzeitige Beleuchtungsänderungen durch Verzögerungsglieder geschützt. Sie werden mit → *Triacs* für direkten Netzanschluß geliefert.

Dämpfung Allgemeine Bezeichnung für die Abnahme der Amplitude einer physikalischen Wellengröße in Abhängigkeit von der Zeit, der Beschaffenheit eines sie übertragenden Mediums und/oder der Ausbreitung in diesem Medium.

Dämpfungsbelag α gibt an um wieviel die → *Effektivwerte* von Spannung und Strom einer fortschreitenden Welle je Längeneinheit einer Leitung abnehmen (→ *Fortpflanzungsmaß* γ).

Dämpfungsentzerrer Netzwerk zur Kompensation der → *linearen Verzerrungen* eines Übertragungswegs. Die → *Betriebsdämpfung* des Entzerrernetzwerks hat einen zum Übertragungsweg komplementären Dämpfungsverlauf, d. h. die Betriebsdämpfung wird mit wachsender Frequenz in dem gleichen Maße kleiner wie sie beim Übertragungsnetzwerk zunimmt.

Dämpfungsexponent δ Er gibt an, ob eine Schwingung auf- oder abklingend ist. Jede Schwingung (auch mechanische) läßt sich darstellen in der Form

$$x(t) = x_0 \cdot e^{\delta t} \cdot e^{j\omega t}$$

mit x_0 = Amplitude der Erregerschwingung, ω = Kreisfrequenz der Erregerschwingung. Die Schwingung ist abklingend für $\delta < 0$, aufklingend für $\delta > 0$ während $\delta = 0$ den aperiodischen Grenzfall darstellt.

Dämpfungsglieder Mittel zur Herabsetzung von bestimmten Spannungen, Strömen oder Leistungen auf Bruchteile ihres Wertes (bei beliebiger Frequenz). Ein einfaches Dämpfungsglied ist z. B. das Potentiometer. Wichtiger sind die → *Kettenleiter*, Zusammenschaltungen von Widerständen bestimmter Anordnungen.

Dämpfungskonstante α → *Dämpfungsbelag*.

Dämpfungsmaß a Maß für die Dämpfung der → *Effektivwerte* von Spannungen und Strömen am Ende einer Leitung. Es ergibt sich zu

$$a = \alpha \cdot 1$$

mit α = → *Dämpfungsbelag*.

Dämpfungsmaße → *Dezibel* (abgekürzt dB) und → *Neper* (abgekürzt N).

Dämpfungsschwankung Zugelassene, meist beabsichtigte Welligkeit einer

Filterkurve im Durchlaßbereich. Vor allem bei Filtern mit sehr großer Flankensteilheit.

Dämpfungsverhältnis Das Verhältnis von zwei um eine Periode auseinanderliegenden Amplitudenwerten.

Dämpfungsverzerrung Verzerrungen eines zusammengesetzten → *Signals*, die darin bestehen, daß am Ausgang eines Netzwerks nur Amplituden der einzelnen Frequenzkomponenten des Eingangssignals nicht um den gleichen Faktor vergrößert oder verkleinert werden.

Dämpfungswiderstand Ohmscher Widerstand, der eine gewollte Dämpfung einer Schwingung bewirkt (→ *Dämpfungsglied*).

Dämpfungswinkel → *Phasenmaß*.

DAMPS (= Data Acquisition Multiprogramming System) = praktisch gleichzeitige Bearbeitung mehrerer Programme mit sehr schneller Berücksichtigung von Interruptsignalen.

DAP (= **d**istributed **a**rray **p**rocessor) Ein Rechner, der anstelle einer einzigen CPU mehrere Prozessoren enthält, denen jeweils ein bestimmter Speicherbereich zugeordnet ist. Die dadurch mögliche Parallelverarbeitung bringt einen enormen Geschwindigkeitszuwachs. Zum Betrieb ist ein übergeordneter Host-Computer erforderlich. Deutsche Bezeichnung: Feld- oder Zellenrechner.

Darlington-Schaltung Kombination zweier oder dreier Transistoren derart, daß sich nur drei Anschlußpunkte ergeben, womit die Kombination insgesamt als einzelner Transistor wirkt. *Abb. 1* zeigt eine Verstärkerstufe mit einer aus zwei Transistoren gebildeten Darlington-Schaltung. In *Abb. 2* ist eine aus drei Transistoren bestehende Darlington-Schaltung veranschaulicht. Die Darlington-Schaltung hat einen sehr hohen Eingangswiderstand; die Stromverstärkung ist dabei annähernd gleich dem Produkt der Stromverstärkung der einzelnen Transistoren; und durch Wegfall der Kopplungselemente ergibt sich ein breiter Übertragungsbereich. Sie werden häufig in IC angewandt. Exemplarstreuungen der Transistoren sind auf ihr Verhalten nur von geringem Einfluß. Die in den *Abb. 1* und *2* dargestellten Schaltungen sind Emitter-Schaltungen. *Abb. 3* betrifft eine Darlington-Basis-Schaltung. Die Kollektoren sind immer miteinander verbunden. Es gibt auch fertige Darlington-Transistoren.

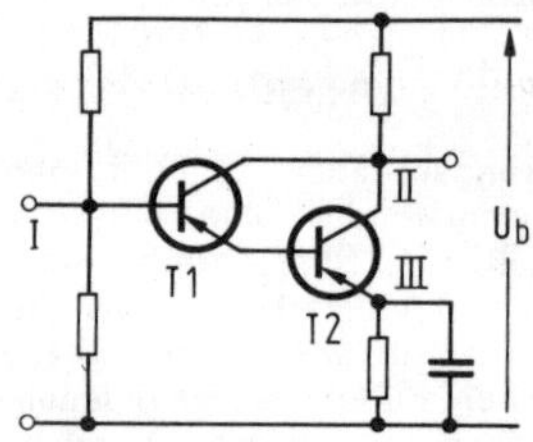

Abb. 1

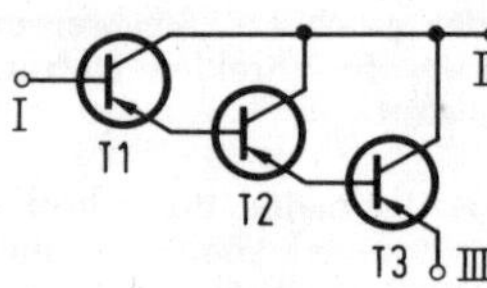

Abb. 2

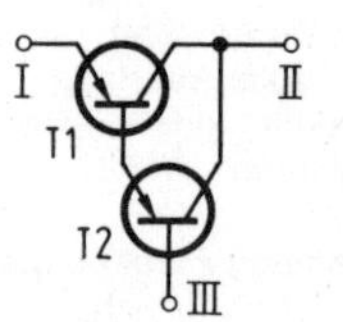

Abb. 3

Darlington-Transistor Transistor-Kombination mit zwei Transistor-Sy-

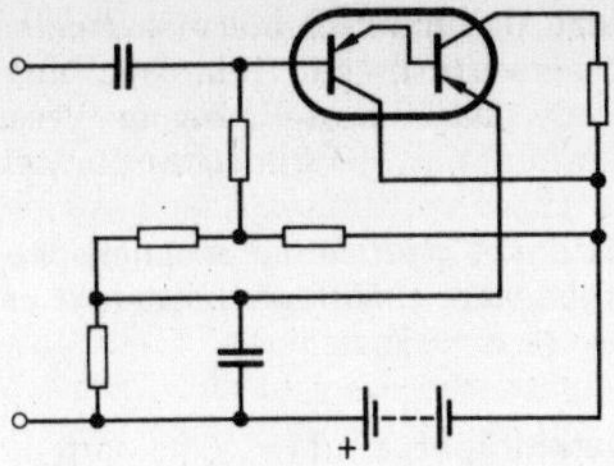

Darlington-Transistor: Verstärkerstufe mit Tandem-Transistor

stemen, wovon die Basis und der Kollektor des ersten Systems sowie der Emitter und der Kollektor des zweiten Systems mit Anschlüssen versehen sind und der Emitter des ersten mit der Basis des zweiten Systems verbunden ist. Er wird vielfach in NF-Verstärkerschaltungen eingesetzt.

Darlistor (Firmen-)Bezeichnung für einen Doppel- → *Thyristor* in einer → *Darlington-Schaltung*. Der erste ersetzt eine Triggerschaltung, der zweite schaltet die Last.

data flowchart engl. Bezeichnung für → *Datenflußplan*.

Data Logger Datenaufzeichnungsgerät zum Aufnehmen der Meßwerte von bis zu 1000 Sensoren in der digitalen Meßtechnik. Ein D. überwacht die Messungen, speichert sie ab, druckt sie aus oder liefert sie über eine Schnittstelle zur Wetierverarbeitung an einen Rechner.

DA-Technik Transistor-Herstellungstechnik, bei der in ein Basis-Plättchen die Basis-Dotierung eindiffundiert, dann von diesem Plättchen die eine Seite abgeätzt wird und schließlich auf die abgeätzte Seite der Kollektor sowie auf die andere Seite der Emitter anlegiert werden.

Dateien sind Datensammlungen (z. B. Personal- und Lohnliste, Lagerbestände usw.), die auf → *Magnetbändern*, → *Lochstreifen*, → *Lochkarten*, → *Magnetplatten* usw., evtl. auch Listen, vorhanden sind auch nach Bedarf herangezogen werden.

Datel (aus **da**ta **tel**ecommunication) = Fernmeldeverbindungen für Datenverarbeitung.

Daten [data (lat.) = Gegebene] sind Angaben → *Informationen*, z. B. Firma, Konto, Betrag oder nach DIN 44300: „durch Zeichen oder kontinuierliche Funktionen auf Grund bekannter oder unterstellter Abmachungen dargestellte Informationen." Daten im Sinne der EDV sind aber auch die Verarbeitungs- und Steuerbefehle, die angeben, was mit den eingegebenen Daten geschehen soll, und schließlich das Wichtigste: die Ergebnisse.

Daten-Ausgabe erfolgt meist durch → *Drucker*, über → *Lochkarten* oder andere → *Datenträger* oder auf → *Bildschirmen*, evtl. durch → *XY-Schreiber*.

Datenbus Sammelschiene, bei der (nach dem Multiplexverfahren) meist in beiden Richtungen eine Vielzahl von Informationen übertragen wird, z. B. zwischen → *Mikroprozessor* und

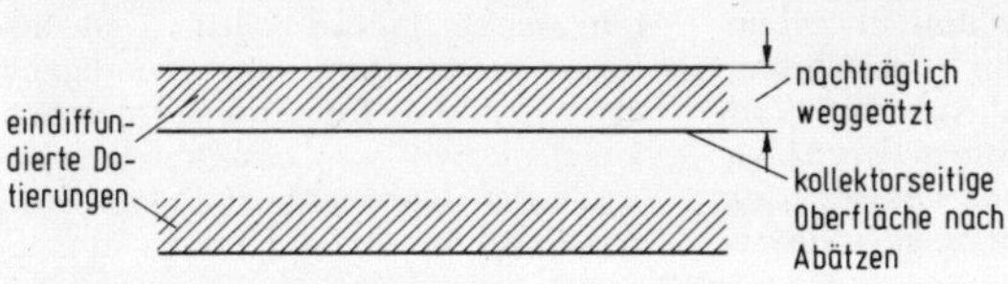

DA-Technik: Schnitt durch ein Plättchen, in das die Basis-Dotierung eindiffundiert ist

den Speicherbausteinen sowie den Ausgabe- und Eingabeeinheiten.

Daten-Eingabe erfolgt meist über → *Lochkarten*, → *Lochstreifen* oder Tastaturen, aber auch über → *Schriften* (maschinenlesbare) und fast stets unter Zwischenschaltung von → *Manget-band-Speichern*, bei → *Prozeßrechnern* und über → *Analog-Digital-Umsetzer*.

Daten-Erfassung → *Erfassungsgeräte*.

Daten-Fernübertragung liegt vor, wenn Ein- und Ausgabegeräte weiter als 50 m voneinander entfernt sind. Sie erfolgt vielfach über Telefon-, → *Telex-* oder → *Datex-Leitungen*, und zwar meist über → *Modems* mit 1200 → *Baud*.

Datenfiles (Anordnungen, Listen, Reihen) sind geordnete Daten, die z. B. auf → *Magnetband* festgehalten sind. In Frage kommen Personaldaten, Lohnlisten usw. Sie werden in der 4. → *Speicherebene* aufbewahrt.

Datenflußpläne werden vom → *Programmierer* aufgestellt und zeigen in Symbolen die bei der Verarbeitung zu verwendenden → *Datenträger*, die zu durchlaufenden Stationen und die jeweils vorzunehmenden → *Operationen*.

Datenlogger fragen eine Reihe von Meßstellen regelmäßig ab und leiten die Daten einem (Prozeß-)Rechner zu.

Datensichtgeräte (Bildschirme) ermöglichen einen direkten Verkehr zwischen Bediener und → *EDV-Anlage* und werden gewöhnlich zusammen mit einer Art Schreibmaschinen-Tastatur verwendet. Auf dem Bildschirm kann sowohl die eigene Eingabe als auch die Antwort des Rechners erscheinen. Sie eignen sich besonders für Bankschalter (Kontostand, Unterschrift), für Platzbuchungen (freie Plätze, Bestätigung der Reservierung) usw. (→ *Bildschirmgeräte*).

Datenspeicher sind → *magnetische*, → *Halbleiter-*, → *Hologramm-Speicher* u. dgl. (s. a. → *Speicher*).

Datenträger sind → *Lochkarten*, → *Lochstreifen*, → *Magnetbänder*, → *Magnetkarten* usw. Sie dienen zur Eingabe in die → *EDVA* und z. T. zur Ausgabe.

Datex ist das Datenübertragungsnetz der Deutschen Bundespost.

Dauerüberlastung → *Überlastbarkeit*.

dB Abk. für → *Dezibel*.

D-Beiwert → *Differenzierbeiwert*.

dBm, dBW sind logarithmische Leistungsmaße, die angeben, um wieviel → *Dezibel* eine Leistung über (+) oder unter (–) 1 mW bzw. 1 W liegt.

DBS = **D**irect **B**roadcasting **S**atellite → *Rundfunksatellit*.

dB-Technik → *Dotieren* der Transistor-Basiszone durch Eindiffundieren der Fremdatome.

DC Abk. für engl. **D**irect **C**urrent = → *Gleichstrom*.

DCR Abkürzung von „Digital Cassette Recorder". So ein Gerät ist speziell zur digitalen Aufzeichnung von Daten auf eine Audio- oder auch spezielle Datencassette. Dabei erzielt man eine höhere Aufzeichnungsgeschwindigkeit als mit einem für Audioaufnahmen konstruierten Cassettenrecorder. Auch die Bandgeschwindigkeit kann deutlich höher sein, so daß Datenra-

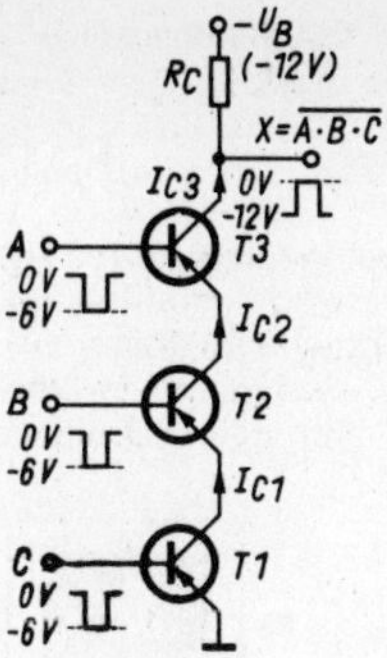

DCTL-Gatter

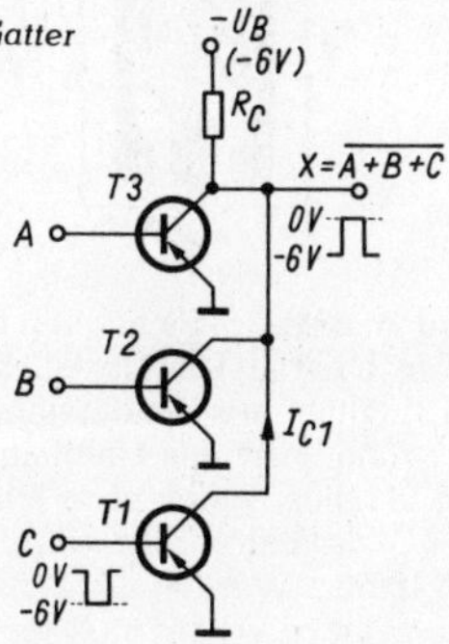

ten von 4800 Bd oder 9600 Bd erreicht werden können. Die mechanischen Funktionen eines DCR werden meist elektrisch ferngesteuert, so daß ein vom Computer gesteuerter, automatischer Betrieb möglich ist.

DCTL = **d**irekt (ohne Kondensatoren) ge**k**oppelte **T**ransistor-**L**ogik.

DCTL-Gatter (= **d**irect **c**oupled **t**ransistor **l**ogic) als → *NAND-* (unten) und → *NOR-Gatter* (oben) weisen große → *Eingangsfächerung* auf.

DDA = **D**igital-**D**ifferential-**A**nalysator ist als → *LSI*-Schaltung erhältlich, bedeutet aber auch Kombinationen von → *Digital-* und → *Analogrechnern* unter Zuhilfenahme moderner hochintegrierter Bausteine.

DDC-Technik (**d**irect **d**igital **c**ontrol) = direkter Anschluß von Meßwertaufnehmern und Stellgliedern an einen → *Prozeßrechner.*

DDV = **D**irekte **D**aten-**V**erarbeitung (insbesondere durch Buchungsmaschinen im Büro).

Debugging (= Entwanzung) ist der amerikanische Ausdruck für Ausmerzung der letzten Fehler aus dem fertig aufgestellten → *Programm.*

Decoder
1. Einrichtung bzw. Schaltung zur Entschlüsselung eines codierten Signals
2. → *Laufzeitdemodulator.*

Decodier-Matrix wandelt eine als *Codezahl* zur Verfügung stehende Impulsfolge in einen Dezimalwert um (und zeigt ihn in Ziffern an).

Deemphasis Frequenzabhängige Entzerrung der Amplitude des Ausgangssignals eines Netzwerks oder einer Leitung. Die Deemphasis ist notwendig, da die Frequenzen bei Ihrer Weiterleitung durch einen Übertragungskanal unterschiedlich gedämpft werden (→ *Dämpfungsverzerrungen*).

Defekt-Elektronen sind bewegliche Elektronen-Fehlstellen, d. h. fehlendes → *Valenz-Elektron* in einem Halbleitergitter. Die Ladung des Defekt-Elektrons ist der des Elektrons entgegengesetzt gleich. Seine Beweglichkeit ist im allgemeinen kleiner als die des freien Elektrons (Faktor z. B. bei

Ge etwa 0,5), da es sich im Gegensatz zu diesem innerhalb des Gitterverbandes bewegen muß. Das Defekt-Elektron wird vielfach als Loch bezeichnet. In diesem Sinne spricht man z. B. von → *Löcherleitfähigkeit* und → *Löcherbeweglichkeit.* Energiemäßig liegt das Defekt-Elektron im → *Valenzband.*

Defekt-Elektronen-Gas Gesamtheit der in einem Halbleiter enthaltenen freien → *Defekt-Elektronen.* Gegenstück zum → *Elektronengas.*

Defektleitung Von → *Defekt-Elektronen* besorgte Leitung des elektrischen Stromes. Anderer gleichwertiger Ausdruck für Mangelleitung oder P-Leitung oder Löcherleitung.

Defektstelle in einer Sperrschicht Fehler in einer → *Sperrschicht.* Die Defektstelle setzt die → *Durchbruchspannung* herab. Die Gesamtheit der Defektstellen einer Sperrschicht wirkt sich in dem Sperrschicht-Leckwiderstand aus. Dieser ist als der idealen Sperrschicht parallel liegend zu denken. Die Defektstellen verbreitern für die in Sperrichtung angelegte Spannung den Übergangsbereich zwischen Sperrbereich und Durchbruch.

Defibrillation = Beseitigung von Herzkammerflimmern durch Elektroschock.

Dehnmeßgeber → *Ohmsche Geber,* → *Dehnungsmeßstreifen.*

Dehnung Bei einem Oszilloskopen die Möglichkeit, einen beliebigen Bildausschnitt durch Erhöhen der Ablenk-Verstärkung vergrößert darzustellen.

Dehnungskoeffizient Koeffizient, der angibt, um das wievielfache die Zeitablenkung eines Oszilloskopen bei eingeschalteter → *Dehnung* vergrößert wird.

Dehnungsmeßstreifen DMS sind passive Meßgrößenaufnehmer, die auf zu untersuchende Materialstellen aufgeklebt werden, um dort etwa auftretende Dehnungen, Drehmomente usw.

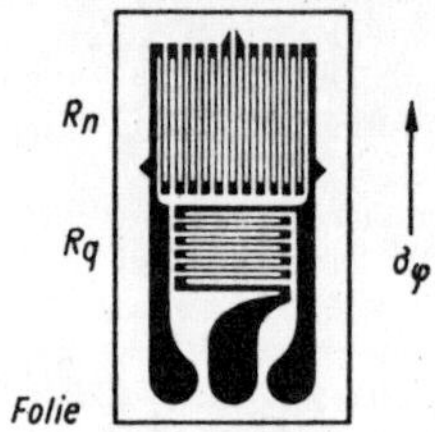

genau zu messen. Es handelt sich um mehrfach parallel geführte Leitungen, ursprünglich aus Widerstandsdraht oder -folie, jetzt aus Halbleiter-Stäbchen, da diese einen etwa 60mal höheren → *k-Faktor* gegenüber Metall-DMS haben. Werden die Leitungszüge gereckt, so erhöht sich ihr Widerstand entsprechend. Oft wird in → *Brückenschaltungen* und mit Kompensations-DMS gemessen, um Wärme- u. ä. Einflüsse auszuschalten. Übliche Nennwiderstände sind 120, 300, 350 und 600 Ω.

Dehnungswert bedeutet µm/m, also eine Dehnung von 10^{-6}.

Dekaden-Zählröhren zeigen in einem Kolben je nach Ansteuerung die Ziffern 0...9 an (→ *Ziffern-Anzeigeröhren*).

Delon-Schaltung → *Greinacher-Schaltung.*

Delta-Modulation Digitalisierungsverfahren, insbesondere für Sprachsignale.

Demodulator Schaltung, mit der man aus einer modulierten Schwingung die modulierende Signalschwingung (Nutzsignal) wiedergewinnt.

Für die Bildfrequenzen im Fernsehen arbeitet der Demodulator in gleicher Weise wie beim amplitudenmodulierten Rundfunk im Mittelwellenbereich. Am Arbeitswiderstand des Demodulators, der auch Video-Detektor genannt wird, entsteht eine pulsierende Gleichspannung, die dem Video-Verstärker zugeführt wird.

Für die Demodulation der Tonfrequenzen, die frequenzmoduliert sind, wird in den meisten Geräten der → *Ratio-Detektor* benutzt, der von den UKW-Rundfunkempfängern bekannt ist.

De Morgan'sche Theoreme heißen die von De Morgan (1806 – 1871) aufgestellte Regeln für → *Inversionen* mehrgliedriger Schaltungsaufgaben, z. B. $\overline{a \cdot b} = \overline{a} \vee \overline{b}$.

denär = auf der Zahl 10 beruhend, im Zehnersystem.

Depletion-Typ engl. Bezeichnung für den → *Drossel-Typ*.

Descrambler → *Scrambler*.

Design = Entwurf.

Desktop Publishing Erstellen von Druckvorlagen mit Hilfe von → *Personal Computern* unter Verwendung von Textverarbeitungsprogrammen und spezieller D. Software. Erfolgt die Wiedergabe über einen → *Laserdrucker*, ist die Druckqualität mit herkömmlichen Herstellungsverfahren vergleichbar.

Destriau-Effekt → *Elektrolumineszenz* (1936 von D. entdeckt).

Device

1. Engl. für Gerät.
2. Bei Betriebssystemen die Schnittstellen, an die bestimmte Geräte angeschlossen sein können.

Dezibel dB ist der zehnte Teil eines Bel und keine Maßeinheit wie etwa das Meter oder das Gramm. Es läßt lediglich das Verhältnis zweier gemessener Werte zueinander erkennen (Spannungen, Ströme oder Leistungen). Zum Beispiel wird am Ausgang eines Spannungsverstärkers eine bestimmte Spannung gemessen; am Eingang wird eine andere niedrigere Spannung ermittelt. Das Verhältnis der Eingangsspannung zur Ausgangsspannung beträgt vielleicht 1 zu 1000, entsprechend einer Verstärkung um das Tausendfache. – Das Dezibel gibt dieses Verhältnis nicht im natürlichen Zahlensystem, sondern logarithmisch an (Logarithmus des Spannungsverhältnisses).

Mit den Dezibel-Angaben werden nicht nur die Verstärkungsverhältnisse, seien sie bezogen auf Spannungen, Stromstärken oder Leistungen, gekennzeichnet, sondern auch Dämpfungen („negative" Verstärkungen).

Die Dezibel-**Tabelle** gibt eine Übersicht. Einige Beispiele dazu: Beträgt die Spannungsverstärkung 20 Dezibel, so ist damit gemeint, daß sich die Eingangsspannung zur Ausgangsspannung verhält wie 1 zu 10, bei 40 dB wie 1 zu 100, bei 60 dB wie 1 zu 1000, bei 80 dB wie 1 zu 10000.

Das Neper (abgekürzt Np) ist wie das Dezibel ein Verhältnismaß für Dämpfung und Verstärkung. Es gibt die Werte ebenfalls logarithmisch an, mit dem Unterschied, daß die Basis in den Potenz-Gleichungen nicht 10 ist, sondern die Zahl e = 2,718282... (z. B.

Relativmaße in Dezibel (dB) und Neper (Np)

Spannungsverhältnis 1 :	Leistungsverhältnis 1 :	dB	N_p	Spannungsverhältnis 1 :	Leistungsverhältnis 1 :	dB	N_p
1,00	1,00	0,0	0,0	3,55	12,59	11,0	1,27
1,01	1,02	0,1	0,01	4,00	16,00	12,0	1,38
1,02	1,05	0,2	0,02	4,47	19,95	13,0	1,50
1,04	1,07	0,3	0,04	5,01	25,11	14,0	1,61
1,05	1,10	0,4	0,05	5,62	31,62	15,0	1,73
1,06	1,12	0,5	0,06	6,31	39,81	16,0	1,84
1,07	1,15	0,6	0,07	7,08	50,12	17,0	1,96
1,08	1,18	0,7	0,08	7,94	63,10	18,0	2,07
1,10	1,20	0,8	0,09	8,91	79,43	19,0	2,19
1,11	1,23	0,9	0,10	10,00	100,00	20,0	2,30
1,12	1,26	1,0	0,12	17,78	316,2	25,0	2,88
1,19	1,41	1,5	0,17	31,62	1000,0	30,0	3,45
1,26	1,59	2,0	0,23	56,23	$3{,}162 \cdot 10^3$	35,0	4,03
1,33	1,78	2,5	0,29	100,00	10^4	40,0	4,61
1,41	2,00	3,0	0,35	177,83	$3{,}162 \cdot 10^4$	45,0	5,18
1,50	2,24	3,5	0,40	316,23	10^5	50,0	5,76
1,59	2,51	4,0	0,46	562,34	$3{,}162 \cdot 10^5$	55,0	6,33
1,68	2,82	4,5	0,52	1 000,0	10^6	60,0	6,91
1,78	3,16	5,0	0,58	1 778,3	$3{,}162 \cdot 10^6$	65,0	7,48
1,88	3,55	5,5	0,63	3 162,3	10^7	70,0	8,06
2,00	4,00	6,0	0,69	5 623,4	$3{,}162 \cdot 10^7$	75,0	8,64
2,11	4,47	6,5	0,75	10 000	10^8	80,0	9,21
2,24	5,01	7,0	0,81	17 783	$3{,}162 \cdot 10^8$	85,0	9,79
2,37	5,62	7,5	0,86	31 623	10^9	90,0	10,36
2,51	6,31	8,0	0,92	56 234	$3{,}162 \cdot 10^9$	95,0	10,94
2,66	7,08	8,5	0,98	10^5	10^{10}	100,0	11,51
2,82	7,94	9,0	1,04	$3{,}162 \cdot 10^5$	10^{11}	110,0	12,66
2,99	8,91	9,5	1,09	10^6	10^{12}	120,0	13,82
3,16	10,00	10,0	1,15	$3{,}162 \cdot 10^6$	10^{13}	130,0	14,97

2,718282^x = 10 und x = 2,3026).

Zwischen Dezibel und Neper gelten die Beziehungen:

1 Np = 8,686 dB = 0,8686 Bel
1 dB = 0,1 Bel = 0,1151 Np

Das Neper wird in Deutschland in der Fernsprechtechnik allgemein angewendet, während es in der übrigen Elektroakustik durch das Dezibel verdrängt wurde.

Dezimalrechenwerke rechnen auch mit binär codierten Dezimalsystemen, meist mit den 8421- oder dem BCD-Code (→ *Binär-Code*).

Dezimalsystem Das im Zivilleben gebräuchliche Dezimalsystem beruht, uns meist unbewußt, auf Potenzen von 10 (lat. decem). Die einzelnen Stellen bedeuten:
$x \cdot 10^3 + y \cdot 10^2 + z \cdot 10^1 + a \cdot 10^0 + b \cdot 10^{-1} + c \cdot 10^{-2}$ usw. Z. B. für x = 3, y = 2, z = 4, a = 7, b = 5, c = 9 ergibt sich die Zahl 3247,59. Beim → *Dualsystem*, das die Grundlage aller in Rechenanlagen benutzten → *Codes* bildet, sind es Potenzen von 2, wodurch größere Zahlen leider sehr lang werden.

Dezimeter-Relaisstrecke Zum Verbinden der einzelnen Fernsehsender untereinander werden → *Richtfunk-Verbindungen* benutzt. Ihre Wellenlänge beträgt einige Dezimeter.

D-Flip-Flop Das D steht hier für Delay = Verzögerung, daher eine Anordnung, deren Ausgangsimpuls durch einen früher erfolgten Eingangsimpuls ausgelöst wird. Mit anderen Worten, der Ausgangsimpuls ist immer um einen Impuls gegenüber dem Eingang zurück.

DFÜ Abkürzung für → **D**a*ten***f**ern**ü**ber*tragung*.

D-Glied Übertragungsglied mit differenzierendem Verhalten (→ *D-Verhalten*), dessen → *Ausgangsgröße* X_a (t) proportional der nach der Zeit differenzierten → *Eingangsgröße* X_e *(t)* ist. Die Gleichung des D-Gliedes lautet:

$$X_a\,(t) = K_D \frac{dX_e\,(t)}{dt}$$

K_D ist die Kenngröße des D-Glieds und heißt → *Differenzierbeiwert*.

Blocksymbol (a) und Sprungantwort (b) des D-Glieds

Diac oder Zweiweg-Schaltdiode ist zwar aus fünf Schichten aufgebaut (NPNPN), wirkt aber wie zwei antiparallel zusammengeschaltete Dioden, d. h. der Diac zündet in jeder Richtung, sobald die Zündspannung erreicht ist. Er dient vorwiegend zur Zündung von → *Zweiweg-Thyristoren*.

Eine vereinfachte Ausführung besitzt nur drei Schichten (die beiden äußeren N-Schichten fehlen), aber auch hier sperrt immer eine der bei-

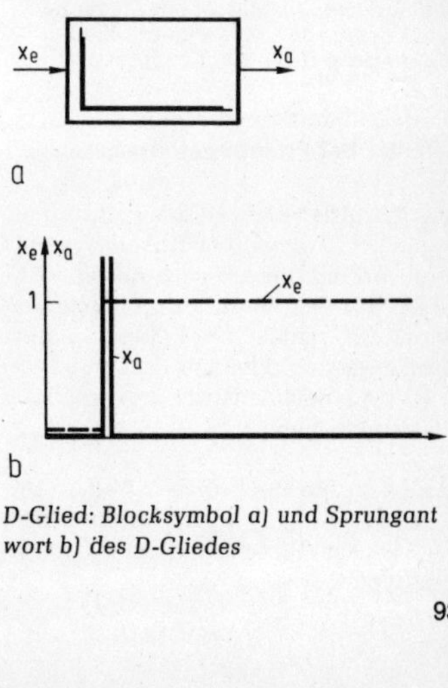

D-Glied: Blocksymbol a) und Sprungant wort b) des D-Gliedes

den Sperrschichten, bis die Durchbruchspannung erreicht ist. Das Schaltzeichen ist für beide gleich.

Eine andere Bezeichnung ist Trigger-Diode.

Diagnosen Auf Grund eingegebener Krankheitssymptome und Untersuchungsbefunde werden diese in steigendem Maße durch → *EDVA* ausgegeben.

Diagnose-Programme dienen zur Auffindung von Fehlern in → *EDVA*.

Dialoggeräte: Sichtgerät mit Steuerlogik und Tastatur für alphanumerische Fernübertragung (Data 100 Corporation)

Diagnostikmeldungen gibt der → *Assembler* bei Programmfehlern aus.

Dialogbetrieb Hier ist der Teilnehmer eines → *Teilnehmer-Rechensystems* dauernd mit diesem verbunden, während das → *Programm* eingegeben wird. Er erhält bei Fehlern sofort Rückmeldung oder auf Fragen an die → *EDVA* sofort Antwort, z. B. auch für Platzbuchungen u. ä.

Dialoggeräte sind in erster Linie → *Datensichtgeräte*, → *Fernschreiber* und Bedienungs-Blattschreiber.

dice heißen im Englischen die einzelnen Halbleiterelemente, die zusammen auf einem Halbleiterplättchen (→ *wafer*) erzeugt und nachher auseinandergeschnitten werden.

Dichroitischer Spiegel In der → *Farbfernsehkamera* muß das einfallende Licht auf die drei Aufnahmeröhren verteilt werden, die dann die elektrischen Signale für den roten, grünen und blauen Farbauszug liefern. Ein dichroitischer Spiegel reflektiert einen bestimmten Teil des Farbspektrums und läßt den anderen ungehindert durch. Mit Hilfe zweier solcher Spiegel verteilt man das Licht auf die drei Aufnahmeröhren.

Dickenmessung, elektronische erfolgt je nach Material mit Ultraschall, mit Hoch- oder Niederfrequenz, mit γ-Strahlen oder Radioisotopen. In jedem Falle wird die Zeit gemessen bis zum Eintreffen der Reflexion.

Dickfilm-Schaltung → *Dickschicht-Schaltung.*

Dickschicht-Schaltungen sind eine Weiterentwicklung und Verkleinerung der → *Leiterplatten*. Sie ergeben eine erheblich größere Packungsdichte und werden auf → *Cermets* meist im Siebdruck hergestellt. Man erzeugt Widerstände, Kondensatoren und Leiterbahnen auf der gleichen Grundplatte und meist in einem Arbeitsgang. Man verwendet z. B. eine Platin-Gold-Mischung, oder auch Palladium-Silber-Mischung, vermischt mit der Siebdruckpaste, die dazu noch eine Glasfritte enthält. Beim Einbrennen verdampft die Paste, die Fritte aber ergibt eine glasartige Schicht. Der besondere Vorteil ist, daß die Werte vor dem Einbrennen noch genau abgeglichen werden können. Außerdem sind die Schaltungen viel höher belastbar als → *integrierte Schaltungen*, eignen sich daher für Leistungsstufen, die vielfach auch mit integrierten Schaltungen kombiniert werden. Z. B. konnte ein kompletter Satelliten-Bordrechner auf 29 x 17 x 3,25 mm untergebracht werden (Bild → *Hybrid-Technik*).

Dickschicht-Widerstände finden da Verwendung, wo raumsparend große

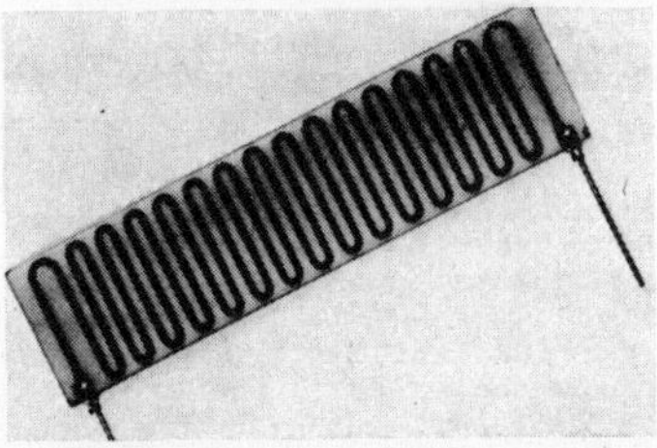

Leistungen untergebracht werden müssen. Der abgebildete hat 120 MΩ und ist für 30 kV Spannung ausgelegt. Er mißt 70 mm x 18 mm.

Diebstahlsicherungen für Kraftfahrzeuge (meist Alarm) versieht man meist mit Verzögerung, damit der Berechtigte Zeit hat, sie auszuschalten.

Dielektrikum Ein sich zwischen den → *Elektroden* eines Kondensators befindender isolierender Stoff, der fest, flüssig oder gasförmig sein kann, und in dem ein elektrisches Feld ohne Ladungszufuhr erhalten bleibt. Substanzen die diese Eigenschaft besitzen nennt man dielektrisch. Die Hauptanforderungen an ein technisches Dielektrikum sind niedrige Verluste, hohe Betriebsfeldstärke, hohe Dielektrizitätszahl, hoher Isolationswiderstand und ein möglichst großer Betriebstemperaturbereich.

Dielektrischer Resonator Resonator für Mikrowellen, dessen Hohlraum mit einem Dielektrikum ausgefüllt ist. Dadurch wird er zu einem massiven Block aus Kunststoff oder Keramik, der von außen metallisiert ist. D. R. sind preiswerter und leichter herzustellen als herkömmliche Resonatoren für → *Mikrowellen*.

Dielektrizitätskonstante, absolute Verhältnis zwischen elektrischer Verschiebung (→ *Verschiebung, elektrische*) und elektrischer Feldstärke.

Dielektrizitätskonstante, relative Dimensionsloser, materialabhängiger Faktor, nachdem sich in Anwendung eines Materials die Kapazität eines Kondensators ändert, wenn man es zwischen die Kondensatorplatten bringt.

Dielektron → *Feldeffekt-Transistor*, bei dem das steuernde elektrische Feld durch eine dielektrische Schicht hindurchwirkt. Beispiel: → *Metall-Oxyd-Silizium-Transistor*.

Dienstprogramme dienen dazu, innerhalb der → *EDVA* Programme von einem → *Datenträger* auf einen anderen zu übertragen.

Differntialdrosseln sind zum Messen von Verschiebungen, Erschütterungen u. ä. Innerhalb von zwei Windungshälften kann sich der mit dem Meßobjekt verbundene Kern hin- und herbewegen. In einer Brückenschaltung können die durch die Bewegungen hervorgerufenen Induktivitätsänderungen gemessen werden.

Differentialspulengeber → *induktive Geber*.

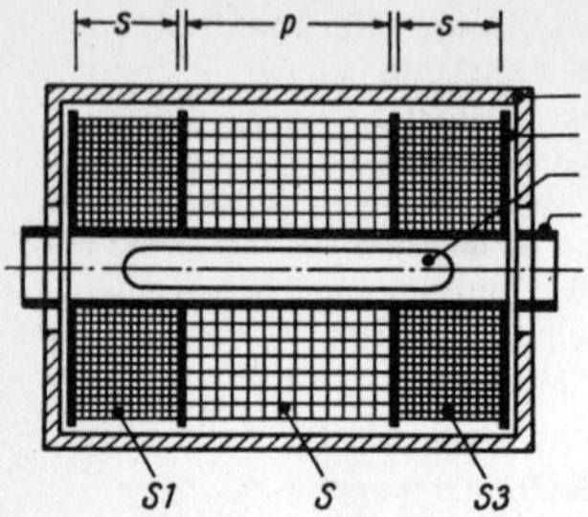

Differential-Transformatoren

Differential-Transformatoren wandeln mechanische Größen in elektrische um. Innerhalb von 3 Wicklungen ist die mittlere als Primärwicklung an die Trägerfrequenz angeschlossen, die beiden äußeren an eine Brücken-Meßschaltung. Die umzusetzende Bewegung (Vibration) wird dem beweglichen Kern aufgedrückt und induziert entsprechende Spannungen in Außenwicklungen und Brücke, die dort gemessen werden.

Differentialtransformatorgeber → *induktive Geber.*

differentieller Leitwert Kehrwert des → *differentiellen Widerstandes.*

differentieller Widerstand Widerstand, der für sehr kleine Wechselspannungen bzw. Wechselströme in Betracht kommt. Dieser Widerstand ist im → *Strom-Spannungs-Kennlinienbild* mit der Neigung der im Arbeitspunkt an die Kennlinie angelegten Tangente gegeben *(Abb.)*. Ein Sonderfall des differentiellen Widerstandes ist der → *Nullpunktwiderstand* der Diode.

Differenzierbeiwert K_D → *Kenngröße* des → *D-Verhaltens* eines → *D-Glieds.*

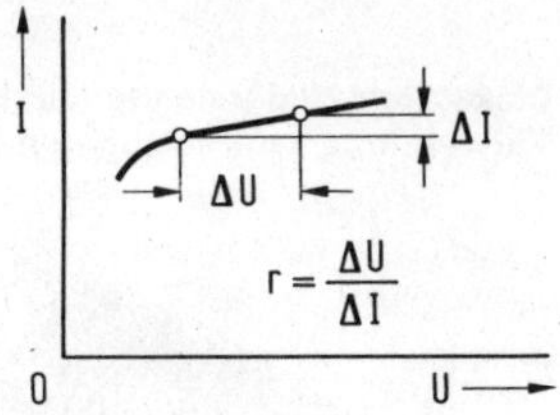

differentieller Widerstand: Innerhalb eines praktisch geraden Kennlinienstückes kann der Wert des differentiellen Widerstandes aus dem Kennlinienverlauf entnommen werden: an einer gekrümmten Stelle der Kennlinie nimmt man eine Tangente an die Kennlinie zu Hilfe

Er ist der Quotient aus der → *Ausgangsgröße* x_a *(t)* eines D-Gliedes und der zeitlichen Ableitung der → *Eingangsgröße* x_e *(t)*.

$$K_D = \frac{x_a\,(t)}{\frac{dx_e\,(t)}{dt}}$$

differenzieren (Differentiation) nennt man die Umformung von Rechteck-

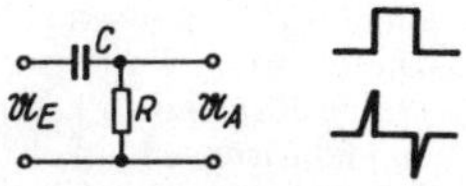

o. ä. Impulsen in kurze Impulsspitzen (Nadelimpulse) durch einen → *Hochpaß* (RC-Schaltung).

Differenzierendes Glied → *D-Glied.*

Differenzimpulsverfahren Das D. eignet sich besonders für einfachere Sen-

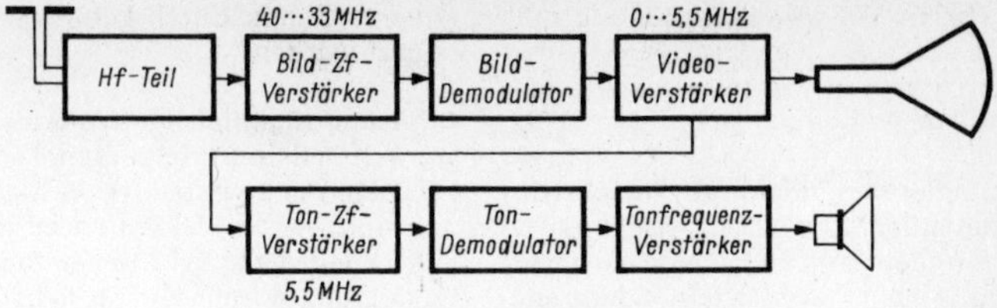

Differenzträger-Verfahren: Blockschaltung

soraufbauten bei der Messung von Feuchten. Es arbeitet mit zwei Multivibratoren, deren Periodendauern miteinander verglichen werden. Die Frequenz des einen Multivibrators ist vorgegeben, die des zweiten wird vom Meßobjekt bestimmt. Aus der Differenz läßt sich bei stabilisierter Speisespannung, gleichen Multivibratoren und gleichen Temperaturkoeffizienten der frequenzbestimmenden Kondensatoren ein temperaturabhängiger → *Feuchtesensor* aufbauen.

Differenzträger-Verfahren Der Fernsehkanal enthält den → *Bildträger* mit seiner (Einseitenband-) Amplitudenmodulation und den → *Tonträger* mit seiner (Zweiseitenband-) Frequenzmodulation. Um die Modulationen dieser beiden Träger den zugehörigen Empfängerteilen, dem Bildteil und dem Tonteil, zuzuführen, wird das allgemein übliche Differenzträger-Verfahren angewandt. Hier durchlaufen die Bild- und Tonfrequenzen gemeinsam den Bild-Zwischenfrequenzverstärker (der Tonträger wird hierbei auf etwa 5 % der Bildträger-Amplitude abgeschwächt, um Bildstörungen zu vermeiden). Am Video-Detektor entsteht nicht nur das demodulierte → *BAS-Signal*, sondern auch durch additive Mischung eine Differenzfrequenz. Und zwar haben nach der CCIR-Norm Bild- und Tonträger stets einen Abstand von 5,5 MHz aufzuweisen.

Dieser neue Träger durchläuft nun die vom UKW-Empfänger bekannten Stufen bis zum Lautsprecher: → *ZF-Verstärker* (hier oft DF-Verstärker genannt), → *Demodulator*, → *NF-Verstärker*.

Differenzverstärker sind hochwertige → *Gegentaktverstärker*, die in erster Linie dort eingesetzt werden, wo nur die interessierende Meßspannung, nicht aber die daneben vorhandene Grundspannung verstärkt werden soll, z. B. bei → *Enzephalogrammen (EEG)*, d. h. Aufzeichnung der Hirnströme, Elektrokardiogrammen (EKG),

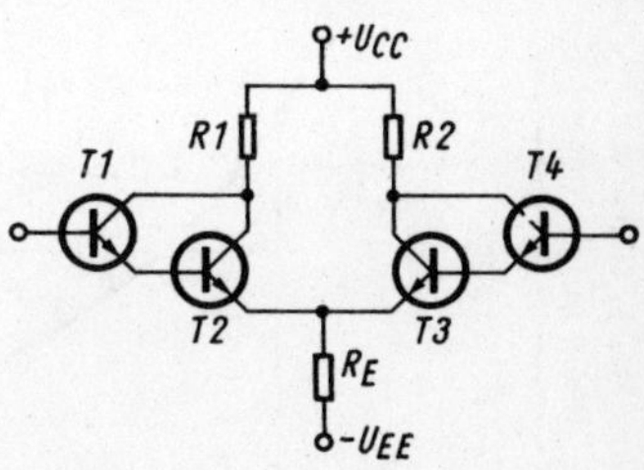

Aktionsströme des Herzens. Sie werden ferner für Druck-, Temperatur-, Weg-, Beschleunigungs-, Kraft–, Vibrations- usw. Messungen eingesetzt, aber auch als Subtrahierer in → *Analogrechnern* und zu vielen anderen

Zwecken. Teilweise werden sie mit Hilfe von → *Rechenverstärkern* aufgebaut, ferner häufig in → *integrierten Schaltungen* benutzt.

Diffundieren (Diffusion), soviel wie „ineinander übergehen lassen" (sich vermischen lassen). Vergleichsweise: wenn sich in zwei aneinandergrenzenden Raumteilen zwei verschiedene Gase befinden und eine sie vorher trennende Wand entfernt wird, dann gehen beide Gase ineinander über, sie diffundieren. In der Halbleitertechnik versteht man unter diesem Begriff ein Verfahren, wobei unter Anwendung von Wärme ein Ausgangsmaterial mit Spuren eines anderen, dampfförmigen Material absichtlich verunreinigt wird. Dabei werden winzige Spuren des Fremdmaterials dem Ausgangsmaterial zugesetzt. (Eindringen von Fremdatomen in den – ursprünglich reinen – Halbleiterkristall). Diffundieren ist bei Halbleitermaterialien ein schwieriges Verfahren. So werden z. B. sehr hohe Temperaturen, ~ 1000 °C, benötigt, um Phosphor in einen Siliziumkristall zu diffundieren.

Mit Hilfe von (meist Oxid-) Masken erreicht man, daß gezielt nur ganz bestimmte Zonen durch Diffusion verändert werden.

Diffusion, allgemein Ortsveränderungen von Teilchen infolge eines Dichtegefälles, und zwar bei freien Elektronen und Defekt-Elektronen im Halbleiter ebenso wie bei Atomen mit Unterstützung durch die wärmebedingten Schwirrbewegungen der Atome.

Diffusionskonstante oder Diffusionskoeffizient, Diffusionsbeiwert, ist das Verhältnis der → *Diffusions-Strömungsdichte* zum Konzentrationsgefälle der diffundierenden Teilchen.

Dimension $\frac{\mathrm{cm}^2}{\mathrm{s}}$.

Diffusionslänge Mittlere Reichweite der durch → *Diffusion* bewegten → *Ladungsträger*. Das ist die mittlere Wegstrecke, die die Ladungsträger beim Diffundieren zwischen Paarerzeugung und Rekombination zurücklegen, also: Abstand, innerhalb dessen eine örtlich erzeugte Ladungsträgerdichte auf den e-ten Teil abgeklungen ist *(Abb. 1)*. Die *Abb. 2* und *3* veranschaulichen die Fälle großer und äußerst kleiner Diffusionslänge. Bei sehr

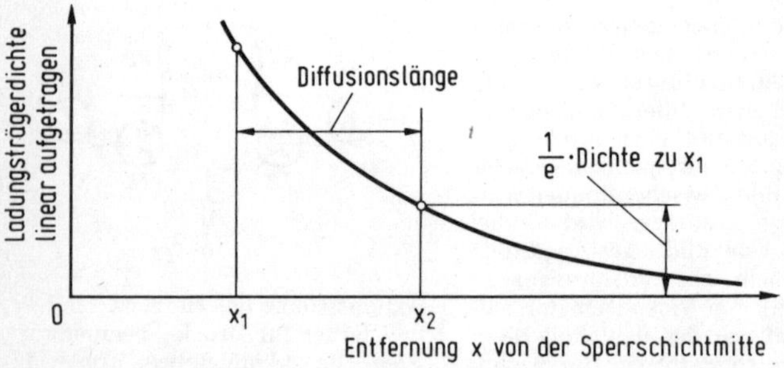

Diffusionslänge: 1) Die Kennlinie zeigt den Zusammenhang zwischen der Dichte der beweglichen Ladungsträger und der in Diffusionsrichtung gemessenen Entfernung (beides in linearen Maßstäben)

2) In diesem Fall sind die Diffusionslängen sehr groß

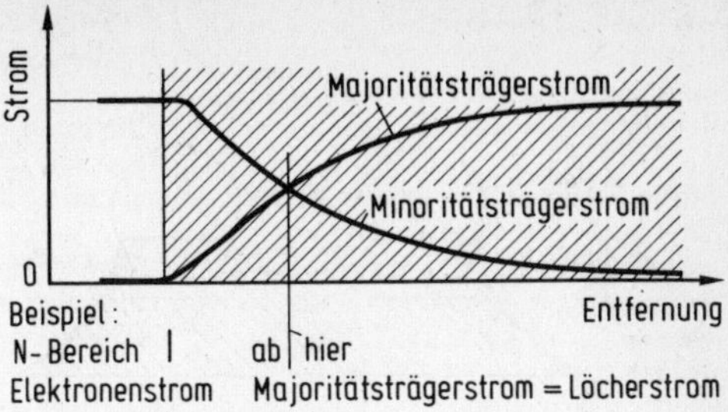

3) Hier handelt es sich um extrem geringe Diffusionslängen

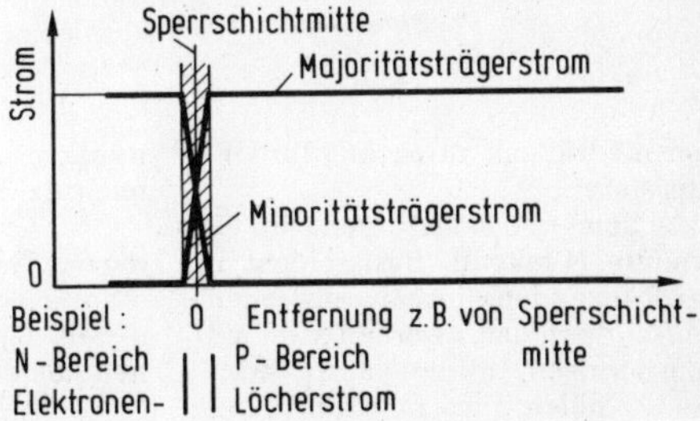

kleiner Diffusionslänge wirkt die Anordnung wie ein ohmscher Widerstand (ohmscher Kontakt).

Diffusionslegierter Transistor (AD-Transistor) Transistor, der durch einen kombinierten Vorgang von Legieren und Diffundieren hergestellt wird (→ *POB-Verfahren*).

Diffusionsschicht

1. Schicht, die eindiffundierte → *Fremdatome* enthält.
2. Schicht, in der die Diffusion der beweglichen → *Ladungsträger* eine Rolle spielt.

Diffusionsspannung Charakteristische Größe eines → *PN-Überganges.* Die Diffusionsspannung U_D verhindert im thermodynamischen Gleichgewicht einen Stromfluß über einen PN-Übergang.

Diffusionsströmungsdichte Diffusionsstrom, bezogen auf die Einheit der Querschnittsfläche, durch die die → *Diffusion* erfolgt.

Diffusionstechnik Herstellungsverfahren für → *Halbleiter-Bauelemente* mit dem Erzeugen von Dotierungen durch → *Eindiffusion* oder → *Ausdiffusion.*

Diffusionstiefe Abstand der Diffusionsfront von der Fläche, durch die hindurch die Diffusion vor sich geht.

Diffusions-Transistor Läßt man die Dotierungsstoffe (→ *Dotieren*), z. B. Indium oder Gallium, in gasförmigem Zustand auf das P-leitende Germaniumplättchen einwirken, dann können sehr dünne Schichten hergestellt werden, die die Laufzeit der Ladungs-

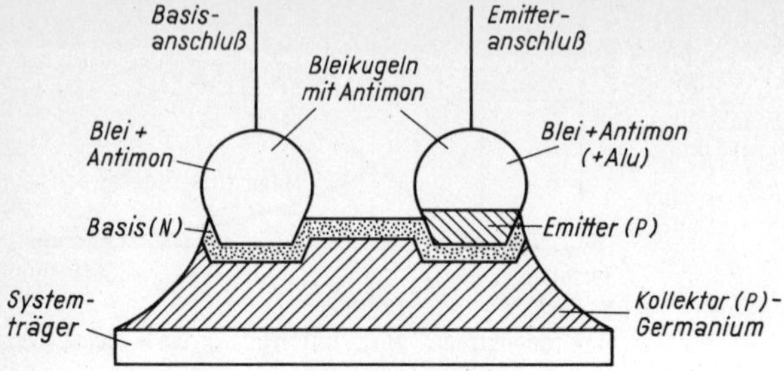

Diffusions-Transistor

träger niedrig halten; wichtig für HF-Transistoren.

Nach dem → *POB-Verfahren* wird eine dünne, N-leitende Basisschicht in einen P-leitenden Germaniumstreifen eindiffundiert, dann werden zwei mit einem geringen Antimonzusatz versehene Bleipillen nahe nebeneinander (50 µm) aufgesetzt (siehe *Abb.*). Auf eine der beiden Kugeln wird Aluminium aufgedampft. Nach einer Erwärmung legieren die beiden Bleikugeln tiefer in die Endschicht hinein. Ein Kurzschluß zwischen den Kugeln und dem P-Germanium wird durch den Antimonzusatz verhindert, da das Antimon schneller in das Germanium eindiffundiert, als das Blei einlegiert. Unter den Kugeln bildet sich eine N-Schicht aus, die mit der zuvor eindiffundierten N-Schicht in Verbindung steht. Da das Aluminium, das auf eine der Kugeln aufgedampft wurde, langsamer in das Germanium eindiffundiert als das Antimon, bildet sich unter einer Bleipille über der N-Schicht eine P-leitende Zone (Emitter) aus.

Digicom und Digiset bezeichnen moderne Setzverfahren, eine Kombination von Satzrechner mit dem Lichtsetzverfahren von Dr.-Ing. Hell, die Text und Bilder mit 5000000 Lichtpunkten/sec zu Druckseiten zusammensetzen.

digilin (Zusammenziehung von → *digital* und linear) bezeichnet Chips, auf denen digitale und analoge Funktionen kombiniert sind.

Digimatik umfaßt das Messen durch Abzählen und alle Arten von → *Digital-Anzeige*.

Digit Engl. für Ziffer, Stelle.

digital von (lat.) digitus = Finger, Zahl heißt „mit Zahlen". Dafür gibt es verschiedene Systeme, das → *Dezimalsystem*, das → *Dualsystem*, das Duodezimalsystem (auf 12 aufbauend), das Hexadezimalsystem (→ *hexadezimal*). Digitalschaltungen kennen (im allgemeinen) am Ein- und Ausgang nur die Werte 1 und 0, evtl. auch groß oder klein, allenfalls eine Reihe von festgelegten Stufenwerten, in jedem Fall aber deutlich unterscheidbare.

Digital-Analog-Umsetzer DAU liefern an ihrem Ausgang einen Spannungswert, der proportional zu einem an ihre Eingänge angelegten binären Digitalwert ist. So ist es z. B. möglich, von einem Mikrocomputer erzeugte Zahlenwerte als Analogwerte auszugeben, um Funktionen auf einem Oszilloskop darzustellen. D/A-Umsetzer arbeiten gewöhnlich mit elektronischen Schaltern (Transistoren) und einem als R-2R-Netzwerk aufgebauten Kettenleiter-Spannungsregler.

Digitalanzeige Anzeige eines Meßgeräts, bei der das Meßergebnis als Ziffernfolge, im allgemeinen als dekadische Zahl angegeben wird (→ *Ziffernskala*, → *Alphanumerische Anzeige*).

digitale Meßtechnik Hierunter fallen alle Meßverfahren, bei denen das Meßergebnis in Form eines digitalen Wortes bzw. Codes vorliegt. Um ein Meßergebnis digital, d. h. meist in Ziffern, anzeigen oder weiterverarbeiten zu können, muß möglichst schon die → *Meßgröße*, spätestens aber der → *Meßwert* fein in Stufen oder Impulsen unterteilt (quantisiert) sein, wie es z. B. bei der Frequenz-, Drehzahl- und Zeitmessung schon von Natur aus der Fall ist. Kontinuierlich anfallende → *analoge Größen* müssen also künstlich mit einem Analog-Digital-Wandler in einzelne Stufen aufgeteilt werden, die bezogen auf die Meßgröße definierte Wertigkeiten haben (→ *Quantisierung*).

digitaler Fernsehempfänger Mit → *VLSI*-Schaltungen, insbesondere speziellen → *Signalprozessoren* bestückte Heimfarbfernsehgeräte, deren Bildsignal- und Videotextsignalverarbeitung weitgehend digital erfolgt. Damit werden → *Bild-im-Bild*-Wiedergabe ebenso möglich wie die elektronische Ausblendung von Geisterbildern. Die Bildwiedergabe ist unter voller Ausnutzung der Digitaltechnik deutlich besser als in analogen Geräten.

digitaler Meßschritt Änderung der Meßgröße am Eingang eines digitalen Meßgeräts, die auf der → *Ziffernskala* einen Ziffernschritt bewirkt.

digitaler Satellitenhörfunk Hörrundfunkübertragung in digitaler Technik über Satellit, die eine qualitätsverlustfreie Wiedergabe ermöglicht.

digitale Schaltungen kennen keine allmählichen Übergänge, sondern nur grobe Abstufungen, meist nur ja-nein, Spannung oder nicht Spannung (bzw. Strom), aus-ein, wodurch die Werte H und L dargestellt werden. Der Aufbau ist daher weniger anspruchsvoll als der → *analoger Schaltungen*. Außerdem kann ein fast verlorenes Signal leicht wiederhergestellt werden.

Digital Master Recording Digital aufgenommene Schallplatte, deren Preamatrize aber über einen → *Analog-Digital-Umsetzer* analog bespielt wurde. Bei der Abtastung entspricht die D. konventionellen Analogplatten.

Digitalrechner rechnen mit Zahlen (meist im → *Dualsystem* und mit der → *Schaltalgebra*) elektronisch (→ *EDVA*).

Digitalschallplatte Schallplatte, auf der die Tonsignale nicht analog, sondern digital gespeichert sind. Zur Wiedergabe benötigt man ein Gerät mit → *Digital-Analog-Umsetzer*, damit die D. über normale Hi-Fi-Anlagen wiedergegeben werden kann. Weltweit hat sich die → *Compact Disk* durchgesetzt.

Digital-Speicher speichern nur Ja- und Nein-Informationen (H und L). Die meisten benutzen magnetisierbare Oberflächen oder Körper (Bänder, Drähte, Platten, Ringe, Steifen, Trommeln usw.), aber auch → *Flipflop*-Schaltungen u. ä. werden angewandt, ferner → *Lochkarten*, → *Lochstreifen*, → *Relaisspeicher* und schließlich → *Laufzeitspeicher*.

Digitaltechnik Im Gegensatz zur Analogtechnik die Verarbeitung von Signalen, die nur zwei Schaltzustände kennen.

Digital-Tuner

1. → *Tuner* mit meist vierstelliger Anzeige der eingestellten Senderfrequenz, heutzutage meist als → *PLL-Tuner* ausgeführt.

2. Empfangsgerät für → *digitalen Satellitenhörfunk*.

Digitalvoltmeter → *Voltmeter* mit digitaler Anzeige. Das Meßsignal wird dabei in einem → *Analog-Digital-Umsetzer* in eine digitale Meßgröße umgewandelt.

Digitizer Mit einem D. kann man eine Handzeichnung in den Computerspeicher transferieren, um sie auf dem Bildschirm in unterschiedlichen Ansichten darzustellen. Im einfachsten Fall besteht ein D. aus Schleifen von horizontal und vertikal (x/y-Achse) verlaufenden Drähten, die eine Spannung abgeben, wenn man mit einem speziellen Stift über sie fährt, der ein elektromagnetisches Feld induziert. Bei der Entwicklung elektronischer Leiterplatten kann man z. B von Hand dem Computer Vorschläge zur Positionierung der Bauelemente machen. Bei Tischcomputern heißt ein D. auch „Graphics Tablet".

Diktiergeräte benutzen das Prinzip der Tonaufnahmegeräte unter Verwendung sehr verschiedener Tonträger. Aufnahme und Wiedergabegeräte können beliebig angehalten, zurückgedreht, durch Übersprechen korrigiert und der Tonträger (Kunststoff-Manschetten, Bandcassetten, beschichtete Papierstreifen usw.) dann auch im Brief verschickt werden.

Dimmer (engl. eigentlich: Verdunkler) = Helligkeits-Einsteller.

DIN 45 500 Hi-Fi-Norm, die die von Hi-Fi-Geräten (Heimstudiotechnik) zu erfüllenden Bedingungen beschreibt.

DIN-Bezugsband Nach DIN 45 513 genormtes Magnetband u. a. zum Einstellen von Magnettonanlagen, zur Messung der Empfindlichkeit und des → *Frequenzganges* von Tonträgern.

Diode (Halbleiterdiode). Man unterscheidet Spitzendioden *(Abb. 1)* für die Gleichrichtung sehr kleiner Wechselströme und Flächendioden *(Abb. 2)*. In der Spitzendiode berührt eine metallische Spitze die Halbleiterkristalloberfläche in einem Punkt. Der Berührungspunkt ist die Sperrschicht-Grenzfläche *(Abb. 3)*. Die Kapazität ist niedrig, daher Verwendung in HF-Schaltungen.

Bei Dioden im Glasgehäuse kennzeichnet ein weißer Farbring oder eine Farbkappe die Lage der Katode, während den Keramikausführungen

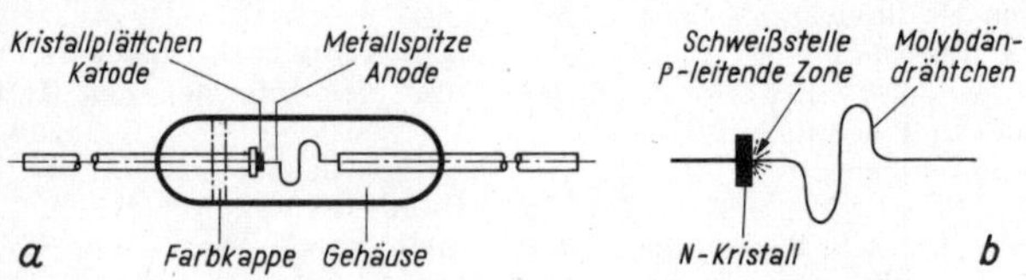

Diode: Abb. 1: Spitzendiode, a) Schnitt, b) Schema

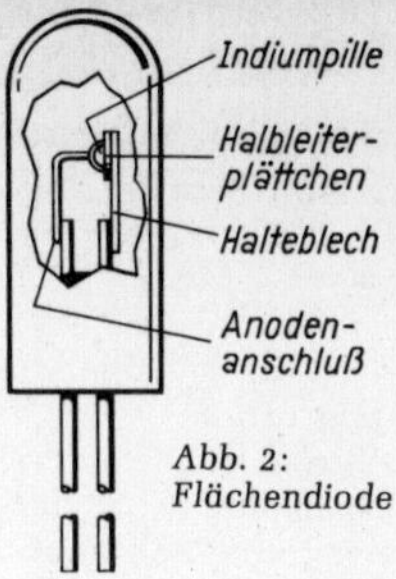

Abb. 2:
Flächendiode (Aufbau)

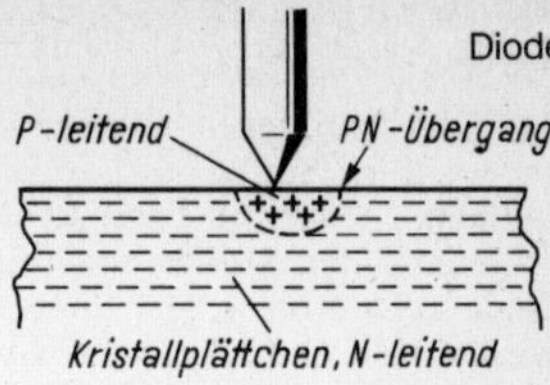

Abb. 3: PN-Übergang bei einer Spitzendiode (in starker Vergrößerung)

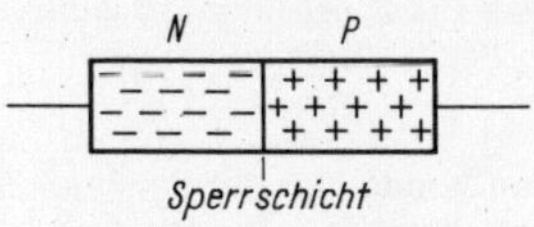

Abb. 4: Schematischer Aufbau einer Flächendiode

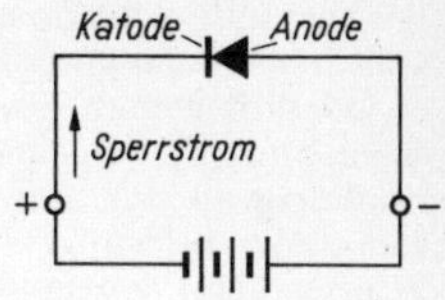

Abb. 6: Flußrichtung des Sperrstroms

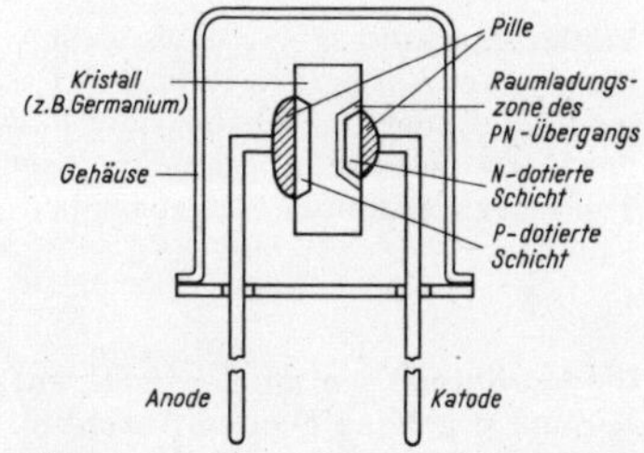

Abb. 5:
Schnitt durch eine legierte Flächendiode

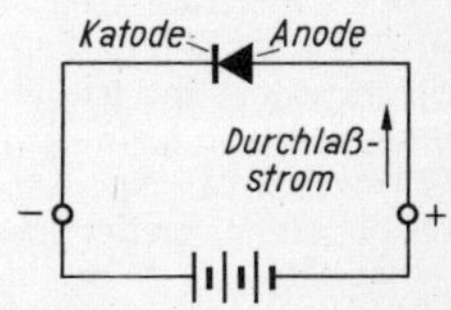

Abb. 7: Flußrichtung des Durchlaßstroms

Abb. 8:
Kennlinien einer Germanium- und einer Siliziumdiode

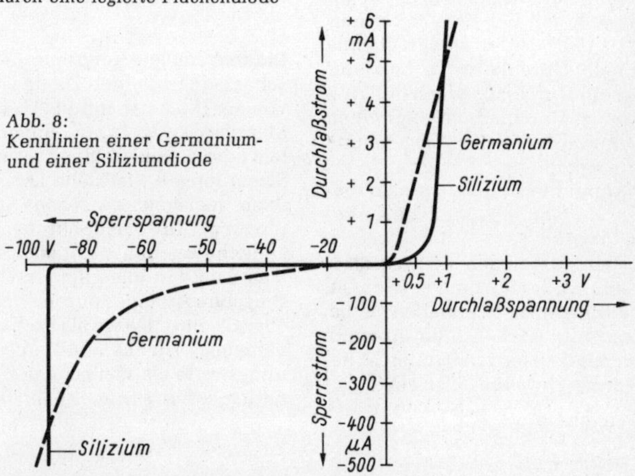

das Gleichrichter-Schaltzeichen aufgedruckt ist: Spitze auf den katodenseitigen Anschluß gerichtet. Den schematischen Aufbau einer Flächendiode zeigt *Abb. 4.* Die Sperrschicht wird durch Diffusion oder Legieren künstlich erzeugt. *Abb. 5* ist der Schnitt durch eine legierte Germanium-Flächendiode.

Dioden arbeiten in → *Sperrichtung*, wenn der positive Pol der Spannungsquelle mit der Katode verbunden ist *(Abb. 6)*. Der entstehende Strom wird *Sperrstrom* genannt. Allgemein wird in der Halbleiterphysik unter Sperrstrom der → *Minoritätsträgerstrom* (in einer Sperrschicht) verstanden. Die maximale Spannung in Sperrichtung, d. h. die maximale Sperrspannung, bestimmt bei Dioden die höchstzulässige Wechselspannung, die – zur Vermeidung von Durchschlägen – nicht überschritten werden darf.

Der Sperrwiderstand ist der Widerstand in Sperrichtung. Unter Sperrsättigungsstrom wird ein Sperrstrom verstanden, der einen von der Sperrspannung unabhängigen Wert aufweist. (Z. B. für eine PN-Germaniumsperrschicht für Spannungen zwischen 0,1 V bis zu etwa 100 V).

Dioden arbeiten in Durchlaßrichtung, wenn der negative Pol der Spannungsquelle mit der Katode verbunden ist *(Abb. 7)*. Der entsprechende Strom heißt Durchlaßstrom. Letzterer erzeugt am Durchlaßwiderstand (Widerstand in Durchlaßrichtung) einen Spannungsabfall, die sogenannte Durchlaßspannung.

Die Kennlinien einer Germaniumdiode und einer Siliziumdiode veranschaulicht *Abb. 8*.

Für Halbleiterdioden wird zu 90 % Germanium oder Silizium verwendet, auf die übrigen 10 % entfallen Selen, Kupferoxydul oder Gallium-Arsenid. Dioden mit dem letztgenannten Material werden für Spezialzwecke verwendet.

Obwohl alle Dioden praktisch → *Gleichrichter* sind, wird diese Bezeichnung im allgemeinen für Starkstrom-Einheiten benutzt.

Dioden-Abstimmung Die Kapazität von → *Kapazitätsdioden* hängt von der angelegten Gleichspannung ab, so daß sie zum Abstimmen von Rundfunk- und Fernsehtunern benutzt werden können. Die D. ist im allgemeinen mit der → *PLL-Technik* kombiniert.

Dioden-Anode Der mit der (äußeren) P-Zone gegebene Dioden-Anschluß. Im Schaltzeichen wird die Dioden-Anode als Dreieck dargestellt.

Dioden-Ausgang Bei Rundfunkempfängern der Ausgang zwischen → *Demodulator* oder → *Stereodecoder* und Lautstärkeregler zur Entnahme der Tonfrequenzspannung für Tonbandaufnahmen.

Dioden-Katode Der mit der (äußeren) N-Zone gegebene Dioden-Anschluß. Im Schaltzeichen wird die Katode als Querstrich dargestellt.

Diodenkennlinie Kennlinie, die veranschaulicht, wie der Diodenstrom I_d von der Diodenspannung U_d abhängt. Man verwendet für die Spannung allein oder sowohl für Spannung wie für Strom lineare Maßstäbe *(Abb. 1)*, die dann meistens zwischen Sperrichtung und Durchlaßrichtung voneinander abweichen, nicht jedoch, wenn man die Kennlinien für verschiedene Umgebungstemperaturen *(Abb. 2)* oder die Stromwerte als Vielfache des Sättigungsstromes und die Spannungswerte als Vielfache der Temperaturspannung *(Abb. 3)* darstellt.

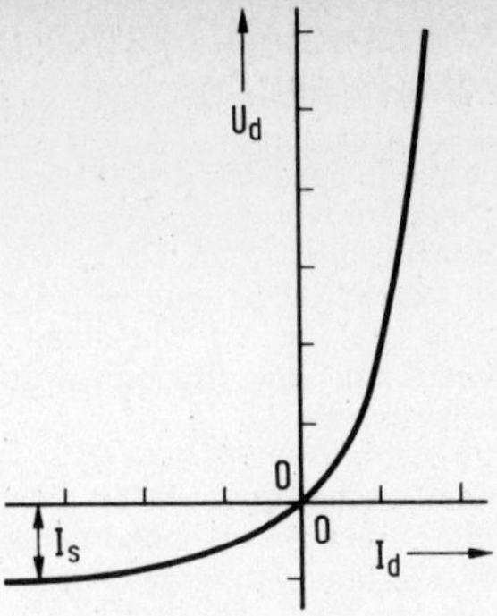

Diodenkennlinie: Abb. 1: Gleiche Maßstäbe sind nur sinnvoll, wenn ausschließlich das für die nächste Umgebung des Nullpunktes geltende Kennlinienstück gezeigt werden soll. Die Kennlinie gehört zu einer normalen Diode, für die die Widerstandswerte in Durchlaßrichtung niedriger sind als in Sperrichtung

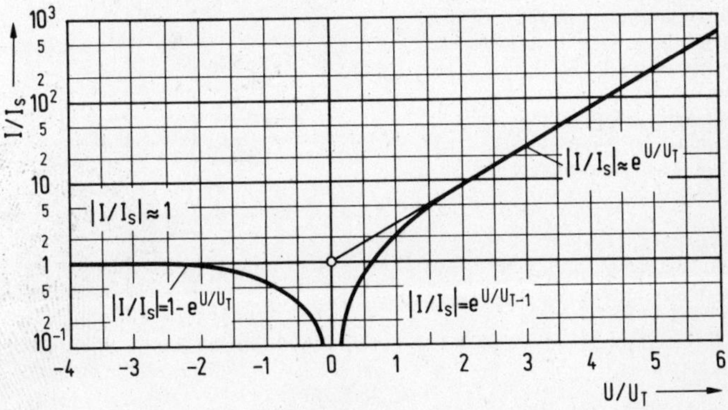

Abb. 2: mit linearem Spannungsmaßstab und logarithmischen Strommaßstab. Diese Kennlinie ist hier normiert: Die Stromwerte sind als Vielfache des Sättigungsstromes und die Spannungswerte als Vielfache der Temperaturspannung ausgedrückt. Diese Kennlinie entspricht in ihrem Verlauf genau der Diodengleichung für die idealisierte Diode

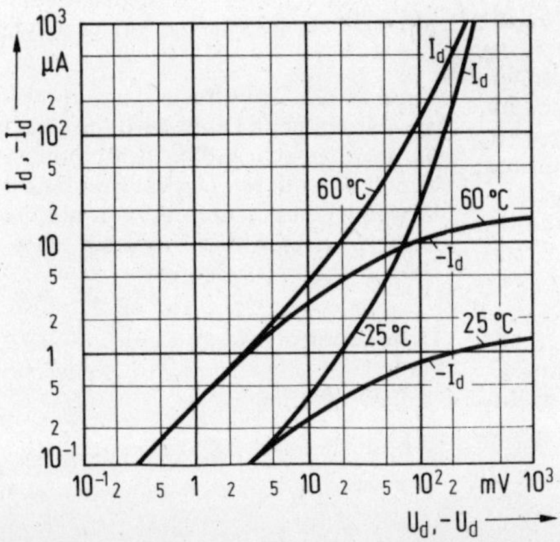

Abb. 3: für logarithmische Strom- und Spannungsmaßstäbe und zwar bei zwei Umgebungstemperaturen

Dioden-Laser erfordert weniger Aufwand als → *Festkörper-* und → *Gaslaser.* Die Strahlung entsteht bei ihnen in der Sperrschicht einfach indem man einen Strom von 5 . . . 20 000 A/cm^2 hindurchschickt und dabei mit flüssigem Helium oder Stickstoff kühlt. Sie haben den großen Vorteil, daß sie über den Erregerstrom direkt mit Frequenzen bis 100 MHz moduliert werden können, also hervorragend zur Bildübertragung geeignet sind. Man verwendet entsprechend dotierte → *Gallium-Arsenid-* (Infrarot, ~ 0,9 µm) oder → *Gallium-Phosphid-Dioden* (hellrotes Licht).

Dioden-Logik (-Gatter) DL benutzt nur Dioden und Widerstände, verursacht daher Spannungsverlust und

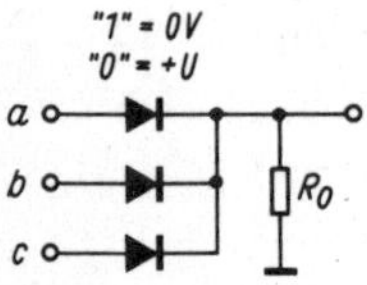

kann nicht beliebig oft allein verwendet werden (bzw. nach 3 . . . 4 Gattern muß der Signalpegel wiederhergestellt werden).

Diodenspannung U_d Allgemein: Spannung zwischen den beiden Anschlüssen einer Diode, wobei als Spannungszählrichtung hierfür die Richtung von der Dioden-Anode zur Dioden-Katode gewählt wird. Als Diodenspannungs-Kennwerte kommen z. B. in Betracht: die Durchlaßspannung für einen bestimmten Durchlaßstrom, die maximale Sperrspannung sowie die Spitzensperrspannung und die Stoßspannung.

Diodenstrom I_d Strom, der eine Diode durchfließt, wobei als Stromzählrichtung die Richtung von Anode zur Katode der Diode gewählt wird. Als Diodenstrom-Kennwerte kommen in Betracht: der Durchlaßstrom für eine bestimmte Durchlaßspannung, der Sperrstrom bei einer bestimmten Sperrspannung, der Spitzenstrom und der Stoßstrom.

Dioden-Transistor-Logik (DTL) vermeidet die Fehler der → *Dioden-Logik* durch Wiederherstellung des Pegels. Üblich ist sie als → *NAND-* und →

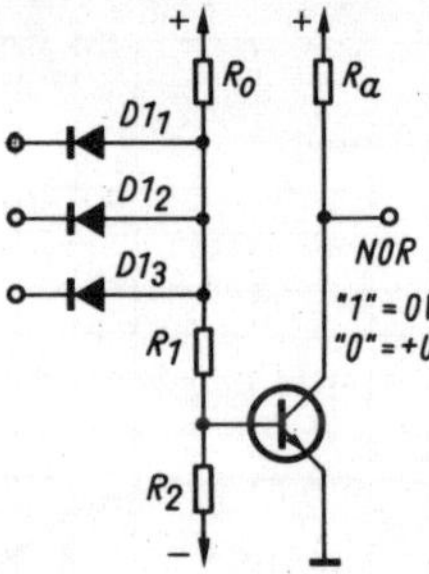

NOR-Verknüpfung (Abb.). Ihr Vorteil ist die fast beliebig große → *Eingangsfächerung.*

Dioxidschichten dienen insbesondere bei → *Planartransistoren* als Abdeckung und hochwertige Isolierschicht. Praktisch ist das bisher nur bei → *Silizium* möglich. Im Laboratorium wurden brauchbare Dioxidschichten auch schon auf Germanium erzeugt.

Dipol ist die Grundform der → *Antenne.* Der einfache Dipol wird praktisch bei mechanisch großen Antennengebilden verwendet. Um die Empfangsleistung einer Antenne zu erhöhen, kombiniert man den Dipol mit → *Reflektor* und → *Direktoren.*

Direct Control System Elektronisch gesteuertes, hochgenaues Antriebssystem für Hi-Fi-Plattenspieler.

Direct Drive → *Direktantrieb.*

Direct Metal Mastering Von der Teldec entwickelte Technologie, die es ermöglicht, bei der Plattenaufzeichnung direkt den Metall-Master herzustellen. Von diesen direktgeschnittenen Metall-Originalen lassen sich anschließend viele galvanische Abzüge herstellen.

direkte Codierung benutzt die Wertigkeiten 8421 und stellt jede Ziffer einer Dezimalzahl durch eine Vierergruppe (Tetrade) dar, z. B. 273 = OOLO OLLL OOLL.

Direktantrieb Antrieb eines Plattenspielers, bei dem die Drehzahlen von Motor- und Plattentellerachse gleich sind. Der D. ist in hochwertigen Plattenspielern eingebaut, da er nur geringe → *Gleichlaufschwankungen* und großen → *Rumpelgeräuschspannungsabstand* hat.

Direktempfangssatellit → *Rundfunksatellit.*

Direktoren werden vor allem in Yagi-Antennen zur Verstärkung des Antennengewinns verwendet. Sie sind im Gegensatz zum → *Reflektor* in Empfangsrichtung angeordnet.

Direktzugriffsspeicher sind die mit der kürzesten → *Zugriffszeit*, also im eigentlichen Sinne → *Flipflops* oder → *Ringkernspeicher.* Man bezeichnet aber vielfach auch → *Magnettrommel-* und → *Magnetplattenspeicher* so.

Disjunktion (= Trennung, Sonderung) → *ODER-Verknüpfung.*

Diskette Runde magnetbeschichtete Folie einer quadratischen Schutzhülle zum Speichern von Programmen und Daten. Die Aufzeichnung erfolgt konzentrisch in Spuren. D. werden immer mehr auch als preiswerter Datenträger für → *Mikrocomputer* benutzt.

Disketten-Laufwerk → *Floppy Disk.*

diskret (= abgesondert) heißen alle Schaltelemente, die zusätzlich zu → *integrierten Schaltungen* angebracht sind.

Diskriminator setzt Frequenzänderungen in Gleichspannungsänderungen um, und zwar in Form der vom

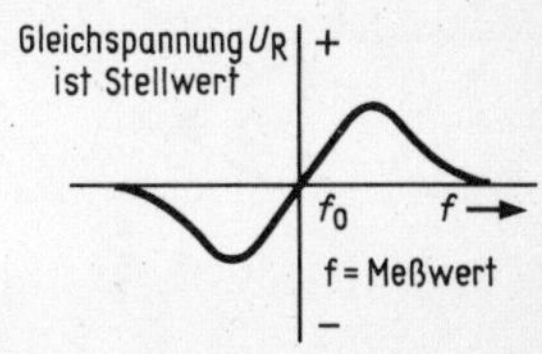

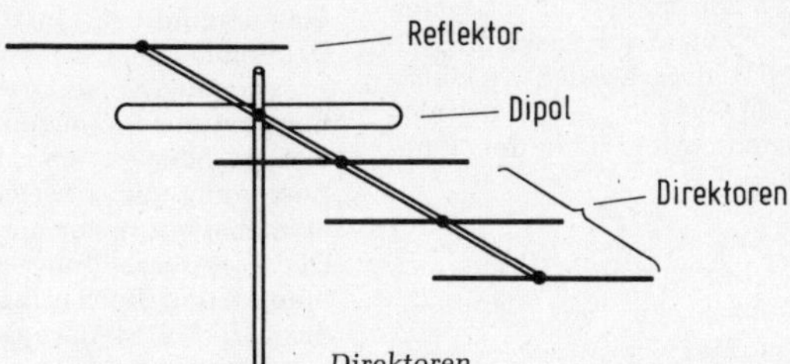

Direktoren

Abgleichen mit dem Wobbler bekannten S-Kurve *(Abb.)*. D. dienen hauptsächlich zur automatischen Frequenzregelung, auch als automatische Feinabstimmung (AFC) bezeichnet.

Display Anzeigevorrichtung zum Darstellen von Daten (alphanumerischen Zeichen und Bildern). Im wesentlichen gibt es dafür → *Bildröhren*, → *LCD*, → *LED*.

Distameter = → *Entfernungsmesser* (Lichtstrahl).

Disvalenz = → *ODER-Verknüpfung*.

Dividier-Schaltungen für → *Analogrechner* können u. a. mit magnetfeldabhängigen Widerständen, z. B. →

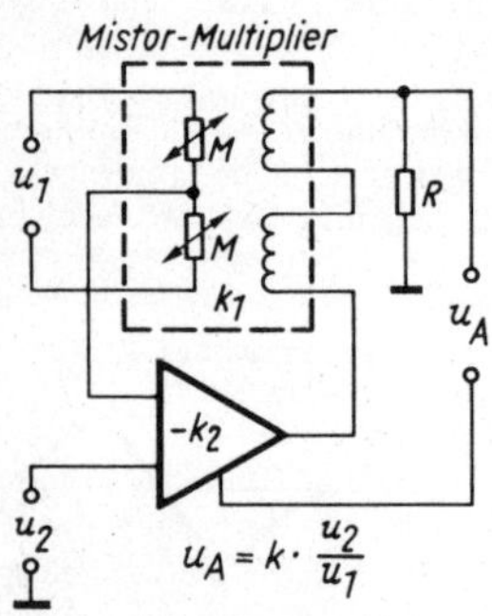

Feldplatten zusammen mit → *Rechenverstärkern* aufgebaut werden. Dividend und Divisor werden als Spannungen eingegeben, die Ausgangsspannung entspricht dann dem Quotienten.

Division → *Multiplikation*.

DL = → *Dioden-Logik*.

DMA heißt „Direkt Memory Access", direkter Speicherzugriff. Das ist ein direkter Datentransfer zwischen dem Computer und einem Peripheriegerät, ohne daß dafür die → *CPU* verwendet wird. Dem Peripheriegerät sind also Adressen- und Datenbus der Speicherbausteine direkt zugänglich. Natürlich darf die CPU nicht gleichzeitig auf den Speicher zugreifen, da auf dem Adressenbus immer nur eine einzige Adresse anliegen darf.

D-MOS heißt **d**ouble diffused **m**etal-**o**xide-**s**emiconductors = doppelt diffundierte MOS-Transistoren. Sie zeichnen sich durch niedriges Rauschen und durch hohe Verstärkung bei hohen Frequenzen aus.

D/MOS-Schaltungen sind **d**oppelt **d**iffundierte **MOS**-Schaltungen mit wesentlich verbesserten Eigenschaften in bezug auf Herabsetzung der Schaltzeiten, obere Grenzfrequenz ~ 10 GHz und Erhöhung der Durchbruchspannung auf ~ 300 V.

DMS = → *Dehnungs-Meßstreifen*.

DNC = **D**irect **N**umerical **C**ontrol, Direktführung mehrerer (nicht verketteter) NC-Maschinen durch → *Prozeßrechner* bzw. Fertigungsleitrechner. In diesen on-line-DV-Anlagen können je Steuerzentrale bis zu 15 NC-Maschinen – auch unterschiedlicher Herkunft – unter Verzicht auf eigene Programmlochstreifen aus der Programmbibliothek in Gestalt eines Großraumspeichers mit Werkstückprogrammen versorgt werden, die ihnen von der Steuerzentrale zugeteilt werden oder die sie selbst über ihre Bedienung oder über codierte Werkstückmarkierungen abrufen können. Die zur Bearbeitung erforderlichen Steuer- und Rechenfunktionen erledigen die NC-Steuerungen der einzelnen Maschinen.

Dolby Gebräuchlichstes Rauschunterdrückungsverfahren in der Heim-Stereo-Technik. Bei diesem von dem Amerikaner Ray M. Dolby entwickelten Verfahren wird aufnahmeseitig der Pegel oberhalb eines bestimmten Frequenzbereiches an leisen Passagen angehoben (Expansion). Während der Wiedergabe erfolgt an den gleichen Stellen und im gleichen Maße eine Signalabsenkung (Kompression). Dabei wird natürlich auch das im Signal enthaltene Rauschen (Bandrauschen bei TB- und Cassettengeräten) abgesenkt und somit gerade in den kritischen leisen Passagen weniger hörbar. Neben diesem, mit einer Eckfrequenz arbeitenden Dolby-B-Verfahren gibt es für die Studiotechnik noch ein Dolby-A genanntes Kompander-System, das in vier Frequenzbereichen wirkt.

Eine Fortentwicklung ist das Dolby-C-Verfahren für Heimgeräte, das in seinen Eigenschaften Dolby-A schon recht nahe kommt.

Donator In das Raumgitter (Kristallgitter) eines Halbleiters einzudotierendes Fremdatom, dessen Valenz-Elektronenzahl die des Halbleiteratoms um die Zahl 1 überschreitet. Für → *Germanium* mit 4 → *Valenz-Elektronen* kommen als Donatoren in Betracht: z. B. → *Arsen*, → *Antimon* und → *Phosphor* mit je 5 Valenz-Elektronen. Für → *Silizium* mit seinen ebenfalls 4 Valenz-Elektronen verwendet man als Donatoren Phosphor bzw. → *Aluminium*. Donatoren bewirken Elektronenleitung (→ *N-Leitung*).

Dopanten heißen alle → *Dotierungsstoffe* für Halbleiter.

dopen = → *dotieren*.

Dop-Faktor = → *Dotierungsfaktor*.

Doppelbasis-Diode Langgestreckter Halbleiterkörper aus schwach dotiertem N-Material mit verbreiterten sperrschichtfreien Endkontakten und drittem Anschluß über einlegierte P-Elektrode (*Abb. 1*). *Abb. 2* zeigt typische Kennlinien. Die Doppelbasis-Diode wird, wegen ihrer drei Anschlüsse auch Doppelbasis-Transi-

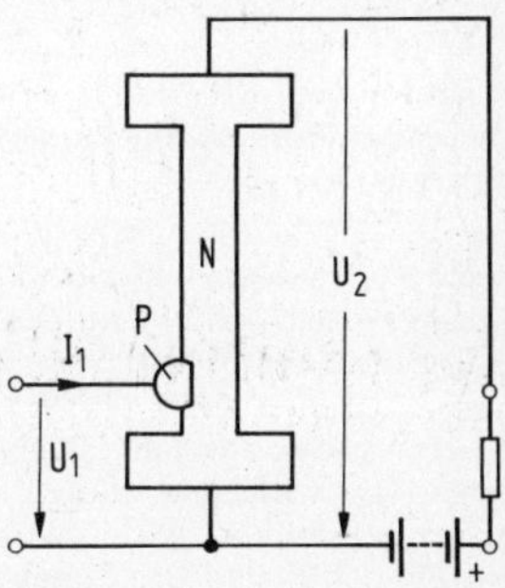

Abb. 1

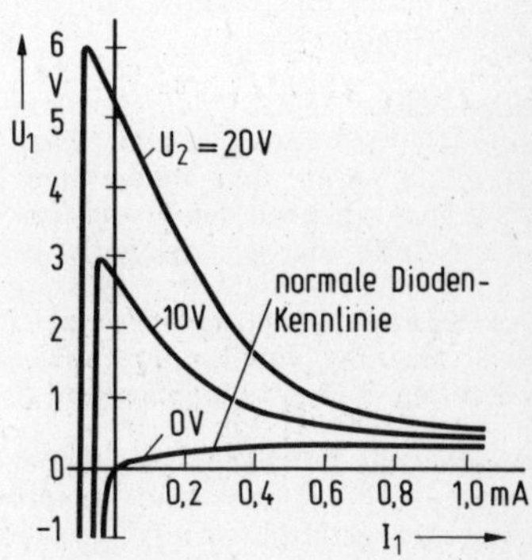

Doppelbasis-Diode *Abb. 2*

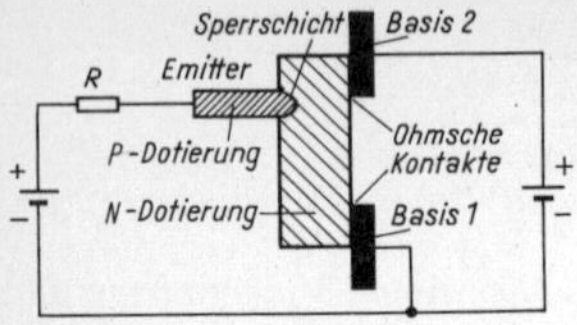

Doppelbasis-Transistor: 1) Schema (Unijunktion-Transistor)

2) Schaltzeichen

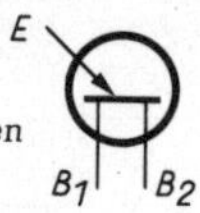

stor oder wegen der einen Sperrschicht auch → *Unijunction-Transistor* genannt.

Doppelbasis-Transistor (engl. Bezeichnung: → *Unijunction transistor*) besteht aus einem N-leitenden Siliziumstab zwischen zwei ohmschen, d. h. sperrschichtfreien Basisanschlüssen. Der wirksame Widerstand wird von der P-leitenden Emitterzone aus gesteuert *(Abb. 1)*. Das Schaltzeichen zeigt *Abb. 2*. Der Doppelbasis-Transistor ähnelt einem gittergesteuerten Thyratron und ist für Schalt- und Kippanordnungen geeignet.

Doppeldiode zwei in einem gemeinsamen Gehäuse untergebrachte Selen-Einzeldioden mit sehr hohem Sperrwiderstand (je nach den Erfordernissen in Serie oder gegeneinander geschaltet). Verwendet für → *Diskriminatoren* zur automatischen Frequenznachstimmung von Zeilenablenkgeneratoren in Fernsehempfängern.

Doppel-Gate-FET haben zwei Steuerelektroden (→ *Gates*) und entsprechen Mehrgitterröhren. Man braucht sie z. B. zur Schwingungserzeugung (Oszillator).

Doppel-Injektions-Diode Diode mit der Schichtfolge PIN, wobei die I-Schicht verhältnismäßig dick ist. Im Betrieb erfolgt eine gleichzeitige Injektion von → *Elektronen* und → *Löchern* in die I-Schicht. Die Diode läßt erst dann einen nennenswerten Strom durch, wenn in die I-Schicht von der P-Seite her Löcher und von der N-Seite her Elektronen injiziert sind. Das Verhalten kann mit Belichten beeinflußt werden. Im unbelichteten Zustand ergibt sich ein negativer → *differentieller Widerstand.*

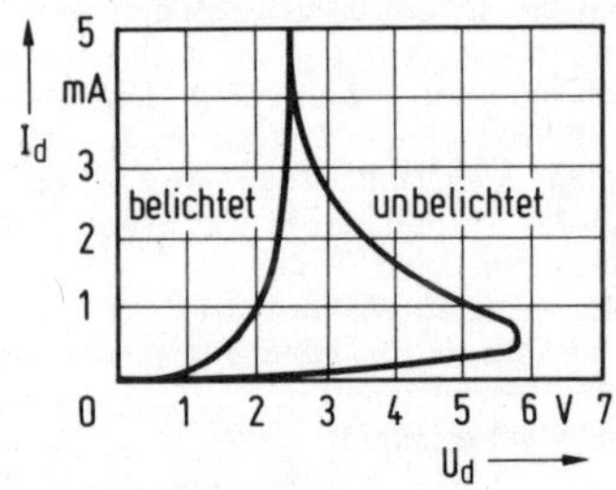

Doppeltransistor Zwei Transistoren in gemeinsamer Kapsel. Der Zusammenbau, wie er z. B. mit Silizium → *Epitaxial-Planar-Transistoren* durchgeführt wird, vermindert die Temperaturdifferenz zwischen beiden Transistoren. Das Paar arbeitet gut als Gleichstromverstärker mit niedriger Eigenimpedanz.

Doppler-Effekt Verkleinert sich die Entfernung zwischen einer Schallquelle und dem Ohr stetig, so tritt der Eindruck einer Tonerhöhung, bei Vergrößerung der Entfernung der einer Tonerniedrigung auf. Das Phänomen läßt sich z. B. beim Vorbeifahren einer pfeifenden Lokomotive beobachten. Die Erklärung beruht darauf, daß bei näherkommender Schallquelle mehr Schwingungen in der Zeiteinheit das Ohr erreichen (Tonfrequenzerhöhung), als bei ruhenden Verhältnissen, umgekehrt bei der Entfernung der Schallquelle. – Der Doppler-Effekt tritt unter anderem bei Lautsprechern auf, wenn tiefe Töne mit großer Amplitude gleichzeitig mit hohen Tönen von derselben Membran abgestrahlt werden.

Gewollt erzeugt wird der D. mit → *Leslie-Boxen.*

Dosimeter sind Meßgeräte für die Gesamt-Strahlungsmenge, der eine Person, z. B. während der Tages-Arbeitszeit, ausgesetzt ist.

Dotieren oder Dopen nennt man das Einbauen einer genau festgelegten Menge von Fremdatomen (→ *Akzeptoren* oder → *Donatoren*) in hochreines Halbleiter-Grundmaterial, um einen gewünschten Grad von Leitfähigkeit herzustellen. Durch Einbau von Akzeptoren ergibt sich P-Material durch Einbau von Donatoren N-Material.

Dotierungsfaktor Maß für die Zahl der einem Halbleitermaterial je cm^3 zugefügten Fremdatome, d. h. Maß für die → *Akzeptorendichte* bzw. für die Donatorendichte. Der Dotierungsfaktor ist auf die Voraussetzung gegründet, daß sämtliche Akzeptoren bzw. Donatoren ionisiert sind, daß somit die Akzeptorendichte mit der → *Löcherdichte p* und die Donatorendichte mit der → *Elektronendichte n* übereinstimmen.

Dotierungsprofil → *Störstellenprofil.*

DPCM = **D**ifferenz-**P**uls**c**ode**m**odulation.

DPLL **D**igitale → **PLL**-*Schaltung* in der der Oszillator nicht von einer Analogspannung, sondern von einem Digitalsignal, das aus der Differenz von Soll- und Istfrequenz gewonnen wird, gesteuert wird.

D-Pol → *Drain.*

Draht-Dehnmeßstreifen → *Ohmsche Geber.*

Drahtspeicher = → *Magnetdrahtspeicher.*

Drahtwiderstand besteht aus Konstantan oder Chrom-Nickeldraht. Er wird meist bei höheren Strömen verwendet. Wegen seiner hohen Induktivität infolge der Wickeltechnik ist er für hohe Frequenzen nicht geeignet.

Drain Aus dem Englischen übernommene Bezeichnung für die zum Ausgang eines → *Feldeffekt-Transistors* gehörende Elektrode, über die der gesteuerte Strom fließt. Andere Bezeichnung: Abfluß, Senke, D-pol.

Drain-Schaltung (auch Sourcefolger) entspricht beim → *Feldeffekt-Transistor* der Anodenbasis- bzw. der → *Kollektorschaltung* und eignet sich als Impedanzwandler.

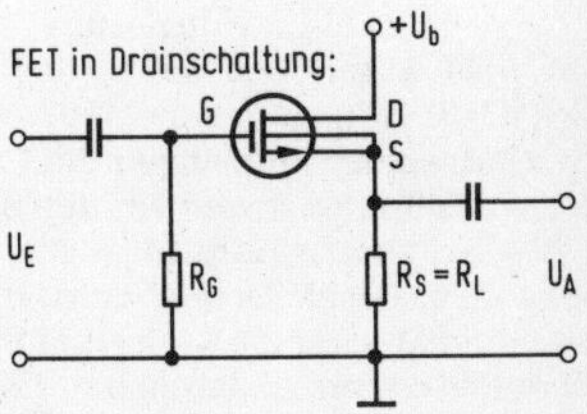

Drainstrom heißt beim → *Feldeffekt-Transistor* der von der → *Source* zum → *Drain* fließende Strom (≙ dem Anodenstrom der Röhre).

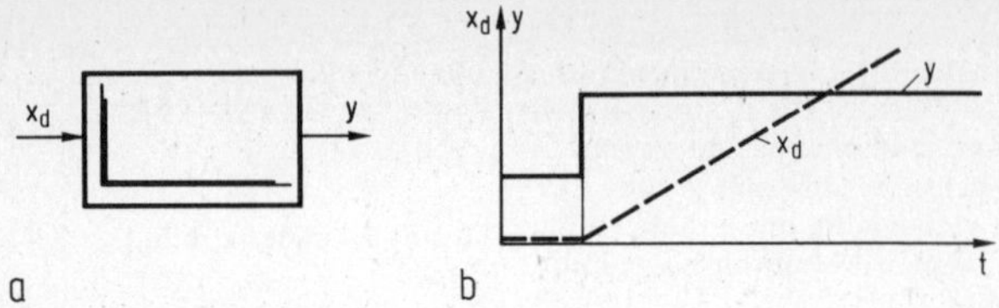

D-Regeleinrichtung: Blocksymbol a) und Anstiegsantwort b) einer D-Regeleinrichtung

DRAM Dynamisches **RAM,** das pro Speicherzelle nur einen Transistor und einen Kondensator benötigt. Damit der Speicherinhalt nicht verloren geht, muß zum Auffrischen ein externes Taktsignal zugeführt werden. Das D. ist die am weitesten verbreitete Bauart eines → *RAMs.*

D-Regeleinrichtung → *Regeleinrichtung* mit → *D-Verhalten.* Ihre Kenngröße ist der → *Differenzierbeiwert* K_D. Die Gleichung der D-Regeleinrichtung lautet:

$$y - y_0 = K_D \frac{d\,(w - x)}{dt} = K_D \frac{dx_d}{dt}$$

(siehe Abb).

Dreheisenmeßwerk Meßwerk, dessen bewegliches Teil aus einem mit der Zeigerachse verbundenen Weicheisenblech (Nickel-Eisenlegierung) besteht, das gegenüber einem festen Blech drehbar in einer vom Meßstrom durchflossenen Spule angeordnet ist. Infolge des Spulenstroms werden beide Bleche gleichsinnig magnetisiert und stoßen sich ab. Dem so erzeugten Drehmoment wirkt die Kraft einer Spiralfeder entgegen, so daß sich der Zeiger auf den Wert einstellt, an dem die beiden Drehmomente entgegengesetzt gleich groß sind. Da beim Umpolen des Spulenstroms auch die Eisenbleche ummagnetisiert werden, bleibt die Drehrichtung gleich. Dreheisenmeßwerke können deshalb auch direkt zur Messung von Wechselströmen verwendet werden. Der Ausschlag des Zeigers nimmt bei Dreheisenmeßwerken ungefähr quadratisch mit dem Meßstrom zu, wodurch sich eine starke nichtlineare Teilung der Skala ergibt. Durch eine geeignete Formgebung der Bleche kann die Skaleneinteilung jedoch weitgehend linearisiert werden. Zur Dämpfung wird meist das Prinzip der → *Luftdämpfung* benutzt.

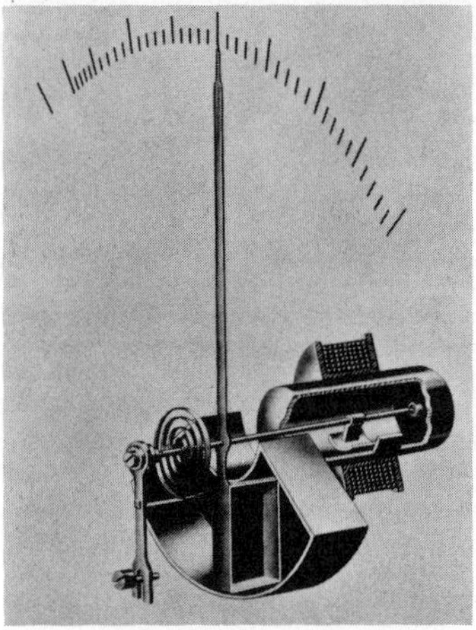

Drehgeschwindigkeitsgeber → *induktive Geber.*

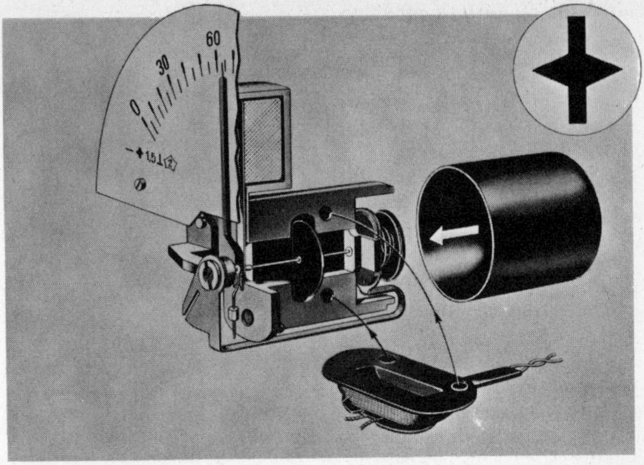

Drehmagnetmeßwerk Prinzipiell stellt das Drehmagnetmeßwerk die Umkehrung des → *Drehspulmeßwerks* dar. Als bewegliches Teil ist hier auf der Zeigerachse ein kleiner scheibenförmiger Dauermagnet angebracht, der durch eine feststehende Spule entsprechend abgelenkt wird. Das Drehmagnetmeßwerk ist nur für Gleichstrom verwendbar, da beim Umpolen des Feldes eine Richtungsänderung des Ausschlags stattfindet. Durch geeignete Ausbildung des Drehmagneten lassen sich Skalen mit weitgehend linearem Verlauf erreichen; umgekehrt lassen sich auf diese Weise interessierende Skalenteile dehnen. Zur Dämpfung des Zeigerausschlags wird meist eine → *Luftdämpfung* eingebaut. Bei den Drehmagnetmeßwerken ist keine mechanische Rückstellung der Zeigerachse vorgesehen, sondern die Rückstellkraft wird von einem Dauermagneten (Richtmagnet) erzeugt, dessen Feld der ursprünglichen Bewegung entgegenwirkt. Gegen magnetische Fremdfelder wird das Drehmagnetmeßwerk durch einen Weicheisenmantel abgeschirmt.

Drehmaschinen-Programmierung → *AUTOPOL.*

Drehmoment-Komparator Präzisions-Wechselstrommeßgerät mit starrer Verbindung zwischen den Achsen zweier Meßwerke, von denen das eine vom Meßwechselstrom und das andere von einem Gleichstrom durchflossen wird. Die Richtung des Gleichstroms ist so, daß er in dem verwendeten elektrodynamischen oder → *Drehspulmeßwerk* ein Drehmoment erzeugt, das dem Drehmoment des mechanisch gekuppelten und vom Wechselstrom durchflossenen elektrodynamischen Meßwerks entgegengerichtet ist. Durch eine Kompensatorschaltung wird der meßbare Gleichstrom so eingestellt, daß die Drehmomente gleich groß sind (→ *Kompensator*).

Drehmoment-Motoren (torquers) sind meist Gleichstrommotoren in Flachbauweise. Sie dienen als Stellglieder bei Servo-Einrichtungen und zum Positionieren. Ihr Drehmoment entspricht genau der jeweils zugeführten Leistung.

Drehschwingungsgeber → *induktive Geber.*

Drehspulmeßgerät Meßgerät, das mit einem → *Drehspulmeßwerk* ausgerüstet ist.

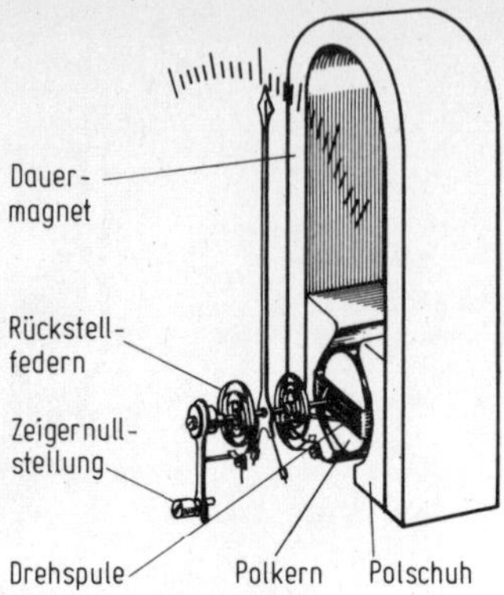

Drehspulmeßwerk Drehspulmeßwerke sind die im Schwachstrombereich am meisten verwendeten Meßwerke. Prinzipiell besteht sein bewegliches Teil aus einer rechteckigen rahmenförmigen Spule mit parallelen Drähten, die auf einem Aluminiumrahmen, um einen Weicheisen-Polkern herum, im radial-homogenen Feld eines Permanentmagneten drehbar gelagert ist. Der Meßstrom wird über zwei gegensinnig gewickelte Spiralfedern zugeleitet, die gleichzeitig das Richtmoment liefern und im stromlosen Zu-

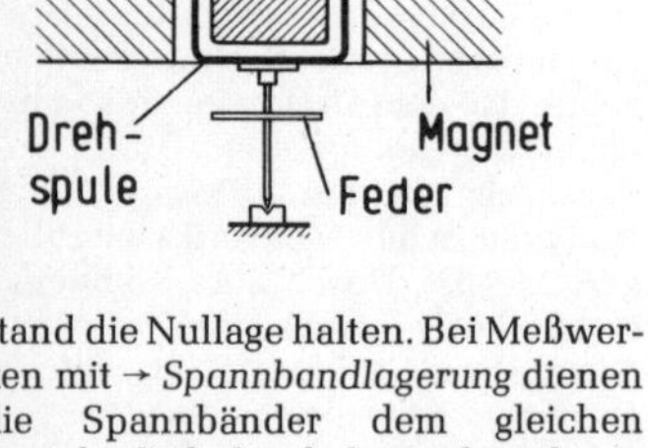

stand die Nullage halten. Bei Meßwerken mit → *Spannbandlagerung* dienen die Spannbänder dem gleichen Zweck. Fließt durch die Drehspule ein Strom, so entsteht ein Drehmoment, das die Spule soweit um ihre Achse dreht, bis es durch das von den Spiralfedern bzw. den Spannbändern (Torsion) erzeugte Drehmoment ausgewogen ist. Die Dämpfung des Meßwerks erfolgt elektrodynamisch, d. h. durch die während der Bewegung der Drehspule induzierten Ströme (→ *Spulendämpfung*). Die Verdrehung wird durch einen Zeiger auf der Skala zur Anzeige gebracht. Da die Richtung des Drehmoments von der Stromrichtung abhängig ist und nur eine Drehrichtung zugelassen ist, können Drehspulmeßwerke nur zur Messung von Gleichströmen benutzt werden.

Drehspulquotientenmeßwerk Sonderform des → *Drehspulmeßwerks*, das als normales Drehspulmeßwerk oder als → *Kernmagnetmeßwerk* aufgebaut sein kann. Hierbei befinden sich auf dem drehbar angeordneten Rahmen zwei fest miteinander verbundene, sich kreuzende und um einen bestimmten Winkel verdrehte Spulen im Feld eines Dauermagneten. Bei gleichen Wicklungen der gegeneinandergeschalteten Spulen ist die Anzeige nur vom Verhältnis (Quotienten) der beiden Meßströme abhängig. Man nennt solche Meßwerke auch einfach Quotientenmeßwerk oder Verhältnismeßwerk. Technisch wird das Drehspulquotientenmeßwerk als → *Kreuzspulmeßwerk* oder → *T-Spulmeßwerk* ausgeführt.

Drehzahlgeber Impulsgeber, der pro Umdrehung eine definierte Anzahl von Impulsen abgibt. Bei elektro-optischen Meßverfahren wird hierzu an die Welle, deren Drehzahl zu messen ist, eine Schlitzscheibe mit z Schlitzen (inkrementaler Geber mit z Dunkelmarken) angeflanscht, die sich im Strahlengang einer Lichtschranke befindet. Jedesmal, wenn ein Schlitz (Dunkelmarke) die Lichtschranke passiert, entsteht am Ausgang des Gebers ein Impuls. Bei induktiver Messung benutzt man statt der Schlitzscheibe ein zahnradähnliches Gebilde mit z Erhöhungen auf seinem Umfang, die die Induktivität des benutzten Meßwertaufnehmers verändern und durch die Induktivitätsänderung einen Impuls hervorrufen. Beim Kfz mit Ottomotoren werden die Zündimpulse zur Drehzahlmessung benutzt, wobei die Anzahl der Zündimpulse pro Umdrehung gleich der halben Zylinderanzahl ist.

Drehzahlmessung

1. Analoge Drehzahlmessung mit einem Tachogenerator, der eine sinusförmige Spannung mit drehzahlabhängiger Amplitude abgibt. Der → *Effektivwert* der Spannung ist proportional zur Drehzahl und kann mit einem Zeigerinstrument angezeigt werden.

$n \sim U_{eff}$

2. Digitale Drehzahlmessung mit Hilfe einer Einrichtung, die pro Umdrehung z Impulse abgibt. Für eine jeweils konstante Meßdauer t wird die Anzahl m der abgegebenen Impulse gezählt, die dann ein Maß für die Drehzahl ist. Für die Ermittlung der Drehzahl gilt die Gleichung

$$\frac{n}{\text{min}} = \frac{m \cdot 60}{z \cdot \frac{t}{\text{sec}}}$$

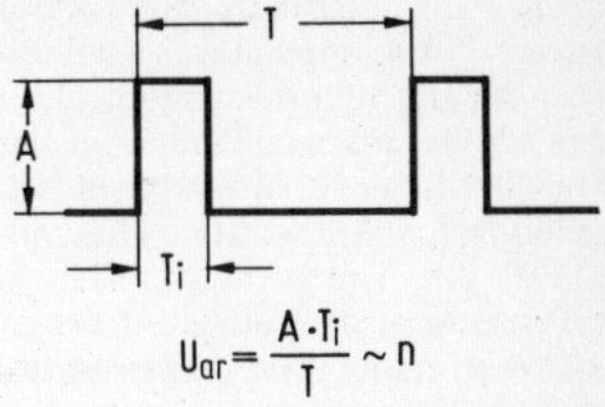

Bei entsprechender Wahl von z und t kann n direkt digital angezeigt werden.

3. Digital-analoge Drehzahlmessung. Ein → *Drehzahlgeber* gibt pro Umdrehung eine definierte Anzahl von Impulsen konstanter Impulsbreite T_i und -höhe A ab. Durch Bildung des → *arithmetischen Mittels* U_{ar} der Spannung A der Ausgangsimpulse erhält man eine drehzahlabhängige Gleichspannung, die mit einem Zeigerinstrument angezeigt werden kann.

$$U_{ar} = \frac{A \cdot T_i}{T} \sim n$$

Drei-Excess-Code = → *Stibitz-Code.*

Dreischicht-Schaltdiode (auch → *Trigger-Diode*, Zweiweg-Schaltdiode oder → *Diac* genannt) dient meist zum An-

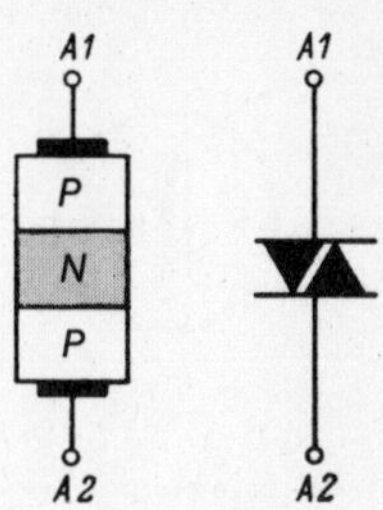

steuern von → *Thyristoren* und → *Triacs.* Der *Diac* schaltet bei Erreichen einer bestimmten Blockierspannung durch.

Drift Unbeabsichtigte, im allgemeinen langsame und einseitig gerichtete Wertänderung einer fest vorgegebenen → *Größe* innerhalb einer festgelegten Zeitdauer, z. B. Langzeitdrift, Kurzzeitdrift. Die Drift ist im allgemeinen von der Temperatur abhängig, z. B. Temperaturdrift eines → *Rechenverstärkers* oder Frequenzänderung eines Oszillators.

Driftgeschwindigkeit v Geschwindigkeit, mit der sich Ladungsträger unter Einwirkung eines → *elektrischen Feldes* bewegen.

$v = b \cdot E$

mit b = → *Beweglichkeit* und E = elektrische Feldstärke.

Drift-Transistor Transistor, bei dem die Dotierung der Basisschicht vom Emitter in Richtung auf den Kollektor stark abnimmt. Durch diese Widerstandsänderung entsteht in der Basisschicht ein die Ladungsträger treibendes Feld (Drift-Feld), so daß deren Laufzeit kürzer wird (höhere Grenzfrequenz). – Das hochohmige Germanium-Basisplättchen wird auf der Emitterseite niederohmig gemacht (Eindiffundieren von Arsen, Einlegieren von Blei-Gallium-Pillen), wodurch die abnehmende Dotierung entsteht.

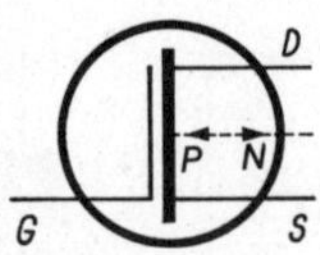

drop in, drop out [~ Ein- bzw. Ausfall] bedeuten Fehler in oder auf einer Magnetschicht (vorzugsweise bei Magnetband), die einen Impuls vortäuschen bzw. ihn wegfallen lassen.

DRO-Speicher (= **d**estructive **r**ead**o**ut) = zerstörendes Auslesen ist das Kennzeichen fast aller magnetischen und elektronischen Speicher. Die → *Information* muß sofort neu eingespeichert werden, falls noch benötigt.

Drossel, vormagnetisierte = → *Magnetverstärker.*

Drosselspulen Spulen mit und ohne Eisenkern, sind Blindwiderstände in Wechselstromkreisen, die in Drosselketten und Siebgliedern Verwendung finden. Je nach ihrer Dimensionierung ist ihr Wechselstromwiderstand, der sich u. a. nach der Frequenz richtet, größer oder kleiner.

Drosseltyp heißen bei → *Feldeffekt-Transistoren* die selbstleitenden Typen, deren Source-Drain-Strom durch eine entsprechende → *Gate*-Spannung gedrosselt werden muß (wie Anodenstrom durch Gitterspannung).

Druck Pa 1 Pascal ist gleich dem auf eine Fläche gleichmäßig wirkenden Druck, bei dem senkrecht auf die Fläche 1 m^2 die → *Kraft* 1 N ausgeübt wird.

druckempfindliche Transistoren → *Pitran,* → *Schottky-Druckschalter.*

Drucker dienen zur Ausgabe von Programmen oder Daten auf Papier. Es gibt Drucker mit Walzenführung (für normales Schreibmaschinenpapier) oder mit Traktorführung (für seitlich gelochtes Papier). Die Traktorführung wird für Formular- und Etikettendruck verwendet, während die Walzenführung für Textverarbeitungszwecke bevorzugt wird. Beim Papier

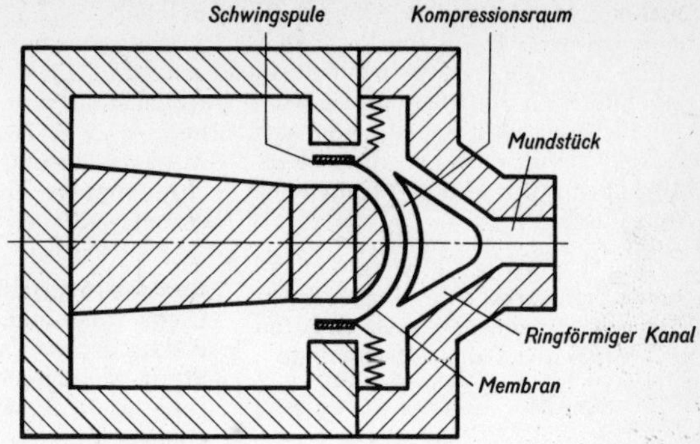

Druckkammer-System: Schnitt durch ein Kompressorsystem

unterscheidet man zwischen Thermodruckern, die das relativ teure Thermopapier benötigen, aber sehr leise arbeiten, Metallpapier-Druckern, die mit aluminiumbeschichtetem Papier arbeiten und vor allem in kleineren Geräten zur automatischen Protokollierung zu finden sind, und Normalpapierdruckern, die zwar am universellsten, aber auch am lautesten sind. Unterschiedlich ist auch die Art der Zeichenerzeugung. Es gibt Normalpapierdrucker mit Typenrad oder Kugelkopf, die mit einer Geschwindigkeit zwischen 8 und 40 Zeichen pro Sekunde arbeiten. Viel schneller sind die Matrixdrucker, die es für Normalpapier, Thermo- und Metallpapier gibt. Sie erreichen Geschwindigkeiten bis zu etwa 100 Zeichen pro Sekunde. Jedes Zeichen ist dabei aus einer Punktmatrix (z. B. 5 x 7 Punkte, bei besseren Geräten auch 7 x 9 und mehr Punkte) zusammengesetzt. Computer und Drucker werden über eine spezielle → *Schnittstelle* verbunden, wofür es mehrere Normen gibt (V. 24, RS 232, IEC-Bus, Centronics, TTY).

Drucker, geräuschloser bildet jedes Zeichen mit Hilfe von 25 Halbleiterelementen in einer → *Matrix* ab. Die angesteuerten Elemente erwärmen sich und verfärben ein darüber liegendes Spezialpapier. Weiterbewegung durch → *Schrittmotoren*, Geschwindigkeit 40 Zeichen/s. Als Geber (mit Tastatur) und als Empfänger verwendbar.

Druckkammer-System Über der Membran des Lautsprechers befindet sich ein Hohlraum (Kompressionsraum) mit geringer Luftschichtdicke. Von diesem gelangen die Schallwellen über einen oder mehrere Kanäle zum Mundstück, dessen Querschnitt relativ klein ist (kleiner als die Membranfläche). An das Mundstück ist ein Trichter angesetzt: → *Exponentialtrichter*, dem man meist eine besondere Form gibt, um seine Länge zu verkürzen (Falttrichter, Reflextrichter).

Drucksensor → *Dehnungsmeßstreifen*.

DTL(Z) = → *Dioden-Transistor-Logik* (Z = mit Z-Dioden).

Dual-Gate-MOS-FET = → *Doppel-Gate-FET*.

Dual-in-line-Gehäuse ~ Doppelreihen-, deutsch: Doppellinien-Gehäuse, d. s. Flachgehäuse mit nach unten abgewinkelten Blechfahnen. Sie wurden für integrierte Schaltungen entwickelt, um sie steckbar zu machen, und haben z. B. 8, 14 oder 18 und mehr Anschlüsse.

Dualrechenwerke führen alle Rechnungen im reinen → *Dualsystem* durch und verwenden dabei verschiedene → *Codes* (→ *Dezimalrechenwerke*).

Dualsystem verwendet die Ziffern 0 und 1. Es beruht auf Potenzen von 2 (→ *Dezimalsystem*), die nach ihrer Größe nebeneinandergestellt werden, also: ... $2^7\ 2^6\ 2^5\ 2^4\ 2^3\ 2^2\ 2^1\ 2^0\ 2^{-1}\ 2^{-2}\ 2^{-3}$ usw. An jeder Stelle wird durch 0 oder 1 angegeben, ob die betr. Zahl vorkommt. Es bedeutet also: 10111,111 = $1x2^4$, $0x2^3$, $1x2^2$, $1x2^1$, $1x2^0$, $1x2^{-1}$, $1x2^{-2}$, $1x2^{-3}$ = 16 + 4 + 2 + 1 + 0,5 + 0,25 + 0,125 = 23,875. Das ergibt zwar längere Ziffernreihen, hat aber den Vorteil, daß 0 und 1 sich elektrisch durch „Aus" und „Ein" darstellen lassen und daß ein elektronisches Ziffern-Rechengerät (Digitalgerät) mit diesen Ziffern rechnen kann.

Um bei größeren Zahlen auf kürzere Ziffernreihen zu kommen, hat man sog. → *Codes* erfunden, die zwar auch mit 0 und 1 arbeiten, aber die Ziffernreihen verkürzen. Man schreibt dafür allerdings meist L und H (**L**ow und **H**igh).

Dual-Transistor andere Bezeichnung für → *Doppeltransistor*.

Dunkelsteuerung Der Abtaststrahl in Aufnahmeröhren darf in den Zeiten, in denen er vom Zeilenende zum Anfang der nächsten Zeile und ebenso vom Halbbildende zum Anfang des nächsten Halbbildes zurückgeführt wird, keine Werte des Bildinhalts aufnehmen. Deshalb wird er für diese Zeit auf den Schwarzwert (75 %) gesteuert. Das gleiche gilt für den Elektronenstrahl in der Bildröhre (→ *Austastsignal*). Während der Zeit der Dunkelsteuerung werden die Synchronimpulse übertragen (→ *Synchronsignal*).

Dunkelstrom heißt der durch ein betriebsmäßig angeschlossenes fotoelektronisches Bauelement fließende Strom, solange es unbelichtet ist. Er setzt sich zusammen aus einem Gleichstrom- und einem Rauschanteil.

Dunkelwiderstand Widerstandswert eines unbeleuchteten Fotowiderstandes.

Dünnfilm-Fotoelemente (Sperrschichtzellen) können Satelliten aufgerollt mitgegeben werden. Im Weltraum kann man dann große Flächen entfalten und hat damit brauchbare Stromquellen. Sie sind auch unempfindlich gegen die Strahlung im Weltraum.

Dünnfilm-Leuchtanzeige = → *LEF-Anzeige*.

Dünnfilm-MOS-FET wurden in Amerika durch Vakuumbedampfung von Mylar-Streifen mit Tellur oder auch Cadmium-Selenid hergestellt. Als Isolator wurde Silizium-Monoxid verwendet. Ihre Qualität ist aber umstritten.

Dünnfilm-, Dünnschicht-Schaltungen haben Schichten von Leitermaterial auf dünnen Plättchen aus Glas oder Keramik (→ *Cermet*) mit Schichtdicken zwischen < 10 nm und ~ 3 µm. Man verwendet Kohleschichten, Nikkel-Chrom-Legierungen, Zinnoxid-, Tantal- und Nickelschichten, die teils aufgedampft, teils chemisch oder auch durch Katodenzerstäubung aufgebracht werden, also Hochvakuum-Anlagen erfordern. Sie waren Vorläufer der → *integrierten Schaltungen*, haben aber noch heute Bedeutung, wo es sich um maßgeschneiderte kleinere Serien handelt. Außerdem kann man bei ihnen Widerstände, Kondensatoren und sogar Induktivitäten mit einbauen.

Dünnschichtspeicher haben magnetische Ni-Fe-Schichten von ~ 0,04 mm Dicke mit magnetischer Vorzugsrichtung, die infolgedessen → *Zykluszeiten* im Nanosekunden-Bereich (= 1/1000000000 s) aufweisen. Die Schichten werden z. T. auf Glasplättchen, z. T. auf Drähte (z. B. 0,38 mm ∅) aufgebracht. Meist bringt man auf einem Plättchen 200 . . . 300 kleine Punkte mit ~ 0,000003 cm Dicke an und darüber gekreuzte Drähte zum Speichern und zum Lesen. Das Ganze ist etwa eine → *Matrix* im Miniaturmaßstab, und genau wie dort werden viele solcher Plättchen zu Speichern zusammengestellt.

Dünnschicht-Triode Steuerbares Halbleiter-Bauelement, in dem der Strom, der zwischen zwei Anschlüssen des Halbleiter-Bauelementes fließt, ähnlich wie beim Oberflächen-Feldeffekt-Transistor mit einem elektrischen Feld gesteuert wird.

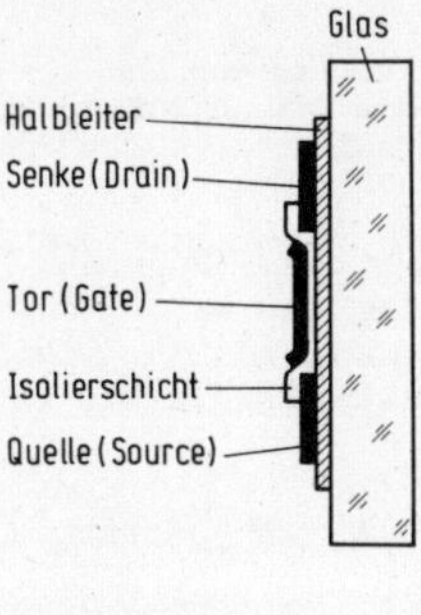

Das System einer Dünnschicht-Triode besteht aus äußerst dünnen Schichten, die auf einen isolierten Träger, z. B. Bor-Silikat-Glas aufgebracht sind. Als Halbleitermaterial wird z. B. Cadmium-Sulfid verwendet, das als dünne (nicht einkristalline Schicht) auf den Träger aufgedampft wird. Im Bild ist ein Beispiel für eine Dünnschicht-Triode dargestellt.

Dünnschicht-Trioden eignen sich besonders gut für integrierte Schaltungen.

Duodioden waren Röhrendioden mit zwei Anoden, die z. T. mit gemeinsamer, aber auch mit getrennten Katoden geliefert wurden.

Duplex ermöglicht im Gegensatz zu → *Simplex* bei drahtgebundenen oder drahtlosen Verbindungen mit Hilfe von zwei Übertragungskanälen die gleichzeitige Übermittlung von Sprach-, Bild- oder Datensignalen in beiden Richtungen.

Durchbruch in Halbleitern und durch Halbleitersperrschichten Lawinenartiges Anwachsen des Sperrstrombetrages. Man unterscheidet je nach Ursache drei Durchbrucharten.

1. Der eigentliche elektrische Lawinendurchbruch besteht im Erzeugen von weiteren Elektronen-Löcherpaaren durch schon vorhandene freie Ladungsträger aufgrund von hohen Driftgeschwindigkeiten (→ *Avalanche-Effekt*).

2. Zener-Durchbruch ist ein elektrischer Durchbruch, der mit dem Herausreißen von Elektronen aus ihren Bindungen durch ein hohes elektrisches Spannungsgefälle gegeben ist (→ *Zener-Effekt*).

3. Punch-through-Durchbruch. Die Sperrschicht dehnt sich mit steigender Spannung aus (Sperrschicht-Atmung). Berührt dabei z. B. die Kollek-

tor-Sperrschicht die Emitter-Sperrschicht, dann entsteht dieser Durchbruch.

Außerdem gibt es noch den Wärmedurchbruch. Dieser beruht auf der thermischen Paarerzeugung: Unter dem Einfluß einer sonst für den Durchbruch noch zu niedrigen Spannung kommt es zu einem lawinenartigen Durchbruch.

Während rein elektrische Durchbrüche die Sperrschicht im allgemeinen nicht schädigen, kann ein Wärmedurchbruch sie zerstören. Elektrische Durchbrüche können jedoch infolge einer durch den hohen Sperrstrom bewirkten Erwärmung in Wärmedurchbrüche übergehen.

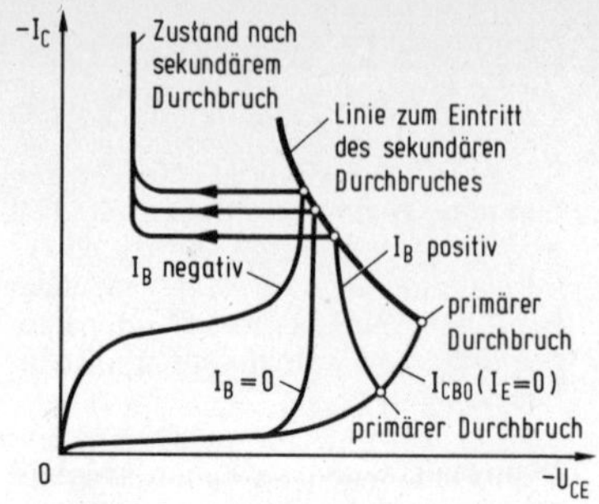

$I_C(U_{CE})$-Kennlinien eines PNP-Transistors mit zwei Beispielen für einen ersten (primären) und drei Beispielen für einen zweiten (sekundären) Durchbruch

Durchbruch in Transistoren Für Transistoren unterscheidet man zwischen erstem und zweitem Durchbruch. Beide Durchbrüche sind die Folgen eines zu hohen Betrages der Kollektor-Emitter-Spannung.

Der *erste Durchbruch*, der reversibel ist, besteht darin, daß mit zunehmendem Kollektorstrom die Kollektorspannung nach einem zuvor stattgefundenen Anstieg mit weiter zunehmendem Kollektorstrom abzusinken beginnt. Ein solcher erster Durchschlag ergibt sich bei zu hoher Kollektor-Emitterspannung z. B. beim PNP-Transistor für einen konstant gehaltenen positiven Wert der Basis-Emitter-Spannung oder des Basisstromes oder auch für den Wert Null der Basis-Emitter-Spannung.

Der *zweite Durchbruch*, der zu einer Schädigung oder Zerstörung des Transistors führt, tritt bei höheren Kollektorstrombeträgen auf und beruht auf dem → *Einschnür-Effekt* (pinch-in-Effekt).

Durchbruchspannung heißt bei → *Dioden* und → *bipolaren Transistoren* die Spannung, bei der der Sperrstrom plötzlich steil ansteigt. Ist dieser Stromanstieg reversibel, so nennt man die Durchbruchspannung Grenzspannung. Beim Erreichen der Durchbruchspannung kommt eine Ladungsträgerlawine zustande, die die Sperrschicht durchbricht. Das Anlegen der Durchbruchspannung braucht durchaus noch nicht zu einem Zerstören der Sperrschicht zu führen (reversib-

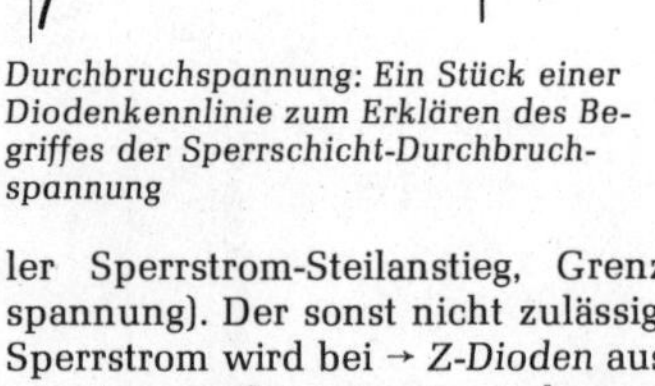

Durchbruchspannung: Ein Stück einer Diodenkennlinie zum Erklären des Begriffes der Sperrschicht-Durchbruchspannung

ler Sperrstrom-Steilanstieg, Grenzspannung). Der sonst nicht zulässige Sperrstrom wird bei → *Z-Dioden* ausgenutzt, um Spannungen zu begrenzen.

Durchflußgeber → *induktive Geber.*

Durchgriff D Kenngröße einer Elektronenröhre, die gleich dem Quotienten aus Anoden-Katoden-Kapazität C_a und Gitter-Katoden-Kapazität C_g ist.

$$D = \frac{C_a}{C_g}$$

(→ *Barkhausen Formel*)

Durchlaßrichtung

1. Nach DIN 41781 und DIN 41853 gilt für Halbleiter-Dioden und allgemein für Sperrschichtventile: Die Durchlaßrichtung ist von den zwei für das Ventil möglichen Stromrichtungen diejenige Richtung, für die das Ventil den kleineren Widerstandswert hat. Diese Festlegung trifft für alle Ventile zu, bei denen die Dotierungsgrade unter den Werten liegen, die zu einer Entartungskonzentration führen. Hierbei sind die Ventil-Anode der P-Zone und die Ventil-Katode der N-Zone zugeordnet.

2. Für Ventile beliebiger Art und Dotierung versteht man unter der Durchlaßrichtung unabhängig vom Widerstandsverhältnis die Richtung von der P-Seite nach der N-Seite der Sperrschicht, wobei auch wieder die Ventil-Anode der P-Zone und die Ventil-Katode der N-Zone zugeordnet sind. Hierbei kann für besondere Ventile und deren spezielle Betriebsbedingungen allerdings die Durchlaßrichtung die Richtung sein, zu der der höhere Widerstandswert gehört (Rückwärts-Diode, → *Tunnel-Diode*, → *Referenzdiode* unter bestimmten Betriebsbedingungen).

Die Durchlaßrichtung wird auch Flußrichtung und Vorwärtsrichtung genannt.

Durchlaßspannung Spannung an einem Ventil (an einer Diode), in Durchlaßrichtung gepolt.

Durchlaßstrom Strom, der eine Sperrschicht oder ein Ventil in Durchlaßrichtung durchfließt.

Durchlaßverlust

1. Für eine Diode die Verlustleistung, die bei Stromdurchgang in Durchlaßrichtung auf die Diode entfällt.

2. Für einen als Schalter benutzten Transistor die Verlustleistung, die auf den im Durchlaßzustand betriebenen Transistor entfällt.

Durchlaßwiderstand (Sperrschicht oder Ventil)

1. Verhältnis der an eine Sperrschicht bzw. an ein Ventil der Durchlaßrichtung gemäß angelegten Gleichspannung zum hierzu gehörenden Gleichstrom.

2. Verhältnis der Signalspannung an der Diode zu dem hierzu gehörenden Signalstrom bei in Durchlaßrichtung vorgespannter Diode (differentieller Durchlaßwiderstand).

Die Werte der Durchlaßwiderstände hängen im allgemeinen stark vom Durchlaßstrom und von der Temperatur ab.

Durchlaßwiderstand (Transistor) Anderer Ausdruck für den → *Leistungs-Innenwiderstand* des Transistors.

Durchsagekennung Beim → *ARI-System* ausgestrahltes Signal, das über eine entsprechende Schaltung für ein Durchschalten der Verkehrsdurchsage sorgt, auch wenn das Gerät Cassetten wiedergibt oder leise gestellt ist.

Durchschlag Vorgang, bei dem bei Erreichen einer maximal zulässigen Spannung – der sogenannten Durchschlagspannung – zwischen zwei voneinander isolierten Leitern oder Elektroden eine leitende Verbindung entsteht, die meist zur Zerstörung des betreffenden Isolationsmaterials führt.

D-Verhalten Differenzierendes Verhalten kennzeichnet ein → *lineares Übertragungsglied*, bei dem die → *Ausgangsgröße (t)* proportional der zeitlichen Ableitung der → *Eingangsgröße* X_e *(t)* ist (→ *D-Glied*).

D-Verstärker = → *Schaltverstärker.*

DV-Flipflop ist eine Erweiterung des → *D-Flipflops* und verringert den Aufwand gegenüber → *JK-Flipflops.*

D	D	Q_{n+1}	$\overline{Q}_{n+1}$
O	O	Q_n	$\overline{Q}_n$
O	L	Q_n	$\overline{Q}_n$
L	O	O	L
L	L	L	O

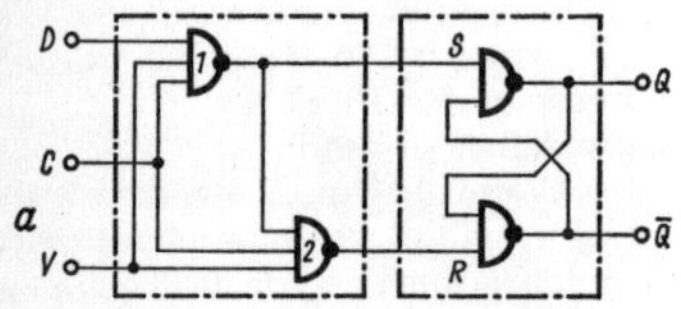

DV-Flipflop: Erweiterung des D-Flipflop zu einem DV-Flipflop

DVM = **D**igital-**V**olt**m**eter.

DV-Master-Slave-Flipflop hat die gleichen Vorteile wie das → *JK-Master-Slave-Flipflop*, ermöglicht aber einfacheren Aufbau von Zähl- und Registerschaltungen.

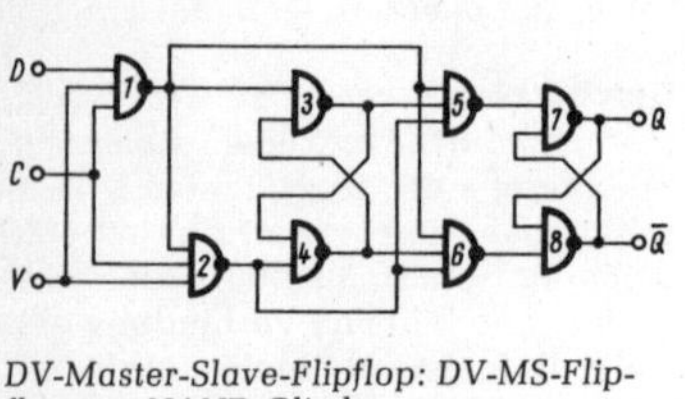

DV-Master-Slave-Flipflop: DV-MS-Flipflop aus NAND-Gliedern

DVS = **D**aten-**V**erteiler und -**S**ammler = → *Multiplexer.*

dyadisch = zweiteilig, dual.

Dynamik Wird als das Verhältnis der größten Aussteuerung zum Rauschpegel angegeben (in dB) oder als Spannungsverhältnis.

Der Dynamikbereich der Sprache umfaßt etwa 50 dB, der eines großen Orchesters etwa 75 dB.

Nach internationaler Norm soll der Rundfunk seine Sendungen mit 40 dB übertragen. Größere Dynamikwerte werden zurückgeregelt. Empfängerseitig ist eine erneute Dynamikverbreiterung möglich (→ *Dynamikregelung*).

Bei der Aufnahme beherrschen gute Mikrofone einen Dynamikumfang von 75 dB.

Dynamikregelung und Dynamikentzerrung Das menschliche Ohr vermag akustische Eindrücke aufzunehmen und zu verarbeiten, deren Schallenergien zwischen 10^{-9} und 10^{2} Watt liegen, entsprechend dem eben noch vernehmbaren Säuseln des Windes in den Blättern und dem Dröhnen schwerer Explosionsmotoren in unmittelbarer Nähe. Die Bewältigung eines solchen Dynamikumfanges stellt – vom technischen Standpunkt aus – eine außerordentliche große Leistung dar, zu der das menschliche Ohr dank des Umstandes fähig ist, daß der Stärkeunterschied von zwei Empfindungen nur logarithmisch vom Verhältnis der Reizstärken abhängt. Während das menschliche Ohr also einen sehr ausgedehnten Dynamikumfang verarbeiten kann, ist diese Fähigkeit bei elektroakustischen Geräten wesentlich beschränkter.

Überschreitet hier die Lautstärke eine gewisse obere Grenze, so treten in den beteiligten Geräten Verzerrungen auf, die zunächst die Naturtreue der Wiedergabe oder Aufzeichnung beeinträchtigen und schließlich zu Unverständlichkeit bis Unerträglichkeit des Hörbildes führen. Sinkt die Lautstärke der Originaldarbietung hingegen unter eine gewisse untere Grenze, so geht die Wiedergabe in den unvermeidbaren Störungen, wie Netzbrumm-, Film- und Nadelgeräusch u. a. m. unter. Die Breite der Dynamik, die verarbeitet werden kann, ist für verschiedene Geräte unterschiedlich.

Es gibt Musikdarbietungen, bei denen das Verhältnis zwischen den Piano- und den Fortestellen 1 : 3000 beträgt. Derartige Unterschiede lassen sich senderseitig im Rundfunk nicht meistern. Deshalb drückt man den Wert der Dynamik schon bei der Aufnahme auf 1 zu 30 bis 1 zu 50 zusammen. Diese „Dynamikkompression" verflacht den musikalischen Gehalt einer Darbietung. Man ist deshalb bestrebt, das ursprüngliche Klangbild wiederherzustellen: Dynamikentzerrung (auch Dynamikexpansion).

Zur Verminderung des Rauschens von Tonbandgeräten und Cassettenrecordern ist heute das → *Dolby*-Verfahren üblich. Eine ähnliche Entwicklung ist das → *Highcom*-Verfahren.

dynamische Kenngrößen der Regelstrecke Die wichtigsten dynamischen Kenngrößen der Regelstrecke sind die → *Verzugszeit* T_u, die → *Ausgleichszeit* T_g und der → *Übertragungsbeiwert* K_S. Sie können mit Hilfe der → *Sprungantwort* ermittelt werden.

Dynamische Konvergenzkorrektur Die Deckungsfehler der Farbbildröhre hängen nicht nur von der Ausrichtung der drei Elektronenstrahlen ab (→ *statische Konvergenz*), sondern auch von der Auslenkung zu den Bildschirmrändern (dynamische Konvergenz). Einzelheiten siehe unter → *Konvergenzkorrektur.*

Dynamische Lautsprecher Die Abb. veranschaulicht das Prinzip. Eine Schwingspule 4 taucht in den kreis-

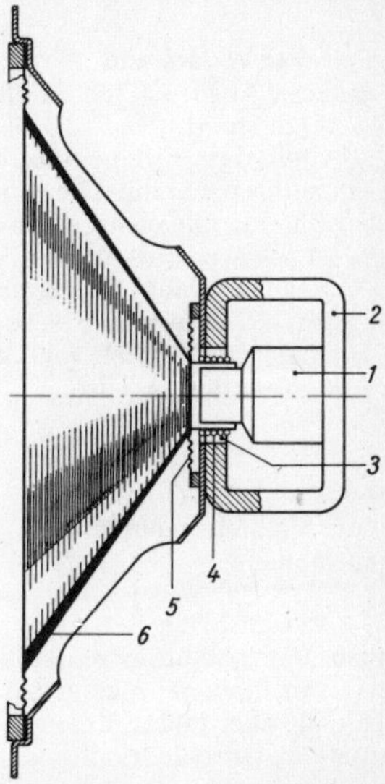

Dynamische Lautsprecher: Schnitt durch einen dynamischen Lautsprecher mit Dauermagnet

förmigen Luftspalt 3 eines Dauermagneten 1, 2. Die Spule wird durch eine Zentrierung 5 gehalten. Die der Spule zugeführten tonfrequenten Ströme rufen Feldänderungen hervor, die sich in der Bewegung der Spule äußern. Mit der Spule ist eine konusförmige Membran 6 fest verbunden.

Dynamische Mikrofone Man unterscheidet Bändchen- und Tauchspulenmikrofone. Die letzteren sind häufiger vertreten. Prinzip in beiden Fällen: ein Leiter befindet sich in einem starken Magnetfeld (zwischen den Polen eines Elektro- oder Permanent-Magneten) und wird durch auftreffende Schallwellen in Schwingungen versetzt. Im Leiter werden dabei Wechselspannungen entsprechender Frequenz erzeugt.

dynamischer Widerstand

1. Anderer Ausdruck für → *differentiellen Widerstand.*

2. Realteil der → *Impedanz* eines Bauelementes bzw. eines Netzwerkes, das sowohl von Gleichstrom als auch von Wechselstrom durchflossen wird.

3. Impedanz eines Bauelementes bzw. eines Netzwerkes, das sowohl von Gleichstrom als auch von Wechselstrom durchflossen wird.

Dynaquad Spezielles steuerbares Germanium-Halbleiterventil für hohe Schaltfrequenz.

Dynistor Vierschichtdiode; Halbleitersystem mit diodenähnlicher Charakteristik, die aber in der üblicherweise benutzten Durchlaßrichtung zwei deutlich unterscheidbare Kennlinienabschnitte aufweist, den Sperrzustand und den Durchlaßzustand. Anwendung als Schalter für relativ hohe Ströme.

Dynoden heißen die Vervielfältigungs- (oder Prall-)Elektroden in → *Sekundärelektronen-Vervielfältigern.* Sie werden aus Silber-, Aluminium- oder Kupferlegierungen hergestellt. Vervielfachungsfaktoren 4 . . . 10.

D2-MAC Farbfernsehsystem, das mit den → *Rundfunksatelliten* (TV-SAT oder TDF-1) eingeführt werden soll. Bei diesem System werden die analogen Farb- und Helligkeitsinformationen nicht mehr gleichzeitig (wie bei → *PAL*), sondern zeitlich voneinander getrennt übertragen, wodurch die gegenseitige Beeinflussung von Helligkeits-, Farb- und Tonsignalen von vornherein vermieden wird. Infolgedessen hat das Oszillogramm eines D2-MAC-Signals auch ein völlig anderes Aussehen als dasjenige eines PAL-Signals.

Die Übertragung einer Zeile beginnt mit digitalen Daten von 11 µs Dauer. Sie enthalten neben verschiedenen Begleittönen Zusatzinformationen sowie Signale zur Bildsynchronisierung. Auf eine 500 ns lange Klemmperiode folgt für ca. 17 µs die Farbinformation und schließlich für ca. 35 µs die Helligkeitsinformation; zusammen ergeben sich dafür 64 µs. Das ist im Vergleich zum „normalen" PAL-Bild erheblicher weniger. Dort sind beide Signale jeweils mindestens 50 µs lang.

Bei genauer Betrachtung fällt darüber hinaus auf, daß die Farbinformation gegenüber der Helligkeitsinformation noch zusätzlich gestaucht ist. Die Notwendigkeit, durch die sequentielle Übertragung die Bildinformation für eine Zeile auch innerhalb der Dauer einer Zeile übertragen zu müssen, macht die zeitliche Kompression der Signale erforderlich. Macht im gewöhnlichen Fernsehbild z. B. eine sinusförmige Helligkeitsverteilung, die fünf Perioden innerhalb des Fensters einer aktiven Zeile aufweist, in 10 µs eine volle Schwingung, so beträgt ihre Frequenz also 100 kHz. Bei D2-MAC muß der gleiche Vorgang innerhalb von 34 µs ablaufen: die Frequenz beträgt somit 150 kHz. Das ergibt einen Kompressionsfaktor von 1,5 für das Helligkeitssignal und zugleich einen um den Faktor 1,5 erhöhten Bandbreitebedarf.

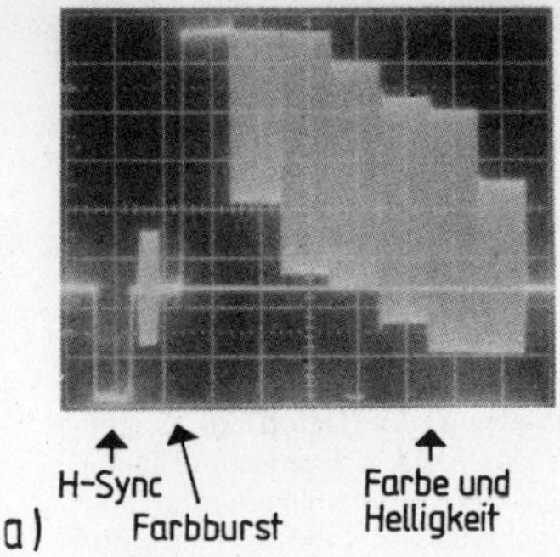

D2-MAC

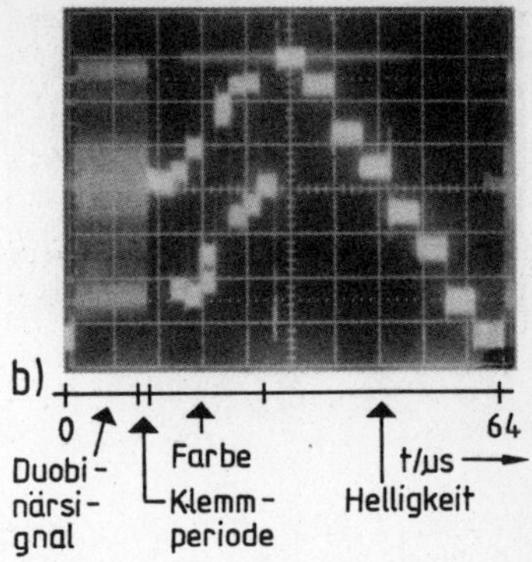

a = Oszillogramm eines PAL-Signals; b = Oszillogramm eines D2-MAC-Signals.

Ähnlich geht man beim Farbsignal vor. Da das menschliche Auge Farbkonturen nicht so gut auflöst wie Helligkeitskonturen, kommt man hier im Prinzip mit einer geringeren Bandbreite als für die Helligkeitsinformation aus. In der Praxis verwendet D2-MAC für die komprimierten Farbsignale die gleiche Bandbreite wie für die komprimierten Helligkeitssignale, hat aber den höheren Kompressionsfaktor von 3.

Bild- und Tonverarbeitung im D2-MAC-Decoder.

Die Systembandbreite für das Bildsignal beträgt 8,4 MHz, wovon für die Helligkeitssignale 5,6 MHz und für die Farbinformation 2,8 MHz nutzbar sind. Die Tonübertragung erfolgt völlig digital. Die Übertragungsrate ist 1,539 MBit/s, wobei die Übertragung im Burst-Betrieb mit einer Rate 10,125 Bit/s vorgenommen wird. Das C-MAC-Verfahren überträgt im Gegensatz dazu mit einer Burst-Datenrate von 20,25 MBit/s und somit mit der doppelten Ton-Datenmenge. Mit der Übertragungsrate von 1,539 Bit/s lassen sich zwei hochwertige Stereoprogramme oder bis zu acht Kommentatorkanäle übertragen. Sie sind verschieden kombinierbar - je nach den Bedürfnissen des Programms. Beim D2-MAC-Verfahren erreicht man eine Tonqualität, die fast derjenigen der → *CD* entspricht: Übertragungsbandbreite bis 15 kHz, Störabstand von 84 dB.

E

EAROM (= **e**lectrically **a**lterable **ROM,** → *ROM*). Festwertspeicher, bei dem sich auf elektrischem Wege auch einzelne Bytes löschen lassen.

EBCD-Code ist ein erweiterter → *BCD-Code* mit jeweils 8 Stellen (→ *Byte*), das ergibt $2^8 = 256$ Möglichkeiten.

ECC (= **e**rror **c**orrection **c**ode) Fehlerkorrektur-Code zum Korrigieren verfälschter Zeichen. Möglich ist hierbei auch die Rekonstruktion der richtigen Zeichen (Bits).

Eccles-Jordan-Trigger = bistabiler → *Multivibrator.*

ECCSL-Logik = emittergekoppelte Logik, die eine → *wired-OR-Verbindung* gestattet.

ECDC-Transistor Transistor mit elektrochemisch eindiffundierter Kollektorzone.

Echolote zur Feststellung der Wassertiefe bzw. Wandstärke bzw. von Materialfehlern in Wandungen, Flächen usw. senden in regelmäßigen Abständen, z. B. 50 ms, Ultraschallimpulse aus mit z. B. 200 kHz mittels eines Gebers (meist Bariumtitanat-Schwinger), der das Echo wieder auffängt und dem Empfänger zuleitet. Dieser zeigt auf Grund der Zeitdifferenz die Tiefe bzw. Stärke bis zur reflektierenden Fläche an, z. T. auf einer Skala, z. T. auf Leuchtschirm. Echolote dienen der Navigation, der Seekartografie, aber auch zur Auffindung von Fischschwärmen usw. Zur Materialprüfung → *Dickenmessung.*

Echtzeit-Datenverarbeitung bedeutet Verarbeitung der Daten im Augenblick ihres Anfalls. Das kommt insbesondere bei → *Prozeßsteuerungen,* → *Platzbuchungssystemen* u. ä. vor und bei der Steuerung von Raumfahrzeugen u. a. → *Real-Time-Datenverarbeitung.*

Echtzeituhr Batteriegepufferte, mit Hardware realisierte Uhr in einem Computer, die auch während des Ausschaltens in Betrieb bleibt. Sie läuft auch dann weiter, wenn der Prozessor gerade mit anderen Aufgaben beschäftigt ist. Im allgemeinen gehört zur E. auch eine Datumsanzeige. Die Zeitangabe kann vielfach auch für laufende Programme wie eine normale Stringvariable benutzt werden.

ECL-Schaltungen sind Logikschaltungen (in integrierter Ausführung), deren Grundschema die Abb. zeigt. Sie

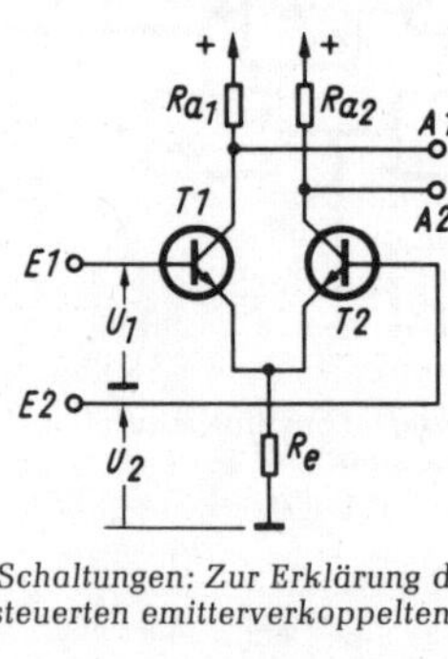

ECL-Schaltungen: Zur Erklärung der übersteuerten emitterverkoppelten Stufe

machen gleichphasig auf E1 und E2 wirkende Störungen unwirksam. → *E^2L-Schaltungen.*

ECMA Abk. für: **E**uropean **C**omputer **M**anufacturers **A**ssociation (Vereinigung Europäischer Computer-Hersteller).

ECS **E**uropean **C**ommunication **S**atellite → *Eutelsat.*

EDPM = **E**lectronic **D**ata **P**rocessing **M**achines (engl.) = → *EDV-Anlagen.*

Editor Hilfsprogramm zum Eingeben von Texten und Quellprogrammen in den Arbeitsspeicher des Computers, das ggf. auch zum Bearbeiten dieser Texte geeignet ist.

EDS (= **e**lektronisches **D**atenvermittlungs**s**ystem) Elektronische, rechnergesteuerte Vermittlung für Datennetze, die die elektromechanischen Vermittlungen ablöst.

EDSAC hieß die erste in England gebaute programmgesteuerte Datenverarbeitungsanlage.

EDVA = → *EDV-Anlage.*

EDVA-Generationen Die 1. Generation arbeitete mit → *Relais* (Zuse) und brauchte pro Rechenschritt ~ 1 ms (10^{-3} s), auch die → *ENIAC*, die 30 t wog, kann man dazu rechnen. Die 2. Generation arbeitete mit Transistoren und war zehnmal schneller (10^{-4} s). Die 3. Generation mit ICs ist durch die Verkürzung der Stromwege und die Miniaturisierung nochmals 100mal schneller (10^{-6} s = 1 Mikrosekunde).

EDVA mit Sprachausgabe (→ *Vocoder*) sind konstruiert worden, haben aber noch keine Bedeutung erlangt.

EDV-Anlagen = **E**lektronische **D**aten**v**erarbeitungs-**A**nlagen. Die erste programmgesteuerte Anlage, die diesen Namen verdient, wurde von Dr.-Ing. E. h. Konrad Zuse 1938 geschaffen. Sie arbeitete noch ausschließlich mit → *Relais*, auch die amerikanische Harvard Mark I. Die erste Anlage mit *Elektronenröhren* war die → *ENIAC* mit 18000 Röhren. Erst die Verwendung von → *Transistoren*, → *Dioden* und → *integrierten Schaltungen* führte zu allgemein brauchbaren Modellen. Insbesondere wurde durch deren Verwendung die Zuverlässigkeit beträchtlich erhöht (→ *EDVA-Generationen*). Hauptbestandteile sind → *Eingabegeräte*, → *Zentraleinheit* und → *Ausgabegeräte* und vielfach weitere Hilfseinrichtungen. Man spricht von Zentraleinheit und → *Peripherie.*

EEG = → *Enzephalogramm.*

EEPROM (= **e**lectrically **e**rasable **pro**grammable **ROM**, → *ROM*). Es wird ähnlich wie ein → *EPROM* programmiert, jedoch nicht mit UV-Licht, sondern byteweise durch elektrische Impulse gelöscht.

Effektivität Vergleichsgröße für Werkstoffe, die für den → *Seebeck-* oder → *Peltier-Effekt* benutzt werden.

Effektivwert X_{eff} einer sinusförmigen Größe x (t) ist definiert als ihr sogenannter quadratischer Mittelwert.

$$X_{eff} = + \sqrt{\frac{1}{T} \int_{0}^{T} x^2\,(t)\,dt}$$

Für die Größe x (t) kann in diese Gleichung jede beliebige Wechselgröße

z. B. eine Spannung u (t) eingesetzt werden. Der Effektivwert einer Wechselspannung bzw. eines Wechselstromes ist gleich das $1/\sqrt{2}$ fache des Scheitelwerts.

Effekt-Stereofonie Das aufgeteilte Orchester oder die sonst aufzunehmenden Schallquellen werden in größeren Abständen voneinander angeordnet und jede der Gruppen (bzw. Einzelschallquellen) getrennt aufgenommen.

EGA Abk. für **E**nhanced **G**raphics **A**dapter. Video-Interface für den IBM-PC und kompatible Rechner. Die sogenannte E.-Karte kann sowohl den Color Graphics Adapter (→ *Farbgrafikkarte*) als auch die → Monochromkarte emulieren. Die Umschaltung erfolgt softwaremäßig. Es sind auch farbige Grafikdarstellungen mit hoher Auflösung möglich, vorausgesetzt ein spezieller Monitor mit umschaltbarer Ablenkfrequenz ist vorhanden.

EIA (= **E**lectronic **I**ndustries **A**ssociation) = Verband der amerikanischen Elektronik-Industrie.

Eichen Im Sinne der Norm das amtliche Prüfen von Meßgeräten oder Maßen hinsichtlich der von den Eichbehörden festgelegten Richtlinien. Abweichend davon wird dieser Begriff im Sprachgebrauch der Meßtechnik häufig anstatt → *Kalibrieren* oder → *Justieren* verwendet, obwohl letztere gemeint sind.

Eichfehlergrenzen (eines Meßgerätes). Angabe über die größte Abweichung der Anzeige vom richtigen Wert, die nach der Eichordnung noch zulässig ist.

Eichspannung Spannung die in Meßgeräten zur Verfügung steht, um das Gerät zu → *eichen* oder besser: zu → *kalibrieren*. Vielfach besteht die Eichspannung aus einem Rechtecksignal mit definierter Impulshöhe und Frequenz. Die Genauigkeit von Amplitude und Frequenz muß angegeben sein.

Eidophor-Verfahren Ein Fernseh-Projektionsverfahren für die Größe einer Kinoleinwand. Es wird z. B. für Lehrzwecke, zum Übertragen einer Operation in den Hörsaal der Universität, verwendet. Da das Bild eines → *Projektions-Empfängers* in dieser Größe nicht mit der nötigen Leuchtdichte erzeugt werden kann, verwendet man hierzu das Licht einer üblichen Kinobogenlampe, deren Helligkeit vom Videosignal entsprechend gesteuert wird.

Eigenerwärmung Erwärmung aufgrund der elektrischen Leistung, die im Innern eines Bauteiles (z. B. eines Heißleiters, eines Transistors bzw. einer Diode) in Wärme umgesetzt wird. Bei Halbleiter-Bauelementen ändern sich aufgrund der eigenen Erwärmung die Kennwerte. Eine spezielle Folge der Eigenerwärmung der Transistoren ist der sich bei tiefen Signalfrequenzen ergebende Mitlauf-Effekt. Die Eigenerwärmung bestimmt im übrigen im Zusammenhang mit der Umgebungstemperatur den höchstzulässigen Wert der im Halbleiter-Bauelement auftretenden Verlustleistung.

Eigenfrequenz Frequenz, auf der ein ungedämpftes elektrisches oder mechanisches System schwingt, wenn es angeregt wurde.

Eigenhalbleiter Halbleiter, bei dem die Eigenleitfähigkeit die durch Fremdatome bedingte Leitfähigkeit weit überdeckt. Je höher die Temperatur eines Halbleiters ist, desto größer ist seine (für diese Temperatur geltende) Eigenleitfähigkeit, während die durch die Fremdatome bedingte Leitfähigkeit ab einer meistens ziemlich tief (d. h. unter der Zimmertemperatur) liegenden Temperatur mit weiter zunehmender Temperatur nicht mehr ansteigt. Ein Halbleiter, dessen Leitfähigkeit bei niedriger Temperatur durch die in ihm als Dotierung oder Verunreinigung enthaltenen Fremdatome bestimmt wird, kann bei höherer Temperatur als Eigenhalbleiter auftreten, wenn nämlich dessen Eigenleitung bei dieser Temperatur den Einfluß der Fremdatome überdeckt. Anderer Ausdruck: → *Intrinsic-Halbleiter.*

Eigenleitfähigkeit = → *Intrinsic-Leitfähigkeit.*

Eigenleitung Stromdurchgang durch einen nicht verunreinigten und nicht dotierten Halbleiter, bzw. einen Halbleiter im Zustand der Eigenleitfähigkeit beim Anlegen einer Spannung.

Eigenleitungsdichte Dichte der freien Elektronen und damit auch die ihr gleiche Dichte der Löcher im Intrinsic-Fall, d. h. Zahl der freien Elektronen je cm^3 bzw. die gleiche Zahl der Löcher je cm^3 im Intrinsic-Fall. Andere Bezeichnung: → *Intrinsicdichte.*

Eimerkettenschaltung Bei der E. handelt es sich um eine Schaltung zum Verschieben von Ladungen, ausgeführt als integrierte MOS-Schaltung. Darin befinden sich zwischen den Gate- und Drain-Elektroden Kondensatoren, in denen Ladungen zwischengespeichert werden. Zwei Taktleitungen werden gegenphasig angesteuert, und die Gate-Elektroden sind immer abwechselnd mit einer von beiden verbunden. Bei jedem Taktwechsel werden die Ladungen von einem zum nächsten Transistor weitertransportiert. E. werden in NF-Anwendungen als Verzögerungsschaltungen für Echo- und Halleffekte eingesetzt.

Ein-Adreß-Maschinen sind stets → *Wortmaschinen.* Sie lassen in jedem Befehl nur die Angabe einer → *Adresse* zu, die sich auf den → *Arbeitsspeicher* bezieht.

Einbauinstrument → *Meßinstrumente,* die auf Grund ihrer mechanischen Konstruktion für den Einbau in Geräte oder Schalttafeln gedacht sind.

Einchip-Computer ist ein IC, das auf einem einzigen Chip alle wesentlichen Bestandteile eines Mikrocomputers enthält, nämlich die → *CPU,* ein → *ROM* mit dem Betriebsprogramm (evtl. auch ein durch den aus Quarzglas bestehenden IC-Deckel mit UV-Licht löschbaren → *EPROM*), einen gewissen RAM-Arbeitsspeicher-Bereich sowie einige Leitungen als Ein- und Ausgänge. Der Speicherbereich ist nicht sehr groß, z. B. 1...2 KByte ROM und 64...128 Byte RAM, was aber meist ausreicht.

Eindiffusion Diffusion von → *Donator-* oder → *Akzeptoratomen* in einen Halbleiterkörper entweder aus einem Gas oder aus einem einlegierten, entsprechend dotierten Teil.

eindimensionaler Transistor Transistor-Modell, zum Erklären der Transistor-Eigenschaften. Dotierungen und Spannungen ändern sich hierbei voraussetzungsgemäß nur in der Richtung senkrecht zu den als eben und einander parallel angenommenen Zonengrenzflächen. Der Strömungsquerschnitt hat durchweg denselben Wert.

Einflußfehler Fehler, der durch unbeabsichtigte Einwirkungen aus der Umgebung eines Gerätes hervorgerufen wird. Die störenden Einflüsse können Temperaturänderungen oder magnetische und elektrische Felder sein.

Eingabegeräte für EDV-Anlagen sind → *Lochkartenleser*, → *Lochstreifenleser*, → *Lesegeräte* (Klarschriftleser) und → *Magnetbänder* und dazu → *Steuerpulte* mit Tastatur.

Alle haben bisher den Nachteil, daß sie vieltausendmal langsamer arbeiten als die → *EDVA*. Man braucht daher → *Pufferspeicher*.

Eingangs-Admittanz, innere Komplexes Verhältnis des Eingangs-Signalstromes zu der hierzu gehörenden Signalspannung des inneren Basispunktes gegen den Emitter bzw. gegen den inneren Emitterpunkt.

Eingangs-Fächerung = direkte Anschlußmöglichkeit an (weniger oder mehr) Eingangsschaltungen, z. B. bei → *RTL*-, → *DCTL*- und → *RCTL-Gattern*.

Eingangs-Grenzfrequenz Durch die Eingangs-Zeitkonstante τ_{in} gegebene Grenzfrequenz.

$$f_{in} = \frac{1}{2 \cdot \pi \cdot \tau_{in}}$$

Eingangsgröße X_e → *Größe*, → *Signal*, die am Eingang eines Übertragungsgliedes anliegt.

Eingangs-Impedanz Kehrwert der → *Eingangs-Admittanz*.

Eingangs-Kapazität, innere Zwischen innerem Basispunkt und Emitter bzw. gegen den inneren Emitterpunkt wirksame Kapazität.

Eingangs-Kennlinie Kennlinie, die den Zusammenhang zwischen Eingangs-Gleichstrom und Eingangs-Gleichspannung für festgelegte Bedingungen im Ausgang (meistens Kurzschluß- oder Leerlauffall) veranschaulicht. Beispiel: $I_B(U_{BE})$-Kennlinie für U_{CE} = const. Die Abb. zeigt beispielsweise eine Eingangskennlinie eines PNP-Transistors für Emitterschaltung.

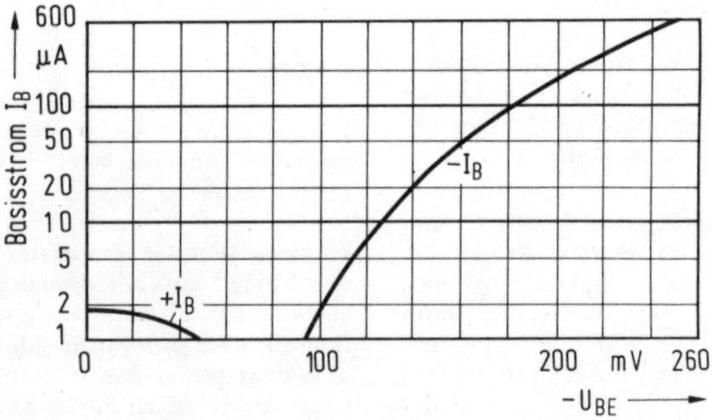

Eingangs-Kennlinie: Sie zeigt, wie der Basis-Gleichstrom von der Basis-Emitter-Gleichspannung abhängt. Aus dieser Kennlinie läßt sich für niedrige Signalfrequenzen auch der Zusammenhang zwischen den Werten der entsprechenden Signalgrößen für einen jeweils gewählten oder vorgegebenen Arbeitspunkt entnehmen

Eingangsoffsetspannung Eingangsspannung, die bei einem Operationsverstärker auf Grund der elektrischen Verschiedenheit der verwendeten Transistorpaare erforderlich ist, um die Ausgangsspannung bei einer eingestellten Verstärkung von v = 1 auf 0 V abzugleichen.

Eingangsoffsetspannungsdrift Temperaturdrift der → *Eingangsoffsetspannung* auf Grund unterschiedlicher Eigen- oder Fremderwärmung der in der ersten Stufe befindlichen Differenzverstärkerelemente. Die Eingangsoffsetspannungsdrift beträgt bei ausgesuchten Operationsverstärkern ca. 0,5 µV/°C, bei Durchschnittstypen 3 ... 10 µV/°C.

Eingangssignal Signal am Eingang eines Übertragungsgliedes oder Netzwerkes.

Eingangswiderstand (bzw. E.-impedanz) ist der, mit dem die vorgeschaltete Schaltung (Quelle) belastet wird. Er war z. B. bei Röhren z. T. sehr hoch (gleich dem Gitterableitwiderstand), wird aber bei hohen Frequenzen sehr weitgehend von der Laufzeit der Elektronen beeinflußt (elektronischer E.-W.). Die → *bipolaren Transistoren* hatten sehr niedere Eingangswiderstände ($10^4 \ldots 10^6\ \Omega$ in Emitterschaltung, $10^5 \ldots 3 \cdot 10^5\ \Omega$ in Kollektorschaltung), die der → *unipolaren Transistoren* sind dagegen wieder sehr hoch ($\sim 10^{12} \ldots 10^{15}\ \Omega$).

Einheiten Man versteht darunter die zu ihrer quantitativen Erfassung nötige Größenbezeichnung einer physikalischen Größe. Ein Meßwert besteht dann aus einer Maßzahl multipliziert mit einer Einheit, wobei die Maßzahl angibt, wie oft diese Einheit in der gemessenen Größe enthalten ist. Die Einheiten sind in einem Einheitensystem festgelegt, bei dem man zwischen Grundeinheiten und abgeleiteten Einheiten unterscheidet. Die Einheiten sind im Anhang tabellarisch zusammengefaßt.

Einkristalle in der erforderlichen Größe müssen für alle Halbleiterelemente verwendet werden, da Grenzflächen im Kristall die Leitfähigkeit stören würden. Aus einer Schmelze werden in Schutzgas-Atmosphäre mit Hilfe eines Impfkristalls und einer Spezialeinrichtung lange, aus einem einzigen Kristall bestehende Stäbe ganz langsam herausgezogen. Stellen mit gestörtem Kristallgefüge sind unbrauchbar.

Einmessen → *Kalibrieren.*

Einplatinencomputer enthalten alle zur Funktion nötigen Teile auf einer Platine und werden oft zur Steuerung irgendwelcher Geräte oder Vorrichtungen eingesetzt, wie im Kraftfahrzeug, in Werkzeugmaschinen oder in Fahrkarten-Automaten. Sie werden immer dort eingesetzt, wo sie relativ komplexe digitale Schaltungen ersetzen können. Auch eignen sich Einplatinencomputer mit kleiner Anzeige und Tastatur gut zur Einarbeitung in die Mikrocomputer-Technik.

Eins-aus-Zehn-Code = $\binom{10}{1}$-*Code* bringt in jeder Zahl ein H, sonst L. Die Stellung des L ergibt die Ziffer, also: 1 = L000000000, 2 = 0L00000000..., 10 = 000000000L.

Einschaltdauer, relative Bei Schalttransistoren gebräuchliche Bezeichnung für Tastverhältnis.

Einschaltverlust Verlustarbeit im geschalteten Transistor während des Überganges von Reststrom auf die Restspannung.

Einschaltzeit (Transistor)
a) Summe aus Verzögerungszeit und Anstiegzeit.
b) Zeitspanne, in der der Kollektor-Emitter-Widerstand des vom Sperrzustand in den Durchlaßzustand gesteuerten Transistors vom Zehnfachen des zum Durchlaßzustand gehörenden Wertes auf das 1,1-fache dieses Wertes abnimmt. Das Minimum der Einschaltzeit ist die Transistor-Anstiegszeit. Dieses Minimum wird nur bei sprunghaftem Wechsel des Basisstromes von dem zum Sperrzustand auf den zum Durchlaßzustand gehörenden Wert erreicht.

Einschnüreffekt tritt bei → *bipolaren Transistoren* auf, und zwar führt das starke Spannungsgefälle innerhalb des Basisraumes bei großen Strömen durch die Basis zu starken Stromdichteänderungen entlang des Basis-Emitter-Überganges. Die Stromdichte erreicht einen maximalen Wert, was eine hohe örtliche Erwärmung bedeutet.

Einschub Auswechselbare Baugruppe eines Geräts, um es an verschiedene Aufgaben anpassen zu können oder es servicefreundlicher zu gestalten (→ *Modul*).

Einseitenband-Verfahren Bei der Modulation eines Trägers entstehen stets zwei Seitenbänder, ein oberes und ein unteres. Ein Seitenband genügt aber bereits, um der ausgestrahlten Welle die Modulationsfrequenzen eindeutig reproduzierbar einzuprägen. Durch besondere Maßnahmen kann man das andere Seitenband unterdrücken und kommt damit zum Einseitenband-Verfahren.

Das Einseitenbandverfahren wird vorwiegend im professionellen und Amateur-Kurzwellenfunk angewandt.

In der → *CCIR-Norm* arbeiten die

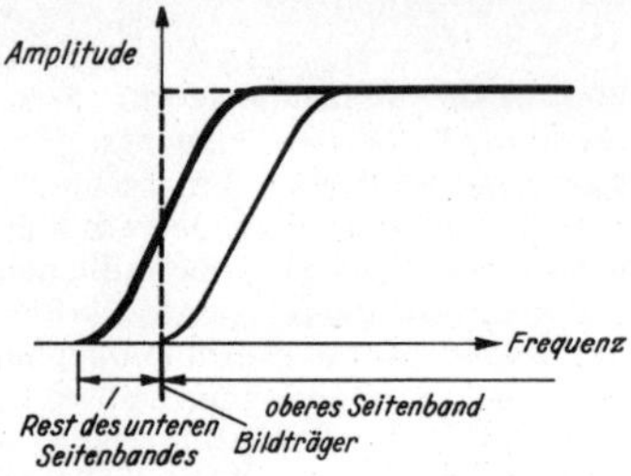

Einseitenband-Verfahren: Da Bandfilterkurven sich nicht in Idealform (gestrichelte Linie) verwirklichen lassen muß vom unterdrückten Seitenband noch ein Rest übertragen werden

Bildsender nach dem Einseitenband-Verfahren, während die Tonsender beide Seitenbänder ausstrahlen. Man erreicht dadurch, daß der Bildsender mit einem fast nur halb so breiten Frequenzband auskommt, und man kann entsprechend mehr Sender unterbringen.

Wie die *Abb.* zeigt, bleibt ein Rest des unteren Seitenbandes erhalten. Der gestrichelte Kurvenverlauf zeigt das Ideal, die schwach ausgezogene Kurve den Verlauf einer realisierbaren Resonanzkurve, die das untere Seitenband vollständig unterdrückt. Dabei geht jedoch ein Teil des zu übertragenden Seitenbandes verloren.

Man legt deshalb die Resonanzkurve so, daß die Reste des unteren Seitenbandes das im oberen Seitenband Fehlende ergänzen und so die volle Amplitude für alle Frequenzen erhalten bleibt (stark ausgezogene Kurve).

Einstein-Formel Die Einstein-Formel gibt den Zusammenhang zwischen der Ladungsträger-Beweglichkeit μ, der Diffusionskonstanten D der beweglichen Ladungsträger, der Boltzmann-Konstanten k, der elektrischen Elementarladung q sowie der absoluten Temperatur T an:

$$\frac{D}{\mu} = \frac{k \cdot T}{q}$$

Einstellzeit Zeit, die der Zeiger eines Meßwerks benötigt, um sich nach einer sprunghaften Änderung der Meßgröße auf den durch die → *Klasse* des → *Meßwerks* gegebenen Toleranzbereich einzustellen.

Einweggleichrichtung → *Gleichrichter.*

Einzelspulen-Geber → *Induktive Geber.*

EIRP (= equivalent isotropically radiated power) Die äquivalente Isotropstrahlerleistung ist diejenige Sendeleistung, die bei einem Kugelstrahler die gleiche Strahlungsintenstität bewirken würde wie die Richtantenne (Meinke-Gundlach. Taschenbuch der Hochfrequenztechnik).

EL Abk. für → *Elektrolumineszenz.*

Electrowriter = Elektroschreiber heißt ein in Amerika herausgebrachter → *XY-Schreiber,* mit dem man über Telefonleitungen Handschrift und Zeichnungen senden und empfangen kann, indem jeder Punkt durch je eine Frequenz für die X- und für die Y-Richtung übertragen und durch den XY-Schreiber sichtbar gemacht wird.

Elektret ist das elektrische Gegenstück zum Magneten. Läßt man geeignete Kunststoffe unter Einfluß eines starken elektrischen Feldes erstarren, so bleiben die molekularen Dipole ausgerichtet wie die Molekularmagnete in einem Dauermagneten, und an den Enden bleiben ein Plus- und ein Minuspol. Man hat damit Elektret-Kondensatormikrofone hergestellt, die keine Vorspannung benötigen und mit einem → *Rechenverstärker* betrieben werden können. Auch in Cassettenrecorder wurden Elektrete eingebaut.

elektrische Leitfähigkeit In Leitern ist die elektrische Leitfähigkeit gleichbedeutend mit der → *Elektronenleitfähigkeit.* In Halbleitern ist sie die Summe aus Elektronenleitfähigkeit und → *Löcherleitfähigkeit.*

Elektrischer Leitwert, S 1 Siemens ist gleich dem elektrischen Leitwert eines Leiters vom elektrischen → *Widerstand* 1 Ω.

elektrisches Feld tritt auf, wenn man zwischen zwei beliebigen Punkten eines isolierten Raumes eine Spannung anlegt. Es übt auf die sich darin befindende elektrische Ladung eine Kraft F aus, die von der Größe des Feldes E und der Ladung Q abhängt.

$$F = E \cdot Q$$

Elektrizitätsmenge (elektrische Ladung), C 1 Coulomb ist gleich der Elektrizitätsmenge, die während der Zeit 1 s bei einem zeitlich unveränderlichen elektrischen → *Strom* der Stärke 1 A durch den Querschnitt eines Leiters fließt.

Elektrode Stromleitendes im allgemeinen metallisches Bauelement (Kontakt), das den Übergang elektrischer Ladungsträger in ein anderes festes, flüssiges oder gasförmiges Medium vermittelt. Die positive Elektrode heißt Anode, die negative Katode. Zusätzlich dazu in einem elektronischen Bauelement z. B. Elektronenröhre angeordnete Metallplatten, die zum Bremsen, Beschleunigen, Ablenken, Fokussieren eines aus der Katode emittierten Elektronenstroms dienen, werden ebenfalls Elektroden genannt.

Elektrodynamische Drehgeber → *Induktions-Geber.*

Elektrodynamische Meßwerke Beim elektrodynamischen Meßwerk ist eine bewegliche Spule im Feld einer feststehenden Spule drehbar angeordnet. Ein durch die Spulen fließender Strom erzeugt ein Drehmoment, das die bewegliche Spule ablenkt, bis die Gegenkraft der – auch zur Stromzufuhr dienenden – Spiralfedern dem ursprünglichen Drehmoment das Gleichgewicht hält.

Meßwerke, die nach *Abb. 1* aufgebaut sind, werden als eisenlos bezeichnet, da für ihren Aufbau keinerlei Eisen verwendet wird. Solche Meßwerke werden von fremden Magnetfeldern stark beeinflußt, sie werden daher heute fast ausschließlich in

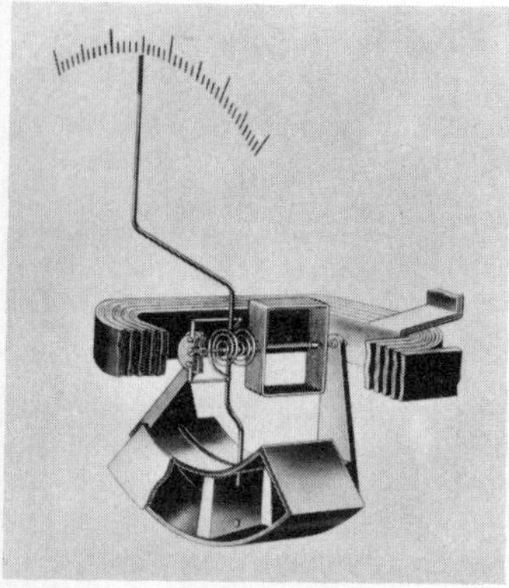

Abb. 1: eisenlose Ausführung

Abb. 2: eisengeschlossene Ausführung

astatischer Ausführung gebaut. Bei dieser Bauform sind zwei Feldspulen hintereinander angeordnet, die auf zwei hintereinander auf einer Achse sitzende Drehspulen einwirken. Die Spulen sind im entgegengesetzten Sinn in Reihe geschaltet, so daß sie durch Fremdfelder in entgegengesetztem Sinn beeinflußt werden. Eine Veränderung des angezeigten Wertes wird dadurch verhindert.

Eine Verringerung des Fremdfeldeinflusses kann auch durch Einbau der Feldspule in einen lamellierten Eisenring erreicht werden *(Abb. 2)*; diese Bauform wird als eisengeschlossen bezeichnet. Ein weiterer Vorteil dieser Form ist die Konzentrierung des Feldes durch den Eisenring; infolge der daraus resultierenden stärkeren Einstellkraft können nach diesem Prinzip große, robuste Instrumente gebaut werden.

Empfindliche elektrodynamische Präzisionsinstrumente werden teilweise auch zur Abschirmung von Fremdfeldern vollständig in ein Abschirmgehäuse eingebaut (eisengeschirmte Bauform).

Zur Dämpfung des beweglichen Organs werden bei elektrodynamischen Meßwerken das Luft- oder das magnetische Prinzip herangezogen. Da das Drehmoment des beweglichen Organs auch beim Richtungswechsel der Spulenströme die gleiche Richtung behält, sind elektrodynamische Systeme auch für Wechselstrom verwendbar.

Elektrodynamisches Quotientenmeßwerk Das bewegliche Organ dieses Meßwerks ist ähnlich dem → *Drehspulquotientenmeßwerk* als Kreuzspule ausgebildet, die im Feld stromdurchflossener fester Spulen drehbar angeordnet und mit der Zeigerachse verbunden sind. Der Strom durch die Drehspulen ist so gerichtet, daß die Drehmomente gegeneinanderwirken und sich die Kreuzspule im Feld der feststehenden Spulen so einstellt, daß beide Drehmomente gleich sind. Wie beim Drehspulquotientenmeßwerk ist der Zeigerausschlag gleich dem Quotienten aus den beiden Strömen durch die Kreuzspulen.

Elektrodynamische Tauchspulen-Geber → *Induktions-Geber.*

Elektrografie erzeugt elektrochemisch Farbpunkte und arbeitet mit einer 5 x 7-Punkt-Matrix. Von 7 in einer senkrechten Reihe angebrachten Stiften, die auf dem sich seitwärts bewegenden Spezialpapier aufliegen, erhalten jeweils die einen 1000-V-Impuls, die das Papier färben sollen. Es sind über 4 Seiten/s erzielbar (Bild → *Matrix*).

Elektrokinetische Geber Das Verhalten elektrischer Doppelschichten bildet das Wirkprinzip dieser Meßumformer. Bei einem System Flüssigkeit/Festkörper werden bei strömender Flüssigkeit die an die Wand grenzenden Ladungen der Doppelschicht festgehalten, die polar entgegengesetzten Ladungen sind dagegen leicht abzustreifen und können mit der strömenden Flüssigkeit fortgetragen werden. Die entstehenden elektrischen Spannungen sind der Strömungsgeschwindigkeit proportional. Die technische Realisierung findet man in den elektroosmotischen Gebern und den Quecksilber-Elektrolyt-Gebern.

Bei elektroosmotischen Gebern wird das Strömungspotential polarer Flüssigkeiten, wie Acetonitril, Methanol usw. gemessen, die durch poröse Platten gedrückt werden. Beim Durchgang der Flüssigkeit durch die Porenplatte wird ein Spannungsgefälle durch die Platte gebildet, welches proportional der Strömungsgeschwindig-

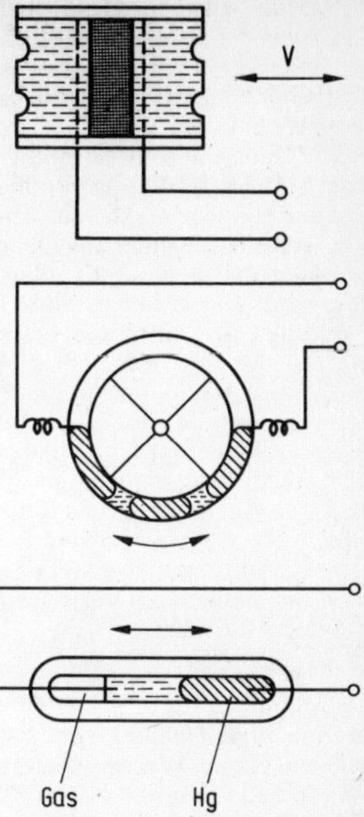

keit der Flüssigkeit durch die Platte ist. Eine Umkehrung der Durchflußrichtung bewirkt eine Polaritätsänderung. Wird auch als Beschleunigungsgeber verwendet.

Beim Quecksilber-Elektrolyt-Geber findet eine Umwandlung von mechanischer Energie in elektrische Energie statt, wenn ein System aus Quecksilber-Elektrolyt in einer Kapillare bewegt wird. Die erzeugte elektrische Spannung ist innerhalb gewisser Grenzen der relativen Verschiebung des Elektrolyten in der Kapillare proportional. Vorteile dieser Geberanordnung sind hohe Empfindlichkeit bzw. großes Ausgangssignal; nachteilig wirkt sich die relativ große Empfindlichkeit gegen mechanischen Schock aus. Verwendung dieser Geber meist als Seismometer, max. Verwendungstemperatur ca. 50°C.

Elektrolumineszenz das Leuchten einer Leuchtstoffschicht von 1/4 mm Dicke in einem Wechselspannungsfeld von 220 V, benutzt man zu Orientierungsleuchten, indem man eine Elektrode aus leitfähigem Glas o. ä. herstellt. Der von → *Destriau* entdeckte Effekt wird bisher fast nur zur Stufen- und Reihenmarkierung in Kinos, zu Leuchtschildern und Nachtleuchten benutzt. Der Energieverbrauch ist verschwindend gering und die Lebensdauer sehr hoch. Man benutzt sie heute zu → *alphanumerischen Anzeigen* → *Laser-Dioden* → *LEF-Anzeigen.*

Elektrolyt-Geber → *Ohmsche Geber.*

Elektromagnetische Geber → *Induktions-Geber.*

Elektromagnetische Lautsprecher waren die ersten L. Sie entstanden aus dem Wiedergabe-System der Fernsprecher, die mit einem Trichter versehen wurden. Heute kaum mehr verwendet. – Auch den in der Entwicklung folgenden Freischwingersystemen kommt heute keine Bedeutung mehr zu.

Der Wechselstromwiderstand der Spulen lag bei elektromagnetischen Lautsprechern zwischen 200 und 20000 Ω. Die Sprechleistung war selten größer als 1,5 W.

Elektromagnetische Tauchmagnet-Geber → *Induktions-Geber.*

Elektrometer Hochempfindliches → *elektrostatisches Meßwerk* für kleine Spannungen und Ladungen.

Elektrometerverstärker → *Ladungsverstärker.*

Elektromigration heißt das Wandern von Silber unter dem Einfluß von Gleichspannung in und zwischen Leitungszügen von → *Dünnfilm-* und → *Dickschicht*-Schaltungen.

Elektronen Mit der negativen → *Elementar-Ladung* geladene Elementarteilchen, Ruhemasse $m_o = 0{,}9108 \cdot 10^{-27}$ g.

Elektronenbeweglichkeit → *Ladungsträgerbeweglichkeit.*

Elektronenblitz → *Blitzgeräte,* → *Blitzröhren.*

Elektronen-Dichte Zahl n der freien Elektronen je Raumeinheit. Im → *Intrinsic*-Fall gilt $n = n_i$. Im dotierten Material ist $n \approx N_D$ (N_D = Donatorendichte).

Elektronenemission Befreiung von Leitungselektronen aus einem Festkörper, der dann Katode genannt wird. Damit Elektronen aus einem

Festkörper in ein ihn umgebendes Vakuum treten können, muß ihre Energie die sie bindenden Kräfte überwinden, wobei die → *Austrittsarbeit* W_0 zu leisten ist. Die Emission kann entweder durch Erhöhen der Energie (durch Wärme, Licht oder Elektronenbeschuß) oder durch Verringerung der Austrittsarbeit (Anlegen eines hohen elektrischen Feldes) bewirkt werden.

Elektronen-Energie Arbeitsinhalt des einzelnen Elektrons.

Elektronen-Gas Gesamtheit der in einem Stoff (Halbleiter oder Leiter) enthaltenen freien Elektronen, genannt → *Leitungselektronen.* Diese sind der Wärmebewegung ähnlich unterworfen wie die Moleküle eines Gases. Während bei Gasen die Moleküle elastische Zusammenstöße erleiden, ergeben sich für die Elektronen im Halbleiter und Leiter elastische Zusammenstöße vor allem mit den Atomen des Halbleiter- oder Leiter-Kristallgitters.

Elektronengehirn ist die falsche Bezeichnung für eine → *EDV-Anlage*, die nichts von sich aus machen kann, sondern stets eingegebene Befehle (→ *Programme*) braucht. Sie „denkt" auch nicht und hat keine vorgefaßte Meinung. Sie „rechnet" objektiv mit den eingegebenen Daten.

Elektronen-Leitfähigkeit Leitfähigkeit, die sich auf die freien Elektronen gründet. Die Leitfähigkeit wird vielfach in Siemens (S) für eine Länge von 1 cm und für einen Querschnitt von 1 cm^2 angegeben. Das bedeutet die Dimension $S \cdot cm^{-1} = (\Omega \cdot cm)^{-1}$. Die Elektronen-Leitfähigkeit σ ist gegeben als Produkt aus der → *Elektronenbeweglichkeit* μ_n, der Zahl n der Elektronen je cm^3 und der elektrischen Elementarladung q

$$\sigma_n = \mu_n \cdot n \cdot q$$

Elektronen-Mikroskop → *REM* und → *TEM.*

Elektronenpaarbindung → *Valenzbindung.*

Elektronenröhre Im Gegensatz zur älteren Katodenstrahlröhre ist die E. eine hochevakuierte Glas- oder Stahlröhre mit Elektroden. Dabei wird die → *Katode* bis zum Austritt von Elektronen direkt oder indirekt aufgeheizt. Die Elektronen gelangen durch ein elektrisches Feld zur → *Anode.* Durch eine spannungsgesteuerte Veränderung dieses Feldes über ein Steuergitter erreicht man eine Veränderung des Anodenstromes. Mit Hilfe eines Anodenwiderstandes, der von außen an die Anode angeschlossen wird, erhält man einen entsprechenden Spannungsabfall, der die Grundlage der mit Röhren möglichen Spannungsverstärkung darstellt. Man unterscheidet E. nach der Anzahl ihrer Elektroden.

a) Dioden haben nur zwei Elektroden (Katode, Anode). Sie werden für Gleichrichterzwecke verwendet.

b) Trioden haben drei Elektroden (Katode, Steuergitter, Anode) und dienen hauptsächlich als Verstärker- und Senderöhren.

c) Tetroden enthalten im Vergleich zur Triode noch ein zusätzliches Schirmgitter.

d) Pentoden enthalten, ergänzend zur Tetrode, noch ein Bremsgitter. Die Kennlinie von Pentoden unterscheidet sich schon erheblich von derjenigen einer Triode.

Für NF- und HF-Anwendungen bis etwa 1 GHz werden die angeführten Ausführungen praktisch nicht mehr eingesetzt. Hier wurden sie im Laufe der 60er Jahre von den → *Transistoren* ersetzt. Für hochfrequente Leistungsanwendungen gibt es noch das → *Klystron* und die → *Wanderfeldröhre.* Zu Meßzwecken dient die → *Braunsche Röhre* (Oszilloskopenröhre). Nach wie vor im Gebrauch sind Fernseh- → *Bildröhren*, speziell für Farbe die → *Lochmaskenröhre* sowie die → *Trinitron-* und → *Inline-Farbbildröhren.* Zu Bildaufnahmezwecken verwendet man vorwiegend → *Vidikons* und → *Plumbicons.*

E. haben in den → *EDVA* sehr bald die → *Relais* abgelöst. Sie ergaben erheblich höhere Geschwindigkeiten, hatten aber den Nachteil der Hitzeentwicklung und ziemlich häufige Ausfälle. Sobald daher → *Dioden* und → *Transistoren* mit genügender Zuverlässigkeit verfügbar waren, lösten diese die E. ab. Sie waren klein und entwickelten keine Wärme. Bald folgten das → *IC* und → *LSI* sowie → *VLSI*, die den Raumbedarf und die Preise noch einmal erheblich herabsetzten (→ *EDVA*-Generationen).

Elektronenschalter ermöglichen die gleichzeitige Abbildung von zwei (oder sogar vier) Vorgängen auf einem Elektronenstrahl-Oszilloskopen, indem schnell von einem zum anderen umgeschaltet und die Vorgänge übereinander abgebildet werden. Z. T. ist sogar voneinander unabhängige Verschiebung der Abbildungen möglich.

Elektronenstrahllithografie Verfahren zum Herstellen feinster Strukturen auf einem Chip, die mit der optischen → *Lithografie* nicht mehr möglich sind. Der Elektronenstrahl belichtet den Fotolack direkt. Nachteil der E. ist die längere Herstelldauer, da der Strahl die Strukturen nur seriell schreiben kann, und nicht wie beim Licht parallel erzeugt.

Elektronenstrahlröhre Im Sinne der Norm eine Vakuumröhre, in der Elektronenstrahlen durch Ablenkung und elektronen-optische Abbildung zur Signal-Bild-Wandlung verwendet werden.

Elektronen-Vervielfacher → *Sekundärelektronen-Vervielfacher.*

Elektronen-Volt Energie-Einheit, und zwar Arbeitsinhalt eines durch eine Spannung von 1 V beschleunigten Elektrons: $1\ \text{eV} = 1{,}602 \cdot 10^{-19}\ \text{W} \cdot \text{s}$.

Elektronische Abstimmung → *Kapazitäts-Dioden.*

Elektrooptischer Effekt Veränderung der optischen Eigenschaften von Kristallen beim Anlegen eines elektrischen Feldes, und zwar wird hierbei die Polarisationsebene von polarisiertem Licht um einen bestimmten von der Feldstärke abhängigen Winkel gedreht. Bringt man einen solchen Kristall zwischen zwei Polarisationsfilter, läßt sich mit Hilfe der elektrischen Spannung die Lichtdurchlässigkeit der Anordnung steuern (→ *Kerrzelle*, → *Pockelszelle).*

Elektroosmotischer Geber → *Elektrokinetische Geber.*

Elektrostatische Einheiten → *Einheiten.*

Elektrostatische Lautsprecher Zur bevorzugten Abstrahlung hoher Frequenzen verwendet man manchmal elektrostatische Systeme. Sie geben die Tiefen nicht gut wieder. Ihr Wirkungsgrad ist gering. Der elektrostatische Lautsprecher beruht auf dem Kondensatorprinzip.

Elektrostatische Meßwerke Meßwerke zur Spannungs- und Ladungsmessung. Ihr Meßprinzip beruht auf der

Coulombschen Anziehung zwischen zwei Ladungsträgern verschiedener Polarität (→ *Coulombsches Gesetz*).

Man kann sich ein solches Meßwerk als Kondensator vorstellen, dessen einer Belag feststeht, während der andere beweglich und mit einem Zeiger versehen ist. Beim Anlegen einer Spannung wird der bewegliche Belag vom feststehenden Belag mehr oder weniger angezogen und damit ein Ausschlag des Zeigers hervorgerufen.

Elektrostatische Meßwerke werden in verschiedenen Bauformen herge-

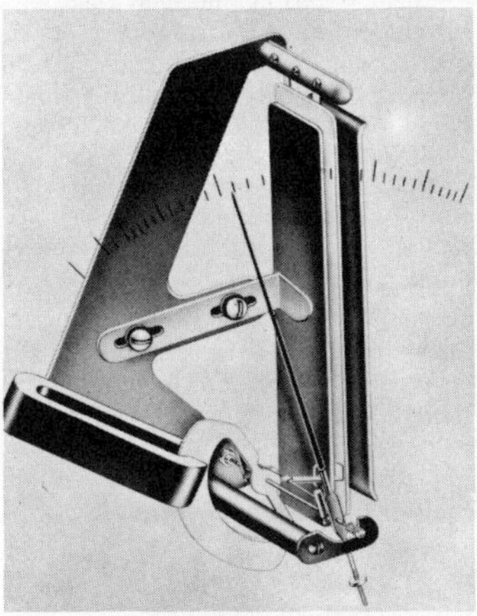

stellt, z. B. ordnet man auf einer Achse mehrere solcher Meßwerke an, um die Spannungsempfindlichkeit zu erhöhen. Zur Dämpfung werden Luftdämpfung und magnetische Dämpfung verwendet.

Der Vorteil dieser Meßwerke liegt in der praktisch leistungslosen Messung; lediglich bei Wechselstrom fließt ein geringer kapazitiver Blindstrom.

Das Hauptanwendungsgebiet für elektrostatische Meßwerke ist die leistungsarme Spannungsmessung (Laborinstrumente).

Elementarladung Kleinste einzeln beobachtete positive oder negative elektrische Ladung, deren Betrag mit dem der Ladung eines Elektrons übereinstimmt. Es gilt:

$q = 1{,}602 \cdot 10^{-19}\ \mathrm{A} \cdot \mathrm{s}$

Elementarwürfel Elementarzelle eines kubischen Kristalls, d. h. eines Kristalls vom Diamant-Typ.

Elementarzelle Kleinster Kristallbereich, der in drei Raumrichtungen regelmäßig wiederkehrt. Bei Germa-

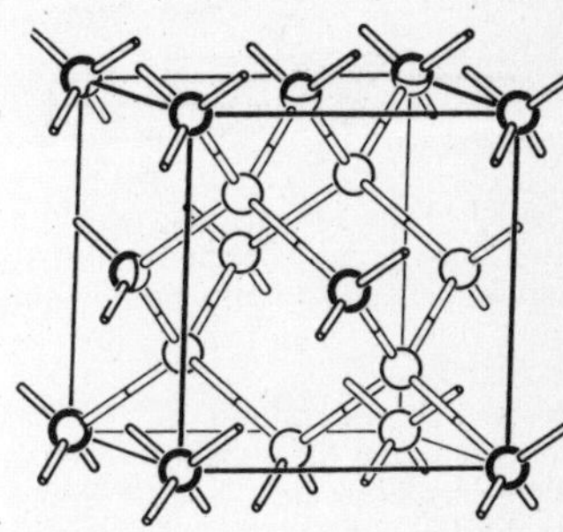

Elementarzelle: In der Abbildung die Elementarzelle eines Germanium-Kristalles. Wegen ihres Aufbaues wird diese Art der Elementarzellen auch Elementarwürfel genannt

nium ist (wie bei Diamant) die Elementarzelle ein Würfel (Elementarwürfel), dessen 8 Ecken und dessen 6 Flächenmitten mit je einem Atom besetzt sind. Diese Gitterform heißt kubisch, allseitig flächenzentriert.

ELSI (= extra large scale integration) ~ Integrierung in besonders großem Maßstab.

Emission, induzierte, bei der alle Atome im Gleichtakt schwingen, im Gegensatz zur (normalen) spontanen Emission. Benutzt man zur Erzeugung der → *Laserstrahlen.*

Emissions-Widerstand Differentieller Widerstand der → *Emitter-Sperrschicht,* im Idealfall gegeben als Verhältnis der Temperaturspannung (bei Zimmertemperatur $26 \cdot 10^{-3}$ V) zum Emitter-Gleichstrom.

Emissions-Wirkungsgrad Emitter-Ergiebigkeit.

Emitter Kurzbezeichnung entweder für die Emitterzone oder für den Emitter-Anschluß. Die *Abb.* gibt hierzu ein

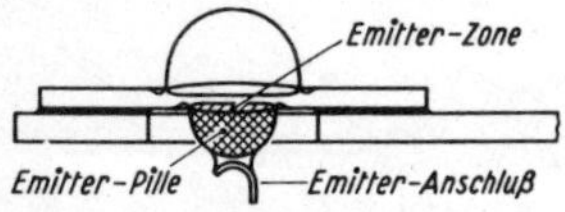

Beispiel. Das Transistorsystem besteht aus einem Germanium-Plättchen, in das Kollektor und Emitter einlegiert sind.

Emitter-Bahnwiderstand r_{Ee} Reeller Widerstand der Strombahn zwischen Emitteranschluß und Emitter-Sperrschicht. Dabei handelt es sich um einen räumlich verteilten Widerstand, der jedoch für die meisten Rechnungen und Ersatzschaltungen als konzentrierter Widerstand angenommen wird.

Emitter-Basis-Admittanz (innere) Admittanz zwischen innerem Emitterpunkt und innerem Basispunkt, wobei der innere Emitterpunkt vielfach dem Emitter-Anschluß gleichgesetzt werden kann.

Emitter-Basis-Kapazität

1. Äußere Emitter-Basis-Kapazität, meßbar zwischen Emitter- und Basis-Anschluß.

2. Innere Emitter-Basis-Kapazität zwischen Emitter-Anschluß bzw. innerem Emitterpunkt und innerem Basispunkt. Diese Kapazität ist die Summe aus der Emitter-Sperrschicht-Kapazität und der Emitter-Raumladungs-Kapazität.

Für Transistoren mit homogen dotierter Basiszone kommt praktisch allein die Raumladungs-Kapazität (meistens Diffusions-Kapazität genannt) mit etwa 500 pF in Betracht.

Für Transistoren mit eindiffundierter Basisdotierung betragen die Sperrschichtkapazität c_{ej} ungefähr 50 pF und die Raumladungskapazität (Stromkapazität) c_{eD} ebenfalls ungefähr 50 pF.

Formelzeichen für 1. c_{EB}

Formelzeichen für 2. c_{Eb} c_{eb}

Emitter-Basis-Reststrom I_{EBo} Sperrstrom der Emitterdiode bei offenem Kollektor. Gleichstrom, der als Sperrstrom bei stromlosem (offenen) Kollektoranschluß aufgrund einer bestimmten Gleichspannung fließt, die, für Sperrichtung gepolt, zwischen Emitter und Basis angelegt ist.

Emitter-Diffusionskapazität c_{eD} Durch die Diffusionsvorgänge in der Basiszone bedingte zusätzliche Kapazität der Emitter-Sperrschicht. Sie hängt (bei gegebener Dicke der Basiszone) von dem Emitter-Gleichstrom ab und ist in erster Näherung bis zur α-Grenzfrequenz frequenzunabhängig. Die Emitter-Diffusionskapazität wird auch definiert als die Kapazität, die bei einer jeweils vorgegebenen Signalfrequenz dem Imaginärteil der Kurzschluß-Eingangsadmittanz des inneren Transistors zuzuschreiben ist.

Emitter-Diffusionsleitwert g_{eD} (Reeller) Leitwert parallel zur Emitter-Diffusionskapazität.

Emitter-Diffusionswiderstand Kehrwert des → *Emitter-Diffusionsleitwertes.*

Emitter-Diode Durch die Emitter-Sperrschicht dargestelltes Ventil, wie es zwischen Emitter- und Basisanschluß zur Wirkung kommt, wenn der Kollektor-Anschluß frei bleibt. Die *Abb.* veranschaulicht die beiden Dioden, die mit den im Transistor bestehenden Sperrschichten gegeben sind. Hier ist ein PNP-Transistor zugrunde gelegt.

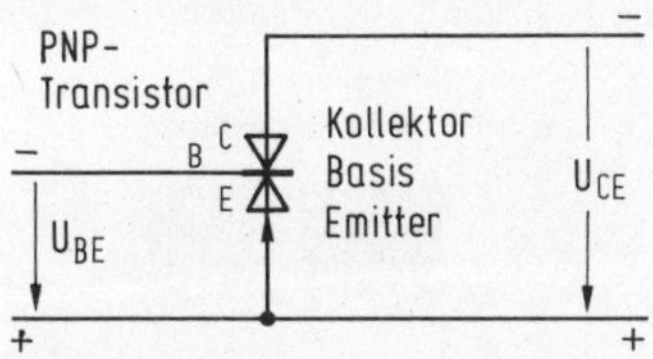

Emitter-Emissionswiderstand → *Emissionswiderstand.*

Emitter-Ergiebigkeit Verhältnis des Injektionsstromes zu dem über den Emitteranschluß fließenden Strom. Das ist der als Majoritätsträgerstrom auftretende Anteil des in der Emitterzone fließenden Gesamtstromes. Die Emitter-Ergiebigkeit liegt etwas unter 1, da in der Emitterzone ein, wenn auch sehr schwacher, Minoritätsträgerstrom fließt. Dieser Minoritätsträgerstrom trägt (ebenso, wie der durch Rekombination in der Basiszone verlorengehende Bruchteil des Emitterstromes) zum Kollektorstrom nichts bei.

Emitterfolger, -verstärker = → *Kollektorschaltung.*

Emittergekoppelte Logik-Schaltungen → *ECL-Schaltungen.*

Emitter-Grenzschicht Andere Bezeichnung für die → *Emitter-Sperrschicht.* Mit dieser Bezeichnung will man eigentlich darauf hindeuten, daß die Emitter-Sperrschicht bei stromführendem Transistor nicht im Sperrzustand, sondern im Durchlaßzustand betrieben wird.

Emitter-Kapazität Kurzbezeichnung für → *Emitter-Basis-Kapazität.*

Emitterpille Bei Transistoren mit einlegiertem Emitter etwa halbkugelförmiger angeschmolzener Teil auf der Emitterseite des Halbleitersystems. Die Atome, die hiervon in den aus Basismaterial bestehenden Halbleiterkörper eingedrungen sind, bilden dort die Dotierung der Emitterzone.

Emitterpunkt, innerer Nicht zugänglicher Punkt im Transistor vor dem, vom Emitter-Anschluß ausgehend, die Emitter-Zuleitungsinduktivität und der Emitter-Bahnwiderstand liegen.

Emitter-Raumladungskapazität C_{eD} Kapazität, bedingt durch die Raumladung des Basisraumes. Für Transistoren mit homogen dotierter Basis stimmt diese Kapazität mit der Emitter-Diffusionskapazität überein. Für Transistoren mit eindiffundierter Basisdotierung wird sie auch Stromkapazität genannt.

Emitter-Reststrom Kurzbezeichnung für → *Emitter-Basis-Reststrom.*

Emitter-Rückstrom Andere Bezeichnung für den Elektronenrückstrom des PNP-Transistors bzw. für den Löcher-Rückstrom des NPN-Transistors, d. h. allgemein für den Strom, der mit der Bewegung von Majoritätsträgern aus der Basiszone in die Emitterzone gegeben ist.

Emitter-Schaltung Transistor-Betriebsschaltung in der der Emitter dem Eingangs- und Ausgangskreis gemeinsam angehört. Dabei ordnet man den Basis-Anschluß dem Signaleingang und den Kollektor-Anschluß dem Signalausgang zu. Spannungsverstärkung mehrhundert- bis tausendfach, Stromverstärkung ~ 10- bis 200fach, Leistungsverstärkung tausend- bis zehntausendfach. Eingangswiderstand 10 . . . 10^3 Ω, Ausgangswiderstand 10 . . . 40 kΩ.

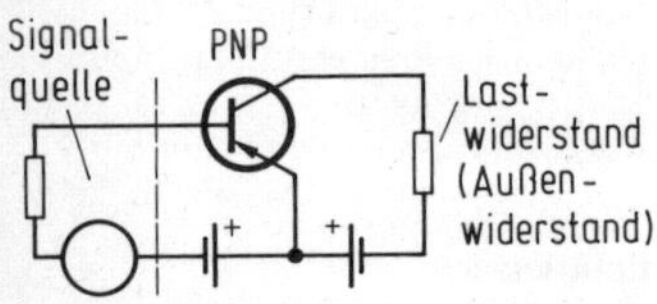

Emitter-Spannung Allgemein: Spannung, die die Emitter-Elektrode gegen eine andere Transistor-Elektrode oder auch gegen Masse aufweist. Es ist daher stets notwendig, die für die einzelne Emitterspannung geltende Bezugsstelle zu nennen (Beispiele: Emitter-Kollektor-Spannung U_{EC} und Emitter-Basis-Spannung U_{EB}). Außerdem muß in Zweifelsfällen stets angegeben werden, ob es sich um eine Gleichspannung (z. B. um eine Vorspannung) oder um eine Signalspannung handelt.

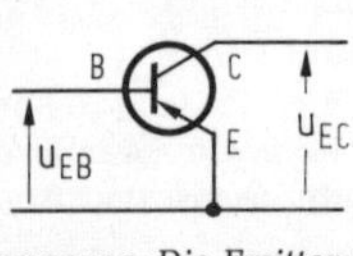

Emitter-Spannung: Die Emitter-Basis-Spannung und die Emitter-Kollektor-Spannung mit den dafür geltenden Zählrichtungen

Emitter-Sperrschicht Sperrschicht zwischen Emitterzone und Basiszone. Die Emitter-Sperrschicht hat bei stromführendem Transistor eine weit geringere Breite als die Kollektor-Sperrschicht, da hierbei die an ihr liegende Basis-Emitter-Spannung in Durchlaßrichtung gepolt ist. Bei eindiffundierter Basisdotierung erstreckt sich die Emitter-Sperrschicht beträchtlich weiter in die Basiszone als in die Emitterzone. Die Emitter-Sperrschicht ist beim normalen Verstärkerbetrieb in Durchlaßrichtung gepolt und dient dazu, Minoritätsträger in die Basiszone zu injizieren.

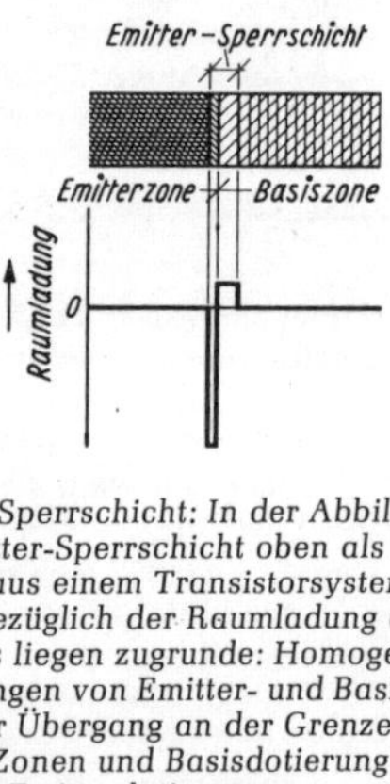

Emitter-Sperrschicht: In der Abbildung ist die Emitter-Sperrschicht oben als Ausschnitt aus einem Transistorsystem und unten bezüglich der Raumladung dargestellt. Es liegen zugrunde: Homogene Dotierungen von Emitter- und Basis-Zone, abrupter Übergang an der Grenze der beiden Zonen und Basisdotierung schwächer als Emitterdotierung

Emitter-Sperrschicht-Kapazität Kapazität zwischen Emitterzone und Basiszone. Diese Kapazität hängt von der Sperrschichtdicke ab. Die Sperrschichtdicke wird beeinflußt durch die Dotierungen beider Zonen und durch den Wert der Basis-Emitter-Gleichspannung.

Emitterstrom Über die Emitterzuleitung fließender Strom. Hierfür ist die Zählrichtung zum Emitter hin festgelegt. Der Gleichstrom-Zahlenwert ist für den PNP-Transistor dabei positiv.

Formelzeichen für den Emitter-Gleichstrom I_E

Formelzeichen für den Emitter-Signalstrom i_E

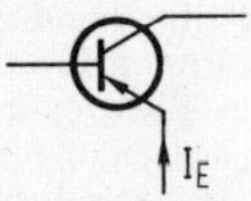

Emitter-Stromkapazität Andere Bezeichnung für → *Emitter-Raumladungskapazität* im Falle eines Transistors mit eindiffundierter Basis-Dotierung.

Emitter-Verlustleistung P_E In der Emitter-Sperrschicht in Wärme umgesetzte Leistung, gegeben als Produkt aus Emitter-Gleichstrom und Emitter-Basis-Gleichspannung.

Emitterverstärker = → *Kollektorschaltung.*

Emitter-Vorwiderstand Widerstand z. B. zwischen dem emitterseitigen Pol der Speisespannungsquelle und dem Emitter-Anschluß. *Abb. 1* zeigt einen Transistor in Emitterschaltung mit Emitter-Vorwiderstand und Basis-Spannungsteiler zum Stabilisieren des Emitter- bzw. Kollektor-Gleichstromes gegenüber Temperatur-

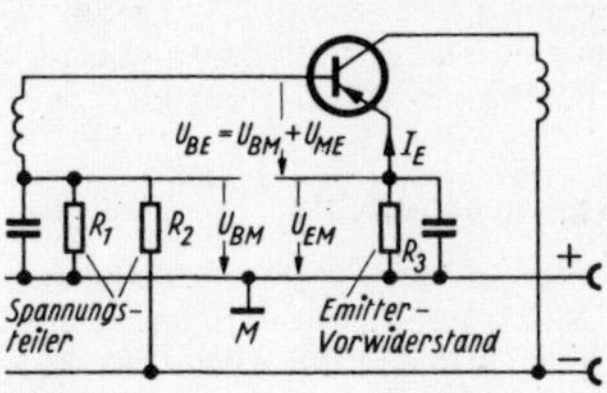

Abb. 1

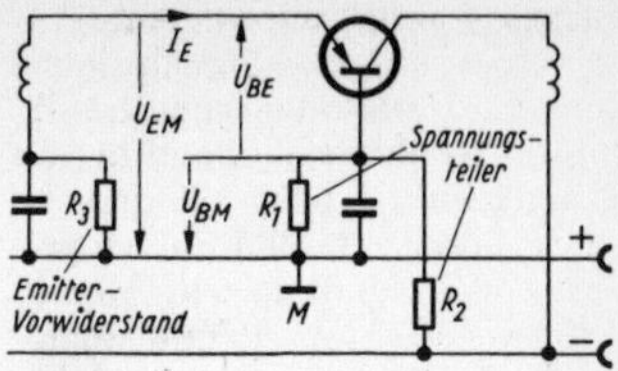

Abb. 2

schwankungen und gegenüber Exemplarstreuungen. *Abb. 2* dagegen zeigt einen Transistor in Basisschaltung ebenfalls mit Emitter-Vorwiderstand und Basis-Spannungsteiler zum Stabilisieren des Emitter- bzw. Kollektor-Gleichstromes.

Emitter-Widerstand

1. → *Emitter-Bahnwiderstand*
2. → *Emitter-Vorwiderstand*
3. Gelegentlich für → *Emissions-Widerstand* verwendeter Ausdruck.

Emitter-Wirkungsgrad → *Emitter-Ergiebigkeit.*

Emitter-Zeitkonstante Eingangs-Zeitkonstante des Transistors.

Emitter-Zone

1. An die Basiszone emitterseitig unmittelbar angrenzender Bereich eines Transistorsystems. Die basisseitige Begrenzung ist durch die Fläche gegeben, an der die Dotierung zwischen N-Typ und P-Typ wechselt. Die notwendige Dicke der Emitterzone braucht die Dicke des emitterseitigen Teiles der Emittersperrschicht nur wenig zu übersteigen.

2. Zone, die zusätzliche Minoritätsträger in die Basiszone injiziert. Aufgrund dieser Definition kann als Zonengrenze anstelle des PN- bzw. NP-Überganges eine der beiden Grenzflächen der Emitter-Sperrschicht angesehen werden.

Empfänger wandelt die von einer Antenne aufgenommenen Signale, meist von einem HF-Sender abgestrahlte modulierte HF-Schwingungen, in eine für Aufzeichnung oder Wiedergabe geeignete Form um. Man unterscheidet je nach Verwendung z. B. → *Rundfunkempfänger*, → *Amateurfunkempfänger*, → *Richtfunkempfänger* und → *Überwachungsempfänger*.

Empfindlichkeit Angabe bei Meßgeräten, die aussagt, welche Änderung der Meßgröße erforderlich ist, um eine Änderung der Anzeige beobachten zu können.

EMUF (= Einplatinen-Mikrocomputer für universelle Festprogrammanwendung) Ein von der Zeitschrift MC entwickelter → *Einplatinencomputer*, dessen Programmierung auf preiswerten Tischcomputern möglich ist.

Emulation bedeutet in der Computertechnik, daß ein Computer die Funktionen eines anderen Gerätes per Software simuliert. Die Emulation von beim Benutzer gerade nicht vorhandenen Geräten mit einem Computer hat beim Testen von Baugruppen in der Fertigung große Bedeutung.

Emulator (engl., wörtlich: Nacheiferer, Nachahmer) ist ein Gerät, das Programme der älteren für die jüngere → *EDVA-Generation* verwendbar macht.

Encoder sind Vorrichtungen zur → *Codierung*.

Endempfindlichkeit → *Anfangsempfindlichkeit*.

Endtransistor Leistungstransistor für eine Endstufe.

Energie, Arbeit, Wärmemenge J 1 Joule ist gleich der Arbeit, die verbraucht wird, wenn der Angriffspunkt der → *Kraft* 1 N in Richtung der Kraft um 1 m verschoben wird.

Energieband Zu einem Band erweiterte Elektronen-Energie-Stufe (→ *Energie-Niveau*) im Termschema. In einem Kristallverband wird die Energie der Elektronen durch Wechselwirkungen der Elektronen untereinander sowie zwischen Elektronen und Gitteratomen beeinflußt. Das bedeutet an Stelle einer einzelnen diskreten Stufe ein Energieband, nämlich ein Bereich möglicher Energien. Die für die Halbleiter-Technik wichtigsten Energiebänder sind das Valenzband und das Leitungsband. *Abb. 1* zeigt, wie die Energie der Leitungs-Elektronen und der Valenz-Elektronen für einen Gitteraufbau, wie ihn das Germanium aufweist, vom Abstand der Mitten der einander benachbarten Atomkerne abhängt. *Abb 2* stellt Valenzband und Leitungsband des Germaniumkristalls dar. Dünne, waagerechte Striche veranschaulichen den Zusammenhang mit *Abb 1*. Die in *Abb. 2* waagerecht aufgetragene lineare Abmessung hat mit dem gegenseitigen Atomkernabstand nichts zu tun.

Energielücke Breite des verbotenen Bandes (→ *Bandabstand*).

Energie-Niveau In der Halbleiter-Physik Wert der Gesamt-Energie eines → *Ladungsträgers*. Nach der Quantentheorie sind keine beliebigen, sondern nur bestimmte Werte möglich.

Energieniveau-Dichte → *Zustandsdichte*.

Energie-Term Energiewert, den lokalisierte Elektronen innerhalb eines

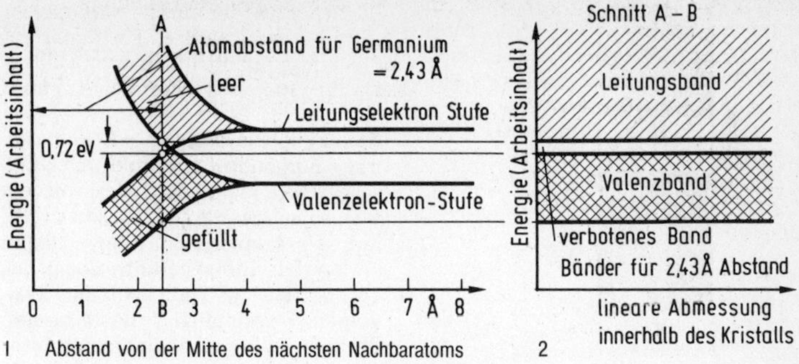

Energieband: 1) Bei großem Atom-Abstand gehört sowohl zum Leitungs-Elektron eines Germanium-Atoms wie auch zum Valenz-Elektron eines solchen Atoms eine jeweils bestimmte Energiestufe. Mit Verringerung des Atomabstandes verbreitern sich beide Energiestufen zu je einem Energieband. So ergeben sich Leitungsband und Valenzband sowie für den im Kristall gegebenen Atomabstand außerdem auch noch das verbotene Band mit einer Energie-Spanne von 0,72 eV.
2) Das was in Abb. 1) für den Atomabstand im Germaniumkristall gilt (Linie A-B), ist hier in der üblichen Weise dargestellt

Atomrumpfes, eines Atoms oder einer Störstelle im Kristall annehmen können.

Energie-Zwischenraum Breite des verbotenen Bandes (→ *Bandabstand*).

Enhancement-Typ → *Anreicherungstyp.*

ENIAC (= **E**lectronic **N**umerical **I**ntegrator **a**nd **C**alculator) war die erste *elektronisch* arbeitende *EDVA*, die 1946 an der Pennsylvania University fertiggestellt und sofort für militärische Zwecke eingesetzt wurde. Sie enthielt 18000 Röhren und entwickelte sehr große Hitze, war aber mehrtausendfach schneller als vorherige Relaisrechner. Hauptfehler war die geringe Lebensdauer der damaligen Röhren. Das führte zu zahlreichen Betriebsausfällen.

Entartung
1. Abweichung der Eigenschaften des Elektronengases von denen, die den normalen Gasgesetzen entsprechen.
2. Zustand, hervorgerufen durch eine Dotierung mit so hoher Dichte, daß das → *Fermi-Niveau* dadurch aus dem verbotenen Band hinausgeschoben wird.

Entfernungsmesser, elektronische arbeiten außer mit Lichtstrahlen auch mit Radiowellen im Bereich von 10 GHz und erzielen zwischen 50 m und 100 km hohe Genauigkeit (z. T. im nm-Bereich). Neuerdings verwendet man → *Gallium-Arsenid-Dioden* in Sender und Reflektoren und kann mittels modulierter Infrarotstrahlen und Spezialempfänger sehr genaue Messungen ausführen.

Entkopplungsfaktor Bei einem Oszilloskopen das Verhältnis des → *Ablenk-*

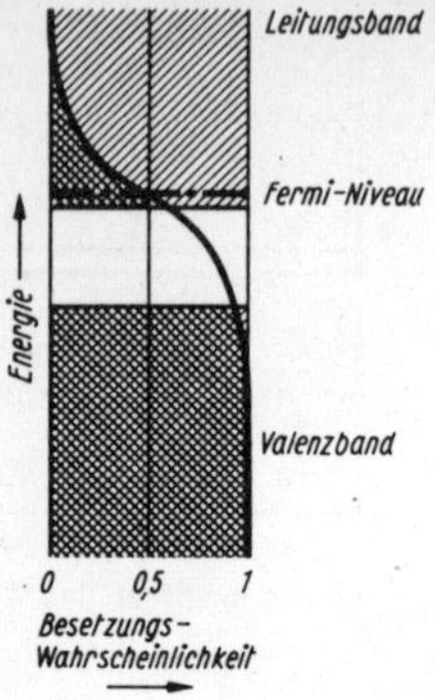

Entartung: a) Die Abb. zeigt den Fall der N-Entartung: aufgrund des erheblichen Überschusses der freien Elektronen (kreuzweise schraffierter Bereich im Leitungsband) gegenüber den Löchern (einfach schraffierter Bereich im Valenzband) ist hier das Fermi-Niveau in das Leitungsband geschoben

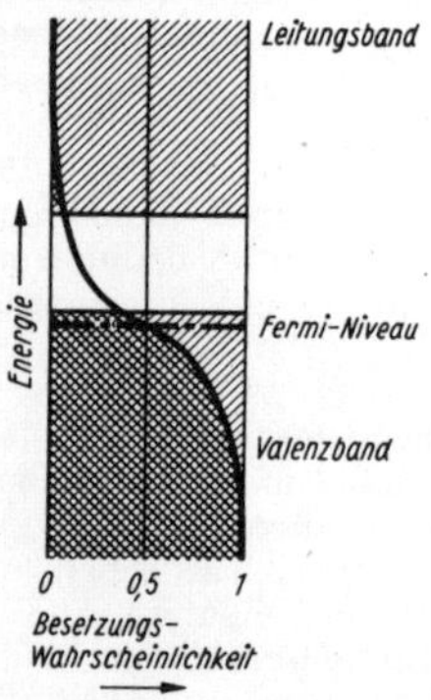

b) Die Abb. zeigt den Fall der P-Entartung: Aufgrund des erheblichen Überschusses der Löcher (einfach schraffierter Bereich im Valenzband) gegenüber den freien Elektronen (doppelt schraffierter Bereich im Leitungsband) ist hier das Fermi-Niveau in das Valenzband geschoben

koeffizienten, der durch unerwünschte Einwirkung von einem Kanal auf den anderen auftritt, zu dem Ablenkkoeffizienten des störenden Kanals.

Entmagnetisierung Die → *Lochmaske* der → *Farbbildröhre* kann durch äußere Magnetfelder magnetisiert werden, was je nach Stärke zu Konvergenzfehlern (→ *Konvergenz*) oder völligen Farbverfälschungen führt. Sogar das erdmagnetische Feld kann die Konvergenz geringfügig beeinflussen; deshalb sollte man einen Farbfernsehempfänger nie im eingeschalteten Zustand drehen. Zum Entmagnetisieren befindet sich am Kolbenrand von

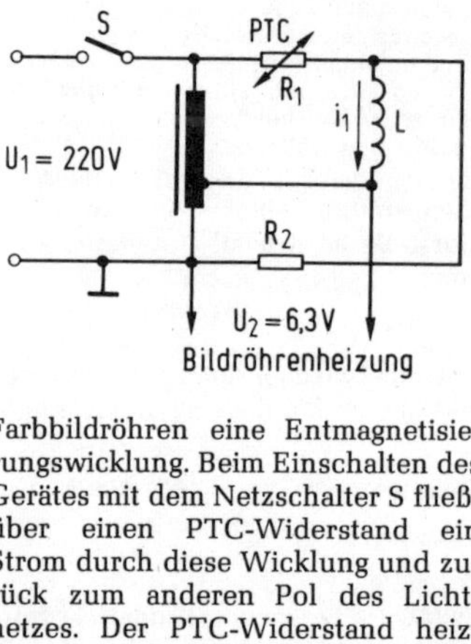

Farbbildröhren eine Entmagnetisierungswicklung. Beim Einschalten des Gerätes mit dem Netzschalter S fließt über einen PTC-Widerstand ein Strom durch diese Wicklung und zurück zum anderen Pol des Lichtnetzes. Der PTC-Widerstand heizt sich durch den Strom auf, sein Widerstandswert wird größer, und der Strom nimmt stetig ab, was für eine wirksame Entmagnetisierung auch erforderlich ist.

Entwicklungssystem ist ein Computer, der nicht zum Ausführen, sondern zum Entwickeln von Programmen für andere Computer dient, so etwa für → *Einplatinen-Computer*, die nicht direkt programmiert werden können, sondern ihr Programm in Form eines → *EPROM*-Bausteins erhalten. Dieses EPROM wird mit Hilfe des Entwicklungssystems programmiert.

Entzerrer gleichen die Vorverzerrungen aus, mit denen Schallplatten geschnitten werden.

Entzerrung Schalttechnische Anordnung in Magnettongeräten zum Ausgleich tonfrequenter Verluste, die sich dadurch äußern, daß bei konstant gehaltenem Aufsprechstrom die Bandmagnetisierung mit steigender Tonhöhe (Frequenz) in der Wiedergabe immer schwächer wird. (Die Höhen gehen verloren.) Die Höhen müssen im Aufsprech- und Wiedergabeverstärker angehoben, bzw. mehr verstärkt werden als die Tiefen. Das kann durch regelbare Kombinationen von RC-Gliedern erreicht werden.

Enzephalogramm, korrekt: Elektro-Enzephalogramm, heißt die Aufzeichnung der Gehirn-Aktionsströme mittels Ableitung durch auf der Haut angebrachter Elektroden und eines entsprechenden → *Differenzverstärkers* für 0,3 ... 200 Hz (Obergrenze 2000 Hz). Abk.: EEG.

EOC (= end of conversion) Ende der Umsetzung von → *A/D*- und → *D/A-Umsetzern*.

Ephemeriden-Sekunde heißt der 31'556'925,9747-ste Teil der Umlaufszeit der Erde um die Sonne. Die Meßgenauigkeit beträgt hier 10^{-9} Sekunden.

epitaxiale Schicht ist die dünne, auf einem hochdotierten Material abgeschiedene, einkristalline, nur relativ schwach dotierte Kollektorschicht eines → *Epitaxial-Transistors*.

Epitaxial-Mesa-Transistor Die *Abb.* zeigt das Schema eines Epitaxial-Mesa-Transistors → *Epitaxial-Transistor* → *Mesa-Transistor*.

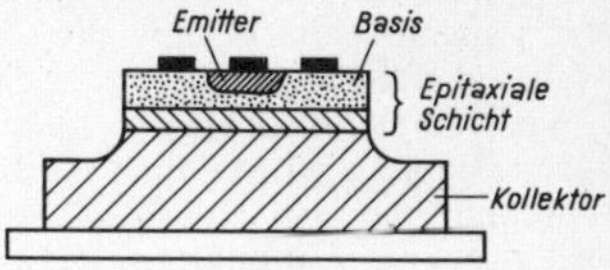

Epitaxial-Planardiode Diode in Epitaxial- und Planartechnik (→ *Planar-Epitaxial-Technik*). Ihre Rückerholungszeit ist sehr kurz und liegt bei etwa 4 Nanosekunden ($= 4 \cdot 10^{-9}$ s). Bei einer Spannung von 1 V beträgt der Durchlaßstrom 50 ... 200 mA. – Anwendung bei hohen Frequenzen. – Epitaxial-Planardioden vertragen relativ hohe Temperaturen.

Epitaxial-Planar-Transistor Die *Abb.* zeigt den Schnitt durch einen Epitaxial-Planar-Transistor. Er wird in der epitaktisch aufgewachsenen, hochohmigen Kollektorschicht des niederohmigen Silizium-Trägerplättchens in Planartechnik erzeugt (→ *Epitaxie*, → *Planartechnik*, → *Epitaxial-Transistor*). Die Epitaxial-Planar-Transistoren eignen sich für Verstärker und schnelle Schalter, insbesondere der industriellen Elektronik, wie auch für die Rundfunk- und Fernseh-Empfängertechnik (Ströme bis zu 2 A).

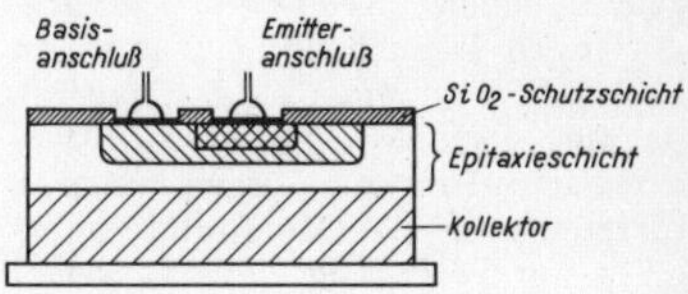

Epitaxial-Transistor Bei einem normalen → *Mesa-Transistor* muß das Kollektorscheibchen aus mechanischen Gründen ziemlich stark bemessen werden; dadurch bedingt, ist der Sättigungswiderstand hoch. Würde man für den Kollektor ein Material mit geringem spezifischen Widerstand verwenden, dann ließe sich zwar der Sättigungswiderstand niedriger halten, gleichzeitig aber würde auch die Betriebsspannung zwischen Kollektor und Emitter herabgesetzt werden. Die Schwierigkeit wird umgangen, wenn auf relativ niederohmiges Kollektormaterial eine dünne normalohmige Halbleiterschicht „epitaxial" (→ *Epitaxie*) aufgebracht wird. Erfolg: hohe Betriebsspannung bei niedrigem Sättigungswiderstand.

Epitaxie (epitaxial) aus *epi* (auf) und *(t)axial* (auch *-(t)aktisch* = auf die Achse aufwachsend) ist ein Verfahren, um bei Halbleiter-Bauteilen Schichten mit anderer Leitfähigkeit oder sogar aus anderem Material so aufwachsen zu lassen, als wäre das Ganze *ein* Kristall. Man sagt auch: gesetzmäßig orientierte Kristallaufwachsung. Sie wird praktisch bei Epitaxial-Transistoren und häufig für Isolierinseln bei → *IC* angewandt.

E^2L-Schaltungen sind Verbesserungen der → *ECL-Schaltungen*, die hauptsächlich kürzere Schalt- und Verzögerungszeiten ergeben.

EPROM Häufig benötigte Programme, die eventuell auch geändert werden müssen, kann man in ein „Erasable Programmable Read-Only-Memory" speichern. Dazu benötigt man einen EPROM-Programmer als Zusatzgerät, da das EPROM besondere Spannungsimpulse zum Programmieren benötigt, die der Computer selbst nicht zur Verfügung stellt. Gelöscht werden kann das EPROM durch Bestrahlen mit hartem UV-Licht.

Equalizer ist ein Baustein für Hi-Fi-Anlagen (→ *Hi-Fi*), mit dem (meist) in Oktavschritten verschiedene Frequenzbereiche einzeln oder gemeinsam angehoben oder abgesenkt werden können. Mit ihnen ist eine optimale Anpassung einer Hi-Fi-Anlage an die Akustik des Wiedergaberaumes (Wohnzimmer, Auto) möglich. Sie eignen sich auch für Frequenzgangkorrekturen in der Aufnahmetechnik oder beim Überspielen und Kopieren von Tonaufnahmen.

Erdfunkstelle Sie dient zum Senden und Empfangen bei der Kommunikation über → *Satellit*. Sie besteht im wesentlichen aus der Antenne, dem Sendesystem und dem Empfangssystem. Über die Antennen wird gesendet und empfangen.

Um die Frequenzbereiche besser auszunutzen, arbeitet man mit verschiedenen Polarisationen (links- und rechtsdrehend zirkular oder horizontal und vertikal). Eine Frequenz- und Polarisationsweiche besitzt also mehrere Sende- und Empfangsanschlüsse. Die im allgemeinen in Erdfunkstellen verwendeten Cassegrain-Antennen (→ *Parabolspiegel*) können Durchmesser von 32 m haben. Ihr Gewinn beträgt 61 dB bei 4 GHz, und die Strahlbreite ist 0,14.

Das Sendesystem kann sowohl Fernsprech- und Datensignale in Form von Multiplexsignalen als auch Fernsehsignale erhalten, die mit je einer Trägerschwingung durch Frequenzmodulation auf eine Zwischenfrequenz von 70 MHz und dann auf die Sendefrequenz im 6- oder 14-GHz-Bereich gebracht werden. Die Frequenzmodulation macht die Signale unempfindlich gegen Verzerrungen im Übertragungsweg.

Moderne Übertragungsverfahren wie → *PCM-Technik* werden heutzutage

Erdfunkstelle Raisting: TV-Schaltstelle.

Erdfunkstelle Raisting: Zentraler Kontrollraum (Aufnahmen: Bierschenck).

auch angewandt. Auf der Empfangsseite kommt es hauptsächlich darauf an, daß die Eingangsstufen extrem rauscharm sind. Dazu dienen parametrische Verstärker mit Rauschtemperaturen von 50 K. Sie verstärken das gesamte Frequenzband, also mehrere hundert MHz. Die Vorverstärker setzen die Empfangssignale auf die ZF von 70 MHz um, wo sie so verstärkt werden, daß sie demoduliert werden können.

E-Reihen sind Wertereihen für passive elektronische Bauelemente. Die wichtigsten sind die E-6-Reihe mit sechs Werten innerhalb einer Dekade, nämlich 1 1,5 2,2 3,3 4,7 6,8, ferner die E-12-Reihe mit zwölf Werten, nämlich 1 1,2 1,5 1,8 2,2 2,7 3,3 3,9 4,7 5,6 6,8 8,2, und schließlich die E-24-Reihe mit den Werten 1 1,1 1,2 1,3 1,5 1,6 1,8 2,0 2,2 2,4 2,7 3,0 3,3 3,6 3,9 4,3 4,7 5,1 5,6 6,2 6,8 7,5 8,2 9,1. Die Werte sind in der E-6-Reihe so gewählt, daß sie sich bei 20 % maximaler Abweichung gerade nicht überlappen. Bei der E-12-Reihe beträgt dieser Toleranzbereich 10 %, bei der E-24-Reihe 5 %.

Erfassungsgeräte bringen die in verschiedener Form vorliegenden → *Daten* in solche Form, daß sie von der → *EDVA* mit ihrer enormen Geschwindigkeit aufgenommen und verarbeitet werden können und keine Maschinenzeit verloren geht. Dazu gehören → *Lochkarten-* und → *Lochstreifen-Stanzer*, → *Fernschreiber*, → *Magnetbandspeicher*, → *Analog-Digital-Umsetzer*, Eingabe-Tastaturen mit → *Speicher* und Übertragung auf → *Magnetband*.

Erholungsphase (Diode)

1. Zeitspanne t_1, während der ein nahezu konstanter Rückstrom im Anschluß an den Übergang vom Durchlaßzustand auf den Sperrzustand (Schalterstellung nach *Abb. 1* von *a* auf *b*) fließt. Mit *R* und $U_{rü}$ gilt $I_{rü} \approx \frac{U_{rü}}{R}$ *(Abb. 2)*. Während dieser Zeitspanne hat die Diodenspannung noch einen positiven Zahlenwert.

2. Zeitspanne t_2, innerhalb der vom Augenblick des Umschaltens an der Betrag des in Sperrichtung fließenden Stromes auf $0{,}1 \cdot |I_{rü}|$ abgesunken ist *(Abb. 2)*.

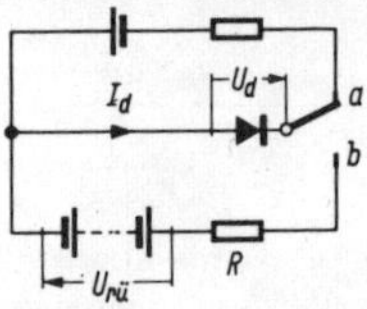

Abb. 1

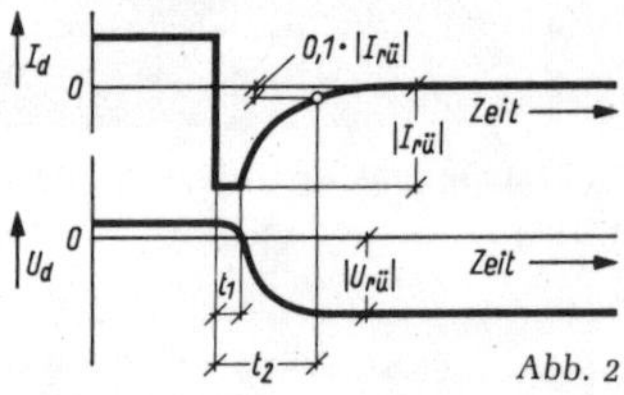

Abb. 2

Erholungszeit Zeit, die in einer vorgegebenen Schaltung nach dem sprunghaften Umpolen der Dioden-Spannung bis zum Erreichen eines bestimmten Wertes des Stromes in der neuen Richtung verstreicht. Man unterscheidet: Rückwärts-Erholungszeit (Verzögerungszeit, Sperr-Verzögerungszeit) und Vorwärts-Erholungszeit (Durchlaß-Erholungszeit, Durchlaß-Verzögerungszeit).

Ersatzschaltbild Schaltbild, mit dem man komplizierte Schaltungen oder Schaltelemente in einer übersichtlichen und meist vereinfachten Form darstellt, aus der die Wirkungsweise zu entnehmen ist. Die Berechnung komplizierter Netzwerke läßt sich so wesentlich vereinfachen. Ersatzschaltbilder werden vielfach experimentell bestimmt und für das Übertragungsverhalten in verschiedenen Frequenzbereichen aufgestellt.

Ersatzschaltung für Dioden Zweipolschaltung mit idealem Ventil, Durch-

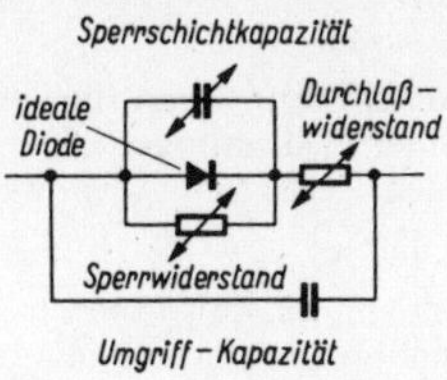

laß- und Sperrwiderstand, Sperrschichtkapazität und Umgriffskapazität sowie mit Zuleitungs-Induktivitäten.

Ersatzschaltungsarten für Transistoren Es gibt zwei Hauptgruppen von Transistor-Ersatzschaltungen.

1. Vierpol-Ersatzschaltung, bestehend aus vier komplexen und dabei mehr oder weniger stark frequenzabhängigen Elementen. Die *Abb. 1* zeigt eine Vier-Element-Ersatzschaltung eines Transistors (Parallel-Ersatzschaltung für Emitterschaltung).

2. Funktions-Ersatzschaltung, bestehend aus (wenigstens in einem bestimmten Frequenzbereich) frequenzunabhängigen Schaltelementen. Diese Schaltelemente sind ohmsche Widerstände bzw. Leitwerte, Kapazitäten, Urstromquellen bzw. Urspannungsquellen und, für höhere Frequenzen, auch Induktivitäten (*Abb. 2*).

Ersatztotzeit Alte Bezeichnung für die → Verzugszeit T_u bei Regelstrecken höherer Ordnung.

Esaki-Diode Andere Bezeichnung für → *Tunneldiode.*

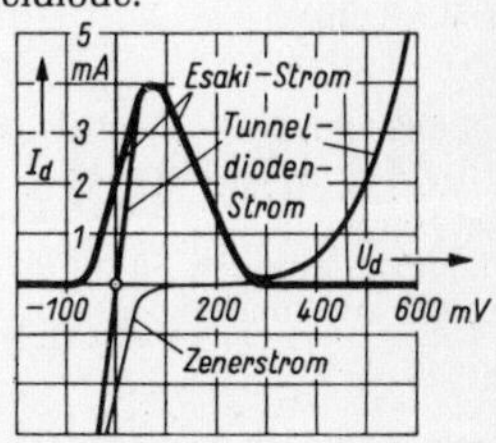

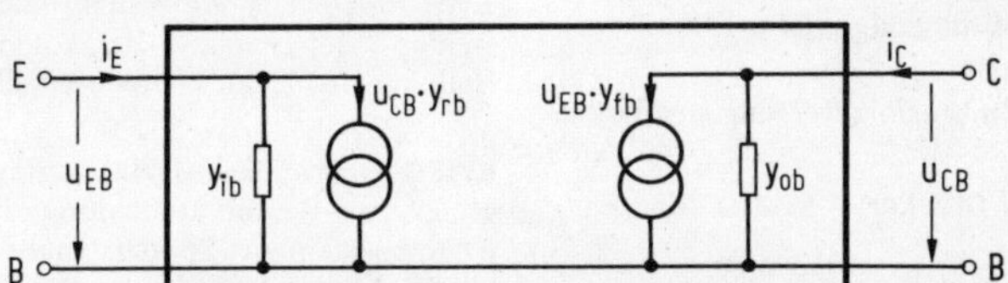

Abb. 1

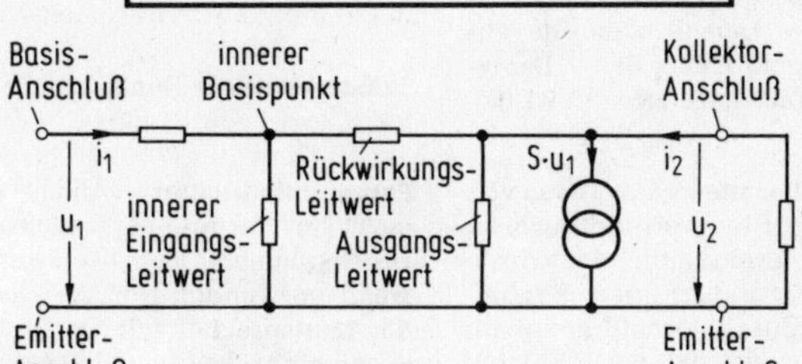

Abb. 2

Ersatzschaltungsarten für Transistoren

Esaki-Strom Der Anteil des Tunnel-Dioden-Stromes, der den Höcker der Tunneldioden-Kennlinie hervorruft. Der Esakistrom hat für Tunneldiodenspannungen über etwa 300 mV und unter etwa -100 mV den Wert Null.

ESM-Technik (= Elektronisch gesteuertes System mit → *Magnetfeldkopplern*) heißt das Wählersystem im Fernsprechdienst, bei dem Vorwahl- und Rufnummer zuerst gespeichert, in einen Mehrfrequenzcode umgeformt und dann elektronisch in Sekundenschnelle die gesamte Verbindung aufgebaut wird. Zweck ist, die Amtsanlagen möglichst kurzfristig zu belasten. Dazu dienen u. a. → *Reed-Relais* mit Schaltzeiten im Millisekunden-Bereich.

Ethernet Standard für lokale Netzwerke (→ *LAN*). Es basiert auf der Verwendung von einem Koaxkabel oder einem → *Lichtwellenleiter*, an die die Stationen wie an einen → *Bus* angekoppelt sind.

Etikett heißt der Adressenteil, der einen → *Sprungbefehl* kennzeichnet.

ETL = Emitterfolger-Transistor-Logik.

Euro-AV-Stecker → *SCART-Stecker*

Euronet Diane Europaweites Netz wissenschaftlicher Datenbanken, das in der Bundesrepublik über das → *Datex-P-Netz* der Bundespost erreicht wird.

Europakarte Um die Konstruktion von Gehäusen und Steckverbindungen an Platinen zu vereinheitlichen, wurde eine Norm für Baugruppen geschaffen, die sich „Europaformat" nennt. Eine Europakarte ist 100 mm x 160 mm groß und besitzt an einer oder beiden Schmalseiten Steckleisten. Auch mehrere amerikanische Hersteller bauen ihre Platinen im Europaformat. Bei Mikrocomputer-Europakarten wurden zum Teil auch die Belegungen der Steckleisten genormt.

eutektisch nennt man die Legierung mit einem Mischungsverhältnis, das den niedrigsten Schmelzpunkt ergibt.

Eutelsat Internationale europäische Satellitenorganisation mit 26 ausschließlich europäischen Mitgliedsstaaten zum Zwecke der Planung, der Konstruktion, des Baus und des Betriebs von Kommunikationssatelliten. E. betreibt → *Fernmeldesatelliten* vom Typ Eutelsat 1 (ECS) mit jeweils insgesamt 14 → *Transpondern* im 14/12-GHz-Band. Die nächste Satellitengeneration sind → *Medium-Power-Satelliten* vom Typ Eutelsat 2 mit 16 Transpondern.

Evaluation ist die Bewertung der → *EDVA* vom Kundenstandpunkt aus.

EWS Elektronisches Wählsystem, das in der Telefontechnik das konventionelle mechanische Wählsystem ablöst.

EWSD Elektronisches Wählsystem Digital, eine Weiterentwicklung des → *EWS*, bei dem das Sprachsignal digital als PCM-Signal (PCM = → *Puls-Code-Modulation*) durchgeschaltet wird.

Exicon Viewer → *Röntgenbild-Konverter.*

Exponentialtrichter *(Abb.)* werden meist in Verbindung mit einem → *Druckkammersystem* (Kompressorsystem) verwendet. Der Wirkungsgrad der Lautsprecher mit Trichter ist im allgemeinen besser als der der Lautsprecher ohne Trichter, das Frequenzband ist aber etwas schmäler. Vorzugsweise werden Exponentialtrichter verwendet, deren Querschnitt sich nach einer Exponentialbeziehung schnell vergrößert. Ein derartiges Horn müßte theoretisch unendlich lang sein. Als Kompromiß läßt man es dort enden, wo sein Durchmesser gleich 1/3 der Wellenlänge der tiefsten zu übertragenden Frequenz ist. Um „wirksame" Längen des Schallweges zu erreichen, gibt man dem Trichter bestimmte Formen. Als Beispiel zeigt die *Abb.* einen Falttrichter.

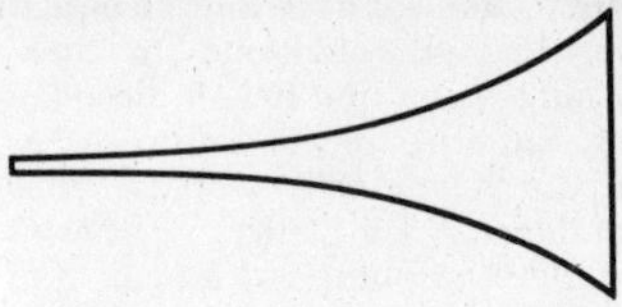

Falt-Trichter (Philips) schematisch. Antrieb: Druckkammersystem

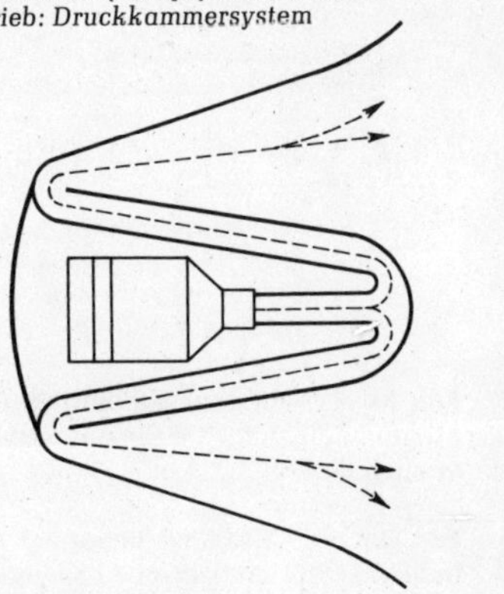

Extinktion ist die Schwächung einer Strahlung beim Durchgang durch irgendein Medium.

Extrinsic-Halbleiter Halbleiter, dessen elektrische Eigenschaften aufgrund des Anteils an Fremdatomen bzw. Störstellen gegenüber dem Intrinsic-Zustand wesentlich verändert sind (→ *intrinsic*).

Extrinsic-Leitfähigkeit Leitfähigkeit von Extrinsic-Halbleitermaterial.

E 13 B ist eine maschinenlesbare → *Magnetschrift.*

F

face bonding (~ vorderseitengefesselt = Kopfüber-Kontaktierung) wird insbesondere bei Hybridtechnik angewandt, um z. B. → *integrierte Schaltungen* (aber auch andere Teile) einzubauen *(Abb. → Hybridtechnik)*.

Fadentransistor Halbleiter-Bauelement mit langer Strombahn, kleinem Querschnitt und verbreiterten sperrschichtfreien (d. h. ohmschen) Kontaktflächen (K_1, K_2). Dieses Halbleiter-Bauelement diente zum Untersuchen der Löcherleitung. Der Aufbau ist ähnlich dem der Doppelbasis-Diode. Die Spannung $U_{10} = U_1 - U_0$ ist beim Fadentransistor positiv.

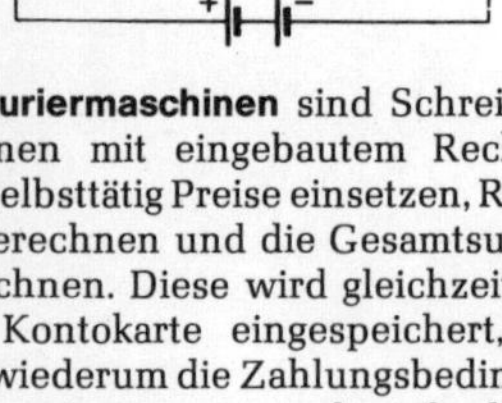

Fakturiermaschinen sind Schreibmaschinen mit eingebautem Rechner, die selbsttätig Preise einsetzen, Rabatte berechnen und die Gesamtsumme errechnen. Diese wird gleichzeitig in die Kontokarte eingespeichert, aus der wiederum die Zahlungsbedingungen entnommen und aufgedruckt werden.

FAMOS (= **f**loating **a**valanche-injection **MOS** structure, etwa: Überflutungs-Stoßinjektions-MOS-Aufbau) ist ein Speicherelement, bei dem das Gatter (Gate) keinen Anschluß besitzt *(Abb.)*. Es wird durch eine Stoßinjektion aufgeladen und behält diese Ladung. Entfernt werden kann sie, indem durch ein dafür vorgesehenes Quarzfenster UV-Licht eingestrahlt wird. Bei Kapselung in Keramik muß man Röntgenstrahlung anwenden.

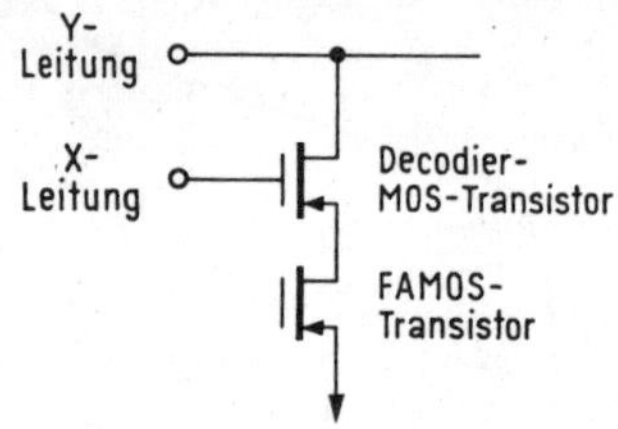

Fan In = → *Eingangsfächerung*, d. h. Möglichkeit, mehrere Eingangsglieder anzuschließen.

Fan Out = → *Ausgangsfächerung*, d. h. belastbar mit mehreren Ausgängen.

Farbabschalter Wenn keine Farb-, sondern eine Schwarzweiß-Sendung ausgestrahlt wird, würde der Farbfernsehempfänger zwar ohne weiteres ein Schwarzweißbild zeigen, jedoch können Störfrequenzen oder auch Teile des Bildinhalts, die im Spektrum des nun nicht vorhandenen Farbträgers liegen, zu störenden Farbeffekten führen. Falls andererseits eine Farbsendung mit zu geringer Energie an den Eingang des Farbempfängers gelangt, würde das Farbbild durch ein farbiges Rauschen erheblicher beeinträchtigt, als dies bei Schwarzweißempfang der Fall wäre.

Deshalb sorgt in beiden Fällen eine Automatik dafür, daß der Farbteil des Empfängers abgeschaltet wird und das Gerät nun als Schwarzweißempfänger arbeitet. Zum Betätigen des sog. Farbabschalters oder Farbkillers benutzt man eine Phasenvergleichsschaltung, die zwei Spannungen oder Signale vergleicht, die nur bei Farbsendungen vorhanden sind. Es sind dies das → *Burstsignal* und die Farbhilfsträgerfrequenz.

Farbart Beim Farbfernsehen umfaßt der Begriff Farbart die Werte für Farbton und → *Farbsättigung* eines Bildpunktes oder eines Signals. Man unterscheidet Farben einmal nach dem Farbton, z. B. Gelb, Grün, Blau oder Violett, zum anderen aber nach der Farbsättigung, die z. B. vom satten Rot bis zum blassen Rosa abnehmen kann.

Beide Komponenten, Farbton und vor allem Farbsättigung, können jedoch nur bei einer ausreichenden → *Leuchtdichte* voll zur Geltung kommen. Beim Farbfernsehen wird jeder einzelne Punkt des Bildes mit Hilfe der jeweiligen Werte der Leuchtdichte und der Werte für Farbton und Farbsättigung übertragen.

Farbartdemodulator Die von der Farbfernsehkamera gelieferten Signale Rot, Grün und Blau werden codiert vom Sender zum Empfänger übertragen. Aus dem → *Farbartsignal*, das der Farbträger von 4,43 MHz als Modulation enthält, gewinnt der Farbartdemodulator, meist → *Laufzeitdemodulator* genannt, die Informationen der → *Farbdifferenzsignale* zurück.

Farbartsignal Das vom Schwarzweißfernsehen bekannte → *BAS-Signal* wird beim Farbfernsehen durch das Farbartsignal, Kurzbezeichnung Farbsignal, zum FBAS-Signal ergänzt. Es besteht aus dem → *Farbträger* der mit der Farbinformation moduliert ist. Bei der hier benutzten → *Quadratur-Modulation* bestimmt die Phasenlage den Farbton und die Amplitude die Farbsättigung. Das Farbartsignal ist eine hochfrequente Schwingung, aus der im → *Laufzeitdemodulator* und den folgenden → *Synchrondemodulatoren* wieder die videofrequenten Signale zum Steuern der Farbbildröhre gewonnen werden.

Farbartsignalverstärker Der Verstärker für das Farbartsignal braucht kein so breitbandiges Frequenzspektrum wie der → *Zwischenfrequenz-* und der → *Videoverstärker* zu übertragen. Man kann sich dies vereinfacht so erklä-

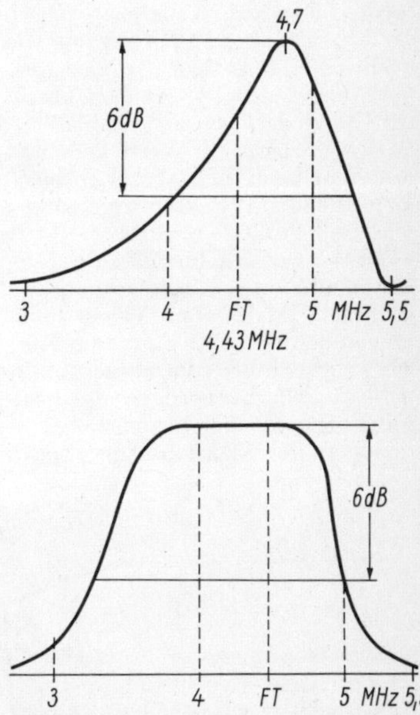

Farbartsignalverstärker: Die Durchlaßkurve des Farbartsignalverstärkers (oben) ist unsymmetrisch zur Gesamtdurchlaßkurve (unten) des Farbempfängers. Dadurch wird die Unsymmetrie der Restseitenbandübertragung beim Farbträger ausgeglichen

ren: Die feinsten Einzelheiten des Bildes werden vom Leuchtdichtesignal übertragen, das dem Videosignal beim Schwarzweißfernsehen entspricht. Die Farbinformation muß dieses Schwarzweißbild nur noch „kolorieren". Dazu ist eine wesentlich geringere Auflösung, also eine kleinere Bandbreite nötig, ohne daß der Betrachter infolge der Trägheit und der Farb(un)empfindlichkeit des Auges dies nachteilig bemerkt.

Die Bandbreite des Farbartsignals beträgt rund 2 MHz. Da der Farbträger nur etwas mehr als 1 MHz vom Tonträger entfernt liegt und sich beide nicht gegenseitig beeinflussen dürfen, benutzt man für das Farbartsignal eine Restseitenband-Übertragung wie auch beim Bildträger (→ *Einseitenband-Verfahren*). Das Restseitenband wird durch die Form der Durchlaßkurve des Farbartsignalverstärkers und durch die beim → *PAL-Farbfernsehsystem* benutzte Phasenumschaltung von Zeile zu Zeile ergänzt.

Der Farbartsignalverstärker erhält die modulierte Farbträgerfrequenz von 4,43 MHz vom Video- bzw. Leuchtdichtegleichrichter. Das Ausgangssignal führt zum → *Laufzeitdemodulator*. Ferner wird hier die Spannung für den → *Burstverstärker* abgenommen. Der → *Farbabschalter* sperrt bei fehlendem Farbsynchronimpuls den Farbartsignalverstärker. Da die Amplitude des Farbartsignals die → *Farbsättigung* bestimmt, ist in diesem Verstärker ein Potentiometer angeordnet. Dieser Bedienungsknopf ist der einzige wesentliche zusätzliche gegenüber einem Schwarzweißempfänger. Er wird bei den verschiedenen Fabrikaten mit Farbsättigung, Farbstärke oder Farbkontrast bezeichnet.

Farbbildröhre Vielfach wird sie als Lochmaskenröhre (englisch: shadow maske tube) bezeichnet. Dieser Name deutet bereits einen wesentlichen Unterschied gegenüber der Schwarzweiß-Bildröhre an. Das Prinzip der zeilenweisen Bilderzeugung ist zwar das gleiche (→ *Bildröhre*), jedoch er-

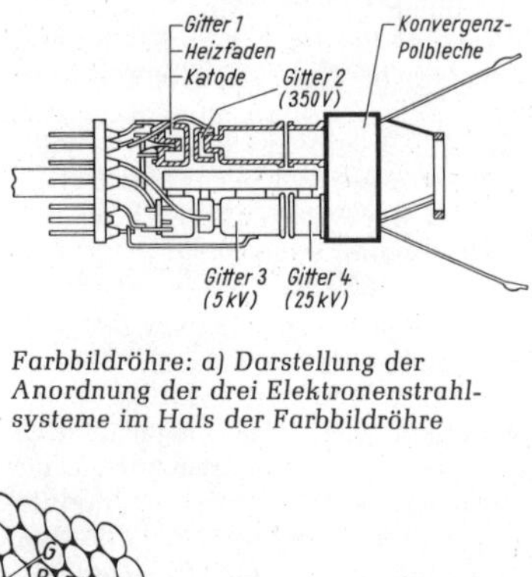

Farbbildröhre: a) Darstellung der Anordnung der drei Elektronenstrahlsysteme im Hals der Farbbildröhre

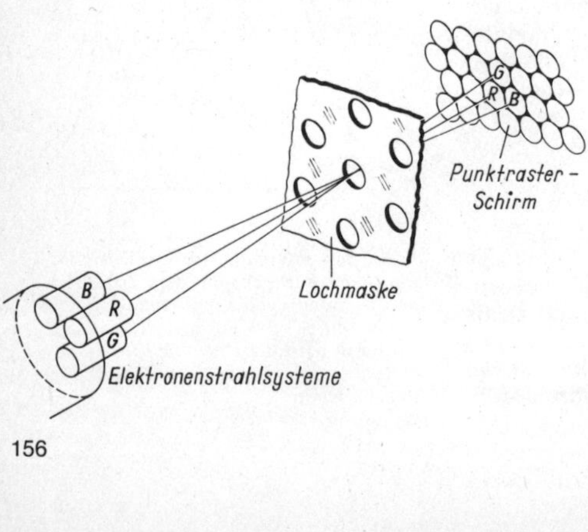

b) Das Prinzip der Lochmasken-Farbbildröhre: Die drei Elektronenstrahlen schneiden sich in Höhe der Lochmaske und treffen so jeweils auf die ihnen zugeordneten roten, grünen bzw. blauen Leuchtstoffpunkte

fordert die Farbe innerhalb der Farbbildröhre und mehr noch bei deren Herstellung beträchtlich höhere Aufwendungen. Dies ist auch der wichtigste Grund für den relativ hohen Preis eines Farbfernsehempfängers gegenüber dem eines Schwarzweißgerätes.

Um ein farbiges Bild zu erzeugen, muß jeder → *Bildpunkt* in der Farbe aufleuchten, die die Kamera wahrnimmt bzw. in der er auf einem Farbfilm fixiert ist. Statt der gleichmäßigen → *Leuchtschicht* der Schwarzweiß-Bildröhre – die meist bläulich leuchtet – ist im Innern auf dem Bildschirm der Farbröhre ein regelmäßiges Raster von → *Farbtripeln* aufgebracht. Jeder Tripel, der kleiner ist als die Zeilenbreite, die der bzw. die drei Elektronenstrahlen schreiben, besteht aus drei verschiedenartigen Leuchtstoffpunkten. Sie leuchten je nach der Stärke des auf sie fallenden Elektronenstrahles mehr oder weniger in ihren Grundfarben Rot, Grün und Blau auf. Durch unterschiedliche Anregung der einzelnen Leuchtstoffpunkte eines Tripels bilden sich für den Betrachter die Mischfarben.

Daraus ergibt sich, daß im Hals der Farbbildröhre drei Elektrodensysteme angeordnet sein müssen *(Abb.)*, die von den drei im Empfänger wiedergewonnenen Signalen für Blau, Rot und Grün gesteuert werden. Damit nun jeder der drei Strahlen nur den ihm zugeordneten Leuchtpunkt eines Tripels trifft, ist vor den Leuchtstoffpunkten eine → *Lochmaske* angebracht. Sie besteht aus 0,15 mm dünnem Stahlblech, das rund 400000 Löcher mit einem Durchmesser von weniger als 0,3 mm enthält.

Die drei Elektronenstrahlen müssen also an jeder Stelle des Bildschirmes so aufeinander zulaufen (konvergieren), daß sie sich jeweils in Höhe der Lochmaske schneiden. Trotz der außergewöhnlichen Präzision bei der Fertigung der Farbbildröhre sind zusätzliche Maßnahmen im Empfänger nötig, um diese → *Konvergenz* über die gesamte Fläche des Bildschirms sicherzustellen. Dazu dienen drei Spulen im → *Konvergenzsystem*, die die Ablenkung der Elektronenstrahlen elektromagnetisch korrigieren. Die Konvergenzspulen sitzen dicht hinter den Ablenkspulen auf dem Hals der Farbbildröhre.

Jedes ungewollte Magnetfeld kann die Ablenkung und damit die Konvergenz beeinflussen und zu Farbverfälschungen führen. Deshalb ist der konische Teil der Farbbildröhre von der Lochmaske bis zu den Ablenkspulen durch einen Eisenblechmantel magnetisch abgeschirmt. Diese Abschirmung nimmt gleichzeitig Spulen für die → *Entmagnetisierung* auf, die bei jedem Einschalten des Gerätes dafür sorgen, daß auf der Lochmaske und der Abschirmung kein Restmagnetismus von äußeren Fremdfeldern zurückbleibt.

Die Lebensdauer einer Farbbildröhre entspricht etwa der einer Schwarzweißbildröhre (→*Bildröhre*), da sie nach dem gleichen Grundprinzip arbeitet.

Farbbildsignalgemisch → *Farbartsignal.*

Farbdeckung → *Konvergenz.*

Farbdifferenzsignale Bezeichnung für die videofrequenten Farbinformationen, die sich aus der Differenz zwischen den drei Primärfarbsignalen Rot, Grün und Blau, die die Farbkamera liefert, und dem → *Leuchtdichtesignal Y* ergeben. Ohne Rücksicht auf die exakte mathematische Definition werden die Farbdifferenzsignale meist $(R - Y)$, $(B - Y)$ und $(G - Y)$ geschrieben. Die Klammern, die wir hier setzen, sollen den zusammenhängenden Begriff kennzeichnen.

Die mathematische Beziehung zwischen dem Leuchtdichtesignal Y und den drei Primärfarbsignalen *R*, *G* und *B* ist festgelegt:

$$Y = 0{,}3\,R + 0{,}59\,G + 0{,}11\,B$$

Ein Farbdifferenzsignal, z. B. $(R - Y)$, ist ein Farbsignal, von dem die Helligkeitsinformation (Leuchtdichtesignal) mit Hilfe einer → *Matrix*-Stufe abgezogen ist. Das Leuchtdichtesignal wird entsprechend dem → *Videosignal* des Schwarzweißempfängers breitbandig übertragen. Die Farbdifferenzsignale werden dagegen schmalbandig gemacht. Dies ist notwendig, um auch die zusätzlichen Farbinformationen innerhalb der bestehenden und genormten → *Kanäle* für das Fernsehen zu übertragen.

Mit den Farbdifferenzsignalen wird der → *Farbträger* moduliert. Hierzu werden nur die beiden Farbdifferenzsignale $(R - Y)$ und $(B - Y)$ benutzt. Das dritte Signal $(G - Y)$ kann man bei der Übertragung weglassen, da es auf einfache Weise im Empfänger wiederzugewinnen ist.

Aus der Beziehung zwischen dem Leuchtdichtesignal und den drei Primärfarbsignalen resultiert ebenso eine mathematische Beziehung zwischen den drei Farbdifferenzsignalen. Das Grün-Differenzsignal ergibt sich aus folgender Gleichung

$$(G - Y) = -\,0{,}51\,(R - Y) - 0{,}19\,(B - Y)$$

und kann im Empfänger somit aus negativen Anteilen der beiden anderen Farbdifferenzsignale zusammengesetzt werden.

Farbfernsehen → *NTSC-*, → *PAL-*, → *SECAM-Farbfernsehsystem.*

Farbfernsehkamera Im Prinzip ist eine Farbkamera gleichartig aufgebaut wie eine → *Fernsehkamera* für das Schwarzweiß-Fernsehen, jedoch enthält sie für jede der drei Primärfarben Rot, Grün und Blau eine getrennte → *Aufnahmeröhre.* Um das durch die Optik einfallende Licht auf die verschiedenen Aufnahmeröhren zu verteilen, bediente man sich anfangs → *dichroitischer Spiegel.* Neuerdings werden meist sogenannte Farbzerlegungsprismen verwendet, die zu kompakten Blocks zusammengekittet sind. Die Flächen der Prismen reflektieren das Licht entweder total oder aber infolge außen aufgedampfter Schichten farbselektiv. Auf den Austrittsflächen zu den Aufnahmeröhren hin sind die üblichen Farbkorrekturlinsen aufgekittet. Durch diesen Aufbau mit auf ein Minimum beschränkten Glas-Luft-Übergängen und den fast verlustfrei reflektierenden farbselektiven Schichten werden Kontrast-, Schärfe- und Lichtverluste in weit höherem Maße ausgeschaltet als dies bei einem System mit getrennten Spiegeln, Filtern und Korrekturlinsen möglich ist.

Als Aufnahmeröhren werden vor-

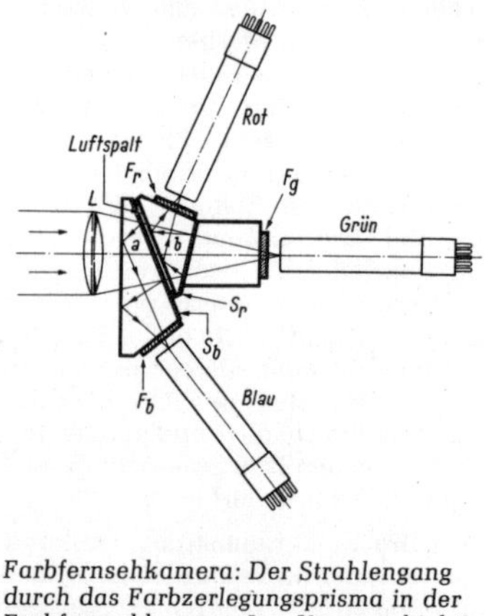

Farbfernsehkamera: Der Strahlengang durch das Farbzerlegungsprisma in der Farbfernsehkamera. L = Kameraobjektiv, S_r und S_b rot bzw. blaureflektierende Schicht, F_r, F_g und F_b = Rot-, Grün- bzw. Blau-Korrekturfilter

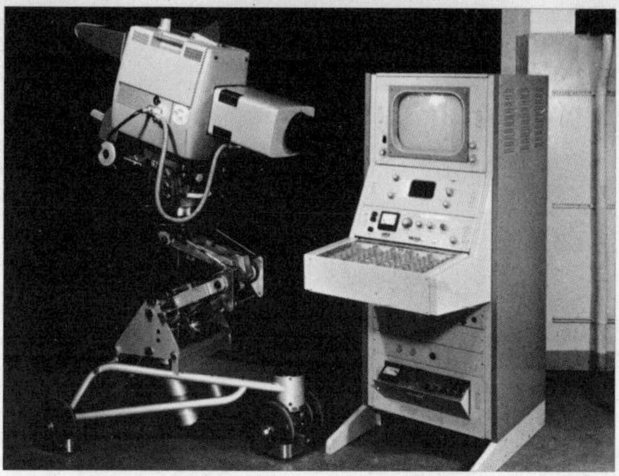

Farbfernsehkamera von Philips mit drei Plumbicon-Röhren auf einem Stativwagen. Rechts das zugehörige Kontrollgestell mit offenem Bedienpult

wiegend Super-Orthikons (→ *Orthikon*) oder → *Plumbicons* verwendet. Aufgrund der Abmessungen sind die Farbkameras mit Plumbicons beträchtlich kleiner und damit leichter und beweglicher, was vor allem bei

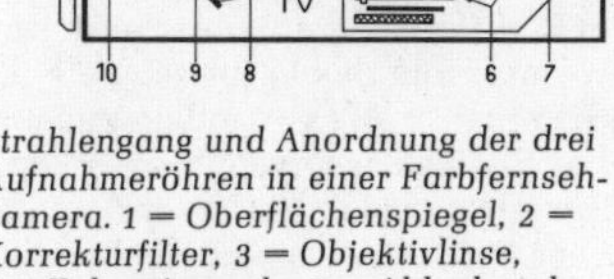

Strahlengang und Anordnung der drei Aufnahmeröhren in einer Farbfernsehkamera. 1 = Oberflächenspiegel, 2 = Korrekturfilter, 3 = Objektivlinse, 4 = Fokussierspule, 5 = Ablenkspule, 6 = Aufnahmeröhren, 7 = Fokussierträger, 8 = rotreflektierender Spiegel, 9 = Oberflächenspiegel, 10 = blaureflektierender Spiegel, 11 = farbkorrigierendes Objektiv

Außenübertragungen von großem Vorteil ist. Die Farbfernseh-Übertragungswagen und auch die Farbstudios in der Bundesrepublik sind zu einem großen Teil mit Plumbicon-Kameras ausgestattet.

Die Optik der Farbkamera ist für auswechselbare Vario-Objektive (Gummi-Linsen) eingerichtet.

Der elektronische Teil der Kamera ist vollständig mit Halbleitern bestückt. Die Kamera wird über ein Spezialkabel mit dem Kontrollgestell verbunden, das z. B. bei der Philips-Plumbicon-Kamera bis zu 600 m entfernt sein kann.

Farbfotolabor, rechnergesteuertes, belichtet, entwickelt usw., schneidet und sortiert 9000 Bilder je Stunde.

Farbgrafikkarte beim IBM-PC und kompatiblen Rechnern übliches → *Interface* zur Video-Ausgabe mit eigenem

→ *Video-RAM.* Damit können Texte in 25 Zeilen mit je 40 oder 80 Zeichen dargestellt werden.

Farbhilfsträger Anfangs gebräuchliche Bezeichnung für den → *Farbträger.*

Farbreinheit Die drei Elektronenstrahlen in der → *Farbbildröhre* müssen so durch die → *Lochmaske* hindurchfallen, daß sie nur die ihnen zugeordneten Farbpunkte treffen und nicht andere zum Leuchten anregen können. Bei der Herstellung der Bildröhre wird deshalb die Lochmaske als Vorlage für das Aufbringen der einzelnen Farbpunkte auf dem Schirm benutzt. Lochmaske und Bildschirm durchwandern als Paar die Produktion. Die drei Elektronenstrahlsysteme sind im Hals der Bildröhre so montiert, daß die Farbreinheit gewährleistet ist. Wegen unvermeidbarer Toleranzen und weil die Elektronenstrahlen durch das elektro-

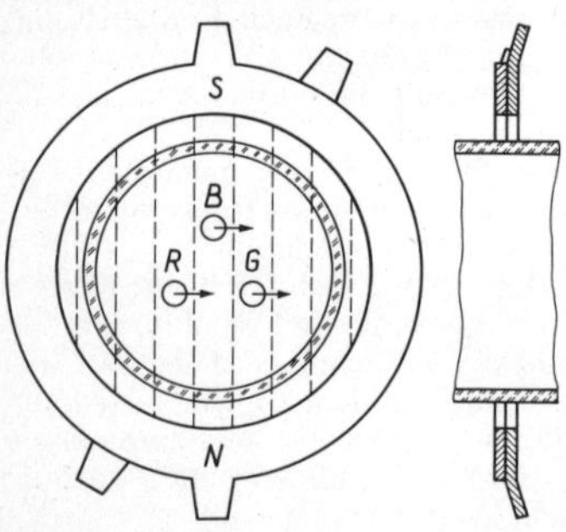

Farbreinheit: Darstellung der beiden scheibenförmigen Farbreinheitsmagnete die über den Hals der Farbbildröhre geschoben sind. Mit R, G und B sind die drei Elektronenstrahlen angedeutet

magnetische Feld der Ablenkspulen beeinflußt werden, ist eine Justiermöglichkeit mit Hilfe des → *Farbreinheitsmagneten* vorgesehen.

Farbreinheitsfehler können auftreten, wenn alle drei Elektronenstrahlen gegenüber ihrer Soll-Lage verschoben sind, z. B. weil die Ablenkeinheit nicht auf der richtigen Stelle des Röhrenhalses sitzt. Die Farbreinheit läßt sich durch Verdrehen der Ringe des Farbreinheitsmagneten und durch Verschieben der Ablenkeinheit auf dem Röhrenhals einstellen. Am leichtesten kann man die Einstellung vornehmen, wenn die Farbbildröhre nur ein rotes Raster schreibt, weil im Rot eventuelle Unreinheiten gut zu erkennen sind.

Farbreinheitsmagnet Zum Einstellen der → *Farbreinheit* sind auf den Hals der Bildröhre vor den Konvergenz- und Ablenkspulen zwei flache, ringförmige Dauermagnete aufgeschoben. Ihr Magnetfeld zentriert die Lage aller drei Elektronenstrahlen. Wenn man beide Ringe des Farbreinheitsmagneten gemeinsam verdreht, ändert man die Richtung der Ablenkung in bezug auf die Röhrenmittelachse. Durch Verdrehen der beiden Ringe gegeneinander ändert sich die Dichte des Magnetfeldes im Röhrenhals und damit die Auslenkung der drei Strahlen.

Farbsättigung Mit diesem Begriff bezeichnet man die Sättigung einer Farbe. Der Farbton Rot z. B. kann vom satten Rot einer reifen Tomate bis zum blassen Rosa variieren. Je mehr Weißanteil eine Farbe aufweist, desto geringer ist die Farbsättigung.

Im Farbfernsehempfänger bestimmt die Amplitude des Farbartsignals die Farbsättigung. Als von außen zugängliches Bedienungsorgan ist im → *Farbartsignalverstärker* ein Potentiometer angeordnet, mit dem man die Farbsättigung verändern kann. Bei den meisten Empfängern kann man die Sättigung vom Extrem der Übersteuerung (genau wie beim Kontrast eines Schwarzweißgerätes) bis herab zum

Minimum variieren, dann erscheint nur ein Schwarzweißbild auf dem Farbempfänger.

Farbsättigung und → *Farbton* bestimmen die → *Farbart.*

Farbsynchronsignal Im Sprachgebrauch der Techniker und auch in der Fachliteratur wird dieses Signal vielfach mit dem englischen Ausdruck → *Burst* bezeichnet. Es ist die dritte Synchroninformation, die der Farbfernsehempfänger für den Gleichlauf der Bildwiedergabe mit der Abtastung im Studio benötigt. Die ersten beiden für den Zeilen- und den Bildwechsel sind die gleichen wie beim Schwarzweißempfänger.

Das Farbsynchronsignal hat zwei Aufgaben: Einmal dient es zum Synchronisieren des → *Farbträgeroszillators* im Empfänger, zum anderen gewinnt man daraus die Impulse zum Betätigen des → *Pal-Schalters*, der die *(R–Y)*-Komponente des Farbsignals phasenrichtig mit dem Sender umpolt.

Es besteht aus zehn Perioden der Farbträgerfrequenz von 4,43361875 MHz ± 1 Hz, die auf der hinteren → *Schwarzschulter* des Zeilensynchronimpulses übertragen werden.

Beim → *PAL-Farbfernsehsystem* wechselt der Farbsynchronimpuls von Zeile zu Zeile seine Phasenlage um 90 Grad, man spricht von einem alternierenden Burst. Aufgrund dieses Phasenwechsels schaltet der Pal-Schalter die *(R–Y)*-Komponente des Farbartsignals ebenfalls von Zeile zu Zeile um (→ *Synchrondemodulator*). Durch dieses mit dem Sender synchrone Umschalten der einen Farbartkomponente in Verbindung mit einer → *Verzögerungsleitung* werden Phasenfehler der Farbartsignale kompensiert.

Farbtemperatur Kennzeichnung der Farbart von Farblichtstrahlungen in K (Kelvin).

Farb-Testbild Ebenso wie beim Schwarzweißfernsehen benötigt man auch für die Farbe ein entsprechendes Testbild. Es soll dem Teilnehmer das optimale Einstellen seines Empfängers an Hand des stehenden Bildes erleichtern, z. B. Abstimmung, Kontrast und Helligkeit, Farbsättigung und soweit möglich Farbton.

Noch mehr Bedeutung hat das Farbtestbild für den Service zum Überprüfen des Abgleichs der Geräte und als Hilfe beim Errichten von Antennenanlagen. Es soll kurzgesagt eine Beurteilung der empfangenen Bildqualität ermöglichen.

Das T. weist als Rahmen ein regelmäßiges Gitternetz zum Einstellen der → *dynamischen Konvergenz* auf. In der Mitte sind zwei sich kreuzende weiße Linien zur Kontrolle der → *statischen Konvergenz* angeordnet. Das rechteckige Mittelfeld *(Abb.)* enthält eine Anzahl von Signalen, die zur Feststellung verschiedener Fehler nur an Hand des Schirmbildes bzw. mit Hilfe besonderer Meßgeräte geeignet sind.

Das Mittelfeld zeigt im wesentlichen einen Farbbalken, eine fünfstufige Grautreppe, Schwarzweißsprünge mit Feld zur Senderkennung, senkrechte Linien zur Beurteilung der Auflösung und eine Farbträgerschwingung, Weißbalken mit kurzem Schwarzimpuls für Reflexionsmessungen sowie vier Testsignale, die Amplituden- und Laufzeitfehler zwischen dem direkten und dem um eine Zeile verzögerten Farbartsignal erkennen lassen.

Dieses sog. → *FuBK-Testbild* wird von den Sendern der ARD und des ZDF seit Mitte 1968 abgestrahlt.

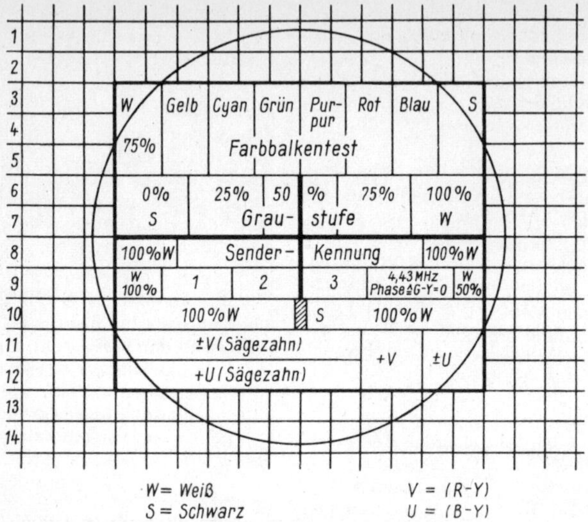

Farb-Testbild: Das elektronische Farb-Testbild besteht am Rande aus einem Gittermuster, und das Mittelfeld enthält verschiedene Farb- und Schwarzweiß-Signale (die Buchstaben U und V stehen hier für die Farbdifferenzsignale)

Farbton Farben unterscheidet man einmal nach dem Farbton, wie z. B. Blau, Rot, Magenta, Grün, Cyan, Gelb oder Weiß. Die genannten Farbtöne lassen sich durch die Grundfarben des Farbfernsehens Rot, Grün und Blau einzeln bzw. durch Mischen von zwei oder drei Grundfarben erzeugen. Zum anderen unterscheidet man nach der → *Farbsättigung*. Farbton und Farbsättigung werden unter dem Begriff → *Farbart* zusammengefaßt.

Farbton-Einsteller Eine in modernen Farbfernsehempfängern nicht mehr übliche Möglichkeit, den Farbton innerhalb eines eingegrenzten Bereiches zwischen Rot und Blau zu verändern.

Farbträger Zum Übertragen der Farbinformationen – zusätzlich zum Schwarzweiß- und Tonsignal – benötigt man eine Trägerfrequenz, die mit den Farbsignalen moduliert wird. Man bezeichnet sie als Farbträger, früher auch als Farbhilfsträger, und im Zusammenhang mit dem Empfänger als unmodulierte Schwingung mitunter als Referenzträger.

Damit die → *Kompatibilität* gewahrt bleibt, muß dieser Farbträger innerhalb der für das Fernsehen festgelegten 7 MHz (bei UHF 8 MHz) breiten Kanäle untergebracht werden.

Der Farbträger wird mit den beiden → *Farbdifferenzsignalen* moduliert, wobei der Farbträger selbst unterdrückt wird. Wenn der Farbträger mit seiner festen Frequenz und mit konstanter Amplitude innerhalb des Spektrums zwischen Bild- und Tonträger ausgestrahlt würde, könnten sich vor allem beim Schwarzweißempfang Bildstörungen ergeben.

Da der Farbträger zwei Farbinformationen übertragen soll, wird er doppelt moduliert, man spricht von einer → *Quadraturmodulation.*

Farbträgerfrequenz Die Frequenz des → *Farbträgers* muß so festgelegt werden, daß sie innerhalb des vorgegebenen Frequenzspektrums unterzubringen ist und daß sich keine Störungen mit dem → *Leuchtdichtesignal* bzw. dem Videosignal bei Schwarzweißempfang ergeben. Man erreicht dies durch eine Frequenzverkämmung. Das das Kammspektrum des BAS-Signals aus geradzahligen Vielfachen der Zeilenfrequenz besteht, kann man die Frequenz des Farbträgers aus den ungeradzahligen Vielfachen der Zeilenfrequenz ableiten. Dann fällt das Kammspektrum des Farbträgers in die Lücken des Spektrums des Bildträgers.

Beim → *Pal-Farbfernsehsystem* wird die Farbträgerfrequenz von einem ungeradzahligen Vielfachen eines Viertels der Zeilenfrequenz, dem sogenannten Viertelzeilen-Offset, abgeleitet. Die Farbträgerfrequenz beträgt 4,43361875 MHz ± 1 Hz. Dabei ist noch ein Versatz um 25 Hz berücksichtigt, der mögliche Bildstörungen weitgehend vermeidet.

Farbträgeroszillator Um die Farbartinformationen, die als Hochfrequenzsignale mit unterdrücktem Träger (→ *Farbträger*) ausgestrahlt werden, im Empfänger gewinnen zu können, muß den → *Synchrondemodulatoren* der unterdrückte Träger wieder zugeführt werden. Diese Frequenz wird in dem quarzgesteuerten Farbträgeroszillator erzeugt. Damit er in Frequenz und Phase mit dem Farbträger des Senders übereinstimmt, wird er durch den → *Burst*, auch Farbsynchronsignal genannt, synchronisiert. Der Farbträgeroszillator wird auch als Referenzträgeroszillator bezeichnet.

Farbtripel Der Leuchtschirm der → *Farbbildröhre* ist mit einem regelmäßigen Muster von Leuchtstoffpunkten versehen, die als Tripel aneinandergereiht sind. Jeder Tripel besteht aus drei verschiedenartigen Leuchtstoffen, die jeder für sich bei Anregung durch den Elektronenstrahl in den Grundfarben Rot, Grün und Blau aufleuchten. Werden zwei angeregt, ergeben sich Mischfarben, und alle drei gleichstark angeregt ergeben Weiß – jeweils aus dem normalen Betrachtungsabstand gesehen. Mit einer Lupe sind die einzelnen Farbtripel auf dem Bildschirm deutlich sichtbar.

Insgesamt sind rund 400000 Farbtripel auf dem Schirm der Farbbildröhre mit 63 cm Schirmdiagonale verteilt, das sind also etwa 1,2 Millionen einzelne Leuchtstoffpünktchen. Der Durchmesser eines solchen Punktes beträgt etwa 0,3 mm, der Abstand der Tripel rund 0,7 mm.

Fassungsvermögen (Kapazität) ist eine der wichtigsten Kenngrößen eines → *Speichers.*

FAST (= Fairchild advanced Schottky technology) Eine Weiterentwicklung der TTL-Bausteine, bei der eine höhere Schaltfrequenz infolge der verwendeten → *Schottky*-Transistoren möglich ist. Auch der Stromverbrauch ist niedriger.

Fathometer engl. für → *Echolote.*

FBAS-Signal → *Farbartsignal.*

FDC (floppy disk controller). → *LSI*-Baustein zur Steuerung von → *Floppy-Disk*-Laufwerken.

FDNR (= frequency dependent negative resistor) = frequenzabhängiger negativer Widerstand, mit dem sich zusammen mit Operationsverstärkern (→ *Rechenverstärker*) steile aktive Filter aufbauen lassen.

FE-Diode, FED = → *Feldeffekt-Diode.*

Feedhorn → Speisehorn.

Fehler Jede Messung enthält Fehler, die durch verschiedenartige Phänomene hervorgerufen sein können. Bei jeder Messung gehört deshalb zur Angabe der Meßwerte auch die Angabe der Fehlergrenzen des Meßverfahrens. Im allgemeinen unterscheidet man folgende Fehler:

1. Absoluter Fehler F_A
Differenz zwischen gemessenem Wert X_a und richtigem Wert X_r

$$F_A = X_a - X_r$$

2. *relativer Fehler* F_R auf den richtigen Wert bezogener absoluter Fehler

$$F_R = \frac{X_a - X_r}{X_r}$$

bei Meßgeräten wird der relative Fehler F_{RM} häufig auf den Endwert X_e des → *Meßbereichs* bezogen

$$F_{RM} = \frac{X_a - X_r}{X_e}$$

3. *mittlerer quadratischer Fehler* F_{mq}
Für eine Meßreihe mit n voneinander unabhängigen Meßwerten X_i, die unter den gleichen Bedingungen als Meßwert ermittelt wurden, ist der mittlere quadratische Fehler definiert als

$$F_{qm} = + \sqrt{\frac{1}{n-1} \sum_{i=1}^{n} (X_i - X_r)}$$

4. *systematische Fehler* ΔX
Fehler, die hauptsächlich durch die Unvollkommenheit von Meßgeräten, also durch systembedingte Mängel, hervorgerufen werden. Erfaßbare systematische Fehler sind durch Anbringung einer → *Korrektion* zu berichtigen, da das → *Meßergebnis* sonst unrichtig ist. Systematische Fehler, die sich nicht genau ermitteln lassen, sind abzuschätzen und als → *Meßunsicherheit* anzugeben.

5. *zufällige Fehler*
Fehler, die während der Messung durch nicht erfaßbare und nicht beeinflußbare Änderungen der Meßgeräte oder Umweltbedingungen hervorgerufen werden. Sie können jedoch durch mehrfaches Wiederholen der Messung abgeschätzt werden.

Fehler im Programm Man unterscheidet formale Fehler, die dem Programmierer bei Aufstellung des Programms unterlaufen, und logische Fehler, die auf falsche Überlegungen zurückgehen. Formale Fehler können beim Übersetzen erkannt werden, logische nicht.

Fehlererkennung und -beseitigung erfolgt mittels der → *Paritäts-Prüfung* oder durch Anwendung spezieller → *Codes* (z. B. Walking-(2-aus-5-)Code).

Fehlerfortpflanzung
1. Der → *systematische Fehler* Δy einer Funktion

$$y = f(X_1, X_2, \ldots, X_i, \ldots X_u)$$

mit X_i voneinander unabhängigen Meßgrößen kann aus den genügend kleinen systematischen Fehlern ΔX_i nach der folgenden Gleichung berechnet werden:

$$\Delta y = \sum_{i=1}^{n} \left(\frac{\partial F}{\partial X_i} \Delta X_i \right)$$

2. Standardabweichung s_y
Für ein Meßergebnis y

$$y = F(\overline{X}_1, \overline{X}_2, \ldots \overline{X}_i, \ldots \overline{X}_u)$$

das aus X_i Mittelwerten besteht, für die bereits die Standardabweichung s_i eines jeden Mittelwertes X_i bekannt sind, berechnet sich die Standardabweichung s_y mit $s_i \ll \overline{X}_i$ zu

$$s_y = \sqrt{\sum_{i=1}^{n} \left(\frac{\partial F}{\partial X_i} s_i \right)^2}$$

Fehlergrenzen sind die nach oben und unten vereinbarten oder garantierten äußersten Grenzen, die für eine Abweichung von Norm- oder Sollwert zugelassen sind.

Fehlstellen → *Löcher.*

Feinmeßgerät → *Meßinstrument* mit einer → *Klassenzahl* von 0,1, 0,2 oder 0,5.

Feldeffekt-Dioden (auch FE-Dioden) sind Schaltelemente, die aus einem → *Feldeffekt-Transistor* bestehen, bei dem bereits im → *Substrat* → *G-* und → *S-Pol* miteinander verbunden sind. Es entstehen Dioden mit gerader Kennlinie im Durchlaßbereich und einem genau definierten Durchbruch bei einer bestimmten Drain-Source-Spannung. Sie sind damit ein Gegenstück zur → *Z-Diode.* Während diese aber ein Strombegrenzer bzw. Konstantspannungs-Element ist, stellt die FE-Diode einen Spannungsbegrenzer, also ein Konstantstrom-Element dar, allerdings nur bis ~ 10 mA.

Feldeffekt-Transistoren besitzen einen halbleitenden Stromkanal zwischen → *Source* (S-Pol) und → *Drain* (D-Pol), dessen Leitfähigkeit durch die am → *Gate* (G-Pol) anliegende Spannung gesteuert werden kann. Man kann sie daher auch als steuerbare Widerstände ansehen. Es gibt zwei grundsätzlich verschiedene Arten: einerseits → *Sperrschicht-FET* und andererseits Isolierschicht-FET (→ *MOS-FET* genannt).

Alle sind → *unipolar* und haben hohe → *Eingangswiderstände* (10^{12} ... 10^{15} Ω), geringste Rückwirkung vom Ausgang auf den Eingang, gute → *Steilheit,* sehr geringes → *Rauschen,* Verwendbarkeit bis zu sehr hohen Frequenzen (> 500 MHz). Die meisten vorteilhaften Eigenschaften der → *bipolaren Transistoren* und der → *Elektronenröhren* findet man hier vereint.

Feldeffekt-Varistor Strombegrenzendes Halbleiter-Bauelement, dessen Eigenschaften auf dem Feldeffekt beruhen.

Feld-Emission, innere Herausreißen von Elektronen aus ihren Bindungen durch ein ausreichend hohes elektrisches Spannungsgefälle (eine hinreichend hohe elektrische Feldstärke) im Innern des Halbleitermaterials, meistens innerhalb einer → *Sperrschicht.*

Feldplatten sind dünne Plättchen aus dem Halbleitermaterial Indium-Antimonid, die ihren Widerstand unter Einwirkung eines Magnetfeldes stark ändern. Hauptanwendung ist die Ausmessung von Magnetfeldern und die Messung hoher Gleichströme.

Feldrechner → DAP.

Feldsonde → *Hallgenerator* zum Messen magnetischer Felder. Axial-Feldsonden dienen zur Messung von Axialfeldern in Bohrungen.

Feldstärke Das Maß für die Stärke, mit der die Wellen eines Fernsehsenders am Empfangsort, also an der Antenne, eintreffen, ist die Feldstärke. Unter sonst gleichen Umständen wird der Empfang um so besser sein, je größer die Feldstärke an der Antenne ist. Die Feldstärke nimmt in den für das Fernsehen verwendeten → *Bereichen* mit der Entfernung vom Sender ab und

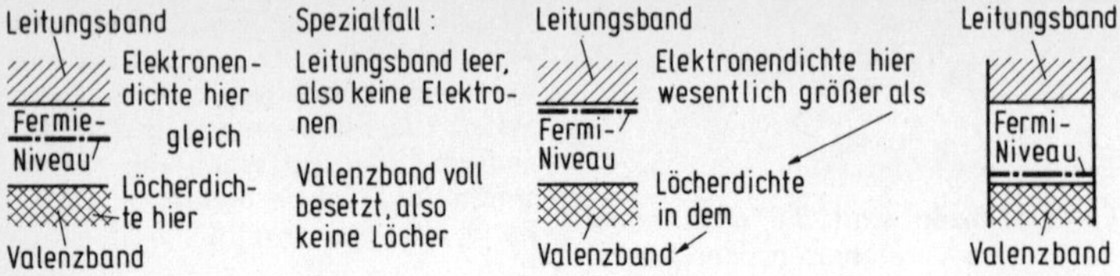

Abb. 1 Abb. 2 Abb. 3

Fermi-Niveau: Abb. 1 Lage des Fermi-Niveaus im Intrinsic-Fall; Abb. 2 Lage des Fermi-Niveaus für N-dotiertes Halbleitermaterial; Abb. 3 Lage des Fermi-Niveaus für P-dotiertes Halbleitermaterial

sinkt jenseits der Sichtweite sehr schnell auf Werte ab, die genügenden und regelmäßigen Empfang nicht mehr sichern. Außerdem geht die Feldstärke in Gebieten, die in einer Abschattung liegen – hinter Bergen oder auch hohen Gebäuden –, auf so geringe Werte zurück, daß meist kein ausreichendes Bild zu erzielen ist.

Die Feldstärke wird in Volt je Meter gemessen, praktisch in Millivolt (oder dem Tausendstel davon [Mikrovolt]) je Meter. Die Maßbezeichnung ist also mV/m bzw. µV/m. Für guten Fernsehempfang rechnet man mit einer Feldstärke von etwa 3 mV/m an der Empfangsantenne. Diese Feldstärke legen jedenfalls die Sendegesellschaften ihren Planungen zugrunde. Aber auch weit geringere Feldstärken genügen zum Empfang, wenn keine nennenswerte Störeinstrahlung oder → *Geisterbilder* hinzukommen, da die modernen Empfänger weit empfindlicher geworden sind.

Feldstrom Strom, bedingt durch ein elektrisches Feld.

Feldvariable auch Matrixvariable oder englisch Array genannt, dient in höheren Programmiersprachen (z. B. → *Basic*) zur Speicherung von zusammengehörigen Daten (→ *File*). Wesentlich ist, daß unter einem einzigen Feldvariablen-Namen, z. B. A (N), mehrere Elemente, z. B. Texte gespeichert werden können, indem der Index N als Unterscheidungsmerkmal dient.

Fermi-Niveau Im Termschema zu der → *Besetzungs-Wahrscheinlichkeit* 0,5 für Ladungsträger gehörendes → *Energieniveau*. Das Fermi-Niveau liegt für Halbleiter und Isolierstoffe (abgesehen vom Zustand der Entartung) zwischen dem → *Valenzband* und dem → *Leitungsband*. Seine spezielle Lage hängt vom Verhältnis der Elektronendichte zur Löcherdichte ab: Bei Gleichheit von Elektronen- und Löcherdichte, d. h. im → *Intrinsicfall*, liegt es für beliebige Temperatur mitten zwischen Valenzband und Leitungsband *(Abb. 1)*, bei stark überwiegender Elektronendichte nahe dem Leitungsband *(Abb. 2)* und bei stark überwiegender Löcherdichte nahe dem Valenzband *(Abb. 3)*.

Fermi-Potential Dem → *Fermi-Niveau* entsprechende Spannung.

$\varphi = U_F = \frac{E_F}{q}$ (E_F = Fermi-Niveau)

Im → *Intrinsicfall* ist das Fermi-Potential $\varphi = U_F$ gleich der Hälfte der Ionisierungsspannung ΔU, d. h. der zum Abstand zwischen → *Valenz-* und →

Leitungsband gehörenden Spannung:

$\varphi = \frac{1}{2} \cdot \Delta U.$

Fermi-Verteilungsfaktor → *Besetzungs-Wahrscheinlichkeit.*

Fernbedienung → *Infrarot-* und → *Ultraschall-Fernbedienung.*

Fernmeldesatelliten sind Satelliten, die von den internationalen Fernmeldebehörden in entsprechenden Gesellschaften (→ *Eutelsat*, → *Intelsat*) betrieben, zur Übertragung von Ferngesprächen und Datensignalen dienen. In den letzten Jahren dienen sie in erheblichem Umfang auch der Verteilung von Fernsehprogrammen. Ihre → *EIRP* beträgt maximal 45 dBW. Sie sind bereits mit kleinen → *Parabolspiegeln* (1,2 m) empfangbar.

Fernmeldesatellit Eutelsat 1

Fernmessen nennt man die Übertragung von Meßdaten aller Art von erdgebundener Meßstation zur Auswertungsstation über Funk oder über Leitungen aller Art. Gegensatz: → *Telemetrie.*

Fernschreiber setzen die eingetasteten Zeichen in den Fernschreibcode um und umgekehrt ankommende Zeichen dieser Art in Klartext. Sie können als Ein- und Ausgabegeräte für → *Teilnehmer-Rechensysteme* dienen und haben den Vorteil, daß gleichzeitig ein → *Lochstreifen* hergestellt werden kann.

Fernschreibnetz (Telex) gestattet wie das Fernsprechnetz die Herstellung beliebiger Verbindungen zwischen allen angeschlossenen Teilnehmern.

Fernsehbereich Eine Reihe nebeneinander liegender → *Kanäle* für das Fernsehen wird als Fernsehbereich bezeichnet. In der Bundesrepublik Deutschland arbeiten Fernsehsender in den Bereichen I, III und IV/V.

Fernsehkamera Mit ihr nimmt der Kameramann bei Direktsendungen die Szene auf; die Fernsehkamera entspricht also der Filmkamera bei Filmaufnahmen. Sie ist ebenso wie diese auf einem Stativ mit Schwenkkopf befestigt und im Studio meist auf einen Wagen (Dolly) montiert.

Entscheidende Faktoren für die Kamera sind Empfindlichkeit und Farbrichtigkeit. Diese Eigenschaften werden außer von der Optik von der Aufnahmeröhre bestimmt. Die Empfindlichkeit der Kameras konnte, vor allem durch das → *Orthikon* so weit gesteigert werden, daß sie der Augenempfindlichkeit nahekommt.

An der Vorderseite der Kamera sind mehrere Objektive angeordnet, die

Fernsehkamera: Im Atelier ist die Fernsehkamera auf einem fahrbaren Unterbau (Dolly) montiert und kann auch noch in die Höhe gefahren werden

sich mit Hilfe eines sogenannten Revolvers wahlweise vorschalten lassen. So kann mit größerem und kleinerem Blickwinkel und auf verschiedene Entfernungen gearbeitet werden. Der Kameramann blickt auf der Rückseite in einen Sucher, der ihm die aufgenommene Szene entweder optisch (Linsensystem) oder elektronisch (kleine Bildröhre) zeigt.

Im Innern der Fernsehkamera hinter der Optik ist die → *Aufnahmeröhre* angeordnet. Sie erhält ihre Spannungen vom Kontrollschrank, mit dem sie über ein Spezialkabel verbunden ist. Die Kamera enthält außerdem noch einen Vorverstärker. Das abgehende Bildsignal gelangt über das Kamerakabel, das bis zu 200 m lang sein kann, zum Kontrollschrank. In ihm sind Hauptverstärker, Entzerrer und Kontrollempfänger untergebracht. Die Ausgänge der Kontrollschränke laufen im → *Bildmischpult* zusammen.

Fernsehsender Zum Übertragen einer Fernsehsendung muß der Fernsehsender zwei unabhängige Signale, das Bild- und das Tonsignal, ausstrahlen, folglich sind auch zwei Sender erforderlich.

Der Bildsender wird amplitudenmoduliert wie unsere Mittelwellen-Rundfunksender und muß ein sehr breites Band (5,75 MHz) übertragen. Der Sender erhält das Bildsignal (→ *BAS-* oder → *FBAS-Signal*) vom Studio über ein Kabel oder über eine → *Richtfunkverbindung*. In der Modulationsstufe des Senders wird das Bildsignal der Trägerwelle aufmoduliert, die dann über eine Rundstrahl-Antenne horizontal gebündelt abgestrahlt wird. In Sonderfällen werden als Antennen auch Richtstrahler verwendet, die dann nur einen genau bestimmbaren Sektor der Umgebung, z. B. ein schmales Tal, versorgen.

Der Tonsender dagegen wird frequenzmoduliert und arbeitet in der gleichen Art wie die UKW-Rundfunksender. Beide Sender werden über eine Weiche auf dieselbe Antenne geschaltet.

Fernsprechqualität Mit diesem Wort bezeichnet man ein eingeengtes, aber für Sprachverständlichkeit völlig ausreichendes Tonfrequenzband zwischen 300 und 3400 Hz (optimal zwischen 60 und 6400 Hz).

Fernsprechwähler → *fotoelektronischer F.*

Fernthermometer sind meist → *Thermoelemente* oder Widerstandsthermometer. Für niedere Temperaturen kann man durch ein Quecksilberthermometer der Länge nach einen Widerstandsdraht führen, der durch das Quecksilber je nach Temperatur mehr oder weniger kurzgeschlossen wird und so Fernmessung ermöglicht.

Ferrite

1. künstlich hergestellte Mischkristalle aus Ferrioxid Fe_2O_3 und einem oder mehreren Metalloxiden, also etwa von Kupfer, Zink, Magnesium, Nickel, Blei usw. Sie haben einen hohen spezifischen Widerstand, daher fast keine Wirbelstromverluste.

2. Ferrite für Speicher- und Schaltelemente (→ *Ringkerne*, → *Transfluxoren* u. a.) haben eine fast rechteckförmige → *Hystereseschleife*, die bei → *Speicherelementen* breit (*Abb.*), bei Schaltelementen lang und schmal ist.

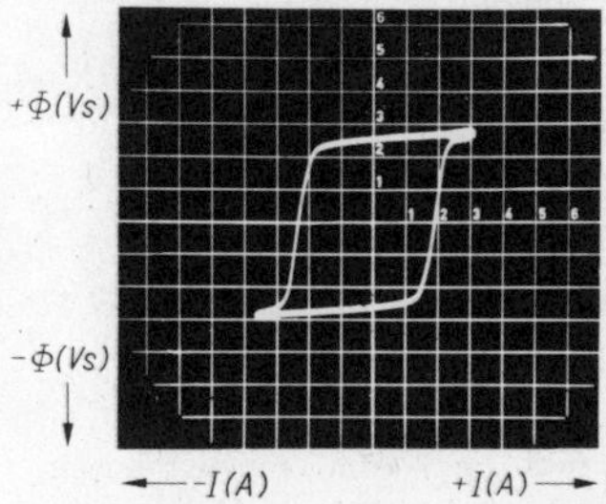

Ferrite: Hystereseschleife eines Magnetkerns

Ferritkernspeicher → *Matrix.*

Ferritplatten-Speicher sollten die lohnaufwendigen → *Matrizen* ersetzen, indem Plättchen von 21 mm x 21 mm mit 256 (16^2) Löchern durch entsprechende Versilberung einen Teil der Verdrahtung ersetzten. Sie haben sich trotzdem bisher nicht in größerem Umfang durchgesetzt.

Fertigungssteuerung → *Prozeßsteuerung.*

Festdaten nennt man bei → *EDVA* die gespeicherten Daten, die man vordem in Listen, Karteien und Tabellen festhielt.

Festkörper-Laser haben als aktiven Teil einen zylindrischen Kristallstab, z. B. aus → *Rubin* oder neuer aus → *Neodym YAG* mit polierter Oberfläche und polierten planparallelen Endflächen, dessen Atome durch intensive Lichtblitze von 500 ... 10000 Ws aus sehr hellen, den Stab in Schraubenwindungen umgebenden Lichtquellen in angeregten Zustand versetzt werden. Die Endflächen sind verspiegelt, damit die Strahlen hin- und herfluten; eine davon ist halbdurchlässig, so daß hier die Laserstrahlen austreten können. Derartige Laser arbeiten fast ausschließlich in Impulsen. Da sie meist erheblich erhitzt werden, kühlt man sie, z. B. mit flüssigem Stickstoff. Solche Neodym-Laser werden vielfältig industriell angewendet, z. B. zum Trennen der einzelnen Schaltungen auf Wafern.

Ein Neodym-Hochleistungslaser arbeitet auf 1,06 μm und kann Riesenimpulse von 20 ns Dauer mit einer Spitzenleistung von 1 MW aussenden. Er dient zur Ortung von Rauch- und Staubwolken und zur Messung der Lufttrübung.

Festkörperphysik umfaßt alle Erscheinungen an und in festen Körpern, also neben Leitfähigkeit, Magnetismus, Elektronenemission, fotoelektrische und thermoelektrische Effekte, Hall-Effekt usw.

Festkörper-Schaltungen andere Bezeichnung für → *integrierte Schaltungen* (engl. integrated circuits) Vereinigung aktiver Bauelemente (wie Tran-

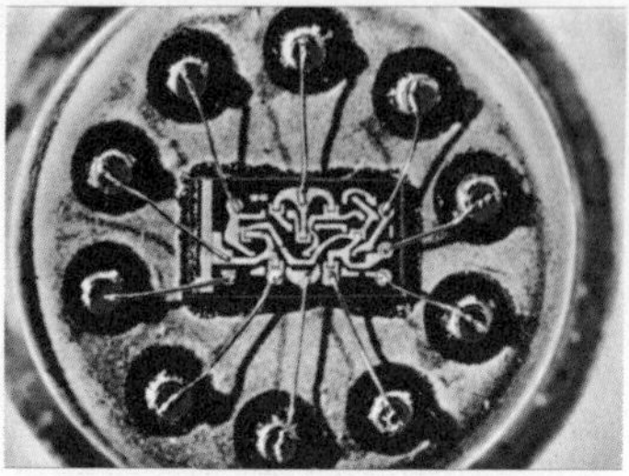

Festkörper-Schaltungen: geöffnetes Bauelement (Telefunken)

sistoren und Dioden) und passiver Bauelemente zu vollständigen elektronischen Schaltungen auf Halbleiterbasis. Zusammenfassung auf kleinstem Raum. Die *Abb.* zeigt die Aufsicht auf eine solche Schaltung mit zwei Transistoren und drei Widerständen. Ein ganzer Baustein kann aber auch aus sehr viel mehr Einzelelementen bestehen, z. B. aus sechs Transistoren und zehn Widerständen oder noch mehr.

Festplatte (Hard Disk) ist ein Massenspeicher, dessen Funktionsweise der einer → *Floppy Disk* ähnelt: Ein beweglicher Arm mit einem magnetischen Schreib- und Lesekopf kann auf eine von zahlreichen konzentrischen Magnetspuren einer rotierenden, runden Magnetplatte positioniert werden.

Unterscheidungsmerkmale zur Floppy: Die Hard-Disk ist starr. Sie besitzt wesentlich mehr konzentrische Spuren, also ist die Positioniergenauigkeit höher, ebenso die Speicherdichte (bis zu einigen hundert MByte). Der Schreib-Lesekopf liegt nicht schleifend auf der Disk, denn durch Zublasen von Luft und durch die Rotation der Platte bildet sich ein Luftspalt von einigen µm. Die Platte rotiert schneller als die Floppy, nämlich ein paar tausend U/Min. So ist ein sehr schneller Zugriff möglich. Da die Platte dauernd rotiert, tritt auch keine Verzögerung durch Anlaufen der Platte auf.

festverdrahtet d. h. fest vorgegeben geschaltet. Auch → *integrierte Schaltungen* sind festverdrahtet, wenn ihr funktionelles Verhalten fest vorgegeben ist.

Es gibt auch frei programmierbare integrierte Schaltungen.

Festwertregelung → *Regelung*, bei der die → *Führungsgröße w* auf einen festen Wert eingestellt ist.

Festwertspeicher sind entweder fest programmierte Lesespeicher oder solche, die man selbst programmieren kann. MOS-Festwertspeicher mit Quarzfenster kann man mittels UV-Licht löschen und dann neu einspeichern.

FET = → *Feldeffekt-Transistor.*

Fetron heißt ein Halbleiter-Bauelement, das eine Röhre 6AK5 ersetzt. Es enthält zwei in Kaskade geschaltete Hochspannungs- → *FET* in einer Metallkappe mit passendem Stiftsockel und kann einfach anstelle der Röhre eingesteckt werden. Vorteile: größere Zuverlässigkeit und keine Hitzeentwicklung. Auch für die Doppeltriode TS12AT7 ist solcher Ersatz lieferbar.

Feuchtemeßgeräte messen entweder den Feuchtigkeitsgehalt von Materialien (Textilien, Tabak o. ä.) oder von Gasen (Luft usw.). Im ersten Fall mißt man meist die Leitfähigkeit, im zweiten gibt es eine große Zahl spezifischer Meßeinrichtungen.

Feuchtesensor Der F. ist ein Sensor zum Bestimmen der absoluten Feuchte, der Sättigungsfeuchte und der relativen Feuchte. Es gibt verschiedene Arten. Der Lithiumchlorid-Feuchtesensor nutzt die Eigenschaften des Hydrates von LiCl aus, das einerseits hygroskopisch ist und die Wassermoleküle absorbiert, und zum anderen ist die daraus entstehende wässerige LiCl-Lösung ein Elektrolyt, der den elektrischen Strom leitet. Nimmt das LiCl atmosphärischen Wasserdampf auf, fließt ein Strom, der den Sensoraufbau aufheizt. Die sich einstellende Temperatur ist ein Maß für den Wasserdampfgehalt der Luft.

Kapazitive Sensoren bestehen aus beidseitig mit Gold bedampfter Spezialfolie, die als Dielektrikum eines Plattenkondensators wirkt. Das Gold stellt hierbei die Platten dar. Durch die Luftfeuchtigkeit verändert sich die Dielektrizitätskonstante der Folie. Die Auswertung erfolgt in einer kapazitiven Brückenschaltung.

Fieldistor veraltete Bezeichnung (eigentlich Vorausahnung) der → *Feldeffekt-Transistoren.*

FIFO heißt „First In, First Out", ein Speicherverwaltungs-Verfahren, das sich besonders als Pfuffer zwischen Datensender und Datenempfänger eignet, wenn der Datensender ab und zu schneller ist, als es der Empfänger verkraften kann. Dann muß der FIFO die zuletzt gesendeten Zeichen solange aufbewahren, bis das Empfangsgerät zur Verarbeitung Zeit hat. Typisch eingesetzt wird ein FIFO-Speicher mit einem Drucker.

File ist der englische Ausdruck für Datei. Das ist ein Satz zueinander gehörender Daten, numerische als auch alphanumerische. Eine File ist z. B.: eine Adressenliste; eine Sammlung von Meßwerten eines bestimmten Zeitraums; ein mit einem Textverarbeitungsprogramm erstellter Brief; ein Basic-Programm.

Filmgeber Durchaus nicht alle Programme können „life" sein, also im Augenblick der Sendung gespielte Szenen. Der größte Teil der Sendungen besteht aus eigens zu diesem Zweck aufgenommenen Fernsehfilmen, die aus Qualitätsgründen meist auf dem üblichen 35-mm-Kinofilm aufgenommen sind.

Zur Wiedergabe dienen Filmgeber, von denen – wie im Lichtspieltheater – mindestens zwei vorhanden sein müssen, um das Programm ohne Pause ablaufen zu lassen. Sie unterscheiden sich von den Kinoprojektoren grundsätzlich dadurch, daß der Film nicht ruckweise an einem Bildfenster vorbeigeführt wird. Der Fernsehfilm läuft mit konstanter Geschwindigkeit an einer Spezial-Elektronenstrahlröhre vorbei, die mit Hilfe einer entsprechenden Optik jedes Teilbild zweimal mit versetzten Zeilen (→ *Zeilensprungverfahren*) abtastet.

Für aktuelle Berichte, Tagesschau usw., werden vorwiegend 16-mm-Filmkameras verwendet, die leichter und beweglicher sind. Deshalb müssen im Studio auch noch Filmgeber für 16-mm-Filme vorhanden sein.

Filter, aktive enthalten im Gegensatz zu den früher gebräuchlichen RC-, RL-, LC-, Kreuz-, T-Filtern usw. aktive Elemente, also Verstärker in Form von (stark gegengekoppelten) → *Rechenverstärkern* (meist in monolithischer Bauart). Ihre Vorteile: größere Flankensteilheit, ein wesentlich günstigeres Signal/Rausch-Verhältnis und größere Möglichkeiten zur Beeinflussung der Filterkurve.

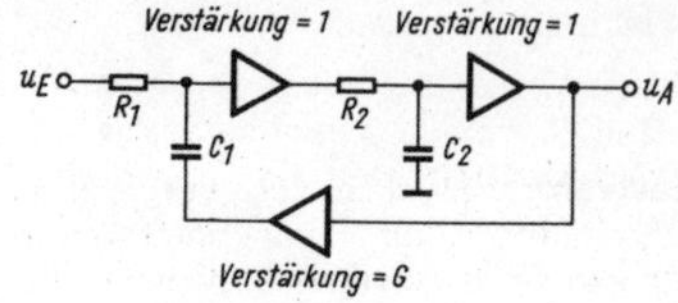

Firmware stellt einen Grenzfall zwischen → *Software* und → *Hardware* dar: Dabei handelt es sich um Software, die in Hardwareform verpackt ist, also um Programme, die fest in → *ROM*- oder → *EPROM*-Chips gespeichert sind. Für viele Computer kann man solche Firmware für vielfältige Aufgaben dazukaufen.

Flächendiode Sperrschichtventil, bei dem die Querschnittsfläche des PN-Überganges wesentlich größer ist als bei einer Spitzendiode.

Flächentransistoren wurden 1950 von Shockley vorgeschlagen und lösten binnen kurzem die von Bardeen, Brattain und Shockley 1948 erfundenen → *Spitzentransistoren* ab, denn diese waren schwierig herzustellen und konnten nur sehr kleine Leistungen verarbeiten. Zu den F. gehören Legierungs-Transistoren, gezogene Transistoren und die Diffusionstransistoren (Mesa-Transistoren, Epitaxial-Transistoren) aber auch Sonderarten, wie z. B. die Unipolar-Transistoren.

Flag So bezeichnet man eine Speicherstelle, mit der man sich merkt, ob irgendein Wert den Zustand 0 oder 1 hat.

Flankensteilheit F Bei Impulsen bzw. der → *Sprungantwort* eines Netzwerks das Verhältnis der 0,8-fachen Amplitude A zur → *Anstiegszeit* t_r.

$$F = 0{,}8\,\frac{A}{t_r}$$

F wird hierbei in V/s angegeben.

Bei Durchlaßkurven von Filtern versteht man darunter das Amplitudenverhältnis zwischen zwei auf der Filterflanke liegenden Punkten, das auf die Frequenzdifferenz zwischen diesen Punkten bezogen wird. Die Flankensteilheit wird im allgemeinen in dB/Hz angegeben.

Flat-Pack heißen flache Plastikgehäuse für → *integrierte Schaltungen* mit z. B. je 7 Draht- oder Streifenanschlüssen nach zwei Seiten.

Fließkomma-Arithmetik In wissenschaftlichen und technischen Berechnungen kommen oft sehr große oder sehr kleine Zahlen vor. Deshalb arbeiten die meisten höheren Programmiersprachen mit Fließkomma-Arithmetik, d. h. eine Zahl wird durch eine Mantisse (1…9,99…) und einen Zehnerexponent-Multiplikator dargestellt. So schreibt der Computer statt der Zahl 123456000000000 einfach 1.23 E 14, was mathematisch $1{,}23 \cdot 10^{14}$ bedeutet! 0,000000001 stellt er als 1 E – 9 dar, als $1 \cdot 10^{-9}$. Basic-Computer besitzen meist einen Rechenbereich bis 10^{37}. Alle Zahlen, die kleiner sind als 10^{-37}, werden einfach als Null interpretiert.

flip-chip heißen kleine Halbleiterscheibchen mit → *Planar-Dioden* oder *-Transistoren*, deren Anschlüsse auf der Chip-Rückseite liegen. Sie werden in → *Dünnfilm-* oder → *Dickschicht-Schaltungen* eingebaut und waren eine der Übergangsstufen zur → *integrierten Schaltung*.

Flipflop FF aus dem Englischen übernommene Bezeichnung für einen bistabilen → *Multivibrator*, Schaltglieder, deren Ausgangssignal sich entsprechend dem Eingangssignal ändert. Als Symbole dienen in der Mitte geteilte Rechtecke (*Abb.*), die oft noch viele zusätzliche Zeichen aufweisen. Flipflops dienen als schnelle → *Digital-Speicher* für jeweils ein → *Bit*. Eine Anzahl in Reihe geschalteter dient als → *Schieberegister*. Flipflops werden häufig mit → *NAND-* oder → *NOR-Gattern* aufgebaut. Man unterscheidet u. a. → *D-*, → *DV-* und → *DV-Master-Sla-*

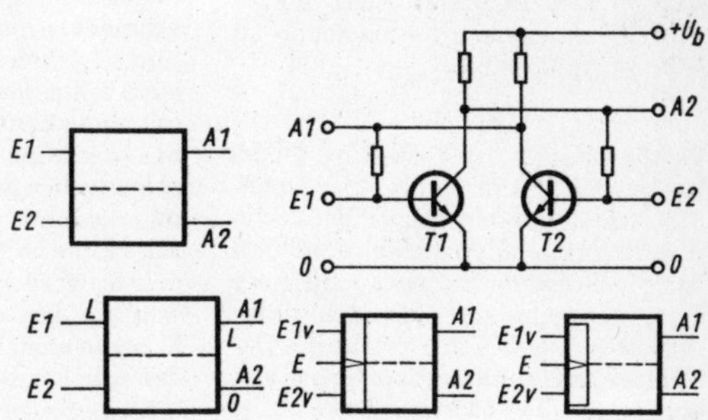

Flipflops (FF): Symbol und Schaltbild einer einfachen bistabilen Kippschaltung

ve-, → *JK-* und → *JK-Master-Slave-*, → *NAND-*, → *NOR-*, → *RST-*, → *SR-* (RS-), → *T-Flipflops* u.v.a. Typen.
Bei Ausbleiben der Spannung geht die Information verloren.

Flipping = Umkippen der Polarität (eines magnetischen Speicherelements).

Floppy-Disk ist eine runde, mit einem magnetischen Material beschichtete, dünne flexible Kunststoffscheibe, die zum Schutz in einer quadratischen Papphülle untergebracht ist, in der sie sich frei um das Zentralloch drehen kann. Die Hülle hat ein radial angeordnetes Loch, innerhalb dessen die magnetische Aufzeichnung und Abtastung stattfindet. Wird die Floppy-Disk in das Laufwerk eingelegt, wird ihr innerer Teil, die runde Scheibe, am Zentralloch mit einer Antriebsachse gekoppelt, so daß sie rotiert. Ein Schreib/Lesekopf kann mechanisch entlang des Lochs in der Hülle auf eine der konzentrisch angeordneten magnetischen Datenspuren bewegt werden. Gängige F.-Größen sind 3½- und 5¼-Zoll. Ihre Speicherkapazität kann über 1 MB liegen.

Fluggepäcksteuerung für Ausgabe oder Umladung (für Umsteigende) erfolgt z. B. in Frankfurt durch drei → *Prozeßrechner* nach Kennzeichen an jedem Gepäckstück.

Fluidik benutzt zur Erfassung, Übertragung und Verarbeitung der Daten Flüssigkeiten oder Gase. Sie findet nur in Sonderfällen Anwendung und ist um Größenordnungen langsamer als entsprechende elektrische Einrichtungen. Dabei entspricht die Bewegung des Fluidums dem Strom und der Druck der Spannung.

Fluoreszenz Darunter versteht man die Eigenschaft eines Stoffes, bei einer Temperatur, die niedriger als die Glühtemperatur ist, diese oder jene Energieform in sichtbares Licht zu verwandeln. Die Umwandlung findet im wesentlichen nur solange statt, wie die Energieeinwirkung besteht. Die Lichterscheinung klingt also nach Beendigung der Anregung sehr schnell ab. Die Erscheinung der Fluoreszenz wird z. B. in der Bildröhre ausgenützt, um einen Punkt der → *Leuchtschicht* unter Anregung des auftreffenden Elektronenstrahls zum Aufleuchten zu bringen, wobei die Intensität des Aufleuchtens von der Stärke des Elektronenstrahls abhängt.

Flußdiagramm ist eine grafische Darstellung des Ablaufs der Datenverarbeitung. Es ist eine Vorstufe der Programmierung.

Flüssigkeitsstrahl-Oszilloskop → *Strahlschreiber.*

Flüssigkristall-Anzeigeeinheiten benutzen das → *Sieben-* oder → *Vierzehn-Segment-Prinzip.*

Flüssigkristalle treten in einigen (seltenen) Flüssigkeiten auf. Man unterscheidet → *nematische*, → *smektische* und → *cholesterische* Typen. Man stellt mit nematischen (auch gemischt mit cholesterischen) Flüssigkristallen in erster Linie → *alphanumerische Anzeigen*, aber auch flache Bildschirme mit extrem dünnen Flüssigkeitsschichten (< 100 µm) her. Versuchsmuster wurden von vielen Firmen gezeigt. Der besondere Vorteil ist, daß die Kristalle nicht selbst leuchten, sondern das auffallende Licht reflektieren. Das Bild wird also um so heller, je stärker die Beleuchtung ist. Außerdem ist der Energiebedarf (0,15 mW/cm²) gering. Auch Kreuzrasteranordnungen wurden bereits ausprobiert. Der Vorgang ist auch umkehrbar, d. h. bei Beleuchtung der F. kann Spannung abgegeben werden.

Flußmesser Meßeinrichtung zur Messung des magnetischen Flusses. Die dem Fluß proportionale und in einer Prüfspule induzierte Spannung wird einem → *Spannungsmesser* zugeführt, dessen Anzeige dem Fluß proportional ist. Bei Gleichflüssen wird meist ein → *Kriechgalvanometer* verwendet, das den Spannungsstoß mißt, der während der Bewegung der Prüfspule vom feldfreien Raum in das magnetische Feld in ihr induziert wird.

Flußrichtung → *Durchlaßrichtung.*

Flutlicht-Anzeigen Die Zeichen waren in durchsichtige Kunststoffscheibchen graviert, die hintereinander lagen. Das mit dem gewünschten Zeichen wurde durch ein Lämpchen seitlich durchflutet und leuchtete hell auf (veraltet).

Flutter Bezeichnung aus dem Englischen für das Flattern bei der Wiedergabe von Schallplatten (bei guten Laufwerken weniger als 0,1 %).

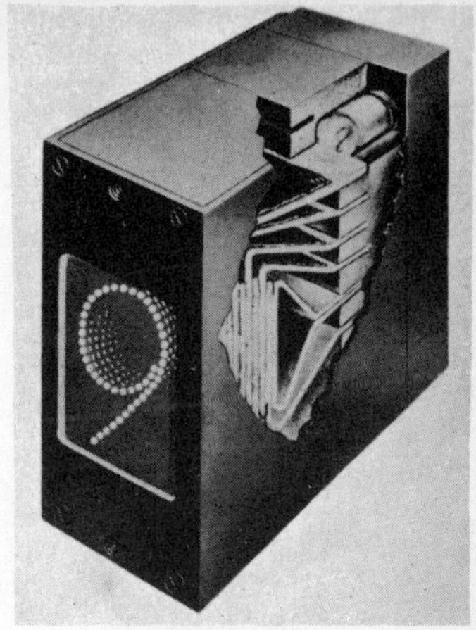

Flutlicht-Anzeige

flying heads = fliegende Köpfe, heißen die Lese- und Schreibköpfe an → *Magnettrommelspeichern,* die bei der schnellen Trommelrotation auf einer Luftschicht „schwimmen".

FM-Demodulation Gleichrichtung frequenzmodulierter HF-Signale, meist mittels → *Verhältnisgleichrichter.*

FMSR = **F**achnormenausschuß „**M**essen, **S**teuern, **R**egeln für technische Prozesse".

Fokussierung Aus der Katode einer Bildröhre treten die Elektronen nicht in gleicher Richtung aus, dies ist allein schon in der räumlichen Ausdehnung der Katode begründet. Außerdem haben die Elektronen als Träger gleicher Ladungen von Natur aus das Bestreben, auseinander zu laufen. Für eine Bildzeichnung mit guter Auflösung benötigt man aber einen Elektronenstrahl, der scharf gebündelt ist. Dafür sorgt die Fokussierung.

Unter Fokussierung versteht man also die Bündelung von Lichtstrahlen durch Linsen auf einen Brennpunkt. Die elektronische Nachbildung einer solchen Linse besteht in einem entsprechend angeordneten magnetischen oder elektrischen Feld, das die einzelnen Elektronenbahnen zusammenzwingt und alle auf einen Punkt hinlenkt. Dieser Punkt muß bei der Bildröhre auf der Leuchtschicht liegen.

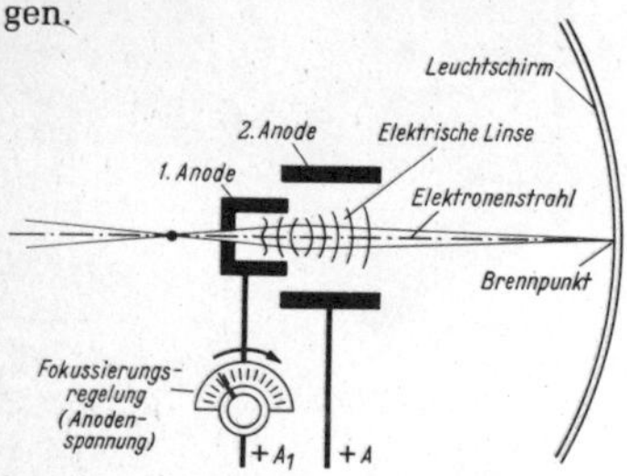

Fokussierung: Schema eines elektrostatisch fokussierten Elektronenstrahls in einer Bildröhre

Fold Back Charakteristik einer Netzteilregelschaltung, nach der bei ausgangsseitigem Kurzschluß der Ausgangsstrom zunächst den Höchstwert annimmt, sodann aber automatisch auf einen erheblich geringeren Wert zurückgeht, wodurch die gespeiste Schaltung weniger gefährdet ist.

Folgeregelung → *Regelung*, bei der die → *Regelgröße* x den sich während der Regelung ändernden Werten der → *Führungsgröße w* folgt.

Folgesteuerungen sind → *sequentielle* Steuerungssysteme, die mit Hilfe eines programmgesteuerten (Prozeß-) Rechners komplizierte Fertigungs- o. ä. Abläufe einerseits auf Grund des → *Programms*, andererseits des bis dahin erreichten Standes kontrollieren und steuern.

Folien-Dehnmeßstreifen → *Ohmsche Geber.*

Fonator ist ein Hilfsgerät für Gehörlose. Die verstärkten Schwingungen werden in fühlbare Schwingungen umgesetzt und z. B. auf das Handgelenk übertragen. Sie ergeben so eine Verständigungsmöglichkeit (s. a. → *Blinden-...*).

Formatieren Vorbereitung einer Diskette vor dem erstmaligen Abspeichern von Programmen oder Daten durch Anlegen des Disk-Inhaltsverzeichnisses und Schreiben der Sektor- und Spurnummern.

formieren (elektrisch) Erzeugen bleibender Veränderungen der elektrischen Eigenschaften eines Metall-Halbleiter-Kontaktes (z. B. Erzeugen eines PN-Überganges an einem Punktkontakt) mit Hilfe einer zeitlich begrenzten Strombelastung.

Förstersonden dienen zur Ausmessung sehr schwacher Magnetfelder ($10^{-5} \ldots 10^{2}$ Oersted). Auf zwei Transformatoren mit hochpermeablen Kernen, die durch einen Meß-Wechselstrom gegensinnig erregt werden, wirkt das zu messende Feld gleichsinnig ein. Die sich ergebende Verschiebung ist ein Maß für die zu messende Feldstärke. Mariner II und IV waren z. B. mit Förstersonden ausgerüstet, da diese die empfindlichsten sind.

Forth → *Programmiersprache.*

Fortpflanzungsgeschwindigkeit des Schalls → *Schallgeschwindigkeit.*

Fortran (aus **for**mula **tran**slation = Formel-Übersetzung) ist eine speziell für die Verarbeitung mathematischer Probleme konstruierte → *Program-*

miersprache und erleichtert deren Programmierung. Ein → *Compiler* macht daraus die → *Maschinensprache.*

Foto-Array Anordnung von Foto-Bauteilen, wie Fotowiderständen, Fotodioden oder Fototransistoren, in Zeilen- oder Matrixform. Daraus ergeben sich eine höherere Fotospannung und ein höherer Fotostrom als bei Einzelelementen.

Fotodetektoren = Lichtentdecker, sind meist → *Fotodioden* mit nachgeschaltetem Verstärker. Sie messen eintreffendes Licht oder lösen gewünschte Vorgänge aus. Es gibt auch Einrichtungen, die die Richtung des eintreffenden Lichts auf ± 1° genau feststellen und entsprechende Signale ausgeben.

Foto-Digitalspeicher speichern mittels Elektronenstrahlröhre fast 1 Million Zeichen auf einem Chip von 35 x 70 mm. Diese → *Chips* lagern zu Tausenden in einem Magazin und werden bei Bedarf geholt. Die Information bleibt erhalten, kann aber auch nicht geändert werden.

Fotodioden sind Sperrschicht-Elemente (→ *Fotoelemente*). Sie setzen eine der auftreffenden Lichtmenge entsprechende Zahl von Ladungsträgern frei, leiten also um so besser, je stärker sie beleuchtet werden. Sie sind schnell arbeitende Lichtschalter und Umsetzer für optische Signale bis in den GHz-Bereich hinein. Da es blau-, grün-, gelb- und rotempfindliche Typen gibt, können sie nach Farben zählen und sortieren. Erkennung optischer Zeichen ist möglich durch eine Fläche von z. B. 32 x 32 = 1024 Dioden. Bei Vidicon-Kameras hat man auf einer Siliziumscheibe von 20 mm ∅ etwa 100000 Dioden angebracht, die dann von einem Elektronenstrahl abgetastet werden. Dieses → *Target* wird auch durch direktes Sonnenlicht nicht zerstört. Bei Kombination mit → *Rechenverstärkern* erzielt man Verstärkungen bis zu 160000fach und kann Lichtleistungen bis zu 10^{-12} W nachweisen.

Foto-Diskriminator gestattet Bewegungen eines Lichtstrahls ≧ 1 µm zu messen. Er besteht aus einem Halbleiter-Kollektor mit zwei eindiffundierten Emittern im Abstand von ~ 50 µm.

Foto-Doppeldiode Symmetrisch ausgebildete Fotodiode mit zwei N-Zonen, die in einen P-Kristall eindiffundiert sind. Bei dieser Diode ist die Polung der Speisespannung beliebig, da jeweils der sperrende PN-Übergang zur Geltung kommt. Der besondere Vorteil einer solchen Fotodiode ist, daß zur Speisung auch eine Wechselspannung verwendbar ist.

Fotoeffekt Eigenschaft von Metallen, daß Elektronen das Metall im Vakuum und unter bestimmten Energiebedingungen verlassen können. Die Anzahl der herausgeschlagenen Elektronen hängt von der Lichtintensität und ihrer Energie sowie der Wellenlänge des Lichtes ab.

Fotoelektrische Halbleiter Die Empfindlichkeit verschiedener fotoelektrischer Halbleiter geht aus der Tabelle Seite 166 hervor:

Fotoelektrischer Effekt → *lichtelektrischer Effekt.*

Fotoelektronische Kopplung wendet man besonders zwischen Geräten mit

Fotoempfänger	Kristallart (Halbleiter)	Wellenlänge der größten relativen Empfindlichkeit µm	Absolute Empfindlichkeit mA/lm
Fotoelement	Selen	0,56	0,6 ... 1,0
Fotodiode	Silizium	0,85	30 ... 50
Fotodiode	Germanium	1,5	30 ... 50
Fototransistor	Germanium	1,6	600 ... 1000
Fotowiderstand	Bleisulfid	2,5	3,5 ... 4
Im Vergleich dazu:			
	Füllung:	:	
Fotozelle	Vakuum	0,8	0,02 ... 0,05
Fotozelle	Edelgas	0,8	0,11 ... 0,175

hohem Potentialunterschied an (mehrere bis z. B. 400 kV). Beispielsweise gibt eine → *Leuchtdiode* (→ *LED*) Lichtimpulse ab, die von einem → *Fotohalbleiter*, einer → *Fotozelle* usw. wieder in elektrische umgewandelt werden.

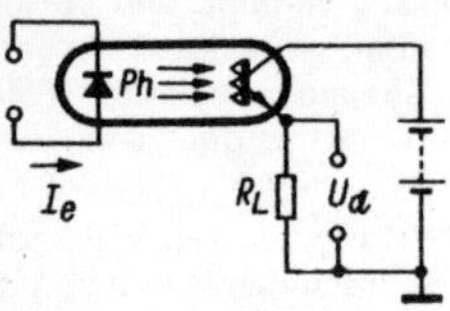

Fotoelektronischer Fernsprechwähler Er hat für die Ziffern 0 bis 9 je eine Tastmulde. Durch deren Berührung wird die Körperkapazität zur Tastenkapazität parallelgeschaltet. Dadurch wird die betreffende Glimmlampe gezündet, und der zugehörige Fotowiderstand gibt einen Impuls ab, der gleichzeitig gespeichert wird. Meldet sich der Teilnehmer nicht, so kann durch Berühren der Wiederholungsmulde der ganze Ruf wiederholt werden.

fotoelektronisches Bauelement ist ein Bauelement, in dem ein Stromdurchgang durch Vakuum, verdünnte Gase oder Halbleiter durch Einwirken von Licht ermöglicht bzw. erleichtert oder auch in Halbleitern veranlaßt wird. Zum Licht werden in diesem Zusammenhang meistens auch Infrarotstrahlung und Ultraviolettstrahlung gerechnet.

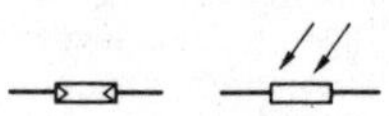

Fotoelement ist eine Sperrschichtzelle, die bei Belichtung Spannung abgibt (mit Beleuchtungsstärke zunehmend). – Das Fotoelement weist, wie die Fotodiode, zwei Bereiche verschiedenen Leitfähigkeitscharakters auf (N- bzw. P-Leitung). Das Fotoelement wird ohne Vorspannung betrieben. Die Ladungsträger, die durch Lichteinwirkung in der Nähe des Übergangs entstehen, gelangen in den Einfluß der → *Diffusionsspannung* und werden auf die Seite des geringeren Potentials getrieben: Elektronen werden im N-leitenden Bereich angesammelt, Defektelektronen im P-leitenden Bereich. Dadurch verkleinert sich die Potentialdifferenz zwischen beiden Bereichen; diese Verkleinerung erscheint als Klemmenspannung des Fotoelements. Die Leerlaufspannung erreicht schon bei niedriger Beleuchtungsstärke relativ hohe Werte und ändert sich bei größerer Beleuchtungsstärke nur noch wenig. Sie ist von der Größe der beleuchteten Oberfläche unabhängig. Der Kurzschlußstrom verläuft proportional zur Beleuchtungsstärke.

Silizium-Fotoelemente haben im allgemeinen sehr geringe Ausmaße (*Abb. 1*) und finden Anwendung in Steuer- und Regelgeräten, zur Abtastung von Lichtimpulsen, für quantitative Lichtmessungen, in Luxmetern, Beleuchtungsmessern usw. Eine besondere Art von Fotoelementen sind die Silizium-Solarelemente. Das Äußere und die Abmessungen gehen aus

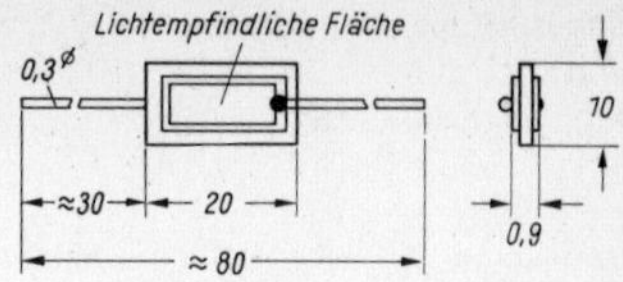

Abb. 2 Abmessungen eines Silizium-Solarelements (Siemens BPY 45)

Abb. 2 hervor. Die lichtempfindliche Fläche ist etwa 1,8 cm^2 groß.

Der Wirkungsgrad bei der Umwandlung von Sonnenenergie in elektrische Energie durch Solarelemente beträgt rund 11 %. Zu Batterien zusammengefaßt (Sonnenbatterie) lassen sich verhältnismäßig hohe Leistungen erzielen. Eine Solarelement-Batterie mit einer Fläche von 1 m^2 gibt eine Leistung von rund 100 W ab. Sie sind Stromquellen für die Sender der Weltraumsatelliten und werden heute schon zur Heizung von Häusern verwendet.

Eine schon ältere Sperrschicht-Fotozelle, die im Laufe der Jahre aufgrund der auf dem Halbleitergebiet gesammelten Erfahrungen wesentlich verbessert wurde, ist die Selenzelle (Selen-Fotoelement). Den Aufbau veranschaulicht *Abb. 3* (Schnitt).

An der PN-Grenzschicht zwischen dem Selen und der darüberliegenden Metallfolie entsteht eine Sperrschicht. Wird diese durch die transparente Deckschicht von Licht getroffen, dann werden in ihr Elektronen und Löcher frei. Die Elektronen werden zur abdeckenden Elektrode (N-Gebiet) getrieben, die Löcher wandern in den Halbleiter (P-Gebiet). Die Leer-

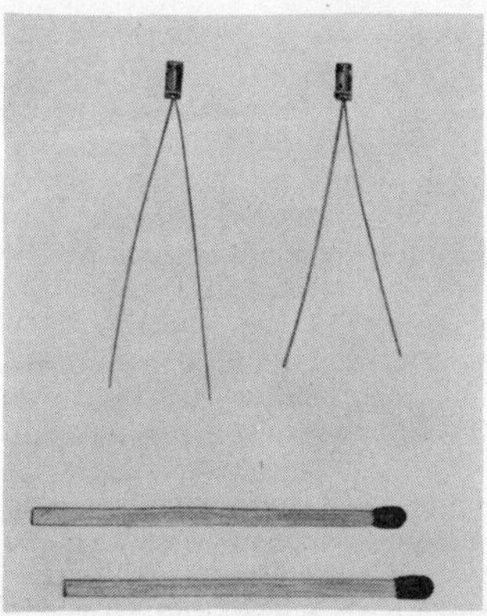

Fotoelement: Abb. 1 Silizium-Fotoelemente im Größenvergleich zu Streichhölzern (Siemens)

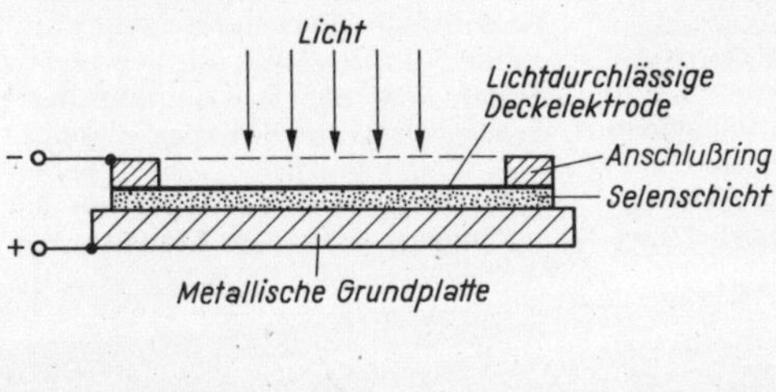

Abb. 3 Schnitt durch eine Selenzelle (Selen-Fotoelement)

laufspannung erreicht bei stärkster Belichtung einige zehntel Volt; es ergeben sich Fotokurzschlußströme von einigen hundert µA.

Fotoemission Vorgang, bei dem Elektronen durch Lichtbestrahlung aus bestimmten Materialien befreit werden. Die Anzahl der befreiten Elektronen ist der Intensität des einfallenden Lichtes proportional. Die Fotoemission beginnt jedoch erst ab einer bestimmten Frequenz des Lichtes, die auch materialabhängig ist.

Foto-Feldeffekt-Transistor → *Feldeffekt-Transistor*, der im elektrischen Sperrzustand bei Beleuchtung Strom durchläßt. Gegenüber → *Fotowiderständen* ist die Trägheit des Foto-Feldeffekt-Transistors (des Foto-Fet) wesentlich geringer. Im Vergleich zu den → *Fotodioden* hat der Foto-Fet eine höhere Lichtempfindlichkeit.

Fotohalbleiter kann man in vier Typen einteilen: → *Fotoelemente*, die bei Belichtung Strom liefern, → *Fotowiderstände* und → *Fotodioden*, die ihren Widerstand bei Belichtung ändern, und → *Fototransistoren*, die durch Belichtung der Basis gesteuert werden. Fotoelemente sind aktive, die übrigen drei passive Fotohalbleiter.

Fotokämme sind zeilenartige Anordnungen von → *Fotodioden* (oder → *-transistoren*), die vorzugsweise zum Lesen von → *Lochkarten* und → *Lochstreifen*, aber auch zum maschinellen Lesen von Schriftzeichen verwendet werden.

Fotokatoden bestehen vorzugsweise aus aktiviertem Cäsium oder → *Antimon* und geben an eine ihnen gegenüber positive Anode im Vakuum Elektronen ab entsprechend der Lichtstärke, von der sie getroffen werden. Helligkeitsänderungen rufen proportionale Stromänderungen hervor. Vielfach werden sie direkt in → *Sekundärelektronen-Vervielfacher* eingebaut.

Fotokoppler → *Fotoelektronische Kopplung*.

Foto-Leiter Halbleitermaterial, das auf einem Isolierstoff in dünner Schicht aufgebracht ist und dessen elektrische Leitfähigkeit bei Beleuchtung dieser Schicht zunimmt. Hauptsächlich Cadmium-Sulfid, seltener Blei-Sulfid (letzteres für Infrarot-Empfindlichkeit).

Foto-Leitung Stromdurchgang unter Einwirken einer elektrischen Spannung, ermöglicht oder erleichtert durch Beleuchten des Stromweges.

Fotolithografie → *Lithografie*.

Fotomagnetische Effekte konnten bei Yttrium-Eisengranat (YIG) beobachtet werden. Bei einer Temperatur von 77 °K hatte ein Ring aus diesem Material eine relative Anfangspermeabilität 120. Bei Bestrahlung mit 10^{-2}W/cm^2 sank diese auf 1/30, also 4. Die Koerzitivkraft erhöhte sich dabei von 0,6 auf 2 Oersted. Das Licht muß weniger als 1,5 µm Wellenlänge haben.

Fotomasken dienen zum Ätzen, → *Diffundieren* und zur → *Ionen-Implantation* bei winzigen → *Transistoren* und → *integrierten Schaltungen*. Entworfen werden sie etwa 400-fach vergrößert und dann bis auf das gewünschte Maß (z. B. 1 mm^2 je integrierte Schaltung) fotografisch verkleinert.

Foto-Multiplier = Lichtvervielfacher → *Sekundärelektronen-Vervielfacher*.

Fotorelais sind eine Kombination aus → *Fotowiderstand* o. ä., Transistorverstärker und einem → *Relais*, mit dem beliebige Funktionen ausgelöst werden können (Lichtschranke, Dämmerungsschalter usw.).

Fotostrom ist die durch Belichtung eines foto-elektronischen Bauteils hervorgerufene Stromerhöhung gegenüber dem → *Dunkelstrom*.

Foto-Thyristoren können ganz normal durch einen Zündstrom über die Zündelektrode gezündet werden. Daneben haben sie ein Lichteintrittsfenster und zünden, sobald Licht vorgeschriebener Stärke durch dieses Fenster fällt. So kann der Steuerkreis vom gesteuerten elektrisch vollständig getrennt werden, z. B. in Reaktoren, Be-

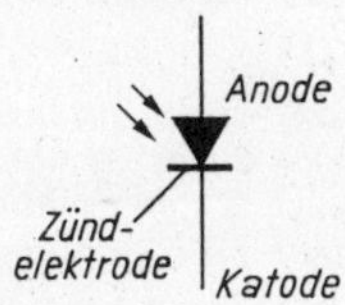

schleunigern usw., aber auch in Rechenanlagen, Lichtschranken usw.

Fototransistoren nutzen den inneren → *Fotoeffekt* aus, d. h. in der Basis, die unter einer durchsichtigen Scheibe oder Linse aus Plastik liegt *(Abb.)* werden entsprechend der Beleuchtungsstärke mehr oder weniger Ladungsträger zusätzlich zum → *Dunkelstrom* freigesetzt. Im Falle eines PNP-Transistors (Schaltung) sind das also zusätzliche Elektronen in der Basis, und der Kollektorstrom steigt dementsprechend. Der besondere Vorteil ist der niederohmige Ausgang. Der Nachteil ist, daß die höhere Empfindlichkeit im infraroten Gebiet liegt.

Für Spezialzwecke, z. B. für → *Lochkartenleser* werden sie in entsprechendem Abstand nebeneinander in einer Plastikfassung angeordnet (→ *Fotokämme*).

Während sonst Gleichspannung üb-

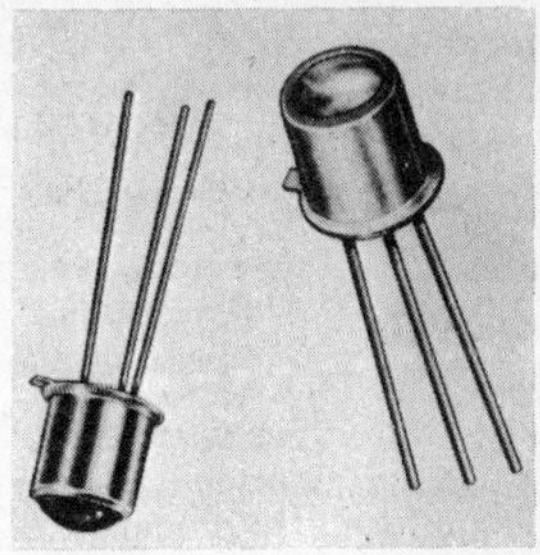

Fototransistoren: Links ein Fototransistor vom Typ BPX 43 mit linsenförmigem Lichtfenster, rechts der Typ BPX 38 mit planem Lichtfenster (Siemens)

lich war, gibt es jetzt sehr leistungsfähige Wechselspannungs-Typen, auch in → *Darlington-Schaltung*.

Fotovervielfacher bestehen häufig aus einer Vakuum- → *Fotozelle* oder → *Fotokatode* und einem → *Sekundärelektronen-Vervielfacher* und dienen vorzugsweise für Kernstrahlungsmessungen u. ä. Es gibt daneben viele Spezialausführungen für allerlei Zwecke. Sie zeichnen sich durch sehr geringes Eigenrauschen bei millionenfacher Verstärkung aus. Allerdings werden sie vielfach durch eine → *Fotodiode* kombiniert mit einem → *Rechenverstärker* ersetzt.

Fotovoltaik → *Photovoltaik*.

Fotowiderstände (auch „Fotoleiter" oder „Lichtwiderstände") haben im Dunkeln einen hohen, belichtet aber je nach Beleuchtungsstärke einen entsprechend geringeren Widerstand (Dunkel- und Hellwiderstand). Sie werden vorwiegend aus Kadmiumsulfid (→ *CdS*) gefertigt. Die Widerstandsschicht hat vielfach Mäanderform. Man erreicht Ein-Aus-Verhältnisse von $1:10^5$, und sehr schnelle Ausführungen dienen zum Aufbau von → *Fotozerhackern*. Man kann damit aber auch veränderliche Widerstände ersetzen, die dann krachfrei arbeiten und die auch fernbedient werden können, dabei aber störunempfindlich sein müssen, z. B. in räumlich ausgedehnten Übertragungsanlagen.

Fotozellen benutzen den (äußeren) → *Fotoeffekt* und verwandeln Licht proportional zu dessen Intensität in entsprechend starken Strom. Sie enthalten eine → *Fotokatode* und eine Anode in einem evakuierten oder mit Edelgas gefüllten Gefäß. Meist arbeiten sie mit höherer Anodenspannung, aber als Halbleiter *(Abb.)* auch mit 15 V. Man verwendet darin Kalium, Natrium, Rubidium und Cäsium. Die Fotozellen

sind durch die → *Fotohalbleiter* weitgehend abgelöst worden.

Fotozerhacker dienen wie die mechanischen → *Zerhacker* zum Messen und Verstärken kleiner Gleichspannungen, haben aber nicht nur den Vorteil, daß sich keine Kontakte abnutzen, sie können auch mit wesentlich höherer Frequenz und völlig prellfrei arbeiten. Die → *Fotowiderstände* werden dabei durch Glimm- oder Blitzlampen wechselnd beleuchtet. Als Durchgangswiderstand werden 0,15 . . . 12 kΩ angegeben, als Sperrwiderstand $10^8 \ldots 10^9$ Ω.

Freidrahtgeber → *Ohmsche Geber.*

freie Weglänge Mittlere Wegstrecke, die ein freies Elektron zwischen je zwei Zusammenstößen mit den Gitteratomen oder mit anderen freien Elektronen zurücklegt. Die freie Weglänge beträgt in Halbleitern bei Zimmertemperatur etwa 10^{-6} cm.

Freilaufdiode (auch Stromverdoppler) nennt sich die in der *Abb.* dargestellte Gleichrichterschaltung, die insbesondere für die Speisung induk-

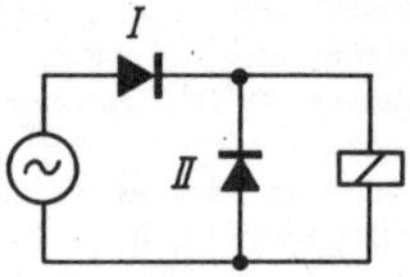

tiver (z. B. Magnet-) Stromverbraucher gedacht ist.

Fremdatome sind die dem Reinst-Germanium oder -Silizium zwecks Erzielung einer bestimmten P- oder N-Leitfähigkeit zugesetzten Atome (→ *Dotieren*).

frequency-shift-Kanäle (FSK) (= Frequenz-Wechsel-K.) dienen zur Übertragung von Morsezeichen (. und –), Fernschreibzeichen und von Digitalzeichen (**L**ow und **H**igh). Sie benutzen dafür je eine Frequenz, z. B. 1000 und 1200 Hz, für jeden Zeichentyp.

Frequenz f Mit Frequenz („Häufigkeit") bezeichnet man die Zahl der Schwingungen, die eine elektrische Welle – allgemein auch jeder periodisch verlaufende Vorgang – in einer Sekunde ausführt. Die Maßeinheit für die Frequenz ist *Hertz*, abgekürzt Hz, benannt nach dem deutschen Physiker *Heinrich Hertz* (1857 bis 1894), der 1886 das Bestehen elektrischer Wellen experimentell nachwies.

Für je 1000 Hz setzt man 1 Kilohertz (kHz), für 1 Million Hertz setzt man 1 Megahertz (MHz), und 1 Milliarde Hertz ist 1 Gigahertz (GHz) die Maßeinheit.

Frequenzbandbreite → *Bandbreite.*

Frequenzbereich ist ein für einen bestimmten Zweck genutzter Bereich von Frequenzen einer Strahlung. Dabei muß man zwischen Frequenzbereich des Schalles und Frequenzbereich der elektromagnetischen Strahlung unterscheiden. Durch die Verknüpfung von Frequenz f und Wellenlänge λ der elektromagnetischen Strahlung (im Vakuum) $f\lambda = c$ (c Lichtgeschwindigkeit) entspricht jedem Frequenzbereich ein Wellenlängenbereich.

Tab. 1.
Bezeichnung der Wellenlängenbereiche

Wellenlängen	Bezeichnung
1 mm bis 1 cm	Millimeterwellen, EHF (Abk. von engl. *extremely high frequency*)
1 cm bis 10 cm	Zentimeterwellen, SHF (Abk. von engl. *super high frequency*)
10 cm bis 1 m	Dezimeterwellen, UHF (Abk. von engl. *ultra high frequency*)
1 m bis 10 m	Meterwellen, VHF (Abk. von engl. *very high frequency*)
10 m bis 100 m	Dekameterwellen, HF (Abk. von engl. *high frequency*)
100 m bis 1 km	Hektometerwellen, MF (Abk. von engl. *median frequency*)
1 km bis 10 km	Kilometerwellen, LF (Abk. von engl. *low frequency*)
10 km bis 100 km	Myriameterwellen, VLF (Abk. von engl. *very low frequency*)

Tab. 2. Frequenzbereiche für Rundfunk (Rundfunkbänder und Frequenzbänder)

150 ... 285 kHz	Langwelle (L, LW)
525 ... 1605 kHz	Mittelwelle (M, MW)
5,95 ... 26,1 MHz	Kurzwelle (K, KW)
41 ... 68 MHz	Fernsehen Band I
87,5 ... 100 MHz	UKW-FM-Band II (Ultrakurzwelle, UKW)
174 ... 230 MHz	Fernsehen Band III
470 ... 790 MHz	Fernsehen Band IV/V
11,7 ... 12,76 GHz	Fernsehen Band VI

Tab. 3. Frequenzbereiche für Richtfunk (Richtfunkbänder)

1,71 ... 2,29 GHz	2-GHz-Band
2,3 ... 2,45 GHz	
3,6 ... 4,2 GHz	4-GHz-Band
5,925 ... 8,4 GHz	6- bzw. 7-GHz-Band
10,7 ... 11,7 GHz	11-GHz-Band

Tab. 4. Frequenzbereiche für Amateurfunk (Amateurfunkbänder) in Europa u. Afrika

80-m-Band	
3 500 ... 3 600 kHz	nur Telegrafie
3 600 ... 3 800 kHz	nur Telefonie
40-m-Band	
7 000 ... 7 050 kHz	nur Telegrafie
7 050 ... 7 100 kHz	Telegrafie und Telefonie
20-m-Band	
14 000 ... 14 100 kHz	nur Telegrafie
14 100 ... 14 110 kHz	Telegrafie und Fernschreiben
14 110 ... 14 350 kHz	Telegrafie und Telefonie
15-m-Band	
21 000 ... 21 150 kHz	nur Telegrafie
21 150 ... 21 450 kHz	Telegrafie und Telefonie
10-m-Band	
28 000 ... 28 200 kHz	nur Telegrafie
28 200 ... 29 700 kHz	Telegrafie und Telefonie

Darüber hinaus ist in einigen Ländern noch das 160-m-Band (1815 ... 1835 kHz) freigegeben.

Ferner stehen für den Amateurfunk die Bänder 2 m (144...146 MHz) und 70 cm (420...440 MHz) zur Verfügung. In einigen Ländern sind weitere Bänder bis zu 24 GHz zugelassen.

Tab. 5. Frequenzbereiche für Radar und Satellitennachrichtensysteme (Höchstfrequenzbänder, Mikrowellenbänder)

ungefährer Frequenzbereich in GHz	Wellenlängen-bereich in cm (gerundet)	Band-bezeich-nung
0,225... 0,390	133 ...76,9	P-Band
0,390... 1,550	76,9 ...19,35	L-Band
1,550... 5,200	19,35... 5,77	S-Band
3,900... 6,200	7,7 ... 4,84	C-Band
5,3 ... 8,2	5,66... 3,66	J-Band
7,05 ...10	4,26... 3,0	H-Band
5,2 ...10,9	5,77... 2,75	X-Band
10 ...15	3,00... 2,0	M-Band
10,9 ...36,0	2,75... 0,83	K-Band
15,35...17,25	1,95... 1,74	KU-Band
33,00...46,00	0,91... 0,65	KA-Band
36 ...46	0,83... 0,65	Q-Band
46 ...56	0,65... 0,54	V-Band
56 ...100	0,54... 0,30	W-Band

Tab. 6. Frequenzbereiche für bewegliche Seefunkdienste (Seefunkfrequenzbänder)

MW:	405... 535 kHz
GW:	1 605... 4 000 kHz
KW:	4 000...27 500 kHz
UKW:	156... 174 MHz

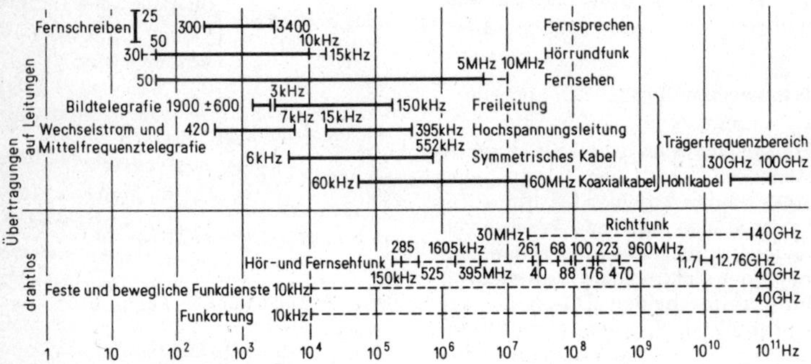

Tab. 7. Frequenzbereiche für die Industrie, die Medizin und wissenschafliche Zwecke (Industriefrequenzbänder, ISM-Frequenzen, Abk. von engl. industrial scientific medical frequencies)

13,56 MHz ± 0,05 % (2 450 ± 50) MHz
27,12 MHz ± 0,6 % (5 800 ± 75) MHz
40,68 MHz ± 0,05 % (22 125 ± 125) MHz

Frequenzdetektor → *Diskriminator.*

Frequenzgang F (jω) Beschreibung des Amplitudenverhältnisses von Eingangs- und Ausgangssignal und ihrer Phasenverschiebung in Abhängigkeit von der Frequenz.

Frequenzgeber braucht man für Steuer-, Regel-, Zähleinrichtungen usw. Sie sind zumeist quarzgesteuert.

Frequenzhub → *Frequenzmodulation.*

Frequenzkennlinien Gemeinsame grafische Darstellung von → *Amplitudengang* und → *Phasengang* eines Netzwerks. Die geläufige Bezeichnung für diese Art der Darstellung ist das → *Bode-Diagramm.*

Frequenzmessung (Niederfrequenz) Im Bereich von 10 bis 200 Hertz mit Zungenfrequenzmessern. Bei entsprechender Eigenschwingungszahl werden Stahlzungen durch einen Elektromagneten in Schwingungen versetzt, deren verbreitertes Schwing-Ende durch seine Auf- und Abbewegungen die Anzeige übernimmt. Erforderliche Meßleistung etwa 1 Watt. – Für kleinere Leistungen und Frequenzen zwischen etwa 20 und 20000 Hz bedarf es röhrengesteuerter oder transistorierter Meßgeräte. Die dabei verwendeten direkt anzeigenden Instrumente enthalten zwei im rechten Winkel zueinander angeordnete Spulen, die von dem Wechselstrom, dessen Frequenz bestimmt werden soll, durchflossen werden. In der neutralen Zone der Felder beider Spulen ist das Anzeigesystem angeordnet. Die von der Frequenz abhängige Phasendifferenz der Ströme in den Spulen verursachen die auftretenden Ablenkkräfte. – In anderen Meßeinrichtungen ist die Ladezeit eines wahlweise einschaltbaren Kondensators Grundlage für die Frequenzmessung.

Frequenzmodulation Um der Trägerwelle eines Senders die Signale einzuprägen, die dem Empfänger übermittelt werden sollen, wird bei diesem Verfahren die Frequenz um einen bestimmten Betrag im Rhythmus dieser Signale geändert. Die Lautstärke des Signals bestimmt das Ausmaß dieser Frequenzänderung (Frequenzhub), die Tonhöhe dagegen die Häufigkeit der Frequenzänderung. Die Amplitude der Trägerwelle ändert sich bei der Frequenzmodulation nicht (vgl. *Abb.*). Soll also eine Frequenz z. B. mit dem

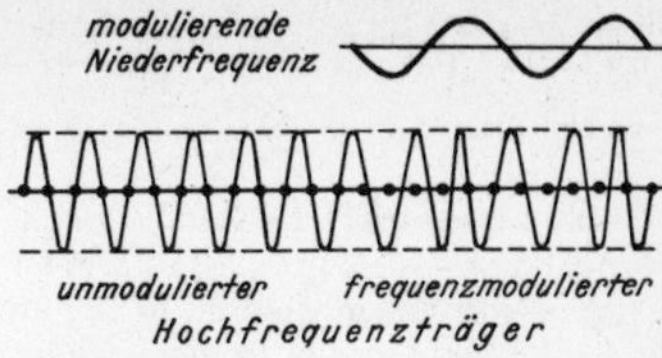

Frequenzmodulation: Bei der Frequenzmodulation bleibt die Amplitude konstant, aber die Anzahl der Schwingungen pro Sekunde, also die Frequenz, wird im Rhythmus der Modulation verändert

Ton 1000 Hz moduliert werden, so muß die Frequenz 1000mal in der Sekunde um einen gewissen, durch die Lautstärke bedingten Betrag herauf- und herabgesetzt werden.

Die Frequenzmodulation wird beim UKW-Rundfunk benützt, ebenso arbeiten die Tonsender der Fernsehstationen nach der CCIR-Norm mit Frequenzmodulation. Der maximale Frequenzhub ist für den Fernsehton mit 50 kHz genormt, beim UKW-Rundfunk beträgt er 75 kHz.

Frequenzmultiplex → *Multiplex.*

Frequenz-Normale werden in Physik und Technik überall gebraucht. Neben Frequenz-Schallplatten (mit den größten Fehlermöglichkeiten) hat man Stimmgabel- und insbesondere Quarzgeneratoren benutzt und bei diesen wieder Oberschwingungen und Überlagerungsfrequenzen. Für die Wissenschaft sind aber auch diese zu unzuverlässig. Sie ging zu Atomschwingungen über. Ein Frequenznormal, bei dem erst in 3170 Jahren eine Differenz von ± 1 Sekunde auftreten kann, ist das Caesium-Normal, das die Schwingungen des Caesiums zur Grundlage hat. Bei Quarzuhren benutzte man zuerst Simmgabeln (Abweichung 1 min/Monat), jetzt Quarzschwinger mit 32,768 kHz (jährlicher Fehler ~ 1 min).

Frequenzumsetzer Dies sind Fernsehsender kleiner Leistung, die der Versorgung von Orten dienen, in denen die Hauptsender des Fernsehnetzes nicht mit genügender Feldstärke empfangen werden können. Das kann z. B. für in Täler liegende Orte zutreffen.

Frequenzumsetzer nehmen die Sendung von einem der Hauptsender auf, verstärken sie und strahlen sie auf einer anderen Frequenz wieder aus; auf einer anderen Frequenz deshalb, damit Überlagerungsstörungen vermieden werden.

Frequenzverkämmung Die zum Erzeugen des Farbbildes notwendigen Farbinformationen müssen zusätzlich zu den Schwarzweißsignalen übertragen werden, ohne daß mehr Bandbreite beansprucht wird. Deshalb wird der Farbträger so gelegt, daß sich sein Spektrum in die Lücken des kammartigen Spektrums des Bildträgers einfügt. Beide Signale stören sich nicht gegenseitig (→ *Farbträgerfrequenz*).

Frigistor ist ein Halbleiter-Kühlelement aus → *Neelium* mit besonders günstigen Eigenschaften auch als Heizelement (→ *Peltier-Effekt*).

FSK bedeutet Frequency Shift Keying, zu deutsch Frequenzumtastung. Dabei handelt es sich um ein bei → *Modems* und einfachen Cassetten-Aufzeichnungen übliches Verfahren, um seriell anliegende Daten in ein tonfrequentes Signal umzuwandeln, das per Telefon übertragen oder mit einem Cassettenrecorder gespeichert werden kann.

FTZ-Prüfnummer Jede Sende- und auch jede Empfangsanlage ist genehmigungspflichtig. Für die sogenannte Störstrahlung sind Mindestwerte angesetzt, die nicht überschritten werden dürfen. Jede neue Empfängertype, die ein Hersteller herausbringt, muß daraufhin geprüft werden und erhält eine FTZ-Prüfnummer (FTZ = Fernmeldetechnisches Zentralamt), die für alle Geräte der Serienproduktion gilt.

FuBK-Testbild Die Benennung bezieht sich auf die Arbeitsgruppe der **Funkbetriebskommission**, der Vertreter der Industrie, der Deutschen Bundespost und der Rundfunkorganisationen angehörten. Sie billigte das elektronische → *Farb-Testbild*, das im wesentlichen vom Institut für Rundfunktechnik (IRT), München, und der Fernseh GmbH, Darmstadt, ausgearbeitet wurde.

Fühler Gerät zur Erfassung einer physikalischen → *Größe*. Der Fühler wandelt die zu messende Größe direkt und ohne Hilfsenergie gegebenenfalls in eine andere physikalische Größe um. Eine Temperatur z. B. kann mit einem → *Thermoelement* direkt in eine elektrische Spannung umgewandelt werden.

Führungsbereich W_h Bereich, innerhalb dessen die → *Führungsgröße* einer → *Regelung* oder → *Steuerung* liegen kann.

Führungsgröße w → *Größe*, die einer → *Steuerung* oder → *Regelung* von außen aufgegeben wird und den Wert bestimmt, dem die → *Ausgangsgröße* folgen soll.

Führungssteuerung → *Steuerung*, bei der im → *Beharrungszustand* immer ein eindeutiger Zusammenhang zwischen der → *Ausgangsgröße* und der Führungsgröße besteht, sofern keine Abweichung durch → *Störgrößen* hervorgerufen wird.

Füllschrift-Verfahren (nach Eduard Rhein) Jede Schallplattenrille schmiegt sich dem Verlauf der voraufgegangenen (den größeren oder kleineren Auslenkungen) an, wobei der Rillenabstand dem jeweiligen Lautstärkepegel angepaßt wird, so daß der Platteninhalt vergrößert wird.

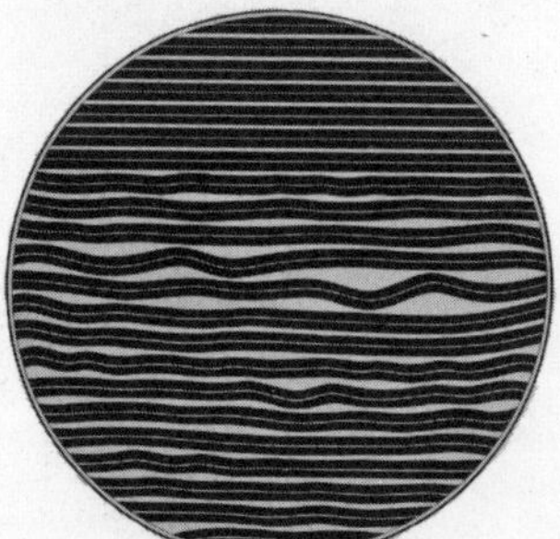

Füllschrift-Verfahren: Rillenabstand bei einer nach dem Füllschriftverfahren aufgenommenen Langspielplatte

5x7-Punkt-Anzeige Hier arbeitete man ursprünglich mit Lämpchen, jetzt aber mit → *Ga-As-Dioden*, wodurch man zu kleinen Abmessungen kommt (rot auf schwarzem Grund). Versuche laufen mit winzigen *Glüh*pünktchen (Verbrauch je 10 mW). *(Abb. → Matrix).*

Fünfschicht-Kippdiode → *Kippdiode.*

Funkamateur darf eine Amateurfunkanlage betreiben. Hierzu benötigt er eine Lizenz (→ *Amateurfunk*).

Funkelrauschen Rauschen von Halbleiter-Bauelementen bei tiefen Frequenzen, das mit abnehmender Frequenz ansteigt. Wird auch als Halbleiter-Rauschen bezeichnet. Es übersteigt das → *Schrotrauschen* bei Frequenzen im NF-Gebiet. Es nimmt zu mit der Oberflächen-Rekombination und Mängeln der Kontaktierung.

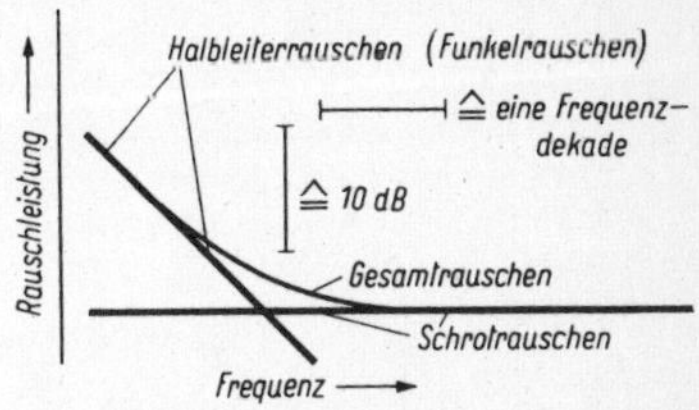

Funkelrauschen: Das Halbleiter-Rauschen, für das der hierzu gehörende Rauschzahlanteil umgekehrt proportional der Frequenz ist, hebt sich im dargestellten Fall beispielsweise bis zu einer Frequenz von etwa 50 kHz deutlich aus dem Schrotrauschen heraus, beeinflußt aber die Rauschzahl immer noch bis zu etwa 200 Hz

Funkenlöschung an Kollektormotoren erfolgt durch Parallelschaltung von gegeneinander geschalteten → *Z-Dioden* an jeder Motor-Kollektorspalte oder durch Funkenlöschglieder aus Kondensator und Widerstand.

Funkenzerspanung d. h. Materialabtragung mit elektrischen Funken, eignet sich insbesondere für sehr harte Materialien und für das Bohren extrem feiner Löcher. Der zu bearbeitende Metallgegenstand befindet sich als eine Elektrode unter einer isolierenden Flüssigkeit (Funkenflüssigkeit) und darüber die entsprechend geformte Bohrelektrode. Das kleinste herstellbare Loch hat 0,005 mm ∅.

Funktionsgenerator Generator, der verschiedene Signalfunktionen einstellbarer Frequenz und Amplitude erzeugt. Fast alle modernen Geräte sind heute mit den Funktionen Sinus, Rechteck, Dreieck und Rampe (Sägezahn) ausgestattet. Hochwertige Funktionsgeneratoren eignen sich darüber hinaus zur Erzeugung von Pulsen mit einem einstellbaren Tastverhältnis und besitzen zusätzliche Betriebsarten wie Frequenzmodulation und Burst.

Funktionstasten Zusätzliche Tasten bei Mikrocomputern, auf die bestimmte Programme oder Teile davon gesetzt werden können und die beim Betätigen der Tasten automatisch ablaufen.

G

GA → *Gemeinschaftsantennenanlage.*

GaAs = → *Gallium-Arsenid.*

GaAs-Dioden können bis 400 °C, verwendet werden, ihre → *Grenzfrequenz* beträgt 300 GHz und eignen sich zur Erzeugung von Mikrowellen (12 ... 14 GHz), als → *Laser-Dioden* und noch mehr für → *alphanumerische Anzeige (Abb.)*, als Frequenzverdoppler (z. B. von 9 auf 18 GHz), als Verstärkerelement in → *Reaktanz-* (→*parametrischen*) *Verstärkern*, als → *Tieftemperatur-Thermometer*, aber auch als → *Leuchtdioden* für → *Lochkarten-* und → *Lochstreifen-Leser* und für Leistungs-Leuchtdioden 2 A/200 mW (Licht), ferner auch für Datenübertragung mit Bandbreiten bis 10 MHz. Bei Temperatursteigerung um 80 °C fällt die Leistung um die Hälfte, bei gleich starker Kühlung verdoppelt sie sich. Z. B. sind damit auch → *Entfernungsmesser* konstruiert worden. Wichtig ist die Verwendung für → *Gunn-Dioden.*

GaAs-Dioden: Ziffern-Anzeigeelement aus integrierten Leuchtdioden

Gallium Ga dreiwertiges Element, Ordnungszahl 31, Atomgewicht 69,72, dient vornehmlich zur Herstellung halbleitender → *intermetallischer Verbindungen*, wie → *Gallium-Antimonid* GaSb, → *Gallium-Arsenid*, → *Gallium-Phosphid.*

Gallium-Antimonid GaSb ist eine intermetallische Verbindung aus → *Gallium* (III. Gruppe, 3-wertig) und → *Antimon* (V. Gruppe, 3- und 5-wertig). Es zeigte bei → *Tunnel-Dioden* einen fast um die Hälfte niedrigeren Rauschfaktor gegenüber → *Germanium.*

Gallium-Arsenid GaAs ist eine → *intermetallische Verbindung* aus den Elementen → *Gallium* (III. Gruppe, 3-wertig) und → *Arsen* (V. Gruppe, 3- und 5-wertig), die sich hervorragend als Halbleiterwerkstoff eignet und eine viermal höhere Ladungsträger-Beweglichkeit aufweist als Silizium. Sie eignet sich hervorragend für → *Tunneldioden* und → *Laserdioden*, zur Herstellung von → *MIS-FET* und → *Gunn-Dioden.* Aber auch für → *Leuchtdioden* findet sie Verwendung.

Gallium-Arsenid-Diode Gallium-Arsenid ist ein Halbleitermaterial, das sich besonders für die Anwendung im Hochfrequenzgebiet eignet. Die Beweglichkeit der Elektronen im Gallium-Arsenid ist etwa viermal so groß wie im Silizium. Deshalb werden die Gallium-Arsenid-Dioden in besonders schnell schaltenden → *logischen Schaltungen* verwendet.

Galliumphosphid, GaP ist eine → *intermetallische Verbindung*, die für → *Leuchtdioden* und → *Fotozellen* verwendet wird. Es werden die Farben gelb, grün und rot angeboten.

galvano-magnetisches Element
1. Halbleiter-Bauelement, dessen elektrische Eigenschaften wenigstens zum Teil magnetisch beeinflußbar sind (z. B. Hallgenerator, Wismut-Spirale).
2. Bauelement, bei dem die Supraleitfähigkeit durch ein Magnetfeld beseitigt werden kann.

Galvanometer Allgemeine Bezeichnung von Meßgeräten für sehr kleine Ströme und Spannungen. Vorzugsweise werden sie zur Feststellung der Stromlosigkeit in der → *Meßdiagonalen* von Brückenschaltungen und in Nullzweigen von → *Kompensatoren* verwendet und haben deshalb meist keine in Strom- oder Spannungswerten geeichte Skala. Galvanometer sind mit einem → *Drehspulmeßwerk* ausgerüstet, dessen hohe Empfindlichkeit durch eine kleine Drehfederkraft – deshalb im allgemeinen → *Spannbandlagerung* –, eine spezielle Drehspule mit möglichst geringem Trägheitsmoment und durch Lichtzeigerablesung (→ *Lichtzeigerinstrument*) erreicht wird. Zur Erzielung eines geringen Trägheitsmoments wird die Drehspule klein, schmal und hoch ausgeführt. Für eine große Stromempfindlichkeit benutzt man Drehspulen mit einer sehr großen Windungszahl mit Drahtdurchmesser von 15 µm an aufwärts. Für große Spannungsempfindlichkeit muß das Meßwerk unter Berücksichtigung seiner richtigen Dämpfung an den Widerstand des Meßkreises angepaßt werden. Vielfach sind solche Geräte mit einem einstellbaren magnetischen Nebenschluß ausgerüstet, der durch Verändern der magnetischen Induktion eine Anpassung an den Meßkreis ermöglicht. Die Dämpfung eines Galvanometers beruht auf dem Prinzip der → *Spulendämpfung* und hängt somit vom Widerstand des angeschlossenen Meßkreises ab.

gap heißen beim Magnetband die Zwischenräume zwischen den einzelnen Aufzeichnungs-Blöcken. Man unterscheidet bot (begin of tape), eof (= end of tape) und ir (= inter record) tape gap.

GaP = → *Galliumphosphid.*

Garantiefehlergrenzen Vom Gerätehersteller für ein Meßgerät garantierte Fehlergrenzen, die einen unter festgelegten Bedingungen ermittelten Meßwert nicht überschreitet.

GaSb = → *Gallium-Antimonid.*

Gasdetektoren in Form gasanzeigender Halbleiter wurden in Japan entwickelt. Sie werden mit 1 V geheizt und verringern ihren Widerstand bei Kontakt mit Gasen der verschiedensten Art, auch Rauchgasen. Sie arbeiten ohne Pumpe und Verstärker im Gegensatz zu den früheren Ausführungen.

Gaslaser arbeiten zumeist mit CO_2 (Kohlendioxid) im Glasrohr mit Wellenlänge 10,6 µm und erreichen damit Dauerstrichleistungen bis 100 W. Durch Schmelzen und Verdampfen kann man damit Keramik, Quarz und Glas schneiden. Es gibt ferner Helium-Neon-Laser mit 632,8 µm Wellenlänge und nur 5 mW Leistung, die als Leitstrahlgeber bei Tunnelbohrungen bekanntgeworden sind und auch sonst zu Vermessungszwecken dienen. Auch Xenon-Laser werden angewandt. In Amerika wird ein 90 cm langer CO_2-Laser mit 1 kW Leistung angeboten. Ein in England erprobter Carbon-Dioxid-Laser gibt während einer millionstel Sekunde 250 kW ab. Sein Rohr ist 21 m lang.

Statt eines Glasrohrs wird jetzt, ähnlich wie bei Senderöhren, Metallkeramik angewandt. Man erzielt damit größere Robustheit.

Gate

1. G-Pol, (Norm: Gatt), übliche Bezeichnung des Steuerpols (entsprechend der → *Basis* bzw. dem Gitter) bei → *Feldeffekttransistoren* Kurzzeichen: G, z. B. U_{GS}.

2. → *Torschaltung*.

Gatter andere Bezeichnung für Logik-Schaltglieder, z. B. für → *UND-*, → *ODER-*, → *Nicht-Verknüpfungen.*

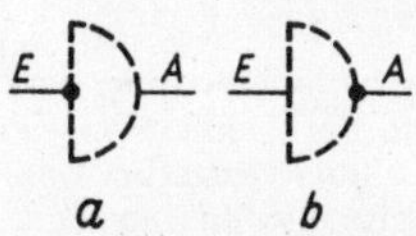

Prinzip eines Umkehrgatters

Gateway Engl. für → *Tor.*

Gauß G seit dem 1. Januar 1978 ungültige Maßeinheit der magnetischen Induktion (Feldliniendichte oder magnetische Flußdichte) Feldlinienzahl je cm^2 Polfläche eines Magneten.

$$1\ \text{G} = 10^4\ \text{T} = 1\ \frac{\text{Vs}}{\text{m}^2}$$

(T = → *Tesla*).

Gaußeffekt Erhöhung des elektrischen Widerstandes durch ein Magnetfeld.

Gauß-Effekt-Geber → *Ohmsche Geber.*

Gaußsche Zahlenebene Ebene, in der eine komplexe Zahl durch einen Punkt oder durch einen auf diesen gerichteten Zeiger dargestellt wird (→ *Ortskurve*).

GCS (= gate controlled switch) amerikanisches Kurzzeichen für „abschaltbare → *Thyristoren*".

Ge Kurzzeichen für → *Germanium.*

Geber Kurzbezeichnung für einen → *Meßumformer*, der eine mechanische Größe in eine analoge elektrische Größe umformt.

1. Aktive Geber erzeugen die elektrische Größe (Strom, Spannung, Ladung) direkt und ohne Hilfsenergie, z. B. Piezoelektrische Geber.

2. Passive Geber arbeiten mit einer elektrischen Hilfsenergie. Sie beeinflussen die elektrische Größe so, daß ein der zu messenden mechanischen Größe proportionales → *Ausgangssignal* entsteht.

Gebrauchslage Bei Meßgeräten mit beweglichen Organen ist im allgemeinen eine bestimmte Gebrauchslage vorgeschrieben, die beim Einbau bzw. beim Messen einzuhalten ist. Dies trifft vor allem bei Meßgeräten zu, deren bewegliches Organ spitzengelagert ist. Die Reibung eines Spitzenlagers ist bei senkrechter Achse nämlich wesentlich geringer als bei waagrechter Achse, so daß bei falscher Gebrauchslage die zusätzlich zur Rückstellkraft der Meßwerkfeder zu überwindende Reibkraft je nach Ausführung des Meßwerks kleiner bzw. größer wird und zu falschen Anzeigen führt. Die Gebrauchslage eines Meßgeräts ist deshalb neben anderen Symbolen auch auf der Skala angegeben.

Gedämpfte Schwingungen (unstationäre Schwingungen) Schwingungen, deren Amplituden abnehmen bzw. zunehmen, also Schwankungen unterworfen sind.

gedruckte Schaltungen → *Leiterplatten.*

Gegenkopplung → *Rückkopplung*, bei der das Ausgangssignal eines Netzwerkes oder Übertragungsgliedes so auf den Eingang zurückgeführt wird, daß es auf sich selbst schwächend auswirkt.

$$x_a = k_1\,(x_e - k_2 x_a) = \frac{k_1}{1 + k_1\,k_2}\,x_e$$

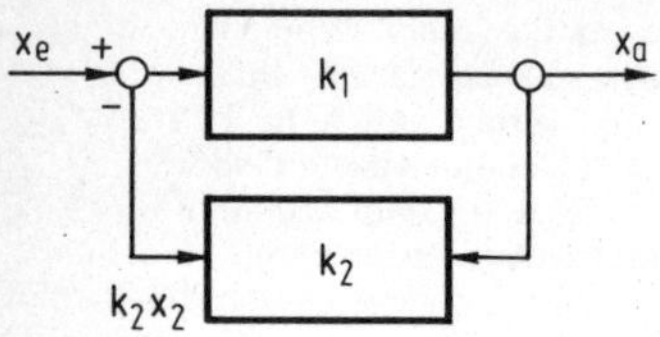

$$x_a = k_1(x_e - k_2 x_a) = \frac{k_1}{1 + k_1 k_2}\,x_e$$

Gegentaktverstärker verstärkt die Spannungsdifferenz zwischen den Eingangsklemmen eines → *Differenzverstärkers.*

Gehäuse-Temperatur Temperatur an der wärmsten Stelle der Oberfläche des Transistor- bzw. Diodengehäuses in einem definerten Betriebsfall für den Dauerzustand, d. h. für thermisches Gleichgewicht.

Gehörlosen-Hilfsgerät → *Fonator.*

Geiger-Müller-Zählrohre dienen zum Nachweis von α-, β-, γ-, Höhen- und UV-Strahlen. Durch ein Fenster können Teilchen in das Katodenrohr eindringen, das in der Achse eine drahtförmige Anode in einer Gasatmosphäre (Argon mit Zusätzen) enthält und mit einer Spannung von 500 ... 1000 V betrieben wird. Eindringende Teilchen ionisieren die Füllgasatome, die freiwerdenden Elektronen wandern zur Anode und werden entweder als Knacken hörbar gemacht oder gezählt.

Geisterbild Wenn das Fernsehbild noch ein zweites Mal oder gar mehrfach in seitlicher Verschiebung erscheint, dann spricht man von „Geisterbildern". Sie entstehen dadurch, daß die Welle den Empfänger auf verschiedenen Wegen erreicht, einmal direkt, ein zweites oder weitere Male auf Umwegen (daher mit zeitlicher Verzögerung) unter der Wirkung von Reflexionen an irgendwelchen, meist metallischen Gebilden in der Umgebung der Antenne (→ *Reflexion*).

Auch bei fehlerhafter Anpassung der Antenne kann es durch Reflexionen innerhalb der Kabelverbindung Antenne-Empfänger zu Geisterbildern kommen.

Gemeinschaftsantennenanlage Hörfunk- und Fernsehempfangsanlagen, bei der mittels Verstärkern die Empfangsprogramme auf mehrere Wohnungen oder Häuser (Großgemeinschaftsantennenanlage) verteilt werden.

Genauigkeit Nicht exakt definierter Begriff, mit dem häufig die Qualität eines Meßgeräts, Meßverfahrens oder Meßergebnisses angegeben wird. Nach DIN 1319 wird dringend empfohlen, diesen Begriff vor allem in Verbindung mit Zahlenangaben zu vermeiden und statt dessen die genormten Begriffe → *Fehlergrenzen* und → *Meßunsicherheit* zu verwenden.

Genauigkeitsklasse → *Klassenzahl.*

Generation Im Zusammenhang mit Halbleitern: → *Paarerzeugung.*

Generationsrate Zahl der je Raumeinheit in der Zeiteinheit neu auftretenden → *Ladungsträgerpaare.* Als Einheiten legt man cm^3 und s zugrunde.

Geolan ist eine Programmiersprache für rechnergestütztes Konstruieren.

Gerätefehler Meßfehler auf Grund unvollkommener Meßgeräte oder Justierung der Meßgeräte.

Geräuschspannung Störspannung (Wechselspannung), die sich akustisch als Rauschen bemerkbar macht. Sie wird über ein Ohrkurvenfilter gemessen, das die Frequenzen entsprechend der Empfindlichkeitskurve des menschlichen Ohrs durchläßt (→ *Physiologische Akustik*).

Germanit Germanium-Erz mit einem Gehalt von 4 ... 8 % Germanium.

Germanium Ge Element der Gruppe 4, Kurzzeichen Ge, Ordnungszahl 32, vierwertiges Metall, hat die größte Elektronen- und Löcherbeweglichkeit und wurde anfangs als Halbleiterwerkstoff fast ausschließlich eingesetzt. Inzwischen überwiegen → *Silizium* und → *intermetallische Verbindungen.*

Germaniumdioxid GeO_2 wird in beständiger Form unter einer Schutzschicht aus Siliziumdioxid hergestellt, die ein Entweichen als Gas verhindert.

Germanium-Gleichrichter Da diese mit Einkristallen aufgebaut werden, ist ihre Sperrfähigkeit höher als die der → *Kupferoxydul-* und → *Selen-Gleichrichter.* – Den Schnitt durch eine Germanium-Gleichrichter-Zelle zeigt die *Abb.* – Die mit einer Einzelzelle von Leistungsgleichrichtern erzielbare Gleichspannung ist etwa fünfmal so hoch wie bei Selenzellen. Zur Abführung der Wärme werden die Zellen mit Kühlkörpern umgeben. Die verwendeten Germaniumscheibchen haben Flächen von 1 cm^2

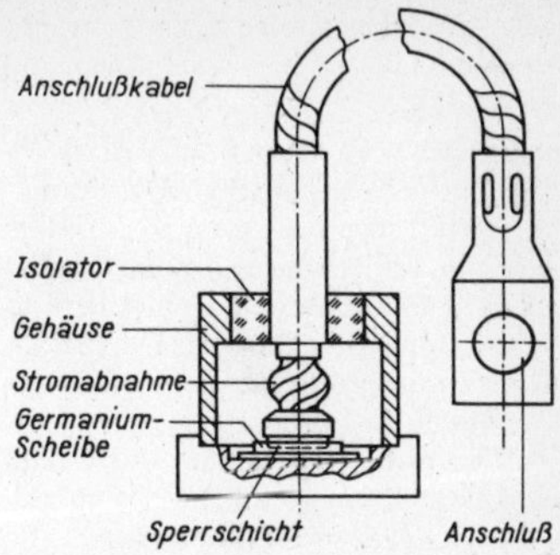

Germanium-Gleichrichter: Germanium-Einkristall-Ventil-Zelle, Gleichrichterzelle (im Schnitt)

und mehr. Ströme bis zu vielen hungert A, Sperrspannungen bis zu 600 V und mehr je Zelle sind erreichbar. Der Wirkungsgrad ist sehr hoch.

Gesamtbeschleunigungsspannung Spannung zwischen Katode und Bildschirm einer Elektronenstrahlröhre. Sie ist maßgeblich für die Bildhelligkeit.

Gesamtempfindlichkeit → *Empfindlichkeit* einer Meßeinrichtung, die aus mehreren Gliedern besteht.

Geschwindigkeits-Amplitude höchster Augenblickswert der Schnelle, d. h. der Geschwindigkeit der Nadelkuppen-Querbewegung von Tonabnehmersystemen.

Geschwindigkeits-Messung erfolgt entweder nach dem Doppler-Radar-Prinzip oder mittels Doppel-Licht- oder -Radarschranken, die durchfahren werden müssen. Automatische Kameras halten zumeist das Fahrzeugkennzeichen mit eingeblendetem Meßergebnis fest.

GGA → *Großgemeinschaftsantennenanlage.*

Giacoletto-Transistor-Ersatzschaltung Einfache Transistor-Funktionsersatzschaltung für einen in Emitterschaltung betriebenen Transistor. Die Leitwerte sind hier in Realteile und Kapazitäten aufgegliedert. Der Strom der Urstromquelle ist gleich $S_i \cdot u_{bE}$ bzw. gleich $S \cdot u_{BE}$.

Es sind jeweils die einander parallel liegenden Zweige zusammengefaßt. In dieser Form unterscheidet sich die Giacoletto-Ersatzschaltung von der Ersatzschaltung einer Elektronen-Röhre im Prinzip nur durch den Basis-Bahnwiderstand, für den in der Röhren-Ersatzschaltung kein Äquivalent vorhanden ist.

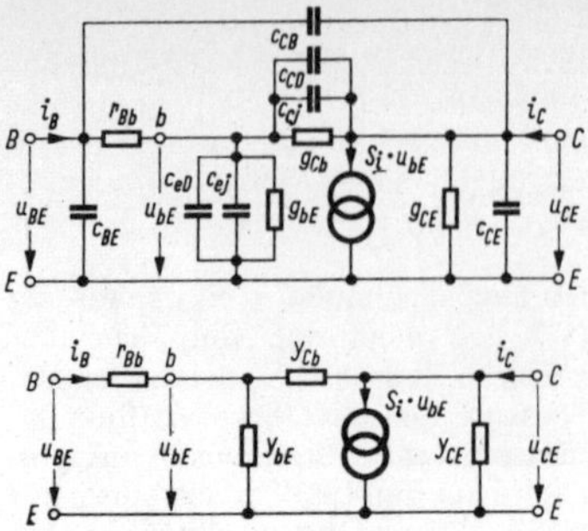

Gitter (Halbleiter) Kurzbezeichnung für Kristall-Gitter.

Glas, lötfähiges besitzt eine aufgebrachte (nicht aufgedampfte) metalli-

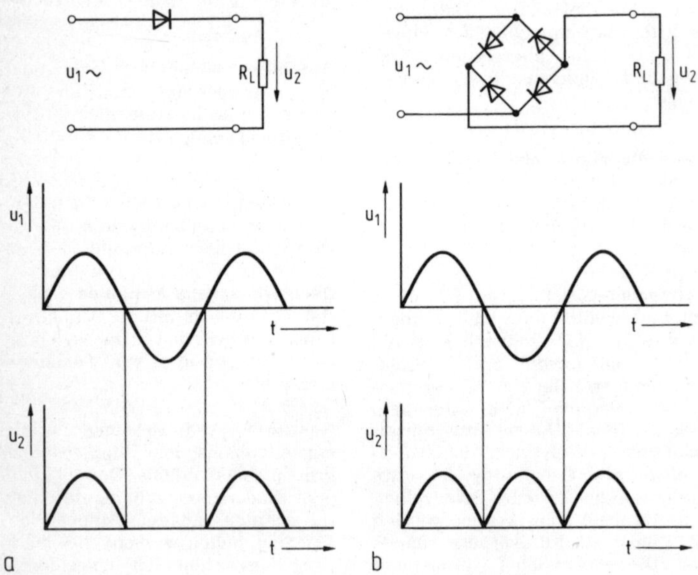

Gleichrichter

sche Schicht, die vakuumdichte Lötverbindungen mit anderen Teilen ermöglicht.

Glasfaser Zu einem drahtähnlichen Gebilde ausgezogenes Glas mit einer Dicke von etwa 0,02 mm. G. werden vorwiegend als → *Lichtwellenleiter* eingesetzt.

Glashalbleiter → *Ovonics.*

Gleichlaufschwankung In Tonbandgeräten, Cassettenrecordern und Videorecordern schwankt die tätsächliche Geschwindigkeit des Bandes um einen Durchschnittswert. Diese unregelmäßigen Abweichungen (engl. wow and flutter) werden in Prozent angegeben. Mit Hilfe elektronischer Regelschaltungen lassen sich die G. minimieren.

Gleichrichter sind elektrische Ventile, die den Strom nur in einer Richtung durchlassen, ihn „gleichrichten". Obwohl die Dioden praktisch Gleichrichterwirkung haben, werden sie in der Technikersprache nicht als solche bezeichnet; vielmehr werden unter Gleichrichtern elektrische Ventile für den Starkstromsektor (u. a. für die Elektrolyse und die Galvanik) verstanden. Ferner werden die elektrischen Ventile für die Gleichstromversorgung aus dem Wechselstromnetz innerhalb von Rundfunk- und Fernsehgeräten als Gleichrichter bezeichnet. – Hauptsächliche Materialien für Halbleiter-Gleichrichter sind Kupferoxydul, Selen, Silizium und Germanium.

Man unterscheidet Einweg- (a) und Zweiweggleichrichtung (b). Bei der Einweggleichrichtung wird nur eine Halbwelle der Wechselspannung, bei der Zweiweggleichrichtung beide Halbwellen gleichgerichtet.

Gleichspannung Zeitlich konstante elektrische Spannung (im Gegensatz zur → *Wechselspannung*). Gleichspannungsquellen sind elektrochemische Elemente (Batterien, Akkumulatoren), Gleichstromgeneratoren oder elektronische mit Gleichrichtung aus Wechselstrom und Stabilisierung arbeitende Schaltungen.

Gleichspannungs-Konstanthalter sollen bei schwankender Speisespannung und schwankender Belastung stets möglichst genau die gleiche Spannung liefern. Dies wurde früher mit Röhrenschaltungen erreicht, heute verwendet man → *Transistoren*, → *Z-Dioden* und → *IC*. Je höher die Anforderungen, desto umfangreicher die Schaltmaßnahmen.

Gleichspannungsverstärker Gerät zum Verstärken kleiner Gleichspannungen. Meist versteht man darunter einen Verstärker, der neben der Gleichspannung auch noch Spannungen bis zu einer → *Grenzfrequenz* verstärkt.

Gleichspannungswandler erzeugen andere (meist höhere) Spannungen durch Zerhacken, Umtransformieren und Wiedergleichrichten.

Gleichstrom-Kurzschluß-Stromverstärkung → *Gleichstrom-Verstärkungsfaktor.*

Gleichstrom-Verlustleistung Gesamte im Transistor in Wärme umgesetzte Gleichstromleistung, also für den Fall fehlender oder nur geringer Aussteuerung gegeben durch die zugeführte Gleichstromleistung, d. h. Summe aus

Kollektor-Gleichstromleistung P_C (Produkt aus Kollektor-Gleichstrom und Gleichspannung zwischen Kollektor und Basis) und

Emitter-Gleichstromleistung P_E (Produkt aus Emitter-Gleichstrom und Gleichspannung zwischen Emitter und Basis), oft gegen P_C vernachlässigbar wegen $|U_{BE}| \ll |U_{CE}|$.

Gleichstrom-Verstärkungsfaktor Verhältnis des Gleichstromes im Ausgangskreis zum Gleichstrom im Eingangskreis bei einer bestimmten Gleichspannung am Ausgang des Transistors, also für Emitterschaltung das Verhältnis des Kollektor-Gleichstromes zum Basis-Gleichstrom bei einer bestimmten Kollektor-Emittergleichspannung und für Basisschaltung das Verhältnis des Kollektor-Gleichstromes zum Emitter-Gleichstrom bei einer bestimmten Kollektor-Basisgleichspannung.
Näherungsweise gilt: Der Gleichstrom-Verstärkungsfaktor ist etwa gleich mit dem entsprechenden Stromverstärkungsfaktor für niederfrequenten Signalstrom.

Gleichtakt-Unterdrückung Wenn beide Eingänge eines → *Rechenverstärkers* verbunden und mit einem Signal angesteuert werden, dürfte am Ausgang kein Signal auftreten. Das ist nie ganz erreichbar, aber je weniger, desto besser ist die Gleichtakt-Unterdrükkung. Werte bis zu 125 dB werden erzielt.

Gleichtaktverstärkung v_m Verstärkung eines Differenzverstärkers, wenn seine beiden Eingangsklemmen zwar kurzgeschlossen sind, aber auf ein gemeinsames Potential gegenüber Masse gelegt werden. Bei einem idealen Differenzverstärker ist sie gleich Null.

Gleitkomma Eine Zahl wird hier als Produkt aus einer Ziffer und einer Potenz dargestellt, also z. B. $0{,}2 \cdot 10^6$ anstelle von 200000, das als Dualzahl recht lang würde.

Glied in Verbindungen wie ODER-Glied, UND-Glied usw. steht für Verknüpfungsschaltung oder → *Gatter*.

Glimmröhren sind dem jeweiligen Zweck entsprechend geformte → *Ionenröhren*, bei denen nach Zündung die Katode aufleuchtet, sooft sie negativ ist (→ *Nixie-Röhren*) oder stets die Elektrode sich mit Glimmlicht überzieht, die gerade negativ ist (Wechselspannung). Solche Glimmlampen brauchen Vorwiderstände (oder Drosseln), da der Strom sonst lawinenartig ansteigen würde. Sie werden auch zur Spannungsstabilisierung in Röhrenschaltungen u. a. benutzt. Kennzeichnend sind „Zünd-" und „Löschspannung". Zwischen beiden liegt die „Brennspannung". Durch eine Starterelektrode läßt sich die Zündspannung herabsetzen.

Wegen des periodischen Aufleuchtens benutzt man sie häufig zur Kontrolle schneller Bewegungen, z. B. bei Plattentellern, Wellen usw. (→ *Stroboskope*).

Glimm-Zählröhren sind gasgefüllte → *Kaltkatoden-Anzeigeröhren* für Zahlen, meist in der Ausführungsart → *Nixie-Röhren*.

Glitches sind Spannungsspitzen.

glove box = Handschuh-Kasten heißen die nach außen luftdicht abgeschlossenen (evtl. mit Schutzgas gefüllten) Arbeitskammern, in denen mittels von außen zugängiger Gummihandschuhe gearbeitet wird.

Glühemission → *Elektronenemission* aus einem Metall oder Halbleiter, hervorgerufen durch Erhöhen ihrer Energie mit Wärme. Die je Sekunde eine → *Glühkatode* verlassende Elektronenmenge hängt von der → *Austrittsarbeit* W_0 und der Temperatur ab.

Glühkatode Katode, bei der die Elektronen durch Wärmeenergie (Glühen der Katode) emittiert werden → *Glühemission.*

Golddraht-Diode Spitzendiode mit kleiner Kapazität. Der PN-Übergang wird dadurch erzeugt, daß ein dotierter Golddraht durch einen Stromimpuls in das Halbleitermaterial (Germanium) einlegiert wird. Schnitt

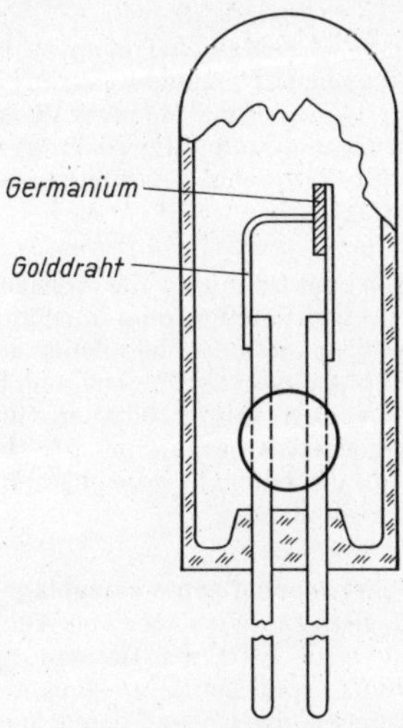

durch eine Golddraht-Diode siehe *Abb.* – Die Rückerholungszeit ist sehr klein; in äußerst geringen Zeitabständen kann ein verhältnismäßig großer Strom fließen. – Golddraht-Dioden werden zum schnellen Schalten verwendet.

Golem = **Go**ßorientierte, **l**istenorganisierte **E**rmittlungs-**M**ethode, eine → *Programmiersprache* für die Dokumentation.

GPI = **G**esellschaft für **p**rogrammierte **I**nstruktion.

GPIB (= **g**eneral **p**urpose **I**nterface **b**us) → *Bussystem* zum Verbinden von Meßgeräten.

G-Pol → *Gate.*

Gradation Damit bezeichnet man die gegenseitige Abstufung der Helligkeitswerte der einzelnen Fernsehbildpunkte. Es wird verlangt, daß in den Lichtern und in den Schatten Einzelheiten noch gut zu erkennen sind. Zum Prüfen der Gradation eines Empfängers ist das → *Testbild* geeignet, das sogenannte Grautreppen enthält, deren Helligkeitswerte treppenartig von Schwarz über Grau zu Weiß abgestuft sind.

Gradationsänderungen treten durch Unlinearitäten in den Übertragungsgliedern auf. Der Gradationsfehler entspricht damit dem Klirrfaktor beim Tonrundfunk, jedoch spielt er keine so große Rolle, da das Auge in dieser Beziehung nicht so empfindlich wie das Ohr ist.

Gradientenindex-Faser Spezieller → *Glasfasertyp,* bei dem der Brechungsindex im Faserkern nicht über den gesamten Querschnitt konstant ist, sondern kontinuierlich variiert. Dadurch erreicht man, daß die Laufzeit der Lichtwellen unterschiedlicher Moden über die ganze Faser annähernd gleich wird.

Grafik Vieles läßt sich grafisch anschaulicher darstellen, als mit endlosen Zahlenkolonnen, z. B. Wachstumsraten, Konstruktionsentwürfe, mathematische Funktionen. Mit manchen Computern kann man Grafiken darstellen. Eine Computergrafik hat eine Auflösung von mehr als 100 x 100 Punkten, so daß auch Details erkennbar sind.

graph-pen ist eine Spezialtafel, die mittels Ultraschallgriffel auf ihr angebrachte Zeichen unmittelbar in → *digitale* Zeichen umwandelt.

Gray-Code ist ein zyklisch permutierter Code. Dabei werden → *Lochstreifen* von Zeichen zu Zeichen in jeweils definierten Positionen abgetastet (→ *abtasten*) und zwar genau zu dem Zeitpunkt, zu dem die abzutastende Bit-Kombination genau unter der Abtasteinrichtung ist, wodurch ein genaues Erkennen des Zeichens gewährleistet ist.

Greinacher-Schaltung (auch Delon-Schaltung) dient zur Spannungsverdopplung. Am Ausgang erscheint (bei Leerlauf) die doppelte Spitzenspannung. Die Welligkeit hat hier die doppelte Frequenz.

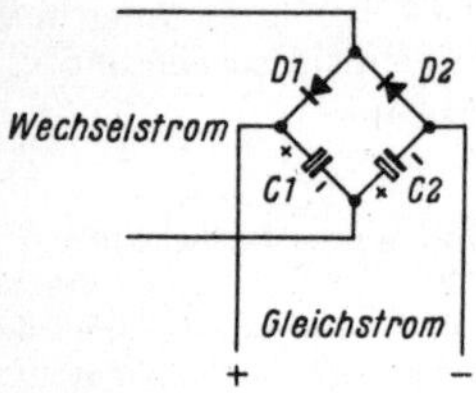

Grenzfrequenz ist definiert mit

$f_{gr} = \frac{1}{2\pi R \cdot C}$ oder $\omega_{gr} = \frac{1}{R \cdot C}$ [Ω, F].

Wird sie erreicht, so weichen die Eigenschaften von Bauteilen oder z. B. von einem Verstärker von den Bezugswerten ab.

Grenzschicht meist → *Sperrschicht* genannt, heißt die (von Ladungsträgern z. T. freie) Schicht zwischen P- und N-Halbleitermaterial.

Grenzschichtzähler → *Halbleiter-Strahlungsdetektoren.*

Grenzwellenlänge (fotoelektronisch) Strahlungs-Wellenlänge, bei der die Empfindlichkeit eines photoelektronischen Bauelementes bis auf einen vorgegebenen Bruchteil abgesunken ist.

Grenzwerte (Spannungen, Ströme, Temperaturen usw.) dürfen, soweit angegeben, nicht überschritten werden, will man nicht einen Defekt riskieren.

Gridistor → *Feldeffekt-Transistor*, bei dem die Einschwingungssteuerung eines leitfähigen Kanals in einer Vielkanalstruktur ausgenutzt wird. Vorgesehen für Frequenzen von mehr als 100 MHz.

Größen Laut Definition alle physikalischen Eigenschaften oder Zustände, die meßbar sind oder aus solchen aufgrund physikalischer Zusammenhänge berechnet werden können. Ihre Wirkungsweise untereinander beschreibt das einem System eigentümliche Verhalten.

Großgemeinschaftsantennenanlage
Die G. dient zum Versorgen von Wohneinheiten in mehreren Häusern mit Rundfunk- und Fernsehprogrammen. Es können einige tausend Geräte angeschlossen sein. G. werden vielfach mit den → *Breitbandkabelnetzen* der Bundespost verbunden.

Großraumspeicher sind → *Magnettrommel-*, → *Magnetplatten-*, → *Magnetkarten-* und → *Magnetbandspeicher.* Sie dienen zur Ergänzung und Entlastung des → *Arbeitsspeichers.*

Grundeinheiten → *Einheiten.*

Grundton Tiefster Ton, den ein schwingender Körper abgibt (höhere gleichzeitig auftretende Töne heißen Obertöne).

GTCR (= gate turn-off controlled rectifier) amerikanisches Kurzzeichen für „abschaltbare → *Thyristoren*".

GTO-Thyristor (GTO = gate turn off) → *Thyristor*, bei dem sich der Laststrom durch einen negativen Gatestrom wieder abschalten läßt, was beim normalen Thyristor nicht möglich ist.

Gunn-Diode Bauelement, dessen Wirkungsweise auf dem → *Gunn-Effekt* beruht, meist auf der Basis von GaAs hergestellt. Einsatzgebiete Mikrowellen-Oszillatoren und -verstärker.

Gunn-Effekt nennt man das Entstehen sehr schneller Stromschwankungen im GHz-Bereich, die in → *Galliumarsenid-* oder → *Indiumphosphid*-Dioden entstehen, wenn man in ihnen eine Feldstärke von ca. 200 V/cm erzeugt. Man benutzt den Effekt zur Erzeugung von Frequenzen zwischen 0,5 und 12,4 GHz und baut damit Geschwindigkeitsmesser, Blinden-Hilfsgeräte, Alarmanlagen u. v. a.

Gütewert des Transistors Verhältnis der → *Alpha-Grenzfrequenz* f_α zu dem Produkt aus → *Basis-Bahnwiderstand* r_{Bb} und → *Kollektor-Basis-Kapazität* c_{CB}.

GW-Basic Basic-Dialekt, der zum Lieferumfang eines → *MS-DOS*-Betriebssystems von PCs gehört.

Gyrator Eine einem Transformator ähnliche elektronische Vierpolschaltung, deren Eingangs-Scheinwiderstand dem an den Ausgang angeschlossenen Scheinleitwert proportional ist. G. gibt es als integrierte Schaltungen, mit denen sich große verlustarme Pseudo-Induktivitäten realisieren lassen.

H

Haas-Effekt → *Physiologische Akustik.*

Hakentransistor Vierschicht-Transistor mit der Zonenfolge PNPN. Die zweite, auf die Basis folgende sehr dünne P-Schicht bewirkt bei Betrieb in Basisschaltung eine etwa hundertmal größere Stromverstärkung als beim normalen PNP-Transistor, wo sie kleiner als 1 ist.

Halbbild Bei dem allgemein üblichen → *Zeilensprung-Verfahren* der Fernsehtechnik setzt sich ein Vollbild aus zwei sich ergänzenden, ineinandergeschriebenen Halbbildern zusammen.

Halbbrücke → *Brückenschaltung.*

halbleitende Verbindung Verbindung aus verschiedenen Elementen derart, daß sich ein regelmäßiges Atomgitter mit Halbleiter-Eigenschaften ergibt. Meistens besteht eine halbleitende Verbindung aus zwei Halbleitern oder Metallen oder anderen chemischen Elementen, deren Wertigkeiten sich um die Zahl 2 unterscheiden und die darin mit einander gleichen Atomzahlen vertreten sind. In der Praxis handelt es sich durchweg um die Wertigkeiten III und V.

Halbleiter sind Stoffe, deren spezifischer Widerstand (bzw. deren Leitfähigkeit) zwischen dem von Leitern und dem von Isolierstoffen liegt. Siehe dazu die Darstellung in der *Abb.* Die Werte sind hier in Ω · cm angegeben (Durchgangswiderstand eines Würfels von 1 cm Kantenlänge). Zu den Halbleitern gehören u. a. Germanium, Silizium, Selen, sowie eine Reihe von Verbindungen, z. B. Kupferoxydul (Cu_2O). In reiner Form sind die Halbleiter bei tiefen Temperaturen Nichtleiter (Isolatoren). Um leitend zu werden, bedürfen sie einer bestimmten Anregung, z. B. durch Wärme oder Licht. Ihre Leitfähigkeit – und das ist für die Halbleitertechnik wesentlich – nimmt durch geringfügige Zusätze von Fremdstoffen zu.

Halbleiter-Bauelement Bauelement, dessen Funktion darauf beruht, daß

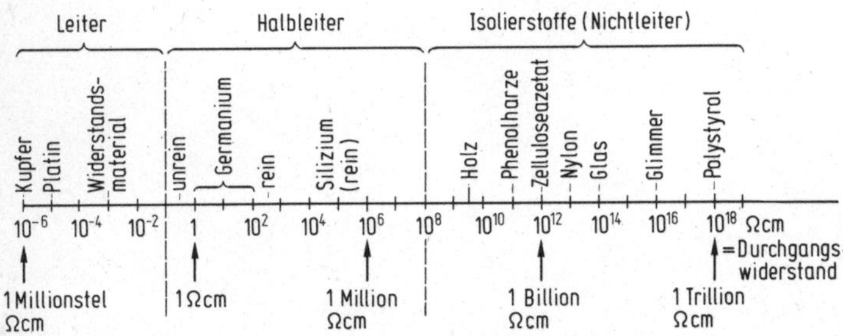

Halbleiter: Durchgangswiderstände verschiedener Werkstoffe in Ω cm

sein für die Arbeitsweise maßgebender Teil aus Halbleitermaterial besteht, Halbleiter-Bauelemente sind z. B. Halbleiter- → *Dioden*, → *Transistoren*, → *integrierte Schaltungen*, → *Heißleiter*, Hallelemente, → *Kaltleiter*, → *Fotodioden*, → *Fotowiderstände*, → *Fotoelemente*.

Halbleiter-Dehnmeßstreifen → *Ohmsche Geber*.

Halbleiter-Laser Grundsätzlich sind Halbleiter-Laser Kristalldioden (→ *Laser-Diode*) mit zwei verschiedenen Zonen (P-Zone und N-Zone). Im Unterschied zu normalen Halbleiterdioden, durch die nur schwache Ströme fließen können, werden in Halbleiter-Lasern hohe Stromdichten von mehreren tausend Ampere je cm^2 erreicht. Bei diesen Stromdichten wird ein Strahlungsbereich erzielt, in dem die PN-Übergangszone Laserlicht aussendet. Dazu ist ein Halbleitermaterial mit großer Beweglichkeit der Ladungsträger erforderlich. Beispielsweise wird Gallium-Arsenid (GaAs) verwendet, das eine intensive monochromatische Strahlung im ultraroten Spektralbereich aussendet. Die Gallium-Arsenid-Diode wird in Flußrichtung betrieben (→ *Festkörper-Laser*).

Halbleiter-Materialien (siehe untenstehende Tabelle)

Halbleiter-Metall-Kontakt Elektrisch leitende Verbindung zwischen Halbleiter-Material und Metall. Meistens wird dabei ein sperrschichtfreier, d. h. ein ohmscher Kontakt angestrebt.

Halbleiter-Speicher sind als → *RAM* und → *ROM* weit verbreitet. Außerdem arbeitet man intensiv an → *Hologrammspeichern*.

Halbleiter-Strahlungsdetektoren arbeiten wie Fotodioden. Die radioaktiven Teilchen machen die Diode leitend und erzeugen je einen Impuls, der im angeschlossenen Verstärker gezählt werden kann.

Hall-Beweglichkeit Ladungsträger-Beweglichkeit in einem Halbleiter, der quer zur Ladungsträger-Bewegung von einem starken Magnetfeld durchdrungen wird. Es gilt für die Beweg-

Halbleiter-Material	Ionisierungsenergie ΔE für T = 300 °K eV	Elektronenbeweglichkeit für T = 300 °K $cm^2/V \cdot s$	Löcherbeweglichkeit für T = 300 ° K $cm^2/V \cdot s$	Diffusionslänge µm
Indium-Antimonid	0,16	77000	1000	–
Indium-Arsenid	0,33	30000	280	–
Germanium	0,65	3900	1900	bis 1000
Silizium	1,08	1350	500	bis 1000
Indium-Phosphid	1,28	> 4600	> 100	bis 130
Gallium-Arsenid	1,38	> 600	> 400	bis 8
Aluminium-Antimonid	1,49	> 200	> 200	–
Gallium-Phosphid	2,24	> 100	> 20	–

lichkeit μ z. B. in einem N-Halbleiter:

$$\mu = \frac{1}{n \cdot q \cdot \rho}$$

Darin sind n die Zahl der Elektronen (Majoritätsträger) je Raumeinheit, q die Elementarladung und ρ der spezifische Widerstand des Halbleiter-Materials. Mit cm als Längenmaß ergibt sich die Dimension der Hall-Beweglichkeit zu

$$\frac{cm^2}{V \cdot s}$$

Hall-Effekt heißt der von Edwin H. Hall (1879) entdeckte Effekt, daß in einem flachen stromdurchflossenen Leiter, der ein Magnetfeld senkrecht kreuzt, senkrecht zur Richtung des Stroms aus U_S und zum Magnetfeld eine Spannung U_H auftritt, die der Stärke des Magnetfeldes proportional ist und demnach zum Ausmessen von Magnetfeldern verwendet werden kann. Den stärksten Hall-Effekt zeigen → *Indiumarsenid* und → *Indiumantimonid* (~760- bzw. 2150-fach gegen Kupfer), bei letzterem ist der Effekt stark temperaturabhängig, bei InAs dagegen nicht. Die auftretende Hall-Spannung ist desto höher, je dünner der plattenförmige Leiter ist, an dessen beiden Längsseiten die Spannung abgenommen wird (~ 0,1 mm).

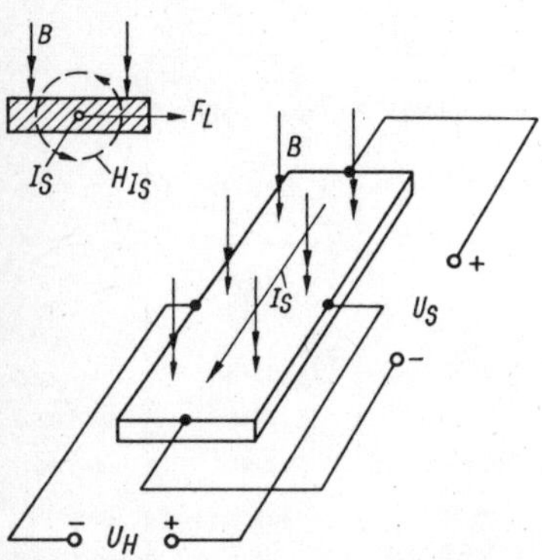

Hall-Effekt: Entstehung der Hallspannung in einem Plättchen aus Halbleitermaterial

Hall-Elektroden Einander gegenüberliegende metallisierte Kanten eines als Hallgenerator benutzten Halbleiterplättchens als Anschlüsse, an denen die Hall-Spannung abgenommen werden kann.

Hall-Generatoren dienen zur Magnetfeld-Ausmessung von 10 . . . 10^4 Oersted, schließen also an die → *Förster-Sonde* an. Die als → *Hall-Effekt* beschriebene Spannung entspricht der Stärke des Magnetfeldes. Der Leiter wird in Dünnschichttechnik und in Mäanderform auf einen Träger aus Keramik oder Ferrit aufgebracht. U. a. gibt es in integrierter Form magnetische Schalter (MAGFET).

Außer bei magnetischen Untersuchungen finden Hall-Generatoren vielfache Verwendung in Magnetbandköpfen (frequenzunabhängige Spannung und erforderliche Spurbreite < 1,5 mm), für Durchflußmessungen und Motorsteuerungen, außerdem aber in → *Analogrechnern*. Man kann sie hier zum Multiplizieren, Dividieren und Wurzelziehen einsetzen.

Hallradius Wird ein Mikrofon aus größerer Entfernung besprochen, dann überwiegt der indirekt auftreffende Schall. Der Abstand vom Mikrofon, bei dem die durch den direkten Schall hervorgerufene Spannung gleich der durch den indirekten Schall bedingten ist, wird als Hallradius bezeichnet.

Hallraum dient zur Erzeugung künstlichen „Nachhalls".

Hallsignal-Sonde → *Hallgenerator*.

Hallspannung → *Hallgenerator*.

Hallwinkel Winkel, um den die Richtung des elektrischen Spannungsgefälles in dem Hallplättchen durch Einwirken eines Magnetfeldes aus der ursprünglichen Richtung (Steuerstromrichtung) herausgedreht wird.

Halteschaltung Wird zusammen mit einem Abtaster verwendet und hält den gestalteten Wert bis zur nächsten Abtastung.

Haltestrom beim → *Thyristor* ist der Mindeststrom, der diesem entnommen werden muß, damit er eingeschaltet (gezündet) bleibt.

Hamming-Distanz D ist die Zahl von Stellen, in denen sich zwei Wörter unterscheiden. Z. B. bei

OLLOOLOL und

LLOOLLOL ist D = 3. Dabei ist die Erkennbarkeit eins Fehlers desto größer, je größer die Hamming-Distanz ist.

Handauslösesignal → *Auslösesignal*, das von Hand gegeben wird.

Handshake Wenn ein Computer etwas auf einem Drucker ausgibt, so kann das Problem auftreten, daß der Datenfluß schneller ist, als ihn der Drucker verarbeiten kann. Dann teilt der Drucker dies dem Computer mit und zwar über die sogenannte Handshake-Leitung, die z. B. solange auf High-Pegel liegt, bis der Drucker wieder für die nächsten Zeichen aufnahmebereit ist.

Hardcopy bezeichnet eine Druckerkopie des Bildschirminhalts und kann sich sowohl auf einen Programm- als auch einen Datenausdruck beziehen.

Hardware ist die Maschinen- und Apparate-Ausrüstung einer → *EDV-Anlage*.

Harmonische Verzerrungen entstehen z. B. in einem Verstärker, in den ein reiner Ton geschickt wird, als zusätzliche harmonische Schwingung. Der Grad der harmonischen Verzerrung wird in Prozenten des Originaltons angegeben. Bei Lautstärkespitzen sind 2 bis 5% harmonische Verzerrungen normal (→ *Klirrfaktor*).

Hauptwertmesser → *Spannungslupe*.

HCMOS (= **h**igh performance **CMOS**) Weiterentwicklung der CMOS-Technik zu höheren Schaltgeschwindigkeiten hin.

HDDR-Verfahren (**H**igh **D**ensity **D**igital Magnetic **R**ecording) = Magnetische Aufzeichnung (auf Band) mit hoher Dichte, d. h. statt 325 ... 650 bit/cm werden durch Spezialköpfe 4000 ... 40000 bit/cm aufgezeichnet.

HDK = **h**ohe → **D***ielektrizitäts*-**K***onstante* (Spezialkondensatoren).

HDLC (= **h**igh **l**evel **d**ata **l**ink **c**ontrol) Datenübertragungsverfahren für eine bitorientierte, synchrone Übertragungsprozedur, Vollduplexbetrieb und eine gesicherte Übertragung durch Nummerierung der Datenblöcke und Blockprüfzeichen.

Header ist gewissermaßen die Überschrift (Inhaltsangabe) eines Datensatzes, z. B. eines → *Magnetbandes*, einer → *Magnetkarte* usw.

Heat-Pipe-Wärmeableiter sind büchsenförmige Kühlkörper von 133 mm Länge und 83 mm ∅, die an den Endflächen je ein Halbleiterelement aufnehmen und erhebliche Wärmemengen abführen können, zumal mit zusätzlicher Luftkühlung.

Hectopascal → *Pascal.*

Heimcomputer → *Homecomputer.*

Heißläufer-Ortungsgeräte die neben den Eisenbahnschienen angebracht sind, stellen bei Geschwindigkeiten bis 240 km/h fest, wie viele und welche Achsen um 15° heißer sind als der Durchschnitt. Das wird dem nächsten Bahnhof gemeldet.

Heißleiter Nichtohmsche Widerstandselemente, deren Widerstandswert mit zunehmender Temperatur kleiner wird, d. h. sie leiten desto besser, je wärmer sie sind (negativer Temperatur-Koeffizient). Sie dienen zur Temperaturmessung und -kompensation, zur Verstärkungs- und Pegelregelung, zum Anlassen von Motoren und zur Verhinderung von Einschalt-Stromspitzen. Auch zum selbsttätigen Regeln der Bildbreite im Fernsehgerät werden sie eingesetzt.

Es gibt Typen, die von – 20 °C bis + 400 °C (die neuesten bis 1000°C) verwendbar sind und deren Widerstandsänderung sich über sechs Zehnerpotenzen erstreckt.

In Sperrichtung betriebene → *Halbleiterdioden* können als Heißleiter benutzt werden, da der Sperrstrom mit zunehmender Temperatur ansteigt.

Je nach Herstellerfirma werden Heißleiter verschiedenartig bezeichnet: Negatohm (Dralowid), Newi (AEG-NSF), NTC-Widerstände (Philips), Thermistor (Standard Elektrik Lorenz), Thermowid (Dralowid).

Anlaß-Heißleiter werden u. a. zur Unterdrückung von Einschaltstromstößen verwendet. Werden sie im Betrieb stark belastet, dann erwärmen sie sich, so daß die Eigenerwärmung den Widerstandswert herabsetzt.

Fremdgeheizte Heißleiter (Heißleiter, die mit einer Heizwicklung umgeben sind) eignen sich zur Lösung von Regelaufgaben in elektronischen Geräten (besonders auch von räumlich getrennten Schaltstellen usw.), zur Pegelregelung, zu Wechselstrommessungen und als Ersatz für mechanische Regelglieder.

Helicon heißen Halbleiteranordnungen mit → *negativem Widerstand* für cm-Wellen.

Helion nennt man (seltener) die von radioaktiven Materialien ausgesandten Heliumkerne (α-Strahlen).

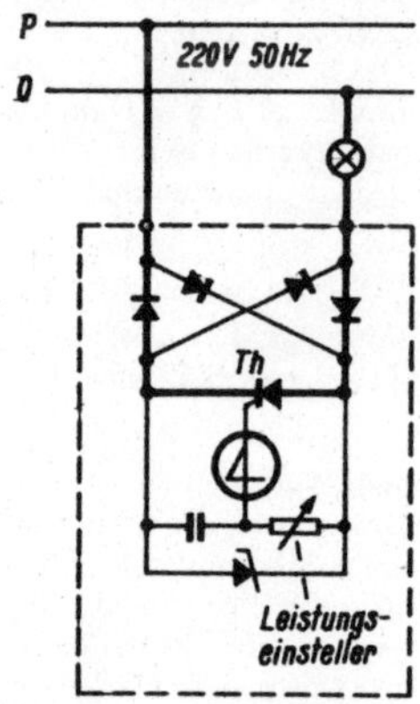

Helligkeits-Steuerung

Helleiter sind → *Fotowiderstände*, die ihren Widerstand entsprechend der Belichtung vermindern.

Helligkeits-Steuerungen werden bei Glühlampen verlustlos mit → *Zweiweg-Thyristoren* und → *Diac* durchgeführt, mit denen man für jeden Zweck geeignete → *Phasenanschnitt-Steuerungen* herstellen kann.

Eine Schaltung, die erst gleichrichtet und dann mit einfachem Thyristor auskommt, zeigt die *Abb.* Derartige Helligkeits-Einsteller werden fabrikmäßig zum Einbau in Unterputzdosen geliefert.

Helltastung Vorgang, durch den der Elektronenstrahl eines Oszilloskopen nur während des Hinlaufs der → *Zeitablenkung* sichtbar gemacht wird.

HEMT (= **h**igh **m**obility **e**lectron **t**ransistor) Er besteht aus Galliumarsenid und besitzt eine bedeutend höhere Elektronenbeweglichkeit (→ *Ladungsträgerbeweglichkeit*) als Siliziumtransistoren. Damit verbunden sind die höhere Grenzfrequenz und geringeres Rauschen. Der H. wird in der Mikrowellentechnik, auch im Konsumbereich (Satellitenempfang), eingesetzt.

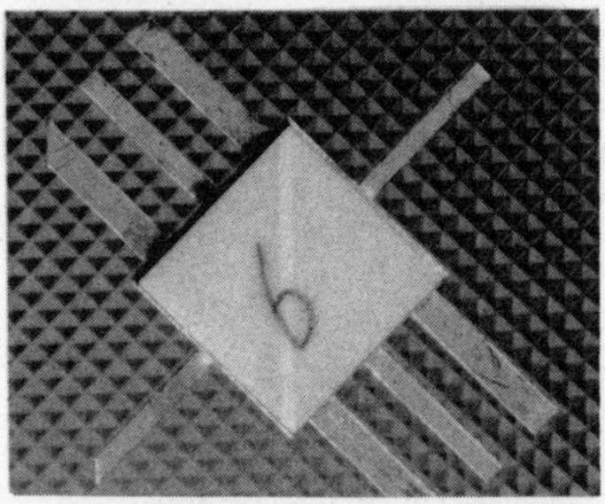

HEMT = High Electron Mobility Transistor (Aufnahme: NEC).

Hercules-Karte Video-Interface im IBM-PC und kompatiblen Rechnern zur Darstellung von Text mit je 80 Zeichen in 25 Zeilen sowie für Grafiken mit 720 x 348 Punkten. Die Darstellung ist einfarbig, aber mit höherer Auflösung als beim Color Graphics Adapter (→ *Farbgrafikkarte*) möglich. Erforderlich ist ein spezieller Monitor, u. a. mit höherer Ablenkfrequenz.

Hertz Maßeinheit für die → *Frequenz.*

Heterodioden (hetero = fremd-, andersartig) bestehen aus zwei verschiedenen Materialien, von denen man das zweite → *epitaxial* auf das erste aufwachsen läßt.

heteropolare Bindung → *Ionenbindung.*

hexadezimal heißt ein Zahlensystem mit der Basis 16. Von 0 . . . 9 stimmt es mit dem dezimalen überein, dann folgen A, B, C, D usw. Es wird selten angewandt.

Hi-Fi Bezeichnung für beste Wiedergabe-Qualität (Abkürzung von High Fidelity = hohe Treue, Wiedergabetreue).

Übertragungsbereich (nach DIN 45500) für Verstärker mindestens 40 bis 16000 Hz, für Mikrofone mindestens 50 bis 12500 Hz, für Magnettongeräte 40 bis 12500 Hz, für Schallplatten-Abspielgeräte mindestens 40 bis 12500 Hz, für Tuner 40 bis 12500 Hz, für Lautsprecher mindestens 50 bis 12500 Hz.

High-com ist ein Rauschunterdrükkungssystem, eingesetzt in hochwertigen Cassettenrecordern. Während das → *Dolby*-Verfahren die Rauschleistung von 100% nur bis auf etwa 13% reduziert, vermindert High-com die Rauschleistung hingegen bis auf 1%. Das High-com-Verfahren ist ein sogenanntes breitbandiges Compandersystem, d. h. es wirkt im gesamten hörbaren Musikbereich von etwa 30 Hz bis fast 20000 Hz. Es kann niederfrequente Störsignale wirkungsvoll unterdrücken. Anders ausgedrückt: über die gesamte Breite des hörbaren Frequenzbereichs wird das Rauschen um etwa 20 dB gedämpft.

High-Threshold-Voltage = Hoch-Schwellen-Spannung.

Hilfsprogramme sind z. B. Wurzelziehen, Quadrieren und viele ähnliche nicht laufend benötigte Operationsanweisungen.

Himmelskarten bisher nicht erreichter Genauigkeit liefert ein mit einer → *EDV-Anlage* zusammengebautes Teleskop.

Hintergrundprogramm Bei großen Rechnern und auch Mikrocomputern ist es möglich, daß parallel zum laufenden Hauptprogramm ein anderes Programm läuft. Gibt z. B. der Mikrocomputer einen Text auf den angeschlossenen Drucker aus, kann der Benutzer über die Tastatur bereits andere Daten eingeben. Die beiden Programme laufen aber nur scheinbar parallel; denn der Mikrocomputer wird z. B. durch einen Timerbaustein im Abstand von wenigen Millisekunden bei der Abfrage der Tastatur unterbrochen (→ *Interrupt*), springt kurz zum Druckerausgabe-Programm und kehrt dann wieder zum Hauptprogramm zurück. Das Druckerausgabe-Programm läuft also sozusagen im Hintergrund.

Hitzdraht-Anemometer → *Ohmsche Geber.*

Hitzdrahtmeßgerät Beim Hitzdraht-Meßwerk wird die Längenausdehnung eines Drahtes bei Erwärmung (Stromdurchfluß) auf einen Zeiger übertragen. Zu Beginn der Entwicklung der Radiotechnik hatten die Hitzdraht-Meßwerke eine große Bedeutung zur Messung von Hochfrequenzströmen, da sie praktisch frequenzunabhängig arbeiten. Ein großer Nachteil ist ihre leichte Überlastbarkeit. Aus diesem Grunde werden sie heute kaum noch angewandt; sie werden durch Drehspulinstrumente mit Gleichrichtern und durch andere Anordnungen ersetzt.

HL-DMS = Halbleiter- → *Dehnungs-Meßstreifen.*

HLTTL = **H**igh-**L**evel- → *Transistor-Transistor-Logik* = Hochpegel-TTL, ausgezeichnet durch eine sehr kurze Anstiegszeit (10 ns) und Arbeitsfrequenzen bis 20 MHz.

Hochfrequenz-Transistor Transistor mit hoher Grenzfrequenz.

Hochohmdiode Selendiode mit sehr hohem Sperrwiderstand. Anwendung u. a. als Zeilenfrequenz-Diskriminator in Fernsehgeräten.

Hochpaß läßt die Frequenzen oberhalb der Grenzfrequenz fast ungeschwächt durch, hat im Längszweig einen Kondensator C, im Querzweig einen Widerstand R. Daraus errechnet sich die → *Grenzfrequenz* zu

$$f_g = \frac{1}{2\pi \cdot R \cdot C}$$

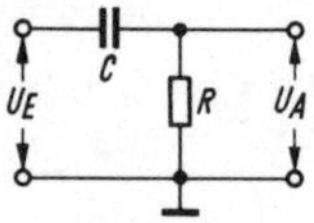

Hochspannungserzeugung Gewinnung der für den Betrieb einer Fernsehbildröhre erforderlichen Hochspannung (25 kV) aus den Rück-

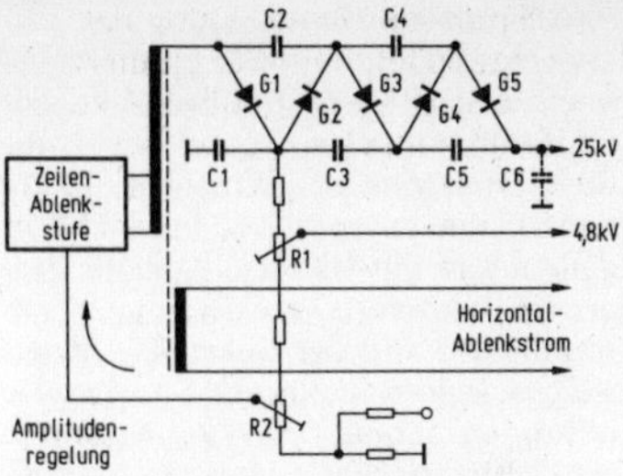

Hochspannungserzeugung: Die Hochspannung wird durch Gleichrichter der Impulsspannungen von vier hintereinandergeschalteten Wicklungen und Dioden gewonnen

schlagsimpulsen des Zeilenausgangstransformators. Die in der *Abb.* gezeigte Hochspannungskaskade wurde schon früher für Oszilloskope verwandt. Ihre Wirkung beruht darauf, daß sich an G1, G2 ... die Impulsspannungen des Übertragers und die am Kondensator herrschende Gleichspannung addieren.

Hochspannungs-Gleichrichter Spezialbauelement zum Gewinnen der 14 kV bis 18 kV (bei Farbfernsehempfängern 25 kV) betragenden Anodengleichspannung für die Bildröhre. Ein H. besteht entweder aus vielen kleinen in einem Isolierrohr aufgereihten → *Selen-Gleichrichterplättchen* oder aus Spannungsvervielfachern mit Siliziumdioden, die man als Hochspannungskaskaden bezeichnet.

Hochton-Lautsprecher Ihr Frequenzband liegt zwischen 500 und 20000 Hz. Einige dieser Hochtonlautsprecher setzen erst bei 1000 Hz ein, die obere Grenze anderer liegt bei etwa 18000 Hz. Der Durchmesser der H. ist im allgemeinen gering. Schalttechnisch wird der Hochtöner über eine Frequenzweiche angeschlossen, die

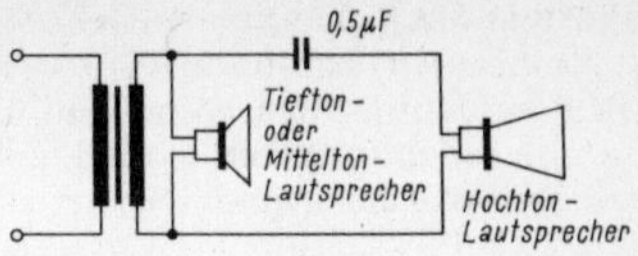

Hochton-Lautsprecher: Schema einer einfachen Frequenzweiche

in ihrer einfachsten Ausführung so aussieht, wie in der *Abb.* skizziert. In die Zuleitung zum Tiefton-Lautsprecher kann zusätzlich eine Drossel gelegt werden.

Höcker(-Durchlaß)spannung Tunneldioden-Kenngröße, nämlich die die Talspannung übersteigende Spannung, zu der ein Strom vom Wert des Höckerstromes gehört.

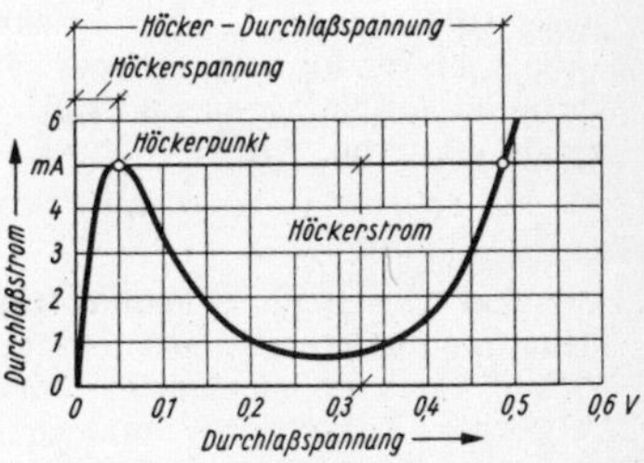

Höcker (Durchlaß)spannung: Die Abb. zeigt ein Beispiel für eine Tunnel-Dioden-Kennlinie

Höckerpunkt Punkt der Tunneldioden-$I_d(U_d)$-Kennlinie, der mit dem Höckerstrom und der Höckerspannung gegeben ist.

Höcker-Spannung U_p Tunneldioden-Kenngröße, nämlich die Spannung, die zum Höckerstrom der Tunneldiode gehört.

Höckerstrom I_p Tunneldioden-Kenngröße, nämlich der Strom-Höchstwert, der durchlaufen wird, wenn man die Durchlaßspannung der Tunneldiode von Null aus ansteigen läßt.

Höcker-Tal-Stromverhältnis Verhältnis des Höckerstromes zum Talstrom einer Tunneldiode.

Höhenanhebung Schalttechnische Einrichtung zur betonten Wiedergabe der höheren Tonlagen.

Höhere Programmiersprachen Während die → *Assembler*sprache maschinenorientiert ist und kaum Befehle für komplexere arithmetische Aufgaben besitzt, verfügen höhere Programmiersprachen über Befehle zum Umgang mit mehrstelligen Zahlen, zur Verarbeitung und Ausgabe von Text sowie auch höhere mathematische Funktionen wie log, exp, sin usw. Typische höhere Sprachen sind z. B. → *Pascal*, → *Fortran*, → *Algol* oder → *Cobol*.

Hohlleiter Übertragungsmedium für höchstfrequente elektromagnetische Wellen. H. sind rechteckige oder kreisförmige Rohre, deren Innenwände elektrisch gut leiten. Die zu übertragende Energie fließt hierbei nicht im Material des Leiters, sondern sie befindet sich in den von den Rohrwandungen geführten Feldern.

Hollerith-Maschinen → *Tabelliermaschinen*, → *Lochkarten-Maschinen.*

Hologramm (= vollständige Aufzeichnung) heißt das Bild, das die Holografie liefert. Es kann nur mit → *kohärentem Licht* hergestellt werden, indem man mit diesem und zugleich mit diesem Haupt- und einem Referenzstrahl eine extrem feinkörnige Fotoplatte beleuchtet. Dabei ergibt sich auf ihr (ohne Benutzung einer Linse) ein feines Interferenzmuster. Wird die Platte dann in den entsprechenden Richtungen mit je einem Strahl dieser Frequenz bestrahlt, so sieht man ein räumliches Bild der Gegenstände, die sich zwischen Lichtquelle und Platte befunden haben. Dabei kann man, je nach Blickrichtung, hintere Gegenstände sehen, die bei mancher Richtung auch verdeckt sein können (*s. Skizze*). Man hat also keine Pseudoplastik wie bei Stereoaufnahmen, sondern wirkliche.
Eine weitere Besonderheit ist, daß jedes Teilstück der Platte das vollständige Bild enthält. Allerdings wird es um so undeutlicher, je kleiner das Stück ist.

Hologramm-Speicher benutzen eine magnetische Schicht aus einer Mangan-Wismut-Verbindung auf Glimmer als Datenträger. Nach Art der Holografie wird mit einem Signal- und einem Referenzstrahl ein Hologramm erzeugt, das in der gleichen Art gelesen werden kann. Man soll je Quadratzentimeter 1 Million Bit speichern können.

Homecomputer → *Mikrocomputer* für den Heimbereich. Für H. gibt es immer auch komplette Systeme mit → *Drukker*, → *Cassettenrecorder*, → *Diskette.*

Hometaxial abgeleitet von homogenous = gleichförmig und axial. Bestimmte Bauart von Siliziumtransistoren, wobei die Basiszone in axialer Richtung einen homogenen Widerstand aufweist.

homöopolare Bindung → *Valenzbindung*, Elektronenpaarbindung. Gegensatz: Heteropolare Bindung, d. h. → *Ionenbindung.*

Hook-Transistor → *Vierschicht-Transistor.*

Hörfläche Die Raumteile, in denen sich bei der Wiedergabe ein stereofonischer Eindruck ergibt. Die Hörfläche richtet sich nach der Aufstellung der Lautsprecher und ihrer Schallabstrahlrichtung. Bei direkter Beschallung ergibt sich eine Hörfläche nach *Abb. 1*, bei indirekter eine solche nach *Abb. 2*.

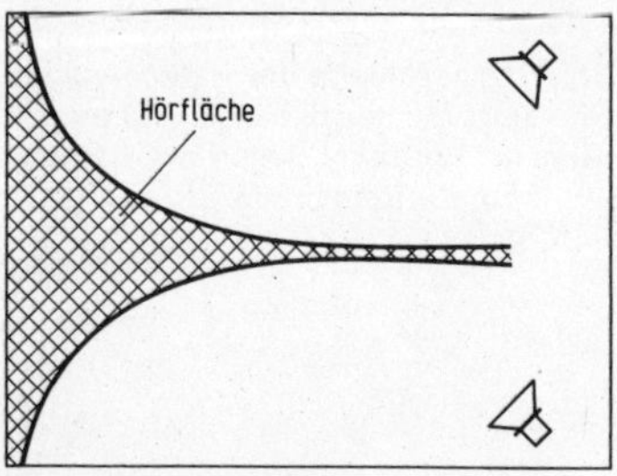

Hörfläche: Abb. 1: Stereo-Hörfläche bei direkter Beschallung

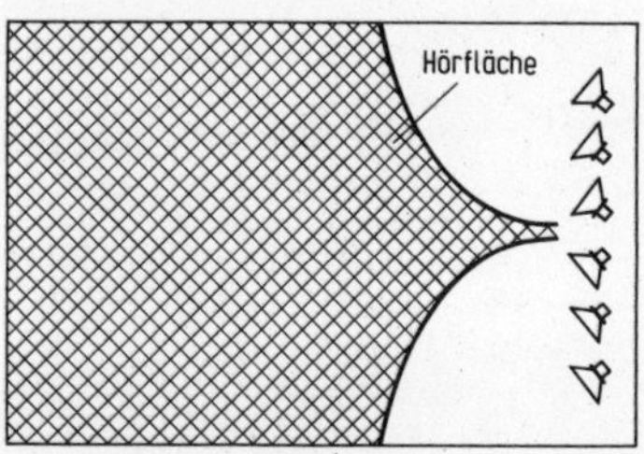

Abb. 2: Stereo-Hörfläche bei indirekter Beschallung

Hörhilfen Bezeichnung für Schwerhörigen-Geräte. Sie bestehen aus einem mit Transistoren bestückten kleinen Verstärker, der einerseits mit einem Mikrofon, andererseits mit einer Hörkapsel verbunden ist. Lautstärkeregelung möglich.

Horizontal-Ablenkung → *Zeilen-Ablenkung.*

Horizontalfrequenz Obwohl dieser Begriff DIN 45060 entspricht, wird in der Praxis meist von der → *Zeilenfrequenz* gesprochen.

hot-carrier-Dioden (wörtlich Heißträger-Dioden) = → *Schottky-Dioden.*

Humistor heißt ein feuchtigkeitsempfindlicher Widerstand. Sein Widerstand steigt mit steigender (Luft-) Feuchtigkeit und umgekehrt.

Hybridrechner entstehen durch Kombination von → *Analog-* mit → *Digitalrechnern* und bringen für bestimmte Aufgaben oft enorme Vorteile, z. B. bei der → *Prozeßsteuerung.*

Hybridtechnik Das Wort „hybrid" stammt aus dem Lateinischen und bedeutet soviel wie gemischt, zusammengesetzt. Es bezeichnet ein Herstellungsverfahren für → *Festkörper-Schaltungen.* Die dabei verwendeten aktiven Elemente (Transistoren und Dioden) werden mit Hilfe der → *Planartechnik* hergestellt, die passiven Elemente im Hochvakuum der Oberfläche aufgedampft.

Hydrophone sind Unterwasser-Schallgeber.

Hypalon ist ein spritzbarer Kunststoff, der gegen Ozon, Sauerstoff und Wärme sehr beständig ist.

Hyperschall Unhörbarer Schall mit höheren Frequenzen als die des → *Ultraschalls* (bis über 20 Milliarden Hertz).

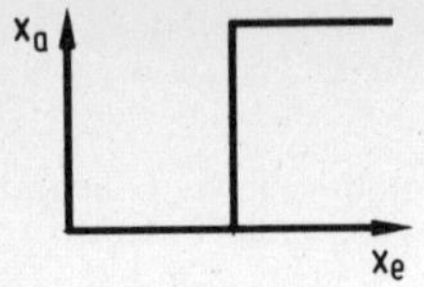

ohne Hysterese

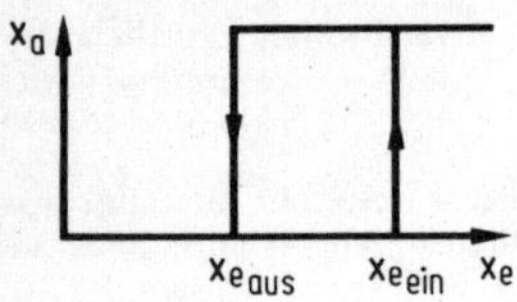

mit Hysterese

Hysteresis heißt

1. das Zurückbleiben der Wirkung hinter den Änderungen einer veränderlichen Kraft. Besonders bekannt ist die → *Hysteresisschleife* beim Magnetismus.

2. in der Regelungstechnik die Differenz zwischen den zwei Werten des Eingangssignals x_e, bei denen das Ausgangssignal x_a ein- bzw. ausgeschaltet wird, z. B. ein Relais schaltet bei 5 V und falle bei 4 V ab, dann beträgt die Hysterese 1 V.

Hysteresisschleife der → *Rechteckferrite* zeigt das dortige Bild. Die beiden Remanenzpunkte liegen bei + Remanenz und – Remanenz.

I

I-Beiwert → *Integrierbeiwert.*

IBT (**I**onimplanted **B**ase **T**ransistor Technology) = → *Ionen-Implantation.*

IC (= **i**ntegrated **c**ircuit) = → *integrierte Schaltung.*

IDN **I**ntegriertes **D**aten**n**etz, eine Vorstufe zum →*ISDN.*

IDV = *integrierte Datenverarbeitung,* gilt für Anlagen, die eingegebene Daten selbsttätig verarbeiten und z. B. Material-Zu- und -Abfluß, Zahlungsverkehr usw. regeln.

IEC-Bus → *Bus.*

IEEE **I**nstitute of **E**lectrical and **E**lectronical **E**ngineers, die amerikanische Vereinigung der Elektro- und Elektronikingenieure.

IFIP (= **I**nternational **F**ederation for **I**nformation **P**rocessing) = Internationaler Verband für Informations-Verarbeitung.

IG-FET (insulated-gate FET) = → *MIS-FET* = **m**etal-**i**nsulator-**s**emiconductor-**f**ield **e**ffect-**t**ransistor = → *Isolierschicht-Feldeffekttransistor,* auch → *Oberflächen-Feldeffekt-Transistor.*

I-Glied → *Übertragungsglied* mit integrierendem Verhalten (→*I-Verhalten*), bei dem die → *Ausgangsgröße* x_a *(t)* proportional dem Integral der Eingangsgröße x_e (t) über der Zeit ist. Die Ausgangsgröße kann hierbei auch einen Anfangswert x_{ao} besitzen, dem der Wert des Zeitintegrals einfach hinzuaddiert wird. Die Gleichung des I-Glieds lautet:

$$x_a\,(t) = x_{ao} + K_I \int x_e\,(t)\,dt$$

K_I ist die Kenngröße des I-Glieds und heißt → *Integrierbeiwert.*

Ignitrons (deutsch: Zündstiftröhren) sind steuerbare Quecksilber-Gleichrichter für hohe Stromstärken (~ bis 200 A), die man Glühkatoden nicht mehr entnehmen kann. In die Quecksilberkatode ragt eine Halbleiter-Zündelektrode hinein. Der Strom kann durch eine → *Phasenanschnittsteuerung* (→ *Thyratron*) gesteuert werden. Die → *Thyristoren* machen die Ignitrons größtenteils überflüssig.

IIL (I^2L) (**I**ntegrated **I**njection **L**ogic) = **I**ntegrierte **I**njektions-**L**ogik ist eine Technik bei → *IC,* die bisher erforderliche Widerstände durch → *Strombegrenzer-Dioden* ersetzt und dadurch höchste Packungsdichte bei gering-

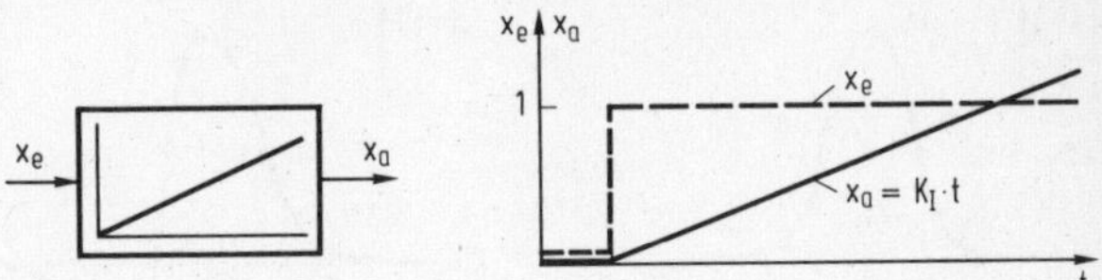

a b

I-Glied: Blocksymbol a) und Sprungantwort b) des I-Glieds

ster Verlustleistung und Wärmeentwicklung erzielt (1/20 der bisher benötigten Leistung).

IKT = **i**solierter **K**anal-**T**ransistor = → *Sperrschicht-FET.*

i-leitendes Material Halbleitermaterial, das ebenso viele freie Elektronen wie → *Defekt-Elektronen* enthält. Demgemäß ist das i-leitende Material entweder völlig reines Material oder auch Material, für das unter den jeweiligen Bedingungen die Eigenleitfähigkeit die durch Fremdatome bewirkte Leitfähigkeit weit überdeckt, oder Material, das ebenso viele → *Akzeptoren* wie → *Donatoren* enthält (Kompensations-Halbleiter). i ist die Abkürzung von → *Intrinsic* (ursprünglich unverfälscht).

IMPATT-Diode (= **imp**act **a**valanche **t**ransit **t**ime-diode) Halbleiterdiode, die ähnlich wie eine → *Gunn-Diode* beim Anlegen einer Spannung zu schwingen beginnt.

Impedanz Scheinwiderstand, den ein Bauelement, wie z. B. eine Spule oder ein Kondensator, oder eine Schaltung aus mehreren Bauelementen für einen Wechselstrom einer bestimmten Frequenz besitzt. Ein Lautsprecher hat z. B. eine Impedanz von 4 Ω, 5 Ω, 14 Ω oder von 800 Ω.

Impedanz-Matrix → *Z-Matrix.*

Impedanzwandler wandeln einen hohen Eingangs- in einen niederen Ausgangswiderstand um und umgekehrt.

Impfkristall Kleiner Einkristall, der in die Schmelze eingetaucht und aus dieser dann sehr langsam herausgezogen wird, so daß sich an ihm ein großer Einkristall bildet.

Implikation ist ein → *ODER-Gatter* mit → *Inversion* eines oder mehrerer Eingänge.

Implosion Im Gegensatz zur Explosion, bei der die Wirkung von innen nach außen geht, bezeichnet man das Zusammenbrechen eines luftleeren Gefäßes, dessen Wände also unter Außendruck stehen, als Implosion. Diese Möglichkeit muß bei der → *Bildröhre* berücksichtigt werden, denn auf ihrer Oberfläche lastet ein Außendruck von mehreren Tonnen.

Impuls Spannungs- oder stromförmiger Vorgang mit einem beliebigen Zeitverlauf, dessen Augenblickswert nur innerhalb einer beschränkten Zeitspanne Werte aufweist, die merklich von Null verschieden sind. Wechselt der Augenblickswert dabei sein Vorzeichen, so spricht man von einem zweiseitigen Impuls, bleibt seine Polarität dagegen gleich, so spricht man sinngemäß von einem einseitigen Impuls. Impulse, die ihr Vorzeichen mehrmals wechseln, nennt man oszillierend. Eine amplitudenmodu-

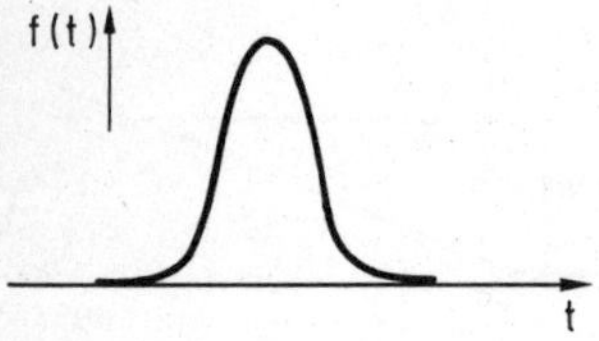

einseitiger Impuls

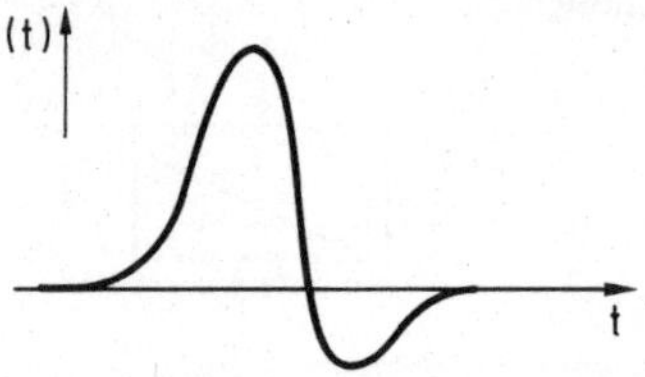

zweiseitiger Impuls

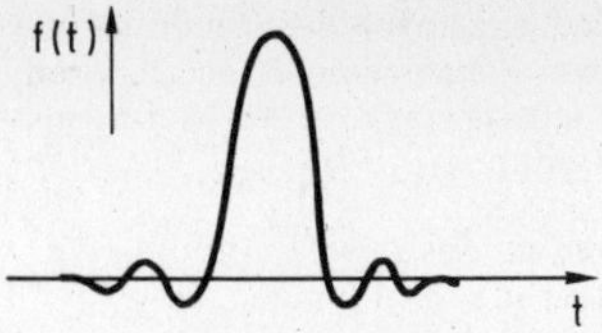

oszillierender Impuls

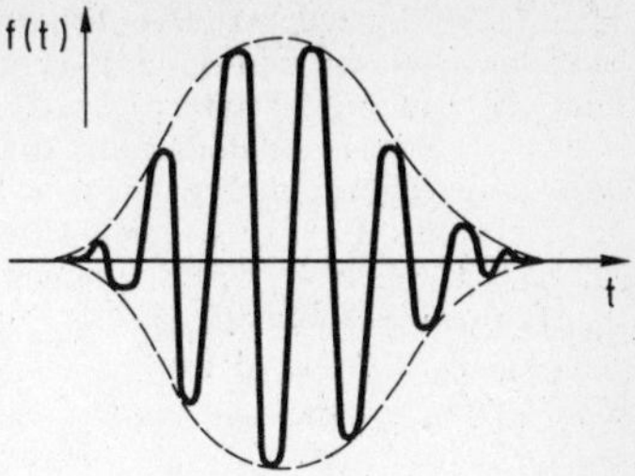

Schwingungsimpuls

lierte Sinusschwingung, deren Amplitude den zeitlichen Verlauf eines Impulses hat, heißt Schwingungsimpuls (→ *Kenngrößen von Impulsen*).

Impulsdach → *Kenngrößen von Impulsen.*

Impulsdauer T_i Zeitintervall, das beginnt, wenn der Augenblickswert eines Impulses auf der ansteigenden Flanke 50% der Amplitude erreicht hat und dann endet, wenn der Augenblickswert auf der abfallenden Flanke wieder unter 50% der Amplitude abgefallen ist (→ *Kenngrößen von Impulsen*).

Impulsfolge Periodischer Vorgang, der aus einer Folge von gleichen → *Impulsen* besteht.

Impulsfolgefrequenz Wiederholfrequenz des Impulses, aus dessen zeitlicher Aufeinanderfolge ein → *Puls* besteht.

Impulsformer, -erzeuger heißen u. a. Differenzier-, Integrier-, Begrenzer-, Clipper- und Impulsdehner-Schaltungen, aber auch → *Schmitt-Trigger.*

Impulsfuß → *Kenngrößen von Impulsen.*

Impulspaket-Steuerung andere Bezeichnung für die unter → *Nullspannungs-Schalter* besprochene Thyristorsteuerung.

Impulszentrale Kernstück jeder Fernsehstation; nach ihrem Takt müssen sich die Aufnahmekameras (wie auch Filmgeber und Dia-Abtaster) in den Studios und die Bildröhren in den Empfängern richten, damit sie im Gleichlauf bleiben.

Benötigt werden hierzu: der Horizontalimpuls (→ *Zeilenablenkung*), der Vertikalimpuls (Bildablenkung) und die Austastimpulse (Schwarz). Alle diese Impulse müssen nach Form und zeitlichem Beginn bis auf Bruchteile von millionstel Sekunden genau erzeugt werden. Außerdem ist es Aufgabe der Impulszentrale, die fertig geformten Impulse in genauestens definierter Weise zusammenzustellen.

Die Grundfrequenz einer Impulszentrale nach der CCIR-Norm beträgt 31250 Hz, das ist die doppelte Zeilenfrequenz. Von ihr werden alle weiteren Frequenzen und Impulse abgeleitet. Diese Grundfrequenz erzeugt ein Mutter-Oszillator (Taktgeber), der quarzgesteuert ist. also die Frequenz genau einhält. Die Grundfrequenz wird vielfach geteilt, zu Impulsen verformt und gemischt, bis alle Impulse in der vorgeschriebenen Form gewonnen sind.

Zeilen- und Bildfrequenz steuern einerseits die Aufnahmekamera, andererseits werden sie, zum Synchronsignal vereinigt, mit dem Austastsignal dem Bildsignal zugesetzt. Das Gemisch aus Farbsignal, Bildsignal, Austast- und Synchronimpulsen, das → *FBAS-Signal* (→ *BAS-Signal* bei Schwarzweiß), moduliert schließlich den Bildträger des Senders.

InAs = → *Indiumarsenid.*

Incremag (~ Zuwachsmagnetisierung) nennt sich ein in USA entwikkeltes Zähl- und Speichersystem, bei dem Zählkerne aus → *Rechteck-Ferrit* stufenweise aufmagnetisiert werden, bei Erreichen der Sättigung sich entladen und dabei an die nächste Stufe (z. B. Dekade) einen Impuls abgeben. Auf solche Weise können raum- und gewichtsparende Speicher, z. B. für die Raumfahrt, aufgebaut werden.

Index (~ Kennzeichen). Bei der Programmierung werden mit Indizes die einzelnen Programmteile bezeichnet. Sie werden aus dem Indexregister ausgewählt.

Indium In ist ein dreiwertiges Metall, das als → *Akzeptor* dient. Ordnungszahl 49, Atomgewicht 114,76, Schmelzpunkt 156,4 °C.

Indiumantimonid InSb ist eine → *intermetallische Verbindung*, bekannt als → *Fotohalbleiter*-Werkstoff für Wellenlängen von ~ 3000 . . . 7000 nm. Noch interessanter ist seine Magnetempfindlichkeit: der Widerstand läßt sich durch Magnetfelder weitgehend verändern. Man kann daraus magnetische Potentiometer herstellen, Umformer, Strommodulatoren, → *Feldplatten* usw.

Indiumarsenid InAs ist eine → *intermetallische Verbindung*, die sich in erster Linie für → *Fotohalbleiter*, aber auch für → *Hallgeneratoren* eignet.

Indiumphosphid InP ist eine → *intermetallische Verbindung*, aus der man vorzugsweise → *Injektionslaser* herstellt.

Induktionsbelag L' Induktivität einer Leitung pro Längeneinheit, z. B. 2 mH/m. Die Gesamtinduktivität ergibt sich aus dem Produkt von Induktionsbelag und Gesamtlänge einer Leitung.

Induktions-Geber Aktiver → *Meßumformer* → *Geber*, bei dem eine translatorische bzw. eine Rotationsbewegung eines Körpers eine Spannung erzeugt. Hierbei wird im Geber entweder ein permanentes oder ein variables Magnetfeld verwendet. Das Ausgangssignal wird in einem Leiter induziert, der entweder seine Lage im konstanten Magnetfeld ändert oder aber feststeht, während sich das Magnetfeld ändert. Die induzierte Spannung ist proportional zur Änderungsgeschwindigkeit des magnetischen Flusses, d. h. die Amplitude des Ausgangssignals ist proportional zur translatorischen bzw. rotatorischen Geschwindigkeit des Gebers. Der Vorteil dieser Geber liegt vor allem darin, daß sie quantitativ große Meßsignale liefern, was vielfach eine Weiterverarbeitung der Signale auch ohne zusätzliche Verstärker ermöglicht. Die Hauptanwendungen dieser Meßumformer sind Geschwindigkeitsmessungen. Sie können aber auch als Totpunktgeber bei Verbrennungsmotoren oder durch entsprechende Umformung als Weg-, Kraft- und Beschleunigungsgeber eingesetzt werden. Die technischen Ausführungen einiger induktiver Geber sind im folgenden dargestellt und erläutert.

1. Elektromagnetische Geber. Das Prinzip dieser Geber ist die Induktion einer Spannung in einer feststehenden Spule, wenn der magnetische Fluß geändert wird. Diese Flußände-

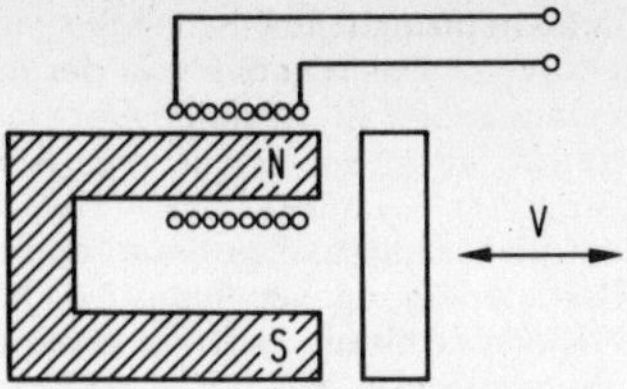

rung wird durch Annähern eines metallischen Körpers an den Spulenkern aus Permanentmagnetmaterial bewirkt. Hauptvorteil dieser Geber ist die Möglichkeit, die Bewegung eines Körpers berührungslos messen zu können. Infolge geringer Linearität findet der Geber vor allem in der Digitaltechnik, z. B. als Drehzahlgeber, Verwendung.

2. Elektromagnetische Tauchmagnet-Geber. Diese Geber haben ebenfalls eine feststehende Spule, die auf einem langen, unmagnetischen Spulenkörper aufgebracht ist. Die im Geber erzeugte Spannung ist der Geschwindigkeit proportional, mit der sich ein Permanentmagnet in der Spule bewegt. Bei konstanter Geschwindigkeit wird ein Gleichstrom erzeugt;

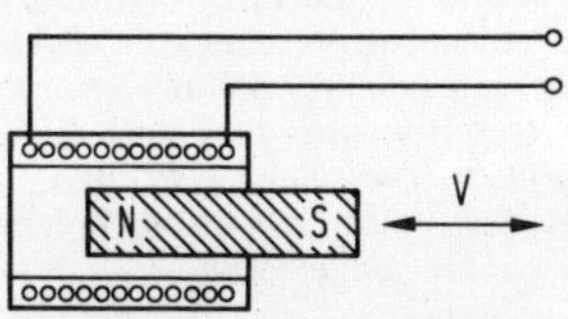

eine Vibrationsbewegung des Kernes erzeugt eine Wechselspannung, die ein genaues Analogsignal zur mechanischen Bewegung darstellt. Dieses Prinzip wird zur Messung von Geschwindigkeit und nach Integration zur Wegmessung, besonders bei Schwingungsuntersuchungen, verwendet.

3. Elektrodynamische Tauchspulen-Geber. Ein konstantes Magnetfeld, welches durch einen Permanentmagneten oder auch durch einen Elektromagneten aufgebaut ist, induziert in einer bewegten Spule eine Spannung, die proportional der Spulenge-

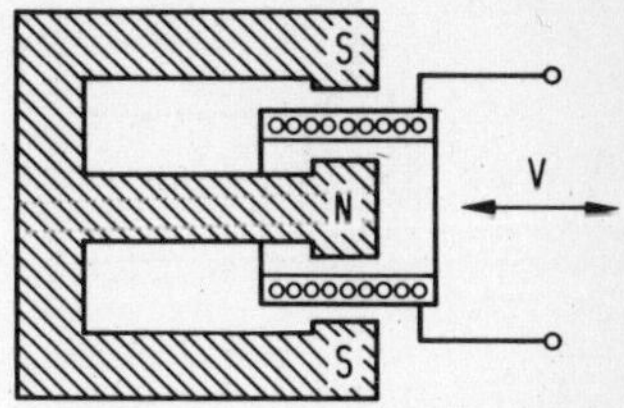

schwindigkeit ist. Nachteilig wirkt sich das relativ hohe Gewicht des Magnetsystems aus. Die Umkehrung dieses Geberprinzips durch Speisung der im Magnetfeld beweglichen Spule findet häufig Anwendung zur Kalibrierung von Accelerometern (Shaker) oder auch zur Erzeugung der Rückstellkräfte in Servogebern.

4. Elektrodynamische Drehgeber. Ein konstantes Magnetfeld, welches durch einen weichen Eisenkern genügend stark bleibt, induziert in einer drehbar angeordneten Spule eine Spannung, die der relativen Geschwindigkeit zwischen Spule und Magnet proportional ist. Häufig als Drehschwingungsgeber verwendet.

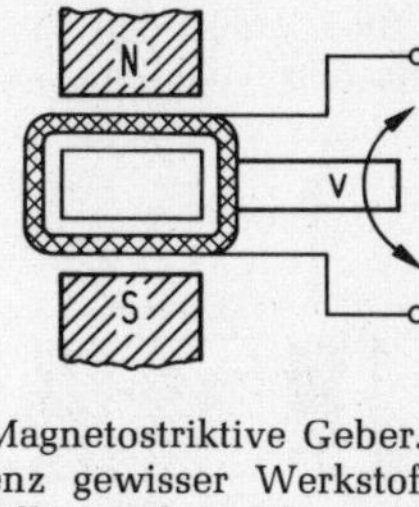

5. Magnetostriktive Geber. Die Remanenz gewisser Werkstoffe, z. B. Permalloy, ändert sich mit der mechanischen Spannung. Die Änderung ei-

ner mechanischen Größe bewirkt daher eine magnetische Flußänderung, welche in einer stationären Spule eine Spannung erzeugt. Die erzeugte Spannung ist der Flußänderungsgeschwin-

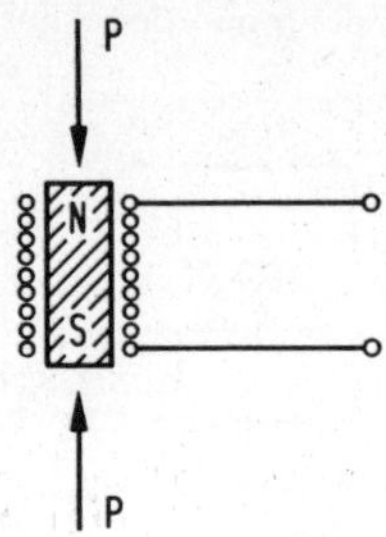

digkeit und damit der Änderungsgeschwindigkeit der einwirkenden mechanischen Größe proportional; zur Signalverarbeitung ist daher eine Integration nötig. Diese Geber werden meist dort verwendet, wo das Differenzial der einwirkenden Größe von Interesse ist (z. B. Klopfuntersuchungen an Verbrennungsmotoren, bei denen die erste Ableitung des Druckverlaufes im Zylinder gewünscht wird).

6. Wirbelstromgeber. Die Bewegung einer Kupfer- oder Aluminiumplatte senkrecht zu einem konstanten Magnetfeld erzeugt Wirbelströme, die proportional der Plattengeschwindigkeit sind. Die Wirbelströme bauen ihrerseits ein Magnetfeld auf, welches

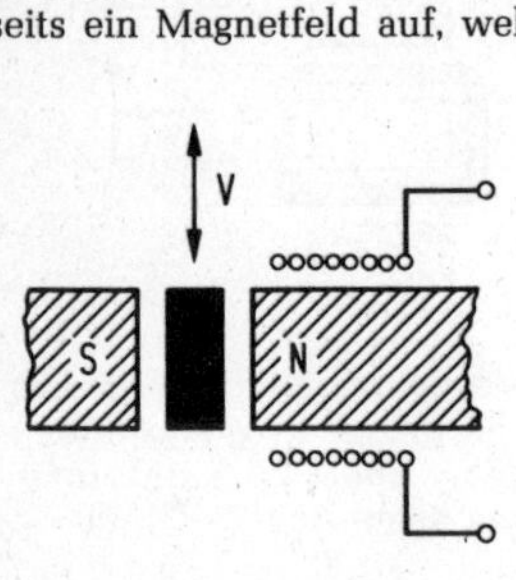

dem ursprünglichen Feld entgegengerichtet ist. Das resultierende Magnetfeld induziert in der Spule eine Spannung, die proportional der Änderungsgeschwindigkeit der Wirbelströme und somit auch proportional der Beschleunigung der Platte ist. Diese Geberanordnung zur Beschleunigungsmessung hat den Vorteil guter Linearität, da der Abstand zwischen bewegter Meßplatte und den Magnetpolen konstant bleibt. Eine besondere Eigenschaft dieses Gebertyps ist, daß die Kraftwirkung, die gegen die Bewegung der Platte gerichtet ist, proportional deren Geschwindigkeit ist, wodurch gleichzeitig eine mechanische Dämpfung erreicht wird.

Induktionsmeßwerk Das bewegliche Organ des Induktions-Meßwerks ist eine Aluminiumtrommel, die im Feld paarig angebrachter, feststehender Spulen drehbar gelagert ist. Beim Anschluß an Wechselspannung erzeugen die Spulenpaare durch induktive Wirbelströme ein Drehmoment in der Aluminiumtrommel, das Induktions-Meßwerk ist daher nur für Wechselstrom geeignet.

Induktions-Meßwerke wurden früher häufig zur Anzeige von Wirkleistung und Leistungsfaktoren verwendet, ihre Bedeutung ist stark zurückgegangen. Das gleiche Prinzip wird übrigens heute noch im Wechselstromzähler angewandt.

Induktive Geber Passive Geber, deren Meßprinzip auf der Variation einer Induktivität beruht, die durch eine mechanische Größe beeinflußt wird. Zur Messung der Induktivitätsänderung wird im allgemeinen das Trägerfrequenzverfahren benutzt. Wegen ihrer relativ großen Empfindlichkeit und der geringen Störanfälligkeit werden sie gerne für Weg- und Druckmessungen benutzt. Auch lange Meßkabel verfälschen kaum das Meßergebnis. Die Anwendungsmöglichkeiten und praktischen Ausführungen sind mannigfach, so daß im folgenden nur die markantesten Beispiele angeführt sind.

1. Einzelspulen-Geber.

2. Querankergeber. Diese Geber werden vorzugsweise für die berührungslose Distanzmessung verwendet. Durch die Veränderung des Luftspaltes zwischen Spulenkern und Queranker bzw. Meßobjekt wird die Spuleninduktivität verändert. Die Anordnung ist allerdings nur zur Messung sehr kleiner Wege geeignet.

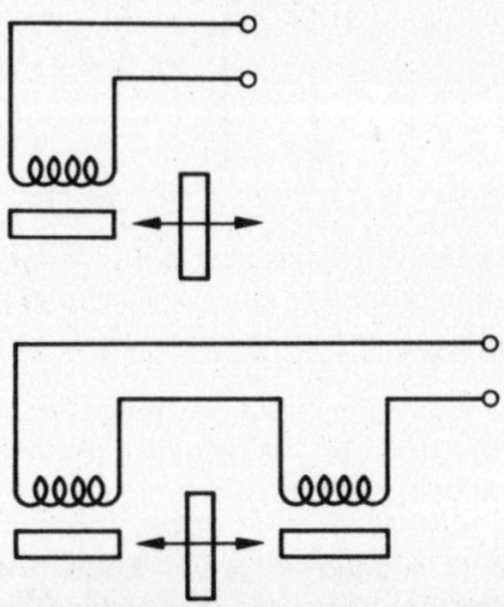

3. Tauchankergeber. In dieser Geberanordnung ist auch die Messung großer Wege möglich, jedoch ist keine gute Linearität erzielbar.

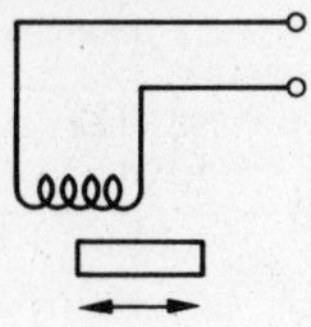

4. Magnetoelastische Geber. Wirkt auf einen Kern aus magnetoelastischem Material (z. B. Permalloy) eine mechanische Kraft ein, so ändert sich dessen Permeabilität und damit auch proportional die Induktivität der diesen Kern umgebenden Spule. Dieses Prinzip eignet sich vor allem für robuste Geber zur Kraft- und Druckmessung.

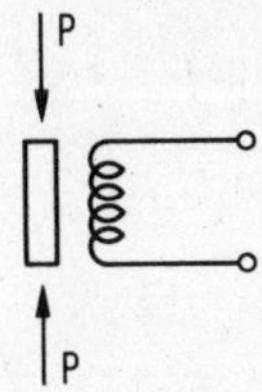

5. Differentialspulengeber. Diese Geber werden in unterschiedlichen

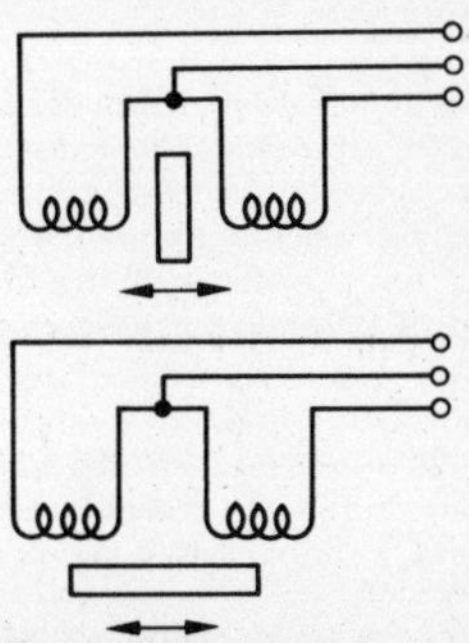

Ausführungen gebaut. Beim Querankergeber wird durch mechanische Bewegung des Ankers der Luftspalt einer Spule vergrößert, während er gleichzeitig an der anderen Spule verkleinert wird. Beim Tauchankergeber wird ein zylindrischer Tauchkern aus einer Spule in die andere verschoben. Schaltungstechnisch bilden die beiden Differentialspulen eine Halbbrücke. Dieses Meßprinzip wird für eine Vielzahl von Gebern zur Messung von Weg, Kraft, Druck, Beschleunigung, Drehmoment usw. verwendet.

6. Differentialtransformatorgeber. Bei diesen Gebern sind in der Mittel-

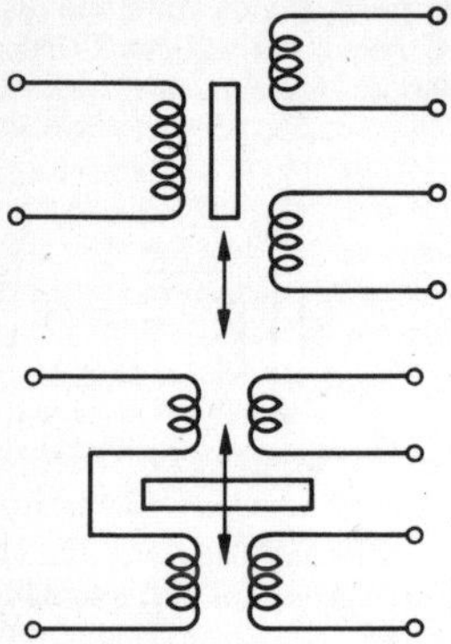

stellung des Tauchkernes die in den beiden Sekundärspulen induzierten Spannungen gleich. Durch Verschieben des Kernes erzeugt man eine Unsymmetrie, die als Meßsignal praktisch proportional der Kernverschiebung ist. Ein Differentialtransformatorgeber kann auch aus 2 Spulenpaaren aufgebaut sein. Für Druckgeber wird dabei oft eine Querankerausführung mit kleinem Meßweg vorgezogen.

7. Transformator-Winkelgeber. Es werden zwei Spulenkerne verwendet, deren Polschuhe als Hohlzylindersektoren ausgebildet sind. Durch diese Anordnung wird ein großer Linearitätsbereich bis zu ± 75° erreicht.

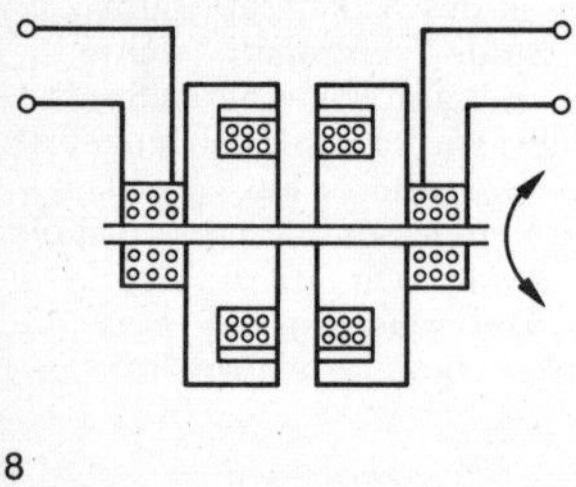

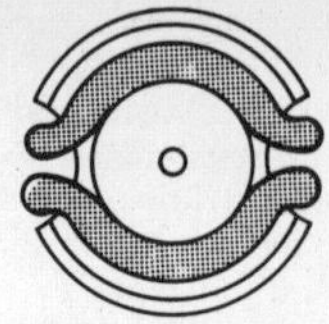

8. Drehgeschwindigkeits- und Drehschwingungsgeber. In einem Leiter

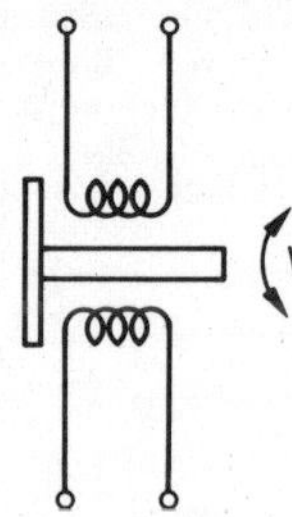

werden Wirbelströme konstanter Frequenz induziert. Bei der Drehung des Leiters werden diese Wirbelströme teilweise mitgerissen und erzeugen in der Empfangsspule geschwindigkeitsproportionale Wechselspannungen gleicher Frequenz.

9. Magnetoelastische Transformatorgeber. Aufgrund des magnetoelastischen Effektes ändert sich die Permeabilität des Kernes durch die mechanische Belastung. Dadurch ändert

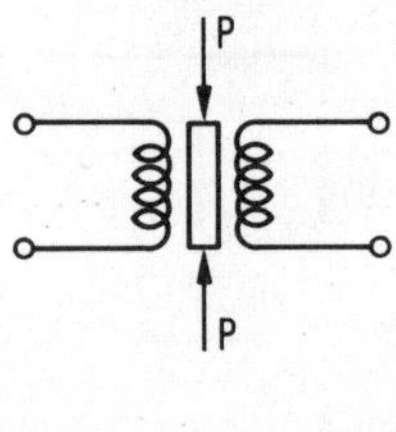

sich auch die Kopplung zwischen Primär- und Sekundärwicklung. Dieses Geberprinzip wird vor allem für Kraft- und Drehmomentmessungen angewendet.

10. Induktive Durchflußgeber. Wenn eine leitende Flüssigkeit in einem Permanentmagnetfeld strömt, so entsteht an Elektroden, die zur Strömungsrichtung und zum Magnetfeld senkrecht stehen, durch Induktion eine Spannung, welche der mittleren Strömungsgeschwindigkeit der Flüssigkeit proportional ist.

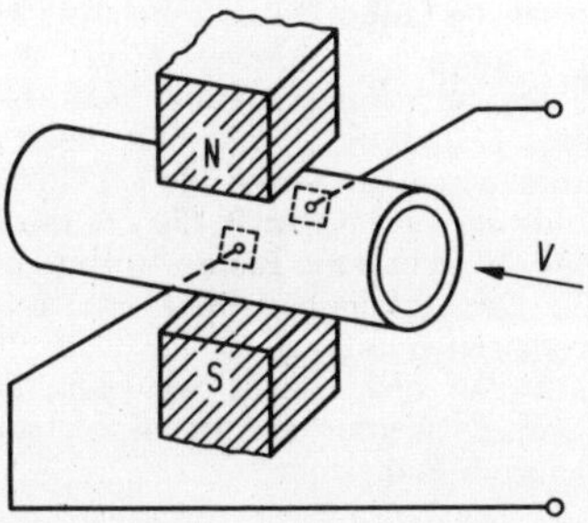

Induktive Durchflußgeber → *induktive Geber.*

Induktive Schalter bringen da Vorteile, wo Erschütterungen andere Arten beeinträchtigen. Hochempfindlich ist eine Schwingschaltung, in deren Rückkopplung eine Metallzunge im Alarmfall eintaucht und die Schwingungen unterbricht.

Induktive Schranken verhindern z. B., daß mehrere Papierbogen, Folien o. ä. gleichzeitig in eine Maschine einlaufen. Durch einen Taster, der die Induktivität einer Spule verändert, kann das gemeldet werden (→ *induktive Schalter*).

Induktives Verhalten (Diode) Nach sprunghaftem Einsetzen eines hohen Dioden-Durchlaßstromes sich an der Diode ergebende Spannungsüberhöhung, die rasch abklingt. In den „Technischen Daten" werden für sehr schnell schaltende Dioden (Rückwärtserhol(ungs)zeit im Nanosekundenbereich) bezüglich des induktiven Verhaltens angegeben: entweder

- die Vorwärtserhol(ungs)zeit t_{fr}, d. h. die Zeit, die vom sprunghaften Einsetzen des Stromes an verstreicht, bis die Überspannung auf ein Zehntel ihres Spitzenwertes abgesunken ist oder
- der Spitzenwert der Spannung und ein kleinerer Wert, der nach einer ebenfalls genannten Zeit nach dem Einsatzpunkt des Stromes noch vorhanden ist.

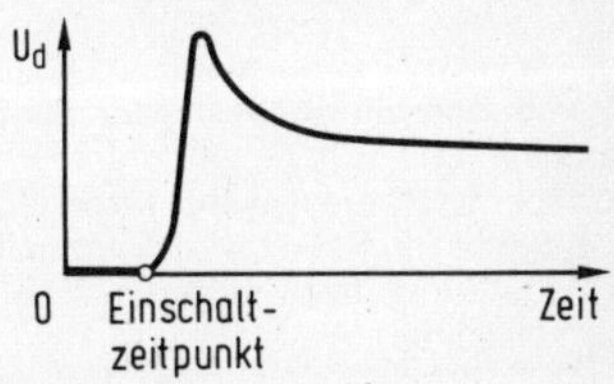

Alle diese Angaben beziehen sich auf bestimmte Meßschaltungen, die in den „Technischen Daten" angegeben werden. Induktives Verhalten ergibt sich bei höheren Stromdichten in der Sperrschicht.

Induktivität (magnetischer Leitwert) H 1 Henry ist gleich der Induktivität einer geschlossenen Windung, die, von einem elektrischen → *Strom* der Stärke 1 A durchflossen, im Vakuum den → *magnetischen Fluß* 1 Wb umschlingt.

Induktivitätsbelag L' → *Induktionsbelag.*

Induktosyn-Meßeinrichtung ist eine Sonderform des → *Resolvers.*

induzierte Emission (schon 1917 von Einstein vorausgesagt) nennt man wissenschaftlich die Erzeugung der → *Laserstrahlen.*

Informatik ist die Lehre von der Datenverarbeitung. Akademischer Grad: Diplom-Informatiker.

Informationen heißen die der → *EDV-Anlage* eingegebenen → *Daten,* also → *Zahlen,* Texte und → *Steuerinformationen.* Das geschieht durch festgelegte → *Verschlüsselungen.*

Informations-Eingabe erfolgt selten direkt, häufiger über → *Datenträger,* z. B. über → *Lochkarten.*

Informationsschreibgeschwindigkeit Maximal erkennbare oder fotografisch registrierbare Anzahl von Strahlspur-Breiten je Sekunde bei einmaliger Ablenkung des Elektronenstrahls eines Oszillografen.

Informations-Speicherung → *Speicherung.*

Informationstheorie (Shannon 1948) ist ein Teil der → *Kybernetik* und die Grundlage jeder Nachrichten-Verarbeitung.

Informations-Übertragung innerhalb einer → *EDV-Anlage* erfolgt durch Impulse (unterschiedlich für L und 0) auf Grund einer → *Taktfrequenz.*

Infrarot- (auch Ultrarot-) ~ 800 µm ... 1 mm) s. auch → *Licht.*

Infrarot-Bildwandler → *Bildwandler-Röhren.*

Infrarot-Detektoren → *Infrarotsensor.*

Infrarot-Fernbedienung Verfahren zum Fernsteuern vor allem bei Fernsehempfängern mit Hilfe von moduliertem Infrarotlicht.

Infrarot-Linsen werden aus → *Silizium* und → *Germanium* hergestellt. Sie sind unterhalb der Lichtwellenlänge von 1 µm bzw. 1,6 µm vollkommen undurchlässig. Auch bei ihnen kann die Oberfläche vergütet werden, wie von optischen Linsen bekannt.

Infrarot-Sichtgeräte bestehen aus einem Infrarot-Scheinwerfer, der das Objekt mit unsichtbarem Licht bestrahlt, und dem Sichtgerät, dessen Objektiv ein infrarotes Bild auf eine → *Bildwandlerröhre* wirft, die das infrarote in sichtbares Licht verwandelt. Die Geräte kommen für Polizei und Zollstreifen in Frage, da der Beobachtete das Licht nicht wahrnehmen kann. Es werden handliche tragbare Anlagen hergestellt.

Infrarot-Sprechgeräte sind konstruiert worden, haben aber keine große Bedeutung erlangt → *Licht-Sprechgeräte.*

Infraschall Unhörbare Schallschwingungen unter 16 Hertz. Sie können von Großkraftmaschinen hervorgerufen werden und selbst auf größere Entfernungen schwere Zerstörungen bewirken. Ihre Frequenz liegt bei etwa 1 Hz. Wind und Brandung an den Meeresküsten verursachen Infraschallschwingungen in der Größenordnung von 1/50 Hz. Es gibt noch längere Wellen dieser Art mit Schwingungszahlen herab bis zu 1/200 Hz, z. B. Erdbebenwellen, die zur Vollendung eines Wellenzuges rund 3 Minuten brauchen.

Inhibitions-Glied (= Verhinderungs-Glied) heißt ein → *UND-Gatter*, bei dem ein oder mehrere Eingänge invertiert sind (→ *Inversion*).

Inhibit-Leitung (= Verhinderungs- oder Sperr-L.) heißt eine bei manchen → *Matrizen* wie in der *Abb.* durch alle → *Ringkerne* gezogene Leitung, auf die ein entsprechender negativer Impuls gegeben wird, wenn auf keinem Ring die Information L entstehen, sondern vielmehr 0 entstehen oder bleiben soll. Inhibit-Leitungen werden in verschiedener Art verwendet.

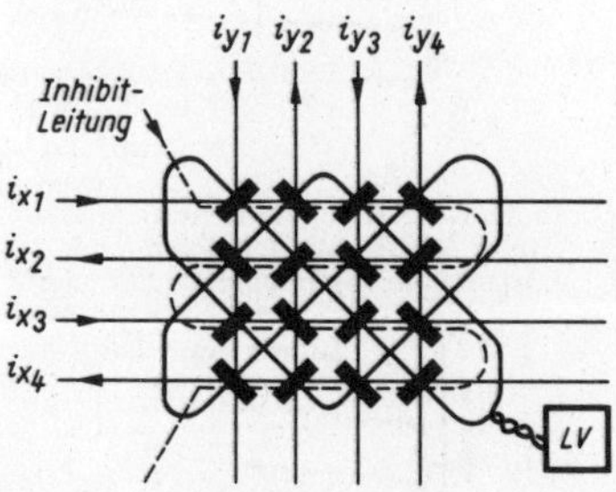

Inhibit-Leitung: Durch die diagonale Verlegung der Leseleitung wird eine gute Entkopplung gegenüber den X- und Y-Leitern erreicht

Inhomogene Dotierung künstlich erzeugte örtlich unterschiedliche Leitfähigkeit im Kristall, z. B. beim → *Drift-Transistor.*

Injektion bedeutet die Zufuhr von Ladungsträgern aus der Zone, in der sie → *Majoritätsträger* sind, durch die Sperrschicht hindurch in die Zone des anderen Leitungstyps hinein, wo sie die → *Minoritätsträger* darstellen. Beim PNP-Transistor werden Löcher aus der Emitterzone (P-leitend) durch die Emittersperrschicht in die Basis (N-leitend) injiziert und diffundieren von dort durch die Kollektorsperrschicht in die Kollektorzone. Der Vorgang wird als Löcherinjektion bezeichnet.

Injektionslaser verwandeln im Gegensatz zu → *Festkörper-* und → *Gas-Lasern* einen zugeführten Strom direkt in → *Laserstrahlen.* Man kennt sie bisher als → *Laser-Dioden.*

Injektions-Lumineszenz heißt das Leuchten der → *Leuchtdioden* auf Grund des durchfließenden Stroms.

Injektionsstrom Aus dem Emitterbereich durch die Emittersperrschicht in den Basisbereich injizierter Strom. Der Betrag dieses Stromes ist wegen des Rückstromes etwas niedriger als der Betrag des über den Emitteranschluß fließenden Stromes.

Formelzeichen
für PNP-Transistor I_{ep}
Formelzeichen
für NPN-Transistor I_{en}

Injektions-Transistoren = → *bipolare Transistoren.*

Injektionswirkungsgrad → *Emitterergiebigkeit.*

Injektion von Ladungsträgern Erhöhen der → *Minoritätsträger-Dichte* in einer Halbleiterzone über den dem → *thermodynamischen Gleichgewicht* entsprechenden Wert, insbesondere Zufuhr aus Bereichen, in denen diese Ladungsträger eine höhere Dichte aufweisen. Eine höhere Dichte der Ladungsträger ist vor allem in der vorangehenden Zone gegeben, in der diese Ladungsträger die → *Majoritätsträger* darstellen. Injektion findet z. B. aus angrenzendem Halbleitermaterial des anderen Leitungstyps über die Sperrschicht statt.

Injektor
1. Spitzen-Elektrode des → *Spacistors*
2. Emitter des durch die Schichten PNP dargestellten Transistors eines → *Binistors.*

inkremental ~ Zuwachs-. . .

Inkrementale Positionsmessung Verfahren der Weg- und Winkelmessung, bei dem die zu messende Größe in gleiche Teile (Inkremente) zerlegt wird, die dann abgezählt werden. Als Maßstab wird ein Strichraster benutzt, das entweder auf einem Linearmaßstab oder einer Scheibe aufgebracht ist. Bewegt sich der Maßstab, so wird das Raster mit Hilfe einer Leseeinrichtung (meist Lichtschranke) abgetastet. Bei jedem Strich erhält man am Ausgang der Leseeinrichtung einen Impuls der mit einem Zähler registriert wird. Da alle Striche und Zwischenräume (Dunkelmarken und transparente Stellen eines optischen Maßstabs) die gleiche Breite haben, ist der Zählerstand proportional der zurückgelegten Wegstrecke. Für absolute Messungen besitzt der Maßstab eine Nullmarkierung, bei der der Zähler auf Null zurückgesetzt wird. Für Vor- und Rückwärtszählung benutzt man zweispurige Maßstäbe, bei denen das Strichraster der zweiten Spur um eine halbe Strichbreite verschoben ist. Am Ausgang der Leseeinrichtung entstehen dann zwei um 90° verschobene Rechteckimpulse, aus deren Aufeinanderfolge die Bewegungsrichtung zu entnehmen ist.

Inkrementieren Hierunter versteht man die Erhöhung eines Wertes um 1, also einfach das schrittweise Weiterzählen zu höheren Werten hin.

Inline-Farbbildröhre enthält als Maske zur Farbselektion Schlitze, wobei der Leuchtschirm schmale senkrechte Leuchtstoffstreifen in den Farben Rot, Grün und Blau hat. Die drei Strahlsysteme sind in einer horizontalen Linie angeordnet.

Innenwiderstand (eines Netzgerätes) Widerstand bei kurzgeschlossener Spannungsquelle und leerlaufender Stromquelle.

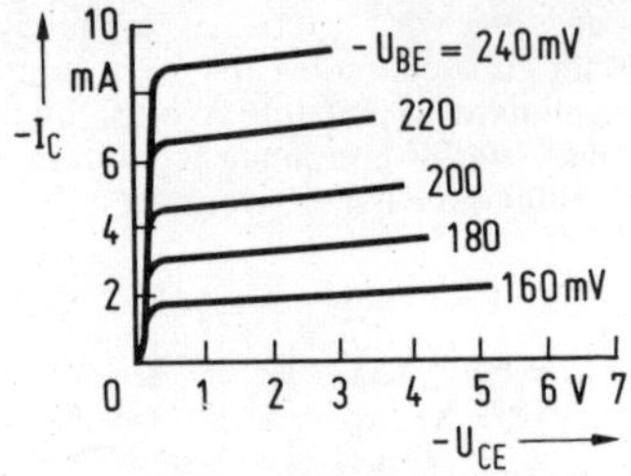

Innenwiderstand (eines Netzgerätes): Abb. 1 I_C (U_{CE})-Kennlinienfeld mit der Basis-Emitter-Spannung als Parameter

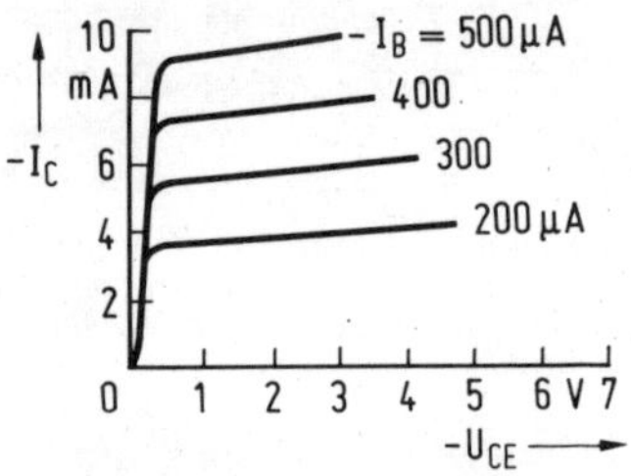

Abb. 2 $I_C(U_{CE})$-Kennlinienfeld mit dem Basisstrom als Parameter

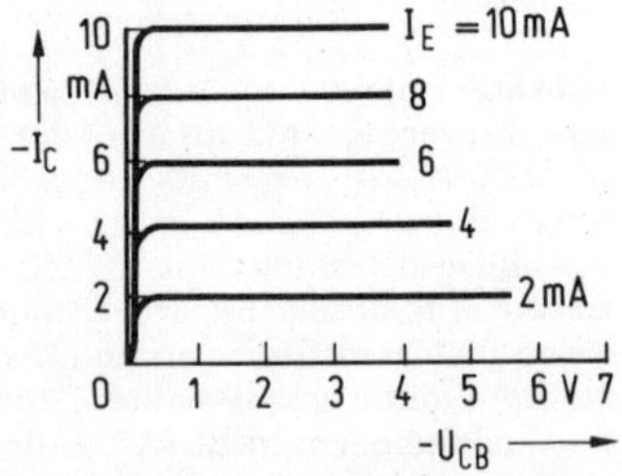

Abb. 3 $I_C(U_{CB})$-Kennlinienfeld mit dem Emitterstrom als Parameter

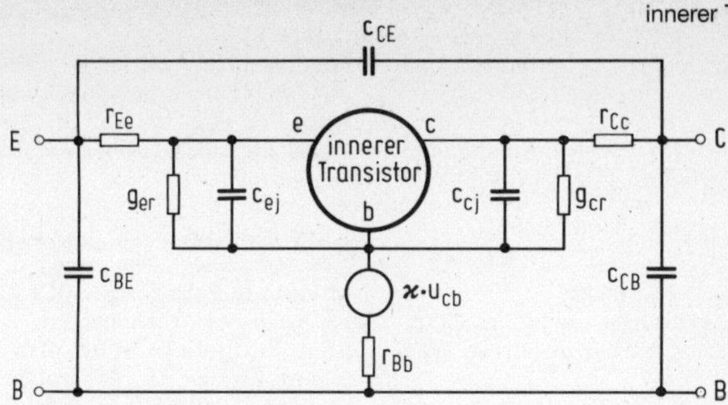

innerer Transistor. Die Abbildung 1 zeigt den inneren Transistor als Kernstück der Transistor-Ersatzschaltung. Darin bedeuten:

r_{Bb}, r_{Ee}, r_{Cc}	*Bahnwiderstände, wovon r_{Ee} und r_{Ce} in den meisten Fällen vernachlässigbar sind*
$x \cdot u_{cb}$	*Urspannungsquelle, die die Änderung des Basis-Bahnwiderstandes durch die an der Kollektor-Sperrschicht liegende Signalspannung u_{cb} mit zum Ausdruck bringt. Ebenfalls meist vernachlässigbar. Statt dessen wählt man einen mittleren Wert von r_{Bb}*
c_{Ce}, c_{EB}, c_{CB}	*äußere Elektrodenkapazitäten*
c_{cj}	*Kollektor-Sperrschichtkapazität*
c_{ej}	*Emitter-Sperrschichtkapazität*
g_{cr}	*Kollektor-Restleitwert, der den zum Kollektor-Reststrom gehörenden Wechselstrom berücksichtigt*
g_{er}	*Emitter-Restleitwert, in dem die verschiedenen Nebeneffekte z. B. die Oberflächenrekombination, berücksichtigt sind*

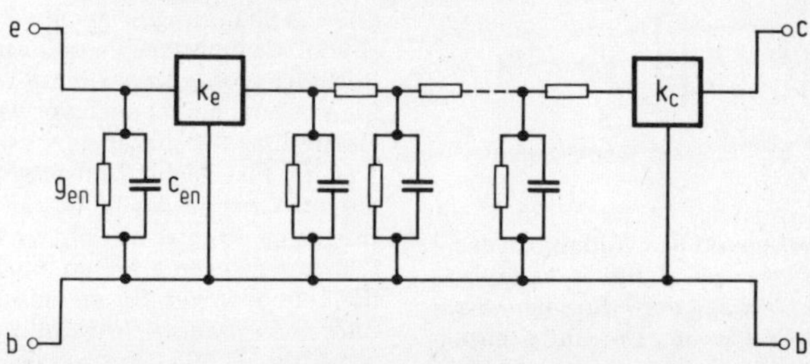

Abb. 2 zeigt die Ersatzschaltung des inneren Transistors. Die aus g_{en} und c_{en} bestehende Admittanz y_{en} berücksichtigt den geringen über die Emittersperrschicht fließenden Majoritätsträgerstrom. Zwischen den beiden Spannungsverstärkern k_e und k_c liegt eine RC-Leitung, die den Diffusionsvorgang im Basisraum nachbildet

innerer Transistor In einer physikalischen Transistor-Ersatzschaltung der Teil, der der eigentlichen Funktion des Transistors zugeordnet ist, dessen Werte somit nicht durch den jeweiligen Aufbau des Transistors als Bauelement beeinflußt sind.

Die Abb. zeigt den inneren Transistor als Kernstück der Transitor-Ersatzschaltung.

InP Kurzzeichen für → *Indiumphosphid.*

Input = *Eingangs*-Energie, -Gerät usw.

InSb = → *Indiumantimonid.*

Instabilität, elektrische
1. Auswirkungen von → *differentiellen Widerständen* mit negativen Werten.
2. Auswirkungen störender Spannungsschwankungen.

Instruktionen sind die dem Rechner eingegebenen → *Daten,* also mindestens je ein → *Operationsteil* und ein → *Operand.*

Integratoren für → *Analogrechner* sind ebenfalls → *Rechenverstärker,* aber mit mehreren Eingängen und mit kapazitiver Gegenkopplung.

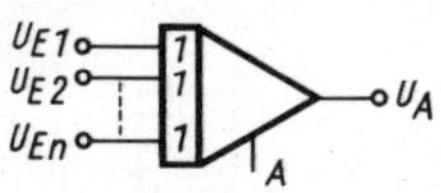

Integratoren: Schaltsymbol

Integrierbeiwert K_I → *Kenngröße* des → *I-Verhaltens* bei einem → *I-Glied.* K_I gibt die Steigung der → *Sprungantwort* eines I-Glieds an. Der Integrierbeiwert ist gleich dem Quotienten aus der → *Ausgangsgröße x_a (t)* und dem Zeitintegral der → *Eingangsgröße x_e (t).*

$$K_I = \frac{x_a(t)}{\int x_e(t)\,dt}$$

integrieren (Integration, deutsch ~ Zusammenschließen) nennt man die Umformung eines Rechteckimpulses in der in der *Abb.* dargestellten Art durch einen → *Integrator.*

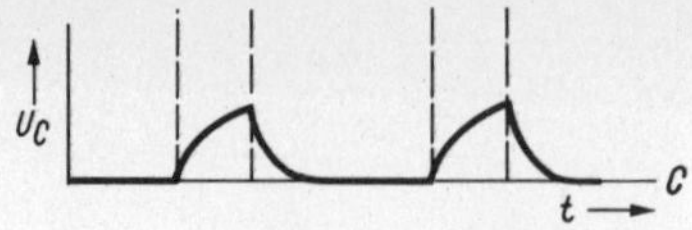

Integrierendes Glied → *I-Glied.*

Integrierte Schaltungen (IC) IC ist die Abkürzung der englischen Bezeichnung Integrated Circuit, also für ein elektronisches Bauelement in einem kleinen Kunststoff- oder Keramikgehäuse, etwa in der Größe einer Briefmarke, gewöhnlich mit zwei Reihen Anschlüssen an beiden Längsseiten. Das Bauelement selbst ist ein kleiner Chip aus Silizium, wenige Quadratmillimeter groß, auf dem durch Ätzen unterschiedliche Bauelemente wie Transistoren, Dioden, Widerstände oder kleine Kondensatoren integriert sind. Auf einem Chip können einige zehntausend, sogar hunderttausend solcher Bauelemente untergebracht sein. Diese Technologie der hochintegrierten Schaltungen machte erst Bausteine wie → *Mikroprozessoren* oder Speicher großer Kapazität möglich. Man unterscheidet nach verwendeter Herstellungs-Technologie zwischen TTL-ICs (Transistor-Transistor-Logik), die zur Gruppe der bipolaren Schaltungen gehören, d. h. nicht mit Feldeffekt-Transistoren arbeiten, und MOS-ICs, die weniger Strom aufnehmen und auch höhere Integrationsgrade pro Chip als TTL-Chips zulassen.

Intelligenter Sensor Sensor, der eine physikalische Größe nicht nur in eine elektrische umwandelt, sondern diese auch noch weiterverarbeitet.

Intelsat Globale internationale Satellitenorganisation mit über 110 Mitgliedsstaaten. Intelsat besteht seit 1964 und hat mit Early Bird (= Intelsat I) den

Intelsat V

ersten Nachrichtensatelliten überhaupt gestartet. I. betreibt bisher ausschließlich → *Fernmeldesatelliten*. Die neueste Generation Intelsat V-B verfügt über 15 000 Sprechkanäle und zusätzlich zwei TV-Kanäle, jedoch werden auch Sprechkanäle für Fernsehprogrammverteilzwecke benutzt.

Intensitätsmodulation → *Helligkeitssteuerung.*

Intensitäts-Stereofonie Ausschließliche Ausnutzung der Intensitätsunterschiede (Lautstärkeunterschiede). Kommt der Schall z. B. von links, dann wird dieser über den entsprechenden Kanal besonders stark aufgezeichnet und bei der Wiedergabe vom linken Lautsprecher betont abgestrahlt.

Intercarrier-Verfahren Englischer Ausdruck für → *Differenzträger-Verfahren.*

Interface ist eine Anpaßschaltung, um zwei Geräte mit unterschiedlichen Schnittstellen-Bedingungen miteinander verbinden zu können. So ein Interface kann z. B. die Spannungspegel einer V. 24-Schnittstelle an diejenige einer 20-mA-Stromschleife anpassen, um einen ASCII-Fernschreiber an einen Computer anschließen zu können (→ *Schnittstelle*).

Interferenz Zusammenwirken zweier oder mehrerer aufeinandertreffender Wellen. Haben die interferierenden Wellen gleiche Wellenlänge und gleiche Phase *(Abb. 1)*, d. h. treffen Berg und Tal der einen Welle (I) mit Berg und Tal (II) in einem Raum genau zusammen, so ergibt sich eine Welle mit einer Amplitude gleich der Summe der Einzelamplituden (Verstärkung): III. Zwei Wellen gleicher Länge können sich bei gleichen Amplituden auslöschen, wenn sie in der Phase um

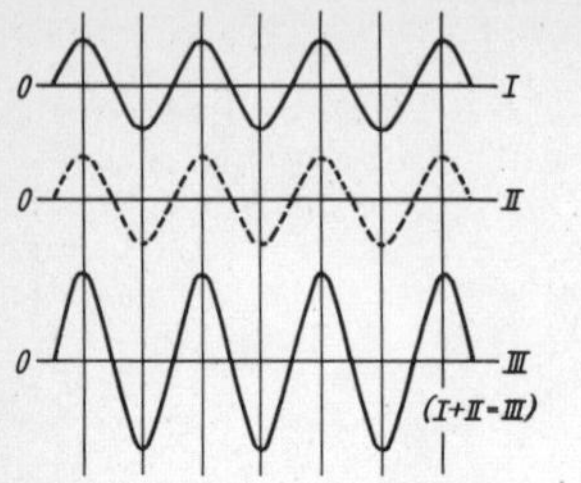

Interferenz: Abb. 1 Interferenz zweier Wellen gleicher Länge und gleicher Phase

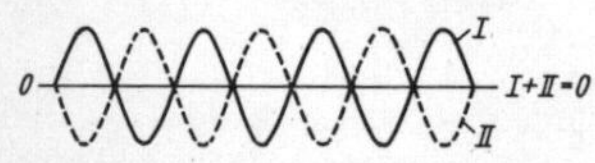

Abb. 2 Interferenz zweier um 180° gegeneinander verschobener gleichlanger Wellen gleicher Amplituden. Ergebnis = Null

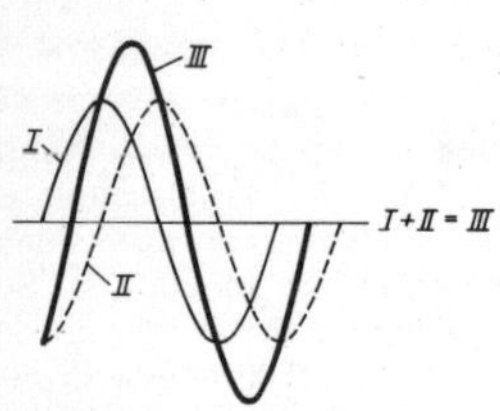

Abb. 3 Interferenz zweier um 90° gegeneinander phasenverschobener Wellen gleicher Länge und gleicher Amplitude

180° gegeneinander verschoben sind *(Abb. 2)*. Bei größerer oder kleinerer Phasenverschiebung gegeneinander ergibt sich eine der jeweiligen Zeitwerte entsprechende neue Welle *(Abb. 3)*. Bei verschiedener Schwingungszahl nennt man den Vorgang Überlagerung.

Interkama Abk. für „**Inter**nationaler **K**ongreß mit **A**usstellung für **M**eßtechnik und **A**utomatik" (in Düsseldorf).

interleaving eigentlich: Durchschießen (Bücher) → *Adressierung, verschachtelte.*

Intermetallische Verbindungen (z. B. → *Indiumphosphid*) hat man in großer Zahl erforscht, um neue → *Halbleiter* mit besseren Eigenschaften zu erhalten, z. B. größere → *Ladungsträgerbeweglichkeit*, hohe Beständigkeit (auch gegen hohe Temperaturen) usw. Dabei haben sich besonders Verbindungen der Elemente der II. und III. Gruppe mit solchen der V. Gruppe als brauchbar erwiesen, → *Galliumarsenid GaAs*, → *Gallium-Antimonid GaSb*, → *Indium-Antimonid InSb*, → *Galliumphosphid GaP* usw. (→ *piezoelektrische Halbleiter*).

Intermodulation Das Entstehen von Frequenzen in einem Übertragungsglied, die im Klangbild ursprünglich nicht vorhanden waren. Summen und Differenzfrequenzen (nichtlineare Verzerrungen).

Liegen Klirrfaktor und Intermodulation unter 1%, dann werden sie vom Ohr mit Sicherheit nicht mehr aufgenommen.

Intermodulation wird auch mit „Kreuzmodulation" bezeichnet.

Intermodulationsverzerrung Maß für den Verzerrungsgrad eines Verstärkers. Die Intermodulationsverzerrung beeinflußt den abgegebenen Schall stärker als die harmonische Verzerrung. Das zulässige Maß für Intermodulationsverzerrungen beträgt 5 bis 10% der Grundtöne.

Interne Speicher → *Speicher.*

Interpreter dienen wie → *Compiler* dazu, dem Programmierer die Verwendung einer höheren Programmiersprache (→ *Fortran*, → *Pascal*, → *Basic*) zu ermöglichen. Im Unterschied zu

Compilern ist aber das Interpreterprogramm auch während der Ausführung des Anwenderprogramms im Speicher des Computers erforderlich, da die Übersetzung der Befehle der höheren Programmiersprache erst im Augenblick der Ausführung erfolgt. Allerdings ist die Änderung von Programmen wesentlich leichter und schneller möglich, da die Auswirkung der Änderungen auf den Programmablauf ohne langwieriges vorheriges Übersetzen sofort überprüfbar ist. Also sind Interpreter für den Programmierer wesentlich dialogfreudiger als Compiler. Interpreter-Programme werden im wesentlichen nur bei Basic eingesetzt.

Interrupt ist eine Unterbrechung des laufenden Programmes, wenn ein bestimmter Anschluß des → *Mikroprozessors* einen Impuls erhält. Die → *CPU* verzweigt dann zu einer vorher vom Programmierer bestimmten Adresse und führt dort ein Programm aus, das dazu da ist, irgendwie auf den Impuls zu reagieren. Nach Durchlaufen dieses Programmstücks springt die CPU sofort wieder zum nächsten auszuführenden Befehl des vorher verlassenen Programms zurück. Ein I. ist recht nützlich, um z. B. Zeichen von einem Tastenfeld einlesen zu können, ohne pausenlos in einer Warteschleife auf eine gedrückte Taste zu warten: Der Tastenfeld-Baustein liefert einen kurzen Interrupt-Impuls sobald eine Taste gedrückt wird. Der Prozessor unterbricht dann kurz seine normale Tätigkeit, um das Zeichen von der Tastatur zu speichern.

Interscan ist ein Radar-Peilverfahren zur genauen Ortung in der Nähe befindlicher Hindernisse (z. B. Schiffe).

intrinsic Im Zusammenhang mit völlig reinen Halbleitern gebrauchte Bezeichnung, die der englischen Sprache entnommen ist und „wirklich", „wahr" oder „innerlich" bedeutet. Ist „intrinsic" einer mit Halbleiter-Material zusammenhängenden Bezeichnung vorgesetzt, so gilt der Wert der mit dieser Bezeichnung charakterisierten Größe für den Fall der Eigenleitfähigkeit (→ *Intrinsic-Leitfähigkeit*).

Intrinsic-Abstandsverhältnis Verhältnis der Spannung Emitter gegen Basis 1 zu der Spannung Basis 2 gegen Basis 1 für stromlosen Emitter des → *Unijunction-Transistors.*

Intrinsic-Dichte n_i Intrinsic-Zahl. Zahl der Ladungsträgerpaare je Raumeinheit (z. B. je cm^3) im → *Intrinsic-Halbleiter.*

Intrinsic-Halbleiter

1. genaugenommen Halbleiter-Material, dessen Reinheitsgrad so hoch ist, daß innerhalb des in Betracht gezogenen Temperaturbereiches die Eigenleitfähigkeit des Halbleiters die durch die Störstellen bedingte Leitfähigkeit um wenigstens eine Zehnerpotenz überwiegt.
2. auch ungenaue Bezeichnung für einen Kompensations-Halbleiter mit der Leitfähigkeit eines auf gleicher Temperatur befindlichen Intrinsic-Halbleiters.

Intrinsic-Leitfähigkeit ist die dem undotierten Halbleitermaterial eigene Leitfähigkeit auf Grund der Paarbildung. Sie erhöht sich mit steigender Temperatur.

Intrinsic-Schicht Praktisch undotierte Schicht eines Halbleiterstückes. Eine Intrinsic-Schicht ist beispielsweise in der Basiszone mit eindiffundierter Dotierung vor der Kollektorzone vorhanden.

Intrinsic-Temperatur Temperatur, von der ab die → *Extrinsic-Leitfähigkeit* durch die → *Intrinsic-Leitfähigkeit* überdeckt wird, von der ab sich somit das verunreinigte Halbleitermaterial in der Leitfähigkeit nicht mehr unterscheidet.

Intrinsic-Temperaturbereich Temperaturbereich, dessen untere Grenze die → *Intrinsic-Temperatur* ist.

inverser Betrieb Transistor-Betriebsweise derart, daß Kollektor und Emitter miteinander vertauscht sind. Diese Betriebsweise ist bezüglich der statischen Eigenschaften des als Schalter dienenden Transistors vorteilhaft.

Inversion, Invertierung = Umkehrung, Negation, Verneinung, geschrieben: $\bar{a}$ = nicht a, auch NOT ($\bar{\bar{a}}$ = a).
Bei Halbleiter

1. Stelle, an der bei einem PN-Übergang der Wechsel zwischen P- und N-Leitfähigkeit auftritt.
2. Umwandlung von N- zu P-Leitung oder umgekehrt, z. B. in der nächsten Nachbarschaft der Oberfläche infolge dort auftretender Oberflächenzustände.

Inversionsgesetze → *De Morgansche Theoreme.*

Inverter, invertierende Verstärker (= Umkehrer) machen aus positiven Impulsen negative und umgekehrt. Z. B. ist jede → *NICHT-Verknüpfung* ein Inverter.

I/O (= **i**nput/**o**utput) = Eingabe/Ausgabe. Damit bezeichnet man alle Baugruppen eines Computers, die ihn mit der Außenwelt verbinden.

Ion Atom bzw. Molekül mit elektrischer Ladung entweder wegen (wenigstens) eines fehlenden → *Valenz-Elektrons* oder wegen (wenigstens) eines zusätzlich aufgenommenen Elektrons.

Ionenaufprall-Zerstäubung dient zum Überziehen von Metalloberflächen. Dabei läßt man energiereiche Metallionen aufprallen und erzielt vielfach wesentlich gleichmäßigere Überzüge. So überzieht man z. B. aktive Bauelemente mit Gold, um die Verlustwärme besser abzuleiten.

Ionenbindung Bindung zwischen zwei verschiedenartigen Atomen derart, daß durch Hinüberwechseln der → *Valenz-Elektronen* die Atome zu Ionen werden und die Bindung demgemäß auf Coulombschen Kräften, das ist gegenseitige elektrische Anziehung entgegengesetzt geladener Teilchen, beruht. Beispiel: NaCl. Andere Bezeichnung: heteropolare Bindung.

Ionenfalle Durch die schnell fliegenden Elektronen in der → *Bildröhre* findet eine Ionisierung der restlichen Gasteilchen im evakuierten Kolben statt. Die sich dabei bildenden negativen Ionen fliegen im gleichen Spannungsgefälle wie die Elektronen zum Leuchtschirm. Infolge ihrer mehrtausendfach größeren Masse gegenüber den Elektronen können sie die Leuchtschicht an der getroffenen Stelle in kurzer Zeit zerstören (Ionenfleck). Bei modernen Bildröhren mit → *metallisiertem Leuchtschirm* besteht diese Gefahr nicht, da die Ionen, diese Metallschicht nicht zu durchdringen vermögen.

Bei älteren Bildröhrentypen findet man auf dem Röhrenhals dicht am Sockel einen kleinen Permanentmagneten, die Ionenfalle. Ihre Wirkung beruht auf der physikalischen Tatsache, daß ein Ion von einem Magnetfeld erheblich weniger beeinflußt wird als ein Elektron. Man unterwirft also den Elektronenstrahl, in dem auch negative Ionen verhanden sind, der Wirkung eines ablenkenden Magnetfeldes. Die Elektronen schlagen eine neue Richtung ein, während die Ionen gerade weiterfliegen und auf eine Elektrode mit positivem Potential geraten, die sie ihrer Ladung beraubt.

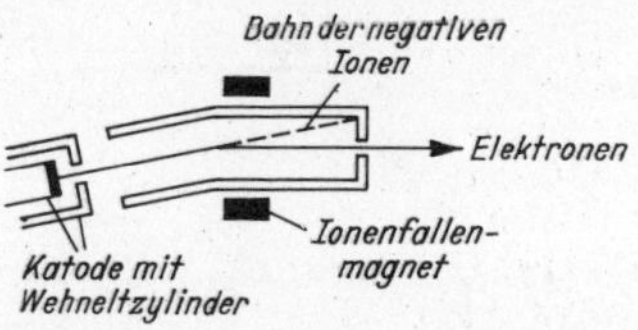

Ionen-Implantation (= Einpflanzung) unter Vakuum mit Spannungen bis zu 300 keV ergibt bei der MOS-Technik gegenüber der → *Diffusion* extrem geringe Eindringtiefen (10 nm gegenüber 2 μm bei Diffusion). Damit erreicht man weit höhere Grenzfrequenzen, geringeren Rauschfaktor, größere Gleichmäßigkeit usw., arbeitet bei niedrigeren Temperaturen (450 ... 700 °C) und kann dazu den Vorgang mit → *Prozeßrechnern* automatisieren. Außerdem kann man auf diese Weise auch hochohmige integrierte Widerstände erzeugen.

Ionenkristall Kristall einer chemischen Verbindung, worin die Atome als Ionen auftreten und sich der Zusammenhalt auf die gegenseitige elektrische Anziehung entgegengesetzt geladener Ionen gründet. Beispiel NaCl.

Ionenlautsprecher Membranloses Lautsprechersystem. Auf einer kleinen Strecke wird die Luft mit Hilfe hoher Wechselspannungen (ca. 10000 V, 400 kHz) in Ionen aufgespaltet. Der Hochspannung wird die Tonfrequenz überlagert; sie veranlaßt die Ionen, sich kräftig in ihrem Rhythmus zu bewegen. Die umgebende Luft bildet, angestoßen, abstrahlende Schallwellen. – Diese Lautsprecher arbeiten vollkommen trägheitslos.

Ionenröhren sind gasgefüllte Entladungsgefäße, die Edelgas, Quecksilberdampf oder Wasserstoff enthalten und in denen der Stromtransport nicht durch Elektronen, sondern durch Ionen erfolgt. Die bekanntesten Beispiele sind → *Glimmröhren*, → *Ziffernanzeigeröhren*, Glimmrelais und → *Blitzröhren*, früher auch Glimm-Stabilisatoren, außerdem → *Thyratrons* (für die man heute → *Thyristoren* einsetzt), ferner → *Ignitrons*. Alle bedürfen eines Vorwiderstandes (außer Blitzröhren). Bei der jedem Typ eigenen Zündspannung wird die Röhre schlagartig leitend, und die Ionen wandern zur aufleuchtenden Katode, die Elektronen zur Anode. Durch den Zusammenprall mit beschleunigten Elektronen werden immer mehr Gasmoleküle zu Ionen. Der Strom ist nicht steuerbar und muß daher begrenzt werden. Es gilt: Zündspannung > Brennspannung > Löschspannung. Bei letzterer reißt die Entladung ab.

Ionenverteilungsgeber → *Ohmsche Geber.*

Ionenwanderung Bewegung von Ionen in ihrer Eigenschaft als Ladungsträger.

Ionik nannte sich eine in Rußland durchgebildete Technik mit Ionenröhren (Glimmlampen) anstelle von Dioden und Transistoren.

Ionisation Die Ionisation eines Atoms oder Moleküls besteht im Abtrennen oder Aufnehmen (wenigstens) eines

→ *Valenz-Elektrons* unter Aufwendung oder Abgabe von → *Ionisierungsenergie.*

Ionisations-Feuermelder beruhen auf der größeren Trägheit von Rauch gegenüber Luftteilchen und melden die durch Rauch verursachte Verminderung des Ionenstroms im Gerät. Z. T. führt ein Ventilator einen Luftstrom hindurch.

Ionisierungs-Arbeit Arbeit, die aufgewendet werden muß, um ein → *Valenz-Elektron* von einem Atom bzw. Molekül abzutrennen bzw. die frei wird, wenn ein Valenz-Elektron von einem Atom oder Molekül aufgenommen wird. Die Ionisierungsarbeit ist das Produkt aus der → *Elementarladung* und der → *Ionisierungsspannung.*

Ionisierungs-Energie → *Ionisierungsarbeit.*

Ionisierungs-Spannung Spannung, die nötig ist, um von einem Atom ein → *Valenz-Elektron* abzulösen. Die Ionisierungsspannung ist die zum Abstand zwischen → *Valenzband* und → *Leitungsband* gehörende Spannung ΔU. Es gelten für reine Kristalle von Germanium $\Delta U \approx 0{,}72$ V und von Silizium $\Delta U \approx 1{,}1$ V.

Ionoskop Die erste praktisch verwendete Ausführungsform einer Aufnahmeröhre für das Fernsehen. Sie wurde später zum → *Superikonoskop* weiterentwickelt.

ips (= **i**nch **p**er **s**econd) = Zoll pro Sekunde.

IR Abk. für → *Infrarot.*

Iraser Abk. von Infrared amplification by stimulated emmission of radiation. Auf das Infrarotgebiet beschränkter Laser.

I-Regeleinrichtung → *Regeleinrichtung,* die ausschließlich → *I-Verhalten* aufweist. Ihre Kenngröße ist der → *Integrierbeiwert* K_I. Die Gleichung der I-Regeleinrichtung lautet:

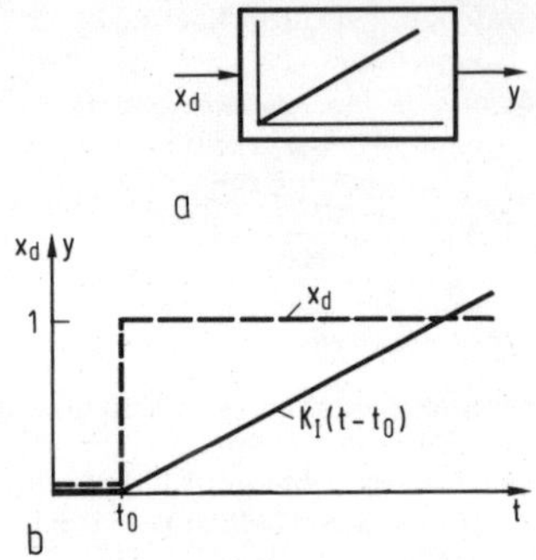

I-Regeleinrichtung: Blocksymbol a) und Sprungantwort b) einer I-Regeleinrichtung

$$y - y_0 = K_I \cdot \int (w - x)\, dt =$$
$$K_I \cdot \int x_d\, dt$$

IRIG = **I**nter-**R**ange **I**nstrumentation **G**roup (amerikanische Normen für Datenaufzeichnung u. ä.)

IRQ heißt Interrupt Request und ist ein Anschluß am → *Mikroprozessor,* über den mit einem Impuls das laufende Programm unterbrochen wird und eine besondere → *Interrupt*-Behandlungs-Routine angesprungen wird.

IS Abk. für → *Integrierte Schaltung.*

i-Schicht Halbleiterschicht mit i-Leitfähigkeit (→ *Intrinsic-* oder Eigen*leitfähigkeit*).

ISDN (= **i**ntegrated **s**ervices **d**igital **n**etwork) Diensteintegrierendes Universalnachrichten-Netz zum Übertragen von Daten, Texten, Sprache und Bildern über dieselben Leitungen. Zwei Dienste können immer gleichzeitig in Anspruch genommen werden. Die Sprachsignale werden digital nach dem PCM-Verfahren übertragen. Die Übertragungsgeschwindigkeit beträgt 2 x 64 kBit/s.

ISFET (= **i**on **s**elective **f**ield **e**ffect **t**ransistor) → *MOSFET*, dessen Gate-Metallauflage durch eine chemisch reaktive Membran ersetzt ist. Dadurch reagiert er auf Ionenaktivität und eignet sich in chemischen Lösungen zum Detektieren bestimmter gelöster Stoffe.

ISO = **I**nternational **S**tandard **O**rganisation ~ Internationaler Normen-Ausschuß.

Isolierschicht-Feldeffekt-Transistor = → *MOSFET.*

Isolierstoff Material, das in dem für seine Verwendung in Frage kommenden Temperaturbereich eine sehr geringe → *elektrische Leitfähigkeit* hat (maximal etwa 10^{-8} S · cm^{-1}).

Isophone Kurven gleicher Lautstärke (→ *Physiologische Akustik*).

Isoplanar-Verfahren ist ein Herstellungsverfahren von bipolaren → *Transistoren* bei → *Logikschaltungen* (→ *Schieberegistern* und z. B. 1024-bit- → *Schreib-Lesespeichern*) mit Hilfe einer neuen Isolationsmethode (**iso**lation **o**xide **planar**). Die sonst übliche P-Isolations-Diffusion wird durch Siliziumdioxid ersetzt. Man erreicht eine um 40% bessere Ausnützung der Fläche, vereinfachte Maskentechnik und bessere Ausbeute.

isotherm heißt: mit gleicher Temperatur. Bei Thyristoren z. B. soll zwischen deren Befestigungsstelle und den Rändern des Kühlkörpers keine Temperaturdifferenz auftreten.

isotrop heißen Stoffe, deren physikalische Eigenschaften in allen Richtungen gleich sind. Gegensatz: → *Anisotropie.*

ISO-7-Bit-Code Ein mit dem → *ASCII-Code* praktisch identischer Code zur Darstellung von Buchstaben, Zahlen, Sonder- und Steuerzeichen innerhalb von Mikrocomputersystemen.

IS-Technik (Integrated Screening-Technik). Die in → *Planartechnik* hergestellten Silizium-Transistoren haben sehr geringe Ausmaße und günstige HF-Eigenschaften, weil vor allem der Basiswiderstand und die systembedingte Rückwirkungskapazität sehr kleine Werte annehmen. Die Systeme müssen sich trotz ihrer geringen Abmessungen noch ohne große Schwierigkeiten kontaktieren lassen. Deshalb werden – neben Basis und Emitter – große Kontaktierungsflächen, z. B. aus Aluminium, auf das den Kollektorkristall umgebende Siliziumoxyd aufgedampft. Die sich dabei ergebenden größeren Flächen, die nur durch eine dünne Oxydhaut vom Kollektor getrennt sind, bilden mit dem Kollektor eine verhältnismäßig große Zusatzkapazität. Diese wirkt sich z. B. beim Basiskontakt als Rückwirkungskapazität

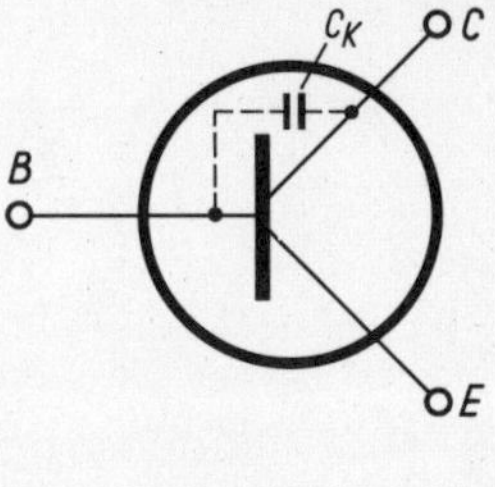

aus, wenn der Transistor in Emitterschaltung betrieben wird. Dadurch wird der Vorteil der geringen Systemabmessungen wieder aufgehoben. In der *Abb.* ist die Rückwirkungskapazität C_K eingezeichnet. Durch die Beseitigung des Einflusses von C_K kann eine wesentliche Verbesserung der Transistoreigenschaften erreicht werden. Das ist durch Anwendung der IS-Technik möglich. An der Stelle, die später die Kontaktierungsfläche aufnehmen soll, wird in das N-dotierte Kollektormaterial eine P-Diffusion eingebracht, so daß unter der Fläche eine Sperrschicht entsteht. Über der Diffusion bildet sich die für die Planartechnik typische Oxydhaut, auf die die Kontaktierungsfläche aufgedampft wird. Die durch Diffusion entstandene p-Schicht wird über eine ebenfalls später aufgedampfte metallische Leiterbahn mit dem Emitter verbunden. Durch diese Maßnahmen wird die ursprüngliche Rückwirkungskapazität in je eine Zusatzkapazität verwandelt, die z. B. in selektiven ZF-Verstärkern nicht stört, weil sie zu einem Teil der Schwingkapazität wird.

Istwert x_i Wert, den eine Größe x tatsächlich besitzt.

Iteration (= immer erneute Wiederholung) findet vielfach, z. B. beim Wurzelziehen und bei → *Analog-Digital-Umsetzung* Anwendung, indem man sich dem gesuchten Wert annähert durch immer wiederholte Teilung des Restes.

I-Verhalten Integrierendes Verhalten kennzeichnet ein → *lineares Übertragungsglied*, bei dem die → *Ausgangsgröße x_a (t)* – abgesehen von einem möglichen Anfangswert x_{ao} – proportional dem Zeitintegral der → *Eingangsgröße x_e (t)* ist. → *I-Glied.*

i-Zone Halbleiter-Zone mit → *Eigenleitfähigkeit.*

I²C-Bus → *Bus* aus zwei Leitungen, einer Takt- und einer Datenleitung. Der 1. ist multi-masterfähig und zu einfachen Peripherieschaltungen kompatibel.

J

JEDEC (= joint electronic devices engineering council) Gemeinschaftlicher Rat für die Technik elektronischer Geräte in den USA.

JFET (= junction-field-effect-transistor) engl. Kurzzeichen für → *Sperrschicht-Feldeffekttransistoren.*

Jitter Bei einem → *Oszillogramm* das unerwünschte Zittern des Bildes oder eines Teiles davon in horizontaler Richtung.

JK-Flipflop Bistabiler Multivibrator mit zwei Eingängen, die mit J und K bezeichnet sind. Ein Impuls am J-Eingang bewirkt einen Impuls am Ausgang. Ein Impuls am K-Eingang bewirkt Zurückstellen in den ursprünglichen Zustand. Daher kann bei dieser Schaltungsart mittels Wahl des Eingangs der Schaltzustand vorausbestimmt werden. Man kann die Ausgangsimpulse auch als „Ein" und „Aus" auffassen, entsprechend den beiden möglichen stabilen Schaltstellungen, wovon in der Computertechnik fast immer Gebrauch gemacht wird. Werden zwei Impulse gleichzeitig auf die J- und K-Eingänge gegeben, erfolgt immer ein Kippen in den nächsten Schaltzustand, gleichgültig in welchem der beiden sich die Anordnung ursprünglich befand.

JK-Master-Slave-Flipflop erfordert keine steilen Impulse und hat Zwischenspeicher. Ein undefinierter Schaltzustand tritt nicht auf. Es läßt sich als → *D-* und als → *T-Flipflop* schalten.

job (~ Posten, Partie) = → *Programmkomplex.*

Joystick Steuerknüppel für Videospiele, vorwiegend auf Computern, mit dem man ein Objekt auf dem Bildschirm in beliebiger Richtung bewegen kann. Er ist aus zwei um 90° versetzte Potentiometer für die horizontale und die vertikale Bewegung zusammengesetzt. Die dort erzeugten veränderbaren Spannungen werden in einem → *Analog-Digital-Umsetzer* noch computergerecht aufbereitet.

Jugfet (= junktion gate-FET) = Sperrschichtgitter-FET soll gegenüber → *MOS-FET* bei niederen Frequenzen ein besseres Rauschverhalten aufweisen sowie eine bessere Stabilität des Gewinns.

Jumper Flexibler Leiterplattenverbinder, z. B. in Form von Flachbandkabeln, die mit vorverzinnten und abgewinkelten Anschlüssen geliefert werden.

junction (= Verbindung) englische Bezeichnung der → *Sperrschicht.*

Junction Diode Engl. Bezeichnung für → *Flächendiode.*

Junction Transistor Engl. Bezeichnung für → *Flächentransistor.*

Justieren Vorgang, bei dem ein Meßgerät oder eine Meßeinrichtung mit Hilfe speziell dafür vorgesehener Elemente so eingestellt wird, daß die Ausgangsgröße vom richtigen Wert (Sollwert) nicht oder nur innerhalb erlaubter Toleranzen abweicht.

K

K Kurzzeichen für Kelvin.
0 K = - 273 °C = absoluter Nullpunkt der Temperatur, 18 K = - 255 °C.

K oder **KB** = Kilobyte, Größenangabe für Speicher, gerechnet in Zweierpotenzen, also:

$1\ K = 2^{10} = 1024\ B$
$2\ K = 2^{11} = 2048\ B$
$4\ K = 2^{12} = 4096\ B$
$8\ K = 2^{13} = 8192\ B$
$16\ K = 2^{14} = 16384\ B$ usw.

Kabelfernsehen Aus den → *Gemeinschafts-* und → *Großgemeinschaftsantennenanlagen* entwickelte sich das Kabelfernsehen, bei dem ganze Orte und Städte verkabelt werden. Neuerdings speist die Post auch Fernseh- und Hörfunkprogramme ein, die nicht nur ortsüblich sondern ortsmöglich sind. - Bei den Kabelpilotprojekten in Berlin, Dortmund, Ludwigshafen und München werden nicht nur neue Programmformen, sondern auch neue Technologien erprobt (→ *Glasfaser*).

Kabel-Suchgerät → *Metall-Suchgerät.*

Kadmiumselenid → *CdSe.*

Kadmiumsulfid → *CdS.*

Kalibrator ~ Meßgerät höchster Genauigkeit.

Kalibrieren Im Sinne der Norm ein Vorgang, bei dem der Zusammenhang zwischen Ausgangs- und Eingangsgröße festgestellt wird, um Anzeigeelemente von Meßgeräten oder letztere selbst auf Fehlerfreiheit zu überprüfen.

Kalibrierspannung → *Eichspannung.*

Kaltkatodenröhren waren vor Einführung der → *Transistoren* in Gebrauch, um ohne Röhrenheizung an entfernten Punkten Wirkungen auslösen, z. B. Relais betätigen zu können. Es waren → *Glimmröhren*, die meist mit Wechselstrom betrieben und über eine Starterelektrode gezündet wurden.

Kaltleiter haben kalt den geringsten Widerstand und erhöhen ihn mit steigender Temperatur. Am bekanntesten: Glühlampen, Röhren-Heizfäden usw. Die speziell für technische Zwecke hergestellten nennt man → *PTC-Widerstände.*

Kaltschalttechnik Bauweise, bei der die Bedienelemente nur Gleichspannungen schalten, über die dann Relais oder elektronische Schalter betätigt werden.

Kaltwiderstand Für den kalten Zustand (meistens für Zimmertemperatur, 25 °C) geltender Wert eines Widerstandes.

Kanal

1. Beim Fernsehen umfaßt ein Kanal das Frequenzband eines Fernseh-Bildsenders und das unmittelbar anschließende Band des zugehörigen Tonsenders. Durch internationale Vereinbarung hat man die Breite und die Einteilung eines Kanals genormt (→ *CCIR-Norm*). In jedem Kanal liegen also die Trägerfrequenz für das Bild

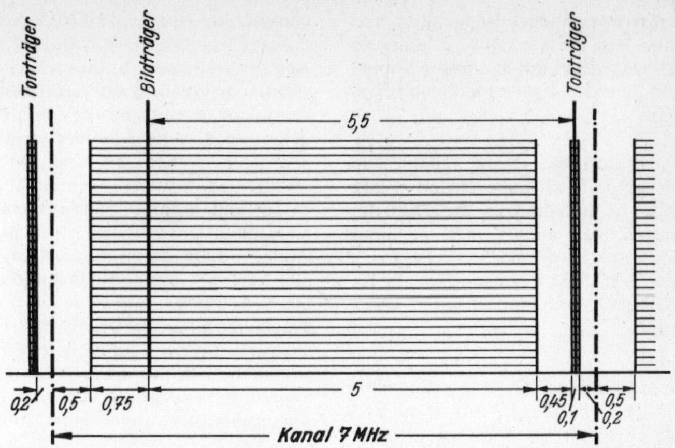

Kanal: Frequenzverteilung innerhalb eines Fernsehkanals in bezug auf die Kanalgrenzen

mit einem Seitenband (→ *Einseitenband-Verfahren*) und die Trägerfrequenz für den Ton mit beiden Seitenbändern (→ *Frequenzmodulation*).

Die Trägerfrequenz des Bildsenders hat 1,25 MHz Abstand von der oberen Grenze des benachbarten Kanals, der sich nach niedrigeren Frequenzen zu anschließt. Nach den höheren Frequenzen schließt sich das eine Seitenband des Bildträgers in einer Breite von 5 MHz an; das andere Seitenband ist bis auf einen Rest von 0,75 MHz Breite unterdrückt. Neben der oberen Grenzfrequenz des Bildbandes liegt in einem Abstand von 0,5 MHz die Trägerfrequenz des Bildsenders mit ihren beiden Seitenbändern.

Nach diesem Schema ist jeder der im VHF-Bereich liegenden Fernsehkanäle (Kanal 2 bis 12) eingeteilt. Im UHF-Bereich, der in 47 Kanäle aufgeteilt wurde, hat man die Kanalbreite vorsorglich auf 8 MHz erweitert. In jedem Fall aber beträgt der Abstand des Bildträgers 1,25 MHz von der unteren Kanalgrenze, und der Tonträger liegt demnach oberhalb des Bildträgers. Dazu kommen Sonderkanäle im Bereich bis 300 MHz für das → *Kabelfernsehen.*

2. Bahn des gesteuerten Stromes in einem → *Feldeffekt-Transistor,* leitende Verbindung zwischen Quelle und Senke.

3. (elektrischer) Schallweg → *Stereofonie.*

4. Rastereinteilung im Amateur- und im professionellen Funkbereich.

Kapazität

1. Verhältnis der zwischen zwei Elektroden eines elektrischen Zweipols räumlich getrennten → *elektrischen Ladung* Q zur → *Spannung* U über diesen elektrischen Zweipol. Sie kennzeichnet also das Fassungsvermögen eines elektrischen Zweipols. Einheit F (Farad). 1 Farad ist gleich der elektrischen Kapazität eines Kondensators, der durch die → *Elektrizitätsmenge* 1 C auf die elektrische → *Spannung* 1 V aufgeladen wird.

2. Fassungsvermögen eines → *Speichers.*

Kapazitäten, äußere Kapazitäten zwischen den Zuleitungen, gegebenenfalls vergrößert um die diesen Kapazitäten parallel liegenden Schaltungskapazitäten.

Kapazitäten, innere Kapazitäten, die sich auf den Teil einer Bauteil-Ersatzschaltung beziehen, die zwischen den inneren, von außen nicht zugänglichen Punkten des Bauteiles liegt, d. h. beim Transistor insbesondere alle Kapazitäten gegen den inneren Basispunkt.

Kapazitätsbelag C' Kapazität einer Leitung pro Längeneinheit, z. B. 9 pF/M.

Kapazitätsdiode (Kapazitätsvariations-Diode, Varactordiode, Varactor, Varicap). Die Breite der Raumladungszone ändert sich mit der angelegten Spannung; damit ändert sich auch die Kapazität an der Halbleiter-Sperrschicht. Im allgemeinen ist die Kapazitätsänderung unerwünscht, bei der Kapazitätsdiode ist sie zweckdienlich. Die Kapazität läßt sich mit Hilfe einer Regelspannung ändern.

Da sich zwischen der P- und der N-Zone eine schlecht leitende Schicht befindet (ladungsträgerfreie Zone), wirkt die Anordnung als sperrspannungsabhängige Kapazität. Durch das Anlegen einer Sperrspannung werden die positiven Ladungsträger zum negativen Pol und die negativen Ladungsträger zum positiven Pol der Spannungsquelle hin abgesaugt, so daß die P- und N-Zonen mit anwachsender Spannung (Sperrschaltung) mehr und mehr an Ladungsträgern verarmen. Die *Abb.* veranschaulicht den Aufbau einer Kapazitätsvariations-Diode (Silizium-Flächendiode). Anwendungsgebiete: automatische Nachstimmung im UKW- und UHF-Fernsehtuner, Modulation, Mischung, kapazitive Kopplung für Bandbreitenregelung, Teilung und Vervielfachung von hohen bis zu niedrigen Frequenzen, usw.

Kapazitätsmeßbrücke → *Wien-Brücke.*

kapazitive Meßwertgeber werden meist in Brückenschaltungen benutzt und geben z. B. Behälterinhalte an, messen aber auch Vibrationen und Erschütterungen. Soweit nicht das Meßgut (z. B. Flüssigkeit) als Dielektrikum dient, wird vielfach ein Dielektrikum hoher Dielektrizitätskonstante zwischen Kondensatorplatten oder in Differentialkondensatoren bewegt.

kapazitives Verhalten (Diode) Nach sprunghaftem Einsetzen eines gerin-

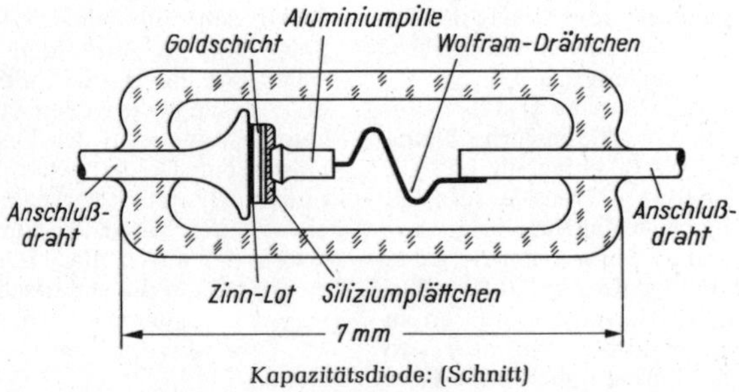

Kapazitätsdiode: (Schnitt)

gen Dioden-Durchlaßstromes steigt die Spannung an der Diode erst allmählich an. Beim Einsetzen des Stromes muß zunächst die Strombahn der Diode aufgeladen werden. Dabei wirkt die Diode wie eine Kapazität. Kapazitives Verhalten ergibt sich bei geringer Stromdichte in der Sperrschicht.

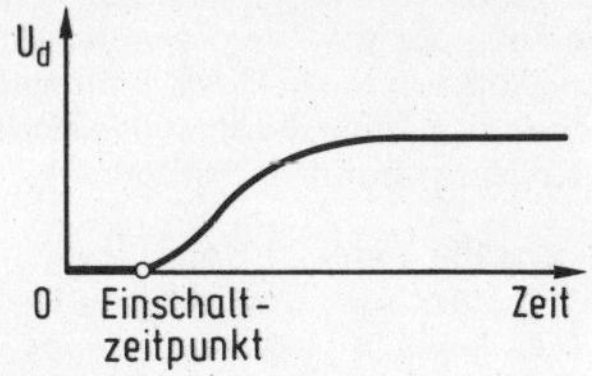

Karnaugh-Diagramm heißt eine graphische Methode zum → *Minimisieren*, d. h. Finden der kürzesten Form für an sich schwer überschaubare Aufgaben der → *Schaltalgebra* (= → *Veitch-Karnaugh-Diagramm*).

Karten → *Lochkarten.*

Kaskadenschaltung gestattet durch Hintereinanderschaltung vieler Glieder der Spannungsvervielfältigung. Die Spitzenspannung am Ausgang von x Gliedern ist: x · Û

Kassettenrecorder → *Cassettenrecorder.*

Katode Elektrode, aus der der negative Strom aus- und in die der positive Strom eintritt. Bei → *Elektronenröhren* heizt man die K. um den Austritt der → *Elektronen* zu ermöglichen. Der Begriff der K. wird auch bei der Elektrolyse und der Gasentladung sowie in der Halbleitertechnik verwendet.

Katodenfolger – folgeschaltung, Katodenverstärker = Anodenbasisschaltung.

Katodenstrahlröhre Veraltete Bezeichnung für jede Art von → *Elektronenstrahlröhren*, zu denen auch die → *Bildröhre* des Fernsehempfängers gehört.

Katodenstrahlschalter → *Elektronenstrahlröhre*, bei der der Elektronen-

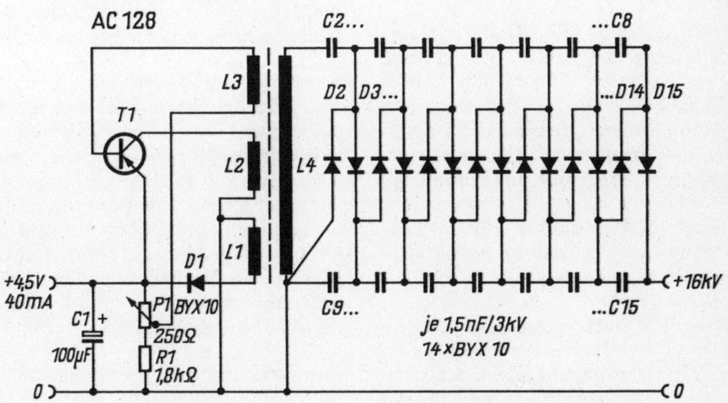

Kaskadenschaltung: Schaltung des Hochspannungsteiles

strahl nicht über einen Bildschirm sondern über eine mit Schaltsegmenten bestückte Fläche gesteuert wird.

Kauterisation = Beseitigung des Herzkammerflimmerns durch Elektroschock.

KByte (Kilobyte) 1 KByte entspricht $2^{10} = 1024$ Byte und dient zur Angabe der Speichergröße von Computern. Man muß sich merken, daß das große → K stets 1024 bedeutet während das kleine k ein Multiplikator von 1000 ist.

Kehlkopfmikrofon Mikrofon, das am Kehlkopf anliegt und Sprachschwingungen auf mechanischem Wege übertragen erhält. Gegen äußeren störenden Schall wenig empfindlich (u. a. verwendet im Flugzeug).

Kenngröße Größe, die zum Beschreiben des Verhaltens von Transistoren und Ventilen benötigt wird. Man unterscheidet statische und dynamische Kenngrößen. Statische Kenngrößen beziehen sich auf Gleichströme und Gleichspannungen. Dynamische Transistor-Kenngrößen gliedern sich in

- Kenngrößen, die Kleinsignalverstärkung mit zeitlich sinusförmig verlaufender Steuergröße betreffen,
- Kenngrößen, denen Großsignalverstärkung mit zeitlich sinusförmiger Steuergröße zugrunde liegt, und
- Kenngrößen, die mit der Verwendung des Transistors als Schalter zusammenhängen.

Kenngröße, äußere Kenngröße, deren Wert an den Transistor-Anschlüssen meßbar ist. Man unterscheidet statische und dynamische äußere Transistor-Kenngrößen. An die Formelzeichen der äußeren Transistor-Kenngrößen hängt man meistens die großen Buchstaben E, B, C als Indizes an.

Kenngröße, innere Kenngrößen, deren Zahlenwerte an den Anschlüssen nicht einzeln meßbar sind. Beispiele: → *Emissionswiderstand*, → *Emitter-Bahnwiderstand*, → *Emitter-Sperrschichtkapazität*, → *Emitter-Diffusionskapazität*, → *Basis-Bahnwiderstand*, → *Kollektor-Diffusionsleitwert*, → *Kollektor-Bahnwiderstand*.

Kenngröße von Impulsen Die wichtigsten meßtechnisch erfaßbaren Kenngrößen eines Impulses bzw. einer Impulsfolge sind anhand der folgenden Abb. erläutert.

Kennlinie Darstellung des Zusammenhangs zwischen Eingangs- und Ausgangssignal eines Übertragungsgliedes oder Systems.

Kennlinienfeld (grafische) Darstellung des Zusammenhangs zwischen zwei → *Kenngrößen* eines Systems mit einer oder mehreren anderen Größen als Parameter.

Kennzeichnung von Halbleiterbauelementen → *Typenbezeichnung von Halbleiterbauelementen.*

Kernmagnetmeßwerk Sonderbauform des → *Drehspulmeßwerks*, bei der der Permanentmagnet innerhalb und ein zylinderförmiger Weicheisenmantel außen um die Drehspule herum angeordnet sind. Diese Bauform gestattet geringe äußere Abmessungen bei geringem Gewicht und bietet darüber hinaus den Vorteil einer guten Abschirmung gegen Fremdfelder durch den Weicheisenmantel.

Kernspeicher sind innerhalb von Rahmen auf Drähte aufgezogene → *Ringkerne*, → *Matrix*.

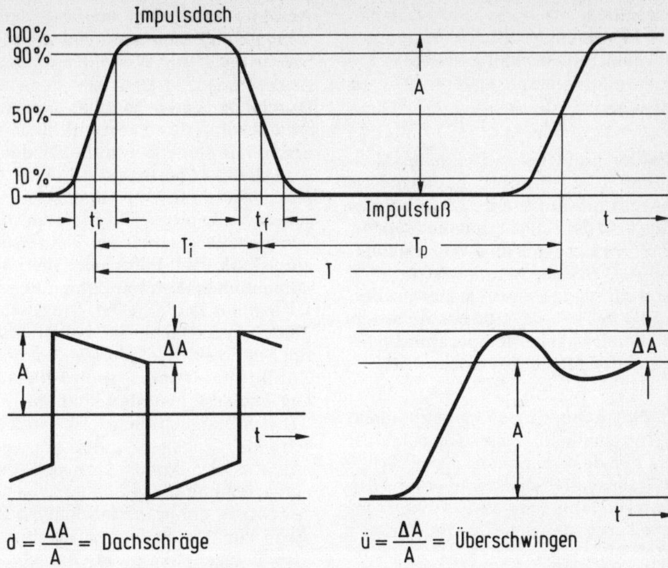

Kenngrößen von Impulsen. Erklärungen der in den Zeichnungen vorkommenden Formelzeichen:

T_i = *Impulsdauer*	t_r = *Anstiegszeit*	$v = T_i/T$ = *Tastverhältnis*
T_p = *Pausendauer*	t_f = *Abfallzeit*	$f = 1/T$ = *Pulsfrequenz*
T = *Periodendauer*	A = *Amplitude*	$F = 0{,}8\ A/t_r$ = *Flankensteilheit*

$d = \frac{\Delta A}{A}$ = *Dachschräge;* $ü = \frac{\Delta A}{A}$ = *Überschwingen*

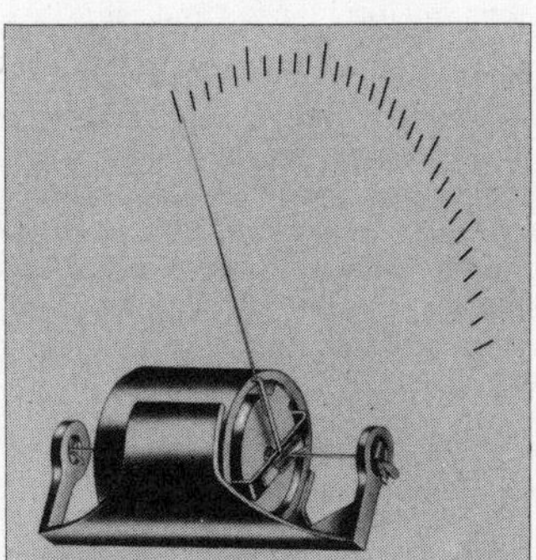

Kerrzelle Lichtsteuerungsorgan, das beim Tonfilm Anwendung findet (Ton). Die vom Mikrofon über einen Verstärker erhaltenen Spannungs- bzw. Stromschwankungen werden mit Hilfe einer Kerrzelle in Lichtschwankungen umgesetzt (→ *Lichtton*).

Kettendrucker arbeiten fast genau wie → *Walzendrucker*, nur läuft hinter dem Papier eine Typenkette vorbei, und auch hier schlägt jeder Hammer dann zu, wenn die richtige Type gerade dahinter ist.

Kettenleiter bestehen aus Kettengliedern (Vierpolen), die in Übertragungsleitungen eingeschaltet werden, um bestimmte verlangte Dämpfungen zu erhalten.

k-Faktor heißt bei → *Dehnungs-Meßstreifen* der Proportionalitätsfaktor Widerstandsänderung : Längenänderung, also der Empfindlichkeitsfaktor. Er richtet sich nach dem Widerstandsmaterial. Bei Konstantan ist er = 2, bei Halbleiter-Dehnungsmeßstreifen (HL-DMS) bis zu 120, bei dotierten und damit weniger temperaturabhängigen HL-DMS immer noch ~ 60.

Kfz-Blinkgeber arbeiten heutzutage fast ausschließlich elektronisch. Das Schalten des Lampenstroms wird statt mit Relais mit Transistoren oder → *ICs* bewirkt. Dabei sind 12-V-Anlagen im Vorteil wegen des geringeren Stroms.

Kfz-Bremsregelung, elektronische → *Blockierschutz-Anlagen.*

Kilobytes (kB) = 1000 → *Bytes.*

Kinetische Energie Bewegungsenergie eines Massepunktes, die er aufgrund seiner Geschwindigkeit besitzt. Sie ist gleich dem halben Produkt aus seiner Masse (m) und dem Quadrat seiner Geschwindigkeit, also

$E_{Kin} = m \cdot V^2$.

Kink-Effekt nennt sich eine sprunghafte Änderung der Strom-Spannungskurve, die in Wismuthkristallen auftritt, wenn bei tiefen Temperaturen ein starkes magnetisches und elektrisches Feld angelegt wird.

Kippdiode (Vierschicht- und Fünfschichtdiode). Vierschichtdioden kippen aus dem Sperrzustand in den Durchlaßzustand, wenn die zwischen Anode und Katode liegende Spannung einen bestimmten, jeweils gegebenen positiven Wert überschreitet. Andererseits kippen sie aus dem Durchlaßzustand in den Sperrzustand, wenn der sie durchfließende Strom auf einen durch die Diodeneigenschaften bestimmten Wert absinkt. Die Abb. zeigt den schematischen Aufbau einer Kippdiode.

Wirksamer Teil ist ein kleines Silizium-Einkristall-Plättchen mit vier aneinanderstoßenden Schichten verschiedener Leitfähigkeit. Die Kristallplättchen tragen an den beiden äußeren Enden eine Goldauflage, damit die Zuführungsdrähte sperrschichtfrei angeschlossen werden können.

Die Vierschichtdiode ist ein sehr schneller Schalter. Innerhalb einer milliardstel Sekunde vermag sie aus einem hochohmigen Zustand von 10 ... 100 MΩ in einen niederohmigen Zustand von 3 ... 30 Ω umzuschalten.

Zwei gegenpolig parallel-geschaltete Vierschicht-Kippdioden ergeben ein System, das in beiden Stromrichtungen aus dem Sperrzustand in den Durchlaßzustand zum Kippen gebracht werden kann. Statt dessen ist es einfacher, eine Fünfschicht-Kippdiode anzuwenden, die die erwähnte Eigenschaft in einem Bauelement aufweist (Sperrspannung bis 400 V, Strom im Durchlaßzustand bis 20 A).

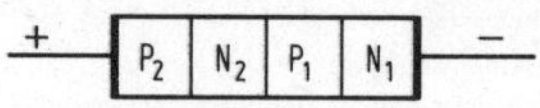

Kippfrequenz Frequenz der → *Kippspannung.* Ältere Oszilloskopen besitzen meist noch eine → *Zeitablenkeinrichtung,* bei der die Kippfrequenz und nicht der → *Zeitkoeffizient* angegeben ist.

Kippgeräte Jeder Fernsehempfänger enthält zwei getrennte Ablenkteile, die den Elektronenstrahl in der Bildröhre in horizontaler Richtung (→ *Zei-*

lenablenkung) und in vertikaler Richtung (→ *Bildablenkung*) steuern. In beiden Richtungen muß der Strahl zunächst gleichmäßig, d. h. mit gleichbleibender Geschwindigkeit, bis zum Ende der Zeile bzw. des Bildes geführt werden. Dann kippt er um und wird in erheblich kürzerer Zeit an den Anfang zurückgeführt.

Infolgedessen kann der Elektronenstrahl nicht mit sinusförmigen Schwingungen gesteuert werden, sondern mit sogenannten Sägezahnschwingungen: Die Spannung (der Strom) steigt gleichmäßig an (Hinlauf) und fällt dann sehr schnell zum Ausgangswert ab (Rücklauf). Diese Sägezahnspannungen werden in entsprechenden Oszillatoren, und zwar Multivibratoren oder → *Sperrschwingern*, erzeugt, oder die Ausgangsspannung eines Sinusoszillators wird durch RC-Glieder zum Sägezahn umgeformt.

Der Ausdruck Kippgerät leitet sich von der Tatsache ab, daß die Sägezahn-Oszillatoren von dem leitenden Zustand in den gesperrten Zustand umkippen. Bei direkter Synchronisierung gibt der Synchronimpuls den Anstoß zu diesem Kippen. Heute wird die Bezeichnung Kippgerät seltener gebraucht, man spricht meist vom → *Zeilen-Ablenk-* bzw. vom → *Bild-Ablenkgerät*.

Kippschaltungen sind ursprünglich Impulserzeuger. Die klassische Form zeigt *Abb. 1*, *Abb. 2* dasselbe mit einer Vierschichtdiode. Diese Schaltungen können weiter vervollkommnet werden und werden am häufigsten aus → *NAND-* und → *NOR-Gattern* aufgebaut (→ *Multivibratoren*).

Kippspannung Sägezahnförmige Spannung, die in der → *Zeitablenkeinrichtung* eines Oszilloskopen erzeugt wird und zur → *Zeitablenkung* des Elektronenstrahls benötigt wird.

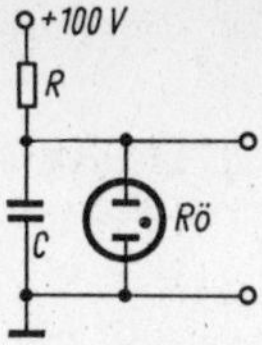

Kippschaltungen: Abb. 1 Der klassische Kippgenerator

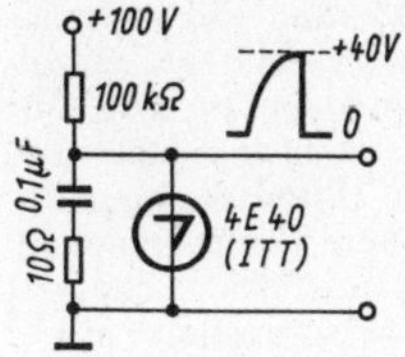

Abb. 2 Ersatz der Glimmröhre durch eine Vierschichtdiode

Kipp-Triode Vierschicht-Triode.

Kissenverzerrung Je größer der Ablenkwinkel der Bildröhre ist, desto eher besteht die Gefahr einer solchen Bildverzerrung. In diesem Fall wirkt das Bild besonders an den Ecken kissenförmig verzogen.

Klammer- oder Klemmschaltungen dienen bei → *Impulsformern* zur Erhaltung bzw. Wiederherstellung der Gleichspannungskomponente. Das geschieht durch Zuschaltung von Diode(n) zum Koppelkondensator.

Klang Schallschwingungsgemisch, bestehend aus einem tiefsten Ton (Grundton) und Teiltönen (Obertönen). Letztere schwingen um ganze Vielfache schneller als der Grundton.

Klangfarbe charakterisiert die von verschiedenen Musikinstrumenten abgegebenen Schalläußerungen. Das a, auf der Saite einer Violine gespielt, klingt anders als das gleich hohe a auf der Trompete oder dem Klavier. Dem stets gleichen Grundton sind verschiedenartigste Obertöne beigemischt, die je nach ihrer Zahl und

Tonhöhe dem Klang die „Farbe" geben.

Klanggemisch ist Schall, bestehend aus Klängen mit verschiedenen Grundtönen.

Klangregler (auch Klangblende, Tonblende, Tonregler, korrekt: Klangfarbeneinsteller) dient an elektroakustischen Geräten (Verstärker, Rundfunkgeräte, Tonbandgeräte usw.) zur Einstellung des Klangcharakters (Bevorzugung oder Unterdrückung der tiefen bzw. hohen Tonfrequenzen). Der Klangfarbenregler verbessert nicht immer die Wiedergabe, er macht sie im allgemeinen unnatürlicher, indem er z. B. die Tiefen gegenüber der natürlichen Wiedergabe bevorzugen läßt.

Klarschriftleser können normal nur solche Texte lesen, die entweder mit → *Schrift, maschinenlesbarer* oder mit → *Magnetschrift* gedruckt sind. Auch Lesegeräte für beliebige Schriften wurden entwickelt, → *Lesegeräte*.

Klasse Angabe der Klassengenauigkeit bei Meßinstrumenten (→ *Klassenzahl*).

Klassenzahl Anzeigende und schreibende Meßgeräte sind entsprechend ihrem größten zugelassenen bzw. vom Hersteller garantierten Meßfehler in Klassen eingeteilt. Hierzu ist auf der Skala eine Klassenzahl aufgebracht, die den maximalen Fehler in Prozent des Meßbereich-Endwertes angibt, der unter festgelegten Bedingungen (z. B. Umgebungstemperatur 20 °C und angegebener Gebrauchslage des Meßinstruments) nicht überschritten wird. Entsprechend ihrer Klassenzahl unterscheidet man Feinmeßgeräte mit den Klassen 0,1, 0,2 und 0,5 oder Betriebsmeßgeräte mit den Klassen 1, 1,5, 2,5 und 5.

Klassieren Bei gleichartigen, sich wiederholenden Vorgängen die Ermittlung der Häufigkeitsverteilung eines bestimmten Phänomens hinsichtlich definierter Klassen, die jeweils durch einen unteren und oberen Grenzwert festgelegt sind.

Kleinhörer arbeiten zum großen Teil nach dem magnetischen Prinzip. Die Abb. zeigt den Schnitt durch einen magnetischen Kleinhörer für → *Hörhilfen*.

Kleinrechner, elektronische wurden seit den 60er Jahren für kaufmännische und für technische Zwecke wie auch als → *Prozeßrechner* in steigendem Maße entwickelt und gekauft (→ *Taschenrechner*, → *Tischrechner*, → *Kompaktrechner*).

Klemmeffekt Die Rille einer → *Schallplatte* wird mit zunehmender Aussteuerung und höheren Frequenzen enger. Die kugelförmige Abtastspitze des Tonabnehmersystems weicht dann nach oben aus: sie wird geklemmt; senkrechte Bewegung des Abtasters.

Klirrfaktor Maß für die nichtlinearen Verzerrungen in einem Vierpol (z. B. Verstärker, Mikrofon, Tonbandgerät). Er wird meist als Klirrgrad in Prozent angegeben. Der K. ist frequenzabhängig. 1% Klirrgrad wird für geschulte Ohren gerade noch hörbar. Richtwerte für K.: FM-Rundfunksender $< 1\%$, Hi-Fi-Verstärker $< 1\%$, AM-Rundfunksender $< 4\%$.

Klystron Elektronenröhre zur Erzeugung, Verstärkung, Modulation und Gleichrichtung von Frequenzen im GHz-Bereich. Dabei wird ein durch ein HF-Feld hindurch fliegender Elek-

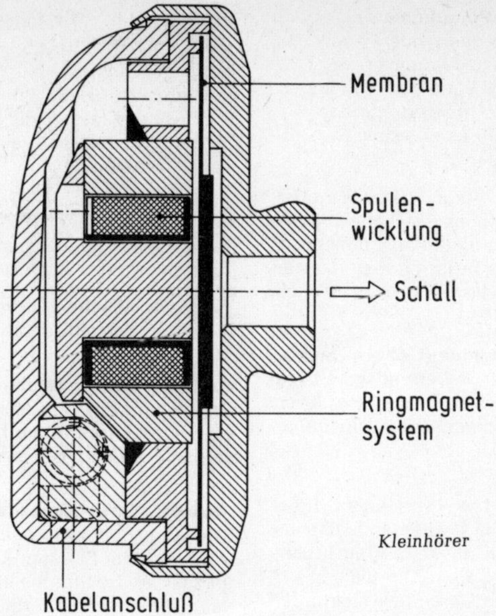

Kleinhörer

tronenstrom verwendet, dessen Geschwindigkeit man im Takt der Hochfrequenz ändert.

KME = **K**omplex-**M**ikro**e**lektronik (DDR).

KMER nennt sich ein Ätzverfahren, das ein Auflösungsvermögen von 0,005 mm (!) besitzt. Solche Feinheiten ermöglichen erst die heute erreichte → *Miniaturisierung*.

Knall Einzelner Schallstoß großer Schallstärke.

Kniespannung $U_{CE\,rest}$ Andere Bezeichnung für → *Kollektor-Restspannung*, aufgrund der scharfen Kennlinienkrümmung, die dieser Restspannung zugeordnet ist.

Knochenmikrofon Ein Mikrofon, bei dem die Schallübertragung unter Vermeidung des Luftweges und durch Ausnutzen der Schallfortleitung im Knochengerüst des menschlichen Körpers vor sich geht.

Knüppel-Stereofonie Wird der Inhalt einer Einkanalaufnahme durch Regler oder Überblender so auf verschiedene Lautsprecher verteilt, daß die räumliche Aufstellung der ursprünglichen Klangerzeuger nachgebildet ist, dann spricht man von Knüppelstereofonie. Beispiel: Einkanal-Aufnahme eines Wechselgesprächs zwischen zwei Personen. Es wird so geregelt (geknüppelt), daß immer der eine Sprecher im linken, der andere im rechten Lautsprecher zu hören ist.

Koeffizienten-Potentiometer werden in → *Analogrechnern* in größerer Zahl benötigt zur Einstellung des Rechenfaktors. Es sind lineare Potentiometer, deren Widerstandswert mit einer Genauigkeit von 0,1% ablesbar ist.

Koerzitivkraft Stärke des Magnetfeldes, das, entgegengesetzt angelegt, erforderlich ist, um die Magnetisierung eines magnetisierten Werkstoffes verschwinden zu lassen, d. h. zu löschen.

Kohärente Strahlen (Licht) (= zusammenhaftende) haben gleiche Frequenz und schwingen gleichphasig. Radio- u. ä. Schwingungen sind immer kohärent.

Kohlendioxid-Laser erzeugen Infrarot-Strahlen mit Wellenlänge 10,6 µm. Diese werden in der Atmosphäre, durch Dunst u. ä., weit weniger absorbiert als die längerwelligen sichtbaren Strahlen, die von den sonst gebräuchlichen → *Lasern* geliefert werden. Der Wirkungsgrad ist zudem hundertfach gegenüber Lasern mit sichtbaren Strahlen. In Versuchssendungen hat man Fernsehen mit Erfolg über eine Entfernung von 30 km übertragen. Die Dämpfung war dabei ~ 1/25000 gegenüber anderen Lasern.

Koinzidenz = (zeitliches) Zusammentreffen, gleichzeitiges Eintreffen, → *UND-Verknüpfung.*

Koinzidenz-Prinzip Die Kerne in → *Kernspeichern* werden nur dann ummagnetisiert, wenn ihr Spalten- und ihr Zeilendraht gleichzeitig einen Stromimpuls führen (→ *Ringkerne*).

Kollektor (= Sammler) heißt die Ausgangselektrode beim → *bipolaren Transistor.* Auch Kurzbezeichnung entweder für → *Kollektor-Zone,* → *Kollektor-Bereich* oder für → *Kollektor-Anschluß.*

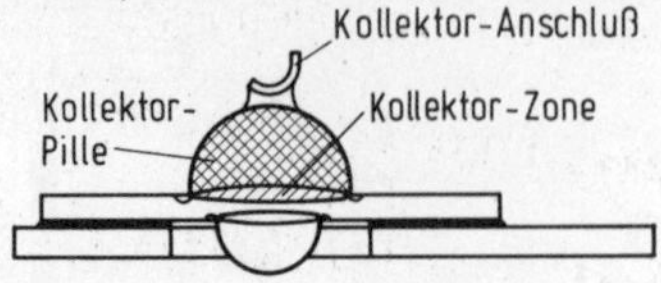

Kollektor-Anschluß Zum Kollektor gehörender Anschlußdraht.

Kollektor-Bahnwiderstand r_{Cc} Wirkwiderstand der Strombahn zwischen Kollektor-Anschluß und Kollektorseite der → *Kollektor-Sperrschicht.*

Kollektor-Basis-Kapazität (innere) c_{Cb} Die Kapazität zwischen Kollektor *C* und innerem Basispunkt *b.* Diese Kapazität ist die Summe aus der → *Kollektor-Sperrschicht-Kapazität* und der → *Kollektor-Diffusions-Kapazität.*

Kollektor-Basis-Reststrom I_{CBo} I_{Co} Kollektor-Gleichstrom, der zwischen Basis und Kollektor durch den Transi-

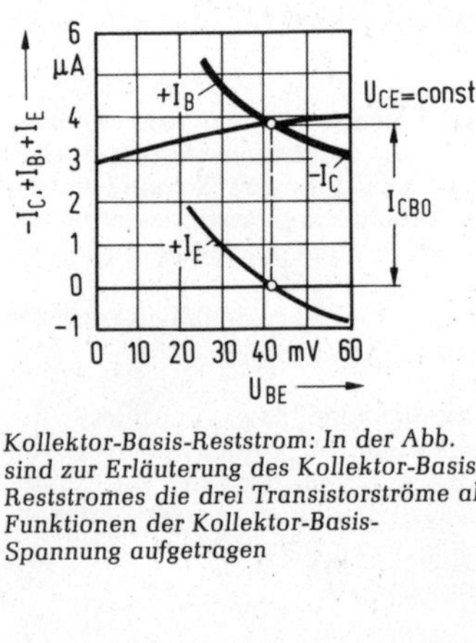

Kollektor-Basis-Reststrom: In der Abb. sind zur Erläuterung des Kollektor-Basis-Reststromes die drei Transistorströme als Funktionen der Kollektor-Basis-Spannung aufgetragen

stor fließt für den Fall, daß der Emitter frei bleibt und die Spannung C gegen E so gepolt ist, daß die → *Kollektor-Diode* in Sperr-Richtung betrieben wird.

In der *Abb.* sind zur Erläuterung des Kollektor-Basis-Reststromes die drei Transistorströme als Funktionen der Kollektor-Basis-Spannung aufgetragen.

Kollektor-Bereich → *Kollektor-Zone* verringert um den in sie hineinreichenden Teil der → *Kollektor-Sperrschicht.*

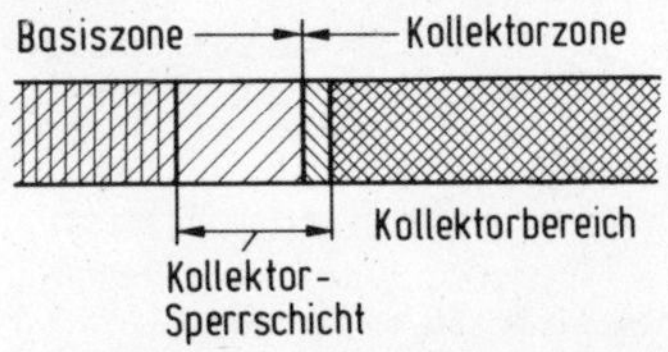

Kollektor-Bereich: Unterschied zwischen den basisseitigen Grenzen der Kollektorzone und des Kollektor-Bereiches

Kollektor-Diffusions-Admittanz y_{cD} Komplexer Leitwert zwischen Kollektor und Basis, gegeben mit der → *Kollektor-Diffusionskapazität* und dem ihr parallel liegenden → *Kollektor-Diffusionsleitwert.*

Kollektor-Diffusionskapazität c_{cD} Zu der Kapazität der Kollektor-Sperrschicht hinzukommende Kapazität, die dadurch bedingt ist, daß die Basisweite die Diffusionsvorgänge in der Basiszone beeinflußt. Die Basisweite ändert sich mit der Kollektor-Spannung.

Die Kollektor-Diffusionskapazität ist bis zur → *α-Grenzfrequenz* näherungsweise frequenzunabhängig. Nach Überschreiten dieser Grenzfrequenz nimmt sie ab.

Kollektor-Diffusionsleitwert g_{cD} Der sich aus der Abhängigkeit der → *Basisweite* von der Kollektor-Spannung ergebende differentielle Wirkleitwert der Kollektorsperrschicht. Dieser Leitwert ist für die Frequenzen unterhalb der → *α-Grenzfrequenz* näherungsweise frequenzunabhängig.

Kollektor-Diode Durch die Sperrschicht zwischen der Kollektor-Zone und der Basiszone dargestelltes Ventil.

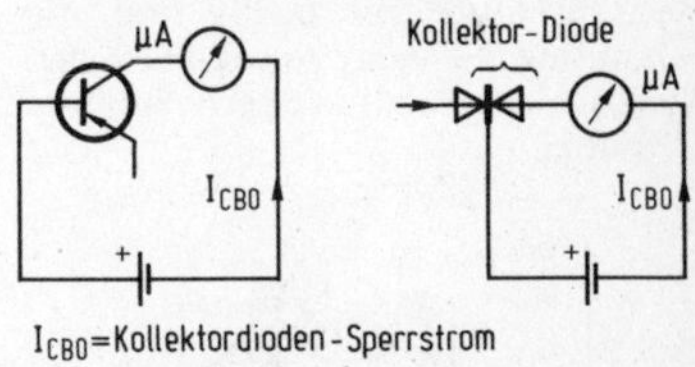

Kollektor-Diode: Die Kollektor-Sperrschicht aufgefaßt als Kollektor-Diode, die in Sperrichtung betrieben wird

Kollektor-Durchbruchspannung An die Kollektor-Sperrschicht in Sperrrichtung angelegte Spannung mit dem Wert, der den Durchbruch der Kollektor-Sperrschicht bewirkt.

Kollektor-Emitter-Restspannung U_{CErest} Spannung, die der Kollektor gegen den Emitter in dem Bereich aufweist, in dem für die Kollektor-Diode der Wechsel zwischen Sperrbereich und Durchlaßbereich auftritt.

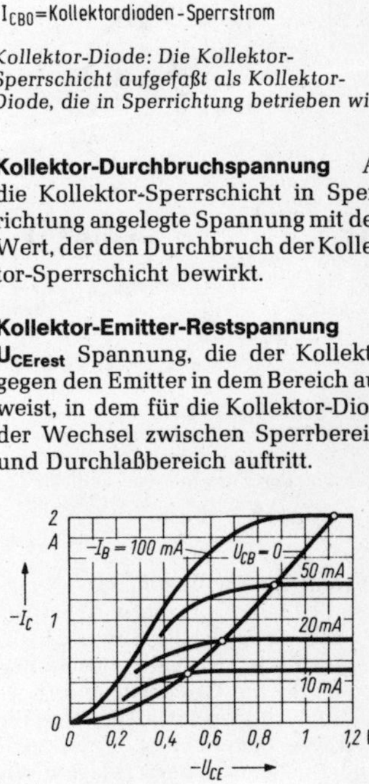

D. h. als Kollektor-Emitter-Restspannung bezeichnet man die Kollektor-Emitter-Spannung, bei der die Kollektor-Basis-Spannung für einen jeweils vorgegebenen Wert des Emitterstromes durch Null geht. So gehört hier zu $-I_C$ = 1,34 A eine Kollektor-Emitter-Restspannung. $U_{CErest} \approx -0{,}86$ V.

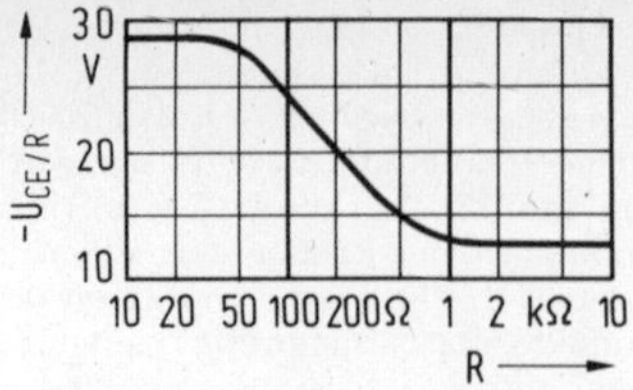

Kollektor-Emitter-Spannung: Abb. 1 Der Zusammenhang zwischen dem Wert des Widerstandes R, der die Emitter-Basis-Strecke überbrückt und der Kollektor-Emitter-Spannung, die sich dabei in der in Abb. 2 dargestellten Schaltung ergibt

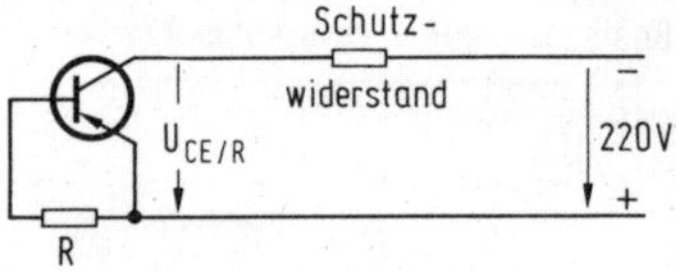

Abb. 2 Aus Abb. 1 kann man die höchstzulässige Spannung U_{Ck} zwischen Kollektor und Emitter bei kurzgeschlossener Basis-Emitter-Strecke (R = 0) und die höchstzulässige Spannung U_{CEO} zwischen Kollektor und Emitter bei offener Basis (R = ∞) ablesen

Kollektor-Emitter-Reststrom I_{CEo} Kollektor-Gleichstrom, der zwischen Emitter und Kollektor durch den Transistor fließt, für den Fall, daß der Basisanschluß frei bleibt und die Spannung C gegen E so gepolt ist, daß die Kollektor-Diode in Sperr-Richtung betrieben wird.

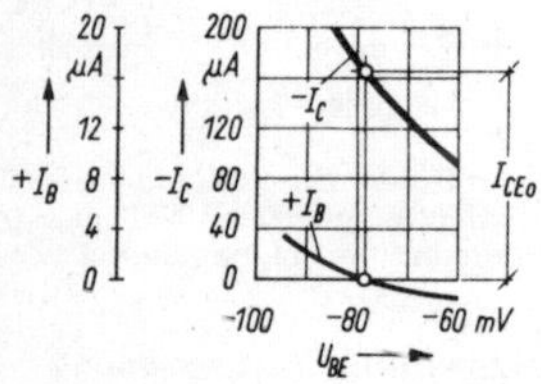

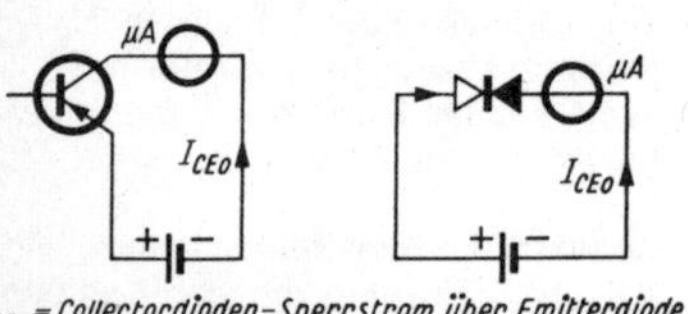

Kollektor-Emitter-Reststrom I_{CEo}: *als Kollektor-Dioden-Sperrstrom, der (als Durchlaßstrom) die Emitterdiode und außerdem den Basisraum durchfließt. Dieser Strom gehört zum Wert Null des Basisstromes*

Kollektor-Emitter-Spannung Spannung des Kollektors gegen den Emitter und zwar a) Gleichspannung, b) Signalspannung, c) Gesamtspannung. Es gibt für die Gesamtspannung jeweils einen höchstzulässigen Wert für einen gegebenen Wert R des zwischen Emitter und Basis gelegten Widerstandes. Abb. 1 zeigt die Abhängigkeit der höchstzulässigen Kollektor-Emitter-Spannung $U_{CE/R}$ von dem zwischen Basis und Emitter eingefügten Widerstand R. Abb. 2 veranschaulicht die hierzu gehörende Meßschaltung.

Kollektor-Grenzschicht Gelegentlich für → *Kollektor-Sperrschicht* verwendete Bezeichnung.

Kollektor(grund)schaltung (auch Emitter-folger oder -verstärker). Der Kollektor ist gemeinsamer Pol für Ein- und Ausgang. Die Spannungsverstärkung ist kleiner als 1, die Stromverstärkung 10 . . . 200fach. Erreichbare Leistungsverstärkung 10 . . . 200fach.

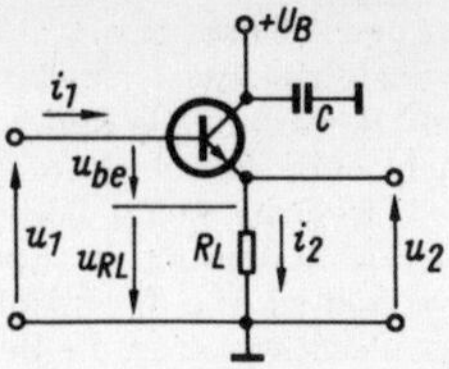

Kollektor(grund)schaltungen: Zur Wirkungsweise des Emitterverstärkers

Eingangswiderstand 100 . . . 300 kΩ, Ausgangswiderstand 20 . . . 300 Ω.

Kollektor-Kapazität Kurzbezeichnung für die → *Kollektor-Basis-Kapazität.*

Kollektor-Kurzschluß-Reststrom I_{Ck} Kollektor-Gleichstrom, der sich ergibt, wenn man zwischen den Kollektor und den mit der Basis kurzgeschlossenen Emitter eine betriebsmäßig gepolte Gleichspannung anlegt.

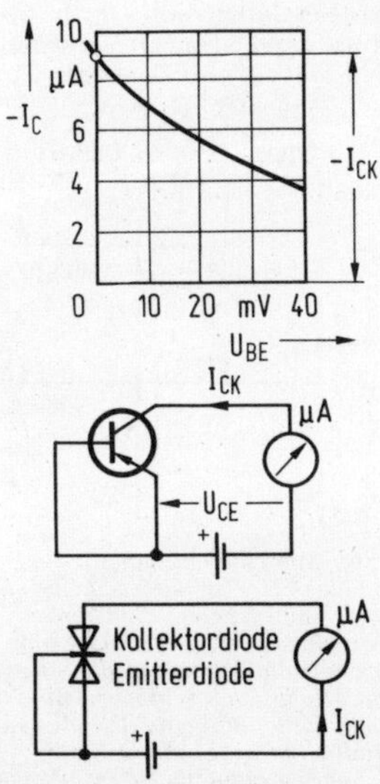

Kollektor-Kurzschluß-Reststrom I_{Ck}: Der zum Wert Null der Basis-Emitterspannung gehörende Kurzschluß-Reststrom

Kollektor-Pille Pille, die bei Transistoren mit einlegiertem Kollektor einen etwa halbkugelförmig angeschmolzenen Teil auf der Kollektorseite des Halbleitersystems ergibt.

Kollektorpunkt, innerer In der Transistor-Ersatzschaltung der Punkt, vor dem, vom Kollektor-Anschluß ausgehend, die Kollektor-Zuleitungsinduktivität und der Kollektor-Bahnwiderstand liegen. Meistens kann man wegen des hohen Wertes der Ausgangsimpedanz den inneren Kollektorpunkt dem Kollektor-Anschluß gleichsetzen.

Kollektor-Raumladungskapazität Anderer Ausdruck für → *Kollektor-Diffusionskapazität.*

Kollektor-Restspannung Kurzbezeichnung für → *Kollektor-Emitter-Restspannung.*

Kollektor-Reststrom Kurzbezeichnung für → *Kollektor-Basis-Reststrom.*

Kollektor-Schaltung Transistor-Betriebsschaltung (Grundschaltung), in der die Kollektor-Elektrode dem Eingangs- und Ausgangskreis gemeinsam angehört. Dabei ordnet man meistens den Basis-Anschluß dem Signal-Eingang und den Emitter-Anschluß dem Signal-Ausgang zu. Soll das betont werden, so bezeichnet man die Kollektor-Schaltung mit dem Zusatz „vorwärts" *(Abb.)*. Wird ausnahmsweise der Emitter dem Eingang und die Basis dem Ausgang zugeordnet, so handelt es sich um eine Kollektor-Schaltung „rückwärts".

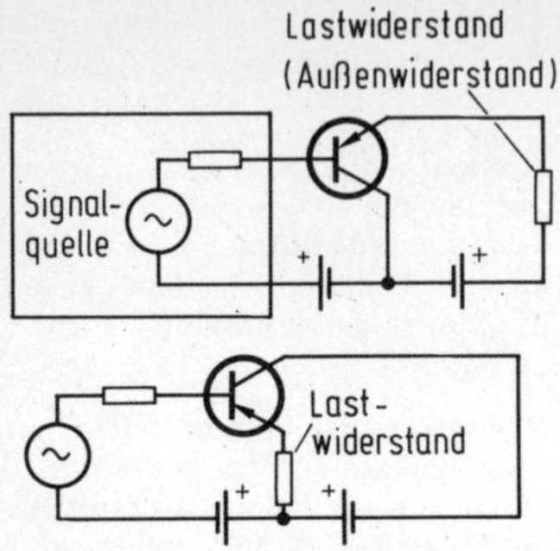

Kollektor-Schaltung: Die Kollektorschaltung des Transistors mit Signalquellen-Spannungs-Ersatzschaltung und Abschlußwiderstand (Lastwiderstand und Außenwiderstand). Die Abb. 1 und 2 unterscheiden sich in der Darstellungsweise nicht aber in den elektrischen Eigenschaften, falls der Innenwiderstand der Kollektor-Speisequelle vernachlässigt werden kann

Kollektor-Spannung Allgemein eine Spannung, die der Kollektor gegen eine andere Transistor-Elektrode oder auch gegen Masse aufweist. Es ist also notwendig, die Bezugsstelle zu nennen. D. h. man muß die Kollektor-Spannung z. B. als Kollektor-Emitter-Spannung (U_{CE}) bzw. als Kollektor-Basis-Spannung (U_{CB}) bezeichnen. Außerdem muß in Zweifelsfällen stets angegeben werden, ob es sich um eine Gleichspannung oder um eine Signalspannung handelt.

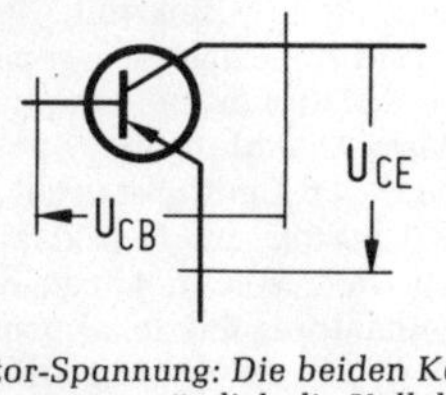

Kollektor-Spannung: Die beiden Kollektorspannungen, nämlich die Kollektor-Emitter-Spannung und die Kollektor-Basis-Spannung. Die Pfeile und die Doppelindizes geben die Zählrichtungen: Meßpunkt gegen Bezugspunkt an

Kollektor-Sperrschicht Sperrschicht an der Grenzfläche zwischen Kollektorzone und Basiszone. Die Kollektor-Sperrschicht ist im Betrieb verhältnismäßig breit, weil die an ihr liegende Basis-Kollektor-Spannung in Sperr-Richtung gepolt ist. Die Sperrschicht reicht wesentlich weiter in die Basiszone hinein als in die Kollektor-Zone, weil die Basiszone bedeutend schwächer dotiert ist als die Kollektor-Zone. Die an die Kollektor-Zone angrenzende Schicht der Basiszone ist bei fast allen Transistoren mit eindiffundierter Basis-Dotierung im → *Intrinsic*-Zustand belassen. Dabei erstreckt sich die Kollektor-Sperrschicht schon bei niedrigen Werten der Kollektor-Emitter-Gleichspannung (über etwa 4 V) in der Basiszone bis etwas über die Grenze der → *i-Schicht* hinaus. Die Kollektor-Sperrschicht ist beim normalen Verstärker-Betrieb in Sperr-Richtung gepolt. Dadurch werden die

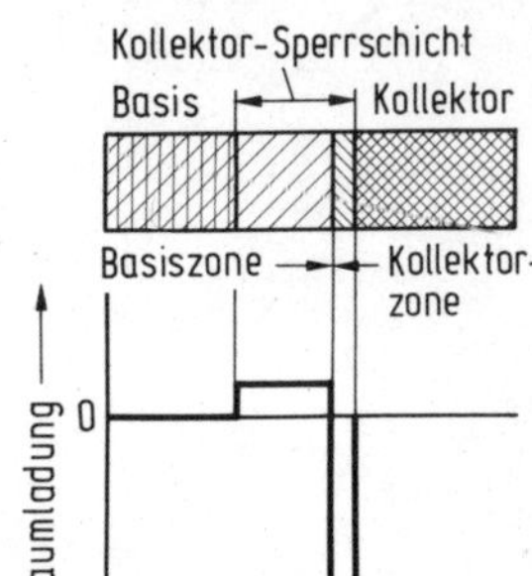

Kollektor-Sperrschicht: Schnitt durch ein Stück eines PNP-Transistor-Systems. Dieses Schnittbild zeigt die Grenze zwischen Basiszone und Emitterzone sowie die Dotierungen und die Sperrschicht. Die doppelt schraffierten Bereiche enthalten keine Raumladung. In den einfach (schräg) schraffierten Bereichen bestehen die Raumladungen, die mit den Donator-Ionen in der Basis-Zone und mit den Akzeptor-Ionen in der Kollektor-Zone gegeben sind. Die Raumladungen zeigt der untere Teil des Bildes

→ *Minoritäts-Träger* aus der Basis-Zone in die Kollektor-Zone befördert.

Kollektor-Sperrschicht-Kapazität c_{cj} Kapazität zwischen Kollektor-Bereich und Basis-Bereich. Sie hängt von der Kollektor-Sperrschichtbreite ab. Diese wird vor allem durch die Spannung des Kollektors gegen die Basis bestimmt.

Kollektor-Sperrschicht-Temperatur t_{cj} Temperatur, die die Kollektor-Sperrschicht annimmt. Diese Temperatur bestimmt man mit Hilfe einer von ihr abhängigen Größe. Dafür eignet sich der → *Kollektor-Kurzschluß-Reststrom*.

Der Grenzwert dieser Temperatur beträgt für Germanium-Transistoren 75 °C . . . 100 °C, für Silizium-Transistoren 150 °C . . . 200 °C.

Kollektor-Sperrstrom → *Kollektor-Basis-Reststrom*.

Kollektor-Strom Über den Kollektor-Anschluß fließender Strom. Es handelt sich hierbei entweder um den Kollektor-Gleichstrom I_C oder um den Kollektor-Signalstrom i_C. Die Zählrichtung für diesen Strom geht zum Kollektor hin. Der Zahlenwert für den Kollektor-Strom ist beim PNP-Transistor negativ und beim NPN-Transistor positiv. In der Abb. ist der Kollektorstrom für einen PNP-Transistor eingezeichnet.

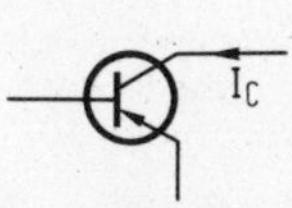

Kollektor-Strom: Der Kollektor-Strom und das PNP-Transistor-Schaltzeichen. Der in die Kollektor-Leitung eingetragene Pfeil gibt die für den Kollektor-Strom sowohl beim PNP-Transistor wie auch beim NPN-Transistor übliche Zählrichtung an

Kollektor-Verlustleistung P_C In der Kollektor-Sperrschicht in Wärme umgesetzte Leistung, gegeben als Produkt aus Kollektor-Gleichstrom und Kollektor-Basis-Gleichspannung.

Kollektor-Zeitkonstante Die Zeitkonstante τ_C, die sich als Verhältnis der Kapazität c_{Cb} zwischen Kollektor C und innerem Basispunkt b zur inneren Transistor-Steilheit S_i ergibt.

$$\tau_C = \tau_{out} = \frac{c_{Cb}}{S_i}$$

Auch Ausgangs-Zeitkonstante τ_{out} genannt.

Kollektor-Zone An die Basiszone kollektorseitig unmittelbar angrenzender Teil eines Transistors → *Kollektor-Bereich*.

Kombinationstöne Zusätzliche, ursprünglich nicht vorhandene Töne, z. B. hervorgerufen durch das gemeinsame Einwirken zweier einfacher Töne auf den gleichen Körper (Membran).

Kommunikation Austausch von Informationen zwischen verschiedenen Informationsträgern. Die bekannteste Form ist die Mensch-zu-Mensch-K. Sie wird direkt oder mittels eines Kommunikationssystems (Telefon, Rundfunk, Bildfernsprechen) vollzogen. Kommunizieren können aber auch Geräte untereinander, etwa Computer zwecks Datenaustausch, oder Menschen und Geräte über Sprachein- und -ausgabesysteme. Technische Kommunikationsmedien sind elektromagnetische Wellen, Kabel, → *Lichtwellenleiter*, → *Satelliten*.

Kommunikationstechnik Die K. bezeichnet sämtliche Verfahren der → *Kommunikation* zwischen Menschen, Geräten, Computern untereinander und miteinander über die verschiedensten Medien und unter Anwendung der unterschiedlichsten Techniken. Sie umfaßt sämtliche Übertragungstechniken, schließt aber auch Umwandlungs- und Umcodierungsverfahren mit ein. Zur K. gehören auch die Ein- und Ausgabegeräte.

kommutativ = vertauschbar.

kommutatives Gesetz $x + y = y + x$; $x \cdot y = y \cdot x$.

Kompaktrechner sind eine Zwischenstufe zwischen Tisch- und Großrechner und haben erstaunliche Leistungsfähigkeit (bei Speichermöglichkeiten bis 64 → *K*). Sie können in Schnelligkeit und Leistung die Großrechner nicht ersetzen, sind aber unvergleichlich billiger und können darüber hinaus dem speziellen Zweck angepaßt werden, insbesondere z. B. als → *Prozeßrechner*. Sie finden ferner Anwendung als „intelligentes" → *Terminal* für Großrechner.

Kompatibilität bedeutet Verträglichkeit, Vereinbarkeit. Beim Farbfernsehen sind damit die Forderungen gemeint, die an jedes System zu stellen sind: Ein vorhandener Schwarzweiß-Fernsehempfänger muß Farbsendungen empfangen und wiedergeben (als Schwarzweißbild) können. Die Farbfernsehgeräte sollen auch Schwarzweißsendungen (natürlich unbunt) wiedergeben.

Im einzelnen muß ein kompatibles Farbfernsehsystem folgenden Ansprüchen genügen:

1. Die → *Bandbreite* des Frequenzspektrums und damit der Kanalabstand, der Abstand zwischen Bild- und Tonträger müssen die gleichen wie beim Schwarzweißsystem sein.

2. Zeilenfrequenz, Bildwechselzahl und Synchronimpulsschema (→ *Synchronsignal*) müssen denen des Schwarzweißsystems entsprechen.

3. Außer dem Farbsignal muß ein → *Leuchtdichtesignal* übertragen werden, das dem → *Videosignal* entspricht.

4. Der Schwarzweißempfänger darf bei einer Farbsendung nicht durch ein Moiré gestört werden, das z. B. der Farbträger verursachen kann.

Diese Forderungen werden von den drei z. Z. in der Welt benutzten Farbfernsehsystemen erfüllt.

Bei Stereo- → *Schallplatten* bedeutet K. eine qualitätsverlustfreie Wiedergabe auch in Mono.

Kompensations-Halbleiter

1. Halbleitermaterial, das sowohl mit → *Akzeptoren* wie mit → *Donatoren* dotiert ist, wobei für die Leitfähigkeit und den Leitungstyp nur der Überschuß der Akzeptoren bzw. der Donatoren bestimmend ist. Den Ausdruck „Kompensations-Halbleiter" verwendet man insbesondere dann, wenn beim Herstellen des Halbleiter-Bauelementes mit Gegendotierung gearbeitet wird.

2. Mit Akzeptoren wie mit Donatoren in genau gleichem Maße dotiertes Halbleitermaterial, das wegen dieses Dotierungsgleichgewichtes → *Intrinsic-Leitfähigkeit* hat.

Kompensations-Heißleiter Halbleiter-Bauelement, das speziell für den Zweck einer Kompensation von Temperatureinflüssen entwickelt ist und dafür einen entsprechenden Widerstands-Temperatur-Koeffizienten hat (→ *Temperatur-Koeffizient des Widerstandswertes*).

Kompensations-Leitfähigkeit Leitfähigkeit eines sowohl mit → *Akzeptoren* wie auch mit → *Donatoren* dotierten Halbleitermaterials. Bei gleichen Dotierungsgraden ist die Kompensations-Leitfähigkeit gleich der → *Intrinsic-Leitfähigkeit*.

Kompensationsschreiber → *Schreiber*, dessen Zeiger und Schreiborgan nicht direkt durch das eigentliche Meßwerk sondern über Seilzug durch einen Stellmotor bewegt wird. Dieser wird von einer Brückenschaltung gesteuert, in der die Meßspannung mit einer Hilfsspannung, der Kompensationsspannung, verglichen wird. Der eine Brückenzweig ist als Potentiometer ausgebildet, dessen Schleifer so mit dem Stellmotor gekuppelt ist, daß die Schleiferstellung zur Stellung des Zeigers bzw. des Schreiborgans proportional ist. Der Stellmotor führt den Schleifer solange nach bis die an ihm abgegriffene Spannung (Kompensationsspannung) gleich der Meßspannung ist.

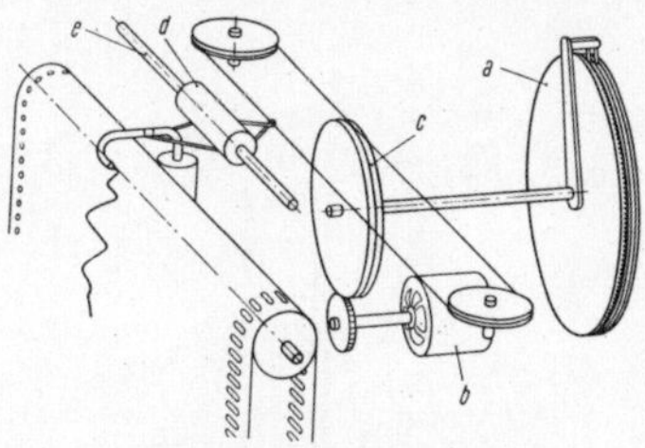

Kompensationsschreiber:
a) Potentiometer, b) Meßmotor, c) Seilscheibe, d) Schreibwagen, e) Führungsstange

Kompensations-Widerstand Widerstand in Reihe mit der Kollektor-Strecke des Transistors der dem Demodulator vorgesetzten Treiberstufe mit dem Zweck, beim Durchstimmen der ZF ein sprunghaftes Zurückgehen der Demodulator-Signalspannung zu vermeiden, wenn der Empfänger im Sinne der ZF-Verminderung abgestimmt wird.

Kompensations-Zone Zone mit → *Kompensations-Leitfähigkeit* (an der Grenze zwischen P- und N-Zone, z. B. bei Gegendotierung auftretend).

Kompensator Einrichtung zum unmittelbaren Vergleich einer Meßgröße, meist einer elektrischen Spannung, mit einer einstellbaren und genau bekannten Vergleichsgröße. Die Differenz zwischen den beiden Größen wird mit einem Meßgerät festgestellt. Ist der Kompensator abgeglichen, so wird die Differenz von Meßgröße und Vergleichsgröße Null, d. h. beide Größen stimmen überein.

Kompensograf → *Kompensationsschreiber.*

Komplementärfarben Beim Farbfernsehen, das auf der → *additiven Farbmischung* beruht, hat man aus praktischen Gründen die drei Primärfarben Rot, Grün und Blau gewählt. In diesen Farben leuchten die einzelnen → *Leuchtstoffpunkte* der Farbbildröhre auf, wenn sie durch den Elektronenstrahl angeregt werden. Als Komplementärfarben bezeichnet man diejenigen, die sich aus der Mischung zweier Primärfarben ergeben:

Rot + Grün = Gelb
Grün + Blau = Cyan (Blaugrün)
Blau + Rot = Magenta (Purpur)

Wird eine Komplementärfarbe mit einer Primärfarbe gemischt, die in ihr nicht enthalten ist, ergibt sich ein weißer Farbeindruck ebenso auch beim Mischen aller drei Primärfarben oder aller drei Komplementärfarben.

Komplementär-Transistoren sind ausgesuchte Paare von → *bipolaren Transistoren* (je 1 NPN- und PNP-Transistor) mit genau entgegengesetzt übereinstimmenden Daten. Man verwendet sie in Gegentaktendstufen zwecks Erzielung großer Leistungen, aber auch in der Elekronik, z. B. zum Umsteuern von Motoren usw., bis z. B. 5 A/60 V. Es lassen sich weiter → *Impedanzwandler*, Spannungsverstärker, → *Multivibratoren*, → *Spannungskonstanthalter*, → *Sinusgeneratoren* u. v. a. auf sehr einfache Weise damit aufbauen.

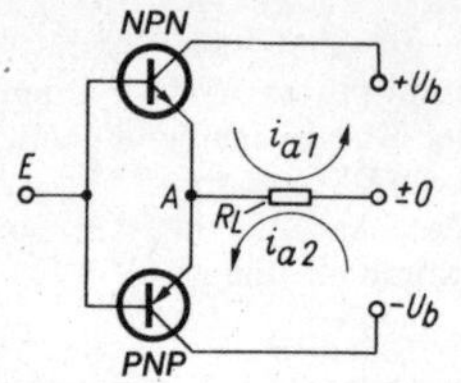

Komplementär-Transistoren: Prinzip der Endstufe mit Komplementärtransistoren

Komplementierung = → *NICHT-Verknüpfung* (Komplement = Ergänzung, Gegenstück), Komplementär-Funktion = verneinte Funktion.

Komplexes Dämpfungsmaß → *Übertragungsmaß.*

Kompressor-Lautsprecher → *Druckkammer-System.*

Kondensator Bauelement, das eine → *Kapazität* hat. Ausführungsformen: Plattenkondensator, Folienkondensator, Papierkondensator, Keramikkondensator, Elektrolytkondensator, Drehkondensator, Trimmer, Varaktor). Die Höhe der Kapazität hängt von den Elektroden und dem → *Dielektrikum*, dem Stoff zwischen den Elektroden, ab.

Kondensator, spannungsabhängiger → *Kapazitätsdiode.*

Kondensatoren in IS → *MOS-Kondensatoren* und → *Sperrschicht-Kondensatoren.*

Kondensatormikrofone (kapazitive M.) sind hochwertige Systeme. Prinzip: Die Schallaufnahmemembran bildet mit einer Metallplatte in geringem Abstand von ihr einen Kondensator, dessen Kapazität sich entsprechend

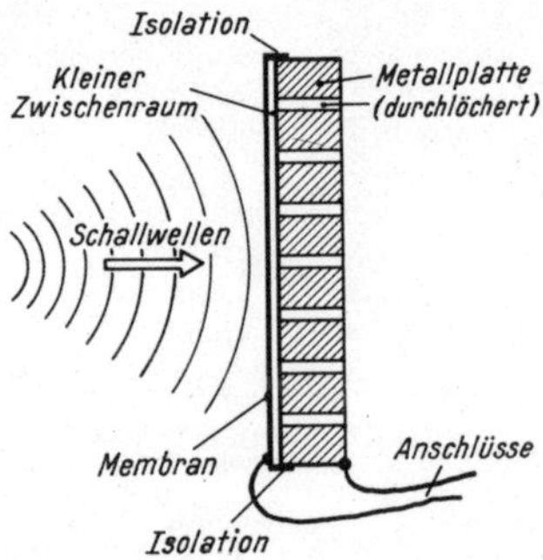

Kondensatormikrofone (kapazitive M.): Abb. 1 Schema eines Kondensatormikrofons (Schnitt)

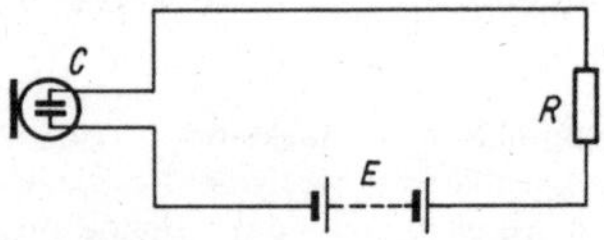

Abb. 2 Schaltung eines Kondensatormikrofons

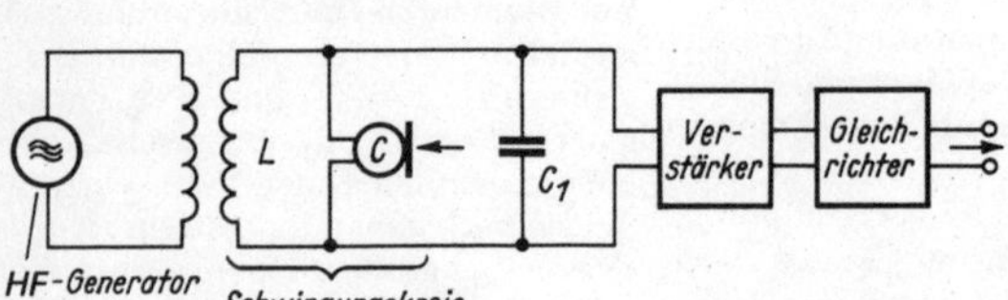

Abb. 3 Hochfrequenzschaltung eines Mikrofons

den Membranschwingungen ändert. *Abb. 1* veranschaulicht das Prinzip.

Die Mikrofonkapazität beträgt etwa 100 . . . 150 pF. Die Grundschaltung zeigt *Abb. 2*. R ist ein Widerstand von 40 bis 80 MΩ, E eine Gleichspannungsquelle von 80 . . . 150 V.

Ändert sich der Kapazitätswert von C, so ändert sich auch die Spannung an den Kontakten des Kondensatormikrofons und entsprechend an R. – Diese „Niederfrequenzschaltung" ist üblich. – In der Hochfrequenzschaltung (*Abb. 3*), die wenig verwendet wird, ändert das Mikrofon als Kapazität eines Schwingkreises die Eigenfrequenz des letzteren und moduliert die Amplitude einer HF-Spannung; Gleichrichtung ergibt die NF-Spannung.

Kondensatormikrofone haben einen sehr geringen Klirrfaktor, der kaum höher als 0,1% ist. Frequenzgang: 30 bis 20000 Hz, Dynamik: 75 dB, Abgabe 0,7 bis 1,5 mV/µbar.

Konjunktion = → *UND-Verknüpfung.*

konjunktiv = verbindend.

Konsol andere Bezeichnung für → *Steuerpult.*

Kontakt

1. Zustand, der durch Berühren zweier der Stromleitung dienender Teile entsteht (Schraub-, Druck-, Schleif-, Roll-, Wälz- und Flüssigkeitskontakt).

2. Außerdem auch durch Schweißen, Löten oder Aufdampfen (d. h. unlösbare) erreichte Verbindung zweier Leiter oder Halbleiter, die gemeinsam derart zur Stromleitung dienen, daß der Strom die Verbindungsstelle passiert. An der Kontaktstelle stimmt das → *Fermi-Niveau* für beide miteinander in Kontakt gebrachte Materialien überein.

Kontakt-(druck)geber → *Ohmsche Geber.*

Kontaktlos heißen alle Schaltungen, bei denen Halbleiter oder auch noch Röhren den Stromfluß regeln und evtl. sperren. Aber auch magnetfeldabhängige Bauelemente (→ *Feldplatten*, → *Hallgeneratoren*) wurden angewandt und schalten prell- und funkenfrei, z. B. in Eingabe-Tastaturen für Rechner (→ *Zerhacker*).

Kontaktmikrofone (Kohlemikrofone) sind am häufigsten vertreten (Fernsprechtechnik). Vorteil: hoher Wirkungsgrad. Nachteile: starke Verzerrungen, schlechter Frequenzgang. Für die Ansprüche der Rundfunk-, Tonfilm-, Tonband- und Schallplatten-Technik reichen sie nicht aus. Die üblichen Kontaktmikrofone (Kohlekörnermikrofone) sprechen auf Schalldruck an: Zusammenpressen des

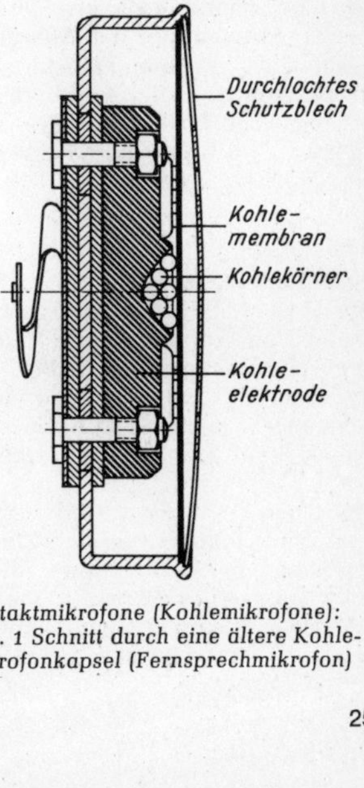

Kontaktmikrofone (Kohlemikrofone): Abb. 1 Schnitt durch eine ältere Kohle-Mikrofonkapsel (Fernsprechmikrofon)

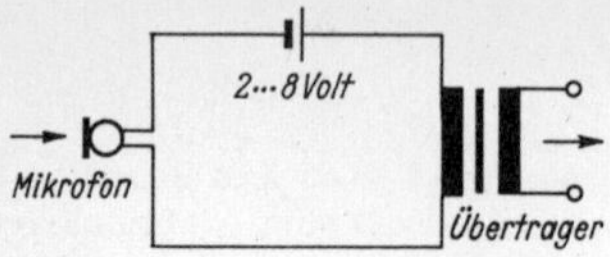

Abb. 2 Schaltung eines Kontaktmikrofons

Kontaktmaterials verringert den Widerstand, daher Stromschwankungen im Mikrofonstromkreis (mit Batterie) entsprechend den auftreffenden Schallimpulsen. Kontaktmaterial: feine Kunstkohle-Körnchen (0,1 bis 0,5 mm Durchmesser); es befindet sich zwischen zwei aus Kunstkohlepulver gepreßten Elektroden (Längsstrommikrofon). Fernsprechmikrofon im Schnitt zeigt *Abb. 1.* Frequenzbereich der Kontaktmikrofone 200 bis 4000 Hz. Klirrfaktor liegt bei 5 bis 10 % (Fernsprechmikrofone bis zu 50 %). Bei einem mittleren Widerstand von 120 Ohm und einem Speisestrom von 40 bis 45 mA liefern die Kontaktmikrofone eine Spannung von etwa 90 mV/µbar. – Anschaltung der Mikrofone (siehe *Abb. 2*) über Transformator (niederohmige Mikrofonübertrager 1 : 25 bis 1 : 30, hochohmige Transformatoren 1 : 5 bis 1 : 8). Gleichspannungsquelle 2 bis 8 V.

Kontakt mit Richtwirkung Kontakt, an dem eine → *Sperrschicht* zustande kommt. Kontakte zwischen → *Halbleitern* verschiedener Art haben fast durchweg Richtwirkung, wenn die → *Dotierungen* nicht sehr hoch sind. Kontakte mit Richtwirkung ergeben sich z. B:

zwischen P-Silizium und Aluminium, Zink, Indium, Blei und Zinn,

zwischen N-Silizium und Eisen, Gold, Rhodium und Platin sowie

zwischen N- und P-Silizium und Silber, Kupfer und Nickel.

Kontakt, ohmscher

1. Ein Kontakt, dessen Widerstandswert unabhängig von dem ihn passierenden Strom ist.
2. Sperrschichtfreier Kontakt, d. h. Übergang ohne nennenswerte Stufenspannung.

Ohmsche Kontakte ergeben sich z. B.:
zwischen P-Silizium und Eisen, Gold, Rhodium und Platin sowie
zwischen N-Silizium und Aluminium, Zink, Indium, Blei und Zinn.

Kontaktpotential Kein Potential, sondern ein Potential-Unterschied, nämlich eine Spannung:

1. Unterschied zwischen der Austrittsspannung des Materials an der Katodenoberfläche und der Austrittsspannung an der Oberfläche einer zweiten Elektrode einer Elektronenröhre.
2. → *Potentialschwelle* an einem Kontakt, d. h. Stufenspannung an der Kontakt-Sperrschicht.

Kontakt zwischen Halbleiter und Leiter (Unlösbare Verbindung zwischen einem → *Halbleiter* und einem Metall, wobei der elektrische Charakter des Kontaktes durch die für den Halbleiter geltende → *Diffusionslänge* bestimmt wird.

Kontrast Das Verhältnis von minimaler zu maximaler Helligkeit eines Bildes ist der Kontrast; man darf ihn also nicht mit der (Grund-)Helligkeit verwechseln. In der Natur kommen Helligkeitsunterschiede von 50000 : 1 vor, im Kino von 100 : 1, bei Papierfotos von 30 : 1. Beim Fernsehen lassen sich Unterschiede von mehr als 50 : 1 erreichen. Je größer der Kontrast, desto brillanter das Bild.

Kontrast-Einsteller Mit diesem Bedienungsorgan werden die Helligkeitsunterschiede – nicht die Grundhelligkeit – des Fernsehbildes eingestellt, also das Verhältnis von Schwarz über Grau zu Weiß. Technisch gesehen wird die Verstärkung des Bildsignals, meist in der Videostufe, verändert. Der Kontrast-Einsteller entspricht dem Lautstärke-Einsteller am Rundfunkempfänger.

Konvergenz Damit die drei Elektronenstrahlen in der → *Farbbildröhre* jeweils die ihnen zugeordneten Leuchtstoffpunkte treffen, müssen sie in der Ebene der → *Lochmaske* zusammenlaufen. Dieses Treffen bzw. Überschneiden der Strahlen in jedem der 400000 Löcher über den ganzen Bildschirm hinweg ist für eine gute Farbwiedergabe wichtig; besonders aber für ein einwandfreies Schwarzweißbild, denn nur wenn alle Punkte eines → *Farbtripels* angeregt werden, ergibt sich reines Weiß.

Trotz der präzisen Fertigung der Farbbildröhre ist die Konvergenz durch unvermeidliche Toleranzen nicht selbstverständlich. Deshalb sind zusätzliche Einrichtungen zur → *Konvergenzkorrektur* erforderlich. Sie bestehen aus Permanentmagneten und Elektromagneten, deren Felder die drei Elektronenstrahlen einzeln beeinflussen und korrigieren.

Konvergenzkorrektur Mit der statischen Konvergenz bezeichnet man die Lage der drei ruhenden oder nur wenig abgelenkten Elektronenstrahlen, also die Farbdeckung in der Mitte des Bildschirms. Hierfür sind im Innern des Röhrenhalses für jeden Elektronenstrahl zwei Polschuhe angeordnet, zwischen denen außen angebrachte Permanentmagnete Felder erzeugen. Durch Drehen der Magnete lassen sich die Felder verändern, wodurch der zugehörige Elektronenstrahl radial verschoben wird. Damit sind zwei Strahlen stets zur Deckung zu bringen, der dritte könnte aber u. U. noch seitlich neben diesem Schnittpunkt liegen. Deshalb wird ein vierter Magnet benötigt, dessen Feld den blauen Elektronenstrahl seitlich verschieben kann. Er wird als → *Blau-Schiebemagnet* oder Lateral-Magnet bezeichnet.

Weitere Korrekturen sind für die dynamische Konvergenz erforderlich. Hierunter versteht man die Farbdekkung außerhalb der Bildmitte, also bei abgelenkten Strahlen zu den Bildrändern hin.

Für die dynamische Konvergenzkorrektur sind besondere Spulen auf den hufeisenförmigen Kernen angeordnet, die den Polblechen im Innern des Röhrenhalses gegenüberstehen. Durch die Spulen werden unsymmetrische, parabelförmige Ströme geleitet, die entsprechende Magnetfelder zur Korrektur erzeugen.

Konvergenzschaltung Die für die → *Konvergenzkorrektur* benötigten Ströme müssen wegen der unterschiedlichen trapezförmigen Rasterverzeichnungen recht komplizierte Formen aufweisen. Sie werden aus der Horizontal-Ablenkstufe und der Vertikal-Ablenkstufe gewonnen. Durch Verformungen und Überlagerungen verschiedener Spannungen, z. B. parabelförmige Spannungen mit Sägezahnschwingungen, erhält man die gewünschten Kurvenformen für die Konvergenzströme.

Konvergenzsystem Um statische und dynamische Konvergenzfehler der Farbbildröhre korrigieren zu können (→ *Konvergenzkorrektur*), sitzt auf dem Hals der Bildröhre vor der Ablenkeinheit (vom Röhrensockel

Konvergenzsystem: Anordnung der drei Konvergenzspulen auf dem Bildröhrenhals. Die Magnetkerne sitzen in den Polblechen in der Röhre gegenüber. Eine Abschirmung verhindert eine gegenseitige Beeinflussung

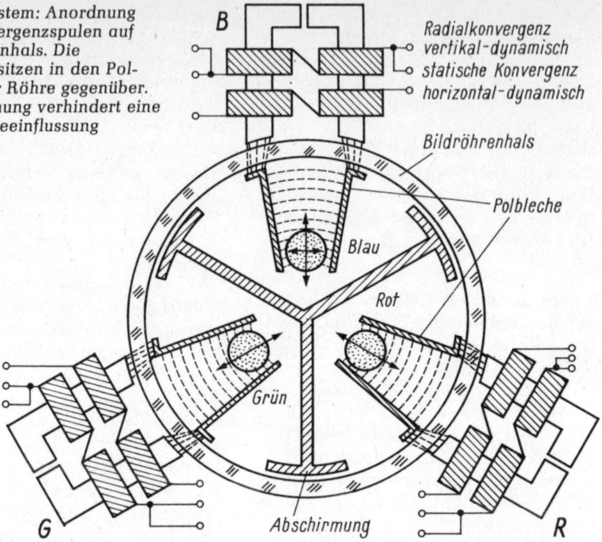

aus gesehen) das Konvergenzsystem. Es besteht aus hufeisenförmigen Ferritkernen mit verschiedenen Wicklungen für die horizontale und vertikale dynamische Konvergenz und für die statische Konvergenz. Bei einigen Fabrikaten wird die statische Konvergenz mit Hilfe besonderer Permanentmagnete eingestellt.

Diese Anordnung von Elektromagneten ist dreimal vorhanden, damit jeder Elektronenstrahl einzeln beeinflußt werden kann. Im Innern des Röhrenhalses gegenüber den Ferritkernen sind Polbleche angebracht, zwischen denen sich magnetische Felder ausbilden, die die gewünschte Korrektur der Ablenkung der Elektronenstrahlen bewirken.

Zum Konvergenzsystem gehört ferner der → *Blau-Schiebemagnet.*

Konverter (Umsetzer) Allgemeine Bezeichnung für ein Gerät, das dazu dient, ein Signal von einer Trägerfrequenz auf eine andere Trägerfrequenz umzusetzen. Konverter oder Frequenzumsetzer sind in der Fernsehtechnik auf der Empfänger- wie auf der Senderseite gebräuchlich.

Bei der Erschließung des UHF-Bereiches (→ *UHF*) für das Fernsehen (Zweites Programm) konnten die vorhandenen Empfänger diesen Bereich nicht empfangen. Hierfür wurden als Zusatzgeräte Konverter gebaut. Der wichtigste Bestandteil eines solchen Gerätes ist ein → *UHF-Tuner.*

Eine andere Ausführung des Konverters, Frequenzumsetzer genannt, ist für Gemeinschafts-Antennenanlagen vorgesehen. Das Prinzip ist das gleiche: Eine Frequenz aus dem UHF-Bereich wird in den VHF-Bereich umgesetzt. Diese Umsetzer sind stets fest auf den örtlichen Fernsehsender abgestimmt.

Zur Versorgung sogenannter Empfangslücken – z. B. abgeschatteter Gebiete hinter Bergen, schmaler Täler – werden kommerzielle Frequenzumsetzer mit höherer Ausgangsleistung verwendet. Sie werden auch als Füllsender bezeichnet.

Konzentration der Ladungsträger Ladungsträgerdichte (Anzahl der → *Ladungsträger* je Volumeneinheit).

Koppelelement → *fotoelektronische Kopplung.*

Korngrenze Grenze zwischen → *Einkristallen*, also z. B. Kristallversetzung mit Gitterlücken, die sich in regelmäßigen Abständen auf einer Fläche wiederholen, also gewissermaßen eine Naht bilden. Aus dem Abstand der Gitterlücken läßt sich der Winkel bestimmen, um den die → *Elementarzellen* gegeneinander versetzt sind.

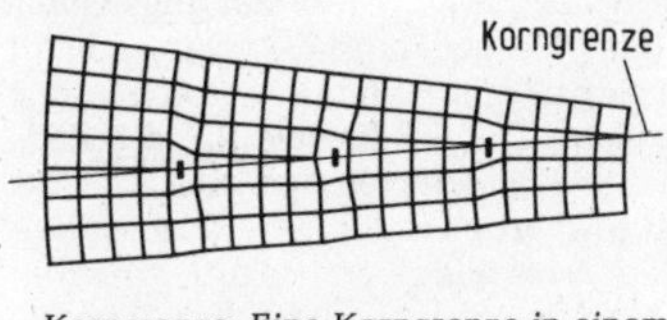

Korngrenze: Eine Korngrenze in einem Kristall

Körperschall Schall wird entweder durch die Luft oder durch Körper fortgeleitet. Im letzteren Fall spricht man von Körperschall.

Korrektion X_B Berichtigung des Meßwerts bei systematischen Fehlern, deren Größe durch vorheriges → *Kalibrieren* der Meßanordnung bekannt ist. Die Korrektion ist gleich dem negativen absoluten → *Fehler* der Meßanordnung.

$X_B = -\Delta X$

Korrelation

1. allgemein: Wechselbeziehung, nämlich statistische Abhängigkeit der Werte von Größen derart, daß von den Werten einer Größe auf die Werte anderer Größen geschlossen werden kann.

2. Vollständige Korrelation im zeitlichen Verlauf zweier Größen bedeutet feste Beziehung zwischen diesen Größen. D. h. die Werte dieser Größen sind durch einen komplexen, konstanten Faktor miteinander verknüpft.

Korrelations-Faktor Faktor, der die Werte zweier in ihrem zeitlichen Verlauf miteinander völlig korrelierter Größen miteinander verknüpft.

Korrelations-Leitwert y_{cor} Faktor mit der Dimension eines Leitwertes, gegeben als das Verhältnis eines Stromes zu der mit ihm völlig korrelierten Spannung.

kovalente Bindung → *Valenzbindung*, Elektronenpaarbindung, homöopolare Bindung.

Kovar ist eine Legierung aus ~ 35% Nickel mit Eisen-Kobalt und hat einen ähnlich geringen Ausdehnungs-Koeffizienten wie die Glasdurchführungen bei Transistoren und Dioden.

Kraft N 1 Newton ist gleich der Kraft, die einem Körper der Masse 1 kg die Beschleunigung 1 m/s^2 erteilt.

Kreisblattschreiber → *Schreiber*, bei dem die Schreibeinrichtung die Meßwerte auf einer kreisförmigen und sich sehr langsam drehenden Scheibe registriert.

Kreuzspulmeßwerk → *Drehspulquotientenmeßwerk* mit zwei fest miteinander verbundenen und sich kreuzenden Spulen, deren Spulenebenen ein Winkel β einschließen. Der so aus-

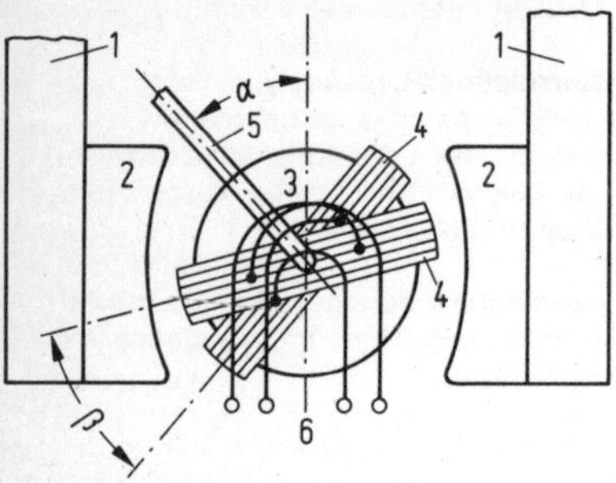

Schema eines Kreuzspulmeßwerks

1 Dauermagnet
2 Polschuhe
3 Polkern
4 zwei unter dem Winkel β gekreuzte Drehspulen
5 Zeiger mit Ausschlagwinkel γ
6 Stromzuführung

geführte Spulenrahmen ist drehbar in einem radialen aber inhomogenen Feld eines Dauermagneten angeordnet. Die Stromzuführung erfolgt über nahezu richtkraftlose Metallbänder, so daß die Spulenanordnung im stromlosen Zustand in jeder Stellung eine Ruhelage besitzt. Die Stromrichtung in den Spulen ist so gewählt, daß zwei gegeneinander gerichtete Drehmomente entstehen, die eine Winkelstellung γ bewirken, die vom Verhältnis (Quotienten) der beiden Ströme zueinander und der Inhomogenität des Magnetfeldes abhängt.

Kreuzspul-Ohmmeter Widerstandsmeßgerät mit → *Kreuzspulmeßwerk*, dessen eine Spule von einer Spannungsquelle über einen konstanten Vorwiderstand (konstanter Strom) und die andere Spule über den zu messenden Widerstand mit Strom versorgt werden. Die beiden Ströme sind entgegengesetzt gerichtet, so daß das Kreuzspulmeßwerk deren Quotienten und damit auch das Widerstandsverhältnis anzeigt.

Kreuzspul-Verhältnis-Meßwerk → *Kreuzspulmeßwerk*.

Kriechgalvanometer → *Galvanometer* mit vernachlässigbar kleiner Federkraft, das durch einen niedrigen Parallelwiderstand (Schließungswiderstand) so gedämpft ist, daß es beim Anlegen eines Spannungsstoßes nur kriecht. Die Größe des für die Zeitdauer T angelegten Spannungsstoßes ist proportional der Differenz der beiden Ausschläge am Beginn bzw. am Ende des Spannungsstoßes. Zusammen mit einer Prüfspule wird das Kriechgalvanometer häufig zur Messung der magnetischen Induktion oder des magnetischen Flusses benutzt (Flußmesser).

Kristall Fester Körper, dessen Atome bzw. Ionen gewissermaßen die Knotenpunkte eines regelmäßig aufgebauten räumlichen Gitters bilden.

Kristall-Baufehler Alle Abweichungen vom regelmäßigen Aufbau des Kristalls. Dazu gehören Kristall-Versetzungen, Gitter-Fehlstellen und besetzte Zwischengitterplätze.

Kristall-Ebene Eine Kristall-Ebene enthält die Mitten der → *Atomrümpfe*, die in den Kristall-Elementarzellen die einander entsprechenden Standorte haben. Die Kristallebenen werden durch ihre Normalvektoren gekennzeichnet. Das hierzu gehörende Bezugsachsensystem ist auf den Kristallaufbau ausgerichtet. Im Germanium-Kristall liegen die Achsen parallel zu den Würfelkanten. Das Bild zeigt das Achsensystem und die drei für den Germanium-Kristall wichtigen Einheitsvektoren.

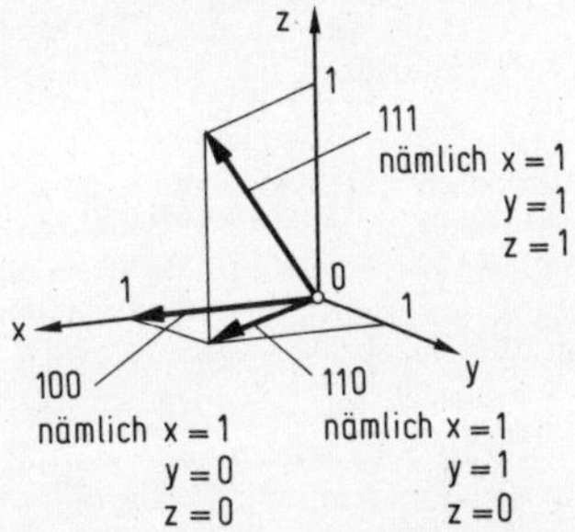

Kristall-Ebene: Die Einheitsvektoren, die man zum Kennzeichnen der Kristall-Ebenen verwendet. Die drei Achsen verlaufen parallel zu den Kanten des Germanium-Elementarwürfels

Kristall-Gitter Innere Struktur eines Kristalls, vergleichbar mit einem regelmäßigen räumlichen Gitter, dessen Knotenpunkte durch die → *Atomrümpfe* dargestellt werden (→ *Einkristalle*).

Kristallautsprecher (piezoelektrische L.) Das Antriebssystem beruht auf dem → *piezoelektrischen Effekt* gewisser Kristalle, die sich unter dem Einfluß von Wechselspannungen verformen. Sie werden vorzugsweise als Hochtöner verwendet. Solche Lautsprecher haben kapazitive Widerstände von ca. 25000 Ω bei 1000 Hz; sie entsprechen damit einem Kondensator von etwa 6500 pF. – Die Wechselspannung muß gleichspannungsfrei zugeführt werden, Anschluß daher über Kondensatoren oder Übertrager.

Kristallmikrofone (piezoelektrische) Bestimmte Kristalle (Turmaline, Quarze, Seignettesalze) zeigen eine elektrische Ladung an ihrer Oberfläche, wenn auf sie Druck ausgeübt wird (→ *piezoelektrischer Effekt*). Die Seignettesalze sind in dieser Hinsicht am empfindlichsten und können zum Bau von Mikrofonen Verwendung finden. Man schneidet aus den besonders gezüchteten Kristallen in ganz bestimmter Richtung Plättchen von etwa 0,3 mm Stärke und belegt sie auf beiden Seiten mit Stanniol. Zwei solcher Anordnungen werden zu einer Doppelplatte zusammengeklebt. Bei Biegebeanspruchung wird ein Kristall gedehnt, das andere verkürzt. Die an den Belegen auftretenden Spannun-

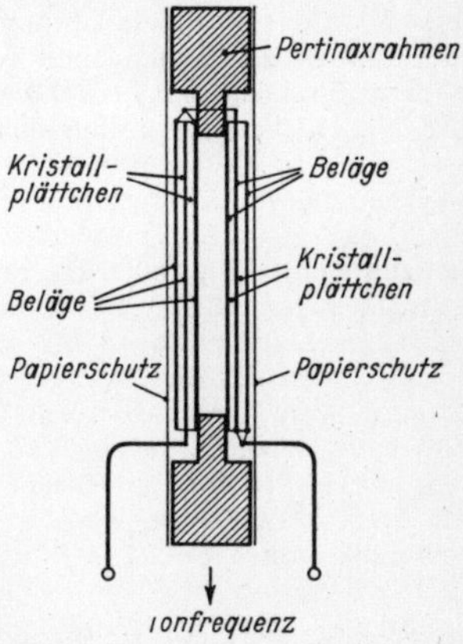

Kristallmikrofone (piezoelektrische): Abb. 1 Schema der Klangzelle eines piezoelektrischen Mikrofons

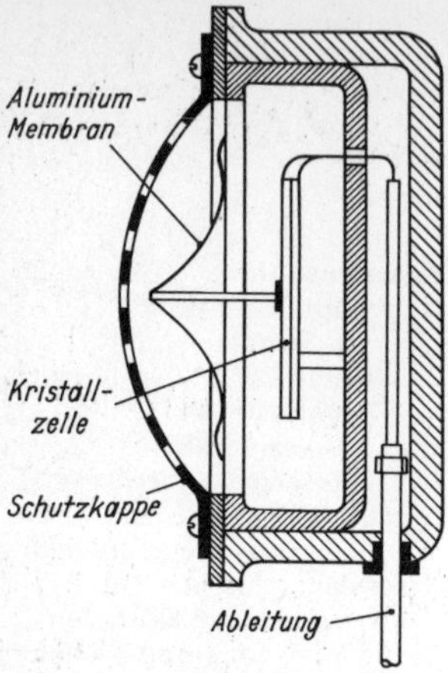

Abb. 2 Schnitt durch ein Kristallmikrofon

gen addieren sich. Nach *Abb. 1* werden zwei Doppelplatten zu einer „Klangzelle" vereint (luftdichter Abschluß des Zwischenraumes). Eine Kangzelle hat eine Oberfläche von etwa 1 cm^2. Mehrere Zellen können zu einer Einheit zusammengefaßt werden. Empfindlichkeit 0,2 bis 0,5 mV/μbar. Neben der Klangzellenausführung werden die empfindlicheren Membranmikrofone hergestellt; schematischer Aufbau siehe *Abb. 2*. Frequenzbereich 30 bis 14000 Hz. Empfindlichkeit etwa 1,8 mV/μbar. – Angeschlossene Leitungslängen bis etwa 10 m zwischen Mikrofon und Verstärker sind ohne Empfindlichkeitsverminderung möglich, da der Kapazitätswert des Mikrofons mit 1000 pF relativ hoch ist. Verwendung u. a. als Kleinstmikrofone.

Kristalloden veraltete Bezeichnung für Halbleiter-Schaltelemente.

Kryo... → *Cryo...*

KTN-Kristalle sind Mischkristalle aus Kaliumtantalat ($KTaO_3$) und Kaliumniobat ($KNbO_3$) und dienen zur Modulation von Lichtstrahlen (→ *Pokkels-Zellen*).

kT$_0$-Zahl → *Rauschfaktor.*

Kugelschreiber, elektronischer wird über eine durch Ultraschallimpulse waagerecht und senkrecht erregte Keramikplatte geführt und nimmt entsprechende Impulse auf, die von ihm zu einem Bildschirm geleitet werden und dort die von ihm ausgeführten Figuren (Schriften) aufleuchten lassen.

Kühlblech Blech, das mit einem erwärmten Körper guten Wärmekontakt hat, so daß die entstehende Wärmeleistung im wesentlichen über das Blech an die Umgebung abgegeben wird.

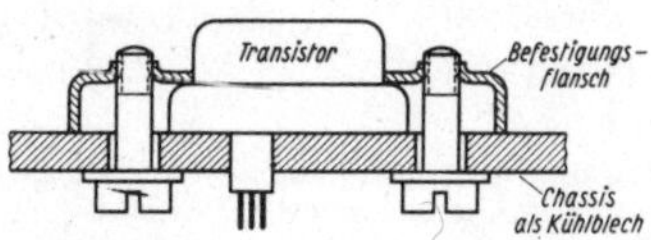

Kühlblech: Die Abb. zeigt einen mittels eines Befestigungsflansches und zweier Schrauben auf dem als Kühlblech dienenden Chassis befestigter Leistungstransistor

Kühlfahne Ein Blech, das das zu kühlende Bauelement einseitig umgreift und an seiner anderen Seite auf das → *Kühlblech* aufgeschraubt wird.

Kühlfläche Oberfläche, die hauptsächlich an der Wärmeabgabe beteiligt ist.

Kühlkörper Mit Kühlrippen versehener, gut wärmeleitender Körper, mit dem der zu kühlende Bauteil einen guten Wärmekontakt hat *(Abb.)*.

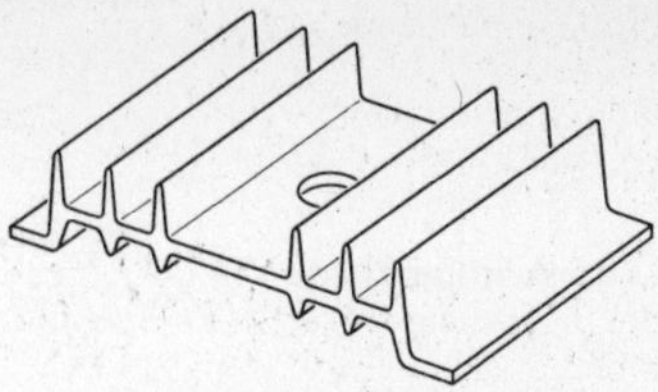

Kühlkörper: Das in seiner Mittelfläche vorhandene Loch dient zur Aufnahme des Gewindestutzens des Transistor-Gehäuses

Kühlung, elektrische → *Peltier-Effekt.*

Künstlicher Kopf Kopfnachbildung zur Erzielung gleicher Verhältnisse wie beim normalen Kopf. Zwei Mikrofone sind im Ohrabstand (etwa 21 Zentimeter) angebracht. Der zwischen den Ohren liegende Körper bewirkt den normalen Schallschatten.

Kupfer Cu Ein- bis dreiwertiges, meistens zweiwertiges chemisches Element, Ordnungszahl 29, Atomgewicht 63,57, Schmelzpunkt 1083 °C mit einem spezifischen Widerstand von

$$(0{,}0175...0{,}0189)\ \Omega \cdot \frac{mm^2}{m} \text{ (bei 25 °C)}$$

und etwa 10^{23} freien Elektronen je cm^3.

Kupferoxydul Cu_2O wurde früher fast ausschließlich für Meßgleichrichter angewandt wegen seiner besonders niedrigen → *Schwellenspannung.*

Kupferoxydul-Gleichrichter (Vielkristall-Halbleiter) erstes Material für die Herstellung von Trockengleichrichtern war Kupferoxydul. Die Sperrschicht liegt zwischen Kupfer und Kupferoxydul; es folgt die Kontaktschicht als Minuspol; die Kupferplatte ist Pluspol. Die Bedeutung der Kupferoxydul-Gleichrichter ist sehr zurückgegangen. Sie werden heute nur noch für Meßzwecke, als Sperrventile und in Modulatoren verwendet.

Kurvenschreiber → *XY-Schreiber.*

Kurzschluß-Reststrom I_{Ck} Über die → *Kollektordiode* fließender Sperrstrom als Folge einer in Sperr-Richtung gepolten Gleichspannung des Kollektors gegen die Basis bei Kurzschluß der Basis mit dem Emitter.

Kurzschluß-Steilheit Jede Transistor-Steilheit bei für das Signal kurzgeschlossener Gegenseite des Vierpols.

Kurzstabspeicher haben als Speicherelemente winzige Beryllium-Kupfer-Stäbchen (2,8 mm x 0,15 mm ∅), die zu einem Drittel eine Nickeleisenschicht tragen. Diese werden in vorverdrahtete Speicherebenen eingesetzt. Sie können in 4 verschiedene Betriebszustände versetzt werden.

Kurzwelle → *Frequenzbereich.*

KV-Diagramm, KV-Tafel = → *Karnaugh-Diagramm.*

KW → *Frequenzbereich.*

Kybernetik ist die Wissenschaft von den Regelungs- und Steuerungsvorgängen, sowohl in der Technik als auch in der Natur, in Biologie und Soziologie. Sie umfaßt Regelungstechnik, Statistik, Wahrscheinlichkeitsrechnung und → *Informationstheorie* und ist dabei eine der Grundlagen der Datenverarbeitung. Der Begriff ist zuerst 1834 bei Ampère aufgetaucht, wurde aber erst 1948 von Norbert Wiener zusammenfassend dargestellt.

Kyrotechnik Technischer Umgang mit sehr tiefen Temperaturen dicht über dem absoluten Nullpunkt (0 K). Die K. spielt bei der → *Supraleitung* eine bedeutende Rolle.

L

L bedeutet in der → *Schaltalgebra* geschlossener Schalter, beim → *Dualsystem* 1.

label (= → *Etikett*) bezeichnet im Maschinen- oder maschinenorientierten Programm einen → *Sprungbefehl*.

ladder network (= → *Strickleiter-Netzwerk*) bezeichnet ein Kettenleiter-Widerstands-Netzwerk.

Laden heißt das Eingeben von → *Daten* oder von ganzen → *Programmen* in einen oder mehrere → *Speicher* der → *EDV-Anlage*.

Ladungsträger Elektronen oder Defektelektronen (Löcher). Beide sind Träger gleich großer elektrischer Ladungen, jedoch verschiedener Polarität.

Ladungsträgerbeweglichkeit Driftgeschwindigkeit der Elektronen z. B. in $cm \cdot s^{-1}$, bezogen auf ein Spannungsgefälle z. B. von $1\ V \cdot cm^{-1}$. Somit Dimension der Elektronenbeweglichkeit $cm^2 \cdot (V \cdot s)^{-1}$. Die Elektronenbeweglichkeiten sind für

reines Germanium $\mu_n \approx 3900\ \frac{cm^2}{V \cdot s}$

reines Silizium $\mu_n \approx 1350\ \frac{cm^2}{V \cdot s}$

Kupfer nur etwa $50\ \frac{cm^2}{V \cdot s}$

Indium-Antimonid bis zu etwa $77000\ \frac{cm^2}{V \cdot s}$

Ladungsträgerdichte ist die Anzahl der → *Ladungsträger* je Volumeneinheit.

Ladungsträgerpaare bestehen aus einem freien Elektron und einem Loch und entstehen durch Aufbrechen einer → *Valenzbindung* eines Halbleiteratoms (→ *Paar-Erzeugung*).

Ladungsträgerzahl Anzahl der elektrisch geladenen atomaren Teilchen, also der an der Leitung des elektrischen Stromes beteiligten Teilchen, etwa Elektronen, Löcher, im weiteren Sinne auch Ionen.

Ladungsverstärker Verstärker zur Messung elektrischer Ladungen. Ihre Eingangsstufe wird heute meist mit Feld-Effekt-Transistoren aufgebaut, die Eingangswiderstände in der Größenordnung von 10^{15} Ohm erlauben. Mit solchen Geräten sind Ströme bis herab zu 0,1 pA meßbar.

Lambda-Sonde Sensor, der bei einer bestimmten Luftzahl (= 1) abrupt eine Sondenspannung abgibt. Diese Luftzahl gibt das optimale Kraftstoff-/Luftgemisch an, bei dem eine abgasarme Verbrennung stattfindet und die einen einwandfreien Betrieb des katalysators ermöglicht. Zur Erfassung des Lambda-Wertes dient eine Zirkondioxid-Diffusionssonde.

Laminare Strömung Strömung, die sich so verhält, daß sich alle Teilchen ohne Wirbelbildung und Vermischung parallel in der Richtung des Gesamtstroms bewegen.

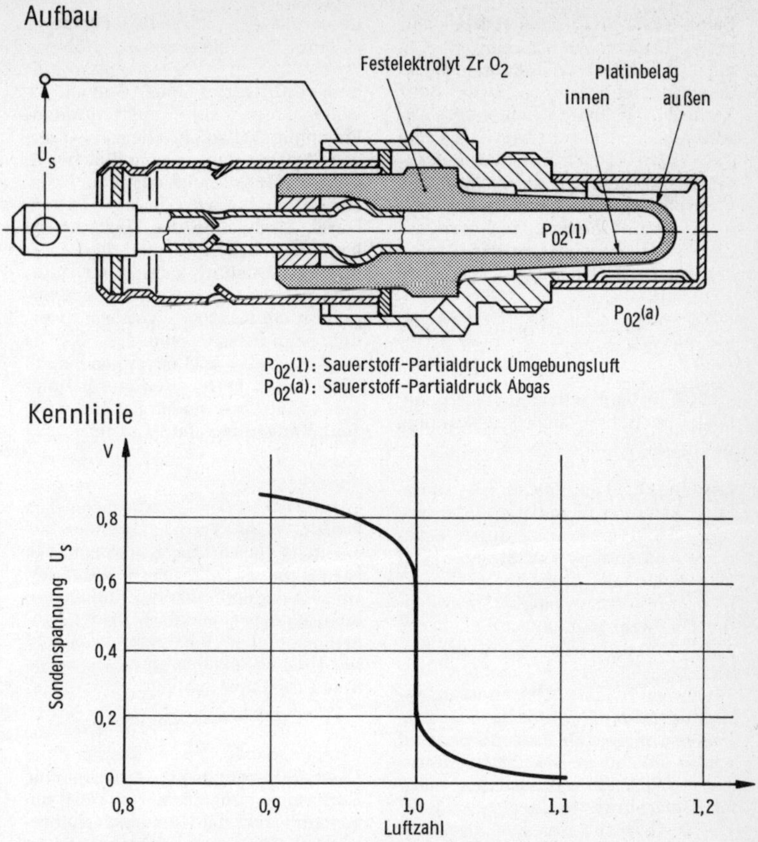

Lambda-Sonde

LAN (engl.: **l**ocal **a**rea **n**etwork) bezeichnet ein lokales Netzwerk, das mehrere Computer und Peripheriegeräte innerhalb eines Gebäudekomplexes oder einer Fabrik miteinander verbindet. Bei der Verbindung mehrerer → *CAD*-Arbeitsplätze dient meistens ein Computer als → *CPU*. Das LAN kann als Ring, Kette, Stern oder auch gemischt ausgeführt sein. Als Übertragungsmedium wird neben herkömmlichen Kabeln auch → *Glasfaser* eingesetzt.

Langwelle → *Frequenzbereich.*

Langzeitdrift Langsame Änderungen der elektrischen Eigenschaften der Bauteile und der mit ihnen bestückten Schaltungen, Folge von Alterungen.

Large-Scale Integration (LSI) ~ sehr große → *integrierte Schaltungen*, z. B. mit mindestens 250 Funktionen auf einem Siliziumplättchen bzw. 4692 Transistorelementen (4096-bit-Festwertspeicher) mit 2,1 mm x 2,3 mm Kantenlänge (→ *Overlay-Aufbau*), litten zuerst unter der unverhältnismäßig großen Ausfallrate. Aber die elektronischen → *Uhren* und insbesondere die → *Taschenrechner* sorgten für eine stürmische Entwicklung.

Lärm Geräuschschwingungen großer Amplituden.

LASCR (= **l**ight **a**ctivated **s**ilicon **c**ontrolled **r**ectifier) = amerik. Abkürzung für → *Foto-Thyristoren.*

Laser aus **l**ight **a**mplification by **s**timulated **e**mission of **r**adiation, (deutsch etwa: Lichtverstärkung durch angeregte Aussendung von Strahlen) hat man auch mit „optischer (→ *Maser* oder) Molekularverstärker" bezeichnet. Das erzeugte Licht ist → *kohärent.* Man kennt drei Arten: → *Festkörperlaser*, → *Gaslaser* und → *Halbleiterlaser.* Die ersten beiden Arten müssen „gepumpt" (d. h. die Molekühle müssen in einen angeregten Zustand versetzt) werden, damit sie Laserstrahlen aussenden können. Das geschieht meist mit Blitzröhren. Kennzeichnend für alle Festkörper-Laser sind die hochglanzpolierten (spiegelnden) Endflächen, zwischen denen die Strahlen hin- und herlaufen. Die Halbleiterlaser senden kontinuierlich Laserstrahlen aus, die einfach durch Modulation des Speisestroms moduliert werden können, im Gegensatz zu den anderen Arten, wo dies gesondert erfolgen muß. Der erste Laser, ein Rubinlaser, wurde 1960 von Dr. Th. Haimann bei der Hughes Aircraft Company entwikkelt und in New York der Presse vorgeführt.

Laser-Dioden, auch → *Injektionslaser* genannt, weil sie einen zugeführten Strom direkt in → *Laser*-Licht umwandeln, sind in erster Linie → *Gallium-Arsenid-Dioden,* aber auch Indium-Phosphid-Dioden. Aus dem PN-Übergang tritt an den planparallelen Flächen das Laserlicht aus. Die Emissionsfläche beträgt z. B. 0,4 x 0,1 mm. Durch Modulation des Speisestroms kann das Laserlicht moduliert werden. Die Leistung kann durch Kühlung auf 72 K von ~ 5 % bei Raumtemperatur auf fast 100 % gesteigert werden. Impulslaser (100 Hz, 0,2 µs Dauer) werden mit Leistungen bis 100 W geliefert. Durch Reihenschaltung von 40...60 Laserdioden hat man Spitzenleitungen bis 300 W erzielt.

Laserdrucker Der L. tastet nach dem Prinzip eines Fotokopiergerätes sequentiell die Vorlage ab und belichtet entsprechend das Druckpapier. Auflösungen von 600 · 600 dpi (dots = per inch) erreichen praktisch die Qualität herkömmlicher Reproduktionsverfahren. L. verwendet man als Ausgabegeräte von Computern.

Laser-Entfernungsmesser messen die Entfernung zum anvisierten reflektierenden Punkt mit Hilfe eines elektronischen Zählgeräts und geben sie direkt in Metern an. Sie können mit Netzstrom oder mit Batterien betrieben werden und haben ~ 10000 m Reichweite. In ähnlicher Weise verwendet man → *Laser* zum „Positionieren" bei Werkzeugmaschinen. Die Genauigkeit beträgt hier 0,6 µm.

Laserlicht-Farbfernseh-Projektionsanlagen wurden in USA und in Japan konstruiert. In beiden Fällen hat man

Krypton-Laser mit 6471 A und Argon-Laser mit 5145 A und 4880 A verwendet, deren Strahlen durch dichroitische Spiegel und Lichtmodulatoren und über Schwingspiegel bzw. Spiegelräder auf die Projektionsfläche gelenkt wurden. In Japan wurde bei einer Bildgröße von 3 m x 4 m eine bisher nicht erreichte Bildhelligkeit erzielt.

Laserstrahlen sind → *kohärente* Lichtstrahlen. Sie gestatten eine bis dahin unvorstellbare Energiekonzentration und werden in erster Linie zum Bohren allerfeinster Löcher, vorzugsweise in härteste Materialien, z. B. Diamanten, Hartmetall, Wolfram usw., verwendet. Man erzeugt winzige Löcher von 0,5 mm ∅ und in wenigen Bruchteilen einer Sekunde, ohne das durchbohrte Material sonst zu beanspruchen. Meist wird der Strahl durch eine zwischengeschaltete Optik auf einen winzigen Punkt gesammelt. Er ist ungefährlich, wenn er nicht direkt ins Auge geleitet wird. Auf der Haut entsteht ein so winziger Brandfleck, daß er nicht schmerzt. In der Augenoptik kann mit Laserstrahlen auf der Netzhaut eine Geschwulst ausgebrannt oder bei Ablösung der Netzhaut diese wieder festgeschweißt werden.

Neben all diesen Anwendungen ist kohärentes Licht Voraussetzung für die → *Holografie* und findet dort eine weitere Anwendung. Auch zur Hervorbringung besonderer Bühneneffekte wird Laserlicht neuerdings eingesetzt. Da es sich um kohärente elektromagnetische Schwingungen handelt wie alle für Nachrichten-, Fernseh- usw. Verbindungen verwendeten Wellen, scheint sich hier ein neuer großer Bereich anzubieten. Die praktischen Schwierigkeiten konnten aber bisher trotz aller Forschungsarbeit nicht restlos überwunden werden.

Neuerdings wurde ein → *digitales* Ablenksystem entwickelt, mit dem man einen Strahl innerhalb jeweils 0,2 µs in 65 536 Positionen lenken und damit Ziffern, Buchstaben und Zeichen darstellen kann, die bei Tageslicht gelesen werden können. Insbesondere auch für → *Speicher* erhofft man sich noch wesentliche Fortschritte. – Unter den vielen inzwischen erfundenen Lasern sind auch recht kräftige, aber keine „Todesstrahlen".

Laservision → *Bildplatte.*

Lastverbund Um Lasten in Stoßzeiten zu verteilen, wird der Rechnerverbund (→ *Rechnernetz*) benutzt. Patiell überlastete Rechner werden durch Umverteilen von Aufträgen entlastet und somit durch gleichmäßige Verteilung bessere Antwort- und Arbeitszeiten erreicht.

Latch ist eine Flipflop-Baugruppe, in der Daten vorübergehend (während der Verarbeitung) gespeichert werden können. → *ALU.*

Latenzzeit heißt die mittlere → *Zugriffszeit* zu einem → *Speicher,* insbesondere zu → *Magnettrommelspeichern* u. ä.

Lateral-Magnet → *Blau-Schiebemagnet.*

Laue-Diagramm Interferenz-Verfahren zum Bestimmen der Struktur von Kristallen. Charakteristisch dabei ist die Verwendung von Röntgenstrahlen.

Laufzeit (bei Transistoren) Im wesentlichen die Zeitspanne, die die in den Basisbereich injizierten Ladungsträger benötigen, um diesen Bereich zu passieren, also Zeit zwischen Austritt aus der Emittersperrschicht und Eintritt in die Kollektor-Sperrschicht.

Laufzeitdemodulator In diesem für einen Empfänger nach dem → *Pal-Farbfernsehsystem* charakteristischem Schaltungsteil werden die direkten Farbartsignale und die in einer → *Laufzeitleitung* für die Dauer einer Zeile verzögerten Signale addiert und subtrahiert. Durch diese Signalaufspaltung gewinnt man die trägerfrequenten → *Farbdifferenzsignale*. Diese werden anschließend in zwei → *Synchrondemodulatoren* demoduliert, um die videofrequenten Farbinformationen Rot und Blau sowie mit Hilfe einer → *Matrix* Grün zu erhalten.

Laufzeiteffekt Erscheinung, die auf Teilchen (z. B. Elektronen) einwirkt, wenn die steuernden Felder sich so rasch ändern, daß sie nicht mehr als konstant angesehen werden können im Vergleich zu der Zeit, die Teilchen zum Durchlaufen der Felder brauchen.

Laufzeiteinteilung → *Verzögerungsleitung*.

Laufzeitregler ermöglichen in elektroakustischen Anlagen eine Laufzeitverzögerung. Besonders bei der Beschallung sehr großer Flächen kommt ihre Anwendung in Betracht. Wird die Modulation der Fernlautsprecher elektrisch genauso verzögert wie der Luftschall, dann fallen beide Schallwellenzüge zeitlich zusammen und die Übertragung klingt einwandfrei. – Laufzeitgeräte können auch zur Erzeugung akustischer Effekte (z. B. von Echos und von Nachhall), zur Kurztonaufzeichnung und für physiologische Untersuchungen Anwendung finden. – Die meisten dieser Geräte arbeiten nach dem Magnetton-Prinzip.

Laufzeitspeicher arbeiten wie die Verzögerungsleitungen beim Fernsehen mit Ultraschall-Gebern und Empfängern und festen oder flüssigen Schallleitern. Die Information wird immer neu in Umlauf gesetzt, bis sie nicht mehr benötigt wird.

Lautsprecher haben die Aufgabe, tonfrequente Schwingungen elektrischer Ströme in entsprechende Schallschwingungen umzusetzen. Je mehr sich das Bild der abgestrahlten Schallwelle dem der elektrischen Schwingungen anpaßt, um so besser ist der Lautsprecher. Obwohl man „naturgetreuer" Wiedergabe nahegekommen ist, wurde sie noch nicht erreicht.

Man unterscheidet bei Lautsprechern je nach dem Antriebsprinzip elektrodynamische, magnetische, elektrostatische und piezoelektrische L.

Der von normalen Lautsprechern (mit üblicher Membran) abgestrahlte Schall wird um so stärker gebündelt, je höher die Frequenz ist *(Abb. 1)*. Daher kommt es, daß ein in der verlängerten Lautsprecher-Mittelachse befindlicher Zuhörer die Höhen besser wahrnimmt als die Tiefen. Um diese Erscheinung einzudämmen, kann im

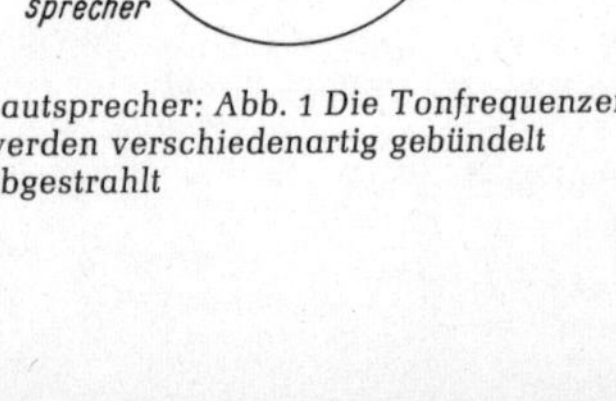

Lautsprecher: Abb. 1 Die Tonfrequenzen werden verschiedenartig gebündelt abgestrahlt

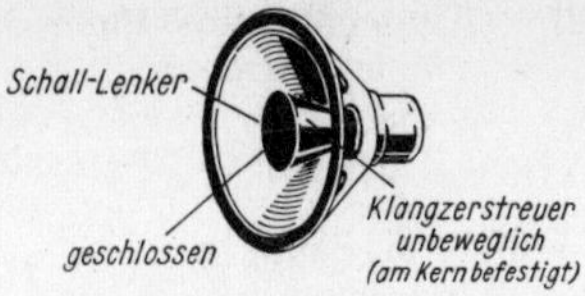

Abb. 2 Lautsprecher mit Klangzerstreuer und Hochtonkonus

Konusinnern, verbunden mit dem Kern des Magnetsystems, z. B. ein konisch geformter „Klangzerstreuer" angebracht werden (*Abb. 2*). Die Abstrahlverhältnisse werden durch diese Maßnahme frequenzunabhängiger.

Eine gute Abstrahlung der tiefen Frequenzen wird z. B. erreicht durch Einbau der Lautsprecher in ein → *Baßreflexgehäuse.*

Die Leistung von Lautsprechern wird in Watt angegeben. Im allgemeinen richtet man sich bei den Leistungsangaben nach der oberen Grenze: ein 3-W-Lautsprecher ist ein solcher, der gerade noch 3 W Tonfrequenzleistung verträgt.

Lawinen-Durchbruch → *Durchbruch in Halbleitern.*

Lawinen-Effekt Bildung von → *Ladungsträgerpaaren* durch Ladungsträgerstöße mit hoher Energie, wobei die → *Ladungsträgerzahl* lawinenartig zunimmt.

Lawinen-Transistor Halbleiter-Bauelement, das im Prinzip ebenso aufgebaut ist wie ein PNP- bzw. NPN-Transistor, dessen mittlere Zone (die Basis) über einen Widerstand an den Emitter gelegt wird. Damit lassen sich aufgrund der mit dem Widerstand dargestellten Rückkopplung fallende Kennlinienabschnitte erreichen (*Abb.*). Manchmal wird auch der → *Vierschicht-Transistor* als Lawinen-Transistor bezeichnet.

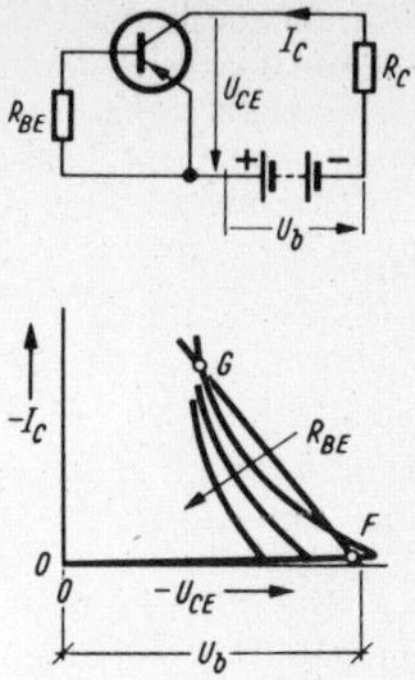

Lawinen-Transistor

Lawinenzelle ist eine Diode hoher Sperrspannung. Sie vermag ohne Gefahr der Überhitzung größere Spannungsimpulse in Sperrichtung aufzunehmen; daher verträgt sie Überspannungen. – Durch eine besondere Formgebung der Kristalloberfläche (Abschrägung) wird erreicht, daß die äußere Überschlagspannung an dem Kristall immer größer ist als die Lawinendurchgangsspannung des PN-Übergangs.

Lawinenzellen werden zur Begrenzung von Stoßüberspannungen, die durch Schaltvorgänge im Netz oder durch andere Ursachen entstehen, benutzt, daneben für Aufgaben der Spannungs-Stabilisierung.

LCD = **l**iquid **c**rystal **d**isplay = → *Flüssig-Kristall-Anzeigeeinheiten.*

LC-Filter bestehen aus Induktivität (L) und Kapazität (C).

LDR-Widerstand (= **L**ight **D**ependant **R**esistor = lichtabhängiger Widerstand) → *Fotowiderstände.*

Leckstrom Strom, der durch eine Sperrschicht zusätzlich zum Sperrstrom fließt. Letzterer stellt innerhalb eines größeren Bereiches der in Sperrrichtung angelegten Spannung den → *Sättigungsstrom* dar. Der Betrag dieses reinen Leckstromes ist hingegen dem Betrag der in Sperrichtung wirkenden Spannung weitgehend proportional.

Lecksuche an Leitungen und Behältern mit unter Druck stehenden Gasen erfolgt mit Ultraschall-Mikrofonen und nachgeschaltetem Anzeigeverstärker. Bei Kühl- und anderen mit Halogenen gefüllten Geräten benutzt man speziell dafür konstruierte Leckschnüffler oder auch Spezialmikrofone. Für Wasser- u. ä. Leitungen im Boden benutzt man Bodenmikrofone zum Orten, evtl. unter Zuhilfenahme von → *Metallsuchgeräten.* Hermetische Umschließungen (z. B. Transistoren) setzt man in Helium unter Hochdruck und sucht nachher mit Spezialgerät die Stücke, die Helium abgeben. In dieser Art gibt es viele Spezialverfahren.

Leckwarngeräte, z. B. für Autokühler, geben Signal, sobald ein Fühler nicht mehr die zu kontrollierende Flüssigkeit erreicht oder ein Schwimmer einen Kontakt auslöst.

Leckwiderstand

1. Verhältnis des Wertes der in Sperrichtung an eine Diode angelegten Spannung zum Wert des davon herrührenden reinen Leckstromes, nämlich Widerstand, der der idealen Sperrschicht parallel zu denken ist.

2. Gleichstrom-Sperrwiderstand, also der Sperrichtung gemäß angelegte Spannung geteilt durch den dadurch bewirkten gesamten Strom (Leckstrom + Sperrsättigungsstrom).

3. → *Differentieller Widerstand* gemäß 2.

LED = **L**icht **e**mittierende **D**iode oder → *Leuchtdiode,* aus denen → *5 x 7-Punkt-Anzeigen,* evtl. auch → *Sieben-* oder → *Vierzehn-Segment-Anzeigen* zusammengesetzt werden können. Man findet sie häufig in → *Tisch-* und → *Taschenrechnern* in rot (1,5 mcd) sowie in grün und gelb (0,5 mcd) erhältlich.

LEF-Anzeige (= **L**icht **e**mittierender **F**ilm) beruht auf der → *Elektrolumineszenz.* Wenn das Dielektrikum eines Kondensators Leuchtstoffteilchen enthält, so leuchten diese bei jedem Spannungsmaximum auf. Macht man die vordere Elektrode durchsichtig und setzt man die hintere nach dem System der → *Sieben-* oder → *Vierzehn-Segment-Anzeige* aus entsprechenden Elektroden zusammen, so ergeben sich Leuchtschriften, deren Helligkeit von Spannungs- und Frequenzhöhe abhängt.

Legieren nennt man erstens das Einbringen von Zusätzen (z. B. → *Donatoren,* → *Akzeptoren*) in das geschmolzene Grundmaterial (z. B. Silizium, Germanium o. ä.), daneben aber auch das Einschmelzen von Pillen anderen Materials durch Erhitzen bis zur Erweichung und Zusammenschmelzen.

Legierungstransistor Die *Abb.* zeigt den Aufbau eines PNP-Germanium-Legierungstransistors im Schnitt (NF-Transistor; HF-Transistoren werden nach dem Diffusionsverfahren hergestellt). In ein N-leitendes Germaniumplättchen wird auf jeder Seite eine Indiumpille einlegiert. An der Übergangszone zwischen Indium und Germanium bilden sich zwei P-leitende Schichten aus (Überschuß an Elektronenfehlstellen, sogenannten Löchern). Das Basismaterial behält seinen Überschuß an Elektronen. Die Ba-

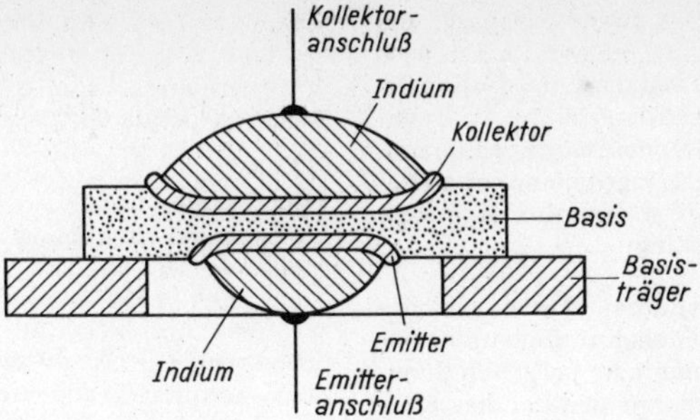

Legierungstransistor: (Schnitt)

sisschicht muß möglichst dünn sein, damit wenig Ladungsträger Zeit haben, auf ihrem Weg durch die Basis zu rekombinieren und zum Basisanschluß abzufließen. Die mittlere Schicht eines Legierungstransistors läßt sich aus technologischen Gründen nicht beliebig dünn herstellen, da sonst ein Ineinanderlaufen der beiden P-Zonen beim Legierungsprozeß auftreten kann. Dünnere Basisschichten als solche von 10 μm lassen sich nur nach den Diffusionsverfahren herstellen.

Legierungsverfahren zur Herstellung von Bauelementen kleiner und mittlerer Leistung unterscheiden sich in ihren Einzelheiten kaum voneinander. Als Beispiel mag eine im Legierungsverfahren hergestellte Diode dienen.

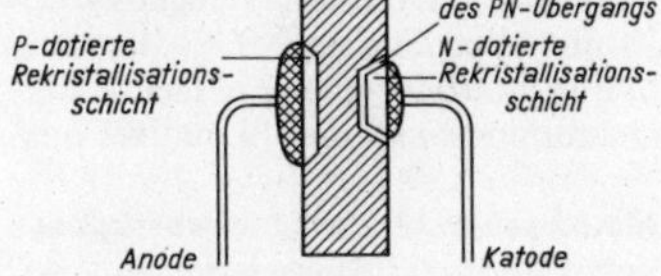

Legierungsverfahren: Schnitt durch eine legierte Germanium-Flächendiode

Die *Abb.* ist der Schnitt durch eine legierte Diode. Der Germaniumkristall (z. B. homogen P-leitend) wird zur Erzeugung der Sperrschicht einerseits und der sperrfreien Kontaktierung andererseits zusammen mit kleinen Kugeln aus N- bzw. P-dotiertem (Antimon, Arsen bzw. Indium, Gallium) Legierungsmetall (Zinn, Blei, Gold) in einer geeigneten Form kurzzeitig auf 400 bis 600 °C erhitzt. Dabei schmelzen die Legierungen und lösen eine entsprechende Menge Germanium. Bei der Abkühlung erstarren die Schmelzen, deren Rekristallisationsschichten nun die dem dotierenden Legierungszusatz entsprechende Leitfähigkeit haben. Anschließend wird der Diodenkristall in einen Gehäusesockel gelötet. Sodann wird eine Metallkappe aufgeschweißt, die zur besseren Wärmeableitung mit Fett gefüllt sein kann. Entsprechende Legierungsverfahren finden auch bei Silizium Verwendung. Zur P-Dotierung dient dabei neben Gold-Gallium im großen Umfang Aluminium.

Leistung W 1 Watt ist gleich der Leistung, bei der während der Zeit 1 s die → Energie 1 J umgesetzt wird.

Leistung, verfügbare Leistung, die von einer Quelle oder von einem Vierpol-Ausgang maximal abgegeben werden kann. Diese Leistung wird tatsächlich abgegeben, wenn Lastimpendanz und Ausgangsimpendanz zueinander konjugiert komplex sind (Leistungsanpassung).

Leistungs-Hyperbel Linie gleicher Leistung in einem Kennlinienbild, das den Zusammenhang zwischen Spannung und hierzu gehörenden Strömen in einem rechtwinkligen Koordinatensystem mit linearen Achsenteilungen zeigt, also z. B. im I_C (U_{CE})-Kennlinienfeld.

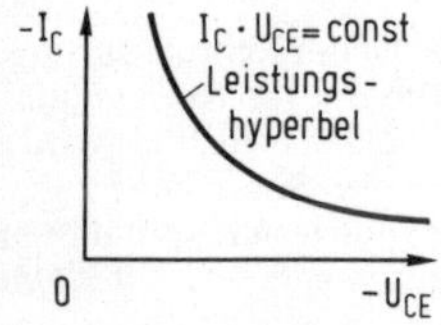

Leistungs-Hyperbel: Beispiel für eine Leistungs-Hyperbel, nämlich die Hyperbel für die Gleichstrom-Verlustleistung im I_C (U_{CE})-Kennlinienbild

Leistungs-Innenwiderstand R_{iL} Als Widerstand ausgedrücktes Maß für die Gerade, die etwa die Lage der Kollektor-Emitter-Restspannungen im I_C (U_{CE})-Kennlinienfeld angibt.

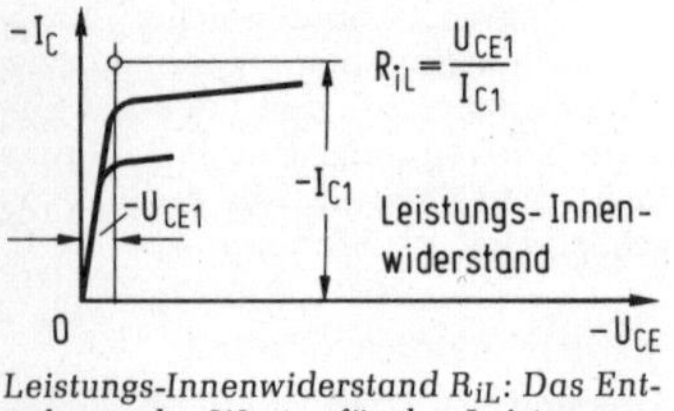

Leistungs-Innenwiderstand R_{iL}: Das Entnehmen des Wertes für den Leistungs-Innenwiderstand aus dem I_C (U_{CE})-Kennlinienfeld

Leistungs-Transistor Transistor mit großem Wert der höchstzulässigen Verlustleistung und mit geringem Wärmewiderstand.

Leistungsverstärker ist ein Endverstärker oder eine Endstufe mit vergleichsweiser großer Ausgangsleistung. Es gibt Niederfrequenz-, Hochfrequenz- und Mikrowellenleistungsverstärker. Durch → *Gegenkopplung* werden besonders kleine Verzerrungen bei großer Aussteuerung erreicht. Die meist niederohmigen Verbraucher, wie Lautsprecher oder Sendeantennen, müssen an den Ausgangswiderstand der Endstufe angepaßt (→ *Anpassung*) sein. Dazu dienen → *Übertrager*. L. mit kleinem Ausgangswiderstand ohne Übertrager bezeichnet man als eisenlose Endstufen.

Leistungsverstärkung Verhältnis einer Ausgangsleistung zu einer ihr zugeordneten Quellen- oder Eingangsleistung.

Beträgt bei → *Basisschaltung* $10^2...10^3$, bei → *Emitterschaltung* $10^3...10^4$, bei → *Kollektorschaltung* 10...200fach.

Leistungsverstärkung, maximal verfügbare Sonderfall der verfügbaren Leistungsverstärkung, nämlich der Fall, in dem Leistungsanpassung zwischen Signalquelle und Transistor-Eingang besteht.

Leistungsverstärkung, tatsächliche Verhältnis der im jeweiligen Fall vom Transistor an dessen Ausgangs-Abschluß abgegebenen Signalleistung zu der hierbei vom Transistor-Eingang aufgenommenen Signalleistung.

Leistungsverstärkung, verfügbare Verhältnis der verfügbaren Ausgangs-Signalleistung des Transistors zu der verfügbaren Signalquellenleistung.

Leiter sind Stoffe, vornehmlich die Metalle, in denen frei bewegliche Elektronen in so großer Zahl enthalten sind, daß sie den Stromtransport übernehmen (→ *Halbleiter*).

Leiterplatten lösten seit den 50er Jahren immer mehr die früher übliche Verdrahtung ab. Die Leitungszüge werden dafür, z. T. in → *CAD*-Technik, sorgfältig entworfen und dann im Siebdruck, galvanisch oder auf andere Weise aufgebracht. Die Einzelteile werden in entsprechend angebrachte Löcher gesteckt und dort mit der Leiterbahn verlötet. Bei der Fabrikation geschieht dies meist mit einem Zinnbad (Zinnwelle), über das die Platte hinweggeführt und alle Lötungen in einem Zuge durchgeführt werden. Es ergeben sich sehr viel weniger schlechte Lötstellen und eine sehr viel rationellere Fertigung (z. B. auch durch maschinelle Bestückung der Platten). Vielfach bringt man auch auf einer Seite waagerechte und auf der anderen senkrechte Leitungszüge an. Durch passende Bohrungen kann man dann beliebige Verbindungen herstellen. In gewissem Sinne waren die Leiterplatten Vorläufer der → *integrierten Schaltungen*.

Leitfähigkeit σ Eigenschaft eines Stoffes elektrisch zu leiten. Sie beruht auf der → *Beweglichkeit* von → *Leitungselektronen* und ist definiert als:

$\sigma = n \cdot e \cdot b$

n = Anzahl der Leitungselektronen pro Volumeneinheit

e = → *Elementarladung*

b = Beweglichkeit

Die Leitfähigkeit der reinen Halbleiter → *Silizium* und → *Germanium* ist bei Zimmertemperatur etwa ein Millionstel der von Silber, Kupfer usw. Sie wird durch Zusatz von → *Akzeptoren* oder → *Donatoren* auf den benötigten Wert eingestellt.

Leitfähigkeitstyp Je nach Anzahl der negativen oder positiven → *Ladungsträger* unterscheidet man drei Leitfähigkeiten: N-Leitfähigkeit (Überwiegen der negativen Ladungsträger), P-Leitfähigkeit (Überwiegen der positiven Ladungsträger) und → *Intrinsic*- (oder Eigen-) oder i-Leitfähigkeit oder s-Leitfähigkeit (P- und N-Ladungsträger mit gleichen Zahlen an der Leitfähigkeit beteiligt).

Leitung

1. Leitung als Strombahn, Beispiel: isolierter Draht.

2. Leitung als Eigenschaft, Beispiele: metallische Leitung, Elektronenleitung, Löcherleitung.

Leitungsband Oberhalb des Valenzbandes liegendes Energieband im → *Termschema*. In diesem Energieband können sich freie Elektronen befinden (in Halbleitern für $T > 0$).

Leitungs-Elektron Freies (frei bewegliches) Elektron, d. h. Elektron, das sich auf einem Energie-Niveau des Leitungsbandes befindet.

Leitungssuchgeräte, die gleichzeitig Unterbrechungen zu suchen ermöglichen, schicken eine Wechselspannung, HF oder NF, in den Leitungsanfang und verfolgen mit einer Suchspule das Signal bis zum Aussetzen.

Leitwerk steuert an Hand des Programms den gesamten Ablauf der Datenverarbeitung in der → *EDV-Anlage*. Es enthält meist eine Reihe von fest eingespeicherten Unterprogrammen oder veranlaßt deren Heranziehung (→ *Steuerwerk*).

Leitwerk-Matrix → *y-Matrix*.

Leitwert-Parameter → *y-Vierpol-Parameter*.

Lesegeräte sind in erster Linie die Leseköpfe (gleichzeitig → *Schreibköpfe* oder mit ihnen zusammengebaut) an → *Magnettrommel-*, → *Magnetplatten-*, → *Magnetkarten-* und → *Magnetband-Speichern*, außerdem aber → *Schriftleser* und schließlich → *Lochkarten-* und → *Lochstreifenleser* (→*Klarschriftleser*).

Leseleitungen gibt es bei → *Magnetkern-* und bei → *Magnetdraht-Speichern*, um die gespeicherten Informationen zu lesen. Bei → *Matrizen* wird durch sämtliche Kerne eine Leseleitung geführt, aber nicht parallel zu den → *Zeilen-* und → *Spaltendrähten*. Sie empfängt einen Stromstoß bei den Kernen, denen ein L eingespeichert war (s. *Abb.* bei → *Inhibit-Leitung*, LV = Leseverstärker).

Lesen heißt das Abholen einer → *Information* aus einem → *Speicher* und Überbringen an die anfordernde Stelle. Dadurch wird die Information bei → *Magnetkernen* u. a. gelöscht, aber sofort neu eingespeichert.

Lese-Schreib-Register LSR sind kleine Zwischenspeicher, über die die → *Informationen* in das eigentliche → *Register* (den → *Speicher*) eingegeben oder wieder herausgeholt (gelesen) werden.

Lesespeicher → *ROM*.

Leseverstärker dienen zum Verstärken der aus dem → *Speicher* entnommenen → *Informationen*. Sie müssen dabei die gleichfalls ankommenden (etwas schwächeren) Störungen unterdrücken. Hierzu gehören auch die durch eingespeicherte O-Signale entstehenden schwachen Impulse.

Lesezeit Zeitdauer, während der ein auf der → *Sichtspeicherröhre* eines Oszilloskopen dargestelltes Bild betrachtet werden kann.

Leslie Box mit rotierenden Lautsprechern. Der dabei entstehende → *Doppler-Effekt* ergibt einen schwebenden, sehr räumlich wirkenden Klang.

Leuchtanzeige erfolgt neben Nixie- und anderen Glimmlampen durch → *LED* in entsprechender → *Matrix-Anordnung* oder durch → *LEF-* und → *Plasma-Anzeigen*. Auch → *Flüssigkristall-Anzeigeeinheiten* werden angeboten.

Leuchtbalken-Ziffern → *Sieben-Segment-Anzeige* → *Vierzehn-Segment-Anzeige*.

Leuchtdichte In diesem Zusammenhang versteht man darunter die Helligkeit einer leuchtenden Fläche oder eines Leuchtpunktes (→ *Leuchtdichtesignal*).

Leuchtdichtesignal Um die → *Kompatibilität* zu wahren, muß ein Helligkeitssignal vorhanden sein, das dem des → *Videosignals* eines Schwarzweißempfängers entspricht. Beim Farbfernsehen nennt man es Luminanz- oder Leuchtdichtesignal. Es enthält nur die Schwarzweiß-Information des Bildes. Die → *Farbartinformationen* werden getrennt als Modulation des → *Farbträgers* übertragen.

Leuchtdichtesignalverstärker Er hat die gleiche Aufgabe wie der → *Videoverstärker* eines Schwarzweißempfängers, jedoch mit folgendem Unterschied: Da das → *Farbartsignal* mit seiner geringen Bandbreite eine längere Laufzeit als das breitbandige Leuchtdichtesignal hat, muß man im Zuge des Leuchtdichtesignalverstärkers eine Verzögerung einbauen, damit beide Signale gleichzeitig an die verschiedenen Elektroden der Farbbildröhre gelangen. Andernfalls wären die Farb- und die Leuchtdichte-Informationen gegeneinander verschoben. Die erforderliche Verzögerungszeit beträgt 0,8 µs.

Leuchtdioden stellt man aus → *intermetallischen Verbindungen* des → *Galliums* her, und zwar leuchten solche aus → *GaAs* infrarot, aus → *GaP* rot, gelb und grün. Die Lichtstärke reicht für → *Anzeigen*, nicht für Beleuchtung. Eine spezielle Ausführung gibt bei 20 mA Strom bei der einen Polung *rotes*, bei der anderen *grünes* Licht ab.

Leuchtfleck-Unterdrückung Die ersten Fernsehempfänger zeigten nach dem Ausschalten eine störende oder den Besitzer beunruhigende Erscheinung: den sogenannten Leuchtfleck. Er entsteht, weil die Ablenkung des Elektronenstrahls beim Ausschalten des Gerätes sehr schnell ausfällt, die indirekt geheizte Katode der Bildröhre jedoch noch eine zeitlang Elektronen aussendet, bis sie abkühlt.

Um diese zwar nicht immer schädliche, aber störende Erscheinung zu vermeiden, enthalten die verschiedenen Empfängertypen Schaltungszusätze, die oft nur aus einem Kontakt und einem Kondensator bestehen. Diese Maßnahmen sorgen dafür, daß beim Ausschalten des Empfängers der Wehneltzylinder an eine höhere positive Spannung gelegt wird, die Bildröhre ist dann gesperrt, also dunkel gesteuert.

Leuchtschicht Auf der nach dem Kolbeninneren gerichteten Fläche des Bildschirms ist eine fluoreszierende Schicht aufgebracht, die von dem unsichtbaren Elektronenstrahl zum Leuchten angeregt wird. Die Stärke des Elektronenstrahls bestimmt die Intensität des Leuchtens.

Die Leuchtschicht besteht aus Sulfiden und Silikaten verschiedener Metalle, z. B. Zink, Kadmium, Kalzium u. a., denen Spuren anderer Metalle zugesetzt sind, wodurch erst die typischen Fluoreszens-Eigenschaften entstehen.

Leuchtschirmfehler Bei der Herstellung der → *Farbbildröhre* mit rund 1,2 Millionen einzelner → *Leuchtstoffpunkte* können natürlich kleinere Fehler vorkommen. Von Glasfehlern der Frontscheibe abgesehen, können zwei Fehler nichtleuchtende Farbpunkte verursachen. Einzelne Leuchtstoffpünktchen lösen sich möglicherweise während der Fertigung, oder sie werden durch andere abgelöste abgedeckt. Einzelne Löcher in der → *Lochmaske* können durch solche losen Teilchen verstopft werden. Die Folge ist, daß einzelne → *Farbtripel* nicht oder nur teilweise aufleuchten. Aus Gründen der Wirtschaftlichkeit und entsprechend dem internationalen Qualitätsmaßstab lassen die Hersteller bis zu 15 fehlende Farbpunkte zu. Solche Fehler werden aus dem normalen Betrachtungsabstand (mindestens fünffache Bildhöhe) nicht als störend empfunden.

Leuchtstoffpunkte Der Leuchtschirm der → *Farbbildröhre* ist mit einem regelmäßigen Raster von sogenannten → *Farbtripeln* bedeckt. Jeder Tripel besteht aus drei unterschiedlichen Leuchtstoffpunkten.

Die Leuchtstoffe bestehen jetzt nach Herstellerangaben aus

Yttrium-Vanadat (YVO_4 : Eu)
für Rot

Zink-Cadmium-Sulfid (ZnCdS : Ag)
für Grün

Zink-Sulfid (ZnS : Ag)
für Blau

Die hinter den Doppelpunkten aufgeführten Elemente werden jeweils als Aktivator beigegeben. Durch den Europium-Aktivator für Rot konnte z. B. die Lichtausbeute um 15% gesteigert werden.

LH-Bänder Tonbänder mit geringem Rauschen (**L**ow Noise) und hoher Aussteuerbarkeit (**H**igh Output).

Licht Teilspektrum der elektromagnetischen Wellen. Man unterscheidet sichtbares Licht im Bereich von 380 nm bis 780 nm und die sich nach kürzeren und längeren Wellenlängen anschließenden Bereiche (ultraviolettes L. bzw. infrarotes L.). L. breitet sich mit Lichtgeschwindigkeit, der höchstmöglichen Geschwindigkeit überhaupt aus, das sind ca. 3000000 km/s. Die Erzeugung von Licht erfolgt durch Temperaturstrahlung (Glühlampen, Bogenlampen) oder Luminiszensstrahlung (Gasentladungslampen, Leuchtstoffe). Jeder Frequenz bzw. Wellenlänge entspricht eine bestimmte Spektralfarbe. Die bekanntesten Lichtquellen für die Elektronik sind → *Laser*, → *Bildröhren*, → *Leuchtdioden*, Leuchtstoffröhren sowie Systeme wie → *Siebensegmentanzeigen*.

Lichtbandbreite Optisches Meßverfahren zur Beurteilung von Tonaufzeichnungen: Läßt man parallele Lichtstrahlen schräg auf eine Schallplatte auffallen, dann werden die Lichtstrahlen an den Rillenwänden reflektiert. Es entsteht der Eindruck eines schmaleren oder breiteren Lichtbandes. Die Breite dieses Lichtbandes ist ein Maß für die aufgezeichnete Auslenk-Geschwindigkeit. Das Lichtband erscheint um so breiter, je größer die zu erwartende Lautstärke ist. Da sie unabhängig vom Radius der jeweiligen Rillenspur ist, kann sie als direktes Maß Verwendung finden.

Lichtblitz-Stroboskope senden mit Xenon- oder Quecksilberdampflampen schnelle Blitzfolgen bis zu 1000 Hz aus, um vorzugsweise Drehbewegungen zu kontrollieren. Auf dem sich drehenden Objekt wird eine Markierung angebracht. Diese scheint stillzustehen, wenn Umdrehungszahl und Blitzfrequenz gleich sind oder eine ein ganzzahliges Vielfaches der anderen ist. Ist die Blitzfolge geringfügig langsamer, so scheint die Markierung sich vorwärts zu bewegen, ist sie schneller, so scheint das bewegte Objekt rückwärts zu laufen (Räder bei Film und Fernsehen). Für sehr schnelle Bewegungen (z. B. Geschosse) gibt es Geräte, die kurzzeitig bis zu 25000 Lichtblitze/s erzeugen (Hochfrequenz-Kinematografie).

Lichtbogen entsteht zwischen zwei Kohleelektroden in einem Gleichstromkreis, wenn sie zur Berührung gebracht werden und anschließend auseinander gezogen werden. Er entsteht auch zwischen metallischen Elektroden in Luft und in Quecksilberdampf in evakuierten Gefäßen. Die L.-schwingungen waren die Grundlage der von Poulsen (1902) unter dem Namen Lichtbogensender entwickelten Hochfrequenzsender, die bis zur Einführung der Röhrensender als Funktelegrafiesender benutzt wurden.

lichtelektrisch, lichtgesteuert → *Foto-*.

lichtelektrischer Effekt

1. äußerer lichtelektrischer Effekt: Bewirken einer Elektronen-Emission aus einem Festkörper oder aus einer Flüssigkeit durch Einwirken von Licht. Beispiel: In der Fotozelle werden die aus der Fotokatode herausgelösten Elektronen in das Vakuum bzw. in das verdünnte Gas emittiert.

2. innerer lichtelektrischer Effekt: Bilden von Ladungsträgerpaaren in

Halbleitermaterial bei Einwirken von Licht.
Das Freiwerden von Ladungsträgern bewirkt ein Erhöhen der Leitfähigkeit und ergibt innerhalb einer Sperrschicht eine Änderung der Sperrschichtspannungsstufe.
Der innere fotoelektrische Effekt wird ausgenutzt in → *Fotowiderständen,* → *Foto-Elementen* → *Foto-Dioden* und → *Foto-Transistoren.*

Lichtempfindlichkeit Verhältnis des Fotostromes eines fotoelektrischen Bauelementes zu dem Lichtstrom, der die lichtempfindliche Fläche trifft, oder zu der auf die lichtempfindliche Fläche einwirkenden Beleuchtungsstärke.

Lichtgriffel ist ein Stift mit lichtempfindlicher Spitze zum Aufsetzen auf den Bildschirm. Trifft ihn der Elektronenstrahl, so wird diese Position eingespeichert. So können Zahlen und Figuren eingespeichert werden.

Lichtmengenregelung, automatische Um bei Blitzfotografie für die unterschiedlichen Beleuchtungsverhältnisse nicht jeweils die Blendeneinstellung errechnen zu müssen und danach einzustellen, schuf man die vom Publikum als „computergesteuert" bezeichneten Blitzgeräte. Hier beeinflußt das vom Objekt zurückgestrahlte Licht eine → *Fotodiode* oder einen → *Fotowiderstand.* Bei Erreichen der festgelegten Lichtmenge werden als Nebenschluß zur Blitzröhre entweder eine → *Quenchröhre* oder → *Thyristoren* eingeschaltet, die die Entladung sofort unterbrechen oder es wird der Einschalt-Thyristor geschaltet.

Lichtmodulation → *KTN-Kristalle,* → *Pockels-Zellen.*

Lichtorgeln sollen die Wirkung der Musik durch optische Effekte steigern. Dazu kann man durch Filter die verschiedenen Tonhöhen trennen, auf entsprechende Verstärker geben und Lampen durch diese steuern. Wählt man verschiedenfarbiges Licht, so können eindrucksvolle Effekte erzielt werden.

Lichtrelais arbeiten meist mit → *Fotowiderstand* am Eingang und schalten, wenn sich die Beleuchtung um einen bestimmten Betrag ändert. Meist sind sie der Empfangsteil von → *Lichtschranken,* → *Alarmanlagen* usw., dienen aber auch als → *Dämmerungsschalter.*

Lichtschranken dienen zum Zählen vorbeigeführter Dinge, zum Türöffnen und zum Ingang- und Außerbetriebsetzen von Rolltreppen, zum Raumschutz, als Rauch- und Durchflußmelder usw., ferner durch Verwendung zweier Schranken oder eines Rückspiegels als richtungsabhängiger Zähler, als Sicherheits-Lichtvorhang vor Pressen, Museumsstücken usw. Wenn sie nicht erkannt werden sollen, benutzt man oft Infrarotlicht bzw. gegen Störung durch die Normalbeleuchtung auch Wechsel- oder zerhacktes Lampenlicht. Auch für Menschen ungefährliche Isotopenstrahlung wurde eingesetzt. Sie durchdringt Rauch, Staub usw. ohne Schwächung.

Lichtsprechgeräte sind ohne übermäßigen Aufwand möglich zwischen Punkten, die „sich sehen können", seitdem Halbleiterelemente eine verhältnismäßig einfache → *Lichtmodulation* und Demodulation ermöglichen. Durch Vorschalten von Infrarot-Filtern können die Strahlen auch unsichtbar gemacht werden. Es wurden insbesondere auch Anlagen mit Rubinlasern erprobt. Sie haben trotzdem keine Bedeutung erlangt, weil Funksprechgeräte ihnen gegenüber wesentliche Vorteile bieten.

Lichtstrahl-Entfernungsmesser → *Entfernungsmesser.*

Lichtstrahl-Oszilloskop Schreibendes Meßgerät, das den trägheitslosen Lichtzeiger als Schreiborgan benutzt, und den zeitlichen Verlauf der Meßgröße auf einem lichtempfindlichen Fotopapier aufzeichnet. Das eigentliche Meßwerk besteht aus einem → *Schleifen-* oder → *Spulenschwinger*, auf dem ein Spiegel angebracht ist, der sich im Strahlengang einer Lichtquelle befindet. Durch Anlegen einer Meßspannung wird der Meßwerkspiegel ausgelenkt und bewirkt somit in der Ebene des Registrierpapiers eine seitliche Ablenkung des Lichtpunkts. Je nach benutztem Schwinger können Vorgänge mit Frequenzen bis zu 20 kHz aufgezeichnet werden.

Lichtstrom, lm 1 Lumen ist gleich dem Lichtstrom, den eine punktförmige Lichtquelle mit der Lichtstärke 1 cd gleichmäßig nach allen Richtungen in den Raumwinkel 1 sr aussendet.

Lichtstrom-Empfindlichkeit Lichtempfindlichkeit bezogen auf den → *Lichtstrom.*

Lichtton Tonfrequenz wird in entsprechende Lichtschwankungen umgesetzt, die ihrerseits die lichtempfindliche Schicht eines mit gleichbleibender Geschwindigkeit vorbeigezogenen Films beeinflussen (fotografierter Ton). Das Licht fällt durch einen schmalen Spalt von 2,3 mm Länge und 15 µm Breite auf den Film und belichtet ihn mehr oder weniger.

Es gibt eine Reihe verschiedener Verfahren. Bei dem Intensitätsverfahren ändert sich die Lichtintensität des gesamten Spaltbildes. Auf dem Film

Lichtton: Abb. 1 Sprossenschrift

Abb. 2 Einzackenschrift

Abb. 3 Mehrzackenschrift

entstehen parallele Streifen gleicher Breite, aber verschiedener Schwärzung. – Bei dem Longitudinal-Verfahren bleibt die Lichtintensität konstant, ebenso die Spaltlänge, geändert wird die Spaltbreite. Auf dem Film entsteht Sprossenschrift *(Abb. 1)*. Beim Transversalverfahren bleiben Lichtintensität und Spaltbreite konstant, geändert wird die Spaltlänge. Es entsteht Zakkenschrift *(Abb. 2)*. Die Aufzeichnung kann auch derart erfolgen, daß Mehrzackenschrift entsteht *(Abb. 3)*.

Zur Erzeugung der Intensitätsschrift ist eine Lichtquelle erforderlich, die eine den tonfrequenten Schwankungen proportionale Steuerung des Lichtstromes ermöglicht. Man verwendet entweder Gasentladungslampen, → *Kerrzellen* oder mechanische Lichtschleusen. Das Prinzip zeigt *Abb. 4.*

Für die Wiedergabe ist es gleichgültig, welches Verfahren bei der Aufnahme zur Verwendung kam. Eine Fotozelle setzt die Lichtschwankungen, die sie bei der Durchleuchtung des Films erhält, in elektrische Stromschwankungen um, die über einen Verstärker dem Lautsprecher zugeführt werden.

Lichtuhren wandeln genau wie Satelliten mittels → *Solarzellen* Licht in elektrische Energie um, laden damit Akkumulatoren und betreiben so ein Uhrwerk. Nur der Preis verhindert größere Verbreitung.

Lichtvorhänge sind Unfallschutz- → *Lichtschranken* vor gefährlichen Maschinen (Pressen u. a.). Sie schalten diese sofort aus bei Eindringen eines Gegenstandes in den Vorhang. Aber auch als infraroter Diebstahlschutz vor Kunstwerken u. ä. werden sie benutzt.

Lichtwellenleiter Übertragungsmedium für Licht. Die hierfür vorwiegend verwendete Glasfaser hat eine Dämpfung von 1 ... 3 dB/km und eignet sich daher auch für größere Entfernungen. Die Übertragungskapazität kann bis zu 40 GBit/s pro km betragen. L. sind unempfindlich gegen elektromagnetische Störungen, haben ein geringes Gewicht, geringe Abmessungen und trennen Sender und Empfänger galvanisch. Diese Vorteile lassen erwarten, daß Glasfaser-L. in Breitband-Kabelnetzen das Kupferkabel ersetzen.

Lichtzeigerinstrument Meßinstrument, das anstatt eines Zeigers mit einem beweglichen Spiegel ausgerüstet ist, der proportional der Meßgröße in seiner Achse verdreht wird und mit Hilfe des von einer Lichtquelle ausgesandten Lichtes auf einer Skala eine Lichtmarke projiziert.

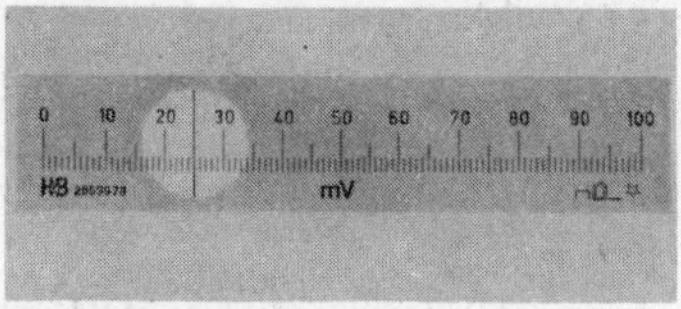

Lichtzeigerinstrument: Abb. 1 Skala eines Lichtzeiger-Instrumentes

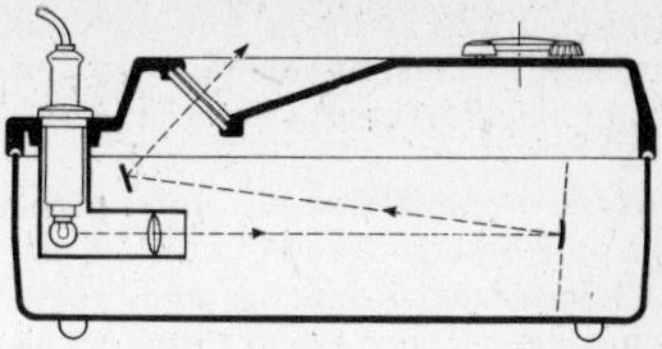

Abb. 2 Strahlengang in einem Lichtzeiger-Instrument

LIDAR (= **li**ght **d**etecting **a**nd **r**anging) Ein dem → *Radar* ähnliches Ortungsverfahren, das mit Licht im sichtbaren oder Infrarot-Bereich arbeitet. Es verwendet Laserblitze, die an den Molekülen von Wolken, Luft usw. rückgestreut werden.

LID (= **l**eadless **i**nverted **d**evice = leiterloses umgekehrtes Bauteil) ist eine Spezial-Bauform bei → *Transistoren* für die → *Dickschicht-Technik*, bei Dioden für den Bereich bis 12 GHz.

LIFO-Speicher Datenspeicher, aus dem die zuletzt eingeschriebenen Daten als erste wieder ausgeschrieben werden (**l**ast **i**n **f**irst **o**ut).

lineare Diode In der Weise idealisierte Diode, daß sich darin die Dotierungen und Spannungen nur senkrecht zu den als eben und einander parallel angenommenen Zonen-Grenzflächen ändern.

linearer Mittelwert → *arithmetisches Mittel*.

linearer Transistor In der Weise idealisierter Transistor, daß sich die Dotierungen und Spannungen nur senkrecht zu den als eben und einander parallel angenommenen Zonen-Grenzflächen ändern.

lineare Schaltelemente sind solche, die eine gerade Kennlinie haben, also Widerstände, Kondensatoren, Spulen. Gegensatz: → *nichtlineare Schaltelemente.* Lineare Schaltungen sind z. B. integrierte NF-Verstärker (→ *analoge Schaltungen*).

lineares Übertragungsglied Für das Verhalten eines l. Ü. gilt das → *Überlagerungsgesetz.*

lineare Verzerrungen Ein Verstärker verursacht lineare Verzerrungen, wenn seine Verstärkung frequenzabhängig ist (Abfallen der Tiefen oder Höhen bei der Verstärkung). Im Gegensatz zu den → *nichtlinearen Verzerrungen* findet keine Änderung der ursprünglichen Kurvenform statt: es entstehen keine neuen, d. h. keine zusätzlichen Tonfrequenzen.

Lineargeschwindigkeit Die Lineargeschwindigkeit bei → *Schallplatten*, mit der sich der Aufzeichnungsstichel oder die Nadel bei der Wiedergabe bewegt, ist nicht konstant. Sie ist abhängig von dem Durchmesser der Tonrille.

Linearisierung einer Kennlinie Zur Vereinfachung von Berechnungen werden gekrümmte Kennlinien in der Nähe des eingestellten Arbeitspunktes häufig durch Geraden ersetzt.

Linearität Kennzeichnung des Übertragungsverhaltens eines Gliedes, bei dem der Quotient aus der Ausgangsgröße x_a und der Eingangsgröße x_e innerhalb eines definierten Wertebereichs (z. B. Meßbereich) konstant ist. Abweichungen von der Linearität werden als → *Linearitätsfehler* oder → *Proportionalitätsfehler* bezeichnet.

Linearitätsfehler Prozentualer Unterschied zwischen dem tatsächlichen Wert der → *Ausgangsgröße* eines → *Übertragungsglieds*, das linear sein soll, und dem Wert der Ausgangsgröße eines idealen → *linearen Übertragungsglieds* gleicher Funktion.

Linearspeicher = → *Sequenzspeicher.*

Linienschreiber → *Schreiber*, bei dem eine Schreibfeder am Ende des Meßwerkzeigers einen kontinuierlichen Kurvenzug auf das an ihr vorbeigeführte Papier zeichnet.

LISP (= **LIS**t **p**rocessing language) Höhere Programmiersprache, speziell für nicht numerische Probleme, wie sie z. B. bei der künstlichen Intelligenz auftreten.

Lithografie dient zum Übertragen des Musters einer Maske auf das Halbleitersubstrat. Das heute noch meist übliche Verfahren ist die Fotolithografie. Hierbei wird zunächst auf die oxidierte Oberfläche des Substrats Fotolack aufgebracht und darüber die Fotomaske gelegt. Nach dem Belichten mit UV-Licht ätzt man beispielsweise den unbelichteten Foto-Positivlack weg und entfernt auch die darunterliegende Halbleiterschicht (Silizium). Mit Hilfe der → *Diffusion* oder → *Ionenimplantation* lassen sich an dieser Stelle gezielte → *Dotierungen* durchführen. Die noch jüngere Röntgenlithografie ermöglicht durch die Anwendung kürzerer elektromagnetischer Wellen (Röntgenstrahlen anstelle von UV-Licht) noch feinere Strukturen und damit eine noch höhere Packungsdichte in den ICs.

LLL (**l**ow **l**evel **l**ogic, ~ Logik für niedere Spannung) ist ein DTL-NAND-Gatter mit zusätzlichem Transistor.

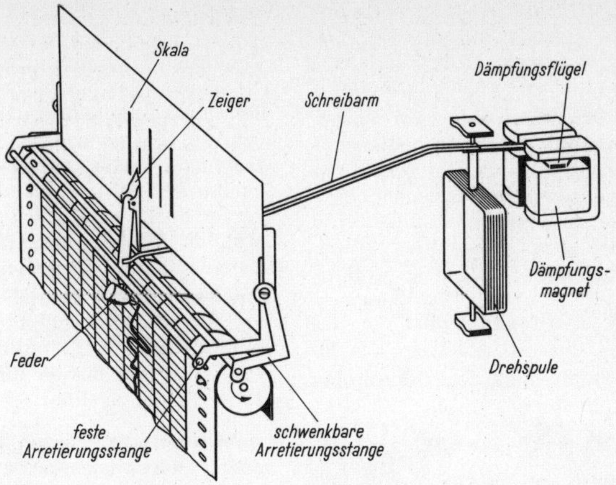

Linienschreiber: (Schematisch)

LNC → *Low-Noise-Converter.*

Löcher Anderer Ausdruck für → *Defekt-Elektronen*, d. h. für eine zu einem beweglichen Ladungsträger gewordene Lücke im Valenzband eines Halbleiters.

Löcherbeweglichkeit Driftgeschwindigkeit der → *Defekt-Elektronen* (Löcher) (z. B. in $cm \cdot s^{-1}$), verursacht von einem elektrischen Spannungsgefälle z. B. von $1\ V \cdot cm^{-1}$. Dimension hierzu $cm^2 \cdot (V \cdot s)^{-1}$

Die Löcherbeweglichkeiten sind für

reines Germanium $\mu_p \approx 1900\ \frac{cm^2}{V \cdot s}$

reines Silizium $\mu_p \approx 480\ \frac{cm^2}{V \cdot s}$

Indium-Antimonid $\mu_p \approx 750\ \frac{cm^2}{V \cdot s}$

Löcherdichte Zahl p der Löcher je Volumen-Einheit (z. B. je cm^3). Im → *Intrinsic-Fall* gilt $p = n_i$. Im dotierten Material ist $p \approx N_A$ (N_A = → *Akzeptorendichte*).

Löcher-Leitfähigkeit Die Leitfähigkeit, die sich auf die beweglichen Elektronen-Fehlstellen (Löcher) gründet. Diese Leitfähigkeit wird vielfach in Siemens (S) für eine Länge von 1 cm und einen Querschnitt von 1 cm^2 angegeben. Das bedeutet die Einheit S ·

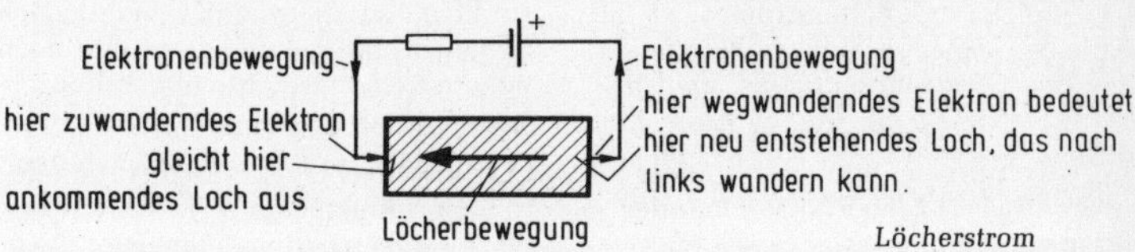

Löcherstrom

$\text{cm}^{-1} = (\Omega \cdot \text{cm})^{-1}$. Die Löcher-Leitfähigkeit σ_p ist das Produkt aus der → *Löcher-Beweglichkeit* μ_p, der → *Löcherdichte p* und der → *Elementarladung q*

$\sigma_p = \mu_p \cdot p \cdot q$

Zahlenwerte bei $T = 300$ K für

- eigenleitendes Germanium ($p = n_i \approx 2{,}5 \cdot 10^{13}\text{cm}^{-3}$)

$$\sigma_{pi} \approx 1900 \frac{\text{cm}^2}{\text{V} \cdot \text{s}} \cdot 2{,}5 \cdot 10^{13} \frac{1}{\text{cm}^3} \cdot 1{,}602 \cdot 10^{-19}\ \text{A} \cdot \text{s} \approx 7{,}6 \cdot 10^{-3} \frac{\text{S}}{\text{cm}} \approx \frac{1}{132} \frac{\text{S}}{\text{cm}}$$

- p-Germanium mit dem Dotierungsfaktor $a_p = 40$

$$\sigma_{pp} \approx 1900 \frac{\text{cm}^2}{\text{V} \cdot \text{s}} \cdot 2{,}5 \cdot 10^{13} \frac{1}{\text{cm}^3} \cdot 40 \cdot 1{,}602 \cdot 10^{-19}\ \text{A} \cdot \text{s} \approx 0{,}3 \frac{\text{S}}{\text{cm}} \approx \frac{1}{3{,}3} \frac{\text{S}}{\text{cm}}$$

- eigenleitendes Silizium ($p = n_i \approx 1{,}5 \cdot 10^{10}\ \text{cm}^{-3}$)

$$\sigma_{pi} \approx 500 \cdot \frac{\text{cm}^2}{\text{V} \cdot \text{s}} \cdot 1{,}5 \cdot 10^{10} \frac{1}{\text{cm}^3} \cdot 1{,}602 \cdot 10^{-19}\ \text{A} \cdot \text{s} \approx 1{,}2 \cdot 10^{-6} \frac{\text{S}}{\text{cm}} \approx \frac{1}{8{,}35 \cdot 10^5} \frac{\text{S}}{\text{cm}}$$

Löcherleitung → *Defektleitung*, P-Leitung, Mangelleitung.

Löcher-Rückstrom Im NPN-Transistor aus dem Basisbereich nach der Emitter-Zone übergehende Löcher.

Löcherstrom In einem Halbleiter der Stromanteil, der durch die Drift oder Diffusion von Löchern gegeben ist. Der Wert des Löcherstromes ist im Falle der Eigenleitfähigkeit kleiner als der des Elektronenstromes, weil die Löcherleitfähigkeit bei gleicher Ladungsträgerzahl je cm^3 infolge der geringeren Löcherbeweglichkeit kleiner ist.

Lochkarten wurden von *Jacquard* 1805 zur Steuerung von Webmaschinen erfunden und von Hollerith für statistische Zwecke eingesetzt. Sie dienen zur Dateneingabe und -aufbewahrung. Die genormte Karte hat 12 waagrechte Zeilen und 80 senkrechte Spalten (= 960 Lochplätze). Zahlen werden durch ein, Buchstaben durch zwei und Zeichen durch drei Löcher in einer Spalte eingegeben. → *Lochkartenleser* geben die Daten in die → *EDV-Anlage*. Aber auch zur Steuerung mannigfacher Fertigungsmaschinen, Prüfgeräte usw. werden sie eingesetzt.

Lochkartenleser werden mit einem ganzen Stapel von Karten beschickt und führen sie einzeln über die Lesevorrichtung. Sie bestand früher aus elektrischen Kontakten, heute benutzt man meist 12 Fotoleiter in einer Reihe und kann damit etwa 30 Karten je Sekunde (= max. 2400 Zeichen/s) lesen. Es können aber auch die 80 Spalten gleichzeitig, also zeilenweise, gelesen werden. Als Lichtquellen dienten früher Glühlampen, dann stets → *Leucht-Dioden*, zu Kämmen aufgereiht.

Um Fehler auszuschalten, kann man zweimal lesen und die Ergebnisse vergleichen.

Lochkarten- (Hollerith-)Maschinen auch Tabelliermaschinen genannt, waren die Vorgänger der → *EDV-Anlage*. Sie können eingegebene Karten mit hoher Geschwindigkeit nach einzugebenden Gesichtspunkten sortieren, zusammenrechnen usw. Da jedesmal nur ein Befehl ausgeführt werden kann, sind u. U. zahlreiche Durchgänge erforderlich.

Lochkarten-Prüfgeräte prüfen die Richtigkeit der Lochung, indem gleichzeitig gelesen und eingetastet wird.

Lochkartenstanzer stanzen die Daten in Karten und bringen sie so in eine für die → *EDV-Anlage* lesbare Form. Sie haben eine Tastatur ähnlich der Schreibmaschine. Es gibt sie auch als → *Ausgabegeräte*, um die Ergebnisse auf Karten aufzubewahren und später wiederzuverwenden.

Lochmaske Dieses Teil hat der → *Farbbildröhre* anfangs den Namen Lochmaskenröhre gegeben. Die Lochmaske besteht aus 0,15 mm dünnem Stahlblech, in das rund 400000 Löcher eingeätzt sind. Die einzelnen Löcher sollen eine konische Form aufweisen, d. h. zum Bildschirm hin einen größeren Durchmesser haben. Durch diese Form wird das Entstehen von Streuelektronen verhindert, die andere als die gewünschten → *Leuchtstoffpunkte* anregen könnten.

Damit man eine genaue Deckung des Lochrasters der Lochmaske mit dem Raster der → *Farbtripel* erreicht, dient die Lochmaske bei der Beschichtung mit den drei Leuchtstoffen während der Herstellung als Schablone. Man sagt, jede Lochmaske wird mit einem Bildschirm verheiratet, d. h. sie bleiben vom Auftragen der Leuchtstoffe bis zum Ende der Fertigung zusammen. Die Lochmaske wird zur besseren Wärmeabstrahlung geschwärzt.

Lochstreifen dienen zur Eingabe von Daten. Sie können direkt telegrafisch übertragen werden.

Sie tragen nahe der Mitte eine durchgehende Reihe von Transportlöchern (1,2 mm ⌀), und die Daten werden mit 1,8 mm ⌀ in 5 oder meist 8 Reihen (Kanälen) parallel dazu eingestanzt. Entsprechend schwankt die Streifenbreite bis 25,4 mm. Ursprünglich wurden sie mit 17,5 mm Breite in die Fernschreibtechnik eingeführt, um die Verbindungen möglichst rationell auszunutzen.

Lochstreifenleser lesen ohne → *Zeichenpuffer* bis zu 1200 und mit bis zu 2000 Zeichen/s, meist mit Durchleuchtung wie die → *Lochkartenleser*.

Lochstreifen-Stanzer bringen die einzugebenden → *Daten* in eine für die → *EDV-Anlage* lesbare Form (Eingabe) oder dienen als → *Ausgabegeräte*, wenn die Daten anderweitig weiterverarbeitet werden sollen.

Sie erreichen dabei bis zu 300 Zeichen/s.

Lock-In-Verstärker Anordnung zum Bewerten eines Meßsignals nach Betrag und Phase in Bezug auf ein Referenzsignal. Ein L. besteht aus einem phasengesteuerten Gleichrichter mit nachgeschaltetem → *Tiefpaß*. In der Anwendung ergibt sich eine → *Bandpaß*-Charakteristik, deren Mittenfrequenz durch die Referenzfrequenz und deren Bandbreite durch die Grenzfrequenz des Tiefpasses gegeben ist. Der L. wird in der selektiven Pegelmeßtechnik eingesetzt.

Locos-Technik (= **l**ocal **o**xydation **o**f silicon = örtliche Silizium-Oxydation) ist eine Technik, die bessere Isolation (= höhere Spannungen), kleinere Fehlkapazitäten (höhere Grenzfrequenz) und größere Zuverlässigkeit bringen soll.

logarithmische Dioden dienen in → *Analogrechnern* zu Schaltungen für Multiplikationen, Divisionen und Wurzelziehen.

logarithmisches Verstärkungsmaß → *Verstärkungsmaß*.

Logik steht vielfach für → *Logik-Baustein*, -Netzwerk.

Logikanalysator Gerät zum Überprüfen von Mikrocomputern mit einer Anzahl von Eingangskanälen, die die Signale von Datenbus, Adreßbus und sonstigen Leitungen aufnehmen und abspeichern. Der Programmablauf kann dann auf dem Bildschirm wiedergegeben werden oder steht als Datenlisting zur Verfügung. Auf diese Weise lassen sich ggf. Programmkorrekturen vornehmen.

Logik-Bausteine, -Schaltungen heißen sowohl die einfachen → *UND-*, → *ODER-* usw. *-Gatter* als auch zusammengesetzte (meist integrierte) Schaltungen, z. B. → *DCTL*, → *DTL*, → *DTLZ*, → *ETL* usw. Man unterscheidet kombinatorische Logik-Schaltungen (ohne Speicherung) und sequentielle (mit Zwischenspeicherung).

Logik, positive und negative entsteht durch Verwendung von → *NPN-Transistoren* (positiv) oder → *PNP-Transistoren* (negativ):

positive Logik:

entweder $+ U_b = L$ und $0\ V = 0$

oder $0\ V = L$ und $- U_b = 0$

negative Logik:

genau entgegengesetzt.

Logik-Prüfgeräte (-Prüfstifte) gestatten durch Antippen die Feststellung, ob an einem Speicherplatz ein *L* (hohe) oder ein *O* (niedrige Spannung) gespeichert ist, indem eine Diode aufleuchtet oder nicht.

Logisches Produkt = → *UND-Verknüpfung* (Konjunktion).

Logische Summe = → *ODER-Verknüpfung* (Disjunktion).

Logo ist eine für den Computerhersteller Apple entwickelte Programmiersprache mit rund 100 Befehlen, die auch schon Kindern den Umgang mit Computern gestattet. Sie ist im Grunde einfacher als → *Basic*. 1980 wurde die Entwicklung des Apple-Logo eingestellt. Stattdessen wurde mit Texas Instruments eine Logo-Version für den Computer TI-99/4 A entwikkelt.

Longitudinaleffekt → *piezoelektrischer Effekt*.

Löschen kann man eingegebene Daten (mit → *Löschköpfen*) bei allen magnetischen → *Datenträgern*. Diese werden dadurch aufnahmefähig für neue → *Informationen*. Bei manchen erfolgt die Löschung beim → *Lesen*. Die Information muß dann sofort erneut eingegeben werden. Vielfach löscht man nicht mehr Benötigtes durch → *Überschreiben*.

Löschköpfe haben zumeist Ferritkerne und werden mit Wechselstrom, meist mit Hochfrequenz, gespeist. Die Magnetschicht wird dadurch gleichmäßig magnetisiert und aufnahmefähig für neue → *Daten*.

Loschmidt-Zahl N_L Zahl der Atome je Gramm-Atom bzw. die Zahl der Moleküle je → *Mol*. Die Loschmidt-Zahl gilt für alle Stoffe. Ein Gramm-Atom eines Stoffes ist eine Masse mit dem Zahlenwert des Atomgewichtes in Gramm. Die Loschmidt-Zahl beträgt $6 \cdot 10^{23}$ Moleküle/mol.

Low-Noise-Converter Empfangsumsetzer in Satellitenempfangsantennenanlagen, der die ankommenden Signale in einen niedrigeren Frequenzbereich umsetzt und gleichzeitig verstärkt. Ein üblicher Zwischenfrequenzbereich liegt zwischen 950 MHz und 1700 MHz.

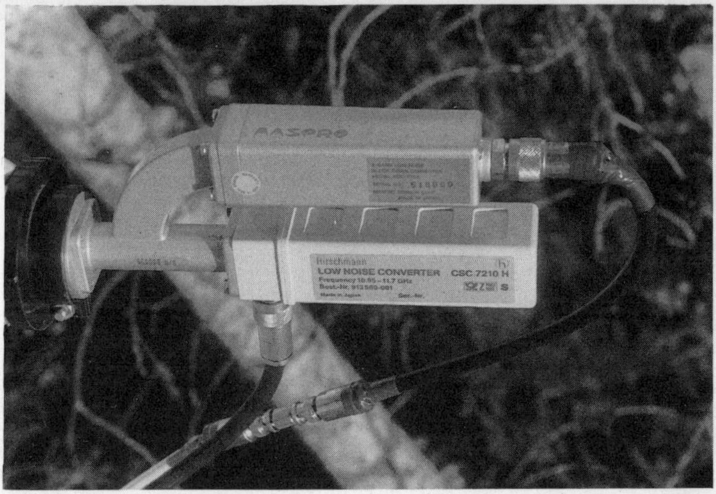

Low-Noise-Converter für zwei Polarisationsebenen.

Low-Power-Schottky-IC → *TTL*-ähnliche ICs, abgekürzt LSTTL, die jedoch weniger Strom als TTL-Bausteine benötigen.

LPC (Linear Predictive Coding) ist eine Technik zur elektronischen, digitalen Sprachsynthese.

LR Abk. für Längenregister.

LSB (= **l**east **s**ignificant **b**it) In einer Binärzahl das Bit mit dem niedrigsten Stellenwert.

LSI (= **l**arge **s**cale **i**ntegration) Abk. für *große* → *integrierte* (Logik-)*Schaltungen*. Dies sind meist komplette Standardschaltungen für → *EDV-Anlagen*.

LSL = **l**angsame **s**törsichere **L**ogik sind monolithisch integrierte Schaltungen.

LSR Abk. für → *Lese-Schreib-Register*.

LSTTL → *Low-Power-Schottky-IC*.

Luftdämpfung Dämpfung des beweglichen Organs eines anzeigenden Meßgeräts, die auf der der Geschwindigkeit proportionalen Reibungskraft beruht, wie sie bei einer → *laminaren Strömung* auftritt. Im allgemeinen wird hierzu ein leichter Aluminiumflügel benutzt, der sich in einer Dämpfungskammer bewegt, die so beschaffen ist, daß der Aluminiumflügel ihre Wände gerade noch nicht berührt.

Lumen lm Einheit des Lichtstromes.

Luminanzsignal Anderer Ausdruck für das → *Leuchtdichtesignal* oder Helligkeitssignal.

Luminiszenzdioden → *Leuchtdioden.*

Lux lx Einheit der Beleuchtungsstärke.

LW → *Frequenzbereich.*

LWL → *Lichtwellenleiter.*

M

MAC-System = **M**ultiple **A**ccess-**C**omputer = „Vielfach-Zugriff-Rechner" ist ein System mit vielen Außenstationen, die unabhängig voneinander gleichzeitig mit der → *EDV-Anlage* arbeiten können (→ *Multiprogramming*, → *time-slicing*).

Madistor → *Magnet-Diode*.

MADT (**m**icro-**a**lloy **d**iffused-base **t**ransistor) Eine äußerst dünne Basisschicht und ein sehr kleiner Durchmesser des Emitter- und Kollektorscheibchens lassen eine hohe Grenzfrequenz erreichen (etwa 1000 MHz). Bei der Herstellung wird eine Strahlätztechnik mit Legierungs- und Diffusionsverfahren kombiniert angewandt. Auf elektrochemischem Wege werden kleine Gruben in den Kristall eingeätzt, so daß die Basisdicke verringert und der Kollektor-Bahnwiderstand verkleinert wird. Danach werden die P-dotierten Elektroden aufplattiert und einlegiert.

Der Schnitt durch einen MADT ist in der *Abb.* wiedergegeben. Anwendung als Schalttransistor; Verwendung ferner in HF-Verstärkern, in Leistungsoszillatoren und Leistungsverstärkern.

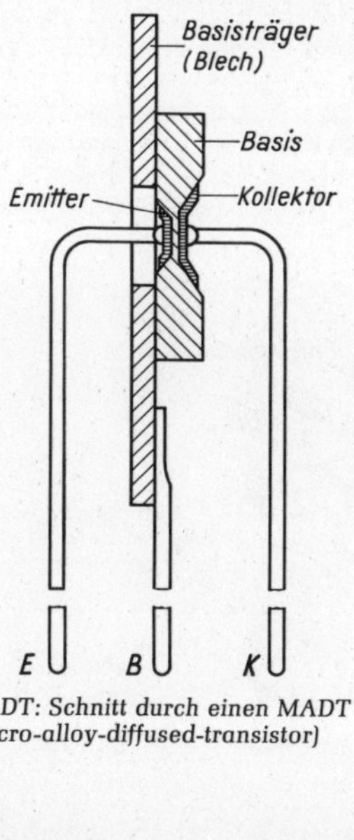

MADT: Schnitt durch einen MADT (micro-alloy-diffused-transistor)

Magnetaufzeichnung insbesondere auf Bändern, geschieht z. T. analog (Schall, also Sprache, Musik usw.) und z. T. digital (Daten u. ä.).

Magnetbänder für Datenaufzeichnung haben 12,7 oder 25,4 mm Breite und nehmen die Daten in Form winziger magnetischer Striche auf (ca. 10^7 Zeichen auf einem Band oder 80 ... 600 Zeichen/cm), und zwar → *Byte* neben Byte in „Blöcken" verschiedener Länge, die durch Zwischenräume getrennt sind. Ein- und Ausgabe können mit 7000 ... 340000 Zeichen/s sehr schnell erfolgen, doch erfordert das Aufsuchen der Speicherstelle verhältnismäßig viel Zeit (Zugriffszeit von 2 sec bis 2 min). 1 m Band kann 70000 Bits speichern, ein ganzes Band bis 15 Millionen, bei außerordentlich hoher Übertragungsgeschwindigkeit.

Magnetbandspeicher haben besondere Beruhigungseinrichtungen für ruckartiges Anlaufen und Bremsen, die bekannten standuhrähnlichen meist Vakuumkammern. Übliche Bandgeschwindigkeiten sind 1,9 m/s und 2,8 m/s. Durch einen Doppelkopf wird die Information gleichzeitig geschrieben und gelesen. Diese Speicher können als → *Eingabe-* und → *Ausgabegeräte* sehr vorteilhaft eingesetzt werden. Zwischen den Spulen und den Köpfen läßt man Ausgleichsschlaufen hängen. Die Aufzeichnung erfolgt in 7 oder 9 Spuren und in Blökken, zwischen denen Lücken (→ *gaps*) bleiben. Der besondere Vorteil ist die hohe Ein- und Auslesegeschwindigkeit. Sie sind daher für den Ablauf der Programme äußerst wichtig.

Magnetblasenspeicher Speicher bei dem das Vorhandensein bzw. Nichtvorhandensein einer Magnetblase an einem bestimmten Ort „1"-Signal bzw. „0"-Signal bedeuten. Magnetblasen sind winzige magnetische Zylinder, die senkrecht auf einer sehr dünnen Magnetschicht stehen. Die Speicherung erfolgt durch von außen anzulegende Magnetfelder.

Magnet-Diode Indium-Antimonid-Diode mit der Zonenfolge P + PN. Diese Diode wird bei Temperaturen unter 100 K betrieben. Die P-Zone hat eine Strombahnlänge von etwa 1 mm und einen spezifischen Widerstand von (20 ... 100) Ω · cm. Bei dieser Diode läßt

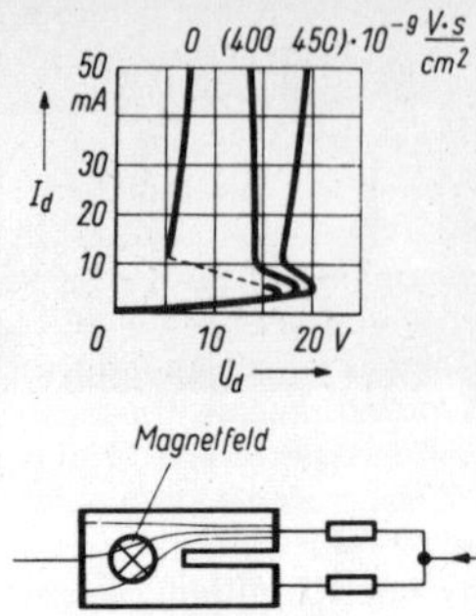

Magnet-Diode

sich der Zusammenhang zwischen Diodenspannung und Diodenstrom durch Magnetfelder geringer Dichte erheblich beeinflussen *(Abb. 1)*. Die Beeinflussung bezieht sich auch auf die Lage der Strombahn. Dies ermöglicht es, die Magnet-Diode – gemäß *Abb. 2* – als magnetisch gesteuerten Schalter zu verwenden. Nachteile dieser Diode sind die notwendige tiefe Betriebstemperatur und die verhältnismäßig hohen Werte des Sperrstromes.

Magnetdrahtspeicher sind fast genauso aufgebaut wie → *Twistor-Speicher*, doch ist die Magnetschicht hier nicht

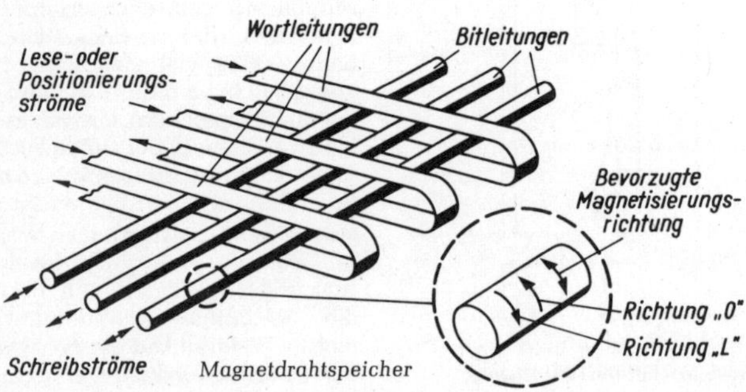

Magnetdrahtspeicher

aufgewickelt, sondern elektrolytisch aufgebracht und besitzt eine magnetische Vorzugsrichtung parallel zur Drahtachse. Zum Einschreiben müssen Wortstrom (im Band) und Bitstrom (im Speicherdraht) zusammenwirken, um eine Ummagnetisierung (Einschreibung) zu erzielen. Das Lesen erfolgt durch Stromimpulse durch die Wortleitungen. Diese können wohl einen Leseimpuls in der Bitleitung hervorrufen, aber keine Löschung (→ *NDRO*).

magnetempfindliche Transistoren → *Magnistor.*

magnetfeldabhängige Widerstände (Mistor) werden mit Wismut hergestellt, das in Dünnfilmtechnik mäanderförmig wie bei → *Dehnungs-Meßstreifen* aufgebracht wird. Die Empfindlichkeit ist zwar nur etwa ein Zehntel der bei der → *Feldplatte,* doch lassen sie sich gut in → *Multiplizier-* und → *Dividierschaltungen* verwenden.

Magnetfeldkoppler nennt man bei der → *ESM-Technik* entsprechend zusammengebaute Gruppen von → *Reed-Relais.*

Magnetfeld-Messung erfolgt im Bereich von 10^{-5} ... 10^{2} Oersted mit → *Förster-Sonden,* von 1 ... 10^{4} Oersted mit → *Hall-Generatoren.* Weniger empfindlich: → *Feldplatten* und → *Magnetdioden.*

magnetische Ablenkung Zur Steuerung des Elektronenstrahls in horizontaler und vertikaler Richtung werden allgemein Magnetfelder herangezogen, nicht aber elektrische Felder, wie sie bei Elektronenstrahlröhren für Oszilloskopen gebräuchlich sind. Die magnetische Ablenkung hat sich vor allem aus wirtschaftlichen Gründen durchgesetzt, da man bei ihrer Anwendung die Bildröhren kürzer bauen kann. Die Magnetfelder werden von zwei Spulenpaaren am Hals der Bildröhre erzeugt. Den Strom dafür liefern die → *Bild-* und → *Zeilenablenkung.*

magnetische Flußdichte, T 1 Tesla ist gleich der Flächendichte des homogenen → *magnetischen Flusses* 1 Wb, der die Fläche 1 m^2 senkrecht durchsetzt.

magnetische Mikrofone haben einen ähnlichen Aufbau wie magnetische Kopfhörer, wenn auch mit Wirkung im umgekehrten Sinne. Sie werden zu direkter Übertragung der von bestimmten Musikinstrumenten erzeugten Klänge verwendet, z. B. für Gitarren. Innenwiderstand hochohmig. Empfindlichkeit etwa 5 mV/µbar.

magnetischer Fluß, Wb 1 Weber ist gleich dem magnetischen Fluß, bei dessen gleichmäßiger Abnahme während der Zeit 1 s auf Null in einer ihn umschlingenden Windung die elektrische → *Spannung* 1 V induziert wird.

Magnetkarten-Speicher haben Kunststoffkarten von ca. 300 x 100 mm^2 mit magnetisierbarer Oberfläche. Sie werden in auswechselbaren Magazinen auf halbrunden Stäben aufgehängt und haben selbst unterschiedliche Schlitze (Kerbloch-Prinzip). Bei 8 Stäben kann jeweils eine aus $2^8 = 256$ Karten ausgewählt und zur Trommel des Lesegeräts transportiert werden. Da jede Karte 200000 Zeichen speichern kann, enthält ein Magazin über 50 Millionen Bits. Außerdem sind die Magazine auswechselbar. – Die → *Zugriffszeit* ist hier etwa 5mal höher als bei → *Magnetplatten-* und 50mal gegenüber → *Magnettrommel-Speichern,* aber der Vorteil liegt in der sehr großen Speichermöglichkeit.

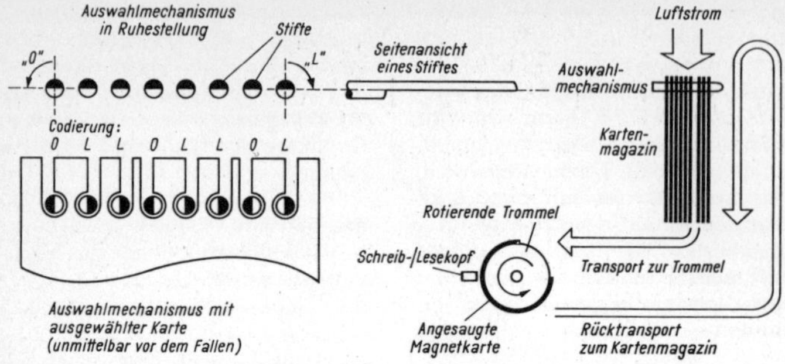

Magnetkartenspeicher: Schematische Darstellung eines Magnetkartenspeichers

Magnetkern-Speicher → *Matrix*, → *Ringkerne.*

Magnet-Kontenkarten sind die Speicher der modernen → *Buchungsanlagen.* Diese sind weit zahlreicher als die großen → *EDV-Anlagen.* Die Karten werden auf der Vorderseite in Klarschrift und auf der Rückseite gleichzeitig in Magnetschrift beschriftet, um für Mensch und Maschine lesbar zu sein.

magnetoelastische Geber → *induktive Geber.*

magnetoelastischer Transformatorgeber → *induktive Geber.*

Magnetofluid Flüssigkeit mit winzigen Eisenpartikeln. Sie dient in Hochleistungslautsprechern als magnetisch leitfähiges Medium im Luftspalt zwischen Dauermagnet und Schwingspule. Die Wirkung ist eine höhere Belastbarkeit, aber auch eine bessere Wiedergabequalität.

magnetostriktive Geber → *Induktions-Geber.*

Magnetplatten-Speicher haben eine große Anzahl schnell rotierender Platten (ähnlich Schallplatten) übereinander, die beiderseits magnetisierbare Schichten tragen ähnlich den → *Magnettrommeln.* Sie rechnen noch zu den → *Direktzugriffs-Speichern.* Größere M.-S. können etwa 100 Millionen Bit speichern. Sie haben meist bewegliche Zugriffsarme mit je einem Schreib/Lesekopf pro Plattenfläche. Da sie bis ~ 40 Umdrehungen/s machen, ist die → *Zugriffszeit* kurz (~ 0,1 s), Übertragungsleistung bis 300000 Zeichen/s.

Magnetron Vakuumröhre zum Erzeugen von → *Mikrowellen,* in der die Elektronen durch ein elektrisches Feld beschleunigt werden und sie gleichzeitig durch ein magnetisches Feld auf Zykloidenbahnen gezwungen werden. Kreisförmig angeordnete Resonatoren an der Innenseite der Außenwand werden durch die vorbeifliegenden Elektronen zum Schwingen angeregt. Bei geeigneter Einstellung der Felder gerät das gesamte System in Selbsterregung und erzeugt Schwingungen im Mikrowellenbereich.

Magnetscheiben-Speicher → *Magnetplatten-Speicher.*

Magnetschrift mit magnetischer Farbe gedruckt, kann von Menschen und Maschinen gelesen werden. Zuerst hat sich die CMC 7 *(Abb.)* eingeführt, da sie als erste neben Ziffern und Steuerzeichen ein vollständiges Alphabet besaß. In Amerika wird außerdem die E13B in Banken usw. gebraucht. Das Aufbringen der magnetischen Farbe ist etwas aufwendig. Allerdings können aber Verschmutzungen die maschinelle Lesbarkeit nicht beeinträchtigen.

Magnet-Schwebebahnen werden z. Z. in der BRD in drei Varianten erprobt. Sie werden durch elektronisch geregelte Magnete in der Schwebe gehalten und benutzen die Schienen nur, um sich gegen sie abzustützen, so daß jede Reibung (außer an der Luft) entfällt. Das geschieht mit Hilfe einer raffinierten Elektronik, bei einem Projekt sogar durch → *supraleitende Magnete,* so daß nur gelegentlich flüssiges Helium nachzufüllen wäre. Die Vorwärtsbewegung erfolgt durch Linearmotoren.

Magnetstab-Speicher (auch Magnetstab-Matrix) ist eine ältere Bauart, bestehend aus Glasfäden (< 0,5 mm ∅), die eine leitende und darüber eine magnetische Schicht aus → *Rechteck-Ferrit* tragen. Darauf sind Wicklungen angebracht. Gelochte Tragplatten geben dem Ganzen Halt. Auch hier kommt nach dem → *Koinzidenz-Prinzip* nur dann eine Magnetisierung zustande, wenn zwei Ströme gleichsinnig zusammenwirken. Die → *Zugriffszeit* liegt bei 1 μs.

Magnetstreifen-Speicher besteht aus einem Behälter mit vielen streifenförmigen Trägern, auf denen in parallelen Zeilen die Informationen aufgezeichnet sind. Der benötigte Streifen wird aus dem Magazin geholt, um eine Trommel gelegt und gelesen. Zugriffszeit ~ 0,5 sec.

Magnetton Verfahren zur Konservierung von Schallphänomenen auf magnetisierbaren Bändern.

Magnettongeräte Ein magnetisierbares Band (→ *Tonband*) wird am Luftspalt eines Elektromagneten (Aufnahmekopf) mit gleichbleibender Geschwindigkeit vorbeigezogen *(Abb.).* Wird die Sprechkopfspule mit tonfrequentem Strom beschickt, so werden die entsprechenden Magnetisierungsschwankungen im Kern durch die Streuung der Feldlinien am Luftspalt auf die magnetisierbaren Teilchen des Bandes übertragen, die sich dabei umlagern.

Magnettongeräte: (Schema)

Mit einem zweiten „Kopf", dem Hörkopf oder Wiedergabekopf, werden die in magnetischer Form auf dem Tonband enthaltenen tonfrequenten Aufzeichnungen abgenommen: Während das Band am Kern-Luftspalt des Wiedergabekopfes vorbeigezogen wird, werden in den Windungen des Wiedergabekopf-Elektromagneten (einer dem Sprechkopf gleichartigen Einrichtung) den Magnetisierungsverhältnissen entsprechende Spannungen induziert.

In der Praxis wird für die beiden Aufgaben der Aufnahme und Wiedergabe meist nur ein Kopf verwendet, dessen Spulenanschlüsse jeweils umgeschaltet werden (Kombikopf).

Mit einem weiteren Kopf, dem Löschkopf, kann die tonfrequente Magnetisierung aufgehoben werden. Zu diesem Zweck beschickt man die Spule des Löschkopfes mit Gleichstrom oder mit Wechselstrom zwischen 40 und 60 Kilohertz. Dabei werden die Bandschicht-(Kleinst-Teilchen mehrfach ummagnetisiert, so daß die alte Aufnahme zerstört wird. – Bei modernen Verfahren wird dem Sprechkopf gleichzeitig mit den tonfrequenten Schwingungen Hochfrequenz zugeführt. Man erzielt dadurch eine klarere Wiedergabe und Störgeräuschfreiheit.

Magnettrommel-Speicher besitzen eine präzis zylinder- oder kegelförmige Trommel aus Stahl von 150 ... 400 mm ∅, die als magnetisierbare Oberfläche eine Kobalt-Nickel-Legierung trägt. Die Trommel dreht sich mit 50 ... 300 Umdr./s. Vor der Oberfläche befinden sich (meist viele) Schreib/Leseköpfe so dicht über ihr, daß nur ein Luftpolster dazwischen bleibt. Man erreicht Abstände der Spuren von 0,25 mm und bringt bis zu 40 Bit/mm unter. Die eingeschriebenen Daten sind kleine Magnete, deren Polung 0 oder L bedeutet. Die mittlere Zugriffszeit beträgt 10 ... 3 ms. Die höchste Schreib/-Lesegeschwindigkeit liegt bei 300000 Zeichen/s, die Gesamtaufnahmefähigkeit beträgt 10^5 ... 10^8 Bit.

Ein genaues Taktsystem ermöglicht das Finden jedes Speicherplatzes. Die Information wird beim Lesen nicht zerstört. Sie bleibt erhalten, bis sie überschrieben wird.

Für Flugzeuge, Raketen u. ä. hat man Leichtgewichts-Ausführungen konstruiert. Sie sind gewissermaßen rotierende Blechtrommeln, nehmen 100000 Bits auf und wiegen nur 3,6 kg.

Magnetverstärker sind Drosseln, bei denen durch eine kleine Gleichstromleistung (Vormagnetisierung) eine große Wechselstromleistung gesteuert werden kann. Deshalb die Bezeichnung „Verstärker". Sie sind nur insofern „elektronisch", als sie (Halbleiter-) Gleichrichter für die Steuerung verwenden. Man benutzt sie zur Regelung von Leuchtstoffröhren, Motoren u. v. a. Andere Bezeichnungen: Transduktor, Steuerdrossel.

Magnistor heißt ein magnetempfindlicher Transistor. Er hat zwei Kollektoranschlüsse. Die Kollektorleitungen 3 und 4 führen gleichen Strom, solange der Kristall nicht durch ein Magnetfeld beeinflußt wird. Magnetfelder rufen je nach ihrer Richtung zwischen 3 und 4 Potentialunterschiede hervor. Sie sollen zwischen 0,001 Gauß (1/100 des Erdfeldes) und 1500 Gauß nachzuweisen sein.

Mailbox Computerbriefkasten zum Aufbewahren und Weiterleiten von Nachrichten, der über ein Telefon-Modem (→ *Modem*) erreicht wird.

Majoritätsträger Die in der Überzahl im dotierten Halbleitermaterial vor-

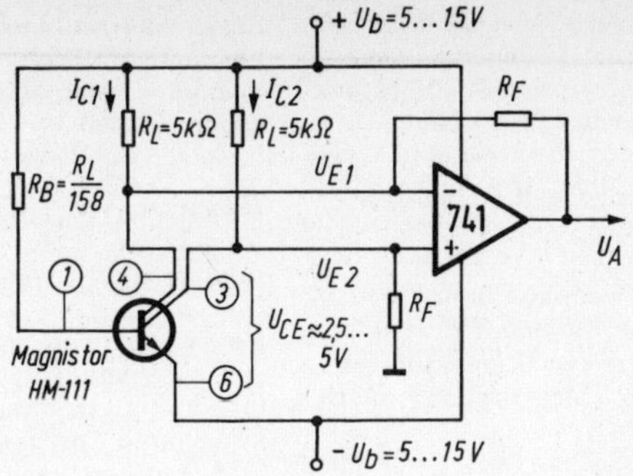

Magnistor

handenen beweglichen Ladungsträger, also im N-Material die freien Elektronen und im P-Material die Löcher.

Majoritätsträger-Dichte Auf 1 cm^3 bezogene Zahl der Löcher in P-dotiertem Halbleiter bzw. Zahl der freien Elektronen in N-dotiertem Halbleiter. Der Index des jeweiligen Formelzeichens der Majoritätsträgerdichte bezieht sich auf das Material.

p_p bedeutet Majoritätsträger-Dichte (Löcher) im P-Material

n_n bedeutet Majoritätsträger-Dichte (Elektronen) im N-Material.

Majoritätsträger-Strom Elektronendrift in N-dotiertem Halbleiter bzw. Löcherdrift in P-dotiertem Halbleiter.

Majoritätsträger-Technik Technik für Bauelemente, in denen ein → *Majoritätsträger-Strom* gesteuert wird. Beispiele für solche Bauelemente sind der → *Feldeffekt-Transistor* und der → *Metall-Zwischenschicht-Transistor.*

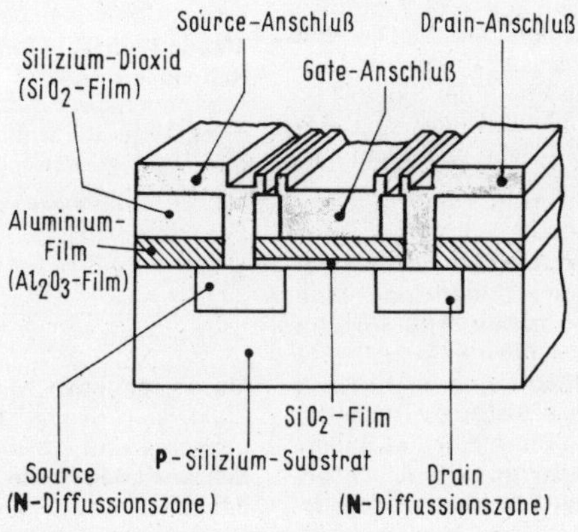

Makroassembler Erweiterte Form des → *Assemblers*, der es dem Programmierer gestattet, einen ganzen Block von Befehlen als Makro zu definieren.

Makrobefehle enthalten mehrere → *Befehle* in einem.

Malzeichen × bedeutet in der Schaltalgebra stets Reihen-(Hintereinander-) schaltung von Kontakten oder Schaltgliedern oder -gruppen (→ *Pluszeichen* +).

MAOS = **M**etal **A**luminia **O**xide **S**emiconductor sind (japanische) lösch- und neu programmierbare → *Festwertspeicher*.

MAP (= **m**anufacturing **a**utomation **p**rotocol) Offenes Kommunikationsnetz für die großindustrielle Fertigungssteuerung.

Mapping

1. Kartografische Darstellung der Erdoberfäche oder des Sternenhimmels.
2. Betriebsart des → *Logikanalysators* zur schnellen Serienprüfung von Mikrocomputer-Baugruppen.
3. CAD-Verfahren für die Kartografie.

Marke Bei anzeigenden Meßgeräten das Element, das zum Zwecke des Ablesens auf eine Stelle der Skala (Teilung) eingestellt wird oder sich einstellt. Z. B. ein Zeiger, eine Lichtmarke.

Maschinensprachen Die → *EDV-Anlage* versteht nur → *Binär-Code*. Eine der Maschine verständliche Sprache ist daher für den → *Programmierer* schwer zu schreiben. Es würde sich um eine endlose Folge von 0 und 1 handeln, die zu schreiben eine außerordentliche Belastung wäre. Außerdem haben die verschiedenen Rechnersysteme unterschiedliche Maschinensprachen. Das Programm muß also in einer → *Programmiersprache* eingegeben werden.

Maschinenwort Es gibt Anlagen mit festgelegter (konstanter) Wortlänge und solche mit veränderlicher.

Maser (Abk. von **m**icrowave **a**mplification by **s**timulated **e**mission of **r**adiation, etwa: Mikrowellen-Verstärkung durch Anregung von Strahlung) Man kann in verschiedenen Gasen bzw. in Kristallstäben (z. B. Rubin) durch Pumpen die Atome in einen „angeregten" Zustand versetzen. Dazu wird z. B. bei Rubin bei gleichzeitiger Kühlung mit flüssigem Helium grünes Licht mit 0,55 μm verwendet.

Der Maser erzeugt kürzere Wellen als → *Klystron* und → *Wanderfeldröhre* (10^9 Hz) und spielt eine wichtige Rolle bei der Verstärkung sehr schwacher Signale, die im Rauschen normaler Verstärker untergehen würden. Sein Eigenrauschen ist 100- bis 1000mal geringer als das von Röhrenverstärkern. Man benutzt ihn daher z. B. beim Empfang von Nachrichten-Satelliten und ebenso in der Radioastronomie.

Mason-Formel Formel für die Schwinggrenze:

$$f_0 = \sqrt{\frac{f_{\beta 1}}{8 \cdot \pi \cdot r_{Bb} \cdot c_{cB}}}$$

f_0 → *Schwinggrenze* (→ *Schwing-Grenzfrequenz*),

$f_{\beta 1}$ → *Beta-Eins-Frequenz*,

r_{Bb} → *Basis-Bahnwiderstand*,

c_{cB} → *Kollektor-Basis-Kapazität*.

Masse, effektive Masse, die für die Elektronen bezüglich des → *Elektronengases* und für die Löcher bezüglich des Löchergases eingesetzt werden muß, wenn die Gesamtheit der

Elektronen bzw. die der Löcher als freies Gas betrachtet werden soll. In der effektiven Masse sind die Gitterkräfte mit berücksichtigt. Die effektive Masse ist im Kristall von der Elektronen- bzw. Löcher-Bewegungsrichtung und vom → *Energie-Niveau* abhängig. Meistens rechnet man jedoch mit Mittelwerten.

Maßeinheit Einheit, in der eine physikalische Größe gemessen wird. Die Maßeinheit kann eine physikalische Grundeinheit sein oder in einer von ihnen abgeleiteten Einheit angegeben werden.

Maßeinheiten

Abgeleitete SI-Einheiten und ihr Zusammenhang mit den Basisgrößen

Ebener Winkel im Radiant, rad
1 Radiant ist gleich dem ebenen Winkel, der als Zentriwinkel eines Kreises vom Halbmesser 1 m aus dem Kreis einen Bogen von 1 m Länge ausschneidet.

Räumlicher Winkel im Steradiant, sr
1 Steradiant ist gleich dem räumlichen Winkel, der als gerader Kreiskegel mit der Spitze im Mittelpunkt einer Kugel vom Halbmesser 1 m aus der Kugeloberfläche eine Kalotte der Fläche 1 m^2 ausschneidet.

Energie, Arbeit, Wärmemenge in Joule, J
1 Joule ist gleich der Arbeit, die verbraucht wird, wenn der Angriffspunkt der Kraft 1 N in Richtung der Kraft um 1 m verschoben wird.

Kraft in Newton, N
1 Newton ist gleich der Kraft, die einem Körper der Masse 1 kg die Beschleunigung 1 m/s^2 erteilt.

Druck in Pascal, Pa
1 Pascal ist gleich dem auf eine Fläche gleichmäßig wirkenden Druck, bei dem senkrecht auf die Fläche 1 m^2 die Kraft 1 N ausgeübt wird.

Frequenz in Hertz, Hz
1 Hertz ist gleich der Frequenz eines periodischen Vorgangs der Periodendauer 1 s.

Leistung in Watt, W
1 Watt ist gleich der Leistung, bei der während der Zeit 1 s die Energie 1 J umgesetzt wird.

Magnetischer Fluß in Weber, Wb
1 Weber ist gleich dem magnetischen Fluß, bei dessen gleichmäßiger Abnahme während der Zeit 1 s auf Null in einer ihn umschlingenden Windung die elektrische Spannung 1 V induziert wird.

Induktivität (magnetischer Leitwert) in Henry, H
1 Henry ist gleich der Induktivität einer geschlossenen Windung, die, von einem elektrischen Strom der Stärke 1 A durchflossen, im Vakuum den magnetischen Fluß 1 Wb umschlingt.

Magnetische Flußdichte in Tesla, T
1 Tesla ist gleich der Flächendichte des homogenen magnetischen Flusses 1 Wb, der die Fläche 1 m^2 senkrecht durchsetzt.

Elektrizitätsmenge (elektrische Ladung) in Coulomb, C
1 Coulomb ist gleich der Elektrizitätsmenge, die während der Zeit 1 s bei einem zeitlich unveränderlichen elektrischen Strom der Stärke 1 A durch den Querschnitt eines Leiters fließt.

Elektrische Kapazität in Farad, F
1 Farad ist gleich der elektrischen Kapazität eines Kondensators, der durch die Elektrizitätsmenge 1 C auf die elektrische Spannung 1 V aufgeladen wird.

Elektrische Spannung in Volt, V
1 Volt ist gleich der Spannung oder elektrischen Potentialdifferenz zwischen zwei Punkten eines fadenförmigen homogenen und gleichmäßig temperierten metallischen Leiters, in dem bei einem zeitlich unveränderlichen Strom der Stärke 1 A zwischen den

Dezimale Vielfache und Teile

Dezimale Vielfache

Zehner-Potenz	Wert	Vorsatz	Zeichen	Bedeutung
10^1	10	Deka	da	zehnfach
10^2	100	Hekto	h	hundertfach
10^3	1000	Kilo	k	tausendfach
10^6	1000000	Mega	M	millionenfach
10^9	1000000000	Giga	G	milliardenfach
10^{12}	1000000000000	Tera	T	billionenfach
10^{15}	1000000000000000	Peta	P	billiardenfach
10^{18}	1000000000000000000	Exa	E	trillionenfach

Dezimale Teile

Zehner-Potenz	Wert	Vorsatz	Zeichen	Bedeutung
10^{-18}	0,000000000000000001	Atto	a	Trillionstel
10^{-15}	0,000000000000001	Femto	f	Billiardstel
10^{-12}	0,000000000001	Piko	p	Billionstel
10^{-9}	0,000000001	Nano	n	Milliardstel
10^{-6}	0,000001	Mikro	µ	Millionstel
10^{-3}	0,001	Milli	m	Tausendstel
10^{-2}	0,01	Centi	c	Hundertstel
10^{-1}	0,1	Dezi	d	Zehntel

Idealer Zusammenhang: die neuen Maßeinheiten

1 rad = 1 m/1 m
1 sr = 1 m^2/1 m^2
1 J = 1 Nm = 1 Ws
1 N = 1 kgm/s^2
1 Pa = 1 N/m^2
1 Hz = s^{-1}
1 W = 1 Nm/s = 1 J/s
1 Wb = 1 Vs = 1 Tm^2
1 H = 1 Wb/A = 1 Vs/A = 1 Ωs
1 T = 1 Wb/m^2
1 C = 1 As
1 F = 1 C/V = 1 As/V = 1 s/Ω
1 V = 1 W/A
1 Ω = 1 V/A = 1/S
1 S = 1 A/V = 1/Ω
1 lm = 1 cd sr
1 lx = 1 lm/m^2

beiden Punkten die Leistung 1 W umgesetzt wird.

Elektrischer Widerstand in Ohm, Ω
1 Ohm ist gleich dem elektrischen Widerstand zwischen zwei Punkten eines fadenförmigen, homogenen und gleichmäßig temperierten elektrischen Leiters, durch den bei der elektrischen Spannung 1 V zwischen den beiden Punkten ein zeitlich unveränderlicher elektrischer Strom der Stärke 1 A fließt.
Elektrischer Leitwert in Siemens, S
1 Siemens ist gleich dem elektrischen Leitwert eines Leiters vom elektrischen Widerstand 1 Ω.

Lichtstrom in Lumen, lm
1 Lumen ist gleich dem Lichtstrom, den eine punktförmige Lichtquelle mit der Lichtstärke 1 cd gleichmäßig nach allen Richtungen in den Raumwinkel 1 sr aussendet.

Beleuchtungsstärke in Lux, lx
1 Lux ist gleich der Beleuchtungsstärke, die auf einer Fläche herrscht, wenn auf 1 m^2 der Fläche gleichmäßig verteilt der Lichtstrom 1 lm fällt.

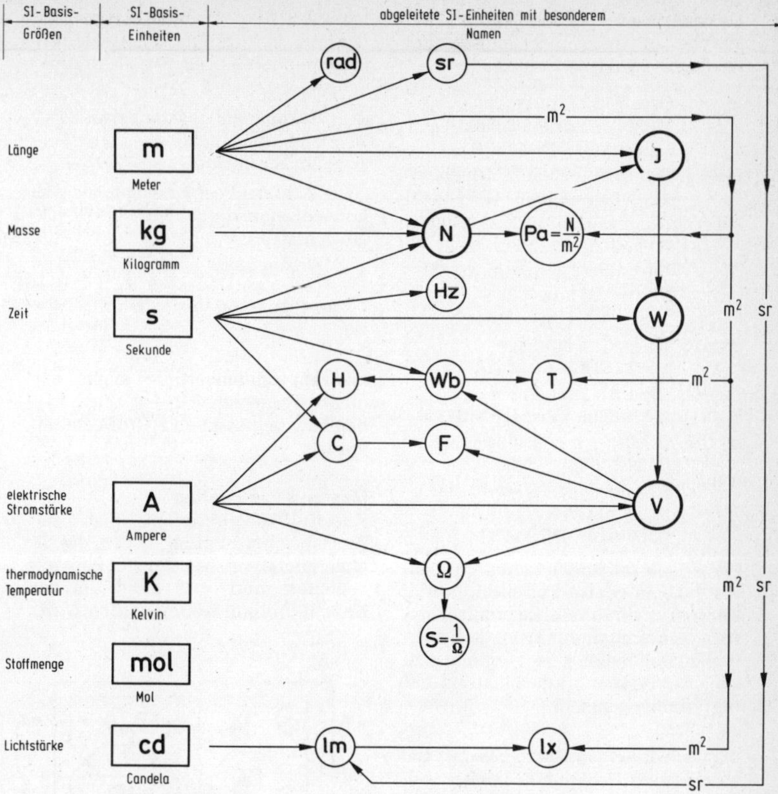

Diese Maßeinheiten sind seit dem 1. Januar 1978 ungültig (Auszug):

Elektrische Größen

AW (elektrische Durchflutung); 1 AW = 1 A (elektrische Stromstärke mal Windungszahl der Spule, DIN 1325)

EMK (Quellspannung), jetzt Uq in V (DIN 1323)

Magnetische Größen

G (magnetische Flußdichte, früher Induktion); 1 G = 10^4 T, 1 T = 1 Wb/m^2 = 1 Vs/m^2 (DIN 1325)

M (magnetischer Fluß); 1 M = 10^{-8} Wb, 1 WB = 1 Vs (DIN 1325, DIN 40121)

Oe (Magnetisierung); 1 Oe = ($10^3/4\,\pi$) A/m = 79,5775 A/m, 1 A/m = 1 N/Wb (DIN 1325)

Diese Maßeinheiten dürfen in der Physik ebenfalls nicht mehr angewendet werden (Auszug):

at	(Druck, 1 at = 1 kp/cm²); 1 at = 0,980665 bar = 98,0665 Pa (DIN 1314, DIN 43691)
cal	(Energie, Arbeit, Wärmemenge); 1 cal = 4,1868 J (DIN 1345)
HK	(Lichtstärke); 1 HK = 0,903 cd (DIN 5031, Bl. 3)
°K	(absolute Temperatur); 0 °K = −273,15 °C); 1 °K = 1 K (DIN 1343)
mmHG	(Druck); 1 mmHg = 1,333 223 874 mbar (DIN 5492)
mmWs	(Druck); 1 mmWs = 0,098 0665 mbar (DIN 5492)
p	(Kraft); 1 p = 9,806 65 mN (DIN 1305)
PS	(Leistung); 1 PS = 0,735 498 75 kW (DIN 5497, DIN 40110)

Ferner alle nichtmetrischen Größen, wie beispielsweise Fuß, Zoll, Pfund, Zentner, Fahrenheit, Reaumur, Angström, aber auch der typographische Punkt. Der beliebig zu vergrößernde oder zu verkleinernde Lichtsatz hat ihn unnötig gemacht.

Massenwirkungsgesetz besagt: Bei chemischen Reaktionen (gleich welcher Art) sind im Gleichgewichtsfall die Produkte der Konzentrationen vor und nach der Reaktion einander gleich, abgesehen von einem als Faktor auftretenden Beiwert, der von Temperatur und Druck abhängt. Dieser Beiwert ist von Stoff zu Stoff verschieden.

Auf Halbleiter angewendet bedeutet das Massenwirkungsgesetz: Das Produkt aus Elektronen- und Löcherkonzentration ($n \cdot p$) ist im Gleichgewichtsfall konstant. Der Gleichgewichtsfall liegt vor, wenn → *Paar-Erzeugung* und → *Rekombination* zahlenmäßig übereinstimmen. Die Zahl der Rekombinationen je Zeit- und Volumeneinheit ist gegeben als Produkt

$r \cdot n \cdot p$ mit
r → *Rekombinationskoeffizient*
n → *Elektronendichte*
p → *Löcherdichte*

Die Zahl der Paar-Erzeugungen g ist konzentrationsunabhängig. Im Gleichgewichtsfall gilt

$$g = r \cdot n \cdot p \text{ oder } n \cdot p = \frac{g}{r} = n_i^2$$

Darin ist n_i die Intrinsic-Konzentration.

Maßzahl Zahlenwert, der angibt, wie oft die → *Maßeinheit* in der zu messenden bzw. gemessenen → *Größe* enthalten ist.

Master-Slave-Flipflop (= Meister-Knecht-(Sklave)-Flipflop) ist ein Zweispeicher-Flipflop, in dem das Signal zuerst im Meister-Flipflop gespeichert und erst dann an das Knecht-Flipflop weitergegeben wird.

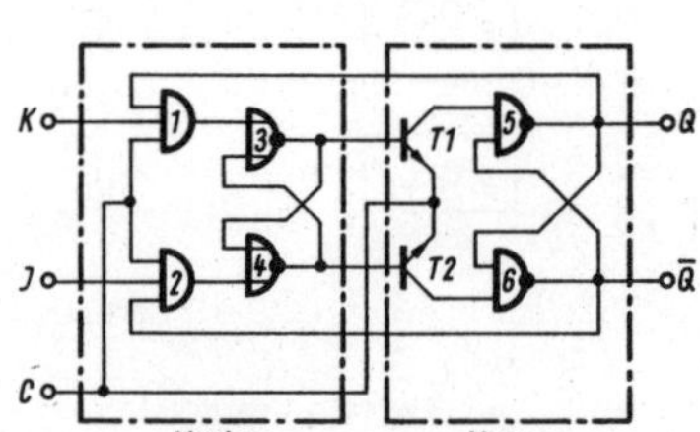

Master-Slave-Flipflop: JK-Master-Slave-Flipflop aus NAND- und NOR-Gliedern

MAS-Transistoren gleichen → *MOS-FET*, haben aber eine Gate-Isolation aus Aluminiumoxid anstelle von Siliziumoxid. Man erreicht höhere Steilheit und noch höhere Schaltgeschwindigkeit.

Materialprüfung erfolgt auf vielerlei Art, z. B. Zug- und Druckmessung, optische Prüfung der Oberfläche, Schwingungsmessungen, Röntgen- und Nuklear-Durchstrahlung, mit Ultraschall (→ *Echolote*) usw. → *Dickenmessung.*

MATIC (= **M**ultiple **A**rea **T**echnical **I**nformation **C**enters) sind amerikanische Auskunfts-Zentralen für wissenschaftlich-technische Auskünfte.

Matrix Aus der Mathematik übernommener Begriff, der dort eine Anweisung für eine lineare Umformung darstellt.

Mit Matrix bezeichnet man Schaltungen, in der aus zwei oder mehreren Signalen andere gewonnen werden. Dabei bestehen zwischen den Eingangs- und Ausgangs-Signalen lineare Beziehungen. Eine Matrixschaltung kann aktive Bauelemente, wie Transistoren, oder im einfachsten Fall nur Widerstände enthalten. Im Farbfernsehempfänger werden z. B. mit Hilfe einer Matrixschaltung aus dem → *Leuchtdichtesignal Y* und den beiden → *Farbdifferenzsignalen* (*R* – *Y*) und (*B* – *Y*) die Primärfarbsignale Rot, Grün und Blau gewonnen.

Man versteht unter Matrizen Anordnungen vieler Elemente in waage- und senkrechten Reihen, z. B. von Zahlen, aber auch z. B. von 5 x 7 → *Leuchtdioden* zur Darstellung von Buchstaben, Zeichen usw., ferner Rahmen mit auf waagerechten → *Zeilen-*(x) und senkrechten → *Spaltendrähten* (y) (zum Halten und zum Einspeichern) angebrachten → *Ringkernen.* Üblich sind u. a. Rahmen mit 16 x 16 (256), 16 x 32 (512), 32 x 32 (1024), 32 x 64 (2048) und 64 x 64 (4096) Ringen, aber auch solche mit 2 x 16 x 16, 2 x 32 x 32 und vielen anderen Kombinationen. Meist wird eine größere Anzahl, z. B. 24 gleiche Matrizen zu → *Speicherblöcken* zusammengebaut, die dann 393216 Speicherplätze enthalten *(Abb.)*.

Durch alle Kerne führt neben den erwähnten eine → *Leseleitung* (in der *Abb.* zu → *Inhibit-Leitung* an Leseverstärker LV angeschlossen) und vielfach auch eine Inhibit-Leitung.

Matrixdrucker → *Drucker.*

Matrix-Schaltungen enthalten wie die → *integrierte Schaltung* eine größere Anzahl von Dioden, Transistoren u. ä., die aber erst miteinander verbunden

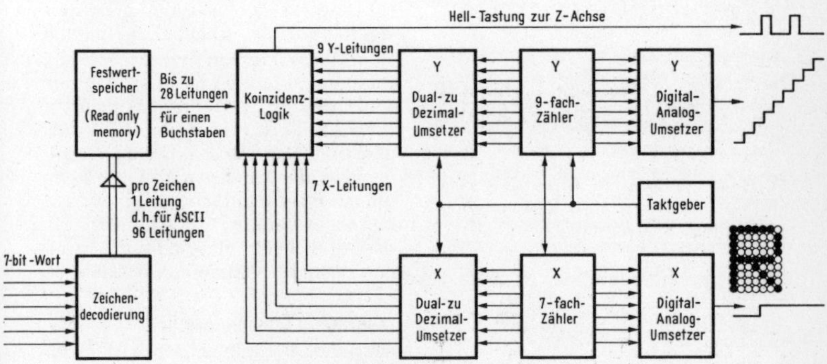

Matrix

werden müssen. Sie sind dort vorteilhaft, wo nicht genügend große Serien benötigt werden.

Matrizenanfertigung, elektronische Vervielfältigungsmatrizen können nach vorhandenen Vorlagen elektronisch mindestens genausogut hergestellt werden wie durch einen Zeichner. Mittels Hochspannung werden punktförmige Löcher nach Vorlage eingebrannt.

Maus

1. ist eine andere Bezeichnung für eine XY-Steuerung für Elektronenstrahlröhren wie bei der → *Rollkugel*.

2. Computerbedienungselement zum schnellen und bequemen Positionieren des Cursors auf dem Bildschirm. Die Maus wird auf einer ebenen Unterlage bewegt, wobei der Cursor genau diesen Bewegungen folgt. Eine oder mehrere Tasten auf der Oberseite der Maus können bestimmte Aktionen auf dem Bildschirm auslösen. Die Maus arbeitet mechanisch mit Hilfe einer Rollkugel oder optisch.

MBBA-Flüssigkristalle = **M**ethoxy-**B**enzyliden-**B**util-**A**nilin.

mcd = Millicandela = tausendstel → *cd*.

MD = Magic Dimension; Stereo-Aufnahme mit zusätzlicher Rauminformation.

MDR (**m**agnetic field **d**epending **r**esistor) amerikanische Kurzbezeichnung für → *Feldplatten*.

ME = **M**aschinen**e**inheit, ist beim → *Analogrechner* der Höchst-Spannungswert, mit dem er rechnet.

Mechanische Einheiten → *Einheiten*.

Mechanoelektrische Geber → *Ohmsche Geber*.

MECL heißt eine besonders schnelle Abart der → *ECL-Schaltungen* mit sehr geringer Verlustleistung (25 mW pro Gatter).

Medium-Power-Satellit Nachrichtensatellit mit einer EIRP von maximal 52 dBW, vorwiegend zum Übertragen von Fernsehprogrammen. M. können bis zu 16 Programme übertragen. Sie können mit → *Parabolspiegeln* von 90 cm Durchmesser empfangen werden.

Megafone sind große Schalltrichter, mit deren Hilfe der Schall in bestimmter Richtung gebündelt ausgesandt wird (dadurch größere Reichweite). Elektrische Megafone bestehen aus einem Mikrofon, einem Verstärker und einem Trichterlautsprecher (sehr stark vergrößerte Reichweite).

Mehr-Adreß-Maschinen lassen in einem Befehl die Angabe von mindestens zwei → *Adressen* zu, die sich beide auf den → *Arbeitsspeicher* beziehen.

Mehrbereichantennen Mit der Einführung des Zweiten Programms, dessen Sender ausschließlich im Bereich IV arbeiten, mußten neue zusätzliche Empfangsantennen montiert werden. Das Dritte Programm und Füllsender für das Erste werden im Bereich V ausgestrahlt. Aus diesen Gründen entwickelte die Antennenindustrie Kombinationsantennen, sogenannte Mehrbereichsantennen. Damit können z. B. die Bereiche III und IV oder die Bereiche IV und V empfangen werden.

Mehrfach-Linienschreiber Linienschreiber, der mit mehreren Meßwerken ausgerüstet ist und die gleichzeitige Erfassung sowie Registrierung von mehreren Meßgrößen gestattet. Bei älteren Meßwerken mit mechanischer Aufzeichnung sowie bei modernen → *Strahlschreibern* sind die Meßwerke nebeneinander angeordnet. Bei modernen Zweifach-Linienschreibern (Schrieb zweifarbig) sind die Meßwerke so hinter- bzw. übereinander angeordnet, daß beide Schreibarme die gesamte Breite des Registrierpapiers überstreichen können.

Mehrfach-Oszilloskop Oszilloskop, mit dem man mehrere → *Signale* gleichzeitig messen oder beobachten kann. Dies kann erzielt werden durch 1.) eine Röhre mit mehreren Elektronenstrahlerzeugern (Mehrstrahl-Oszilloskop, 2.) eine Röhre mit geteiltem Elektronenstrahl (Spaltstrahl-Oszilloskop) oder 3.) eine Einstrahl-Oszilloskopenröhre und elektronische Umschalter, die nacheinander die zu messenden Signale aufschalten.

Mehrkanalschalter, monolithische sind elektronische Schalter in → *MOS*-Technik für 2 oder 4 Kanäle, die Spannungen von maximal ± 10 V schalten können.

Mehr-Normen-Empfänger Ein Fernsehempfänger, der Fernsehsignale verschiedener Farbverfahren (→ *PAL*, → *Secam*, → *NTSC*) oder Fernsehnormen (z. B. verschiedene Zeilenzahl) verarbeiten und wiedergeben kann.

Mehrpunkt-Regeleinrichtung → *Regeleinrichtung*, bei der die → *Stellgröße* mehrere feste Werte annehmen kann (→ *Mehrpunktverhalten*).

Mehrpunktverhalten Verhalten eines Übertragungsgliedes, bei dem mehreren Werten des Ausgangssignals ebensoviele Werte des Eingangssignals zugeordnet sind → *Amplitudenrasterung*.

Mehrstrahl-Oszilloskop → *Mehrfach-Oszilloskop*.

Mehrstrahlröhre Elektronenstrahlröhre, die über mehrere getrennte Strahlerzeugungssysteme verfügt oder bei der ein Elektronenstrahlbündel, das von einer einzigen Katode ausgesandt wird, aufgespalten wird (Spaltstrahlröhre).

Mekometer → *Entfernungsmesser* (Lichtstrahl).

MELF (= **m**etal **el**ectrolyte **f**ace bonding) Elektronische Bauelemente, wie Widerstände, Kondensatoren und Dioden, ohne Anschlußdrähte. Sie tragen stattdessen Metallkuppen. Die Montage erfolgt durch Bestückungsmaschinen auf die Kupferseite von Leiterplatten. M. fallen unter die → *SMD*-Bauteile.

Meltback-Transistor Schmelzperlen-Transistor. Schon die Einkristallschmelze wird doppelt dotiert (mit Ar-

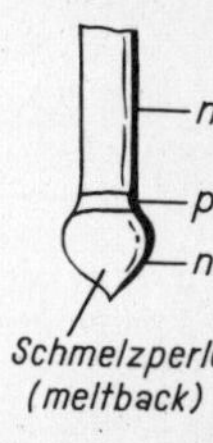

Meltback-Transistor: Schichtung des Meltback-Transistor-Kristalls

sen- und Galliumzusätzen) und darauf zu einem homogenen Kristall gezogen. Ein herausgesägtes Stäbchen wird an einer Stelle durch HF-Glühen zu Tropfenform geschmolzen. An der Übergangsstelle vom Tropfen zum Stäbchen liegt die P-Schicht *(Abb.)*.

Memistor heißt eine elektrolytische Zelle, deren Widerstand durch Anlegen einer Spannung je nach Polung erhöht oder herabgesetzt werden und daher als Speicher dienen kann.

memory (= Gedächtnis) = → *Speicher.*

Memotron hieß ein nicht mehr gebräuchlicher amerikanischer Speicher in Form einer speziell ausgebildeten Elektronenstrahlröhre.

MES Abk. für metal semiconductor = Metall-Halbleiter (zu ergänzen: -Kontakt), z. B. Schottky-Sperrschicht-Feldeffekt-Transistoren, → *Schottky-Kontakt.*

Mesa-Struktur Halbleiter-Bauelement in Blockbauform mit oben abgeätztem Rand.

Mesa-Tetrode Die *Abb.* ist ein Querschnitt durch diese spezielle Transistorart. Die Emitterzone ist sehr hoch, die Kollektorzone nur sehr schwach P-dotiert. Die Basis und die Emitter-Legierungselektroden (stark N-dotiert) sind tief einlegiert. Ihre Rekristallisationszonen reichen bis zur Basiszone und bilden mit dieser einen ohmschen Kontakt. Gegenüber normalen Transistoren besteht bei diesem Typ eine leitende Verbindung mit der Emitterzone. – Mesa-Tetroden können in Verstärker-, Misch- und Oszillatorschaltungen für sehr kleine Wellenlängen (20 cm) Verwendung finden. Die Grenzfrequenz liegt bei etwa 4200 MHz, entsprechend einer Wellenlänge von 7,15 cm.

Mesa-Transistor Den tafelbergähnlichen Aufbau (Mesa) eines (Germanium-) Mesa-Transistors läßt *Abb. 1* erkennen. Eine praktische Ausführung (ohne Gehäusekappe) mit den Elektrodenanschlüssen zeigt *Abb. 2.* Den Größenvergleich eines Mesa-Transistors mit einer Stecknadel gibt *Abb. 3.* – Der Aufbau erfolgt auf einer P-leitenden Germaniumscheibe (Kollektor); die N-leitende Basisschicht wird im Diffusionsverfahren hergestellt. Zwei rechteckige Felder werden für die Anbringung des Emitter- und Basisanschlusses auf die Basisschicht aufgedampft. Schließlich werden zur Begrenzung der Basis-Kollektor-Kapazität die Basisschicht und das darunterliegende Kollektormaterial um das System herum abgeätzt, so daß die Mesaberge entstehen *(Abb. 4).* Das wirksame System hat eine Größe von nur etwa 1/100 mm². Auf einer Germaniumscheibe der Größe eines Einmarkstückes entstehen bei der Herstellung etwa 1000 der winzigen Systeme, die später einzeln herausgeschnitten und in Gehäuse eingesetzt werden *(Abb. 5).*

Infolge der hohen Grenzfrequenz lassen sich Mesa-Transistoren beson-

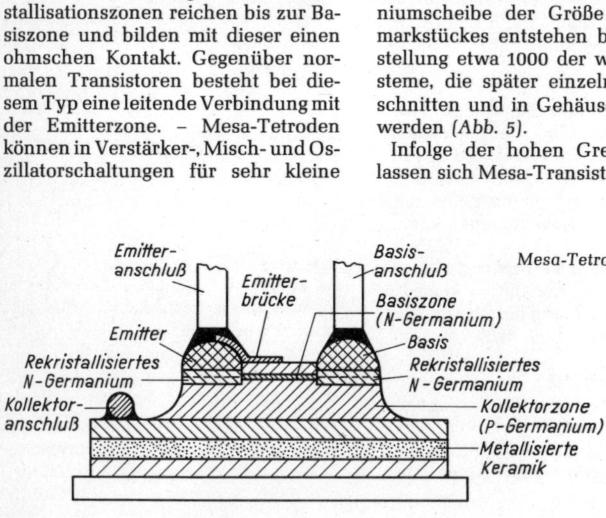

Mesa-Tetrode: (Schnitt)

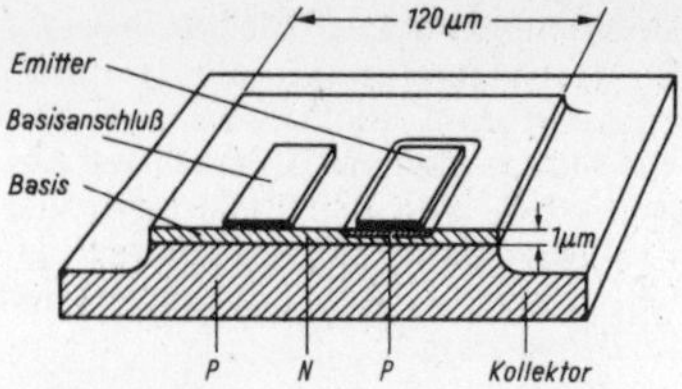

Mesa-Transistor: Abb. 1 Schematische Darstellung

Abb. 2 Germanium-Mesa-Transistor ohne Gehäusekappe (sehr stark vergrößert; Siemens)

Abb. 3 Germanium-Mesa-Transistor im Vergleich zu einer Stecknadel (Siemens)

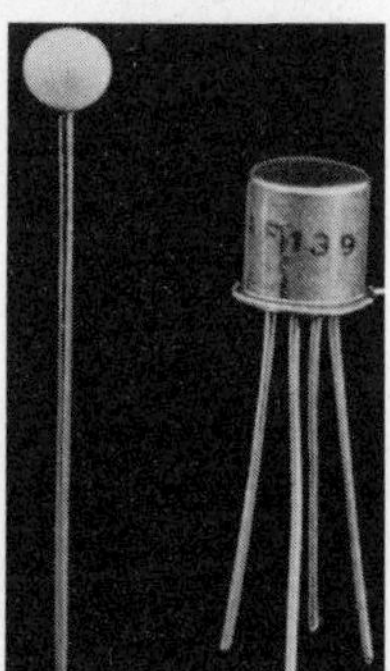

ders gut in Geräten des UHF-Bereiches verwenden. Es lassen sich verhältnismäßig große HF-Leistungen erreichen. – Eignung auch als schnelle Schalter. Herstellungsverfahren, mit

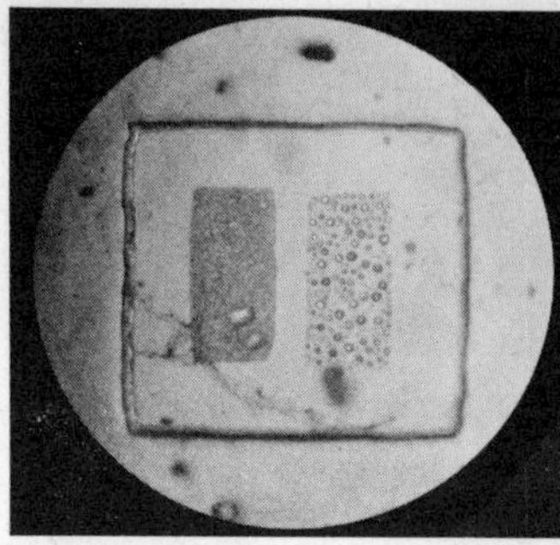

Abb. 4 System eines Mesa-Transistors in starker Vergrößerung (Siemens)

Abb. 5 Auf einer Halbleiterscheibe der Größe eines Einmarkstückes können viele hundert Mesa-Transistoren-Systeme gleichzeitig hergestellt werden (Siemens)

denen sich ähnlich wie in der Mesatechnik dünne Basiszonen und niedrige Kapazitäten erzielen lassen, sind die → *epitaxiale Aufwachstechnik* und die → *Planartechnik*.

MESFET (= **Me**tal **S**emiconductor **F**ield **E**ffect **T**ransistor) sind Silizium-FET mit → *Schottky-Kontakt* (Metall-Steuerelektrode), mit einer maximalen Oszillatorfrequenz von 15 (... 60) MHz.

Meßbereich Im Gegensatz zum → *Anzeigebereich*, der sich über die gesamte Länge einer Skala erstreckt, umfaßt der Meßbereich eines anzeigenden

Instrumentes nur den Teil der Skala, innerhalb dessen die durch die entsprechende → *Klasse* gegebenen Fehlergrenzen eingehalten werden. Stimmt der Meßbereich nicht mit dem Anzeigebereich überein, so wird er durch Punkte an den Skalenstrichen gekennzeichnet. Bei allen anderen Meßeinrichtungen versteht man unter dem Meßbereich, den Bereich, innerhalb dessen der Meßwert die angegebenen Fehlergrenzen nicht überschreitet.

Meßdiagonale Die Diagonale einer → *Brückenschaltung*, in der das zum Herstellen des Nullabgleichs dienende Meßinstrument liegt, bzw. in der die einer Verstimmung der Brücke entsprechende Meßspannung abgegriffen wird.

Meßeinrichtung Aus einem oder mehreren Meßgeräten bestehende Einrichtung zur Erfassung von Meßwerten, die auch Registriergeräte und anderes zur Meßwerterfassung notwendiges Zubehör enthalten kann.

Messen Vorgang, bei dem der genaue Wert einer physikalischen Größe ermittelt wird. Der Wert wird hierbei als Vielfaches bzw. Bruchteil einer Einheit (z. B. Volt, Ampère, Watt etc.) oder eines Referenzwertes angegeben.

Meßergebnis Resultat einer Messung. Es besteht entweder aus → *Meßwerten* einer einzelnen → *Meßgröße* oder Meßwerten verschiedener Meßgrößen, die über einer definierte Beziehung miteinander verknüpft sind.

Meßfläche Teil des → *Bildschirms* eines Oszilloskopen, innerhalb dessen bei Messungen festgelegte Fehlergrenzen eingehalten werden.

Meßfunkenstrecke Meßeinrichtung für Hochspannungen, die aus zwei kugelförmigen Elektroden mit einstellbarem Abstand besteht. Der Abstand zwischen den Elektroden, bei dem gerade kein Funken überspringt, ist ein Maß für den Scheitelwert der Meßspannung.

Meßgerät Entsprechend VDE 0410 die Gesamtheit aus → *Meßinstrument* und dazugehörigem Zubehör.

Meßgleichrichter Gleichrichter, mit denen Wechselspannungen zu Meß-

Meßgleichrichter: Abb. 1 Meßgleichrichter in Einwegschaltung

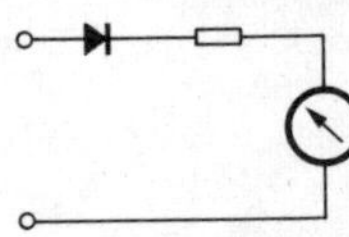

Abb. 2 Meßgleichrichter in Einwegschaltung mit Schutzdiode

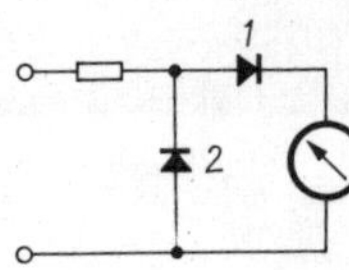

Abb. 3 Meßgleichrichter in Brückenschaltung (Graetz)

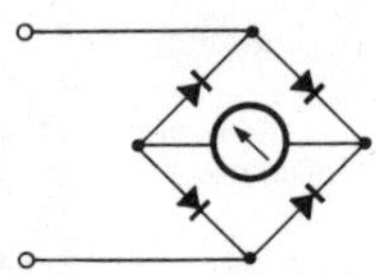

Abb. 4 Meßgleichrichter in Brückenschaltung (Ohmsche Widerstände in zwei Zweigen der Brücke)

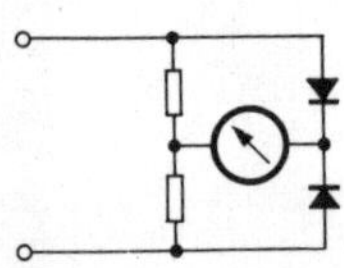

zwecken gleichgerichtet werden. Im Gegensatz zu den Leistungsgleichrichtern, bei denen man einen möglichst guten Leistungswirkungsgrad anstrebt, kommt es bei Meßgleichrichtern vor allem darauf an, eine Gleichspannung zu erzeugen, die in einem definierten Verhältnis zur Wechselspannung steht. Je nach Verfahren unterscheidet man zwischen → *Mittelwertgleichrichtung*, → *Spitzengleichrichtung* und → *quadratischer Gleichrichtung*. Die *Abb.* zeigen Schaltungsarten für Meßgleichrichter.

Meßgröße Die physikalische Größe, die durch einen Meßvorgang ermittelt werden soll.

Meßgrößenaufnehmer → *Geber*, → *Meßumformer*.

Meßinstrument Einheit aus → *Meßwerk*, Gehäuse und eventuell darin eingebauten Zubehörteilen.

Meßort Ort eines → *Regelkreises*, an dem die → *Regelgröße* gemessen wird. Im allgemeinen ist dies der Ausgang der → *Regelstrecke*.

Meß-Oszilloskop Oszilloskop, der mit Hilfe fester, wählbarer Meßbereiche zu Messungen innerhalb festgelegter Fehlergrenzen geeignet ist. Er kann eine eingebaute Eicheinrichtung besitzen.

Meßprinzip Beschreibung des physikalischen Vorgangs, der zur Ermittlung des Meßwertes benutzt wird, z. B. Ausnutzung des thermoelektrischen Effektes zur Messung von Temperatur.

Meßreihe Zusammengehörige Anzahl von Einzelmeßergebnissen, die für bestimmte Bedingungen (Parameter) ermittelt wurden.

Meßschwelle → *Ansprechwert*.

Meßumformer Gerät, das ein → *Eingangssignal*, vielfach auch unter Verwendung einer Hilfsenergie, in ein → *analoges* → *Ausgangssignal* umformt. Das Ausgangssignal kann hierbei auch eine andere physikalische Größe und einen anderen Wertebereich darstellen. Mit einem Mikrofon z. B. wird der Schalldruck in ein analoges elektrisches Signal umgeformt.

Meßunsicherheit n Praktisch angegebene Unsicherheit eines → *Meßergebnisses*, die immer alle zufälligen → *Fehler*, gegeben durch die → *Standardabweichung* s oder den → *Vertrauensbereich* sowie alle zusätzlichen nicht erfaßbaren und daher nur abschätzbaren systematischen Fehler f umfaßt. Für die Meßunsicherheit gilt die Formel:

$$n = \frac{t}{n} s + f$$

mit t = → *Vertrauensfaktor*, n = Anzahl der Messungen und s = Standardabweichung.

Meßverfahren Beschreibung des → *Meßprinzips*, mit dem die Meßgrößen erfaßt werden. Man unterscheidet:

1. analoge M. bei denen der Meßwert, d. h. die Ausgangsgröße (Anzeigeinstrument) den Änderungen der Meßgröße stetig folgt.
2. digitale M. bei denen der Meßwert (Ausgangsgröße) eine durch beliebig kleine aber gleiche Schritte quantisierte zahlenmäßige Darstellung der Meßgröße ist.
3. direkte M. bei denen der gesuchte Meßwert durch direkten Vergleich der Meßgröße mit einem Bezugswert ermittelt wird.
4. indirekte M. bei denen der gesuchte Meßwert dadurch ermittelt wird, daß man die Meßgröße in andere meßbare physikalische Größen umsetzt, die die Meßgröße aufgrund physikalischer Zusammenhänge eindeutig beschreiben.

Meßverstärker Verstärker, der in der Meßtechnik die Aufgaben hat, eine am Eingang anliegende Meßgröße so zu verstärken, daß am Ausgang eine ihr proportionale Leistung entnommen werden kann, ohne den Meßkreis bzw. das Meßobjekt zu belasten. Verwendet werden zumeist → *Rechenverstärker.*

Meßwerk Hauptbestandteil eines Meßinstruments. Es ist die Gesamtheit aus beweglichem Organ, → *Marke* und Skala.

Meßwert Wert, der beim Messen einer physikalischen Größe ermittelt wird. Er wird zusammem mit seiner Einheit angegeben.

Meßwertaufnehmer dienen zur Umwandlung nichtelektrischer in elektrische Größen zum Zwecke der genauen Messung. In Frage kommen Drücke, Dehnungen, Schwingungen, magnetische, optische oder Strahlungsgrößen (optisch oder radioaktiv) thermisch, chemisch, zeitlich usw. Sie alle wandelt man in entsprechende elektrische Größen (Strom, Spannung, Frequenz) um und kann sie so ohne Störung des Vorgangs präzis messen und aufzeichnen. → *Dehnungsmeßstreifen,* → *induktive* und → *kapazitive Meßwertgeber,* → *Fotoelemente,* → *piezoelektrische Geber,* → *Geiger-Müller-Zähler,* → *Strahlungsdetektoren,* → *Heißleiter,* → *Kaltleiter,* → *Temperaturaufnehmer* usw.

Meßzerhacker (→ *Zerhacker*) wendet man an, wenn man kleine Gleichspannungen präzis verstärken muß (→ *Chopper*). Das war besonders notwendig, als es noch nicht die → *Meßverstärker* gab.

Metall-Halbleiter-Kontakt Üblicherweise unlösbare Verbindung zwischen Metall und Halbleiter. Je nach Dotierungsgrad des Halbleiters ist ein solcher Kontakt sperrschichtfrei (ohmscher Kontakt) oder mit Sperrschicht ausgebildet und hat dann eine Ventilwirkung (→ *Kontakt mit Richtwirkung,* → *Kontakt, ohmscher*).

Metalloxyd-Silizium-Transistor (abgekürzt: MOST) ein in → *Planartechnik* ausgeführter → *Oberflächen-Feldeffekt-Transistor.* Infolge seines hohen Eingangswiderstandes von etwa 10^{12} Ohm kann er mit Vorteil in Meßschaltungen und NF-Verstärkern Verwendung finden, außerdem als Impedanzwandler.

Metallpapierschrift Aufzeichnungsverfahren von → *Schreibern,* bei dem der Schrieb aus dem mit einer 1 µm starken Metallkaschierung (meist Zink-Cadmiumlegierung) versehenen Registrierpapier mit einer Stiftelektrode herausgedampft wird. Diese Stiftelektrode ist starr mit dem Meßwerk verbunden und liegt gegenüber dem metallkaschierten Registrierpapier auf einem Potential von etwa 20 V.

Metallsuchgeräte arbeiten mit einer frei beweglichen Suchspule, die durch irgendwelche vorhandenen Metallgegenstände verstimmt wird. Die Differenzfrequenz gegen einen zweiten Festoszillator ist hörbar und dient zum Auffinden von Leitungen, Minen, Münzen u.v.a. Auch Brückenschaltungen u. a. werden verwendet, sind aber schwieriger. In jedem Fall zeigt ein Ausgangssignal das Vorhandensein von Metall an. Durch Feuchtigkeit des Bodens werden die Messungen je nach System mehr oder weniger beeinträchtigt. Auch gegen Luftpiraten werden solche Geräte eingesetzt. Eine andere Anwendung ist das Aufsuchen unerwünschter (gefährlicher) Metallteile in dem einer Maschine zugeführten Material. Das Prinzip ist das gleiche.

Metall-Zwischenschicht-Transistor Transistor mit einem Aufbau gemäß der Abb. Die Metall-Zwischenschicht, die als Basis-Elektrode dient, besteht aus Aluminium.

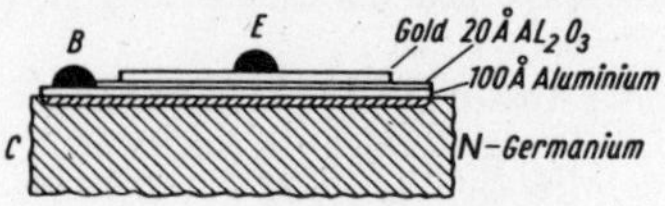

Metall-Zwischenschicht-Transistor: Schematisches Bild eines Schnittes durch das System eines Metall-Zwischenschicht-Transistors

metastabil ~ zeitweilig, nur bedingt stabil, z. B. für angeregte Atome, etwa beim → *Laser*, die nach einiger Zeit wieder in die stabile Lage zurückfallen.

MFM-Code Verfahren zum Aufzeichnen von Daten auf magnetische Datenträger, wie Disketten. Es arbeitet mit der sogenannten modifizierten Wechseltaktschrift (**m**odiefied **fm**-code), bei dem der spezielle Taktimpuls nur bei aufeinanderfolgenden Nullen aufgezeichnet wird, d. h die Taktbits werden nur benötigt um die Leseschaltung auch bei einer Serie von Nullen zu synchronisieren.

MHD-Generator Magnetohydrodynamischer Generator (→ *Brennstoffzelle*).

MHO Bezeichnung des elektrischen Leitwerts im angloamerikanischen Raum (rückwärts geschriebenes OHM); identisch mit der Einheit Siemens.

Micro-alloy diffused-transistor → *MADT-Transistor.*

Microcontroller Mikroprozessor mit eingeschränkten Funktionen, etwa für Steuerungsaufgaben.

Microetch-Geräte (~ Winzigabtragung) dienen zum Abtragen feinster Schichten unter Vakuum mittels Ionenbeschuß (ähnlich dem Sandstrahl-Verfahren), aber auch (mit Beschleunigungsspannungen bis 150 kV) zur → *Ionen-Implantation.*

Microstrain (~ Millionstel-Dehnung) ist dasselbe wie unser → *Dehnungswert.*

MIDI (= **m**usical **i**nstrument **d**igital **i**nterface) Schnittstelle zur Verbindung elektronischer Musikinstrumente. Ein Instrument kann eines oder mehrere andere steuern. Die Daten werden über eine Zweidraht-Verbindung mit 31,25 kBit/s übertragen.

mikro- (Vorsilbe) = millionstel.

Mikro-Alloy-Diffusions-Transistor → *Mikro-Alloy-Transistor* mit eindiffundierter Basisdotierung.

Mikro-Alloy-Transistor Transistor mit sehr kleinen Abmessungen der Emitter- und Kollektor-Grenzschichten sowie mit einlegierter Emitter- und Kol-

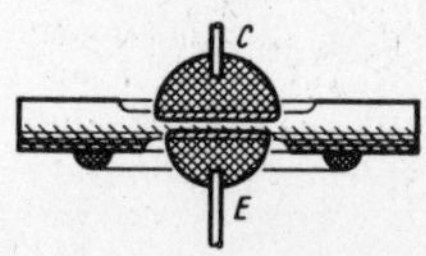

lektorzone. Die Herstellung von Kollektor und Emitter erfolgt auf elektrochemischem Wege.

Mikroampère **μA** → *Ampère.*

Mikrobar → *Millibar.*

Mikrocomputer Hauptteil eines M. ist der → *Mikroprozessor.* Fügt man diesem → *Arbeitsspeicher* und → *Ein-/Ausgabe-Geräte* hinzu, erhält man einen vollwertigen M. Es gibt auch Ein-Chip-M. im 40poligen Gehäuse. Dieser enthält außer der → *Zentraleinheit* noch einen kompletten → *ROM*- und → *RAM*-Speicher sowie Ein-/Ausgabe-Kanäle. Der M. bedarf einer Reihe aufeinanderfolgender Befehle, eines → *Programms*, um eine bestimmte Aufgabe lösen zu können. Er ist nahezu universell einsetzbar. Die Einsatzmöglichkeit wird im wesentlichen durch wirtschaftliche Gesichtspunkte bestimmt.

Mikrodehnung = μD = 1/1000000 relative Dehnung = μm/m.

Mikroelektronik Bereich der Elektronik, der Entwicklung, Herstellung und Anwendung von → *integrierten Schaltungen* umfaßt. Dabei ist ein Ende des möglichen Integrationsgrades noch nicht abzusehen.

Mikrofone Die Mikrofone sind die wichtigsten Glieder elektroakustischer Anlagen, denn sie stehen am Anfang der Übertragung. Es ist vor allem zu fordern: Frequenzunabhängigkeit, möglichst große Freiheit von nichtlinearen Verzerrungen, hohe Empfindlichkeit. Nach ihrem elektrischen Aufbau unterscheidet man → *Kontakt-(Kohle-)Mikrofone*, → *dynamische M.*, → *Kristall-M.*, → *Kondensator-M.* und → *magnetische M.*

Mikromoduln waren eine der Vorläuferstufen der → *integrierten Schaltungen*. Das Bild zeigt ein Plättchen (8 x 8 x 0,25 mm) mit einem Widerstand. Solche Plättchen mit verschiedenen Schaltteilen wurden übereinandergeschichtet und an den metallisierten Aussparungen verbunden.

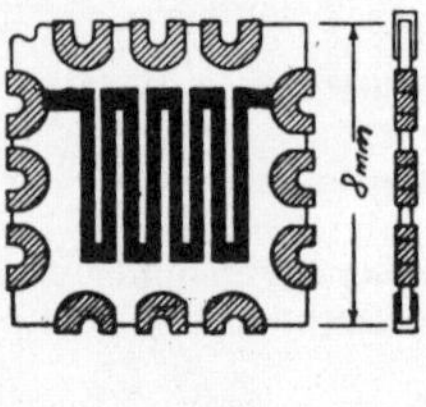

Mikro-Operationen sind die einzelnen Schritte, in die der → *Programmierer* die Aufgaben der → *EDV-Anlage* zerlegt.

Mikro-Programme sind fertig verdrahtete Programm-Abschnitte, die bei der → *EDV-Anlage* öfter vorkommen und daher nur mit einer bestimmten → *Adresse* angefordert zu werden brauchen. Sie verwandeln z. B. → *Subtraktionen*, Divisionen und → *Multiplikationen* in entsprechende Reihen von Additionen um.

Mikroprozessor eine oder auch mehrere hoch → *integrierte Schaltungen*. Er ist die → *Zentraleinheit* des → *Mikrocomputers*, allein jedoch nicht funktionsfähig, sondern benötigt noch Festwertspeicher (→ *ROM*), Arbeitsspeicher (→ *RAM*) und I/O-Möglichkeiten (Eingabe/Ausgabe). Wenn alles dieses auf einem einzigen Chip integriert ist, spricht man von einem Einchip-Mikrocomputer. Wichtigste technische Eigenschaften sind ein Befehlsvorrat bis zu etwa 100 Befehlen, addressierbare Speicherplätze, eine Operationsgeschwindigkeit von wenigen μs. Sein Hauptvorzug ist die Möglichkeit, ihn für den jeweiligen Anwendungsfall zu programmieren. M. werden heute eingesetzt im Industrie- und Gerätebau, in der EDV, für periphere Einrichtungen und deren Steuerung, bei Konsumgütern zur Steuerung von Rundfunk- und Fernsehgeräten, Waschmaschinen, Nähmaschinen und Kameras sowie in der Autoelektronik zur Steuerung von Benzineinspritzungen, Bremsblokkierschutz und zur Geschwindigkeitskontrolle. Weitere Anwendungen gibt es in der Fernsprech- und Nachrichtentechnik.

Mikrowelle Elektromagnetische Wellen im Frequenzbereich von 3 GHz bis 300 GHz (10 cm bis 0,1 cm).

Mikrowellen-Transistoren werden, wenn sie größere Leistungen verarbeiten sollen, oft in Sterngeometrie ausgeführt. Der abgebildete soll 0,5 W Dauerleistung bei 4 GHz ergeben.

mil (amerik. Längeneinheit) 1 mil = 1/1000 inch = 0,0254 mm.

Miller-Integrator dient zur Umformung ankommender Impulse in korrekte Sägezahn-Impulse sowie zur Erzielung genau definierter Verzögerungszeiten (→ *Sägezahn-Generatoren*).

Milliampère mA → *Ampère*.

Millibar Maßeinheit für den Druck (abgekürzt: mbar). 1 Millibar ist der tausendste Teil eines bar. 1 bar = 10^6 Mikrobar (dyn/cm²). Das M. ist nicht mehr gebräuchlich (→ *Pascal*).

Miniaturisierung vermindert Kosten und Verlustleistung der Geräte und, wie der Name sagt, Größe und Gewicht. Sie erhöht die Betriebssicherheit (viel weniger Verbindungen) und bei → *EDV-Anlagen* die Rechengeschwindigkeit. Sie ist aber auch notwendig, weil sich z. B. der Nachrichtenverkehr in jeweils 10 Jahren verdoppelt. Schon der Raumbedarf wäre sonst nicht zu bewältigen.

Minim(al)isieren heißt das Zurückführen komplizierter Schaltfunktionen auf die einfachste mögliche Form (→ *Karnaugh-Diagramm*.

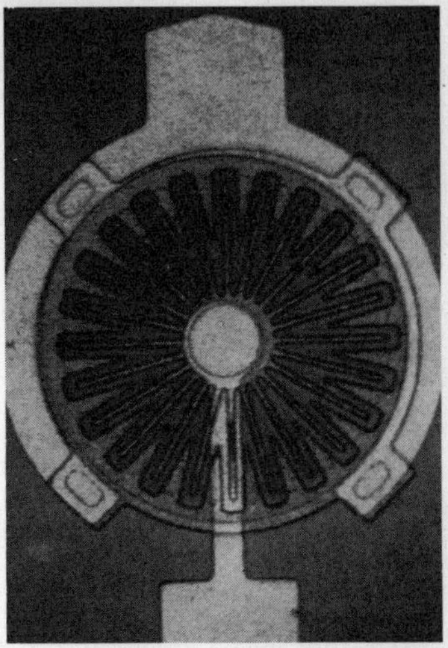

Mikrowellen-Transistor

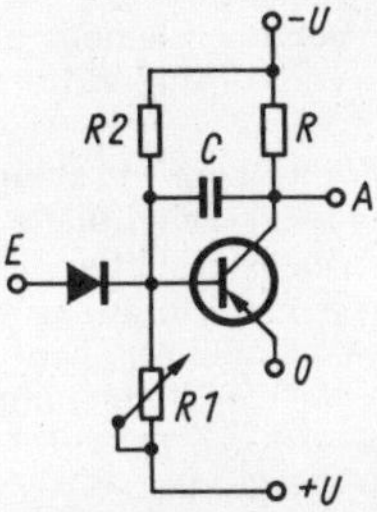

Miller-Integrator

Minoritätsträger Die im dotierten Halbleitermaterial in der Minderheit vorhandenen beweglichen → *Ladungsträger*, also im N-Material die → *Defekt-Elektronen* (Löcher) und im P-Material die freien Elektronen.

Minoritätsträgerdichte Auf 1 cm^3 bezogene Zahl der Löcher in N-dotiertem Halbleiter bzw. Zahl der Elektronen in P-dotiertem Halbleiter. Der Index des jeweiligen Formelzeichens der Minoritätsträgerdichte bezieht sich auf das Material:

p_n Minoritätsträgerdichte (Löcher) in N-Material

n_p Minoritätsträgerdichte (Elektronen) in P-Material.

Minoritätsträgerstrom Elektronendrift in P-dotiertem Halbleiter bzw. Löcherdrift in N-dotiertem Halbleiter.

MIPS (= **m**illions **i**nstructions **p**er **s**econd) Millionen Befehlsanweisungen in der Sekunde.

MIS = **M**anagement **I**nformations-**S**ystem.

Mischgatter andere Bezeichnung für → *ODER-Verknüpfung.*

Mischkristall Kristall, bestehend aus mehreren chemischen Elementen oder chemischen Verbindungen.

Mischpult Vorrichtung zum Mischen mehrerer Tonquellen (Schallplatte, Radio, Mikrofon), die es gestattet, die Einzelaufnahmen gemeinsam auf eine Magnettonspur zu bringen. Die Lautstärke der einzelnen Tonquellen läßt sich beliebig regeln. Auch im Rundfunk senderseitig verwendet.

Beim Fernsehen benötigt die Regie außer dem Ton-Mischpult eine entsprechende Einrichtung zum Mischen der Bildsignale der verschiedenen Kameras (→ *Bild-Mischpult*).

Mischstrom Wechselstrom, der eine zusätzliche Gleichkomponente enthält.

MIS-FET aus „**m**etal-**i**nsulator-**s**emiconductor **f**ield-**e**ffect **t**ransistor" (deutsch: Metall-Isolator-Halbleiter-Feldeffekt-Transistor). Es handelt sich um einen → *Galliumarsenid-* → *Feldeffekt-Transistor*, dessen Steuerelektrode mit Siliziumnitrid isoliert ist. Er hat eine sehr gute Steilheit und ist bis etwa 350 °C betriebsfähig, arbeitet bis ~ 200 MHz sehr gut, und seine Steilheit ist annähernd doppelt so hoch wie bei entsprechenden Si-FET.

Mistor-Widerstände sind mäanderförmige Wismutwiderstände (ähnlich → *Dehnungsmeßstreifen*) auf Kunststoffplättchen. Sie sind Vorläufer der → *Feldplatte* mit ähnlichen Eigenschaften.

MIT = **M**assachusetts **I**nstitute of **T**echnology.

Mitkopplung → *Rückkopplung*, bei der das Ausgangssignal ohne Vorzeichen-

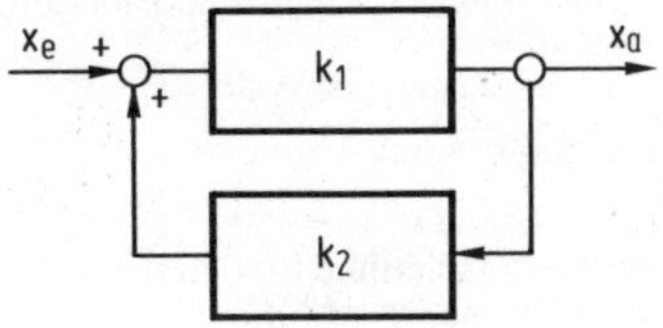

$$x_a = k_1(x_e + k_2 x_a) = \frac{k_1}{1 - k_1 k_2} x_e$$

umkehr auf den Eingang zurückgeführt wird und auf sich selbst verstärkend einwirkt.

Mittelwelle → *Frequenzbereich.*

Mittelwert → *arithmetisches Mittel.*

Mittelwertgleichrichtung Gleichrichtung, bei der ein in Reihe mit dem Gleichrichter geschaltetes Drehspulinstrument aufgrund seiner mechanischen Trägheit die in Durchlaßrichtung wirksamen Halbschwingungen des Stromes mittelt. Entsprechend der Schaltungsart ergibt sich der Mittelwert des Stromes bei → *Einweggleichrichtung* zum 0,45-fachen des Effektivwerts bzw. zum 0,32-fachen des Scheitelwerts des Wechselstroms und bei → *Zweiweggleichrichtung* zum 0,90-fachen des Effektivwerts bzw. zum 0,64-fachen des Scheitelwerts. Bei Drehspulmeßgeräten mit Mittelwertgleichrichtung wird die Zweiweggleichrichtung benutzt. Durch Berücksichtigung des Faktors 0,95 in der Skalenteilung zeigen diese Meßgeräte bei sinusförmigen Wechselströmen den Effektivwert an. Bei nichtsinusförmigen Wechselströmen ist die Anzeige fehlerhaft.

Mitten-Eindruck ist der Eindruck, nach dem der Schall aus der Mitte zwischen den rechts und links aufgestellten Wiedergabelautsprechern bei → *Stereofonie* kommt. Er entsteht, wenn beide Ohren den Schall von beiden Stellen gleichzeitig und gleichlaut aufnehmen.

Modems sind **Mo**dulations- und **De**modulations-Geräte, mit denen über das Fernmeldenetz der Bundespost Datenübertragungen mit einer Geschwindigkeit von 1200 → *Baud* durchgeführt werden können. Die M. werden von der Bundespost zur Verfügung gestellt.

Modul (engl.: module); auf engstem Raum zu einer Baugruppe angeordnete Schaltungen, die eine Funktionseinheit bilden. → *Mikromoduln* waren Vorläufer der → *integrierten Schaltungen.*

Modularer Aufbau ist eine andere Bezeichnung für das Baukastenprinzip beim Aufbau von → *EDV-Anlagen.* Modular aufgebaut sind heutzutage auch die Geräte der Unterhaltungselektronik, so daß beim Auftreten eines Fehlers das defekte → *Modul* einfach durch ein neues ersetzt wird.

Modularität ~ Anpassungsfähigkeit.

Modulation „Modulatio" (lat.) heißt eigentlich „Takt, Rhythmus". In der Rundfunktechnik versteht man unter Modulation die Veränderung der kennzeichnenden Größen einer Trägerfrequenz unter dem Einfluß der elektrischen Impulse, die das zu übertragende Signal (Sprache oder Musik) darstellen. Im Sender werden diese Signale dem Träger „aufmoduliert", so daß sie im Empfänger durch den umgekehrten Vorgang, die „Demodulation", wieder zurückgewonnen werden können. Es gibt verschiedene Möglichkeiten der Modulation. Stets werden charakteristische Werte der Trägerfrequenz geändert. Beim Fernsehen spielt die Änderung der Amplitude (Amplitudenmodulation) und der Frequenz (Frequenzmodulation) sowie auch der Phase (→ *Quadraturmodulation*) des Trägers eine Rolle.

Modulationsfrequenz Die Frequenz oder das Frequenzgemisch, mit der eine Trägerfrequenz moduliert wird. Beim Fernsehen sind dies das → *BAS-Signal* bzw. das → *FBAS-Signal* und das Tonsignal.

Modulationsgrad m → *Amplitudenmodulation.*

Modulationsrauschen entsteht u. a. bei der Tonbandaufzeichnung; Wahrnehmbarkeit abhängig von der stärkeren oder schwächeren Modulation. Das M. ist unter normalen Umständen nicht hörbar.

Modulatoren Bei der Verstärkung von (insbesondere schwachen) Meß-Gleichspannungen können kleine

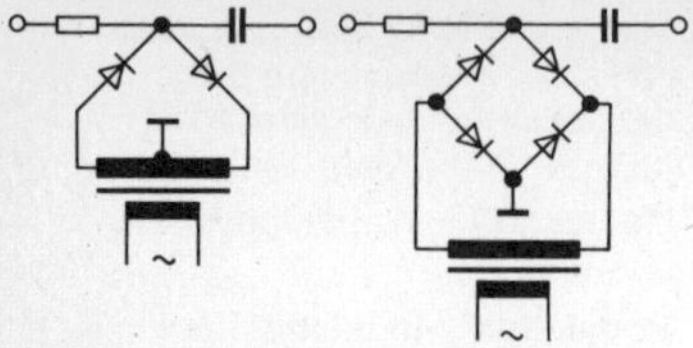

Modulatoren: Schaltungsbeispiele für Diodenmodulatoren

Spannungsversetzungen (Offsetspannungen) auftreten, die das Ergebnis verfälschen. Abhilfe schafft die Überlagerung einer Wechselspannung als Trägerfrequenz, mit der zusammen die Meßspannung verstärkt und nachher wieder demoduliert werden kann.

Modulotrons waren → *Moduln* zur verbilligten Fertigung von Fernsehempfängern. Sie enthielten Gruppen von Bauteilen, aber in Glaskolben und mit Steckerstiften, die zusammen mit Compactron-Röhren (Mehrfach-Röhren) verwendet wurden.

Moiré Infolge von Störstrahlungen, die von außen direkt in den Fernsehempfänger oder an die Antenne gelangen, kann dem Bild ein moiréartiges Muster überlagert werden. Die Ursache dafür können benachbarte UKW-Rundfunkempfänger oder Fernsehempfänger sein, deren Oszillatorfrequenzen dicht bei der eigenen Empfangsfrequenz liegen. Ähnliche Rückwirkungen können auch in Gemeinschafts-Antennenanlagen auftreten, wenn die Anschlüsse nicht ausreichend entkoppelt sind, oder durch einen fehlerhaft arbeitenden Antennenverstärker.

Molekular-Elektronik nannte man die ersten durch Aufdampfen, Legieren, Diffundieren usw. auf einem Halbleiterplättchen hergestellten → *integrierten Schaltungen*, z. B. → *Flipflops*. Es gab bereits 1964 fertige Entwicklungen, doch brauchte es bis zur allgemeinen Durchsetzung noch einige Zeit.

Molekularverstärker, optischer andere Bezeichnung für → *Laser*.

Moletronik war eine Zukunftsvision (Molekül-Elektronik), die Anfang der 60er Jahre eine noch viel weitgehendere Miniaturisierung anstrebte, inzwischen etwa erreicht durch die → *integrierten Schaltungen*.

Monaural (wörtlich *einohrig*). Aufnahme- und Wiedergabetechnik mit *einem* Mikrofon (einem „Ohr"), über einen Kanal und *einen* Lautsprecher (bzw. eine Lautsprechergruppe). Monaurale Verhältnisse liegen auch dann vor, wenn mehrere Mikrofone in einen „Kanal" münden bzw. wenn mehrere Lautsprecher aus einem Kanal gespeist werden. Gegensatz zu monaural: binaural = zweiohrig (Stereo).

Nach den Normen sollen aber die Bezeichnungen „monofonisch" und „stereofonisch" verwendet werden, da auch einkanalige Übertragungen mit zwei Ohren aufgenommen werden (→ *Stereofonie*).

Monitor

1. Bezeichnung für ein Sichtgerät, das zur Bildkontrolle auf der Senderseite dient oder über dessen Video-Eingang ein Computer sein Video-Ausgangssignal mit einem genormten Pegel von etwa $U_{ss} = 1{,}5$ V mit negativen Synchronimpulsen ohne HF-Modulator liefern kann.

2. Ein meist vom Hersteller mitgeliefertes Programm, das eine bessere Ausnützung der → *EDV-Anlage* ermöglicht, insbesondere bei → *Teilnehmer-Rechensystemen*.

3. Sichtgerät in der → *EDV*.

Monobetrieb Bezeichnung für einkanaligen Betrieb im Gegensatz zum zweikanaligen Stereobetrieb.

Monochromkarte Video-Interface für den IBM-PC oder kompatible Rechner zur einfarbigen Textdarstellung in 25 Zeilen mit je 80 Zeichen. Im Vergleich zum Color Graphics Adapter (→ *Farbgrafikkarte*) ist jedoch die Auflösung infolge der höheren Zeilenzahl besser.

Monoflop = → *Monostabiler Multivibrator.*

Monokristall → *Einkristall.*

Monolith sehr kleiner Baustein für Datenverarbeitungs-Systeme (Siemens). Monolith rührt von → *Einkristall* her.

monolithisch heißen aus einem Materialstück hergestellte (z. B. Skulpturen), in unserem Falle die auf einem → *Einkristall* durch chemische → *Diffusionsprozesse* (Eindiffundieren) erzeugten → *integrierten Schaltungen.*

Monomode-Faser → *Glasfasertyp* mit einem extrem dünnen Kern, so daß sich die Lichtwelle nur in einem einzigen Schwingungsmodus ausbreiten kann. Damit entfällt die bei Multimode-Fasern auftretende Modendispersiom.. Die Bandbreite einer M. ist dadurch wesentlich größer.

Monophon Einzeltönig; aus dem griechischen *monos* = einzeln und *phone* = Laut, Ton, Stimme, Klang.

Mono-Platte Einkanalig bespielte → *Schallplatte.*

Monostabile Multivibratoren (auch „*Monovibratoren*") fallen nach kurzem Umkippen wieder in ihre Normallage zurück und geben jedesmal nur einen (im Rhythmus durch die Schaltelemente bestimmten) Impuls ab. Man kann sie mit Transistoren oder mit → *NAND-Gattern* aufbauen.

Monotonie Eigenschaft von → *Digital-/Analog-Umsetzern*, die garantiert, daß es in einem Regelkreis nicht zu Instabilitäten kommt. Bei wachsendem Digital-Eingangssignal darf am Analog-Ausgang kein Signal-Rücksprung erfolgen, sondern daß Ausgangssignal muß immer kontinuierlich ansteigen.

MOS Abkürzung für den engl. Begriff: metal-oxide semiconductor. a) Metalloxyd-Halbleiter; b) Metalloxyd-Kondensator, dessen Beläge aus Metall und Halbleitermaterial bestehen. Als → *Dielektrikum* wirkt eine Zwischenschicht aus Silizium-Dioxyd.

Mosaikschrift nennt sich eine Leuchtdioden- (→ *LED-*)Punktschrift in einer → *5 x 7-Punkt-Matrix.*

MOS-Festwertspeicher → *ROM.*

MOS-FET (aus: **m**etal-**o**xide-**s**ilicon oder **m**etal **o**ver **s**ilicon) heißen alle → *Feldeffekt-Transistoren*, bei denen das → *Gate* nicht durch eine → *Sperrschicht*, sondern durch eine dünne Oxidschicht (SiO_2) gegen den Stromkanal isoliert ist. Es gibt hier den selbstsperrenden oder → *Anreicherungstyp* (engl. enhancement type) und den selbstleitenden oder → *Verarmungstyp* (bzw. depletion type).

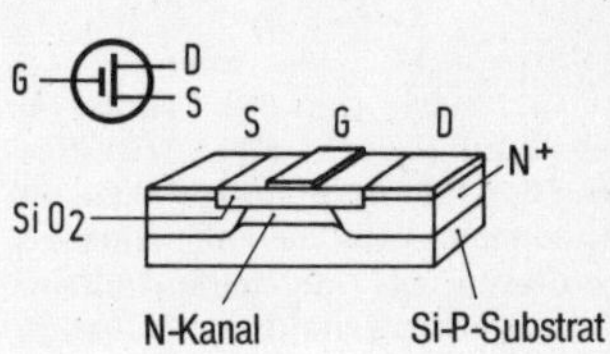

Von beiden Arten gibt es N-Kanal- und P-Kanaltypen. Alle haben sehr hohen → *Eingangswiderstand* (10^{14} bis 10^{18} Ω). Wegen seiner besonderen Vorteile ist der MOS-FET immer mehr vorgedrungen.

MOS-Kondensatoren (vorzugsweise in → *IS*) benutzen → *Quarz* (SiO_2) als → *Dielektrikum* und als Belege eine Metall- und eine Halbleiter-Elektrode im → *Substrat.*

MOST → *Metalloxyd-Silizium-Transistor.*

Motherboard Hauptplatine in einem Computer. Auf ihr befinden sich alle wesentlichen Bausteine, wie Prozessor, Arbeitsspeicher und ROM. Mitunter sind auf dem M. auch die → *Slots* vorhanden.

Motor-Potentiometer benutzt man in → *Analogrechnern.*

MOV = **M**etall**o**xid-**V**aristoren = → *VDR-Widerstände.*

MPU (Mikro Processing Unit) ist die Abkürzung für die als → *Mikroprozessor* ausgeführte, d. h. auf einem einzigen Chip integrierte → *Zentraleinheit* eines Computers.

MS-DOS Microsoft Disk Operating System. → *Floppy-Disk* orientiertes → *Betriebssystem* für → *Personal Computer,* bei IBM als PC-DOS bezeichnet, mit den Prozessoren 8088, 8086, 80186, 80286 und 80386 (Intel). Es verfügt ab Version 2.1 über ein hierarchisch aufgebautes Disk-Inhaltsverzeichnis. Es gibt mehrere Versionen, die sich unter anderem durch die Speicherkapazitäten der Disketten und komfortablere Kommandos unterscheiden. Die verschiedenen Versionen sind aufwärtskompatibel.

MSI (= **m**edium **s**cale **i**ntegration) Abk. für mittlere → *intergrierte Schaltungen,* meist komplette Standardschaltungen für → *EDV-Anlagen.*

MS-Stereofonie Durch ein Mikrofon mit nierenförmiger Charakteristik wird der Mittelschall (M) aufgenommen. Ein zweites, an gleicher Stelle angebrachtes Mikrofon mit Achtercharakteristik nimmt den Seiten-Schall (S) auf.

MST = **M**onolithische **S**ystem-**T**echnologie: Firmenbezeichnung für integrierte Pufferspeicher mit Zugriffszeiten von 80 ... 115 ns.

MTBF = **m**ean **t**ime **b**etween **f**ailures = mittlere Lebensdauer-Erwartung oder (genauer) Durchschnittszeit bis zum Ausfall.

MTNS = **M**etal-**T**hick-Oxide-**N**itride-**S**ilicon ist eine Weiterentwicklung der → *MOS*-Technik. Man erreicht damit eine Herabsetzung der → *Schwellenspannung* auf etwa 2 V und wendet sie bei → *LSI-Schaltungen* an, die speziell für → *EDV-Anlagen* gedacht sind.

MTOS-FET (= **M**etal-**T**hick **O**xide-**S**ilicon) sind → *MOS-FET* mit dicker Oxidschicht. Dabei ist eine sehr hohe Pakkungsdichte auf → *LSI-Schaltungen* möglich, und die einzelnen MOS-FET können nach Bedarf als Transistoren, als Dioden oder als Lastwiderstände benutzt werden.

MTTR (= **m**ean **t**ime **t**o **r**epair) Mittlere Reparaturdauer bei einem Gerät. Zusammen mit der → *MTBF* läßt sich daraus die Verfügbarkeit berechnen:

$$V = \frac{\text{MTBF}}{\text{MTBF} + \text{MTBR}}$$

µm (= mü-meter = Mikrometer) = millionstel Meter = tausendstel Millimeter.

„multi-access"-Verfahren bei Nachrichtensatelliten ermöglicht, daß bis zu 200 Bodenstationen gleichzeitig mit ihm arbeiten können.

Multibus Für industrielle Computersysteme verwendeter Standard zum Verbinden von einzelnen Baugruppen mit Adressen-, Daten- und Steuerleitungen für Platinen im doppelten → *Europakarten*-Format.

Multi-chip nennt man aus einzelnen → *Chips* auf einem Plättchen angebrachte und zusammengeschaltete Anordnungen, die in einem Gehäuse untergebracht sind. Das Verfahren eignet sich für kleine Serien.

Multicomputer-Systeme sind örtlich nahe beieinander angeordnete Rechner, die zusammenarbeiten. Sie sind über gemeinsame Speichereinheiten und gemeinsame Ein- und Ausgabegeräte miteinander verbunden.

Multiemitter-Transistoren mit mehreren Emittern anstelle von mehreren parallelgeschalteten Transistoren verwendet man in → *Logik-Schaltungen*. (*Abb.* → *Transistor-Transistor-Logik*).

Multifunction Card Erweiterungsplatine für Computer mit gleichzeitig mehreren Funktionen. Eine solche Platine kommt in einen → *Slot* eines → *Personal Computers*.

Multilayer-Technik (= Mehrebenentechnik) stapelte mehrere Schichten übereinander und verband sie durch Löcher hindurch. Bei der technisch aufwendigsten Methode wurde die obere Isolierschicht im Hochvakuum durch HF-Katodenzerstäubung erzeugt.

Multimodefaser → *Glasfaser*, → *Monomodefaser*.

Multiplex heißt vielfach, vielfältig. Bei der Mehrfachausnutzung von Fernsprech- oder Funkkanälen gibt es sowohl Zeitmultiplex (man zerhackt ein Gespräch in winzige Bröckchen, die mit anderen ineinandergeschachtelt werden) → *PAM*, als auch Frequenzmultiplex, wobei man mehrere so weit auseinander liegende Frequenzen benutzt, daß sie sich gerade nicht stören. In der Datenverarbeitung spricht man von Multiplexbetrieb, wenn mehrere Ein- und Ausgabestationen an einen Rechner angeschlossen sind (→ *Timesharing*). Beim Stereo-Rundfunk sind im Multiplex-Signal das Summen-Signal, der Pilotton und die Differenz-Seitenbänder enthalten.

Multiplexer machen elektronisch etwa das gleich wie umlaufende Schalter, nämlich eine Anzahl von Stellen der Reihe nach anzuschalten, um von dort Daten zu holen oder solche dorthin zu übertragen o. ä. Es handelt sich um integrierte → *MOS-Schaltungen*. In EDV-Anlagen mit mehreren Ein- und Ausgabestationen fragen sie z. B. laufend die vorhandenen Kanalpuffer ab und geben dort vorhandene Informationen an den Eingabepuffer des Rechners weiter und umgekehrt.

Multiplex-Signal → *Stereofonie*.

Multiplikation von Dualzahlen kann im Grunde in derselben Art erfolgen wie bei Dezimalzahlen. Sie erfolgt im Rechner jedoch je nach seiner Größe auch durch immer wiederholte Addition (→ *Addierwerke*) oder, in Großanlagen (und mit entsprechendem Aufwand) durch verdrahtete Multiplikatoren. Das gilt sinngemäß auch für Divisionen. – Im → *Analogrechner* kann man u. a. mit magnetfeldabhängigen Widerständen z. B. → *Feldplatten* arbeiten.

Multiplikation, logische = → *UND-Verknüpfung.*

Multiplizier-Schaltungen für → *Analogrechner* können u. a. mit → *magnetfeldabhängigen Widerständen,* z. B. → *Feldplatten* aufgebaut werden (Grundschema: → *Dividier-Schaltungen*). – In → *Digitalrechnern* hat man besondere Multiplizierwerke, die vorprogrammiert sind.

Multiprocessor-Systeme sind Mehrrechnersysteme mit weitgehend ineinander verschachtelten Stufen, so daß man nicht mehr von mehreren einzelnen Rechnern sprechen kann.

Multiprogramming (~ Vielfachverarbeitung) bedeutet, daß bei größeren Rechnern zur besseren Ausnutzung ihrer sehr schnellen → *Zentraleinheit* mehrere voneinander unabhängige Programme gleichzeitig ablaufen können. Soweit bei der Verarbeitung des Hauptprogramms Pausen auftreten. Allerdings ist M. in den meisten Fällen eine verzahnte, zeitlich gegeneinander verschobene Verarbeitung.

Multitasking In größeren Computern das Abarbeiten von Aufgaben quasi gleichzeitig für mehrere Benutzer. Man erreicht dies durch eine geschickte Verschachtelung der einzelnen Tasks (Aufgaben).

Multitasking-Betriebssystem Betriebssystem zum quasi gleichzeitigen Abarbeiten mehrerer Programme, zwischen denen zyklisch umgeschaltet wird.

Multi-User-Betriebssystem Betriebssystem das quasi gleichzeitig mehrere Benutzer bedienen kann, also z. B. ein → *Multitasking-System.*

Multivibratoren sind → *Kippschaltungen,* Impulserzeuger (→ *Impulsformer*), die für viele Zwecke verwendet werden. Man unterscheidet → *astabile,* → *bistabile* und → *monostabile Multivibratoren.* Sie können mit Transistoren oder → *Logik-Bausteinen* aufgebaut werden.

Multiwire Methode zum Herstellen von Leiterplatten ohne Ätzen. Auf der Platte werden, numerisch gesteuert (→ *NC,* numeric controlled), isolierte Kupferdrähe verlegt, die nahezu beliebig viele Kreuzungen und eine hohe Leiterdichte zulassen.

Mu-Metall ist eine magnetische, extrem weiche Nickel-Eisen-Kupfer-Legierung, die besonders zur magnetischen Abschirmung benutzt wird.

Musik Die Töne in der Musik sind im allgemeinen Klänge, Schwingungsgemische, deren Teiltöne ganze Vielfache eines tiefsten Tones, des Grundtones sind. Ausnahmen davon kommen bei elektronischer Musik vor. Für die absolute Tonhöhe ist der Kammerton a mit 440 Hz maßgebend.

Musikelektronik Elektronikbereich, der sich mit der Verarbeitung und Erzeugung von Musik auf elektronischem Wege befaßt. Man unterscheidet im wesentlichen elektronische Musikinstrumente (elektronische → *Orgeln*) und die zur Beschallung von Räumen oder zur Verstärkung leiser Instrumente erforderlichen → *Verstärker*-Anlagen.

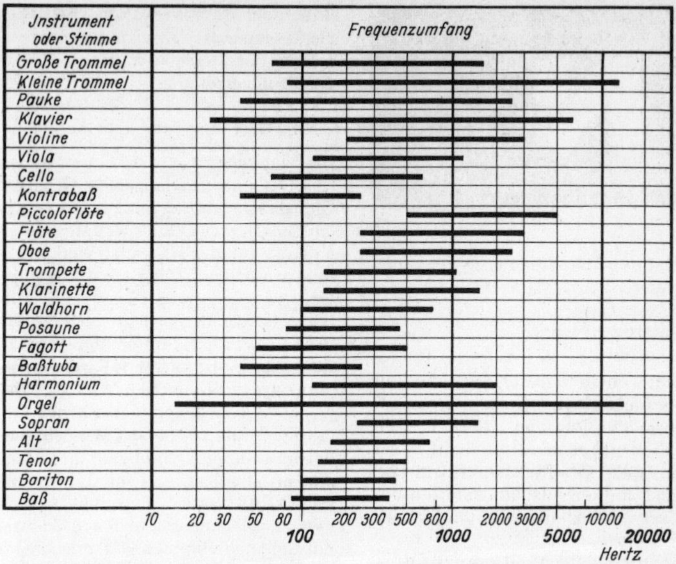

Musikinstrumente: Die Abb. verdeutlicht den Grundton-Umfang einiger Musikinstrumente und der menschlichen Stimme

Musikinstrumente Der tiefste von Musikinstrumenten erzeugte Grundton ist das Orgel-Subcontra C (16,35 Hz); der tiefste Klavierton ist das Subcontra A, der höchste das fünfgestrichene c (4186 Hz). Der Klangumfang ist, bedingt durch die die Klangfarbe gebenden Obertöne, natürlich weit höher. Die Schalleistung verschiedener Musikinstrumente in Watt ist aus der Tabelle ersichtlich.

Mustergeneratoren entsprechen den Prüfgeneratoren bei Rundfunk und Fernsehen. Sie erzeugen Prüfwörter, Impulse, Impuls-Pause-Folgen usw.

MW → *Frequenzbereich.*

N

N Abk. für → *Neper.*

Nachhall entsteht durch die Reflexion von Schallwellen, insbesondere in geschlossenen Räumen. Räume ohne Nachhall gibt es praktisch nicht, es sei denn, daß sie für meßtechnische Zwecke mit Schallschluckstoffen besonders ausgekleidet werden (schalltoter Raum).

Künstlicher Nachhall kann die Wiedergabe verbessern und wird durch besondere Nachhallgeräte dem ursprünglichen Klang hinzugefügt. Schallplatteninhalte werden oft mit einem künstlichen Nachhall versehen. Bei Tonbändern ist die Hinzufügung von Nachhall möglich, wenn die Tonbandgeräte mit getrenntem Aufnahme- und Wiedergabekopf versehen sind.

Nachrichten sind im technischen Sinne etweder → *digital* (z. B. Buchstaben, Ziffern) oder → *analog* (z. B. Sprache, Meßwerte usw.) Man bezeichnet sie meist als → *Informationen.*

Nachrichtensatellit Allgemeine Bezeichnung für Satelliten zur Telekommunikation. Sie eignen sich zum Übertragen von Bild-, Ton- und Datensignalen. Die nachrichtentechnischen Einrichtungen eines Satelliten sind: die Antennen,
die Transponder,
Telemetriesysteme und
die Stromversorgung.
Ein Satellit wie z. B. der Intelsat V verfügt über insgesamt acht Antennen.

Davon dienen zwei jeweils zum Senden (6 GHz) und Empfangen (4 GHz) für Globalausleuchtung mit 24 cm bzw. 36 cm Durchmesser. Eine weitere Sendeantenne für 4 GHz weist vier Strahlungskeulen auf, nämlich für die jeweils westlich und östlich vom Satelliten sich befindliche Hemisphäre sowie für eine westlich und östlich liegende Zone. Eine entsprechende Empfangsantenne weist die gleichen Daten auf. Dazu kommen zwei Spot-beam-Antennen, die beide im 11-/14-GHz-Bereich senden und empfangen können. Ihr Durchmesser ist 1,3 m, und ihr Gewinn beträgt 43 dB. Natürlich kommt bei den hier ausgeleuchteten, nochmals kleineren Gebieten ein noch stärkeres Signal an. Schließlich gibt es noch zwei weitere Antennen für Telemetrie- und Kommandofunktionen. Herzstück des Sende-/Empfangsteils sind die → *Transponder.* Der Intelsat V hat 15 Empfänger, von denen 7 für den Betrieb vorgesehen sind. Die übrigen stehen als Reserve bereit. Sie sind den Ausleuchtgebieten zugeordnet. Die empfangenen Signale setzt man auf eine ZF von 4 GHz um und führt sie einer Schaltmatrix zu, in der man durch Fernsteuerung von der Erde aus die Sende- und Empfangsgebiete zuordnet. Die 4-GHz-Signale gelangen dann entweder direkt auf den Sendeteil, oder sie werden noch auf 11 GHz umgesetzt, um dann ebenfalls dem Sende- und Antennenteil zugeführt zu werden. Insgesamt verfügt der Intelsat über 43 Sender, von denen 27 in Betrieb sind. Der Rest ist auch hier Reserve. Die Stromversorgung im Satelliten übernehmen ausschließlich → *Solarzellen.* Die Solarzellenfläche beträgt beim Intelsat V 20 m². Nach

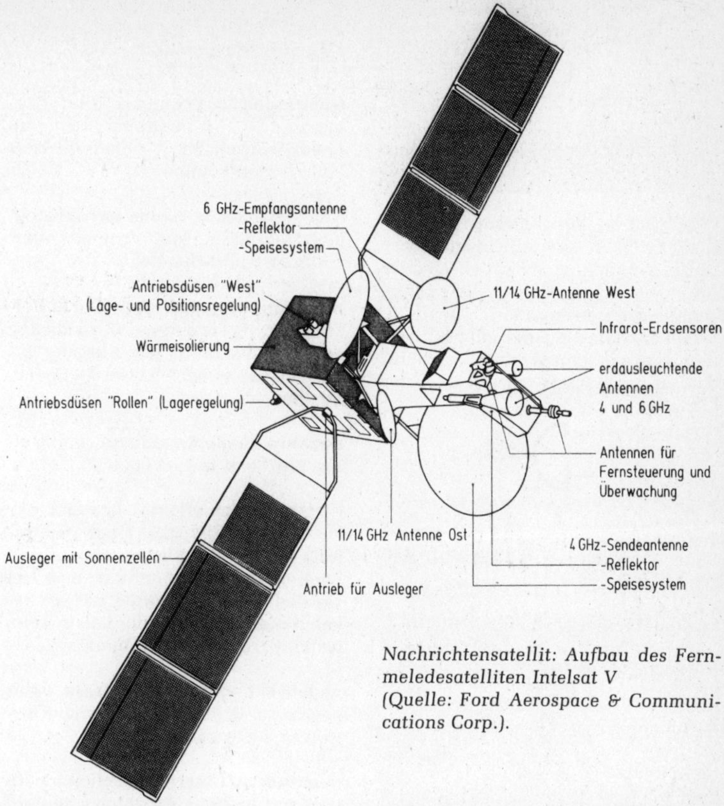

Nachrichtensatellit: Aufbau des Fernmeledesatelliten Intelsat V (Quelle: Ford Aerospace & Communications Corp.).

sieben Jahren, am Ende der Betriebsdauer des Satelliten, müssen sie noch 1300 W bereitstellen können.

Nachschmelzverfahren Bilden von Zonen durch Nachschmelzen von dotiertem Halbleitermaterial.

Nachtauge → *Infrarot-Sichtgerät.*

NAND-Flipflop Die Abb. zeigt die Innenschaltung, die → *Wahrheitstabelle* zeigt die Ausgangssignale:

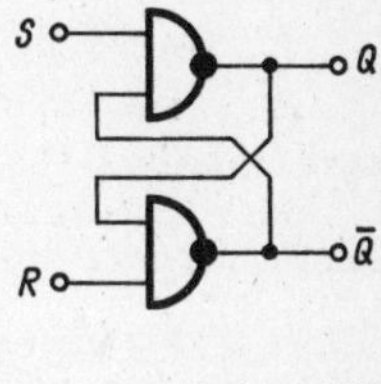

R	S	Q	$\overline{Q}$
O	O	L	L
O	L	O	L
L	O	L	O
L	L	wie zuvor	

Das Eingangssignal O bewirkt das Kippen.

NAND-Gatter, -Verknüpfung (aus engl. NOT-AND) ist die Umkehrung der → *UND-Verknüpfung* (Nicht-UND oder UND mit → *Inversion* am Ausgang), auch Sheffer-Funktion genannt. Wenn also alle Eingänge mit positiven Impulsen versorgt werden, erscheint das Ausgangssignal mit umgekehrter Polarität.

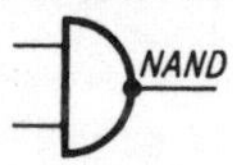

C

nano- (Vorsilbe) = milliardstel, Zeichen n, z. B. nF.

Nanometer nm Maßeinheit für Wellenlängen im Bereich der Lichtstrahlung 1 nm = 10^{-9} m.

N.C.

1. (= **n**ot **c**onnected) Nicht angeschlossen, z. B. die unbelegten Pins von ICs.
2. (= **n**umeric **c**ontrolled) Numerische Steuerung von Werkzeugmaschinen. Die Programmierung ist vielfach über → *CAD*-Systeme am gleichen Arbeitsplatz möglich, z. B. für Fräsen, Drehen, Stanzen und Erodieren.

n-Dotierung Dotierung von Halbleitermaterial mit → *Donatoren.*

NDRO-Speicher (= **n**on **d**estructive **r**ead**o**ut = nicht zerstörendes Auslesen der Signale) trifft für fast alle → *Halbleiter-Speicher* zu, außerdem für die sog. → *Magnetdraht-* und für → *Biax-Speicher.* Gegensatz: → *DRO-Speicher.* (-memories).

Nebenspeicher nehmen alle die → *Daten* und → *Hilfsprogramme* auf, die nicht dauernd im → *Arbeitsspeicher* Platz finden können.

Neelium ist ein Halbleiterwerkstoff, eine Verbindung aus Wismut, Tellur, Antimon und Schwefel.

Negation, Negator = → *Nicht-Verknüpfung,* Verneinung, Umkehrung des Signals, d. h. am Ausgang erscheint das entgegengesetzte Signal. Symbol: ¬

negative Elementarladung Ladung eines Elektrons $q = -1{,}602 \cdot 10^{-19}$ A · s.

negativer Fotoeffekt Abnahme der Halbleiter-Leitfähigkeit bei Belichtung. Dieser Effekt beruht darauf, daß bei Belichtung → *Minoritätsträger* frei werden. Diese Minoritätsträger rekombinieren mit → *Majoritätsträgern,* womit deren Dichte abnimmt.

negativer Ladungsträger Träger einer negativen elektrischen Ladung: Elektron und negatives Ion.

negativer Leitwert Differentieller Leitwert mit reellem, negativem Zahlenwert.

negativer Widerstand Differentieller Widerstand mit reellem, negativem Zahlenwert.

Negativ-Modulation Für die Amplitudenmodulation des Bildträgers gibt es zwei Möglichkeiten. Die CCIR-Norm hat die Negativ-Modulation festgelegt, die französischen Fernsehsender arbeiten dagegen mit Positiv-Modulation.

Bei der Negativ-Modulation entspricht das hellste Weiß der geringsten und Schwarz der größten Amplitude des Bildsignals (= 75% Modulation). Oberhalb dieses Schwarzwertes liegen die Synchronimpulse. Die negative Modulation hat den Vorteil, daß Störimpulse innerhalb des Signals auf dem Bildschirm als schwarze Punkte oder Striche erscheinen. Dies stört das Bild weniger als helle Punkte.

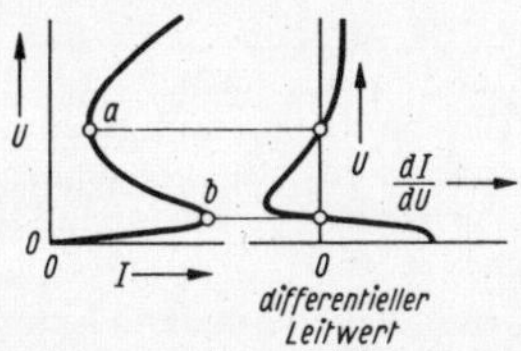

negativer Leitwert: Der differentielle Leitwert hat für den zwischen a und b liegenden U(I)-Kennlinien-Abschnitt negative Werte. Es ist zweckmäßig, für einen solchen Zusammenhang mit dem differentiellen Leitwert zu rechnen, weil sich dazu keine über alle Maßen hohen Werte ergeben, und den differentiellen Leitwert über die Spannung aufzutragen

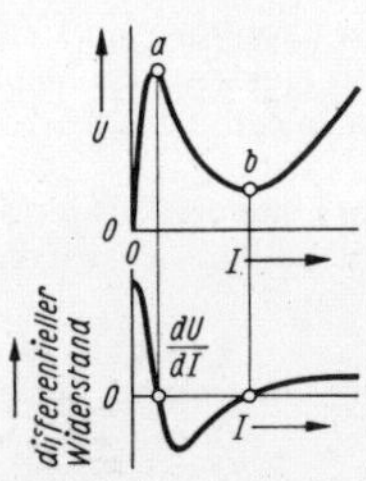

negativer Widerstand: Der differentielle Widerstand hat für den zwischen a und b liegenden U(I)-Kennlinien-Abschnitt negative Werte. Es ist zweckmäßig für einen solchen Zusammenhang mit dem differentiellen Widerstand zu rechnen, weil sich dazu keine über alle Maßen hohen Werte ergeben, und den differentiellen Widerstand über dem Strom aufzutragen (Negativer Leitwert)

nematische → *Flüssigkristalle* (~ fadenförmige) werden vorzugsweise für → *alphanumerische Anzeigen* verwendet.

NEMP (= **n**uclear **e**lectro-**m**agnetic **p**ulse) Das Zünden einer Atombombe in mehreren 100 km Höhe im Weltraum bewirkt auf der Erde zwar keine Schäden durch die Explosionswirkung, jedoch entsteht durch die starke Gammastrahlung infolge des Compton-Effekts ein sehr kurzer und hoher elektrischer Impuls. Er erzeugt in allen Antennen in weitem Umkreis so hohe Spannungen, daß praktisch alle elektronischen Geräte zerstört werden. Schnelle Überspannungsableiter können die Wirkung verhindern.

Nennablenkung Ablenkung des Elektronenstrahls eines Oszilloskopen von Grenze zu Grenze der → *Meßfläche.*

Nennleistung eines Verstärkers ist die Leistung, die der Verstärker an dem Abschlußwiderstand bei einem Sinus-Dauerton und bei einem vorgegebenen Grad → *harmonischer Verzerrungen* für mindestens 10 Minuten abgibt. Der Wert des Abschlußwiderstandes (Soll-Abschlußwiderstand) wird vom Verstärkerhersteller angegeben.

Neodym, Nd ist ein metallisches Element mit der Ordnungszahl 60 und gehört zu den Lanthaniden.

Neper Dämpfungs- und Verstärkungsmaß (→ *Dezibel*). Die Abb. gibt eine vergleichende Skaleneinteilung mit Amplitudenverhältnis, Neper, Dezibel und Intensitätsverhältnis.

Nephelometer = → *Trübungsmesser.*

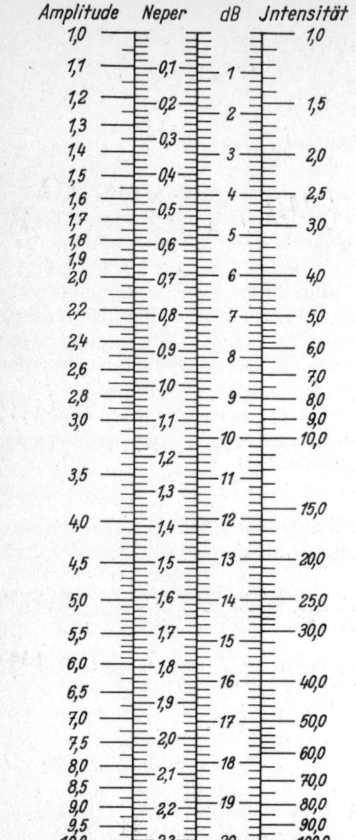

Neper: Beziehung zwischen Amplitudenverhältnis, Neper, Dezibel und Intensitätsverhältnis

Nernst-Einstein-Formel Gleichung, die die → *Diffusionskonstante* D_n bzw. D_p mit der Ladungsträger-Beweglichkeit μ_n bzw. μ_p und der absoluten Temperatur T verknüpft. Es gelten mit der → *Boltzmannkonstante* k und der Elementarladung q im Falle nicht entarteter Trägergase:

für freie Elektronen $D_n = \frac{k \cdot T}{q} \cdot \mu_n$

für Löcher $D_p = \frac{k \cdot T}{q} \cdot \mu_p$

Netzbrumm → *Brummspannung.*

Netzwerk System zum Übertragen von Signalen und Informationen, wobei es sich meist um die Zusammenschaltung aktiver und passiver Energiewandler handelt. Man unterscheidet lineare N., in denen zwischen Strömen und Spannungen lineare Beziehungen bestehen, und nichtlineare N., wo diese Beziehungen nicht bestehen, wozu bereits ein nichtlineares Element genügt.

Neun-Segment-Anzeige Den Nachteil, daß bei der → *Sieben-Segment-Anzeige* die 1 unsymmetrisch am (rechten) Rand ihres Feldes steht, vermeiden hier 2 Segmente in der Mittellinie, die sich auch sonst verwenden lassen.

Neutralisation Kompensation des Einflusses der Rückwirkung des Ausganges eines verstärkenden Bauelementes auf dessen Eingang. Das Bild veranschaulicht eine mögliche Neutralisation.

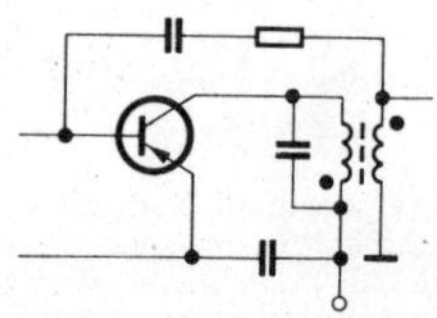

Neutralisation: Prinzipschaltung für die Neutralisation der Rückwirkung der Kollektor-Emitter-Signalspannung auf die Basis-Emitter-Strecke. Die Punkte an den Spulen-Schaltzeichen deuten den entgegengesetzten Wicklungssinn an

Neutron Ungeladenes Elementarteilchen mit einer Ruhmasse 1,675 · 10^{24} g. Neutronen bilden zusammen mit den → *Protonen* die Atomkerne. Sie entstehen u. a. bei der Kettenreaktion im Reaktor.

Newi (aus **ne**gativer **Wi**derstand, veraltet für) → *Heißleiter.*

Newvicon-Röhre Spezial-Aufnahmeröhre für → *Video*-Anwendungen. Ihr Vorzug liegt in der hohen Lichtempfindlichkeit (ca. 10 lux).

NF-Transistor Transistor mit Grenzfrequenz bei oder unter etwa 100 kHz.

NF-Verstärker Vierpol zum Verstärken von niederfrequenten Signalen im Hörbereich. N. werden heutzutage ausschließlich mit Halbleitern aufgebaut. Die Frequenzgänge können von 10 Hz bis weit über 20 kHz reichen. Auch Leistungen von 100 W und mehr sind möglich. Als Signalquellen werden an N. Tonabnehmer, Tonbandgeräte, Mikrofone und Rundfunkempfangsteile angeschlossen. Die Wiedergabe erfolgt über Lautsprecher oder Kopfhörer.

N-Halbleiter Mit → *Donatoren* dotiertes Halbleitermaterial, in dem die freien Elektronen → *Majoritätsträger* sind.

Nibble Dieser englische Ausdruck kennzeichnet ein Halbbyte, d. h. 4 Bits, die eine hexadezimale Ziffer ergeben.

Nichtleiter (Festkörper) Material mit einer bei normaler Temperatur (z. B. 25 °C) bzw. bei der höchsten noch in Betracht kommenden Betriebstemperatur sehr geringen Dichte beweglicher Ladungsträger. Eine scharfe Grenze zwischen Nichtleiter und → *Halbleiter* kann nicht gezogen werden, zumal Nichtleiter bei höheren Temperaturen, wenigstens im Prinzip, zu Halbleitern werden. Man kann die Grenze zwischen Nichtleitern und Halbleitern bei einer Leitfähigkeit von etwa 10^{-8} $(\Omega \cdot \text{cm})^{-1}$ ziehen. Als weitere Grenze wird eine Mindestbreite des → *verbotenen Bandes* von 2 eV genannt.

nichtlineare Schaltelemente sind Dioden, Transistoren und Röhren. Sie sind gekennzeichnet durch eine gekrümmte Kennlinie.

nichtlineare Übertragungsglieder sind Glieder für die das → *Überlagerungsgesetz* nicht gilt, z. B. aufgrund einer logarithmischen oder quadratischen Kennlinie.

nichtlineare Verzerrungen Das Auftreten von im Original nicht vorhandenen Tönen (→ *Klirrfaktor*).

Nichtlinearität Ein Verhalten, das sich nicht durch Gleichungen ersten Grades beschreiben läßt.

nicht quasistationär zeitlich schnell veränderlich.

NICHT-Verknüpfung Negation oder Verneinung, kehrt das Signal um: aus ja wird nein, aus einem positiven ein

d e

negativer Impuls, aus L wird 0, geschrieben: $\bar{a}$ (= nicht a). Darstellung: Punkt am Ausgang des Symbols oder Verstärker-Symbol.

NICOL (aus **N**ew **I**nternational **Com**mercial **L**anguage = Neue internationale Handelssprache) ist eine problemorientierte → *Programmiersprache.*

Niederfrequenz-Verstärker → *NF-Verstärker.*

NI-Übergang Grenzfläche zwischen einer N-dotierten Zone und einer Intrinsic-Zone einschließlich der nächsten Umgebung dieser Fläche.

Niveaufläche → *Äquipotentialfläche.*

Niveaulinien → *Potentiallinien.*

Niveau-Schema → *Bänder-Modell.*

Nixie-Röhren sind → *Glimmröhren* mit meist 10 hintereinander oder im Kreis angeordneten Katoden in Form von Ziffern (oder Zeichen) und einer gemeinsamen Anode. Teils sind sie von der Seite, teils von oben zu betrachten. Am Sockel hat man 1 Anoden- und 10 Katoden-Anschlüsse. Auch eine Ausführung mit 14 Zeichensätzen nebeneinander in einem Kolben ist lieferbar, außerdem Röhren, bei denen aus 13 strichförmigen Katoden beliebige Buchstaben oder Ziffern zusammengesetzt werden können. Sie sind ständig betriebsbereit, und es genügt eine ungesiebte Gleichspan-

Nixie-Röhren: Abb. 1 Ziffernanzeigeröhre mit Leserichtung parallel zur Röhrenachse

Abb. 2 Ziffernanzeigeröhre mit Leserichtung senkrecht zur Röhrenachse

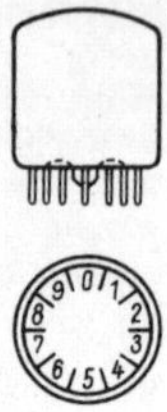

Abb. 3 Ziffernanzeigeröhre mit ringförmig angeordneten Ziffern von 0 . . . 9

nung, die höher ist als die Zündspannung. Sie werden heute durch → *LED-* und → *LCD-*Anzeigen ersetzt.

N-Kanal MOSFET → *Feldeffekttransistor.*

N-Leitfähigkeit → *Elektronenleitfähigkeit.*

N-Material Material mit → *N-Leitfähigkeit.*

NMOS Halbleitertechnologie, bei der in ein Substrat aus p-dotiertem Silizium Kanäle aus n-dotiertem Silizium eindiffundiert werden. Sie werden leitfähig, wenn die Gate-Spannung von einem negativeren auf einen positiveren Wert übergeht (→ *MOS*, → *PMOS*). N. ist sehr weit verbreitet.

Nomogramm gestattet die Leistungs- und Spannungsanpassung zwischen Verstärker und Lautsprechern (→ *Anpassung*).

NOR-Flipflop wird aus 2 → *NOR-Gattern* aufgebaut.

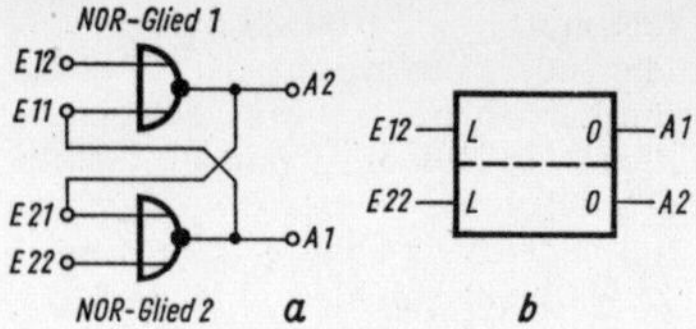

NOR-Gatter, -Verknüpfung (aus engl. not or = nicht oder, nach anderer Meinung, aus neither or = weder – noch) = → *ODER-Verknüpfung* mit Verneinung (Umkehrung) am Ende, d. h. am Ausgang erscheint nur L, wenn an allen Eingängen 0 anliegt. (*Abb.* → *NICHT-Verknüpfung*).

Normalspielplatte Schellackplatte mit 78 U/min. Die Bezeichnung ist älteren Datums und stammt aus einer Zeit, in der die Langspielplatten mit 33⅓ U/min entstanden. Inzwischen sind diese bzw. die Platten mit 45 U/min praktisch zu Normalspielplatten geworden. Schellackplatten werden nicht mehr hergestellt.

Norton-Verstärker Variante des Operationsverstärkers (→ *Rechenverstärker*), bei dem das Ausgangssignal von der Differenz der Eingangsströme, und nicht der Eingangsspannungen, abhängt.

NPIN-Transistor → *NPN-Transistor* mit Basis-Intrinsic-Zone zwischen der Basis-P-Zone und der Kollektor-N-Zone.

NPN-Transistor bipolarer Transistor mit Emitter- sowie Kollektor-Zone aus N-Material und Basiszone aus P-Material. Betriebsgleichspannungen: Kollektor und Basis positiv gegen Emitter.

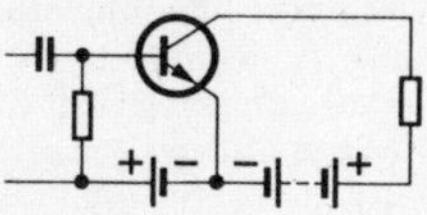

NR-Diode Diode mit negativen Werten des differentiellen Widerstandes innerhalb eines Kennlinien-Bereiches. NR-Dioden verwendet man als Schalter, als Impulsgeneratoren, als Impulsverstärker und zur Entdämpfung von Schwingkreisen.

NRZ (= **n**on-**r**eturn to **z**ero = keine Rückkehr nach Null), betrifft die Dar-

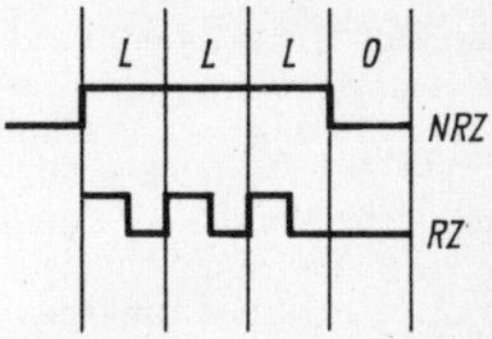

stellung von Impulsen auf → *Magnetbändern*. Bei aufeinanderfolgenden L findet keine Umkehr der Magnetisierung statt, dagegen bei jedem 0 (*Abb.*). (Gegensatz: RZ).

ns = Nanosekunde = 10^{-9} (milliardstel).

NTC-Widerstände (= **n**egativer **T**emperatur-**C**oeffizient) = → *Heißleiter*.

NTSC Abkürzung für **N**ational **T**elevision **S**ystem **C**ommittee. Dies war eine Arbeitsgemeinschaft qualifizierter Ingenieure der amerikanischen elektronischen Industrie, die die Aufgabe hatte, ein brauchbares und zukunftssicheres Farbfernsehsystem vorzuschlagen und auszuarbeiten. Nach ihr wurde das 1953 in den USA eingeführte NTSC-Farbfernsehsystem benannt.

NTSC-Farbfernsehsystem Dieses System ist die Grundlage aller derzeit in der Welt benutzten hochfrequenten Farbfernseh-Übertragungsverfahren. Das → *PAL-Farbfernsehsystem* und das → *Secam-Farbfernsehsystem* sind nur Varianten und unterscheiden sich hauptsächlich durch die Übertragungsart der Farbinformationen auf dem Farbträger vom NTSC-Farbfernsehsystem.

Nullabgleich Vorgang, bei dem eine Meßbrücke so abgeglichen wird, daß der Strom im → *Nullzweig* bzw. die Spannung in der → *Meßdiagonalen* zu Null wird (→ *Brückenschaltung*).

Nulldetektor Gerät oder Einrichtung im → *Nullzweig* eines → *Kompensators*, das zur Ermittlung der Gleichheit von Meßgröße und Vergleichsgröße dient. Bei selbstabgleichenden Kompensatoren wird die Abgleicheinrichtung durch Ausgangsspannung des Nulldetektors geführt.

Nullkomponente, induktive A Proportionalitätsfaktor für die induktive Nullspannung des → *Hallgenerators*.

Nullkomponente, ohmsche r_0 Proportionalitätsfaktor für die ohmsche → *Nullspannung des Hallgenerators:* Auf den Steuerstrom bezogene Nullspannung.

Nullpunktwiderstand Differentieller Widerstand eines Ventils oder einer Sperrschicht für fehlenden Gleichstrom und fehlende äußere Gleichspannung.

Nullspannung des Hallgenerators Zwischen den Hall-Elektroden auftretende Spannung für die Fälle, daß entweder der Hall-Generator nicht von einem Magnetfeld durchsetzt wird oder der Steuerstrom des Hall-Generators den Wert Null hat. Die Nullspannung hat einen ohmschen und gegebenenfalls auch einen induktiven Anteil. Die ohmsche Nullspannung, die auch bei fehlendem Magnetfeld auftritt, wird durch Inhomogenitäten oder Unsymmetrien bewirkt. Die induktive Nullspannung, die auch bei dem Wert Null des Steuerstromes zustandekommt, entsteht, wenn die durch den Hall-Generator und dessen Zuleitungen gebildete Schleife von einem zeitlich sich ändernden Magnetfeld durchdrungen wird.

Nullspannungs-Kompensation (Hallgenerator) Die ohmsche Nullspannung kompensiert man mit einem Verstellen der Abgriffe an einem dem → *Hallgenerator* für den Steuerstrom parallelgeschalteten Widerstandszweig (*Abb. 1*).

Die induktive Nullspannung gleicht man mit Hilfe einer Leiterschleife aus, die von dem sich ändernden Magnetfeld im entgegengesetzten Sinn durchdrungen wird wie die aus den

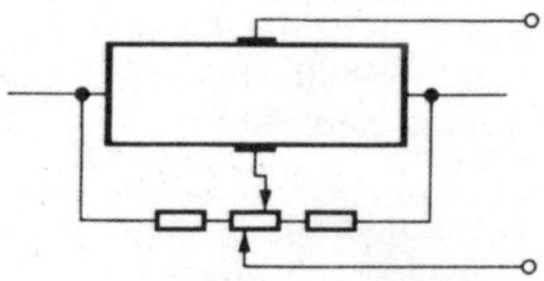

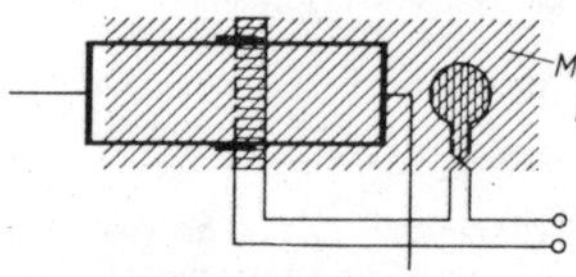

Zuleitungen gebildete Schleife (zusätzliche senkrechte und waagerechte Schraffur in *Abb. 2*.

Nullspannungsschalter schalten im Gegensatz zur → *Phasenanschnitt-Steuerung* nicht bei Stromfluß, sondern stets beim Nulldurchgang der Spannung. Je nach Bedarf wird eine mehr oder minder große Zahl von vollständigen Halbwellen oder Perioden durchgelassen. Man nennt das deshalb auch Impulspaket-Steuerung oder Wellenzug-Regelung. Die Vorrichtung arbeitet mit zwei Einweg- → *Thyristoren* oder mit einem → *Triac*, gesteuert durch einen besonderen Steuersatz. Das Verfahren hat Vorteile für ohmsche Lasten, z. B. für Ofenregulierung, und wird dort angewandt, weil es keine Empfangsstörungen verursacht und das Netz nicht ungleichmäßig belastet. Für Beleuchtung ist es ungeeignet, weil es Flackern verursachen würde.

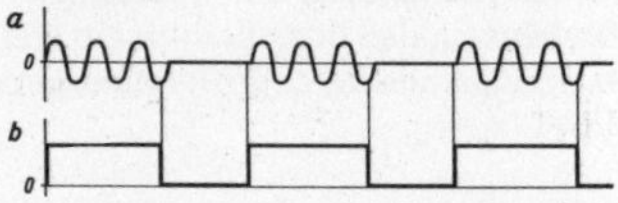

Nullspannungsschalter: Durch gesteuerte Thyristoren erzeugte Leistungspakete;
a = Strom durch den Verbraucher,
b = zum Auslösen der Steuerimpulse dienende Rechteckschaltspannung

Nullzweig Der Zweig einer → *Brückenschaltung* in dem das zum Nullabgleich der Brücke dienende Meßinstrument liegt. Der Strom im Nullzweig ist Null, wenn die Brücke abgeglichen ist.

Number Cruncher (= Zahlenknacker) Co-Prozessor für langwierige arithmetische Berechnungen, der dem Hauptprozessor einen erheblichen Teil der Arbeit abnimmt.

numerische Steuerung erfolgt durch einen → *Prozeßrechner* und wird z. B. bei Werkzeugmaschinen, bei Radioteleskopen, bei Zementfabriken u. v. a. angewandt.

NV-RAM (= **n**on-**v**olatile → **RAM**) Nichtflüchtiger, wahlfrei beschreib- und löschbarer Halbleiterspeicher in → *NMOS*-Technik, der bei Ausfall der Betriebsspannung die Daten über Jahre hinweg hält.

Nyquistflanke Dieser Ausdruck ist in der Fernseh-Fachliteratur zu finden. Man bezeichnet damit die schräge Flanke der ZF-Durchlaßkurve eines Empfängers mit dem darauf liegenden Bildträger. Nyquist hat als erster die optimale Form der Durchlaßkurve für das → *Einseitenband-Verfahren* angegeben.

Nyquist-Rauschen → *Wärmerauschen* (thermisches Rauschen).

N-Zone Mit → *Donatoren* dotierte Zone, in der die freien Elektronen → *Majoritätsträger* sind. Zone mit n-Leitfähigkeit.

O

O bedeutet (in der → *Schaltalgebra*) offener Schalter.

Oberflächen-Ätzung Die Oberflächen von Halbleiterstücken ätzt man beim Herstellen von Halbleiter-Bauelementen, um damit die durch die vorangehende mechanische Bearbeitung in ihrer Kristallstruktur geschädigte Oberflächenschicht zu entfernen. Außerdem ätzt man Halbleiter-Oberflächen an, um aus der sich dabei ergebenden Ätzgrubendichte Schlüsse auf die Regelmäßigkeit oder Fehlerhaftigkeit des Kristallaufbaues ziehen zu können.

Das Ätzen wird mit empirisch ermittelten Lösungen teils rein chemisch teils aber auch elektrolytisch, d. h. unter Zuhilfenahme eines Gleichstromes vorgenommen.

Oberflächen-Beschädigung Störung des Gefüges der Oberfläche des Halbleiter-Bauelementes durch vorangehende mechanische Bearbeitung, außerdem etwas durch das Ätzen, das zum Beseitigen der infolge der mechanischen Bearbeitung in ihrem Gefüge gestörten Schicht vorgenommen wird, und durch Anlagern von Fremdatomen.

Oberflächen-Effekte An der Kristalloberfläche ist der Aufbau auch eines sonst idealen Kristalls dadurch gestört, daß dort die Nachbaratome im Kristallgefüge fehlen. Außerdem ergeben sich Störungen des Kristallaufbaues an der Oberfläche durch deren mechanisches Bearbeiten sowie durch Anlagern von Fremdatomen beim Ätzen bzw. Beizen und durch Einflüsse der Atmosphäre. Alle diese Störungen wirken sich besonders ungünstig an den Stellen aus, an denen die Sperrschichten an der Oberfläche enden. Man schützt das Transistorsystem durch Oxyd- oder Lacküberzüge. Für Silizium-Transistoren ist es von Vorteil, daß das Silizium ein stabiles zum Abdecken geeignetes Oxyd bildet.

Oberflächen-Feldeffekt-Transistor Feldeffekt-Transistor, bei dem der Kanal (die Strombahn) zwischen Quelle (Source) und Senke (Drain) an der Grenzfläche zwischen einem dotierten Halbleiter und einer Oxidschicht entsteht und der Strom mit einem den Kanal senkrecht durchsetzenden elektrischen Feld gesteuert wird. Dieses Feld entsteht beim Anlegen einer Spannung an den Tor-Anschluß. Das Tor ist dabei gegen den Kanal und damit gegen Quelle und Senke durch eine Oxidschicht isoliert. Daraus erfolgt der hohe Wert für den Realteil des Eingangswiderstandes, der noch viel höher ist als der entsprechende Wert

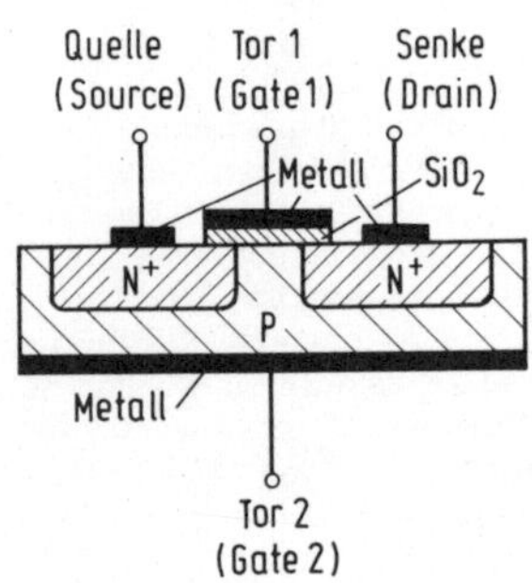

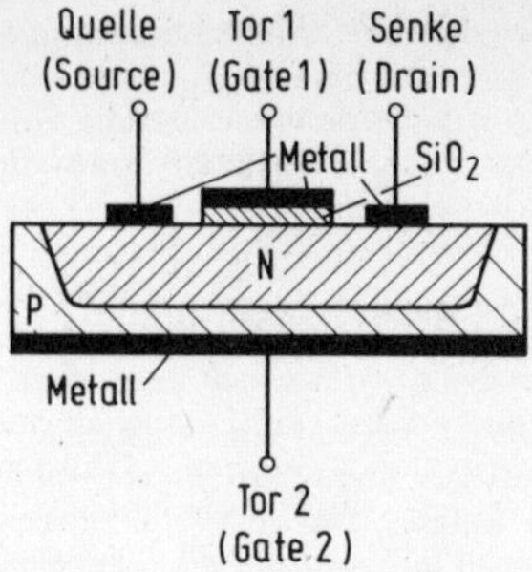

bei → *Sperrschicht-Feldeffekt-Transistoren.* Der Kanal kann je nach Technologie N-leitend oder P-leitend ausgebildet werden.

Es gibt zwei Arten solcher Transistoren: Bild 1 zeigt den Querschnitt eines Oberflächen-Feldeffekt-Transistors mit N-Kanal in → *Planartechnik,* bei der kein Strom ohne elektrisches Feld senkrecht zum Kanal fließen kann (enhancement-type, Anreicherungs-Typ). Bild 2 zeigt den Querschnitt eines entsprechenden Transistors in der Ausführung, bei der Strom ohne elektrisches Feld senkrecht zum Kanal fließen kann (depletion type, Verarmungs-Typ).

Die Polarität der für einen Stromfluß bzw. die Steuerung erforderlichen Spannungen richtet sich danach, ob der entsprechende Transistor für einen N-Kanal oder für einen P-Kanal ausgelegt ist.

Oberflächen-Lebensdauer Lebensdauer der in die Oberflächenschicht injizierten → *Minoritätsträger,* nämlich die Zeit, in der eine von der Gleichgewichts-Konzentration der Minoritätsträger abweichende Konzentration auf die Gleichgewichts-Konzentration abgebaut würde, wenn sich der hierzu gehörende Rekombinations-Überschuß auf seinem Anfangswert halten würde.

Oberflächen-Leitfähigkeit Leitfähigkeit der Oberflächenschicht. Durch den Einfluß der angelagerten Fremdatome kann die Oberflächenleitfähigkeit bei ursprünglicher N-Leitfähigkeit zur intrinsic-Leitfähigkeit und bei ursprünglicher P-Leitfähigkeit zu höherer P-Leitfähigkeit gewandelt werden.

Oberflächen-Rekombination Vereinigung von freien Elektronen und Löchern an Störstellen in der Oberflächenschicht. Aufgrund der Oberflächeneffekte ergeben sich an der Oberfläche besonders viele Rekombinationszentren.

Oberflächen-Stabilisierung Schutz der Oberflächen insbesondere mit Überzügen von thermisch erzeugten Silizium-Oxyden oder von Lack.

Oberflächen-Temperatur Temperatur an der Gehäuse-Oberfläche im Dauerzustand (also im Fall des thermischen Gleichgewichts). Entweder gilt der Durchschnittswert oder der örtliche Höchstwert dieser Temperatur.

Oberflächenwellen-Filter Elektrisches Filter aus einem piezoelektrischen Material (→ *piezoelektrischer Effekt*), meist aus Blei-Zirkonat-Titanat oder Lithium-Niobat. Wechselspannungen erzeugen in dem O. mechanische Verformungen, die sich wellenartig längs der Oberfläche des Elements ausbreiten und am Ausgang wieder in elektrische Schwingungen umgewandelt werden. Amplituden- und Phasengang werden durch die Formgebung der Elektroden bestimmt.

Oberflächen-Zustände Folge von Oberflächen-Effekten. Gegenüber dem Inneren eines Halbleiters geänderte Energieniveaus, die durch nicht abgesättigte → *Valenzbindungen* an der Grenze zwischen Kristall und Umgebung sowie durch dortiges Anlagern von Fremdatomen bzw. Fremdmolekülen entstehen.

Objektprogramm Übersetzerprogramme wie → *Assembler* und → *Compiler* machen aus einem → *Quellentext* ein nur für einen bestimmten Computertyp verständliches Maschinenprogramm, das sog. Objektprogramm.

OCR (= **o**ptical **c**haracter **r**ecognition) = optische Zeicherkennung. O. beschreibt ein System, das normale Schrift- und andere Zeichen erkennt und zur Weiterverarbeitung in elektrische Signale umwandelt.

OCR-A (aus **o**ptical **c**haracter **r**ecognition) ist eine → *maschinenlesbare Schrift* und unter DIN 66008 genormt. Sie enthält 26 Buchstaben, 10 Ziffern und 4 Zeichen und wird z. B. im Post-

123456789

scheckdienst benutzt. Maschinell können ca. 72 000 Belege/h mit je 35 Zeichen gelesen werden.

ODER-Gatter, -Verknüpfung: inklusives ODER: (engl. OR), auch Disjunktion (Trennung, Sonderung) oder „logische Summe" genannt: wenn mindestens an einem Eingang ein L anliegt, erscheint L am Ausgang. Zeichen: V oder +
exklusives ODER: (engl. XOR), auch Antivalenz oder Disvalenz (Gegenwertigkeit): nur wenn an allen Eingängen gleiche Signale (L oder O) anliegen, erscheint am Ausgang O. Zeichen: $\not\equiv$ (→ *Verdrahtete Verknüpfungen).*

ODER-NICHT → *NOR-Gatter.*

OEM (= **o**riginal **e**quipment **m**anufacturer) Der ursprüngliche Hersteller eines Gerätes. Die OEM-Ausführung eines Gerätes wird nicht an den Endverbraucher, sondern an ein anderes Unternehmen verkauft, das in der Regel dem Produkt einen eigenen Namen gibt. OEM-Geräte sind vielfach als solche nicht zu identifizieren.

Öffnungswinkel einer Antenne ist ein Maß dafür, wie weit Störungen oder unerwünschte Sender, die seitlich der Hauptempfangsrichtung liegen, abgeschwächt werden. Je kleiner dieser Winkel ist, desto schmaler ist die Richtkeule im Antennendiagramm (→ *Antennencharakteristik*).

off-line-Betrieb (wörtlich: abseits der (Grund-) Linie) bedeutet, daß die Daten nicht unmittelbar in die → *EDV-Anlage* fließen (können), sondern erst über → *Eingabegeräte* fließen müssen und umgekehrt.

Offsetspannung (~ versetzte Spannung) ist bei → *Rechenverstärkern* der winzige Spannungs-Unterschied, der an den Eingängen herrschen muß, wenn am Ausgang keine Spannung erscheinen soll.

Offsetspiegel → *Parabolspiegel.*

Ohmmeter Meßgerät zur Ermittlung des ohmschen Widerstands elektrischer Bauelemente. Prinzipiell können dazu zwei Meßverfahren verwendet werden. Beim einen wird der Wert des unbekannten Widerstands mit Hilfe einer → *Wheatstone'schen Brükkenschaltung* bestimmt, beim anderen Verfahren wird der Widerstand an eine Konstantspannungsquelle angeschlossen und der durch ihn fließende Strom gemessen und mit einem in Ohm geeichten Meßwerk angezeigt.

Ohmsche Geber Passive Meßumformer, die auf dem Prinzip der Widerstandsänderung beruhen. Der Widerstand des Gebers wird hierbei durch eine auf ihn einwirkende mechanische Größe proportional verändert. Hauptvertreter dieser Kategorie sind der Potentiometergeber und der → *Dehnungsmeßstreifen*.

ohmsche Last nennt man eine Last, die weder Induktivität noch Kapazität enthält.

ohmscher Kontakt Sperrschichtfreier Kontakt. Einen ohmschen Kontakt erhält man z. B. zwischen einer P-Zone und einem Metall, dessen Atome in dem Halbleiter als → *Akzeptoren* wirken. Durch Eindiffusion von Metallatomen in die P-Schicht des Halbleiters entsteht dort eine hohe P-Dotierung. Eine Diffusion der in der P-Schicht auftretenden Löcher in das Metall unterbleibt, weil in diesem keine Lücken in den Gitterbindungen vorhanden sind. Aus dem Metall hingegen diffundieren Elektronen in die hochdotierte P-Schicht und rekombinieren mit den dort vorhandenen Löchern. So ergibt sich im Halbleiter eine extrem dünne Raumladungsschicht, während im Metall praktisch keine Raumladung auftritt, da der im Metall vorhandene Vorrat an Elektronen einen Ausgleich ermöglicht. Die dünne Raumladungsschicht stört den Stromdurchgang nicht, solange es sich nicht um sehr hohe Stromdichten handelt.

Ohmsches Gesetz Bei einer Reihe von leitfähigen Stoffen ist das Verhältnis zwischen → *Strom* und → *Spannung* konstant: $R = \frac{U}{I}$.

On-line-Betrieb (~ im Fluß) ist alles, was direkt, ohne Umwandlung, in die → *Zentraleinheit* gegeben, dort verarbeitet wird und von dort wieder entnommen werden kann, z. B. über → *Datensichtgeräte*. Das kommt in Frage für entfernt liegende Ein- und Ausgabestationen (z. B. über → *Datex*-Leitungen) sowie für Prozeß- und Produktionssteuerung, Lagerergänzung usw., sofern die Steuerbefehle der → *EDV-Anlage* direkt die betr. Außenstellen steuern (auch z. B. → *Platzbuchungen*).

„open loop"-Betrieb (= offene Schleife, Gegens.: → *closed loop*) liegt dann vor, wenn bei einer → *Prozeßsteuerung* irgendwo ein Mensch eingeschaltet ist, der auf Grund angezeigter Ergebnisse entsprechende Entscheidungen trifft oder Steuerbefehle gibt, die der Apparatur nicht überlassen werden können, z. B. bei der Patienten-Überwachung.

Operand ist der Teil einer → *Instruktion*, der verarbeitet werden soll.

Operateur, Operator heißt bei großen Anlagen der Bediener der → *EDV-Anlagen*, der das vom → *Programmierer* gelieferte → *Programm* in die EDVA eingibt und den Ablauf überwacht und im Bedarfsfall korrigierend eingreift.

operating systems = → *Betriebssysteme*.

Operation heißt das, was ausgeführt werden soll: Addition, Multiplikation, Stellenverschiebung, Sprung usw.

Operationsregister OR speichern die → *Operationsteile* der → *Befehle*.

Operations-Steuerung sorgt dafür, daß alle → *Operationen* genau nach → *Programm* ablaufen. Sie ist ein Teil des → *Leitwerks* und insbesondere wichtig für höhere Rechnungsarten wie Multiplikation, Division u. a., die nach vorhandenen → *Unterprogrammen* ausgeführt werden.

Operationsteil OP eines Befehlswortes sagt, was im Rechner geschehen soll.

Operationsverstärker = → *Rechenverstärker*.

optische Schranken → *Lichtschranken*.

opto-elektronisches Bauelement Bauelement, in dem Lichtleistung in elektrische Leistung umgesetzt wird und umgekehrt.

Optokoppler = → *Fotoelektronische Kopplung*.

OR Abk. für → *Operationsregister*.

Ordinate Senkrechte Achse eines rechtwinkligen Koordinatensystems, auf der im allgemeinen die abhängige Veränderliche aufgetragen wird.

Orgel, elektronische polyphones Musikinstrument mit kirchenorgelähnlicher Tastatur (meist zwei oder drei Manuale und Fuß- oder Stummel-Pedal), deren Tonbildung rein elektronisch erfolgt (Sinus-, Rechteck- und Sägezahnschwingung). Durch geeignete, überwiegend frei einstellbare Mischungen lassen sich sowohl kirchenorgelähnliche, als auch rein elektronische Klänge erzeugen. In modernen O. wird eine im MHz-Bereich befindliche Grundfrequenz erzeugt, aus der alle Töne durch digitale Teilung abgeleitet werden, wodurch die Stimmung der O. ganz einfach wird. Der Versuch, mit O. natürliche Instrumente naturgetreu nachzuahmen, war bisher wenig erfolgreich und dürfte erst durch den Einsatz hochkomplexer (integrierter) Bausteine möglich werden, in denen natürliche Instrumente digital abgespeichert werden können.

Orthikon Kurzform für die Weiterentwicklung einer Art von Bild-Aufnahmeröhre zum Bild-Orthikon; vielfach wird sie auch Super-Orthikon genannt. Die Empfindlichkeit des Orthikons ist zehnmal größer als die des → *Superikonoskops*.

Das Orthikon unterscheidet sich dadurch wesentlich vom Superikonoskop, daß es mit einem Abtaststrahl arbeitet, dessen Elektronen nur geringe Geschwindigkeit haben; sie können infolgedessen keine Sekundärelektronen aus der Signalplatte herausschlagen. Damit werden gewisse Komplikationen vermieden, die die vom Elektronenstrahl erzeugten Sekundärelektronen beim → *Ikonoskop* verursachen. Um trotz der geringen Elektronengeschwindigkeit einen scharf gebündelten Abtaststrahl zu erhalten, läßt man die Elektronen ein kräftiges homogenes Magnetfeld einer Konzentrierspule durchlaufen.

Die *Abb.* zeigt schematisch den Aufbau eines Image-Orthikons (Bild-Orthikon). Das aufzunehmende Bild wird durch ein Linsensystem auf einer Fotokatode abgebildet. Die hierbei freiwerdenden Fotoelektronen treffen

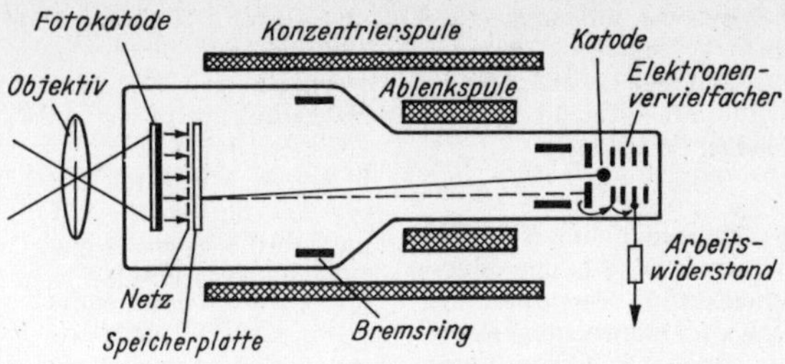

Orthikon: Schema des Image-Orthikons

auf die Speicherplatte, die der Signalplatte des Superikonoskops entspricht. Diese Speicherplatte besteht aus einer sehr dünnen Glasfolie, deren Vorderseite eine sekundäremissionsfähige Schicht trägt. Jedes auftreffende Fotoelektron löst mehrere Sekundärelektronen aus, die vom „Netz", einem sehr feinen Drahtgitter mit einer um ein Volt höheren Spannung als die der Speicherplatte, abgefangen werden. Die Speicherplatte bildet somit ein (positives) Ladungsbild des aufzunehmenden Bildes ab.

Dieses Ladungsbild tastet nun ein Elektronenstrahl ab, dessen Elektronen nur wenig beschleunigt und überdies vor Erreichen der Speicherplatte durch einen Bremsring abgebremst werden. Der Elektronenstrahl führt jedem Element der Speicherplatte so viel negative Ladung zu, daß seine positive Ladung kompensiert wird. Die Größe dieses Restes ist also in jedem Augenblick das Maß der Helligkeit des gerade abgetasteten Punktes.

Der Rückstrahl gelangt zu einem hinter der Katode liegenden mehrstufigen Elektronen-Vervielfacher, an dessen Ausgang schließlich das Signal abgenommen wird.

Hauptvorteil des Orthikons ist seine hohe Empfindlichkeit. Ganz schwache Allgemeinbeleuchtung, sogar Kerzenlicht, genügt bei dieser Aufnahmeröhre, um noch befriedigende Bilder zu erzeugen.

Ortskurve Linie, die der geometrische Ort für die zu einer bestimmten Funktion gehörenden Punkte ist. Im Zusammenhang mit Transistoren handelt es sich meistens um einen in der → *Gaußschen Zahlenebene* als Funktion der Frequenz dargestellten komplexen Vierpol-Parameter.

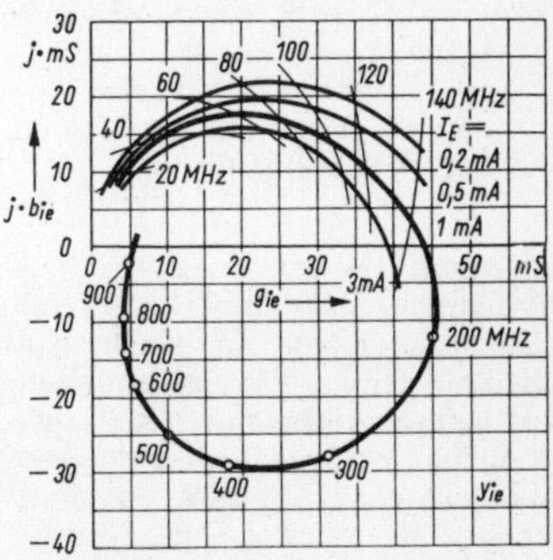

Ortskurve: In der Abb. sind die Ortskurven dargestellt, die sich für eine Transistor-Eingangs-Impedanz in der Gaußschen Zahlenebene ergeben, wenn die Frequenzabhängigkeit dieser Admittanz y_{ie} für einen großen Frequenzbereich und verschiedene Werte des Emitter-Gleichstromes gezeigt werden soll

OSI (= **o**pen **s**ystems **i**nterconnection) Von der ISO (= **I**nternational **S**tandardization **O**rganization) entwickeltes Modell für die offene Datenkommunikation zwischen Computern.

Oszillator Schaltung zum Erzeugen von Schwingungen, die aus einem rückgekoppelten → *Verstärker* besteht. Durch ein entsprechend ausgelegtes Netzwerk im Rückkopplungskreis läßt sich die Oszillatorfrequenz definieren. Es gibt LC-Oszillatoren (Colpitts-, Hartley-, Meißner-, Huth-Kühn-Oszillator), RC-Oszillatoren (Wien-Robinson-Brücken-Oszillator) und Quarz-Oszillatoren (Pierce-, Clapp-Oszillator). Letztere zeichnen sich durch eine besonders hohe Frequenzkonstanz aus. O. können Sinus-, Rechteck- oder Sägezahn-Schwingungen erzeugen. Sie werden in Sende-, Empfangs- und Generatorschaltungen angewandt.

Oszillogramm Darstellung einer → *Größe* auf einem Oszilloskopenschirm. Die Darstellung kann zeitabhängig sein, kann aber auch die Verknüpfung mit einer anderen Größe darstellen (→ *X-Y-Darstellung*).

Oszilloskop (= Schwingungsschreiber) dient zur Sichtbarmachung (und Aufzeichnung) von in elektrische Schwingungen umgewandelten Schwingungsvorgängen. Das ursprüngliche → *Schleifen-Oszilloskop* lenkte mit einem Spiegel, an einer Drahtschleife befestigt, einen Lichtstrahl entsprechend den Strömen in der Schleife ab. Auf lichtempfindlichem Papier konnten sie aufgezeichnet werden. Das Elektronenstrahl-Oszilloskop lenkt mit je einem waagerechten und senkrechten Plattenpaar den Strahl laufend über die Schirmfläche. Durch Synchronisation entsteht ein stehendes Bild, das fotografiert werden kann. Frequenzen von 0...800 Hz kann man direkt auf Papier aufzeichnen mit Flüssigkeitsstrahl-Oszilloskopen. Mit durch die Schwingungen gesteuerten Düsen (Öffnung $\geqq$ 10 µm) wird Farbe auf einen vorbeigeführten Papierstreifen gespritzt.

OTA (= **O**perational **T**ransductance-**A**mplifier) sind weiterentwickelte Operationsverstärker, bei denen über einen Steuerstrom Verstärkung, Eingangswiderstand, Ausgangsstrom und Ruheverlustleistung gesteuert werden können. Der Ausgangswiderstand ist ~ 15 MΩ (→ *Rechenverstärker*).

Outdoor-Unit → *Low-Noise-Converter.*

OVA (aus **v**oltage controlled **a**mplifier) ist ein → *OTA*, dessen Verstärkung durch entsprechende Beschaltung gesteuert werden kann. Sein Ausgangswiderstand liegt unter 100 Ω.

overlapping (= Überlappung) bedeutet, daß während ein → *Operand* aus dem Arbeitsspeicher geholt wird, bereits der nächste → *Befehl* gelesen wird usw.

Overlay Fachausdruck aus dem Englischen, der eine bestimmte Transistorbauform bezeichnet. Overlay-Transistoren weisen mehrere Emitterzonen auf, die parallelgeschaltet sind; Basis und Kollektor sind als Einzelzonen belassen. Durch diese Bauart wird die Belastbarkeit der Transistoren wesentlich gesteigert. Als weiterer Vorteil dieser Bauart muß die verringerte Eingangs- und Ausgangskapazität erwähnt werden. Overlay-Transistoren werden vorzugsweise in Senderstufen kleiner und mittlerer Leistung verwendet.

Ovonics sind (soweit bekannt) kontakt- und sperrschichtlose Schalter aus amorphem Halbleitermaterial (Mischung von Tellur und Arsen mit noch anderen Elementen), die durch Anlegung entsprechender Spannungen vom Aus-Widerstand 300 MΩ auf Ein-Widerstand 30 Ω (1 : 10^7) umgeschaltet werden können. Man baut damit → *RMM*-Halbleiter-Speicher auf, die bei Stromausfall die gespeicherten Informationen nicht verlieren. Umprogrammierung 100mal möglich.

Ovonics: Ovonic-Speicher Typ RM-256 für 256 bit; er kann mehrmals umprogrammiert werden (Energy Conversion Devices Inc.)

P

Paarbildungs-Energie Arbeit (Energie), die notwendig ist, um ein → *Ladungsträgerpaar* zu erzeugen. Diese Arbeit hat für Silizium einen höheren Wert als für Germanium.

Paar-Erzeugung Erzeugung eines Ladungsträgerpaares, gebildet aus einem freien Elektron und einem Loch, durch Aufbrechen einer → *Valenzbindung* eines Halbleiteratoms. Für die Zahl der Paar-Erzeugungen je Zeit- und Raumeinheit verwendet man das Formelzeichen g. Die Paar-Erzeugung kann z. B. thermische Ursachen haben bzw. durch Strahlungsenergie oder Stoßionisation bewirkt werden.

Paarige Zeilen Eine Bildstörung infolge eines Fehlers, meist in der Impulstrennstufe. Die Zeilen stehen paarweise zusammen. Die Ineinanderschachtelung der beiden Halbbilder nach dem → *Zeilensprung-Verfahren* ist ungleichmäßig.

PABX (= **p**rivate **a**utomatic **b**ranch **ex**change) Private Nebenstellenvermittlung.

Packet Radio Übertragungsverfahren für Daten im Amateurfunk, das paketorientiert arbeitet. Dabei prüft der Empfänger die übertragenen Blöcke und verlangt vom Sender deren Wiederholung solange, bis sie fehlerfrei empfangen wurden. P. wird auf Kurzwelle überwiegend mit 300 → *Baud*, auf UKW mit 1200 Baud betrieben.

PADT-Transistor (**p**ost **a**lloy **d**iffused **t**ransistor ~ nach Einlegieren → *diffundierter* T.) ein auf spezielle Art hergestellter → *Mesa-Transistor.*

Page bezeichnet einen zusammenhängenden Speicherbereich von 256 Byte, innerhalb dessen sich nur die niederwertigen acht Adressenbits (A 0…7) ändern.

Page-Modus heißt die Betriebsart von Bildschirm-Terminals bzw. Sichtgeräten, bei der der angezeigte Bildschirminhalt nicht automatisch nach oben „rollt", sobald der → *Cursor* bzw. die Schreibposition die letztmögliche Stelle rechts unten erreicht hat. Vielmehr beginnt das Sichtgerät eine neue „Seite" (Page), indem mit dem Schreiben wieder links oben angefangen wird.

Pal Abkürzung für **P**hase **A**lternation **L**ine, zu deutsch: Phasenumschaltung von Zeile zu Zeile (→ *Pal-Farbfernsehsystem*).

Pal

1. In den meisten Ländern der Welt eingeführtes Farbfernsehsystem, das ebenso wie das → *Secam*-System aus dem → NTSC-System weiterentwickelt wurde. Wesentliches Merkmal ist der sende- und empfangsseitig vorhandene → *Pal-Schalter*, mit dem Farbverfälschungen durch Phasenfehler, beispielsweise auf dem Übertragungsweg vermieden werden. Erfinder des Pal-Verfahrens ist Prof. Walter Bruch, der es im Telefunken-Grundlagenlabor entwickelt hat.

2. (= **p**rogrammable **a**rray **l**ogic) Digitalschaltung, bei der die Logikfunktion vom Anwender einprogrammiert wird.

Pal-Schalter Auf der Sender- wie auf der Empfängerseite wird eine Farbkomponente, das (R – Y)-Farbdifferenzsignal von Zeile zu Zeile in der Phase um 180° umgepolt. Dadurch erreicht man eine Unempfindlichkeit der Farbinformation gegenüber Phasenfehlern auf den Übertragungswegen.

Wegen der hohen Schaltfrequenzen wird diese Umpolung elektronisch vorgenommen. Im Empfänger polt der Pal-Schalter die Phase des → *Referenzoszillators* um, bevor sie dem einen der beiden → *Synchrondemodulatoren* zugeführt wird. Der Pal-Schalter wird angestoßen bzw. synchronisiert durch den → *Burst*. Er wechselt seine Phasenlage im gleichen Rhythmus um ± 45° vom Mittelwert. Man spricht deshalb auch von einem „alternierenden Burst“.

PAM = Puls-Amplituden-Modulation zerlegt die Sprachschwingungen in eine Reihe von Impulsen. Durch diese Digitalisierung wird das Sprachsignal nicht nur wesentlich störunempfindlicher, es lassen sich auch viele derartige Signale ineinanderschachteln (Frequenzeinsparung). PAM wird daneben vielfach bei → *sprechenden Rechenanlagen* angewandt.

Pandicon = → *Ziffernanzeigeröhre.*

Parabolspiegel Empfangsantennenform für Frequenzen oberhalb 1 GHz, die sich bereits ähnlich wie Licht verhalten und damit auch weitgehend dessen Gesetzen gehorchen. Statt eines optischen Spiegels aus beschichtetem Glas verwendet man Parabolspiegel aus Metall oder aus Kunststoff mit Metallbeschichtung. Im Brennpunkt des Spiegels befindet sich das → *Speisehorn* mit dem nachgeschalteten → *Low-Noise-Converter* (LNC), in den der eigentliche Empfangsdipol eingebaut ist.

Parabolspiegel

Offsetspiegel

Cassegrainspiegel

Größere Spiegel, wie etwa in den → *Erdfunkstellen* der Bundespost haben im Brennpunkt zur noch besseren Bündelung einen weiteren hyperbolischen Spiegel. Man nennt diese Antennenform Cassegrainspiegel.

Schließlich gibt es noch den sogenannten Offsetspiegel. Dabei handelt es sich um eine im Prinzip in der Mitte durchgesägte, also halbe Parabolantenne, die eine mehr assymetrische Form hat. Ihr Vorteil sind die kleineren Abmessungen.

Parallel-Addierwerke verarbeiten alle Binärstellen eines → *Operanden* gleichzeitig.

Parallelton-Verfahren Im Gegensatz zum → *Differenzträger-Verfahren* wird beim Parallelton-Verfahren der Tonträger bereits nach der ersten Bild-Zwischenfrequenzstufe abgetrennt und einem parallelen Ton-Zwischenfrequenz-Verstärker zugeführt. Dieses Verfahren ist aufwendiger und erfordert zwei zusätzliche Verstärkerstufen. Aus diesem Grunde hat es für Fernsehempfänger, die nach der CCIR-Norm arbeiten, keine Bedeutung. Eine Ausnahme sind nur die Mehr-Normen-Empfänger, die auf vier oder fünf verschiedene Fernsehnormen umgeschaltet werden können. Bei ihnen muß aus technischen Gründen darauf zurückgegriffen werden.

Parallel-Übertragung → *bitparallel.*

parametrische Dioden sind → *Kapazitätsdioden* in Spezialausführung für → *Reaktanzverstärker.*

parametrische Transistoren bei denen sich die Eingangsimpedanz ändern läßt, wurden in Amerika herausgebracht und arbeiten bis 4 GHz einwandfrei.

parametrische Verstärker richtiger → *Reaktanz-Verstärker.*

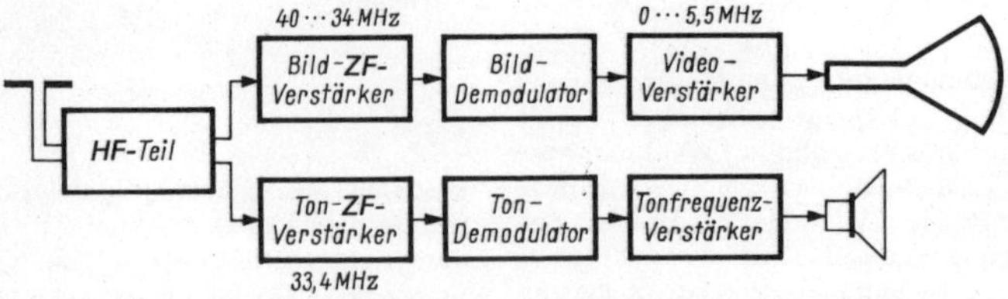

Parallelton-Verfahren: (Blockschaltung)

Parametron, auch Hochfrequenz-Koinzidenz-Verfahren genannt, benutzt Speicher- → *Matrizen* wie die üblicherweise eingebauten mit Keramikringen u. a., magnetisiert aber mit zwei Hochfrequenzströmen und will damit größere Sicherheit und Zuverlässigkeit erreichen.

Paritäts-Prüfung Um Eingabe- und Übertragungsfehler möglichst sofort zu erkennen, werden den übertragenen Zeichen Prüfbits zugesetzt, so daß entweder die Summe der O oder der L gerade oder ungerade wird, je nach Vereinbarung. Sobald das nicht der Fall ist, liegt ein Fehler vor. Durch komplizierte Prüfverfahren kann der Fehler sogar erkannt und korrigiert werden.

parity bit auch Paritätsbit, ist der englische Ausdruck für das Prüfbit (→ *Paritäts-Prüfung*).

Pascal

1. physikalische Einheit für Druck, festgelegt im neuen SI-System (→ *SI-Basiseinheit*) für den Druck:

$$\text{Druck} = \frac{\text{Kraft}}{\text{Fläche}}$$

$$1\ \text{Pa} = 1\ \frac{\text{N}}{\text{m}^2}$$

Die Einheit Pascal ersetzt die Einheit bar, wobei

$1\ \text{bar} = 10^5\ \text{Pa}$ oder
$1000\ \text{mbar} = 1000\ \text{hPa}$
(Hectopascal)

2. P. ist nach → *Basic* die am zweithäufigsten anzutreffende höhere Programmiersprache bei Mikrocomputern. Während Basic meist als → *Interpreter* in Mikrocomputern impletiert ist, findet man für Pascal gewöhnlich → *Compiler.* Diese besitzen den Vorteil einer höheren Arbeitsgeschwindigkeit, aber die Nachteile des höheren Speicherbedarfs und der schlechteren Dialogfähigkeit während der Programmentwicklung. Pascal ist eine Weiterentwicklung der früher sehr verbreiteten Sprache Algol 60.

passive Bauelemente sind alle Bauelemente, die nicht zum Verstärken von Signalen geeignet sind (z. B. → *Widerstände,* → *Kondensatoren,* → *Drosselspulen*).

passive Geber → *Geber,* → *Meßumformer.*

passive Meßgrößenaufnehmer → *Meßumformer,* deren Funktion erst durch die Zuführung elektrischer Energie von außen ermöglicht wird; z. B. Dehnungsmeßstreifen in einer → *Brückenschaltung,* kapazitive und induktive Aufnehmer mit Trägerfrequenzverfahren (→ *Trägerfrequenzverstärker*).

passives Glied Aus → *passiven Bauelementen* aufgebautes Übertragungsglied, bei dem die am Ausgang entnommene Energie vom Eingangssignal aufgebracht wird.

Passivierung d. h. Nichtleitendmachung der Oberfläche (um Oberflächenleitung auszuschließen) erfolgt vielfach durch Abdeckung mit einer (Silizium-) -Oxid- oder -Nitridschicht.

pathboard (= Schaltbrett) ist die Programmiertafel bei → *Analogrechnern.* Die erforderlichen Verbindungen werden mit Steckschnüren hergestellt.

Pauli-Prinzip Von Pauli angegebener Erfahrungssatz, mit dem Inhalt, daß jede mögliche Energiestufe jeweils nur von zwei Elektronen mit antiparallelem → *Spin* besetzt sein kann.

Pausendauer T_p Bei einer → *Impulsfolge* die Zeitdauer, die beginnt, wenn der Augenblickswert des Signals auf 50 % seiner Amplitude abgefallen ist und dann endet, wenn er wieder 50 % der Amplitude erreicht hat (→ *Kenngrößen von Impulsen*).

Pay-TV Abonnenten-Fernsehen. Man versteht darunter Fernsehsendungen, die per Satellit und oder Kabel nur gegen Entgelt empfangen werden dürfen. Um Unbefugten den Empfang unmöglich zu machen, werden solche Sendungen verschlüsselt ausgestrahlt (→ *Scrambler*).

P-Bereich X_p Bereich einer proportionalen → *Regeleinrichtung*, um den sich die → *Regeldifferenz* ändern muß, damit sich die → *Stellgröße* über den gesamten → *Stellbereich Y_h* ändert.

PbS (= Bleisulfid) ist eine der chemischen Verbindungen, die als Halbleiter dienen können. Fotowiderstände daraus erfassen Wellenlängen von 1000...3000 nm (Infrarot).

PbS-Zelle abkürzende Bezeichnung für einen Bleisulfid-Fotowiderstand.

PC → *Personal Computer*.

P.C.B. (= **p**rinted **c**ircuit **b**oard) → *Leiterplatte*.

PCM = → *Puls-Code-Modulation*.

PD (aus **p**hysical **d**evelopment = physikalische Entwicklung) ist ein Herstellungsverfahren für → *IC-Masken*. Es hat eine Auflösung von 0,6 µm.

PDM = → *Pulsdauermodulation*.

P-Dotierung Dotierung von Halbleitermaterial mit → *Akzeptoren*.

PD-Regeleinrichtung → *Regeleinrichtung*, die aus → *P-* und → *D-Gliedern* aufgebaut ist. Die → *Stellgröße* entspricht einer Addition der → *Ausgangsgrößen* einer → *P-* und einer → *D-Regeleinrichtung*. Ihre Kenngrößen sind der → *Proportionalbeiwert K_P* und der → *Differenzierbeiwert K_D* oder die → *Vorhaltezeit T_v*. Die Stellgröße der

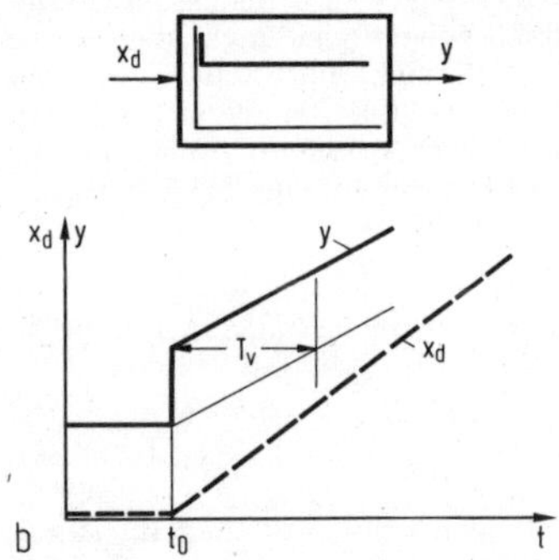

PD-Regeleinrichtung: Abb. 1 zeigt das Blocksymbol und Abb. 2 die Anstiegsantwort einer PD-Regeleinrichtung

PD-Regeleinrichtung folgt der Gleichung

$$y - y_o = K_P\,(w - x) + K_D\,\frac{d\,(w - x)}{dt}$$

oder der Gleichung

$$y - y_o = K_P\left[(w - x) + T_v\,\frac{d\,(w - x)}{dt}\right]$$

PDV-Bus Datenübertragungsbus speziell für **P**rozeß-**D**aten**v**erarbeitung, bestehend aus zwei Leitern, über die die Daten seriell übertragen werden.

PE = Parallel-Eingang bei → *Registern*.

PEARL (= **p**rocess and **e**xperiment **a**utomation **r**ealtime **l**anguage) Höhere Programmiersprache für die Automatisierung von Prozeßsteuerungen.

Peltier-Effekt 1834 entdeckte Peltier, daß ein durchfließender Strom an der Stoßstelle zweier verschiedener Materialien eine Abkühlung hervorruft, (umgekehrter → *Seebeck-Effekt*). Praktisch brauchbar wurde das durch Verwendung besonders geeigneter P-und N-Halbleiter (z. B. Wismut-Telurit). Der erzielbare Temperaturbereich liegt zwischen – 20 °C und + 60 °C (letzteres bei Umkehrung der Stromrichtung). Die Temperatur läßt sich genau regulieren und durch Regler konstanthalten. Es ist die modernste Kühlmethode.

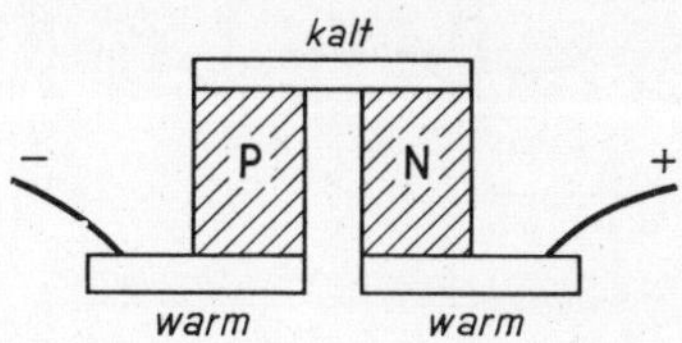

PEP-Technik → *Planar-Epitaxial-Technik* mit Passivierung der Oberfläche.

Perceptron ist ein (amerikanisches) elektronisches Lesegerät für Druckschrift. Es besitzt ein gewisses Lernvermögen.

Perigäum Erdnächster Punkt einer elliptischen Satellitenbahn.

Periodendauer T Kürzestes Zeitintervall nach dem sich eine periodische Schwingung wiederholt (→ *Kenngrößen von Impulsen*).

periodisches System Nach Atomgewichten und einander entsprechenden Merkmalen gebildete Ordnung der chemischen Elemente. Die Tabelle zeigt den für Halbleiter-Bauelemente interessierenden Ausschnitt aus dem periodischen System der chemischen Elemente. In dieser Tabelle ist das chemische Element Bor, das als → *Akzeptor* für Silizium verwendet wird, nicht enthalten. Bor steht in der Zeile über Aluminium. Es hat die Ordnungszahl 5, das chemische Zeichen B und 2 Elektronenschalen, nämlich K und L. Es gehört zu der Gruppe III b.

Peripherie oder **periphere Geräte** nennt man alle um die → *Zentralein-*

Gruppe: Valenz-Elektronen	IIIa 3	IIIb 3	IVa 4	IVb 4	Va 5	Vb 5	Elektronen-Schalen
Element Symbol Ordnungszahl		Aluminium 13 Al		Silizium 14 Si		Phosphor 15 P	3 KLM
Element Symbol Ordnungszahl	Skandium 21 Sc				Vanadium 23 V		4 KLMN
Element Symbol Ordnungszahl		Gallium 31 Ga		Germanium 32 Ge		Arsen 33 As	4 KLMN
Element Symbol Ordnungszahl	Yttrium 39 Y		Zirkonium 40 Zr		Niob 41 Nb		5 KLMNO
Element Symbol Ordnungszahl		Indium 49 In		Zinn 50 Sn		Antimon 51 Sb	5 KLMNO

Ausschnitt aus dem periodischen System

heit herum angeordneten Geräte, also → *Eingabe-* und → *Lesegeräte*, → *Magnetband-*, → *Magnetkarten-*, → *Magnetplatten-*, → *Magnettrommel-Speicher*, → *Drucker* usw.

Permalloy ist eine Speziallegierung mit meist 81% Nickel und 19% Kupfer, die magnetisch sehr „weich" ist und eine hohe Anfangspermeabilität hat.

Persistor heißt ein sehr schneller → *Speicher*, der aber nur wenige Grade über dem absoluten Nullpunkt arbeitet. Er hat sich nicht durchsetzen können. Das gleiche gilt für das Persistraton.

Personal Computer Dieser aus der Anfangszeit preiswerter Tischcomputer stammende Begriff kennzeichnete ursprünglich preiswerte Heim- und Hobbycomputer, meist mit einem → *Basic-Interpreter*. Neuerdings versteht man darunter Geräte, die zu den professionellen IBM-PCs kompatibel sind und unter dem Betriebssystem → *MS-DOS* arbeiten. Sie sind darüberhinaus mit → *GW-Basic* ausgerüstet. Der Arbeitsspeicher beträgt 512 kByte und mehr. PCs verfügen über mindestens ein 5¼-Zoll-Disketten-Laufwerk (→ *Floppy-Disk*). Zusätzlich ist auch ein → *Festplatten-Laufwerk* möglich.

Personen-Rufanlagen, drahtlose, arbeiten vielfach mit selektivem Ruf, der nur von dem gesuchten Apparat wiedergegeben wird. Dessen Träger kann dann entweder direkt oder am nächsten Hausapparat die für ihn bestimmte Botschaft entgegennehmen.

Persönlicher Fehler Meßfehler, die sich aus einer unvollkommenen Beobachtung, Ablesung und/oder Auswertung einer Anzeige ergeben.

P-Germanium Mit → *Akzeptoren* dotiertes Germanium, also Germanium, in dem die → *Löcher* die → *Majoritätsträger* sind.

P-Glied → *Übertragungsglied*, bei dem sich die → *Ausgangsgröße* x_a *(t)* proportional zur → *Eingangsgröße* x_e *(t)* verhält (→ *P-Verhalten*) und ihr ohne Verzögerung oder sonstige dynamische Wirkung folgt. Der Faktor, der die Proportionalität von Ein- und Ausgangsgröße angibt wird mit K_p gekennzeichnet und heißt → *Proportionalbeiwert*. Die Gleichung des P-Gliedes lautet:

$$x_a(t) = K_p \cdot x_e(t)$$

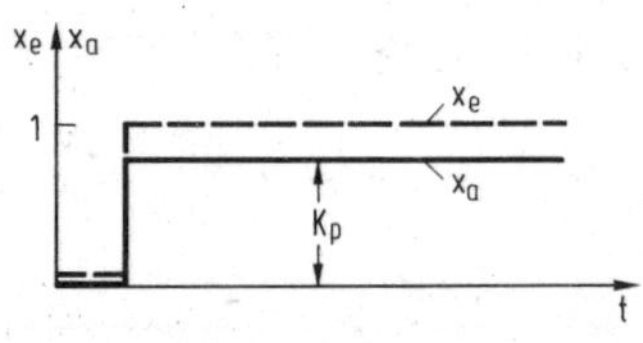

P-Glied: Abb. 1 zeigt das Blocksymbol und Abb. 2 die Sprungantwort des P-Glieds

P-Halbleiter Mit → *Akzeptoren* dotiertes Halbleitermaterial, in dem die → *Löcher* → *Majoritätsträger* sind.

Phantastron ist eine der vielen Kippschaltungen, wie sie in Fernsehgeräten, bei Oszilloskopen und in vielen anderen Geräten benutzt werden.

Phase-locked loop → *PLL.*

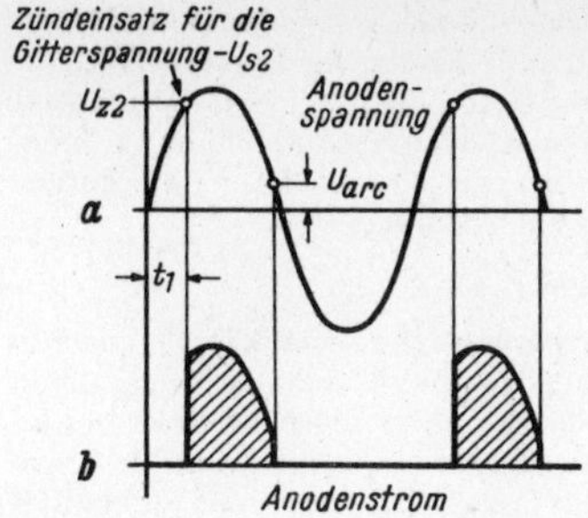

Phasenanschnittsteuerung zeigt das Bild. Wegen der mit ihr verbundenen Empfangsstörungen bevorzugt man den → *Nullspannungsschalter*.

Phasenbelag β Größe, die angibt, um wieviel die Phase von Spannung und Strom einer fortschreitenden Welle je Längeneinheit einer Leitung gedreht wird.

Phasendrehung Umkehrung einer Schwingung oder eines Signales um genau 180°.

Phasendetektor Schaltung zum Phasenvergleich zwischen dem Frequenzwert (Istwert) einer Schaltung zur Schwingungserzeugung (→ *Oszillator*) und dem Frequenzwert eines Bezugssignals. Bei Frequenzabweichung entsteht eine Ausgangsgleichspannung, die den Oszillator auf seine Sollfrequenz steuert.

Phasengang φ (ω) Mathematisch gesehen gibt der Phasengang in Abhängigkeit von der Frequenz die Phasenlage des → *Frequenzgangs F (jω)* an. Grafisch wird er meist über der logarithmisch geteilten Frequenzachse aufgetragen und zusammen mit dem → *Amplitudengang* in dem → *Bode-Diagramm* dargestellt.

Phasengeschwindigkeit v Laufgeschwindigkeit der Phase, z. B. eines Nulldurchgangs von sinusförmigen Spannungen oder Strömen auf Leitungen bzw. elektromagnetischer Wellen im freien Raum. Auf Leitungen gilt:

$$v = \frac{\omega}{\beta}$$

mit $\omega = 2\pi f$ und β = → *Phasenmaß*.

Phasenkonstante β → *Phasenbelag*.

Phasenmaß b Angabe über die Phasendrehung einer Spannung oder eines Stromes am Ende einer Leitung. Es ist definiert als

$$b = \beta \cdot l$$

mit β = → *Phasenbelag* und l = Länge der Leitung.

Phasen-Modulation Modulation der Phase einer harmonischen Schwingung mit konstanter Amplitude.

Phasenvergleich Die Synchronisierung in Fernsehern des Zeilen-Kipp-

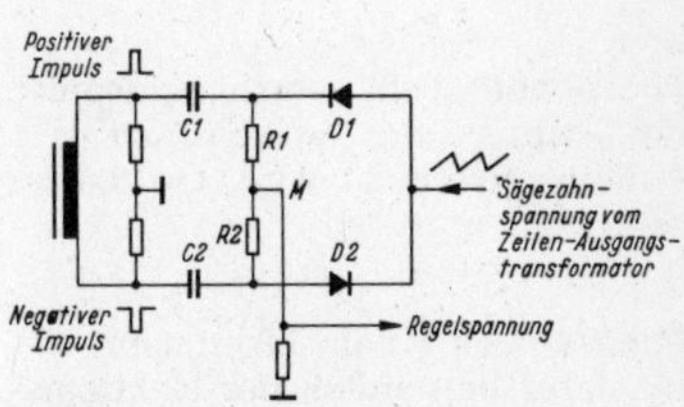

Phasenvergleich: Die Abb. zeigt das Prinzip einer Phasenvergleichsschaltung das in zahlreichen Varianten in vielen Schaltungen wiederkehrt

gerätes ist schwieriger als die des Bild-Kippgerätes. Während man das Bild-Kippgerät ohne große Nachteile direkt mit dem Bild-Synchronimpuls steuern kann, sind für das Zeilen-Kippgerät aufwendigere Schaltungen erforderlich, wenn man eine ausreichende Störfreiheit erzielen will.

Phasenvergleicher Gleichrichterschaltung, bei der eine Ausgangsspannung auftritt, wenn die Phasenlage einer gleichzurichtenden Wechselspannung von einer Vergleichswechselspannung abweicht.

Phasenverschiebung φ ist die Differenz der Durchgänge zweier Wechselgrößen gleicher Frequenz durch die Nullinie. Man kann die φ mit Oszilloskop oder Zähler messen.

Phon Lautstärkeeinheit.

Phonemsynthese Verfahren zum synthetischen Erzeugen von Sprache. Dabei werden alle Worte durch einzelnen Phoneme (Laute) zusammengesetzt. Die P. ist bei Spracherzeugung weit verbreitet, da sie nur einen begrenzten Speicherplatz in den ICs beansprucht und der Wortschatz dadurch nicht begrenzt ist.

Phosphor P ist ein 5-wertiges Element der Gruppe 5, das für → *Silizium* als → *Donator* gebraucht wird. Ordnungszahl 15.

Photon auch Foton, Lichtquant, elementarer Bestandteil der elektromagnetischen Strahlung. Es hat die Energie $W = h \cdot f$ (h = → *Plancksches Wirkungsquantum*) f = Frequenz der Strahlung.

Photovoltaik Technische Disziplin, die sich mit der Umwandlung von Licht in elektrische Energie befaßt. Heutzutage dienen hierzu ausschließlich → *Solarzellen*, die zu → Solarmoduln zusammengefaßt sind.

Physiologische Akustik Das menschliche Ohr nimmt Schallschwingungen in dem Gebiet zwischen etwa 16 und etwa 20000 Hertz auf. Konkrete Angaben lassen sich wegen der Subjektivität des Eindrucks nicht machen.

Die untere Grenze der Schallempfindung wird Reizschwelle genannt. Die Tonempfindung geht bei steigender Lautstärke schließlich in Schmerz über: Schmerzschwelle. Dazwischen liegt das Hörgebiet; in der grafischen Darstellung *Abb. 1* erscheint es als Fläche (Hörfläche). Der Musikbereich ist als weitere Fläche eingetragen. Die *Abb. 1* läßt ferner erkennnen, daß die Hörempfindung sowohl von der Schallintensität als auch von der Frequenz abhängig ist. Das normale Ohr ist im Gebiet um 3000 Hertz am empfindlichsten, d. h., daß es bei Frequenzen dieser Größenordnung geringste Schalldrücke aufzunehmen vermag ($2 \cdot 10^4$ Mikrobar). Bei tiefen und ganz hohen Tönen muß der Schalldruck, der eine Gehörempfindung hervorrufen soll, weit höher sein.

Die Lautstärkeempfindung ist bei einem bestimmten Schalldruck bei verschiedenen Frequenzen ganz verschieden, wie aus *Abb. 2* hervorgeht. Die unterste Kurve ist gleichzeitig Reizschwellenkurve. – Die Kurven gleicher Lautstärkenempfindung heißen „Isophone“.

PIA **P**eripheral **I**nterface **A**dapter realisiert eine parallele Schnittstelle an einem Mikrocomputersystem. Dabei handelt es sich um einen Baustein, der einerseits mit Adressen- und Datenbus

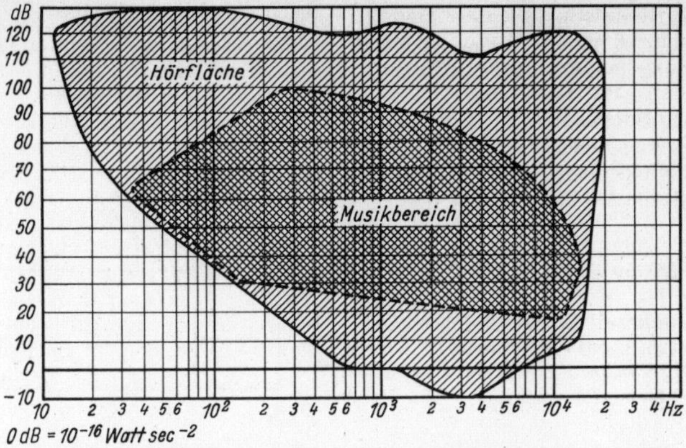

Physiologische *Akustik*: Abb. 1 Umfang des Hörbereiches

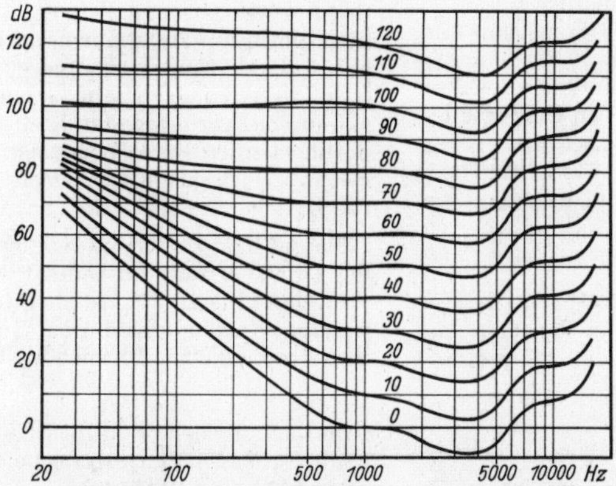

Abb. 2 Kurven gleicher Lautstärkeempfindung (Isophone)

(→ *Bus*) verbunden wird und auf der anderen Seite über eine Anzahl von Leitungen verfügt, die als Ein- und Ausgang dienen können.

Pico-Transistor Transistor sehr geringer Größe (Bezeichnung von Intermetall). Die *Abb.* ist der Schnitt durch einen Pico-Transistor.

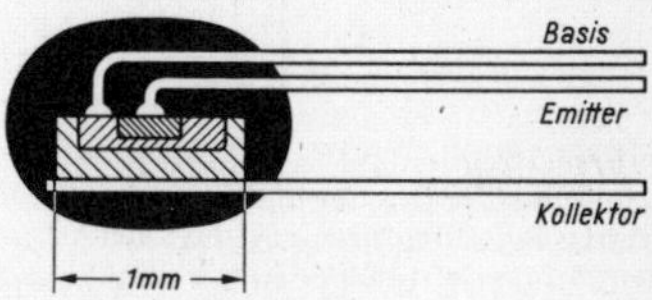

Pico-Transistor: (Schnitt)

PID-Regeleinrichtung → *Regeleinrichtung*, die aus → *P-*, → *I-* und → *D-Gliedern* aufgebaut ist. Die → *Stellgröße* y entspricht der Addition der → *Ausgangsgrößen* einer → *P-*, → *I-* und → *D-Regeleinrichtung*. Ihre Kenngrößen sind die der einzelnen Regeleinrichtungen aus denen sie aufgebaut ist, nämlich der → *Proportionalbeiwert* K_P, der → *Differenzierbeiwert* K_D und der → *Integrierbeiwert* K_I bzw. K_P und die → *Vorhaltezeit* T_V. Die Stellgröße gehorcht z. B. der Gleichung

$$y - y_o = K_P (w - x) + K_I \int (w - x)\, dt + K_D \frac{d (w - x)}{dt}.$$

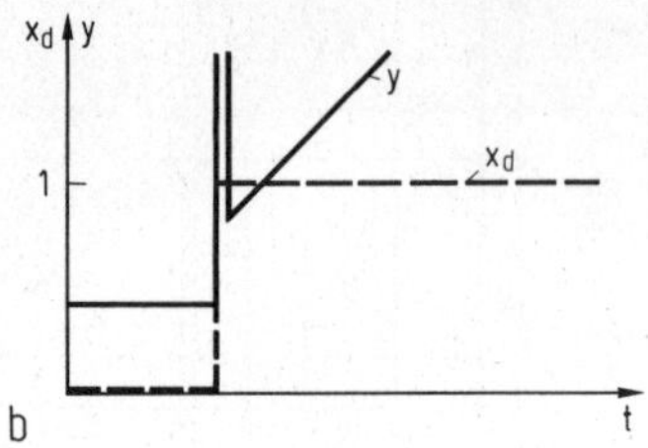

PID-Regeleinrichtung: Abb. 1 zeigt das Blocksymbol und Abb. 2 die Sprungantwort einer PD-Regeleinrichtung

Pierce-Funktion andere (seltene) Bezeichnung für → *NOR-Gatter*.

Pi-Ersatzschaltung Transistor-Vierpol-Ersatzschaltung mit drei komplexen Leitwerten und einer zum Ausgang parallel liegenden Urstromquelle, deren Kurzschluß-Strom proportional zur äußeren Transistor-Kurzschlußsteilheit *S* und der Eingangsspannung u_{BE} ist.

piezoelektrischer Effekt Wird das Kristallgitter bestimmter Kristalle wie Quarz oder Turmalin in gewissen Richtungen durch die Einwirkung einer äußeren Kraft mechanisch verformt, so treten elektrische Ladungen auf, die der verformenden Kraft proportional sind. Dieses Phänomen bezeichnet man als piezoelektrischen Effekt.

Dieser Effekt wird hauptsächlich bei der Druckmessung ausgenutzt. Man verwendet hierzu bei fast allen technischen Anwendungen den Quarz, der in sechseckigen Prismen kristalli-

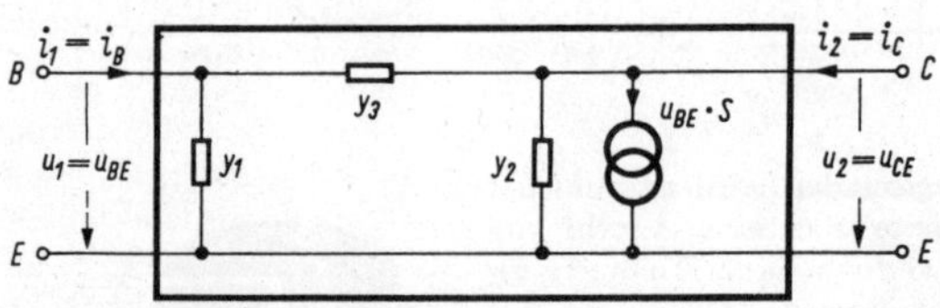

Pi-Ersatzschaltung: Die Abb. zeigt eine TT-Ersatzschaltung eines Transistors in Emitterschaltung. Die Glieder dieser Ersatzschaltung haben ebenso wie die der Vierpol-Parallel-Ersatzschaltung durchweg die Dimension von Leitwerten. Demgemäß gelten zwischen den Parametern beider Ersatzschaltungen folgende einfache Beziehungen:

$y_1 = y_{ie} + y_{re}$ $\quad y_3 = - y_{re}$

$y_2 = y_{oe} + y_{re}$ $\quad S = y_{ie} - y_{re}$

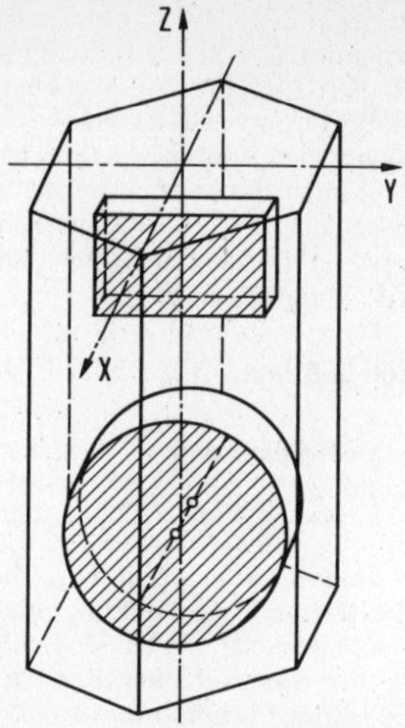

siert *(Abb.)*. Der Quarz besitzt drei elektrische Achsen, die jeweils parallel zu den Haupt-Diagonalen des Sechsecks liegen. Meßquarze werden als zu der jeweiligen elektrischen Achse senkrecht stehenden Scheibe aus dem Kristall herausgeschnitten. Läßt man senkrecht zu ihrer Fläche, d. h. in Richtung der elektrischen Achse, eine Kraft F wirken (Longitudinaleffekt), so entsteht auf den Flächen eine Ladung Q, die durch die folgende Gleichung beschrieben wird:

$$Q = K \cdot F$$

mit dem Piezomodul $K = 2{,}26 \cdot 10^{-11}$ As/kp für Quarze.

piezoelektrischer Frequenzgeber → *piezoelektrischer Geber.*

piezoelektrischer Geber Aufgrund des → *piezoelektrischen Effekts* werden durch Kristallverformungen, hervorgerufen durch äußere Krafteinwirkung an bestimmten Flächen von piezoelektrischen Körpern elektrische Ladungen erzeugt, die in hohem Maß der Verformung und damit der einwirkenden Kraft proportional sind. Dieses Meßprinzip wird vor allem für Kraft-, Druck- und Beschleunigungsaufnehmer angewendet. Es eignet sich aber auch für Dehnungs-, Drehmoment- und Drehbeschleunigungsgeber. Wegen ihrer hohen Eigenfrequenz eignen sich diese Geber gut zur Messung hochfrequenter Vorgänge. Verwendet werden vorzugsweise → *Quarze*, aber auch Seignettensalz, → *Bariumtitanat* u. ä.

piezoelektrischer Halbleiter (→ *intermetallische Verbindungen*) zeigen mehr oder weniger piezoelektrischen Effekt (→ *Piezoelektrizität*). Dazu gehören u. a. Cadmiumselenid, Cadmiumsulfid, → *Galliumarsenid*, → *Galliumphosphid*, → *Indiumantimonid*, → *Indiumarsenid*, Zinkoxid und Zinktellurid.

piezoelektrischer Lautsprecher → *Kristallautsprecher.*

piezoelektrisches Relais Relais, bei dem die Oberflächenladungen eines in seiner Eigenresonanz schwingenden Quarzkristalls eine zur Kontaktbetätigung ausreichende Anziehungskraft ausüben.

Piezoelektrizität (~ Druck-Elektrizität) tritt bei manchen Kristallen (z. B. Quarz), aber auch in → *Piezokeramik* auf, wenn sie in bestimmter Richtung zusammengepreßt, gedehnt oder verbogen werden (Tonabnehmer). Umgekehrt schwingen sie in dieser Richtung, wenn Wechselspannung ihrer Eigenfrequenz angelegt wird (Schwingquarze als Frequenznormal, Ultraschallgeber usw.)

Piezo-Keramik z. B. → *Bariumtitanat*, zeigt wie → *Quarz* und Seignettesalz bei Druck oder Zug an den Endflächen Ladungen bzw. gerät in Schwingungen bei Anlegen von auf die Dicke abgestimmten Frequenzen. Man benutzt sie für Tonabnehmer, Ultraschallschwinger, mechanische Zwischenfrequenzfilter usw.

piezoresitive Halbleitergeber → *Ohmsche Geber.*

Piezo-Transistor → *Flächentransistor*, bei dem durch Einwirken einer mechanischen Kraft auf das Transistorsystem eine der Kraft proportionale Änderung des Kollektorstromes zu beobachten ist. Der Piezo-Transistor entspricht in seiner Wirkung einem elektromechanischem Wandler mit nachgeschaltetem Verstärker.

Piezoxide (PXE) sind Werkstoffe auf Barium-Titanat- oder Zirkonat-Titanat-Basis, aus denen man auch Mikrofone, Tonabnehmer und Ultraschallgeber herstellen kann, die aber bei stoßartigem Zusammenpressen eines Stabpaares in Längsrichtung Stoßspannungen bis 14 kV abgeben können. Man hat sie in Gastaschenfeuerzeuge eingebaut und auch dort 10...15 kV erzielt.

Pikoampère (pA) → *Ampère.*

Pillen-Mesa-Transistor Auflegierte Pillen bilden die Elektroden, Emitterpille und Basispille *(siehe Abb.)*. Sie

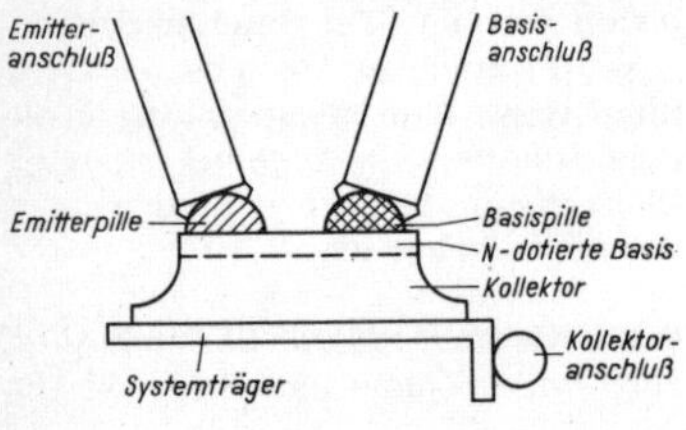

werden auf der N-dotierten Seite des Germaniumkristalls nebeneinander einlegiert. Eine der Pillen ist ebenfalls N-dotiert und stellt einen sperrschichtfreien Kontakt mit der Basis-N-Schicht her; die andere ist hoch P-dotiert und ist Emitter. – Hohe Grenzfrequenz (200 MHz); u. a. geeignet für UKW-Tuner.

Pinch-in-Effekt → *Einschnür-Effekt.*

Pinch-off-Spannung = → *Schwellenspannung.*

PIN-Dioden Flächendioden, haben zwischen der P- und der N-Schicht eine Schicht mit → *Intrinsic-Leitfähigkeit.* Ihr Sperrschichtwiderstand ist durch einen Steuerstrom von 0,5 Ω bis 10 kΩ veränderlich. Verwendung im Mikrowellenbereich zum Schalten oder als Modulator, Impulsformer oder Phasenschieber oder als variables Dämpfungsglied. Man kann sie auch als stromgesteuerte Widerstände bezeichnen.

Pinholes (= Nadellöcher) sind winzige Löcher in der Isolation, die als Herstellungsfehler entstehen und zu Ausfällen in der Fabrikation führen.

pinkompatibel Anschlußmäßige Übereinstimmung von integrierten Schaltungen, die nichts über die elektrische Kompatibilität aussagt.

Pipelining ist ein Verfahren, um die Arbeitsgeschwindigkeit von Mikroprozessoren zu erhöhen. Dabei wird die Adresse des jeweils nächsten Befehls nicht erst dann auf den Adressenbus (→ *Bus*) gegeben, wenn ein Befehl vollständig abgearbeitet wurde, sondern sofort, wenn er aus dem Speicher in die → *CPU* transferiert ist. Noch während der Befehlsbearbeitung wird dann schon der nächste Befehl bereitgestellt.

PI-Regeleinrichtung → *Regeleinrichtung*, die aus → *P-* und → *I-Gliedern* aufgebaut ist. Die → *Stellgröße* y entspricht der Summe der Ausgangsgrößen von einer P- und I-Regeleinrichtung. Die PI-Regeleinrichtung gehorcht der Gleichung

$$y - y_o = K_P \cdot (w - x) + K_I \cdot \int (w - x)\, dt$$

oder der Gleichung

$$y - y_o = K_P \left[(w - x) + \frac{1}{T_n} \int (w - xd)\, dt \right]$$

K_P und K_I bzw. K_P und T_n sind die Kenngrößen der PI-Regeleinrichtung.

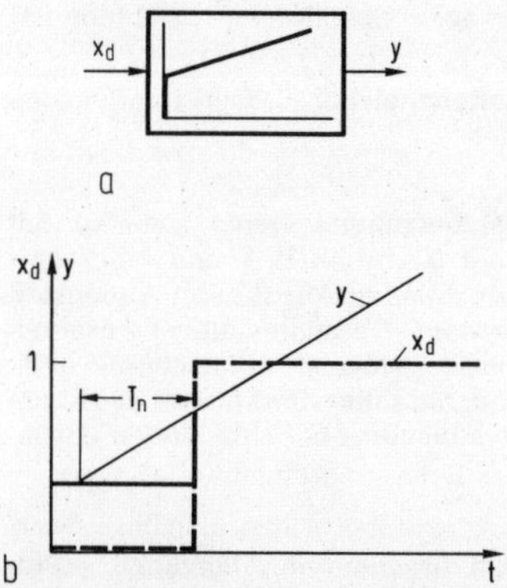

PI-Regeleinrichtung: Abb. 1 zeigt das Blocksymbol und Abb. 2 die Sprungantwort einer PI-Regeleinrichtung

Pitran ist ein druckempfindlicher Silizium-Planar-Transistor, der unter einem Druck von 1..3 p seine Stromverstärkung erheblich ändert und damit sehr genaue Druckmessungen ermöglicht.

PI-Übergang Grenzfläche zwischen einer p-dotierten Zone und einer Intrinsic-Zone, einschließlich der nächsten Umgebung dieser Fläche.

Pixel Kleinster auf dem Bildschirm darstellbarer Grafik-Bildpunkt.

PLA = **p**rogrammierbare **l**ogische **Ma**trixtechnik, d. h. ein → *LSI-MOS*-Baustein, der nach der Fabrikation nach Bedarf programmiert werden kann.

Planar-Epitaxial-Diode (auf Silizium-Basis) zeichnet sich durch sehr kleine Schaltzeiten, günstige Sperrströme, hohe Durchlaßsteilheit und besonders durch kleine Kapazität aus (→ *Planartechnik*, → *Epitaxie*).

Planar-Epitaxial-Technik Herstellungsweise von Halbleiter-Bauelementen, wobei auf ein hochdotiertes Plättchen eine schwach dotierte Schicht im Aufwachsverfahren (Epitaxialverfahren) erzeugt wird und in diese Schicht dann die Dotierungen eindiffundiert werden.

Planar-Kapazitätsdiode (auf Silizium-Basis), → *Kapazitätsdiode*. Die Anwendung der → *Planartechnik* sichert besonders große Zuverlässigkeit.

Planar-Technik Herstellungsweise von Halbleiter-Bauelementen mit Sperrschichten, insbesondere von Transistoren, durch Erzeugen ebener Dotierungs-Schichten *(Abb.)*, mit Hilfe von Diffusionen.

Planar-Transistor Transistor mit einem in → *Planartechnik* aufgebauten System.

Plancksches Wirkungsquantum Universelle Konstante, die den Zusam-

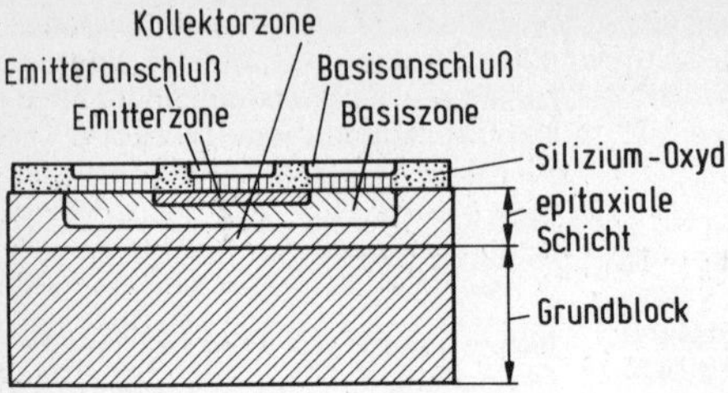

Planar-Technik: Schnitt durch das System eines Planar-Epitaxial-Transistors. Das Verhältnis der Höhe zur Breite des Schnittbildes ist wesentlich übertrieben, insbesondere soweit das die epitaxiale Schicht und deren Abdeckung betrifft

menhang zwischen der Energie eines → *Photons* und dessen Frequenz angibt.

$h = 6{,}625 \cdot 10^{-34}\ \mathrm{W} \cdot \mathrm{s}^2$

Plasma In der Halbleitertechnik: das gemeinsame Vorhandensein freibeweglicher Ladungsträger beider Arten (Elektronen und Löcher) im Halbleitermaterial.

Plasma-Anzeige (-Display) heißt ein Prinzip für → *Daten-Sichtgeräte*, bei dem zwischen Glasplatten Neongas zum Leuchten gebracht wird. Schirme mit 100 mm x 100 mm und 305 mm x 305 mm sollen lieferbar sein (Japan), auf denen 16384 bzw. 262144 Bildpunkte erscheinen können. Nach dem gleichen Prinzip will man flache Bildschirme herstellen.

Plattenarten Nach dem Material unterscheidet man Schellackplatten, wenn man diese älteren, heute nicht mehr hergestellten Platten mit hinzunehmen will, und Platten aus Kunststoff, Polyvinylchlorid, Polystyrol, Vinilyd, usw. Nach der Umdrehungsgeschwindigkeit beurteilt, gibt es die älteren Platten mit 78 U/min, ferner die Platten mit 45 U/min, $33^1/_3$ U/min und $16^2/_3$ U/min (heute nicht mehr üblich), nach der Rillenbreite die älteren Normalrillenplatten (78 U/min), Mikrorillenplatten ($33^1/_3$ U/min) und Mikrorillenplatten ($16^2/_3$ U/min); nach dem Durchmesser unterscheidet man zwischen 30-cm-, 25-cm- und 17-cm-Platten und schließlich wird unterschieden zwischen Mono- und Stereo-Platten.

Plattenrauschen Störsignal, das durch das → *Rauschen* des Tonbandes, auf das ursprünglich aufgenommen wird, auf der → *Schallplatte* vorhanden ist.

Plattenspeicher → *Magnetplattenspeicher.*

Platzbuchungssysteme arbeiten mit einer Zentral-EDVA und einer entsprechenden Anzahl von Außenstellen, sog. → *Terminals*, die → *Fernschreiber* oder zumeist → *Bildschirm-Geräte* sind, die sofort die Antwort des Rechners wiedergeben. Sie dienen besonders Bahn- und Flugunternehmen.

PL/1 (programming language = Programmiersprache) ist eine Fortentwicklung und Zusammenfassung von → *ALGOL*, → *COBOL* und → *FORTRAN* und soll der weiteren Vereinfachung dienen.

P-leitendes Material Halbleitermaterial, in dem die → *Löcherleitfähigkeit* die → *Elektronenleitfähigkeit* (weit) überdeckt (mit Akzeptoren dotiertes Halbleitermaterial).

P-Leitfähigkeit → *Löcherleitfähigkeit.*

P-Leitung Durch Löcher besorgte Leitung des elektrischen Stromes.

PLL-Technik (Phase Locked Loop = PLL). In einem → *Phasenvergleicher* werden die Frequenz eines → *VCO* und die eines Referenzoszillators verglichen, wobei bei gleicher Frequenz, aber verschiedener Phase eine der Phasendifferenz proportionale Spannung erzeugt wird. Der VCO wird durch diese Fehlerspannung solange nachgeregelt, bis das System einrastet, sodaß das Signal des freischwingenden Oszillators phasenstarr mit dem Referenzoszillator gekoppelt ist. In der P. sind Phasenvergleicher, Tiefpaß, Verstärker und VCO in einer integrierten Schaltung zusammengefaßt, die sowohl als Frequenz- als auch als Phasendetektor arbeiten.

Plotter (~ Planzeichner) engl. Bezeichnung für → *XY-Schreiber.*

Plumbicon Diese Kameraröhre ist im Prinzip etwa dem → *Vidikon* ähnlich, jedoch wird Bleimonoxyd für die fotoleitende Schicht benutzt. Als besondere Vorteile werden erwähnt, daß kein Dunkelstrom und keine Nachzieherscheinungen auch bei geringer Beleuchtung auftreten und daß das gefürchtete Einbrennen der Speicherplatte bei unbewegten hellen Objekten nicht möglich ist.

Das Plumbicon hat gegenüber dem → *Orthikon* bedeutend geringere Abmessungen und benötigt nicht die hohen Spannungen für die Sekundäremissionsverstärkung. Dadurch lassen sich kleinere und handlichere Farbkameras bauen, die kaum größer und schwerer als Schwarzweißkameras sind. Ein weiterer Vorteil besonders für Farbkameras ist die Tatsache, daß das Plumbicon bereits nach etwa zwei Minuten optimale Bilder liefert, also keine Vorwärmzeit und keine zusätzliche geregelte Heizung benötigt.

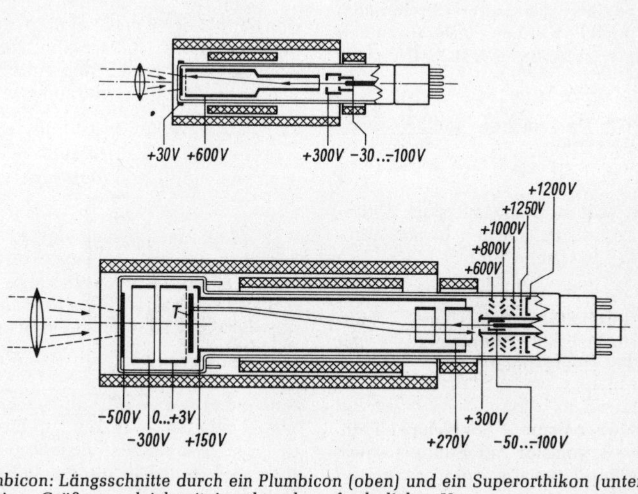

Plumbicon: Längsschnitte durch ein Plumbicon (oben) und ein Superorthikon (unten) im richtigen Größenvergleich mit Angaben der erforderlichen Versorgungsspannungen

Pluszeichen + bedeutet in der → *Schaltalgebra* stets Parallelschaltung von Kontakten oder Schaltgliedern oder -gruppen, evtl. steht dafür V (→ *incl.*, → *ODER-Verknüpfung*, → *Malzeichen*).

PM = → *Phasen-Modulation.*

P-Material Material mit P-Leitfähigkeit: mit → *Akzeptoren* dotiertes Halbleitermaterial oder Halbleitermaterial, das zwar Donatoren und Akzeptoren enthält, in dem aber die Akzeptoren vorherrschen.

PMOS Halbleitertechnologie, bei der in ein Substrat aus n-dotiertem Silizium Kanäle aus p-dotiertem Silizium eindiffundiert sind. Die Kanäle werden leitfähig, wenn die Gatespannung von einem positiveren zu einem negativeren Pegel übergeht. Heutzutage sind PMOS-ICs im Gegensatz zu → *NMOS*-ICs nicht mehr von besonderer Bedeutung, weil ihre Schaltgeschwindigkeit geringer ist. Infolge ihrer geringeren Stromdichte sind auch PMOS-Leistungstransistoren weniger verbreitet als NMOS-Typen (→ *MOS*).

PN-FET Kurzzeichen für → *Sperrschicht-FET.*

P^+NN^+-Diode Diode mit stark dotierten Außenzonen und schwach n-dotierter Zwischenschicht.

PNPN-Schalter steuerbares Vierschicht-Halbleiterbauelement mit drei PN-Übergängen.

PNPN-Transistor → *Vierschicht-Transistor.* Transistor mit Emitter- sowie Kollektor-Zone aus → *P-Material* und Basis-Zone aus → *N-Material.* Be-

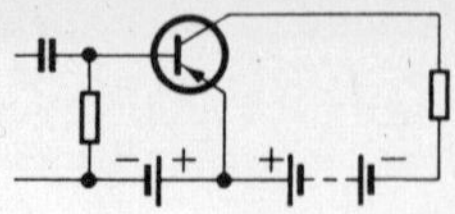

triebsgleichspannungen: Kollektor und Basis negativ gegen Emitter.

PN-Übergang heißt die Grenz- oder → *Sperrschicht*, an der → *P*- und → *N-Material* zusammenstoßen. Liegt der positive Pol am P- und der negative am N-Material, so können die Elektronen die Grenzschicht leicht passieren, es fließt Strom. Bei umgekehrter Polung entfernen sich Elektronen und → *Löcher* vom PN-Übergang, und es entsteht eine breitere Grenzschicht, durch die ein geringerer Reststrom fließt. Er kann stark ansteigen und sogar zum Durchbruch führen, wenn die Spannung zu hoch wird.

POB-Verfahren (push out base) ein zur Herstellung von HF-Transistoren angewandtes (kombiniertes) Diffusions- und Legierungsverfahren. In eine P-dotierte Kristallscheibe werden nach der *Abb.* zwei Pillen einlegiert, von denen die eine (die linke in der

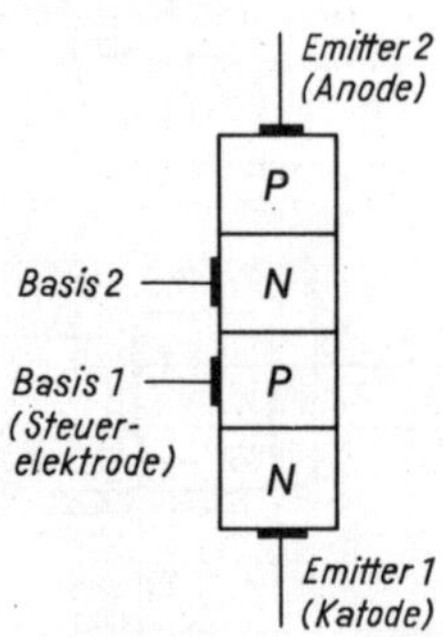

PNP-Schalter: Steuerbarer Vierschicht-Halbleiter (Schema)

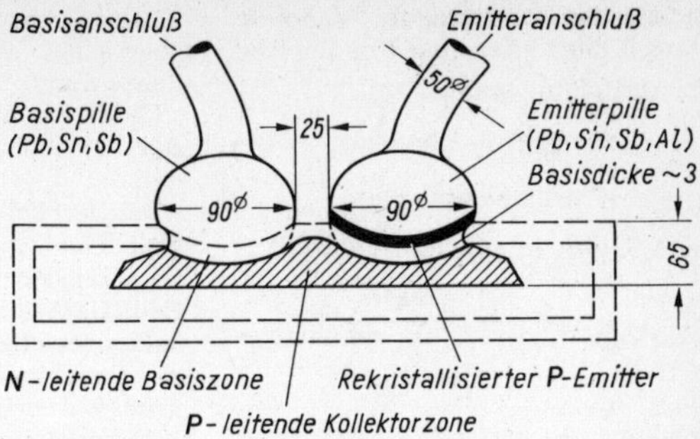

POB-Verfahren: Schnitt durch einen nach dem POB-Verfahren hergestellten Transistor (Maße in µm)

Abb.) u. a. Antimon (Sb) enthält, dessen Diffusionsgeschwindigkeit verhältnismäßig groß ist. Das Antimon dringt bei Erwärmung schnell aus der Pille in das darunterliegende P-Germanium ein und erzeugt eine N-Schicht. Von der zweiten Pille aus (in der *Abb.* die rechte), die ebenfalls Antimon enthält, wird der gleiche Vorgang eingeleitet. Auf diese Weise wird der ganze Kristall an der Oberfläche N-dotiert. Nun wird aber der zweiten Pille außer dem für die N-Dotierung notwendigen Antimon auch Aluminium (Al) beigemengt, das eine P-Dotierung erzeugt. Da Al langsamer diffundiert als Sb, wird die N-leitende Basisschicht gewissermaßen aus der Legierungszone hinausgestoßen. Beim Abkühlen legiert dagegen Al in das rekristallisierende Germanium ein und bildet dabei die als Emitter wirksame P-Schicht.

Pockels-Effekt, -Zelle erlaubt die Modulation von → *Laserstrahlen* bis zu 100% durch ein elektrisches Feld beim Durchgang durch einen Kristall. Da die Anstiegs- und Abfallzeit im Nanosekundenbereich liegt, kann die Pockelszelle als sehr schneller „Verschluß“ gebraucht werden.

Pointer bezeichnet eine Speicherzelle oder ein Zellenpaar, das eine → *Adresse* enthält.

Poisson-Gleichung Differentialgleichung, die den Zusammenhang zwischen der Raumladungsdichte ρ und

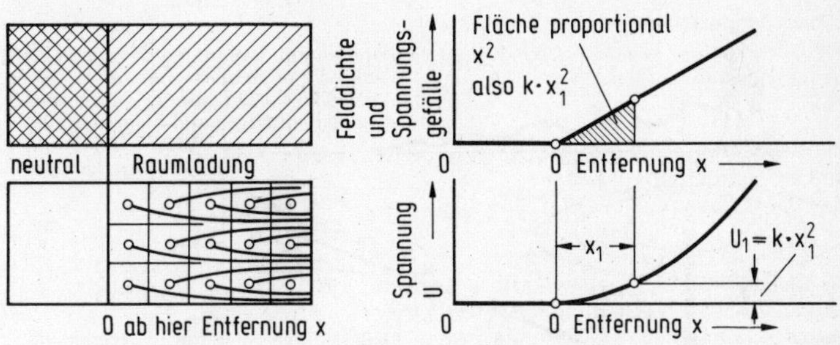

Poisson-Gleichung

der zweiten Ableitung der Spannung U nach der Entfernung x beschreibt.

Die Beziehung lautet:

$$\frac{d^2 U}{d x^2} = -\frac{\rho}{\varepsilon_r \cdot \varepsilon_0}$$

ρ = → *Raumladungsdichte*

ε_0 = → *absolute Dielektrizitätskonstante*

$= 8{,}86 \cdot 10^{-14} \cdot \frac{A \cdot s}{V \cdot cm}$

ε_r = → *relative Dielektrizitätskonstante*

x Entfernung, meistens gemessen von der Mittelfläche eines PN-Überganges.

Polarisation einer Welle bezeichnet die Richtung im Raum, in der diese Welle schwingt. Man kann sich den Begriff der Polarisation an einem Beispiel klarmachen: Wenn man ein langes Seil ausgestreckt auf den Boden legt und das eine Ende des Seiles in die Hand nimmt, kann man durch Auf- und Abschwingen der Hand eine Welle erzeugen, die an dem Seil entlangläuft. Diese Welle ist senkrecht polarisiert, denn sie schwingt senkrecht zur Erdoberfläche.

Beim normalen (unpolarisierten) Licht gehen die Schwingungen nach allen Seiten, aber immer rechtwinklig zur Fortpflanzungsrichtung der Welle. Durch besondere Filter kann man aber auch das Licht polarisieren, so daß es nur in einer Richtung schwingt.

Elektrische Wellen sind stets polarisiert. Die Richtung der Polarisation ist definiert durch die Richtung der elektrischen Feldlinien. Die Rundfunkwellen im Lang-, Mittel- und Kurzwellenbereich sind senkrecht polarisiert. Beim UKW-Rundfunk und beim Fernsehen arbeitet man in der Regel mit waagerechter Polarisation, das elektrische Feld verläuft also waagerecht zur Erdoberfläche.

Auf Grund der horizontalen Polarisation der Wellen sind die Antennendipole für UKW und Fernsehen sowohl beim Sender wie auch beim Empfänger waagerecht angeordnet. Als Ausnahme sei hier erwähnt, daß es auch einige Fernsehsender gibt, die mit senkrechter Polarisation arbeiten. Man hat diesen Ausweg in einigen Fällen gewählt, um Empfangsstörungen an den Grenzen der Versorgungsbereiche zweier Sender zu vermeiden.

polykristallin heißt: aus vielen Einzelkristallen zusammengesetzt. Gegensatz: → *Einkristalle.*

positiver Ladungsträger Träger einer positiven elektrischen Ladung: → *Defekt-Elektron* oder positives → *Ion.*

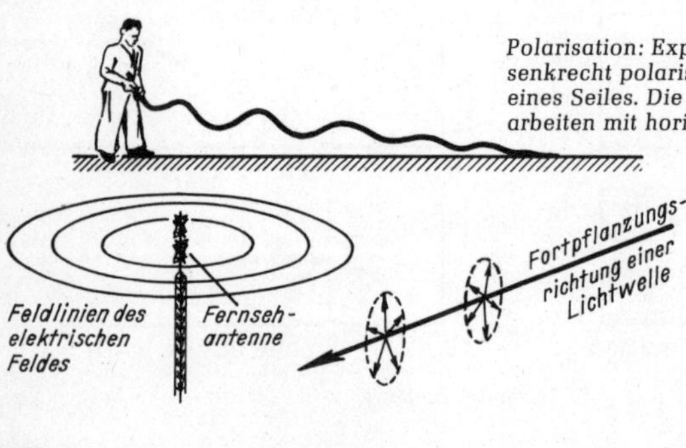

Polarisation: Experimentelle Darstellung senkrecht polarisierter Wellen mit Hilfe eines Seiles. Die meisten Fernsehsender arbeiten mit horizontal-polarisierten Wellen. Lichtwellen sind unpolarisiert

Post-Injektion-Spannung Spannung U_s die unmittelbar nach Abschalten (Unterbrechen des Stromweges) eines Dioden-Vorwärtsstromes an der Diode besteht.

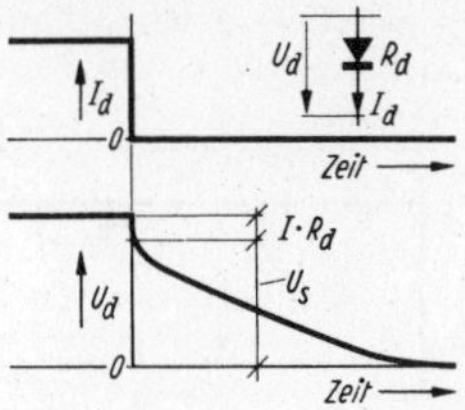

Post-Injektion-Spannung: Die Abb. zeigt den zeitlichen Strom- und Spannungsverlauf beim abrupten Unterbrechen des Dioden-Durchlaßstromes. R_d ist der Bahnwiderstand für den in Durchlaßrichtung fließenden Strom

Postscheckdienst ist durchweg mit Buchungsmaschinen versehen, z. T. auch mit → *Beleglesern*, für die zumeist noch codierte Aufschriften mit → *OCRA*-Schrift angebracht werden. Außerdem wird weitgehend von Buchungsautomaten, Sortiergeräten, Öffnungs- und Verpackungs-Geräten usw. Gebrauch gemacht. Die Kontenführung geschieht selbstverständlich durch → *EDV-Anlagen*, das ist bei über 4 Millionen Buchungen täglich unabdingbar.

Potential Elektrische Spannung gegen einen allgemein geltenden Bezugspunkt.

Potentialschwelle Spannungsstufe, die sich über die Dicke einer → *Sperrschicht* erstreckt. Die Sperrschichtdicke wächst mit der Wurzel aus der an der Sperrschicht herrschenden Spannung. Das ist bei stromlosem Übergang die → *Diffusionsspannung*. Zu der Diffusionsspannung addiert sich eine in Sperrichtung an den Übergang angelegte Spannung, während eine in Durchlaßrichtung wirkende Spannung die Höhe der Potentialschwelle und auch ihre Breite herabsetzt. Vergleichbar mit der Potentialschwelle ist

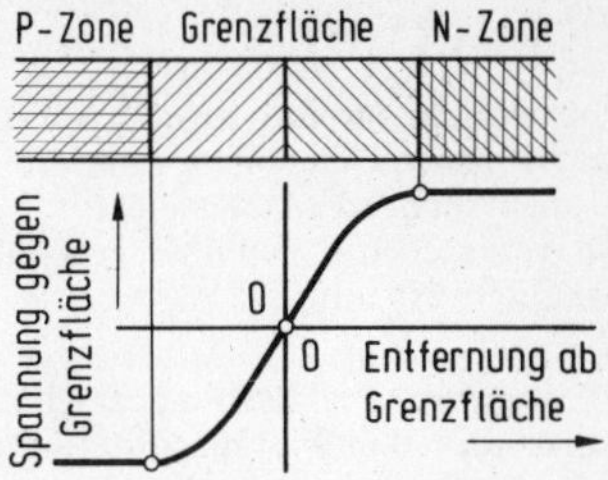

Potentialschwelle: Abb. 1 Schnittbild eines symmetrischen, abrupten PN-Überganges mit Sperrschicht

Abb. 2 Eine zu Abb. 1 gehörende Spannungsstufe (Potentialschwelle)

das Kontaktpotential. Es tritt als Oberflächen-Potentialschwelle auf. Eine solche Potentialschwelle entsteht zwischen zwei Metallen mit verschiedenen Elektronen-Austrittsarbeiten. Die *Abb.* zeigen die Potentialschwelle eines PN-Überganges. Sie entsprechen der zur Raumladungszone gehörenden *Abb.*

Potentialverlauf Verlauf einer Spannung in Strömungs- oder Diffusionsrichtung (→ *Spannungs-Verlauf*).

potentielle Energie bedeutet die Energie, die ein Massepunkt oder Körper aufgrund seiner Lage besitzt:
$E_{pot} = m \cdot g \cdot h$
(m = Masse, g = Erdbeschleunigung, h = Höhe)

Potentiometer stufenlos verstellbarer elektrischer Widerstand, bei dem durch einen Schleifer Widerstandswerte zwischen Null und dem Maximalwert des Widerstandes eingestellt werden können.

Potentiometergeber → *Ohmsche Geber.*

Potentiostat Stromregelgerät für elektrochemische Untersuchungen, die die zu untersuchende Arbeitselektrode auf ein vorgegebenes Potential gegenüber dem Eletrolyt bringen.

PP$^+$-Kontakt Praktisch sperrschichtfreier und damit ohmscher Kontakt zwischen einem Metall und einer Halbleiter-P-Zone, damit erreicht, daß die Dotierung an der Übergangsstelle zum Metall hin stark erhöht ist.

P$^+$PN$^+$-Diode Diode mit stark dotierten Außenzonen und schwach P-dotierter Zwischenschicht.

Prallanoden → *Dynoden.*

Pre-Fetch-Register Zwischenspeicher für Daten in der Zentraleinheit, damit sie schneller zur Verfügung stehen.

P-Regeleinrichtung → *Regeleinrichtung* mit → *P-Verhalten.* Ihre Kenngröße ist der → *Proportionalbeiwert* K_P. Die Gleichung der P-Regeleinrichtung lautet:

$y - y_o = K_P \cdot (w - x) = K_p \cdot x_d$

Printplatten (= Druckplatten) andere Bezeichnung für → *Leiterplatten.*

Pritchard-Ersatzschaltung Für den in Emitterschaltung betriebenen Transistor entwickelte Funktions-Ersatzschaltung, in der die Frequenzabhängigkeit der Steilheit durch eine Widerstands-Kondensator-Kombination nachgebildet ist.

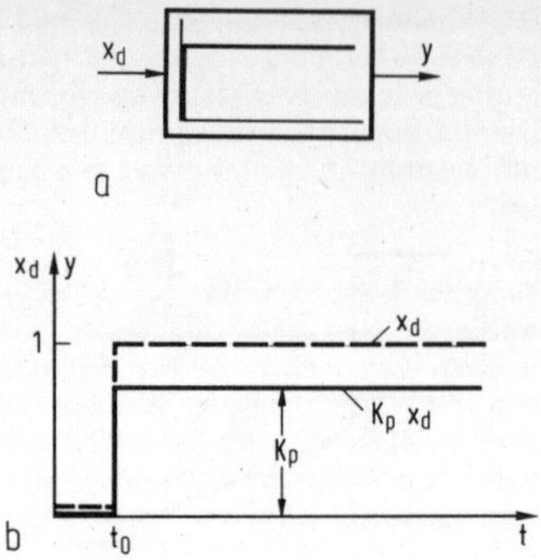

P-Regeleinrichtung: Abb. 1 zeigt das Blocksymbol und Abb. 2 die Sprungantwort einer P-Regeleinrichtung

Problemanalyse heißt die Vorstufe der Programmierung, bei der jede einzelne Stufe der Verarbeitung festgelegt wird.

problemorientierte Programmiersprachen (auch anlageunabhängige genannt) sind dem jeweiligen Anwendungsgebiet (Handel, Technik, Forschung usw.) bestmöglich angepaßt. Ein → *Compiler* übersetzt dann in die für die betr. → *EDV-Anlage* verständliche → *Maschinensprache* (→ *Algol,* → *Cobol,* → *Fortran).*

Produkt, logisches → *UND-Verknüpfung.*

program flowchart = Programm-Ablaufplan.

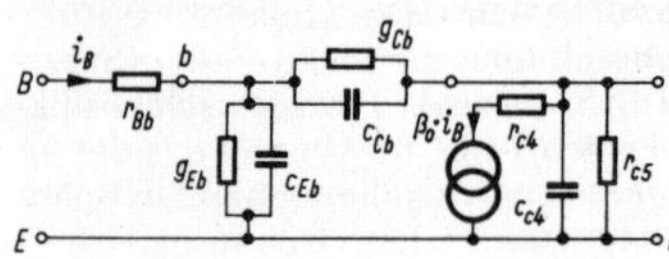

Pritchard-Ersatzschaltung: Pritchard-Ersatzschaltung des in Emitterschaltung betriebenen Transistors

Programm-Ablaufplan wird vom → *Programmierer* auf Grund des → *Datenflußplans* aufgestellt, um die einzelnen Schritte festzulegen, mit denen die gestellte Aufgabe gelöst werden kann.

Programm-Bibliotheken enthalten fertige → *Programme* für immer wiederkehrende → *Operationen*. Sie gehören zur → *Software* und werden von den Herstellern für die verschiedenen Branchen bereitgehalten und geliefert. Beispiele: Potenzieren, Wurzelziehen, Zins- und Zinseszins-Rechnung usw.

Programme einer → *EDV-Anlage* müssen anhand von einzelnen Befehlen der Anlag jeden einzelnen Schritt vorschreiben und dabei die zu verarbeitenden → *Daten* liefern oder angeben, in welchem → *Speicher* und an welchem → *Speicherplatz* diese zu finden, wo sie dann abzulegen sind usw. Für wiederkehrende → *Operationen*, häufig vorkommende Rechenprogramme, z. B. Wurzelziehen u. ä. werden in einer → *Programm-Bibliothek* entsprechende Programme gespeichert und bei Bedarf dort abgerufen. Eine Reihe von Programmen, z. B. → *Übersetzungsprogramme*, → *Betriebssysteme* u. a. werden als → *Software* mitgeliefert. Das fertig zusammengestellte Programm wird vor Beginn der Verarbeitung der EDVA eingegeben („geladen").

Programmgesteuerte Datenverarbeitung gibt es seit 1938 (Zuse), damals allerdings noch ausschließlich mit → *Relais*. Auch Aiken entwickelte in Amerika fast gleichzeitig einen Relaisrechner.

Programmierer haben den (vom → *Analytiker* vorgezeichneten) Ablauf des → *Programms* für den jeweiligen Vorgang bis in die kleinsten Einzelheiten vorauszuschreiben, so daß die → *EDV-Anlage* danach von der Daten-Übernahme bis zur Ergebnis-Ausgabe ohne weitere Hilfen arbeiten kann.

Programmiergerät Ein P. kann → *EPROMs* und → *PROMs* programmieren.

Programmiersprachen geben der → *EDV-Anlage* sowohl die zu verarbeitenden → *Daten* (oder deren Speicherplätze) als auch die Richtlinien an, nach denen sie verarbeitet werden sollen. Man unterscheidet maschinenorientierte (z. B. → *AUTOCODER*, → *AUTOSPOT* u. v. a.) und problemorientierte (z. B. → *ALGOL*, → *COBOL*, → *FORTRAN*, → *NICOL*, → *PL/1* u. v. a.). Siehe auch → *Maschinensprachen*.

Programmiersprachen, maschinenorientierte auch „anlagenabhängige" genannt, sind für einen bestimmten Anlagentyp eingerichtet. Um dem Programmierer die Arbeit zu vereinfachen, werden seine danach formulierten Programme noch durch einen → *Assembler* in die eigentliche → *Maschinensprache* übersetzt.

Programmkomplex oder → *job* heißt die Gesamtheit aller Teile eines → *Programms* einschließlich aller Unterprogramme.

Programmschleifen sind solche Programmteile, die mehrmals oder oft durchlaufen werden, um eine Aufgabe zu lösen, z. B. Division, Multiplikation, Wurzelziehen usw.

Programm-Sprünge können vorwärts, rückwärts oder auf ein Nebenprogramm (z. B. → *Hilfsprogramme*) erfolgen und werden vom → *Programmierer* vorgeschrieben.

Programmsteuerung → *Steuerung*, bei der die → *Führungsgröße* bzw. die Führungsgrößen von einem Programmspeicher (Programmgeber) geliefert werden. Die Programmsteuerung kann zeitabhängig (→ *Zeitplansteuerung*) oder prozeßabhängig (→ *Ablaufsteuerung*) sein.

Projektionsempfänger Die überwiegende Mehrzahl aller Fernsehempfänger, die seit Jahren produziert werden, sind sogenannte Direktsichtgeräte, d. h. man betrachtet das Bild direkt auf dem Schirm der Bildröhre. Da der Vergrößerung der → *Bildröhren* physikalische und wirtschaftliche Grenzen gesetzt sind, entwickelte man frühzeitig Projektionsempfänger. Bei diesen Geräten wird ein relativ kleines Bild (36 mm x 48 mm) einer Spezial-Bildröhre mit Hilfe einer Optik vergrößert und auf eine Mattscheibe oder eine Leinwand projiziert.

Für größere Räume und zahlreichere Zuschauer werden auch heute noch Projektionsempfänger verwendet, die das Bild auf eine Spezialwand werfen. Dabei werden Bildgrößen von etwa 75 cm x 100 cm bis zu 3 m x 4 m erreicht. Für eine weitere Vergrößerung des projizierten Bildes reicht die Helligkeit der → *Projektionsröhren* nicht mehr aus; für Großprojektionen in Hörsälen und Kinos wurde das → *Eidophor-Verfahren* entwickelt.

Projektionsröhren Diese Spezialröhren sind nicht für direktes Betrachten, sondern für eine Projektion des auf ihrem Schirm erzeugten Bildes in vergrößertem Maßstab bestimmt. Projektionsröhren werden nur für Spezialempfänger (→ *Projektionsempfänger*) gebaut, mit denen eine Bildgröße bis zu 3 m x 4 m zu erzielen ist.

Ihr Wirkungsgrad muß möglichst hoch und ihre Belastungsfähigkeit außergewöhnlich groß sein, denn die für die Projektion erforderliche Helligkeit verlangt Anodenspannungen von 25000 V bis zu 80000 V.

Damit läßt sich aber die Stromstärke des Elektronenstrahls kleiner halten als bei den üblichen Bildröhren. Der Strahl kann folglich besonders scharf gebündelt werden, und der Bildpunkt wird sehr klein (rund $^1/_{20}$ mm Durchmesser). Dies ist auch Voraussetzung für die Schärfe des Bildes, denn der Schirm der Projektionsröhre hat nur einen Durchmesser von 6 cm. Das darauf erzeugte Fernsehbild in der Größe von 36 mm x 48 mm wird mit Hilfe einer Spezialoptik (→ *Schmidt-Optik*) vergrößert und auf eine Leinwand geworfen.

PROM ist ein **p**rogrammierbarer → *ROM* (Festwertspeicher).

Proportionalbeiwert K_P Kenngröße des → *P-Verhaltens* bei einem → *P-Glied*. Er ist der Quotient aus Ausgangssignal und Eingangssignal des P-Glieds.

$$K_P = \frac{x_a(t)}{x_e(t)}$$

proportionales Glied → *P-Glied*.

Proportionalitätsfehler Bei → *linearen Übertragungsgliedern* ist der Begriff der → *Linearität* dem der Proportionalität gleichzusetzen. Deshalb wird der → *Linearitätsfehler* auch vielfach Proportionalitätsfehler genannt. Er wird in % oder in dB angegeben.

Prosa 300 ist eine → *Programmiersprache* für → *Prozeßrechner*.

Proton positiv geladenes, schweres Elementarteilchen, das den Kern des Wasserstoffatomes bildet und zusammen mit dem → *Neutron* den Grundbaustein aller zusammengesetzten Atomkerne darstellt. Ruhemasse: $1{,}6724 \cdot 10^{-24}$ g.

Prozedur ist eine zusammenhängende Folge von Anweisungen, ein Programmteil, dem ein bestimmter Name zugeordnet wird. Unter diesem Namen kann die Prozedur von einer übergeordneten Programmebene (z. B. dem Hauptprogramm) aufgerufen werden.

Prozessor Allgemein bezeichnet man so die → *Zentraleinheit* eines → *Computers*. Der P. erledigt alle Organisationsaufgaben und enthält auch die Recheneinheit für arithmetische Aufgaben.

Prozeßrechner sind meist → *Digital-*, aber auch → *Analogrechner* mit spezieller Programmierung zum Steuern von Anlagen, z. B. Kraft- oder Walzwerken, Zementöfen, chemischen Fabriken, Papiermaschinen, (Kern-) Kraftwerken, Walzenstraßen u. v. m. Sie steuern nicht nur den Betrieb, sondern optimieren ihn vielfach. In jedem Falle werden bessere Ergebnisse erzielt als ohne sie.

Prozeß-Signalformer sind → *Analog-Digital-Umsetzer* oder → *Digital-Analog-Umsetzer*, die bei → *Prozeßrechnern* von den Meßwertaufnehmern gelieferte Daten in eine für den Rechner geeignete Form bringen und umgekehrt dessen Befehle wieder in eine für die Steuerung geeignete Form.

Prozeßsteuerung bedeutet die Überwachung irgendwelcher Vorgänge durch (Prozeß-) Rechner. Im → *open loop-Betrieb* werden die Ergebnisse ausgegeben, im → *closed loop-Betrieb* steuert sich die Anlage selbst. Solche Rechner müssen meist besonders schnell und für den Anschluß vieler Dateneingabestationen geeignet sein.

Prüfautomaten prüfen z. B. integrierte Schaltungen und lassen sich für alle erforderlichen Prüfungen programmieren. Sie geben Fehlerart und -ort an.

Prüfbit-Verfahren → *Paritäts-Prüfung.*

Prüfen Im Sinne der Norm ein Vorgang, bei dem festgestellt wird, ob ein Prüfling vor allem hinsichtlich definierter Fehlergrenzen oder Toleranzen bestimmte geforderte oder zu erwartende Bedingungen erfüllt.

Prüfnummern → *FTZ-Prüfnummern.*

Prüfspannung Spannung, mit der die Funktionsfähigkeit, die → *Spannungsfestigkeit* einer Isolation usw. geprüft werden. Bei Meßgeräten gibt sie die Spannungsfestigkeit der Isolation zwischen den elektrischen Anschlüssen und dem Gehäuse an, bei Kondensatoren die Spannungsfestigkeit des → *Dielektrikums* bzw. zwischen den → *Elektroden* und dem Gehäuse, bei Transformatoren die Spannungsfestigkeit der Isolation zwischen den Wicklungen bzw. zwischen Wicklung und Kern. Die Prüfspannung von Meßgeräten ist auf der Skala durch ein Symbol gekennzeichnet.

Prüfsumme ist eine Methode zur Fehlererkennung bei der Datenaufzeichnung. Dabei wird den Daten bei der Aufzeichnung eine Prüfsumme beigefügt, die über alle Datenbytes gebildet wurde. Bei der Wiedergabe wird nun ebenfalls die Summe aller Bytes errechnet und mit der aufgezeichneten Prüfsumme verglichen. Stimmen beide nicht überein, so liegt ein Aufzeichnungs- oder Übertragungsfehler vor.

Prüfverfahren, automatische werden heute auf alle Einzelteile und Baugruppen, auch auf → *Transistoren* und → *integrierte Schaltungen* angewandt. An spezielllen Meßgeräten werden die verlangten Meßwerte und die zugelassenen Toleranzen eingestellt. Das Gerät sortiert dann selbsttätig nach Güteklassen und Ausschuß.

Pseudo-Befehle → *Assembler* und → *Compiler* gestatten manchmal die Verwendung bestimmter Befehlsworte, die z. B. den Übersetzungsvorgang steuern, selbst aber nicht mitübersetzt werden. Diese Worte nennt man Pseudo-Befehle.

Pseudotetraden → *BCD-Code.*

PSK bedeutet Phase Shift Keying, also Phasenumtastung. Dabei handelt es sich um ein Verfahren zur Aufzeichnung von Daten auf Band oder zur Telefonübertragung per Telefon oder Funk; erfüllt also den gleichen Zweck wie → *FSK*. Im Vergleich zu FSK gestattet PSK bei gleicher Bandbreite höhere Übertragungsgeschwindigkeiten, ist manchmal aber mehr störanfällig. Mit einfachen Cassettenrecordern gestattet PSK etwa Geschwindigkeiten bis zu 2400 Baud ebenso bei der Datenübertragung über Telefon bei galvanischer Ankopplung.

PSN-Diode Diode mit schwach dotierter Zwischenschicht (P- oder N-Dotierung).

PSS-Schottky-Transistor (**P**ressure-**S**ensitive-**S**chottky) ist gewissermaßen ein → *Schottky-Druckschalter* ohne N2-Schicht. Bei Drücken zwischen 0...100 g kann ein dem Druck proportionaler Strom von 0...20 mA erzeugt werden. Er eignet sich als Druckaufnehmer und als Schalter.

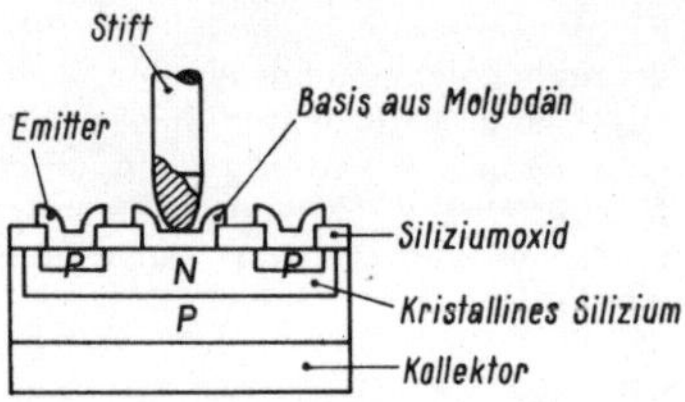

PSS-Schottky-Transistor

PTC-Widerstände (auch → *Kaltleiter* genannt) haben einen **p**ositiven **T**emperatur-**C**oeffizienten, d. h. sie erhöhen ihren Widerstand mit der Temperatur (die durch den Strom steigt). Sie begrenzen daher den Strom selbsttätig. Für die verschiedenen Zwecke gibt es Typen mit entsprechenden Eigenschaften. Während der Widerstand von → *Bariumtitanat*-Widerständen sich sprunghaft ändert, steigt der von Silizium-PTC-Widerständen (Silistances) annähernd linear an.

Pufferregister dienen zum Ein- und Ausspeichern bei → *Matrix*- u. ä. → *Speichern*, allgemein zum Ausgleich der Geschwindigkeit der verschiedenen Rechnerteile.

Pufferspeicher braucht man sowohl bei der Ein- als auch bei der Ausgabe, weil die entsprechenden Geräte nicht so schnell arbeiten können wie der Rechner selbst. Man überträgt dann meist die → *Daten* erst auf → *Magnet-*

bandspeicher, die sie dann dem Rechner mit der richtigen Geschwindigkeit eingeben können, während er die Ergebnisse ebenfalls auf Puffer gibt. Auch alle Zwischenergebnisse müssen zwischengespeichert werden.

Pull-down-resistor Widerstand der außen an eine integrierte Schaltung mit offenem Kollektor- oder Drain-Ausgang zur negativen Betriebsspannung oder nach Masse geschaltet wird.

Pull-up-resistor Widerstand, der außen an eine integrierte Schaltung mit offenem Kollektor- oder Drain-Ausgang zur positiven Betriebsspannung hin geschaltet wird.

Puls Periodischer Vorgang, der aus einer Folge von gleichen → *Impulsen* besteht. Vielfach wird er auch als Impulsfolge bezeichnet.

Puls-Averaging-Verfahren Verfahren zur Demodulation von FM, bei dem mit jedem Nulldurchgang des modulierten Signals f(t) ein Impuls konstanter Breite T_i und Höhe ausgelöst wird. Durch Mittelwertbildung der Impulse für die jeweilige Zeitspanne T_N zwischen zwei Nulldurchgängen erhält man eine der Frequenz proportionale Ausgangsspannung. *Abb. 1* zeigt das frequenzmodulierte Signal f(t), *Abb. 2* die durch die Nulldurchgänge ausgelösten Impulse der Breite T_i und *Abb. 3* die über die jeweiligen Zeitintervalle T_N gemittelte Ausgangsspannung U_{AM}.

Puls-Code Modulation PCM ist ein → *digitales* Übertragungs-System, eine reine Ja-Nein-Aussage, und praktisch unempfindlich gegen Rauschen. Es erlaubt bis zu 30 Gespräche auf einer Doppelleitung oder 960000 bit/s, also

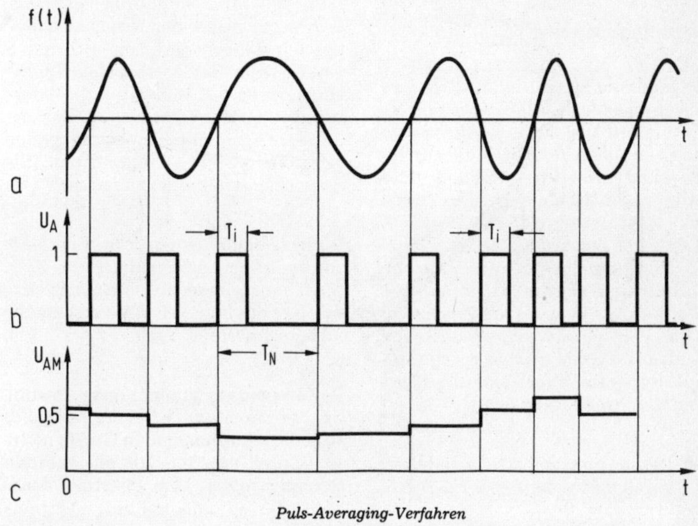

Puls-Averaging-Verfahren

eine Vielfach-Ausnützung von Kabeln, Leitungen, überhaupt von Nachrichten-Kanälen.

Pulsdauermodulation ist die Modulation der Impulsdauer einer periodischen Folge von Rechteckimpulsen.

Pulsfrequenz Frequenz einer → *Impulsfolge* (Puls), mit der sich der → *Impuls* wiederholt.

Pumpen nennt man das Anregen der Lichtemission im → *Gaslaser* und im → *Festkörperlaser*, das durch sehr intensive Lichtquellen (z. B. Quecksilberdampflampen) erfolgt, um die Atome auf höhere Energieniveaus zu heben.

Punktdrucker Registrierendes Meßgerät bei dem der → *Schrieb* der Meßwerte nicht kontinuierlich als Linie sondern als Punktfolge dargestellt ist. Punktdrucker ermöglichen es, mit dem gleichen Meßwerk verschiedene quasistatische Vorgänge zu registrieren. Bei diesen Instrumenten werden die einzelnen Meßwerte nacheinander auf das Meßwerk geschaltet. In den Druckpausen kann sich der Zeiger dann frei auf den entsprechenden Meßwert einstellen. Nur in definierten, meist einstellbaren Zeitabständen wird der Zeiger zum Drucken kurzzeitig mit einem Fallbügel gegen Papier und Farbband gedrückt. Zur Unterscheidung der einzelnen Punktkurven, können diese durch Umschaltung auf andere Farbbänder verschiedenfarbig aufgezeichnet werden.

Punkt im Gatter-Symbol bedeutet stets, daß das an dieser Stelle erscheinende Signal in sein Gegenteil verkehrt wird, also → *UND* in → *NAND*, → *ODER* in → *NOR* usw. bzw. 0 in L und L in 0.

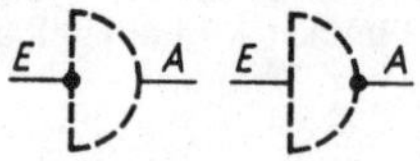

a b

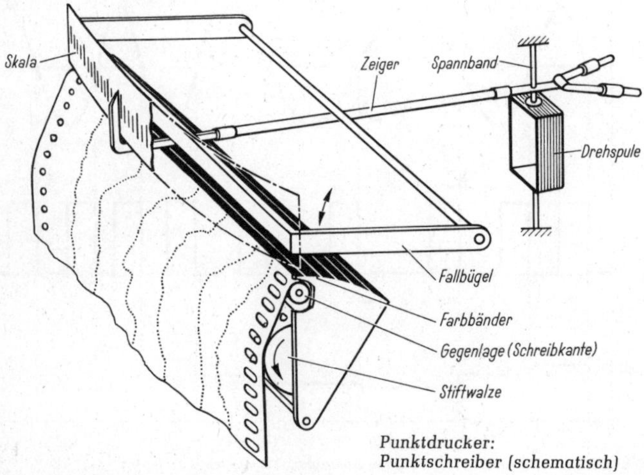

Punktdrucker:
Punktschreiber (schematisch)

Punktmatrix Die meisten Video-Sichtgeräte und Drucker stellen Zeichen in Form einer Punktmatrix dar. Es gibt auch Flüssigkristall-Displays (LCD) und LED-Anzeigen, die als Punktmatrix ausgeführt sind. Zur Umcodierung der darzustellenden Zeichen in eine Punktmatrix dient ein → *Zeichengenerator.*

Punktschreiber Ältere Bezeichnung für → *Punktdrucker.*

PUT Abk. für: **p**rogrammierbarer **U**nijunction-**T**ransistor, d. h. ein → *Unijunction-Transistor* nach Wunsch, der sich durch entsprechende Beschaltung der → *Thyristor-Tetrode* entsprechend den Bildern herstellen läßt. Die

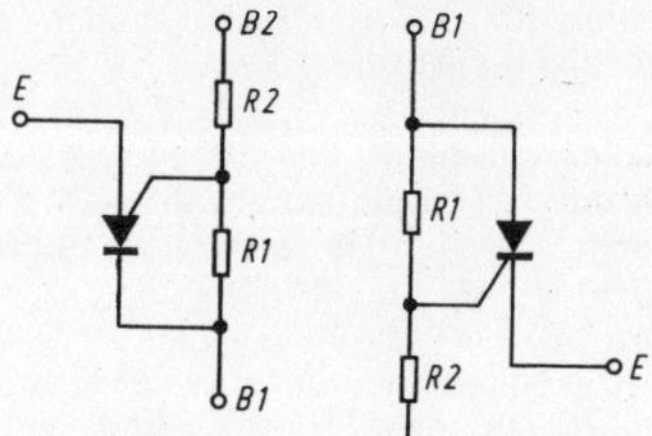

PUT

Werte der Widerstände R 1 und R 2 bestimmen die Eigenschaften, und beide sind komplementär.

P-Verhalten Proportionales Verhalten kennzeichnet ein → *lineares Übertragungsglied,* bei dem das → *Ausgangssignal* x_a dem → *Eingangssignal* x_e direkt proportional ist und ihm ohne Verzögerung oder sonstige dynamische Wirkungen direkt folgt.

PWM **P**uls**w**eiten-**M**odulation, ein Verfahren, analoge Signale digital zu übertragen.

PXE Kurzzeichen für → *Piezoxide.*

Pyrodetektor Sensor zum Nachweis von Infrarotstrahlung.

Pyrometer messen anhand der → *Infrarot*strahlung berührungslos die Temperatur warmer und heißer Körper.

P-Zone Mit → *Akzeptoren* dotierte Zone, in der die → *Löcher* → *Majoritätsträger* sind. Zone mit P-Leitfähigkeit.

Q

Q = Ausgangssignal eines → *Flipflop*, $\overline{Q}$ = Ausgangssignal am Gegenpol. Q_n = Zustand vor, Q_{n+1} = Zustand nach Eintreffen von Eingangssignalen und Umschalten des Flipflops.

Quadrac nennt sich eine Kombination von → *Triac* mit → *Diac*.

Quadratische Gleichrichtung Gleichrichtung, bei der der in einem Meßwerk erzeugte Gleichstrom proportional dem Effektivwert der zu messenden Wechselspannung ist. Hierbei geht man davon aus, daß die Strom-Spannungskennlinie von Dioden bei kleinen Aussteuerungsbereichen annähernd quadratisch ist, wenn der Widerstand des Stromkreises hauptsächlich durch den Widerstand des Gleichrichters bestimmt wird.

Quadraturmodulation Das → *Farbartsignal* besteht aus zwei Farbinformationen, die zusätzlich zum bekannten → *BAS-Signal* übertragen werden müssen. Man wählte hierfür eine Doppelmodulation des → *Farbträgers*, die als Quadraturmodulation bezeichnet wird.

Das Prinzip ist folgendes: Man zerlegt den Farbträger in zwei Komponenten, die gegeneinander um 90°, also eine viertel Periode, phasenverschoben sind. Die Amplitude der einen wird mit dem (R – Y)- → *Farbdifferenzsignal* moduliert, die der anderen mit dem (B – Y)-Farbdifferenzsignal. Die Summe beider Modulationen bildet das Farbartsignal. Der Farbträger selbst wird dabei unterdrückt, also nicht mit ausgestrahlt, um Störungen bei Schwarzweißempfang zu vermeiden (→ *Kompatibilität*). Er muß bei der Demodulation im Empfänger wieder zugesetzt werden (→ *Synchrondemodulator*).

Die Quadraturmodulation wird mitunter auch abgekürzt mit QUAM bezeichnet.

Quadruplex-System (= Vierfach-) heißt eine → *EDV-Anlage* mit vier Datenkanälen für Ein- und Ausgabe u. a.

Quanten-Generator andere Bezeichnung für → *Laser* (ursprünglich in Rußland verwendet).

Quantenzahlen des Elektrons im Atom Die Hauptquantenzahl *n* gibt die Schale an, der das Elektron angehört:

Schale	K	L	M	N
n	= 1	2	3	4

Die Nebenquantenzahl oder azimutale Quantenzahl *l* beschreibt die spezielle Form der Bahn des Elektrons (z. B. das Verhältnis von Nebenachse zu Hauptachse der Ellipsen-Bahn). Die Nebenquantenzahl bestimmt den Bahn-Drehimpuls und kann bei gegebener Hauptquantenzahl *n* alle ganzen Zahlen zwischen Null und $(n - 1)$ annehmen.

Die Spin-Quantenzahl m_s gibt den Eigen-Drehimpuls (Spin) des Elektrons an.

Demnach ist m_s je nach Umlaufsinn $+\frac{1}{2}$ oder $-\frac{1}{2}$

Quantisierung Aufteilung eines Meßwerks in eine Anzahl gleichgroßer Abschnitte, so daß einem Meßwert immer ein ganzzahliges Vielfaches des kleinsten Schrittes (Meßquant) entspricht. Da der Amplitudenbereich einer → *analogen Größe* zwar unendlich viele Werte aufnehmen kann, aber beim Quantisieren des Wertebereichs praktisch nur eine endliche Zahl diskreter Werte zu realisieren ist, ergibt sich eine Meßunsicherheit von ± 1 Meßquant. Den dadurch hervorgerufenen Fehler nennt man Quantisierungsfehler.

Quantisierungsfehler → *Quantisierung.*

Quarz ist Siliziumdioxid SiO_2 und neben seiner Härte (Stufe 7 der 10stufigen Skala) ein hervorragender Isolator. Er findet daher vielfache Verwendung, besonders bei → *integrierten Schaltungen* u. ä. verwendet man vielfach bergmännisch gewonnene Kristalle.

Quarzgraben-Isolation Hier wird eine Siliziumscheibe mit graben- oder napfartigen Vertiefungen versehen und die ganze Oberfläche samt Vertiefungen mit der üblichen SiO_2-Schicht überzogen. Darauf kommt eine stärkere polykristalline Siliziumschicht, die jetzt eine sehr solide Tragschicht bildet. Nunmehr wird die Siliziumschicht soweit abgeschliffen, daß nur noch in den Gräben einkristallines Silizium stehenbleibt, das jetzt Inseln innerhalb einer Isolierschicht bildet und zu Dioden, Transistoren, Widerständen usw. umgewandelt werden kann. Dies ergibt die vollkommenste Isolation und eignet sich für hohe Frequenzen, ist aber entsprechend teuer.

Quarz-Uhren (Taschen-, Tisch- u. a. Ausführungen) haben einen Quarzschwinger als zeitbestimmendes Element und stets eine oder mehrere → *integrierte Schaltungen,* um die Schwingung herunterzuteilen und am Ende, z. T. über einen → *Schrittmotor,* der → *Anzeige-Vorrichtung* (Zeiger, Ziffern, → *Leuchtdioden*) zuzuleiten. Als höchste Ungenauigkeit wird 1 min/Jahr angegeben (→ *Frequenz-Normale*).

quasikomplementäre Schaltung Bezeichnung für eine Emitter-Gegentakt-Schaltung, in der zwei nicht komplementäre Transistoren in Reihenschaltung an der Speisespannung liegen, wobei der Lastwiderstand über einen Kondensator zwischen dem Verbindungspunkt des Kollektors des einen Transistors mit dem Emitter des anderen Transistors und einem Speisespannungspol liegt. Für die Aussteuerung der Endstufe wird eine Phasenumkehrstufe benötigt.

Quasi-optisch In der Literatur über Fernsehen findet man mitunter den

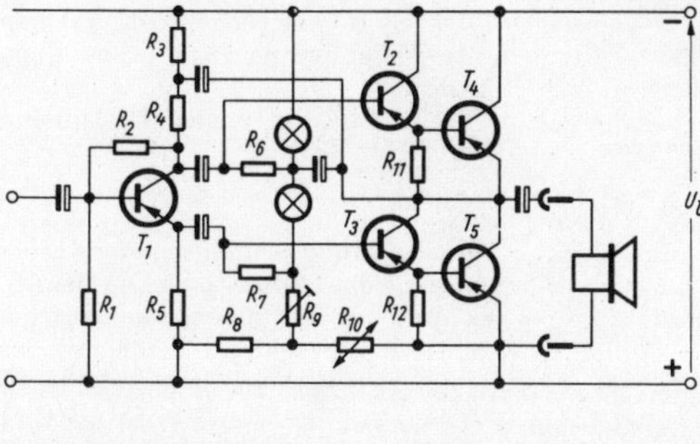

quasikomplementäre Schaltung: In der Abb. bilden die Gegentakt-Endstufe und die Gegentakt-Vorstufe zusammen den quasikomplementären Schaltungsteil. Mit R_q *wird der Einfluß von Temperaturschwankungen kompensiert. Die beiden Glühlampen kompensieren den Einfluß von Speisespannungsschwankungen*

Ausdruck „quasi-optisch"; „gleichsam" optisch nennt man das Verhalten der Fernsehwellen im VHF- und UHF-Bereich. In diesen Fernsehbereichen breiten sich die Wellen nahezu geradlinig aus wie die Lichtwellen, und sie können auch vorwiegend von metallischen Gebilden (Bauwerken) oder Bergwänden reflektiert werden.

quasistationär zeitlich langsam veränderlich.

Quaser allgemein: Quantenmechanischer Verstärker.

Quecksilber-Elektrolyt-Geber → *Elektrokinetische Geber.*

Quelle deutsch für → *Source.*

Quellentext → *Assembler* oder → *Compiler* übersetzen den vom Programmierer geschriebenen Programmtext, den Quellentext (engl. Source), in den nur vom → *Prozessor* verständlichen Objektcode. D. h., daß die als Klartext geschriebenen Befehle des Programmierers (z. B. PRINT) in eine bestimmte Folge von → *Bytes* übersetzt werden, die die → *CPU* direkt ausführen kann.

Quenchröhre (= Löschröhre) ist eine im Innern verdeckt angebrachte → *Blitzröhre* ähnlich der aktiven, den Blitz aussendenden, aber mit einem Innenwiderstand von nur einigen mΩ. Sie wird bei Erreichen der gewünschten Lichtmenge der Blitzröhre parallelgeschaltet und bringt diese sofort zum Erlöschen.

quer heißt in der Schaltalgebra ein Strich über einem Buchstaben: $\bar{a}$ = „a quer", das bedeutet: *nicht a* (in England auch: non-a oder ~ a); $\bar{\bar{a}}$ = a.

Querankergeber → *inkuktive Geber.*

Quibinär-Code Die *Abb.* zeigt den Aufbau (schwarz = L).

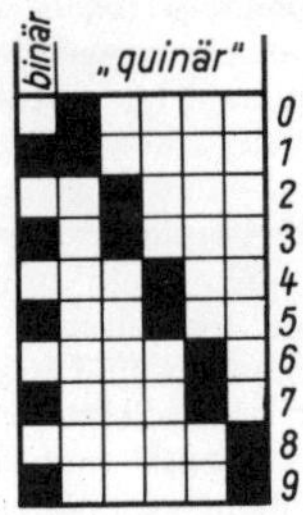

quinär = auf der Zahl 5 beruhend.

R

Radar Unter der Bezeichnung **Ra**dio **d**etecting **a**nd **r**anging (Radar) wurde im 2. Weltkrieg ein elektronisches Verfahren zur Entdeckung und Erkennung von Objekten mit Hilfe von elektromagnetischen Wellen entwikkelt. Das Prinzip ist einfach: von einer Parabolantenne werden sehr kurze hochfrequente elektromagnetische Wellen in den Raum abgestrahlt. Treffen sie auf einen Gegenstand, an denen diese Impulse reflektieren können, dann wird ein Teil dieser Impulse zurückgeworfen und an der Antenne wieder aufgenommen. Wenn der Empfänger über die Antenne das Echo „abwartet", werden natürlich keine Impulse gesendet, denn Empfänger und Sender können mit der gleichen Antenne arbeiten. Aus der Zeitdifferenz zwischen Sende- und Echoimpuls wird die Entfernung des Gegenstandes berechnet.

Nun werden diese elektromagnetischen Impulse von den verschiedenen Materialien, wie beispielsweise Eisen, Stein, Erde und Wasser unterschiedlich stark reflektiert. Auf dem Radarschirm entstehen dadurch Punkte oder Linien mit unterschiedlicher Helligkeit. Radar arbeitet nur mit extrem kurzen Wellen; so liegt die Sendefrequenz zwischen 1 GHz und 10 GHz. Um diese kurzen Schwingungen zu erzeugen, braucht man spezielle Röhren. Bei höheren Frequenzen muß der Abstand der Elektroden in Röhren wesentlich kleiner sein. Trotzdem kommt man bald an die Grenze, wo die Elektronen für den Weg durch die Röhre eine längere Zeit brauchen als die Wechselspannung an der Anode für eine Schwingungsperiode. In diesem Frequenzbereich verwendet man Mikrowellenröhren (Klystron, Magnetron), bei denen das übliche Steuergitter durch andere Anordnungen und Einwirkungsmöglichkeiten auf den Elektronenstrom ersetzt ist. Da Sendeleistungen von 500 kW keine Seltenheit sind, hat die Röhre hier ohnehin noch ihre Berechtigung.

Ganz vereinfacht dargestellt, arbeitet ein Radargerät so: der Sender erzeugt mit der oben erwähnten Spezialröhre hochfrequente Schwingungen. Eine feststehende oder drehbare Antenne stahlt die Wellen in den Raum und empfängt auch die Reflexionen der Objekte in der Umgebung. Das Umschalten von Senden auf Empfang übernimmt eine Schaltstufe. Sie schaltet während der Sendezeit die Antenne auf den Sender und während der Empfangszeit die Antenne auf den Empfänger.

Das Sichtgerät hat einen Bildröhre mit radialer Ablenkung. Der Elektronenstrahl wird vom Mittelpunkt des Leuchtschirmes zum Rand hin abgelenkt und überstreicht in einer Drehbewegung die gesamte Schirmfläche.

Die Drehbewegung des Elektronenstrahls der Bildröhre läuft synchron mit der Drehung der Antenne. Radarechos werden daher im richtigen Azimut (Richtungswinkel) auf dem Bildschirm angezeigt. Im Mittelpunkt des Schirmbildes steht die Radarantenne. Helle Punkte, die am Rand des Bildschirmes zu sehen sind, liegen weiter entfernt: Winkel und Entfernung sind also einfach abzulesen.

Radial-Konvergenz → *Konvergenz.*

Radiometer = → *Pyrometer.*

Radiziergeräte in → *analoger* Technik benutzten → *Hallgeneratoren* in Verbindung mit → *Rechenverstärkern.* Z. T. gibt es fertige Radizier-Bausteine zum Wurzelziehen.

RAM aus „**r**andom **a**ccess **m**emory" = „Speicher mit wahlfreiem Zugriff", doch ist das irreführend. Richtig wäre: „Schreib-Lese-Speicher in MOS-Technik", im Gegensatz zu → *ROM.* Geliefert werden Speicher bis 8192 bit. Ferner werden bipolare Speicher aus rückgekoppelten Tyristorzellen angeboten. Alle früheren Speicher dieser Art verloren bei Stromausfall die Informationen. Jetzt bietet man solche mit bleibender Information an.

random access (= beliebiger (wahlfreier) Zugriff) gilt für alle → *Speicher,* bei denen jede beliebige Information unabhängig von der Reihenfolge (auf Grund der → *Adresse*) direkt zugängig ist. Gegensatz: → *serial access,* → *cyclical access.*

Randschicht-Transistor Transistor mit einem System, dessen als Basis dienendes Plättchen auf beiden Seiten angeätzt und elektrolytisch sowohl mit einer Emitter- wie mit einer Kollektorzone versehen wird.

Rasterdrucker setzen Buchstaben und Zeichen aus einem Raster von 5 x 7 Punkten zusammen und können 4 DIN-A 4-Seiten in einer Sekunde ausdrucken (→ *Elektrografie,* Bild → *Matrix*).

Rasterelektronenmikroskop → *REM.*

Rasterfrequenz Zahl der in der Sekunde übertragenen Halbbilder, nach der → *CCIR-Norm* also 50 Hz (→ *Vertikalfrequenz*).

rate-Effekt (Geschwindigkeits-Effekt) Verringerung der Schaltspannung der → *Vierschicht-Diode* bei erhöhter Anstiegsgeschwindigkeit der in Durchlaßrichtung gepolten Dioden-Spannung. Der Effekt verliert sich bei größeren Geschwindigkeiten $\left(\text{z. B. ab } 50\ \frac{\text{V}}{\mu\text{s}}\right)$ durch die begrenzte Beweglichkeit der Ladungsträger innerhalb der Sperrschicht.

Rategrown-Transistor Transistor mit einem System, das nach dem → *Stufenzieh-Verfahren* hergestellt ist.

Ratemeter ist ein → *Strahlungsmeßgerät* mit genauer Anzeige des Mittelwerts der Impulse.

Ratiodetektor → *Verhältnisgleichrichter.*

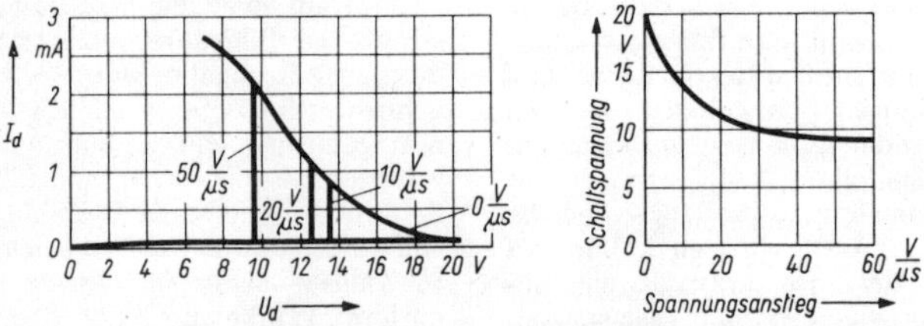

rate-Effekt (Geschwindigkeits-Effekt)

Rauchmelder benutzen verschiedene Prinzipien, z. B. ionisiert man die Luft innerhalb eines Luftkondensators. Der durch ihn infolge der Ionisation fließende Strom geht zurück, sobald Rauchgase eindringen, und dies wird gemeldet. Aber auch die Absorption oder Streuung von Licht durch den Rauch kann gemessen und bei einstellbarer Stärke gemeldet werden.

Raumakustik Der wichtigste Begriff der Raumakustik ist die Hörsamkeit; ihr höherer oder geringerer Wert kennzeichnet die Eignung eines Raumes für Schalldarbietungen. Bestimmend für sie sind in der Hauptsache Raumgröße, Raumform und → *Nachhall*.

Raumklang Die scheinbare Klangfülle in halligen Räumen kann durch künstlich erzeugten → *Nachhall* hervorgerufen werden. Bei vorsichtiger Nachhalldosierung wird das Klangfeld bereichert.

Zur Erzielung des sogenannten Raumtones können auch mehrere Lautsprecher mit verschiedenen Frequenzbereichen und verschiedener Abstrahlrichtung benutzt werden.

Raumladung Elektrische Ladung eines Raumes, z. B. des Inneren eines Halbleiters infolge von Überschuß an → *Ladungsträgern* eines Ladungsvorzeichens. Diese Überschuß-Ladungsträger können → *Ionen* sein, die im Raum nur aufgrund der Wärmeenergie um feste Punkte schwingen, oder bewegliche Ladungsträger (→ *Löcher* bzw. Elektronen). Bei den Raumladungen der Sperrschichten handelt es sich um die durch Ionen gegebenen Raumladungen. Im Basisraum ist die Raumladung mit den dort vorhandenen injizierten Ladungsträgern gegeben.

Raumladungs-Dichte Dichte der → *Raumladung*, d. h. Raumladung bezogen auf die Raumeinheit. Als Einheit für die Raumladungs-Dichte ρ läßt sich $\frac{A \cdot s}{cm^3}$ verwenden. Mit:

q → *Elementarladung*
p → *Löcherzahl* je cm^3
n Elektronenzahl je cm^3
n_{D+} Zahl der positiv ionisierten → *Donatoratome* je cm^3
n_{A-} Zahl der negativ ionisierten → *Akzeptoratome* je cm^3, gilt

$$\rho = q \cdot (p + n_{D+} - n - n_{A-})$$

Raumladungs-Fläche Fläche, die in einer Zeichnung die Raumladung des Basisraumes veranschaulicht. Diese Fläche ergibt sich, wenn mit linearen Maßstäben die Dichte der in den Basisraum injizierten → *Ladungsträger* als Funktion der Entfernung von dem basisseitigen Ende der Emitterschicht aufgetragen wird. Für Transistoren mit homogen dotierter Basis ist die Raumladungsfläche das Diffusionsdreieck (*Abb. 1*). Für Transistoren mit exponentiell abnehmender Basisdotierung ergibt sich statt dessen näherungsweise ein Trapez (*Abb. 2*) und genauer eine Fläche mit einer gekrümmten Linie als obere und rechtsseitige Begrenzung (*Abb. 3*).

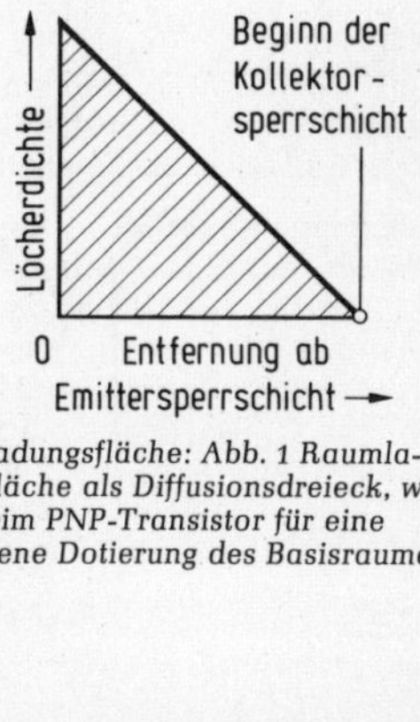

Raumladungsfläche: Abb. 1 Raumladungsfläche als Diffusionsdreieck, wie er sich beim PNP-Transistor für eine homogene Dotierung des Basisraumes ergibt

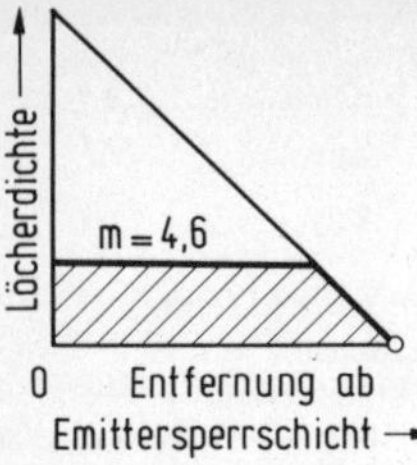

Abb. 2 Raumladungsfläche als Trapez, wie es sich näherungsweise beim PNP-Transistor für eine eindiffundierte Basisdotierung (an der Grenze der Emittersperrschicht in diesem Fall beispielsweise hundertfacher Wert der Dotierung an der Grenze der Kollektorsperrschicht) ergibt: Trapez-Höhe $= \frac{1}{4,6}$ *· Dreieckhöhe. (4,6 = ln 100)*

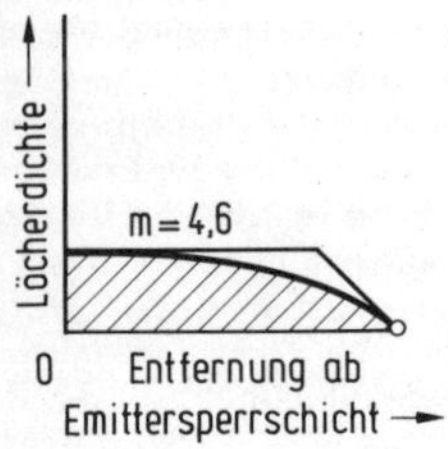

Abb. 3 Raumladungsfläche, wie sie sich aus einer genaueren Rechnung beim PNP-Transistor unter den Voraussetzungen ergibt, die denen in Abb. 2 zugrunde liegen

Die Raumladung des Basisraumes ist im PNP-Transistor durch die Anwesenheit von Löchern und im NPN-Transistor durch das Vorhandensein von freien Elektronen gegeben.

Raumladungs-Kapazität Kapazität, dargestellt durch das Vorhandensein von injizierten → *Ladungsträgern* im Basisraum. Andere hierfür verwendete Bezeichnungen sind: Stromkapazität und für Transistoren mit homogen dotierter Diffusionskapazität. Der Wert der Raumladungskapazität kommt durch die → *Raumladungs-Fläche* zum Ausdruck.

Raumladungs-Zone

1. Andere Bezeichnung für → *Sperrschicht* oder Grenzschicht, nämlich Gebiet eines PN-Überganges, in dem → *Raumladungen* auftreten (auch Raumladezone genannt). Das Bild zeigt die Raumladungszone eines abrupten, symmetrischen PN-Überganges mit den beiden Raumladungen.

2. Basisraum bei Stromdurchgang durch den Transistor.

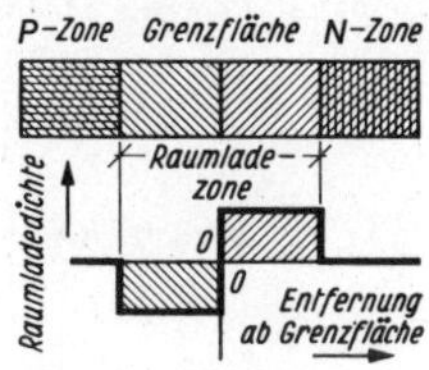

Raumladungszone: Die Raumladungszonen einer Sperrschicht für den Fall eines abrupten, symmetrischen PN-Übergangs mit homogenen Dotierungen

Rauschabstand In Dezibel ausgedrücktes Verhältnis der Signalleistung zur Rauschleistung, gemessen an derselben Stelle der Schaltung.

Rauschanpassung Anpassung einer selektiven Eingangsstufe an die sie steuernde Quelle (Antenne oder Meßgenerator) derart, daß damit ein Rauschzahlminimum erreicht wird. Meistens weicht die Rauschanpassung von der Leistungsanpassung ab.

Rausch-Bezugstemperatur T_0 Die Bezugstemperatur bei Rauschmessungen. Dafür sind 290 °K festgelegt.

Rauschen Störsignal, dessen Bezeichnung von dem akustischen Eindruck abgeleitet ist, den man hat, wenn man es sich nach ausreichender Verstärkung durch einen Tonfrequenzverstärker mit einem Lautsprecher anhört. Rauschsignale enthalten alle Spektralanteile zwischen 0Hz und 620 GHz (→ *Widerstandsrauschen*).

Rauschen des Transistors Wie bei der Elektronenröhre gibt es auch beim Transistor einen Rauschanteil, mit einer der Frequenz umgekehrt proportionalen → *Rauschleistungsdichte*. Diesen Rauschanteil bezeichnet man als Halbleiter-Rauschen. Doch hat man dafür von der Elektronenröhre auch die Bezeichnung „Funkelrauschen" übernommen. Außer dem Halbleiter-Rauschen gibt es, wie bei der Röhre, ein Schrotrauschen, das etwa den Charakter eines weißen Rauschens hat. Das Halbleiter-Rauschen des Transistors kann das Schrotrauschen bis zu 200 kHz überdecken.

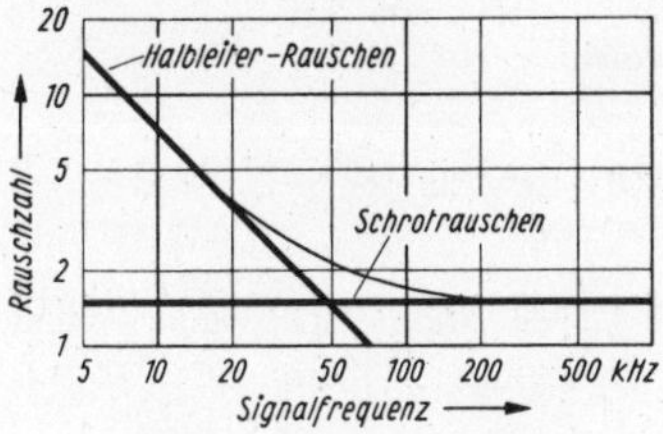

Rauschen, weißes Rauschen mit frequenzunabhängiger → *spektraler Rauschleistungsdichte*.

Rauschfaktor Faktor, der angibt, um wieviel die Rauschleistung P_{eN} am Eingang eines Verstärkers größer ist als die Rauschleistung eines Widerstands R_{eN}, der bei Zimmertemperatur den gleichen Widerstandswert besitzt wie der Eingangswiderstand des Verstärkers. Vielfach wird der Rauschfaktor auf ein Hz Bandbreite bezogen und als kT_0-Zahl angegeben.

Rauschfilter dient zum Unterdrücken eines störenden → *Rauschens* vor allem in der NF-Technik. Meist werden hierbei die Tonfrequenzen an 8000 Hz abgesenkt, so daß die Höhenwiedergabe wesentlich verschlechtert wird.

Rauschkenngrößen Die Rauschkenngrößen des Transistors sind sein äquivalenter Rauschwiderstand, sein äquivalenter zusätzlicher Rauschleitwert und sein Rausch-Korrelationsleitwert. Die Rauschkenngrößen von mit Transistoren bestückten Empfängern oder Verstärkern sind seine Rauschzahl bzw. seine Rauschmaße.

Rauschleistung, äquivalente

1. Rauschleistung, die dem Signaleingang einer rauschenden, zum Verstärken dienenden Anordnung z. B. eines Bauelementes, einer Stufe eines Verstärkers oder eines Empfängers bei fehlend gedachtem Eigenrauschen zugeführt werden müßte, damit diese Anordnung dann eine ebensolche zusätzliche Rauschleistung an ihren Abschlußwiderstand abgäbe, wie sie aufgrund ihres Eigenrauschens tatsächlich abgibt.
Genauere Bezeichnung: äquivalente Eingangs-Rauschleistung.

2. Bei foto-elektronischen Halbleiter-Bauelementen: der Wert der einfallenden Strahlungsleistung, für den bei gegebener Bandbreite (meistens 1 Hz) die Ausgangs-Nutzleistung gleich der Ausgangs-Rauschleistung ist.

Rauschleistungsdichte, spektrale Wert der auf die Bandbreite von 1 Hz entfallenden Rauschleistung für eine jeweils bestimmte Frequenz.

Rauschleistung, verfügbare Rauschleistung, die von einer Rauschquelle (z. B. von einem rauschenden Widerstand) an einen an die Rauschquelle angepaßten, selbst nicht rauschenden Widerstand abgegeben würde. Die innerhalb eines Frequenzbandes von der Breite Δf an einem Widerstand verfügbare Rauschleistung p_v erhält man mit der → *Boltzmannkonstante k* und der → *absoluten Temperatur T* des Widerstandes

$$p_v = k \cdot T \cdot \Delta f$$

Rauschmaß In dB angegebener zehnfacher Logarithmus des → *Rauschfaktors.*

$$F = 10 \log P_{eN}/P_N$$

Rausch-(Meß)generator Rauschquelle zum meßtechnischen Bestimmen der → *Rauschzahl.* Der Rausch-Meßgenerator stellt außer einer thermischen (Stör-)Rauschleistung, die von seinem auf Rausch-Bezugstemperatur (290 K) zu haltenden reellen Ausgangswiderstand stammt, eine einstellbare Meß-Rauschleistung zur Verfügung. Sie wird im aktiven Teil des Meßgenerators gewonnen. Dieser aktive Teil des Meßgenerators ist für Frequenzen bis etwa 1 GHz eine Hochvakuum-Diode und für noch höhere Frequenzen eine gasgefüllte Diode.

Rauschspannung → *Widerstandsrauschen.*

Rauschzahl, allgemein F Verhältnis der äquivalenten Eingangs-Rauschleistung zu der Rausch-Eingangsleistung, die durch das Rauschen des auf Rausch-Bezugstemperatur liegenden Signalquellen-Innenwiderstandes gegeben ist.

Rauschzahl, zusätzliche Die um die Zahl 1 verminderte (Gesamt)-Rauschzahl *F*. Die Bezeichnung „zusätzlich" und der Index z zum jeweiligen Formelzeichen der Rauschzahl deuten an, daß die zusätzliche Rauschzahl ausschließlich das in der Stufe hinzukommende Rauschen, d. h. das Rauschen der Stufe selbst kennzeichnet. In ihr ist das Rauschen des Innenwiderstandes der Signalquelle nicht berücksichtigt.

Raysistor ist eine Kombination von Halbleiter-Fotowiderstand und Lichtquelle in einem lichtdichten Gehäuse. Es lassen sich Widerstands-Änderungen von 10^6 Ω erzielen, auch automatische Regelungen. Ist als Lichtquelle eine Glimmlampe eingebaut, so kann man sehr hohe Unterbrechungs-Frequenzen erzielen. Der besondere Vorteil ist die völlige Trennung (Isolierung) von Steuer- und Signalkreis (Rückwirkungsfreiheit) → *Chopper.*

RC-Filter Elektronisches Filter ohne Induktivität, das nur zusammen mit Transistoren oder Operationsverstärkern eine ausreichende Filterwirkung aufweist.

RCTL-Schaltungen [= **r**esistor-**c**apacitor-**t**ransistor-**l**ogic] ~ Widerstands-Kondensator-Transistor-Logik. Diese → *NAND-* und → *NOR-Gatter* weisen u. a. große → *Eingangsfächerung* auf.

RDL = Widerstands-Dioden-Logik.

read-only memory = → *ROM.*

Reaktanz → *Blindwiderstand.*

Reaktanz-Diode (→ *Kapazitätsdiode*) wird als variable Schwingkreis-Kapazität (Abstimmung von Resonanzkreisen) vor allem in fernabstimmbaren Antennenverstärkern verwendet.

Reaktanzröhre Bezeichnung für eine Röhre, deren Innenwiderstand den folgenden Zeilenfrequenz-Oszillator induktiv oder kapazitiv beeinflußt. Sie wird in Schaltungen zum automatischem Einstellen der → *Zeilenfrequenz* verwendet.

Reaktanzverstärker oft „parametrische Verstärker“ genannt, dienen der Verstärkung von Höchstfrequenzen (Satellitenempfang, Radioastronomie), wie → *Maser*, brauchen aber nicht die aufwendige Tiefkühlung wie diese, sondern erreichen die Rauschfreiheit durch „Pumpen“ mittels einer (Reaktanz-) → *Kapazitätsdiode*. Wie bei einer Schaukel wird jeweils im Umkehrpunkt der Schwingung die Kapazität verkleinert (wenn sich in ihr die gesamte Energie befindet). Das bedeutet bei gleicher Ladung eine Spannungserhöhung. Da diese aber nicht als Gleichstrom (Elektronen), sondern als Hochfrequenz zugeführt wird, entsteht ein ganz bedeutender Gewinn an Rauschfreiheit gegenüber normalen Verstärkern.

Real Time Clock → *Echtzeituhr*.

Real-Time-Datenverarbeitung, real-time-processing (-operation) bedeutet eine Steigerung des → *On-line-Betriebes* auf sofortige Verarbeitung und Verwertung aller anfallenden Daten. Eine solche Anlage steuert z. B. eine Produktionsanlage völlig automatisch, genauso die Lagerhaltung (Bestellungen, Vorratshaltung, Ausgabe usw.) Sie benötigt umfangreiche und schnelle → *Speicher* und umfangreiche → *Software*.

Realzeitbetrieb → *Real-Time...*

Rechenanlagen werden ihrem Aufbau nach und nach dem Rechenprinzip eingeteilt in → *Digitalrechner* (→ *EDV-Anlagen*), → *Analogrechner*, → *Hybridrechner* und → *Ziffernintegrier-Rechenanlagen* (→ *DDA*).

Rechenverstärker sind (integrierte) gleichstromgekoppelte Verstärker mit sehr hohem Eingangswiderstand (meist mit FET, z. B. 10^{13} Ω) und ebensolcher Leerlaufverstärkung (10^5). Sie haben (meist) je einen invertierenden (–) und einen nichtinvertierenden (+) Eingang. Der invertierende wird oft zur Gegenkopplung benutzt *(Abb.)*. Sie sind vielfach zerhackerstabilisiert. Sie werden auch mit eingebautem → *Relais* oder mit entsprechender Ausgangsschaltung, z. B. Emitterfolger, am Ausgang geliefert, um höhere Ströme abgeben zu können, z. B. 70 mA. Andere Typen wieder verarbeiten Eingangsspannungen bis ± 100 V, arbeiten mit Speisespannungen von ± 125 V und liefern am Ausgang bis zu 1 kW bei 40 A. Auch werden zwecks Strom- und Platzersparnis Zwei- und Dreifachausführungen angeboten.

Rechenwerke sind ein Teil der → *Zentraleinheit* und führen entsprechend dem Programm die erforderlichen Operationen durch. Man unterscheidet → *Dual-* und → *Dezimal-Rechenwerke*, außerdem → *Serien-Parallel-Rechenwerke*. Zu jedem Rechenwerk gehört ein Addierwerk und die erforderlichen → *Register*.

Rechenzentren wurden zuerst von den EDVA-Herstellern eingerichtet, dann von wissenschaftlichen Instituten, von großen Bank-, Verkehrs- und Industrieunternehmungen und schließlich von Lohnunternehmern.

rechnergesteuerte Züge wurden schon bei Hochbahnen und bei Eisenbahnen erprobt. Der Zugführer hat nur psychologische Bedeutung.

Rechnernetz Das R. ist ein Verbund räumlich mehr oder weniger getrennter Rechner, Peripheriegeräte und Kommunikationsgeräte oder auch Gruppen solcher Geräte zum Zwecke des Datenaustauschs oder der Zusammenarbeit.

Rechteck-Ferrite haben eine angenähert rechteckförmige Hystereseschleife mit zwei stabilen Zuständen +B (= L) und -B (= O). Bei ihnen ist es möglich, die Ummagnetisierung durch zwei Ströme mit etwa halber Stärke zu bewirken. Indem man in einer → *Matrix* durch je einen Spalten- und Zeilendraht je einen Halbstrom schickt, kann man einen einzigen von beliebig vielen Kernen nach Wunsch magnetisieren, während alle anderen unbeeinflußt bleiben.

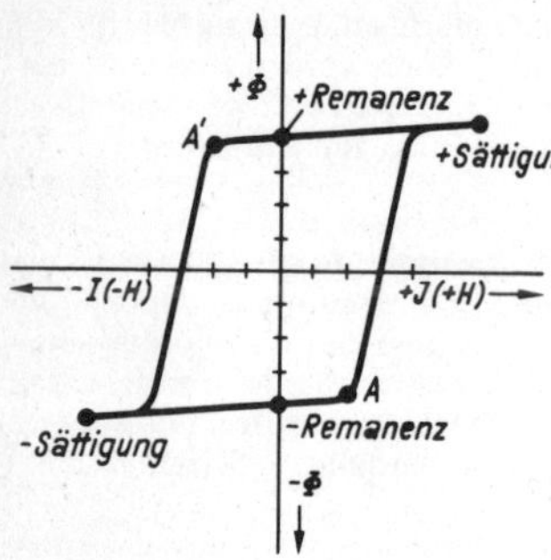

Rechteck-Ferrite: Rechteck-Hystereseschleife eines Speicherkerns

recovery time (= Erholungszeit) → *Sperrträgheit.*

Redundanz In elektronischen Geräten und Anlagen mehrfach ausgelegte Schalteinheiten, bei deren Ausfall Sicherheit und/oder Zuverlässigkeit gefährdet wären. Redundante Systeme findet man auch in komplizierten ICs, um die Ausbeute bei der Herstellung zu erhöhen.

Reduzierte Farbdifferenzsignale Im → *FBAS-Signal* addieren sich die Werte der Leuchtdichtemodulation mit denen der → *Farbdifferenzsignale.* In ungünstigen Fällen, bei voller Farbsättigung und hoher Leuchtdichte, würde der zulässige Modulationsbereich überschritten. Um eine solche Übermodulation des Bildträgers zu vermeiden, werden die Farbdifferenzsignale vor der Quadraturmodulation um festgelegte Werte reduziert, und zwar das Signal (R – Y) um den Faktor 0,88 und (B – Y) um 0,49. Diese Reduzierung wird natürlich im Empfänger nach der Demodulation wieder rückgängig gemacht.

Reedistor ist eine Kombination von → *Reed-Relais* und → *Triac* mit einer Spannungsfestigkeit von 2 kV zwischen Ein- und Ausgang und einer Schaltleistung von z. B. 1 A bei 220 V Wechselstrom.

Reed-Relais (= Halm) sind Relais mit elastischen Zungen (1) aus weichmagnetischem Material mit Edelmetallkontakten in Schutzgas-Atmosphäre, die durch eine äußere Spule (2) magnetisiert und betätigt werden. Sie haben sehr viele Vorzüge, z. B. Millisekunden-Schaltzeiten und absolut sichere Kontaktgabe, und es gibt viele Spezialausführungen (Öffner, Wechsler usw.)

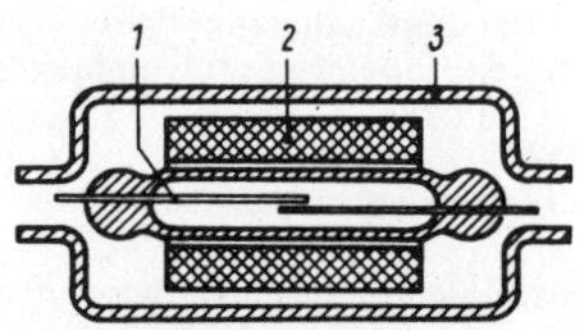

Reed-Relais: Schutzkontakt-Relais mit elektromagnetischer Erregung.
1 = Schutzgaskontakt, 2 = Erregerspule, 3 = Kappe

Referat-Maschine nannte IBM eine speziell programmierte Anlage zum Herstellen von Kurzreferaten aus wissenschaftlichen und technischen Abhandlungen.

Referenz-Diode Diode, bei der sich die Diodenspannung in Abhängigkeit vom Diodenstrom über einen größeren Bereich nur wenig ändert. Diese Spannung wird als Bezugsspannung ausgenutzt. Sie ist nur wenig temperaturabhängig. Referenz-Dioden verwendet man außerdem, wegen des niedrigen Wertes ihres in dem genannten Bereich geltenden differentiellen Widerstandes, zum Stabilisieren von Gleichspannungen. Als Referenz-Dioden dienen die in Sperrichtung betriebenen → *Zener-Dioden* und → *Avalanche-Dioden* sowie für kleine Referenz-Spannungen in Durchlaßrichtung betriebene Silizium-Dioden.

Referenz-Diode: Schaltzeichen für Referenz-Dioden, die in Sperr-Richtung betrieben werden. Für in Durchlaß-Richtung betriebene Referenz-Dioden verwendet man das normale Dioden-Schaltzeichen

Referenzoszillator Andere Bezeichnung für → *Farbträgeroszillator* im Farbfernsehempfänger.

Reflektor Um die Spannung eines Antennendipols zu erhöhen, kann man dahinter (vom Sender aus gesehen) einen Reflektor anbringen. Der Reflektor ist stets größer als der Dipol. Wie schon aus dem Namen hervorgeht, erhöht der Reflektor die Richtwirkung einer Antenne. Ordnet man mehrere Reflektorstäbe halbkreisförmig hinter dem Dipol an, so wird die Antenne gegen unerwünschte Einstrahlung von rückwärts gut abgeschirmt; sie ergibt ein gutes → *Vor/Rück-Verhältnis* (→ *Direktor*).

Reflex-Code = → *Aiken-Code*.

Reflexion Reflexionen gibt es bei elektrischen Wellen ebenso wie bei Lichtwellen. Je kürzer die elektrische Welle ist, desto stärker tritt eine Reflexion in Erscheinung. Bei den sehr kurzen Wellen (hohen Frequenzen), die zur Übertragung des Fernsehens verwendet werden, spielt dies eine bedeutende Rolle.

Wenn die Welle eines Senders die Empfangsantenne nicht nur in direkter Strahlung trifft, sondern auch auf einem Umweg infolge Reflexion an Gegenständen in der Umgebung (Mauern, Türme, Metalldächer, Bergflanke o. ä.), dann erscheint dasselbe Signal zweimal im Empfänger. Es trifft aber mit einem zeitlichen Unterschied ein, weil die Weglängen verschieden sind. So entstehen auf dem Bildschirm statt eines einzigen Punktes zwei nebeneinander. Das gilt für das ganze übertragene Bild; das Bild erscheint also doppelt, ein sogenanntes Geisterbild.

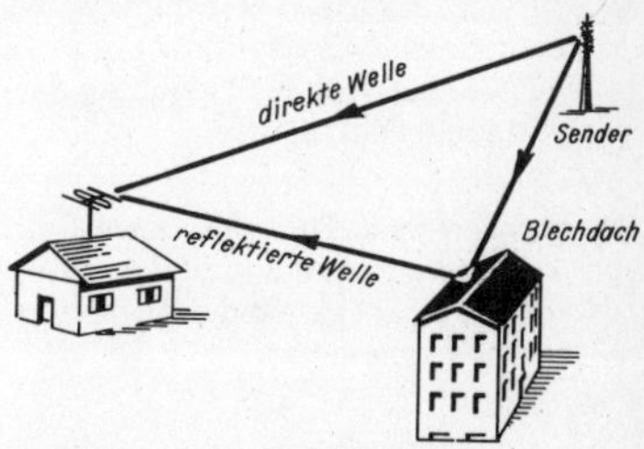

Reflexion: Reflexionen der Fernsehwellen an metallenen Gegenständen (hier einem Blechdach) können zu Doppelempfang des Signals und damit zu Geisterbildern führen

Eine Rechnung zeigt, daß die Reflexion an einem 150 m von der Empfangsantenne entfernten Gegenstand einen Abstand zwischen Bild und Geisterbild von etwa 2 mm bewirken kann.

Reflextrichter → *Exponentialtrichter.*

Regelabweichung x_w Differenz zwischen der → *Regelgröße* x und der Führungsgröße w (Sollwert).

$x_w = x - w$

regelbarer Transistor Transistor, dessen Verstärkungsgrad mit dem Wert der Basis-Emitter-Gleichspannung in weiten Grenzen beeinflußt werden kann.

Regelbereich X_h Bereich einer → *Regelung*, innerhalb dessen die → *Regelgröße* x für vereinbarte Werte der → *Störgrößen* z eingestellt werden kann, ohne daß die Funktion der Regelung dadurch beeinträchtigt wird.

Regeldifferenz x_d Differenz zwischen der → *Führungsgröße w* und der → *Regelgröße* x. Sie ist gleich der negativen → *Regelabweichung* x_w.

$x_d = w - x = -x_w$

Regel-Diode Diode zum Unterstützen der selbsttätigen Verstärkungs-Regelung in einem Transistor-Gerät. Die Regel-Diode ist hierbei meistens so geschaltet, daß sie bei herabgesetzter Verstärkung die Bandbreite der mit ihr zusammenwirkenden Stufe vergrößert.

Regeleinrichtung Teil des → *Regelkreises*, der die der Regelungsaufgabe gemäße Beeinflussung der → *Strecke* über das → *Stellglied* bewirkt. In der Regeleinrichtung erfolgt der Vergleich zwischen dem → *Istwert* x_i einer → *Meßgröße* und ihrem vorgegebenen → *Sollwert* x_s.

Regelgröße x Größe einer → *Regelung* die zu regeln ist. Sie wird am Ausgang der → *Regelstrecke* erfaßt und der → *Regeleinrichtung* zugeführt.

Regelkreis Gesamtheit aller Glieder, die an dem geschlossenen Wirkungsablauf der → *Regelung* beteiligt sind. Prinzipiell besteht der Regelkreis aus der → *Regelstrecke* und der → *Regeleinrichtung*, wobei die → *Regelgröße* x im Sinne einer → *Gegenkopplung* auf sich selbst zurückwirkt.

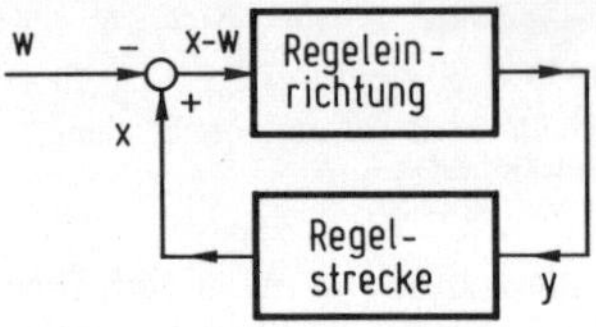

Regeln Vorgang, bei dem die Ausgangsgröße → *Regelgröße* eines Systems ständig mit einer Eingangsgröße → *Führungsgröße* verglichen und so beeinflußt wird, daß die Differenz zwischen den Größen möglichst minimal wird.

Regelstrecke → *Strecke.*

Regelung System zum → *Regeln* einer Ausgangsgröße in Abhängigkeit von einer Eingangsgröße, wobei der Wirkungsablauf in einem geschlossenen Kreis, dem → *Regelkreis*, stattfindet.

Selbsttätige Regelung
: Regelung, bei der alle Vorgänge im Regelkreis automatisch ablaufen.

Nichtselbsttätige Regelung
: Regelung, bei der die Aufgabe wenigstens eines → *Glieds* im Regelkreis vom Menschen übernommen wird.

Regelverstärker Gleichstrom-Verstärker zum Verstärken der Regelleistung.

Regelverzögerung Regelverzögerung bedeutet das Unterdrücken der die Verstärkung herabsetzenden Regelung, solange bis die Eingangsspannung einen jeweils bestimmten Wert überschreitet.

Register sind Computerschaltungen, die eine Speicherung mehrerer Zeichen und Ziffern ermöglichen und Teile des → *Arbeitsspeichers.* Sie nehmen als Durchgangsplätze kurzfristig → *Befehle,* Zwischenergebnisse, → *Adressen* auf. Sie sind die schnellsten Speichereinheiten, meist → *Flipflops,* und damit auch die teuersten. Ihre Zahl ist daher beschränkt. Register werden geladen.

Regler Gerät oder Geräteanordnung, durch die automatisch eine Änderung der → *Stellgröße* vorgenommen wird, um die durch eine auf die → *Regelung* einwirkende → *Störgröße* verursachte → *Regelabweichung* weitgehend zu beseitigen. Entsprechend DIN 19226 muß der Regler aus einem → *Vergleicher* und mindestens einem weiteren wesentlichen → *Glied* bestehen.

Reichweite des Schalls
(Maximalwerte)

Rufweite	1 km
Kirchenglocken	5 km
Donner	30 km
Schallsender in Leuchttürmen	75 km
Kanonendonner	150 km

Die direkte Schallhörbarkeit reicht bis höchstens 30 km Entfernung. Außerhalb einer folgenden schalltoten Zone ergibt sich eine weitere, oft ringförmige Hörbarkeitszone, hervorgerufen durch Reflexionen an einer höheren Schicht der Atmosphäre. Dadurch können starke Explosionen oder Geschützdonner noch in großer Entfernung (100 bis 150 km) wahrgenommen werden.

Reichweite eines Fernsehsenders Als Faustregel kann man sich merken, daß ein Fernsehsender von jedem Empfangsgerät sicher aufgenommen wird, von dessen Antenne aus man die Sendeantenne sehen kann (oder sehen könnte, wenn die Augen scharf genug wären). Praktisch ist allerdings meist noch ausreichender Empfang in größeren Entfernungen, bis etwa 30 % über die Sichtweite hinaus, möglich. So können Fernsehsender in ebenem Gelände erfahrungsgemäß bis etwa 80 km im Umkreis gut empfangen werden. Die Reichweite ist also praktisch größer als die Sichtweite.

Reinheitsgrad Verhältnis der Zahl der Halbleiteratome zur Zahl der → *Störatome.* Der für das Ausgangsmaterial von Transistoren benötigte Reinheitsgrad ist sehr hoch (ca. 10^{10}).

Reinigungsband reinigt mechanisch verschmutzte Ton- und Videoköpfe. Bei Video ist die Naßreinigung der Bänder besser.

Reizschwelle

1. untere Grenze der Schallempfindung des menschlichen Gehörs.
2. → *Ansprechwert.*

Rekombination Wiedervereinigung von Elektronen mit → *Defekt-Elektronen.* Sie tritt auf, wenn ein Elektron infolge seiner Wärmebewegung auf ein Defekt-Elektron trifft. Sie ist der Zahl der vorhandenen Elektronen und → *Löcher* proportional. Rekombination findet bevorzugt an Oberflächen (Oberflächen-Rekombination) und in Rekombinationszentren (Volumen-Rekombination) statt.

Rekombinations-Beiwert → *Rekombinations-Koeffizient.*

Rekombinations-Koeffizient r Faktor, der, multipliziert mit den Konzentrationen der rekombinierenden Löcher *p* und Elektronen *n*, die Rekombinations-Rate angibt. Er ist an der Halbleiter-Oberfläche sowie in Halbleitern mit vielen Rekombinations-Zentren besonders groß.

Rekombinations-Strom Strom, der daraus folgt, daß Ladungsträger einer Art, die mit Ladungsträgern der anderen Art rekombinieren, zugeführt werden.

Rekombinations-Überschuß Zahl *R*, die angibt, wieviel mehr Ladungsträgerpaare je Zeit- und Raumeinheit (z. B. je s und cm^3) rekombinieren als erzeugt werden.

Rekombinations-Zentrum Stelle im Innern eines Halbleiters, an der Rekombination bevorzugt stattfindet. Rekombinationszentren sind z. B. Kristallversetzungen, Gitterfehlstellen und Korngrenzen.

Rekristallisation Kristallisation einer Schmelze. Im besonderen: Kristallisation der einlegierten Zone bei Erkalten dieser Zone im Anschluß an den Legierungsprozeß.

Relais sind elektrische Schalteinrichtungen, die mittels eines Hilfsstromes an beliebiger Stelle viele Stromkreise und insbesondere auch beliebig stärkere Ströme ein-, aus- oder umschalten können. Die gesamte Fernwirktechnik, Telegrafie und Telefonie sind mit ihnen aufgebaut worden, und trotz des Ersatzes durch Dioden und Transistoren u. a. spielen sie auch heute noch eine große Rolle, aber nur dort, wo ihre längere Schaltzeit nicht schädlich ist. Auch die Gesamt-Schaltzahl ist beschränkt. Der im Ruhezustand geschlossene Kontakt (früher Ruhekontakt) heißt Öffner, der in Ruhe offene (früher Arbeitskontakt) heißt Schließer.

Relais, elektronische sind mit Transistoren ausgerüstet und steuern, z. B. über → *Feldplatten*, eingebaute Transistorverstärker. Sie werden fast ausschließlich mit abschaltbaren Leistungs- → *Thyristoren* (bis 60 A) hergestellt.

Relais, mechanische sind Hilfsgeräte, bei denen ein ankommender kleiner Strom einen oder mehrere von ihm isolierte Stromkreise öffnet, schließt oder umschaltet. Sie beruhen auf elektromagnetischer Grundlage, waren aber wegen ihrer Trägheit für die Datenverarbeitung viel zu langsam. Für Steuerungs- und Regelungszwekke hingegen haben sie noch immer große Bedeutung (→ *Reed-Relais*).

Relais, mechanische: Mit einem Schneidanker ausgeführtes Rundrelais Typ 26 W (Werkfoto Grüner)

Relais, optische sind die optoelektronischen Koppelelemente. Vorteile: völlige spannungsmäßige Trennung und sehr hohe Schaltfrequenz.

Relais, polarisierte sind durch eingebauten Dauermagnet vorgespannt. Dessen Wirkung kann durch den Erregerstrom entweder gestärkt oder geschwächt werden.

Relaisspeicher sind möglich und haben zwei unverwechselbare Schaltzustände, sind aber ziemlich selten. Gegen sie sprechen Kosten, Raum- und Strombedarf usw.

relative Fehler → *Fehler.*

relativer Schreibfehler Auf die gesamte Schreibbreite eines → *Schreibers* bezogener → *Schreibfehler.*

relative Standardabweichung s_r (auch Variationskoeffizient genannt) auf den Mittelwert bezogene → *Standardabweichung*

$$s_r = \frac{s}{X} = \frac{100\ s}{X}\ \%.$$

REM = **R**aster-**E**lektronen-**M**ikroskop, das nach Art des Fernsehens mit einem Elektronenstrahl das Objekt abtastet und ein plastisch wirkendes Draufsichtbild liefert mit geringerer Auflösung als beim → *TEM,* aber mit großer Tiefenschärfe. Es werden Vergrößerungen bis 40000fach geliefert bei einem Auflösungsvermögen von 300 Å.

remote batch processing = stapelweiser Betrieb mit entfernten Benutzerstationen (EDVA).

remote terminals = entfernte Benutzerstationen (EDVA).

Repeater Zwischenverstärker auf langen Übertragungsstrecken, der die Signaldämpfung ausgleicht. R. übernehmen auch, beispielsweise in der Digitaltechnik, die Regenierung von Signalen.

Reset Rücksetzung von elektronischen Systemen in einen definierten Ausgangszustand. In Computern wird hierbei die → *CPU* zurückgesetzt. Der R.-Impuls wird beim Einschalten automatisch erzeugt; er ist aber vielfach auch während des Betriebs durch eine entsprechende Taste am Gerät setzbar. Programme und Daten im → *Arbeitsspeicher* können dabei verloren gehen.

Reset-Eingang (= Rückstell-) und Set-Eingang heißen der Rückstell- bzw. der Setz-Eingang von Speicherelementen (z. B. → *Flipflop*), mit **R** und **S** bezeichnet.

Resistanz ist ein reiner Wirkwiderstand (ohne Wechselstromanteil).

Resolver (= Auflöser) ist ein Analogie-Rechenbaustein und dient zur Winkelmessung bei drehbaren Wellen.

Resonanz-FET wurden in USA herausgebracht. Eine winzige Zunge, ~ 1 mm lang, aus Goldblech, das → *Gate,* schwingt über einem N-Kanal.

Resonanzfrequenz (Filtertechnik) → *Schwingkreis.*

Resonanz-Relais sprechen nur auf eine ganz bestimmte (meist Ton-) Frequenz an. Sie werden z. B. für Fernsteuerungszwecke u. ä. benutzt.

Restseitenband Beim → *Einseitenband-Verfahren,* das bei der Modulation des Bildträgers angewendet wird, kann man das eine Seitenband nicht restlos unterdrücken, ohne nicht auch das andere Seitenband unzulässig zu beschneiden. Ein Rest des zu unterdrückenden Seitenbandes muß daher mit übertragen werden, das „Restseitenband".

Restspannung Kurzbezeichnung für → *Kollektor-Emitter-Restspannung,* selten auch für Kollektor-Basis-Restspannung.

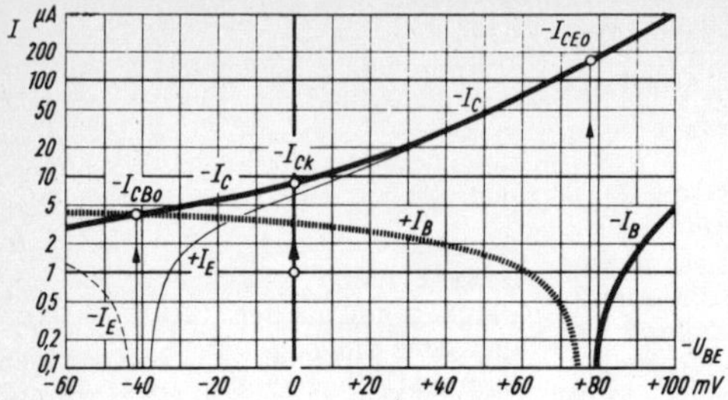

Reststrom: Die drei Transistorströme mit den drei Kollektor-Restströmen I_{CBO} wenn $I_E = 0$ (Kollektor-Basis-Reststrom)
I_{Ck} wenn $U_{BE} = 0$ (Kollektor-Kurzschluß-Reststrom)
I_{CEO} wenn $I_B = 0$ (Kollektor-Emitter-Reststrom)

Reststrom heißen die geringfügigen Ströme, die im → *bipolaren Transistor* bei Umkehrung der Spannung in Sperrichtung fließen:

Kollektor-Basis-Reststrom =
Sperrstrom in Basisschaltung bei offenem Emitteranschluß (I_{CBo} früher auch I_{Co})

Kollektor-Emitter-Reststrom =
Kollektorsperrstrom in Emitterschaltung bei offenem Basisanschluß (I_{CEo})

Emitter-Basis-Reststrom =
Emitter-Sperrstrom bei offenem Kollektoranschluß (I_{Eo}, I_{EBo})

Kurzschluß-Reststrom =
Kollektor-Sperrstrom in Basisschaltung bei Kurzschluß: Emitter gegen Basis (I_{Ck}).

Die *Abb.* gibt einen Überblick über die Restströme I_{CBo}, I_{Ck} und I_{CEo}.

Restwiderstand → *Leistungs-Innenwiderstand.*

Return heißt eine der wichtigsten Tasten auf dem Computer. Mit Return wird nämlich eine Eingabezeile abgeschlossen. Der Computer erkennt das Zeichen, verarbeitet die Zeile und setzt den → *Cursor* an den Beginn der nächsten Zeile.

Return-to-bias-Verfahren = Rückkehr zur Grundmagnetisierung (DIN 66010) ist ein magnetisches Speicherverfahren mit entgegengesetzter Magnetisierung bei L und darauffolgender Rückkehr zur Grundmagnetisierung. Bandgeschwindigkeit 1,25 m/s, Packungsdichte 16 Bit/mm.

reversibler Durchbruch → *Durchbruch*, mit dem der Zusammenhang zwischen Spannung und Strom für Spannungswerte unter dem Wert der → *Durchbruchspannung* nicht geändert wird.

reversibler Sperrstrom-Steilanstieg Steilanstieg des Sperrstromes für den Fall, daß bei Absenken des Sperrstromes derselbe Zusammenhang zwischen Spannung und Strom gilt wie für das Erhöhen des Sperrstromes. Das heißt: Zunahme des Sperrstromes ohne Beeinträchtigen der Sperrschicht-Eigenschaften.

Review → *Cue.*

RGB Kurzbezeichnung für die Farben Rot, Grün, Blau, aus denen sich bei der multiplikativen Farbmischung alle anderen Farben ableiten lassen. Farbfernseh-Geräte und -Monitoren kommen daher für die Farbwiedergabe mit der Ansteuerung der RGB-Signale aus. Dazu kommt nur noch das Luminanzsignal (→ *Leuchtdichtesignal*).

Richteffekt von Mikrofonen spielt eine wichtige Rolle. Man kann für jedes System eine Richtcharakteristik angeben, die nach der jeweiligen Frequenz verschieden ist. Die Charakteristik ist kreis- bzw. kugelförmig bei Mikrofonen, die auf Schalldruck ansprechen. Voraussetzung sind kleine Abmessungen des Mikrofons. In der Praxis werden die senkrecht zur Membran einfallenden Schallstrahlen bevorzugt aufgenommen. *Abb. 1* zeigt eine solche Charakteristik, bei der drei verschiedene Frequenzen berücksichtigt sind.

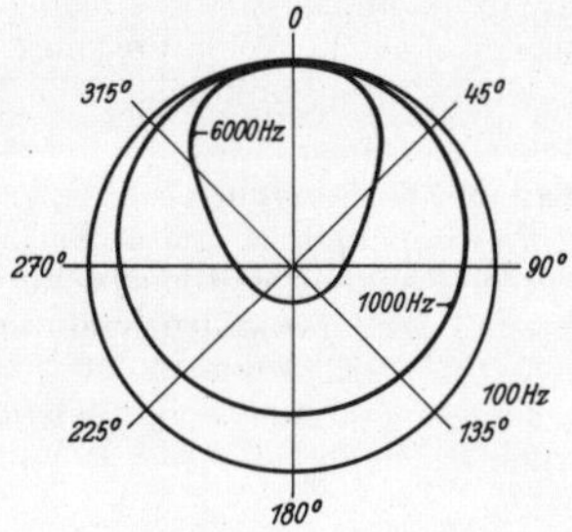

Richteffekt: Abb. 1 Richtwirkungsweise eines Mikrofons

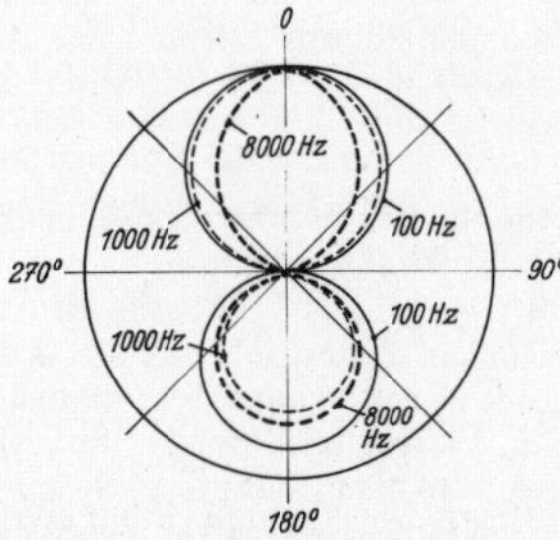

Abb. 2 Richtcharakteristik des Mikrofons

Wenn beide Seiten der Membran dem Schallfeld ausgesetzt sind, wie z. B. bei einem Kondensatormikrofon, bei dem die Gegenelektrode und ihre Unterlage durchbohrt sind, ergibt sich eine Achtercharakteristik nach *Abb. 2*.

Richtfunkempfänger ist ein Empfänger der → *Richtfunktechnik*. Die in den modulierten Schwingungen enthaltenen Bildsignale, Tonsignale, Fernsprechsignale und Datenfolgen werden durch Demodulation wiedergewonnen.

Richtfunksender ist ein Mikrowellensender in der → *Richtfunktechnik* mit einer Ausgangsleistung von meist nicht mehr als 10 W. Aber da Richtfunkantennen sehr scharf bündeln ergibt sich dann in der Hauptstrahlrichtung eine effektive Strahlungsleistung von 100 kW.

Richtfunktechnik ist die Technik der leitungslosen Nachrichtenübertragung mit Hilfe elektromagnetischer Wellen, die auf einen bestimmten Punkt gerichtet ausgesendet werden und an diesem Punkt auch gerichtet empfangen werden.

Richtleiter Bauelement mit einem von der Polarität der angelegten Spannung abhängigen Widerstandswert. In diesem Sinne gehören die elektrischen Ventile zu den Richtleitern.

Ringbasis Basisanschluß, der den Emitter umschließt, mit geringem Wert des Basis-Bahnwiderstandes.

Ringkerne, auch Magnetkerne genannt, sind Ringe aus → *Rechteck*-Fer-

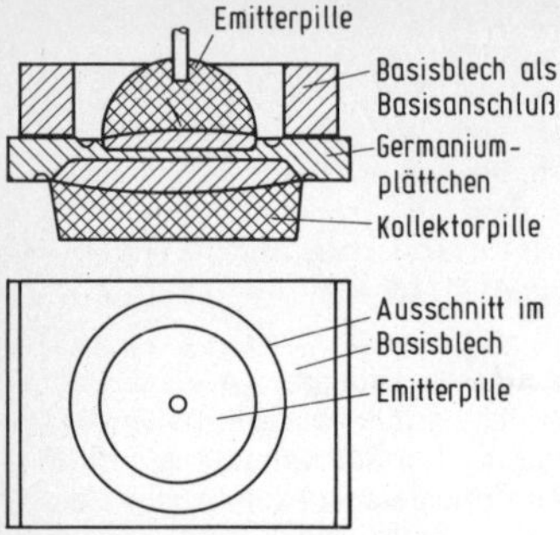

Ringbasis: Der auf die Zuleitung zur Basiszone entfallende Anteil des Basis-Bahnwiderstandes wird hier durch den Kontakt des Germanium-Plättchens mit dem die Emitterpille ringförmig umschließenden Rand des Loches im Basisblech und durch die geringe Länge des Zuleitungsweges klein gehalten

rit mit Außenabmessungen von (!) 0,3 x 0,08; 0,5 x 0,12; 0,8 x 0,2; 1,25 x 0,35 oder 2 x 0,6 mm^2, wozu die Lochdurchmesser 0,2; 0,33; 0,8 und 1,3 mm gehören. Aus ihnen werden in Form von → *Matrizen* sehr schnelle Speicher hergestellt. Durch die Löcher werden dabei mindestens 3 (2 Setzdrähte i_x und i_y und 1 Lesedraht), manchmal auch 4 Drähte gezogen (*Abb.* → *Inhibit-Leitung*). Größere Kerne mit 2...14 mm ∅ dienen als → *Schaltkerne*.

Ringleitung Spezielles Netzwerk, bei dem die Daten ringförmig alle im Netzwerk vorhandenen Geräte durchlaufen.

Ripple-blanking Ausblenden von Nullen, die bei einer mehrstelligen Ziffernanzeige links vom eigentlichen Zahlenwert stehen.

RMM (= **r**ead-**m**ostly-**m**emory = → *Festwertspeicher*, meist zum Lesen), zwar umprogrammierbar, aber nicht beliebig oft.

Robotron heiß eine → *EDV-Anlage* der DDR.

Röhre Abk. für → *Elektronenröhre.*

Röhrenvoltmeter Spannungsmesser, der zur Erzielung eines hohen Eingangswiderstands mit einem aus Elektronenröhren aufgebauten Vorverstärker versehen ist, der das eigentliche Meßwerk ansteuert. Bei neueren Meßinstrumenten sind anstatt der Elektronenröhren Transistoren und/ oder Operationsverstärker eingebaut. Man nennt solche Spannungsmesser deshalb Transistorvoltmeter.

Rollkugel-XY-Steuerung ermöglicht, den Elektronenstrahl von außen auf beliebige Punkte des Bildschirms zu richten. Durch Knopfdruck können die X- und Y-Koordinaten jedes gewünschten Punktes eingespeichert werden.

ROM (= **r**ead-**o**nly-**m**emory = Gedächtnis (Speicher) nur zum Lesen), deutsch: (Halbleiter-) Festwertspeicher. Sie werden meist mit nach Angabe eingespeicherten Daten geliefert. Normale Kapazität einer Einheit 4096 bit.

Röntgenbild-Konverter wandeln einfallende Röntgenstrahlen direkt in sichtbares grünes Licht um, das auf der Rückseite des Schirms direkt betrachtet werden kann. Der japanische Exicon-Viewer wird mit Schirmgröße 12 cm x 16,5 cm geliefert. Dies Bild kann mit Hilfe der Fernsehtechnik beliebig vergrößert und auch der Kontrast gesteigert werden. Der besondere Vorteil ist, daß die dem Patienten zugemutete Strahlendosis sehr klein gehalten und die Beobachtung sehr lange ausgedehnt werden kann, so daß sich z. B. Vorgänge im Verdauungstrakt beobachten lassen.

Röntgenlithografie → *Lithografie.*

ROS = **r**ead **o**nly **s**tores = Festwertspeicher nur zum Lesen (→ *ROM*).

Routinen sind Teilprogramme, die die Lösung ganz bestimmter Aufgaben (z. B. Addition, Division, Wurzelziehen usw.) durchzuführen gestatten, weiterhin die Zusammenstellung mehrerer Programme zu einem → *Programmkomplex.*

RS = → *Reset*-Set (~ Rückstell-Gerät).

RS-Flip-Flop besteht aus einem → *NAND-Flipflop* mit vorgeschalteter Steuerschaltung (Vorbereitungs- oder Bedienungs-Eingänge) aus zwei NAND-Gliedern.

Bei dieser Schaltungsart sind zwei Eingänge vorhanden die mit R und S bezeichnet sind. Ein Impuls am S-Eingang erzeugt „Ein" im Ausgang, ein Impuls am R-Eingang schaltet die Anordnung wieder in den „Aus"- bzw. Nullzustand. Bei dieser Anordnung muß dafür Sorge getragen werden, daß niemals zwei Impulse gleichzeitig auf beide Eingänge gelangen können.

RST-Flip-Flop Ein bistabiler Multivibrator mit drei Eingängen, wobei die R- und S-Eingänge wie beim → *RS-Flipflop* beschaltet sein müssen.

RS-232 Amerikanische Norm für die serielle, bidirektionale Übertragung von Daten, identisch mit der deutschen V.24-Norm.

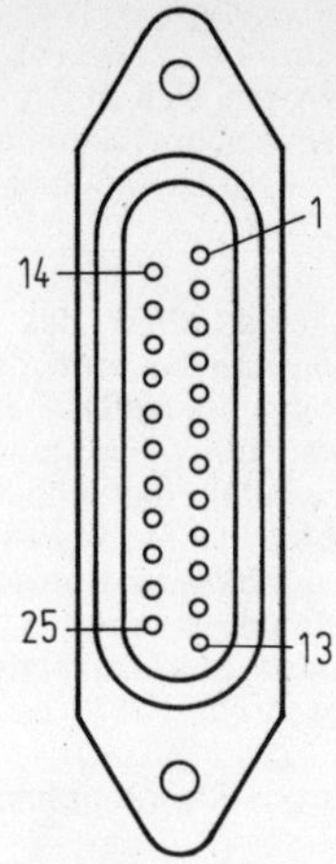

Steckerbelegung:
1 = Schutzerde (Gehäuse),
2 = gesendete Daten (TxD),
3 = Empfangsdaten (RxD),
4 = Übertragungsanforderung (Request to send, RTS),
5 = Sendebereitschaft (Clear to send, CTS),
6 = Daten bereit (Data set ready, DSR),
7 = Signalerde (Masse),
8 = Datenhilfsträger-Erkennung (Data carrier detect, DCD),
20 = Datenterminal bereit (Data terminal ready, DTR).

RTC (= **r**eal **t**ime **c**lock) → *Echtzeituhr.*

RTL (= **R**esistor-**T**ransistor-**L**ogik) → *Widerstands-Transistor-Logik.*

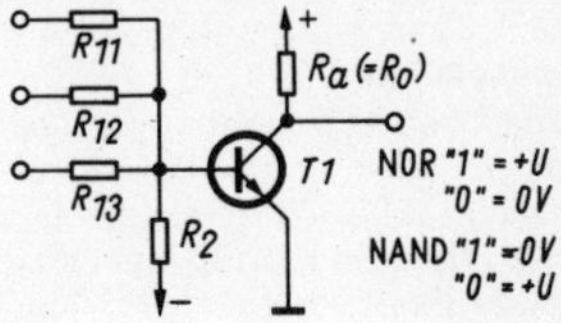

RTTY Radio Teletype heißt zu deutsch Funkfernschreiben. Manche Mikrocomputer lassen sich gut für diesen Zweck einsetzen, und manche Firmen liefern auf Anfrage auch geeignete Programme dafür.

Rubin ist eine Abart des Korund Al_2O_3, also reine Tonerde, die durch Beimengungen blaugefärbt als Saphir oder rot als Rubin vorkommt. Technisch verwendet man künstlich erzeugte Rubine insbesondere für → *Laser*, wo man fehlerlose Rundstäbe benötigt. Rubinlaser arbeiten auf der Wellenlänge 694 μm und erzielen Leistungsdichten von 10^9 W/cm^2.

Rückführung → *Rückkopplung*.

Rückkehr-Adressenregister gibt an, wo nach einem → *Sprungbefehl* der normale Ablauf wiederaufgenommen werden soll.

Rückkopplung Rückführung des Ausgangssignals eines Netzwerkes oder Übertragungsgliedes auf seinen Eingang (→ *Mitkopplung*, → *Gegenkopplung*).

Rückschlagimpuls Eine impulsförmige Spannung mit großer Amplitude, die im → *Zeilen-Ausgangstransformator* entsteht, wenn während der Zeit des Zeilenrücklaufs das Magnetfeld zusammenbricht.

Rücksprung wird befohlen, wenn ein bestimmter Programmteil noch einmal durchlaufen werden soll.

Rückstellkraft Die Kraft, die die Abtastnadel eines Tonabnehmersystems den seitlichen Auslenkungen entgegensetzt. Man unterscheidet zwischen statischer und dynamischer Rückstellkraft; erstere wird aus der Ruhelage, letztere aus der Bewegung der Nadelspitze heraus gemessen. Die Auflagekraft hängt von der Rückstellkraft ab. Die Rückstellkraft darf im Verhältnis zur Auflagekraft nicht zu groß sein, denn sonst wird die Nadel aus der Rille gedrückt.

Rückwärts-Strom Strom in konventioneller-Stromrichtung von der N-Zone nach der P-Zone eines PN-Überganges fließend. Die Bezeichnung „Rückwärtsstrom" verwendet man statt dem

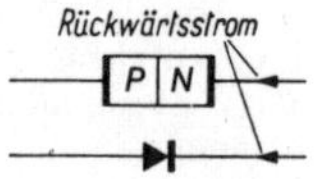

Wort „Sperrstrom" z. B. in Fällen, in denen die Sperrwirkung nicht auftritt.

Rückwärts-Stromverstärkung
1. Komplexes Verhältnis des Eingangs-Signalstromes zum Ausgangs-Signalstrom, wenn bei normaler Speisung die Signalquelle an den Ausgang gelegt und der Eingang kurzgeschlossen ist: Kurzschluß-Rückwärts-Stromverstärkung.
2. Stromverstärkung, wenn der Kollektor emittiert und der Emitter als Kollektor wirkt, d. h. Stromverstärkung bei inversem Betrieb.

Ruhekontakt ist geschlossen und öffnet, wenn er betätigt wird. Häufige Kennzeichnung: $\bar{a}$ (a quer), → *Negation* von a.

Rumpelgeräusche sind auf Unzulänglichkeiten des Plattenspielerlaufwerks zurückzuführen; sie dürfen bei guten Plattenspielern nicht in Erscheinung treten. Der Antriebsmotor läuft z. B. nicht ruhig, Erschütterungen gelangen über den Plattenteller (bzw. über den Tonarm) zum Abtaster (→ *Tonabnehmer*) und rufen in ihm neben den gewollten, durch die Nadelbewegungen erzeugten Spannungen Störspannungen hervor, die sich im Lautsprecher als Rumpeln äußern. Sie können durch Rumpelfilter unterdrückt werden, wobei aber gleichzeitig die tiefen Töne der Aufzeichnung entfallen.

Rumpelgeräuschspannungsabstand Verhältnis von Nutz- und Störsignal (Rumpeln des Plattenspielers) in dB. Nach → *DIN 45 500* ist für Schallplattenabspielgeräte für 10 cm/s Schnelle und 1000 Hz der kleinste R. 55 dB.

Rundfunkempfänger sind Empfänger für den öffentlichen Rundfunk.

Rundfunksatellit Im Gegensatz zum → *Fernmeldesatellit* Satellit zum ausschließlichen Übertragen von Hörfunk- und Fernsehprogrammen, der von jedermann direkt empfangen werden kann. Die R. verfügen nur über vier bis fünf → *Transponder*, haben aber die hohe äquivalente Strahlungsleistung (EIRP) von 66 dBW. Sie senden im Bereich 12...12,5 GHz; ihre Empfangsfrequenzen liegen 5,6 GHz höher.

Auf der Erde können R. mit kleinen → *Parabolspiegeln* mit Durchmessern von 55 cm und weniger empfangen werden. Die R. Frankreichs und der Bundesrepublik Deutschland sind baugleich und heißen TDF bzw. TV-SAT. Die Fernsehprogramme werden in → *D2-MAC* abgestrahlt. Möglich ist auch → *digitaler Satellitenhörfunk*.

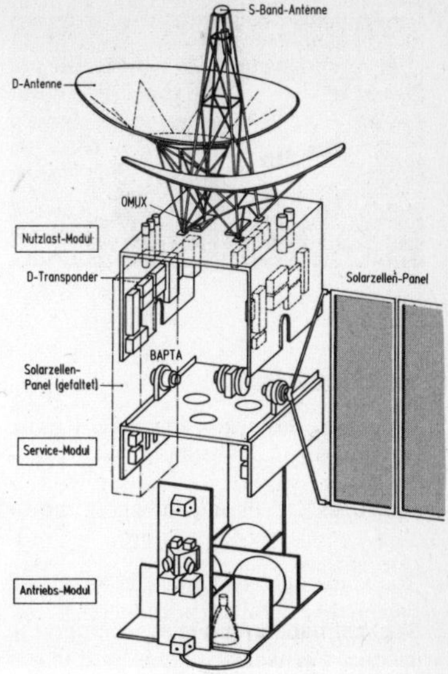

Funktionseinheiten

Rundfunksatellit Außenansicht

Rundfunksender sind Sender für den öffentlichen Rundfunk. Es gibt handbediente und fernbediente, meistens auch Betriebssender und Reservesender.

S

Sägezahn-Generatoren sind z. T. ganz einfach Kippschaltungen mit veränderlicher Frequenz, z. T. kompliziertere zwecks Erzeugung korrekter Impulse, z. B. → *Miller-Integratoren*, → *Transitrons* usw.

Sägezahnspannung Die → *Kippgeräte* in den Fernsehempfängern müssen Spannungen erzeugen, die – grafisch dargestellt – wie die Zähne einer Säge aussehen: verhältnismäßig langsamer, gradliniger Anstieg und schnelles Absinken zum Anfangswert nach Erreichen des Kippzeitpunktes. Diese Spannungen werden in den Ablenk-Endstufen verstärkt, und deren Ströme erzeugen die Magnetfelder in den Ablenkspulen, die den Elektronenstrahl in der Bildröhre ablenken.

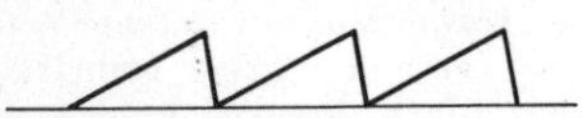

Die Sägezahnspannungen werden von → *Sperrschwingern* oder → *Multivibratoren* erzeugt. In neueren Schaltungen wird im Zeilen-Kippgerät häufig ein → *Sinus-Oszillator* verwendet, dessen Spannung zum Sägezahn umgeformt wird.

Sample and Hold Verstärker Bei der Analog-Digital-Wandlung vielfach benötigte Verstärkereinheit aus Abtaster und → *Halteschaltung.*

Sandwich (= belegtes Brot) = Mehrschichten-Aufbau.

SATAN aus **S**torage **A**rray **T**ester and **An**alyser = Speicher-Bereich-Prüfer und Analysator ist ein speziell für Speicherprüfungen entwickeltes Gerät.

Satellit Künstlicher, die Erde umkreisender Himmelskörper zur Erkundung von Erde und Weltraum, zur Nachrichtenübermittlung und zur Navigation. Alle diese Zwecke werden in erheblichem Umfang auch militärisch genutzt. Weltraumerkundungssatelliten nutzen den Vorteil der fehlenden Atmosphäre. Erderkundungssatelliten dienen nicht nur als → *Wettersatelliten*, sondern erforschen, mit geeigneten Meß- und Kameraaufnahmegeräten ausgerüstet auch die Atmosphäre sowie Wasser und Kontinente. Immer mehr Bedeutung kommt solchen S. in der Umweltbeobachtung zu.

Kommerziell am wichtigsten sind die Nachrichtensatelliten, die Bild- und Tonsignale sowie Daten übertragen. Nachrichtensatelliten gibt es als → *Fernmeldesatelliten*, → *Medium-Power-Satelliten* und → *Rundfunksatelliten* (DBS).

Satellitenhörfunk → *digitaler Satellitenhörfunk.*

Saticon-Röhre Spezial-Aufnahmeröhre für → *Video*-Anwendungen, die gegenüber älteren Röhrentypen weniger Nachzieh-Effekte aufweist.

Sättigung

1. Das Erreichen des Sperr- → *Sättigungsstromes* bei Erhöhen der → *Sperrspannung* von elektrischen Ventilen.

2. Der Zustand einer erhöhten → *Ladungsträgerdichte* im Basisraum eines Transistors (Sättigungsbereich).

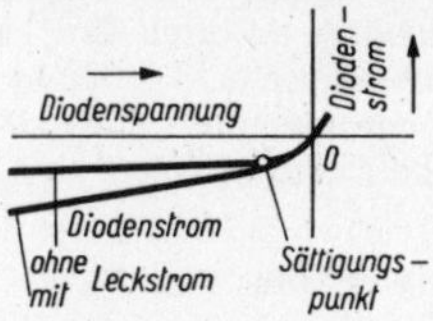

Sättigung: Sättigung tritt für den Sperrstrom der Diode ein, wenn der Betrag der negativen Diodenspannung $|-U_d|$ ungefähr den dreifachen Wert der Temperaturspannung U_t erreicht hat. Bei 25°C beträgt U_T etwa 26 mV

Sättigungs-Abfallzeit Abfallzeit des Kollektorstromes bei einem im → *Sättigungsbereich* betriebenen Transistor. Beim Sperren des im Sättigungsbereich arbeitenden Transistors entlädt sich der Basisraum zunächst während der → *Sättigungs-Speicherzeit*, wobei der Betrag des Kollektorstromes noch nicht merklich absinkt. Der bei Beginn des starken Absinkens des Betrages des Kollektorstromes geltende Zustand ist somit davon weitgehend unabhängig, ob der Transistor im Sättigungsbereich betrieben war oder nicht. Die Sättigungs-Abfallzeit stimmt daher mit der sonst geltenden Abfallzeit praktisch überein.

Sättigungs-Anstiegszeit Anstiegszeit des Kollektorstromes für den Fall, daß der Transistor bis in den → *Sättigungsbereich* gesteuert wird, dabei ergibt sich eine kürzere Anstiegszeit des Kollektorstromes als bei Verzicht auf Sättigung.

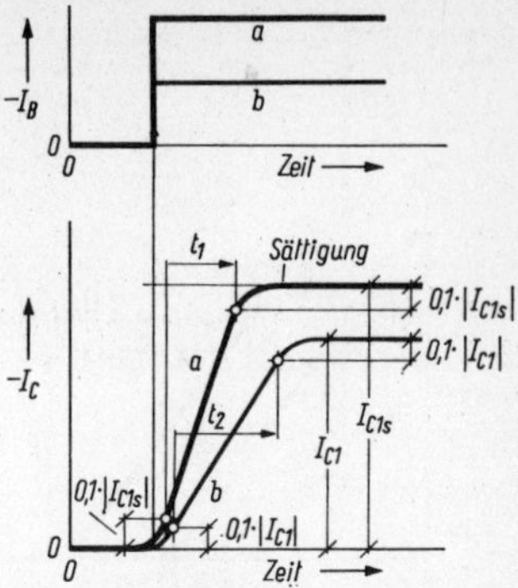

Sättigungs-Anstiegszeit: Die Abb. zeigt die Sättigungs-Anstiegszeit t_1 (Fall a) im Vergleich zur Anstiegszeit t_2, die sich bei Verzicht auf Sättigung (Fall b) ergibt

Sättigungsbereich (Transistor) Der Bereich, in dem der Betrag der Kollektor-Emitter-Spannung den Betrag der → *Kniespannung* unterschreitet. In diesem Bereich ist die → *Ladungsträger-Dichte* gegenüber dem normalen Transistorbetrieb erhöht. Der Sättigungsbereich wird auch Übersteuerungsbereich genannt.

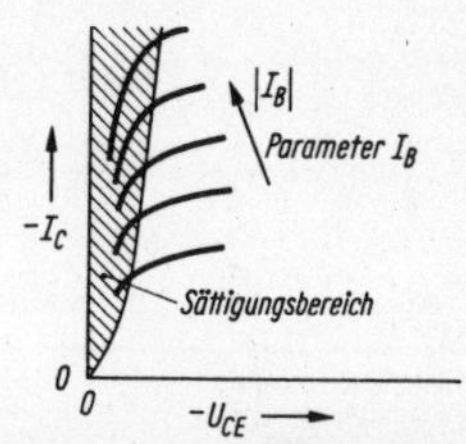

Sättigungsbereich (Transistor): In der Abb. ist der Transistor-Sättigungsbereich in das $I_C(U_{CE})$-Kennlinienfeld eingetragen. Die (unscharfe) Sättigungsgrenze geht ungefähr durch die Kniepunkte der $I_C(U_{CE})$-Kennlinien

Sättigungs-Spannung → *Restspannung.*

Sättigungs-Speicherzeit Sonderfall der → *Speicherzeit.*

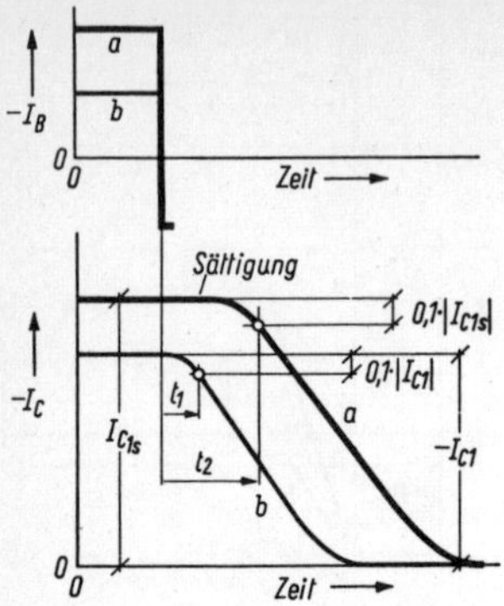

Sättigungs-Speicherzeit: Vergleich der Sättigungs-Speicherzeit t_2(Fall a) mit der Speicherzeit t_1 die sich bei Verzicht auf Sättigung (Fall b) ergibt

Sättigungsstrom einer Sperrschicht In Sperrichtung fließender Strom, soweit er (im Idealfall) für einen größeren Sperrspannungsbereich von dem Wert der in Sperrichtung angelegten Spannung unabhängig ist. Dieser Strom fließt z. B. durch eine PN-Germanium-Sperrschicht, wenn die Sperrspannung einen Wert von etwa 0,1 V übersteigt.

Scanning = Abtastung.

SCART-Stecker Steckverbindung an Fernsehgeräten und Videorecordern sowie Computern für Video- und Tonsignale.

Schachprogramme gibt es für fast jeden Computertyp. Sie belegen meist etwa 4 KByte. Computer, auf deren Bildschirmen hochauflösende Grafiken möglich sind, können sogar das komplette Schachbrett mit den Figu-

Anschlußplan für Scart-Stecker

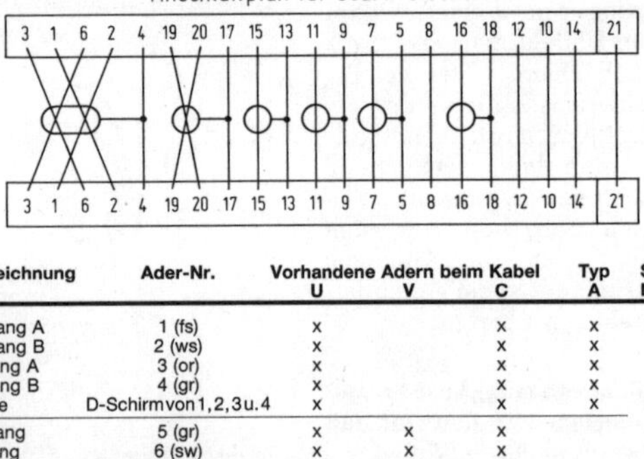

Kontakt Nr.	Signal-Bezeichnung	Ader-Nr.	Vorhandene Adern beim Kabel U	V	C	Typ A
3	Audio Ausgang A	1 (fs)	x		x	x
1	Audio Ausgang B	2 (ws)	x		x	x
6	Audio Eingang A	3 (or)	x		x	x
2	Audio Eingang B	4 (gr)	x		x	x
4	Audio Masse	D-Schirm von 1, 2, 3 u. 4	x		x	x
19	Video Ausgang	5 (gr)	x	x	x	
20	Video Eingang	6 (sw)	x	x	x	
17	Video Masse	C-Schirm von 5 u. 6	x	x	x	
15	n-Signal	7 (rt)	x	x		
13	n-Masse	C-Schirm von 7	x	x		
11	gn-Signal	8 (gn)	x	x		
9	gn-Masse	C-Schirm von 8	x	x		
7	bi-Signal	9 (bl)	x	x		
5	bi-Masse	C-Schirm von 9	x	x		
8	Schaltspannung	11 (br)	x	x	x	x
16	Austastsignal	10 (ws)	x	x		
18	Austastsignal-Masse	C-Schirm von 16	x	x		
12	Datenleitung 1	12 (ge)	x	x	x	x
10	Datenleitung 2	13 (gn)	x	x	x	x
14	Datenleitung-Masse	D-Schirm von 12 u. 13	x	x	x	x
21	Steckerabschirmung-Masseleitung	14	x	x	x	x

Stecker Lötansicht

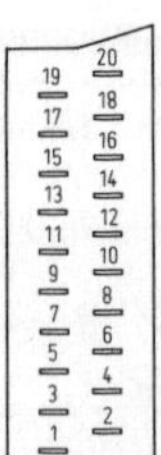

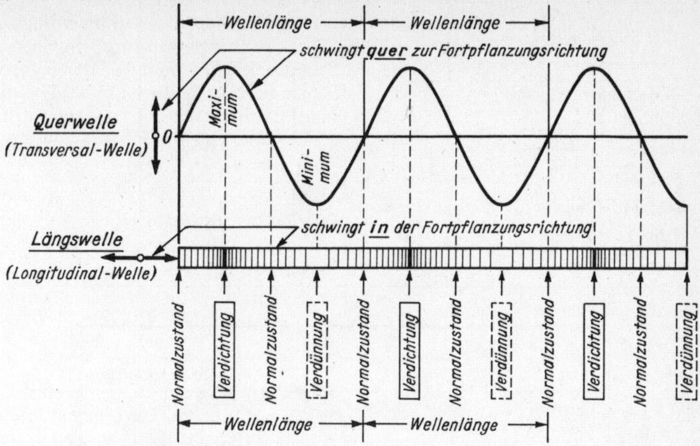

Schall: Vergleich zwischen Querwellen und Längswellen

ren darstellen. Die Software enthält manchmal auch die bei Turnieren übliche Schachuhr.

Schall Materieschwingungen, soweit es sich um hörbaren Schall handelt, im großen ganzen Luftschwingungen (Luftwellen), die sich als Längswellen (Longitudinalwellen) fortpflanzen. Längswellen sind im Vergleich zu den Querwellen (Transversalwellen), die senkrecht zur Fortpflanzungsrichtung schwingen, Verdichtungen und Verdünnungen der Materie in der Wellenbewegungsrichtung.

Schallausbreitung Schall breitet sich kugelwellig aus. Eine reine Kugelwelle entsteht aber nur dann, wenn die Abmessungen der Schallquelle klein sind, gemessen an der abgestrahlten Schallwellen-Länge. In Gasen und Flüssigkeiten breitet sich der Schall in Form von Longitudinalwellen aus, in festen Körpern kann die Schallfortpflanzung sowohl mit longitudinalen als auch mit transversalen Wellen vor sich gehen.

Schallband entspricht aufnahmetechnisch im allgemeinen der Schallplatte mit dem Unterschied, daß die Schallrillen geradlinig auf einem Bande (Kunststoff) anstatt spiralig auf einer runden Platte angeordnet sind. Die Tonspur ist weder optischer noch magnetischer, sondern *mechanischer* Art wie bei der Schallplatte.

Schallbeugung erfolgt an (scharfen) Kanten. Die Beugung wird mit abnehmender Frequenz größer.

Schalldichte ist in stehenden Wellen der zeitliche Mittelwert der Schallenergie je Raumeinheit in cm^3. Einheit der Schalldichte E ist

$$1\,\frac{\text{erg}}{\text{cm}^3} = 10^{-7}\,\frac{\text{W}\cdot\text{s}}{\text{cm}^3}$$

Für Luft von 20 °C ist

$E = 7{,}88 \cdot 10^{-14} \cdot p^2.$

Schallquelle	Entfernung in m	Schalldruck in µbar	Schalleistung in W
Sprache mit normaler Stimme	1	1	0,02
Klavier	3	2,6	0,27
Trompete	1	8,6	0,3
Kleines Orchester	2...10	8	5
Großes Orchester	5...15	4,6	67
Orgel	5	20	12,5

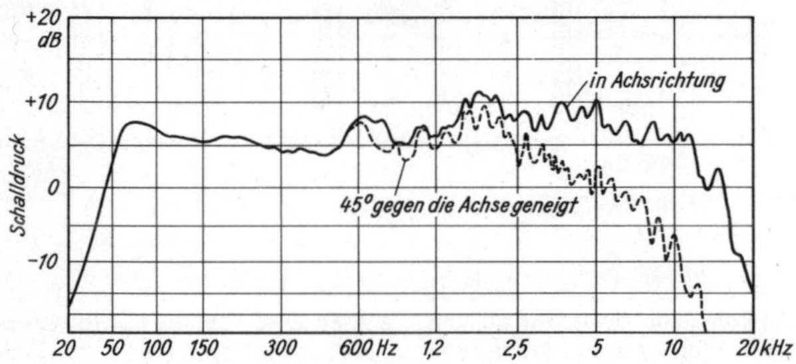

Schalldruckkurve: Schalldruck-Frequenzgang eines guten dynamischen Lautsprechers

Schalldruck ist der durch Schallschwingungen hervorgerufene Wechseldruck je Flächeneinheit, gemessen in Mikrobar. Die Einheit des Schalldrucks p ist µbar.

In nachfolgender Tabelle sind Schalldruckwerte einiger Schallquellen aufgeführt (Mittelwerte); die entsprechende Schalleistung ist hinzugefügt.

Schalldruckkurve gibt den Frequenzgang eines Lautsprechers an (Schalldruck in Abhängigkeit von der Frequenz). Die ideale Kurve würde geradlinig zwischen 16 und 20000 Hz verlaufen. In Wirklichkeit weist die Kurve, selbst eines sehr guten Lautsprechers, zahlreiche Höcker und Einbuchtungen auf. Die *Abb.* ist die Schalldruckkurve eines dynamischen Breitband-Lautsprechers (Lorenz LP 215/25/95, Kombinationslautsprecher, Tieftöner mit zwei Hochtönern). Eine derartige Kurve entsteht, wenn der Schalldruck in der Achsrichtung des Lautsprechers gemessen wird (stark ausgezogene Kurve in *Abb. 322*); die gestrichelt ausgezogene Kurve gibt die Meßresultate bei einer Neigung von 45° gegen die Achsrichtung an.

Schalldynamik Der bei elektroakustischen Anlagen und im einzelnen bei ihren Übertragungsgliedern praktisch zu erzielende Lautstärkenbereich, der noch genügend störungsfrei wiedergegeben werden kann, wird mit → *Dynamik* bezeichnet.

Schalleistung ist die Energie, die in der Zeiteinheit durch eine beliebige Fläche strömt (Schalleistung von Musikinstrumenten).

Schallgeschwindigkeit Ausbreitungsgeschwindigkeit des Schalls; sie hängt von dem jeweils vorhandenen Medium ab. Sie wird in m/s angegeben und ist das Produkt aus Frequenz (Hz) und Wellenlänge (m).
Die Temperatur beeinflußt die Schallgeschwindigkeit. Für die Fortpflanzung des Schalls in der Luft gelten folgende Werte:

Schallpegel Angabe des relativen Schallpegels in dB.

Temperatur	Schallgeschwindigkeit m/sec	Temperatur	Schallgeschwindigkeit m/sec
− 10 °C	330	+ 30 °C	350
0 °C	332	+ 100 °C	390
+ 10 °C	337	+ 500 °C	550
+ 20 °C	343	1000 °C	700

Schallgeschwindigkeit in flüssigen Körpern bei 20 °C in m/s

Benzin	1160	Petroleum	1400	Meerwasser	1510
Alkohol	1200	Wasser (rein)	1485		

Schallgeschwindigkeit in gasförmigen Körpern bei 20 °C in m/s

Kohlendioxyd	260	(Wasserdampf	410)
Sauerstoff	316	Leuchtgas	450
Luft	340 (bei 0 °C 332 m/s)	Helium	971
Stickstoff	338	Wasserstoff	1305

Schallgeschwindigkeit in festen Körpern bei 20 °C in m/s

Gummi (weich)	40... 50	Papier	2000...2100	Kupfer	3500
		Gold	2100	Marmor	3810
Kork	430... 530	(Eis bei 0 °C	2100)	Granit	3950
Paraffin	650	Silber	2678	Eisen	4900..5200
Blei	1300	Tannenholz	3320	Stahl	4990
Hartgummi	1500...1570	Eichenholz	3380	Aluminium	5105
Beton	1660	Buchenholz	3400	Glas	5200
Hanfschnur	1800	Messing	3480		

Schallplatte kreisrunde, heutzutage üblicherweise aus PVC hergestellte Scheibe zur Speicherung von Schallinformation. Sie hat auf jeder Seite eine spiralförmig verlaufende Rille, die die Schallinformationen als Seitenschrift (mono) oder Zweikomponentenschrift (45°/45°-Schrift bei Stereo) *Abb.* enthält. Handelsüblich sind fast ausschließlich S. mit 30 cm Durchmesser und 33⅓ Umdrehungen/min (LP = long play) und S. mit 17,5 cm und 45 Umdrehungen/min (Single). Für die Schallplattenherstellung macht man zunächst eine Tonbandaufnahme und benutzt dann den Bandinhalt zur Beschriftung der Aufnahmeplatte. Das hat eine Reihe von Vorteilen; unter anderem kann der Rillenabstand beim Überspielen auf bequeme Weise geregelt werden. Das Band wird an zwei Aufnahmeköpfen des Magnettongerätes vorbeigeführt; die am ersten Kopf verfügbare Spannung wird zum Regeln des Rillenabstandes, die am zweiten zur eigentlichen Schallaufzeichnung benutzt. Nachträgliche Korrekturen lassen sich leichter einfügen: Löschen unbefriedigender Partien und ihre Neuaufnahme.

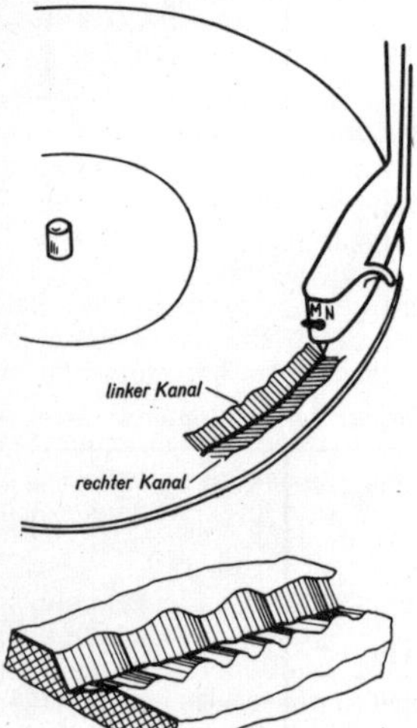

Schallplatte: Schallrille einer Stereo-Schallplatte

Die einmal geschnittene Platte läßt sich als Positiv nicht zur Vervielfältigung verwenden. Deshalb wird die Plattenoberfläche, nachdem sie mit einem elektrisch leitenden Überzug versehen wurde, auf galvanischem Wege verkupfert und metallisch verstärkt. Die so entstandene Vater-Platte ließe sich als Negativ (erhabene Schrift) zwar zum Pressen weiterer Platten verwenden, sie wäre aber als Original-Preßplatte nur ein einziges Mal vorhanden. Daher wird eine weitere Platte, die Mutter-Platte (Positiv), unter Verwendung der Vater-Platte hergestellt. Sie dient dazu, den Sohn als letztes Glied (Negativ mit erhabener Rillenschrift) anzufertigen. Der Sohn endlich wird zum Pressen der für den Handel erhältlichen Exemplare benutzt.

In letzter Zeit werden auch sogenannte direkt geschnittene Schallplatten (ohne den Umweg über das Tonband) hergestellt. Vorteil: Kein Bandrauschen. Nachteil: Nur begrenzte Stückzahlen, da die Vaterplatten durch wiederholte Preßvorgänge zerstört werden. Ein weiteres Verfahren ist die Digitalaufzeichnung.

Zur Schallplattenwiedergabe werden → *Tonabnehmer* benutzt, die nach dem piezoelektrischen System (Kristalltonabnehmer) oder mit elektromagnetischen Abtastern arbeiten.

Die Normen der Schallplattentechnik sind DIN 45 500 (Blatt 3), DIN 45 536 bis 539, 45 546, 45 547 (→ *Compact Disc*).

Schallreflexion Schallwellen werden ähnlich wie Lichtwellen reflektiert (übrigens auch wie diese gebrochen). Der Schall wird durch Beugung stärker beeinflußt. Beugung tritt dann auf, wenn die Wellenlänge vergleichbar groß zu den in Betracht kommenden Körpermassen ist, mit anderen Worten: Um Schallschatten zu liefern, muß ein Gegenstand viel größer sein als für die Erzeugung entsprechender Lichtschatten. Trifft eine Schallwelle senkrecht auf ein Hindernis, so wird sie mit geringerem Amplitudenwert zurückgeworfen. Bei einer Amplitude A verkleinert sich diese bei der Reflexion um einen gewissen Wert, der durch den Reflexionsfaktor k (der immer kleiner als 1 ist) bestimmt wird. Der k-Wert einiger Medien geht aus folgender Aufstellung hervor:

Medium	*k* bei senkrechtem Einfall
Glatte Steinwand	0,95
Wasseroberfläche	0,95
Glatte Holzwand	ca. 0,90
Stoffbespannte Wand	ca. 0,50
Stoffdraperie (faltig)	0,20
Waldrand	0,15

Schallschnelle gibt die Geschwindigkeit an, mit der ein Masseteilchen hin- und herschwingt (nicht mit der Schallgeschwindigkeit zu verwechseln). Die Schallschnelle ist groß, wenn der → *Schalldruck* groß ist, und klein, wenn das Medium dem Schalldruck einen großen Widerstand entgegensetzt. Die Einheit der Schallschnelle s ist $cm \cdot s^{-1}$.

Schallsender Alle Schallerzeuger, z. B. Musikinstrumente, Stimmgabeln, Pfeifen, Sirenen, Stimmorgane, aber auch Kopfhörer und Lautsprecher.

Schallstärke (Schallintensität) ist in fortschreitenden Wellen die Schallenergie, die in der Sekunde durch die Flächeneinheit 1 cm^2 strömt. Einheit der Schallstärke J ist

$$1 \frac{\text{erg}}{\text{sec} \cdot \text{cm}^2} = 10^{-7} \frac{\text{W}}{\text{cm}^2}$$

Die Schallstärke wächst im Quadrat mit dem → *Schalldruck* an. Schallstärke nicht zu verwechseln mit Lautstärke; erstere ist eine objektive Meßgröße, letztere eine subjektive Empfindungsgröße.

Schalltoter Raum → *Nachhall.*

Schallwand Um zu verhindern, daß sich die nach vorn gestrahlten Schallwellen und die von der Rückseite ausgehenden Wellen gegenseitig löschen, was bei der Phasenverschiebung um 180° möglich ist → *akustischer Kurzschluß*, umgibt man das Lautsprechersystem mit einer Schallwand.

Schallwellen → *Schall.*

Schaltalgebra nennt man die von Shannon aus der → *Booleschen Algebra* entwickelte Rechenmethode, die in → *Digitalrechnern* benutzt wird. a, b, c, usw. bedeuten, als Schalter gedacht, im Ruhezustand offene (also nichtleitende), betätigt geschlossene Schalter. $\overline{a}$, $\overline{b}$ usw. sind dann sinngemäß im Ruhezustand geschlossen (also leitend), betätigt offen. „Nichtleitend" bzw. „leitend" gelten hier für Dioden, Transistoren und andere Schaltelemente.

Schaltdiode besonders schnell schaltendes Bauelement (Schaltungen im Nanosekundenbereich). Der Sperrstrom ist über einen möglichst großen Spannungsbereich klein, der Durchlaßstrom bei kleinstmöglicher Durchlaßspannung groß. Hohe Schaltlei-

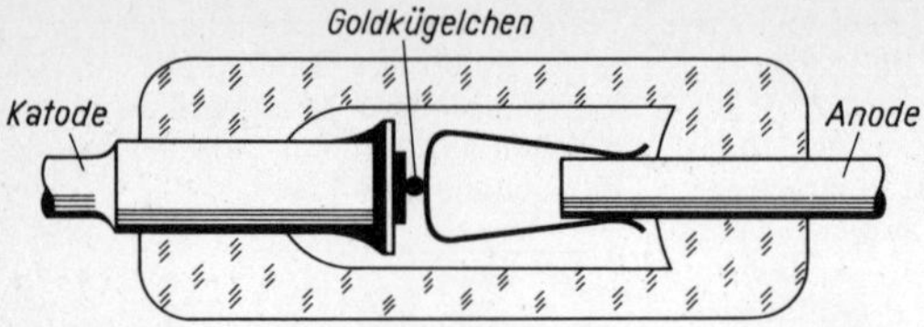

Schaltdiode: Aufbau einer Silizium-Schaltdiode (Siemens)

stungen bei hoher Schaltgeschwindigkeit. Der Aufbau einer Silizium-Schaltdiode (Siemens) ist in der *Abb.* wiedergegeben. Das Siliziumscheibchen berührt mit der N-dotierten Seite eine Grundplatte, die mit dem Katodenanschluß verlötet ist. Die P-dotierte Seite steht über ein Goldkügelchen mit einem Kontaktbügel in Verbindung, dieser mit dem Anodenanschluß.
Man verwendet sie sowohl in HF-Schaltungen (z. B. in Fernsehgeräten), um längere Leitungen zu vermeiden, als auch in Rechenanlagen, wo man auf schnellste Schaltung angewiesen ist. Sie werden daher auch als Computerdioden bezeichnet. Es sind Spezialentwicklungen. Je nach angelegter Spannung ist dieser Schalter „geschlossen“ (sehr niedriger Widerstand) oder „offen“ (hoher Widerstand).

Schalten mit Transistoren Den Transistor benutzt man üblicherweise so als Schalter, daß man ihn mit Hilfe des Basisstromes entweder in den Sperrzustand oder in den Durchlaßzustand steuert. Dabei ergeben sich Verluste im Transistor hauptsächlich während der Umschaltzeiten.

Schalterdiode Weniger gebräuchlicher deutscher Ausdruck für → *Booster-Diode.*

Schalterlogik heißt die Darstellung der Logikfunktionen (-Bausteine) mit Schalter-Symbolen.

Schaltfaktor → *Ausschaltfaktor.*

Schaltkerne sind → *Ringkerne* zum Übertragen von → *Impulsen* von einer Wicklung auf eine andere. Ihr Ferritmaterial soll eine möglichst schmale Hysteresekurve aufweisen im Gegensatz zu der der Speicher-Ringkerne.

Schaltkreis → *Integrierte Schaltungen.*

Schaltnetzteil Spezielles Netzteil in Computern, dessen Ausgangsspannung vom Taktverhältnis abhängt, das über eine Regelschaltung in Abhängigkeit von der Differenz zwischen Soll- und Ist-Ausgangsspannung nachgeregelt wird. Es besteht aus einem elektronischen Schalter (Transistors), Speicherdrossel und Speicherkondensator. In der Leitphase des Transistors steigt der Strom in der Drossel an, wodurch diese mit Energie aufgeladen wird. In der Sperrphase entlädt sich die Drossel über den Kondensator. Das S. setzt weniger elektrische Energie in Wärme um als ein konventionelles analoges Netzteil.

Schaltplan auch Schaltung genannt, ist die Darstellung der Wirkungsweise von Geräten usw., des Wirkungsweges oder verbindender Leitungen durch Symbole.

Schalttransistor Transistoren eignen sich als steuerbare Schalter für die

Schalttransistor: Silizium-Schalttransistor geöffnet (Siemens)

verschiedensten Aufgaben, wenn ihr Sperrwiderstand hoch, ihr Durchlaßwiderstand klein ist und wenn sie sich sehr schnell steuern lassen. Die *Abb.* zeigt einen geöffneten Silizium-Schalttransistor für hohe Ströme (bis 10 A). Die Kammstruktur des elektrischen Systems wird im Hintergrund des Bildes sichtbar. Diese Transistoren werden in Mesatechnik hergestellt.

Schaltung
1. Anordnung und Herstellung von Verbindungen zwischen Bauelementen.
2. → *Stromlaufplan.*
3. → *Schaltplan.*

Schaltverluste Kurzbezeichnung für Umschaltverluste beim Schalten mit Transistoren, auch Übergangsverluste genannt.

Schaltverstärker Transistorstufe, die als Treiberstufe vor eine Transistor-Leistungsschaltstufe gesetzt ist.

Schalt-Zeitkonstante des Transistors Zeitkonstante τ, aus der mit dem → *Übersteuerungsfaktor m* die Anstiegszeit t_r und mit dem → *Ausschaltfaktor k* die Abfallzeit t_f berechnet werden können:

$$t_r = \tau \cdot \ln \frac{m - 0{,}1}{m - 0{,}9}$$

$$t_f = \tau \cdot \ln \frac{k + 1}{k + 0{,}1}$$

Schaltzustand Jeweiliger Betriebszustand eines als Schalter benutzten Transistors. Es gibt vier Schaltzustände: Den Sperrzustand, den Durchlaßzustand mit Sättigung, den Durchlaßzustand ohne Sättigung und den Zustand des unvollständigen Durchschaltens.

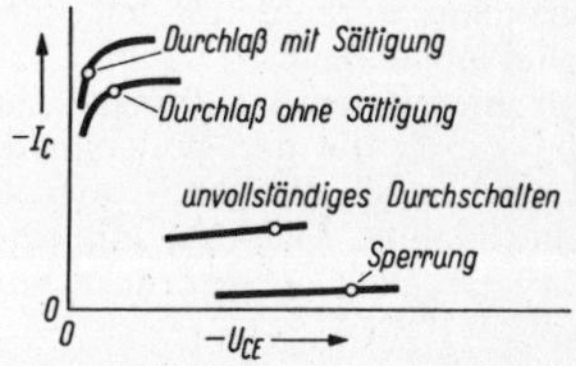

Schaltzustand: Die Abb. zeigt die vier Transistor-Schaltzustände beispielsweise beim PNP-Transistor

Scheinbare Signalverzögerung Bei einem → *Oszillogramm* die Zeitdauer zwischen dem sichtbaren Beginn der Strahlspur und der Stelle, an der die Darstellung einer → *Sprungfunktion* 10% der vollen Amplitude erreicht.

Scheitelspannungsmesser Meßgerät zur Ermittlung des Scheitelwerts (Spitzenwert) einer Wechselspannung. Meist wird ein → *Spitzenwertgleichrichter* zusammen mit einem sehr hochohmigen Meßwerk (Transistorvoltmeter) verwendet. Es sind aber auch noch Geräte mit Glimmröhren in Gebrauch, bei denen die Eigenschaft der Glimmröhre ausgenutzt wird, erst bei Erreichen einer bestimmten Mindestspannung zu zünden. Hierzu wird die zu messende Spannung über einen variablen kapazitiven Spannungsteiler an die Glimmröhre angeschlossen. Das Teilerverhältnis wird so lange verändert bis die Glimmröhre gerade zündet. Der Scheitelwert der Meßspannung läßt sich dann aus der Zündspannung und dem eingestellten Teilerverhältnis bestimmen.

Schichtwiderstand

1. Bauelement mit meist axial (seltener radial) aus einem Rohrkörper aus Keramik herausgeführten Anschlußdrähten. Auf den Rohrkörper ist als Schicht der Widerstandswerkstoff (Glanzkohle, Borkohle, Metall, Edelmetalle) aufgebracht.

2. in integrierten Schaltungen eine Größe, durch die der Widerstandswert einer quadratischen Schicht eines bestimmten Materials mit einer bestimmten Dicke ausgedrückt wird. Einheit: Ω (Ohm)

Schieberegister sind → *Register*, die → *seriell* geladen und entladen werden. Sie dienen oft als schnelle Zwischenspeicher. In ihnen wird durch einen Impuls der gesamte Inhalt gleichzeitig um jeweils eine Stelle verschoben. Aber auch die Parallelverschiebung von z. B. 24 → *bit* gleichzeitig über Parallel-Ein- und -Ausgänge wird angewandt.

Auch als Ersatz für Verzögerungsleitungen lassen sie sich einsetzen.

Schirmbild Durch die Auslenkung des Elektronenstrahls auf dem Bildschirm eines Oszilloskopen dargestelltes Bild.

Schirmbild-Anzeige → *Bildschirm-Geräte.*

Schleifen-Oszilloskop → *Lichtstrahl-Oszilloskop* mit → *Schleifenschwinger.*

Schleifenschwinger Bei → *Lichtstrahl-Oszilloskopen* verwendetes Schleifengalvanometer. Es besteht aus einer vom Strom durchflossenen Drahtschleife (auch Schleife aus Phosphorbronzeband) die mit Spannbändern im Luftspalt eines Ringmagneten (Dauermagnet oder Elektromagnet) aufgehängt ist und einen Spiegel trägt. Schleifenschwinger mit Dauermagnet zeigen den Zeitwert eines Stromes an, solche mit Elektromagnet den Zeitwert der Leistung, wenn die Drahtschleife von einem der Spannung proportionalen Strom und die Erregerwicklung vom Meßstrom durchflossen wird.

Schleusenspannung

1. Für ein Ventil oder für eine Sperrschicht geltender Wert der Durchlaß-Spannung, der dem Übergang zwischen exponentiellem und nahezu linearem Anstieg des Stromes zugeordnet ist. Da die Übergangsstelle nicht genau festgelegt werden kann, verlängert man den etwa linearen Verlauf geradlinig bis zum Schnittpunkt mit der Spannungsachse. Als Schleusenspannung gilt hierbei die Spannung,

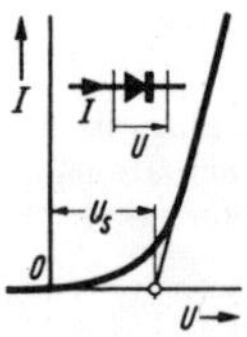

Schleusenspannung: Das Ermitteln des Schleusenspannungswertes aus der Diodenkennlinie. Die Schleusenspannung ist hier mit U_S bezeichnet

die zu diesem Schnittpunkt gehört. Der Begriff der Schleusenspannung wird hauptsächlich für Selenventile benutzt, weil bei diesen für höhere Durchlaßstromwerte deren Anstieg mit der Durchlaßspannung nahezu linear ist. Die Schleusenspannung schwankt nach Material zwischen + 0,2 V (Kupferoxydul) und – 0,7 V (Silizium).

2. → *Potentialschwelle* (Stufenspannung).

Schmidt-Optik Eine optische Spezialeinrichtung für Fernseh-Projektionsempfänger, die nach ihrem Erfinder, einem ehemaligen Mechaniker der Hamburger Sternwarte, benannt ist. Die Optik vergrößert das Schirmbild auf das gewünschte Format nicht mit Hilfe von Linsen, sondern mit einem Hohlspiegel. Hohlspiegel der notwendigen Größe sind in der Herstellung wesentlich billiger als Linsen. Außerdem entfallen beim Hohlspiegel alle optischen Fehler, die eine Linse haben kann, mit Ausnahme eines einzigen, der sogenannten sphärischen Abberation. Dieser Fehler wird jedoch durch eine eigenartig geformte Korrekturlinse ausgeglichen.

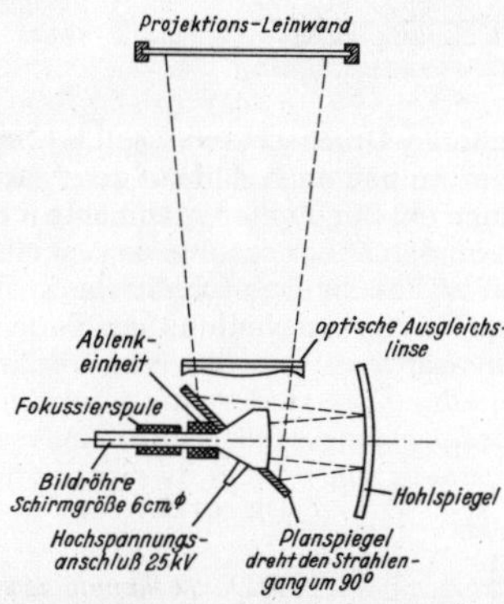

Schmidt-Optik: *Die Schmidt-Optik arbeitet mit einem Hohlspiegel, einem Planspiegel und einer eigenartig geformten Ausgleichslinse. Für Spezialzwecke werden Projektionsempfänger mit dieser Optik ausgestattet*

Die ersten Projektionsempfänger mit der Schmidt-Optik wurden zu einer Zeit gebaut, als die übliche Bildgröße nur 36 cm betrug. Zur Erläuterung der Wirkungsweise der Schmidt-Optik zeit die *Abb.* den Strahlengang in einem Projektionsempfänger.

Man erkennt, daß das Bild der Projektionsröhre auf den vergrößernden Hohlspiegel fällt und von dort auf einen Planspiegel reflektiert wird, durch den der Kolben der Bildröhre hindurchragt. Hierdurch ergeben sich ein sehr gedrängter Aufbau und geringe Abmessungen der optischen Einheit. Oberhalb des Planspiegels ist die Ausgleichslinse zur Korrektur der Abberation angeordnet.

Für kommerzielle Zwecke werden heute noch Projektionsempfänger mit einer Schmidt-Optik verwendet, die das Bild auf eine Spezial-Bildwand werfen und Bildgrößen bis zu 3 m x 4 m erzeugen.

Schmitt-Trigger dienen hauptsächlich zur Umwandlung von unregelmäßig schwankenden Spannungen (*Abb.*) oder von verschlissenen oder verformten Impulsen in korrekte Rechteck-Impulse (auch Versteiler genannt).

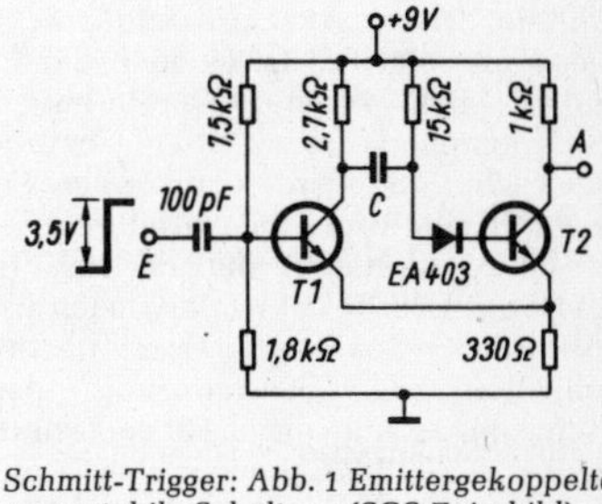

Schmitt-Trigger: Abb. 1 Emittergekoppelte monostabile Schaltung (SGS Fairchild)

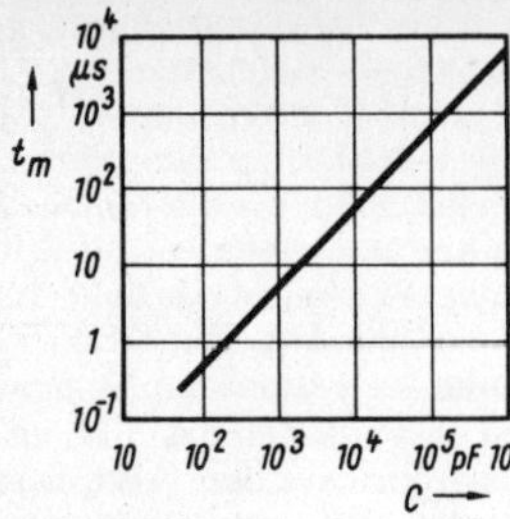

Abb. 2 Die Impulslänge der monostabilen Schaltung hängt von dem zeitbestimmenden Kondensator ab

Schnelldrucker → *Drucker*, → *Elektrografie*, → *Kettendrucker*, → *Rasterdrukker*, → *Tellurschreiber*, → *Walzendrukker*, → *Xerografie*, → *Zeilendrucker*.

Schnellschreiber → *Schreiber* mit hoher → *Schreibgeschwindigkeit*. Bei Schreibern mit mechanischer Aufzeichnung werden starke → *Drehspul-* oder → *Drehmagnetmeßwerte* mit → *Eigenfrequenzen* bis zu 100 Hz verwendet, wobei die Schreibbreite sehr klein gehalten werden muß. Neben der Registrierung mit Tintenschrift findet man auch Wachspapier- und Metallpapieraufzeichnung.

Schnittstelle ist an einem Computer eine Anschlußmöglichkeit für externe Geräte. Dieser Anschluß muß nicht genormt sein und ist es auch häufig nicht. Auch periphere Geräte haben Schnittstellen, um mit einem Computer verbunden werden zu können. So hat z. B. eine Typenradschreibmaschine eine Schnittstelle, die praktisch die Leitungen der Tastaturmatrix nach außen führt. → *Software* im Computer ermöglicht die Ansteuerung der Schreibmaschine durch Umcodierung jedes → *ASCII*-Zeichens in den Tastaturcode. Bei Verwendung eines → *Einplatinencomputers* kann man ein → *Interface* bauen, um eine → *serielle Schnittstelle* zu erhalten. (Genormte Schnittstellen → *Drucker*.)

Schottky-Dioden haben anstelle eines → *PN-Übergangs* einen Metall-Halbleiter-Übergang und dazwischen die Schottky-Sperrschicht. Sie sperrt bei Vorzeichen-Umkehr innerhalb ~ 100 ps, ist sehr rauscharm und bis 150 GHz verwendbar.

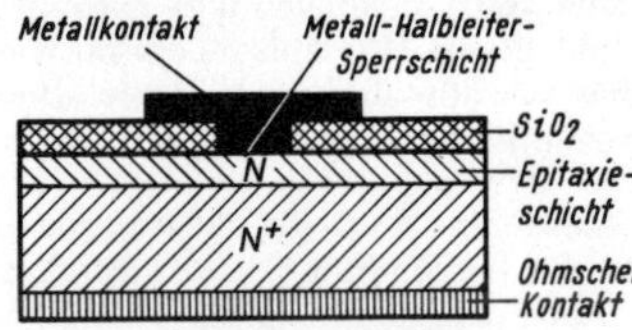

Schottky-Druckschalter sollen mit dem Aufbau nach Bild auf den Markt kommen. Bei einem typenmäßig festliegenden Druck schaltet der Schalter ein und bleibt eingeschaltet, auch ohne Druck. Ausschaltung wie beim → *Thyristor*.

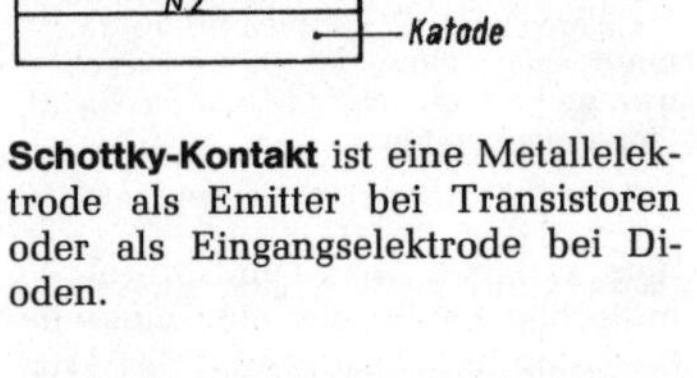

Schottky-Kontakt ist eine Metallelektrode als Emitter bei Transistoren oder als Eingangselektrode bei Dioden.

Schottky-Transistor → *PSS-Schottky-Transistor*.

Schottky-TTL → *Low-Power-Schottky*.

Schreiben

1. Vorgang, bei dem die Information auf die Speicherplatte der Oszilloskopenröhre eines → *Speicher-Oszilloskopen* aufgezeichnet wird.

2. Schreiben heißt das Einspeichern einer → *Information*.

Schreiber Gerät, bei dem eine Schreibeinrichtung in Abhängigkeit von einer angelegten Spannung über ein Papier bewegt wird und dabei eine der Spannung proportionale Kurve auf das Papier zeichnet. Kann sich die Schreibeinrichtung nur in einer Achse bewegen, während das Papier senkrecht zu dieser Richtung mit einer bestimmten Geschwindigkeit transportiert wird, so spricht man von einem Y-t-Schreiber. Liegt das Papier jedoch fest und kann die Schreibeinrichtung über die gesamte Ebene geführt werden, so spricht man von einem X-Y-Schreiber.

Schreibfehler Bei schreibenden Meßgeräten (→ *Schreiber*), die Abweichung der geschriebenen Kurve von ihrem Sollwert.

Schreibgeschwindigkeit Bei → *Schreibern* die Geschwindigkeit der Schreibfeder auf dem Papier. Die Schreibgeschwindigkeit ist bei → *Linienschreibern* begrenzt durch die Art der Aufzeichnung sowie die Eigenfrequenz und die Schreibamplitude des Meßwerks.

Schreibköpfe für alle magnetischen Aufzeichnungen sind zugleich auch Leseköpfe. Sie tragen eine Lesewicklung und zwei entgegengesetzt gewickelte Schreibwicklungen (zum Einschreiben von O oder L). Bei allen mit Leseköpfen arbeitenden Speichern wird die → *Information* durch das Lesen nicht zerstört und kann beliebig oft gelesen werden. Nicht mehr benötigte Informationen werden überschrieben.

Schreib/Lesespeicher werden als → *LSI-Schaltungen* eingebaut.

Schreibringe legt man in → *Magnetbandspulen* ein, wenn sie beschrieben werden dürfen. Aus beschriebenen Spulen werden sie entfernt, um Überschreiben zu verhüten.

Schrieb Mit einem → *Schreiber* oder → *Lichtstrahl-Oszilloskopen* erzieltes Meßergebnis, dessen zeitlicher Verlauf in Form einer aufgezeichneten Kurve zur Auswertung vorliegt.

Schriften, maschinenlesbare müssen bestimmte Kennzeichen aufweisen, an denen die Maschine die Zeichen unterscheiden kann. Am einfachsten ist die Ziffernfolge, bei der jede Zahl in einem bestimmten Feld einen anderen Schwärzungsgrad aufweist. Die dafür konstruierten Schriften, z. B. die genormte → *OCRA* (= CZ 13) oder die → *ASA-Schrift* sind auch von Menschen lesbar. Hierzu gehört die *CMC 7-Schrift* (genormt) aus bis zu 7 Strichen mit unterschiedlichem Abstand und Länge mit 10 Ziffern, 26 Buchstaben und 5 Hilfszeichen, dazu „Selfcheck“ und HASLER-Schrift (→ *Magnetschriften* z. B. E 13 B).

Schriftleser sind und wurden vielfach konstruiert. Ein Modell, das mit → *Fotodioden* und mit einem zu jeder Druckschriftart gehörigen Cassetten-Magnetband die betr. Schriftart mit großer Geschwindigkeit liest, hat eine ganz geringe Fehlerrate.

Schriftsatzrechner bestehen aus Zentraleinheit und einem oder mehreren

Terminals, an denen die Texte eingegeben werden. Schrifttype, Satzbreite, Schriftgröße usw. werden ebenfalls in das Terminal eingegeben. Der Rechner berechnet die zur Satzherstellung notwendigen Parameter (Anzahl der Wörter pro Zeile, Trennungen) und wählt die gewünschte Schriftart. Der Text wird auf Film belichtet. Im Kommen ist auch der sog. Bildschirmumbruch, bei dem z. B. eine Zeitungsseite praktisch automatisch, via Bildschirm hergestellt werden kann.

Schrittmotoren, die sich nicht fortlaufend, sondern in kleinen Schritten drehen, werden für vielerlei Zwecke eingesetzt, vornehmlich zur Positionierung (Einstellung) von Werkstükken und Werkzeugen bei gesteuerten Werkzeugmaschinen. Es gibt Typen mit sehr hoher Einstellgenauigkeit und bis zu 16000 Schritten/s, auch einen Typ für Quarz-Armbanduhren.

Schrittschalter werden durch Impulsfolgen (z. B. Fernsprechwähler) betätigt und u. a. in ferngesteuerte Modelle oder Fahrzeuge eingebaut.

Schrot-Rauschen → *Rauschen des Transistors.*

Schutzdioden werden vielfach in → *MOS-FET* und → *IS* eingebaut, um sie gegen Spannungsspitzen zu schützen.

Schutzgas-Kontakte = → *Reed-Relais.*

Schutzglas Der Fall, daß eine Bildröhre durch → *Implosion* ohne eine äußere Gewaltanwendung zerstört wurde, ist bisher nicht bekannt geworden. Jede Bildröhre wird nämlich, bevor sie die Fabrik verläßt, mit erhöhtem Druck auf ihre Festigkeit geprüft.

Moderne Bildröhren sind ohne Schutzscheiben gegen → *Implosion* gebaut. Sie werden an den kritischen Stellen durch eine Glasfaser-Polyesterschicht (P-Röhre) oder eine Stahlarmierung (M-Röhre) geschützt (→ *Bildröhre*).

Schutzschicht Zum Schutz der Halbleiter-Oberfläche auf dieser erzeugte Schicht: Für Silizium-Bauelemente Schicht aus SiO_2 zustandegebracht nach Ätzen und Reinigen der Oberfläche durch Oxydation in reinem Sauerstoff oder H_2O-Dampf bei 1200 °C.

Schwarzpegel (Schwarzwert) Bei der im deutschen Fernsehen verwendeten Negativ-Amplitudenmodulation ist der größte Schwarzwert auf 75 % der maximalen Trägeramplitude festgelegt. Bei 75 % liegt also der Schwarzpegel; über ihn hinaus ragen die Synchronimpulse, die die restlichen 25 % der Trägeramplitude einnehmen (→ *Synchronsignal*).

Der Schwarzpegel gibt nicht die Aussteuerung für absolutes Schwarz im Fernsehbild an, sondern für die dunkelste Stelle des Bildes. Deren tatsächliche Schwärze im optischen Sinne hängt von dem Potential des steuernden Wehneltzylinders ab, also von dem am Helligkeitseinsteller gewählten Wert.

Schwarzwert (auch Schwarzschulter) ist ein wichtiger Bezugspunkt für den Bildaufbau im Fernsehempfänger. Er ist elektrisch im Signal stets eindeutig definiert. Durch Klemmschaltungen sorgt man dafür, daß dieser Spannungswert festgehalten (festgeklemmt) wird, damit auf dem Bildschirm ein konstanter Schwarzwert ist. Er ergibt sich aus der Form, in der man die Augenblickswerte der Amplitude für das BAS-Signal grafisch darstellt. Die Bildimpulse steuern die Hochfrequenzamplitude – je nach den Helligkeitswerten – von 10 % (Weißpegel) bis höchstens 75 % (Schwarzpegel). Nach Beendigung einer Zeile folgt der Austastimpuls (→ *Austastsignal*), der die Modulation ruckartig auf den Schwarzpegel

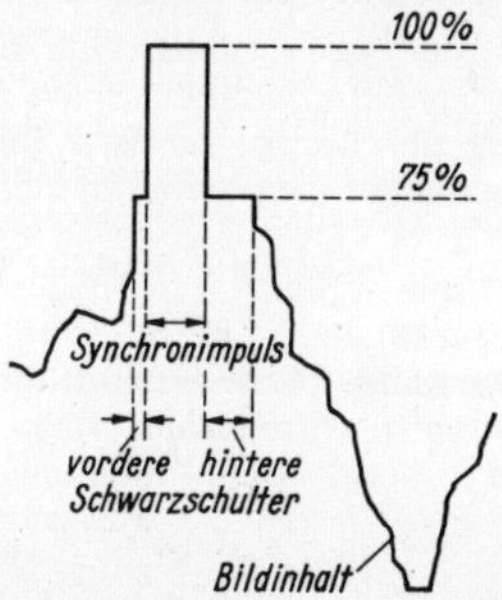

Schwarzwert (auch Schwarzschulter): Die vordere und hintere Schwarzschulter einschließlich der Zeit des Synchronimpulses werden auch Austastimpuls genannt. Die längere hintere Schwarzschulter dient als Bezugswert zum Erzeugen der Regelspannung

bringt. Zeitlich schließt daran der Synchronimpuls an, der die Modulation von 75 % bis 100 % beansprucht.

Schwebezonen-Verfahren → *Zonenreinigungs-Verfahren*, bei dem ein Halbleiterstab in senkrechter Stellung an beiden Enden eingespannt und die Schmelzzone durch senkrechtes Bewegen der Heizvorrichtung längs des Stabes von einem Stabende zum anderen verschoben wird. Die Oberflächenspannung bewirkt, daß das Material an der Schmelzzone nicht auseinanderfließt. Dieses Verfahren eignet sich zum Reinigen von Silizium (tiegelfreies Verfahren).

Schwellenspannung
1. → *Potentialschwelle*
2. Spannung, die bei einem → *Oberflächen-Feldeffekt-Transistor* vom → *Anreicherungs-Typ* am Tor nötig ist, damit ein Strom fließen kann.

Schwellwert → *Ansprechschwelle.*

Schwinggrenze → *Schwinggrenzfrequenz.*

Schwing-Grenzfrequenz Frequenz, für die die Leistungsverstärkung eines Transistors bei beidseitiger Leistungs-Anpassung den Wert 1 annimmt.

$$f_{max} \approx \sqrt{\frac{f_{\beta 1}}{8 \cdot \pi \cdot r_{Bb} \cdot c_{Cb}}}$$

r_{Bb} = → *Basis-Bahnwiderstand*
c_{Cb} = → *Collector-Basis-Kapazität*
$f_{\beta 1}$ = → *Beta-Eins-Frequenz*

Schwingkreis (Kurz Kreis) eine passive Anordnung, bestehend aus einem induktiven und einem kapazitiven Glied, deren frequenzabhängiger Scheinwiderstand bei einer Resonanzfrequenz f_o (bzw. bei einer Resonanzfrequenz $\omega_o = 2\pi f_o$ einen Extremwert hat. Es gilt die Thomsonsche Schwingungsformel:

$$\omega_o L = \frac{1}{\omega_o C'}$$

Schwingsaitengeber → *Frequenzgeber.*

Schwingungsimpuls → *Impuls.*

Schwingungszahl → *Frequenz.*

Schwingzylindergeber → Frequenzgeber.

Schwundregelung Dieser Ausdruck stammt aus den Anfangszeiten der Rundfunktechnik und ist heute durch die Bezeichnung automatische Verstärkungsregelung (AVR) ersetzt. Zweck dieser Einrichtung ist es, Empfangsschwankungen (Fading), die bei Fernempfang im Mittel- und Kurzwellenbereich auftreten können, automatisch auszuregeln.

SCR (= **s**ilicon **c**ontrolled **r**ectifier) amerik. Kurzzeichen für → *Thyristor.*

Scrambler Schaltung oder Gerät zum Verschlüsseln von Informationen, insbesondere Daten, Sprache und Fernsehsignalen, letztere vorwiegend bei → *Pay-TV*. Damit werden Unbefugten die Signale unzugänglich. Auf der Empfängerseite werden die Informationen mit Hilfe eines Descramblers wieder entschlüsselt.

scratch pad memory (~ Kritzel-Block-Speicher) heißen sehr schnelle Schreib/Lesespeicher in bipolarer Technik.

SCS (= **s**ilicon **c**ontrolled **s**witch) = → *Thyristor-Tetrode.*

SDLC (= **s**ynchronous **d**ata **l**ink **c**ontrol) Verfahren zur synchronen Datenübertagung, ähnlich → *HDLC.*

Se

1. Kurzzeichen für → *Selen.*
2. Serieneingang bei → *Registern.*

Secam Als Benennung des in Frankreich entwickelten Farbfernsehsystems gebildetes Kunstwort aus Séquentiel à Mémoire (zeitlich aufeinander folgende Übertragung der Farbinformationen mit Speicherung).

Secam-Farbfernsehsystem Dieses Verfahren wurde von dem französischen Physiker *Henry de France* in den Laboratorien der Compagnie Fançaise de Télévision entwickelt. Ebenso wie das → *Pal-System* ist es eine Variante des → *NTSC-Farbfernsehsystems*, die Farbverfälschungen durch Phasenfehler auf dem Übertragungswege ausschließen soll. Beim Secam-System werden die beiden Farbinformationen nicht wie beim NTSC- und beim Pal-System gleichzeitig durch die → *Quadraturmodulation* des Farbträgers übertragen, sondern zeitlich nacheinander (sequentiell).

6-bit-Code ergibt $2^6 = 64$ Möglichkeiten (Buchstaben, Ziffern, Sonderzeichen), wobei die → *Bitposition* von hinten nach vorn gezählt wird.

SECL-Technik = **s**ymmetrical **e**mitter **c**oupled **l**ogic (~ symmetrische emittergekoppelte Logik) mit einer Verzögerungszeit von nur 1 ns.

Seebeck-Effekt Das Auftreten einer Spannung zwischen den Enden der Reihenschaltung zweier Übergänge zwischen verschiedenen Leitern, Halbleitern oder Halbleiterzonen aufgrund eines Temperaturunterschiedes dieser Übergänge gegeneinander. Gegenstück zum → *Peltier-Effekt* (→ *Thermo-Elektrizität*).

Seebeck-Koeffizient Beim → *Seebeck-Effekt:* Spannung je Grad (Kelvin oder Celsius) Übertemperatur des einen Übergangs gegen den anderen Übergang.

Segregation (= Absonderung) heiß z. B. das Ausscheiden von Fremdatomen beim Kristallziehen. → *Einkristalle.*

Segregations-Konstante s Beim → *Zonenschmelzverfahren* oder Kristallziehen: Verhältnis der Fremdatomdichte im festen Halbleiter zu der Fremdatomdichte in der Schmelze und zwar bei langsamen Durchwandern der Schmelzzone bzw. bei kleiner Ziehgeschwindigkeit. Es gilt bei Einbau in Germanium für Indium $s \approx 10^{-3}$, für Antimon $s \approx 3 \cdot 10^{-3}$, für Zinn $s \approx 10^{-3}$, für Bor $s \approx 1$.

Seitenband Bei der Modulation einer elektrischen Welle entstehen neben der Trägerfrequenz zwei Seitenbänder, ein oberes und ein unteres. Soll z. B. die höchste übertragene Signalfrequenz 5 kHz sein und moduliert man diese Frequenz im Amplitudenverfahren eine Trägerfrequenz auf, so entsteht eine um 5 kHz größere und eine um 5 kHz kleinere Frequenz zusätzlich zur Trägerfrequenz. Andere Modulationsfrequenzen erzeugen entsprechende weitere Frequenzpaare, so daß bei der Modulation durch ein Tongemisch auf jeder Seite des Trägers ein sogenanntes oberes bzw. unteres Seitenband entsteht, das in diesem Beispiel eine Breite von je 5 kHz beansprucht. Unter solchen Voraussetzungen müssen die Sender einen gegenseitigen Abstand von 10 kHz wahren, wenn sie sich nicht stören sollen.

Zur Übertragung genügt an sich jedoch ein einziges Seitenband, denn es enthält alle Kennzeichen der modulierenden Frequenzen. Man darf also das eine Seitenband unterdrücken, ohne die Güte der Übertragung zu gefährden; man spricht dann vom → *Einseitenband-Verfahren.*

Sektor-Steuerung Im Gegensatz zur → *Phasenanschnitt-Steuerung,* bei der von jeder Phase am Anfang ein bestimmter Teil ausgeschaltet wird, so daß der Strom gegenüber der Spannung nacheilt (ähnlich wie bei induktiver Last), schaltet die Sektor-Steuerung vorn und hinten bei jeder Phase gleich viel weg, so daß immer ein reiner Wirkstrom fließt, da Spannung und Strom übereinstimmen.

Sekundärelektronen sind „Zweit-Elektronen". Wenn Elektronen mit der nötigen Geschwindigkeit auf einen geeigneten Stoff auftreffen, so schlagen sie aus ihm neue Elektronen heraus, dies sind Sekundärelektronen.

Sekundärelektronen-Vervielfacher benutzen die → *Sekundär-Emission,* um sehr kleine Ströme mit verhältnismäßig einfachen Mitteln zu verstärken. Von der Katode (sehr häufig → *Fotokatode* k) ausgehende Elektronen prallen der Reihe nach auf Hilfsanoden, hier → *Dynoden* oder → *Prallanoden* Dy 1...6 genannt, die an immer steigenden Spannungen von z. B. 1000...2000 V liegen, so daß die Zahl

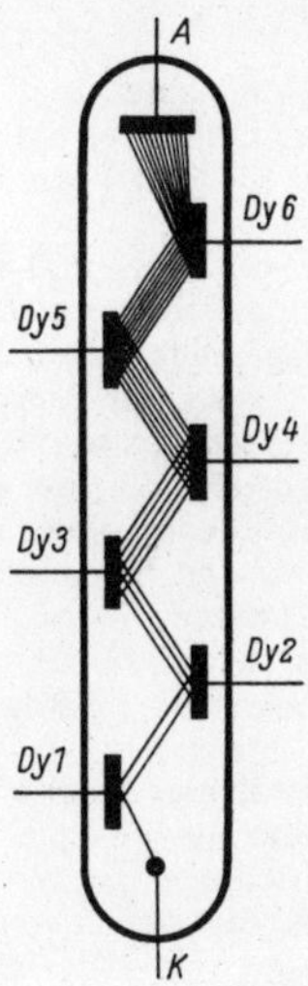

der Elektronen von einer zur anderen wächst bis zur Anode *a.* Z. B. bei Fernsehaufnahme-Kameras und in der Licht- und UV-Meßtechnik findet diese verhältnismäßig rauschfreie hohe Verstärkung Verwendung. Für Massen- und UV-Spektrometer gibt es auch magnetische Elektronen-Vervielfacher.

Sekundär-Emission Prallt ein beschleunigtes Elektron mit einer Energie von mehr als 10 eV auf eine feste Fläche auf, so schlägt es aus ihr ein oder mehrere Elektronen heraus. Ihre Zahl hängt erstens vom getroffenen Material, zweitens von der Auftreffgeschwindigkeit ab. Die Elektronen werden von dem Pol eingefangen, dessen Kraftfeld am stärksten auf sie einwirkt. Das kann die Ursprungsfläche sein, aber auch irgendeine andere, deren Kraftfeld überwiegt.

Selektivverstärker Wechselspannungsverstärker mit sehr kleiner → *Bandbreite.*

Selektron hieß eine ältere (seltene) Elektronenstrahlröhre, die als Speicher diente für → *EDV-Anlagen.*

Selen Se Zwei-, vier-, und manchmal sechswertig auftretendes chemisches Element, kommt in metallischer und in amorpher Form vor. Aus der metallischen Form wurden seit 1876 → *Fotozellen* hergestellt, die aber durch die neueren Halbleiterzellen fast ganz verdrängt wurden. Bekannt sind die → *Selen-Gleichrichter.*

Selen-Fotoelement → *Fotoelement.*

Selen-Gleichrichter, deren Verwendungs-Beginn auf den der Kupferoxydul-Gleichrichter folgte werden auch heute noch für viele Zwecke angewandt. (Selen, ein chemisches Element, ist ein Vielkristall.) Die Sperrschicht entsteht an der Berührungsstelle eines Metalls mit der Selen-

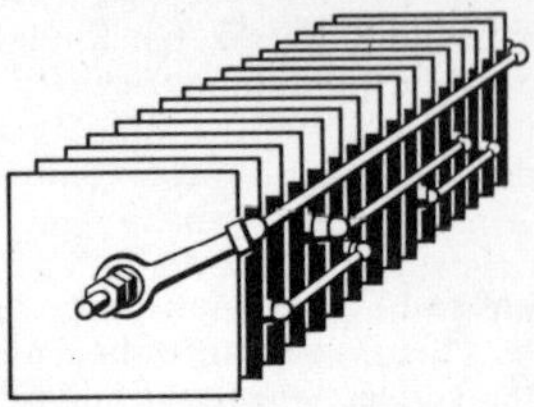

schicht, Stromfluß in Richtung Trägerplatte – Selen – Metallschicht. (Kupferoxydul- und Selen-Gleichrichter werden häufig Trockengleichrichter genannt).

Die einzelnen Zellen werden zu Säulen zusammengefaßt, für größere Spannungen hintereinander und für größere Ströme parallelgeschaltet *(Abb.).* Plattensäulen lassen sich für jeden Strom- und Spannungswert zusammenstellen. – Selen-Gleichrichter werden für Leistungen von einigen Watt bis zu einigen hundert Kilowatt gebaut. Sowohl in Anlagen für kleinste Spannungen und mehrere tausend Ampere sowie für höchste Spannungen (100 kV und mehr) bei niedrigen Stromwerten (bis zu 1 A) wird ausschließlich Selen verwendet.

Selen-Ventil Auf Selen-Basis arbeitendes elektrisches Ventil: Auf Metall-Grundplatte dünne Selenschicht, darauf Gegenelektrode aus Weichmetall. Dabei sorgt man dafür, daß zwischen der Selenschicht und dem Weichmetall eine dünne N-Schicht aus Kadmium-Selenid zustande kommt. Die Sperrschicht, die im Zusammenhang mit Selenventilen auch Doppelrandschicht genannt wird, bildet sich zwischen der Selenschicht und der N-Schicht aus. Das Selen-

Ventil hat eine Schleusenspannung von etwa 0,5 V und von da an einen näherungsweise linearen Anstieg des Durchlaßstromes.

Selfcheck-Ziffernsatz gehört zu den maschinenlesbaren → *Schriften*.

Sendeleistung ist die vom Sender an die Antenne abgegebene Hochfrequenzleistung. Sie ist die Summe aus Trägerleistung und Seitenbandleistung. Übliche Werte sind 0,5 W bei CB-Funkgeräten, einige zig W bei Amateurfunkgeräten, 6 W bis 10 W bei kommerziellen Funkgeräten, 5 kW bis 2000 kW bei Hörfunksendern (AM), 1 kW bis 10 kW bei Hörfunksendern (FM), 1 kW bis 50 kW bei Fernsehsendern. Die tatsächlich von der Antenne abgestrahlte Leistung hängt vom Antennengewinn oder -verlust ab. In den FM-Bereichen (Hörfunk, Fernsehen) beträgt der Antennengewinn bis zu 10 dB (10-fach).

Sender Im S. werden Schwingungen erzeugt, moduliert und verstärkt. Diese hochfrequenten Schwingungen werden als elektromagnetische Wellen abgestrahlt. Hierzu dient die Sendeantenne. Man unterscheidet je nach Verwendung z. B. → *Rundfunksender*, → *Amateurfunksender* und → *Richtfunksender*. Kleine Sender sind Funksprechgeräte. Es gibt AM-Sender (für Amplitudenmodulation) und FM-Sender (für Frequenzmodulation). S. arbeiten in verschiedenen → *Frequenzbereichen*. Man spricht dann von Langwellensendern (LW), Mittelwellensendern (MW), Kurzwellensendern (KW) und Ultrakurzwellensendern (UKW).

Senderkennung Im → *ARI*-System ein spezielles Signal, aufmoduliert auf einen 53-kHz-Hilfsträger, der das Verkehrsfunkprogramm kennzeichnet.

Senke Bezeichnung der zum Ausgang eines → *Feldeffekt-Transistors* gehörenden Elektrode, über die der gesteuerte Strom fließt (auch → *Drain*).

Sensor Bauelement, das eine nichtelektrische Größe in eine elektrische umwandelt und deren Messung ermöglicht. Die verschiedenen Sensoren sind zum Teil völlig unterschiedlich aufgebaut, da sie die verschiedensten physikalischen Effekte ausnutzen.

sequentiell = aufeinanderfolgend, der Reihe nach.

sequentieller Zugriff → *Sequenzspeicher*, → *serial access*.

Sequenzer Maschine zum automatischen Bestücken von Leiterplatten, wobei der S. selbst aus den benötigten, gegurteten Bauelementen einen neuen, der Bestückungsreihe angepaßten Gurt zusammenstellt.

Sequenzspeicher (auch Linearspeicher) sind solche, bei denen die Informationen erst aus einer Folge von Daten herausgesucht werden müssen, in erster Linie also → *Magnetbänder*. Aber auch bei → *Magnettrommel*- und → *Magnetplattenspeichern* muß erst die Spur und dann die Speicherstelle gefunden werden, ehe sie gelesen werden kann. Die Zeit ist hier wesentlich kürzer als beim → *Magnetband*, aber nicht vernachlässigbar wie etwa beim *Ringkernspeicher* (→ *Matrix*).

serial access (= Reihenfolge-Zugriff) gilt für alle Datenträger, bei denen die Informationen hintereinander gespeichert sind und die Speicherstelle erst aufgesucht werden muß (z. B. → *Magnetbänder*, → *Lochstreifen*, → *Lochkarten*).

seriell heißt nacheinander, Bit für Bit, im Gegensatz zu der auch üblichen → *Parallel-Übertragung.*

serielle Schnittstelle Die Schnittstellennormen V. 24, RS 232 und TTY-Stromschleife arbeiten seriell, d. h. die einzelnen Bits eines Zeichens werden nicht gleichzeitig, sondern nacheinander auf der gleichen Leitung übertragen.

Seriendrucker drucken Buchstaben für Buchstaben, meist mit Kugelkopf, wie Schreibmaschinen.

Serien-Parallel-Rechenwerke teilen die Binärziffern (→ *Dualsystem*) in Gruppen ein und übertragen die → *Bits* der Gruppen parallel, während die Gruppen selbst nacheinander (→ *seriell*) verarbeitet werden.

Serienparallel-Übertragung bedeutet die Parallel-Übertragung von ganzen Bitgruppen (→ *bitparallel*).

Serienrechenwerke addieren die eingegebenen Zahlen, mit den niedrigsten Werten beginnend und, jeweils bei der nächsthöheren Stelle einen Übertrag berücksichtigend, bis zur höchsten Stelle.

Serienübertragung → *bitseriell.*

Servo ist in der Elektromechanik eine Vorrichtung, die mit Hilfe eines Motors eine Nachführregelung vornimmt, z. B. die Servolenkung in einem Kraftfahrzeug oder die Servosteuerung von Höhen- und Seitenruder in einem Flugzeug.

Servo-Blitz → *Tochterblitzgerät.*

Set-Eingang → *Reset-Eingang.*

settling time ~ Beruhigungs- oder Einschwingzeit bei (Rechen-)Verstärkern ist die Zeit, bis (nach einem Spannungsschritt am Eingang) ein genaues Ergebnis sich eingependelt hat.

Setzen heißt die Eingabe eines → *Bit* in ein → *Flipflop*, aber auch das Einspeichern eines solchen in ein magnetisches Speicherelement (→ *Matrix*, → *Ferritplatten-*, → *Biax-*, → *Magnetdraht-*, → *Twistor-Speicher* usw.).

Setzmaschinen-Rechner → *Schriftsatzrechner.*

SGOS (= **s**ilicon **g**ate **o**xide **s**emiconductor) ist die Bezeichnung für eine abgeänderte (verbesserte) → *MOS-Technik.* Für die → *Gate*-Elektrode dampft man hier → *Silizium* (silicon gate) auf. Diese Vereinfachung bringt mannigfache Qualitätsverbesserungen: kleinere Kapazitäten, höhere → *Grenzfrequenzen*, niedrigere → *Schwellenspannung*, kleinere Toleranzen, kürzere Schaltzeiten usw.

Sheffer-Funktion = → *NAND*-Verknüpfung.

Shift (~ Verschiebung) heißt bei alphanumerischer Zeichendarstellung auf Bildschirmen die Verschiebung der Gesamtdarstellung nach oben, wobei die oberste Zeile verlorengeht; ferner die Verschiebung des Speicherinhalts bei → *Schieberegistern.*

shift-register = → *Schieberegister.*

Shockley-Diode → *Vierschicht-Diode.*

Shoebox (= Schuhkarton) nannte IBM 1962 ein Versuchsmodell, das gesprochene Zahlen und Befehle aufnehmen und verarbeiten konnte.

Shunt-Röhre → *Ballaströhre.*

Si Kurzzeichen für → *Silizium.*

SI = Système international d' Unités = Internationales Einheitensystem; weitere Bedeutung: Serien-Übernahme-Impuls bei → *Registern.*

SI-Basiseinheiten
Sieben Basisgrößen sind nach DIN 1301 für das physikalisch-technische Einheitensystem festgelegt

Größe	SI-Basiseinheit	
	Name	Einheitenzeichen
Masse	Kilogramm	kg
Länge	Meter	m
Zeit	Sekunde	s
thermodynamische Temperatur	Kelvin	K
elektrische Stromstärke	Ampere	A
Lichtstärke	Candela	cd
Stoffmenge	Mol	mol

Sichtgeräte für Datenverarbeitung → *Bildschirmgeräte.*

Sichtspeicherröhre Elektronenstrahl-Oszilloskopenröhre, bei der ein Leuchtschirmbild für eine definierte Zeitdauer durch eine steuernde Speicherelektrode erhalten bleibt.

Sichtweite ist dasjenige Gebiet rund um einen Fernsehsender, innerhalb dessen Sendeantenne und Empfangsantenne „sich in die Augen sehen können". Überall in diesem Gebiet kann man mit einem ausreichenden Fernsehempfang rechnen, wenn die Empfangsantennenanlage fachgemäß aufgebaut ist.

Das Gebiet wird vergrößert durch Erhöhen der Sende- und der Empfangsantenne, verringert durch Abschattung (→ *Reichweite*).

Rechnerisch läßt sich die Sichtweite nach der Formel

$$s = 4\,(\sqrt{h_1} + \sqrt{h_2})$$

berechnen, wobei die Sichtweite s in km erscheint, wenn die wirksame Höhe h_1 der Sendeantenne und h_2 der Empfangsantenne in m eingesetzt werden.

Steht z. B. die Sendeantenne 100 m hoch (effektive Höhe) und die Empfangsantenne 9 m, so beträgt die Sichtweite (= theoretische Reichweite) dieses Senders rund 50 km.

Siebensegmentanzeige Die Ziffern werden aus 7 Strichen zusammengesetzt. Hier gibt es → *Glimm-* und Glühfaden-Röhren (Speisespannung ≧ 3 V) sowie alle Techniken von der → *LEF-Anzeige* bis zu → *Flüssigkristallen (Abb.).* Für die Steuerung gibt es spezielle → *LSI-MOS*-Bausteine.

Siemens-Schaltung = → *Kaskadenschaltung.*

Signal Darstellung einer Information durch eine elektrische Größe.

1. analoges Signal
   Signal, dessen Darstellung einen kontinuierlichen Verlauf besitzt, z. B. Sinusschwingung.
2. digitales Signal
   Signal mit diskontinuierlichem Verlauf, dessen Wertebereich in n Schritte zerlegt ist, wobei jedem Schritt entsprechend einer Wertetabelle ein definierter Wert zugeordnet ist.

Signalflußplan Schematische Darstellung eines Systems, die das Zusammenwirken einzelner Übertragungsglieder oder Funktionsgruppen veranschaulicht. Übertragungsglieder und Funktionsgruppen sind als → *Blöcke* und Signalflußwege als → *Wirkungslinien* eingezeichnet (→ *Blockschaltbild*).

Signalflußweg → *Wirkungsweg.*

Signalparameter Die Größe eines Signals, in dem die Information enthalten ist, z. B. Amplitude, Frequenz usw.

Signalprozessor Spezielle Prozessoren für die digitale Verarbeitung von Signalen, so etwa beim Konzept Digivision von ITT Intermetall für Fernsehgeräte. Der Befehlssatz ist speziell an den Bedürfnissen solcher Anwendungen orientiert. Durch die digitale Signalverarbeitung werden Geräteeigenschaften möglich, die in analoger Technik kaum oder gar nicht realisierbar sind.

Signalumformer → *Meßumformer.*

Signalumsetzer → *Meßumformer*, dessen → *Ausgangssignal* eine andere Struktur besitzt als das Eingangssignal, z. B. ein → *Analog-Digital-Umsetzer.*

Signalverstärker → *Meßumformer* mit Hilfsenergie zur Leistungsverstärkung des → *Eingangssignals.*

Signalwandler → *Meßumformer* ohne Hilfsenergie, der das → *Eingangssignal* zwar in ein → *Ausgangssignal* der gleichen physikalischen → *Größe* aber in einen anderen Wertebereich umformt.

SIL (= single in line) Gehäuseform mit nur einer einzigen Reihe von Anschlußstiften.

Silicon-Gate-Technik → *SGOS.*

Silistances ist die französische Bezeichnung für → *PTC-Widerstände.*

Silistor → *Kaltleiter* auf Silizium-Grundlage.

Silizium Si Element der Gruppe 4, Ordnungszahl 14, vierwertig, besitzt nur etwa ein Drittel der → *Elektronenbeweglichkeit* und ein Viertel der → *Löcherbeweglichkeit* von → *Germanium.* Aber wegen des weit größeren Temperaturbereichs, in dem es gute Ergebnisse liefert, verdrängt es das Germanium immer mehr.

Siliziumcarbid SiC (als Carborundum bekannt) ist eine Verbindung von einer Härte ähnlich Diamant. Auch aus ihm werden → *Leuchtdioden* hergestellt.

Siliziumdioxyd = → *Quarz.*

Silizium-Drucksensoren → *Dehnungsmeßstreifen.*

Silizium-Fotoelement → *Fotoelement.*

Silizium-Gleichrichter sind in gleicher Weise wie die → *Germanium-Gleichrichter* aufgebaut. Die erzielbaren Gleichspannungen liegen etwa zwanzigmal höher als die von Selenzellen. Ihr Wirkungsgrad ist sehr hoch. Die

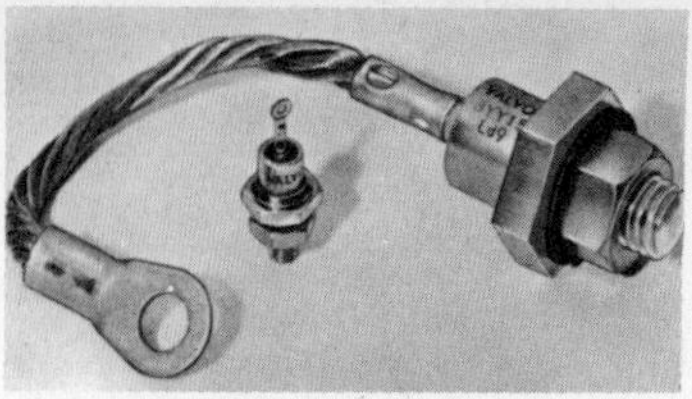

Abb. zeigt zwei Si-Gleichrichter für Nennströme von 20 A bzw. 2 A bei Nennspannungen von 400 V.

Silizium-Stromtor = → *Thyristor.*

Silizium-Tetrode → *Transistor-Tetrode.*

Simplex bedeutet im Gegensatz zu → *Duplex* bei drahtgebundenen oder drahtlosen Verbindungen, daß die Sprach-, Bild- oder Datenübermittlung nur abwechselnd jeweils in einer Richtung möglich ist, weil nur eine Leitung oder Frequenz vorhanden ist.

Simultan Großrechner können gleichzeitig (simultan) viele Dialoge bedienen.

Single-Board-Computer → *Einplatinencomputer,* → *EMUF.*

Single Step ist ein Einzelschritt, eine Betriebsart des Mikrocomputers, bei der er nach jedem ausgeführten Befehl anhält. Der Benutzer sieht dann mit Hilfe des Monitorprogramms, wie der zuletzt ausgeführte Befehl des Anwenderprogramms die Registerinhalte und irgendwelche Speicherzellen verändert hat. Mit einem „GO"-Befehl erfolgt die Ausführung des nächsten Befehls.

Sinusgenerator Schaltung bzw. Gerät, dem eine sinusförmige Spannung entnommen werden kann. Der Begriff läßt offen, ob der Sinus mit einem → *Sinusoszillator* direkt erzeugt oder mit Hilfe eines Netzwerks (z. B. Diodennetzwerk) synthesiert wird.

Sinusoszillator Schaltung zur Erzeugung einer sinusförmigen Spannung. Hierzu wird ein Verstärker über ein frequenzbestimmendes Glied bei gleichzeitiger Begrenzung der Schwingungswerte mitgekoppelt (→ *Mitkopplung*).

Sinustöne Reine tonfrequente Schwingungen mit sinuskurvenförmigem Verlauf.

SiO_2 = Siliziumdioxid = → *Quarz.*

Sirigor Firmenbezeichnung (Siemens) für Halbleiter-Kühlblock-Batterien, deren Arbeitsweise auf dem → *Peltier-Effekt* beruhen.

Skalenkonstante Bei Meßgeräten mit → *Strichskala* die Größe, mit der man den auf der Skala angezeigten Zahlenwert multiplizieren muß, um den Meßwert zu erhalten.

Skalenteil Teilungseinheit einer → *Strichskala,* in der die Anzeige angegeben werden kann. Man versteht darunter den Abstand zwischen zwei Teilstrichen einer Skala, der einem durch die Anzahl der Teilstriche gegebenen Bruchteil des Skalenendwertes entspricht.

Skalenwert Änderung einer Meßgröße, die erforderlich ist, um den Zeiger eines Meßgerätes um ein Skalenteil zu verschieben bzw. bei einer Ziffernskala einen → *Ziffernschritt* zu bewirken.

Skew engl. Fachausdruck aus der Computertechnik, der den Abstand zweier aufeinanderfolgender Impulse bezeichnet.

S-Leitfähigkeit Leitfähigkeit in einer nur schwach dotierten Halbleiterzone, wenn diese Zone an eine weit stärker dotierte Halbleiterzone angrenzt. Gegebenenfalls unterscheidet man S_N-(schwache *N*-) und S_P-(schwache *P*-)Leitfähigkeit. Die S-Leitfähigkeit wird z. B. in einem Sperrschichtventil höherer Leistung für eine Zwischenzone ausgenutzt.

slew rate (~ Sprungmaß) ist die Schnelligkeit, mit der die Ausgangsgröße eines aktiven Bauteils (Transistor, Operationsverstärker) einem Sprung der Eingangsgröße zu folgen vermag (Dimension: V/µs).

Slice Kaskadierbare Mikroprozessoren, wodurch man Mikroprozessoren beliebiger Wortlänge erhält.

Slot Steckerleiste im Computer zum Erweitern der Funktionen des Systems mit Hilfe sogenannter Erweiterungskarten.

SLT (= **s**olid **l**ogic **t**echnology) Bezeichnung für Speicherelemente in → *Dickschicht*-Technik.

SMD (= **s**urface **m**ounted **d**evices) Weiterentwicklung der klassischen Leiterplattentechnik. Auf einer Leiterplatte werden zusätzlich zu den bedrahteten Bauelementen noch oberflächenmontierbare Bauelemente beliebiger Kombination aufgebracht. Die können entweder auf der Ober- oder Unterseite der Platine angeordnet sein. Damit unterscheidet sich die Oberflächenmontage wesentlich von der Einsteckmontage und von der Hybridtechnik.

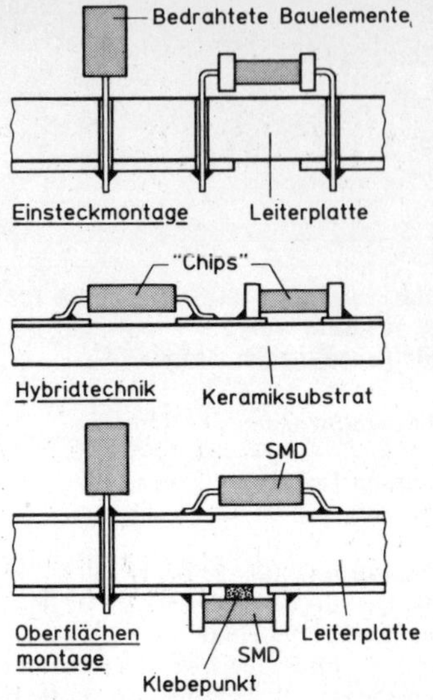

① *SMD-Oberflächenmontage*

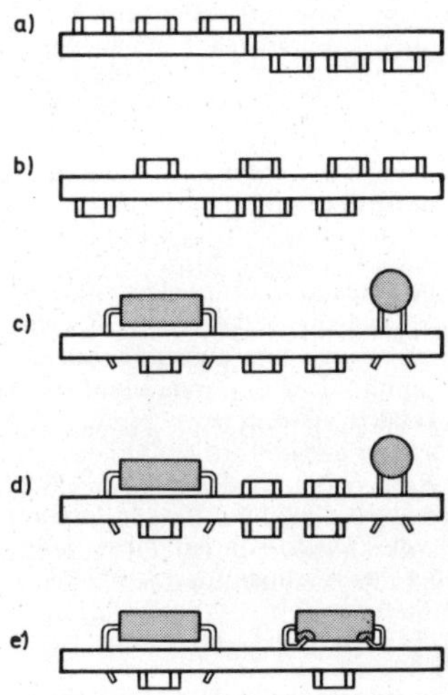

② *SMD-Ausführungsformen*

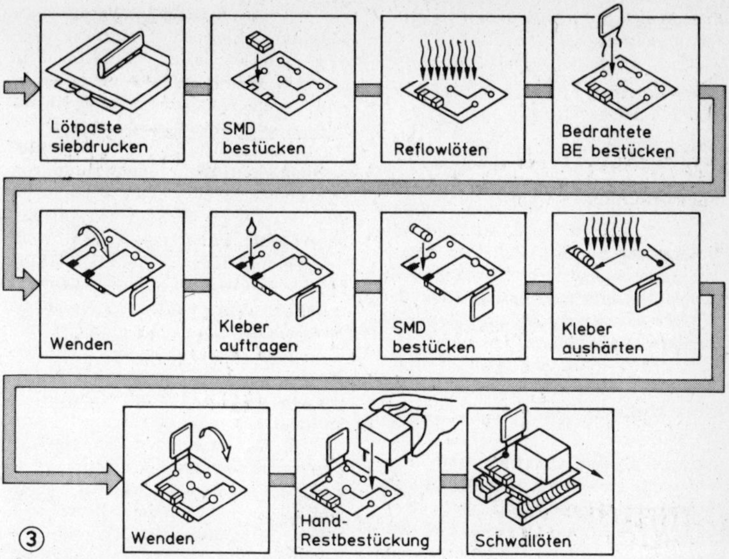

SMD-Fertigungsschritte

smektische → *Flüssigkristalle*, lassen sich anscheinend von außen nicht beeinflussen.

Snap-off-Dioden auch Speicher-Varaktoren genannt, speichern bis zu einer bestimmten Spannung die Ladung und entladen sich bei Erreichen der Auslösespannung schlagartig. Sie dienen als → *Impulsformer* und Impuls-Vervielfacher oder -Verzögerer, aber auch als Frequenz-Vervielfacher.

Snapstrate heißen Keramikplatten, die wie Schokolade in Felder geteilt sind zum Abbrechen längs der Rillen. Sie dienen zur Einzelherstellung von → *Dickschicht-Schaltungen*.

SnO_2 = Zinndioxid.

SOAR (= **s**afe **o**perating **ar**ea) Sicherer Arbeitsbereich von Transistoren im Kennlinienfeld.

Software (~ Weichware) ist alles, was um die → *EDV-Anlage* herum (also außer den Apparaturen) zur Lösung der Aufgaben gebraucht wird, vor allem also → *Programme* für die verschiedenen Aufgaben, denen die Anlage dienen soll, aber auch → *Übersetzungsprogramme* aus den üblichen → *Programmiersprachen* in die dem Computer verständliche → *Maschinensprache* (→ *Compiler*, → *Assembler* u. v. a.). Ganz allgemein bezeichnet man so den geistigen Gehalt, der in einer gelieferten Einrichtung steckt.

Software Engineering Unter diesem häufig zu findenden Begriff versteht man sozusagen die „Kunst, Programme zu schreiben".

Solar-Batterie → *Sonnen-Batterie.*

Solarelement → *Fotoelement.*

Solargenerator → *Solarmodul.*

Solarmodul Aus einzelnen → *Solarzellen* zusammengesetzte Baugruppe. Da die Solarzelle sehr spröde ist, erhält das S. eine Schutzschicht aus Glas oder Kunststoff. Die Solarzellen selbst werden elektrisch untereinander verbunden. Das S. besitzt dann nur zwei Außenanschlüsse.

Solarzellen sind aus einem Halbleiter-Werkstoff gewonnene photovoltaische Scheiben (→ *Photovoltaik*) zur Gewinnung von Strom aus Licht, speziell Sonnenlicht. S. werden zu → *Solarmoduln* zusammengefaßt, wobei sie mit den Stromanschlüssen und einer weitgehend oder vollständig schlagfesten Schutzschicht überzogen werden. Der am meisten verwendete Werkstoff ist Silizium, das je nach verwendeten Substrat (monokristallin, multikristallin, amorph) verschiedene Wirkungsgrade und, daraus resultierend, unterschiedliche Anwendungen aufweist.

Die monokristalline S. wird ausschließlich für Weltraumanwendungen verwendet. Sie hat mit 13 % den höchsten Wirkungsgrad und ist entsprechend teuer. Für terrestrische Anwendungen nimmt man die multikristalline S. In den Entwicklungsländern kann sie selten vorhandene öffentliche, zentrale Stromversorgung immer dann ersetzen, wenn das Heranführen des Leitungsstromes zu teuer ist. Darüber hinaus können dort in Zukunft Solarzellenkraftwerke durchaus zu einer Alternative zu herkömmlichen Stromgewinnungsmethoden werden, insbesondere auch im Zusammenhang mit Wasserstoff als Energiespeichermedium.

Für Billiganwendungen, wie Taschenrechnern und Armbanduhren, dient das amorphe Silizium. Sein Wirkungsgrad beträgt nur 8..9 %, der aber bei diesen Anwendugen keine Rolle spielt.

Solarmodul (Aufnahme: AEG)

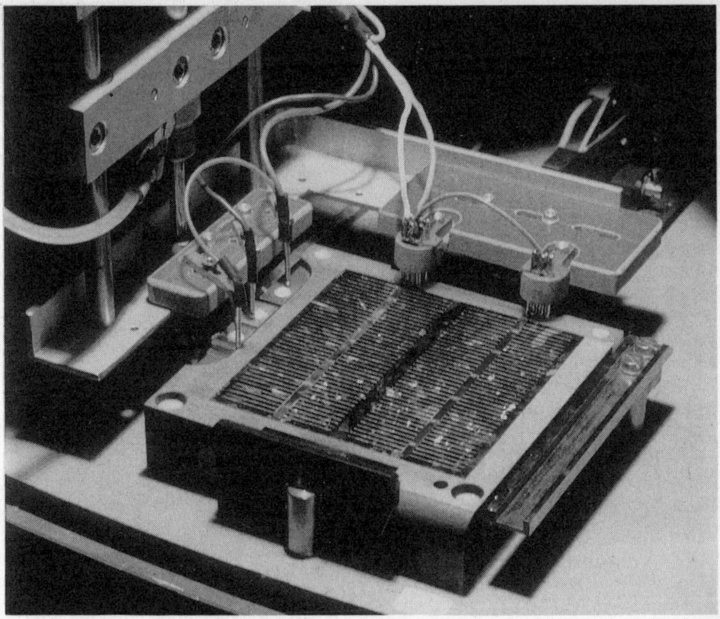

Solarzelle: Produktion (Aufnahme: AEG)

Neuerdings beginnen auch Galliumarsenid-Solarzellen eine gewisse Bedeutung in der Weltraumtechnik zu bekommen. Ihr Wirkungsgrad liegt je nach Einsatzgebiet zwischen 16 und 23 %. Da sie extrem teuer sind und im Brandfall giftige Gase entstehen, sind sie für terrestrische Anwendungen kaum geeignet.

Solion Transistorähnlicher elektrochemischer Schalter mit sehr niedrigem Strombedarf, bei dem Ionen als Ladungsträger in einer elektrolytischen Lösung (anstelle von Elektronen und Defektelektronen im Transistorkristall) dienen.

Solion-Geber → *Ohmsche Geber.*

Sollwert x_s Wert, den eine Größe x unter festgelegten Bedingungen besitzen soll.

Sollwertabweichung Abweichung des → *Istwerts* x_i von seinem → *Sollxert* x_s. Sie wird positiv gezählt, wenn der Istwert größer ist als der Sollwert. Man unterscheidet:

1. Die bleibende Sollwertabweichung ist die Sollwertabweichung die erhalten bleibt, wenn sich die → *Regelgröße* x im → *Beharrungszustand* befindet.

2. Die vorübergehende Sollwertabweichung tritt auf, wenn der Beharrungszustand durch Änderung der → *Führungsgrößen w* oder der → *Störgrößen z* in einen neuen Beharrungszustand übergeht.

Sonagramm heißt eine Sprachaufzeichnung mit besonderer Apparatur nach Kersta, das die Eigenheiten der Menschenstimme in krausen Linienmustern darstellt. Es gibt ein so charakteristisches Abbild, daß keine zwei sich gleichen (gerichtlich anerkannt!) und es zur Sprecher-Identifizierung dienen kann.

Sonargeräte (aus sound navigation and ranging = Schall-Navigation und -Erforschung), bekannt von den Fledermäusen, den Tümmlern u. a. waren Vorbild für Schall-, Ortungs- und Meßgeräte, insbesondere für Unterwasserforschungen (im Krieg und im Frieden), während man in Feststoffen besser und genauer mit → *Ultraschall* arbeitet.

Sonderkanäle Im Frequenzbereich von 105,25...168,25 MHz, 231,25...463,25 MHz werden bei der → *Breitbandverkabelung* Kanäle benutzt, die für normalen Rundfunkempfang nicht zugelassen sind und nur per Kabel benutzt werden dürfen. Insgesamt hat die Bundespost für diesen Zweck zur Zeit 37 S. bereitgestellt.

Sonderzeichen sind Interpunktions- und Rechenzeichen sowie vereinbarte Befehlszeichen, die bestimmte Operationen auslösen, z. B. Einspeichern, aus dem Speicher holen, → *Sprungbefehle* usw. Sie geben außerdem Dimensionen, Maßeinheiten, Interpunktionen u. v. a. an.

Sonnenbatterien → *Solarzellen.*

Sonotrode heißt beim → *Ultraschall*-Schweißen das Werkzeug, das den Schall auf die Schweißstelle überträgt und diese gleichzeitig zusammendrückt.

SOS (silicon on sapphire = Silizium auf Saphirunterlage) ist eine Technik zur Herstellung von MOS-(Speicher-)Schaltungen, die Vorteile bezüglich der Taktfrequenz bringt.

Source (engl. = Quelle) oder S-Pol, übliche Bezeichnung des Eingangspols von → *Feldeffekt-Transistoren* (deutsche *Norm:* Emitter), Kurzzeichen: S, z. B. U_{GS}.

source code = Ursprungsprogramm in → *Programmiersprache* vor Umsetzung in die → *Maschinensprache.*

Sourcefolger = → *Drainschaltung.*

Source-Schaltung heißt die der → *Emitterschaltung* entsprechende bei → *Feldeffekt-Transistoren.*

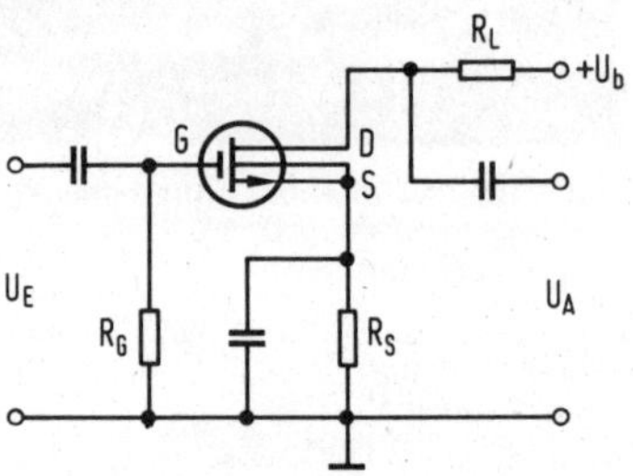

Source-Schaltung

Spacistor → *Analog-Transistor.*

Spaltendrähte sind die senkrechten Setzdrähte einer → *Matrix.*

Spaltstrahl-Oszilloskop → *Mehrfach-Oszilloskop.*

Spannbandlagerung Aufhängung des beweglichen Organs eines Meßwerks mit Spannbändern. Sie fixieren die

Achse, erzeugen durch Torsion das Gegendrehmoment und dienen gleichzeitig zur Stromzufuhr. Wegen ihrer sehr geringen Winkelrichtgröße (Gegendrehmoment) werden Spannbandlagerungen nur bei sehr empfindlichen Meßwerken, vorzugsweise bei hochempfindlichen → *Galvanometern* verwendet.

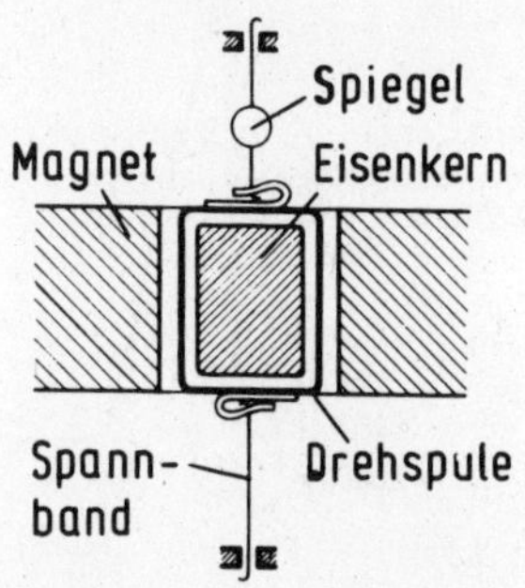

Spannung U 1 Volt ist gleich der Spannung oder elektrischen Potentialdifferenz zwischen zwei Punkten eines fadenförmigen homogenen und gleichmäßig temperierten metallischen Leiters, in dem bei einem zeitlich unveränderlichen → *Strom* der Stärke 1 A zwischen den beiden Punkten die → *Leistung* 1 W umgesetzt wird.

Spannungsbegrenzer → *Feldeffekt-Diode.*

Spannungsdurchschlag → *Durchschlag.*

Spannungsfestigkeit Angabe der Spannung, die zu Prüfzwecken an ein Gerät oder ein Bauelement angelegt werden kann, ohne daß ein Überschlag oder ein Durchschlag zwischen den Leitern oder gegenüber Masse auftritt.

Spannungs-Konstanthalter mußten ursprünglich die Netzspannung regeln, erstens weil diese selbst vielfach schwankte (z. B. für Fernsehgeräte), dann aber auch bei wechselnder Belastung des Ausgangs dessen Spannung stabilisieren. Seit Ende der 60er Jahre benötigte man für Transistorgeräte nur Spannungen zwischen 30 und 120 V, jetzt meist von 24 V bis herab zu 5 V, die man einesteils mit → *Z-Dioden* aufbauen, aber auch in → *monolithischer* oder auch → *Hybrid*-Bauweise in großer Zahl fertig angeboten bekommt.

Spannungslupe Anzeigender Spannungsmesser mit stark unterdrücktem Anfangsbereich zur Kontrolle einer Spannung im Bereich um ihren Sollwert.

Spannungsmesser Meßgerät zur Messung von Spannungen.

Spannungsoffset heißt bei → *Rechen-* (Operations) *-Verstärkern* die eventuelle Abweichung der Eingangsspannung von 0, wenn die Ausgangsspannung genau 0 betragen soll.

Spannungssteuerung Steuerung mit einer Signalquelle, deren Ausgangs-Impedanz für das Signal sehr klein gegen die Eingangs-Impedanz der gesteuerten Anordnung ist.

Spannungs-Strom-Kennlinie Kennlinie, der eine senkrechte Spannungsachse und eine waagerechte Stromachse zugrunde liegen.

Spannungs-Verdopplung = → *Greinacher-Schaltung.*

Spannungsverlauf im Transistor Verlauf einer Spannung in Strömungs- oder Diffusions-Richtung.

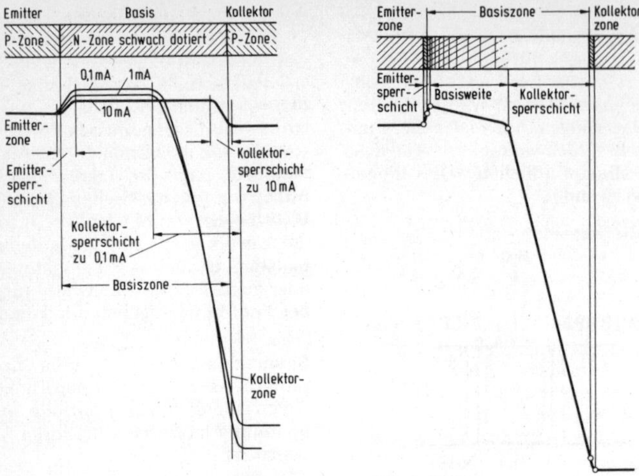

Spannungsverlauf im Transistor

Spannungs-Verstärkungsfaktor Komplexes Verhältnis der Signalspannung, die an der nicht gesteuerten Seite eines Transistors entsteht (vielfach der dortigen Leerlaufspannung), zu der an der anderen Transistorseite angelegten steuernden Signalspannung. Die Signalquelle liegt bei der Messung des Spannungs-Verstärkungsfaktors vorwärts ($u_2 : u_1$) am Transistor-Eingang und bei der Messung des Spannungs-Verstärkungsfaktors rückwärts ($u_1 : u_2$) am Ausgang des Transistors.

Spannungsverstärkung V_u Verhältnis von Ausgangsspannung U_a zu Eingangsspannung U_e eines Verstärkers oder Netzwerks.

$$V_u = U_a/U_e$$

Spannungsverstärkung liegt vor bei → *Basis-* und → *Emitterschaltung*, bei letzterer gleichzeitig → *Stromverstärkung*.

Spannungs-Vervielfachung → *Kaskaden-Schaltung*.

Spannungswandler bei Wechselspannung Transformatoren, bei Gleichspannung → *Zerhacker* mit nachgeschaltetem Transformator und Gleichrichtung, ev. mit Spannungsvervielfachung (→ *Kaskadenschaltung*).

Speicher dienen zur Aufbewahrung und Bereithaltung von → *Informationen*, → *Befehlen*, → *Adressen*, → *Programmen* usw. Es gibt schnelle Speicher: → *Flipflops*, → *Magnetkern-*, → *Magnettrommel-* und → *Magnetplattenspeicher* und weniger schnelle, z. B. → *Magnetkarten-* und → *Magnetbandspeicher*. Die Daten werden unmittelbar vor der Verarbeitung in den sehr schnellen → *Arbeitsspeicher* gegeben. Dieser wiederum gibt sie an das → *Leitwerk* oder das → *Rechen-*

werk. Gefordert wird, daß alle Informationen auch während Stromunterbrechungen erhalten bleiben . – Den Arbeitsspeicher nennt man intern, als externe Speicher dienen → *Magnetbänder,* → *Lochstreifen,* → *Lochkarten* und → *Foto-Digitalspeicher* usw. Halbleiter-Speicher sind → *RAM* und → *ROM.*

Speicheradressen geben an, in welchem → *Speicherplatz* eine → *Information* gespeichert ist.

Speicher-Bildschirme werden dauernd mit Flutelektronen geringer Energie berieselt. Trifft der energiereiche Schreibstrahl eine Stelle, so schlägt er so viele Sekundär-Elektronen heraus, daß die Stelle positiv wird. Dadurch zieht diese nun Flutelektronen an und leuchtet über längere Zeit. Man braucht hierfür keinen Wiederholungsspeicher.

Speicherblock heißt eine Zusammenstellung von z. B. 24 übereinandergestapelten → *Matrizen.*

Speicher-Cassettenrecorder für kleine Datenspeicher gestatten die Erweiterung der Speichermöglichkeit um 900 000 → *Bytes* von je 8 → *bit.* Dabei können alle Arten Cassetten verwendet werden.

Speicherebenen nennt man die verschiedenen schnellen Speicher im Rechner, also als 1. Ebene den → *Arbeitsspeicher,* als zweite und dritte die schnellen → *Magnettrommel-,* → *Magnetplatten-,* → *Magnetkarten-Speicher* und als 4. Ebene die → *Magnetband-Speicher.*

Speicherkapazität

1. ist die Menge der speicherbaren → *Bytes* und wird vielfach in runden Zahlen als Kilobytes angegeben, also 16 kB, 32 kB, 65 kB usw. Die genauen Zahlen s. unter → *Zweierpotenzen.*

2. Der Speicherladung einer Diode zugeordnete Kapazität, die das Verhalten der Diode bei sprunghaftem Einsetzen eines Durchlaßstromes mit niedrigem Wert bzw. bei abruptem Anlegen einer Sperrspannung kennzeichnet.

Speicherladung Raumladung, bedingt durch Injektion von → *Minoritätsträgern* in ein Bahngebiet (z. B. Basisraum).

Speicherladung (Diode) Ladung, die in einer in Durchlaßrichtung von Strom durchflossenen Diode gespeichert ist. Diese Ladung ergibt sich daraus, daß die Sperrschicht-Dicke im Durchlaßzustand der Diode geringer ist als im Sperrzustand. Die Ladung bleibt gespeichert, solange ein Strom in Durchlaßrichtung fließt. Sie hängt von der Durchlaßspannung und damit auch vom Durchlaßstrom ab. Mit wachsendem Wert des Diodenstromes wird die Sperrschicht-Dicke geringer und damit die Speicherladung größer.

Beim Übergang vom Durchlaß auf Sperrung baut der → *Ausräumstrom* die Speicherladung ab. Der Wert der Speicherladung ist gegeben mit dem Prokukt aus dem Mittelwert des Ausräumstromes und der Rückwärts-→*Erholungszeit.*

Speicher-Oszilloskop Oszilloskop, der mit einer Röhre ausgerüstet ist, die eine Speicherung des → *Schirmbildes* für eine bestimmte gewünschte Zeit zuläßt.

Speicherplatz, -stelle, -zelle heißen die einzelnen Einheiten, in denen eine → *Speicherung* erfolgen kann. Speicherzellen nehmen gewöhnlich 1 → *Byte* auf.

Speicherregister dienen zur Zwischenspeicherung eines Wortes (→ *Bytes*) während der Verarbeitung.

Speicherröhren nehmen eine ihnen übermittelte Information in ihr → *Target* auf und können, auf „Lesen" umgeschaltet, die Informationen beliebig oft wiedergeben, z. B. zur Sichtbarmachung auf einem Bildschirm. Die dritte Betriebsart „Löschen" macht sie bereit zur Aufnahme neuer Informationen.

Speicher-Schaltdioden → *Snap-off-Dioden.*

Speicherung Man unterscheidet dynamische und statische Datenspeicherung. Dynamische Speicherung erfolgt auf → *Magnettrommeln, -platten* oder *-bändern*, statische hingegen in → *Ferritplatten-* oder Ferritkern- → *Matrizen*, in → *Magnetdraht-* und → *Magnetstab-Speichern* und in → *Transfluxoren.*

Man unterscheidet ferner Direktzugriffs- und Linear- oder Sequenz-Speicher. → *Magnetkern-Speicher* und deren Abarten sind Direktzugriffs-Speicher, → *Magnetplatten-* und → *Magnettrommelspeicher* hingegen sind Zwischenstufen zwischen sequentiellem und direktem Zugriff, während → *Magnetband*, → *Magnetkarten-Speicher* u. a. als rein sequentiell gelten, denn hier muß stets die Speicherstelle erst gesucht werden, ist eine gewisse → *Zugriffszeit* nötig.

Speicherung von Ladungsträgern Ansammlung von beweglichen → *Ladungsträgern* eines Vorzeichens in einem Bahngebiet (z. B. Transistor-Basisraum).

Speicher-Varaktoren = → *Snap-off-Dioden.*

Speicherzeit

1. Zeitspanne zwischen dem Abschalten (Einschalten) der Steuerspannung bzw. des Steuerstroms eines elektronischen oder elektromechanischen Schalters und dem Abfall des Ausgangssignals auf 90 % seines Endwertes. Die Ursachen der Speicherzeit sind bei elektronischen Schaltern vor allem → *Sperrschichtkapazitäten*, bei elektromechanischen Schaltern mechanische Trägheit und Energiespeicherung der sie erregenden Induktivitäten.

2. Zeitdauer, während der eine Information – ohne Betrachtung – in der Röhre eines → *Speicher-Oszilloskopen* gespeichert wird.

3. Für Dioden → *Snapp-off-Diode.*

4. Beim Transistor eigentlich die Zeitspanne, während der der Basisstrom nach Umschalten der Basis-

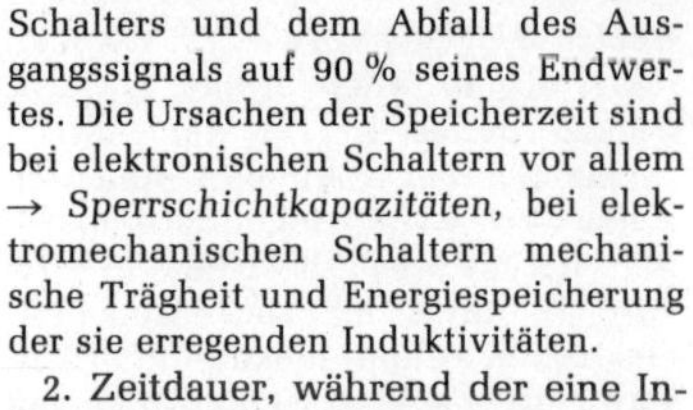

Speicherzeit (Transistor): Abb. 1 Zeitlicher Verlauf des Basisstromes bei Sperren des Transistors. Im Fall a entspricht der Wert des Basisstromes vor dem Nulldurchgang der Sättigung des Basisraumes. Deshalb behält der Entladestrom des Basisraumes (der Ausräumstrom) eine zeitlang seinen Anfangswert bei. Diese Zeit ist die eigentliche Speicherzeit. Im Fall b ist der Transistor nicht bis in den Sättigungsbereich ausgesteuert

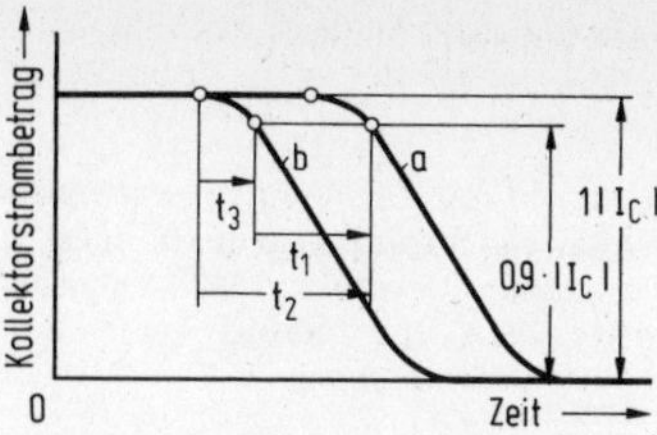

Abb. 2 Der zeitliche Verlauf des Kollektorstromes für einen Verlauf des Basisstromes nach Abb. 1. Die Speicherzeit t_2 bzw. t_3 hängt ab von dem Sättigungsgrad des Basisraumes und von dem Anfangswert des Ausräumstromes. t_1 stimmt mit der in Abb. 1 eingetragenen Speicherzeit überein. Die für Durchlaß geltenden Kollektorstrom-Beträge sind gleich groß dargestellt, obwohl zum Fall a ein etwas höherer Kollektorstrom-Betrag gehört als zum Fall b

spannung von Durchlaß auf Sperrung eines Transistors seinen Anfangswert beibehält (*Abb. 1* zeigt das für einen PNP-Transistor).

Aber meistens die Zeitspanne, die beim Sperren eines Transistors verstreicht, bis sich das Sperren nennenswert auszuwirken beginnt, d. h. bis der Kollektorstrombetrag auf das 0,9fache seines vor dem Sperrzeitpunkt geltenden Wertes abgesunken ist und zwar

- bei sehr rascher Änderung des Basisstromes von einem zum Durchlaßzustand des Transistors gehörenden Wert auf einen Wert, mit dem der Transistor gesperrt wird, vom Zeitpunkt der abrupten Änderung des Basisstromes an (*Abb. 2* zeigt das für einen PNP-Transistor).
- bei einem merklichen Zeitbedarf für diese Änderung von dem Zeitpunkt an, in dem sich der Basisstrom um 10 % geändert hat.

Jede Zahlenangabe für die Speicherzeit gilt nur für ganz bestimmte Bedingungen, die deshalb jeweils zusätzlich angegeben werden müssen.

Speisehorn Das S. führt die vom → *Parabolspiegel* reflektierten Empfangssignale so zusammen, daß sie genau auf das eigentliche Antennensystem treffen.

Speisespannung U_b Spannung zwischen den Klemmen, über die die Speiseleistung zugeführt wird.

Spektrograf ist ein amerikanischer Stimmenanalysator zur Identifizierung von Personen. Er zeichnet die Sprache in krausen Linienmustern auf.

Sperrbereich der Diode Bereich, in dem das Verhältnis des Wertes der Diodenspannung zu dem von ihr bewirkten Diodenstrom für die Diode besonders hohe Werte hat. Bei den normalerweise als Ventil gebauten Dioden (mäßig dotierter PN- bzw. PIN- oder PSN-Übergang) ergibt sich ein Sperrbereich für alle negativen Werte der Diodenspannung, d. h. für alle po-

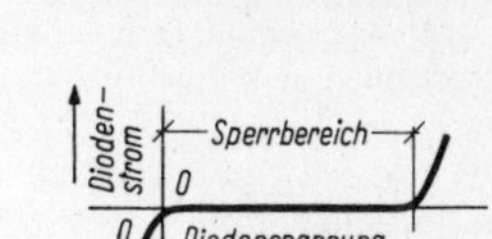

Sperrbereich der Diode: Abb. 1 Sperrbereich einer normalen Diode

Abb. 2 Sperrbereich einer Rückwärts-Diode

sitiven Werte der Spannung der N-Zone gegen die P-Zone bis zu dem Spannungswert, mit dem der Sperrstrom-Steilanstieg beginnt *(Abb. 1)*. Bei den Rückwärts-Dioden besteht ein Sperrbereich für positive Spannungen der P-Zone gegen die N-Zone bis zu Werten von einigen Zehnteln Volt *(Abb. 2)*.

Sperrbereich des Transistors Bereich, in dem der Transistor gesperrt ist, im Bild eines PNP-Transistors.

Sperrfähigkeit Eigenschaft eines Ventils, in der Sperrichtung zu sperren.

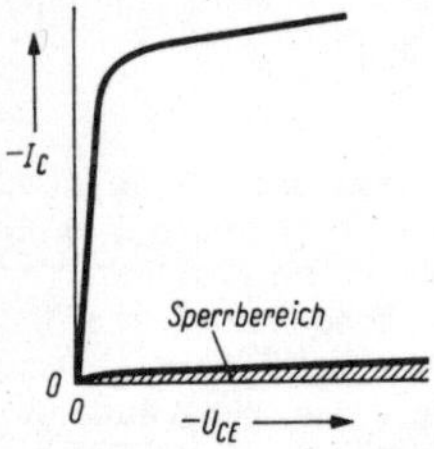

Sperrbereich des Transistors: PNP-Transistor

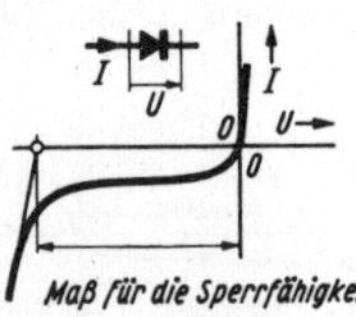

Sperrfähigkeit: Das Maß für die Sperrfähigkeit einer normalen Diode ist deren Durchbruchs-Spannung, die man aus dem $I_d(U_d)$-Kennlinienbild so ermitteln kann, wie das hier gezeigt wird

Als Maß für die Sperrfähigkeit gilt die Durchbruchspannung, das ist die höchste Spannung, die gesperrt werden kann, also die Spannung, bei deren Überschreiten der Sperrstrom steil anzusteigen beginnt.

Sperrleitwert Kehrwert des → *Sperrwiderstandes.*

Sperrichtung Für Ventil bzw. Sperrschicht die Stromrichtung, für die sich der größere der beiden Widerstandswerte ergibt (Sperrbereich der Diode). → *Durchlaßrichtung.*

Sperr-Sättigungsstrom → *Sättigungsstrom.*

Sperrschicht, auch → *Grenzschicht* genannt, an der P- und N-Material zusammenstoßen, sperrt den Strom durch eine Diode (oder Transistor) bis auf einen → *Sperrstrom* von einigen Mikroampere, sobald am P-Material negative und am N-Material positive Spannung liegt. Die Sperrschicht ändert ihre Breite mit der anliegenden → *Sperrspannung.* Dies wird ausgenutzt bei den → *Kapazitäts-Dioden.*

Sperrschicht-Dicke Dicke der gesamten → *Raumladungszone,* die zu einer → *Sperrschicht* gehört *(Abb. 1* und *2)*. Die Sperrschicht-Dicke ist für gegebene Stufenspannung um so größer, je schwächer die Dotierungen im Berich der Sperrschicht sind. Im übrigen nimmt sie im Falle homogener Dotierungen mit der Wurzel aus dem Wert der gesamten Stufenspannung zu. In *Abb. 2* betragen die Dotierungsgrade $^{1}/_{16}$ der Dotierungsgrade in *Abb. 1.*

Sperrschicht-Feldeffekt-Transistor Feldeffekt-Transistor, bei dem der Stromdurchgang durch Verändern des Querschnittes der Strombahn (des Kanals, Channel) gesteuert wird. Dabei nutzt man aus, daß die Dicke einer Sperrschicht mit der an der Sperrschicht auftretenden Spannung zusammenhängt.

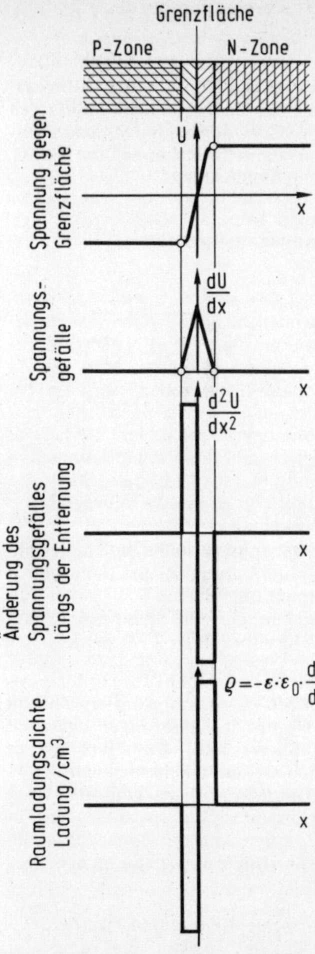

Sperrschicht-Dicke: Die Sperrschicht-Dicke wächst bei homogener Dotierung mit der Wurzel aus der Stufenspannung und steht im umgekehrten Verhältnis zur Wurzel aus dem Dotierungsgrad.

Abb. 1 Die Sperrschicht mit den für sie wichtigen Zusammenhängen für verhältnismäßig hohe, einander gleiche Dotierungsgrade und homogene Dotierungen

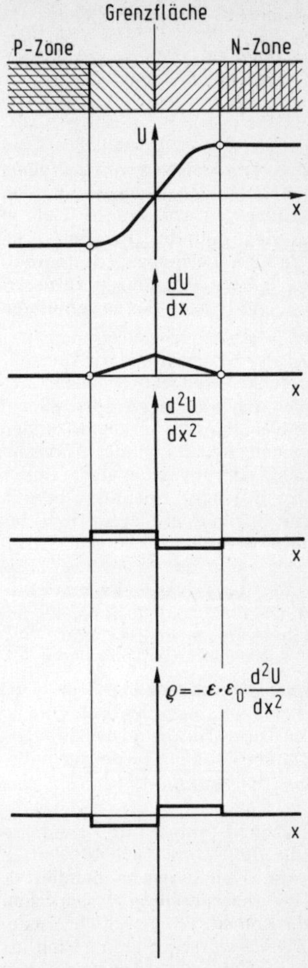

Abb. 2 Die Sperrschicht für gleichen Wert der Stufenspannung wie in Abb. 1, aber für Dotierungsgrade, die 1/16 der Dotierungsgrade nach Abb. 1 betragen, mit den für die Sperrschicht wichtigen Zusammenhängen

Sperrschicht-Fotozellen dienen vor allem als → *Fotoelemente*. Man verwendet Zink-Selen, Zink-Schwefel, Kadmium-Tellur, Kadmium-Selen u. v. a.

Sperrschicht-Isolation wird bei → *integrierten Schaltungen* angewandt. Man schließt die zu isolierenden Teile in gegenpolig dotierte „Wannen" ein. Das Verfahren eignet sich desto weniger, je höhere Frequenzen zu verarbeiten sind (wegen der so gebildeten Kapazitäten).

Sperrschicht-Kapazität Kapazität zwischen den beiden an die Sperrschicht eines PN-Überganges angrenzenden Bereichen, die auf Ladungs-Änderungen bei Änderungen der an der Sperrschicht liegenden Spannung beruht. Da die Sperrschicht-Dicke, z. B. bei homogener Dotierung, mit der Wurzel aus der Höhe der Spannungs-Stufe zwischen den zwei Bereichen wächst, sinkt die Sperrschicht-Kapazität mit Zunahme dieser Spannung ab.

Sperrschicht-Kondensatoren in → *IC* benutzen die Sperrschicht als Dielektrikum. Deren Dicke und damit die Kapazität sind abhängig von der anliegenden Spannung.

Sperrschicht-Temperatur Temperatur, die die Sperrschicht im Betrieb aufweist. Üblicherweise handelt es sich in Transistoren im wesentlichen um die Kollektor-Sperrschicht, da deren Eigenerwärmung am meisten ins Gewicht fällt. Als höchstzulässiger Wert gilt für Sperrschichten in Germanium meistens 90 °C (früher vorwiegend 75 °C). In Silizium meistens 200 °C.

Sperrschicht-Transistoren = → *bipolare Transistoren.*

Sperrschwinger werden oft zur Tonerzeugung (elektr. Orgeln), aber auch im Fernsehgerät zur Bildablenkung verwendet. Die Auf- und Entladung des Kondensators C_b wird über den NF-Transformator Tr rückgekoppelt. Bei „Syn" kann der Schaltung eine feste Frequenz aufgedrückt, sie kann so synchronisiert werden. Das gleiche Prinzip kann zur Gleichspannungswandlung dienen.

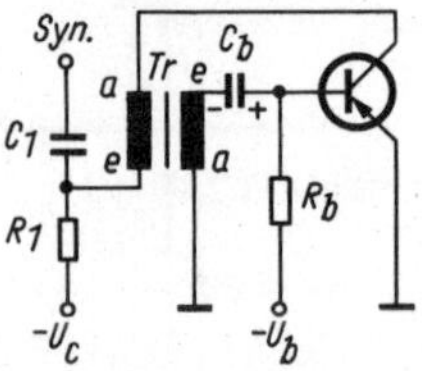

Sperrspannung heißt jede entgegen der Flußrichtung an eine Diode gelegte Spannung. Bei einer für jeden Typ charakteristischen Spannung erfolgt ein Durchbruch (→ *Z-Dioden*).

Sperrstrom ist der in Sperrichtung durch die → *Sperrschicht* fließende Strom. Bis zur Erreichung der → *Durchbruchspannung* ist er gering (bei Germanium $< 10\ \mu A$, bei Silizium $< 5\ \mu A$).

Sperrträgheit Wird der durch eine Halbleiterdiode fließende Strom plötzlich von Durchlaß- auf Sperrichtung umgeschaltet, so fließt nicht sofort der geringe → *Sperrstrom*, sondern er steigt momentan auf einen hohen Wert, um dann schnell abzufallen *(Abb.)*. Die Zeit bis zum Erreichen des normalen Sperrstroms wird für Germanium-Spitzendioden mit 1...8 μs, für Silizium-Flächendioden mit 10...50 μs angegeben.

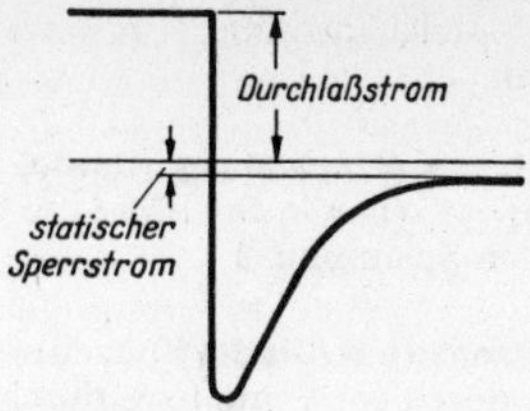

Sperrverhältnis Verhältnis: → *Sperrwiderstand* zu → *Durchlaßwiderstand.*

Sperrverlust Verlustleistung im gesperrten Bauelement.

Sperr-Verzögerungszeit Rückwärts- → *Erholungszeit.*

Sperrwandler bestehen aus Transistor, Transformator und Gleichrichter. Der Primärstrom wird dauernd unterbrochen, umtransformiert und sekundär wieder gleichgerichtet.

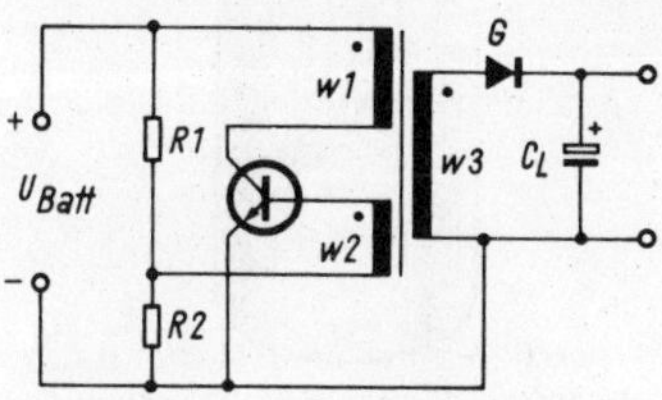

Sperrwandler: Sperrwandlerschaltung

Sperrwiderstand Verhältnis der in Sperrichtung angelegten Gleichspannung zu dem damit durch ein Ventil bzw. eine Sperrschicht getriebenen Gleichstrom, falls der Betrag der Gleichspannung kleiner ist als der Betrag, der zum Beginn des Sperrstrom-Steilanstieges gehört.

spezifischer Widerstand Kehrwert der → *elektrischen Leitfähigkeit,* d. h. der Widerstand eines an zwei gegenüberliegenden Flächen angeschlossenen Würfels mit 1 cm Kantenlänge.

Spiegelskala Skala von Zeigerinstrumenten, die zur Erhöhung der Ablesegenauigkeit mit einem Spiegel unterlegt ist. Ablesefehler, die durch Parallaxe hervorgerufen werden, sind dadurch zu vermeiden, da sich der Zeiger und sein Spiegelbild beim Ablesen decken müssen.

Spin auch Elektronenspin ist der Eigendrehimpuls eines Elektrons.

Spitzendiode Diode, deren System aus einem N-leitenden Halbleiter-

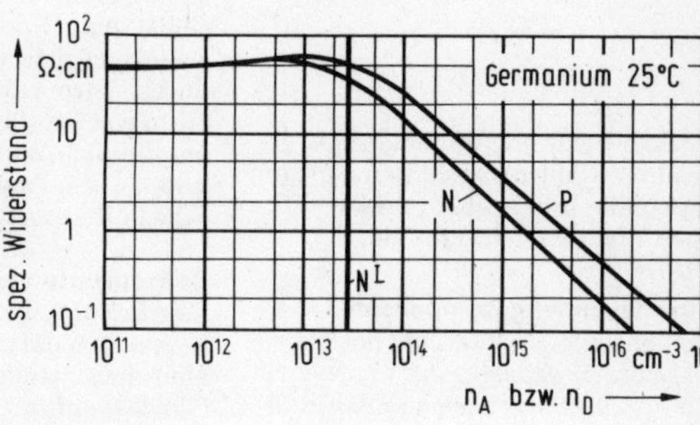

spezifischer Widerstand: Die Abb. zeigt den spezifischen Widerstand des Germaniums bei 25°C als Funktion des Dotierungsgrades und zwar für N-Dotierung und für P-Dotierung

stück und einer darauf federnd aufsitzenden Drahtspitze aufgebaut und deren Sperrschicht durch einen Stromstoß formiert wird.

Spitzengleichrichtung Bei der Spitzengleichrichtung wird der Spitzenwert einer Halbwelle gemessen. Hierzu wird ein Ladekondensator über einen Gleichrichter auf den Spitzenwert der Halbwellen aufgeladen, die mit einem Spannungsmeßgerät sehr hohen Innenwiderstands gemessen wird.

Spitzenkontakt Kontakt zwischen einem Halbleiter-Kristall und einer Metallspitze. Andere Bezeichnung: Punkt-Kontakt.

Spitzenlagerung Lagerung des beweglichen Organs eines Meßwerks, bei dem die Enden der Achse als

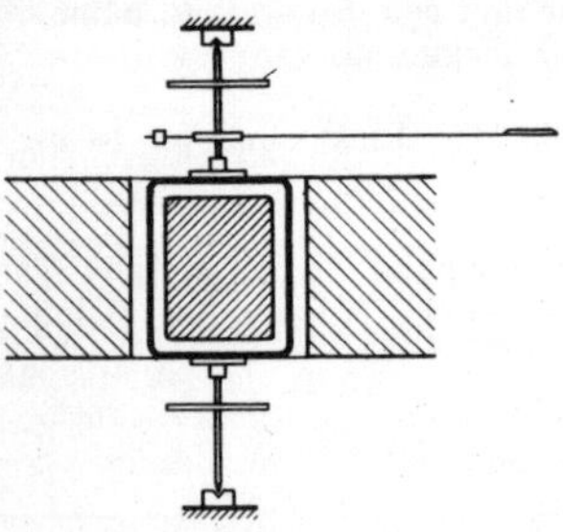

Spitzenlagerung

Spitzkegel mit abgerundeten aus gehärtetem Stahl hergestellten Spitzen ausgebildet und in ebenfalls kegelförmigen Pfannen gelagert sind.

Spitzenspannungskompensator → *Kompensatorschaltung*, bei der die zu messende Wechselspannung mit einem → *Spitzenwertgleichrichter* in eine Gleichspannung umgewandelt wird.

Spitzensperrspannung (Diode) Spitzenwert einer in Sperrichtung angelegten Spannung.

Spitzenstrom (Diode) Spitzenwert eines durch ein Ventil bzw. durch eine Sperrschicht fließenden Stromes.

Spitzentransistor mit zwei feinsten Metallspitzen auf einem N-leitenden

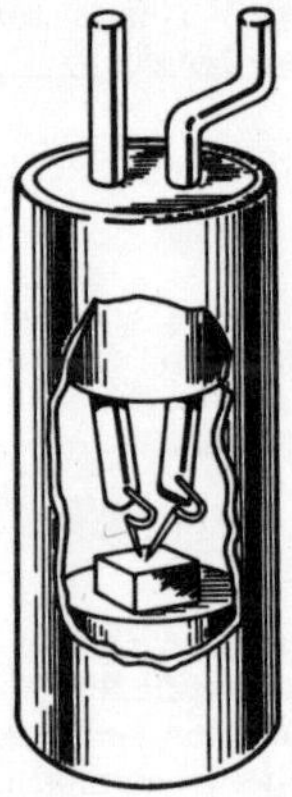

Kristallplättchen war die Form, in der von den Nobelpreisträgern Bardeen und Brattain der Transistor erstmalig realisiert werden konnte. Dabei entstand unter der Emitterspitze von selbst eine Sperrschicht, unter der Kollektorspitze wurde eine P-Schicht durch Stromströße erzeugt. Diese Form war für die rauhe Praxis viel zu empfindlich, auch zu wenig belastbar, und hat seit langem nur noch historisches Interesse.

Spitzenwertgleichrichter Gleichrichterschaltung, bei der ein Gleichrichter, ergänzt durch einen Kondensator, eine dem Scheitelwert proportionale Gleichspannung liefert. Man unterscheidet Reihen-(a) und Parallel-(b) schaltung beim S.

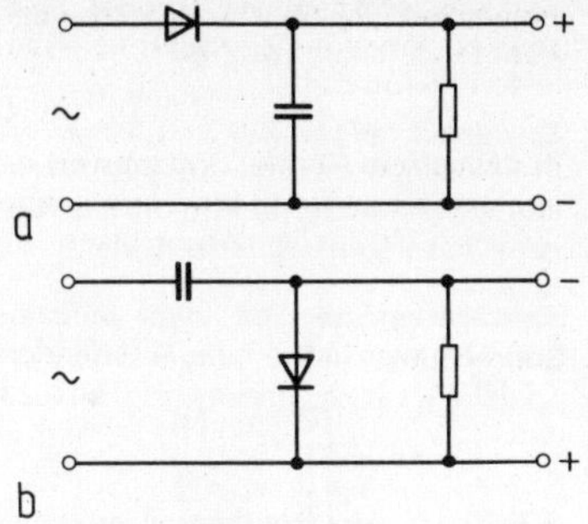

S-Pol = → *Source.*

Spooler Zusatzgerät oder Programmpaket für einen Computer, der dafür sorgt, daß dieser bei seiner Programmausführung von der Ausgabe längerer Listings oder Texte nicht behindert wird.

SPP (= **s**ignal **p**rocessing **p**eripheral) Zusatzrechenwerk für Mikroprozessorsysteme zur schnelleren Durchführung arithmetischer Operationen.

Sprachanalyse Sprachanalyse-Vorrichtungen dienen zur Dateneingabe in Computer durch Sprache. Im Gegensatz zur → *Sprach-Synthese* ist dies sehr schwierig zu realisieren. Die derzeitigen Vorrichtungen zerlegen meist das Sprachfrequenzband in mehrere Teilbereiche und vergleichen deren zeitliche Amplitudenänderungen mit jenen von Referenzmustern im Speicher, die bestimmten Worten entsprechen.

Sprache, künstliche, synthetische → *Sprachsynthese, Vocoder.*

Sprachlabor zur Unterrichtung einer Schulklasse hat eine vom Lehrer zu bedienende Schaltanlage und Schülerkabinen, vom Lehrer einzusehen. Der Lehrer (oder sein Tonband) spricht vor und kann dann jeden beliebigen Schüler sprechen lassen und korrigieren, denn jeder hat ein „Sprachgeschirr“ (Kopfhörer mit daran befestigtem Mikrofon).

Sprachsynthese Auf rein elektronischem Wege, also ohne Tonband oder Platte, können Computer oder andere Geräte Daten in natürlicher Sprache ausgeben. Sprachsynthese beruht im Prinzip immer auf der digitalen Speicherung von Sprachelementen, aus denen ganze Sätze zusammengefügt werden können.

Sprachübersetzung durch entsprechend programmierte → *EDV-Anlagen* kann immer nur eine Wortübersetzung (also Vorarbeit) sein und muß durch einen Sprachkundigen gründlich überarbeitet werden.

Sprechende Rechenanlagen können z. B. Auskünfte erteilen, wobei sie einen gespeicherten Vorrat von Informationen nach Bedarf ausgeben, der entweder aus Silben oder aus ganzen Wörtern besteht. Die Speicherung kann aber auch → *digital* erfolgen. Die Ausgabe erfolgt dann durch oder in der Art von → *Vocodern.* In dieser Art sind Systeme entwickelt worden, bei denen man durch Fernsprecher die → *EDV-Anlage* befragen und sofort fernmündlich Antwort erhalten kann. Damit kein Unbefugter geheimzuhaltende Fakten (z. B. Kontostand) abfragen kann, sind solche Auskünfte nur nach Eingabe eines Schlüsselwortes erhältlich. → *PAM.*

Sprungantwort Zeitlicher Verlauf des Ausgangssignals eines Übertra-

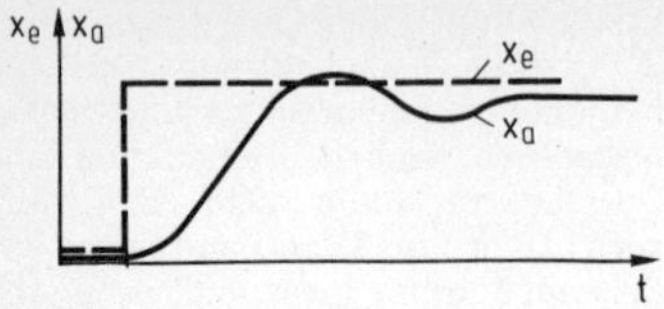

gungsgliedes oder Systems bei Erregung einer → *Sprungfunktion.*

Sprungbefehle sind notwendig, wenn von der Reihenfolge der Befehle im Arbeitsspeicher abgewichen werden muß. Meist erfolgt ein Sprung rückwärts zu einem schon früher einmal ausgeführten Befehl, um die dort beginnende Befehlsfolge erneut zu durchlaufen, aber auch Vorwärtssprünge und solche auf → *Unterprogramme* sind möglich.

Sprungfunktion Funktion, die zu einem definierten Zeitpunkt t sprunghaft ihren Wert um einen vorgegebenen Wert ändert. Springt die Sprungfunktion von Null auf den Wert A, so wird die auf A bezogene Sprungfunktion Einheitssprung genannt. Die Änderung des → *Ausgangssignals* bei eingangsseitiger Erregung durch eine Sprungfunktion (einen Einheitssprung) heißt → *Sprungantwort* (Einheitssprungantwort).

Sprungverhältnis ist das Verhältnis Höckerstrom : Talstrom bei der → *Tunneldiode.*

Spule → *Drosselspulen.*

Spulendämpfung Dämpfung bei → *Drehspulmeßgeräten,* die dadurch hervorgerufen wird, daß in der Drehspule und dem als kurzgeschlossene Windung wirkenden Spulenrahmen aus Kupfer oder Aluminium Ströme induziert werden, die entsprechend dem Induktionsgesetz eine dem Drehmoment entgegenwirkende und somit dämpfende Kraft ausüben.

Spulenschwinger Bei → *Lichtstrahl-Oszilloskopen* verwendetes Drehspulgalvanometer in Miniaturausführung mit Eigenfrequenzen bis zu 20 kHz.

Spurabstand bei → *Magnettrommel-Speichern* beträgt bis herunter zu 0,25 mm.

SQUID (= **s**uperconducting **qu**antum **i**nterference **d**evice) Hochempfindlicher Sensor für magnetische Felder auf der Basis der Supraleitung. Versetzt man Quanten-Supraströme im μA-Bereich, wie sie an Punktkontakten oder Brücken zwischen zwei Supraleitern auftreten können, durch Wechselfeldüberlagerungen in Schwingungen, so hängen Amplitude und Spektrum dieser sog. Josephson-Schwingungen vom angelegten und zu messenden Magnetfeld ab. Es lassen sich auf diese Weise auch sehr kleine Spannungen bis herab zu 10^{-15} V, Widerstände und Induktivitäten messen.

SRAM Statisches → *RAM,* in dem die Informationen solange gehalten werden, wie die Betriebsspannung anliegt.

SR-Flipflop = → *RS-Flipflop.*

SSB Abk. für → *Einseitenband-Verfahren.*

Standardabweichung s Angabe der mittleren quadratischen Abweichung der Meßwerte X_i von ihrem → *Mittelwert* $\overline{X}$.

$$s = + \sqrt{\frac{1}{n-1} \sum_{i=1}^{n} (X_i - \overline{X})^2}$$

Stapelblock ist eine besonders raumsparende Bauweise für Ferritkernspeicher (→ *Matrix*).

Stapelverarbeitung bedeutet, daß sämtliche Daten eingegeben sein müssen, ehe mit der Verarbeitung begonnen werden kann und daß dann diese Aufgabe vollständig bearbeitet wird, ehe eine neue in Angriff genommen werden kann. Dies kommt besonders für → *Teilnehmer-Rechensysteme* in Frage. Dabei werden die Programme zuerst auf → *Magnetbänder* gegeben, die sie dann mit großer Geschwindigkeit in den Rechner geben können.

stationär zeitlich bzw. statistisch unveränderter Zustand.

Beispiele: Gleichstromkreis, Feld eines Dauermagneten, aber auch Elektronen um Atomkern.

Statische Konvergenzkorrektur Die → *Konvergenz* in der Mitte des Bildschirms, also bei nur wenig abgelenkten Elektronenstrahlen, nennt man statische Konvergenz. Zur Korrektur dienen Permanentmagnete oder elektromagnetische Gleichfelder, die die Elektronenstrahlen radial verschieben (→ *Konvergenzkorrektur*).

Statische Lautsprecher → *Elektrostatische Lautsprecher.*

Statische Sicherheit P (Aussagewahrscheinlichkeit) Angabe darüber, wieviel % Einzelwerte einer Anzahl von n Meßwerten innerhalb eines definierten Toleranzbereiches $\overline{X} \pm s$ zu erwarten ist ($\overline{X}$ = → *Mittelwert*, s = → *Standardabweichung*).

Statistor heißt ein → *MOS-FET*, der anstelle einer Elektrometerröhre verwendet werden kann, da sein → *Eingangswiderstand* besonders hoch (> 10^{11} Ω) ist.

Statusregister Die → *CPU* enthält ein Register, das Informationen über das bisherige Programmgeschehen enthält. Es wird meist von allen Lade-, Transfer- und arithmetischen Befehlen automatisch beeinflußt. So zeigen die einzelnen Bits des S. z. B. an, ob ein Übertrag bei einer Addition auftrat, ob das Ergebnis der letzten Operation Null war oder ob ein → *Interrupt* aufgetreten ist. Auch kann man durch besondere Befehle den Zustand einzelner Bits im S. beeinflussen.

Steckkarten Da auch die großen → *Leiterplatten* mancherlei Nachteile brachten, wurden sie aufgeteilt in kleine Einheiten (genormte Europakarte 100 mm x 160 mm) mit entsprechenden Steckerleisten an einer Schmalseite, die ebenfalls genormt wurden. Der große Vorteil war, daß einzelne Baugruppen in Serie hergestellt und durch entsprechende Prüfgeräte auch automatisch geprüft werden konnten. Man kann die Steckkarten zwar als Vorläufer der → *integrierten Schaltungen* ansehen, sie haben sich daneben aber weiter gehalten und werden auch mit IC bestückt.

Steckplan ist beim → *Analogrechner* der Entwurf für die Zusammenschaltung der Recheneinheiten.

Steilheit Hierunter wird im allgemeinen die äußere Kurzschlußsteilheit des Transistors verstanden. Ihr ist (wie der Steilheit der Elektronenröhre) das Formelzeichen S zugeordnet. Sie gilt für einen jeweils bestimmten Wert des Kollektor- bzw. Emitter-

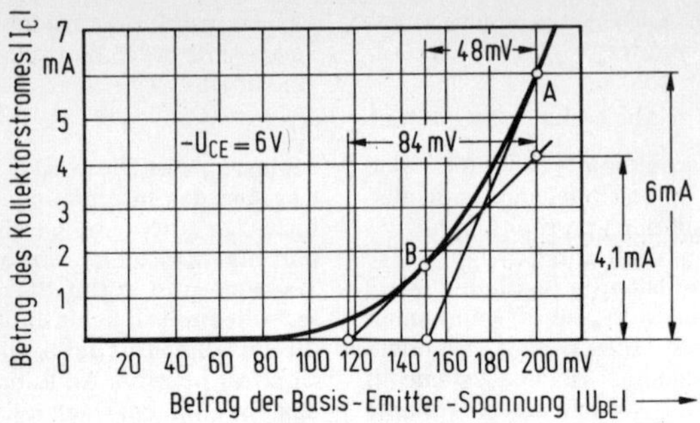

Steilheit, statische: Die statische Steilheit eines Transistors wird ermittelt aus dessen $I_C(U_{BE})$-Kennlinie, die sich für U_{CE} = const. ergibt. Die Steilheit wird in jedem Kennlinienpunkt mit Hilfe einer Tangente bestimmt. Die Steilheiten betragen:
für Punkt A 6 mA : 48 mV = 135 mA/V
für Punkt B 4,1 mA : 84 mV = 49 mA/V

Gleichstromes und für eine jeweils bestimmte Signalfrequenz. Wenn nichts anderes besonders angegeben wird, gründet sich die Steilheit auf die Signalspannung des Basis-Anschlusses gegen den Emitteranschluß sowie auf eine sehr tiefe Signalfrequenz. Außer dieser äußeren Steilheit gibt es die innere Steilheit, die zu der Signalspannung des inneren Basispunktes entweder gegen den Emitteranschluß oder den inneren Emitterpunkt gehört.

Steilheit, innere Steilheit, der als steuernde Signalspannung die Spannung zwischen innerem Basispunkt und innerem Emitterpunkt zugrunde liegt.

Steilheitsfrequenz Signalfrequenz, bei der der Betrag der → *Steilheit* auf das 0,707fache des für tiefe Frequenzen geltenden Wertes gesunken ist.

Steilheitsphase Phasenverschiebung zwischen Kurzschluß-Ausgangs-Signalstrom und steuernder Eingangs-Signalspannung (frequenzabhängig). Beispiel: $\varphi_s = -90°$ bedeutet: Der Ausgangs-Signalstrom eilt der Eingangs-Signalspannung um 90 ° nach.

Steilheit, statische Steilheit, die aus der statischen $I_C(U_{CE})$-Kennlinie abzuleiten ist. Diese statische Steilheit ist auch die äußere Kurzschluß-Steilheit für Signalfrequenzen, die weit unter den Grenzfrequenzen liegen.

Stellantrieb Antrieb zur Betätigung mechanischer → *Stellglieder.*

Stellbereich Y_h Bereich, innerhalb dessen die → *Stellgröße* eingestellt werden kann.

Stellen sind Bereiche im Arbeitsspeicher, also z. B. 6 → *Bit* oder 1 → *Byte.*

Stellenmaschinen können mit → *Operanden* verschiedener Wortlänge arbeiten und können mit einem → *Befehl* zwei Operanden ansprechen. Sie können dabei gleichzeitig angeben, wie lang diese sind.

Stellgerät Einheit aus → *Stellantrieb* und → *Stellglied* im Eingang einer → *Strecke*.

Stellgeschwindigkeit v_y Geschwindigkeit, mit der die → *Stellgröße* verändert wird.

Stellglied → *Glied* am Eingang der Steuer- bzw. Regel- → *Strecke*. Es beeinflußt dort den zu steuernden bzw. zu regelnden Energiestrom oder Massenfluß.

Stellgröße y → *Größe*, die das → *Stellglied* steuert. Sie ist zugleich die → *Ausgangsgröße* einer Steuer- bzw. → *Regelungseinrichtung* und die → *Eingangsgröße* der → *Strecke*.

Stellort Ort einer → *Steuer-* bzw. → *Regelungseinrichtung*, an dem sich das → *Stellglied* befindet, also zur aufgabengemäßen Beeinflussung in die → *Strekke* eingegriffen wird.

Stellzeit T_y Zeit, die vergeht, bis die → *Stellgröße* den → *Stellbereich* bei der maximal vorgesehenen → *Stellgeschwindigkeit* durchlaufen hat.

step-recovery-Dioden (~ *Schritt-Wiederholungs-Dioden*) → *Snap-off-Dioden*.

Stereo-Decoder Schaltung zum Trennen der beiden beim Stereo-Rundfunk gemeinsam übertragenen Stereo-Kanäle (links und rechts) für die anschließende NF-Verstärkung.

Stereofonie Plastische Wiedergabe von Schallaufzeichnungen (Schallplatte, Tonband). Hinzu kommt der stereofone Rundfunk. Die normale Wiedergabe wird mit monaural oder einkanalig bezeichnet, die stereofonische im Gegensatz dazu mit zweikanalig.

Bei dem monauralen Schallaufnahmeverfahren wird nur ein Mikrofon verwendet, bzw. eine Mikrofongruppe. Der aufgenommene und in elektrische Schwingungen umgesetzte Schall wird über eine Leitung und einen Verstärker weitergegeben und dem Aufnahmegerät zugeführt. Die Schallplatte oder das bespielte Tonband wird über einen Verstärker und über einen Lautsprecher (bzw. eine Lautsprechergruppe) wiedergegeben. Bei stereofonischen Anlagen werden elektrisch voneinander getrennte Mikrofone benutzt (zwei elektrische Ohren), welche die tonfrequenten Schwingungen über je eine Leitung zu je zwei Verstärkern weitergeben (zweikanaliges System). Die verstärkten Tonschwingungen gelangen getrennt zum Aufnahmegerät. Die Tonbandapparatur zeichnet in zwei Spuren auf. Die → *Schallplatte* wird theoretisch in zwei Rillen beschriftet, praktisch in einer. Für die Wiedergabe sind zwei Verstärker und zwei im geeigneten Abstand voneinander aufgestellte Lautsprecher erforderlich.

Beim stereofonischen Rundfunk codiert man die beiden Rechts-/Linksinformationen in einem Multiplex-Verfahren so, daß das Summensignal L + R in dem Frequenzbereich 30...15 000 Hz untergebracht wird, das Differenzsignal in dem Frequenzbereich von 23 000...53 000 Hz mit einem Hilfsträger von 38 000 Hz. Dieser wird jedoch nicht übertragen, sondern die halbe Frequenz 19 000 Hz, der sog. Pilotton. Aus ihm wird im Empfänger der Hilfsträger regeneriert. Durch geeignete Matrixschaltungen gewinnt man die Stereoinformation für links und rechts. Da das Summensignal im Bereich 30...15000 Hz untergebracht ist, ist das Verfahren voll kompatibel.

Stereo-Platten → *Stereofonie* und → *Schallplatte.*

Stern-Geometrie → *Mikrowellen-Transistoren.*

stetige Regeleinrichtung → *Regeleinrichtung*, bei der die → *Stellgröße* im → *Beharrungszustand* jeden beliebigen Wert innerhalb des → *Stellbereichs* annehmen kann.

stetig wirkendes Glied Übertragungsglied, bei dem ein stetiges Eingangssignal ein stetiges Ausgangssignal hervorruft.

Steuerdrossel = → *Magnetverstärker.*

Steuereinheit (controller) heißt das Verbindungsglied zwischen Rechner und → *Großraumspeicher* bzw. → *Ein- und* → *Ausgabegeräten.* Es handelt sich um eine Rechenanlage im kleinen, die die Befehle interpretiert, daraus Steuersignale formt, die Aufgaben verteilt und insbesondere dafür sorgt, daß die hohe Arbeitsgeschwindigkeit der → *Zentraleinheit* möglichst voll ausgenutzt wird und diese abwechselnd mit den verschiedenen Geräten verbunden wird.

Steuereinrichtung Teil einer Steuerkette, das die → *Strecke* gemäß der gestellten Steuerungsaufgabe über das → *Stellglied* beeinflußt.

Steuer-Informationen sagen dem Gerät, was gemacht werden soll. Sie werden bei der → *numerischen Steuerung* vom Rechner an die Maschine oder Anlage gegeben. Innerhalb der → *EDV-Anlage* gibt sie die → *Steuereinheit.*

Steuerkennlinie Kennlinie, die zeigt, wie eine Ausgangssignalgröße (z. B.

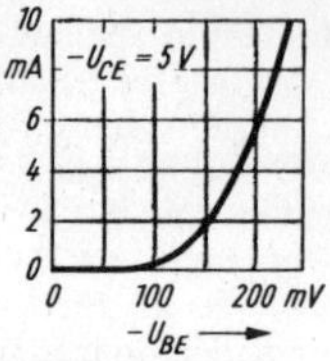

Steuerkennlinie: Abb. 1 zeigt die Kurzschluß-Steuerkennlinie für einen in Emitterschaltung benutzten PNP-Transistor für Spannungssteuerung bei tiefen Frequenzen mit $I_C(U_{BE})$-Kennlinie für U_{CE} = const

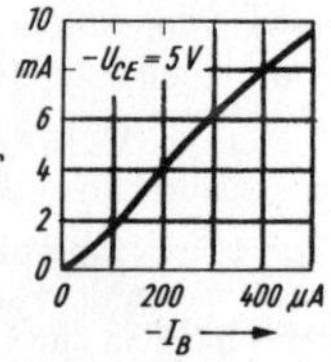

Abb. 2 zeigt die Kurzschluß-Steuerkennlinie für einen in Emitterschaltung oder in Kollektorschaltung benutzten PNP-Transistor für Stromsteuerung bei tiefen Frequenzen. $I_C(I_B)$-Kennlinie für U_{CE} const

der Ausgangs-Signal-Kurzschlußstrom) von einer Eingangs-Signalgröße (z. B. von dem Eingangssignalstrom oder von der Eingangssignalspannung) abhängt. Steuerkennlinien für Emitterschaltung sind: die I_C (U_{BE})-Kennlinie oder die I_C (I_B)-Kennlinie für jeweils konstanten Wert der Kollektor-Emitterspannung.

Steuern Vorgang in einem → *System*, bei dem eine (mehrere) → *Eingangsgröße(n)* eine (mehrere) → *Ausgangsgröße(n)* so beeinflußt, daß sie definierte Werte annimmt, die durch die Eigenschaften des Systems vorgegeben sind.

Steuerpulte dienen zur direkten Eingabe von → *Daten* und → *Befehlen* und z. T. zur Ausgabe von Ergebnissen oder von → *Informationen*. Sie besitzen Spezialtastaturen, die ganz bestimmte Vorgänge auslösen. Man braucht sie z. B. an Bankschaltern, Platzbuchungsplätzen u. a. Diese können z. T. weit entfernt von der Anlage stehen und über Fernsprech- oder Fernschreibleitungen angeschlossen werden.

Steuerspannung Steuernde Signalspannung, meistens die äußere Signal-Spannung am Eingang des Transistors, d. h. bei Emitterschaltung die Signalspannung des Basis-Anschlusses gegen den Emitter-Anschluß und bei Basisschaltung die Signalspannung des Emitter-Anschlusses gegen den Basis-Anschluß.

Manchmal aber auch statt dessen die innere Steuerspannung: beispielsweise bei Emitterschaltung die Signalspannung des inneren Basispunktes gegen den Emitteranschluß oder gegebenenfalls auch gegen den inneren Emitterpunkt.

Steuerstrecke → *Strecke*.

Steuerstrom Steuernder Signalstrom, der über die zwei Eingangs-Anschlüsse des Transistors (→ *bipolare Transistoren*) fließt, während alle Arten von → *Feldeffekt-Transistoren* leistungslos, d. h. nur durch angelegte Spannungen gesteuert werden.

Steuerung Anlage zum → *Steuern* einer oder mehrerer Ausgangsgrößen in Abhängigkeit von einer oder mehrerer Eingangsgrößen. Hauptmerkmal der Steuerung ist der offene Wirkungsablauf über das System.

Steuerwerk ist ein Teil der → *Zentraleinheit*, der entsprechend dem → *Programm* den Ablauf der Datenverarbeitung steuert. Es veranlaßt, je nach Programm, die → *Speicherung* oder Verarbeitung eingegebener Daten, gibt entsprechende Steuersignale und veranlaßt am Ende des Programms die Ausgabe der Ergebnisse. Es ist gewissermaßen das Stellwerk des Rechners und sorgt dafür, daß die hohe Arbeitsgeschwindigkeit voll ausgenutzt und sie abwechselnd mit den verschiedenen Geräten verbunden wird.

Stibitz-Code, auch 3-Exzeß-Code ist nach einem komplizierten System aufgebaut, soll aber dafür Störungen leichter erkennen lassen. Er braucht 6 → *Bits* bis 9, 7 bis 49, 10 bis 59 und 11 bis 159.

Stimmen-Analyse → *Spektograf*, → *Sonagramm*.

Stochastische Prozesse sind Zufallsprozesse.

Störabstand Verhältnis zwischen störenden Nebengeräuschen und wiedergegebener Darbietung. Besonders bei sehr leisen Stellen ist ein großer Störabstand wichtig. Gute Werte sind 60 dB und mehr.

Störatom Fremdatom, das gegenüber dem Halbleitermaterial ein → *Valenzelektron* mehr oder weniger aufweist und dessen Vorhandensein die Eigenschaften eines Halbleitermaterials in gewünschter oder in nicht gewünschter Weise beeinflußt.

Störbandleitung Bei höheren Werten der Störstellenkonzentration mögliche Stromleitung aufgrund des Übergangs der Ladungsträger direkt zwischen den Störstellen ohne daß dafür die Ladungsträger-Energie so groß ist, wie sie dem Leitungsband entspricht.

Störbereich Z_h Bereich, innerhalb dessen die → *Störgröße* liegen darf, ohne Funktionsstörungen zu verursachen.

Störgröße z Alle → *Größen*, die von außen auf eine → *Steuerung* oder → *Regelung* einwirken und sich auf deren beabsichtigte Beeinflussung störend auswirken.

Störort Ort einer → *Steuerung* oder → *Regelung*, an dem eine → *Störgröße* in den → *Wirkungsweg* der Anlage eingreift.

Störstellen sind kristalline Mißbildungen, an denen die regelmäßige Gitterstruktur gestört ist. Gewollte Störstellen entstehen durch den Einbau von Fremdatomen (→ *Akzeptoren* oder → *Donatoren*) in den Kristall beim → *Dotieren*. An der Störstelle fehlt ein Elektron in der Gitterbindung (→ *Akzeptoratom*), oder es ist ein überzähliges Elektron vorhanden (→ *Donatoratom*).

Störstellen-Abstand Mittlerer Abstand zwischen zwei benachbarten Störatomen oder Störstellen im Kristall. Für Intrinsic-Germanium z. B., dessen Reinheitsgrad $1{,}8 \cdot 10^9$ übersteigt (also auf $1{,}8 \cdot 10^9$ Germaniumatome höchstens ein Störatom), ist der mittlere Störstellenabstand größer als

$$\sqrt[3]{1{,}8 \cdot 10^9} = 1{,}2 \cdot 10^3$$

Germanium-Atomabstände.

Störstellen-Dichte Zahl der Störstellen je Raumeinheit, d. h. meistens je cm^3.

Störstellen-Erschöpfung Steigt die Temperatur eines dotierten Halbleitermaterials vom absoluten Nullpunkt aus an, so nimmt die Zahl der Fremdatome, die ionisiert werden, laufend zu. Bei weiterem Temperaturanstieg verlangsamt sich diese Zunahme, bis schließlich alle Fremdatome ionisiert sind. Damit ist dann die Störstellen-Reserve erschöpft. Jetzt bleibt der fortgesetzte Temperaturanstieg zunächst ohne Einfluß auf die Dichte der freien Ladungsträger, bis schließlich die → *Intrinsic-Temperatur* erreicht ist, bei der die Dichten der Majoritäts- und Minoritätsträger gleich sind. Der weitere Anstieg der Ladungsträger-Dichten erfolgt dann entsprechend der Temperatur-Abhängigkeit der Intrinsic-Zahl (Intrinsic-Bereich). In der *Abb.* sind diese Zusammenhänge dargestellt. Dieser Darstellung liegt statt der absoluten Temperatur T deren Kehrwert zugrunde.

Störstellen-Gehalt → *Störstellendichte*.

Störstellen-Gradient Änderung der → *Störstellendichte* als Funktion der Entfernung in der Richtung, für die diese Änderung den jeweils größten Wert hat.

Störstellen-Halbleiter Halbleiter, dessen Leitungscharakter durch die → *Störstellen* bestimmt wird (→ *Extrinsic-Halbleiter*).

Störstellen im → *Bänder-Modell*. Die Bilder zeigen Beispiele sowohl hinsichtlich der → *Dotierung* wie bezüglich der üblichen Darstellung.

Darstellung der → *Störstellen* nur mit ihrer Auswirkung auf die beweglichen → *Ladungsträger* und zwar einerseits mit der Lage des → *Fermi-Niveaus* sowie mit den von links oben nach

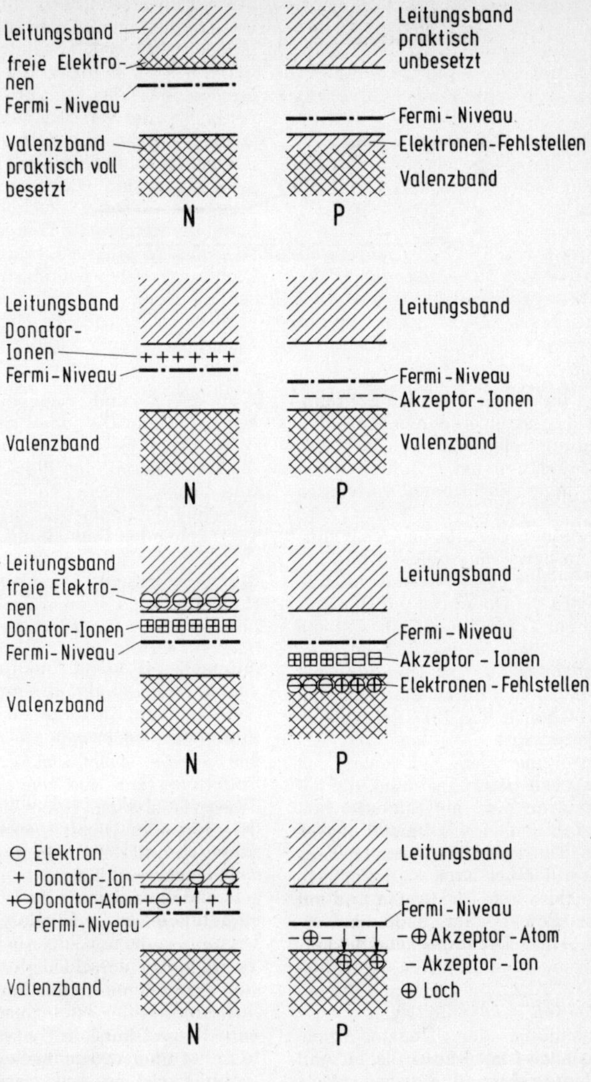

Störstellen im Bändermodell

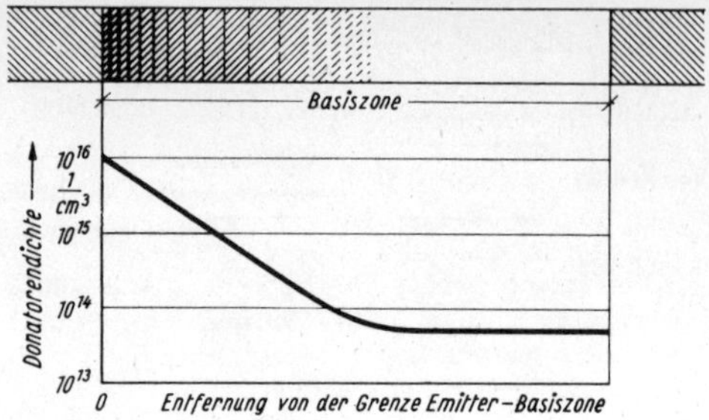

Störstellenprofil

rechts unten verlaufenden Schraffuren. Diese lassen erkennen, daß bei N-Dotierung freie Elektronen im → *Leitungsband* und bei P-Dotierung Löcher im → *Valenzband* vorhanden sind.

Darstellung der Stör-Ionen mit Pluszeichen bzw. Minuszeichen und mit der Lage des Fermi-Niveaus. Manchmal wird die Dotierung mit Donator-Ionen zusätzlich durch Eintragen von Minuszeichen in das Bild des Leitungsbandes und die Dotierung mit Akzeptor-Ionen durch Eintragen von Pluszeichen in das Bild des Valenzbandes ergänzt.

Darstellung der Stör-Ionen mit Rechtecken bzw. Quadraten, die mit Pluszeichen bzw. mit Minuszeichen versehen sind. Diese Darstellung ist durch Eintragen des Fermi-Niveaus und von kleinen Kreisen, die mit Minuszeichen freie Elektronen und mit Pluszeichen Löcher bedeuten, ergänzt. Je nach Dotierung kann das Fermi-Niveau auch zwischen den Donator- bzw. Akzeptor-Ionen und der benachbarten Bandkante liegen.

Darstellung der Donator-Atome durch Kreise mit Minuszeichen und danebengesetzte Pluszeichen sowie der Akzeptor-Atome durch Kreise mit Pluszeichen und danebengesetzte Minuszeichen. Die Ionen sind allein durch die Plus- bzw. Minuszeichen markiert. Die mit den Plus- bzw. Minuszeichen versehenen Kreise entsprechen den kleinen Kreisen in der vorangehenden Darstellung.

Störstellenleitung Stromleitung im Halbleiter auf Grund freier Elektronen, die von → *Donatoren* herrühren, oder auf Grund von → *Löchern*, die durch → *Akzeptoren* bedingt sind, oder auf Grund anderer → *Störstellen*.

Störstellen-Profil Kennlinie, die zeigt, wie die → *Störstellen-Dichte* von einer Entfernung, z. B. ab Grenze Emitter-Basiszone, abhängt, wobei fast immer der Störstellen-Dichte-Maßstab logarithmisch und der Entfernungs-Maßstab linear gewählt werden. In der Regel handelt es sich um die Dichte der eindiffundierten → *Akzeptoren* bzw. → *Donatoren* oder um die Netto-Störstellen-Dichte (Unterschied der Beträge von Akzeptoren- und Donatoren-Dichte). Bei Ein- oder Ausdiffusion wird die zur Diffusionsfront senkrechte Entfernung zugrundegelegt.

Abb. 1 zeigt den sehr stark vergrößerten Teil des Schnittbildes eines

Transistors mit eindiffundierter Basisdotierung. Dieser Teil umfaßt einen Abschnitt der Basiszone sowie die angrenzenden Abschnitte der Emitterzone und der Kollektorzone.

In Abb. 2 ist die Störstellendichte (hier z. B. Donatorendichte) als Funktion der Entfernung von der Basis-Emitter-Grenzfläche aufgetragen. Der Maßstab der Störstellendichte ist logarithmisch, der der Entfernung linear.

Störstellen-Reserve-Bereich Temperatur-Bereich, in dem die → *Majoritätsträger-Dichte* mit steigender Temperatur *T* (d. h. mit abnehmendem Wert von $\frac{1}{T}$) exponentiell ansteigt und die → *Minoritätsträger-Dichte* noch belanglos ist. Bei weiter ansteigender Temperatur schließt sich an den Störstellen-Reserve-Bereich der → *Störstellen-Erschöpfungs-Bereich* an.

Störstrahlung Als Störstrahlung werden elektrische Wellen bezeichnet, die den Empfang von Rundfunk- und Fernsehsendungen sowie anderer (nicht öffentlicher) Funkdienste stören können. Als Ursache solcher Störstrahlung kommen auf Grund ihrer Arbeitsweise auch Rundfunk- und Fernsehempfänger in Frage. Jeder Oszillator erzeugt neben seiner gewollten Frequenz auch noch Oberwellen (Harmonische), beides kann unter Umständen als Störstrahlung nach außen dringen (→ *FTZ-Prüfnummer*).

Stoßfunktion d (t) Die Stoß- oder Impulsfunktion d (t) nimmt für t = 0 den Wert unendlich an und ist für alle anderen Zeiten gleich Null. Für die Impulsfläche wird dabei ein endlicher Wert vorgeschrieben. Man kann sich die Stoßfunktion so entstanden denken, daß man die Impulsdauer eines Rechteckimpulses unter Beibehaltung der Impulsfläche gegen Null gehen läßt.

Stoßionisation Bildung von → *Ladungsträgerpaaren* durch Ladungsträgerstöße mit hoher Energie.

Stoßspannung Einzeln auftretender Sperrspannungs-Impuls. Zum höchstzulässigen Wert der Stoßspannung gehören Angaben über die Höchstdauer des Impulses und über die Mindestdauer der nachfolgenden Pause. Bei mehrfachem Auftreten von Stoßspannungen, deren Werte nicht erheblich unter dem höchstzulässigen Wert liegen, muß meistens mit Veränderungen der Eigenschaften des Bauelementes gerechnet werden.

Stoßstrom Einzeln in Durchlaßrichtung auftretender Stromimpuls. Zum höchstzulässigen Wert des Stromstoßes gehören Angaben über die Höchstdauer des Impulses und über die Mindestdauer der nachfolgenden Pause. Bei mehrfachem Auftreten von Stoßströmen, deren Werte nicht erheblich unter dem höchstzulässigen Wert liegen, muß mit Veränderungen der Eigenschaften des Bauelementes gerechnet werden.

Stoßüberlastung → *Überlastbarkeit.*

Strahlmodulation → *Helligkeitssteuerung.*

Strahlschreiber → *Schreiber*, die für sehr hohe Schreibgeschwindigkeiten ausgelegt sind. Im Gegensatz zu normalen → *Schnellschreibern*, die mechanisch mit Feder und Tinte aufzeichnen, wird die Tinte hierbei unter hohem Druck aus einer feinen Kapillare, die starr mit der Meßwerkachse verbunden ist, auf das bewegte Registrierpapier gespritzt. Aufgrund der wesentlich geringeren mechanischen Trägheit liegen die Eigenfrequenz der Meßwerke bei Werten bis zu 1000 Hz.

Strahlungsdetektoren → *Geiger-Müller-Zähler*, → *Halbleiter-Strahlungsdetektoren*, → *Szintillations-Zähler*.

Strahlungs-Meßgeräte unter Verwendung von → *Strahlungsdetektoren* gibt es vom Taschen- bis zum großen Laborgerät sowohl mit → *Analog-* als auch mit → *Digital-Anzeige*.

Strahlungswarngeräte sind → *Strahlungsdetektoren* mit nachgeschaltetem Verstärker und Anzeige- oder akustischem Warngerät.

Strecke Der Teil des → *Wirkungswegs* einer → *Steuer-* oder → *Regelungseinrichtung*, der der gestellten Steuerungs- bzw. Regelungsaufgabe gemäß beeinflußt werden muß.

Streifenschreiber → *Schreiber*, bei dem die Schreibeinrichtung die Meßwerte auf einem streifenförmigen und mit Koordinaten bedrucktem Papier registriert, das mit konstanter Geschwindigkeit an ihr vorbeibewegt wird. Das Registrierpapier befindet sich hierbei auf einer Vorratsrolle, von der es mit Hilfe einer Transportwalze abgezogen wird, die meist durch einen Synchronmotor mit Wechselgetriebe angetrieben wird. Das beschriebene Papier wird anschließend von einer über Reibradgetriebe bewegten Rolle wieder aufgewickelt. Bei neueren Ausführungen werden gefaltete Registrierpapiere verwendet, die auf der Vorratsseite lose eingelegt werden und sich hinter der Transportwalze wieder selbsttätig stapeln.

Strichcode ist von Produkt-Preisauszeichnungen her bekannt: Eine Reihe dicht nebeneinanderliegender dicker und dünner schwarzer Striche enthält die verschlüsselte Information, um welches Produkt es sich handelt. Ein Rechner kann dann den Preis unter Zuhilfenahme eines speziellen optischen Lesegerätes ermitteln. 1981 führte die Zeitschrift mc den Strichcode in Deutschland auch zur Verbreitung von Programmen ein.

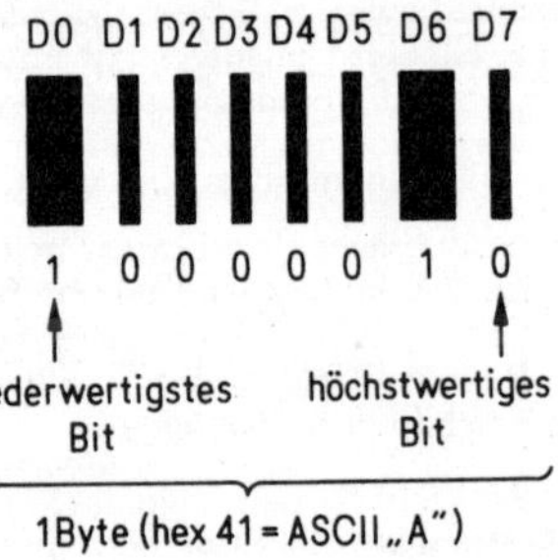

Codierung eines Bytes im mc-Strichcode

Strichskala Ableseeinrichtung (Skala) eines Zeigerinstruments, bei der die Teilung zwischen Anfangs- und Endwert durch Teilstriche gegeben ist, die in definierten Abständen auf dem Skalenträger aufgebracht sind. Meistens sind solche Skalen auch in regelmäßigen Abständen beziffert.

String ist eine Zeichenkette, normalerweise in → *ASCII* zur alphanumerischen Zeichendarstellung im Computer.

Stripline-Ausführung für → *Transistoren* und → *IC* bedeutet etwa „hüllenlos", also anders als die üblichen TO-

Gehäuse, z. B. einfach in Kunststoff eingehüllt mit herausgeführten Anschlußfähnchen.

Strobe-Impuls (= Tast- oder Austast-Impuls) ist ein Auslöse-, Austast- oder Auswerte-Impuls. Er bewirkt, daß ein vorbereiteter Vorgang ausgelöst wird bzw. daß eine mit ihm verknüpfte Information während seiner Dauer zur Abtastung zur Verfügung steht.

Stroboskopische Scheibe dient zur Kontrolle der Umlaufgeschwindigkeit von → *Schallplatten:* radial angeordnete schwarze und weiße Felder (Striche, Streifen). Während der Scheibendrehung scheinen sie – von einer Wechselstromlichtquelle (50 Hz) beleuchtet – stillzustehen, wenn ihre Zahl einer bestimmten Umdrehungszahl entspricht.

Zur Berechnung der erforderlichen Streifenzahl S dient folgende Formel:

$$S = \frac{\text{Frequenz} \cdot 2 \cdot 60}{\text{U/min}}$$

z. B. bei 50 Hz Netzfrequenz:

$$S = \frac{50 \cdot 2 \cdot 60}{\text{U/min}}$$

Die 2 im Zähler rührt daher, daß die Lichtquelle zweimal in der Sekunde ihren Höchstwert hat; Multiplikation mit 60 wegen der Umdrehungszahl in Minuten.

Bei zu großer Umdrehungszahl laufen die Streifen scheinbar langsamer oder schneller vorwärts, bei zu geringer Drehzahl rückwärts.

Strom A Durch zwei Drähte, die sich mit 1 m Achsenabstand im leeren Raum befinden, fließt dann ein Strom mit einer Stromstärke von 1 A, wenn die zwischen den Drähten wirkende Stromkraft $2 \cdot 10^{-7}$ N/m (Newton/Meter) beträgt. Zur vereinfachenden Schreibweise benutzt man:

10^{-3} A = 1 mA (Milliampère)
10^{-6} A = 1 μA (Mikroampère)
10^{-9} A = 1 nA (Nanoampère)
10^{-12} A = 1 pA (Pikoampère)

Strombegrenzer-Dioden sind im Grunde → *Sperrschicht-FET*, bei denen → *Gate* und → *Source* kurzgeschlossen sind. Sie werden für Ströme zwischen 0,2 und 5 mA bei einer D-Pol-S-Pol-Spannung von bis zu 50 V geliefert und halten in diesem Bereich den Strom etwa gleich groß.

Stromkapazität → *Raumladungskapazität.*

Stromlaufplan ist ein Schaltplan, der z. B. die Funktionsweise von elektronischen Einrichtungen, Geräten oder Funktionseinheiten, aufgelöst nach Stromwegen, als elektrische Schaltung beschreibt. Der S. enthält alle Bauelemente, Anschlüsse, Verbindungsleitungen u. a. Er dient zur Erklärung der Schaltung, zum Erkennen von Schaltfolgen und Signaldurchläufen.

Strommesser Meßgerät zur Messung von Strömen.

Stromoffset heißt der Strom, der in die Eingangsklemme eines → *Rechen-* (Operations-)*verstärkers* hineinfließt, wenn kein Signal anliegt.

Strom-Spannungs-Kennlinie Kennlinie, der eine senkrechte Stromachse und eine waagrechte Spannungsachse zugrunde liegen.

Stromsteuerung Steuerung mit einer Signalquelle, deren Ausgangs-Admittanz für das Signal sehr klein gegen die Eingangs-Admittanz der gesteuerten Anordnung ist.

Stromstoßgalvanometer → *Galvanometer*, das zur Messung sehr kleiner Elektrizitätsmengen dient, wie sie beim Laden oder Entladen von Kondensatoren oder bei Änderungen des magnetischen Flusses in Spulen vorkommen (→ *Ballistisches Galvanometer*).

Stromtor → *Thyristor.*

Stromübersetzung(sverhältnis) Das komplexe Verhältnis des an der einen Seite eines Transistors eingespeisten Stromes (z. B. eines Signalstromes) zu dem davon an der anderen Seite des Transistors bewirkten Strom (meistens zum Kurzschluß-Strom). Die speisende Stromquelle liegt bei der Messung der Stromübersetzung vorwärts ($i_1 : i_2$) am Eingang und bei der Messung der Stromübersetzung rückwärts ($i_2 : i_1$) am Ausgang des Transistors.

Stromverdoppler → *Freilaufdiode.*

Stromverstärkung Verhältnis von Ausgangsstrom zu Eingangsstrom eines Verstärkers: $V_I = I_a/I_e$. S. erzielt man mit → *Emitter-* und → *Kollektorschaltung*, bei ersterer gleichzeitig mit → *Spannungsverstärkung*. Insbesondere ist auch an die → *Darlington-Schaltung* zu denken, mit der leicht 1000fache Stromverstärkung erzielt wird.

Stromverstärkungsfaktor

1) Für Signalstrom: Verhältnis des Signalstromes im kurzgeschlossenen Ausgang zum Signalstrom im Eingang (Kurzschluß-Stromverstärkung).
Formelzeichen
h_{fb} h_{21} a für Basisschaltung
h_{fe} h'_{21} β a' für Emitterschaltung.

2) Für Gleichstrom: das Verhältnis des Ausgangs-Gleichstromes zum Eingangs-Gleichstrom bei einem vorgegebenen Wert der am Ausgang liegenden Spannung.
Formelzeichen
A für Basisschaltung
B für Emitterschaltung.

Stromverteilungsfaktor → *Stromverstärkungsfaktor.*

Stromverteilungsrauschen Rauschanteil, der daraus folgt, daß sich der Emitterstrom verteilt auf Basis- und Kollektorstrom, wobei das Verteilungs-Verhältnis statistisch schwankt.

Stromwandler Zur Strommessung sekundärseitig mit einem Amperemeter kurzgeschlossener Transformator, dessen Primärwicklung von dem zu messenden Wechselstrom durchflossen wird.

STTL → *Low-Power-Schottky.*

Studio

1) Im engeren Sinn ist das Studio der Raum, in dem die Fernsehszene gespielt und aufgenommen wird. Das Studio beim Fernsehen entspricht insoweit dem Senderaum beim Tonrundfunk und enthält auch wie dieser die Mikrofone mit ihren Vorverstärkern. Dazu kommen aber noch die besonderen Einrichtungen für das Fernsehen: die Aufnahmekameras und die Beleuchtung in Form von allgemeiner erhöhter Raumbeleuchtung und Scheinwerfern.

In unmittelbarer Nachbarschaft der Studios befinden sich Räume für die Modulation mit der → *Impulszentrale*, dem Dia-Bildgeber und den Filmabtastern sowie den Einrichtungen für die Tonübertragung, wie Plattenspielern und Tonbandgeräten. Ferner sind Räume für die Filmentwicklung und das Cuttern, für die meßtechnische Überwachung, für das technische und nicht zuletzt für das künstlerische

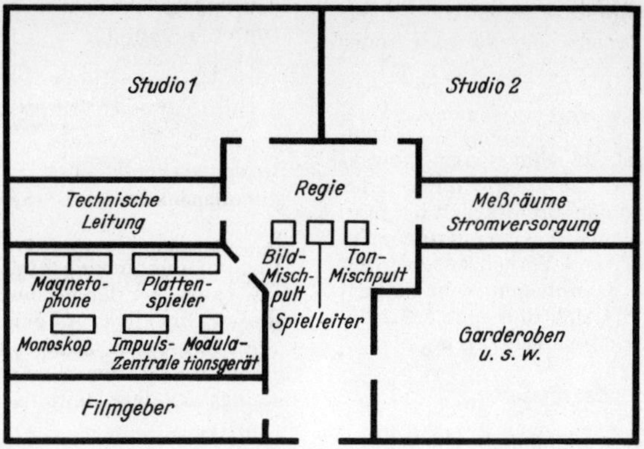

Studio: Grundriß eines kleinen Fernseh-Studios mit Nebenräumen

Personal (Garderoben) erforderlich. Schließlich benötigt ein Studio noch recht ausgedehnten Platz für Kulissen und Requisiten sowie für die Bild- und Schall-Archive.

2) Aufnahmeraum für Musik und Sprache beim Rundfunk oder privaten Gesellschaften. Wesentlich ist hier das universelle Mischpult mit einer Vielzahl von Aufnahmekanälen und Trickeinrichtungen.

Stufenbreite Breite der Spannungsstufe, die zu einem PN-Übergang gehört, gleichbedeutend mit der hierfür geltenden Sperrschichtdicke.

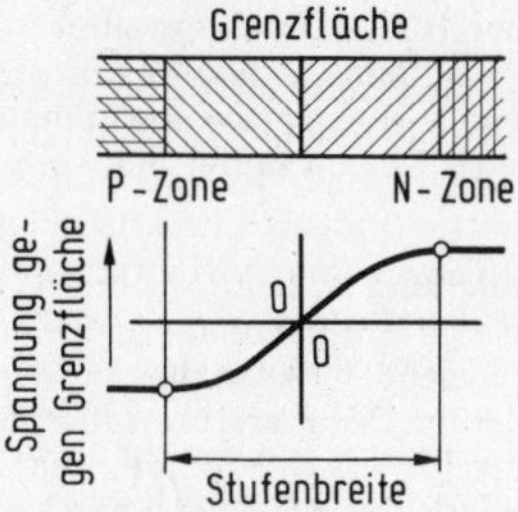

Stufenbreite

Stufenspannung Höhe der → *Potentialschwelle.*

Stufenzieh-Verfahren Kristall- → *Ziehverfahren,* bei dem die Ziehgeschwindigkeit oder die Temperatur in Stufen wechselt, womit die Dotierung beeinflußt wird.

Subroutinen = → *Unterprogramme.*

Substitution = Ersetzung, z. B. einer → *Adresse,* durch eine andere.

Substitutions-Störstelle → *Störstelle,* gegeben durch ein Fremdatom, das den Platz eines regulären Atoms des → *Wirtskristalles* einnimmt. Solche Störstellen ändern die Leitfähigkeit des Wirtskristalles im Prinzip nicht.

Substrat ist die tragende Unterschicht eines Elektronikelements, meist ein Germanium- oder Silizium-, aber auch

z. B. ein Saphirplättchen oder, bei der → *Hybridtechnik*, eine Keramik- oder Glasplatte.

Subtraktion erfolgt in der → *EDV-Anlage* zumeist mit Hilfe einer Subtraktionstabelle oder durch Addieren der Komplementärzahl, die sich bei einigen → *Codes* (z. B. → *Aiken-* und → *Stibitz-Code*) durch Verkehren aller Stellen in ihr Komplement sehr einfach erzielen läßt, sich aber auch bei anderen ohne Schwierigkeiten ergibt.

Suchzeit → *Zugriffszeit*.

Summanden sind Glieder, die addiert werden sollen.

Summator ist ein → *Rechenverstärker* mit mehreren parallelgeschalteten Eingängen, an dessen Ausgang die Summe der Eingangsspannungen erscheint. Man braucht ihn beim → *Analogrechner*.

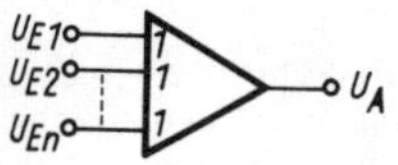

Summator: Schaltungssymbol

Summe, logische → *ODER-Verknüpfung*.

Summierglied → *Glied*, dessen → *Ausgangssignal* proportional der Summe oder Differenz der → *Eingangssignale* ist.

Sunceram (~ Sonnenkeramik) ist der Name einer in Japan entwickelten keramischen → *Solarzelle*.

Superikonoskop Eine aus dem Ikonoskop entwickelte Aufnahmeröhre, die in der Fernsehkamera verwendet wird.

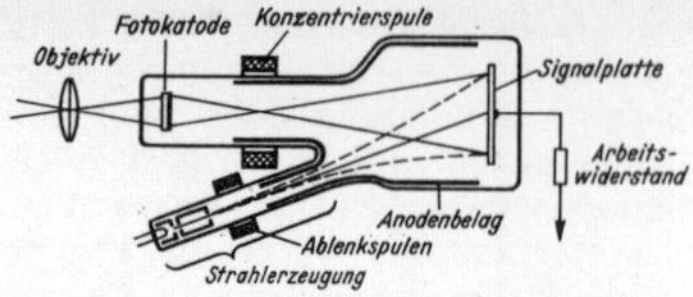

Superikonoskop: (Schema)

Das aufzunehmende Bild wird mit Hilfe eines aus der Filmtechnik bekannten Objektives auf einer → *Fotokatode* abgebildet. Dabei bilden sich Sekundärelektronen. Sie ergeben ein Ladungsbild, das elektronisch abgetastet wird.

Superorthikon Eine Weiterentwicklung des → *Orthikons*.

Suplistor hieß ein Vorläufer der → *integrierten Schaltungen*. Er enthielt in einem Gehäuse einen kompletten Transistorverstärker mit einer Spannungsverstärkung von 100 dB.

Supraleitende Halbleiter, allerdings mit Sprungtemperaturen von ≦ 0,5 K wurden aus Strontium- und Kalzium-Strontium-Titanaten hergestellt, ohne daß sie bisher praktische Bedeutung erlangten.

Supraleitende Magnete behalten ihre einmal eingestellte Kraft (bis $1 \cdot 10^{14}$ Tesla), solange die erforderliche Tieftemperatur aufrechterhalten wird. Man will damit u. a. eine der projektierten → *Magnetschwebebahnen* mit geringen Kosten in der Schwebe halten.

Supraleitung ist Leitung ohne Widerstand und tritt bei niederen Kelvin (→ *K*) in folgenden Materialien bei den angegebenen Temperaturen ein: Technetium (Tc) 11 K, Niobium (Nb) 8 K, Vanadium (V) 5 K, Niobzinn (Nb_3Sn) 4,2 K, Rhenium (Re) 2 K, Uran (U) 1 K.

Ein in Gang gesetzter Strom kreist praktisch verlustlos, solange die angegebene Temperatur oder tiefer aufrechterhalten wird. Durch die Entdekkungen von den Nobelpreisträgern Bednorz und Müller werden in keramischen Stoffen heute Supraleit-Temperaturen von ca. 100 K erreicht. Solche Stoffe sind jedoch porös und für Starkstromleiter nicht geeignet.

Surface-barrier transistor engl. Bezeichnung für einen Oberflächen-Sperrschicht- oder Randschicht-Transistor mit sehr dünnen Sperrschichten für hohe Frequenzen. Auf dem Germaniumplättchen wird auf beiden Seiten in vorher eingeätzte Vertiefungen durch elektrolytische Vorgänge Indium abgeschieden; kein Legieren.

SVR → *Videorecorder.*

swapping (~ Austauschen) nennt man die Umladung der → *Arbeitsspeicher* bei → *Teilnehmer-Rechensystemen.*

Switch Engl. für Schalter.

Symbole sind für die verschiedenen → *Gatter* festgelegt, für die → *Flipflops* verwendet man längsgeteilte Quadrate mit zusätzlichen Zeichen darin.

Symistor nennt sich ein symmetrischer → *Thyristor* (PNPNP), mit dem man Strom in beiden Richtungen steuern kann.

Symmetrierglied → *Widerstandsübertrager.*

symmetrischer PN-Übergang PN-Übergang mit gleichen → *Majoritäts-* und → *Minoritäts-Trägerdichten* auf beiden Seiten der Grenzzone. Voraussetzung dafür ist, daß die → *Akzeptorendichte* im P-Bereich ebenso groß ist wie die → *Donatorendichte* im N-Bereich.

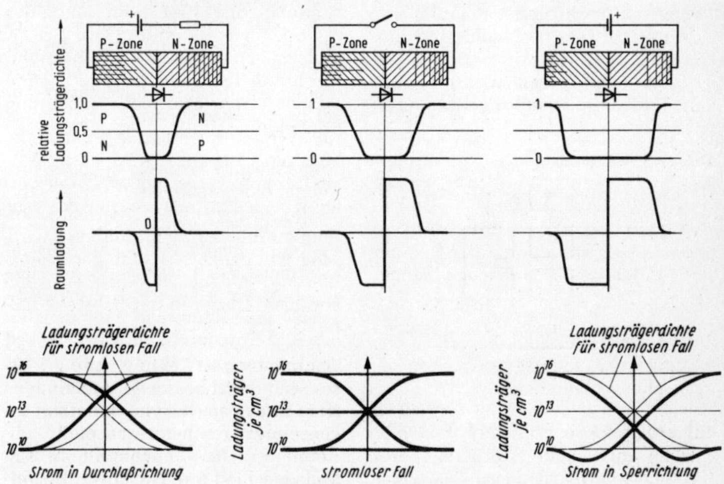

symmetrischer PN-Übergang

Bild links zeigt die Majoritäts- und Minoritätsträgerdichten eines symmetrischen, abrupten PN-Überganges mit homogenen Dotierungen auf beiden Seiten der Grenzfläche beim Anschluß einer in Durchlaßrichtung gepolten Spannung; Bild mitte die Dichten der beweglichen Ladungsträger im stromlosen Fall und Bild rechts die Dichten der beweglichen Ladungsträger im Falle eines in Sperrichtung fließenden Stromes.

Synchrondemodulator Eine Schaltung zum Demodulieren von Hochfrequenzsignalen mit unterdrücktem Träger. Die im → *Laufzeitdemodulator* rückgewonnenen beiden trägerfrequenten Farbdifferenzsignale (*B*–*Y*) und ± (*R*–*Y*) werden an zwei symmetrische Synchrondemodulatoren geführt. Hier muß der unterdrückte Farbträger zur Demodulation wieder zugesetzt werden, und zwar in der gleichen Phasenlage wie die Modulationsprodukte. Das bedeutet, daß dem Demodulator für das (*R*–*Y*)-Signal der Träger mit wechselnder Polarität zuzuführen ist. Dies geschieht mit Hilfe des → *Pal-Schalters.*

Der benötigte Träger wird im Empfänger selbst im → *Farbträgeroszillator*

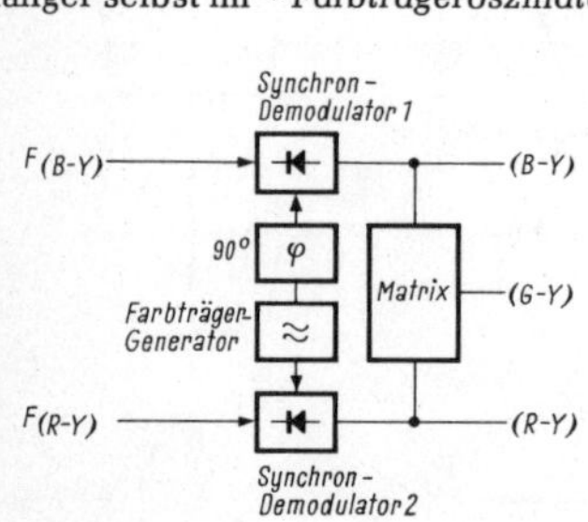

Synchrondemodulator: Prinzip-Darstellung der beiden Synchrondemodulatoren mit dem Zusetzen des Farbträgers und der folgenden Matrix, in der das Farbdifferenzsignal (G – Y) wiedergewonnen wird

erzeugt. Der Gleichlauf mit dem Trägeroszillator des Senders wird durch den → *Burst* sichergestellt, der über einen Diskriminator und eine Reaktanzstufe den Farbträgeroszillator synchronisiert.

Die videofrequenten Farbdifferenzsignale gelangen über eine → *Matrix*, in der das dritte Signal (*G*–*Y*) wiederhergestellt wird, an die Steuergitter der Farbbildröhre.

Synchronisieren heißt: in Gleichlauf bringen, z. B. mit einer vorhandenen Schwingung oder einer Impulsfolge.

Synchronisierung Der Elektronenstrahl in der Bildröhre des Fernsehempfängers, der das Bild zeichnet, muß genau im Takt mit dem Abtaststrahl in der Aufnahmeröhre der Fernsehkamera des Senders laufen.

Zu diesem Zweck steht im Sender ein „Taktgeber" (→ *Impulszentrale*), der besondere Signale für die Modulation des Bildträgers liefert. Diese Signale, die sogenannten Gleichlaufzeichen oder Synchronimpulse, bestehen aus genormten Impulsen, die den Bildträger in zeitlich genau definiertem Rhythmus über den Schwarzpegel hinaus modulieren (von 75% bis 100%). Nach Beendigung jeder Zeile, kurz nach Beginn des Austastimpulses (Schwarzsteuerung), trifft der Zeilen-Rücklaufimpuls ein, der das Zeilen-Kippgerät im Takt hält.

Ähnlich folgt nach Beendigung eines Halbbildes, kurz nach Beginn des zugehörigen (längeren) Austastimpulses, eine Reihe von Impulsen, die das Bild-Kippgerät zum Rücksteuern des Elektronenstrahls vom Ende des soeben geschriebenen Halbbildes zum Anfang des folgenden Halbbildes veranlassen (→ *Synchronsignal*).

Bei der Phasensynchronisierung und den modernen Automatikschaltungen für die Zeilen- und Bildfre-

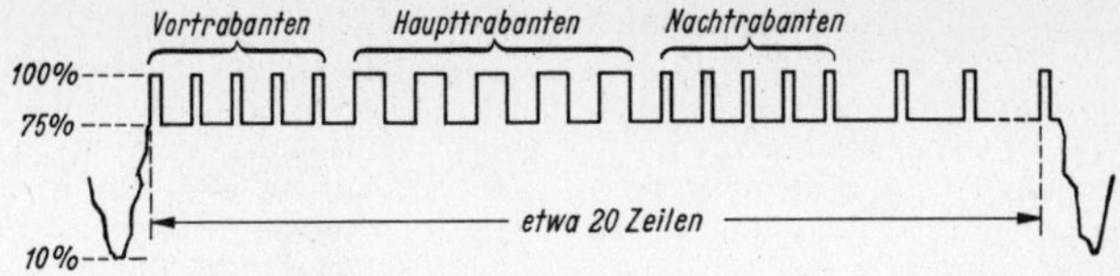

Synchronsignal: Das Synchronsignal für den Bildwechsel besteht aus einer Reihe von Impulsfolgen. Die schmalen, also zeitlich kurzen Vortrabanten sorgen für ein stets gleiches Potential an den Bild-Kippgeräten. Die Haupttrabanten leiten erst den Bildwechsel ein. Das gesamte Bildwechselsignal erstreckt sich über etwa 20 Zeilen

quenz werden die Frequenzen der eigenen Kippteile mit denen der Synchronimpulse verglichen und bei einer Abweichung eine Regel- oder Nachstimmspannung gebildet. Diese Spannung regelt die Frequenz der Kippgeräte des Empfängers auf den Sollwert nach.

Synchronsignal besteht aus einer Impulsfolge, die den Kippgeräten des Fernsehempfängers zugeführt wird und für den Gleichlauf des Elektronenstrahls in der Bildröhre mit dem Abtaststrahl in der Aufnahmeröhre sorgt.

In der → *Impulszentrale* des Senders wird das Synchronsignal nach einer festgelegten Norm (CCIR-Norm) erzeugt, und es moduliert zusammen mit dem Bildsignal und dem Austastsignal (→ *BAS-* und *FBAS-Signal*) den Bildträger des Senders.

Das Synchronsignal besteht aus drei unterschiedlichen Impulsfolgen. Der Horizontal-Synchronimpuls erscheint am Ende jeder Zeile. Der Vertikal-Synchronimpuls zum Einleiten des Rücklaufs nach einem Halbbild ist eine Impulsfolge von fünf längeren Impulsen. Zeitlich vor und nach diesen Impulsen enthält das Synchronsignal je fünf sogenannte Vor- bzw. Nachtrabanten. Die kurzen Trabanten sorgen dafür, daß zur Einleitung des Bildwechsels an dem Bild-Kippgerät des Empfängers stets die gleichen elektrischen Spannungsverhältnisse herrschen. Nach dem Zeilensprungverfahren endet nämlich das erste Halbbild mit einer vollen Zeile, das zweite dagegen mit einer halben Zeile. Ohne die Vortrabanten wäre das sichere Einhalten des Zeilensprung-Verfahrens nicht möglich, und die Zeilen könnten paarig erscheinen.

Synistor Symmetrisches steuerbares Ventil mit der Zonenfolge PNPNP, Fünfschicht-Diode (→ *Kipp-Diode*).

Synthesizer (~ Künstlichhersteller) heißen alle Schwingungserzeuger, also Ton- oder Wellengeneratoren, die auf beliebige Frequenzen und beliebige Stärke eingestellt werden können.

System Im Sinne der Norm eine abgeschlossene Anordnung von Gebilden, die sich gegenseitig beeinflussen. Diese Definition gilt sowohl für praktische Anordnungen als auch für Denkmodelle.

systematische Fehler → *Fehler.*

Szintillationszähler haben eine Leuchtschicht, z. B. Zinksulfidphosphor, in dem bei Auftreffen von Korpuskularstrahlen (α-Teilchen) Lichtblitze entstehen, die im Dunkeln mit einer Lupe wahrgenommen werden können. Meist verwendet man eine aktivierte Schicht, z. B. mit Thallium aktiviertes Natriumjodid, deren Lichtblitze einen → *Fotovervielfacher* erregen, der seinerseits den Impuls einem Zählgerät zuleitet.

Synthesizer

1. In der → *Musikelektronik* meist monofon, mit einer Klaviatur zu spielendes Musikinstrument, in dem Töne und Klangfarben in Steueroszillatoren erzeugt bzw. durch Filterung fast unbegrenzt verändert und beeinflußt werden können. In letzter Zeit aufgekommene polyphone, z. T. digital gesteuerte S. werden von Musikern teilweise nicht akzeptiert.

2. Schaltung zum Erzeugen sehr konstanter Schwingungen, die durch Vervielfachen und Mischen (direkte Synthese) aus einer meist in einem Quarzoszillator gewonnenen Ausgangsfrequenz abgeleitet werden. Bei der indirekten Synthese wird die in einem spannungsgesteuerten → *Oszillator* (→ *VCO* = Voltage Controlled Oszillator) erzeugte Ausgangsfrequenz durch einen Frequenzteiler im Verhältnis n : 1 auf die Normalfrequenz heruntergeteilt und mit ihr verglichen (→ *PLL-Technik*).

Szintillationszähler Gerät zum Nachweis radioaktiver Strahlen, dessen Hauptbestandteil ein Natriumjodid-Kristall ist, dotiert mit einem geringen Anteil Thallium. Ein einfallender Strahl erzeugt bei seiner Absorption einen kurzen Lichtblitz, aus dem über einen → *Fotovervielfacher* und Verstärkerschaltungen ein Impuls gewonnen wird.

T

Tabellenrechenwerke enthalten gewissermaßen fertige Rechentabellen. Sie sind etwas langsamer und werden vorwiegend in kleineren → *EDV-Anlagen* angewandt.

Tabellierer heißt der Arbeitsvorbereiter (und Bediener) einer → *Lochkartenmaschine.*

Tabelliermaschinen sind → *Lochkartenmaschinen,* die die Karten nach eingegebenen Gesichtspunkten sortieren, so daß danach Tabellen aufgestellt werden können. Jetzt werden auch elektronische Ausführungen mit vervielfachter Leistung eingesetzt.

Tachometer, elektronische, wandeln die zu messende Umdrehungszahl in eine entsprechende Anzahl von Impulsen, die sichtbar gemacht oder in einen analogen Zahlenwert umgewandelt werden.

Tacitron heißt ein mit Xenon gefülltes und über das Gitter auch nach der Zündung steuerbares → *Thyratron.*

Taktfrequenz ist die Grundfrequenz, mit der die verschiedenen Vorgänge in der → *EDV-Anlage* gesteuert werden, z. B. (meist) 1 MHz. Sie wird durch einen Taktgenerator (auch Herz genannt) erzeugt.

Taktgeber steuert in Datenverarbeitungsanlagen mit synchroner Arbeitsweise den zeitlichen Ablauf der einzelnen Operationen und gewährleistet dadurch die Synchronität aller Vorgänge. Ein Impulsgenerator liefert den Takt in Form von Impulsen mit konstanter Impulsfrequenz. DVA mit asynchroner Arbeitsweise haben keinen Taktgeber.

(Beim Fernsehen → *Impulszentrale.)*

Talpunkt Der durch die → *Talspannung* und den → *Talstrom* gekennzeichnete Punkt der I_d (U_d)-Kennlinie einer → *Tunnel-Diode.*

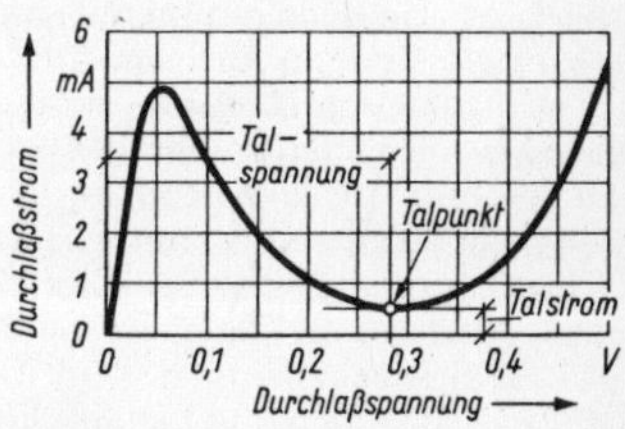

Talspannung U_V Die zum → *Talstrom* gehörende Tunneldioden-Spannung.

Talstrom I_V Tunneldiodenstrom im Minimum der I_d (U_d)-Kennlinie.

Tandem-Transistor → *Darlington-Transistor.*

Tantaltechnik Tantal ist ein chemisches Element (seltenes Metall), das an der Luft sofort von einer äußerst dünnen Oxidschicht überzogen wird. Es wird zur Herstellung von Widerständen und Kondensatoren in → *Dünnfilmtechnik* benutzt (Tantalschichten von einem zehntausendstel Millimeter Stärke). Die Abb. zeigt Schaltungen in Tantaltechnik mit sechs Widerstandsmäandern und drei Kondensatorflächen, aus der Tantalschicht herausgeätzt (Siemens).

Tantaltechnik

Target (= Zielscheibe) nennt man ganz allgemein eine Auffangplatte, z. B. bei Teilchenbeschleunigern, auch die Speicherplatte in Fernseh-Aufnahmeröhren (Image-Orthikon, Vidicon, Plumbicon) und nennt so auch die Speicherplatte einer Speicherröhre, die u. a. für den → *time-sharing*-Betrieb als Speicher benutzt wird. Die oxydierte Siliziumplatte hat auf ihrer Oberfläche pro cm^2 600000 einzelne Speicherelemente. Einspeichern, Lesen und Löschen erfolgt mittels Elektronenstrahl.

Taschencomputer 1981 war die Entwicklung der Mikroelektronik so weit fortgeschritten, daß es möglich war, einen kompletten Basic-Computer mit alphanumerischer Tastatur und alphanumerischer LCD-Punktmatrix-Anzeige so klein zu bauen, daß er bequem in die Westentasche paßt. Da CMOS-RAMs verwendet werden, bleibt der Speicherinhalt auch bei ausgeschaltetem Computer erhalten. Allerdings ist die Arbeitsgeschwindigkeit der T. gewöhnlich deutlich geringer als die ihrer größeren Artgenossen, da eine andere Technologie verwendet werden muß, um einen möglichst kleinen Stromverbrauch zu erzielen.

Taschenrechner mit → *Leuchtanzeige*, für die Grundrechenarten und meist auch für trigonometrische und logarithmische Rechenoperationen bis zu gebrochenen Exponenten sind erhältlich und bieten ungeahnte Möglichkeiten.

Tastkopf Zubehörteil zu einem Oszilloskopen, das den Meßwert am → *Meßort* aufnimmt, ihn – wenn nötig – umformt und dem Eingang des Oszilloskopen zuführt.

Tastrichter → *Tastkopf* mit Gleichrichter und Kondensator zur Demodulation eines Trägers.

Tastteiler → *Tastkopf* mit eingebautem Spannungsteiler, der über einen großen Frequenzbereich linear ist (Breitbandspannungsteiler).

Tastverhältnis Bei → *Impulsfolgen* das Verhältnis von → *Impulsdauer* T_i zur → *Periodendauer* T. $V = T_i/T$.

Verhältnis der → *Impulsdauer* zur Pulsperiodendauer (Summe aus Impulsdauer und → *Pausendauer*) für periodische Impulsfolge.

Andere Bezeichnung: relative Einschaltdauer.

Tastverstärker → *Tastkopf* mit einem eingebauten Vorverstärker.

Tauchankergeber → *induktive Geber*.

Tecnetron Feldeffekt-Unipolar-Transistor aus einem zylindrischen Halbleiterstück, das zur Bildung des Kanals an einer Stelle auf etwa 80 µm Durchmesser abgeätzt wurde. Als

Steuerelektrode dient eine an dieser Stelle aufgebrachte Indiumschicht (→ *Feldeffekt-Transistor*).

Teilnehmer-Rechensysteme sind größere oder meist Groß-Rechenanlagen, an die eine Anzahl von Teilnehmern mit Ein- und Ausgabegeräten angeschlossen sind. Alle können ihre Aufgaben ohne Wartezeit eingeben, sie werden gespeichert und bearbeitet, sobald der Rechner frei ist. Jeder Teilnehmer bezahlt nur die von ihm in Anspruch genommene Rechenzeit. Infolge des hohen Ausnutzungsgrades sind die Kosten im Verhältnis niedrig. Die gleichzeitige Ein- und Ausgabe durch mehrere Teilnehmer wird durch → *Multiplexer* bewerkstelligt. Es können 30 ... 100 Teilnehmer gleichzeitig mit der Anlage verkehren. Man unterscheidet → *Stapelverarbeitung* und → *Dialogbetrieb* (→ *time-slicing*).

Telegrafiegeschwindigkeit c ist definiert durch den Kehrwert der Dauer des kürzesten binären Elements eines Codezeichens und wird in Baud (Bd) angegeben. Beträgt die Schrittdauer eines Fernschreibzeichens z. B. 20 ms, so ist die Telegrafiergeschwindigkeit

$$c = \frac{1}{20\ \text{ms}} = \frac{1}{0{,}02\ \text{s}} = 50\ \text{Bd}$$

Telemetrie = Meßdaten-Fernübertragung von einem bewegten Objekt aus, z. B. einem Flugkörper, insbesondere auch von Satelliten u. ä. Gegensatz: → *Fernmessen*.

teleprocessing = Daten-Fernverarbeitung.

Teletex Weiterentwicklung des Telex, das auch Groß- und Kleinschreibung ermöglicht und Sonderzeichen überträgt.

Teletext → *Videotext*.

Television In englisch sprechenden Ländern wird das Fernsehen „Television" (sprich: „telewischn") genannt, abgekürzt TV. Auch die französische Sprache kennt das Wort, sie spricht es nur anders aus („telewisiòn").

Telex ist das Fernschreibnetz der Bundespost.

Tellurschreiber heißt ein elektronisch gesteuerter Schnelldrucker für Fernschreibgeräte, der bis 225 Zeichen/s schreiben kann. Er setzt die Zeichen mit einer Auswahl aus 5 x 7 Farbpünktchen zusammen, die elektrochemisch im Papier erzeugt werden. Die Nadeln zum Erzeugen dieser Pünktchen werden elektronisch geschaltet (→ *Elektrografie*, Bild → *Matrix*).

TEM = Transmissions- (= Durchstrahlungs-) Elektronen-Mikroskop ergibt eine Auflösung von 2 Å und erfordert schwierige Objektabdruck-Techniken, im Gegensatz zum → *REM*.

Temperatur-Aufnehmer sind → *Heißleiter*, → *Kaltleiter*, → *Thermoelemente*, aber auch → *GaAs-Dioden* und Silizium-Transistoren in Spezialschaltungen.

Temperatur-Drift Änderungen elektrischer Eigenschaften als Folge von Temperaturänderungen.

Temperatur-Durchgriff Wert, um den der Betrag der Basisvorspannung je °C (oder K) Erhöhung der Umgebungstemperatur zum Konstanthalten des Kollektor-Gleichstromes gesenkt werden müßte. Der Temperatur-Durchgriff kann für einen gegebenen Kollektorstromwert als konstant angesehen

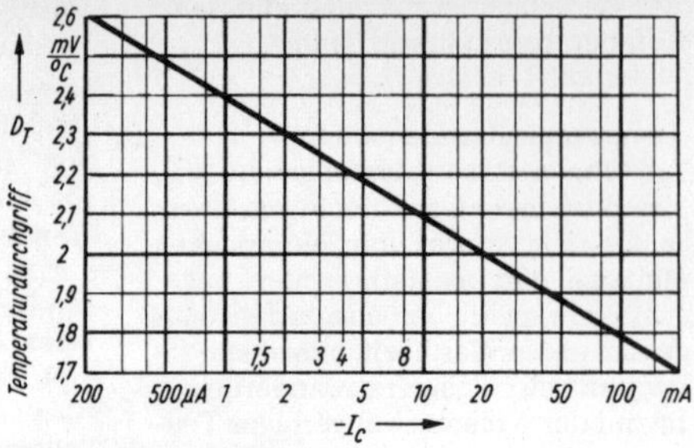

Temperatur-Durchgriff: In der Abb. ist der Temperatur-Durchgriff eines PNP-Transistors als Funktion des Kollektor-Gleichstromes dargestellt

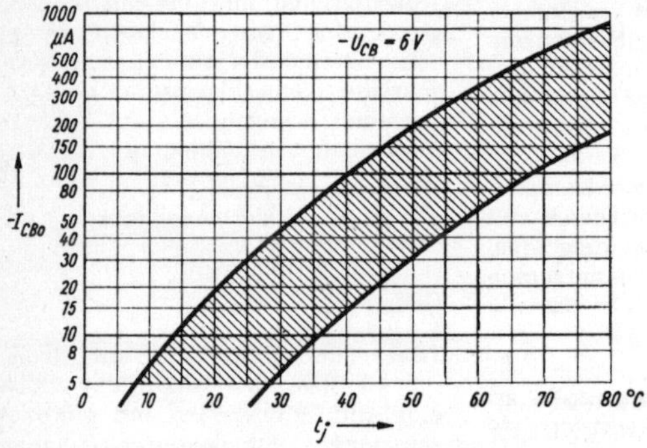

Temperaturgang

werden, falls der Kollektor-Basis-Reststrom (Kollektor-Sperrstrom in Basisschaltung bei offenem Emitteranschluß) nicht mehr als ungefähr das 0,2fache des Kollektorstromes beträgt. Der Temperaturdurchgriff sinkt mit zunehmendem Betrag des Kollektor-Gleichstromes. In der Abb. ist der Temperatur-Durchgriff eines PNP-Transistors als Funktion des Kollektor-Gleichstromes dargestellt.

Temperaturgang Abhängigkeit von der Temperatur. Das Bild zeigt als Beispiel den Temperaturgang des Streubereiches für den Kollektor-Basis-Reststrom I_{CBo} von PNP-Germanium-Transistoren.

Temperatur-Indikatoren sind Sinterkegel, Anstrichfarben oder Aufkleber, die bei einer bestimmten Temperatur die Farbe wechseln bzw. flüssig werden.

Temperatur-Koeffizient x relative Änderung einer physikalischen Größe, bezogen auf die Temperaturänderung. Beim temperaturabhängigen Widerstand (→ *Thermistor*) ist der T.

$$d = \frac{\Delta R/R}{\Delta T}$$

Temperatur-Koeffizient der Sperrschicht-Durchbruchspannung Bruchteil, um den sich eine im Bereich des Sperrstrom-Steilanstieges liegende Spannung je Grad Celsius Temperaturerhöhung ändert.

Temperatur-Koeffizient des Widerstandswertes Bruchteil, um den sich der Widerstandswert je Grad Celsius Temperaturerhöhung ändert.

Temperatur-Kompensation

1) Eigentlich: Kompensation von Temperaturschwankungen meistens mittels einer geregelten elektrischen Heizung (Thermostat).

2) Gebräuchlicher aber ungenauer Ausdruck für das Vermindern störender, durch Temperaturänderungen bedingter Verschiebungen der Arbeitsbedingungen.

Bei Transistoren handelt es sich beispielsweise darum, den Wert des Emitter- bzw. Kollektor-Gleichstromes gegenüber Temperaturschwankungen zu stabilisieren.

Sonst ist mit Temperatur-Kompensation z. B. auch der Ausgleich von temperaturabhängigen Widerstands-Änderungen durch vorgeschalteten Heißleiter gemeint.

Temperaturregler, elektronische arbeiten mit einem → *Meßwertaufnehmer* (z. B. Heißleiter, Thermoelement o. ä.) und regeln entsprechend die Heizung. Auch deren mit der Temperatur sich ändernder Widerstand kann als Regelgröße dienen.

Temperatur-Spannung Spannung, die sich ergibt, wenn man die → *kinetische Energie*, die ein → *Ladungsträger* infolge seiner Wärmebewegung aufweist, durch die → *Elementarladung* teilt. Die Temperatur-Spannung dient gewissermaßen als Maß für diese als Wärme-Energie bezeichnete kinetische Energie. Die Wärme-Energie eines Ladungsträgers ist gegeben mit dem Produkt aus → *Boltzmannkonstante* $k = 1{,}33 \cdot 10^{-23}$ W · s/K und absoluter Temperatur T. Der Wert U_T der Temperatur-Spannung ergibt sich aus $k \cdot T$, wenn dieses Produkt durch den Wert q der Elementarladung geteilt wird. Für $T = T_0 = 300$ K ist

$$U_T = \frac{k \cdot T_0}{q} \approx 26 \cdot 10^{-3}\ \mathrm{V}$$

$$q = 1{,}6 \cdot 10^{-19}\ \mathrm{A \cdot s}$$

Temperatur-Stabilisierung

1) Eigentlich: Konstanthalten der (mittleren) Temperatur mit einem Thermostaten.

2) Gebräuchliche, aber ungenaue Bezeichnung von Maßnahmen zum Abschwächen oder Unterbinden störender Einflüsse von Temperaturschwankungen, nämlich Arbeitspunkt-Stabilisierung gegenüber Temperaturschwankungen.

Temperatur-Stabilität

1) Konstanz der Temperatur,

2) Stabilität gegenüber Temperaturschwankungen.

Term Mögliche Energiestufe im → *Termschema* für Elektronen eines Atoms bzw. eines Elektronengases.

Terminal dient zur Daten-Ein- und -Ausgabe durch den Benutzer eines Computersystems. Über eine → *Schnittstelle* ist es mit dem Computer verbunden und hat eine alphanumerische, schreibmaschinenähnliche Tastatur sowie eine Anzeigeeinheit, die z. B. ein Bildschirm, eine Plasma- oder LCD-Punktmatrix oder ein eingebauter Drucker sein kann.

Termschema Schema, das die möglichen Energiewerte für die Elektronen eines Atoms bzw. die → *Energiebänder* für die Elektronen eines Kristalls festlegt. Meist verwendet man für diese Energiebänder eine graphische Darstellung, in der für eine homogene ungestörte Kristallstelle jeder Energiebereich durch einen waagerechten Strei-

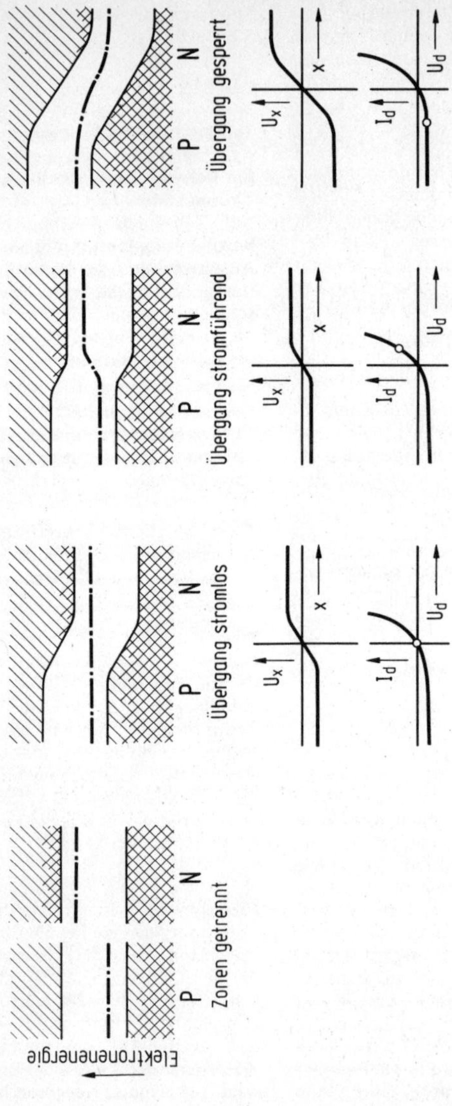

Elektronenenergie
P
N
Zonen getrennt
Übergang stromlos
Übergang stromführend
Übergang gesperrt
U_x
x
I_d
U_d

Termschema

fen ausgedrückt ist und die Höhenlage der zugehörigen Grenzlinien den Energiewerten entsprechen. Die waagerechte Koordinate drückt dabei eine Entfernung (z. B. gemessen von der Mitte einer Sperrschicht) aus. Im Übergangsbereich zwischen zwei verschieden dotierten Zonen ändern sich die Höhenlagen der Bänder stetig und zwar im thermodynamischen Gleichgewicht des Überganges (keine äußere Spannung) durchweg so, daß das → *Fermi-Niveau* waagerecht verläuft. Beim Anlegen einer Spannung werden die Höhenlagen der Bänder zusätzlich gegeneinander verschoben, weil dann auch das Fermi-Niveau nicht mehr waagerecht verläuft.

Die Abb. veranschaulicht das Termschema für einen normalen PN-Übergang. In der oberen Reihe links die Einzel-Termschemen für P-Material und für N-Material, daneben die Termschemen für den PN-Übergang in den drei Fällen: äußere Spannung Null, Spannung in Durchlaßrichtung, Spannung in Sperrichtung. Darunter die zu diesen drei Fällen gehörenden Potentialschwellen (Spannungsstufen). In der unteren Reihe eine Diodenkennlinie mit den durch Punkte markierten 3 Fällen.

ternär = dreiwertig (z. B. Codierung: + 1, 0, – 1).

T-Ersatzschaltung Ersatzschaltung mit einem Querglied, sowie vor und hinter dem Querglied je einem Längsglied. Die Abb. zeigt eine Early-Ersatzschaltung als Beispiel für eine T-Ersatzschaltung.

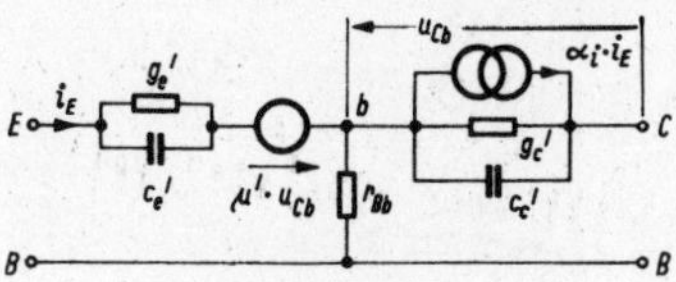

T-Ersatzschaltung

Testbild Zum Einstellen und Überwachen der Fernseheinrichtungen der Sender, der Übertragungsstrecken und der Empfänger werden außerhalb der Sendezeit Testbilder ausgestrahlt. Die geometrischen Figuren der Testbilder sind so ausgesucht, daß ein Fachmann am Bild bereits sehr genaue Hinweise auf das fehlerhafte Arbeiten einzelner Stufen des Empfängers erhält.

tetradisches System = → *BCD-Code* (Tetrade = Vierergruppe).

Tetrajunction-Transistor Transistor mit vier Sperrschichten in der Zonenfolge NPNPN. Er besteht im Prinzip aus zwei Transistortrioden; der Kollektor des ersten Transistors ist gleichzeitig der Emitter des zweiten.

Tetrode (Halbleiter-Tetrode, Transistor-Tetrode) → *Vierschichttransistor.*

Textverarbeitung Einen nicht unerheblichen Anteil an typischer Büroarbeit nimmt das Schreiben von irgendwelchen Standardbriefen ein. Dies kann bequem ein Computer zusammen mit einem Textverarbeitungsprogramm und einem Drucker übernehmen. Eine weitere Textverarbeitungs-Anwendung ist das Erstellen und Redigieren von Manuskripten. Wer in Deutschland Textverarbeitung durchführen will, braucht bei Computer und Drucker natürlich alle im Deutschen vorkommenden Buchstaben, die im normalen ASCII-Zeichensatz nicht vorhanden sind.

T-Flipflop auch Trigger-Flipflop. Diese Anordnung ist nur mit einem Eingang ausgestattet. Ein dem Eingang zugeführter Impuls bewirkt Wechsel des jeweilig bestehenden Schaltzustandes.

TFT Kurzbezeichnung für Dünnschicht-Transistor → *Feldeffekttransistor.*

Thallofid-Zelle selten gebrauchte Bezeichnung für einen → *Fotowiderstand.*

THD (= **t**otal **h**armonic **d**istortion) Engl. Bezeichnung für Klirrfaktor oder Klirrgrad.

thermische Belastbarkeit Bezeichnung für die höchstzulässige Temperatur des Halbleitermaterials bzw. der Sperrschicht im Halbleitermaterial. Als höchstzulässige Sperrschicht-Temperaturen gelten für Germanium 65 °C ... 95 °C und für Silizium 150 °C ... 200 °C.

thermische Energie → *Wärmeenergie.*

thermische Instabilität Bei konstanter Kollektorspannung kann es bei höheren Werten des Kollektorstromes zur Instabilität kommen: Der mit steigender Sperrschichttemperatur anwachsende, den Transistor durchfließende Gleichstrom bewirkt eine zusätzliche Erwärmung. Als deren Folge nimmt der Strom weiter zu. Hierdurch wird die Sperrschichttemperatur wiederum erhöht. So können sich Sperrschichttemperatur und Kollektorstrom gegenseitig in die Höhe treiben bis der Transistor zerstört ist.

thermische Kapazität → *Wärmekapazität.*

Thermische Meßgeräte Bei thermischen Meßgeräten nutzt man die physikalische Eigenschaft des Stromes aus, in einem Wirkwiderstand eine Joulsche Wärme zu erzeugen. Diese ist dem Quadrat des Stromes proportional und von der Frequenz und der Kurvenform des Stromes unabhängig, solange der Widerstand konstant bleibt. Zwischen der Umgebungstemperatur und der Übertemperatur des Wirkwiderstands stellt sich ein Gleichgewicht ein, das ein Maß für den Effektivwert des Stromes ist. Meßgeräte, deren Meßprinzip auf der durch die Erwärmung des Widerstands hervorgerufene Längenänderung beruhen sind das → *Hitzdrahtmeßgerät* und das → *Bimetallmeßwerk.* Beim → *Thermoumformer* wird hingegen eine der Übertemperatur des Widerstands proportionale Thermospannung gewonnen, die mit einem → *Drehspulmeßwerk* angezeigt wird.

thermischer Durchbruch Durchbruch durch einen Halbleiter bzw. durch eine → *Sperrschicht* aufgrund des Freiwerdens von Ladungsträgern als Folge der von der elektrischen → *Verlustleistung* verursachten Wärmeleistung. Die Abb. enthält die Sperrströme in einer Sperrschicht als Funktionen der Sperrspannung für die Sperrschicht-Temperaturen 20 °C, 40 °C, 80 °C und 100 °C sowie die Hyperbeln für konstante Werte der Verlustleistung und damit für konstante Temperaturen, nämlich wiederum für 20 °C, 40 °C, 60 °C, 80 °C und 100 °C. Die durch die Schnittpunkte der zu gleichen Temperaturen gehörenden Kennlinien ge-

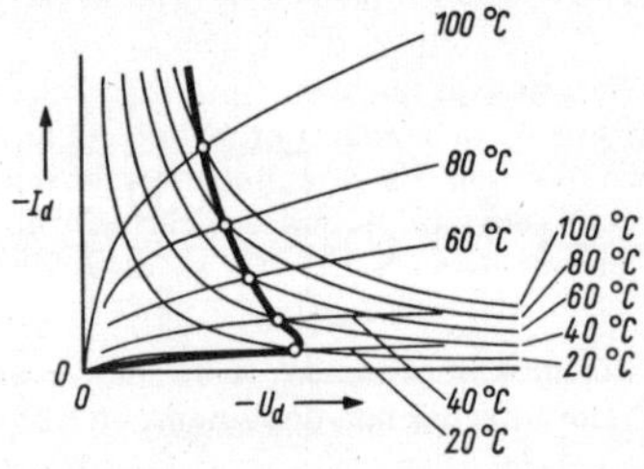

hende Kurve zeigt die Grenze, bei deren Überschreiten ein thermischer Durchbruch erfolgt.

thermischer Reduktionsfaktor Faktor, mit dem der für eine bestimmte Umgebungstemperatur angegebene höchstzulässige Wert der → *Verlustleistung* zu vervielfachen ist, wenn von dieser Umgebungstemperatur abgewichen wird.

thermische Stabilität Zustand eines Transistors, der sich im thermischen Gleichgewicht befindet.

Thermistor Bezeichnung für → *Heißleiter* der Standard-Elektrik-Lorenz AG.

thermodynamisches Gleichgewicht Der Temperatur eines Halbleiters entsprechender Gleichgewichtszustand zwischen → *Paar-Erzeugung* und → *Rekombination*. Hierbei ist $n \cdot p = n_i^2$.

thermoelektrische Effekte
1) → *Seebeck-Effekt*,
2) → *Peltier-Effekt*,
3) → *Widerstandsrauschen*.

Thermoelement Thermoelektrischer Wandler, der aus einer Temperaturdifferenz eine sog. Thermospannung als Ausgangsgröße gewinnt. Die vom T. abgegebene Spannung hängt von der Metallkombination des T. ab.

Thermograf heißt ein amerikanisches Gerät zum Fotografieren bei völliger Dunkelheit. Es zeichnet die von den Objekten ausgehenden Wärmestrahlen auf.

Thermokompression wendet man beim Anschließen der einzelnen Kontaktpunkte von Halbleiter-Elementen an. Der umgebogene oder mit einem Schmelzkügelchen versehene Draht aus Gold oder Aluminium mit 7 ... 50 µm ∅ (1/140 ... 1/20 mm) wird, meist unter Schutzgas und mit einem Druck von ~10 ... 50 p, durch ein auf ~320 °C erhitztes Führungsröhrchen auf die ähnlich aufgeheizte Kontaktstelle gepreßt und schweißt dort fest.

Thermokreuz Werden zwei gekreuzte Leiter aus verschiedenem Material an der Kreuzungsstelle verlötet oder verschweißt und schickt man in zwei benachbarte Enden Wechselstrom, so erhitzt sich die Verbindungsstelle,

Thermokreuz (Prinzip)

und die andere Hälfte liefert Gleichstrom (→ *Thermoelement*).

Thermometer, elektronische bestehen aus Temperatur-Aufnehmer (meist → *Heiß-* oder → *Kaltleiter*) und nachgeschaltetem Anzeigegerät, oft in Brückenschaltung und mit hochwertigem Verstärker. Für sehr hohe Temperaturen (z. B. Lichtbogen) benutzt man die beim Durchgang erfolgende Ablenkung eines → *Laserstrahls* als Anzeige.

Thermorelais sind Verzögerungsrelais und sprechen erst nach einer gewünschten Verzögerungszeit von z. B. 50 ... 120 sec an.

Thermoschalter sind zumeist → *Bimetallschalter*, deren Zunge sich infolge des durchfließenden Stroms erwärmt, verbiegt und bei einer bestimmten Erwärmung schaltet.

Thermoumformer Meßumformer zur Messung von Wechselströmen bis zu 1 MHz, bei dem der zu messende Strom einem Heizdraht zugeführt wird, der zur Anwärmung eines → *Thermoelements* dient. Die dabei entstehende und der Übertemperatur der Heizwicklung proportionale Thermospannung wird mit einem empfindlichen, meist niederohmigen → *Drehspulmeßwerk* angezeigt.

Thermoumformer-Komparator Effektivwertmeßgerät aus zwei gleichen → *Thermoumformern*, von denen der eine durch den zu messenden Wechselstrom, der andere durch einen einstellbaren Gleichstrom durchflossen wird, dessen Größe man mit einem → *Kompensator* ermittelt. Der Abgleich erfolgt über die Differenz der erzeugten Thermospannung. Ist die Schaltung abgeglichen, so ist der Effektivwert des Wechselstroms gleich dem gemessenen Gleichstrom. Der Meßfehler solcher Geräte liegt im allgemeinen zwischen 100 und 1000 ppm.

Thermowid Bezeichnung für → *Heißleiter* der Firma Dralowid.

Thernewid Bezeichnung für → *Heißleiter* der Siemens AG.

Thyratron ist ein gasgefülltes Stromtor (→ *Ionenröhren*), das, gesteuert durch eine Steuerspannung am Gitter, entweder die ganze oder einen Teil jeder positiven Halbperiode eines Wechselstroms durchläßt. Das Thyratron wirkt so als Gleichrichter, bei dem die entnommene Leistung verlustlos heruntergeregelt werden kann (→ *Phasenanschnittsteuerung*). Will man beide Halbwellen ausnützen, muß man zwei Thyratrons antiparallel schalten. Heutzutage verwendet man → *Thyristoren*.

Thyristor steuerbarer Silizium-Gleichrichter mit ähnlichen Eigenschaften wie die des Röhren- → *Thyratrons* (Stromtor). Das Durchlaßverhalten kann durch eine Steuerelektrode (Tor oder engl. „gate") beeinflußt werden. *Abb. 1* zeigt den schematischen Aufbau dieses Vierschicht-Halbleiterbauelements. Die Anschlüsse werden mit Anode, Katode und Tor (Steueranschluß) bezeichnet.

Der Thyristor verhält sich bei negativer Anodenspannung genau wie ein gewöhnlicher Gleichrichter im Sperrbereich. Er sperrt ebenfalls, wenn über den Steueranschluß G kein Strom fließt (oder nur ein geringer) und die Anodenspannung positiv ist. Er wird erst leitend, wenn der Steuerelektrode ein genügend starker Impuls zugeführt wird (bei positiver

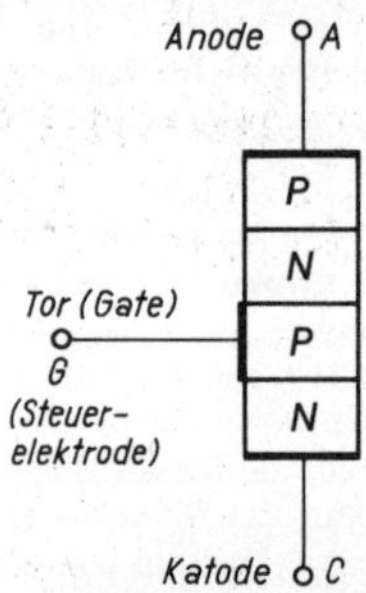

Thyristor: Abb. 1 Schematischer Aufbau

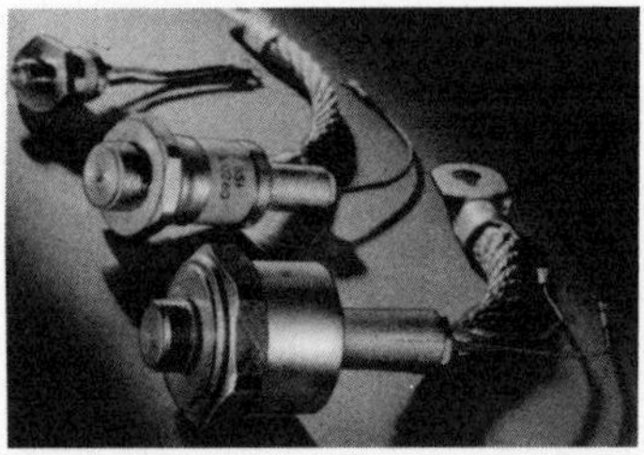

Abb. 2 *Silizium-Stromtore (Thyristoren) von Siemens*

Anode). Der Vorgang wird wie beim Röhrenthyratron Zündung genannt. Nach der Zündung läßt sich der Stromfluß zwischen Anode und Katode nicht mehr durch die dritte Elektrode beeinflussen. Um den Thyristor wieder in den Sperrzustand zu versetzen, muß der Anodenstrom unter einen bestimmten kritischen Wert herabgesetzt werden, d. h. praktisch unterbrochen werden. Gegenüber dem Röhrenthyratron hat der Thyristor wesentlich geringere Durchlaßverluste, da der Spannungsabfall im leitenden Zustand nur etwa 1 V beträgt: außerdem sind die Schaltzeiten sehr viel kleiner. – Strombelastbarkeit größerer Typen bis etwa 500 A. – Thyristoren werden auch Silizium-Stromtore (Siemens) genannt. *Abb. 2* zeigt drei Thyristoren von Siemens.

Für Doppelweggleichrichtung gibt es Zweiweg-Thyristoren, genannt → *Triac.*

Thyristor-Effekt nannte man einen Störeffekt, der beim Kontaktieren des Kollektors von → *Mesa-Transistoren* durch Eindiffundieren von Fremdelementen aus der Grundplatte auftrat. Nachdem man für die Grundplatte Fernico mit Gold-Gallium-Auflage verwendet, trat dann umgekehrt eine sehr vorteilhafte P-Nachdotierung ein.

Thyristoren, abschaltbare sind bei Wechselspannung nicht erforderlich, da der normale → *Thyristor* gleich dem → *Thyratron* beim Nulldurchgang nichtleitend wird. Abschaltbare braucht man aber bei Gleichspannung, insbesondere zum Aufbau von → *Zerhackern*, → *Wechselrichtern* u. ä. Für → *Blitzgeräte* werden Typen mit extrem kurzer Freiwerdezeit (~ 4 . . . 5 μs) geliefert.

Thyristor-Tetroden haben je einen katoden- und anodenseitigen Steueranschluß. Sie können am Katoden-Steueranschluß gezündet werden durch positive und gelöscht durch negative Steuerimpulse, am Anoden-Steueranschluß durch negative Impulse gezündet und durch positive gelöscht werden. Außerdem löschen sie bei Umkehr der Anodenspannung

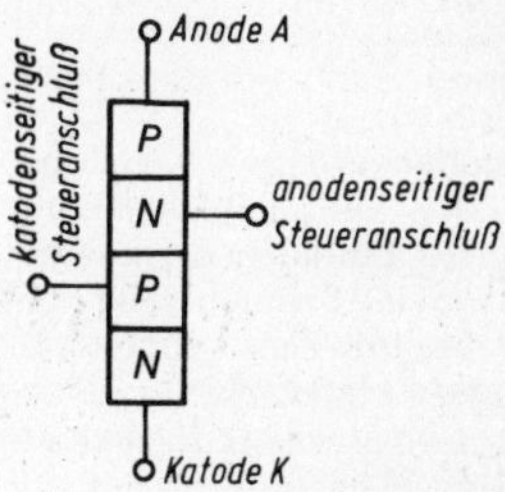

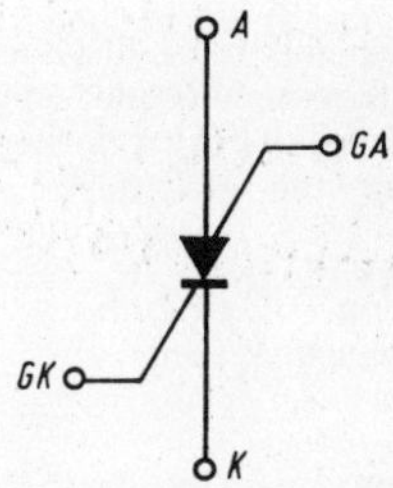

und bei Ausbleiben derselben. Im übrigen ist die Anwendung ähnlich dem normalen Thyristor.

Thyrit-Widerstand Bezeichnung für einen spannungsabhängigen Widerstand → *Varistor.*

Tiefpaß dämpft alle Frequenzen oberhalb der → *Grenzfrequenz* sehr stark und hat im Längszweig einen Widerstand R und im Querzweig einen Kondensator C. Aus deren Werten ergibt sich die Grenzfrequenz aus

$$f_g = \frac{1}{2\,\pi \cdot R \cdot C}\quad .$$

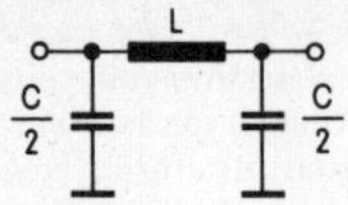

Tieftemperatur-Thermometer kann man vorteilhaft mit → *GaAs-Dioden* aufbauen. Deren Durchbruchspannung ändert sich bis 1,4 K linear mit der Temperatur.

Tiegel-Ziehverfahren Verfahren zum Herstellen von Halbleiter-Einkristallen durch Eintauchen eines Impfkristalles in eine Schmelze, die sich in einem Graphit-Tiegel befindet, und langsames Herausziehen unter ständigem, gleichmäßigen Drehen um eine vertikale Achse.

Timer ist ein elektronischer Zeitgeber, der das Überwachen oder Registrieren von Ereignissen zu vorbestimmten Zeitpunkten erleichtert.

time-sharing (= Zeit-Teilung) → *Teilnehmer-Rechensysteme.*

time-slicing (~ Zeit in Scheiben schneiden) wird bei → *Teilnehmer-Rechensystemen* angewandt, um niemand warten zu lassen. Von allen wird reihum je ein kleiner Teil der Aufgabe erledigt, so daß jeder glaubt, allein bedient zu werden. Dies ist eine Form des → *Multiprogramming.*

TIM-Verzerrungen (= transient intermodulation) Verzerrungen in NF-Endstufen, die auftreten, wenn die Anstiegsgeschwindigkeit der Endstufentransistoren (→ *Slew rate*) kleiner ist als die der Vorstufentransistoren.

Tinkertoy-Technik (~ Spielzeug) war eine der Vorstufen der → *Mikromoduln.* Eine Reihe von keramischen Plättchen mit je einem Schaltelement wurden übereinandergestapelt und mit senkrechten Stäben gehalten und geschaltet.

Tintenschrift Mechanisches Aufzeichnungsverfahren bei → *Schreibern,* bei dem die zu registrierenden Meßwerte über einen Schreibarm mit einer speziellen Tinte auf das Registrierpapier gezeichnet werden.

Tischrechner (elektronische) für kaufmännische und für technische Zwekke stehen heute in den meisten Büros und breiten sich wegen ihrer überragenden Leistungen immer mehr aus. → *Taschenrechner.*

t_n bedeutet bei → *Flipflops* die Zeit vor dem Kippen, t_{n+1} die Zeit danach.

Tochterblitzgeräte sollen eine zu einseitige Beleuchtung durch ein einzelnes Blitzgerät aufheben. Der Hauptblitz löst über eine auf höchste Empfindlichkeit eingeregelte → *Fotozelle,* manchmal auch → *Fotoelement,* den Zweitblitz aus.

Toleranzrechner schalten ab, geben Signal usw., sobald ein eingegebener Sollwert erreicht wird.

Ton Ein Ton ist der Schalleindruck einer einfachen Schallschwingung von Sinus-Form. Mit dem im allgemeinen Sprachgebrauch üblichen Wort *Ton* wird fast immer ein Klang bezeichnet, denn auch der einzelne Klavier-Ton ist ein Klang.

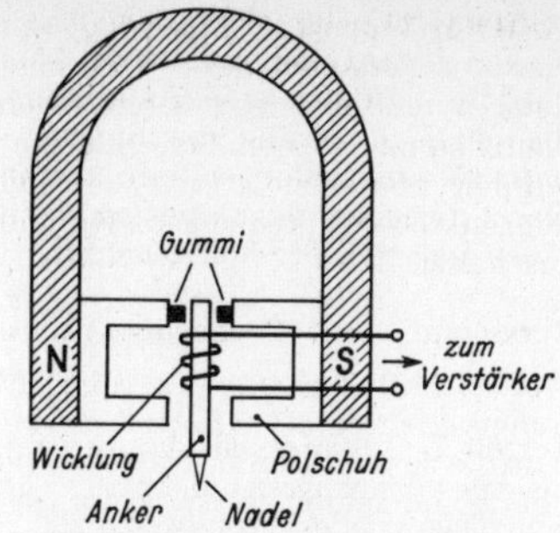

Tonabnehmer: Abb. 1 Schematische Darstellung eines elektromagnetischen Tonabnehmers

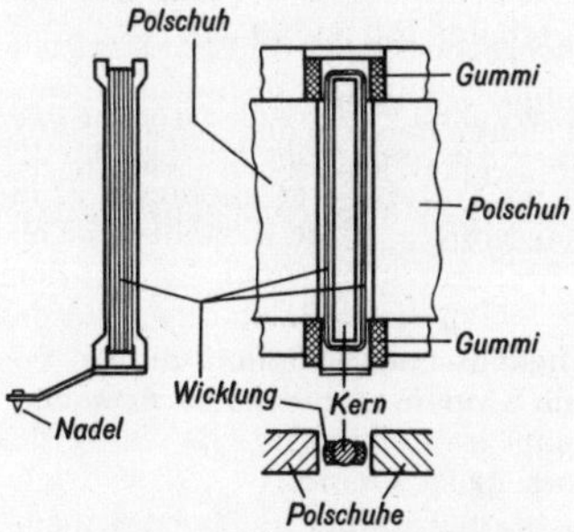

Abb. 3 Schema zweier verschiedener Kristallabtaster

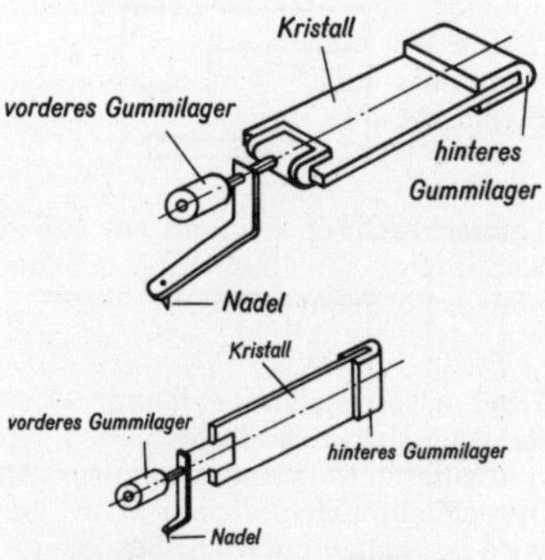

Abb. 2 Schema eines dynamischen Tonabnehmers

Tonabnehmer Das Prinzip eines elektromagnetischen Tonabnehmers zeigt die Skizze *Abb. 1*, das eines dynamischen Abtasters *Abb. 2*, das zweier verschiedener Kristallsysteme *Abb. 3*. Kristallabtaster sind die am häufigsten vertretenen (guter Frequenzgang). Elektromagnetische und dynamische Systeme halten sich qualitätsmäßig die Waage. Gute Konstruktionen haben einen besseren Frequenzgang als normale Kristallabtaster, geben jedoch eine geringere Spannung ab (Verwendung eines Vorverstärkers).

Tonbänder Dünne Kunststoffbänder mit aufgegebener magnetisierbarer Schicht. Material: Acetylcellulose, Polyvinylchlorid, Polyester. Magnetisierbare Substanz: besonders aufbereitetes Eisenoxyd bei Cassetten-Tonbändern, auch Chromdioxid und Eisen-Chrom-Legierungen. Cassetten-Tonbänder können bei entsprechender Qualität des Recorders herkömmlichen Tonbändern für Spulengeräte fast gleichwertig sein.

Tonfilm → *Lichtton.*

Tonfrequenz Bereich der hörbaren Schall-Schwingungen.

Tongenerator Tonfrequenzerzeuger. U. a. Hilfsinstrument zur Prüfung elektroakustischer Geräte (Frequenz regelbar).

Tonhöhe ist gegeben durch die Schwingungszahl der betreffenden Schallwelle.

Tonlupe Zeitdehner, in bezug auf akustische Vorgänge, kann durch langsameren Lauf der Schallplatte bzw. des Tonbandes erreicht werden.

Tonmischpult Das Tonmischpult ist im Fernsehen das gleiche wie beim Ton-Rundfunk; es wird von einem Toningenieur nach den Anweisungen des Regisseurs bedient.

Tonträger Neben dem → *Bildträger*, der als Modulation das FBAS-Signal enthält, strahlt der Fernsehsender einen frequenzmodulierten Tonträger aus, der stets einen Frequenzabstand von 5,5 MHz vom Bildträger einhalten muß.

Topfkreis Ein abstimmbarer Kreis besonderer mechanischer Bauart im → *UHF-Tuner*.

Tor

1. Steuer-Elektrode des → *Feldeffekt-Transistors (Abb. 1)*.
2. Steuer-Elektrode der → *Vierschicht-Triode (Abb. 2)*
3. andere Bezeichnung für → *UND-Verknüpfung*.

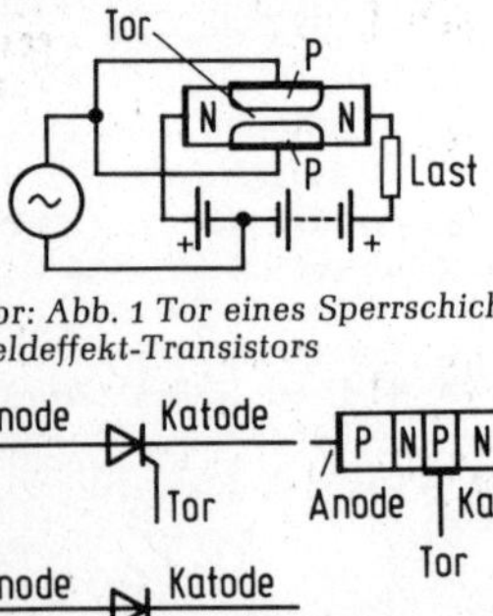

Tor: Abb. 1 Tor eines Sperrschicht-Feldeffekt-Transistors

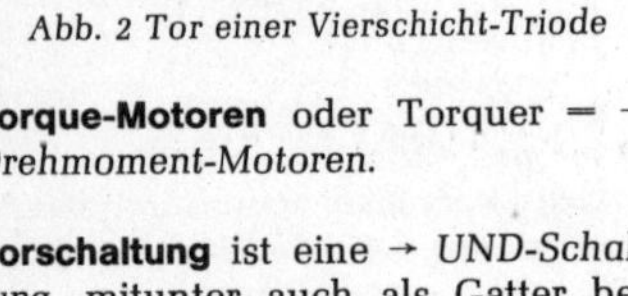

Abb. 2 Tor einer Vierschicht-Triode

Torque-Motoren oder Torquer = → *Drehmoment-Motoren*.

Torschaltung ist eine → *UND-Schaltung*, mitunter auch als Gatter bezeichnet. Eine der wichtigsten Schaltungen in der Computertechnik. Man versteht darunter eine Anordnung, die mittels Steuerung über Eingangsimpulse einen oder mehrere Signalwege freigeben oder sperren kann (auch logisches Produkt genannt).

Torsiograf = Drehschwingungsschreiber.

Totzeit T_t Zeitintervall, das vergeht, bis das → *Eingangssignal* eines → *Totzeitglieds* wieder (verzögert) als → *Ausgangssignal* erscheint. Z. B. beim → *Geiger-Müller-Zähler* die Zeit, die eine Ionisationskammer braucht, um sich zu erholen (80 ... 300 μs).

Totzeitglied → *Übertragungsglied*, dessen → *Ausgangsgröße x_a (t)* gleich der um die Totzeit T_t verschobenen → *Eingangsgröße x_e (t)* ist. Es stellt somit ein → *proportionales Glied* dar, bei dem der → *P-Beiwert* gleich 1 ist, und das Eingangssignal lediglich um die Totzeit T_t verzögert wieder als Ausgangssignal erscheint. Die Gleichung des Totzeitglieds lautet:

$$x_a (t) = x_e (t - T_t).$$

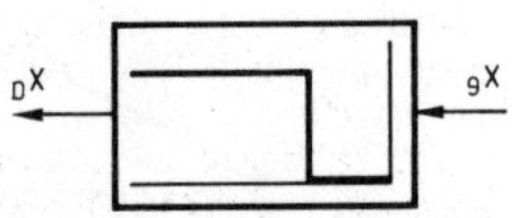

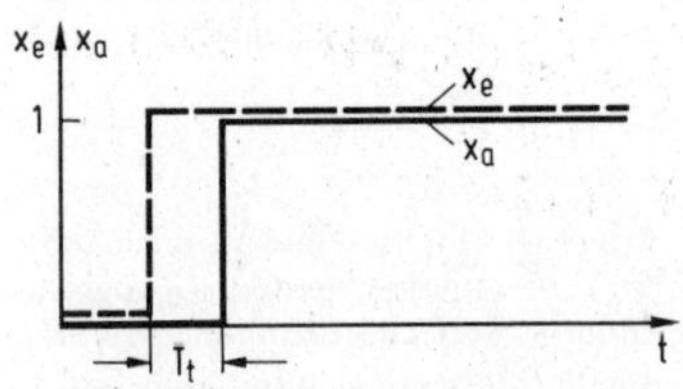

Totzeitglied: Abb. 1 zeigt das Blocksymbol und Abb. 2 die Sprungantwort eines Totzeitgliedes

Abb. 1 zeigt das Blocksymbol und Abb. 2 die Sprungantwort eines Totzeitgliedes.

Trabanten Beim → *Zeilensprung-Verfahren* ist die Tatsache zu berücksichtigen, daß das eine Halbbild mit einer vollen Zeile endet, das zweite jedoch in Zeilenmitte. Der Abstand zwischen dem letzten Horizontal-Synchronimpuls und dem folgenden Vertikal-Synchronimpuls schwankt also von Halbbild zu Halbbild, und zwar um eine halbe Zeilendauer. Den Zeitpunkt für den Beginn des Bildrücklaufs kann der Sender zwar sehr genau signalisieren, aber sein Signal würde den in der Ablenkschaltung des Empfängers befindlichen Kondensator, der die Zeitkonstante mitbestimmt, in verschiedenem Anfangs-Ladezustand antreffen. Die Folge wäre, daß der Bild-Rücklauf nicht stets genau synchron einsetzen würde.

Um dies zu vermeiden, müssen vor dem Eintreffen der Bild-Synchronimpulse an dem genannten Kondensator genau definierte Spannungsverhältnisse geschaffen werden. Dazu dienen die sogenannten Ausgleichsimpulse (Trabanten). Fünf solcher Trabanten – jeder von der halben Dauer eines Zeilen-Synchronimpulses – folgen einander mit der halben Zeilendauer. An diese Vortrabanten schließen sich die fünf Bild-Synchronimpulse an, denen nochmals fünf Nachtrabanten folgen.

Trace ist eine Betriebsart des Computers, in der während des Programmlaufs jede Zeilennummer (bei einem Basic-Interpreter) oder jede Adresse (bei einem Maschinenprogramm), die gerade durchlaufen wird, angezeigt und/oder ausgedruckt wird.

Track Engl. für Spur, z. B. die konzentrisch angeordneten Spuren auf einer → *Floppy-Disk* oder auch auf einer → *CD*.

Träger In der Halbleitertechnik: Kurzbezeichnung für → *Ladungsträger* (meistens handelt es sich dabei um bewegliche Ladungsträger, d. h. um freie Elektronen bzw. um Löcher).

Träger-Dichte Anzahl der → *Ladungsträger* je Raum-Einheit, z. B. je cm^3 .

Formelzeichen
für Elektronen-Dichte n ,
für Löcher-Dichte p .

Träger-Diffusion Wanderung von → *Ladungsträgern* als Folge eines Konzentrationsgefälles.

Trägerfrequenzverstärker Meßverstärker, der aus einem Oszillator zur Erzeugung einer Trägerfrequenz und einem auf diese Trägerfrequenz abgestimmten selektiven Wechselspannungsverstärker besteht. Mit der durch den Oszillator erzeugten Wechselspannung konstanter Frequenz und Amplitude wird ein passiver → *Meßumformer* (z. B. eine Meßbrücke) gespeist. Die von diesem abgegebene und der Meßgröße proportionale Spannung wird mit dem Wechselspannungsverstärker ausreichend verstärkt und zur Anzeige der Meßgröße gleichgerichtet.

Träger-Injektion Das Einbringen von → *Minoritäts-Ladungsträgern* in eine dotierte Halbleiterzone. Beispiel: das Einbringen von Löchern aus der Emitter-P-Zone des PNP-Transistors in dessen Basis-N-Zone. Die gesteuerte Träger-Injektion ist das entscheidende Merkmal der → *Bipolar-Transistoren*.

Träger-Lawine In einem Halbleiter (insbesondere in einer Sperrschicht) in Bewegung befindliche → *Ladungsträger*, deren Zahl sich aufgrund ihrer hohen Geschwindigkeiten durch ständiges Freischlagen weiterer Ladungsträger längs des Driftweges der Ladungsträger ständig erhöht.

Träger-Multiplikation Vervielfachung der Zahl der beweglichen → *Ladungsträger* längs ihres Driftweges in Form einer → *Träger-Lawine* (→ *Avalanche-Effekt*).

Träger-Vervielfachung → *Träger-Multiplikation.*

Traktorführung Bei → *Druckern*, die mit seitlich gelochtem EDV-Papier arbeiten, dienen beidseitig angebrachte Stachelräder für einen Papiervorschub mit exakt konstantem Abstand.

Transceiver Eine Kombination eines Senders und eines Empfängers zu einer gemeinsamen Einheit, wobei verschiedene Funktionseinheiten gleichzeitig für Sende- und Empfangszwekke genutzt werden. Der T. wird seit Einführung des → *Einseitenband-Verfahrens* auch im → *Amateurfunk* als → *SSB-T.* verwendet.

Transcoder Ebenso wie man beim Schwarzweiß-Fernsehen bereits einen → *Normenwandler* benötigte, erfordert ein direkter Programmaustausch zwischen Ländern mit verschiedenen Farbfernsehsystemen einen Umwandler, der Transcoder genannt wird. Es gibt bereits Transcoder, die die drei Systeme NTSC, Pal und Secam wechselseitig umsetzen können.

Transconductoren sind → *Rechenverstärker* mit ganz bestimmten, von der Norm abweichenden Funktionen zwischen Eingangsspannung und Ausgangsstrom, geeignet z. B. zum Quadrieren, Wurzelziehen u. ä. Man unterscheidet dabei dual-logarithmische und quadratische Transconductoren.

Transdata-System überträgt 4800 Zeichen/min über Leitungen von → *Lochstreifen* zu Lochstreifen. Bei → *Lochkarten* oder → *Magnetbändern* werden 10000 Zeichen/min erreicht.

Transducer (~ Umformer, Umsetzer) → *Meßwertaufnehmer.*

Transduktor = → *Magnetverstärker.*

Transfluxoren sind Ringe oder mehrfach gelochte Scheiben aus → *Rechteck-Ferrit* mit Durchmessern zwischen 10 mm und 14 mm und etwa 2 mm Dicke. Sie können als Speicherelemente, Schaltelemente, kontaktfreie (magnetische) Schalter und als Magnetverstärker verwendet werden. Ihre Anwendung ist verhältnismäßig selten.

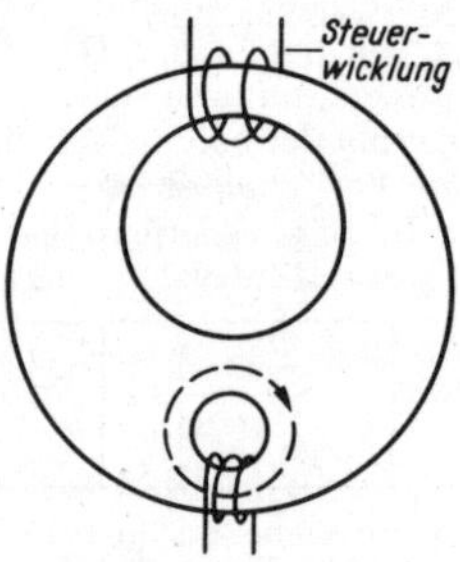

Transformator → *Übertrager.*

Transformator-Winkelgeber → *induktive Geber.*

Transistor Man kann sich den normalen Transistor aus zwei Dioden entstanden denken, die so wie in *Abb. 1* zusammengeschaltet werden. Dem entspricht das Schaltzeichen *Abb. 3*. Die drei Elektroden werden mit Basis (B), Emitter (E) und Kollektor (C) bezeichnet. Wichtigste Halbleitermaterialien sind Germanium und Silizium.

Die ersten Transistoren waren Spitzentransistoren; zwei Spitzenelektroden berührten ein Germaniumplättchen auf einer Seite. Sie wurden durch die Flächentransistoren fast ganz verdrängt. Den Aufbau eines PNP-Flächentransistors zeigt *Abb. 3*, das vergrößerte eigentliche System *Abb. 4*. Auf beiden Seiten des N-leitenden Halbleiterkristalls sind Pillen aus Indium (siehe diese) einlegiert (größere Pille: Kollektor, kleinere Emitter). An den Legierungsstellen entstehen zwei dünne P-leitende Schichten. Zwischen diesen befindet sich, durch zwei PN-Übergänge getrennt, die Basis-N-Schicht.

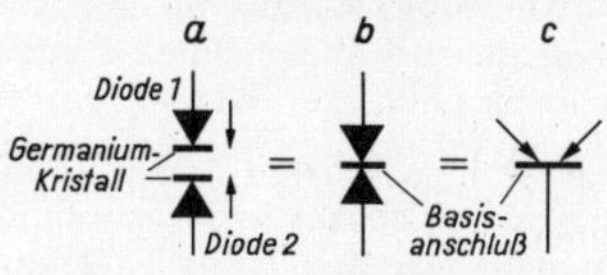

Transistor: Abb. 1 Aus zwei gegengepolten Dioden wird ein Transistor

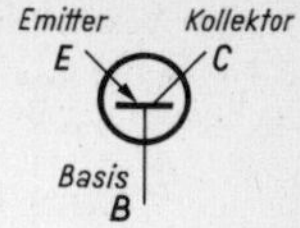

Abb. 2 Schaltzeichen für einen PNP-Transistor

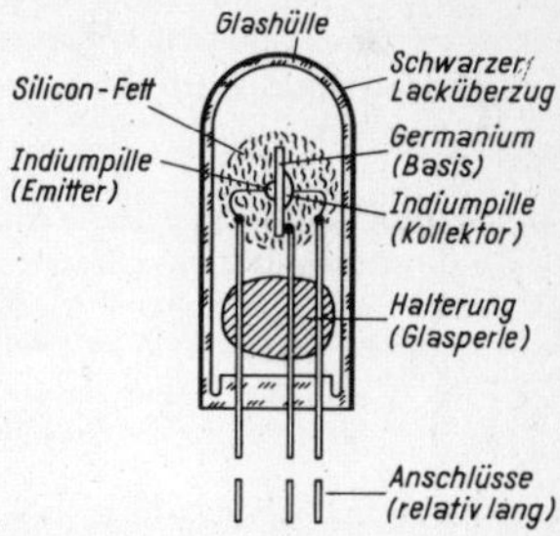

Abb. 3 Schnitt durch einen Flächentransistor

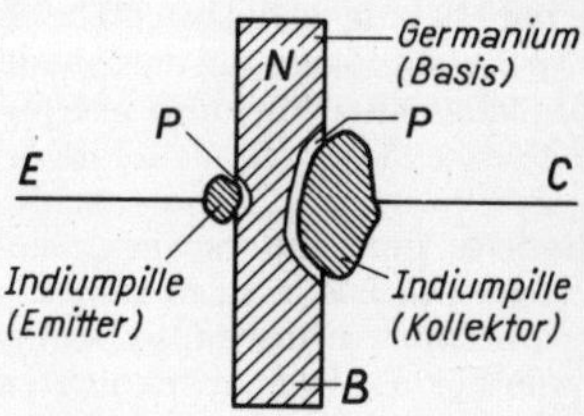

Abb. 4 PNP-Flächentransistor-System

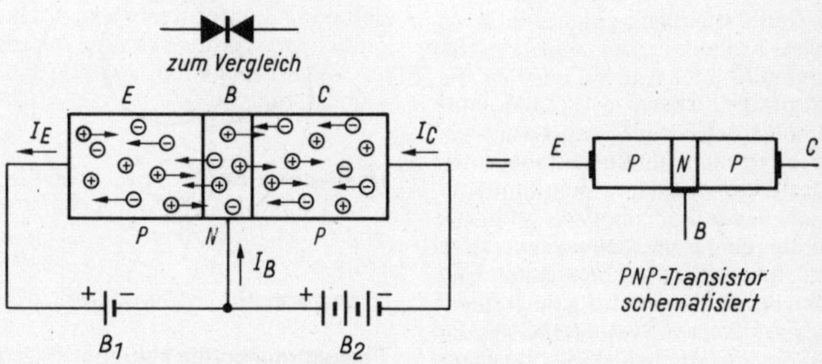

Abb. 5 Vorgänge im PNP-Flächentransistor

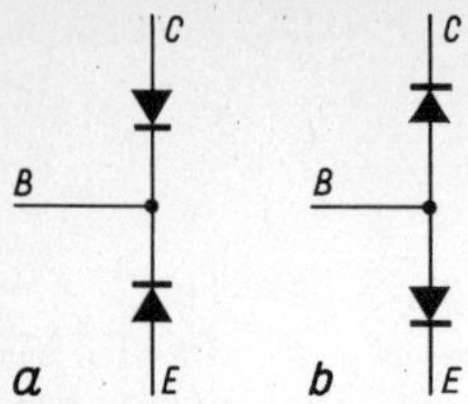

Abb. 6 a) Zusammengeschaltete Dioden im Vergleich zum PNP-Transistor b) im Vergleich zum NPN-Transistor

Abb. 7 Schaltzeichen für einen NPN-Transistor

Abb. 5 ist die schematisierte Darstellung des PNP-Transistors, verglichen mit zwei zusammengefügten Dioden. An der linken Diode liegt die Spannung der Batterie B_1 in Durchlaßrichtung. Eine kräftigere Löcherwanderung nach rechts hin, und entsprechend eine entgegengesetzte Elektronenwanderung vom Emitteranschluß zur Batterie, der Emitterstrom I_E, sind die Folge. Die Diode Basis-Kollektor liegt an einer größeren Spannung (Batterie B_2), die in Sperrichtung zugeschaltet ist. Bei genügend dünner Basisschicht (50 ... 100 µm) diffundieren die von der linken Diode nach rechts hin in Bewegung gesetzten Löcher durch die Basisschicht hindurch in den Kollektor. Der vom Emitter stammende Löcherstrom wird zu seinem größten Teil vom Kollektor (er sammelt Löcher) aufgenommen; entsprechend fließt ein Elektronenstrom, der Kollektorstrom I_C, von B_2 zum Kollektor. Ferner fließt ein geringer Basisstrom I_B (gleich der Differenz $I_E - I_C$).

Aus der Schichtenfolge leitet sich die jeweilige Bezeichnung der Transistoren als PNP- oder als NPN-Transistor ab. Anstatt sich den Transistor wie vorher aus zwei, mit den Katoden zusammengeschalteten Dioden entstanden zu denken (*Abb. 6a*), kann er auch nach *Abb. 6b* durch Zusammenschalten der Anoden entstanden sein (PNP-Transistor). Das Schaltzeichen für einen NPN-Transistor zeigt *Abb. 7c*. Beim NPN-Transistor müssen dementsprechend die Batterien B_1 und B_2 umgekehrt gepolt sein. Der Emitterstrom I_E fließt dann von B_1 zum Emitter, I_B und I_C fließen von der Basis und vom Kollektor zur Batterie. Im Transistorsystem selbst haben wir es nicht mit einem Löcherstrom, sondern mit Elektronen zu tun, die vom Emitter (N-leitend) in die Basis (P-leitend) injiziert werden und von dort nach rechts weiter in den N-leitenden Kollektor diffundieren.

Der Kollektorstrom wird beim NPN-Transistor um so größer, je größer die positive Spannung der Basis gegenüber dem Emitter ist.

PNP-Transistor: Emitter am Pluspol, Kollektor am Minuspol.

NPN-Transistor: Emitter am Minuspol, Kollektor am Pluspol.

Transistor als Schalter Transistor nur für zwei Betriebszustände verwendet: Durchlaß, nämlich hoher Kollektorstrom bei geringer Kollektor-Emitter-Restspannung und Sperrung, d. h. hohe Kollektor-Emitter-Spannung bei Kollektor-Emitter-Reststrom. Jeder Transistor ist so als Schalter verwendbar. Es gibt aber auch spezielle Schalttransistoren.

transistor array (~ Transistor-Anordnung) engl. Bezeichnung für → *integrierte Schaltungen*, z. B. → *Rechenverstärker*.

Transistor-Durchbruch → *Durchbruch in Transistoren*.

Transistor-Ersatzschaltung Ersatzschaltung, deren Ein- und Ausgangs-Signalspannungen und Signalströme möglichst so miteinander zusammenhängen wie die Ein- und Ausgangs-Signalspannungen und Signalströme eines (gespeisten) Transistors.

Man unterscheidet im wesentlichen Vierpolersatzschaltungen mit frequenzabhängigen Elementen und Funktions-Ersatzschaltungen mit Elementen, deren Werte frequenzunabhängig sind.

Die Vierpol-Ersatzschaltungen bestehen z. B. aus zwei Quellen und zwei Impedanzen oder aus einer Quelle und drei Impedanzen. Von diesen Transistor-Ersatzschaltungen werden am meisten verwendet die Parallel-Ersatzschaltung mit den *y*-Parametern (den Admittanz-Parametern) und die Reihen-Parallel-Ersatzschaltung mit den *h*-Parametern (den Hybrid-Parametern). Die Funktions-Ersatzschaltungen kann man einteilen in die kompliziert aufgebauten physikalischen Ersatzschaltungen und die einfacheren praktischen Ersatzschaltungen.

Transistor-Logik heißen → *Logik-Schaltungen* mit Transistoren als Schalter.

Transistor-Rauschen → *Rauschen des Transistors.*

Transistor-Tetrode Vierschicht-Transistor; Aufbau zeigt *Abb. 1a.* Man kann sich die Tetrode aus zwei miteinander gekoppelten Transistoren entstanden denken *(Abb. 1b und c)*; Schaltzeichen in *Abb. 2.* Diese Vierschicht-Halbleiterbauelemente lassen sich mit kleinem Aufwand an Steuerleistung sehr schnell zwischen zwei stabilen Zuständen hin- und herschalten. Dabei behalten sie den stabilen Zustand oh-

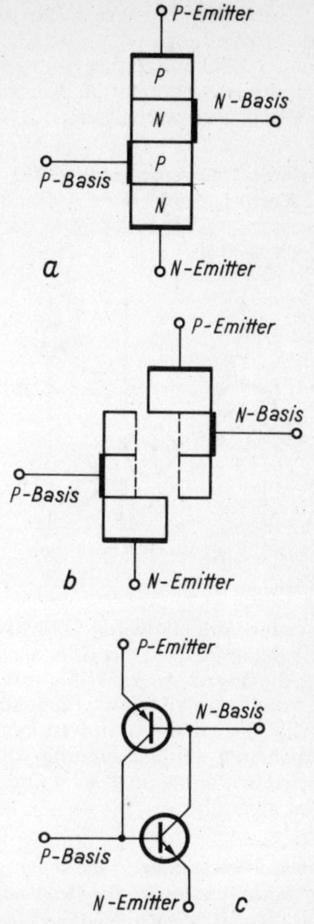

Transistor-Tetrode: Abb. 1 a) Schema einer Transistor-Tetrode; b) und c) Analogien zu Transistoren

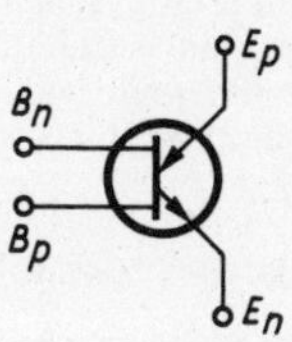

Abb. 2 Schaltzeichen für eine Transistor-Tetrode (Halbleitertetrode)

ne zusätzliche Steuerleistung aufrecht. Anwendung in digitalen Schaltungen, Zähleinrichtungen, Speichern, Impulsgeneratoren, Kontroll- und Verzögerungsschaltungen.

Transistor-Transistor-Logik (TTL) ist eine Verbesserung der → *Dioden-Transistor-Logik* in integrierter Form; Laufzeit ≦ 10 ns.

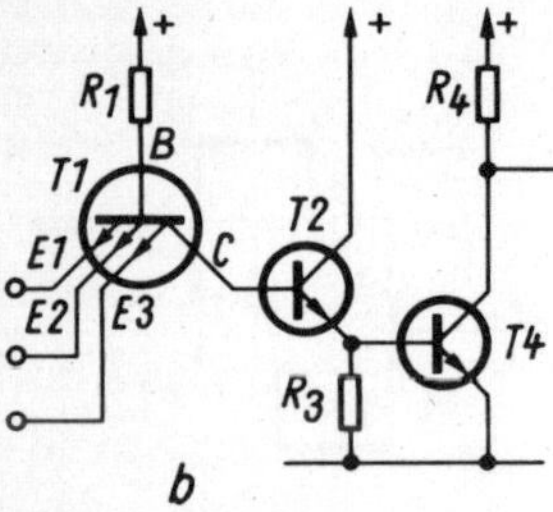

Transistor-Verlustleistung Verluste, die aus dem Produkt der Gleichspannung, die über dem Transistor anliegt, und dem durch ihn fließenden Gleichstrom entsteht, und zu keiner gewünschten Energienutzung führt. Sie wird in Wärme umgesetzt und als solche abgeführt.

Transistor-Verstärker werden mit Ausgangsleistungen in der Größenordnung bis 100 W und darüber hinaus gebaut. Die Vorverstärkerstufen bis zu den Treiberstufen werden heute meist in integrierter Technik ausgeführt.

Transistorvoltmeter Spannungsmesser, der zur Erzielung eines hohen Eingangswiderstands mit einem Transistorverstärker aufgebaut ist, der das Meßwerk ansteuert.

Transistor-Wechselrichter → *Zerhakker.*

Transitfrequenz Bei hohen Frequenzen wird die Verstärkung immer geringer. Die Frequenz, bei der sie gleich 1 wird, also keine Verstärkung mehr stattfindet, heißt Transitfrequenz. Sie kann bis zu 100 MHz betragen.

Transitron war eine (→ *synchronisierbare*) selbsterregte Röhrenschaltung hoher Frequenzkonstanz zur Impulserzeugung.

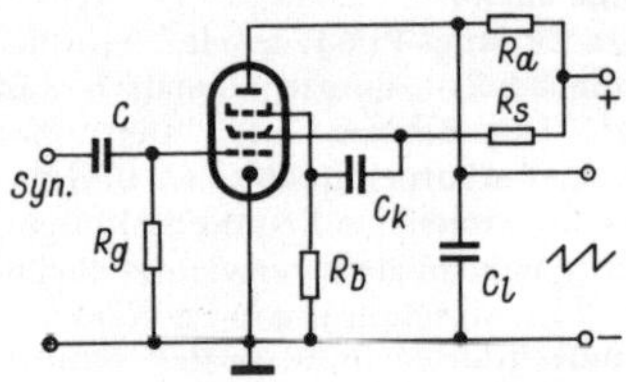

Transkonduktanzverstärker → OTA.

Transponder, eine Zusammensetzung der Begriffe **Trans**mitter-res**ponder** aus dem Empfänger, einem Umsetzer und dem Sender. Die Transponder können verschiedene Bandbreiten haben; beim Intelsat V gibt es solche mit 36 MHz, 72 MHz und 241 MHz.

Transport-Faktor Verhältnis des an der Kollektor-Sperrschicht aus der Basiszone ankommenden → *Minoritätsträgerstromes* zu dem aus der Emittersperrschicht in den Basisraum injizierten Minoritätsträgerstrom. Der Minoritätsträgerstrom in der Basiszone ist im PNP-Transistor ein → *Löcherstrom,* im NPN-Transistor ein Elektronenstrom.

Transversaleffekt → *Piezoelektrische Geber.*

Transversalwellen → *Schall.*

Trap
1. → *Rekombinationszentrum*, d. h. Einfangstelle für Elektronen und Löcher, derart, daß in ihr die → *Rekombination* stattfindet.

2. Haftstelle, d. h. Stelle, an der Elektronen bzw. Löcher eingefangen und angelagert und später wieder freigegeben werden.

Trap-Bildner Ursache des Entstehens von Einfangstellen im Halbleitermaterial oder an dessen Oberfläche. Zu den Trap-Bildnern im Innern des Halbleiterkörpers rechnen z. B. Gold-, Eisen-, Nickel- und Kupfer-Atome.

Treiberdrähte heißen die Drähte, durch die bei den meisten Magnetspeichern das Einspeichern (→ *Setzen*) erfolgt, z. T. mit der halben Stromstärke, um durch → *Koinzidenz* ein ganz bestimmtes Speicherelement zu beeinflussen. Sie dienen vielfach auch für den Leseimpuls. So bezeichnet man also auch → *Spalten-* und → *Zeilendrähte*.

Trennfugen-Isolation Zwischen den zu isolierenden Elementen werden durch Fräsen oder Ausätzen Fugen angebracht, so daß die Elemente wie Inseln auf der Unterlage stehen.

Triac Wechselstromthyristor. Neben der engl. Bezeichnung Triac (entstanden aus der Kombination Triode und ac, alternating current = Wechselstrom) ist dieses Bauelement in der Fachsprache auch als Zweiweg-Thyristor bekannt. Der Triac besteht aus zwei antiparallel-geschalteten Thyristoren auf gemeinsamem Silizium-Substrat, es ist jedoch nur eine Steuerelektrode (gate) vorgesehen. Der wesentliche Vorteil der Triacs gegenüber normalen Thyristoren besteht darin, daß die Zündung sowohl mit einem positiven Impuls als auch mit einem negativen Impuls an der Steuerelektrode herbeigeführt werden kann. Somit ergeben sich vier Steuerquadranten (d. h. vier Ansteuerungsmöglichkeiten). Bei den z. Zt. lieferbaren Triacs ist die Empfindlichkeit in den einzelnen Steuerquadranten nicht gleich, was jedoch für die Praxis ohne Bedeutung ist. Wie bei Thyristoren ist der Strom in Sperrichtung äußerst gering (wenige µA). Während bei einem Thyristor die Zeit zum Sperren meist eine ganze Halbwelle beträgt, muß ein Triac sehr schnell sperren, und zwar jeweils während des Nulldurchgangs. Der Anstiegszeit der Spannung (als Kommutierungssteilheit bezeichnet) sind bestimmte Grenzen gesetzt. (Bei zu hoher Anstiegszeit würde der Triac zerstört). Der kritische Wert liegt zwischen 5 und 10 V/µs. Triacs werden vornehmlich in der industriellen Elektronik verwendet.

Trichterlautsprecher → *Exponentialtrichter*.

Trigger (triggern = auslösen, zünden) → *Schmitt-Trigger*.

Triggerbereich Frequenzbereich sinusverwandter Schwingungen, innerhalb dessen die → *Triggerung* eines Oszilloskopen möglich ist.

Trigger-Diode → *Diac*.

Triggerung Auslösung eines Vorgangs durch ein → *Auslösesignal*. Bei einem Oszilloskopen versteht man darunter die gesteuerte → *Zeitablenkung*, bei der jede Zeitablenkung durch das Signal ausgelöst wird, so daß das Bild still steht. Bei einer getriggerten Zeitablenkung kann der Triggerzeitpunkt einem beliebig vorbestimmbaren Niveau des Signals und entweder positivem oder negativem Signaldurchgang zugeordnet werden. Das Niveau kann entweder fest voreingestellt sein, von Hand gewählt werden oder sich automatisch einstellen.

Trigistor ist ein PNPN-Transistor, der allein ein → *Flipflop* darstellt. Gibt man auf den Eingang einen positiven Impuls, so wird der Trigistor leitend, ein negativer Impuls sperrt ihn.

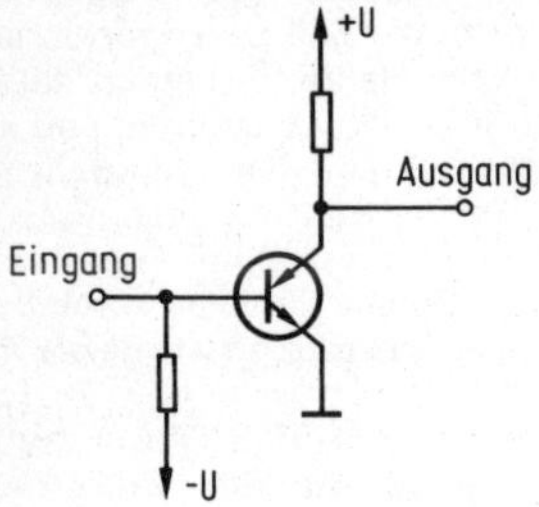

Trinistor → *Vierschicht-Transistor.*

Trinitron-Farbbildröhre enthält als Maske ein Gitter aus feinen Drähten. Die drei Elektronenstrahlen werden in drei in einer horizontalen Ebene angeordneten Systemen erzeugt.

Trisistor Schalttransistor mit ähnlichen Eigenschaften wie ein → *Thyristor.*

Trockengleichrichter Allgemeine Bezeichnung für → *Kupferoxydul-* und → *Selen-Gleichrichter.*

Trommelschreiber → *Schreiber,* bei dem die Schreibeinrichtung die Meßwerte auf einem Papier registriert, das sich auf einer sich mit konstanter Geschwindigkeit drehenden Walze befindet.

Trommelspeicher → *Magnettrommelspeicher.*

Trübungsmesser (Foto-Nephelometer) durchstrahlen die zu messenden Flüssigkeiten und messen das durchgelassene Licht mit → *Fotozellen.*

T-Spulmeßwerk Sonderform des → *Drehspulmeßwerks,* bei dem das Gegendrehmoment nicht durch Federkraft, sondern durch eine exzentrisch angeordnete stromdurchflossene Hilfsspule erzeugt wird.

TSR (= **T**hermally **S**ensitive **R**esistors) = wärmeempfindliche Widerstände (→ *Heißleiter*).

T_t-Glied → *Totzeitglied.*

TTL heißt Transistor-Transistor-Logik und stellt eine IC-Technologie dar, mit der digitale Schaltungen realisiert werden. Hier wird zwar gegenüber → *CMOS* mehr Strom benötigt, aber es sind höhere Arbeitsgeschwindigkeiten bei kleineren Gatterlaufzeiten gestattet. Wegen des Leistungsbedarfs und der damit entstehenden Wärmeleistung pro Gatter sind in TTL-Technik keine hochintegrierten Schaltungen möglich, die Grenze liegt bei einigen hundert Transistoren pro IC.

TTY ist die Abkürzung von Teletype und heißt Fernschreiber. Damit ist aber meist nicht der im → *Baudot-Code* arbeitende Postfernschreiber gemeint, sondern ein ASCII-Fernschreiber mit üblicherweise 110 Bd oder 300 Bd Übertragungsgeschwindigkeit.

Tuner Aus der englischen Sprache übernommene Bezeichnung für das abstimmbare Hochfrequenz-Eingangsteil eines Empfängers. Zur genaueren Bezeichnung setzt man deshalb meist den Wellenbereich hinzu, z. B. UHF-Tuner oder UKW-Tuner (bei Rundfunkgeräten). Man findet aber auch in der Rundfunktechnik den Begriff FM-Tuner, mit dem hier ein Vorsatzgerät – für Verstärkeranlagen – bezeichnet wird, das außer dem Abstimmteil noch den Zwischenfrequenz-Verstärker enthält.

In der Fernsehtechnik wird die Bezeichnung stets nur für den Baustein benutzt, der zum Abstimmen des Empfängers dient und die HF-Vorstufe sowie die Misch- und Oszillatorstufe enthält. Man kann also vom VHF-Tuner und vom UHF-Tuner sprechen.

Tunneldiode (nach ihrem Erfinder, dem Japaner Esaki, auch Esaki-Diode genannt). Im Gegensatz zu anderen Dioden hat sie keine Sperrwirkung; sie weist vielmehr in der einen Stromrichtung ein Gebiet mit fallender Strom-Spannungs-Kennlinie auf *(Abb.)*. Wird die Spannung an einer Tunneldiode erhöht, dann wächst zunächst auch der Strom an; bei weiterer Spannungserhöhung fällt der Stromwert wieder ab. Die Diode wirkt in diesem Bereich wie ein negativer Widerstand.

Die Tunneldiode ist eine Flächendiode, die aus einem mit Arsen und Phosphor hoch dotierten N-leitenden Germaniumplättchen besteht, in das eine ebenfalls hochdotierte Indiumpille (geringe Zusätze von Gallium und Zinn) einlegiert ist. Die wegen der hohen Dotierung dünne Sperrschicht durchfliegen die Elektronen nahezu mit Lichtgeschwindigkeit, gewissermaßen durch einen Tunnel in dem auf ihrem Wege liegenden Potentialwall.

Das Germaniumplättchen wird auf den Diodenträger aufgelötet, während das auflegierte Indiumkügelchen (In-

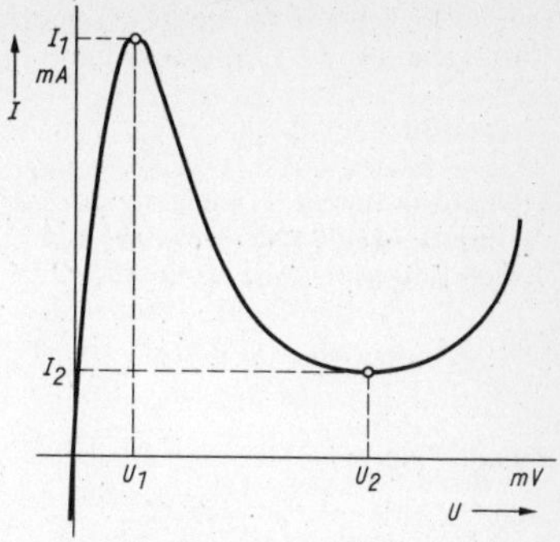

Tunneldiode: Abb. 1 Strom-Spannungs-Kennlinie einer Tunneldiode

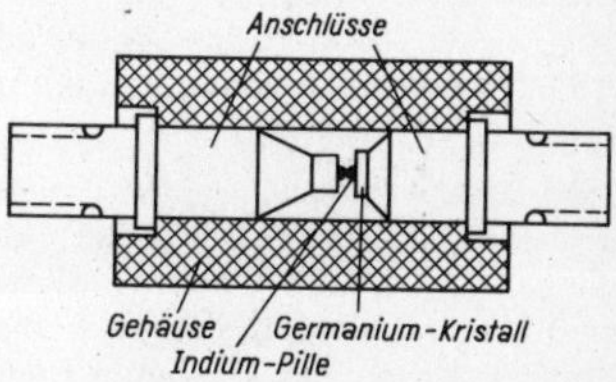

Abb. 2 Schnitt durch eine Tunneldiode

diumpille) großflächig kontaktiert wird.

T. können als aktives Verstärkerelement dienen und als rauscharme Eingangsstufe im Mikrowellengebiet bis 10000 MHz. Sie eignen sich zu ultraschnellen Schaltern, Impulsformern, Multivibratoren usw.

Tunneldioden-Speicher (-Flipflop) schalten zwischen Normal- und Höchstleitfähigkeit (Verstärkung bei negativem Widerstand im Gebiet der fallenden Kennlinie) hin und her.

Tunnel-Effekt Effekt, der an der extrem schmalen Grenzschicht zwischen einer entarteten P-Zone und einer entarteten N-Zone zu beobachten ist: Ladungsträger können diese Grenzschicht auch dann passieren, wenn ihre Energie zu klein ist, um die Stufenspannung zu überwinden.

Tunnel-Strom → *Esaki-Strom.*

Tunnel-Transistor Transistor, in dem die Emitter-Diode als → *Tunnel-Diode* ausgebildet ist. Als Kollektor-Zone dient ein an die Tunnel-Diode anlegiertes schwach N-dotiertes Germanium.

Tunnel-Triode → *Tunnel-Transistor.*

Tunnel-Wahrscheinlichkeit Wahrscheinlichkeit dafür, daß bei der → *Tunnel-Diode* Elektronen aus der P-Zone in die N-Zone bzw. Löcher aus der N-Zone in die P-Zone übergehen.

Turbo-Pascal Pascal-Compiler mit eingebautem → *Bildschirm-Editor*, der sich durch eine hohe Geschwindigkeit sowohl beim Compilieren als auch beim Abarbeiten des erzeugten Codes auszeichnet und die Programmiersprache → *Pascal* sehr populär gemacht hat.

Twistor-Speicher sollen die → *Matrizen* durch billigere Einrichtungen ersetzen, da diese nur in Handarbeit, der Twistor aber maschinell gefertigt werden kann. Grundelement ist ein 0,08 mm dünner Kupferdraht, der mit einem 0,09 mm breiten und 0,009 mm starken Molybdän- → *Permalloy*-Band schraubenförmig umwunden ist, das eine rechteckige Hysteresis hat (→ *Bitleitungen*). Umgibt man diese Bitleitungen senkrecht dazu mit Spulen oder Bändern (→ *Wortleitungen*), so kann man Informationen in sie einschreiben und sie auch wieder lesen. Die Gewebe werden zwischen Kunststoffplatten gelagert und in Rahmen gespannt. Twistor-Speicher gibt es in verschiedener Ausführung, je nach Verwendungszweck.

TWT (= traveller wave tube) → *Wanderfeldröhre.*

Typenbezeichnungen von Halbleiterbauelementen Die Standardtypen der Halbleiterdioden und Transistoren werden mit zwei Buchstaben und drei Ziffern gekennzeichnet, Halbleiter für besondere Aufgaben, vornehmlich für industrielle Zwecke, mit drei Buchstaben und zwei Ziffern. Beispielsweise sind die mit AA 115 und AC 162 bezeichneten Ausführungen Standardtypen, die mit BAY 45 und ACY 23 bezeichneten dagegen industrielle Typen. Standardtypen finden hauptsächlich Verwendung in Rundfunk-, Fernseh- und Magnettongeräten.

Der *erste* Buchstabe der Typenbezeichnung bedeutet:

A Ausgangsmaterial Germanium
B Ausgangsmaterial Silizium
R Ausgangsmaterial andere halbleitende Stoffe als Germanium oder Silizium

Der *zweite* Buchstabe bedeutet:

A Diode
C NF-Transistor
D NF-Leistungstransistor
E Tunneldiode
F HF-Transistor
L HF-Leistungstransistor
P Strahlungsempfindliches (lichtempfindliches) Halbleiterelement, z. B. Fotowiderstand
R Steuerbarer Gleichrichter
S Schalttransistor
T Steuerbarer Leistungsgleichrichter
U Leistungsschalttransistor
Y Gleichrichterzelle (Leistungsdiode)
Z Zenerdiode (Referenzdiode, Begrenzerdiode)

Als *dritter* Buchstabe wird Z, Y oder X verwendet. Die auf die Buchstaben folgenden Ziffern dienen lediglich der laufenden Kennzeichnung und sagen nichts über spezielle Eigenschaften aus.

Beispiele:

AA 118 Germaniumdiode (Standardtyp)

AD 136 NF-Leistungstransistor (Ausgangsmaterial Germanium, Standardtyp)

BA 105 Siliziumdiode (Standardtyp)

ACX 33 NF-Transistor (Ausgangsmaterial Germanium, industrieller Typ)

BSY 62 Schalttransistor (Ausgangsmaterial Silizium, industrieller Typ)

U

UCA-Technik Abkürzung von „unitized-components assembly" = Zusammenbau gleichförmiger Bauelemente. Technik für die Herstellung von Miniaturbaugruppen.

Übergang In der Halbleitertechnik die Stelle, an der die Dotierung zwischen → *P-Dotierung* und → *N-Dotierung* wechselt (PN-Übergang) oder auch die Stelle, an der sich der Dotierungsgrad abrupt ändert (NN^+-Übergang, PP^+-Übergang, NI-Übergang, PI-Übergang).

Übergangsfunktion Bei Erregung eines Systems mit einer → *Sprungfunktion* die auf die Sprunghöhe des Eingangssignals bezogene → *Sprungantwort.*

Übergangsverhalten In der Regelungstechnik die Beschreibung des zeitlichen Verlaufs des Ausgangssignals in Abhängigkeit von einem definierten Eingangssignal.

Übergangsverhalten von Dioden Verhalten der Diode beim Einschalten, d. h. beim Übergang vom → *Sperrzustand* in den → *Durchlaßzustand,* und beim Ausschalten, d. h. beim Übergang vom Durchlaßzustand in den Sperrzustand.

Übergangsverhalten von Transistoren Verhalten der Transistoren während des Schaltens, d. h. beim Wechsel zwischen Sperrzustand und Durchlaßzustand.

Übergangsverluste → *Umschaltverluste.*

Übergangszeit Zeitspanne, innerhalb der der Sperrstrom einer als Ventil benutzten Sperrschicht nach dem Umschalten von Durchlaß auf Sperrung auf einen bestimmten Bruchteil oder Wert abgesunken ist. Zahlenangaben setzen bestimmte Meßbedingungen voraus.

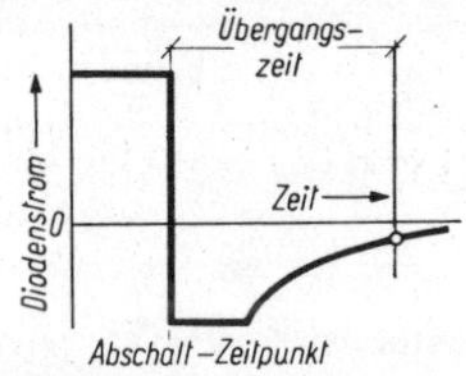

Übergangszeit: Zeitlicher Verlauf des Diodenstromes beim Übergang von Durchlaß auf Sperrung

Übergangszone Grenzzone zwischen zwei Halbleiterbereichen, die sich durch den Leitungstyp unterscheiden: → *PN-Übergang,* → *PI-Übergang,* → *NI-Übergang,* oder Übergänge, die mit einem Unterschied in der → *Störstellendichte* gegeben sind.

Überladung Erhöhte Raumladung der Basiszone zum Herabsetzen der im Einschaltzustand verbleibenden Restspannung des als Schalter benutzten Transistors. Die erhöhte Raumladung ist die Folge eines entsprechend erhöhten Basisstromes.

Andere Bezeichnungen: Sättigung, Übersteuerung.

Überlagerungsgesetz Wenn bei einem Netzwerk eine Eingangsgröße x_{e1} eine Ausgangsgröße x_{a1} und eine andere Eingangsgröße x_{e2} eine Ausgangsgröße x_{a2} bewirkt, dann bewirkt eine Eingangsgröße x_{e3}, die die Summe aus x_{e1} und x_{e2} darstellt, auch ein Ausgangssignal x_{a3}, das gleich der Summe der Ausgangssignale x_{a1} und x_{a2} ist.

$$x_{a1} = f(x_{e1}) \qquad x_{a2} = f(x_{e2})$$
$$x_{a3} = f(x_{e3}) = f(x_{e1} + x_{e2}) = x_{a1} + x_{a2}$$

Überlappung = → *overlapping.*

Überlastbarkeit Angabe darüber, um das Wievielfache ein Meßgerät bezüglich seines Nennmeßbereichs bzw. seines Skalenwertes kurzzeitig oder auf Dauer überlastet werden darf, ohne daß dadurch ein Schaden entsteht. Bei langzeitiger Überlastbarkeit spricht man deshalb von Dauerüberlastung und bei kurzzeitiger Überlastbarkeit von Stoßüberlastung.

Überlastungsschutz Geräteinterne Einrichtung von Meßinstrumenten, die das Meßwerk und je nach Bauart auch die übrigen Bauteile vor Überlastung und eventuell damit verbundenen Schäden schützt. Meßwerke werden heute vielfach durch zwei in entgegengesetzter Richtung dem Meßwerk parallelgeschaltete Siliziumdioden *(Abb.)* wirksam geschützt. Im Normalfall ist der Spannungsabfall

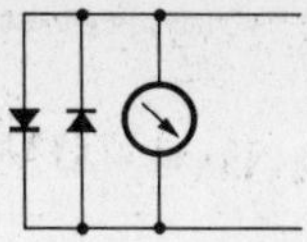

Überlastungsschutz: mit Siliziumdioden

am Meßwerk so klein, daß sein Innenwiderstand im Vergleich zu dem der Dioden vernachlässigbar klein ist, und durch die Dioden kein nennenswerter Anteil des Stroms fließt.

Überschlag Durchschlag durch die Luft oder ein Gas bzw. in der an Luft oder Gas grenzenden Oberflächenschicht eines festen isolierenden Körpers bzw. einer isolierenden Flüssigkeit.

Überschlagsspannung Spannung, die einen → *Überschlag* verursacht.

Überschreiben nennt man das Einspeichern einer Information in einen bis dahin besetzten → *Speicherplatz.* Die alte Information wird dabei gelöscht.

Überschußhalbleiter sind N-Leiter; in ihnen ist die Zahl der Leitungselektronen (durch das Vorhandensein von → *Donatoren*) wesentlich größer als die der → *Löcher.*

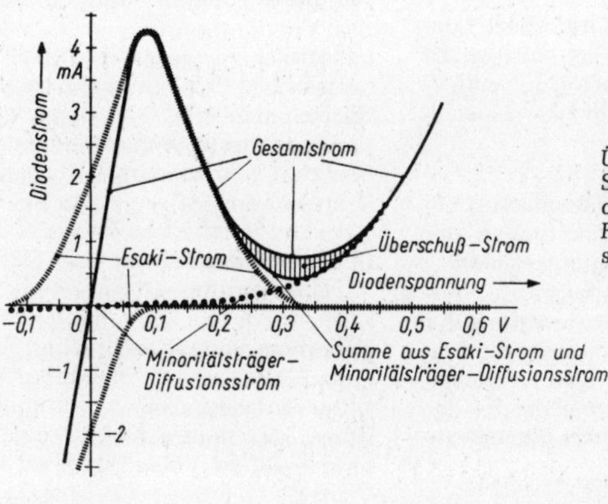

Überschußstrom: Die Ströme, die die Tunneldiode durchfließen, als Funktionen der Diodenspannung

Überschuß-Leitfähigkeit → *Elektronen-Leitfähigkeit.*

Überschuß-Leitung n-Leitung, Elektronenleitung.

Überschußstrom Anteil des Tunneldioden-Stromes, der den Talstrom der → *Tunneldiode* und auch die Ströme in der Nachbarschaft des Talpunktes über die Summe aus Esakistrom und Minoritätsträger-Diffusionsstrom hinaus erhöht und so das Verhältnis von Höckerstrom zu Talstrom vermindert.

Überschwingen der Sprungantwort eines Netzwerks über das Dach eines idealen Rechtecksprungs (→ *Kenngrößen von Impulsen*).

Überschwingweite Größte vorübergehende → *Sollwertabweichung* der → *Regelgröße* x, die während eines durch die Änderung der → *Führungsgrößen w* oder → *Störgrößen* z hervorgerufenen Übergangs eines → *Beharrungszustands* in den neuen Beharrungszustand auftritt.

Übersetzungsmaschine → *Sprachübersetzung.*

Übersetzungsprogramme übertragen das in einer → *Programmiersprache* abgefaßte Programm in die der → *EDV-Anlage* allein verständliche → *Maschinensprache.*

überspannter Betrieb (Transistor) Betrieb, bei dem der Scheitelwert der Kollektor-Wechselspannung den Wert der Kollektor-Gleichspannung übersteigt. Dabei kehrt sich die Polung der Emitterspannung jeweils während eines Bruchteils derjenigen Wechselspannungs-Halbwelle um, die das der Gleichspannung entgegengesetzte Vorzeichen hat.

Überspannung
1. Betriebsspannung, die den jeweils höchstzulässigen Wert übersteigt.
2. Höchster für die Speisespannung in Betracht gezogener Wert.

Übersprechdämpfung Grad der Trennung zwischen den beiden Stereo-Kanälen. Je größer die Übersprechdämpfung ist, um so größer ist die Stereowirkung. Die Ü. liegt bei Schallplattenwiedergabe um 25 dB, bei Stereo-Rundfunk um bis zu 40 dB, bei Tonbandaufnahmen über 50 dB.

Übersteuerung
1. Für Verstärkerbetrieb: Überschreitung desjenigen Eingangssignal-Wertes, mit dem die für den Betrieb geltenden Forderungen eben noch erfüllt werden (z. B. das Einhalten eines bestimmten Klirrgrades).
2. Für Schaltbetrieb: Verminderung der Restspannung des auf Durchlaß geschalteten Transistors mit Hilfe eines hohen Basisstromes und einer dadurch bewirkten Überladung des Basisraumes.

Übersteuerungsbereich → *Sättigungs-Bereich.*

Übersteuerungsfaktor Für Transistoren, die als Schalter benutzt werden, das Verhältnis des zum Aufsteuern tatsächlich eingespeisten Basisstromes zu dem Basisstrom, der eben ausreicht, um bei dem verlangten Kollektorstrom die Kollektor-Emitter-Spannung auf den ebenfalls vorgegebenen Restspannungswert zu bringen.

Übertemperatur
1. Überschuß der Temperatur eines Körpers oder einer Stelle dieses Körpers über die Temperatur der Umgebung bzw. einer anderen Stelle dieses Körpers (Wärmespannung). Beispiel: Überschuß Sperrschicht-Temperatur über Gehäuse-Temperatur.

2. Temperatur, die in einem jeweils besonderen Fall einen Temperatur-Nennwert oder einen Temperatur-Grenzwert übersteigt.

Übertrager In der Elektroakustik werden Transformatoren, die zur Übertragung von Tonfrequenzspannungen dienen, Übertrager genannt. Eine möglichst geradlinige Frequenzkurve zwischen 20 und mindestens 16000 Hz ist für sie Bedingung. Anzustreben ist eine Erweiterung des Bereiches nach oben bis 20000 Hz. Für ihr geradliniges Arbeiten ist richtige Anpassung auf beiden Seiten, also an die Spannungsquelle einerseits und an den Verbraucher andererseits, wichtig. Übertrager sind in der NF-Technik heutzutage unüblich, da man dort meist mit direkt gekoppelten Stufen (auch an den Lautsprechern) arbeitet.

Übertragungs-Admittanz, rückwärts Kurzbezeichnung für Kurzschluß-Übertragungs-Admittanz rückwärts = Verhältnis des Signalstromes im kurzgeschlossenen Eingang zu der an den Ausgang gelegten Signalspannung, auch komplexe Rückwärtssteilheit oder Rückwirkungs-Admittanz genannt.

Übertragungs-Admittanz, vorwärts Kurzbezeichnung für Kurzschluß-Übertragungs-Admittanz vorwärts, auch komplexe Vorwärtssteilheit genannt.

Übertragungsbeiwerte

1. Der Übertragungsbeiwert K_s der → *Regelstrecke* im → *Beharrungszustand* ist gleich dem Differenzenquotienten aus → *Regelgröße x* und → *Stellgröße y.*

$$K_S = \frac{\Delta x}{\Delta y}$$

Er kann aus der Kennlinie der Regelstrecke für jeden → *Arbeitspunkt A* durch die Tangente an die Kennlinie bestimmt werden.

2. Der Übertragungsbeiwert K_R der Regeleinrichtung im Beharrungszustand ist bei festen Werten der → *Führungsgrößen w* und → *Störgrößen z* gleich dem Differenzenquotienten aus der Stellgröße y und der Regelgröße x.

$$K_R = \frac{\Delta y}{\Delta x}$$

Er kann entsprechend K_S aus der Kennlinie der Regeleinrichtung berechnet werden.

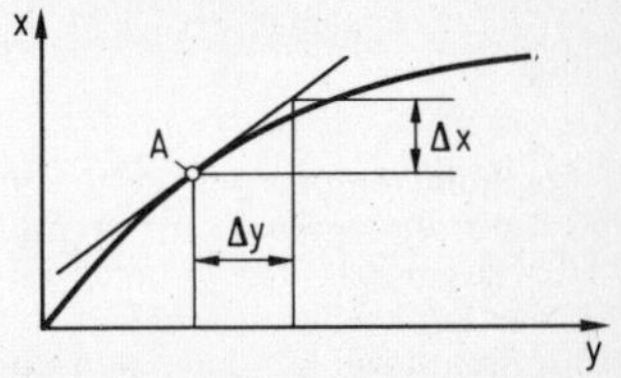

Übertragungsbeiwerte: Bestimmung des Übertragungsbeiwertes K_S aus der Kennlinie der Regelstrecke

Übertragungsgeschwindigkeit Geschwindigkeit, mit der Daten drahtlos oder per Leitung übertragen werden. Die Ü. wird in Baud (= Bit/s) angegeben.

Übertragungsgewinn → *Übertragungs-Leistungsverstärkung.*

Übertragungsglied Bestandteil eines Systems mit definierten Übertragungseigenschaften.

Übertragungsgröße Verhältnis, gebildet aus einer Eingangs-Signalgröße und einer davon abhängigen Ausgangs-Signalgröße des z. B. durch einen Transistor dargestellten aktiven Vierpols.

Übertragungsleistungen werden in Bit/s (Bit pro Sekunde) angegeben.

Übertragungs-Leistungsverstärkung Verhältnis der tatsächlich an den Abschlußwiderstand eines Vierpols abgegebenen Signal-Wirkleistung zu der verfügbaren Leistung der am Eingang des Vierpols liegenden Signalquelle.

Übertragungsmaß g Summe von → *Dämpfungsmaß a* und → *Phasenmaß b* einer Leitung.

$$g = a + jb = \gamma \cdot l$$

γ = Fortpflanzungsmaß, l = Länge der Leitung.

Überwachungsempfänger ist ein zentraler Kontrollempfänger für drahtlose Übertragungen von einem oder mehreren Funksendern, wie Fernsehrundfunksendern, Landdiensten und Seefunkdiensten. Spezielle hochwertige Ü., Meßempfänger, überwachen die Qualität des Empfangs.

UHF Aus dem englischen technischen Sprachgebrauch übernommene Abkürzung für *ultra high frequencies* = ultrahohe Frequenzen (470 . . . 790 MHz). Man bezeichnet hiermit einen → *Bereich* von Frequenzen, der wiederum in eine Anzahl von → *UHF-Kanälen* unterteilt ist, die auf die einzelnen Fernsehsender eines Landes verteilt werden.

UHF-Kanäle Der UHF-Bereich für das Fernsehen ist in 40 Kanäle unterteilt. Im Gegensatz zu den Kanälen im VHF-Bereich ist für die UHF-Kanäle eine Breite von 8 MHz festgelegt. Der Bildträger liegt aber auch hier um 1,25 MHz über der unteren Kanalgrenze. Die Numerierung der Kanäle reichte ursprünglich von 14 bis 53, auf der Stockholmer Wellenkonferenz 1961 wurde jedoch eine Änderung beschlossen, so daß die Kanäle jetzt von 21 bis 60 zählen.

UHF-Modulator Manche Heim- und Hobbycomputer können an ein normales Fernsehgerät angeschlossen werden, das dann als Ausgabeeinheit dient. Zu diesem Zweck enthalten solche Computer einen sogenannten UHF-Modulator, der das Video-Ausgangssignal des Rechners auf einen Kanal im UHF-Fernsehbereich umsetzt (meist Kanal 35).

UHF-Tuner Der Ausdruck → *Tuner* stammt aus dem Englischen und bezeichnet den Baustein mit der HF-Vorstufe sowie der Misch- und Oszillatorstufe, mit dessen Hilfe der Empfänger auf die einzelnen Kanäle abgestimmt werden kann. Fernsehempfänger heutiger Bauart besitzen fast ausschließlich mit dem Tuner gekoppelte Sender-Speichereinrichtungen, die auch fernbedient werden können.

Uhren → *Quarz-Uhren.*

UJT → *Unijunction-Transistor.*

UKW → *Frequenzbereich.*

ULSI (= ultra large scale integration) Integrationsstufe mit mehr als 1 Mio. Transistoren, folgend auf die → *VLSI.*

Ultrakurzwelle → *Frequenzbereich.*

Ultraschall Unhörbare Schallschwingungen oberhalb von 20 000 Hz sind Ultraschall-Wellen (unterhalb von 16 Hz liegt der Bereich des → *Infraschalls,* oberhalb der → *Hyperschall.* U. ist für Menschen unhörbar, für viele Tiere (→ *Sonargeräte*) Ersatz für das Sehen, dient zur zerstörungsfreien Werkstoffprüfung, zur Reinigung größter bis kleinster Teile, zum Schweißen von Metall und Kunststoff, zum Kontaktieren von Halbleiter-Bausteinen, zum Bohren spröder oder besonders harter Stoffe usw.

Ultraschall-Fernbedienung heute neben Infrarot übliches Verfahren zum Fernbedienen von Fernsehgeräten. Der Sender oder Ultraschall-Erzeuger kann rein mechanisch arbeiten. Als Empfänger dient ein kleines Kondensator-Mikrofon, das auf der Frontseite des Fernsehgerätes eingebaut ist. Die Impulse werden verstärkt. Sie steuern die Funktionen des Fernsehempfängers. Z. B. Farbsättigung und Senderwahl, Kontrast, Helligkeit und Lautstärke.

Umdrehungszahl → *Plattenarten.*

Umgebungstemperatur
1. Temperatur in unmittelbarer Nähe eines (Halbleiter-)Bauelementes und zwar unterhalb dieses Elementes.
2. Temperatur in unmittelbarer Umgebung eines Bauelementes für den Fall, daß in dem Element während der Temperaturbestimmung keine Leistung in Wärme umgesetzt wird.
3. Temperatur im Innern eines Gerätes, in dem das Bauelement enthalten ist.

Umgriff-Kapazität Gehäuse-Kapazität von Dioden.

Umkehrspanne Differenz zwischen den beiden angezeigten Werten, die man für den gleichen Wert der Meßgröße erhält, wenn sich die Marke (Zeiger) des Meßgerätes einmal von kleineren und einmal von größeren Anfangswerten der Meßgröße her langsam einstellt.

Umkehrspannung ist der Maximalwert der Dioden-Sperrspannung, gegeben als Spannung, bei der der thermische Durchbruch erfolgt.

Umschaltverhalten Übergangsverhalten von Schaltstufen.

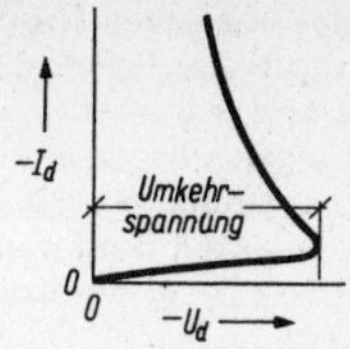

Umkehrspannung: Dioden-Sperrkennlinie für den Fall eines thermischen Durchbruchs der Sperrschicht

Umschaltverluste Verluste, die in Dioden und Transistoren beim Umschalten zwischen Durchlaß und Sperren auftreten.

Umschlüßler setzen einen → *Code* in einen anderen um, z. B. den Code der → *Lochkarten* in eine → *Programmiersprache* oder in die → *Maschinensprache* der → *EDV-Anlage.*

Umsetzer → *Konverter.*

unbelasteter Übergang Übergang zwischen zwei Halbleiterbereichen ohne angelegte äußere Spannung.

UND-Gatter, -Verknüpfung (engl. AND), auch Konjunktion (Verbin-

Funktion
(n = 2 Eingänge)

E_1	E_2	A
O	O	O
O	L	O
L	O	O
L	L	L

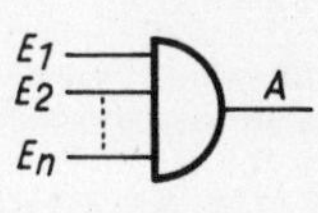

dung) oder logisches Produkt, logische Multiplikation genannt, läßt das Signal L nur durch, wenn gleichzeitig an allen Eingängen L ansteht, sonst erscheint 0. Symbol: a ∧ b (genormt) oder a · b oder a & b oder ab, gesprochen: a UND b (→ *Verdrahtete Verknüpfungen*).

UND-Glied (Konjunktion)

Funktion (n = 3 Eingänge)

E_1	E_2	E_3	A
O	O	O	O
O	O	L	O
O	L	O	O
O	L	L	O
L	O	O	O
L	O	L	O
L	L	O	O
L	L	L	L

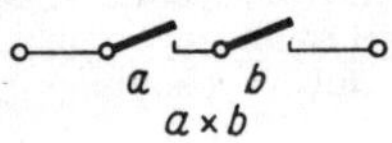

UND-NICHT-Verknüpfung → *NAND-Verknüpfung.*

ungesättigte Basis Basis, deren Ladung im Falle eines auf Durchlaß geschalteten Transistors nicht ganz oder nur gerade ausreicht, um die Kollektor-Emitter-Spannung auf die zu dem Kollektorstrom gehörende Restspannung herunterzudrücken.

UNGLEICH-VERKNÜPFUNG → *invertiert* eines oder mehrere der zugeführten Signale.

Unifet Aus dem Amerikanischen übernommene Kurzbezeichnung für → *Unipolar*-Feldeffekt-*Transistor.*

Unijunction-Transistor Amerikanische Bezeichnung für einen → *Doppelbasis-Transistor.*

Unipolar-Transistor Mit drei (seltener mit vier Elektroden) versehene, steuerbare Halbleiteranordnung, in der nur eine Ladungsträgerart ausgenutzt wird (→ *Majoritätsträger*). Praktische Ausführung von Unipolar-Transistoren sind → *Feldeffekt-Transistoren* und → *MOS-Transistoren.* Gegensatz: → *Bipolar-Transistor.*

Unix Floppy-Disk-orientiertes Betriebssystem, das nicht an eine Prozessorfamilie gebunden ist. Es arbeitet vorzugsweise auf 16-Bit-Mikrocomputern.

Unstetigkeits-Schicht Schicht mit einem abrupten Dotierungs-Übergang.

unstetig wirkende Glieder Alle Übertragungsglieder, bei denen ein stetiges Eingangssignal kein stetiges Ausgangssignal hervorruft.

unsymmetrischer Übergang Übergang für den Fall, daß die → *Störstellendichten* zu beiden Seiten der Übergangszone nicht entgegengesetzt gleich sind, d. h. ein PN- bzw. NP-Übergang ist unsymmetrisch, wenn die Akzeptorendichte in der P-Zone von der Donatorendichte in der N-Zone abweicht. Alle Übergänge außer den PN- bzw. NP-Übergängen, wie z. B. PI- und NI-Übergänge sind stets unsymmetrisch. Im Transistor handelt es sich durchweg um unsymmetrische Übergänge.

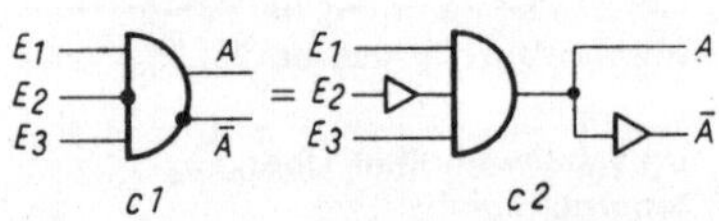

E_1	E_2	E_3	A	$\bar{A}$
O	O	O	O	L
O	O	L	O	L
O	L	O	O	L
O	L	L	O	L
L	O	O	O	L
L	O	L	L	O
L	L	O	O	L
L	L	L	O	L

Ungleich-Verknüpfung

Unterbrecherkontakt, elektronischer besteht aus einem vom Motor angetriebenen Zylinder mit Schlitzen, durch die eine innen angebrachte → *Fotozelle* von einer äußeren Lichtquelle im richtigen Rhythmus belichtet wird.

Unterdrückungsbereich Bereich eines Meßinstruments, oberhalb dessen es erst den Meßwert anzuzeigen beginnt.

Unterprogramme (Subroutinen) stehen für Multiplikation, Division usw. bereit und werden bei Bedarf durch entsprechenden → *Sprungbefehl* in den Programmablauf eingeschaltet.

updating ist das Auf-den-neuesten-Stand-bringen eines → *Speichers* mit sich nur teilweise ändernden Daten.

Urfrequenz = → *Taktfrequenz.*

Urspannung Spannung mit einem von der Schaltung und Belastung unabhängigen Wert, z. B. gegeben als Leerlaufspannung einer mit Innenwiderstand behafteten Quelle bzw. als Klemmenspannung einer → *Urspannungsquelle* (frühere Bezeichnungen: elektromotorische Kraft, EMK).

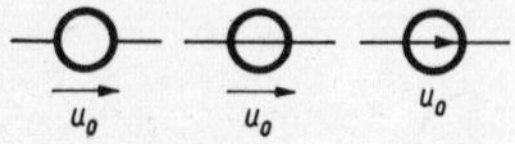

Urspannungsquelle: Drei für Urspannungsquellen gebräuchliche Schaltzeichen

Urspannungsquelle Quelle mit einer Spannung, deren Wert konstant ist, und die keinen Innenwiderstand hat.

Ursprungsprogramme sind die in einer → *Programmiersprache* abgefaßten.

Urstrom Strom mit einem von der Schaltung und Belastung unabhängigen Wert z. B. gegeben als Kurzschlußstrom einer mit Innenleitwert behafteten Quelle bzw. als Strom einer → *Urstromquelle.* Andere Bezeichnung: Einströmung.

Urstromquelle Quelle mit Strom, deren Wert konstant ist und die keinen Innenleitwert hat.

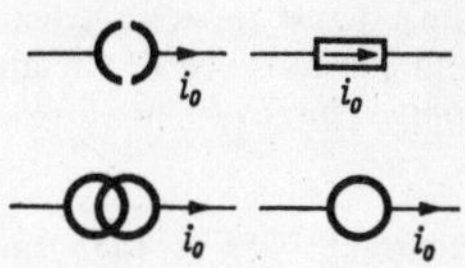

Urstromquelle: Vier für die Urstromquellen gebräuchliche Schaltzeichen

User Engl. für Benutzer, Anwender.

user programs = → *Benutzer-Programme.*

UV = **u**ltra**v**iolett heißen die unsichtbaren Strahlen im Spektrum jenseits der violetten, von 400 ... ~ 30 nm, die z. T. starke (auch schädliche) Wirkungen ausüben. Für sie werden besondere → *Fotozellen* und → *Zählröhren* hergestellt, z. B. mit Cäsiumjodid.

V

V Abk. für → *Volt.*

Valenz Chemische Wertigkeit eines Elementes, meistens gleich der Zahl der → *Valenz-Elektronen* des Atoms.

Valenzband Im → *Termschema* eines Halbleiters das letzte (höchste) Energieband, das noch mit an das Atom gebundenen Elektronen besetzt sein kann. Dieses Band ist bei Annäherung an den absoluten Nullpunkt der Temperatur voll besetzt. Die Bezeichnung „Valenzband" rührt daher, daß die äußeren und damit am schwächsten an das Atom gebundenen Elektronen eines Atoms seine → *Valenz-Elektronen* sind.

Valenzbindung Gegenseitige Bindung zweier Atome dadurch, daß zwei → *Valenz-Elektronen* beide Atome gemeinsam umkreisen, wodurch die → *Atomrümpfe* zusammengehalten werden. Die zwei Valenz-Elektronen stammen von je einem der Atome. Jedes Valenz-Elektron eines Atoms ermöglicht eine solche Bindung. Demgemäß ist das vierwertige Germanium-Atom im Germanium-Kristall mittels seiner vier Valenz-Elektronen jeweils mit vier anderen Germanium-Atomen verbunden *(Abb.)*.

Valenzbindung: Die Abb. zeigt eine schematische Darstellung der Valenzbindung eines Germanium-Atoms mit den ihm im Kristallgitter benachbarten vier weiteren Germanium-Atomen

Valenz-Elektron Elektronen in der äußeren Elektronen-Schale eines Atoms. Die Anzahl der Valenz-Elektronen bestimmt die chemische Wertigkeit (Valenz) des Atoms.

Varactor → *Kapazitätsdiode.*

Variable, unabhängige, sind in der → *Schaltalgebra* mehrere voneinander unabhängige Schalterfunktionen. X solcher Schalter ergeben 2^x verschiedene Schaltmöglichkeiten.

Variationskoeffizient → *relative Standardabweichung.*

Varicap → *Kapazitäts-(Variations-) Diode.*

Variode ist eine Spezialdiode zur Verhinderung eines zu hohen Ladestroms beim Kfz-Akkumulator. Ihre Wirkung setzt erst ein, wenn der Strom eine bestimmte Grenze überschreitet. Von → *Z-Dioden* unterscheidet sie sich dadurch, daß sie im positiven Bereich arbeitet. Sie ist für Ströme von 2 A und mehr verwendbar.

Variometer Spulenanordnung mit stetig regelbarer Induktivität. Die Variation der Selbstinduktivität wird durch einen in der Spulenachse verschiebbaren Ferritkern bewirkt. Variometer können an Stelle von Drehkondensatoren zur Abstimmung der Eingangskreise von HF-Schaltungen verwendet werden.

Varistor
1. VDR-Widerstand
2. Sammelbezeichnung für alle nichtlinearen und ohne mechanisches Verstellen beeinflußbaren Widerstände, wozu auch die Thermistoren (→ *NTC-* und → *PTC-Widerstände*) gehören
3. selten benutzte Bezeichnung für bestimmtes Dioden-Quartett.

Varisymbol-Anzeige heißt eine mit → *Flüssigkristallen* arbeitende Anzeigetafel, auf der bei einer Größe bis zu 1,60 m x 1,60 m bis zu 2048 Zeichen dargestellt werden können.

V-ATE-Verfahren aus **v**ertical **a**nisotropic **e**tch ~ vertikale Ätzung von → *Anisotropen* ist eine neue Art zur Herstellung von → *bipolaren* → *Speichern* mit Luftisolation. Man will damit auf kleinere Abmessungen kommen als → *RAM* und → *ROM*.

VCA (= **v**oltage **c**ontrolled **a**mplifier) Spannungsgesteuerter Verstärker zur Modulation und Hüllkurvenformung von Signalen. V. haben eine große Bedeutung in der Musikelektronik.

VCD (**V**oltage **C**ontrolled **O**scillator) Spannungsgesteuerter → *Oszillator*, in dem die Frequenzänderung durch eine veränderbare Gleichspannung (mit Hilfe von → *Kapazitätsdioden*) festgelegt wird.

VCF (= **v**oltage **c**ontrolled **F**ilter) Spannungsgesteuertes Filter, das als integrierte Schaltung ausgeführt wird und in der Musikelektronik von großer Bedeutung ist.

VCO (= **v**oltage **c**ontrolled **o**scillator) Spannungsgesteuerte Oszillatorschaltung, deren Frequenz proportional zu einer Steuerspannung ist. Für Musiksynthesizer gibt es sie als Spezialausführung, in denen die Frequenz exponentiell von der Steuerspannung abhängt.

VCR → *Videorecorder.*

VDR-Widerstände (**V**oltage **D**ependent **R**esistor) = spannungsabhängiger Widerstand, auch Varistor genannt) ändern ihren Widerstand schlagartig mit der anliegenden Spannung. Sie eignen sich daher hervorragend zur Unterdrückung von Spannungsspitzen, z. B. beim Ein- oder Ausschalten. Früher wurden sie aus Silizium-Karbid hergestellt, jetzt aus Zinkoxid. Metalloxid-Varistoren (MOV) werden als Schutz für Halbleiter gegen Netzspannungsspitzen angeboten.

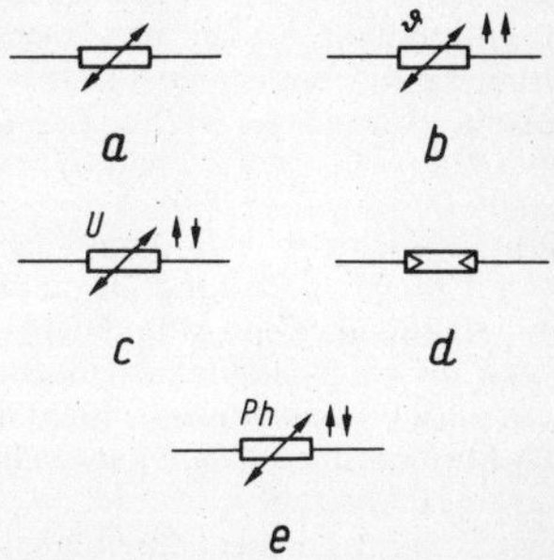

VDR-Widerstände: Schaltsymbole für Spezialwiderstände

Vedar Abk. von Visible energy detection and ranging. Unterwasser-Laser-Radar.

Veitch-Karnaugh-Diagramm = → *Karnaugh-Diagramm.* (Das von Veitch entwickelte Diagramm wurde von Karnaugh weiterentwickelt).

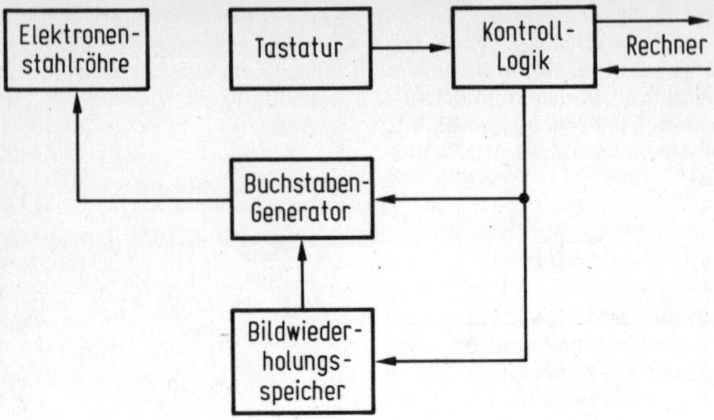

Vektor-Sichtgeräte: Alphanumerisches Sichtgerät

Vektor-Sichtgeräte sind → *Bildschirm-Geräte*, bei denen Buchstaben, Zeichen und sogar Figuren aus einzelnen Vektoren zusammengesetzt werden, die ihrerseits einem Speicher entnommen und immer erneut übertragen werden, solange das Zeichen sichtbar sein soll.

Verarmungsschicht → *Raumladungszone* mit positiver Ladung an einem Metall-Halbleiter-Kontakt im Halbleiter oder an einer Halbleiter-Oberfläche. In dieser Raumladungsschicht ist die Elektronendichte kleiner als im Innern des Halbleiters.

Die Ausbildung dieser Schicht hängt bei einem Metall-Halbleiterkontakt von der Austrittsarbeit der Elektronen aus dem Metall und aus dem Halbleiter an der Grenze zwischen Metall und Halbleiter ab. Durch die Verarmung an Elektronen wird der Widerstand in der Randzone vergrößert. Es besteht somit zwischen Metall und Halbleiter eine Sperrschicht. Damit hat der Kontakt zwischen Metall und Halbleiter keinen ohmschen Charakter.

Verarmungstyp heißt der selbstleitende → *MOS-FET*, bei dem ohne angelegte Gatespannung Strom durch den Stromkanal fließen kann und der Strom durch eine entsprechende Gatespannung auf den gewünschten Wert gedrosselt werden muß.

Verbindung, halbleitende Chemische Verbindung mit Halbleitercharakter aus wenigstens zwei Elementen, verschiedener Wertigkeit, z. B. GaAs, InP (III-V-Verbindungen) oder CdS (II-VI-Verbindung) usw. Halbleitende Verbindungen sind meistens → *intermetallische Verbindungen*.

Verbindungs-Halbleiter Halbleiter aus zwei chemischen Elementen mit einander gleichen Atomzahlen, insbesondere Verbindungen von dreiwertigen mit fünfwertigen Elementen, z. B. Gallium-Arsenid und Indium-Phosphid.

verbotenes Band → *Bandabstand*.

verdrahtete Verknüpfungen entstehen durch Zusammenschalten der

Ausgänge mehrerer → *UND*- oder → *ODER*- oder → *NOR-Gatter*. Wenn sich dabei *L* gegenüber vielen *0* durchsetzt, heißt sie „verdrahtete ODER-Verknüpfung". Obsiegt *0* gegenüber *L*, so ist es eine „verdrahtete UND-Verknüpfung".

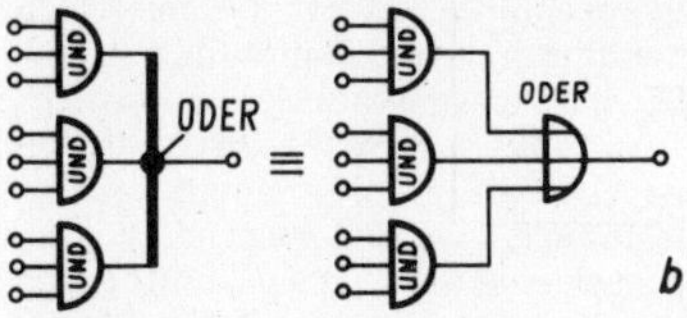

b

verfügbare Leistung → *Leistung, verfügbare.*

verfügbare Leistungsverstärkung → *Leistungsverstärkung, verfügbare.*

verfügbare Rauschleistung → *Rauschleistung, verfügbare.*

Verfügbarkeit (eines Gerätes) → *MTTR.*

Vergleicher → *Glied*, das zwei → *Eingangsgrößen* miteinander vergleicht und feststellt, ob ihre Differenz größer, kleiner oder gleich Null ist. In der Regelungstechnik versteht man darunter ein → *Summierglied* zum Vergleich von → *Regelgröße x* und → *Führungsgröße w* oder ihnen proportionalen Größen.

Vergleichsstelle Stelle im → *Regelkreis*, an dem die → *Regelgröße x* mit der → *Führungsgröße w* oder einer ihr proportionalen Größe verglichen wird. Die Vergleichsstelle liegt am Eingang der → *Regeleinrichtung*. Der Vergleich wird mit einem → *Vergleicher* durchgeführt.

vergrabene Schicht = → *buried layer.*

Verhältnisgleichrichter Mit diesem Namen wird eine Schaltung zur Demodulation von frequenzmodulierten Schwingungen bezeichnet, die im Tonteil von Fernsehgeräten wie auch im UKW-Teil von Rundfunkempfängern verwendet wird. Sie hat sich auf Grund ihrer Vorzüge gegenüber anderen Gleichrichtern – u. a. durch große Empfindlichkeit und gleichzeitiges Arbeiten als → *Amplitudenbegrenzer* – als Standardschaltung entwickelt. In der Fachsprache wird meist der aus dem Englischen übernommene Name Ratio-Detektor gebraucht.

Verkehrsrechner sind entsprechend programmierte → *Prozeßrechner*, denen durch induktive Schleifen oder Ultraschall- und neuerdings Mikrowellen-Sender/Empfänger vor geregelten Verkehrsknotenpunkten die Zahl der jeweils dort ankommenden Fahrzeuge und mittels Mikrowellen-Radar auch ihre Geschwindigkeit gemeldet wird und die danach die Signale so schalten, daß der bestmögliche Verkehrsfluß erzielt wird. Sie erreichen das bedeutend besser als die frühere Regelung nach Fernsehüberwachung u. ä.

Verknüpfungsschaltungen müssen die logischen Funktionen verwirklichen. Dazu gehören → *UND-*, → *ODER-*, → *NAND-*, → *NOR-*, → *NICHT-Gatter* u. a.

Verlustfaktor → *Verlustwinkel.*

Verlustleistung Innerhalb eines Bauelementes und demgemäß auch innerhalb eines Halbleiterelementes insgesamt in Wärme umgesetzte Leistung. Das ist beim Transistor die zugeführte Gesamtwirkleistung, vermindert um die abgegebene Signalwirkleistung. Die zugeführte Gesamtwirkleistung wird zum größten Teil als Gleichstromleistung geliefert. Die zugeführte Signalwirkleistung ist hiergegen im allgemeinen vernachlässigbar.

Der Hauptanteil der Transistor-Verlustleistung ist die Kollektor-Verlustleistung, die in der Kollektor-Sperrschicht auftritt. Weit geringere Anteile der Verlustleistung ergeben sich in den Bahnwiderständen und in der Emitter-Sperrschicht.

Verlustwinkel δ Arcustangens des Verhältnisses der in einem verlustbehafteten Element mit Blindwiderstand umgesetzten Wirkleistung P zur Blindleistung Q, d. h. $\delta = \arctan P/Q$. Meist wird anstelle des V. dessen Tangens, der Verlustfaktor angegeben.

$d = \tan \delta = |R/X| = |G/B|$

(d = Blindwiderstand, R = Wirkwiderstand, G = Wirkleitwert, B = Blindleitwert).

Vermittlungstechnik, elektronische, → *ESM-Technik.*

Verschiebung, elektrische eine vektorielle Größe zur Beschreibung des elektrischen Feldes.

Verschlüsselungen sind alle in einem festgelegten → *Code* dargestellten → *Daten,* → *Arbeitsanweisungen* und Hilfsangaben für die Verarbeitung in der → *EDV-Anlage.*

Versetzung Kristallbaufehler (z. B. Gitterfehlstellen, → *Korngrenzen*), gebildet beim Wachsen des Kristalls oder durch nachfolgende Deformation.

Verstärker ist ein Übertragungsglied, das die Eingangsgröße meist um einen definierten Wert vergrößert. Es gibt Spannungs- und Stromverstärker. Je nach Größe des Signalpegel unterscheidet man → *Vorverstärker* und → *Leistungsverstärker.*

Verstärkerrauschen → *Rauschen,* das bei einem eingangsseitig kurzgeschlossenen Verstärker an den Ausgangsklemmen auftritt und alle Frequenzanteile besitzt, die innerhalb der übertragenen Bandbreite liegen. Die am Ausgang anliegende Rauschspannung U_{aN} bzw. die durch sie in einem Lastwiderstand erzeugte Rauschleistung P_{aN} werden meist auf die Eingangsklemmen bezogen und durch den Eingangswiderstand R_e sowie der Leistungsverstärkung V_p ausgedrückt:

$$P_{eN} = P_{aN}/V_P, \ U_{eN} = \sqrt{P_{eN} R_e}$$

Verstärkung Dimensionsloser Quotient aus Ausgangsgröße und Eingangsgröße eines Vierpols. Entsprechend der zu verstärkenden Größe unterscheidet man zwischen → *Spannungsverstärkung,* → *Stromverstärkung* und → *Leistungsverstärkung.*

Verstärkungsgrad (von NF-Verstärkern) wird bestimmt durch das Verhältnis Ausgangswert zum Eingangswert (Ausgangsspannung zur Eingangsspannung oder Ausgangsleistung zur Eingangsleistung). Beispiel: Eingangsspannung = 100 mV, Ausgangsspannung = 100 V, Verstärkungsgrad = 1000.

Verstärkungskennlinie Kennlinie, aus dem sich aus dem Kennlinienfeld einer Röhre oder eines Transistors unter Berücksichtigung der entsprechenden Parameter die Verstärkung einer Röhren- bzw. Transistorstufe ermitteln läßt.

Verstärkungsmaß Die Verstärkung eines → *Vierpols* wird vielfach in dB (Dezibel) angegeben. Diesen Faktor nennt man Verstärkungsmaß. Für die Spannungs- und Stromverstärkung ist es definiert durch

$$V_u = 20 \log \left(\frac{|U_a|}{|U_e|}\right) \text{ dB bzw.}$$

$$V_I = 20 \log \left(\frac{|I_a|}{|I_e|}\right) \text{ dB}$$

Für die Leistungsverstärkung gilt:

$$V_p = 10 \log \left(\frac{P_a}{P_e}\right) \text{ dB}$$

Verteilungskoeffizient → *Segregationskonstante.*

Verteilungs-Verzögerungszeit Zeitspanne, die verstreicht, bis nach einem sprunghaften Anstieg des Basisstrombetrages der Betrag des Kollek-

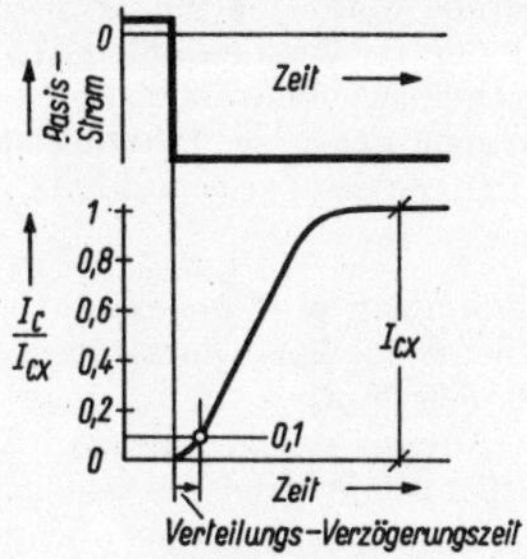

torstromes bei einem als Schalter in Emitterschaltung betriebenen Transistors ebenfalls anzusteigen beginnt. In der Praxis rechnet man diese Zeitspanne bis zu dem Zeitpunkt, in dem der Betrag des Kollektorstromes das erste Zehntel der gesamten Änderung erreicht hat. Auch nur: Verzögerungszeit genannt.

In der Abb. ist der Übergang von Sperrung auf Durchlaß eines PNP-Transistors veranschaulicht.

Vertikalablenkung Zum Schreiben des Bildes auf dem Schirm der Bildröhre muß der Elektronenstrahl in beiden Richtungen – horizontal und vertikal – gleichzeitig abgelenkt werden. Hierfür sind zwei getrennte Ablenkteile (→ *Kippgeräte*) vorhanden, die infolge der unterschiedlichen Frequenzen auch im Aufbau stark voneinander abweichen.

Die Vertikalablenkung sorgt dafür, daß in jeder Sekunde 50 Halbbilder gezeichnet werden. Deshalb spricht man in der Praxis meist von der → *Bildablenkung* und den Bildablenkstufen.

Vertikal-Austastimpuls → *Austastsignal.*

Vertikalfrequenz Das europäische Fernsehen überträgt 25, das amerikanische 30 Vollbilder in der Sekunde. Da im Fernsehen nach dem sogenannten → *Zeilensprungverfahren* gearbeitet wird, entstehen in einer Sekunde 50 (bzw. 60) Halbbilder. In vertikaler Richtung führen der Abtaststrahl der Aufnahmeröhre und der Elektronenstrahl der Bildröhre also 50 (bzw. 60) Schwingungen in der Sekunde aus. Die Vertikalfrequenz beträgt somit in Europa 50 Hz, in Amerika 60 Hz. Diese Schwingungen werden im Kippgerät für die Vertikalablenkung erzeugt.

Die Zahlen 50 bzw. 60 rühren von der im betreffenden Lande üblichen Netzfrequenz her. Die 50 Hz in Europa sind durch die → *CCIR-Norm* festgelegt.

Vertrauensbereich Meist wird der → *Mittelwert* $\bar{x}$ einer Meßreihe als Meßwert angegeben, jedoch muß dieser nicht unbedingt der wahre Wert der Meßgröße sein. Mit Hilfe statischer Verfahren lassen sich jedoch zwei Grenzen oberhalb und unterhalb des

Mittelwerts angeben, zwischen denen der wahre Wert mit einer gewissen statistischen Sicherheit P zu erwarten ist. Die Grenzen nennt man Vertrauensgrenzen und den durch sie eingeschlossenen Bereich den Vertrauensbereich. Die Vertrauensgrenzen berechnen sich zu

$$\bar{x} \pm \frac{t}{n} s$$

Hierin sind t der Vertrauensfaktor, n die Anzahl der Messungen und s die → *Standardabweichung.* Der Vertrauensfaktor t ist eine Funktion der statistischen Sicherheit P und kann neben dem Verhältnis t/n aus Tabellen (z. B. DIN 1319, Blatt 3) entnommen werden.

Vertrauensfaktor → *Vertrauensbereich.*

Vertrauensgrenzen → *Vertrauensbereich.*

Verzerrungen siehe unter → *lineare Verzerrungen*, unter → *nichtlineare Verzerrungen* und unter → *Klirrfaktor.*

Verzögerte Zeitablenkung Bei einem Oszilloskopen mit mehr als einer → *Zeitablenkungseinrichtung* diejenige → *Zeitablenkung*, die verwendet werden kann für die normale Darstellung des Signals und anschließend für das Triggern einer verzögerten Zeitablenkung an einem einstellbaren Zeitpunkt dieser Darstellung.

Verzögerungsleitung Im Farbfernsehempfänger nach Pal-System sind zwei Verzögerungsleitungen enthalten. Eine elektrische Verzögerungsleitung dient dazu, die Laufzeitunterschiede des Leuchtdichte- und des Farbartsignals auszugleichen (→ *Leuchtdichtesignalverstärker*).

Eine andere mechanische Verzögerungsleitung ist im → *Laufzeitdemodulator* erforderlich.

Verzögerungsrelais → *Thermorelais.*

Verzögerungszeit

1. → *Verteilungs-Verzögerungszeit*

2. Zeitspanne t_1 um die sich das Absinken des Sperrstrombetrages beim Übergang von Durchlaß auf Sperrung einer Diode verzögert (*Abb. 1*).

3. Relais-Abfall- bzw. Anzugsverzögerungszeit, z. B. erreicht mit Heißleitern (*Abb. 2*).

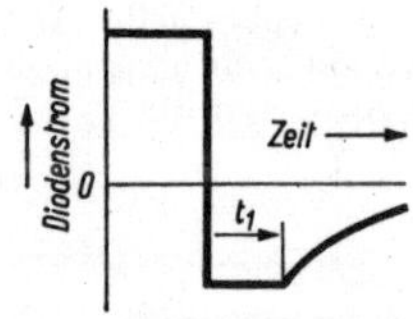

Verzögerungszeit: Abb. 1 Verzögerungszeit t_1

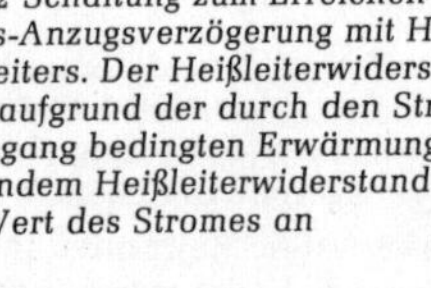

Abb. 2 Schaltung zum Erreichen einer Relais-Anzugsverzögerung mit Hilfe eines Heißleiters. Der Heißleiterwiderstand sinkt aufgrund der durch den Stromdurchgang bedingten Erwärmung. Mit sinkendem Heißleiterwiderstand steigt der Wert des Stromes an

Verzugszeit T_u Bei → *Übergangsfunktionen* höherer Ordnung die Zeit, die vergeht bis der Anstieg des Ausgangssignals beginnt. Sie läßt sich bestimmen, indem man an die → *Sprungantwort* die Wendetangente zeichnet.

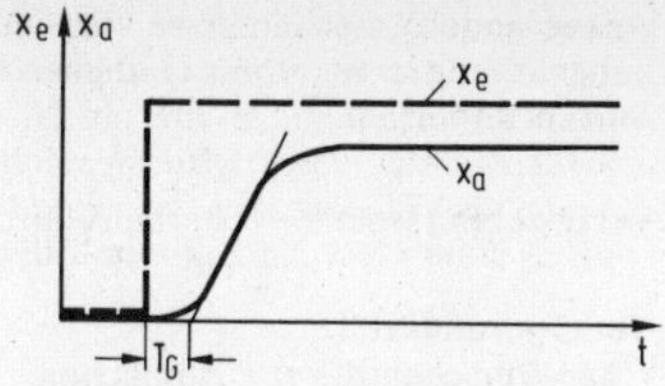

Verzweigung heißt eine Operation, bei der nach vorgegebenen Richtlinien zu entscheiden ist, in welcher Richtung weiterzuarbeiten ist. Symbol: ◇

Verzweigungsstelle Stelle eines → *Signalflußplans* an der sich eine → *Wirkungslinie* in mehrere Wirkungslinien verzweigt, wobei jede Abzweigung mit dem gleichen ursprünglichen Signal beaufschlagt ist.

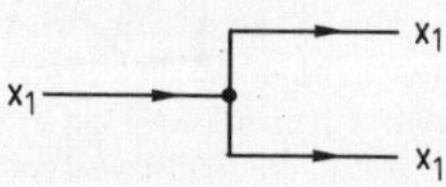

VHF Aus dem Englischen übernommene Bezeichnung für *very high frequencies* = sehr hohe Frequenzen. Der VHF-Bereich für den Fernsehempfang umfaßt die Kanäle 2 bis 12 (ca. 50 ... 220 MHz).

VHS → *Videorecorder.*

VHSIC (= **v**ery **h**igh **s**peed **i**ntegrated **c**ircuit) Integrierte Schaltung mit sehr hoher Arbeitsgeschwindigkeit.

Vibrationsmeßwerk Elektromechanisches Meßwerk zur Messung niedriger Frequenzen. Der zu messende Wechselstrom durchfließt die Wicklung eines Magneten, vor dessen Polen auf einem Anker eine Anzahl federnder Zungen mit einer bestimmten Eigenresonanz angebracht ist, von denen diejenige in mechanische Schwingungen versetzt wird, deren Eigenfrequenz gleich der Polwechselzahl, d. h. der doppelten Frequenz der angelegten Wechselspannung, ist. Die stufenweise Abstimmung der Zungen wird so gewählt, daß außer der in Resonanz stehenden Zunge die benachbarten mit kleinerem Ausschlag mitschwingen. Im Normalfall arbeitet man mit einem Abstand, der etwa 1% des Skalenmittelwertes beträgt.

Nachteilig ist bei den Vibrations-Meßwerken der hohe Eigenverbrauch; sie werden deshalb fast nur zur Frequenzüberwachung in Stromversorgungsanlagen verwendet.

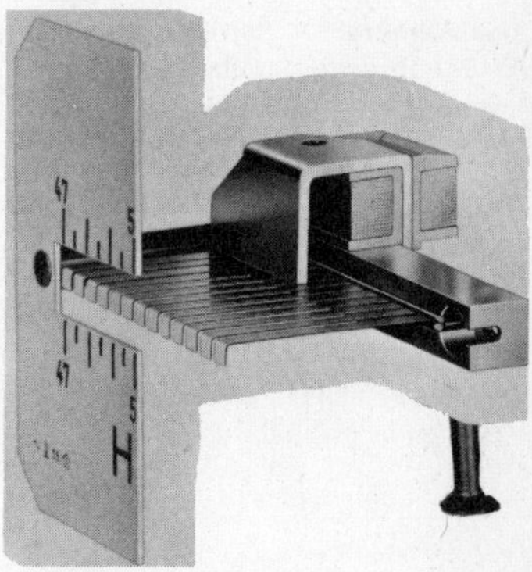

Video Unter dem Begriff V. werden alle Verfahren zusammengefaßt, die es ermöglichen, zuhause Bildinformationen aufzuzeichnen und wiederzugeben. Dabei unterscheidet man zwischen → *Videorecordern* (einschließlich zugehöriger Komponenten, wie → *Videokamera*) und reinen Bildwiedergabegeräten, wie der → *Bildplatte.*

Video-Controller LSI-Baustein zum Erzeugen des Videosignals, einschließliche der Sychronimpuls-Aufbereitung, der Logik zum Auslesen des → *Zeichengenerators* und einer Schaltung zum periodischen Auslesen des Bildschirm-RAMS, das die darzustellenden Zeichen enthält.

Videofrequenz Das Frequenzband, das zum Übertragen der einzelnen Bildimpulse – aus denen sich das Gesamtbild zusammensetzt – benötigt wird, reicht vom Gleichstromwert (0 Hz) bis zu 5 MHz (→ *Bandbreite*).

Videogleichrichter Der modulierte Bildträger wird im Fernsehempfänger gleichgerichtet, um das Videosignal wiederzugewinnen (→ *Demodulator*).

Videokamera → *Farbfernsehkamera* für den Heimgebrauch, die im Gegensatz zu professionellen Farbfernsehkameras im allgemeinen nur mit einer Aufnahmeröhre arbeitet. Die drei Grundfarben und das → *Luminanzsignal* werden durch Umschalten erzeugt.

Video-RAM Teil des Schreib-/Lesespeicher eines Rechners, der vom → *Video-Controller* ausgelesen wird. Sein Inhalt wird entweder zeichenweise oder als Grafik-Punktematrix zum Bildschirm ausgegeben.

Videorecorder Da das Videosignal eine Breite von 5 MHz aufweist im Gegensatz zu den Tonfrequenzen mit rund 15 000 Hz, gab es zunächst nur das Ampex-Gerät, das in vielen Fernsehstudios in der ganzen Welt verwendet wird. Heim-Videoaufzeichnungsgeräte arbeiten mit einer verminderten Bandbreite von 3 MHz, wobei hierin auch noch die Farbinformation verschachtelt ist. Heute übliche Verfahren: Betamax, VHS, VCR, SVR, Video 2000. Alle Verfahren sind zueinander nicht kompatibel.

Videosignal Die Gesamtheit der Impulse, die den einzelnen Helligkeitswerten entsprechen, in die ein Bild beim Abtasten zerlegt wird, bezeichnet man als Videosignal oder → *Bildsignal;* es stellt also den Bildinhalt dar.

Video-Speicherröhre → *Alphechon.*

Videotext ist ein Verfahren zur Übertragung von Buchstaben, Zahlen und Symbolen in codierter Form innerhalb der Zeilenaustastlücke des Fernsehbildes, die durch die senderseitige Abstrahlung von Prüf- und Synchronisiersignalen nur teilweise belegt ist. Zum Empfang von V. ist ein spezieller Decoder im Fernsehgerät erforderlich.

Videoverstärker Er vertritt im Fernsehempfänger die Stelle des Niederfrequenzverstärkers im Rundfunkempfänger. Er muß Frequenzen bis zu 5 MHz verarbeiten. Der Videoverstärker muß als Breitbandverstärker gebaut sein. Videoverstärker werden heute normalerweise in integrierter Technik ausgeführt. Die Endstufe(n) (bei Farbe) sind mit Leistungstransistoren bestückt.

Video 2000 → *Videorecorder.*

Vidikon Bei dieser Aufnahmeröhre wird von dem sogenannten „inneren Fotoeffekt" Gebrauch gemacht, d. h. von der Veränderung der Leitfähigkeit eines Halbleiters unter der Einwirkung von Licht.

Das Vidikon arbeitet ebenso wie das Orthikon mit langsamen Elektronen, die durch ein Gitter gebremst werden. Bei nur 25 mm Durchmesser und verhältnismäßig einfacher Konstruktion läßt das Vidikon den Bau von Fernsehkameras mit geringem Gewicht und der Größe eines mittleren Fotoapparates zu.

Die Empfindlichkeit des Vidikons liegt noch wesentlich über der des Orthikons. Es eignet sich besonders gut für Filmabtastung und Reportagezwecke.

Vielfachmeßgerät Meßgerät mit mehreren verschiedenen Strom- und Spannungsmeßbereichen für Gleich- und Wechselstrom. Zusätzliche Widerstandsmeßbereiche sind mit Hilfe einer eingebauten Spannungsquelle möglich. Als Meßwerk werden fast ausschließlich Drehspulmeßwerke mit geringem Eigenverbrauch verwendet, z. B. Systeme mit 20 µA bis 1 mA Vollausschlag, die als Spannungsmesser Klemmenwiderstände von 50 kΩ bzw. 1 kΩ/V ergeben. Die einzelnen Meßbereiche werden durch Vor- und

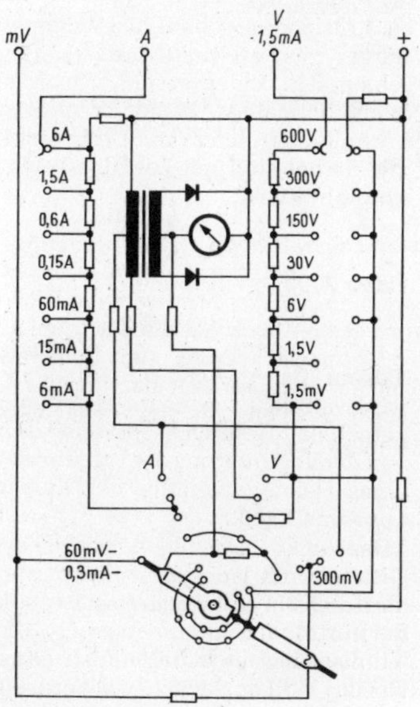

Nebenwiderstände, Meßgleichrichter, Wandler usw. gebildet, die über Meßbereichschalter zugeschaltet werden können. Als Beispiel dafür sei die Schaltung des Vielfachmeßgerätes „Multavi 5" der Firma H & B angegeben.

Vielzweckrechner können gleichzeitig als → *Prozeßrechner* irgendeine Anlage steuern und daneben kommerzielle, technische oder sonstige Daten in der üblichen Weise digital verarbeiten.

Vier-Bit-Code verwendet für Zahlen Vierergruppen (z. B. 1 = 0001). Mit ihnen kann man $2^4 = 16$ Zeichen darstellen. Für Buchstaben braucht man zwei Vierergruppen (z. B. a = 1100 0001), auch → *Byte-Darstellung* genannt, das ergibt $2^8 = 256$ Möglichkeiten, aber vielfach nicht ausgenutzt, ebenso für → *Sonderzeichen* (z. B. 0100 1100 = %).

Vierelement-Ersatzschaltung → *Transistor-Ersatzschaltung*, gebildet aus vier Elementen mit komplexen, frequenzabhängigen Werten.

Vierpole sind Schaltanordnungen zur Übertragung elektrischer Energie, die zwei Pole als Eingangs- und zwei Pole als Ausgangsklemmen haben. Vierpole sind z. B. Doppelleitungen aller Art, Übertrager, Siebschaltungen, Entzerrer, Pässe aller Art, Verstärker. Als Vierpole gelten aber auch drahtlose Strecken einschließlich der Sende- und Empfangsantennen.

Vierpol-Gleichungen Die zwei Gleichungen, die die Klemmenströme und Klemmenspannungen eines → *Vierpols* mit den Vierpolparametern ver-

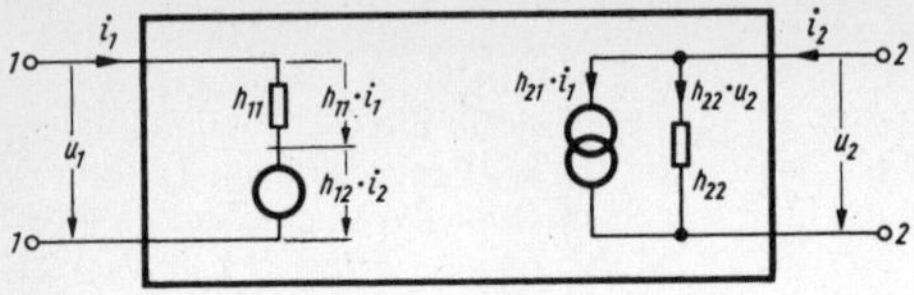

Vierpol-Hybrid-Ersatzschaltung

knüpfen. Es gelten z. B. für die Vierpol-Parallel-Ersatzschaltung

$$i_1 = y_{11} \cdot u_1 + y_{12} \cdot u_2$$
$$i_2 = y_{21} \cdot u_1 + y_{22} \cdot u_2$$

Vierpol-Hybrid-Ersatzschaltung Vierpol-Reihen-Parallel-Ersatzschaltung. Die Abb. zeigt die für Transistoren übliche Variante dieser Schaltung (Reihenschaltung im Eingang, Parallelschaltung im Ausgang).
Vierpol-Gleichungspaare:

$$u_1 = h_{11} \cdot i_1 + h_{12} \cdot u_2$$
$$i_2 = h_{12} \cdot i_1 + h_{22} \cdot u_2$$

oder

$$u_1 = h_i \cdot i_1 + h_r \cdot u_2$$
$$i_2 = h_f \cdot i_1 + h_o \cdot u_2$$

Vierpol-Koeffizient → *Vierpol-Parameter.*

Vierpol-Parameter Verhältnis, gebildet aus einer Eingangsgröße (Signalstrom bzw. Signalspannung) und einer Ausgangsgröße (ebenfalls Signalstrom bzw. Signalspannung) oder aus zwei Eingangs- bzw. Ausgangsgrößen bei Kurzschluß bzw. Leerlauf einer Seite des Vierpols. Die für Transistorstufen gebräuchlichen Vierpol-Parameter sind:

h-Vierpol-Parameter
y-Vierpol-Parameter
z-Vierpol-Parameter

Vierpol-Reihen-Ersatzschaltung Ersatzschaltung, bei der die Elemente in Reihe geschaltet sind.
Vierpol-Gleichungspaare:

$$u_1 = z_{11} \cdot i_1 + z_{12} \cdot i_2$$
$$u_2 = z_{21} \cdot i_1 + z_{22} \cdot i_2$$

oder

$$u_1 = z_i \cdot i_1 + z_r \cdot i_2$$
$$u_2 = z_f \cdot i_1 + z_o \cdot i_2$$

Vierpol-Reihen-Parallel-Ersatzschaltung → *Vierpol-Hybrid-Ersatzschaltung.*

Vierschicht-Dioden sind Schaltdioden, die bei Überschreiten einer bestimmten Sperrspannung in der Richtung leitend werden, die das Symbol andeutet. Sie werden zum Schalten von → *Thyristoren* oder als → *Impulserzeuger* (z. B. anstelle von → *UJT*) verwendet.

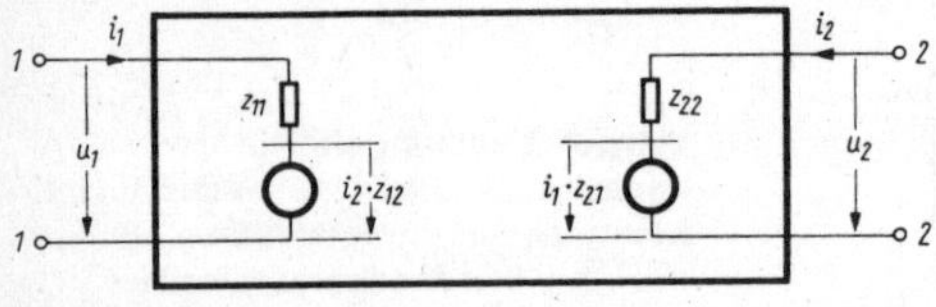

Vierpol-Reihen-Ersatzschaltung

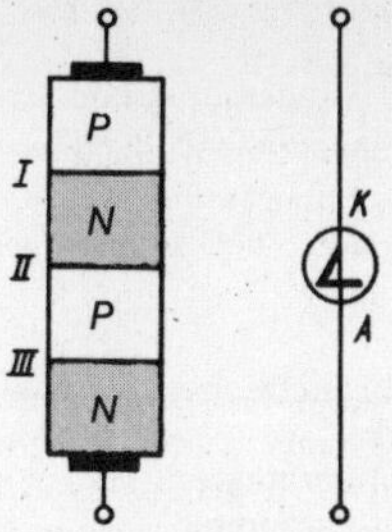

Vierschicht-Dioden

Vierschicht-Transistor Transistor mit PNPN-Zonenfolge, dessen zwei mittlere Zonen sehr dünn sind. Die vierte, zu der Zonenfolge eines Dreischicht-Transistors hinzukommende Zone ist an dessen Kollektorzone angefügt. Ein solcher Transistor hat in Basisschaltung eine Stromverstärkung, die weit über 1 hinausgeht und die Größenordnung von 100 erreichen kann.

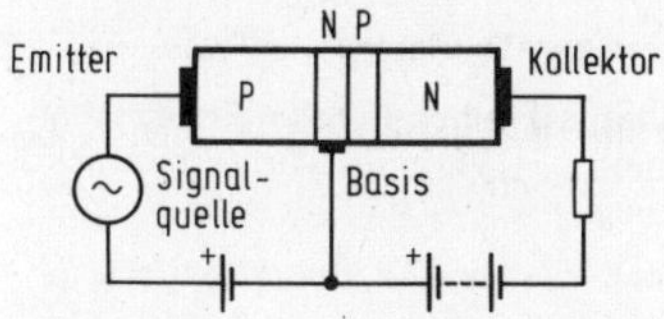

Vierschicht-Triode Steuerbares Vierschicht-Ventil mit PNPN-Zonenfolge und Anschluß der Steuer-Elektrode (des Starters) an die innere P-Zone (*Abb. 1*). Für den Wert Null des Starterstromes I_B entspricht die I (U)-

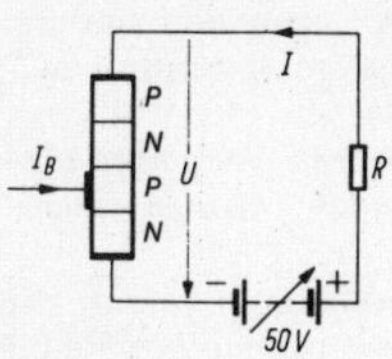

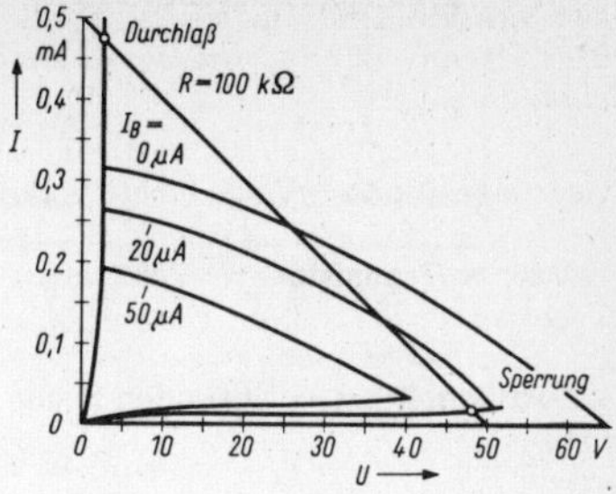

Kennlinie der I_d (U_d)-Kennlinie der Vierschicht-Diode. Mit positiven Werten von I_B wird die Schaltspannung herabgesetzt, also der Schaltpunkt im I (U)-Kennlinienbild gegen kleinere Werte von U verschoben (*Abb. 2*). *Abb. 3* zeigt gebräuchliche Schaltzeichen.

Vierschicht-Zelle Gemeinsame Bezeichnung für → *Vierschicht-Diode* und → *Vierschicht-(Schalt-)Triode.*

Viertelbrücke → *Brückenschaltung* zur Dehnungsmessung mit nur einem veränderlichen Brückenzweig.

Vierzehn-Segment-Anzeige Mit den 14 Segmenten im Bild, die einzeln an-

Vierzehn-Segment-Anzeige

geschlossen sind, lassen sich alle Buchstaben, Ziffern und viele Zeichen darstellen.

Vierzonen-Diode → *Vierschicht-Diode.*

Vierzonen-Transistor → *Vierschicht-Transistor.*

Villard-Schaltung → *Kaskaden-Schaltung.*

Virtueller Speicher nennt man die Verlegung momentan nicht gebrauchter Daten aus dem → *Arbeitsspeicher* (zwecks Entlastung) in einen anderen schnellen (z. B. → *Magnettrommel-*, → *Magnetband-Speicher* o. ä.), von wo sie bei Bedarf schnell wieder zurückgeholt werden können.

VLSI Very large scale integration ist die Zusammenfassung von über 100000 Transistorfunktionen auf einem Chip. Die Entwicklung von VLSI-Schaltungen erfolgt mit Computerunterstützung. Pro mm^2 kann man 60 ... 70 Gatter mit je 3 ... 4 Transistoren unterbringen, bei höchstintegrierten Speicher-ICs kommt man auf 150 Gatterfunktionen pro mm^2.

VLP → *Bildplatte.*

VME-Bus (= versa module europe bus) Bus für Hochleistungs-Mikroprozessorsysteme für Wortbreiten von 8, 16, und 32 Bit. Er eignet sich auch für Multiprozessorsysteme.

VMOS Halbleitertechnologie, bei der die Dotierungsschichten eines Transistors übereinander (vertikal) liegen und an einem v-förmigen Graben zutage treten. Ein → *MOS*-Transistor schaltet um so schneller, je kleiner seine Kanallänge ist. Da nun beim VMOS-Transistor die Kanallänge durch eine dünne P-Schicht gegeben ist, während sich die Kanalbreite um den ganzen Graben erstreckt, hat dieser nicht nur kurze Schaltzeiten, sondern auch eine wesentlich größere Strombelastbarkeit pro Chipfläche. Daher lassen sich in dieser Technik auch Leistungstransistoren herstellen.

Vocoder bauen die Sprache künstlich aus einem Gemisch von Rauschlauten und Tönen auf. Je größer ihr Vorrat an entsprechenden Generatoren ist, desto verständlicher wird die künstliche Sprache.

vollbesetztes Band → *Energieband,* das so viele Elektronen enthält, wie ihm im Kristall für das jeweils betrachtete Element zukommen.

Vollbrücke → *Brückenschaltung* zu Meßzwecken mit veränderlichen Widerständen in allen vier Brückenzweigen.

Vollweg-Thyristoren → *Triac.*

Vollwellen-Steuerung = → *Nullspannungs-Schalter.*

Volt Maßeinheit der elektrischen → *Spannung.*

Volta-Effekt Auftreten einer Spannung zwischen zwei elektrisch miteinander verbundenen Leitern. Der Volta-Effekt beruht auf der Verschiedenheit der zwei Austrittsarbeiten. Im Gleichgewichtszustand nimmt der Leiter, der die größere Austrittsarbeit aufweist, gegen den anderen Leiter eine negative Spannung an.

Voltmeter Meßgerät zum Messen von Spannungen.

Volumen-Rekombination → *Rekombination* innerhalb eines Halbleiters im

Gegensatz zu der Oberflächen-Rekombination.

Vorhaltezeit T_v Die Zeit, um die die → *Anstiegsantwort* einer → *PD-Regeleinrichtung* einen bestimmten Wert der → *Stellgröße* y früher erreicht als eine → *P-Regeleinrichtung*.

Vor/Rück-Verhältnis drückt – vereinfacht gesagt – aus, wievielmal größer die Spannung aus der Hauptempfangsrichtung einer Antenne ist als die Summe derjenigen aus der rückwärtigen Richtung. Die Summe deshalb, weil eine Mehr-Element-Antenne meist mehrere rückwärtige Zipfel in ihrem Diagramm aufweist (→ *Antennencharakteristik*).

Vorstufen-Transistor Transistor für Kleinsignal-Verstärkung.

Vorverstärker verstärkt Spannungen oder Ströme mit niedrigem Signalpegel. Während die Eingangsleistung gering ist, ist das Signal-Rausch-Verhältnis (→ *Störabstand*) wichtig, Verzerrungen können meist vernachlässigt werden.

Vorwärts-Erhol(ungs)zeit Bei induktivem Verhalten einer Diode die Zeit, die zwischen dem sprunghaften Einsetzen eines in Durchlaßrichtung fließenden Stromes und dem Rückgang der damit verbundenen Spannungsüberhöhung auf das 0,1fache des Höchstwertes verstreicht.

Vorwärts-Gebiet der Diodenkennlinie Zur Vorwärtsrichtung der → *Diode* gehörender Quadrant des Dioden-Kennlinienfeldes.

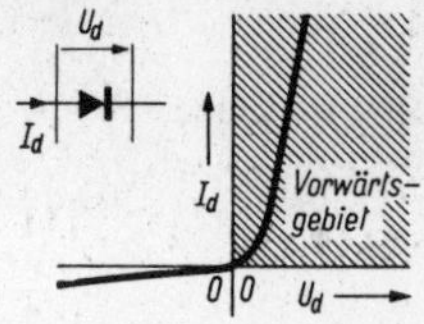

Vorwärts-Gebiet der Diodenkennlinie: Zum Vorwärtsgebiet der Diodenkennlinie gehören positive Zahlenwerte des Diodenstromes und der Diodenspannung

Vorwärts-Richtung der Diode Richtung von der (äußeren) P-Zone nach der (äußeren) N-Zone einer → *Diode*.

Vorwärts-Spannung der Diode Spannung mit positivem Zahlenwert der (äußeren) P-Zone gegen die (äußere) N-Zone einer → *Diode*.

Vorwärtssprung → *Sprungbefehl*.

Vorwärts-Strom der Diode Diodenstrom in Vorwärts-Richtung.

Vorwärts-Stromübersetzungsfaktor → *Stromübersetzungsverhältnis*, vorwärts bei kurzgeschlossenem Ausgang.

Vorwärts-Stromverstärkungsfaktor → *Stromverstärkungsfaktor*.

V.24-Schnittstelle Schnittstelle nach der → *CCITT*-Norm für die serielle Datenübertragung, die weitgehend der amerikanischen → *RS-232* entspricht.

W

Wachspapierschrift Aufzeichnungsverfahren von → *Schreibern*, bei dem das mit einer dünnen, hellen Wachsschicht versehene farbige Trägerpapier mit einem feinen Stichel geritzt wird, so daß die Farbe des Trägerpapiers als → *Schrieb* sichtbar wird. Zur Verringerung der Reibung werden auch beheizte Schreibstifte verwendet, die die Wachsschicht anschmelzen.

Wachstums-Transistor ein nach dem → *Stufenzieh-Verfahren* hergestellter Transistor.

Wafer sind Halbleiterscheiben, auf denen Dioden, Transistoren, ICs und andere Bauteile hergestellt werden. Sie entstehen durch Zerschneiden des gezogenen Reinstsiliziums oder eines anderen Halbleiter-Werkstoffes. Durchmesser von Wafern für Computeranwendungen von bis zu 5 cm sind üblich. 8 cm große Waferscheiben werden von Experten in absehbarer Zukunft für realistisch gehalten.

Wahrheitstafeln, -tabellen auch Funktionstabellen genannt, zeigen, z. B. für → *Logik-Schaltungen*, was am Ausgang erscheint, wenn welche Signale an den Eingängen liegen. (Abb. → *z. B. RS-Flipflop*).

Walzendrucker haben eine Typenwalze, die von jedem Zeichen eine oder zwei ganze Zeilen enthält. Davor befinden sich Farbtuch, Papier und evtl. Kohle- und Durchschlagpapier. Gegenüber jeder Typenreihe steht ein vom Rechner gesteuerter Hammer, der genau in dem Moment vorschnellt, wenn das gewünschte Zeichen vor ihm steht. Solche Walzendrucker schreiben bis zu 30 Zeilen/min mit je 80 ... 130 Zeichen. Neuere Ausführungen schreiben bei reinem Buchstabentext 50 Zeilen/min (alphanumerisch 25 Zeilen/min).

WAN (**w**ide **a**rea **n**etwork) Flächendeckendes Netzwerk.

Wanderfeldröhre Höchstfrequenzröhre für den GHz-Bereich, eingesetzt in Nachrichtenempfängern und Radargeräten. Ihre Funktion beruht auf einer Verzögerungsleitung ohne statisches Querfeld, wobei die Phasengeschwindigkeit der auf der Verzögerungsleitung vorwärts laufenden elektromagnetischen Welle nach Größe und Richtung ungefähr gleich der mittleren Geschwindigkeit der Elektronen des Strahls ist.

Wandler → *Meßwertaufnehmer.*

Wärme-Abgabe Abströmen von → *Wärmeleistung.*

Wärme-Abgabezahl → *Wärme-Übergangszahl.*

Wärme-Äquivalent, elektrisches Verhältnis der in elektrischen Maßeinheiten ausgedrückten Arbeit zu derselben in Wärme-Maßeinheiten ausgedrückten Arbeit:

$$\frac{1\ \text{W}\cdot\text{s}}{0{,}239\ \text{cal}} = \frac{4{,}187\ \text{W}\cdot\text{s}}{\text{cal}} = \frac{4{,}187\ \text{kW}\cdot\text{s}}{\text{kcal}} = \frac{1\ \text{kW}\cdot\text{h}}{860\ \text{kcal}} = 1$$

Wärme-Aufnahmevermögen → *Wärmekapazität.*

Wärme-Ausgleich → *Wärme-Austausch.*

Wärme-Außenwiderstand Wärmewiderstand zwischen Gehäuse (z. B. eines Halbleiter-Bauelementes) und dessen Umgebung, d. h. Verhältnis der Übertemperatur des Gehäuses über die Umgebung zum Wärmestrom. Andere Bezeichnung für thermischen Außenwiderstand.

Wärme-Austausch

1) Wärmeabgabe.

2) Wärme-Ausgleich derart, daß mehrere Bauelemente, z. B. durch Einbau in einen gemeinsamen Kupferblock, auf gleichen Temperaturen gehalten werden.

Wärme-Beständigkeit Kein Auftreten irreversibler Einflüsse der Erwärmung innerhalb eines jeweils angegebenen Temperaturbereiches.

Wärme-Bewegung Ungeordnete Bewegung eines Teilchens (z. B. eines Elektrons) unter dem Einfluß der → *Wärmeenergie.*

Wärme-Druck-Verfahren → *Thermo-Kompression.*

Wärme-Durchbruch → *Thermischer Durchbruch.*

Wärme-Empfindlichkeit Nicht exakter Ausdruck für Temperatur-Empfindlichkeit, nämlich Ansprech-Empfindlichkeit eines Temperaturfühlers auf Temperatur-Änderungen.

Wärme-Energie

1. Allgemein: Wärme-Arbeitsinhalt, ausgedrückt z. B. in Kalorien (cal) oder in Wattsekunden (W · s). Meistens ist nicht die gesamte Wärme-Energie gemeint, die ein Körper enthält, sondern die zu einer bestimmten Temperatur-Differenz gehörende Wärme-Energie. Beispiel: 1 kg Wasser mit einer Temperatur von 90 °C enthält insgesamt eine Wärme-Energie von (273 + 90) kcal, während die nutzbare Wärme-Energie dieses Wassers bei einer Umgebungstemperatur von 30 °C nur (90 – 30) kcal beträgt.

2. Mittlere, → *kinetische Energie* eines Teilchens (Atoms oder Moleküls oder Elektrons) in je einer der drei Raumrichtungen infolge der Temperaturbewegung (gemäß der kinetischen Gas-Theorie).

Mit folgenden Formelzeichen:

$\overline{K}_x\,\overline{K}_y\,\overline{K}_z$	mittlere kinetische Energie eines Teilchens in x-, y-, z-Richtung
k	→ *Boltzmannkonstante*
T	absolute Temperatur

$$\overline{K}_x = \overline{K}_y = \overline{K}_z = \frac{k \cdot T}{2} \text{ und } \overline{K} =$$

$$= \overline{K}_x + \overline{K}_y + \overline{K}_z = \frac{3}{2} \cdot k \cdot T$$

Bei der Bezugstemperatur $T_0 = 290$ K gilt

$$k \cdot T_0 \approx \frac{1}{40} \text{ eV}$$

Wärme-Inhalt In Form von Wärme gespeicherte Arbeit, wobei im allgemeinen nur die auf die Übertemperatur entfallende → *Wärme-Energie* in Rechnung gesetzt wird. Damit ist der Wärme-Inhalt gegeben als Produkt aus der Übertemperatur und der → *Wärme-Kapazität.* Der Wärme-Inhalt wird z. B. angegeben in Kalorien (cal) oder in Wattsekunden (W · s).

Wärme-Innenwiderstand Wärmewiderstand zwischen Sperrschicht und Halbleiter-Gehäuse-Oberfläche, d. h.

das Verhältnis des Überschusses der Sperrschicht-Temperatur über die Halbleiter-Gehäusetemperatur zu dem Wärmeleistungsstrom. Als Einheiten für den Wärme-Innenwiderstand verwendet man im Zusammenhang mit Elektrotechnik oder Elektronik meistens $\frac{°C}{W}$, seltener $\frac{°C \cdot s}{cal}$. Andere Bezeichnung für thermischen Innenwiderstand.

Wärme-Kapazität Verhältnis der in einem Körper gespeicherten Wärmemenge zu der Übertemperatur des Körpers und damit auch die je Grad Übertemperatur gespeicherte Wärmemenge. Die Wärme-Kapazität ergibt sich für einen homogenen Körper oder für ein homogenes Stück eines Bauelementes als Produkt aus der spezifischen Wärme des Materials und der Masse dieses Materials. Als Einheiten kommen z. B. in Betracht $\frac{cal}{°C}$ oder $\frac{W \cdot s}{°C}$

Wärme-Kontakt Berührungsfläche, durch die hindurch eine Wärmeleitung stattfindet.

Wärme-Leistung Je Zeiteinheit in Wärme umgesetzte Arbeit. Einheit somit z. B.
$\frac{Ws}{s} = W$ oder $\frac{cal}{s}$

Wärmeleistungs-Strom Die Wärmemenge, die bezogen auf die Zeiteinheit, von dem erwärmten Körper, in dem z. B. elektrische Leistung in Wärmeleistung umgesetzt wird, abströmt. Wird in einem Körper ständig eine elektrische Leistung P in Wärme umgesetzt, so strömt im Dauerzustand diese Leistung als Wärmeleistung in die Umgebung oder in ein Kühlmittel ab. Als Einheiten für den Wärmeleistungs-Strom verwendet man entweder W oder $\frac{cal}{s}$

Wärme-Leitung Wärmeübertragung durch feste Körper oder durch ruhende Flüssigkeiten.

Wärme-Rauschen Ständiger unregelmäßiger Wechsel der Ladungsunterschiede zwischen den Enden eines Wirkwiderstandes oder eines Bauelementes, das mit Wirkwiderstand behaftet ist. Die Ladungsunterschiede kommen zustande durch die Zickzackbewegungen, die die beweglichen → *Ladungsträger* aufgrund der wärmebedingten Schwirrbewegungen von Atomrümpfen ausführen. Diese Schwirrbewegungen verschwinden beim absoluten Nullpunkt der Temperatur und nehmen mit steigender Temperatur zu.

Wärme-Schwirren Schwirren der Atomrümpfe an ihren Gitterplätzen, die gemeinsam die Gitter-Knotenpunkte eines Festkörpers bilden. Das Schwirren erfolgt aufgrund der → *Wärme-Energie* für vom absoluten Nullpunkt abweichende Temperatur.

Wärme-Spannung Temperaturunterschied eines Punktes oder einer Fläche gegen einen zweiten Punkt oder gegen eine zweite Fläche. Dieser Temperaturunterschied spielt für die Wärmeleistungs-Strömung die Rolle, die der elektrischen Spannung bezüglich der elektrischen Strömung zukommt.

Wärme-Strom Kurzbezeichnung für → *Wärmeleistungs-Strom.*

Wärme-Strömung Gesamtheit eines räumlich ausgedehnten → *Wärmeleistungs-Stromes.*

Warmwiderstand Widerstandswert bei Betriebstemperatur, falls diese die Bezugstemperatur übersteigt.

WDM (= **w**avelength **d**ivision **m**ultiplex) Multiplexverfahren in der → *Lichtwellenleitertechnik*. Dabei werden optische Signale unterschiedlicher Wellenlänge zugleich über eine Glasfaser übertragen.

Weber-Fechnersches Gesetz Nach diesem Gesetz wächst die Schallempfindlichkeit des menschlichen Ohres annähernd mit dem Logarithmus der wirklich vorhandenen Schallstärken und Schalldrücke (→ *Dezibel*).

Wechselrichter wandeln Gleich- in Wechselspannung um. Das geschieht durch → *Zerhacker*, ursprünglich mechanische, später kontaktlose.

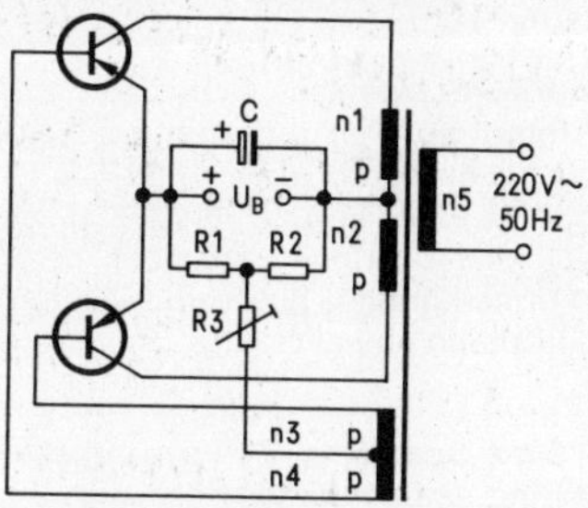

Wechselrichter

Wechselspannung ist eine sich zeitlich sinusförmig um eine Nullinie sich ändernde Spannung. Im Haushalt ist die Spannung von 220 V / 50 Hz in Deutschland ausschließlich üblich.

Wechselspannungskompensator Meßgerät zur Ermittlung von Betrag und Phase einer Wechselspannung, das auf dem Prinzip des → *Kompensators* beruht. Die Meßspannung wird hierbei mit Hilfe eines für die Nennfrequenz selektiven → *Nulldetektors* mit der Vergleichsspannung gemessen, die nach Betrag und Phase einzustellen ist.

Wechselspannungsverstärker Verstärker zum Verstärken kleiner Wechselspannungen. Im Gegensatz zum → *Gleichspannungsverstärker* hat er auch eine untere → *Grenzfrequenz*, unterhalb der seine Verstärkung stark abfällt.

Wechselstrombrücke → *Brückenschaltung* zum Bestimmen des Wechselstrom-Scheinwiderstands von Prüflingen. Die Brücke entspricht einer → *Wheatstone'schen Brücke*, die mit Wechselspannung definierter Frequenz gespeist wird. Der Wert der unbekannten → *Impedanz Z* ist bei abgeglichener Brücke gleich dem Wert, der mit Widerstands- und Kapazitätsnormalien, die sich in den Brückenzweigen befinden, eingestellt wurde. Die unbekannte Impedanz kann somit nach Wirk- und Blindwiderstand bestimmt werden.

Weglänge, freie → *freie Weglänge*.

Wegplansteuerung → *Steuerung*, bei der die → *Führungsgrößen* von einem Programmgeber in Abhängigkeit vom zurückgelegten Weg oder der Position eines gesteuerten Geräts eingegeben werden (→ *Programmsteuerung*).

Wehneltzylinder Eine Elektrode in der Bildröhre, die nach Arthur Wehnelt benannt ist, der 1908 erstmals eine solche Elektrode angegeben hat. Der Wehneltzylinder vertritt in der Bildröhre die Stelle des Steuergitters in einer Verstärkerröhre. Sein wechselndes Potential steuert also die Stärke des Elektronenstrahls in der Bildröhre, d. h. also die Helligkeit.

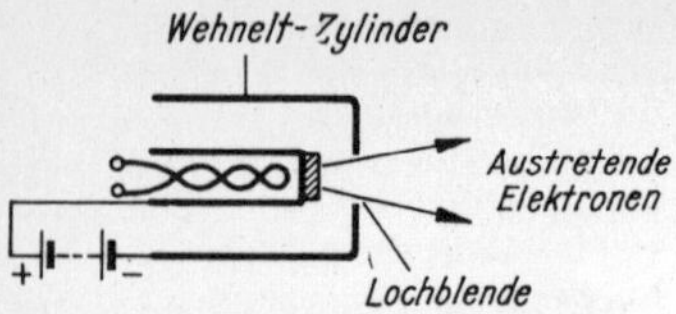

Wehneltzylinder: Der Wehneltzylinder läßt die Elektronen von der Katode nur durch eine enge Lochblende austreten. Der anliegende Potentialunterschied steuert den Elektronenfluß

Bei den meisten Empfängerschaltungen liegt das Videosignal an der Katode der Bildröhre und steuert deren Potential; am Wehneltzylinder liegt eine Spannung, die gegenüber der Katode konstant ist, jedoch mit Hilfe des Helligkeitseinstellers die Grundhelligkeit verändern läßt. Entscheidend für die Steuerung der Bildröhre mit dem Videosignal ist allein die Potentialdifferenz zwischen Katode und Wehneltzylinder.

Weidezaungeräte erreichen durch empfindliche Spannungsschläge, daß die Tiere ihn möglichst meiden. Man verwendet Spannungsstöße von ~ 3000 V und ~ 1/20 Sekunde, die über einen Transformator einpolig an den Draht gegeben werden mit einer Erdungsplatte als Gegenpol.

Weißpegel Der hellste Lichtpunkt entspricht bei der negativen Amplitudenmodulation wie sie das Fernsehen benutzt, normgemäß einer Trägeramplitude von 10% der maximalen Amplitude. Diese 10% nennt man den „Weißpegel". Er darf vom Sender nicht unterschritten werden, um die Bildung der Ton-Differenzfrequenz beim → *Differenzträger-Verfahren* sicherzustellen.

Weißtonabgleich Für ein einwandfreies Schwarzweißbild und ebenso für das Farbbild ist es wichtig, daß die Ströme der drei Elektronenstrahlsysteme der Farbbildröhre im richtigen Verhältnis sind. Der hierfür nötige Weiß- oder Weißton-Abgleich wird bei der Fertigung des Empfängers vorgenommen und braucht im allgemeinen nicht verändert zu werden, es sei denn, ein entsprechendes Bauelement ist erneuert worden.

Wellenanpassung Abschluß einer Leitung mit ihrem → *Wellenwiderstand.*

Wellenimpedanz → *Wellenwiderstand.*

Wellenlänge Die Länge einer Welle (λ; kleines griechisches Lambda) berechnet sich aus der Zahl der Schwingungen in der Sekunde (→ *Frequenz*), die mit f bezeichnet wird, und der Strekke, die die Welle in einer Sekunde zurücklegt (Geschwindigkeit), mit c bezeichnet:

$$\lambda = \frac{c}{f}$$

Jede elektrische Welle legt in der Sekunde rund 300000 km zurück. Wenn der Sender z. B. also 3 Millionen Schwingungen in der Sekunde ausstrahlt (f = 3 MHz), dann verteilen

Frequenz in Hz	Wellenlänge in m
16	21,5
100	3,4
500	0,66
800	0,43
1 000	0,34
5 000	0,069
8 000	0,043
10 000	0,034
20 000	0,0172

sich diese Schwingungen auf die Strecke von 300000 km. Die Wellenlänge – die Strecke von einem Wellenberg bis zum nächsten Wellenberg – ist in diesem Fall:

$$\lambda = \frac{300000\ \text{km}}{3000000\ \text{Hz}} = \frac{1\ \text{km}}{10\ \text{Hz}} = 100\ \text{m}$$

Wellenlängen von Schallwellen in Luft von 20 °C gehen aus der *Tabelle* hervor.

Wellenlängenbereich → *Frequenzbereich.*

Wellenübertragungsmaß → *Übertragungsmaß.*

Wellenwiderstand Z_w Kenngröße einer Leitung, die angibt, mit welchem Widerstand eine Leitung abgeschlossen werden muß, damit → *Anpassung* erfolgt. Der Schallwellenwiderstand Z beträgt z. B. für Aluminium und Glas 1380000, für Hartgummi 181000, für Weichgummi 5000, für Luft 41,5 ($gcm^{-2}\ sec^{-1}$).

Wellenzug-Regelung → *Nullspannungs-Schalter.*

Werkzeugmaschinen-Steuerung erfolgte früher durch Lochkarten, Lochstreifen, Magnetbänder u. ä., jetzt immer mehr durch Rechner, die auch die Überwachung der Maschinen übernehmen (→ *CNC* und → *DNC*).

Wettersatellit Satellit zur Erdbeobachtung speziell wetterrelevanter Erscheinungen.

Wettervorhersage Durch → *EDV-Anlagen* automatisch berechnete Wetterkarten geben heute Luftdruck- und Niederschlags-Verteilung auf der ganzen Welt an.

Wheatstone'sche Brücke → *Brückenschaltung* zur Bestimmung unbekannter Widerstände. Der Wert des unbekannten Widerstands R_x ist bei abgeglichener Brücke gleich dem eingestellten Wert des Normalwiderstands R_N, der auf einer geeichten Skala abgelesen werden kann.

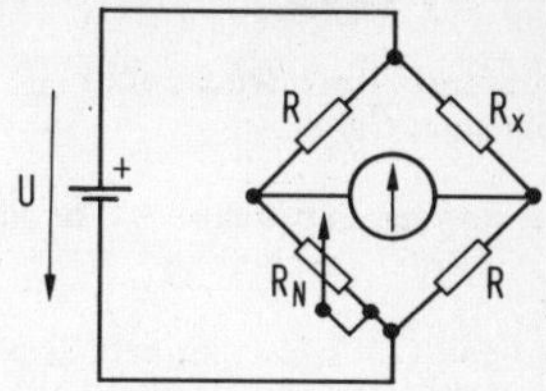

Widerstand

1) ist eine physikalische Größe, Einheit Ω. Durch den W. eines Stoffes wird die Stärke des elektrischen → *Stromes* beim Anlegen einer → *Spannung* auf einen endlichen Wert begrenzt (Ausnahme → *Supraleitung*). Das Verhältnis von Strom zu Spannung bei einem Widerstand wird durch das → *Ohmsche Gesetz* beschrieben. Der Kehrwert des Widerstandes ist der elektrische Leitwert. Wechselstromwiderstand → *Impedanz.*

2) elektronisches Bauelement, das es als Fest-, Stell-, temperaturabhängige, strom- oder spannungsabhängige Ausführung gibt (→ *Varistor,* → *Heißleiter,* → *Kaltleiter,* → *Potentiometer,* → *Drahtwiderstand,* → *Schichtwiderstand*).

Widerstände in → **IC** erzeugt man z. T. durch entsprechende Dotierung der Strombahn und ihre Dimensionierung (Querschnitt und Länge). Die Erzeugung genauer Widerstandswerte ist ziemlich schwierig. Leichter gelingt es beim Aufdampfen von Widerstandsmaterial durch entsprechende Masken.

Widerstandsbelag R' Längswiderstand einer Leitung pro Längeneinheit, z. B. 5 mOhm/m.

Widerstandsgerade Parameter zum Berechnen des Katoden-, Emitter-, Kollektor- oder Anodenwiderstandes aus dem Kennlinienfeld von Röhren oder Transistoren.

Widerstands-Hochdruckgeber → *Ohmsche Geber.*

Widerstandsmeßbrücke → *Wheatstone'sche Brückenschaltung.*

Widerstand spannungsabhängiger VDR Widerstand, dessen Widerstandswert bei beiden Stromrichtungen mit zunehmender Betriebsspannung kleiner wird.

Widerstands-Parameter (Vierpol) → *z-Vierpol-Parameter.*

Widerstand, spezifischer → *Spezifischer Widerstand.*

Widerstandsrauschen Eigenrauschen eines Widerstands, hervorgerufen durch die temperaturabhängige statistische Bewegung der freien → *Ladungsträger* (Elektronen) im Widerstandsmaterial. Bezüglich seiner Klemmen stellt der Widerstand also einen Rauschgenerator dar, der eine Rauschspannung U_N liefert, in der alle Frequenzanteile von einem Hz bis zu 620 GHz gleich stark enthalten sind (→ *Rauschen, weißes*).

Die Rauschleistung P_N eines Widerstands R_N ist definiert durch die bei Anpassung an einen nicht rauschenden Widerstand maximal abgebbare Leistung:

$$P_N = k\ T\ \Delta f$$

Hierin sind $k = 1{,}38\ 10^{-23}$ Ws/grad = → *Boltzmannkonstante*, T = absolute Temperatur und Δf = die bei der Messung erfaßte Bandbreite. Die Rauschspannung U_N ist bei Leerlauf:

$$U_N = 2\ \sqrt{P_N R_N} = \sqrt{4\ k\ T\ \Delta f}$$

Bei Anpassung ist sie gleich der halben Leerlaufspannung.

Widerstandssiebketten sind Gleichrichterfilter, in denen die Drosseln durch Widerstände ersetzt sind. Sie werden praktisch nur bei der Siebung sehr kleiner Gleichströme verwendet.

Widerstands-Transistor-Logik kann als → *NAND*- oder → *NOR-Verknüpfung* angewandt werden, ist aber wegen geringerer Zuverlässigkeit seltener als → *Dioden-Transistor*- oder → *Transistor-Transistor-Logik* oder → *DCTL-Technik.*

Widerstandsübertrager Übertrager zur Widerstandstransformation. Er wird vor allem zur → *Anpassung* eines Abschlußwiderstands an den Innenwiderstand eines Netzwerks oder den → *Wellenwiderstand* einer Leitung benutzt. Er kann auch als Symmetrierglied zwischen einer unsymmetrischen und einer symmetrischen Leitung mit unterschiedlichen Wellenwiderständen benutzt werden. Bei einem Übersetzungsverhältnis ü eines Übertragers von

$$ü = \frac{w_1}{w_2}$$

ergibt sich der primärseitige Widerstand $R_A^{\prime}$ des transformierten Abschlußwiderstands R_A zu:

$$R_A^{\prime} = \frac{1}{ü^2} \cdot R_A$$

Wiederbereitschaftszeit → *Erholungszeit.*

Wiedervereinigung → *Rekombination.*

Wiegeeinrichtungen, elektronische, arbeiten z. B. mit → *Dehnungs-Meß-*

streifen in der Lastaufhängung. Die Widerstandserhöhung ergibt das Gewicht.

Wienbrücke Kapazitätsmeßbrücke mit sinusförmiger Speisespannung konstanter Frequenz f_o. In dem einen Brückenzweig befinden sich die zu messende Kapazität C_m und eine Vergleichskapazität C_v, der zum Phasenabgleich entweder ein Widerstand R_v in Reihe oder ein Leitwert G_v parallel geschaltet wird. Im anderen Brückenzweig befinden sich zwei einstellbare Wirkwiderstände R_1 und R_2. Bei

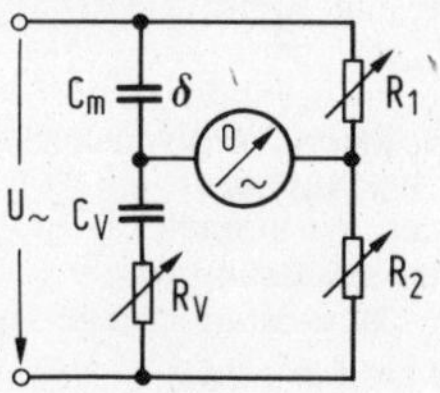

a

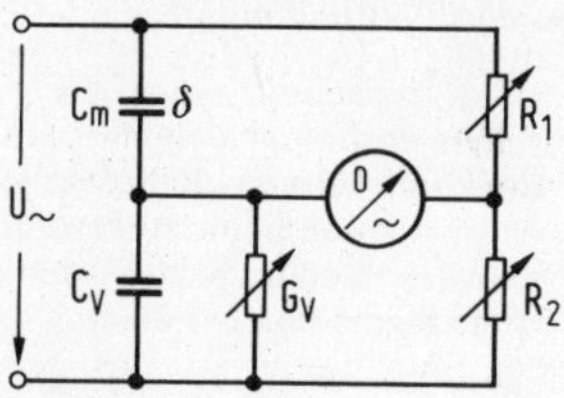

b

einer abgeglichenen Brücke ergibt sich der Wert der unbekannten Kapazität C_m zu

$$C_m = \frac{R_2}{R_1} C_v$$

und ihr Verlustfaktor zu

$$\tan \delta_m = 2\pi fo\, R_v\, C_v = \frac{G_v}{2\pi\, f_o\, C_v}$$

Wienbrückengenerator → *Sinusoszillator,* bei dem eine → *Wienbrücke* als frequenzbestimmendes Glied benutzt wird.

Windungsfluß → *Bündelfluß.*

Winkelcodierer Einrichtung zur absoluten Winkelmessung. Sie besteht aus einer fest auf einer Drehachse montierten → *Codierscheibe,* die sich im Strahlengang einer elektro-optischen Leseeinrichtung befindet. Beim Drehen der Achse werden die entsprechend des zu lesenden Codes auf konzentrischen Kreisen der Codierscheibe aufgebrachten Dunkelmarken an der Leseeinrichtung vorbeibewegt und unterbrechen den Strahlengang der jeweils zugehörigen Codespur. Am Ausgang der Leseeinrichtung entstehen dann dem jeweiligen Codewort entsprechende Signale, die den jeweiligen Winkel angeben, um den die Codierscheibe aus ihrer Nullage herausgedreht wurde. Für die Steuerung von Werkzeug- und Arbeitsmaschinen werden häufig Winkelcodierer mit mehreren Codierscheiben benutzt. Die Achsen der Codierscheiben sind hierbei über Untersetzungsgetriebe hintereinandergekuppelt, wobei mit der ersten Codierscheibe die jeweilige Winkelstellung und mit den restlichen Codierscheiben die Anzahl der Umdrehungen gemessen wird. Ist ein solcher Winkelcodierer z. B. mit der Vorschubspindel einer Drehbank gekuppelt, so kann die genaue Position des Schlittens gemessen werden.

Winkelmessung

1. Analoge Drehwinkelmessung

a) mit Hilfe eines durchdrehbaren, meist kugelgelagerten Drehkondensators, dessen Kapazität ein Maß für den Drehwinkel ist und mit Hilfe des Trägerfrequenzverfahrens (→ *Trägerfrequenzverstärker*) gemessen wird.

b) mit Hilfe eines durchdrehbaren 360 °-Potentiometers, dessen Widerstand zwischen kaltem Ende und Schleifer ein Maß für den Drehwinkel darstellt. Diese Methode eignet sich allerdings nur bei sehr geringen Drehzahlen.

c) mit Hilfe eines Tachogenerators der eine sinusförmige aber drehzahlabhängige Spannung abgibt. Diese Methode kann deshalb nur bei höheren Drehzahlen angewendet werden.

2. Digitale Drehwinkelmessung

a) mit dem → *Winkelcodierer.*

b) mit inkrementaler Codierscheibe (→ *inkrementale Positionsmessung*).

Wirbelstromdämpfung Bei dieser vielfach benutzten Methode zur Dämpfung des → *beweglichen Organs* eines → *Meßwerks* bewegt sich eine Scheibe aus Aluminium oder Kupfer im Feld eines starken Permanentmagneten. Die dabei erzeugten Wirbelströme bewirken eine Gegenkraft, die der Drehbewegung entgegenwirkt und sie somit dämpft.

Wirbelstromgeber → *Induktions-Geber.*

Wire-bonding (wörtlich: Drahtverbindung), engl. Fachausdruck für ein bestimmtes Verfahren zum Anbringen der Anschlußdrähte an das Silizium Substrat. Die eigentliche Verbindung erfolgt mittels Anwendung von Wärme, Druck oder Ultraschall.

wired-AND-, wired-OR-Verbindungen → *verdrahtete Verknüpfungen.*

Wirkleistungsmesser Meßgeräte zur Leistungsmessung verwenden im allgemeinen → *elektrodynamische Meßwerke*, die bei Präzisionsmeßgeräten eisenlos ausgeführt sind. Hierbei wird die feste Spule vom Meßstrom durchflossen, während die bewegliche Spule über einen Vorwiderstand an die Spannung angeschlossen ist. Der Zeigerausschlag ist proportional zur Wirkleistung.

Wirkungslinie In → *Signalflußplänen* die mit Pfeilspitzen versehenen Verbindungslinien zwischen den → *Blökken.* Die Richtung der Pfeilspitze gibt die Wirkungsrichtung der Signale an.

Wirkungsquantum Kurzbezeichnung für → *Plancksches Wirkungsquantum.*

Wirkungsrichtung Richtung des → *Wirkungsweges.*

Wirkungsweg Weg, entlang dessen die eine Regelung oder Steuerung bestimmenden Wirkungen übertragen werden.

Wirts-Kristall Kristall aus einem einzigen chemischen Element, bzw. aus einer halbleitenden Verbindung, ohne die darin enthaltenen Fremdatome.

Workspace Normalerweise sind die Register einer → *CPU* auf dem Mikroprozessor-Chip selbst untergebracht. Bei manchen CPU-Typen befinden sich die Register aber in einem besonderen Speicherbereich des externen → *RAM*, der sich z. B. mit einem → *Pointer* definieren läßt. Diesen Speicherbereich nennt man Workspace.

Wort heißt bei → *EDV-Anlagen* eine bestimmte Anzahl zusammengehöriger Zeichen. Wieviele das sind, hängt vom Anlagentyp ab (~ 12 ... 60 Bit).

wortadressierte Speicher enthalten bei jeder → *Adresse* ein → *Wort* mit 12 ... 60 → *Bit*, je nach Einrichtung der Anlage.

Wortgeneratoren erzeugen beliebige Worte, Zeichen- oder Impulsfolgen, vornehmlich zu Prüf- und Einstellzwecken.

Wortleitungen heißen in → *Magnetdrahtspeichern* die Schreib- und Leseleitungen, die um eine Anzahl von → *Bitleitungen* herumgeführt sind.

Wortmaschinen arbeiten mit → *Operanden* bestimmter Länge, z. B. 32 → *Bits*. Das „Wort" ist dann die kleinste Einheit im → *Arbeitsspeicher*, die adressiert werden kann.

Wowing Bezeichnung aus dem Englischen für Tonschwankungen (bei guten Lautsprechern weniger als 0,2%).

WT-Kanäle → *frequency-shift-Kanäle*.

X

Xerografie (deutsch: Trockenschrift) ist ein elektrostatisches Druckverfahren, bei dem ein durch Belichten erzeugtes negatives Ladungsbild mit Farbpulver bestreut und auf eine Papierfläche übertragen wird, wo es positiv erscheint. Das Farbpulver wird durch Erwärmen auf dem Papier fixiert und gibt ein klares Abbild des Originals. Xerografie dient meist zum Vervielfältigen, aber auch als Drucker bei → *EDV-Anlagen*, indem das Bild eines → *Charactrons* laufend auf ein Papierband übertragen wird. Es können ~ 4700 Zeichen/s, d. s. 2880 Zeilen/min ausgegeben werden.

XOR = → *Exklusiv-ODER-Verknüpfung* bei → *ODER-Gatter*.

X-Verstärker Verstärker in einem Oszilloskopen, der zur Verstärkung der Eingangssignale in X-Richtung (horizontal) benötigt wird.

X-Y-Darstellung Darstellungsweise bei einem Oszilloskopen oder einem → *Schreiber*, bei der eine → *Größe* die Ablenkung in X-Richtung verursacht und eine damit verknüpfte Größe in Y-Richtung abgebildet wird. Bei der Sichtbarmachung von Filterkurven z. B. wird die Auslenkung in X-Richtung durch eine der Frequenz proportionale Spannung bewirkt, während die Auslenkung in Y-Richtung durch die Amplitude des Ausgangssignals des Filters hervorgerufen wird.

XY-Schreiber (auch Plotter genannt) sind von Meßgeräten oder → *EDV-Anlagen* gesteuerte Zeichenmaschinen, die komplizierte Konstruktionspläne, Ornamente oder auch perspektivische Ansichten von geplanten Dingen, (z. B. Brücken) zeichnen können, z. T. mehrfarbig. Die größten haben ~ 6 m Länge bei einem möglichen Zeichenfehler von ± 0,075 mm/m. Ausgabegeräte können auch Bildschirme (in Verbindung mit Filmkameras) sein. XY-Schreiber dienen in anderen Ausführungen in noch viel größerem Umfang als Registriergeräte.

XY-Steuerung → *Rollkugel-XY-Steuerung.*

Y

YAG Yttrium-Aluminium-Granat, Grundmaterial in der Lasertechnik. Der Nd:YAG-Laser sendet mit einer Dauerleistung von bis zu einigen kW auf einer Wellenlänge von 1,06 μm.

y-Matrix Anordnungsschema für die Formelzeichen der vier → *y-Vierpol-Parameter* (Leitwert-Parameter):

$$\begin{pmatrix} y_{11} & y_{12} \\ y_{21} & y_{22} \end{pmatrix} \text{ oder } \begin{pmatrix} y_i & y_f \\ y_f & y_o \end{pmatrix}$$

Y-Signal Kurzbezeichnung für das → *Leuchtdichtesignal.*

Y-Verstärker Verstärker eines Oszilloskopen, der für die Verstärkung der Meßsignale in Y-Richtung (senkrechte Richtung) benutzt wird. Je nach Oszilloskopentyp kann es ein → *Gleichspannungsverstärker*, ein → *Wechselspannungsverstärker* oder → *Differenzverstärker* sein.

y-Vierpol-Parameter Zur Vierpol-Parameter-Ersatzschaltung gehörende Transistor-Vierpol-Koeffizienten, die man in Rechnungen verwendet, wenn es sich um Kleinsignalverstärkung handelt.

Kurzschluß-Eingangs-Admittanz

$$y_{11} = y_i = \frac{i_1}{u_1} \qquad \text{(Abb. 1)}$$

Kurzschluß-Übertragungs-Admittanz rückwärts

$$y_{12} = y_r = \frac{i_1}{u_2} \qquad \text{(Abb. 2)}$$

Kurzschluß-Übertragungs-Admittanz vorwärts

$$y_{21} = y_f = \frac{i_2}{u_1} \qquad \text{(Abb. 3)}$$

Kurzschluß-Ausgangs-Admittanz

$$y_{22} = y_o = \frac{i_2}{u_2} \qquad \text{(Abb. 4)}$$

Abb. 1

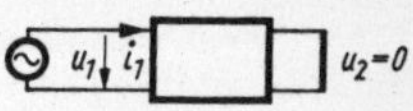

Abb. 2

Abb. 3

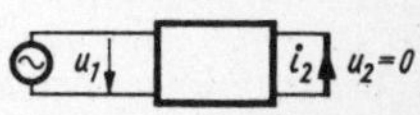

Abb. 4

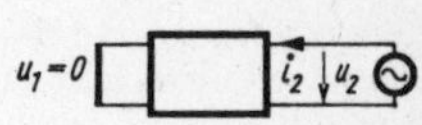

Z

Zählcode hieß eine einfache → *Codierung*, bei der so viele L gegeben werden, wie die Ziffer besagt, der Rest aber mit 0 aufgefüllt wird, also

1 = L000000000
2 = LL00000000
3 = LLL0000000 usw.

Zähldekaden müssen anfallende Ergebnisse abzählen und sie in Ziffern anzeigen. Das geschieht durch → *Glimmröhren*, zumeist durch → *alphanumerische Anzeigen*.

Zähldiode Halbleiter-Sperrschichtzähler, Silizium-Zähldioden werden zum Zählen einzelner ionisierender energiereicher Teilchen, sowie für die Messung ihrer Energie (→ *α-Teilchen*, → *Protonen*, → *Elektronen*) verwendet. Sie eignen sich ferner zum Nachweis der bei Kernreaktionen entstehenden Teilchen (→ *Neutronen*, künstliche beschleunigte Ionen usw.).

Zählen Vorgang, bei dem die Anzahl von jeweils gleichen Elementen (Inkrementen) oder Ereignissen ermittelt wird, die eine physikalische Größe beschreiben.

Zahlen → *Dezimalsystem*, → *Dualsystem*.

Zahlen-Codierung Da das einfache → *Dualsystem* bei größeren Zahlen viele Ziffern ergeben würde, hat man eine Reihe von → *Codes* erdacht, die mit weniger Stellen auskommen und daher leichter lesbar sind, z. B. → *Aiken-Code*, → *BCD-Code*, → *Binär-Code*, → *Biquinär-Code*, → *Eins-aus-Zehn-Code*, → *Stibitz-Code*, → *Quibinär-Code* u. v. a.

Zahlensysteme Wir benutzen das Zehnersystem. Die Zahl 1979 bedeutet: $(1 \times 10^3) + (9 \times 10^2) + (7 \times 10^1) + (9 \times 10^0)$. Das ergibt kleine Ziffernfolgen, und wir haben auch gut damit zu rechnen gelernt. Es gibt andere, z. B. das Zwölfersystem. Da aber Relais, Röhren, Dioden nur zwei Zustände eindeutig darstellen können: ein- oder ausgeschaltet, die man in Ziffern mit 1 und 0 darstellen kann, benutzt jeder elektronische Ziffernrechner das → *Dualsystem*, das Leibniz schon vor 1700 behandelt hat.

Zählpfeile und Zählrichtungen Pfeile bzw. Pfeilspitzen zum Festlegen der Richtungen, für die die Strom- und Spannungs-Formelzeichen mit den eingetragenen Vorzeichen gelten sollen. *Abb. 1* gibt Beispiele für Strom-Zählpfeile. *Abb. 2* enthält Spannungs-Zählpfeile. Diese zeigen üblicherweise vom Meßpunkt nach dem Bezugspunkt. Man liest somit den Spannungspfeil als: „gegen", z. B. U_{CE}:

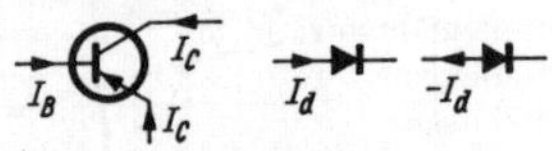

Zählpfeile und Zählrichtungen: Abb. 1 Stromzählpfeile mit den für Transistoren und Dioden üblichen Richtungen

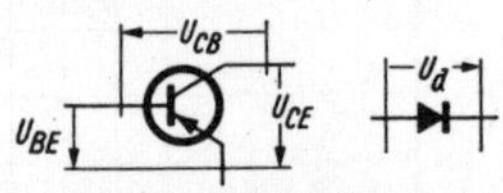

Abb. 2 Spannungszählpfeile mit den für Transistoren und Dioden üblichen Richtungen. Bei Formelzeichen mit Doppelindizes stimmt die Reihenfolge der Buchstaben (bzw. Ziffern) des Doppelindex mit der Spannungs-Zählrichtung überein

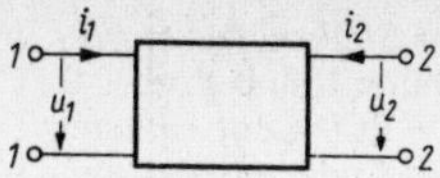

Abb. 3 Zählpfeile für Vierpole

Spannung von C gegen E. Abb. 3 enthält die Zählpfeile, wie sie im Zusammenhang mit Transistoren für Vierpole üblich sind.

Zählrohre sind Teilchenzähler und im einfachsten Falle Ionisationskammern. Proportionalzähler lassen Schlüsse auf die Art der Teilchen zu (→ Glimm-Zählröhren).

Z-Diode eine in Sperrichtung betriebene Referenzdiode. Wenn die in Sperrichtung an eine Diode gelagerte Spannung einen kritischen Wert überschreitet, wird die Diode wieder durchlässig. Der Strom, der zunächst wenig ansteigt, erreicht nach dem Überschreiten der Grenzspannung

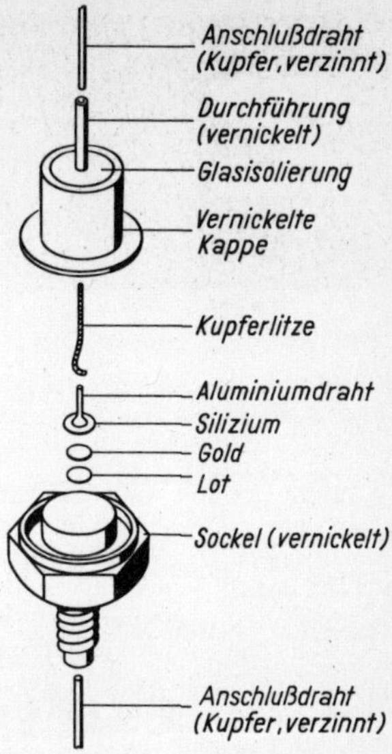

Abb. 2 Aufbau einer legierten Zenerdiode (Intermetall)

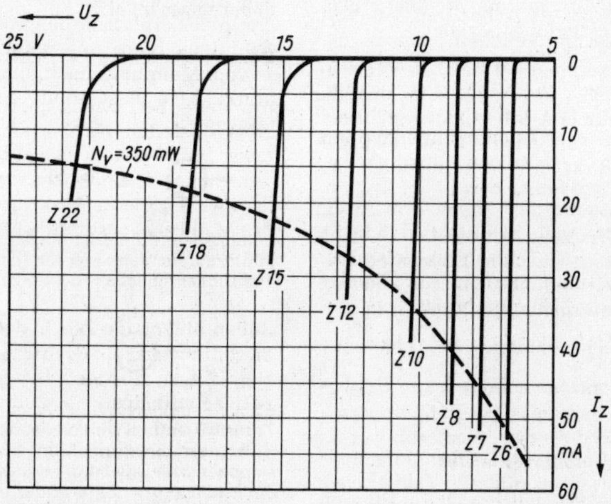

Z-Diode: Abb. 1 Kennlinien mehrerer Zenerdioden im Sperrbereich (nach Intermetall)

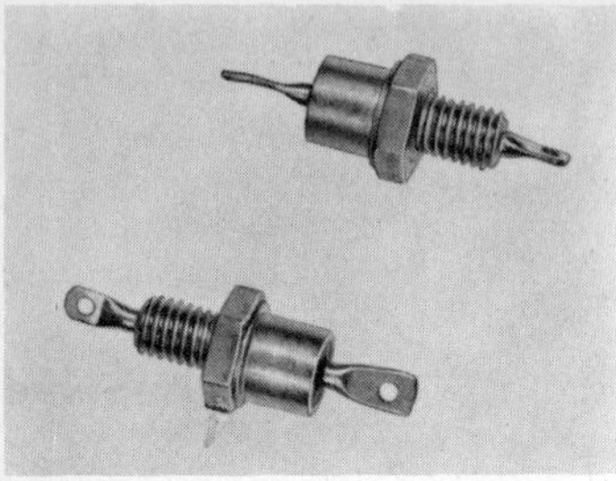

Abb. 3 Silizium-Zenerdioden für mittlere Leistungen (Siemens)

hohe Werte. Die *Abb. 1* gibt die Kennlinie mehrerer Zenerdioden im Sperrbereich wieder. Die Zenerspannung hängt von der Dicke der Sperrschicht ab. Durch entsprechende Dotierung des Kristalls kann sie auf jeden beliebigen Wert gebracht werden. Der Name dieser Diode ist auf Dr. Karl Zener zurückzuführen, der Durchbruchserscheinungen am festen Dielektrikum untersuchte. *Abb. 2* zeigt den Aufbau einer legierten Zenerdiode, *Abb. 3* das Äußere. Anwendung: Stabilisierungs- und Begrenzungsaufgaben.

Zeichen nennt man meist die Rechen-, Währungs-, Interpunktions- und die Steuerzeichen und selbstverständlich Zahlen und Buchstaben. Wortzeichen hat man z. B. in China und Japan.

Zeichengenerator ist im Prinzip ein Festwertspeicher (→ *ROM*), der die für Drucker oder Bildschirm-Sichtgeräte nötigen Punktmatrizen für alle darstellbaren Zeichen enthält.

Zeichenmaschinen → *XY-Schreiber.*

Zeichenpuffer werden vorgeschaltet, wenn Zeichen von → *Datenträgern* in die → *EDV-Anlage* eingelesen werden (→ *Magnetbandspeicher*).

Zeiger → *Bewegliches Organ* eines anzeigenden Meßgeräts, das als Zeiger

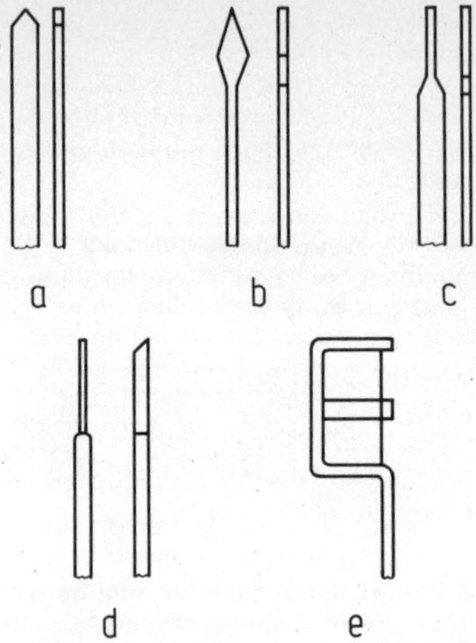

ausgebildet ist und sich auf der Skala auf den der Meßgröße proportionalen Wert einstellt. Je nach ihrer mechanischen Ausführung unterscheidet man zwischen Balkenzeiger (a), Lanzenzeiger (b), Stabzeiger (c), Messerzeiger (d), Fadenzeiger (e) etc.

Zeigernullstellung Einrichtung zur → *Korrektion* des mechanischen Nullpunktes bei Zeigerinstrumenten. Zum Einstellen des Nullpunktes wird meist ein mit einem Schraubenschlitz versehener Exzenter verwendet, mit dem der Fixpunkt der Rückstellfeder des Meßwerks verdreht werden kann, die das erforderliche Gegendrehmoment erzeugt.

Zeilen-Ablenkung Wie in der Aufnahmeröhre das Bild zeilenweise abgetastet wird, so muß auch in der Bildröhre des Empfängers das Bild vom Elektronenstrahl zeilenweise wieder gezeichnet werden. Der Elektronenstrahl wird von den Magnetfeldern der Ablenkspulen beeinflußt, die erforderlichen Ströme liefert das Zeilen-Ablenkteil. Das Prinzip ist das gleiche wie unter → *Bildablenkung* beschrieben, die Schaltungstechnik weicht jedoch auf Grund der höheren Frequenz von der des Bildablenkteils ab.

Zeilen-Ausgangstransformator Wie jeder Ausgangstransformator dient er dazu, den Verbraucher, hier die Ablenkspulen, an den Außenwiderstand der Leistungsendstufe anzupassen. Außerdem trägt er Zusatzwicklungen, durch die auch die Hochspannung für die Bildröhre erzeugt wird.

Zeilendauer heißt die Zeit, die für die Abtastung bzw. das Schreiben einer Zeile benötigt wird. Sie umfaßt also die Zeit des Hinlaufs, während der die sichtbare Zeile geschrieben wird, wie die Zeit des (unsichtbaren) Rücklaufs bis zum Anfang der nächsten Zeile. Die gesamte Zeilendauer beträgt $1/15625$ sec = 64 μsec, durch die genormten Austastimpulse (→ *Austastsignal*) verbleiben für den Bildinhalt pro Zeile maximal 52 μsec.

Zeilendrähte sind die waagerechten Setzdrähte einer → *Matrix*.

Zeilendrucker sind entweder → *Walzen-* oder → *Kettendrucker*, die eine Zeile innerhalb weniger ms (~ 30 Zeilen/s) drucken, oder solche mit Katodenstrahlröhre und Glasfaseroptik, die in der Sekunde ~ 100 Zeilen zu je 88 Buchstaben drucken (~ 8800 Zeichen/s).

Zeilen-Endverstärker Die im Zeilen-Kippgerät erzeugten Sägezahnspannungen werden der Zeilen-Endstufe zugeführt. Sie liefert in Verbindung mit dem Zeilen-Ausgangstransformator und der → *Booster-Diode* die Ströme für die Horizontal-Ablenkspulen. Diese Ströme erreichen im Augenblick der größten Auslenkung des Elektronenstrahls 200 bis 300 mA (am Zeilenende).

Zeilenfrequenz Nach der CCIR-Norm werden je Vollbild (zwei Halbbilder nach dem → *Zeilensprungverfahren*) 625 Zeilen geschrieben, in einer Sekunde also bei 25 Vollbildern

$625 \cdot 25 = 15625$ Zeilen.

Die Zeilenfrequenz beträgt somit 15625 Hz.

Diese Frequenz liefert das Kippgerät für die horizontale Ablenkung, das Zeilen-Kippgerät.

Nicht alle 625 Zeilen erscheinen jedoch im Bild. Während nämlich der Elektronenstrahl nach Vollendung eines Teilbildes zum Anfang des nächsten zurückläuft – wobei er durch den Austastimpuls dunkelgesteuert wird – arbeitet die Zeilenablenkung weiter. Diese Rücklaufzeit beträgt bis zu 10%, so daß bis etwa 60 Zeilen für das Bild verloren gehen.

Zeilen-Kippgerät → *Zeilen-Ablenkung*.

Zeilenrücklauf Der Elektronenstrahl, der das Bild abtastet (im Sender) bzw. aufbaut (im Empfänger), vollführt eine Bewegung wie unsere Augen beim Lesen: Nach Durchlauf einer Zeile eilt der Strahl zurück zum Anfang der folgenden Zeile. Dieser Rücklauf geht schneller vonstatten als der Hinlauf und ist unsichtbar, wofür der Austastimpuls sorgt.

Von der Zeilendauer, die 1/15625 Sekunde beträgt, werden rund 85% für den Hinlauf, das sichtbare Schreiben der Zeile, verwendet; dementsprechend verbleiben rund 15% für den Rücklauf. Der Horizontal-Austastimpuls dauert etwas länger als die reine Rücklaufzeit, nämlich etwa 19%, damit definierte Bildränder entstehen.

Zeilensprung-Verfahren 25 Bildwechsel in der Sekunde genügen noch nicht, um ein Flimmern zu vermeiden. Ginge man aber etwa auf die doppelte Bildwechselzahl, so würde die Bandbreite, die ein solcher Fernsehsender benötigt, viermal so groß. Durch einen Kunstgriff, das Zeilensprung-Verfahren, hat man das Flimmern unterbunden, ohne die Bildwechselzahl zu erhöhen.

Man tastet zwei Halbbilder ab, deren erstes die Zeilen 1, 3, 5 usf. enthält, während das zweite, nach 1/50 Sekunde zur Abtastung gelangende Teilbild die Zeilen 2, 4, 6 usf. enthält. Die beiden Halbbilder werden also ineinander geschoben.

Zeilenzahl bestimmt die Auflösung des Bildes. Je mehr Zeilen, desto mehr Einzelheiten zeigt das Bild, und um so höher steigt auch der technische Aufwand. In Deutschland sind 625 Zeilen genormt, was als bester Kompromiß anzusprechen ist.

Auf Grund ihrer technischen Entwicklung sind in einigen Ländern andere Zeilenzahlen gebräuchlich: in England 405 Zeilen, in den USA und in Japan 525 Zeilen und in Frankreich 819 Zeilen.

Zeitablenkeinrichtung Bei einem Oszilloskopen die Einrichtung zum Ablenken des Leuchtflecks in Abhängigkeit von der Zeit.

Zeitablenkung Ablenkung des Elektronenstrahls eines Oszilloskopen in Abhängigkeit von der Zeit. Die Zeitablenkung wird durch die → *Zeitablenkeinrichtung* gesteuert.

Zeitgeber verwenden als Grundfrequenz die Netzfrequenz oder die von Stimmgabeln oder Schwingquarzen, die nach Bedarf heruntergeteilt wird.

Zeitglied → *Glied*, das Änderungen im Zeitablauf von → *Signalen* ausführt. Zeitglieder bewirken die Verzögerung eines Einschalt- oder Ausschaltvorgangs oder von beidem. Sie werden häufig mit → *Unijunction-Transistoren* aufgebaut.

Zeitkoeffizient Verhältnis der Zeitdauer und der dazugehörigen Ablenkung des Leuchtflecks bei der → *Zeitablenkung* eines Oszilloskopen. Der Zeitkoeffizient wird in s/cm oder s/Teil angegeben.

Zeitkonstante (thermische Zeitkonstante) erhält man als Produkt aus der Wärmekapazität und dem Wärme-Widerstand. Die Abb. zeigt das zeit-

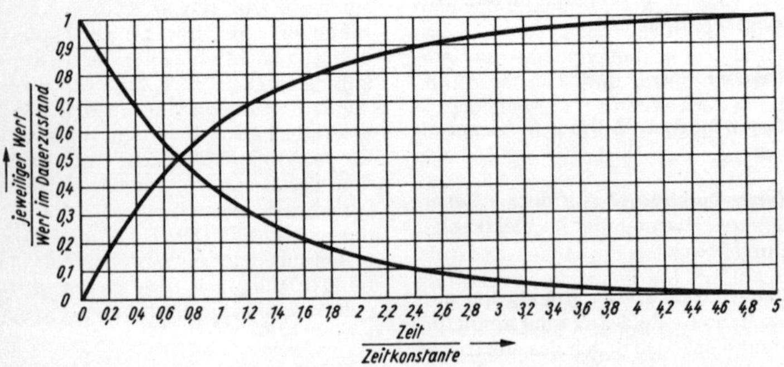

Zeitkonstante: Die Abb. zeigt das zeitlich exponentielle Ansteigen bzw. Abklingen bezogen auf die Zeitkonstante und den für Dauerzustand geltenden Wert der Größe

lich exponentielle Ansteigen bzw. Abklingen bezogen auf die Zeitkonstante und den für Dauerzustand geltenden Wert der Größe.

Zeitmaßstab → *Zeitkoeffizient.*

Zeitmultiplex → *Multiplex.*

Zeitplanregelung → *Regelung*, bei der die → *Führungsgröße w* nach einem Zeitplan (Programmgeber) verändert wird.

Zeitplansteuerung → *Steuerung*, bei der die → *Führungsgröße* bzw. die Führungsgrößen von einem Programmgeber (Zeitplangeber) als Funktion der Zeit gegeben werden → *Programmsteuerung.*

Zeitrasterung Erfassung eines Eingangssignals in definierten Zeitabständen, so daß als Ausgangssignal eine zeitliche Folge von Einzelsignalen entsteht.

Zeitscheiben, Zeitsegmentierung → *time-slicing.*

Zeitverhalten Angabe darüber, wie das Ausgangssignal eines Systems Änderungen des Eingangssignals zeitlich folgt, z. B. Verzögerungen, Anstiegszeiten etc.

Zellenrechner → *DAP.*

Zener-Diode → *Z-Diode*, → *Zener-Effekt.*

Zener-Durchbruch Auf dem → *Zener-Effekt* beruhender elektrischer Durchbruch.

Zener-Effekt Dieser Effekt, den man auch innere Feld-Emission nennt, besteht darin, daß durch das elektrische Feld, das sich aufgrund der außen angelegten Spannung in der Sperrschicht ergibt, Elektronen aus dem Gitterverband herausgerissen werden. Die herausgerissenen Elektronen sind, wie auch die sich hiermit ergebenden Elektronen-Fehlstellen, bewegliche → *Ladungsträger.* Mit dem Beginn des Herausreißens der Elektronen steigt die Leitfähigkeit innerhalb der Sperrschicht spontan an, was man als Durchbruch bezeichnet. Der Zener-Effekt tritt auf, wenn die elektrische Feldstärke (das Spannungsgefälle) in der Sperrschicht einen kritischen Wert erreicht. Er liegt für Silizium bei ungefähr $2 \cdot 10^5 \frac{V}{cm}$.

Zwischen dem Wert dieser Durchbruch-Feldstärke und der äußeren Spannung besteht ein von den spezifischen Widerständen der P- und N-Zone abhängender Zusammenhang. Mit steigender Temperatur lockert sich der Gitterverband, was das Herausreißen der Elektronen erleichtert. Das ergibt einen, wenn auch nur geringen, negativen Temperaturkoeffizienten der Durchbruchspannung.

Zener-Knick Übergang der Kennlinie einer Silizium-Diode im Sperrbereich vom waagerechten Verlauf in den Steilanstieg.

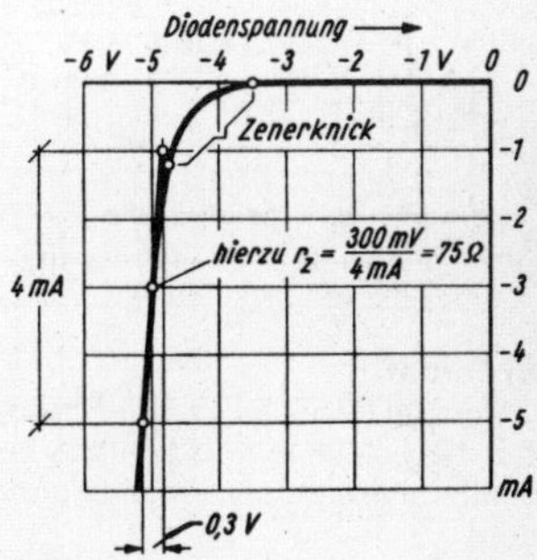

Zener-Kniespannung Spannung, die dem → *Zenerknick* zugeordnet ist.

Zener-Rauschen In der Nähe des → *Zenerknicks* auftretende unregelmäßige Strom-Schwankungen, die beim Schreiben der Kennlinie auf einem Oszilloskopen als Flackern sichtbar werden. Das Zener-Rauschen tritt besonders in Erscheinung bis etwa $-I_d =$ 1 mA ... 2 mA. Deshalb ist es zu empfehlen, beim Auftreten eines „Rauschens" den Arbeitspunkt der Diode nicht zu nahe an den Beginn des Steilanstieges zu legen, den Sperrstrom also nicht zu klein zu wählen.

Zener-Spannung Der für einen jeweils angegebenen Sperrstrom geltende Nennwert der Sperrspannung einer → *Referenz-Diode*. Die Zener-Spannung ist nur wenig abhängig von der Temperatur. Man spricht von Zener-Spannung, gleichgültig, ob es sich bei dem hierfür geltenden Steilanstieg des Stromes um den → *Zener-Effekt* oder um den → *Avalanche-Effekt* handelt.

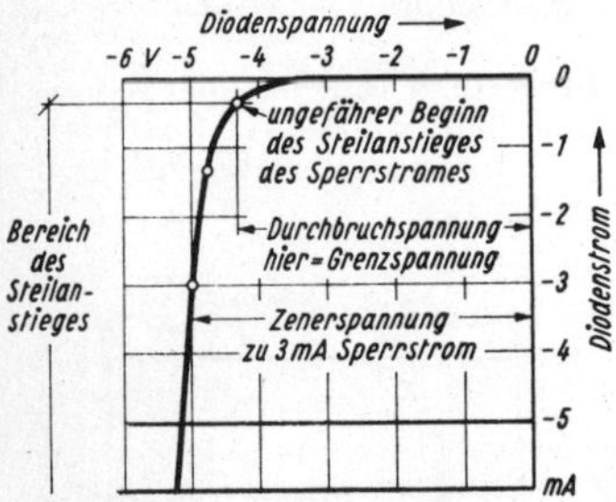

Zenerspannung: Zur Erklärung der Begriffe der Zenerspannung

Zener-Strom

1) Strom im Bereich des Sperrstrom-Steilanstieges von in Sperrichtung betriebenen → *Referenz-Dioden* (Zener-Dioden).

2) der Strom, der dem in den „Technischen Daten" angegebenen Wert der → *Zenerspannung* zugrunde liegt.

Zener-Widerstand Wert des → *differentiellen Widerstandes* im Bereich des Sperrstrom-Steilanstiegs von in Sperrichtung betriebenen → *Referenz-Dioden*, üblicherweise angegeben bei der → *Zener-Spannung*. Der Zenerwiderstand r_z ist das Verhältnis einer kleinen Sperrspannungsschwankung zu der damit zusammenhängenden Sperrstromschwankung in dem Bereich, der zum steilen Anstieg des Sperrstromes gehört.

$$r_z = \frac{dU_d}{dI_d} \quad \text{für} \quad -U_d \approx U_z$$

$= \text{Zenerspannung}$

Der Wert des Zenerwiderstandes ist um so kleiner, je stärker der Sperrstrom mit zunehmender Sperrspannung wächst. Er wird üblicherweise für eine Sperrschichttemperatur von 25 °C angegeben. Der Wert des Zenerwiderstandes hängt von der Zenerspannung ab. Er hat für Dioden mit Zenerspannungen um etwa 7 V ein Minimum.

Zentraleinheit einer → *EDV-Anlage* besteht aus den Hauptteilen: → *Arbeitsspeicher*, → *Steuerwerk* und → *Rechenwerk*. Sie kann mit dem Gehirn beim Menschen verglichen werden. Ihr werden die zu verarbeitenden → *Daten* durch → *Eingabegeräte* geliefert, sie verarbeitet sie nach dem → *Programm* und gibt die Ergebnisse durch → *Ausgabegeräte* wieder aus oder speichert sie an der programmierten Stelle.

Zerhacker, kontaktlose arbeiteten ursprünglich mit → *Thyratrons*, später mit → *Transistoren (Abb.)* und für größere Leistungen mit → *Thyristoren*. Insbesondere die Transistor-Ausführung wird in Präzisions-Ausführung in großer Auswahl angeboten, zumeist in Verbindung mit → *Meßverstärkern*.

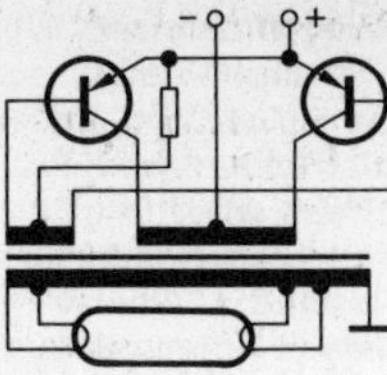

Zerhacker, kontaktlose: Schaltung einer Leuchtstoffröhre mit Transistorumformer

Zerhacker, mechanische dienten bis Ende der 50er Jahre zum Umformen von Gleich- (insbesondere Batterie-) in Wechselspannung. Die sehr schwer zu beseitigenden Prasselstörungen, Kontaktschwierigkeiten usw. ließen den → *kontaktlosen* Zerhacker an seine Stelle treten.

Ziehen von Halbleiter-Kristallen Langsames Herausziehen eines sich an einem Impfkristall bildenden → *Einkristalles* aus einer Schmelze. Das Herausziehen geschieht unter ebenfalls langsamer Drehung.

Ziehverfahren

1) Verfahren zum Herstellen von PN-Übergängen durch Umdotieren während des Kristallziehens.

2) Verfahren zum Herstellen von PN-Übergängen durch Ändern der Kristall-Ziehgeschwindigkeit.

3) Verfahren zum → *Ziehen von Halbleiter-Kristallen.*

Ziffernanzeigeröhren finden kaum noch Verwendung, → *Nixie-Röhren.* Neben diesen Einzelröhren gibt es welche mit 14 Anzeigefeldern nebeneinander (→ *Pandicon*) und → *Dekadenzählröhren* mit Anzeige von 0 bis 9 in einem Kolben.

Ziffernintegrier-Rechenanlagen sind Kombinationen von → *Digital-* und → *Analogrechnern* (→ *DDA*).

Ziffernlesen → *Schriften maschinenlesbare.*

Ziffernrechner sind mechanische Rechenmaschinen und → *EDV-Anlagen.*

Ziffernschritt Differenz zwischen zwei aufeinanderfolgenden Ziffern der letzten Stelle einer Ziffernskala.

Ziffernskala Meist bei digital arbeitenden Meßgeräten zu findende Ableseeinrichtung, bei der der Meßwert direkt in Form einer Ziffernfolge angezeigt wird. Man spricht auch oft von Digitalanzeige.

Zinn Zn Metall. Atomgewicht 118,7, Ordnungszahl 50, zur Gruppe IV b des Periodischen Systems gehörend, Schmelzpunkt 231,9 °C, Dichte 7,28.

Zirkondioxid-Diffusionssonde → *Lambda-Sonde.*

z-Matrix Schema, in dem die Formelzeichen der → *z-Vierpol-Parameter* zusammengefaßt werden:

$$\begin{pmatrix} z_{11} & z_{12} \\ z_{21} & z_{22} \end{pmatrix} \text{ oder } \begin{pmatrix} z_i & z_r \\ z_f & z_o \end{pmatrix}$$

ZNR-Widerstände sind Zinkoxid-Widerstände mit scharfem Knick in der Strom/Spannungskurve. Sie sind für weniger genaue Ansprüche ein Ersatz für → *Z-Dioden.*

ZnS = Zinkblende dient als Luminiszenz-Schicht und strahlt bei Auftreffen von Röntgenstrahlen grünes Licht (≦ 530 μm) aus.

Zonen-Homogenisierung Zonenschmelz-Verfahren zum Erreichen des für den Halbleiter-Grundkörper notwendigen Leitungstyps.

Zonenreinigungs-Verfahren Physikalisches Verfahren zum Erreichen der im Halbleiter notwendigen Reinheitsgrade. Das Verfahren beruht darauf, daß beim Erstarren der Schmelze eine Entmischung stattfindet. Es werden mehrere geschmolzene Zonen langsam von der einen zur anderen Seite bzw. eine geschmolzene Zone von unten nach oben durch den Kristall geführt. Dabei wandern die Verunreinigungen aus den wiedererstarrenden Teilen heraus und sammeln sich im Endstück des Kristalls. Dieses Stück wird abgeschnitten und neu eingeschmolzen.

ZRE Abk.: „**Z**entrale **R**echen-**E**inheit" → *Zentraleinheit.*

Zugriff → *random access*, → *serial access* und → *cyclical access.*

Zugriffszeit (EDVA) ist die Zeit, die zwischen Anforderung einer Information aus einem → *Speicher* und deren Verfügbarkeit vergeht (Suchzeit). Sie wird bei schnellen Speichern in µs und ns angegeben. Die mittlere Zugriffszeit ist eine wichtige Kenngröße des Speichers.

Zuleitungs-Induktivität Induktivität zwischen den zu einem Signalstromkreis gehörenden (äußeren) Anschlußpunkten und den ihnen zugeordneten Anschlüssen des Systems eines Bauelementes.

Zuleitungs-Kapazität Äußere Kapazität zwischen je zwei Anschlüssen eines Bauelementes einschließlich ihrer kürzest möglichen Zuleitungen.

Zünddiode = → *Diac.*

Zünden Von der Glimmröhren- und Thyratron-Technik übernommener Ausdruck für das Einleiten eines Stromdurchganges, d. h. für das Herstellen des Durchlaßzustandes mittels eines Steuerimpulses oder auch durch Erhöhen der Speisespannung, speziell bei gesteuerten Silizium-Dioden (→ *Vierschicht-Trioden*).

Zündspannung Spannung, die das Kippen in einen Durchlaßzustand bewirkt.

Zündstrom Strom, der das Kippen in einen Durchlaßzustand bewirkt.

Zünd-Vorgang Vorgang beim Einleiten eines plötzlichen Stromdurchganges durch ein Bauelement (Kippen vom Sperrzustand in den Durchlaßzustand) mittels eines Spannungs-Impulses oder eines Strom-Impulses, der in einer Injektion von Ladungsträgern besteht.

Zündzeitpunkt-Regelung Beim Automotor kann man die Emission von Kohlenwasserstoff ganz erheblich herabsetzen, wenn dabei Geschwindigkeit und Außentemperatur berücksichtigt werden.

Zungenfrequenzmesser → *Vibrationsmeßwerk.*

Zustandsdichte Die Dichte der für die → *Ladungsträger* innerhalb des → *Valenz-* und → *Leitungsbandes* möglichen Energie-Zustände *(Abb. 1–3).* Das Produkt aus Zustandsdichte und → *Fermi-Verteilungsfaktor* ergibt die jeweilige Ladungsträgerdichte *(Abb. 4).*

Zustandsdichte, effektive Zahl der von den freien Elektronen in einem

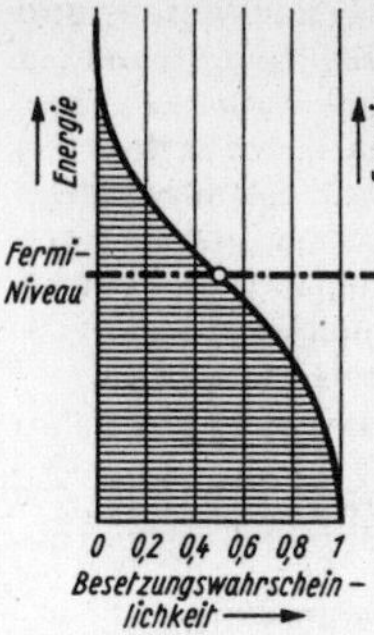

Abb. 1

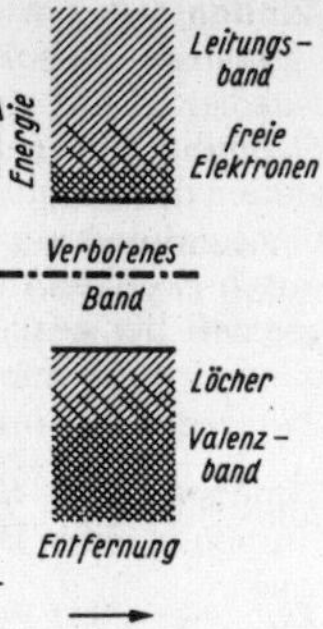

Abb. 2

Abb. 3

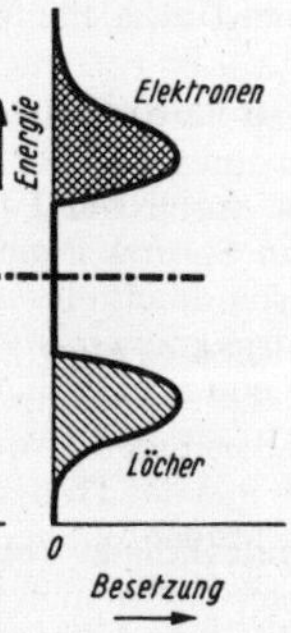

Abb. 4

Leiter- oder Halbleitermaterial (bei einer bestimmten Temperatur) je Raumeinheit des Materials erreichbaren erlaubten Energie-Zustände.

z-Vierpol-Parameter Die Koeffizienten der Vierpol-Reihen-Ersatzschaltung, die man auch Widerstandsparameter nennt. Diese Koeffizienten, mit denen man für Kleinsignalverstärkung rechnen kann, sind so definiert:

Leerlauf-Eingangs-Impedanz

$$z_{11} = z_i = \frac{u_1}{i_1} \qquad \text{(Abb. 1)}$$

Abb. 1

Abb. 2

Abb. 3

Abb. 4

Leerlauf-Übertragungs-Impedanz rückwärts

$$z_{12} = z_r = \frac{u_1}{i_2} \qquad \text{(Abb. 2)}$$

Leerlauf-Übertragungs-Impedanz vorwärts

$$z_{21} = z_f = \frac{u_2}{i_1} \qquad \text{(Abb. 3)}$$

Leerlauf-Ausgangs-Impedanz

$$z_{22} = z_o = \frac{u_2}{i_2} \qquad \text{(Abb. 4)}$$

Zweiadreßmaschinen können in einem Befehl zwei Speicherzellen (Wörter) oder → *Speicherstellen* (Zeichen) angeben. Man findet sie besonders häufig bei → *Stellenmaschinen*.

Zweibasis-Diode → *Doppelbasis-Diode*.

Zweibasis-Transistor → *Doppelbasis-Transistor*.

Zweierpotenzen $2^0 = 1$, $2^1 = 2$, $2^2 = 4$, $2^3 = 8$, $2^4 = 16$, $2^5 = 32$, $2^6 = 64$, $2^7 = 128$, $2^8 = 256$, $2^9 = 512$, $2^{10} = 1024$, $2^{11} = 2048$, $2^{12} = 4096$, $2^{13} = 8192$, $2^{14} = 16384$, $2^{15} = 32768$ usw., und für Stellen hinter dem Komma: $2^{-1} = 0{,}5$, $2^{-2} = 0{,}25$, $2^{-3} = 0{,}125$, $2^{-4} = 0{,}0625$, $2^{-5} = 0{,}03125$ usw.

Zweikanal-Verstärker, Stereo-Verstärker, der aus zwei gleichartigen Verstärkereinheiten besteht. Die Ausgangsleistung eines solchen Verstärkers beträgt für Hi-Fi meist mehr als 2 x 30 W. Eingänge für Mikrofon, Tonabnehmer (magnetisch), Tonabnehmer (Kristall), Radio, Tonband; Frequenzgang zwischen 20 Hz und 20 kHz vollkommen gradlinig, ± 1 dB.

Zweipunkt-Regeleinrichtung → *Regeleinrichtung*, bei der die → *Stellgröße* nur zwei verschiedene Werte annehmen kann (→ *Zweipunktverhalten*).

Zweipunktverhalten Verhalten eines Übertragungsgliedes, bei dem zwei Wertbereiche des Eingangssignals zwei Werten des Ausgangssignals zugeordnet sind.

Zweitor Andere Bezeichnung für → *Vierpol*.

Zweiweggleichrichtung → *Gleichrichter*.

Zweiweg-Schaltdiode → *Diac*.

Zweiweg-Thyristor → *Triac*.

Zwischenfrequenz ZF eine nach dem Superheterodyn-Verfahren (Überlagerungs-Verfahren) durch einen ober- oder unterhalb der Empfangsfrequenz schwingenden Oszillator und mit dieser gemischt erzeugten Frequenz, die dadurch im allgemeinen wesentlich niedriger als die Empfangsfrequenz liegt (10,7 MHz, 455 kHz). Durch die ZF, ggf. noch unter Verwendung von Quarz- oder Keramikfiltern, wird eine hohe Trennschärfe in Empfängern erzielt.

Zwischenfrequenzverstärker Verstärker für die im → *Differenzträger-Verfahren* erzeugte Zwischenfrequenz.

Zwischengitter-Verunreinigung Fremdatom auf einem Zwischengitterplatz, d. h. gewissermaßen eingezwängt zwischen die an dieser Stelle vollzählig vorhandenen Atome des → *Wirts-Kristalls*.

Zwischen-Niveau Energie-Niveau im → *verbotenen Band*.

Zwischenschicht Zwischengefügte Schicht, z. B. Isolierschicht zwischen Transistorgehäuse und Kühlkörper, auf dem das Transistorgehäuse mit einer großen ebenen Fläche aufgesetzt ist, aber auch metallische Zwischenschicht in einem Halbleiter-Bauelement (→ *Dünnschichtschaltung*).

Zwischenzeilen-Verfahren → *Zeilensprung-Verfahren*.

Zykluszeit ist bei → *Speichern* die für das → *Lesen* und Wiedereinspeichern einer → *Information* benötigte Zeit.

Die wichtigsten

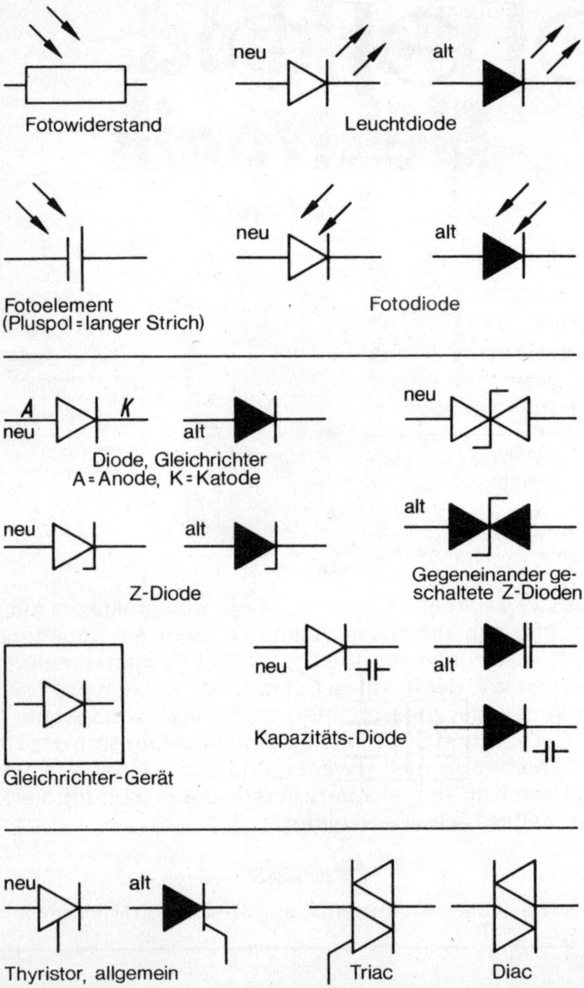

Schaltzeichen

Löschkopf

Hörkopf

Aufnahmekopf

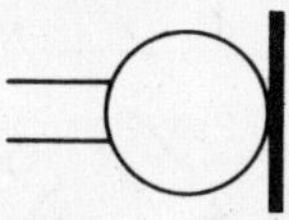

Mikrofon, allgemein

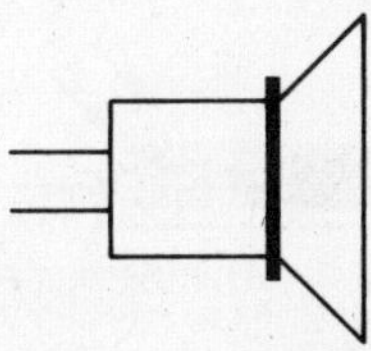

Lautsprecher, allgemein

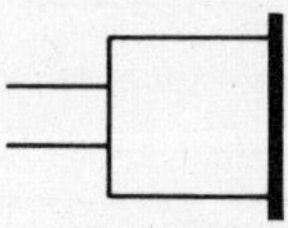

Kopfhörer, allgemein

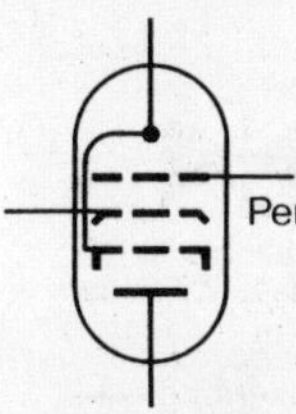

Pentode

Triode

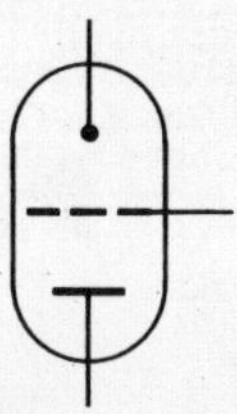

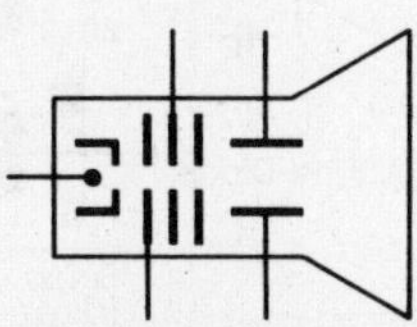

Elektronenstrahlröhre

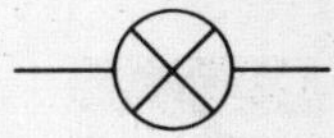

Lampe, allgemein

Glimmlampe

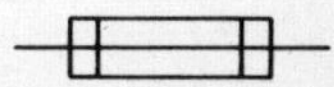

Feinsicherung

Dipolantenne

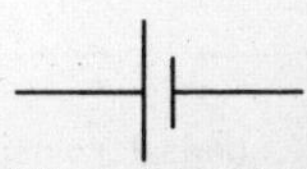

Akkumulator, Batterie
(Pluspol=langer Strich)

Erde, allgemein

Die wichtigsten

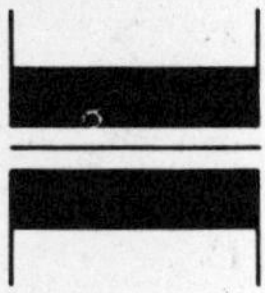

Transformator
Übertrager mit Kern

Induktivität, allgemein

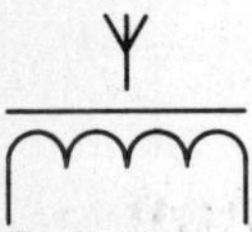

Ferritantenne

Induktivität mit Kern

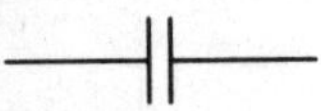

Kondensator

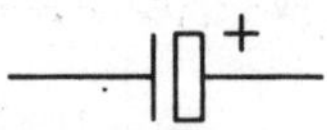

Gepolter Elektrolyt-Kondensator

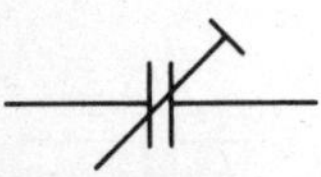

Kondensator, einstellbar (Trimmer)

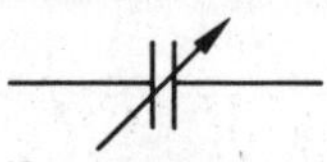

Kondensator, veränderbar

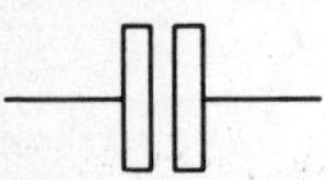

Ungepolter Elektrolyt-Kondensator

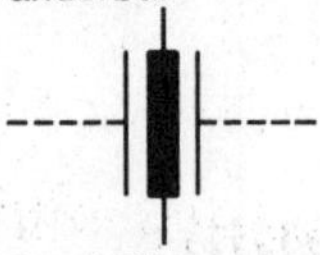

Durchführungskondensator, koaxial

Widerstand, allgemein

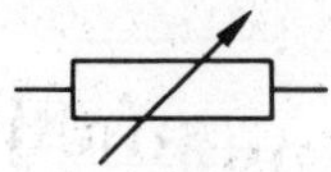

Potentiometer

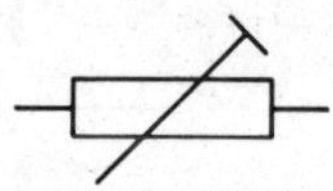

Einstellbarer Widerstand

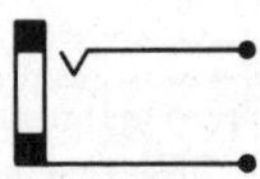

Zweipolige Klinkenbuchse

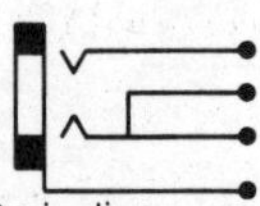

Dreipolige Klinkenbuchse mit Schalter (Öffner)

Schaltzeichen

Einfacher Umschalter
a) Schalter b) Kontaktfedern

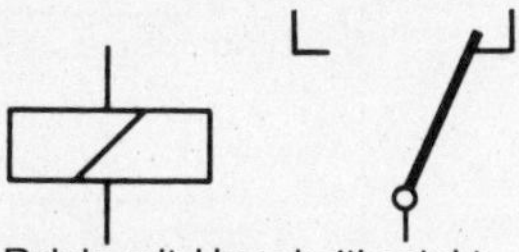

Relais mit Umschaltkontakt

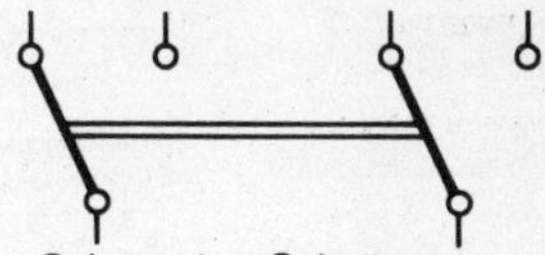

Gekuppelter Schalter

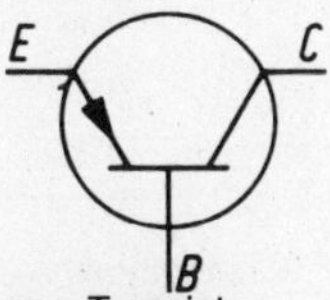

pnp-Transistor
E=Emitter
C=Kollektor
B=Basis

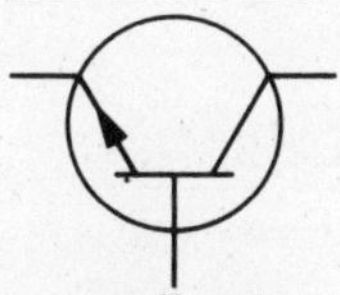

npn-Transistor

Sperrschicht Feldeffekt-Transistor
FET mit n-Kanal.
G = Gate
S = Source
D = Drain

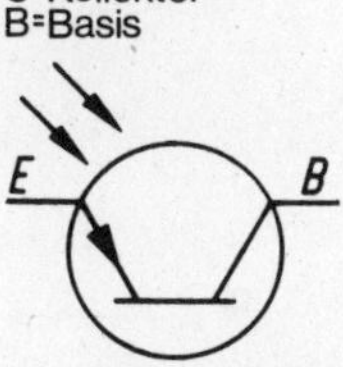

pnp-Fototransistor

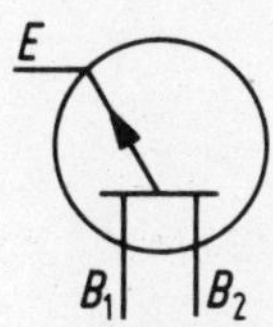

Unijunction-Transistor
mit Basis vom p-Typ.
E = Emitter, B_1 = Basis 1, B_2 = Basis 2

Stellschalter Betätigung durch Drücken

Schließer

Öffner

Tastenschalter, allgemein

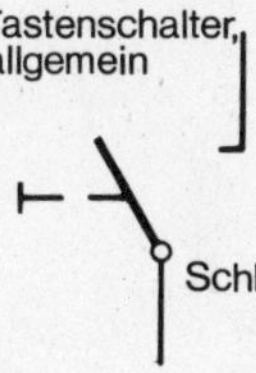

Schließer

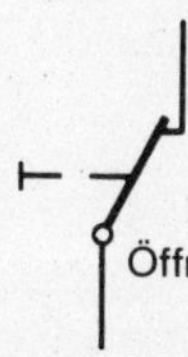

Öffner

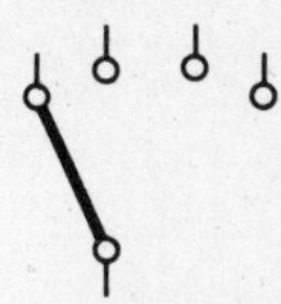

Stufenschalter

Steckbuchse mit Stecker